Taschenbuch der Chemie

herausgegeben von
Prof. Dr. Karl Schwister

W0072485

4., aktualisierte Auflage

Mit zahlreichen Bildern und Tabellen

FACHBUCHVERLAG LEIPZIG
im Carl Hanser Verlag

Bibliografische Information der Deutschen Nationalbibliothek

Die Deutsche Nationalbibliothek verzeichnet diese Publikation in der Deutschen Nationalbibliografie; detaillierte bibliografische Daten sind im Internet über http://dnb.d-nb.de abrufbar.

ISBN 978-3-446-42211-7

Fachbuchverlag Leipzig im Carl Hanser Verlag
© 2010 Carl Hanser Verlag München
www.hanser.de/taschenbuecher
Projektleitung: Dipl.-Phys. Jochen Horn
Umbruch, Druck und Bindung: Kösel, Krugzell
Printed in Germany

Schwister (Hrsg.)
Taschenbuch der Chemie

Herausgeber

Prof. Dr. rer. nat. *Karl Schwister*
Fachhochschule Düsseldorf

Autoren

Prof. Dr. rer. nat. *Gerhard Duré* (†)
Fachhochschule München (Kapitel 31)

Prof. Dr. rer. nat. *Michael Groteklaes*
Hochschule Niederrhein Krefeld (Kapitel 12 bis 16)

Dipl.-Ing. *Volker Leven*
Fachhochschule Düsseldorf (Kapitel 35 bis 37)

Prof. Dr. rer. nat. *Karl Schwister*
Fachhochschule Düsseldorf (Kapitel 1 bis 11, 17 bis 30, 32 bis 34)

Vorwort

Die Chemie ist eine Disziplin der Naturwissenschaften, die zum Verständnis der Naturvorgänge im weitesten Sinne sehr viel beizutragen hat. Sie ist nicht nur eine theoretische Wissenschaft, sondern hat uns praktische Methoden gelehrt, wie man Stoff- und Energieumsätze technisch beherrschen kann, um sie in großem Maßstab industriell zu nutzen. Chemisches Arbeiten ist daher *interdisziplinäres Arbeiten*.

Die Anforderungen an die Ausbildung derjenigen Studierenden, für die die Chemie ein Grundlagenfach ist, haben sich in den letzten Jahrzehnten gewandelt. Es ist heute ein vorrangiges Ziel, die gemeinsamen Grundlagen einzelner Teilgebiete und ihre Verflechtung deutlicher darzustellen. Das Wissen um allgemeine Zusammenhänge, bereits vor einer stärker stofflich orientierten Ausbildung, erleichtert den Einstieg und die Bearbeitung vieler chemischer Problemstellungen. Um chemische Sachverhalte verstehen zu können, muss ein Mindestmaß an Fakten und grundlegenden Gesetzmäßigkeiten vorausgesetzt werden.

Genau dies ist das Ziel, das mit dem „Taschenbuch der Chemie" verfolgt wird. Das Buch soll den Leser und Nutzer schnell und zuverlässig unterstützen:

- beim Erarbeiten und Wiederholen des Stoffes,
- bei der Vorbereitung auf Prüfungen und Klausuren,
- bei der Auffrischung früher erworbenen Wissens.

Die *Allgemeine Chemie* vermittelt in erster Linie nicht stoffliche Fakten, sondern das nötige Werkzeug, um sich diese zu einem geeigneten Zeitpunkt anzueignen. Allgemeine Gesetzmäßigkeiten chemischer Reaktionen stehen daher im Vordergrund der Darstellung. Erfahrungsgemäß bereiten deren Verständnis und die spätere Anwendung auf anorganische, organische und technologische Problemstellungen besondere Schwierigkeiten. Es ist daher unsere Absicht, den Studenten ein Gefühl für die in der *Anorganischen* und *Organischen Chemie* anzutreffenden Reaktionen, Bindungen und Strukturen zu vermitteln. Unter bewusster Beschränkung auf grundlegende Zusammenhänge werden die wichtigsten Reaktionstypen aus unterschiedlichen Bereichen der Chemie vorgestellt und weitere Reaktionsmöglichkeiten nur im Überblick behandelt.

Neben der *Allgemeinen Chemie* und den Grundlagen der *Anorganischen* und *Organischen Chemie* enthält das Taschenbuch umfangreiche Kapitel zur *Analytischen Chemie*. Zur grundlegenden Behandlung des analytischen Prozesses und der analytischen Qualitätskriterien kommen hier die klassischen Methoden der qualitativen und quantitativen Analyse hinzu. Dazu zählen maßanalytische Verfahren auf der Basis von Gleichgewichtsreaktionen, wie Säure-Base-, Fällungs-,

Komplexbildungs- und Redoxreaktionen. Außerdem werden die Grundlagen der optischen Analysemethoden, der kernmagnetischen Resonanzspektroskopie (NMR), der Infrarot(IR)- und Ultraviolett(UV)-Spektroskopie, der Massenspektroskopie (MS) und anderer moderner Analysemethoden besprochen.

Die Chemische Technologie und Aspekte des Produktionsintegrierten Umweltschutzes werden jetzt im *Taschenbuch der Verfahrenstechnik* sowie im *Taschenbuch der Umwelttechnik* behandelt.

In Bezug auf *Nomenklatur* und *Maßeinheiten* sind wir zum Teil einen Kompromiss eingegangen. Im Allgemeinen wurde der IUPAC-Empfehlung gefolgt und sind SI-Einheiten verwendet. Die *Nummerierung* der Gruppen des Periodensystems (1 bis 18) erfolgt vorwiegend nach der IUPAC-Empfehlung.

Allen Kollegen, Mitarbeitern und Studenten, die mit zahlreichen Hinweisen und Anregungen geholfen haben, möchte ich danken. Meiner Frau und meinen Kindern danke ich für die Geduld und das Verständnis der häufigen Nichtansprechbarkeit. Auch dem Verlag, vor allem Herrn Dipl.-Phys. JOCHEN HORN, sei für die sehr gute Zusammenarbeit herzlichst gedankt.

Den Lesern und Nutzern des Buches danken wir im Voraus für Hinweise auf Fehler, die sich leider doch eingeschlichen haben könnten, und für Anregungen zur Verbesserung der Darstellung des Lehrstoffes.

Düsseldorf, im Juni 2010   *Karl Schwister*

Inhaltsverzeichnis

ALLGEMEINE CHEMIE

ANORGANISCHE CHEMIE

ORGANISCHE CHEMIE

ANALYTISCHE CHEMIE

Allgemeine Chemie

1 Aufbau der Atome

1.1 Allgemeines

Die Frage nach den kleinsten Bausteinen der Materie und den Elementen hat schon die ältesten Völker beschäftigt. Dies gilt in herausragender Weise für die Elementarlehre, die auf EMPEDOKLES (483 bis 423 v. Chr.) zurückgeführt wird. Sie berücksichtigt aber kaum Ideen der älteren griechischen Philosophen über die Urstoffe, aus denen die Welt entstanden sein soll. Ansichten wie die von THALES, dass Wasser der Grundstoff sei, oder die von ANAXIMENES und HERAKLIT (alle 6. Jh. v. Chr.), welche der Luft bzw. dem Feuer die gleiche Rolle zuschrieben, haben für die Entwicklung chemischer Erkenntnisse jedoch keinerlei Bedeutung gehabt. Für die Alchimisten des Mittelalters galten außerdem Schwefel, Quecksilber und Salz als Elemente. Erst im 17. Jahrhundert führten die experimentellen Erfahrungen zu dem von JUNGIUS und BOYLE definierten naturwissenschaftlichen **Elementbegriff**, wonach Elemente Substanzen sind, die sich nicht in andere Stoffe zerlegen lassen.

Die Substanz Wasser kann in Wasserstoff und Sauerstoff zerlegt werden. Diese beiden Stoffe weisen völlig andere Eigenschaften als Wasser auf. Wasserstoff und Sauerstoff lassen sich nicht weiter in andere Stoffe zerlegen und werden daher **Elemente** genannt.

1789 veröffentlichte LAVOISIER eine Elementtabelle mit 21 Elementen. Als MENDELEJEW im Jahre 1869 das Periodensystem der Elemente aufstellte, waren bereits 63 Elemente bekannt. Heute kennt man 113 Elemente, von denen aber nur 94 in der Natur vorkommen, die anderen 19 lassen sich nur künstlich gewinnen. Von BERZELIUS wurden 1813 die **Elementsymbole** eingeführt. Die meisten Symbole bestehen aus dem oder den ersten Buchstaben des Elementnamens (häufig in dessen lateinischer Form).

Beispiele:	Sauerstoff (Oxygenium)	O
	Wasserstoff (Hydrogenium)	H
	Schwefel (Sulfur)	S
	Kohlenstoff (Carboneum)	C
	Eisen (Ferrum)	Fe

Die quantitative Betrachtungsweise und die damit verbundene Erkenntnis der atomaren Strukturen von Stoffen kennzeichnen den Beginn der neuzeitlichen Chemie. So erkannten LAVOISIER und LOMONOSSOW durch experimentelle Untersuchungen im 18. Jahrhundert, dass sich die Gesamtmasse bei einer chemischen Umwandlung nicht ändert. Die Verallgemeinerung dieser experimentellen Befunde stellt als **Gesetz von der Erhaltung der Masse** eine wichtige Grundlage in der Chemie dar:

 Bei einer chemischen Reaktion ist die Summe der Massen der Ausgangsstoffe gleich der aller Reaktionsprodukte.

Nach der Atomtheorie erfolgt bei chemischen Umsetzungen nur eine Umgruppierung von Atomen, bei der die Gesamtmasse konstant bleibt.

LAVOISIER untersuchte die chemische Zersetzung von Quecksilberoxid. Er bestimmte die Masse der Reaktionsprodukte Quecksilber und Sauerstoff. Ihre Summe hatte denselben Wert wie die Masse des Ausgangsstoffes. Bereits einige Jahrzehnte vorher experimentierte LOMONOSSOW an der Umsetzung von Blei mit Luft. Beim Glühen des Metalls in einem mit Luft gefüllten und abgeschlossenen Gefäß reagiert ein Teil der Luft (Sauerstoff) zu Bleioxid, während die Masse dabei unverändert blieb.

Im Jahr 1797 erkannte PROUST eine weitere quantitative Gesetzmäßigkeit. Die an einer chemischen Reaktion beteiligten Partner reagieren immer in einem konstanten Masseverhältnis miteinander zu einer neuen Verbindung. Dieser Sachverhalt ist als **Gesetz der konstanten Proportionen** bekannt: Verbinden sich zwei oder mehrere Elemente miteinander, so erfolgt dies in konstantem Masseverhältnis.

1 g Kohlenstoff verbindet sich immer mit 1,333 g Sauerstoff zu Kohlenstoffmonooxid und nicht mit einer hiervon abweichenden Menge, wie beispielsweise 1,5 g oder 2,0 g Sauerstoff.

Entstehen bei einer Umsetzung von zwei Elementen nicht nur eine, sondern mehrere Verbindungen, so ist jeweils das Gesetz der konstanten Proportionen anzuwenden. Diese Tatsache wird mit dem **Gesetz der multiplen Proportionen** beschrieben (DALTON, 1803). Die Masseverhältnisse von zwei oder mehreren Elementen, die zu verschiedenen Verbindungen reagieren, entsprechen einfachen, ganzen Zahlen.

1 g Kohlenstoff reagiert mit 1 · 1,333 g Sauerstoff zu Kohlenstoffmonooxid, während 1 g Kohlenstoff mit 2 · 1,333 g = 2,666 g Sauerstoff zu Kohlenstoffdioxid reagiert. Nach der Atomtheorie lässt sich die Bildung von Kohlenstoffmonooxid nach der

Gleichung C + O = CO beschreiben. Da alle Kohlenstoff- und Sauerstoffatome untereinander jeweils die gleiche Masse haben, erklärt die Reaktionsgleichung das Gesetz der konstanten Proportionen. Kohlenstoffdioxid entsteht nach der Reaktionsgleichung C + 2 O = CO_2. Aus beiden Reaktionsgleichungen folgt für Sauerstoff das Atomverhältnis 1 : 2 und damit auch das Masseverhältnis 1 : 2.

Diese experimentell gefundenen Gesetzmäßigkeiten konnten mit der von DALTON entwickelten Atomhypothese erklärt werden. Der Grundgedanke basierte auf einer diskontinuierlichen Auffassung der Stoffe (Atomistik), die schon im Altertum durch den griechischen Philosophen DEMOKRIT (460 bis 371 v. Chr.) und andere vertreten wurde. Danach existierten Atome (*atomos*, gr.: unteilbar) als kleinste unteilbare Einheiten. So war zum Beispiel auch der Physiker NEWTON davon überzeugt, dass Atome die Grundbausteine aller Stoffe seien. Aber erst 1808 stellte DALTON seine Atomtheorie auf Grund exakter naturwissenschaftlicher Überlegungen auf:

- ■   Chemische Elemente bestehen aus Atomen.
- ■   Atome können weder geschaffen noch vernichtet werden.
- ■   Atome desselben Elements sind identisch und haben die gleiche Masse.
- ■   Atome verschiedener Elemente haben unterschiedliche Massen.
- ■   Die Verbindung von Atomen erfolgt im Verhältnis ganzer Zahlen.

Die ersten Postulate spiegeln das Gesetz von der Erhaltung der Masse wider, weitere das Gesetz der konstanten und multiplen Proportionen. Die konstanten Masseverhältnisse bei der Verbindungsbildung hängen mit der Tatsache zusammen, dass sich ein oder mehrere Atome eines Elements mit einer bestimmten Anzahl von Atomen eines anderen Elements verbinden.

1.2   Bausteine der Atome
1.2.1   Elementarteilchen, Kernbausteine, Atomhülle

Mit der Atomhypothese von DALTON konnte bereits seit Beginn des 19. Jahrhunderts der Stoffumsatz chemischer Reaktionen quantitativ erklärt werden. Eine Interpretation chemischer und physikalischer Eigenschaften und die Erscheinung der Bindung zwischen verschiedenen Stoffen war jedoch durch ein unteilbares Atom ohne innere Struktur nicht möglich. Die Existenz von Atomen gilt heute als gesichert. Anfang des

20. Jahrhunderts entwickelten RUTHERFORD und BOHR erste Modelle über den Atomaufbau. Sie postulierten, dass Atome nicht die kleinsten Bausteine der Materie sind, sondern aus noch kleineren Teilchen, den sog. **Elementarteilchen,** aufgebaut sind. Heute liegen Beweise für die Existenz von mehr als 100 Elementarteilchen wie beispielsweise Protonen, Antiprotonen, Positronen, Neutronen, Elektronen, Mesonen vor.

> Elementarteilchen sind kleinste Bausteine der Materie, die nicht aus noch kleineren Einheiten zusammengesetzt sind. Sie sind aber ineinander umwandelbar und daher keine Urbausteine im Sinne unveränderbarer Teilchen.

Man ist in der heutigen Zeit theoretisch und experimentell auf der Suche nach dem Urbaustein, von dem sich alle Elementarteilchen ableiten lassen. Für das Verständnis und die Diskussion des Atomaufbaus sind nur einige wenige von Bedeutung, deren wichtigste Eigenschaften ihre Masse und ihre Ladung sind.

Das ungeladene Neutron und das positiv geladene Proton haben etwa die gleiche Masse, während das Elektron mit einer negativen Elementarladung ca. 1840-mal leichter ist.

Die Elementarladung ist die bisher kleinste, experimentell gefundene elektrische Ladung. Sie beträgt:

> $e = 1{,}602\,177 \cdot 10^{-19}$ C

Die Elementarladung e wird daher auch als **elektrisches Elementarquantum** bezeichnet. Die auftretenden Ladungsmengen können demzufolge immer nur ein ganzzahliges Vielfaches der Elementarladung sein.

Die für den Bereich der Elementarteilchen eingeführte Masseneinheit (u) wird **atomare Masseneinheit** genannt. Sie ist definiert als 1/12 der Masse eines Atoms des Kohlenstoffnuklids ^{12}C. (Zum Begriff des Nuklids vgl. Abschn. 1.2.2) Die Größe der atomaren Masseneinheit ist so gewählt, dass die Masse eines Protons bzw. Neutrons ungefähr 1 u beträgt.

> Masse eines Atoms ^{12}C = 12 u
> 1 u = $1{,}6606 \cdot 10^{-27}$ kg

Tabelle 1-1: Eigenschaften von Elementarteilchen

Elementarteilchen	Proton	Neutron	Elektron
Symbol	p	n	e
Masse	$1{,}6726 \cdot 10^{-27}$ kg	$1{,}6749 \cdot 10^{-27}$ kg	$0{,}9109 \cdot 10^{-30}$ kg
	1,0073 u	1,0087 u	$5{,}4858 \cdot 10^{-4}$ u
	schwer, nahezu gleiche Masse		leicht
Ladung	$+e$ positive Elementarladung	neutral keine Ladung	$-e$ negative Elementarladung

Atome sind nahezu kugelförmig aufgebaut und haben einen Radius in der Größenordnung von 10^{-10} m. Materie mit einem Volumen von 1 cm^3 enthält daher etwa 10^{23} Atome. Es werden zwei Bereiche des Atoms unterschieden: der **Atomkern** und die **Elektronenhülle**.

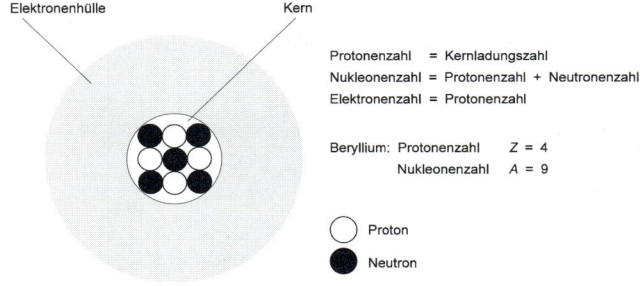

Bild 1-1: Schematische Darstellung eines Atoms am Beispiel von Beryllium

Die Protonen und die Neutronen sind im Zentrum des Atoms konzentriert und bilden den positiv geladenen Atomkern. Protonen und Neutronen werden daher als Nukleonen (*nucleus,* lat.: Kern; Kernteilchen) bezeichnet. Auch die Atomkerne haben kugelförmiges Aussehen – ihre Radien liegen in der Größenordnung von 10^{-14} bis 10^{-15} m. Der im Vergleich zum Gesamtatom sehr kleine Atomkern enthält fast die gesamte Masse des Atoms.

Die Protonenzahl (Z) bestimmt die Größe der positiven Ladung des Atomkerns und wird **Kernladungszahl** genannt. Sie ist aber auch das Ordnungsmerkmal im Periodensystem der Elemente und wird daher auch

Ordnungszahl genannt. Die Gesamtzahl der Protonen und Neutronen heißt **Nukleonenzahl** (A). Sie liegt größenmäßig stets in der Nähe der Maßzahl der Masse des Atomkerns, gemessen in atomaren Masseneinheiten (u), ist von dieser jedoch zu unterscheiden.

▌ Nukleonenzahl = Protonenzahl + Neutronenzahl

Ein Atom lässt sich nach diesem einfachen Modells als ein Gebilde aus einem positiv geladenen Kern und aus einer negativ geladenen Hülle mit Z Elektronen vorstellen, wobei man die zwischen den Teilchen wirksamen Kräfte vernachlässigt. Die lockere Packung der Elektronen äußert sich im Radius eines Atoms, der bei 10^{-10} m liegt und damit um vier Größenordnungen größer ist als der Radius des Kerns. Die Struktur der Elektronenhülle und deren Veränderung sind maßgebend für das chemische Verhalten der Atome (vgl. Abschn. 1.4).

1.2.2 Chemische Elemente, Isotope, Atommassen

In der Atomtheorie nach DALTON wurde postuliert, dass jedes chemische Element aus nur einer einzigen Atomsorte besteht. Massenspektrographische Untersuchungen haben gezeigt, dass Elemente aus einem natürlichen Gemisch von Atomen mit ganzzahligen Massenzahlen bestehen und die gleiche Protonenzahl, aber eine unterschiedliche Anzahl von Neutronen besitzen können (Mischelemente).

Chlor hat zum Beispiel die relative Atommasse von 35,453. Untersuchungen haben ergeben, dass Chlor in der Natur mit zwei Atomarten (Nukliden) vorkommt, die 18 bzw. 20 Neutronen neben 17 Protonen im Atomkern enthalten.

Solche Atomarten werden **Isotope** genannt. Diese haben bei unterschiedlicher Masse die gleiche Anzahl von Kernladungen (Protonen) und stehen deshalb an der gleichen Stelle im Periodensystem. Verschiedene Isotope eines Elements haben chemisch weitestgehend ähnliche Eigenschaften, da sie neben der gleichen Kernladung auch die gleiche Anzahl von Elektronen besitzen.

Definitionsgemäß haben Atome, die zueinander im Verhältnis der Isotope stehen, das gleiche Elementsymbol. Deshalb besteht die Notwendigkeit, zur Kennzeichnung der Nuklide und speziell der Isotope eine besondere Schreibweise zu verwenden. Die vollständige Kennzeichnung eines Nuklids und damit eines Elements ist auf folgende Weise möglich:

Nukleonenzahl

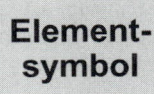

Element-symbol

Ordnungszahl

Lediglich beim Element Wasserstoff hat sich für die schwereren Isotope ein eigener Name eingebürgert: ^1H ist der normale Wasserstoff oder **Protium,** ^2H nennt man **Deuterium** (D) und ^3H **Tritium** (T). Eine weitere Sonderstellung nimmt der Atomkern des Wasserstoffs ein, da er nur ein Proton enthält. Alle übrigen Atomkerne setzen sich aus Protonen und Neutronen zusammen, wobei die Isotope durch eine unterschiedliche Anzahl an Neutronen gekennzeichnet sind. Es ist hierbei bemerkenswert, dass die Isotopenverteilung der verschiedenen Elemente fast überall gleich ist. In der Natur kommen nur 19 Elemente vor, die nicht als Isotopengemisch vorliegen. Sie werden zur Unterscheidung von den übrigen Elementen als **Reinelemente** bezeichnet. Die natürlich vorkommenden Nuklide einiger Elemente sind in Tabelle 1-2 zusammengestellt.

Es gibt in der Natur insgesamt 334 Nuklide, die sich in der Ordnungszahl oder Nukleonenzahl bzw. Ordnungszahl und Nukleonenzahl unterscheiden. 72 dieser 334 Atomsorten sind nicht beliebig lange haltbar, sondern ihr Atomkern zerfällt nach mehr oder weniger langer Zeit und geht dabei in einen Kern mit einer anderen Ordnungszahl über. Man nennt diesen Zerfall **radioaktiv.** Die über tausend künstlich hergestellten Nuklide sind alle radioaktiv.

Vergleicht man die mittleren relativen Atommassen (A_r) der ersten 20 Elemente des Periodensystems mit ihrer Kernladungszahl, so fällt auf, dass die Atommassen häufig der doppelten Kernladungszahl entsprechen.

Element	H	He	C	N	O	
Z	1	2	6	7	8	
A_r	1,008	4,003	12,011	14,007	15,999	
	Ne	Mg	Si	P	S	Ca
Z	10	12	14	15	16	20
A_r	20,18	24,305	28,086	30,974	32,065	40,078

Tabelle 1-2: Nuklide der ersten 10 Elemente

Element	Nuklid-symbol	Anzahl der			Nuklid-masse in u	Natürliche Zusammen-setzung in %	Mittlere Atom-masse in u
		p	n	e			
Wasser-stoff	^{1}H	1	0	1	1,0078	99,985	
	^{2}H	1	1	1	2,0141	0,015	1,008
	^{3}H	1	2	1	3,0160	Spuren	
Helium	^{3}He	2	1	2	3,0160	0,00013	
	^{4}He	2	2	2	4,0026	99,99987	4,003
Lithium	^{6}Li	3	3	3	6,0151	7,42	
	^{7}Li	3	4	3	7,0160	92,58	6,941
Beryllium	^{9}Be	4	5	4	9,0122	100	9,012
Bor	^{10}B	5	5	5	10,013	19,78	
	^{11}B	5	6	5	11,009	80,22	10,81
Kohlenstoff	^{12}C	6	6	6	12,000	98,89	
	^{13}C	6	7	6	13,003	1,11	12,011
	^{14}C	6	8	6		Spuren	
Stickstoff	^{14}N	7	7	7	14,003	99,64	
	^{15}N	7	8	7	15,000	0,36	14,007
Sauerstoff	^{16}O	8	8	8	15,994	99,759	
	^{17}O	8	9	8	16,999	0,037	15,999
	^{18}O	8	10	8	17,999	0,204	
Fluor	^{19}F	9	10	9	18,998	100	18,998
Neon	^{20}Ne	10	10	10	19,992	90,92	
	^{21}Ne	10	11	10	20,994	0,26	20,180
	^{22}Ne	10	12	10	21,991	8,82	

A
C

Dies bestätigt die Modellvorstellung, dass die relativ häufigsten Isotope dieser Elemente (mit Ausnahme von Wasserstoff) in ihren Atomkernen die gleiche Anzahl von Neutronen und Protonen enthalten. Es gilt daher im betrachteten Anfangsbereich des Periodensystems folgende Regel:

 Atommasse ≈ doppelte Kernladungszahl (Masse der Protonen wird vereinfachend der Masse der Neutronen gleichgesetzt).

Es fällt auf, dass die Protonenzahl und die Neutronenzahl ($N = A - Z$) häufiger gerade als ungerade Werte annehmen. Von den 262 stabilen, nicht radioaktiven Isotopen haben fast 2/3 eine geradzahlige Protonenzahl und eine geradzahlige Neutronenzahl, bei 53 Isotopen ist Z gerade und N ungerade, bei 49 Isotopen sind Z und A ungerade (d.h., N ist gerade), und bei nur 5 Isotopen sind die Protonen- und Neutronenzahl ungerade. Die bei der Bildung eines Isotops aus den Elementarteilchen frei werdende Energie kann als Kriterium für die **Stabilität** herangezogen werden. Unter diesem Aspekt erweisen sich Isotope mit gleichen und geradzahligen Protonen- und Neutronenzahlen als besonders stabil. Beispiele sind $^{4}_{2}\text{He}$, $^{12}_{6}\text{C}$, $^{16}_{8}\text{O}$ und $^{40}_{20}\text{Ca}$. Als Subskript auf der linken unteren Seite ist die Ordnungszahl (2, 6, 8 bzw. 20) mit dargestellt, obgleich Z bereits im Elementsymbol indirekt enthalten ist (He steht an der 2. Stelle, C an der 6. Stelle im PSE usw.).

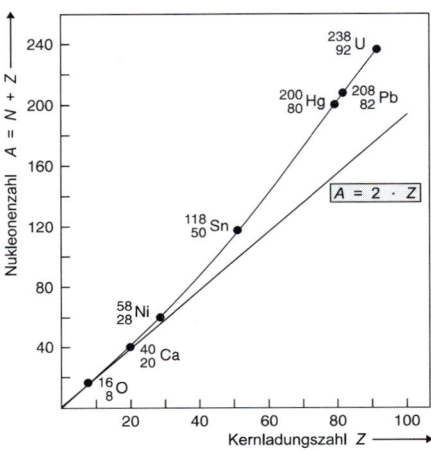

Bild 1-2: Abhängigkeit der Kernladungszahl von der Nukleonenzahl einiger Elemente

Die Atommasse eines Elements ist nahezu ganzzahlig, wenn die Häufigkeit eines Isotops stark überwiegt. Beispiele hierzu sind in Tabelle 1-2 gezeigt. Es gibt zurzeit keine Gesetzmäßigkeit, mit der die Anzahl der auftretenden Isotope vorherbestimmt werden kann, jedoch nimmt mit steigender Kernladungszahl und bei Elementen mit gerader Kernladungszahl die Isotopenhäufigkeit zu. Außerdem wird deutlich, dass die jeweils häufigsten Isotope der schweren Elemente stets eine größere Neutronenzahl als Protonenzahl besitzen, die schließlich bei $Z = 80$ (^{200}Hg) das 1,5fache der Protonenzahl erreicht. Es ist ein immer größerer Neutronenüberschuss erforderlich, um die Stabilität der Nuklide zu gewährleisten.

Die Masse eines Atoms in Gramm (bzw. in der SI-Einheit kg) ist seine **absolute Atommasse**. Da dieser Zahlenwert außerordentlich klein und unpraktisch ist, werden die relativen Massen der einzelnen Atomarten angegeben.

Tabelle 1-3: Absolute und relative Teilchenmasse

Teilchen	Teilchenart	Absolute Teilchenmasse	Relative Teilchenmasse
^{12}C	Isotop	$19{,}9263 \cdot 10^{-27}$ kg	$12{,}0000^{*}$
^{1}H	Isotop	$1{,}6735 \cdot 10^{-27}$ kg	$1{,}0078$
^{2}H	Isotop	$3{,}3445 \cdot 10^{-27}$ kg	$2{,}0141$
H	Element	Isotopengemisch	$1{,}0079$

* ergibt sich aus: $(19{,}9263 \cdot 10^{-27}$ kg$) / (1{,}6606 \cdot 10^{-27}$ kg$) = 12$ u/u $= 12{,}0000$

Die auf ein Standardatom bezogene Atommasse wird als **relative Atommasse** bezeichnet. Sie stellt somit eine dimensionslose Verhältniszahl dar, die in der Chemie auch üblicherweise Anwendung findet. Als Standardatom wurde 1961 von der IUPAC (**I**nternational **U**nion of **P**ure and **A**pplied **C**hemistry) das Kohlenstoffisotop ^{12}C mit einer relativen Atommasse von 12,0000 festgelegt. 1/12 der absoluten Masse des ^{12}C-Isotops wird auch als atomare Masseneinheit u bezeichnet. Es hat den Wert von $1{,}6606 \cdot 10^{-27}$ kg. Mit Ausnahme von ^{12}C sind die relativen Atommassen, auch die der reinen Isotope, im Unterschied zu der Nukleonenzahl nicht völlig ganzzahlig. Aus kernphysikalischen Gründen (Massendefekt) ist z. B. die Masse des Isotops ^{1}H nicht exakt 1/12 der Atommasse von ^{12}C.

Kennt man die natürliche Isotopenhäufigkeit und die Atommassen der Isotope, lässt sich daraus die Atommassse des Elements berechnen. In der

Chemie arbeitet man ausschließlich mit Atommassen, die in atomaren Einheiten ausgedrückt sind. Häufig wird die Einheit weggelassen, und man rechnet beispielsweise mit den Zahlenwerten 1,0079 für Wasserstoff, 15,9994 für Sauerstoff und 12,011 für Kohlenstoff. Diese Zahlenwerte sind identisch mit den dimensionslosen relativen Atommassen.

1.2.3   Massendefekt, Äquivalenz von Masse und Energie

Der Atomkern eines stabilen Isotops besitzt eine geringere Masse als die Summe der Massen von Protonen und Neutronen, aus denen sich das Nuklid zusammensetzt. Im Atomkern werden die Nukleonen durch **Kernkräfte** zusammengehalten, wobei starken Kernkräften auch hohe nukleare Bindungsenergien zwischen den Protonen und Neutronen entsprechen. Ermitteln lässt sich die Bindungsenergie aus dem **Massendefekt.**

> Unter dem Massendefekt versteht man die Differenz zwischen der tatsächlichen Masse eines Nuklids und der Summe der Massen seiner Bausteine.

Bei der Kombination von Protonen und Neutronen zu einem Atomkern wird das System in einen energieärmeren, stabilen Zustand überführt und **Kernbindungsenergie** freigesetzt. Mit der Energieabnahme ist ein **Massenverlust** verbunden. Der Massenverlust kann nach EINSTEIN durch das Äquivalenzprinzip von Masse und Energie gedeutet werden:

$$E = m \cdot c^2 \tag{1-1}$$

E Energie, m Masse, c Vakuumlichtgeschwindigkeit ($c = 2,998 \cdot 10^8$ m · s^{-1})

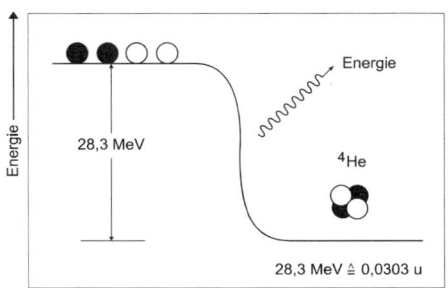

Bild 1-3: Schematische Darstellung einer Kernbildungsreaktion aus Protonen und Neutronen

Der Heliumkern besteht aus 2 Protonen und 2 Neutronen. Werden die Massen der Nukleonen addiert, so ergibt sich eine Kernmasse von 4,0320 u. Experimentell werden jedoch nur 4,0017 u gefunden. Die daraus errechnete Differenz – der Massendefekt – von 0,0303 u entspricht einer nuklearen Bindungsenergie von:

$$
\begin{aligned}
E &= m \cdot c^2 \\
&= 0{,}0303 \cdot 1{,}66 \cdot 10^{-27} \cdot 9 \cdot 10^{16} \ \text{kg} \cdot \text{m}^2 \cdot \text{s}^{-2} \\
&= 4{,}53 \cdot 10^{-12} \ \text{J} \\
&= 28{,}3 \ \text{MeV}
\end{aligned}
$$

Im Vergleich hierzu beträgt der Energieumsatz bei chemischen Reaktionen nur einige Elektronvolt (eV). Die Umrechnungsfaktoren von u in g und von J in eV sind dem Anhang 1 zu entnehmen. Nach der EINSTEIN'schen Gleichung sind Masse und Energie äquivalent. Einer atomaren Masseneinheit entspricht die Energie von $931 \cdot 10^6$ eV = 931 MeV.

Die Kernbindungsenergie des ^{4}He-Kerns beträgt 28,3 MeV (bei einem äquivalenten Massendefekt von 0,0303 u). Dies entspricht einer Bindungsenergie pro Nukleon von 7,08 MeV. In der folgenden Abbildung sind die auf ein Nukleon bezogene Bindungsenergie und der dazugehörige Massendefekt über der Nukleonenzahl A aufgetragen.

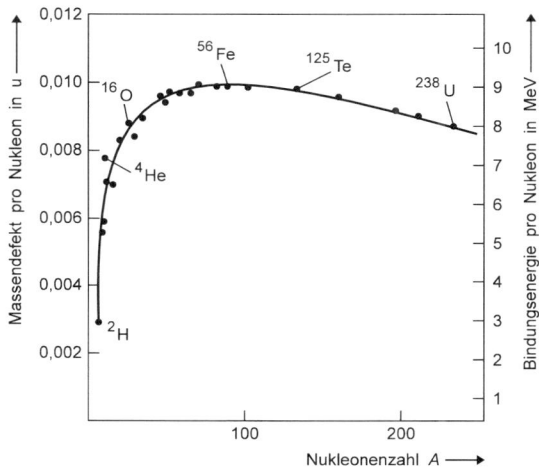

Bild 1-4: Abhängigkeit des Massendefekts und der Kernbindungsenergie von der Nukleonenzahl einiger ausgewählter Nuklide

Bei den ersten Elementen bis zum ^{16}O-Isotop ist die Bindungsenergie pro Nukleon gering und nahezu proportional zur Anzahl der Nukleonen. Vom Sauerstoff an aufwärts hat die Bindungsenergie pro Nukleon einen annähernd konstanten Wert von 8 MeV, der einem Massendefekt von 0,0085 u entspricht. Ein Maximum tritt bei den Elementen Eisen, Cobalt und Nickel auf.

Freie Nukleonen haben eine durchschnittliche Masse von 1,008 u, im Kern gebundene Nukleonen haben auf Grund des Massendefekts im Durchschnitt eine Masse von 1,000 u. Daher weisen die Nuklidmassen annähernd ganzzahlige Werte auf (vgl. Tab. 1-2).

1.3   Kernreaktionen

Chemische Reaktionen beruhen auf Veränderungen in der Elektronenstruktur der Atome. Die Kerne bleiben dabei unverändert. Da der Energieumsatz bei stofflichen Umsetzungen, die in der Chemie besprochen werden, nur wenige eV beträgt, kann das Gesetz von der Erhaltung der Masse als gültig angenommen werden. Die geringfügigen Masseänderungen sind experimentell nicht messbar. Bei Kernveränderungen, den **Kernreaktionen**, spielt die Struktur der Elektronenhülle keine Rolle. Da der Energieumsatz ca. 10^6-mal größer ist als bei chemischen Reaktionen, lassen sich Masseveränderungen entsprechend dem Gesetz der Äquivalenz von Masse und Energie experimentell bestimmen.

Um die Kernreaktionen formal beschreiben zu können, ist es notwendig, die wichtigsten Begriffe im Zusammenhang mit chemischen Reaktionen einzuführen. Unter einer **Reaktion** versteht man eine geeignete Kombination von v_A Partikeln der Sorte A mit v_B Partikeln der Sorte B, die in v_C Partikel der Sorte C und v_D Partikel der Sorte D übergehen.

$$v_A\, A\ +\ v_B\, B\ \longrightarrow\ v_C\, C\ +\ v_D\, D$$

Die Partikel A, B, C und D werden Reaktanten oder **Reaktionskomponenten** genannt. A, B nennt man speziell auch **Edukte** und C, D **Produkte**. Bei definierten Reaktionen stehen die stöchiometrischen Koeffizienten v_i in einer konstanten Proportion zueinander, die man in der Regel normiert, sodass die kleinstmöglichen ganzzahligen Werte angegeben werden. Es gilt auch das Prinzip der Masseerhaltung, welches besagt, dass die Gesamtmasse der verbrauchten Stoffe gleich der der gebildeten Substanzen sein muss.

1.3.1   Radioaktivität

BECQUEREL entdeckte 1896, dass Uranmineralien eine Strahlung emittieren, die in ihrer Nähe befindliche fotografische Platten schwärzen. Er nannte diese Erscheinung **Radioaktivität.** Als Quelle dieser Strahlung isolierten PIERRE und MARIE CURIE aus Pechblende, einem Uranerz, die darin enthaltenen, bisher unbekannten Elemente Polonium (Po) und Radium (Ra). Von diesen stammte fast die gesamte Strahlung, obwohl ihr prozentualer Anteil im Erz äußerst gering ist. Unmittelbar nach dieser Entdeckung entwickelten RUTHERFORD und SODDY 1903 eine Theorie. Danach ist die Radioaktivität als spontaner Zerfall von Elementen unter Emission von Strahlung aufzufassen, die das Ergebnis von Veränderungen im Kern instabiler Atome ist. Bei diesen Kernreaktionen entstehen neue Elemente.

> Instabile Nuklide emittieren Elementarteilchen oder kleinere Kernbruchstücke und wandeln sich dabei in andere Nuklide um. Die spontane Kernumwandlung wird als radioaktiver Zerfall bezeichnet.

Instabile Nuklide sind vorwiegend Atome mit $Z > 83$, d.h. schwere Kerne, die mehr als 83 Protonen enthalten. Für Zwecke der Chemie sind folgende Strahlungsarten wichtig:

α-Strahlung

Es handelt sich um Heliumkerne, die aus zwei Protonen und zwei Neutronen aufgebaut sind ($^4He^{2+}$). α-Strahlen werden bereits von einer 30 mm dicken Luftschicht absorbiert. Die kinetische Energie liegt, je nach Strahlungsquelle, zwischen 5 und 11 MeV. Unmittelbar nach seiner Emission nimmt der Heliumkern Elektronen auf und kann als neutrales Heliumatom nachgewiesen werden. Als Beispiel sei die Kernumwandlung des Poloniumisotops 210 in Blei unter Emission von α-Teilchen genannt:

$$^{210}_{84}Po \quad \longrightarrow \quad ^{206}_{82}Pb \quad + \quad ^4_2He$$

Radioaktive Prozesse sind demnach Zerfallsprozesse, bei denen die Struktur der Atomkerne und damit der chemische Charakter der Atome verändert wird. Dieser Tatsache tragen die radioaktiven Verschiebungsgesetze Rechnung, indem sie die bei der α- und β-Strahlung ablaufende Elementumwandlung charakterisieren.

1. Verschiebungsgesetz: Wird ein α-Teilchen bei der Kernumwandlung emittiert, so sinkt die Massenzahl um vier und die Kernladungszahl um zwei Einheiten.

Im Periodensystem der Elemente (vgl. Kap. 2) vollzieht sich die Verschiebung um zwei Positionen nach links (Ordnungszahl $Z \rightarrow Z - 2$).

β-Strahlung

β-Strahlen bestehen aus Elektronen (Masse ≈ 0,0005 u) und haben eine
Energie von 0,02...4 MeV. Die Reichweite in Luft beträgt 1,5...8 m. Beispiel für eine Kernreaktion mit β-Emission:

$$^{14}_{6}\text{C} \longrightarrow {}^{14}_{7}\text{N} + {}^{0}_{-1}\text{e}$$

Beim β-Zerfall nimmt die Kernladung um eine Einheit zu, während die
Masse nahezu konstant bleibt. Im Periodensystem drückt sich eine Kern-
umwandlung unter Emission von β-Strahlung als Verschiebung um eine
Position nach rechts ($Z \rightarrow Z + 1$) aus.

2. Verschiebungsgesetz: Durch Emission eines Elektrons aus
dem Atomkern bleibt die Masse des Kerns unverändert und die
Kernladungszahl erhöht sich um eine Einheit. (Zur Vereinfachung
wird die Umwandlung von einem Neutron in ein Proton angenommen.)

γ-Strahlung

Diese ist eine elektromagnetische Strahlung mit relativ kleiner Wellenlänge (10^{-12} m). Sie ist ungeladen und hat eine verschwindend geringe Masse
(Photonenmasse). Die γ-Strahlung stellt eine hochfrequente Röntgenstrahlung dar, deren kinetische Energie 0,1...2 MeV beträgt.

Die drei Strahlungsarten (α-, β- und γ-Strahlung) unterscheiden
sich durch ihr Verhalten im elektrischen und magnetischen Feld
sowie in ihrer Fähigkeit, Materialien unterschiedlich stark zu durchdringen. Reichweite und Durchdringungsfähigkeit der Strahlung
nehmen in der Reihenfolge α, β, γ stark zu.

n-Strahlung

Werden Atomkerne mit α-Teilchen beschossen, so können Neutronen aus
dem Atomkern herausgeschleudert werden. Die dazu benötigten Helium-

kerne stammen beispielsweise aus Radium 226, einem α-Strahler. Die gebildeten Neutronen haben eine kinetische Energie von max. 7,8 eV. Eine einfache, häufig benutzte Möglichkeit zur Erzeugung von Neutronenstrahlen ist folgende Kernreaktion:

$$^{9}_{4}\text{Be} \; + \; ^{4}_{2}\text{He} \; \longrightarrow \; ^{1}_{0}\text{n} \; + \; ^{12}_{6}\text{C}$$

Für viele Kernreaktionen sind Neutronen wichtige Reaktionspartner, da sie als ungeladene Teilchen nicht von den positiv geladenen Kernen abgestoßen werden.

Radioaktive Zerfallsreihen

Bei Kernreaktionen entstehen häufig Nuklide, die selbst radioaktiv sind und weiter zerfallen, sodass **radioaktive Zerfallsreihen** entstehen. Am Ende einer Zerfallsreihe steht ein stabiles Blei- oder Bismutisotop. Die einzelnen Glieder einer Zerfallsreihe weisen entsprechend den Verschiebungsgesetzen entweder die gleiche Nukleonenzahl auf (β-Zerfall), oder die Nukleonenzahl reduziert sich um vier Einheiten (α-Zerfall). Außer α- und β-Strahlen werden stets auch γ-Strahlen emittiert.

Tabelle 1-4: Radioaktive Zerfallsreihen

Zerfallsreihe	Nukleonenzahl der zur Reihe gehörenden Nuklide*	Beispiele	Abgegebene Teilchen	
			α	β
Thorium-Reihe	$A = 4n$	$^{232}_{90}\text{Th},\ ^{220}_{86}\text{Rn},\ ^{208}_{82}\text{Pb}$	6	4
Neptunium-Reihe	$A = 4n + 1$	$^{237}_{93}\text{Np},\ ^{225}_{88}\text{Ra},\ ^{209}_{82}\text{Pb}$	7	4
Uran-Reihe	$A = 4n + 2$	$^{238}_{92}\text{U},\ ^{226}_{88}\text{Ra},\ ^{222}_{86}\text{Rn},\ ^{206}_{82}\text{Pb}$	8	6
Actinium-Reihe	$A = 4n + 3$	$^{235}_{92}\text{U},\ ^{219}_{86}\text{Rn},\ ^{207}_{82}\text{Pb}$	7	4

* Mit Hilfe der angegebenen Gleichung lassen sich die Nukleonenzahlen der Glieder einer Reihe berechnen, n ist dabei eine ganze Zahl.

Da Änderungen der Nukleonenzahl A nur jeweils um vier Einheiten erfolgen, sind vier verschiedene Zerfallsreihen möglich. Drei Zerfallsreihen werden in der Natur beobachtet: die Thorium-Reihe ($4n + 0$), die Uran-Reihe ($4n + 2$) und die Actinium-Reihe ($4n + 3$). Die vierte Zerfallsreihe wurde erst nach der künstlichen Herstellung von $^{237}_{93}\text{Np}$ zugänglich, sie heißt Neptunium-Reihe ($4n + 1$).

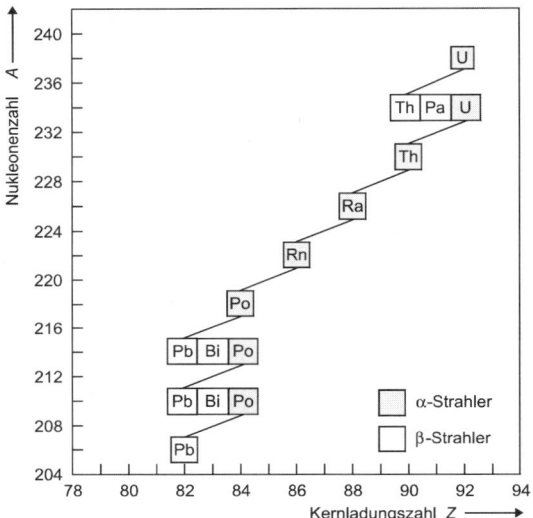

Bild 1-5: Darstellung des radioaktiven Zerfalls von Uran 238

In Bild 1-5 ist der natürliche radioaktive Zerfall von Uran 238 bis zum Endglied Blei 206 dargestellt. In Wirklichkeit ist die Zerfallsreihe jedoch komplizierter, da einzelne Glieder der Reihe sowohl einen α- als auch einen β-Zerfall erleiden. Die Zweige, die weniger als 1% der Nuklide betreffen, sind nicht mit aufgeführt. Die überwiegende Mehrheit der Zerfallsprozesse emittiert auch γ-Strahlung.

Außer bei schweren Elementen ist natürliche Radioaktivität auch bei einigen leichten Elementen zu beobachten. Beispiele sind $^3_1$H, $^{14}_6$C, $^{40}_{19}$K und $^{87}_{37}$Rb. Bei diesen Nukliden tritt nur β-Strahlung auf.

Stabilität und Halbwertszeit

Die Anzahl der Atomkerne, die in einem betrachteten Zeitraum zerfallen, ist der Menge des noch nicht zerfallenen Materials proportional. Der Kernzerfall erfolgt völlig spontan und rein statistisch, d. h., die Wahrscheinlichkeit, dass ein bestimmter Kern innerhalb einer bestimmten Zeitspanne zerfallen wird, ist konstant und von der Umgebung unabhängig. Die Anzahl der pro Zeiteinheit zerfallenen Kerne $-dN/dt$ ist somit der Gesamtzahl radioaktiver Kerne proportional. Die Zerfallskonstante ist charakteristisch für jedes instabile Isotop.

$$-\frac{dN}{dt} = \lambda \cdot N \tag{1-2}$$

Durch Integration erhält man:

$$-\int_{N_0}^{N_t}\frac{dN}{N} = \lambda \cdot \int_0^t dt \tag{1-3}$$

$$\ln\frac{N_0}{N_t} = \lambda \cdot t \tag{1-4}$$

$$N_t = N_0 \cdot e^{-\lambda \cdot t} \tag{1-5}$$

N_0 Anzahl radioaktiver Kerne zum Zeitpunkt $t = 0$, N_t Anzahl radioaktiver Kerne zum Zeitpunkt t, λ Zerfallskonstante, t Zeit

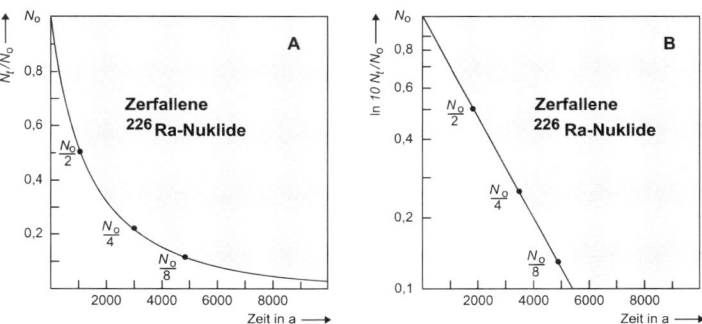

Bild 1-6: Zeitlicher Verlauf des radioaktiven Zerfalls eines ^{226}Ra-Nuklids in linearer (A) und halblogarithmischer (B) Darstellung

N_0 ist die Anzahl der radioaktiven Kerne zum Zeitpunkt $t = 0$, N_t die Anzahl der noch nicht zerfallenen Kerne zur Zeit t. Der resultierende exponentielle Verlauf ist in Bild 1-6 gezeigt.

Als charakteristische Größe für die Stabilität eines instabilen Nuklids wird die Halbwertszeit $t_{1/2}$ angegeben. Sie ist unabhängig von der Ausgangsmenge des radioaktiven Materials und definiert als die Zeit, in der die Hälfte des Stoffes zerfallen ist.

$$N_t(1/2) = \frac{N_0}{2} \tag{1-6}$$

Wird die Gleichung (1-6) in (1-4) eingesetzt, so ergibt sich die Halb-wertszeit $t_{1/2}$:

$$t_{1/2} = \frac{\ln 2}{\lambda} = \frac{0{,}693}{\lambda} \tag{1-7}$$

Die Halbwertszeit ist für jede instabile Nuklidsorte eine charakteristische Größe und liegt zwischen 10^{-9} Sekunden und 10^{14} Jahren.

Radioaktivität

Der Zerfall eines instabilen Nuklids hat eine radioaktive Aktivität zur Folge. Sie ist unabhängig von der Art der emittierten Teilchen und ent-spricht der Zerfallsrate, d. h. der Häufigkeit dN/dt, mit der die radioaktiven Atomkerne zerfallen.

$$A = -\frac{dN}{dt} = \lambda \cdot N \tag{1-8}$$

A Zerfallsrate, N Anzahl radioaktiver Kerne, λ Zerfallskonstante, t Zeit

Die Zerfallsrate (Aktivität) wird als Anzahl der Kernumwandlungen pro Zeiteinheit angegeben. SI-Einheit: Becquerel ($Bq = s^{-1}$). Das Curie (Ci) wurde früher als Einheit verwendet und soll nicht mehr benutzt werden (SI-fremde Einheit).

$1\ Bq = 1\ s^{-1}$
$1\ Ci = 3{,}7 \cdot 10^{10}\ Bq$

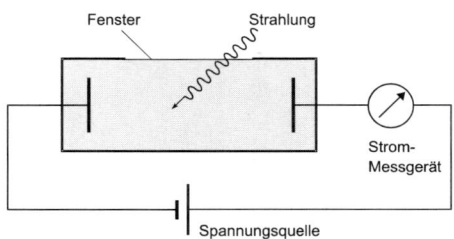

Bild 1-7: Schematische Darstellung einer Ionisationskammer

Die Aktivität gibt lediglich Auskunft über die Häufigkeit der Zerfallsprozesse pro Zeiteinheit. Um ein Maß für die biologische Wirksamkeit zu
erhalten, nutzt man die ionisierende Wirkung der Strahlung. Als Mess-
verfahren wird die **Dosimetrie** angewendet. Hierbei befindet sich in einer
Ionisationskammer ein geeignetes Gas (z. B. Luft), das durch die ein-
dringende ionisierende Strahlung elektrisch leitend wird. Der Stromfluss
löst ein optisches oder akustisches Signal aus (Anzeige eines Messgerätes,
Knackgeräusch eines GEIGER-Zählers). Ionisationskammern werden auch
zur Kalibrierung anderer Dosisinstrumente, z. B. Filmstreifen, eingesetzt.

Die Ionendosis J ist der Quotient aus Ionenladung Q und Masse m des
verwendeten Gases.

$$J = \frac{Q}{m} \tag{1-9}$$

SI-Einheit: $C \cdot kg^{-1}$. Die früher übliche Einheit Röntgen (R) mit 1 R =
$2,58 \cdot 10^{-4}$ $C \cdot kg^{-1}$ ist eine ungültige Einheit. Die entsprechende Ionendo-
sisrate (Ionendosisleistung) dJ/dt hat die SI-Einheit $A \cdot kg^{-1}$.

1.3.2   Anwendungen der Kernreaktionen und der Isotope

Stabile Isotope und Radionuklide haben mit der Verfeinerung der Detek-
tions- und Messmethodik eine große Verbreitung bei der Aufklärung von
Reaktionsmechanismen und der Kontrolle von analytischen Routineverfahren in Forschung und Technik gefunden. Radioaktive Isotope haben
zusätzlich den Vorteil, dass durch Messung ihrer Radioaktivität sowohl ihr
Vorhandensein (qualitativer Aspekt) als auch ihre Konzentration (quantitativer Aspekt) ermittelt werden kann. Beispiele einiger radioaktiver Tracer-
Kerne (*to trace*, engl.: verfolgen) sind ^3H, ^{14}C, ^{32}P und ^{35}S.

Chemische Markierung
Ein Beispiel für die Anwendung von chemischen Markierungen zur Untersuchung eines Reaktionsmechanismus ist die Art der Bindungsspaltung bei
der Esterverseifung.

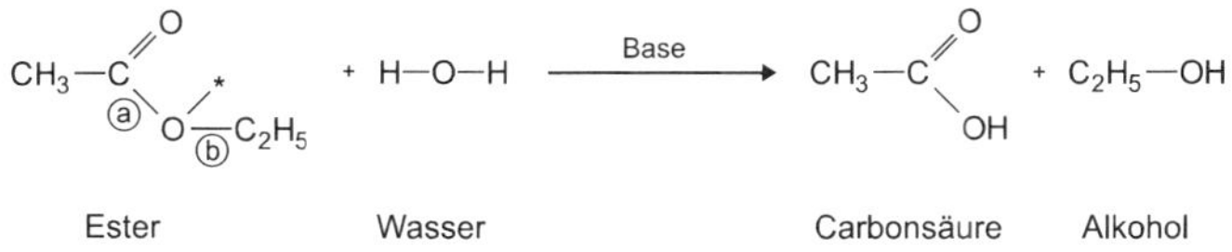

| Ester | Wasser | | Carbonsäure | Alkohol |

Der mit einem * gekennzeichnete Sauerstoff ist ein radioaktives ^{18}O-Isotop. Bei der Esterverseifung stellt sich die Frage, ob die mit (a) oder (b) gekennzeichnete Bindung durch basenkatalysierte Hydrolyse aufgespalten wird (vgl. Kap. Organische Chemie). Erfolgt die Aufspaltung an der Bindung (a), so lagert sich die OH-Gruppe des Wassers an die Carbonsäure an. Wird die Trennung jedoch bei (b) erfolgen, so findet man das ^{18}O-Isotop in der Carbonsäure wieder. Dieses Experiment wurde durchgeführt, und die Spaltung erfolgte bei (a). Würde die Reaktion in Wasser erfolgen, das mit dem ^{18}O-Isotop angereichert ist, so wäre die Frage nach dem Mechanismus zu beantworten, indem nachgeprüft wird, wo ^{18}O in den Reaktionsprodukten zu finden ist.

Altersbestimmung von organischen Substanzen

In den oberen Schichten der Erdatmosphäre wird durch Kernreaktionen, an denen Neutronen und kosmische Strahlung beteiligt sind, nach folgender Gleichung radioaktives ^{14}C-Isotop erzeugt:

$$^{14}_{7}N + ^{1}_{0}n \longrightarrow ^{14}_{6}C + ^{1}_{1}p$$

Solange ein Organismus lebt, stellt sich ein konstantes Verhältnis zwischen dem radioaktiven ^{14}C-Isotop und dem stabilen ^{12}C-Isotop ein. Da Pflanzen bei der Assimilation CO_2 aufnehmen, wird das Verhältnis ^{14}C : ^{12}C auf die Pflanzen übertragen. Tiere, die Pflanzen fressen, oder der Mensch, der sich vom Protein der Tiere ernährt, erhalten ebenfalls durch die Nahrungsaufnahme eine stetige Kohlenstoffzufuhr aus dem photosynthetischen Prozess. Nachdem der Organismus abgestorben ist, hört der Stoffwechsel auf, und der ^{14}C-Gehalt sinkt auf Grund des radioaktiven Zerfalls. Wird der ^{14}C-Gehalt quantitativ bestimmt, so können der Zeitpunkt des Absterbens und somit das Alter des Organismus bestimmt werden. Das Isotopenverhältnis ^{14}C : ^{12}C ist

Tabelle 1-5: Halbwertszeiten von Isotopen der Uranzerfallsreihe

Nuklide	Strahlungs-art	Halbwerts-zeit	Nuklide	Strahlungs-art	Halbwerts-zeit
$^{238}_{92}$U	α	$4,5 \cdot 10^9$a	$^{214}_{82}$Pb	β	26,8 min
$^{234}_{90}$Th	β	24,1 d	$^{214}_{83}$Bi	β	19,7 min
$^{234}_{91}$Pa	β	1,17 min	$^{214}_{84}$Po	α	$1,64 \cdot 10^{-4}$s
$^{234}_{92}$U	α	$2,5 \cdot 10^5$a	$^{210}_{82}$Pb	β	22,3 a
$^{230}_{90}$Th	α	$8,0 \cdot 10^4$a	$^{210}_{83}$Bi	β	5,0 d
$^{226}_{88}$Ra	α	$1,6 \cdot 10^3$a	$^{210}_{84}$Po	α	138,4 d
$^{222}_{86}$Rn	α	3,83 d	$^{206}_{82}$Pb	——	stabil
$^{218}_{84}$Po	α	3,05 min			

zum Beispiel in einem vor 5730 Jahren gestorbenem Lebewesen genau halb so groß wie in einem lebenden Organismus. Die ^{14}C-Methode ist bei Bestimmungen eines Alters von bis zu 20 000 Jahren mit einer Genauigkeit von ± 200 Jahren möglich.

Altersbestimmung von Mineralien

Das Uranisotop 238 zerfällt beispielsweise in einer Zerfallsreihe in 14 Schritten in das stabile Bleiisotop 206 (vgl. Bild 1-5). Ermittelt man in Uranmineralien den Gehalt an „Uranblei", so lässt sich mit Hilfe der Gleichung (1-7) die Zeit berechnen, in der die Menge Uran zerfallen war, die der gefundenen Menge Blei entspricht. Nach dieser Methode bezieht sich das Alter auf die Zeit nach der letzten Erstarrung des Gesteins, aus dem die Mineralien gewonnen wurden.

Die Halbwertszeit der ersten Zerfallsreaktion (^{238}U $\rightarrow$ ^{234}Th) ist mit $4,51 \cdot 10^9$ Jahren die größte der Zerfallsreihe, sie bestimmt die Geschwindigkeit des Gesamtzerfalls. Weitere Beispiele von Isotopen der Uranzerfallsreihe mit den Halbwertszeiten sind in Tabelle 1-5 gezeigt.

1.3.3   Künstliche Nuklide

Erzwungene Kernreaktionen lassen sich herbeiführen, indem Elemente mit hochenergetischen Teilchen beschossen werden. Haben diese Teilchen eine eingeschränkte kinetische Energie, so führt dies bei leichteren Kernen zu einfachen Kernreaktionen, bei schwereren Kernen kann es auch zu Kernspaltungsreaktionen kommen.

1919 führte RUTHERFORD die erste künstliche Elementumwandlung durch. Er benutzte α-Teilchen für den Beschuss von Stickstoffkernen.

$$^{14}_{7}N \quad + \quad ^{4}_{2}He \quad \longrightarrow \quad ^{1}_{1}H \quad + \quad ^{17}_{8}O$$

Bei dieser Reaktion verschmilzt das α-Teilchen mit dem Stickstoffatomkern zu einem instabilen $^{18}_{9}$F-Zwischenkern, der in Sauerstoff und ein Proton zerfällt. Eine andere übliche Schreibweise für diese Reaktion ist: $^{14}_{7}N (\alpha, p) ^{17}_{8}O$.

Bei Kernreaktionen wie der von RUTHERFORD durchgeführten ist es nicht einfach, ein geladenes Elementarteilchen so dicht an den Kern heranzubringen, dass die Reaktion überhaupt ablaufen kann. Eine wichtige Aufgabe bei der Entwicklung von Elementarteilchenbeschleunigern (Zyklotron, Synchrotron u.a.) war es, dem Beschussmaterial eine geeignete kinetische Energie zu verleihen, damit diese zum Beschuss eingesetzt werden konnte.

Neutronenstrahlen müssen dagegen nicht so energiereich sein, um bis zum Atomkern vordringen zu können. So werden zum Beispiel Neutronenstrahlen, die in Kernreaktoren anfallen, zur Herstellung von Tritium ($_1^3$H) benutzt, das in der medizinischen Diagnostik oder zur Aufklärung von Reaktionsmechanismen eingesetzt wird.

$$_5^{10}B \ + \ _0^1n \ \longrightarrow \ _1^3H \ + \ _2^4He \ + \ _2^4He$$

$$_3^6Li \ + \ _0^1n \ \longrightarrow \ _1^3H \ + \ _2^4He$$

Radioaktives Cobalt 60, das bei der Krebstherapie eingesetzt wird, kann durch Neutronenbeschuss von stabilem Cobalt 59 hergestellt werden.

$$_{27}^{59}Co \ + \ _0^1n \ \longrightarrow \ _{27}^{60}Co$$

Kernreaktionen können erzwungen werden, wenn Atomkerne mit α-Teilchen, Protonen, Neutronen, Deuteronen usw. beschossen werden.

Durch Kernreaktionen kann eine Vielzahl künstlicher Isotope hergestellt werden. Neben den zurzeit 334 natürlich vorkommenden Nukliden sind insgesamt nahezu 2000 Nuklidsorten bekannt.

Die höchste Ordnungszahl der natürlichen Elemente hat das Plutonium mit $Z = 94$. In der Natur kommt Plutonium in verschwindend kleinen Mengen in Form des Isotops $_{94}^{239}Pu$ in einigen Uranmineralien vor. Kernspaltungsspuren von $_{94}^{244}Pu$ wurden in Meteoriten und im Mineral Bastnäsit nachgewiesen (10^{-4} g in 100 kg Bastnäsit) und können zur Altersbestimmung von Meteoriten herangezogen werden.

Eine der interessantesten Anwendungen der Elementarteilchenbeschleuniger war die Erzeugung neuer **Transuran-Elemente.** Die Elemente mit Ordnungszahlen von $Z = 93$ bis $Z = 114$ können durch Kernreaktionen hergestellt werden. In Tabelle 1-6 sind einige Beispiele gezeigt.

Die Elemente mit den Ordnungszahlen $Z = 107$ bis $Z = 114$ werden durch Reaktion mit schweren Beschusskernen hergestellt:

$$_{83}^{209}Bi \ + \ _{26}^{58}Fe \ \longrightarrow \ _{109}^{266}Mt \ + \ _0^1n$$

Die **Kernspaltung** stellt eine weitere Art der Elementumwandlung dar, die zur Herstellung künstlicher Nuklide eingesetzt werden kann. Streng genommen sind die bereits besprochenen (p, n)-Reaktionen auch Kernspaltungsreaktionen. Von Kernspaltungen im engeren Sinne spricht man jedoch nur, wenn die Spaltung von schweren Kernen ($_{92}^{235}$U, $_{94}^{239}$Pu, $_{94}^{241}$Pu usw.) durch meist langsame Neutronen eingeleitet wird.

Tabelle 1-6: Kernreaktionen zur Erzeugung neuer Transuran-Elemente

Transurane	Ordnungszahl	Kernreaktion
Neptunium	93	$_{92}^{238}U + _{1}^{2}H \longrightarrow _{93}^{238}Np + 2\ _{0}^{1}n$
Plutonium	94	$_{92}^{238}U + _{2}^{4}He \longrightarrow _{94}^{239}Pu + 3\ _{0}^{1}n$
Curium	96	$_{94}^{239}Pu + _{2}^{4}He \longrightarrow _{96}^{242}Cm + 1\ _{0}^{1}n$
Californium	98	$_{92}^{238}U + _{6}^{12}C \longrightarrow _{98}^{246}Cf + 4\ _{0}^{1}n$
Einsteinium	99	$_{92}^{238}U + _{7}^{14}N \longrightarrow _{99}^{247}Es + 5\ _{0}^{1}n$
Fermium	100	$_{92}^{238}U + _{8}^{16}O \longrightarrow _{100}^{249}Fm + 5\ _{0}^{1}n$
Nobelium	102	$_{96}^{246}Cm + _{6}^{13}C \longrightarrow _{102}^{254}No + 5\ _{0}^{1}n$
Lawrencium	103	$_{98}^{252}Cf + _{5}^{10}B \longrightarrow _{103}^{257}Lr + 5\ _{0}^{1}n$

HAHN und STRASSMANN entdeckten 1939 beim Beschuss von Uran 235 mit Neutronen die Spaltung des zunächst gebildeten Übergangsnuklids $_{92}^{236}$U* in zwei Bruchstücke unter starker Wärmeentwicklung.

$$_{92}^{235}U + _{0}^{1}n \longrightarrow _{92}^{236}U^* \longrightarrow X + Y + 2...3\ n$$

Der ^{236}U*-Zerfall läuft innerhalb weniger Nanosekunden ab. X und Y sind Kernbruchstücke mit Nukleonenzahlen von etwa 95 und 140. Zwei mögliche Zerfallsreaktionen sind:

$$_{92}^{236}U^* \longrightarrow _{38}^{90}Sr + _{54}^{143}Xe + 3\ _{0}^{1}n$$

$$_{92}^{236}U^* \longrightarrow _{36}^{92}Kr + _{56}^{142}Ba + 2\ _{0}^{1}n$$

Der große Energiegewinn bei der Kernspaltung wird verständlich, wenn man berücksichtigt, dass beim Zerfall des schweren Urankerns in zwei leichtere Kerne die Kernbindungsenergie um 0,8 MeV pro Nukleon erhöht wird (vgl. Bild 1-4). Hieraus kann eine Bindungsenergie von 200 MeV abgeschätzt werden, die bei der Kernspaltung frei wird.

Die durchaus große Bedeutung dieser Kernspaltung beruht nicht zuletzt darauf, dass pro Spaltungsschritt 2...3 Neutronen emittiert werden und so weitere Spaltungsschritte initiiert werden können. Diese Reaktionsfolge wird üblicherweise als **Kettenreaktion** bezeichnet und findet als unkontrollierter Prozess in der Atombombe Anwendung. Durch eine gesteuerte Kettenreaktion kann die Uranspaltung so gelenkt werden, dass sie technologisch sinnvoll genutzt, als Stoff- und Energiequelle in einem Kernreaktor ausgenutzt werden kann. 1 kg des Uranisotops 235 liefert zum Beispiel die gleiche Energie wie $2,5 \cdot 10^6$ kg Steinkohle. Auch die bei der Spaltungsreaktion frei werdenden Neutronen können zur Herstellung radioaktiver Nuklide und künstlicher Elemente (Transurane) genutzt werden.

1.4   Elektronenkonfigurationen
1.4.1   BOHR'sches Modell des Wasserstoffatoms

Das bisher betrachtete Bild eines Atoms erlaubte eine Klassifizierung der Atomsorten und damit eine Definition der Begriffe Element, Nuklid, Isotop usw. Um jedoch darüber hinaus die für die Chemie wichtigen Eigenschaften der Atome kennen zu lernen, ist die **Struktur der Elektronenhülle** entscheidend.

Ein mit der Wirklichkeit übereinstimmendes Modell zur quantitativen Beschreibung von Atomkern und Elektronenhülle liefert die Quantenmechanik. Hier soll zunächst die Entwicklung eines Atommodells durch den dänischen Physiker BOHR für das einfachste Atom, das Wasserstoffatom, vorgestellt werden.

Das Wasserstoffatom lässt sich als ein System beschreiben, bei dem sich das punktförmige Elektron auf einer Kreisbahn um das ebenfalls punktförmige Proton bewegt. Um eine stabile Umlaufbahn zu erreichen, müssen die Zentrifugalkraft und die elektrostatische Anziehungskraft zwischen Proton und Elektron gleich sein. Diese Gleichgewichtsbedingung findet sich wieder in der Bewegung von Planeten.

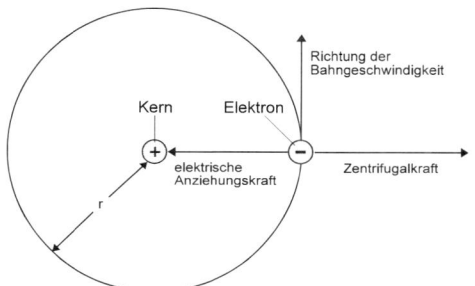

Bild 1-8: Das BOHR'sche Modell des Wasserstoffatoms: Ein Elektron bewegt sich
           auf einer kreisförmigen Umlaufbahn mit der Geschwindigkeit *v* in einem
           Abstand *r* vom Kern

Zwischen dem Elektron und dem Proton herrscht nach dem COU-
LOMB'schen Gesetz eine elektrische Anziehungskraft:

$$F_{el} = -\frac{e^2}{4 \cdot \pi \cdot \varepsilon_0 \cdot r^2} \qquad (1\text{-}10)$$

e Elementarladung, die dem Proton mit positivem und dem Elektron mit negativem
Vorzeichen zukommt, *r* Radius der Kreisbahn, ε_0 ist die elektrische Feldkonstante
($\varepsilon_0 = 8,854 \cdot 10^{-12} \, A^2 \cdot s^4 \cdot kg^{-1} \cdot m^{-3}$)

Bewegt sich das Elektron mit einer Bahngeschwindigkeit um den Atomkern, so ist die Zentrifugalkraft:

$$F_Z = \frac{m \cdot v^2}{r} \qquad (1\text{-}11)$$

F_Z Zentrifugalkraft, *m* Masse des Elektrons, *v* Bahngeschwindigkeit des Elektrons

Als Voraussetzung für eine stabile Umlaufbahn muss gelten:

$$-F_{el} = F_Z \qquad (1\text{-}12)$$

$$\frac{e^2}{4 \cdot \pi \cdot \varepsilon_0 \cdot r^2} = \frac{m \cdot v^2}{r} \qquad (1\text{-}13)$$

bzw.:

$$\frac{e^2}{4 \cdot \pi \cdot \varepsilon_0 \cdot r} = m \cdot v^2 \qquad (1\text{-}14)$$

Die Gesamtenergie des Elektrons E auf einer Kreisbahn setzt sich aus kinetischer und potenzieller Energie zusammen.

$$E = E_{kin} + E_{pot} \qquad (1\text{-}15)$$

Die kinetische Energie E_{kin} stammt von der Bewegung des Elektrons, und die potenzielle Energie E_{pot} kommt durch die elektrischen Anziehungskräfte zu Stande. Die Gesamtenergie ergibt sich demnach aus:

$$E = \frac{1}{2} \cdot m \cdot v^2 - \frac{e^2}{4 \cdot \pi \cdot \varepsilon_0 \cdot r} \qquad (1\text{-}16)$$

Wird $m \cdot v^2$ durch Gleichung (1-14) ersetzt, so erhält man:

$$E = \frac{1}{2} \cdot \frac{e^2}{4\,\pi\,\varepsilon_0\,r} - \frac{e^2}{4\,\pi\,\varepsilon_0\,r} = -\frac{e^2}{8\,\pi\,\varepsilon_0\,r} \qquad (1\text{-}17)$$

Nach dieser Gleichung hängt die Energie des Elektrons nur vom Radius r ab. Für ein Elektron sind alle Radien und Energiewerte von null ($r = \infty$) bis unendlich ($r = 0$) erlaubt.

Diese Vorstellung steht zwar in Einklang mit den Gesetzen der klassischen Mechanik, jedoch in Widerspruch zu den klassischen Theorien der Elektrodynamik. Das kreisende Elektron müsste, wie jede bewegte Ladung, ein periodisches Feld erzeugen und damit Energie abgeben. Ein derartiger Energieverlust des Systems „Kern-Elektron" würde zur ständigen Reduzierung der Geschwindigkeit des Elektrons und schließlich zu seiner Vereinigung mit dem Kern führen.

> BOHR postulierte als erste Grundannahme seiner Theorie, dass es im Wasserstoffatom Umlaufbahnen (Orbitale) gibt, auf denen sich ein Elektron strahlungsfrei bewegen kann. Diese „erlaubten" Elektronenbahnen sind solche, für die der Bahndrehimpuls ($m \cdot v \cdot r$) ein ganzzahliges Vielfaches des durch $2 \cdot \pi$ dividierten PLANCK'schen Wirkungsquantums h ist.

Die mathematische Formulierung des **BOHR'schen Postulates** lautet:

$$m \cdot v \cdot r = n \cdot \frac{h}{2 \cdot \pi} \qquad (1\text{-}18)$$

n ist eine ganze Zahl $(1, 2, 3, ..., \infty)$ und wird **Quantenzahl** genannt.

BOHR zeigte ohne weitere Annahmen und mit Gesetzen der klassischen Mechanik und Elektrostatik, dass sein Prinzip zur Beschränkung oder Quantelung der Energie des Elektrons auf folgende Werte führt:

$$E = -\frac{k}{n^2} \qquad n = 1, 2, 3, ..., \infty \qquad (1\text{-}19)$$

Die Zahl n ist dieselbe ganze Zahl wie bei der Annahme über den Bahndrehimpuls (Gleichung 1-18). k ist eine Konstante, in der das PLANCK'sche Wirkungsquantum h, die Elektronenmasse m, die Ladung des Elektrons e und die elektrische Feldkonstante ε_0 in folgender Beziehung stehen. Diese Konstante hat einen Wert von 13,595 eV oder $2,1782 \cdot 10^{-18}$ J:

$$k = \left(\frac{1}{4 \cdot \pi \cdot \varepsilon_0} \right)^2 \cdot \frac{2 \cdot \pi^2 \cdot m \cdot e^4}{h^2} = \frac{m \cdot e^4}{8 \cdot \varepsilon_0{}^2 \cdot h^2} \qquad (1\text{-}20)$$

Durch Umformung von Gleichung (1-18) ergibt sich:

$$v = \frac{n \cdot h}{2 \cdot \pi \cdot m \cdot r} \qquad (1\text{-}21)$$

Setzt man diese in Gleichung (1-14) ein und stellt nach r um, so erhält man mit den entsprechenden Werten für h, m, e und ε_0:

$$r = n^2 \cdot \frac{h^2 \cdot \varepsilon_0}{\pi \cdot m \cdot e^2} = n^2 \cdot 0,53 \cdot 10^{-10} \text{ m} \qquad (1\text{-}22)$$

Das Elektron darf sich demnach nur in bestimmten Abständen vom Kern aufhalten. Der Radius der Umlaufbahn wird ebenfalls durch die ganze Zahl n bestimmt. Zur Ermittlung der Geschwindigkeit der Elektronen muss Gleichung (1-22) in (1-21) eingesetzt werden. Es ergibt sich unter Berücksichtigung der Konstanten:

$$v = \frac{1}{n} \cdot \frac{e^2}{2 \cdot h \cdot \varepsilon_0} = \frac{1}{n} \cdot 2{,}18 \cdot 10^6 \text{ m} \cdot \text{s}^{-1} \qquad (1\text{-}23)$$

Aus Gleichung (1-19) ist ersichtlich, dass sich die Energie dem Wert null nähert, wenn n gegen unendlich geht. Dies hängt damit zusammen, dass die Energie eines vollständig abgespaltenen Elektrons als Nullniveau der Energie definiert wurde. Da zur Abspaltung eines Elektrons aus einem Atom Energie erforderlich ist, muss ein Elektron, welches an ein Atom gebunden ist, eine geringere Energie als ein bereits isoliertes Elektron besitzen, d. h. eine negative Energie. Die relativen Größen der ersten vier Umlaufbahnen für atomaren Wasserstoff sind in Bild 1-9 gezeigt.

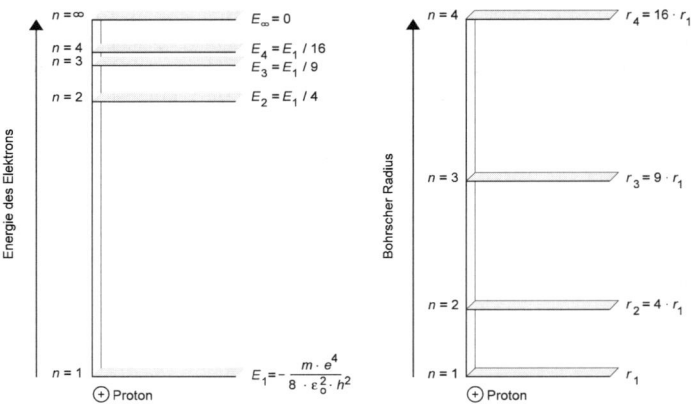

Bild 1-9: Energieniveaus im Wasserstoffatom und relative Radien der ersten BOHR'schen Umlaufbahnen

Die Quantelung des Bahndrehimpulses hat somit zur Folge, dass für das Elektron im Wasserstoffatom nur ganz bestimmte Bahnen mit den dazugehörigen Energiebeträgen erlaubt sind.

1.4.2   Deutung des Wasserstoffspektrums

Die Stärke des BOHR'schen Atommodells liegt neben seiner Anschaulichkeit in der richtigen Beschreibung der beobachteten Linienspektren. Werden Wasserstoffatome durch hohe Temperatur, elektrische Entladung oder Licht einer bestimmten Wellenlänge energetisch angeregt, so senden sie elektromagnetische Strahlung aus, vor allem im infraroten, sichtbaren und ultravioletten Bereich (**Emissionsspektrum**). Nach der spektralen Zerlegung ist zu erkennen, dass nur bestimmte Frequenzen auftreten, die aber in charakteristischer Weise ein **Linienspektrum** ergeben. Licht der gleichen Frequenzen kann auch vom atomaren System absorbiert werden und erscheint dann als dunkle Spektrallinien (**Absorptionsspektrum**).

Alle Elemente emittieren bei hohen Temperaturen Licht von charakteristischer Farbe, das in der Spektralanalyse zur Identifizierung und quantitativen Bestimmung genutzt werden kann. In vielen Fällen genügen nur Spuren, um ein Element spektroskopisch nachzuweisen (Natrium: 10^{-10} g). Die Färbung der anregenden Flamme (Flammenfärbung) dient als erster optischer Hinweis auf die Anwesenheit bestimmter Elemente. So färben beispielsweise flüchtige Verbindungen von Lithium die Flamme karminrot, von Natrium gelb, von Kalium violett, von Calcium orange und von Kupfer grünblau.

Die Emissionsspektren vieler Elemente haben komplexe Strukturen. Bei genauerer Betrachtung erkennt man jedoch, dass es sich um deutlich unterscheidbare Liniengruppen handelt (vgl. Bild 1-10 A). Diese Gruppen oder Serien wurden nach den Wissenschaftlern benannt, die sie entdeckten: **Lyman-, Balmer-, Paschen-, Brackett- und Pfund-Serie**. Allen gemeinsam ist, dass sich der Abstand von Linie zu Linie charakteristisch verkürzt, bis er im Grenzfall kurzer Wellenlänge so klein wird, dass ein Kontinuum vorliegt. Im Jahre 1885 konnte Balmer für den sichtbaren Bereich des Wasserstoffspektrums empirisch das erste Seriengesetz aufstellen, das die Abfolge der einzelnen Linien beschreibt. Später formulierte Rydberg einen allgemeinen Ausdruck zur Berechnung aller Linienpositionen des Wasserstoffspektrums. Er fand heraus, dass sich die Wellenzahlen der Spektrallinien als Differenz zweier Größen darstellen lassen (Rydberg-Gleichung):

$$\frac{1}{\lambda} = \bar{v} = R_H \cdot \left(\frac{1}{n_a^2} - \frac{1}{n_b^2} \right) \qquad (1\text{-}24)$$

n_a, n_b ganze Zahlen mit $n_a < n_b$, λ Wellenlänge, $\bar{v}$ Wellenzahl, R_H Rydberg-Konstante ($R_H = 1{,}096\,78 \cdot 10^5$ cm^{-1})

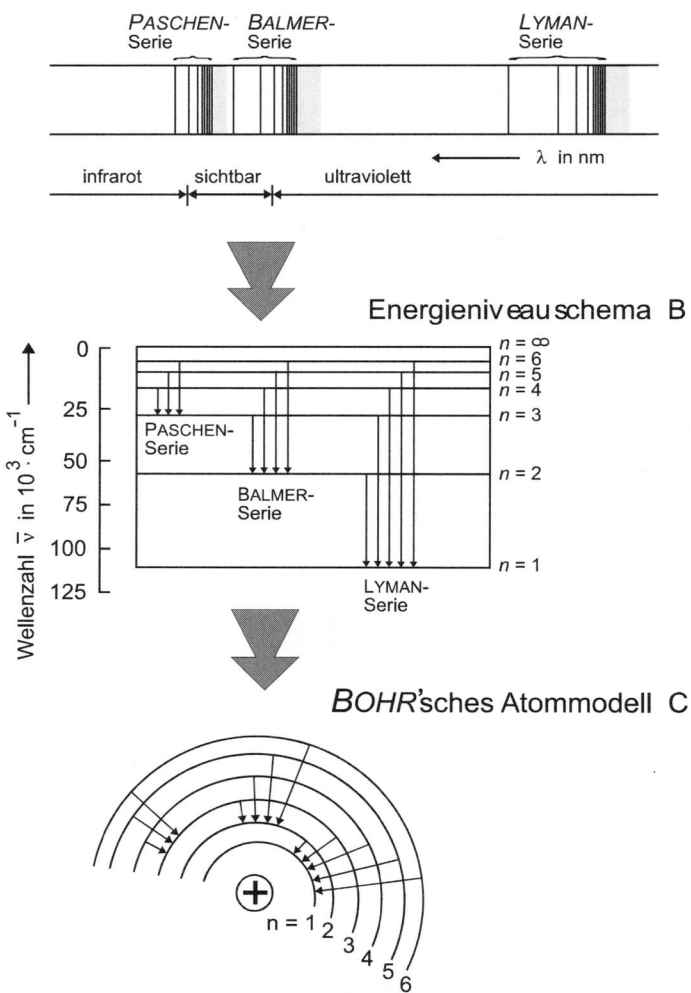

Bild 1-10: Spektren, Energieniveauschema und BOHR'sches Atommodell

Um den Zusammenhang zwischen den experimentell ermittelten Linienspektren und der atomistischen Deutung nach BOHR noch einmal deutlich zu machen, ist in Bild 1-10 neben den drei beobachteten Linienserien der entsprechende Schalenübergang des Elektrons für den Fall der Emission gezeigt (Energieniveauschema B).

Der stabilste Zustand eines Atoms ist der **Grundzustand** als energieärmster Zustand. Aus den Gleichungen (1-18) und (1-19) folgt dies für ein Elektron des H-Atoms, wenn die Quantenzahl $n = 1$ beträgt. Zustände mit Quantenzahlen $n > 1$ werden **angeregte Zustände** genannt, da sie weniger stabil als der Grundzustand sind. Das Elektron kann, wenn ihm genügend Energie zugeführt wird, vom Grundzustand auf ein höheres Energieniveau überführt werden. Bei der Rückkehr vom Anregungszustand auf die Bahn $n = 1$ erfolgt Emission in Form von Licht als LYMAN-Serie, auf die Bahn $n = 2$ als BALMER-Serie usw.

Im Jahre 1900 machte PLANCK die Entdeckung, dass die Energie der elektrischen Strahlung nicht in beliebigen Beträgen, sondern als ganzzahliges Vielfaches von kleinsten Paketen abgegeben wird. Sie werden **Photonen** oder **Lichtquanten** genannt. Nach PLANCK und EINSTEIN ist die Energie eines Photons der Frequenz der Strahlung proportional:

$$E = h \cdot v = h \cdot \frac{c}{\lambda} \qquad (1\text{-}25)$$

Trotz der Erfolge bei der Berechnung des Spektrums der Wasserstoffatome aus den Daten des Modells und seinem qualitativen Wert bei Atomen mit größerer Ordnungszahl hat das BOHR'sche Atommodell nur noch historischen Charakter. In den zwanziger Jahren legten DE BROGLIE, HEISENBERG und SCHRÖDINGER die ersten Grundsteine zum wesentlich leistungsfähigeren wellenmechanischen Atommodell. Mit der Quantenmechanik steht der Wissenschaft heute ein geeignetes Instrument zur Verfügung, um nicht nur größere Atome, sondern auch wichtige Eigenschaften wie Bindungsbeziehungen zwischen den Atomen quantitativ verstehen zu können. Zum Verständnis vieler Grundbegriffe der Chemie hat das BOHR'sche Modell seinen Wert behalten.

1.4.3   Moderne Quantentheorie

Eine der wichtigsten Schlussfolgerungen der **Welle-Teilchen-Dualität** ist die 1927 von HEISENBERG aufgestellte **Unschärfe-** bzw. **Unbestimmt-**

heitsrelation. Dieses Prinzip besagt, dass für Mikroprozesse und Elementarteilchen der Impuls und der Ort als komplementäre Größen nie gleichzeitig mit hoher Genauigkeit angegeben werden können. Das Produkt aus der Unschärfe der Lage und der Unschärfe des Impulses hat die Größenordnung des PLANCK'schen Wirkungsquantums:

$$\Delta x \cdot \Delta(m\,v) \approx h \tag{1-26}$$

Δx Unschärfe der Lage, $\Delta\,(m\,v)$ Unschärfe des Impulses, h PLANCK'sches Wirkungsquantum

Dieses Prinzip kann durch Anwendung auf die Bewegung des Elektrons im Wasserstoffatom veranschaulicht werden. Nach der BOHR'schen Theorie beträgt die Geschwindigkeit des Elektrons im Grundzustand $v = 2,18 \cdot 10^6$ m $\cdot$ s^{-1}. Der Wert ist mit einer Genauigkeit von ca. 1 % bekannt. Die Unbestimmtheit oder Unschärfe der Geschwindigkeit Δv ist somit $\approx 10^4$ m $\cdot$ s^{-1}. Für die Unbestimmtheit des Ortes ergibt sich:

$$\Delta x = \frac{h}{m \cdot \Delta v} = \frac{6,6 \cdot 10^{-34}\ \text{kg} \cdot \text{m}^2 \cdot \text{s}^{-1}}{0,91 \cdot 10^{-30}\ \text{kg} \cdot 10^4\ \text{m} \cdot \text{s}^{-1}} = 7 \cdot 10^{-8}\ \text{m}$$

Der Wert der Unbestimmtheit des Ortes ist mit 70 nm ca. 1300-mal größer als der Wert des ersten BOHR'schen Radius ($r = 0,053$ nm). Dies bedeutet, dass bei exakt bestimmter Geschwindigkeit der Aufenthaltsort des Elektrons im Atom unbestimmt ist.

Ein einfacher Vergleich verdeutlicht diesen Sachverhalt: Für einen schwingenden Körper kann zu einem bestimmten Zeitpunkt keine Frequenz angegeben werden, da bereits die Definition der Frequenz voraussetzt, dass eine Schwingung erfolgt sein muss.

Die Unschärferelation führt zu dem Ergebnis, dass die BOHR'sche Theorie falsch ist, weil dort die Bewegung der Elektronen in Bezug auf die jeweiligen Kerne zu scharf definiert ist. Umgekehrt kann die Bewegung der Elektronen nur mit einer relativen Unschärfe bekannt sein, wenn die Position so genau angegeben wird wie beispielsweise in der Aussage: Elektronen halten sich in einem Bereich von wenigen 10^{-30} m um den Kern auf.

Neuere quantenmechanische Vorstellungen gehen davon aus, dass sich das Elektron an einem bestimmten Ort des Atoms nur mit einer gewissen **Wahrscheinlichkeit** aufhält. Da dem Elektron zugleich Teilchen- und Wellencharakter zugeschrieben werden kann, können für die Modellvorstellungen zwei Betrachtungsweisen herangezogen werden. Die Formulierung von Wellengleichungen zur Beschreibung der Bewegung von Elektronen lässt einerseits die unerwünschte, exakte Beschreibung der BOHR'schen Theorie außer Acht und enthält gleichzeitig die Einführung neuer Quantenzahlen. Die mathematischen Lösungen der Wellengleichungen werden **Wellenfunktionen** genannt. Sie beschreiben nicht mehr die Form einer Flugbahn der Elektronen, sondern können als Maß für die Wahrscheinlichkeit angesehen werden, mit der das Elektron an verschiedenen Orten des Atoms anzutreffen ist. Dieser Beschreibung des Elektrons entspricht die Modellvorstellung einer über das Atom verteilten Elektronenwolke.

In Bild 1-11 sind verschiedene Darstellungen der Elektronendichteverteilungen für den niedrigsten Energiezustand des Wasserstoffatoms gezeigt. Neben der klassischen Elektronenbahn nach BOHR (A) ist ein Schnitt des kugelsymmetrischen Atommodells (B) dargestellt.

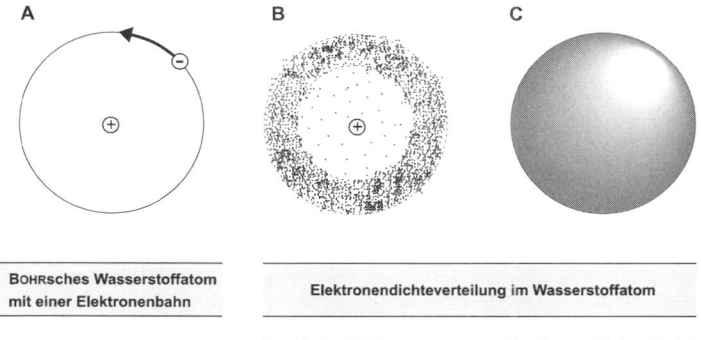

BOHRsches Wasserstoffatom mit einer Elektronenbahn	**Elektronendichteverteilung im Wasserstoffatom**
	Bereich der 90%igen Aufenthalts-wahrscheinlichkeit Kugelsymmetrisches Modell, das 90% der Gesamtladung des Elektrons enthält

Bild 1-11: Verschiedene Darstellungen des Wasserstoffatoms im Grundzustand

Die Aufenthaltswahrscheinlichkeit ist in der Nähe des Atomkerns am geringsten und nimmt mit zunehmendem Abstand vom Kern rasch zu, erreicht in einem Abstand von 0,053 nm ihr Maximum und nimmt dann langsam wieder ab. Die Ladungswolke hat nach außen keine scharfe Begrenzung. Somit ist es schwierig, eine äußere Begrenzung für den Raum anzugeben, in dem sich das Elektron aufhalten kann. Es hat sich hierbei eingebürgert, eine **Aufenthaltswahrscheinlichkeit** von 90% zu Grunde zu legen. Dabei sollte aber nicht vergessen werden, dass sich das Elektron mit einer gewissen Wahrscheinlichkeit außerhalb der Kugel (siehe Bild 1-11 C) aufhalten kann.

Die verschiedenen Lösungen der Wellengleichungen des Wasserstoffatoms ergeben, wie bei der BOHR'schen Theorie, die gleiche gute Übereinstimmung der Differenzen einzelner Energieniveaus mit dem experimentell bestimmten Emissionsspektrum des Wasserstoffs. Weitere Quantenzahlen, die zur Lösung von Wellengleichungen eingeführt werden, tragen dazu bei, den Aufbau komplizierterer Atome besser verstehen zu können.

1.4.4   Atomorbitale und Quantenzahlen des Wasserstoffatoms

Die Wellenfunktion als mathematische Lösung der von SCHRÖDINGER aufgestellten Wellengleichung wird **Orbital** (*orbis,* lat.: Kreis) genannt, weil sie eine gewisse Ähnlichkeit mit den BOHR'schen Umlaufbahnen hat. Sie ist für das Wasserstoffatom exakt lösbar, für Mehrelektronensysteme sind jedoch nur Näherungslösungen möglich. Von der Vorstellung bestimmter Bahnen muss man sich gerade bei der Verwendung des Begriffs Orbital im Zusammenhang mit der modernen Quantentheorie lösen. Ein Orbital kann grafisch beschrieben werden, wenn seine Wahrscheinlichkeitsdichte aufgetragen wird. Es ergibt sich eine Vielzahl unterschiedlicher Formen, mit deren Hilfe die meisten nichtmathematischen Diskussionen über die Elektronenstruktur von Atomen und Molekülen geführt werden können. In den folgenden Abschnitten werden die Orbitalformen und die Verknüpfung mit den verschiedenen Quantenzahlen vorgestellt.

Drei Quantenzahlen ergeben sich automatisch bei der Lösung der Wellengleichung eines Wasserstoffatoms. Eine vierte Quantenzahl ist erforderlich, um den speziellen Eigenschaften eines Elektrons gerecht zu werden, wenn es sich in einem Magnetfeld befindet.

Hauptquantenzahl *n*

Die Hauptquantenzahl *n* wurde bereits als BOHR'sche Orbitalquantenzahl eingeführt. Sie kann jeden beliebigen ganzzahligen Wert, beginnend mit 1, annehmen und bestimmt die möglichen Energieniveaus des Elektrons im Wasserstoffatom. Nach Gleichung (1-19) und (1-20) gilt die Beziehung:

$$E_n = -\frac{m \cdot e^4}{8 \cdot \varepsilon_0^2 \cdot h^2} \cdot \frac{1}{n^2} = -13{,}6 \text{ eV} \cdot \frac{1}{n^2}$$

Mit zunehmender Hauptquantenzahl erhöht sich die Energie (−1 ist weniger negativ als −2), und das Orbital expandiert, d. h., der mittlere Abstand zwischen dem Elektron und dem Atomkern wird größer. In einem Wasserstoffatom haben alle Atomorbitale mit der gleichen Hauptquantenzahl die gleiche Energie. Man nennt sie deshalb **entartet.** Die durch n festgelegten Serien verschiedener Energieniveaus werden **Schalen** genannt. Sie erhalten als Bezeichnung die Großbuchstaben K, L, M, N etc.

Der energieärmste Zustand wird **Grundzustand** genannt, das Elektron befindet sich dann auf der K-Schale. Die Energie des Grundzustandes errechnet sich nach Gleichung (1-19) zu $E_1 = -13{,}6$ eV. Zustände höherer Energie ($n > 1$) werden **angeregte Zustände** genannt.

Hauptquantenzahl n	Schale	Energie E_n	
1	K	E_1	(Grundzustand)
2	L	$\frac{1}{4} E_1$	(angeregter Zustand)
3	M	$\frac{1}{9} E_1$	(angeregter Zustand)
4	N	$\frac{1}{16} E_1$	(angeregter Zustand)
5	O	$\frac{1}{25} E_1$	(angeregter Zustand)

Führt man dem Wasserstoffatom so viel Energie zu, dass das Elektron den Atomverband verlässt, so entstehen ein Proton und ein freies Elektron. Die dazu erforderliche Mindestenergie wird **Ionisierungsenergie** genannt. Sie beträgt für das Wasserstoffatom 13,6 eV.

Nebenquantenzahl l

Die Hauptquantenzahl ist mit der Nebenquantenzahl durch die Beziehung $0 \leq l \leq n - 1$ verknüpft. l kann somit die Werte $0, 1, 2, 3 \ldots n - 1$ annehmen.

Hauptschale	K	L	M	N
Hauptquantenzahl	1	2	3	4
Nebenquantenzahl	0	0, 1	0, 1, 2	0, 1, 2, 3
Bezeichnung der Unterschale	s	s, p	s, p, d	s, p, d, f

Insgesamt existieren n verschiedene Werte für l. Üblicherweise werden auch für die Zahlenwerte von l bestimmte Buchstaben verwendet. Es gibt demnach nur eine Unterschale in der Hauptschale mit $n = 1$ (s), zwei Unterschalen in der Hauptschale $n = 2$ (s und p) usw. Die Betrachtung und Interpretation chemischer Reaktionen befasst sich normalerweise nur mit den s-, p-, d- und f-Unterschalen. Die Bezeichnung der Unterschalen mit den Buchstaben s, p, d, f stammt aus der Spektroskopie und steht als Abkürzung für sharp, principal, diffuse und fundamental.

Magnetquantenzahl m

Bereits 1896 zeigten experimentelle Untersuchungen von ZEEMAN eine Aufspaltung von Spektrallinien, wenn diese in starken magnetischen Feldern entstanden sind. Nach dieser Beobachtung spaltet sich eine Linie der Nebenquantenzahl l in $m = 2 \cdot l + 1$ neue Linien auf, die äquidistant und symmetrisch um die Basislinie angeordnet sind.

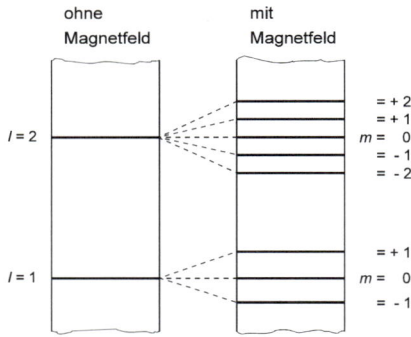

Bild 1-12: Linienaufspaltung im Magnetfeld

Dadurch wird beispielsweise die Entartung der p-Zustände aufgehoben, d. h., im Magnetfeld lassen sich drei Zustände mit unterschiedlicher Energie spektroskopisch nachweisen (ZEEMAN-Effekt). Zur Charakterisierung dieser Energiezustände im Atom wird als weitere Quantenzahl die Magnetquantenzahl m eingeführt. Sie bringt die Anzahl der Orientierungsmöglichkeiten im Raum zum Ausdruck, die ein bestimmter Orbitaltyp (s, p, d, f) relativ zur Richtung des magnetischen Feldes annehmen kann.

Der Bereich für m mögliche Werte ist durch mathematische Bedingungen eingeschränkt, die zur Lösung der Wellengleichung erfüllt sein müssen. Mit der Nebenquantenzahl $l = 0$ hat die Magnetquantenzahl auf Grund der

Neben-quantenzahl l	Magnet-quantenzahl m	Anzahl der Zustände $m = 2 \cdot l + 1$
0	0	1
1	-1, 0, +1	3
2	-2, -1, 0, +1, +2	5
3	-3, -2, -1, 0, +1, +2, +3	7

kugelsymmetrischen Gestalt des Orbitals in Bezug auf die Orientierung im magnetischen Feld keine Bedeutung. Erst wenn die Nebenquantenzahl Werte von $l \geq 1$ annimmt und damit die Elektronendichteverteilung eine Vorzugsrichtung erhält, ergeben sich verschiedene Orientierungsmöglichkeiten der Orbitale im Raum. Diese entsprechen dann den Werten von $-l$ bis $+l$, die m je nach Nebenquantanzahl annehmen kann. Verschiedene Elektronendichteverteilungen und die damit verbundene räumliche Vorzugsrichtung sind in Bild 1-14 am Beispiel der 3p-Orbitale gezeigt.

Die bisher besprochenen Quantenzahlen n, l und m charakterisieren Quantenzustände, die etwas über die Wahrscheinlichkeitsdichteverteilung eines Elektrons um den Atomkern aussagen. Sie werden **Atomorbitale** (**AO**) genannt. In dem folgenden Bild 1-13 sind die ersten 30 möglichen Atomorbitale des Wasserstoffatoms zusammengestellt.

Die Energie der Orbitale nimmt in der Reihenfolge K, L, M, N von unten nach oben zu. Die relative energetische Lage der Schalen ist nicht maßstäblich dargestellt (vgl. Bild 1-9). Isoenergetische Zustände sind jeweils in der Horizontalen gezeigt. So sind

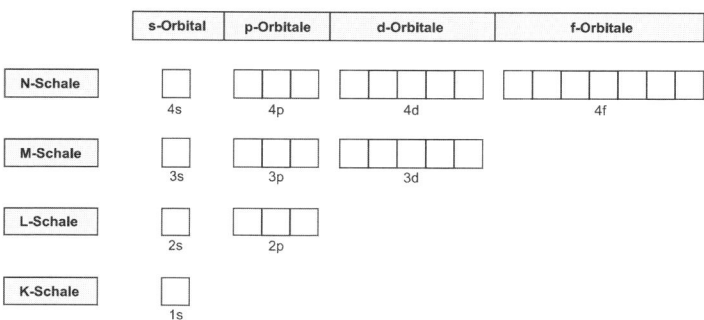

Bild 1-13: Schematische Darstellung möglicher Atomorbitale des Wasserstoffatoms bis zur Hauptquantenzahl $n = 4$

beispielsweise das 3s-Orbital, die 3p-Orbitale und die 5d-Orbitale der M-Schale entartet, da die Energie des Elektrons im Wasserstoff nur von der Hauptquantenzahl n abhängt.

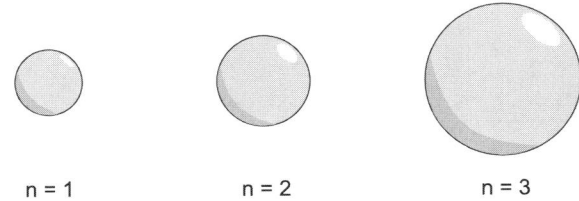

n = 1   n = 2   n = 3

Hauptquantenzahl: Orbitalgröße von 1s-, 2s- und 3s-Orbitalen

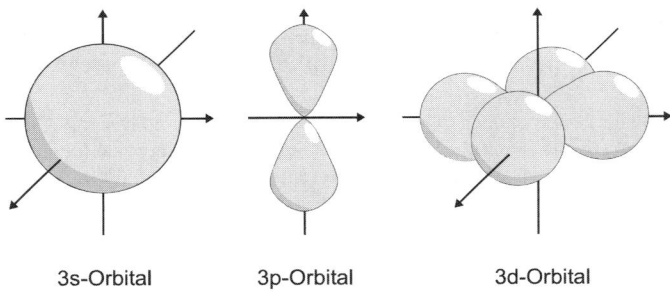

3s-Orbital   3p-Orbital   3d-Orbital

Nebenquantenzahl: Orbitalform von s-, p- und d-Orbitalen

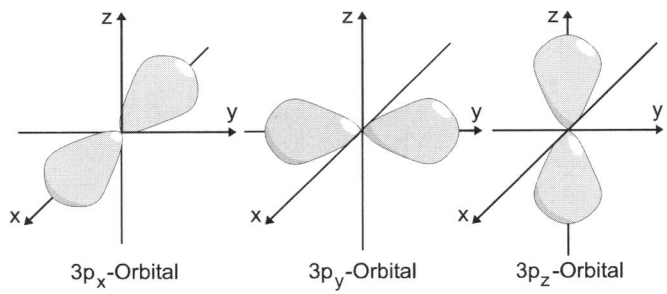

$3p_x$-Orbital $3p_y$-Orbital $3p_z$-Orbital

Magnetquantenzahl: Orbitalorientierung im Magnetfeld

Bild 1-14: Größe, Form und räumliche Orientierung verschiedener Orbitale

Atomorbitale unterscheiden sich in ihrer Größe, Form und der räumlichen Orientierung der Ladungsdichteverteilung. Eine häufig verwendete Form der Darstellung ist die in Bild 1-14 gezeigte Dreidimensionalität der Wahrscheinlichkeitsdichteverteilung eines Elektrons. Derartige Bilder vermitteln jedoch einen falschen Eindruck, da die Wellenfunktion keine scharf definierte Grenze besitzt (vgl. Abschn. 1.4.3), sondern sich bis ins Unendliche erstreckt.

Die Ladungsdichteverteilung der s-Orbitale ($l = 0$, $m = 0$) ist kugelsymmetrisch, wobei für unterschiedliche Werte der Hauptquantenzahl ($n = 1, 2, 3, ...$) eine unterschiedliche Dichte der Ladungsverteilung sowie Größe berechnet wird. Bei den p-Orbitalen ist die Ladungsdichteverteilung hantelförmig, bei den d-Orbitalen rosettenförmig. Die p-Zustände ($l = 1$, $m = -1, 0, +1$) unterscheiden sich in ihrer Orientierung und liegen auf den Achsen eines kartesischen Koordinatensystems. Sie werden als p_x-, p_y- und p_z-Orbitale bezeichnet. Die d-Zustände ($l = 2$, $m = -2, -1, 0, +1, +2$) ergeben insgesamt 5 Orbitale, von denen vier die Form einer Doppelhantel aufweisen. Form und räumliche Orientierung sind in Bild 1-15 dargestellt.

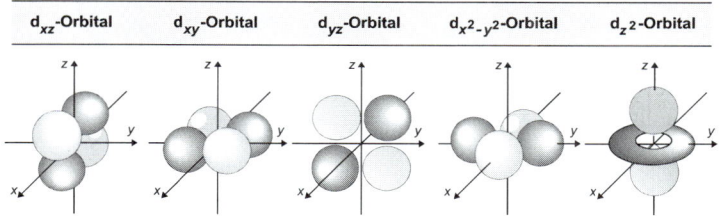

Bild 1-15: Gestalt und räumliche Orientierung der d-Orbitale

Spinquantenzahl s

Die bisher besprochenen Quantenzahlen n, l und m reichen nicht aus, um Eigenschaften von Atomen oder auch nur von einzelnen Elektronen vollständig zu beschreiben. So werden beispielsweise durch ein Magnetfeld mehr Veränderungen des Wasserstoffspektrums (vgl. Bild 1-12) hervorgerufen, als die Magnetquantenzahl m zur Unterscheidung zulässt. Dies veranlasste UHLENBECK und GOUDSMIT zu der Annahme, dass jedem Elektron ein **Eigendrehimpuls** zugeschrieben werden kann. Dieser kommt durch eine Eigendrehung des Elektrons zu Stande und wird **Elektronenspin** genannt. Je nachdem ob der Spin parallel oder antiparallel zum Orbitaldrehimpuls ist, nimmt die **Spinquantenzahl** s die Werte $+1/2$ oder $-1/2$ an. Die Spinrichtung wird häufig durch einen Pfeil angedeutet: ↑ bzw. ↓.

Spektroskopisch kann die Spinquantenzahl bestätigt werden. Im Magnetfeld spaltet sich daher beispielsweise ein s-Zustand symmetrisch in zwei energetisch unterschiedliche Zustände auf.

> Durch die Haupt-, Neben-, Magnet- und Spinquantenzahl ist der Zustand eines Elektrons im Atom eindeutig charakterisiert.
>
> n bestimmt die Größe des Orbitals (K, L, M, N usw.).
> l gibt Auskunft über die Gestalt des Orbitals (s, p, d, f usw.).
> m beschreibt die Orientierung eines Orbitals im Raum.
> s gibt Auskunft über die Spinrichtung (Drehsinn) eines Elektrons.

Im niedrigsten Energiezustand wird das einzige Elektron des Wasserstoffatoms mit den Quantenzahlen ($n = 1$, $l = 0$, $m = 0$) beschrieben, und die Spinquantenzahl kann die Werte $+1/2$ oder $-1/2$ annehmen. Für jedes Atomorbital gibt es somit zwei Quantenzustände. In Tabelle 1-7 sind die möglichen Quantenzustände des Wasserstoffatoms bis zur Hauptquantenzahl $n = 4$ zusammengestellt.

Tabelle 1-7: Zusammenhang zwischen Quantenzahlen und Quantenzuständen des Wasserstoffatoms bis zur Hauptquantenzahl $n = 4$

Haupt-quantenzahl		Neben-quantenzahl		Magnet-quantenzahl	Spin-quantenzahl	Anzahl der Quantenzustände	
n	Schale	l	Orbital	m	s	für l	für n
1	K	0	1s	0	$\pm 1/2$	$1 \cdot 2 = 2$	2
2	L	0	2s	0	$\pm 1/2$	$1 \cdot 2 = 2$	8
		1	2p	-1 0 +1	$\pm 1/2$	$3 \cdot 2 = 6$	
3	M	0	3s	0	$\pm 1/2$	$1 \cdot 2 = 2$	18
		1	3p	-1 0 +1	$\pm 1/2$	$3 \cdot 2 = 6$	
		2	3d	-2 -1 0 +1 +2	$\pm 1/2$	$5 \cdot 2 = 10$	
4	N	0	4s	0	$\pm 1/2$	$1 \cdot 2 = 2$	32
		1	4p	-1 0 +1	$\pm 1/2$	$3 \cdot 2 = 6$	
		2	4d	-2 -1 0 +1 +2	$\pm 1/2$	$5 \cdot 2 = 10$	
		3	4f	-3 -2 -1 0 +1 +2 +3	$\pm 1/2$	$7 \cdot 2 = 14$	

Zu jeder Hauptquantenzahl gehören somit zwei s-Elektronen, zu $n \geq 2$ sechs p-Elektronen, zu $n \geq 3$ zehn d-Elektronen und zu jeder Hauptquantenzahl $n \geq 4$ vierzehn f-Elektronen.

1.4.5 Aufbauprinzip von Mehrelektronensystemen

Der Aufbau der Elektronenhülle von Mehrelektronenatomen erfolgt immer in der Weise, dass Zustände geringerer Energie bevorzugt besetzt werden. Die Atomorbitale der Mehrelektronensysteme sind zwar nicht völlig identisch mit denen der Wasserstofforbitale, jedoch stimmen die Gestalt und die Elektronendichteverteilung weitgehend überein. Ein wichtiger Unterschied zwischen dem Einelektronenatom Wasserstoff und den Mehrelektronenatomen liegt in der energetischen Beeinflussung eines Energieniveaus durch die Nebenquantenzahl. Während die Elektronenenergie im Wasserstoffatom nur von der Hauptquantenzahl abhängt, sind in Mehrelektronensystemen alle Atomorbitale mit der gleichen Hauptquantenzahl nicht mehr entartet. Die Höhe der einzelnen Energieniveaus lässt sich zu einem Termschema ordnen, das für eine beliebige Elektronenzahl qualitative Gültigkeit hat.

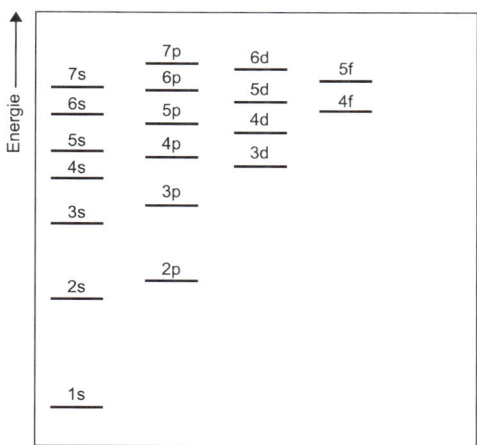

Bild 1-16: Energieniveauschema von Mehrelektronensystemen (Der Energiemaßstab ist nicht linear)

Als Grundzustand eines Atoms lässt sich ein Zustand definieren, in dem den Elektronen die geringste Gesamtenergie zugeordnet wird. Damit ist für jedes Atom bei gegebener Ordnungszahl Z und unter Anwendung des PAULI-Prinzips sowie des Termschemas (vgl. Bild 1-16) die Elektronenkonfiguration anzugeben.

PAULI-Prinzip: Jedes Elektron eines Mehrelektronenatoms kann durch die vier Quantenzahlen n, l, m und s eindeutig beschrieben werden. Nach dem von PAULI ausgesprochenen Verbot dürfen keine Elektronen in allen vier Quantenzahlen übereinstimmen. Daraus folgt, dass jedes Orbital nur mit zwei Elektronen ($s = \pm 1/2$) besetzt werden kann.

Damit ist zugleich die maximale Besetzung der einzelnen Hauptenergieniveaus mit Elektronen zu $2 \cdot n^2$ festgelegt. Sie stimmt mit der Anzahl der Quantenzustände des Wasserstoffatoms überein (vgl. Tab. 1-7). Das Aufbauprinzip der Atome sieht die Besetzung der Orbitale in folgender Reihenfolge vor:

1s   2s   2p   3s   3p   4s   3d   4p   5s   ...

Da jedes Orbital bis zu zwei Elektronen aufnehmen kann (3p-Orbitale nehmen bis zu sechs, 5d-Orbitale bis zu zehn Elektronen auf), ergibt sich für jedes Atom die Elektronenkonfiguration im Grundzustand. Als Beispiel ist die Konfiguration der ersten zehn Elemente gezeigt:

Element	H	He	Li	Be	B
	$1s^1$	$1s^2$	$1s^2 2s^1$	$1s^2 2s^2$	$1s^2 2s^2 2p^1$

Element	C	N	O	F	Ne
	$1s^2 2s^2 2p^2$	$1s^2 2s^2 2p^3$	$1s^2 2s^2 2p^4$	$1s^2 2s^2 2p^5$	$1s^2 2s^2 2p^6$

Die Elektronenanzahl in einem Orbital wird als Superskript rechts oben an das Orbitalsymbol geschrieben. Dieser Kennzeichnung geht die dazugehörige Hauptquantenzahl voraus. Falls zum Auffüllen mehrere, energetisch gleichwertige Orbitale zur Verfügung stehen, zum Beispiel bei Kohlenstoff, Stickstoff und Sauerstoff, so wendet man die HUND'sche Regel an.

HUND'sche Regel: Hat ein Atom energetisch gleichwertige Quantenzustände und werden mehrere Elektronen aufgefüllt, so besetzen die Elektronen zunächst verschiedene Orbitale mit parallelem Spin. Erst anschließend erfolgt paarweise Besetzung mit antiparallelem Spin.

Wird beim Elektronenaufbau nach dieser Regel vorgegangen, so weisen zwei Elektronen weniger Energie auf, wenn sie sich in verschiedenen, entarteten Orbitalen mit parallelen Spins aufhalten. Diese Elektronen sind bestrebt, den größtmöglichen Abstand zueinander einzunehmen, damit die gegenseitige Abstoßung relativ gering bleibt.

Beispiel zur HUND'schen Regel:

Element: Stickstoff	Anzahl der Elektronen: 7

$\uparrow\downarrow$	$\uparrow\downarrow$	$\uparrow$	$\uparrow$	$\uparrow$
1s	2s		2p	

Die Elektronenkonfiguration von Stickstoff mit $1s^2 2s^2 2p^3$ entspricht der HUND'schen Regel. Die drei Elektronen mit p-Niveau halten sich in den drei p-Orbitalen ($n = 2$) auf. Der Gesamtspin ist somit maximal.

Die gezeigten Elektronenkonfigurationen der ersten zehn Elemente weisen für Helium und Neon, zwei Edelgase, abgeschlossene Schalen auf. Eine **abgeschlossene Schale** liegt vor, wenn die zu den p-Orbitalen gehörenden Elektronen alle untergebracht sind (Neon). Im Falle der Hauptquantenzahl $n = 1$ bezeichnet man jedoch auch die Elektronenkonfiguration $1s^2$ als **abgeschlossen** (Helium). Die Elektronen der äußeren, nicht abgeschlossenen Schale werden **Valenzelektronen** genannt. Sie haben eine äußerst wichtige Bedeutung für das chemische Reaktionsverhalten.

2 Periodensystem der Elemente

2.1 Ordnungsprinzipien

Erste Versuche, eine Systematik der Elemente zu finden, führten bereits 1829 zur Triadenlehre von DÖBEREINER. Eine Triade ist eine Dreiergruppe von Elementen, z. B. die Gruppe der Alkalimetalle Lithium, Natrium und Kalium oder die Halogene Chlor, Brom und Iod, deren chemische und physikalische Eigenschaften sehr ähnlich sind. Basierend auf der Triadenregel wurde von DE CHANCOURTOIS und NEWLANDS versucht, Elemente systematisch zu ordnen. Die Periodizitäten einiger physikalisch-chemischer Eigenschaften ergaben sich nach jeweils sieben Elementen, wenn diese nach steigender Atommasse geordnet wurden.

Obwohl nur etwa 60 Elemente bekannt waren und noch keine Kenntnisse über den atomaren Aufbau der Elemente vorlagen, stellten MENDELEJEW und MEYER unabhängig voneinander das Periodensystem als Ordnungsschema für alle Elemente auf. Beide Forscher ordneten die Elemente nach steigender Atommasse und erkannten das durchgehende Gesetz der Periodizität von physikalischen Eigenschaften und chemischem Verhalten. Für einige damals noch nicht bekannte Elemente wurden Lücken gelassen. Das

Element	Eka-Silicium (Es)	Germanium (Ge)
Atommasse	$72 \text{ g} \cdot \text{mol}^{-1}$	$72{,}6 \text{ g} \cdot \text{mol}^{-1}$
Dichte	$5500 \text{ kg} \cdot \text{m}^{-3}$	$5320 \text{ kg} \cdot \text{m}^{-3}$
Eigenschaften	dunkelgrau schwer schmelzbar aus dem Oxid reduzierbar	grau sublimiert ohne zu schmelzen bei hoher Temperatur aus dem Oxid reduzierbar
Oxid		
Formel	EsO_2	GeO_2
Dichte	$4700 \text{ kg} \cdot \text{m}^{-3}$	$4700 \text{ kg} \cdot \text{m}^{-3}$
Chlorid		
Formel	$EsCl_4$	$GeCl_4$
Siedepunkt	$90\,^{\circ}\text{C}$	$86\,^{\circ}\text{C}$
Dichte	$1900 \text{ kg} \cdot \text{m}^{-3}$	$1887 \text{ kg} \cdot \text{m}^{-3}$

System bewährte sich auch durch seine Voraussagen von Eigenschaften, z. B. Dichte, Schmelzpunkt, Löslichkeit in Säuren und Basen, sowie Eigenschaften verschiedener Elementverbindungen. Ein eindrucksvolles Beispiel ist die Voraussage der Eigenschaften von Eka-Silicium durch MENDELEJEW (1869) und die Bestätigung des nach dem Entdeckungsland benannten Germanium durch WINKLER (1888).

Im Laufe der folgenden Jahre ergab sich neben der Implementierung neuer Elemente vor allem die Notwendigkeit, einige Elementpaare zu vertauschen. Die aus der Atommasse resultierende Stellung im Periodensystem, beispielsweise von Co/Ni und Te/I, musste durch die chemische Erfahrung korrigiert werden. Weitere Inversionen ergaben sich nach der Entdeckung der Edelgase auch zwischen Argon und Kalium sowie später bei den Elementen Thorium und Protactinium.

Zur besseren Kennzeichnung der Position eines Elements innerhalb des Periodensystems führte RYDBERG 1897 die **Ordnungszahl Z** als fortlaufende Numerierung in diesem System ein. MOSELEY gelang es 16 Jahre später, diese Ordnungszahl aus dem Röntgenspektrum des betreffenden Elements unabhängig vom Periodensystem zu ermitteln.

2.2 Darstellung des Periodensystems

Die heute gebräuchlichste Darstellung des Periodensystems der Elemente (PSE) besteht aus einem rechteckigen Schema der Elementsymbole, wobei die Anzahl der **Spalten (Gruppen)** mit der Anzahl der Außenelektronen übereinstimmt und dessen **Zeilen (Perioden)** die Nummer der höchsten Hauptschale angeben. Es gibt unter den verschiedenen Periodensystemen unterschiedliche Anordnungsmöglichkeiten, wobei die Langperiodendarstellung die instruktivste Form ist.

Bei der Langperiodendarstellung nach WERNER führt die Besetzungsfolge der s-, p- und d-Orbitale zu einer Achtzehnerperiode. Die Elemente mit besetzten f-Orbitalen werden dabei zunächst noch nicht berücksichtigt. Damit erscheinen Elemente mit s-, p- und d-Valenzelektronen, die sich teilweise in den physikalisch-chemischen Eigenschaften unterscheiden, in deutlichen Gruppierungen des Periodensystems.

> Die für das chemische Verhalten verantwortlichen Elektronen der äußeren Schale nennt man Valenzelektronen, ihre Anordnung Valenzelektronenkonfiguration.

Die Elemente des s- und p-Blocks werden **Hauptgruppenelemente** genannt. Die Gruppen, in denen diese Elemente stehen, heißen Hauptgruppen. Die Elemente mit d-Elektronen nennt man **Nebengruppenelemente** oder Übergangselemente.

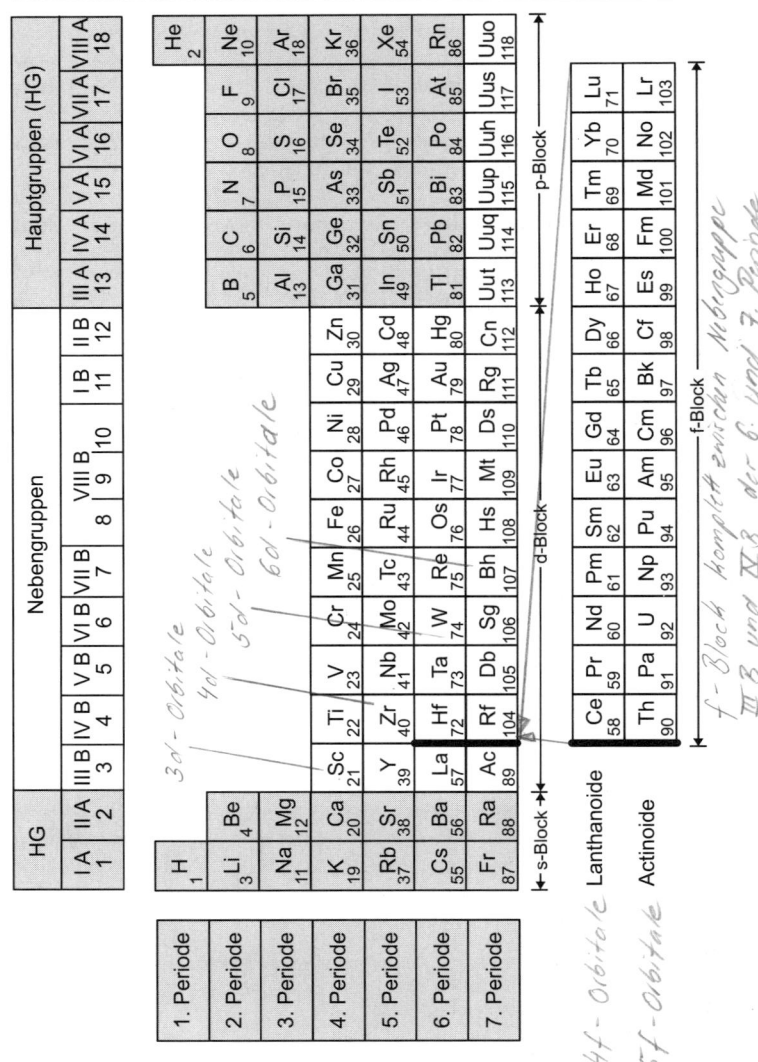

Bild 2-1: Periodensystem der Elemente als Langperiodendarstellung

Es hat sich mittlerweile eingebürgert, die Gruppen des PSE nach der aktuellen IUPAC-Empfehlung mit arabischen Zahlen von 1 bis 18 durchzunumerieren. Die Gruppen mit s- und p-Valenzelektronen werden häufig mit römischen Ziffern von I bis VIII und dem Zusatz A bezeichnet, während die Gruppen mit d-Valenzelektronen den Zusatz B erhalten. Elemente der Gruppe 1 (I A) mit einem Valenzelektron heißen (mit Ausnahme des Wasserstoffs) **Alkalimetalle,** die Elemente der Gruppe 2 (II A) mit zwei Valenzelektronen **Erdalkalimetalle;** Elemente der Gruppe 16 (VI A) und 17 (VII A) mit 6 bzw. 7 Valenzelektronen werden **Chalkogene** (Erzbildner) bzw. **Halogene** (Salzbildner) genannt. Die Elemente der Gruppen 13 (III A), 14 (IV A) und 15 (V A) haben keine speziellen Namen und werden entsprechend der Valenzelektronenkonfiguration **Triele, Tetrele** und **Pentele** genannt. Zu den **Edelgasen** rechnet man die Elemente mit abgeschlossener Schale, sie werden gemäß der Valenzelektronenzahl als 18. Gruppe (VIII A) bezeichnet.

> Die Gruppennummer der Hauptgruppenelemente 1, 2 und 13 bis 18 bzw. I A bis VIII A gibt die Zahl der Valenzelektronen an. Es ist jedoch zu berücksichtigen, dass die Elemente der Gruppen 13 bis 18 teilweise über keine d-Elektronen verfügen. Die Ähnlichkeit der Elemente einer Gruppe im chemischen Verhalten wird durch die gleiche Valenzelektronenkonfiguration verursacht.

Bei den Nebengruppen erfolgt die Nummerierung eigentlich von 3 bis 12. Die Gruppen haben daher die Elektronenkonfigurationen s^2d^1 bis s^2d^{10}, wobei zu berücksichtigen ist, dass die s-Orbitale eine um eins höhere Hauptquantenzahl aufweisen als die jeweiligen d-Elektronen. Es werden die 3d-, 4d-, 5d- und 6d-Orbitale besetzt. Dabei hat sich jedoch eingebürgert, die Übergangselemente mit 6, 7 und 8 d-Elektronen zu einer Gruppe (VIII B) zusammenzufassen. Die Elemente mit 9 und 10 d-Elektronen sind zu den Gruppen I B und II B zu rechnen.

Als **Übergangselemente** werden die Elemente mit den Ordnungszahlen 21...30, 39...48, 72...80, 104...112 sowie Lanthan und Actinium bezeichnet. In den einzelnen Übergangselementreihen sind mit Ausnahme der letzten und teilweise der vorletzten Elemente die d-Orbitale der zweitäußersten Schale unvollständig besetzt. Bei der Besetzung treten Anomalien auf, z. B. halb oder vollständig besetzte Orbitale, die einen besonders stabilen (energiearmen) Zustand darstellen. Chrom hat beispielsweise die Elektronenkonfiguration $4s^1 3d^5$ und Kupfer $4s^1 3d^{10}$. Die im Periodensystem der Elemente nebeneinander angeordneten Elemente werden **Perioden** genannt. Die Zahl der Elemente, die zu den ersten sechs Perioden zusammengefasst sind, beträgt 2, 8, 8, 18, 18 und 32. Sie ist nicht identisch mit der maximalen Aufnahmekapazität der einzelnen Schalen, die sich mit der Formel $2 \cdot n^2$ berechnen lässt. Bei Wasserstoff und Helium (als Elemente der 1. Periode) besetzen die Elektronen das 1s-Orbital der K-Schale, während bei den 8 Elementen der 2. Periode (Li, Be, B, C, N, O, F, Ne) die 2s- und 2p-Orbitale an der sukzessiven Auffüllung der Elektronen beteiligt sind. Innerhalb einer Periode stehen Elemente mit unterschiedlicher Elektronenkonfiguration und daher verschiedenen physikalisch-chemischen Eigenschaften.

Lithium und Beryllium sind beispielsweise typische Metalle und liegen unter Normalbedingungen als Feststoffe vor, während Sauerstoff und Fluor als Gase typische Nichtmetalle darstellen. Das Edelgas Neon ist auf Grund seiner vollständig mit Elektronen aufgefüllten L-Schale äußerst reaktionsträge.

Bei den Elementen der 3. Periode wiederholen sich die Eigenschaften der Elemente entsprechend ihrer Elektronenkonfigurationen.

Die ersten drei Elemente Natrium, Magnesium und Aluminium sind wieder typische Metalle, während am Ende der Periode die Nichtmetalle Schwefel, Chlor und das Edelgas Argon zu finden sind.

Vor der erstmaligen Besetzung der 3d-Unterschalen wird bei den Elementen Kalium und Calcium das 4s-Orbital der N-Schale aufgefüllt. Anschließend erfolgt die Besetzung der 3d-Orbitale von Scandium bis Zink. Die 4p-Orbitale werden bei Ga, Ge, As, Se, Br und Kr besetzt. Zur 3. und 4. Periode gehören daher nur 8 bzw. 18 Elemente.

Bei der 5. Periode werden nacheinander die 5s-, 4d- und 5p-Orbitale besetzt, sodass hierzu ebenfalls 18 Elemente gerechnet werden können. Erst bei der 6. und 7. Periode werden die f-Niveaus mit Elektronen aufgefüllt. Beim Element Lanthan ist das 6s-Orbital vollständig und das 5d-Orbital mit einem Elektron besetzt. Die auf das Lanthan folgenden 14 Elemente weisen eine Besetzung der 4f-Orbitale auf und werden **Lanthanoide** genannt. Somit enthält die 6. Periode 32 Elemente. Die zu den Lanthanoiden gerechneten Elemente haben eine ausgeprägte chemische Ähnlichkeit. Die Auffüllung der 5f-Orbitale erfolgt bei den **Actinoiden,** den Elementen, die auf das Actinium folgen. Die 14 Actinoiden sind radioaktive, vorwiegend künstlich hergestellte Elemente.

> Im Periodensystem der Elemente stehen typische Metalle links unten (Rubidium, Cäsium, Barium), während rechts oben typische Nichtmetalle stehen (Fluor, Sauerstoff, Chlor). Alle Nebengruppenelemente (Übergangsmetalle), die Lanthanoiden und Actinoiden sind Metalle.

2.3   Periodizität einiger Eigenschaften
2.3.1   Ionisierungsenergie

Die Mindestenergie, die benötigt wird, um ein Elektron in der Gasphase aus einem Atom zu entfernen, wird Ionisierungsenergie I genannt. Dabei entsteht ein einfach positiv geladenes Ion.

$$X(g) \longrightarrow X^+(g) + e^-$$

Diese erste Ionisierungsenergie I_1 charakterisiert die Ionisierung des am schwächsten gebundenen Elektrons eines neutralen Atoms, während sich die zweite Ionisierungsenergie I_2 auf die weitere Ionisierung des resultierenden Kations bezieht, usw. Ionisierungsenergien wurden früher in der Einheit Elektronvolt (eV) ausgedrückt. Heute gibt man die Ionisierungsenergie üblicherweise in kJ/mol an.

$$1 \text{ eV} = 1{,}602\,18 \cdot 10^{-19} \text{ J}$$

Die Ionisierungsenergie des Wasserstoffatoms beträgt beispielsweise 1312 kJ/mol. Um das Elektron aus dem H-Atom zu entfernen, wird die gleiche Energie benötigt, die zum Transport eines Elektrons durch eine Potenzialdifferenz von 13,65 V erforderlich ist.

Tabelle 2-1: Ionisierungsenergien einiger Elemente

Element	Ionisierungsenergien in kJ/mol			
	I_1	I_2	I_3	I_4
Wasserstoff (H)	**1.312**			
Helium (He)	2.372	**5.251**		
Lithium (Li)	**520**	7.298	11.815	
Berylium (Be)	**890**	**1.757**	14.849	21.016
Bor (B)	**801**	**2.427**	**3.660**	25.026
Kohlenstoff (C)	**1.086**	**2.353**	**4.621**	**6.228**
Stickstoff (N)	1.402	2.856	4.578	
Sauerstoff (O)	1.314	3.388	5.300	
Fluor (F)	1.681	3.374	6.050	
Neon (Ne)	2.081	3.952	6.122	
Natrium (Na)	**496**	4.562	6.910	
Magnesium (Mg)	**738**	**1.451**	7.733	
Aluminium (Al)	**578**	**1.817**	**2.745**	11.586
Silicium (Si)	**787**	**1.577**	**3.232**	**4.361**
Phosphor (P)	1.012	1.907	2.914	
Schwefel (S)	1.000	2.252	3.357	
Chlor (Cl)	1.252	2.298	3.822	
Argon (Ar)	1.521	2.666	3.931	

In Tabelle 2-1 sind Ionisierungsenergien (I_1 bis teilweise I_4) für die Elemente der ersten drei Perioden zusammengestellt, wobei die fett dargestellten Werte jeweils die zur Erreichung des Edelgaszustandes erforderlichen Ionisierungsenergien erfassen. Die ersten Ionisierungsenergien verändern sich systematisch innerhalb des Periodensystems der Elemente (vgl. Bild 2-1 und Bild 2-2). Sie sind im PSE links unten am kleinsten (Francium, Cäsium) und rechts oben am größten (Helium). Im Allgemeinen nimmt die Ionisierungsenergie innerhalb einer Periode von links nach rechts zu (steigende Kernladungszahl) und innerhalb einer Gruppe von oben nach unten ab (zunehmender Atomradius).

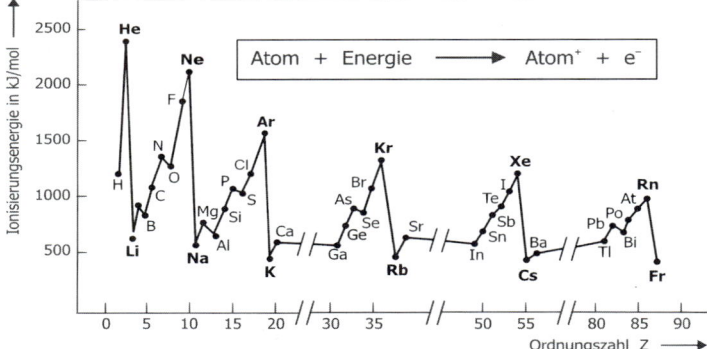

Bild 2-2: Systematischer Gang der 1. Ionisierungsenergien mit der Ordnungszahl

Bei den Edelgasen mit vollständig abgeschlossener Elektronenkonfiguration (s^2p^6) hat die Ionisierungsenergie jeweils ein Maximum. Bei den auf die Edelgase folgenden Elementen der Alkaligruppe fällt I drastisch ab, weil mit dem Aufbau einer neuen Schale begonnen wird. Die Alkalimetalle mit der Elektronenkonfiguration (s^1) weisen daher ein Minimum auf.

Innerhalb einer Periode gibt es zwei Besonderheiten. Atome mit gefüllten oder halbgefüllten Unterschalen haben eine erhöhte Stabilität und führen damit zu einer höheren Ionisierungsenergie, als dies durch die Ordnungszahl zu erwarten ist. Die erste Ionisierungsenergie von Bor ist mit 8,36 eV kleiner als die von Beryllium (9,38 eV), obwohl die Kernladung größer ist. Dieser Sachverhalt lässt sich erklären, wenn man beachtet, dass bei Bor das äußere Elektron ein 2p-Orbital besetzt und daher weniger stark gebunden ist als ein 2s-Elektron. Die Abnahme der Ionisierungsenergie von Stickstoff nach Sauerstoff hat eine andere Ursache. Die vollständigen Elektronenkonfigurationen beider Atome sind:

N : $1s^2\, 2s^2\, 2p_x^{\,1}\, 2p_y^{\,1}\, 2p_z^{\,1}$
O : $1s^2\, 2s^2\, 2p_x^{\,2}\, 2p_y^{\,1}\, 2p_z^{\,1}$

Das $2p_x$-Orbital im Sauerstoffatom ist mit zwei Elektronen maximal besetzt. Die gegenseitige starke Abstoßung der Elektronen hebt die Wirkung der größeren Kernladung auf und führt somit zu einer relativ geringen Ionisierungsenergie.

Aus den Ionisierungsenergien lassen sich die Struktur der Elektronen in den Schalen und Unterschalen sowie die erhöhte Stabilität halb- und vollbesetzter Unterschalen ableiten.

Bei Atomen mit mehreren Elektronen sind weitere Ionisierungen möglich (vgl. Tab. 2-1). Die Abspaltung eines zweiten, dritten oder vierten Elektrons führt unter Aufwendung von I_2, I_3 bzw. I_4 zu mehrfach positiv geladenen Ionen, die teilweise eine Stabilität aufweisen, die mit der von Edelgasen zu vergleichen ist. Eine weitere Abspaltung von Elektronen führt bei diesen edelgasartigen Ionen (Li^+, Na^+, Be^{2+}, Mg^{2+}) zur sprunghaften Erhöhung der Ionisierungsenergie.

2.3.2   Elektronenaffinität

Unter der Elektronenaffinität A versteht man die Energieänderung, die auftritt, wenn ein Atom in der Gasphase ein Elektron aufnimmt:

$Y(g)$ + $e^-(g)$ $\longrightarrow$ $Y^-(g)$

Die Elektronenanlagerung kann sowohl unter Energiefreisetzung (exotherm) als auch unter Energieverbrauch (endotherm) ablaufen. Tabelle 2-2 zeigt am Beispiel einiger Hauptgruppenelemente, dass bei der Bildung einfach geladener Anionen (F^-, Cl^-, Br^-, I^-) mit der Edelgaskonfiguration (s^2p^6) die meiste Energie frei wird. Vergleicht man die Alkali- mit den Erdalkalimetallen, wird aber auch deutlich, dass die maximale Besetzung der s-Orbitale begünstigt ist. Die positiven Werte der Elektronenaffinität von Be und Mg bedeuten einen energetischen Mehraufwand, um ein Elektron in dem entsprechenden Orbital unterzubringen.

Die Elemente Sauerstoff und Schwefel erreichen durch die Aufnahme eines Elektrons keine Edelgaskonfiguration. Ihre Elektronenaffinitätswerte sind daher auch weniger negativ als die der Halogene. Erst die Anlagerung eines zweiten Elektrons entsprechend der Reaktionsgleichung

$$Y^-(g) \; + \; e^-(g) \; \longrightarrow \; Y^{2-}(g)$$

führt zur stabilen Edelgaskonfiguration. Zur Anlagerung eines zweiten Elektrons ist jedoch immer Energie erforderlich.

Tabelle 2-2: Elektronenaffinität einiger Hauptgruppenelemente

Gruppe des PSE							
1	**2**	**13**	**14**	**15**	**16**	**17**	**18**
H 73							**He**
Li 60	**Be** 0	**B** 27	**C** 154	**N** 7	**O** 141	**F** 328	**Ne**
Na 53	**Mg** 0	**Al** 43	**Si** 134	**P** 72	**S** 200	**Cl** 349	**Ar**
K 48	**Ca** 2	**Ga** 29	**Ge** 119	**As** 78	**Se** 195	**Br** 325	**Kr**
Rb 47	**Sr** 5	**In** 29	**Sn** 107	**Sb** 103	**Te** 190	**I** 295	**Xe**
Cs 45	**Ba** 14	**Tl** 19	**Pb** 35	**Bi** 91	**Po** 183	**At** 270	**Rn**

(Periode des PSE: 1, 2, 3, 4, 5, 6)

Elekronenaffinitäten sind in kJ/mol angegeben

Die Elektronenaffinitäten innerhalb einer Periode zeigen bei den Elementen der vierzehnten und siebzehnten Gruppe Minima. Die Elektronenanlagerung ist immer dann begünstigt, wenn dadurch die Konfigurationen s^2p^3 (Halbbesetzung) und s^2p^6 (Edelgaskonfiguration) entstehen.

2.3.3   Atom- und Ionenradien

Eine der wichtigsten Eigenschaften eines Elements ist die Größe seiner Atome und Ionen. Wie bereits in Kap. 1 besprochen wurde, ist dem Atomradius der Radius einer Kugelschale differenzieller Dicke zuzuordnen. Somit gibt es keine bestimmte äußere Grenze der Elektronenverteilung und daher auch keinen absoluten Wert für den Radius eines Atoms. Es ist jedoch möglich, aus dem Abstand der Atomkerne **effektive Atomradien** zu berechnen, die es erlauben, eine relativ genaue Ausdehnung des Atoms in seiner Wechselwirkung mit den Nachbaratomen anzugeben. Diese experimentell ermittelten und tabellierten effektiven Atomradien beziehen sich daher nie auf freie, ungestörte Atome, sondern immer auf Atome, die in Wechselwirkung mit Nachbaratomen stehen. Ihr Wert ist demzufolge von den Bindungsverhältnissen abhängig und somit relativ (vgl. Kap. 3).

Zur Bestimmung der Größe von Atomen werden drei Hauptverfahren angewendet:

(1) Der VAN-DER-WAALS'sche Radius wird durch maximale Annäherung einzelner, nicht gebundener Atome im festen Zustand ermittelt. Dieser Radius entspricht der effektiven Packungsgröße eines Atoms und gilt nicht für Metalle.

(2) Der kovalente Radius wird bestimmt, indem das Bindungselektronenpaar zwischen den an der Bindung beteiligten Atomen untersucht wird. Kovalente Radien sind kleiner als VAN-DER-WAALS'sche Radien, da die Ausbildung einer Bindung eine dichtere Annäherung der Atome erlaubt. Darüber hinaus ist die Größe von der Anzahl der nächsten Nachbarn (Koordinationszahl) abhängig. Diese Radien sind auch vergleichbar mit den Abständen der positiv geladenen Atomrümpfe in Metallen.

(3) Der Ionenradius ist in Kristallen ein Maß für den Abstand der Zentren zwischen Ionen entgegengesetzter Ladung.

Die Werte für die Atomradien der Hauptgruppenelemente sind in Tabelle 2-3 zusammengestellt. Auf der linken Seite bzw. unterhalb der Trennlinie beziehen sich die Radien der Metalle auf die Koordinationszahl 12 im Molekül bzw. im Festkörper (vgl. Abschn. 3.3). Rechts bzw. oberhalb der Trennlinie sind die Atomradien für die Koordinationszahl 4 (Gruppe 13 und 14), 2 (Gruppe 16) und 1 (Gruppe 17) der Nichtmetalle gezeigt.

Tabelle 2-3: Atomradien der Hauptgruppenelemente

Gruppe des PSE							
1	2	13	14	15	16	17	18
H 37							He
Li 157	Be 112	B 88	C 77	N 74	O 74	F 72	Ne
Na 191	Mg 160	Al 143	Si 117	P 110	S 104	Cl 99	Ar
K 235	Ca 197	Ga 153	Ge 139	As 121	Se 117	Br 114	Kr
Rb 250	Sr 215	In 167	Sn 158	Sb 161	Te 137	I 133	Xe
Cs 272	Ba 224	Tl 171	Pb 175	Bi 182	Po 140	At 140	Rn

Periode des PSE: 1, 2, 3, 4, 5, 6

Atomradien sind in ppm angegeben und beziehen sich auf die Koordinationszahl 12 bzw. 4, 2 und 1.

Die unterschiedlich großen Radien der Elemente sind ein wichtiges Kriterium zur Erklärung vieler Vorgänge in der Chemie. Betrachtet man eine
Periode von links nach rechts, dann treten die Elektronen in Orbitale der
gleichen Schale ein (d-Elektronen der Nebengruppen werden momentan
nicht betrachtet). Gleichzeitig hat die Zunahme der effektiven Kernladung
eine stärkere Anziehung der Elektronen zur Folge, es entstehen kompaktere Atome (Tab. 2-3 und Bild 2-3). Wird das Ende einer Periode erreicht,
muss das nächste Elektron in eine Schale mit der nächsthöheren Hauptquantenzahl eintreten. Diese neue Schale umgibt die vollständig besetzten
inneren Schalen des Atoms. Daher entsteht ein Atom mit einem größeren
Radius als in der vorangegangenen Periode. Innerhalb einer Gruppe nimmt
der Atomradius demzufolge von oben nach unten zu.

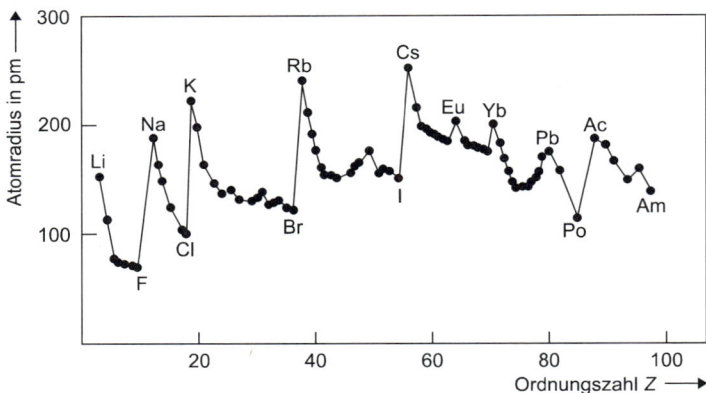

Bild 2-3: Änderung der Radien im Periodensystem der Elemente

Die Radien der Elemente mit d- und f-Elektronen zeichnen sich nicht durch einen
spezifischen Gang aus. Zu erwähnen sind in den Nebengruppen die Minima der
Radien bei den Elementen der Gruppen 8 bis 10 sowie in der Lanthanoidenreihe bei
fallender Tendenz (Lanthanoidenkontraktion) die Maxima bei Europium (Eu) und
Ytterbium (Yb).

Grundsätzlich ist wie bei den Atomen auch bei den Ionen eine Messung
ihres Radius in der freien Ionenform nicht möglich. Die fehlende definierte
äußere Begrenzung ergibt sich daher erst durch Berührung mit einem
Nachbarion. Reproduzierbare, aber auch vergleichbare Messwerte erhält
man vorzugsweise bei Ionenkristallen mit einem hohen Ionenbindungs

anteil. Diese Voraussetzungen sind besonders bei Hauptgruppenelementen gegeben, die in der Ionenform Edelgaskonfiguration aufweisen. Beispiele hierfür sind die einfach positiv geladenen Alkaliionen, die zweifach positiv geladenen Erdalkaliionen sowie die einfach negativ geladenen Halogenidionen und die zweifach negativ geladenen Chalkogenidionen.

Tabelle 2-4: Radien von Ionen der Hauptgruppenelemente mit Edelgaskonfiguration (nach PAULING)

	Gruppe des PSE							
Periode des PSE	1	2	13	14	15	16	17	18
2	Li^+ 74	Be^{2+} 35	B	C	N^{3-} 171	O^{2-} 140	F^- 133	Ne
3	Na^+ 102	Mg^{2+} 72	Al^{3+} 53	Si	P^{3-} 212	S^{2-} 184	Cl^- 181	Ar
4	K^+ 138	Ca^{2+} 100	Ga^{3+} 62	Ge	As^{3-} 222	Se^{2-} 198	Br^- 195	Kr
5	Rb^+ 149	Sr^{2+} 113	In^{3+} 81	Sn^{4+} 71	Sb	Te^{2-} 221	I^- 216	Xe
6	Cs^+ 170	Ba^{2+} 136	Tl^{3+} 95	Pb^{4+} 84	Bi	Po	At	Rn

Ionenradien sind in pm angegeben und beziehen sich auf die Koordinationszahl 6.

Für die mehr als zweifach positiv geladenen Kationen (Gruppe 13 und 14) sowie die dreifach negativ geladenen Anionen (Gruppe 15) ist es trotz Edelgaskonfiguration nicht sinnvoll, einen Ionenradius anzugeben, da in den von ihnen gebildeten Feststoffen der Ionenbindungscharakter in vielen Fällen nicht mehr überwiegt (vgl. auch Abschn. 3.1).

Die in Tabelle 2-4 gezeigten Kationen (Ausnahme Gallium) werden gemeinsam mit den d- und f-Elementen zu den **Metallen** gerechnet. Die als Anionen formulierten Elemente gehören zusammen mit dem Kohlenstoff zu den **Nichtmetallen,** während die übrigen Elemente (B, Ga, Si, As, Sb, Bi, Se und Te) zu den **Halbmetallen** gerechnet werden. Erwartungsgemäß nehmen sowohl die Kationen- als auch die Anionenradien im PSE von rechts nach links und von oben nach unten zu. Ein Vergleich mit den Daten aus Tabelle 2-5 zeigt, dass sich die Atome bei der Kationenbildung verkleinern und bei der Anionenbildung vergrößern. Daraus folgt, dass der Radius eines Kations, je höher es ionisiert ist, umso kleiner wird.

3 Chemische Bindungen

3.1   Ionenbindung
3.1.1   Allgemeines

Von den vier unterschiedlichen Grenztypen der chemischen Bindung ist die Ionenbindung die physikalisch einfachste. Sie entsteht durch elektrische Anziehung zwischen entgegengesetzt geladenen Ionen. Es sollte daher zunächst untersucht werden, unter welchen Bedingungen die Ionen der verschiedenen Elemente gebildet werden.

> Ionogen aufgebaute Verbindungen entstehen durch Reaktion von Metallen (Elemente, die im PSE links stehen) mit Nichtmetallen (Elemente, die im PSE rechts stehen). Ionenverbindungen bestehen daher typischerweise aus einem Alkali- bzw. Erdalkalimetall und einem Halogen bzw. Chalkogen.

Die wenig ausgeprägte Reaktionsbereitschaft der Edelgase und ihre hohen Ionisierungsenergien charakterisieren die Stabilität der Elektronenkonfiguration dieser Elemente. Elemente, die im PSE nicht zu weit von den Edelgasen entfernt stehen, erreichen diese Edelgaskonfiguration durch Ionenbildung, d. h. durch Abgabe oder Aufnahme eines oder mehrerer Elektronen.

Als Beispiel einer Ionenverbindung wird die Bildung von Natriumchlorid NaCl aus den Elementen Natrium und Chlor betrachtet. Natriumatome besitzen die Elektronenkonfiguration $1s^2\,2s^2\,2p^6\,3s^1$ und können unter Abgabe des 3s-Elektrons in positiv geladene Na$^+$-Ionen überführt werden. Die entstandenen Kationen haben die Elektronenkonfiguration des Edelgases Neon $1s^2\,2s^2\,2p^6$. Die geringe Ionisierungsenergie von 5,2 eV zeigt, dass dieses Elektron leicht abgegeben wird. Chlor (mit der Elektronenkonfiguration $1s^2\,2s^2\,2p^6\,3s^2\,3p^5$) nimmt bei dieser Reaktion unter Ausbildung der Argonkonfiguration $1s^2\,2s^2\,2p^6\,3s^2\,3p^6$ ein Elektron auf. Es entsteht ein negativ geladenes Cl$^-$-Ion. Der Vorgang lässt sich als Reaktionsgleichung folgendermaßen formulieren:

$$\text{Na} \odot \ + \ \odot \overline{\underline{\text{Cl}}}\,| \ \longrightarrow \ \text{Na}^{\oplus} \ + \ |\,\overline{\underline{\text{Cl}}}\,|^{\ominus}$$

Bei dieser Schreibweise ist mit einem Punkt ein Elektron und mit einem Strich ein Elektronenpaar gemeint. Es werden nur die Elektronen der äußeren Schale dargestellt.

Durch Elektronenübertragung vom Metallatom auf das Nichtmetallatom entstehen elektrisch geladene Teilchen, die Ionen. Die positiv geladenen Ionen werden Kationen, die negativ geladenen Ionen werden Anionen genannt.

Die Theorie der Ionenbindung ist relativ einfach, da sie im Wesentlichen auf elektrostatischen Anziehungskräften beruht. Ionen lassen sich in erster Näherung als negativ und positiv geladene, inkompressible Kugeln vorstellen. Nach dem COULOMB'schen Gesetz gilt für die Anziehungskraft F, mit der sich Anionen und Kationen anziehen:

$$F = - \frac{z_A e \cdot z_K e}{4 \cdot \pi \cdot \varepsilon_0 \cdot r^2} \qquad (3\text{-}1)$$

z_A und z_K Ladungszahl des Anions bzw. Kations, e Elementarladung, ε_0 elektrische Feldkonstante, r Abstand zwischen den als Punktladungen gedachten Ionenkugeln

Aus dem COULOMB'schen Gesetz ergibt sich eine Proportionalität zwischen der Anziehungskraft und dem Produkt der Ladungen beider Ionen. Die Anziehungskraft ist umgekehrt proportional dem Quadrat des Abstandes. Kationen und Anionen nähern sich im Ionenkristall nur bis zu einem bestimmten Abstand, da auch Abstoßungskräfte existieren. Diese Kräfte werden auf die gegenseitige Abstoßung der Elektronenhüllen der Ionen zurückgeführt. Zwischen Anziehung und Abstoßung stellt sich ein Gleichgewicht ein, das dem Gleichgewichtsabstand r_0 der Ionen im Gitter entspricht. Im Natriumchlorid beträgt $r_0 = 2,83 \cdot 10^{-10}$ m (vgl. Bild 3-1).

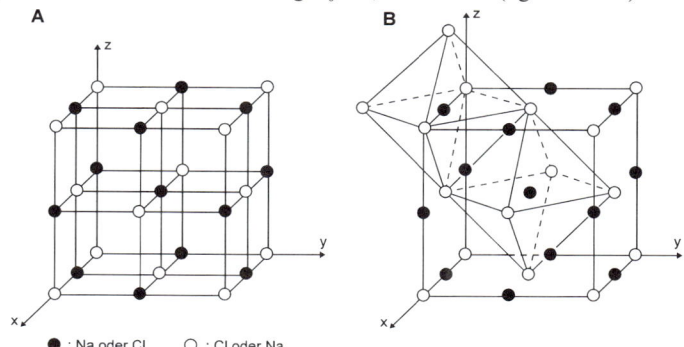

● : Na oder Cl   ○ : Cl oder Na

Bild 3-1: Die Natriumchloridstruktur: (A) Elementarzelle der kubischen Struktur, (B) Darstellung der Koordinationsoktaeder von Anionen und Kationen

Die Anordnung der Anionen in der kubischen Elementarzelle ist in Bild 3-1 dargestellt. Ein Merkmal dieser Struktur ist sofort zu erkennen: Es gibt keine diskreten NaCl-Moleküle, sondern es liegt ein Ionenkristall vor, in dem die Ionen eine regelmäßige dreidimensionale Anordnung, ein **Kristallgitter,** bilden. Die COULOMB'sche Anziehungskraft ist ungerichtet, d. h., die Wirksamkeit ist in allen Raumrichtungen gleich groß. Daher ist jedes Na^+-Ion symmetrisch von sechs Cl^--Ionen und jedes Cl^--Ion von sechs Na^+-Ionen umgeben. Es liegt eine oktaedrische Koordination vor, da sich die sechs Nachbarn eines jeden Ions in den Eckpunkten eines regulären Oktaeders befinden. Die Koordinationszahl $KZ = 6$ gilt für beide Ionensorten.

Der Umstand, dass Kristallstrukturen aus Ionen definierter, aber oft sehr verschiedener Größe aufgebaut sind, bleibt in der Darstellung (Bild 3-1) unberücksichtigt. Hier sind nur die Positionen der Kationen und Anionen angegeben, jedoch nicht ihre relative Größe. Eine andere Darstellung der NaCl-Struktur ist in Bild 3-2 A gezeigt, in der die relativen Größen der Ionen erkennbar sind. Die Koordination der Ionen kommt jedoch in Bild 3-1 zum Ausdruck.

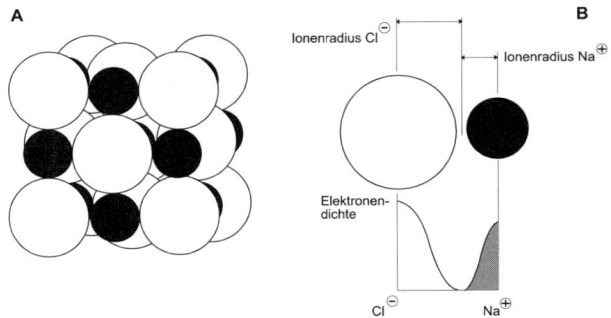

Bild 3-2: Darstellung der NaCl-Struktur unter Berücksichtigung der relativen Ionengrößen (A) und schematischer Verlauf der Elektronendichte bei der Ionenbindung

Durch die gegenseitige Abstoßung der Elektronenhüllen nähern sich Kationen und Anionen im Ionenkristall nur bis zu einem bestimmten Abstand. Bei größerer Entfernung der Ionen überwiegen die Anziehungskräfte. Im Ionenkristall stellt sich ein Gleichgewichtsabstand ein, bei dem die COULOMB'schen Anziehungskräfte gleich den Abstoßungskräften sind (vgl. Bild 3-7). Die Elektronenhüllen der Na^+- und Cl^--Ionen durchdringen sich bei der Ionenbindung nicht. Die Elektronendichte sinkt daher beim Gleichgewichtsabstand fast auf null.

> Ionenverbindungen bestehen nicht aus diskreten Molekülen, sondern aus Kristallen, die aus einer Vielzahl von Ionen aufgebaut sind. Zwischen den Kationen und den entgegengesetzt geladenen Anionen herrschen starke Bindungskräfte. Daher sind Ionenverbindungen Feststoffe mit hohen Schmelzpunkten.

3.1.2 Ionenradien

Aus den experimentell bestimmten Ionenabständen kann nur die Summe zweier Ionenradien bestimmt werden. Bei Kenntnis des Radius von einem Ion lassen sich alle anderen Radien ermitteln. Verschiedene, voneinander unabhängige Methoden, die Radien von Ionen abzuschätzen, führten gemeinsam mit Kristallstrukturdaten zu den halbempirischen Ionenradien.

PAULING hat den Radius des O^{2-}-Ions zu 140 pm berechnet. Die in Tabelle 2-4 angegebenen Werte basieren auf diesem Wert und gelten für oktaedrische Koordination, d. h., die Koordinationszahl (KZ) beträgt 6. Für andere Koordinationszahlen ändern sich die Ionenradien. Mit zunehmender Anzahl benachbarter Ionen vergrößern sich die Abstoßungskräfte zwischen den Elektronenschalen, und damit nimmt der Gleichgewichtsabstand zu. Bei den häufig anzutreffenden Koordinationszahlen 4, 6 und 8 ergibt sich folgende Abhängigkeit:

Koordinationszahl	4	6	8
Radius	$0,8 \cdot r$	$1,0 \cdot r$	$1,1 \cdot r$

Wenn die sechsfach koordinierte Struktur als Standard definiert wird, dann liegen die Radien mit der Struktur $KZ = 4$ um 20 % niedriger und die mit $KZ = 8$ um 10 % höher.

Einige allgemeine Sachverhalte, die sich aus den Daten der Tabelle 2-4 ergeben, sind nachfolgend zusammengestellt. Es gelten folgende Regeln:

Kationen sind kleiner als Anionen:
Große Kationen wie K^+, Rb^+, Cs^+, NH_4^+, Ba^{2+} bilden Ausnahmen und sind größer als das kleinste Anion F^-.

Innerhalb einer Hauptgruppe des PSE nimmt der Ionenradius mit steigender Ordnungszahl zu:

$$Be^{2+} < Mg^{2+} < Ca^{2+} < Sr^{2+} < Ba^{2+}$$
$$F^- < Cl^- < Br^- < I^-$$

Bei Ionen mit gleicher Elektronenkonfiguration sinkt der Radius mit zunehmender Ordnungszahl:

$$O^{2-} > F^- > Na^+ > Mg^{2+} > Al^{3+}$$

Die zunehmende Kernladung führt zu einer stärkeren Anziehung der Elektronenhülle und damit zur Abnahme der Ionenradien. Mit steigender Ionenladung reduziert sich der Gleichgewichtsabstand im Kristallgitter, weil die Anziehungskraft mit steigender Ionenladung zunimmt.

3.1.3   Charakteristische Strukturen

Ionenstrukturen, die in diesem Kapitel besprochen werden, sind typisch für viele Feststoffe. Obwohl die Natriumchlorid-Struktur ihren Namen vom Steinsalz (NaCl) erhielt, ist sie charakteristisch für viele andere Verbindungen (vgl. Tab. 3-1).

Tabelle 3-1: Kristallstrukturen einiger Verbindungen

Gittertyp	Kristallstruktur	KZ	Beispiele
AB	Cäsiumchlorid	8	**CsCl**, CsBr, CsI, CaS
	Natriumchlorid	6	**NaCl**, LiCl, KBr, AgCl, CaO, FeO
	Zinkblende	4	**ZnS**, CuCl, CdS, HgS
AB_2	Fluorit	8 : 4	**CaF_2**, UO_2, $BaCl_2$, HgF, PbO_2
	Rutil	6 : 3	**TiO_2**, MnO_2, SnO_2, MgF_2, NiF_2
	Cristobalit	4 : 2	**SiO_2**, BeF_2
ABX_3	Perowskit		$CaTiO_3$, $BaTiO_3$, $NaWO_3$, $KMgF_3$
AB_2X_4	Spinell		$MgAl_2O_4$

Häufig lassen sich Strukturen aus Anordnungen ableiten, in denen die in der Regel größeren Anionen eine kubisch flächenzentrierte oder hexagonal dichte Packung ergeben. Die Gegenionen befinden sich in den oktaedrischen oder tetraedrischen Lücken des Kristallgitters. Für die folgende Beschreibung einiger ausgewählter Strukturen ionogen aufgebauter Festkörper ist es hilfreich, zunächst einige Begriffe zur Kristallstruktur kennen zu lernen (vgl. Exkurs 3-1).

Exkurs 3-1: Die Kristallstruktur

Kristallgitter
Der strukturelle Aufbau eines kristallinen Feststoffes lässt sich am besten anhand der **Elementarzelle** erklären. Sie ist ein Teil des Kristalls, und mit ihrer Hilfe kann man durch Aneinanderreihung den gesamten Kristall darstellen. Dabei stehen die Elementarzellen nur über einfache Translation miteinander in Beziehung.

Das Muster der Ionen, Atome oder Moleküle in einem Kristall wird durch eine Anordnung von Punkten, das **Gitter**, dargestellt. Die Gitterpunkte können frei gewählt werden, liegen aber häufig in den Ionenzentren und markieren die Lage einer **asymmetrischen Einheit**, aus denen der jeweilige Kristall gebildet wird.

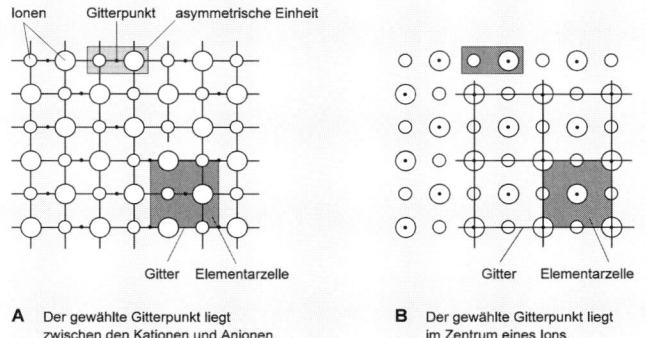

A Der gewählte Gitterpunkt liegt zwischen den Kationen und Anionen.

B Der gewählte Gitterpunkt liegt im Zentrum eines Ions.

Bild 3-3: Mögliche Positionen der asymmetrischen Einheit

Jeder Gitterpunkt (Bild 3-3) bezeichnet entweder die Lage eines Ionenpaares und damit der asymmetrischen Einheit (A) oder die Lage eines Kations bzw. Anions (B). Der relative Bezug des Gitterpunktes zur asymmetrischen Einheit ist willkürlich, gilt aber, sobald er gewählt wurde, für den gesamten Kristall.

Kugelpackungen
Eine Vielzahl von Festkörperstrukturen lassen sich als gepackte Kugeln von Atomen oder Ionen darstellen. Unter der Voraussetzung, dass es im Festkörper

keine spezifischen Bindungskräfte gibt und die strukturbildenden Kugeln gleich groß sind, lassen sich die Atome oder Ionen so dicht packen, wie es die Geometrie erlaubt. Daher sind bei Metallen häufig **dichte Kugelpackungen** anzutreffen, in denen jede Kugel die maximal mögliche Anzahl von Nachbarn hat. Die **Koordinationszahl** (*KZ*) eines Gitters entspricht der Anzahl der nächsten Nachbarn eines beliebigen Atoms oder Ions im Gitter. Die Koordinationszahl ist für Metalle häufig groß (*KZ* = 8 oder 12), für ionogen aufgebaute Festkörper mittelgroß (meistens *KZ* = 6) und klein für molekulare Festkörper (vielfach *KZ* = 4). Es lässt sich auch eine Korrelation zwischen der Dichte eines Festkörpers und der Koordinationszahl zeigen. Metalle als schwere Materialien sind dichter als Nichtmetalle gepackt und haben große Koordinationszahlen.

Dicht gepackte Strukturen aus Kugeln gleicher Größe werden üblicherweise als aufeinander liegende, dicht gepackte Schichten dargestellt. Hierbei hat jede Kugel sechs nächste Nachbarn. Die zweite Schicht wird so positioniert, dass die Kugeln auf die Vertiefungen der ersten Schicht gelegt werden. Für die dritte Schicht gibt es zwei Möglichkeiten, die zu unterschiedlichen Strukturen führen. Beide Strukturen haben die Koordinationszahl 12.

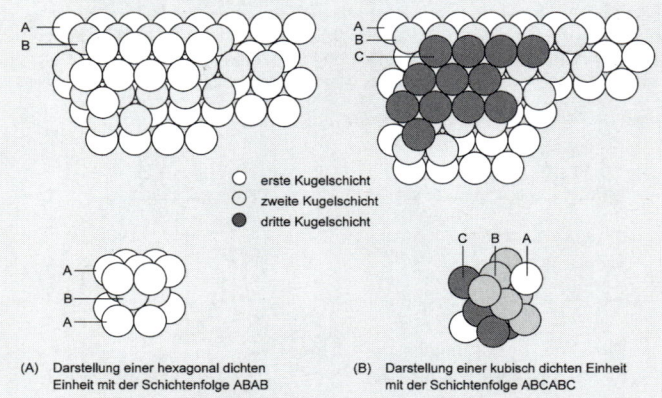

(A) Darstellung einer hexagonal dichten   (B) Darstellung einer kubisch dichten Einheit
    Einheit mit der Schichtenfolge ABAB   mit der Schichtenfolge ABCABC

Bild 3-4: Aufbau von zwei dicht gepackten Strukturen

Bei der in Bild 3-4 A dargestellten Struktur liegen die Kugeln der dritten Schicht direkt über denen der ersten. Das hieraus resultierende Muster der Schichtenfolge A B A B ... bildet ein Kristallgitter mit hexagonaler Elementarzelle und wird deshalb **hexagonal dichte Packung** genannt. Bei der zweiten Struktur (B) liegen die Kugeln der dritten Schicht über den Lücken der ersten Schicht. Die zweite Schicht überdeckt die Hälfte der Lücken der ersten Schicht, und die dritte Schicht überdeckt die restlichen Lücken. Das resultierende Muster der Schichtenfolge A B C A B C ... gehört zu einem Gitter mit flächenzentrierter kubischer Elementarzelle. Es wird deshalb **kubisch dichte Packung** genannt.

Lücken in dichten Kugelpackungen

In der hexagonal und kubisch dichten Kugelpackung gibt es zwei verschiedene Arten von unbesetzten Räumen (**Lücken**). Diese Lücken sind für das Verständnis einiger Legierungen und vieler ionogen aufgebauter Verbindungen wichtig.

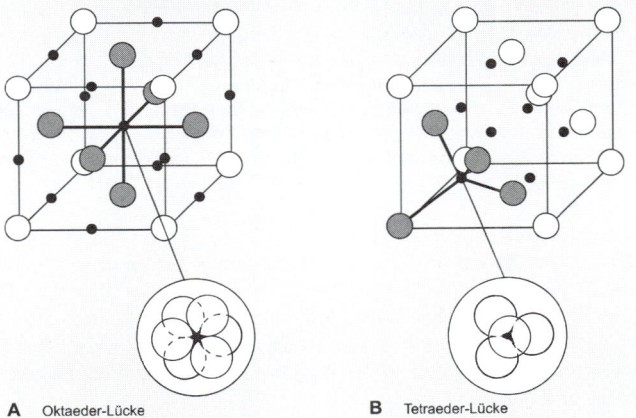

A Oktaeder-Lücke   **B** Tetraeder-Lücke

Bild 3-5: Position der oktaedrischen und tetraedrischen Lücken relativ zu den Atomen bzw. Ionen in einer kubisch flächenzentrierten Struktur

Ein möglicher Lückentyp ist die **Oktaeder-Lücke**. Sie befindet sich in einem Hohlraum (unterlegter Bereich in Bild 3-5 A) zwischen zwei entgegengesetzt orientierten Dreiecken aus Kugeln benachbarter Schichten. Besteht ein Kristall aus N Atomen, so gibt es auch N Oktaeder-Lücken. In Bild 3-5 A ist eine oktaedrische Lücke im Zentrum einer kubisch flächenzentrierten Struktur gezeigt. Sie ist von sechs direkt benachbarten Kugeln in oktaedrischer Anordnung umgeben.

Eine **Tetraeder-Lücke** (unterlegter Bereich in Bild 3-5 B) wird von vier Kugeln gebildet, wobei die vierte Kugel in die Vertiefung eines ebenen Dreiecks gelegt wird. Ein Kristall, der aus N Atomen aufgebaut ist, verfügt über $2 \cdot N$ Tetraeder-Lücken. Bild 3-5 B zeigt eine der insgesamt acht Lücken. Dieser Rechnung liegt die Elementarzelle eines kubisch flächenzentrierten Gitters mit $N = 4$ Atomen zu Grunde.

Natriumchlorid-Struktur

Die Natriumchlorid-Struktur ist von einer kubisch dichten Packung abgeleitet, in der das Gitter aus den größeren Chloridionen aufgebaut ist und die Kationen die oktaedrischen Lücken besetzen. Aus dem Bild 3-1 geht hervor, dass jedes Ion oktaedrisch von sechs Gegenionen umgeben ist. Die Koordinationszahl beträgt somit sechs für Kationen und Anionen.

Zur Elementarzelle von Natriumchlorid (vgl. Bild 3-6 A) werden vier Natrium- und vier Chloridionen gerechnet. Jede Elementarzelle enthält daher vier Ioneneinheiten NaCl.

> Zur Ermittlung der Anzahl der Ionen oder Atome, die zu einer Elementarzelle gerechnet werden, muss man berücksichtigen, dass nicht alle Ionen oder Atome vollständig innerhalb der Zelle liegen. Ein Ion, das in der Fläche liegt, wird von zwei benachbarten Elementarzellen geteilt und trägt damit nur zur Hälfte zur Zelle bei. Ein Ion auf der Kante wird mit vier Zellen geteilt und wird mit 1/4 verrechnet. Ein Ion auf der Ecke einer Elementarzelle trägt mit 1/8 zur Zelle bei.

Cäsiumchlorid-Struktur

Bei der Cäsiumchlorid-Struktur bilden die Chloridionen eine kubische Elementarzelle, wobei das Zentrum durch das Metallkation besetzt ist. Die Koordinationszahl für beide Ionensorten beträgt acht, d. h., es liegt eine (8,8)-Koordination vor. Zur Elementarzelle werden ein Chloridion und ein Cäsiumion gezählt (vgl. Bild 3-6 B). Die Formeleinheit pro Elementarzelle ist daher CsCl.

Zinkblende-Struktur

Die Zinkblende-Struktur (ZnS) basiert auf einem aufgeweiteten Anionen-Gitter mit kubisch flächenzentrierter Anordnung. Nur die Hälfte der Tetraeder-Lücken wird durch Zinkionen besetzt. Hieraus resultiert eine (4,4)-Koordination, da jedes Ion von vier Nachbarn umgeben ist (vgl. Bild 3-6 C).

Fluorit-Struktur

Auch die Fluorit-Struktur, die ihren Namen vom Mineral Fluorit (CaF_2) hat, besteht aus einem aufgeweiteten kubisch flächenzentrierten Kristallgitter. Die Ca^{2+}-Ionen besetzen die Ecken und die Flächenmitten der Elementarzelle, die F^--Ionen die Zentren von acht Würfeln, in die man die Elementarzelle unterteilen kann (vgl. Bild 3-6 D). Die Ca^{2+}-Ionen sind von acht Anionen würfelförmig koordiniert, jedes F^--Ion belegt eine Tetraeder-Lücke und ist demzufolge von vier Kationen umgeben. Die Fluorit-Struktur ist die einzige bekannte Struktur mit (8,4)-Koordination.

Cristobalit-Struktur

Die Cristobalit-Struktur, die nach einer SiO_2-Modifikation benannt ist, kristallisiert als kubisch flächenzentrierte Elementarzelle. Die Si-Atome besetzen die gleichen Positionen wie die Zn- und S-Ionen in der ZnS-

Struktur. Zwischen einem Paar von Si-Atomen befindet sich ein O-Atom. Jedes Si-Atom ist daher tetraedisch von vier Sauerstoffatomen umgeben, während jedes Sauerstoffatom zwei Nachbarn in linearer Anordnung besitzt (vgl. Bild 3-6 E). Damit liegt eine (4,2)-Koordination vor.

Rutil-Struktur

Die mineralische Form des Titandioxids (TiO_2) wird Rutil genannt. Es ist Beispiel eines hexagonal dichten Anionengitters, bei dem jedoch nur die Hälfte der Oktaeder-Lücken mit Kationen besetzt ist (vgl. Bild 3-6 F). Die Struktur besteht aus TiO_6-Oktaedern, in denen die Sauerstoffionen zwischen benachbarten Titanionen aufgeteilt sind. Jedes Sauerstoffion ist von drei Titanionen umgeben, die Struktur hat deshalb eine (6,3)-Koordination.

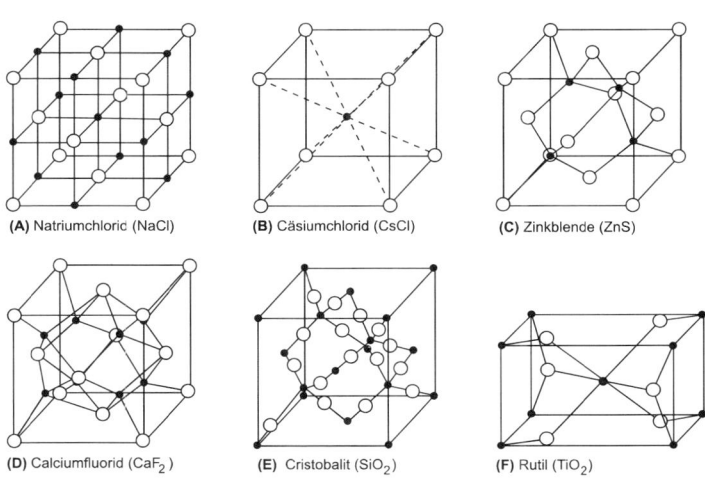

(A) Natriumchlorid (NaCl)   **(B)** Cäsiumchlorid (CsCl)   **(C)** Zinkblende (ZnS)

(D) Calciumfluorid (CaF_2)   **(E)** Cristobalit (SiO_2)   **(F)** Rutil (TiO_2)

Bild 3-6: Typische Ionengitter

Die wichtigsten Kristallstrukturen vom **Gittertyp AB** sind die Natriumchlorid-, Cäsiumchlorid- und Zinkblende-Struktur. Bei allen Strukturen vom Typ AB ist die Anzahl der Anionen gleich der Anzahl der Kationen. Hieraus folgt, dass beide Ionensorten jeweils dieselbe Koordinationszahl haben.

Beim **Gittertyp AB_2** (Fluorit-, Rutil-Struktur) ist das Verhältnis von Anionen zu Kationen gleich 2 zu 1. Die Koordinationszahl der Kationen ist daher doppelt so groß wie die der Anionen.

Die besprochenen Strukturen gelten nicht nur für Ionenkristalle, sondern sind auch für viele Verbindungen mit anderen Bindungskräften gültig. Bis zu einem gewissen Grad ist es möglich, die unterschiedlichen Strukturen über ein **Radienverhältnis** auszudrücken. Hierunter versteht man das Verhältnis vom Radius des kleineren Ions (r_K) zum Radius des größeren Ions (r_A). In der Mehrzahl der Fälle ist r_K der Kationenradius und r_A der Anionenradius.

Aus der Gittergeometrie lässt sich der Zusammenhang zwischen der Koordinationszahl und dem Radienverhältnis berechnen. Die Ergebnisse sind in Tabelle 3-2 für verschiedene Koordinationszahlen angegeben.

Tabelle 3-2: Radienverhältnis und Koordinationszahl

Koordinationszahl	Geometrie der Anordnung	Radienverhältnis r_K / r_A	Gittertyp
8	Würfel	0,732 ... 1,000	Cäsiumchlorid, Fluorit
6	Oktaeder	0,414 ... 0,732	Natriumchlorid, Rutil
4	Tetraeder	0,225 ... 0,414	Zinkblende, Cristobalit

Wenn das Radienverhältnis unter das jeweilige Minimum sinkt, haben Ionen unterschiedlicher Ladung keinen Kontakt mehr, und gleichartig geladene Ionen berühren sich. Als Folge wird sich eine geometrische Anordnung mit niedrigerer Koordinationszahl einstellen. Nimmt andererseits der Kationenradius zu, können mehr Anionen koordiniert werden. Cäsiumchlorid hat mit seinem größeren Kation eine (8,8)-Koordination im Vergleich zu Natriumchlorid und seiner (6,6)-Koordination. In einigen Fällen lassen sich die Radienverhältnisse anwenden, um abzuschätzen, welche Struktur die Verbindung wahrscheinlich einnimmt.

3.1.4   Gitterenergie von Ionenkristallen

Die Gitterenergie U_G wird definiert als Energie (Arbeit), die frei werden müsste, wenn sich in einem fiktiven Prozess äquivalente Mengen gasförmiger Kationen und Anionen zu einem Ionengitter ordnen. Die Gitterenergie kann nicht gemessen werden, sondern wird entweder dem HABER-

BORN'schen Kreisprozess entnommen oder nach einem theoretischen Ansatz berechnet. Der einfachste Ansatz geht dabei nur von den Abstoßungskräften zwischen den Elektronenhüllen und den COULOMB'schen Wechselwirkungskräften aus.

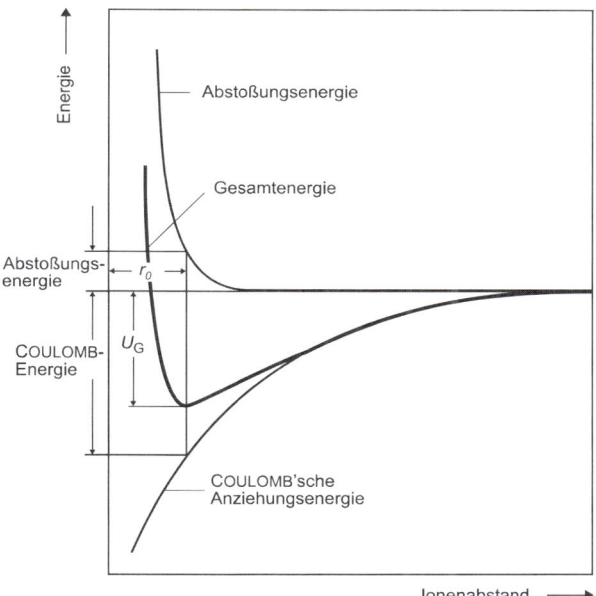

Bild 3-7: Energiekurven in Abhängigkeit vom Ionenabstand in einem Kristallgitter

Werden unterschiedlich geladene Ionen einander angenähert, wird COULOMB'sche Anziehungsenergie frei. Um die Anziehung zu überwinden, muss den Ionen Abstoßungsenergie zugeführt werden. In Bild 3-7 ist der Verlauf beider Energiebeiträge vom Ionenabstand dargestellt. Bei großen Abständen überwiegt die COULOMB'sche Anziehungsenergie, bei kleinen Abständen die Abstoßungsenergie. Die resultierende Kurve der Gesamtenergie durchläuft daher ein Minimum. Das Energieminimum bestimmt den Gleichgewichtsabstand der Ionen r_0 im Kristallgitter.

Die frei werdende Gesamtenergie beim Gleichgewichtsabstand ist gleich der Gitterenergie. Die Gitterenergie wird im Wesentlichen durch den Beitrag der COULOMB'schen Energie bestimmt. Betrachtet man Ionenkristalle einer bestimmten Struktur, ist es auch verständlich, dass mit abnehmender Ionengröße und zunehmender Ladung der Ionen die Gitterenergie größer wird.

> Die Größe der Gitterenergie ist ein Maß für die Stärke der Bindung zwischen den Ionen im Kristallgitter. Einige physikalische Eigenschaften der Ionenverbindungen hängen daher von der Größe der Gitterenergie ab.

Tabelle 3-3: Zusammenhang zwischen der Gitterenergie und einigen physikalischen Eigenschaften von Ionenkristallen

Verbindung	Summe der Ionenradien in pm	Gitterenergie* in kJ · mol^{-1}	Schmelzpunkt in °C	Härte nach MOHS
NaF	235	916	992	3,2
NaCl	283	767	800	2,5
NaBr	297	737	747	—
NaI	318	695	662	—
MgO	212	3936	1642	6,0
CaO	240	2525	2570	4,5
SrO	253	3312	2430	3,5
BaO	276	3128	1925	3,3

* Die Gitterenergie wird auf 1 mol bezogen, das sind 6,022 · 10^{23} Formeleinheiten

Vergleicht man Bindungen von Ionenkristallen mit gleicher Gitterstruktur, so nehmen Schmelzpunkt, Siedepunkt und Härte mit steigender Gitterenergie zu. Tabelle 3-3 zeigt verschiedene Ionenverbindungen mit NaCl-Struktur. Korund (Al_2O_3), als weiteres Beispiel, ist wegen seiner sehr hohen Gitterenergie von 15 MJ · mol^{-1} extrem hart (Härte nach MOHS = 9,0) und findet daher als Schleifmittel Verwendung.

Exkurs 3-2: HABER-BORN'scher Kreisprozess

Die Gitterenthalpie ΔH_G ist die Änderung der Standardenthalpie bei der Bildung eines Ionengases aus dem Feststoff:

$$MX(s) \quad \rightarrow \quad M^+(g) \quad + \quad X^-(g)$$

Die Spaltung eines Kristallgitters verläuft immer endotherm, d. h. unter Energieaufwendung. Daher sind die Gitterenthalpien stets positiv.

Es lassen sich die Gitterenthalpien aus anderen Enthalpiedaten bestimmen, wenn der HABER-BORN'sche Kreisprozess durchlaufen wird, wie er am Beispiel von Kaliumchlorid in Bild 3-8 gezeigt ist. Der Kreisprozess geht davon aus, dass sich die messbare Bildungsenthalpie eines binären Salzes (KCl) additiv aus den

Enthalpien einer Reihe hypothetischer Teilschritte zusammensetzen lässt. Die Berechnung erfolgt über die Ionisierungsenergie und die Elektronenaffinität von Kalium und Chlor, die als Enthalpien ΔH_I und ΔH_A mit entsprechenden Vorzeichen geführt werden. Beide Größen beziehen sich auf isolierte Atome. Die vorangehende Verdampfung ΔH_V von festem Kalium und Dissoziation des Chlormoleküls ΔH_D in die Atome wird angenommen.

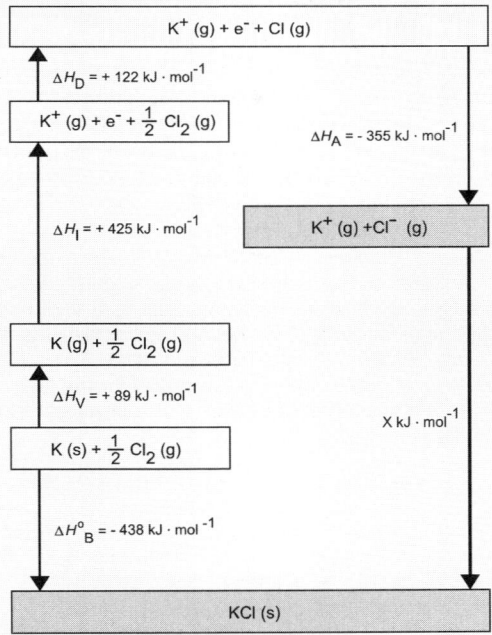

Bild 3-8: HABER-BORN'scher Kreisprozess für KCl

Der Wert der Gitterenthalpie ergibt sich als einzige Unbekannte im Kreisprozess aus der Forderung, dass die Summe der Enthalpieänderungen im Zyklus insgesamt null sein muss (Enthalpie ist eine Zustandsgröße).

$$\Delta H_G = \Delta H_B^0 - (\Delta H_V + \Delta H_D + \Delta H_I + \Delta H_A)$$

Hierin ist ΔH_B^0 die Standardbildungsenthalpie von Kaliumchlorid für den der Zersetzung entgegengesetzten Prozess. Im Falle von KCl hat die Gitterenergie einen Wert von 719 kJ · mol^{-1}. Im Allgemeinen hat ΔH_G eine solche Größe, dass sie gemeinsam mit der Elektronenaffinität ΔH_A nicht nur den Betrag der Ionisierungsenergie, sondern auch den der übrigen Energiebeträge aufbringt. (Zu weiteren Informationen über Zustandsgrößen siehe auch Kap. 5.)

3.2   Atombindungen
3.2.1   Allgemeines

Nichtmetalle gehen untereinander keine Ionenbindungen ein, da sie in der Regel Elektronen aufnehmen und Anionen bilden, um Edelgaskonfiguration zu erreichen. Die Abgabe von vier oder fünf Elektronen, etwa beim Kohlenstoff oder Stickstoff, verlangt einen zu hohen Energieaufwand (vgl. Tab. 2-1). Die Edelgaskonfiguration wird bei Nichtmetallen jedoch auch erreicht, wenn sich die beiden halbbesetzten Atomorbitale der beteiligten Elemente in geeigneter Weise durchdringen (überlappen). Der Vorgang wird formal als Bildung eines gemeinsamen Elektronenpaares bezeichnet. Für diesen Bindungstyp sind die Bezeichnungen Atombindung, kovalente Bindung und homöopolare Bindung üblich.

> Die kovalente Bindung (Atombindung, Elektronenpaarbindung) bildet sich zwischen Elementen (Nichtmetalle) mit ähnlicher Elektronegativität aus. Eine „ideale" Atombindung findet man nur zwischen Elementen gleicher Elektronegativität und bei der Kombination der Elemente mit sich selbst (z. B.: H_2, Cl_2, O_2). Im Unterschied zur elektrostatischen Bindung (Ionenbindung) ist die kovalente Bindung gerichtet, d. h., sie verbindet nur ganz bestimmte Atome miteinander.

Reaktionen, die unter Ausbildung von Atombindungen ablaufen, bilden häufig kleine Moleküle wie H_2, F_2, N_2, H_2O, NH_3, CO_2 oder SO_2. Die Stoffe, die aus diesen Molekülen bestehen, sind unter Standardbedingungen (25 °C, 100 kPa) Gase oder Flüssigkeiten. Es können jedoch auch harte, hochschmelzende, kristalline Feststoffe entstehen. Ein typisches Beispiel ist die Kohlenstoffmodifikation Diamant.

Die erste und einfachste Theorie kovalenter Bindungen basierte auf dem BOHR'schen Atommodell. KOSSEL (1915) und LEWIS (1916) entwickelten Vorstellungen, nach denen in den ersten Perioden des PSE, wie bei den Edelgasen, eine stabile Besetzung der äußeren Schale mit acht Elektronen **(Oktett-Regel)** angenommen wurde (Ausnahme Wasserstoff: Dublett). Ausgangspunkt war die Beobachtung, dass viele kovalente Moleküle eine gerade Anzahl von Valenzelektronen besitzen (vgl. Bild 3-9), eine ungerade Anzahl tritt dagegen bei nicht abgesättigten Molekülen auf. Obwohl über die Natur der Kräfte nichts Näheres bekannt war, konnte daraus geschlossen werden, dass die Kovalenz oder die Atombindung durch ein Elektronenpaar gebildet wird. Beispiele für einige LEWIS-Formeln sind in Bild 3-9 gezeigt.

gerichtet = Verbindung nur ganz bestimmter Atome

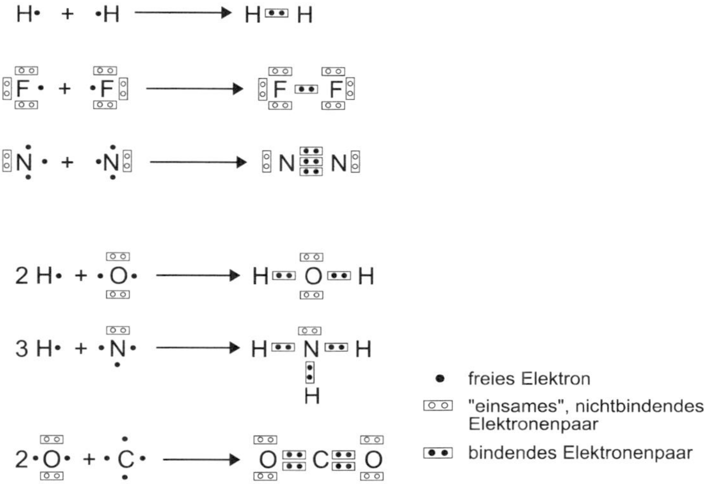

H· + ·H ⟶ H•• H

|F· + ·F| ⟶ |F•• F|

|N· + ·N| ⟶ |N⦀N|

2 H· + ·O· ⟶ H•• O•• H

3 H· + ·N· ⟶ H•• N•• H
                    |
                    H

2 ·O· + ·C· ⟶ O⦀C⦀O

- ● freies Elektron
- ⊙⊙ "einsames", nichtbindendes Elektronenpaar
- •• bindendes Elektronenpaar

Bild 3-9: Beispiele für LEWIS-Formeln

Die gemeinsamen, bindenden Elektronenpaare sind durch ausgefüllte Kreise in einem Rechteck gekennzeichnet. Die Elektronenpaare, welche nicht an der Ausbildung der Atombindung beteiligt sind, werden **einsame** oder **nichtbindende Elektronenpaare** genannt. Symbolisiert man ein Elektronenpaar als einen Bindestrich zwischen den Atomen und jedes nichtbindende Elektronenpaar durch einen Strich am Elementsymbol, so erhält man für die erfahrungsgemäß zweiatomigen Moleküle H_2, F_2, O_2 und N_2 folgende Valenzstrichformeln:

H–H |F̅–F̅| O̅=O̅ |N≡N|

Bei den durch die LEWIS-Formeln beschriebenen Molekülen gehen die bindenden Elektronenpaare aus Elektronen hervor, die sich auf der äußeren Schale der Atome befinden. Elektronen innerer Schalen sind an der Bindung nicht beteiligt und werden bei dieser Schreibweise auch nicht berücksichtigt. Übergangsmetalle nehmen diesbezüglich eine Sonderstellung ein.

Bei der Konzeption der Oktett-Regel wird die Stabilität der Edelgaskonfiguration von den Atomen der 18. Gruppe auf die Moleküle übertragen.

Während es beim Elektronenübergang vom Metallatom zum Nichtmetall-atom unter Ausbildung einer Ionenbindung zu einer stabilen Edelgas-konfiguration kommt, erreichen Atome in Molekülen mit kovalenter Bindung die stabile Edelgaskonfiguration durch Bildung von gemein-samen, bindenden Elektronenpaaren. Die Oktett-Regel gilt streng nur in der 2. Periode.

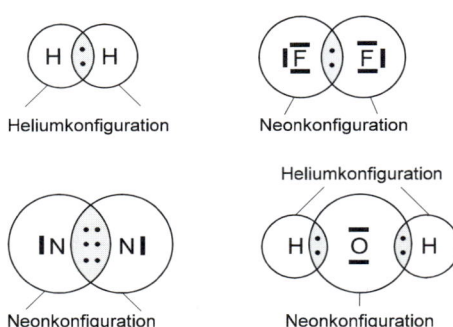

Bild 3-10: Schematische Darstellung einiger Moleküle mit Edelgaskonfiguration

Die Anzahl der Atombindungen, die ein Element ausbilden kann, wird von seiner Elektronenkonfiguration bestimmt. Bei den Molekülen H_2 und F_2 liegen Einfach-bindungen vor, während N_2 mit drei bindenden und zwei freien Elektronen eine Dreifachbindung ausbildet. H_2O besteht aus Sauerstoff, der über zwei Einfachbindun-gen mit zwei Wasserstoffatomen verbunden ist. Die an der Verbindungsbildung beteiligten Atome liegen im Molekül H_2O mit stabiler Helium- bzw. Neonkonfigura-tion vor.

3.2.2   Bindungsbegriffe

Die Möglichkeit, eine kovalente Bindung zu bilden, wurde bei Atomen erkannt, die sich in den Perioden unmittelbar vor den Edelgasen befinden. So ergibt sich bei den Elementen der 17. Gruppe die Möglichkeit, das fehlende Elektron für ein Oktett bereits durch ein gemeinsames Elekt-ronenpaar mit einem Partner auszubilden (Einfachbindung). Die Elemente der anderen Gruppen benötigen mit wachsendem Abstand zu den Edelga-sen mehrere gemeinsame Elektronenpaare. Dies kann durch Mehrfach-bindungen oder mehrere Einfachbindungen realisiert werden. Zwischen zwei Atomen werden jedoch nie mehr als drei bindende Elektronenpaare

(Dreifachbindung) ausgebildet. In der folgenden Tabelle werden einige Wasserstoffverbindungen von Elementen der 14. bis 18. Gruppe des Periodensystems betrachtet.

Tabelle 3-4: Wasserstoffverbindungen einiger Elemente der 14. bis 18. Gruppe mit den Elektronenkonfigurationen und den LEWIS-Formeln

Hauptgruppe	14	15	16	17	18
Außenelektronen-konfiguration					
Zahl der Elektronen-paarbindungen	2	3	2	1	0
Beispiele von Wasser-stoffverbindungen	CH_4	NH_3	H_2O	HF	—
Lewis-Formel	H–C–H mit H oben und H unten	H–N̄–H mit H unten	O mit H und H	H–F̄ı	—

Die Anzahl der ungepaarten Elektronen stimmt mit der Anzahl der Bindungen bei den Elementen der 15. bis 18. Gruppe überein. Lediglich bei den Elementen der 14. Gruppe weicht die Anzahl der kovalenten Bindungen von der Anzahl der ungepaarten Elektronen ab (z. B. CH_4).

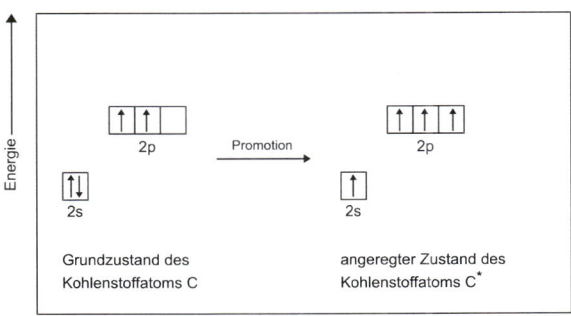

Bild 3-11: Valenzelektronenkonfiguration des Kohlenstoffatoms im Grundzustand und im angeregten Zustand

Die hierzu notwendige Elektronenkonfiguration, beispielsweise des Kohlenstoffatoms, enthält vier ungepaarte Elektronen. Dieser angeregte Zustand des C-Atoms kann durch Übergang eines Elektrons aus dem 2s-Orbital in das 2p-Orbital herbeigeführt werden. Dieser Vorgang wird **Promotion** genannt und erfordert im Falle des Kohlenstoffatoms einen Energiebetrag von 406 kJ · mol^{-1}. Ein angeregter Zustand wird durch einen Stern am Elementsymbol gekennzeichnet. Diese Konfiguration entspricht aber nicht der Valenzkonfiguration, die vier äquivalente Bindungen ausbilden kann (vgl. Abschn. 3.2.4).

Der Wertigkeitsbegriff erhält bei kovalenten Bindungen eine modifizierte Bedeutung: Die Anzahl der von einem Atom ausgehenden Bindungen wird als **Bindigkeit (Bindungszahl)** bezeichnet. In Tabelle 3-5 ist der Zusammenhang zwischen Elektronenkonfiguration und Bindigkeit für einige ausgewählte Elemente der 2. und 3. Periode gezeigt.

Tabelle 3-5: Elektronenkonfiguration und Bindigkeit einiger Elemente der 2. und 3. Periode

Atom	Elektronenkonfiguration					Bindig-keit	Elektronen in der Bindung	Beispiele
	2s	2p	3s	3p	3d			
Li	[↑]					1	2	LiH
Be*	[↑]	[↑][ ]				2	4	$BeCl_2$
B*	[↑]	[↑][↑][ ]				3	6	BF_3
C*, N+	[↑]	[↑][↑][↑]				4	8	CH_4, NH_4^+
N, O+	[↑↓]	[↑][↑][↑]				3	6	NH_3, H_3O^+
O, N−	[↑↓]	[↑↓][↑][↑]				2	4	H_2O, NH_2^-
O−, F	[↑↓]	[↑↓][↑↓][↑]				1	2	OH^-, HF
O²−, F−, Ne	[↑↓]	[↑↓][↑↓][↑↓]				0	—	—
Al*			[↑]	[↑][↑][ ]		3	6	$AlCl_3$
P			[↑↓]	[↑][↑][↑]		3	6	PH_3
P*			[↑]	[↑][↑][↑]	[↑][ ][ ][ ][ ]	5	10	PF_5
Cl			[↑↓]	[↑↓][↑↓][↑]		1	2	HCl
Cl*			[↑↓]	[↑↓][↑][↑]	[↑][ ][ ][ ][ ]	3	6	ClF_3
Cl**			[↑↓]	[↑][↑][↑]	[↑][↑][ ][ ][ ]	5	10	$HClO_3$
Cl***			[↑]	[↑][↑][↑]	[↑][↑][↑][ ][ ]	7	14	$HClO_4$

Der grundlegende Unterschied zwischen Elementen der 2. und 3. Periode besteht darin, dass Atome der 2. Periode maximal vier kovalente Bindungen ausbilden können, weil nur vier Orbitale (s, p_x, p_y, p_z) zur Verfügung stehen und damit maximal acht Elektronen untergebracht werden können. Die Regel, nach der Atome anstreben, eine stabile Konfiguration von acht Elektronen auf der Außenschale zu erreichen, wird **Oktett-Regel** genannt.

Die Oktettbesetzung ist in bestimmten Verbindungen jedoch nicht für jeden Bindungspartner realisiert. Atome mit einer „Oktettlücke" werden als koordinativ ungesättigt bezeichnet (Bsp.: $BeCl_2$, BF_3, $AlCl_3$). Der Begriff des **koordinativ ungesättigten Zustandes** geht über das Oktett-Prinzip hinaus und lässt sich auf viele Verbindungen oder Atome ohne Oktettlücke anwenden.

Ein wichtiges Beispiel ist das koordinativ ungesättigte Proton. Es lagert sich leicht an neutrale Moleküle mit freien Elektronenpaaren an. Hierdurch erreicht das Wasserstoffion durch anteilige Nutzung des bindenden Elektronenpaares die Heliumkonfiguration. Auf diese Weise entstehen beispielsweise die koordinativ abgesättigten Ammoniumionen.

$$NH_3 \;+\; H^+ \;\longrightarrow\; NH_4^+$$

Elemente der dritten Periode und höherer Perioden können eine Bindigkeit > 4 erreichen, weil außer den s- und p-Orbitalen auch d-Orbitale genutzt werden können. Der Verbindungsbildung der entsprechenden Elemente mit 10, 12 oder 14 Außenelektronen im Bindungszustand geht eine Anregung von Elektronen in die 3d-Orbitale voraus. Die in Frage kommenden Elemente gehören der 15., 16. und 17. Gruppe des PSE an. Sie besitzen daher mehrere Bindigkeiten, die sich immer um zwei unterscheiden müssen (vgl. Tab. 3-5). Die höchste Bindigkeit entspricht der Gruppennummer minus 10.

3.2.3   Valenzbindungstheorie

Mit der Theorie der Elektronenpaarbindung nach LEWIS konnte die Bildung einfacher Moleküle qualitativ beschrieben werden. Eine exakte Beschreibung der Atombindung ist jedoch nur durch die wellenmechanische Betrachtung der Kovalenz möglich. Es werden zwei Näherungsverfahren angewendet, die zwar von unterschiedlichen Ansätzen ausgehen, aber im Wesentlichen zu den gleichen Ergebnissen führen: die **Valenzbindungstheorie (VB-Theorie)** und die **Molekülorbitaltheorie (MO-Theorie)**.

In der VB-Theorie geht man von einzelnen Atomen aus und betrachtet die Wechselwirkung bei ihrer Annäherung. Die Bildung des H_2-Moleküls kann nach der VB-Theorie folgendermaßen beschrieben werden: Bei der Annäherung von zwei Wasserstoffatomen kommt es zunächst zur Überlappung der 1s-Orbitale. Überlappung bedeutet, dass beide Atome ein gemeinsames Orbital **(Molekülorbital)** benutzen. Entsprechend dem PAULI-Prinzip ist dieses Molekülorbital wie ein vollständig besetztes Atomorbital zu behandeln, d. h., die Elektronen müssen entgegengesetzten Spin haben.

Dieses Elektronenpaar gehört beiden Atomen gleichzeitig und kann sich im gesamten Überlappungsbereich aufhalten. Die größte Elektronendichte, d. h. die größte Aufenthaltswahrscheinlichkeit des gemeinsamen Elektronenpaares, liegt im Bereich zwischen den beiden Kernen. Die Bindung kommt durch die Anziehung zwischen den positiv geladenen Kernen und der negativ geladenen Elektronenwolke zu Stande. Die Anziehung nimmt zu, je größer die Elektronendichte zwischen den Atomkernen ist. Die Elektronenpaarbindung (Atombindung) ist umso stärker, je größer der Überlappungsbereich der Atomorbitale ist.

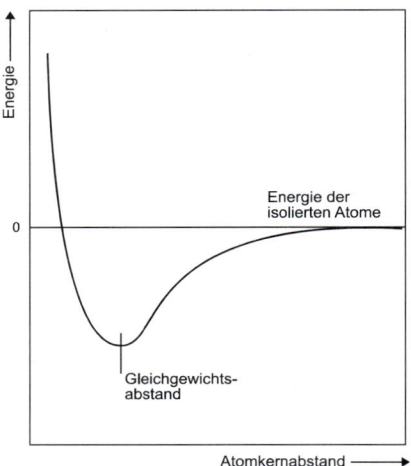

Bild 3-12: Energie von zwei H-Atomen als Funktion des Atomkernabstands

Die Ausbildung eines Molekülorbitals mit einem bestimmten Gleichgewichtsabstand der Atomkerne **(Bindungslänge)** entspricht einem Zustand minimaler Energie. Werden zwei Wasserstoffatome einander genähert, so erfolgt eine Änderung der Energie des Systems in Abhängigkeit vom Kernabstand (vgl. Bild 3-12). Bei der Annäherung der beiden Wasserstoffatome mit entgegengesetztem Spin ihrer Elektronen nimmt die Energie als Folge der Anziehung zunächst ab. Das Energieminimum als charakteristischer Gleichgewichtsabstand beschreibt den stabilsten Zustand des Systems und den Energiegewinn gegenüber zwei isolierten Wasserstoffatomen **(Bindungsenergie)**. Bei kleineren Kernabständen als dem

Gleichgewichtsabstand überwiegt die Abstoßung der beiden Kerne mit der Folge stark ansteigender Energie des Systems. Wechselwirkungen zweier Wasserstoffatome mit parallelem Spin führen dagegen zu keinem stabilen Bindungszustand.

Die LEWIS-Formeln geben keine Auskunft über den räumlichen Bau von Molekülen. Aus der Beschreibung der kovalenten Bindung durch Überlappung geeigneter Atomorbitale erhält man dagegen wichtige Informationen über die Raumstruktur der Moleküle. Sie ist abhängig von der räumlichen Orientierung der überlappenden Orbitale. Bild 3-13 zeigt das Modell des Fluorwasserstoffmoleküls HF. Hierbei handelt es sich um die Überlappung des 1s-Orbitals von Wasserstoff mit einem 2p-Orbital von Fluor.

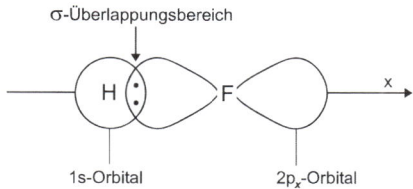

Bild 3-13: Orbitalmodell des Fluorwasserstoffmoleküls

Atombindungen, die wie beim H_2-Molekül durch Überlappung von zwei s-Orbitalen oder wie beim HF-Molekül durch Überlappung eines s- mit einem p-Orbital zu Stande kommen, werden **σ-Bindungen** genannt. Verschiedene σ-Bindungen sind in Bild 3-14 dargestellt.

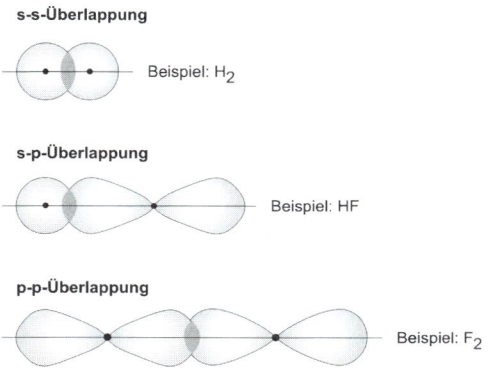

Bild 3-14: σ-Bindungen, die durch Überlappung von s- und p-Orbitalen gebildet werden

3.2.4   Hybridisierung

Weitere Einzelheiten zur räumlichen Struktur von Molekülen lassen sich aus dem Konzept der Hybridisierung ableiten. Es wurde bereits in Abschnitt 3.2.2 auf die Vierbindigkeit des Kohlenstoffs hingewiesen, die aus einer Promotion zum Elektronenzustand $2s^1\ 2p^3$ resultiert.

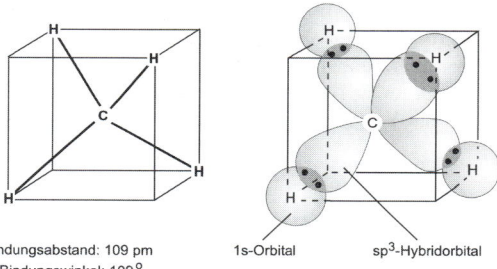

C-H-Bindungsabstand: 109 pm   1s-Orbital sp^3-Hybridorbital
H-C-H-Bindungswinkel: 109°

Bild 3-15: Modell des Methanmoleküls: Die vier tetraedrisch orientierten sp^3-Hybridorbitale des C-Atoms überlappen mit 1s-Orbitalen der H-Atome

Da zur Bindungsbildung ein s-Orbital und drei p-Orbitale zur Verfügung stehen, könnte man erwarten, dass beispielsweise im Methanmolekül CH_4 die vier C-H-Bindungen nicht gleichwertig sind. Der experimentelle Befund zeigt jedoch, dass Methan ein symmetrisches tetraedrisches Molekül ist und vier äquivalente C-H-Bindungen besitzt (vgl. Bild 3-15). In diesem Bindungszustand hat das Kohlenstoffatom vier äquivalente Orbitale, deren räumliche Orientierung der eines Tetraeders entsprechen. Daraus kann geschlossen werden, dass diese vier äquivalenten Orbitale durch Kombination des s- und der drei p-Orbitale des promovierten Kohlenstoffatoms entstehen. Eine solche energetische Nivellierung der Valenzelektronen nennt man **Hybridisierung**, die dabei entstandenen, energetisch gleichwertigen Orbitale werden **Hybridorbitale** genannt.

Um ihre Zusammensetzung aus einem s- und drei p-Orbitalen anzudeuten, werden sie als sp^3-Hybridorbitale bezeichnet. Jedes sp^3-Hybridorbital ist mit einem ungepaarten Elektron besetzt, sodass die Überlappung mit 1s-Orbitalen des Wasserstoffs vier σ-Bindungen unter Bildung des tetraedrisch aufgebauten CH_4-Moleküls ergeben. Der H-C-H-Bindungswinkel beträgt 109° 28'.

Bei der Hybridisierung können auch Elektronenpaare mit einbezogen werden, die nicht an einer Bindung beteiligt sind. In den Molekülen H_2O (H-O-H-Winkel: 104,5°) und NH_3 (H-N-H-Winkel: 107°) nähern sich die Bindungswinkel dem Tetraeder-Winkel von 109° stärker als dem rechten Winkel von 90°. Dies wird verständlich, wenn angenommen wird, dass die O-H- bzw. N-H-Bindungen nicht von p-Orbitalen des Sauerstoff- bzw. Stickstoffatoms (vgl. Tab. 3-4), sondern von sp^3-Hybridorbitalen gebildet werden. Im NH_3-Molekül überlappen drei sp^3-Hybridorbitale des N-Atoms

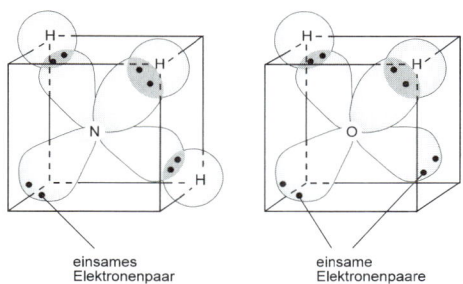

einsames   einsame
Elektronenpaar   Elektronenpaare

Bild 3-16: Modell der Moleküle NH_3 und H_2O: σ-Bindungen mit Hybridorbitalen beschreiben diese Moleküle besser als σ-Bindungen mit p-Orbitalen

mit je einem 1s-Orbital der H-Atome. Das vierte Hybridorbital wird durch ein nichtbindendes (freies) Elektronenpaar besetzt. Im H_2O-Molekül werden zwei σ-Bindungen mit H-Atomen gebildet, während zwei Hybridorbitale von jeweils einem freien Elektronenpaar besetzt sind. Dieser Sachverhalt ist in Bild 3-16 dargestellt.

Aus diesen Betrachtungen folgt, dass die Atombindungen im Gegensatz zur Ionenbindung räumliche Vorzugsrichtungen besitzen und für die Symmetrieeigenschaften der Moleküle verantwortlich sind.

Außer den sp^3-Hybridorbitalen sind noch weitere Hybridorbitale bekannt, die sich aus der Kombination von s- und p-Orbitalen sowie unter Beteiligung von d-Orbitalen ergeben. Für die Beschreibung der Bindungsverhältnisse und Reaktivität der C=C-Doppelbindung und C≡C-Dreifachbindung in organischen Molekülen sind beispielsweise sp^2- und sp-Hybridisierungen wichtig.

Durch Hybridisierung von einem s- und zwei p-Orbitalen entstehen drei energetisch äquivalente sp^2-Hybridorbitale. Alle Moleküle, die zur Ausbildung von Bindungen sp²-Hybridorbitale benutzen, haben eine trigonal ebene Anordnung. Dies bedeutet, dass die Hybridorbitale in einer Ebene liegen und miteinander einen Winkel von 120° bilden.

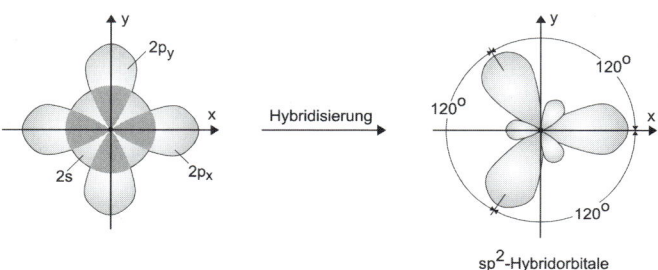

Bild 3-17: Schematische Darstellung und Bildung von sp²-Hybridorbitalen aus einem 2s-, 2p$_x$- und 2p$_y$-Orbital

Die sp-Hybridisierung resultiert aus der Kombination von einem s- und einem p-Orbital. Es entstehen zwei energetisch äquivalente sp-Hybridorbitale, die miteinander einen Winkel von 180° bilden.

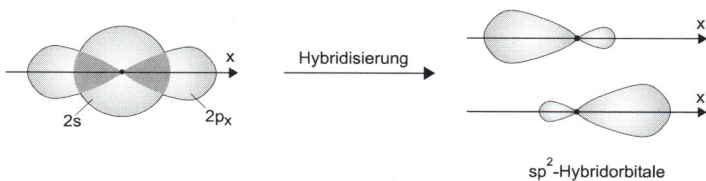

Bild 3-18: Schematische Darstellung und Bildung von sp-Hybridorbitalen aus einem 2s- und einem 2p$_x$-Orbital

Für die Hybridisierung unter Beteiligung von d-Orbitalen soll an dieser Stelle nur auf zwei häufig auftretende Typen hingewiesen werden: die dsp³-Hybridisierung und die d²sp³-Hybridisierung. Durch Kombination von einem s-, drei p- und einem d-Orbital erhält man fünf dsp³-Hybridorbitale, die auf die Ecken einer trigonalen Bipyramide gerichtet sind. Mit diesen Hybridorbitalen werden beispielsweise im Molekül von Phosphorpentafluorid PF$_5$ fünf σ-Bindungen gebildet. Aus der Kombination von einem s-, drei p- und zwei d-Orbitalen entstehen sechs d^2sp^3-Hybridorbitale, die, wie das Beispiel von Schwefelhexafluorid SF_6 in Bild 3-19 zeigt, in die Ecken eines Oktaeders zeigen.

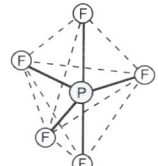 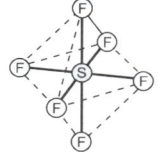

Bild 3-19: Molekülmodell der Verbindungen Phosphorpentafluorid PF_5 (trigonale Bipyramide) und Schwefelhexafluorid SF_6 (tetragonale Bipyramide)

Folgende Merkmale kennzeichnen die Hybridisierung:

Die Anzahl der Hybridorbitale entspricht der Anzahl von Atomorbitalen, die an der Hybridisierung beteiligt sind. Es kombinieren nur energetisch ähnliche Atomorbitale zu Hybridorbitalen, zum Beispiel 2s und 2p bzw. 3s, 3p und 3d. Die Hybridisierung führt zu einer neuen räumlichen Orientierung der Orbitale.

Tabelle 3-6: Räumliche Orientierung von Hybridorbitalen

Hybrid-orbitale	Anzahl der Hybridorbitale	Räumliche Orientierung	Valenz-winkel	Beispiele
sp	2	linear	180°	$BeCl_2$, σ-Bindungen von $HC{\equiv}CH$ und CO_2
sp^2	3	trigonal	120°	BCl_3, σ-Bindungen von $H_2C{=}CH_2$ und C_6H_6
sp^3	4	tetraedrisch	$109^\circ\,28'$	H_2O, NH_3, CH_4, NH_4^+
dsp^2	4	quadratisch	90°	$[Cu(NH_3)_4]^{2+}$, $[PtCl_4]^{2-}$
dsp^3	5	trigonal-bipyramidal	90°, 120°	PF_5, PCl_5
d^2sp^3	6	oktaedrisch	90°	SF_6, $[Cr(NH_3)_6]^{3+}$, $[Fe(CN)_6]^{4-}$

Hybridorbitale haben eine größere Elektronenwolke als die entsprechenden Atomorbitale. Eine Bindung unter Beteiligung eines Hybridorbitals führt zu einer stärkeren Überlappung und damit zu einer stabileren Bindung. Der Gewinn an zusätzlicher Bindungsenergie ist die treibende Kraft für die Hybridisierung.

3.2.5   Mehrfachbindungen

Moleküle mit Doppel- oder Dreifachbindungen verfügen neben der bereits behandelten σ-Bindung über π-Bindungen. Durch die Dreifachbindung der Stickstoffatome im N_2-Molekül erreichen beide Stickstoffatome ein Elektronenoktett (vgl. Bild 3-10).

Aus der LEWIS-Formel geht aber nicht hervor, dass die drei Bindungen nicht gleichwertig sind. Betrachtet man die räumliche Orientierung der an der Überlappung beteiligten Orbitale, so wird folgender Sachverhalt deutlich: Jedem N-Atom stehen drei Orbitale mit je einem Elektron für Bindungen zur Verfügung. In Bild 3-20 sind die p-Orbitale der beiden N-Atome räumlich dargestellt.

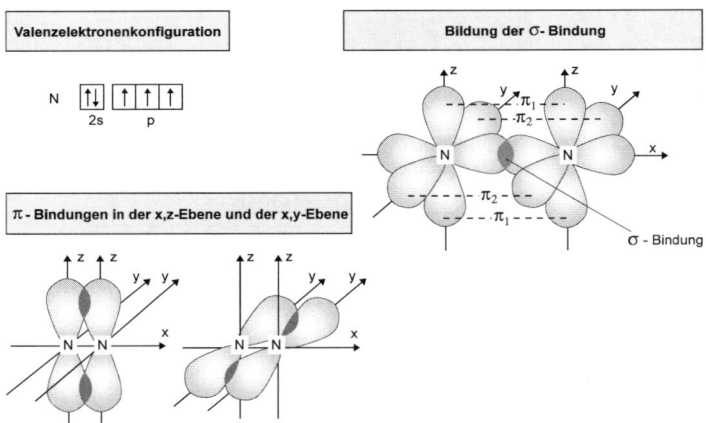

Bild 3-20: Aufbau der Dreifachbindung im N_2-Molekül

Durch Überlappung der p_x-Orbitale, die in Richtung der Molekülachse liegen, kommt es zur Ausbildung einer σ-Bindung. Die senkrecht zur Molekülachse stehenden p_y- und p_z-Orbitale können ebenfalls bindungswirksam überlappen. Diese zusätzlichen Bindungen werden π-Bindungen genannt. Die Dreifachbindung im N_2-Molekül besteht somit aus einer σ-Bindung und zwei äquivalenten π-Bindungen.

In der organischen Chemie haben π-Bindungen bei Kohlenstoffverbindungen eine große Bedeutung. In den Bild 3-21 und 3-22 sind die Bindungsverhältnisse am Beispiel von zwei wichtigen Grundchemikalien, Ethen (CH_2=CH_2) und Ethin (CH≡CH), dargestellt.

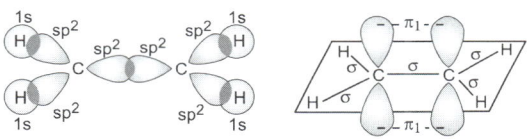

Bild 3-21: Bindungsverhältnisse im Ethenmolekül. Jedes C-Atom bildet mit seinen sp²-Hybridorbitalen drei σ-Bindungen aus. Die senkrecht zur Molekülebene stehenden p-Orbitale kombinieren zu einer π-Bindung

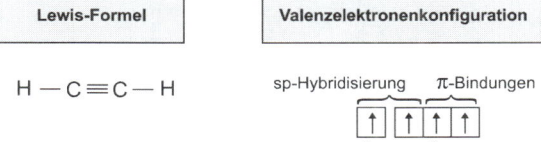

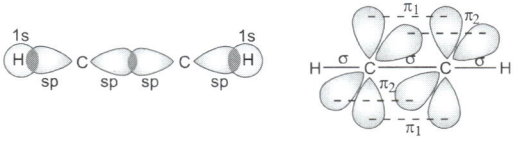

Bild 3-22: Bindungsverhältnisse im Ethinmolekül. Jedes C-Atom bildet mit seinen beiden sp-Hybridorbitalen zwei σ-Bindungen aus. Die senkrecht zur Molekülebene stehenden p-Orbitale kombinieren zu zwei π-Bindungen

Einfachbindungen bestehen grundsätzlich aus σ-Bindungen. Doppelbindungen sind aus einer σ-Bindung und einer π-Bindung, Dreifachbindungen aus einer σ-Bindung und zwei π-Bindungen aufgebaut. π-Bindungen, die aus überlappenden p-Orbitalen gebildet werden, treten vorwiegend zwischen den Atomen C, O und N auf (2. Periode des PSE).

Die Bereitschaft der Atome zur Ausbildung von Mehrfachbindungen ist in der 2. Periode besonders ausgeprägt; sie wird in der **Doppelbindungsregel** festgehalten. Diese hat jedoch nur Gültigkeit, wenn zur Ausbildung der Mehrfachbindung ausschließlich p-Orbitale verwendet werden. Elemente höherer Perioden bevorzugen dagegen Einfachbindungen. Bild 3-23 zeigt verschiedene Beispiele zur Doppelbindungsregel.

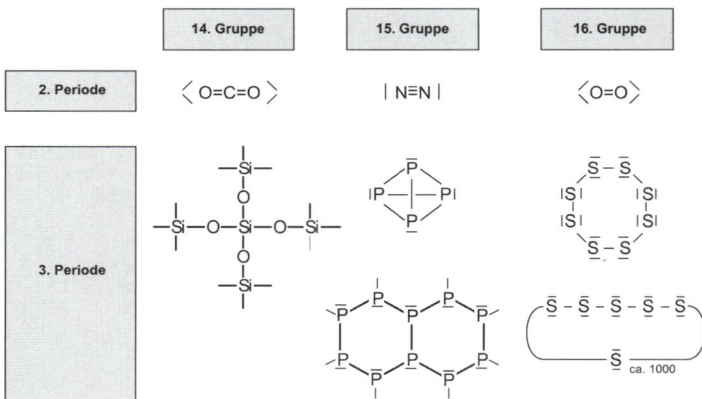

Bild 3-23: Doppelbindungsregel und polymere Formen bei Elementmolekülen

Kohlenstoffdioxid besteht aus einzelnen CO_2-Molekülen. Das C-Atom ist jeweils durch eine σ- und eine π-Bindung an zwei Sauerstoffatome gebunden. Siliciumdioxid besteht im Gegensatz dazu aus einem makromolekularen Kristallgitter, in dem die Si-Atome durch Einfachbindungen mit vier Sauerstoffatomen verbunden sind. Phosphor bildet im Unterschied zu Stickstoff keine Mehrfachbindung, sondern drei Einfachbindungen zu benachbarten P-Atomen aus. So bildet beispielsweise der weiße Phosphor tetraedrische P_4-Moleküle und der schwarze Phosphor ein Schichtengitter, in dem jedes P-Atom drei σ-Bindungen ausbildet.

Sauerstoff besteht aus O_2-Molekülen. Zwischen den O-Atomen besteht eine σ- und eine π-Bindung. Im Schwefel dagegen liegen ring- oder kettenförmige Moleküle vor, in denen die S-Atome durch σ-Bindungen miteinander verknüpft sind.

Von den Elementen der 3. Periode und höherer Perioden können Doppelbindungen unter Beteiligung von d-Orbitalen gebildet werden.

Wichtige Beispiele hierfür sind Schwefelsäure (H_2SO_4), Phosphorsäure (H_3PO_4) und Perchlorsäure ($HClO_4$).

In Bild 3-12 wurde gezeigt, dass bei der Kombination von zwei H-Atomen von einer bestimmten Entfernung an Energie freigesetzt wird. Beim Gleichgewichtsabstand weist die potenzielle Energie ein Minimum auf. Die bei der Bindungsbildung frei werdende Energie wird **Bindungsenergie** genannt. Als **Bindungslänge** wird der Abstand zwischen den Kernen der gebundenen Atome bezeichnet. Je größer die Bindungsenergie, umso fester die Bindung. Tabelle 3-7 zeigt die Zusammenstellung der Bindungslängen und Bindungsenergien einiger Kovalenzbindungen.

Tabelle 3-7: Bindungslängen und Bindungsenergien einiger kovalenter Bindungen (1 nm = 1000 pm = 10^{-9} m)

Bindung	Bindungslänge in pm	Bindungsenergie in kJ · mol^{-1}
H – H	74	436
O – H	96	464
N – H	101	389
C – H	109	412
F – F	142	158
Cl – Cl	199	242
Br – Br	228	193
I – I	268	151
C – C	154	346
C = C	135	611
C ≡ C	121	835
F – H	102	565
Cl – H	127	431
Br – H	142	366
I – H	165	299
C – O	143	360
C = O	112	736

3.2.6   Polare Atombindung

Die beschriebene Atombindung und Ionenbindung sind Grenztypen der chemischen Bindung. In den meisten Verbindungen treten Übergangsformen zwischen den beiden Bindungstypen auf. Eine kovalente Bindung tritt in Verbindungen mit gleichen Atomen auf, z. B. H_2, N_2, F_2 und Cl_2. Das Elektronenpaar ist symmetrisch zwischen beiden Atomen verteilt und gehört somit beiden Atomen zu gleichen Teilen.

In Molekülen, die aus Atomen mit unterschiedlicher Elektronenaffinität aufgebaut sind, wird das Bindungselektronenpaar von beiden Atomen unterschiedlich stark angezogen. Im HCl-Molekül zieht das Cl-Atom das Bindungselektronenpaar stärker an als das Wasserstoffatom. Die Elektronendichte ist damit am Cl-Atom größer als am H-Atom. Durch die unsymmetrische Ladungsverteilung entsteht am Chloratom eine negative Partialladung δ^- (**Überschuss an negativer Ladung**), am Wasserstoffatom eine positive Partialladung δ^+ (**Defizit an negativer Ladung**).

Im Gegensatz zur formalen Ladung handelt es sich bei der **Partialladung** um eine tatsächlich auftretende Ladung. Die kovalente Bindung zwischen H und Cl enthält einen ionischen Anteil und wird daher **polare Atombindung** genannt. Solche polaren Moleküle, in denen die Ladungsschwerpunkte der positiven und negativen Ladung nicht zusammenfallen, bezeichnet man als **Dipolmoleküle.**

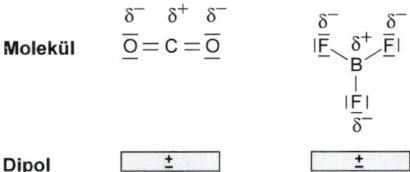

In symmetrisch aufgebauten Molekülen wie

treten trotz polarer Atombindungen keine Dipole auf, da die Ladungsschwerpunkte zusammenfallen.

Um den polaren Charakter von kovalenten Bindungen zu beurteilen, können die von PAULING abgeleiteten Werte der **Elektronegativität der Elemente** herangezogen werden (vgl. Bild 3-24). Die Elektronegativität

χ ist ein Maß für die Fähigkeit eines Atoms, in einer kovalenten Bindung das bindende Elektronenpaar an sich zu ziehen. Die Elektronegativitäten sind relative Zahlen, bezogen auf Fluor als elektronegativstes Element. Der χ-Wert von Fluor ist willkürlich zu $\chi_F = 4{,}0$ festgesetzt.

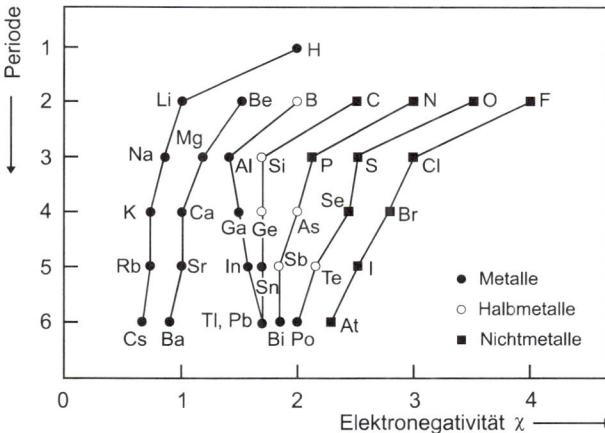

Bild 3-24: Elektronegativität der Hauptgruppenelemente

Die Anordnung der Elemente entsprechend ihrer Elektronegativität zeigt weitgehende Übereinstimmung mit ihrer Stellung im PSE. In den Perioden nimmt der elektronegative Charakter der Elemente von links nach rechts zu. Innerhalb einer Hauptgruppe sinkt die Elektronegativität mit steigender Kernladungszahl.

> Die Polarität einer kovalenten Bindung nimmt zu, je größer die Differenz der Elektronegativitäten der Bindungspartner ist.

Das Reaktionsverhalten der Moleküle wird wesentlich durch die Polarität einer kovalenten Bindung geprägt, was insbesondere bei der Erklärung vieler Reaktionen organischer Moleküle deutlich wird. Bei den Chlorverbindungen der Elemente der 3. Periode erfolgt ein kontinuierlicher Übergang von einer Ionenbindung zur Atombindung.

NaCl und $MgCl_2$ sind hochschmelzende Ionenkristalle. $AlCl_3$ ist bei Raumtemperatur ein Feststoff und bildet im festen Zustand ein Ionengitter. Geschmolzenes Alumini-

Tabelle 3-8: Änderung der Schmelzpunkte einiger Chlorverbindungen von Elementen der 3. Periode des PSE

	NaCl	MgCl$_2$	AlCl$_3$	SiCl$_4$	PCl$_3$	SCl$_2$	Cl$_2$
Elektronegativitätsdifferenz $\Delta\chi$	2,1	1,8	1,5	1,2	0,9	0,5	0,0
Schmelzpunkt in °C	800	712	193	-68	-92	-78	-101
Kristalltyp	Ionenkristalle			Molekülkristalle			
	Ionenbindung ⟶ Atombindung						

umchlorid besteht dagegen aus dimeren (AlCl$_3$)$_2$-Molekülen, welche den elektrischen Strom im Unterschied zum Ionengitter des festen (AlCl$_3$)$_x$ nicht leiten. SiCl$_4$, PCl$_3$ und SCl$_2$ sind bei Raumtemperatur Flüssigkeiten. Sie bilden wie Cl$_2$, ein Molekül mit klassischer Atombindung, im festen Zustand Molekülkristalle.

3.3   Metallische Bindung
3.3.1   Elektronenflüssigkeit-Modell

Bereits 1900 wurde von DRUDE und LORENTZ ein Modell entwickelt, nach dem die Gitterplätze durch positiv geladene Atomrümpfe besetzt sind. Die Valenzelektronen sind im Gegensatz zu anderen Bindungsarten nicht an ein bestimmtes Atom gebunden, sondern delokalisiert. Man stellte sich die bindenden Elektronen der Metalle wie eine Flüssigkeit vor, die zwischen den Metallkationen frei beweglich ist und das Gitter zusammenhält (Elektronenflüssigkeit-Modell).

In Metallen wie z. B. Aluminium nehmen die Al^{3+}-Kationen ca. 18 % des Gesamtvolumens ein. Der überwiegende Anteil des Metallvolumens wird von der Elektronenflüssigkeit (82 %) beansprucht.

Weiterhin typisch ist neben der Elastizität und der hohen Wärmeleitfähigkeit auch die elektrische Leitfähigkeit und deren zur Temperatur umgekehrt proportionale Abnahme.

Mechanische Eigenschaften

Der Zusammenhalt in Metallen ergibt sich durch die Anziehung zwischen den Kationen und dem Elektronengas. Von jedem Atom gehen kugelsymmetrische Bindungskräfte aus, die auf alle benachbarten Atome wirken, welche um das Atom angeordnet sind. Es treten bevorzugt die beiden dicht gepackten Strukturen auf: hexagonal und kubisch flächenzentriertes

Gitter. Diese Atomanordnungen erklären die hohen Dichten der Metalle und ihre mechanischen Eigenschaften, durch die sich metallische Festkörper von nichtmetallischen charakteristisch unterscheiden.

A Verschiebung der Gitterebenen eines Metalls

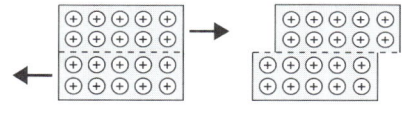

B Verschiebung der Schichten eines Ionenkristalls

Bild 3-25: Modell der plastischen Verformung von Metallen (A) und Ionenkristallen (B)

Werden bei Metallen die Gitterebenen gegeneinander verschoben, so bleiben die Bindungskräfte erhalten. Metalle sind daher reversibel, plastisch verformbar (vgl. Bild 3-25 A). Bei Ionenkristallen führt dagegen eine Verschiebung der Gitterebenen zum Bruch des Kristalls. Bild 3-25 B zeigt die Abstoßung zwischen gleichartig geladenen Ionen nach der Verformung. Ionenkristalle sind daher spröde und nicht plastisch verformbar. Bei kovalent aufgebauten Feststoffen werden durch mechanische Deformation Elektronenpaarbindungen zerstört, was den Bruch des Kristalls zur Folge hat. Diamant und Silicium sind Beispiele für spröde Elemente.

Elektrische Eigenschaften

Die frei beweglichen Elektronen, die sog. **„Elektronenflüssigkeit"**, sind der Grund für das besondere elektrische und thermische Leitvermögen der Metalle. Wird eine elektrische Spannung angelegt, so bewegen sich die Valenzelektronen im Metall in Richtung der Anode. Mit zunehmender Temperatur nimmt die Leitfähigkeit ab, weil die Wechselwirkung der Elektronen mit den Metallkationen zunimmt. Die Atomrümpfe schwingen mit wachsender Temperatur stärker und schränken so die freie Beweglichkeit der Elektronen ein.

Da freie Elektronen alle Wellenlängen des sichtbaren Spektralbereiches absorbieren können, sind Metalle undurchsichtig. Das charakteristische grau-weiße Aussehen der Oberfläche kommt durch vollständige Reflexion des Lichtes unabhängig von der Wellenlänge zu Stande.

3.3.2   Energiebänder-Modell

Die Elektronenstrukturen kristalliner Festkörper können wie bei den Molekülen durch Orbitalkombinationen abgeleitet werden. Die Grundlage dieser Modellvorstellung zur metallischen Bindung ist die MO-Theorie. Hiernach wird das Metallgitter als Makromolekül betrachtet, das aus einzelnen Atomen aufgebaut ist. Die Überlappung einer Vielzahl von Atomorbitalen (AO) führt zu Molekülorbitalen (MO), deren Energieunterschiede nur sehr gering sind und daher ein scheinbar kontinuierliches Band bilden.

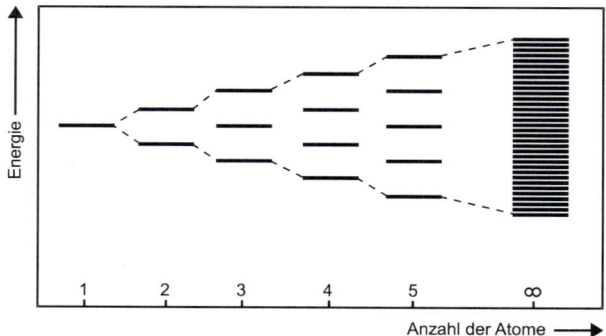

Bild 3-26:   Aufspaltung von energetisch äquivalenten Atomorbitalen zu einem Energieband im Metallkristall

Wird ein Metallkristall aus beispielsweise 10^{20} Atomen (1 g Lithium enthält 10^{23} Atome) gebildet, dann entstehen aus 10^{20} energetisch äquivalenten Atomorbitalen der isolierten Atome (Metalldampf) 10^{20} Energieniveaus mit unterschiedlicher Energie (vgl. Bild 3-26). Der Einbau der Elektronen in ein solches Energieband erfolgt in Übereinstimmung mit der HUND'schen Regel und dem PAULI-Prinzip in der Reihenfolge zunehmender Energie. Jedes Energieniveau (MO) kann maximal mit zwei Elektronen und unterschiedlichem Spin besetzt werden.

Unter der Berücksichtigung der Wechselwirkung vieler Atome liefert die MO-Theorie Informationen über Anzahl, Lage und Besetzbarkeit der Energiebänder. Sind die energetischen Unterschiede der Atomorbitale groß genug, wie beispielsweise die aus den 1s- und 2s-Orbitalen gebildeten Bänder der Li-Atome, so kommt es zu einer Zone, in der keine Energieniveaus liegen. Man nennt diesen Energiebereich **verbotene Zone** (Bandlücke), weil für die Metallelektronen Energien dieses Bereichs verboten sind. Bei geringen Energiedifferenzen der Atomorbitale (2s und 2p) sind die gebildeten Energiebänder so stark aufgespalten, dass beide Bänder miteinander überlappen und nicht durch eine verbotene Zone voneinander getrennt sind.

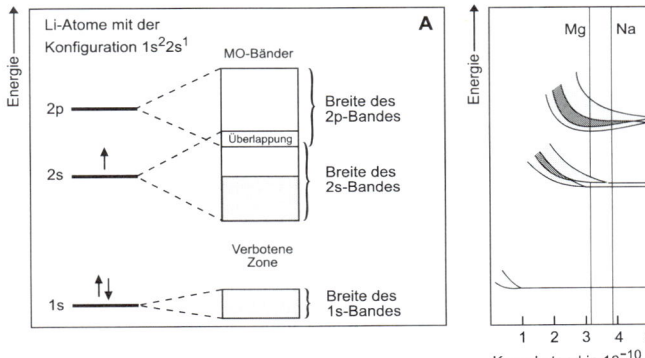

Bild 3-27: Bildung der Energiebänder aus Lithium-Atomorbitalen (A) sowie Breite und Überlagerung der Bänder als Funktion des Kernabstandes (B)

Die Breite der verbotenen Zone hängt von der Energiedifferenz der Atomorbitale und der Stärke der Wechselwirkung zwischen den Atomen im Gitterverband ab. Je stärker sich die Atome nähern, umso intensiver treten die Elektronen miteinander in Wechselwirkung. Als Folge davon wächst die Breite der Energiebänder, und die Breite der verbotenen Zonen nimmt ab, bis sich die Bänder schließlich überlappen. In Bild 3-27 B ist am Beispiel von Natrium und Magnesium, zwei Metallen aus der 3. Periode, die Aufspaltung der Atomorbitale als Funktion vom Atomabstand gezeigt.

Innere Elektronen, die an den Atomkern fester gebunden sind, zeigen im Metall nur schwache Wechselwirkung. Ihre Energiezustände sind kaum aufgespalten. Die inneren Elektronen bleiben lokalisiert und sind daher an bestimmte Atomrümpfe gebunden. Die Energieniveaus der Valenzelektronen werden stärker aufgespalten. Die Breite der Energiebänder liegt in der Größenordnung von einigen Elektronvolt. Sind derartige Bänder nur unvollständig mit Elektronen besetzt, so können sich die Elektronen praktisch frei durch den Kristall bewegen. Sie sind nicht an bestimmte Atomrümpfe gebunden, sondern delokalisiert (Elektronenflüssigkeit).

3.4   Zwischenmolekulare Bindungen

Zu den chemischen Bindungen werden die kovalenten, die metallischen und die ionogen aufgebauten Bindungen sowie Kombinationen dieser drei Grenzfälle von Bindungen gerechnet. Alle diese Bindungen haben Bindungsenergien von 50...1000 kJ · mol^{-1} bei Bindungsabständen von 100 und 250 pm. Moleküle wurden bei der vorangegangenen Betrachtungsweise als weitgehend isolierte Teilchen aufgefasst. In Wirklichkeit befinden sie sich ständig in Wechselwirkung mit anderen Molekülen. Es ist von Molekülen in der Gasphase bekannt, dass zwischen ihnen anziehende Kräfte wirksam werden können, die für Abweichungen von den Gesetzen idealer Gase verantwortlich sind.

Die charakteristischen Eigenschaften eines Festkörpers sind dagegen nur unter der Annahme verständlich, dass die Wechselwirkungskräfte zwischen den atomaren oder molekularen Bausteinen eine wichtige Rolle spielen. Zwischenmolekulare Bindungsenergien lassen sich in Wechselwirkungen zwischen Dipolen, induzierten Dipolen und die durch Wasserstoffbrücken verursachten Wechselwirkungen einteilen.

3.4.1   VAN-DER-WAALS-Bindung

VAN-DER-WAALS-Kräfte beruhen wie die Ionenbindung auf dem COULOMB'schen Gesetz. Aus den geringen Ladungsunterschieden ergeben sich schwache Bindungen mit Bindungsenergien von 0,5...5 kJ · mol^{-1}. Demzufolge ist die Reichweite der VAN-DER-WAALS-Kräfte verhältnismäßig gering.

In den Atomen und Molekülen entsteht durch Schwankungen in der Ladungsdichte der Orbitale ein fluktuierender Dipol. Die Ausbildung dieses kurzlebigen Dipols hat zur Folge, dass im Nachbaratom ein weiterer gleich gerichteter Dipol induziert wird und dies zu einer gegenseitigen Anziehung führt, obwohl die induzierten Dipole ständig wechseln. Da mit zunehmender Größe der Atome bzw. Moleküle die Elektronen leichter verschiebbar sind, lassen sich Dipole leichter induzieren. Die VAN-DER-WAALS-Anziehung nimmt daher zu. In Tabelle 3-9 sind die Siedepunkte der Edelgase und einiger Moleküle zusammengestellt.

Tabelle 3-9: Siedepunkte von Edelgasen, Elementen und einigen Stoffen, die aus Molekülen aufgebaut sind

Edelgas	Siedepunkt	Element	Siedepunkt	Stoff	Siedepunkt
Helium	−269 °C	Fluor	−188 °C	Chlorwasserstoff	−85 °C
Neon	−246 °C	Chlor	−34 °C	Ammoniak	−33 °C
Argon	−189 °C	Brom	+59 °C	Methan	−162 °C
Krypton	−157 °C	Iod	+184 °C	Ethan	−89 °C
Xenon	−112 °C	Stickstoff	−196 °C	Propan	−42 °C
Radon	−62 °C	Sauerstoff	−183 °C	Butan	−1 °C

Folgen der VAN-DER-WAALS-Kräfte sind auch die Zunahme der Schmelz- und Siedepunkte der Alkane mit steigender Molekülgröße und die hydrophoben (wassermeidend, wasserabstoßend) Wechselwirkungen im Inneren von Proteinmolekülen (vgl. Absch. 30.3). Die Kohlenwasserstoffmoleküle nähern sich dabei so stark, dass Wassermoleküle aus dem Zwischenbereich herausgedrängt werden. Hydrophobe Gruppen stören infolge ihrer „Unverträglichkeit" mit hydrophilen (wasserliebend, wasseranziehend) Gruppen die durch Wasserstoffbrückenbindungen geprägte Struktur des Wassers.

3.4.2   Dipol-Dipol-Wechselwirkung

Die grundlegende Voraussetzung für das Zustandekommen zwischenmolekularer Bindungskräfte ist eine asymmetrische Ladungsverteilung im Molekül (elektrischer Dipol). Dipol-Dipol-Wechselwirkungen treten zwischen polaren Molekülen auf, die ein Dipolmoment aufweisen. Die Assoziierung der Moleküle führt auch ohne ein elektrisches Feld zu einer Orientierung der Moleküle. Resultierende Bindungsenergien betragen zwischen 4 und 25 kJ · mol^{-1}. Die ausgeprägte Temperaturabhängigkeit hat mit zunehmender Temperatur eine stärkere Molekülbewegung und damit größere Abweichungen von der optimalen Orientierung zur Folge. Dipol-Dipol-Wechselwirkungen sind in Flüssigkeiten und Festkörpern zu beobachten. Eine Auswirkung zeigt sich beispielsweise in der Erhöhung von Siedepunkten und/oder Schmelzpunkten. Von weiterer Bedeutung sind diese Kräfte auch bei Lösungsprozessen polarer Flüssigkeiten ineinander. Ein Beispiel ist die unbegrenzte Löslichkeit von Wasser in Ethanol und umgekehrt.

3.4.3   Wasserstoffbrückenbindung

Die bereits besprochenen VAN-DER-WAALS-Kräfte stellen unspezifische Wechselwirkungen in dem Sinne dar, dass sie ungerichtet und nicht absättigbar sind. Im Gegensatz dazu führen spezifische Wechselwirkungen zu definierten Assoziationen zwischen Molekülen. Eine solche Wechselwirkung stellt die Wasserstoffbrückenbindung dar. Die Bindung dieser auch als **H-Brücke** bezeichneten Form bildet sich zwischen einem H-Atom und zwei anderen gleichen (X und X) oder verschiedenen (X und Y) Atomen aus. Diese können sich in demselben Molekül (**intramolekulare** Wasserstoffbrückenbindung) oder in verschiedenen Molekülen befinden (**intermolekulare** Wasserstoffbrückenbindungen). X und Y sind dabei kleine, stark elektronegative Elemente wie z. B. F, O, N und teilweise auch Cl. Wasserstoffbrückenbindungen treten immer dann auf, wenn sich das H-Atom zwischen zwei stark elektronegativen Atomen befindet, die einen geeigneten Abstand (0,20...0,35 nm) aufweisen. Die Stärke und damit die Bindungsenergie von Wasserstoffbrückenbindungen hängen von der Elektronegativität der beteiligten Atome ab.

Wasser, Hydroniumionen und Essigsäure sind Beispiele für Bindungen mit starken intermolekularen H-Brücken. Ein Wassermolekül kann an bis zu vier Wasserstoffbrückenbindungen beteiligt sein (1...3 H-Brücken im flüssigen Wasser, 3...4 H-Brücken im Eis). Auch das viel größere CH_3COOH-Molekül (Essigsäure) liegt sogar im Dampfzustand als Dimer vor. Dem im Wesentlichen elektrostatischen Charakter der H-Brücken-Bindungen liegen Bindungsenergien von 8...40 kJ $\cdot$ mol^{-1} zu Grunde. Der Einfluss von Wasserstoffbrückenbindungen ist sehr vielfältig. So können intermolekulare H-Brücken zu dreidimensionalen Netzstrukturen (Molekülkristalle) führen. Viele physikalische Eigenschaften von Wasser, Eis, Lösungsmitteln, Salzhydraten, Metallhydroxiden, aber auch die hohen Siedepunkte von NH_3, H_2O und HF im Vergleich zu den anderen Wasserstoffverbindungen der entsprechenden Gruppe des PSE lassen sich durch

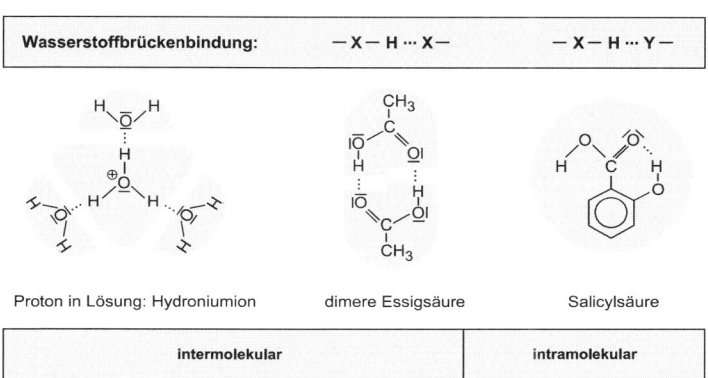

Bild 3-28: Beispiele für Wasserstoffbrückenbindungen

diese zwischenmolekularen Bindungen erklären. Wasserstoffbrückenbindungen können, falls die strukturellen Voraussetzungen gegeben sind, auch innerhalb eines Moleküls ausgebildet werden. Salicylsäure ist eine Verbindung mit einer intramolekularen H-Brückenbindung.

4 Zustandsformen der Materie

4.1 Aggregatzustände, Phasen, Dispersität

Jeder Stoff kommt in bestimmten Zustandsformen (Aggregatzustand oder Phasen) vor, die durch gegebene Temperatur- und Druckbedingungen festgelegt sind. Änderungen dieser Zustandsgrößen führen zum Übergang der Zustandsformen. Chemische Reaktionen können entweder innerhalb einer Zustandsform oder zwischen mehreren Zustandsformen, den **Phasen**, ablaufen. Bei chemischen Stoffumsetzungen mit gleichen Zustandsformen sind ebenfalls Änderungen der stofflichen Zustandsform möglich.

Aggregatzustände

Die Materie wird durch drei grundlegende Zustandsformen (Aggregatzustände) beschrieben, die sich makroskopisch durch unterschiedliche Volumen- und Formbeständigkeit, mikroskopisch durch die Struktur ihrer kleinsten Einheit unterscheiden.

Tabelle 4-1: Volumen- und Formbeständigkeit der Aggregatzustände

Aggregat-zustand	Volumen-beständigkeit	Form-beständigkeit	Ordnungs-merkmale
gasförmig	-	-	keine
flüssig	+	-	Teilordnung
fest	+	+	Kristallgitter

Außer den drei „klassischen" Aggregatzuständen gibt es noch den **Plasmazustand**, der jedoch hier nicht behandelt wird. Dieser vierte Aggregatzustand stellt die Zustandsform der Materie bei hohen Temperaturen dar. Plasmen sind Systeme aus hochionisierten Atomen und Elektronen.

Phasen

Als Phase bezeichnet man einen stofflichen Zustandsbereich, der in sich homogen (völlig gleichartig) ist, **konstante, vom Ort unabhängige Eigenschaften aufweist** und sich gegenüber anderen Bereichen durch scharfe Trennflächen abgrenzt (Phasengrenzfläche). Eine Mischphase besteht im Gegensatz zur Phase aus mehreren Stoffen.

Die beiden chemischen Substanzen Alkohol und Wasser ergeben zusammen eine homogene Mischung zweier Flüssigkeiten. Der mit Wasser „verdünnte" Alkohol stellt einerseits eine Mischphase dar, wird aber auch als homogener Stoff bezeichnet.

Verschiedene Aggregatzustände in einem System bilden einzelne, voneinander getrennte Phasen. Ein solches System nennt man **heterogen**. Häufig wird auch die Bezeichnung **physikalisches Gemenge** verwendet. Man versteht hierunter eine Mischung von zwei oder mehreren Stoffen, die jeweils eine eigene Phase bilden. Heterogene Systeme lassen sich durch geeignete (physikalische) Trennverfahren in ihre Bestandteile zerlegen.

Einige heterogene Systeme haben eine spezielle Bezeichnung.

Emulsionen bestehen aus mindestens zwei miteinander nicht oder nur geringfügig mischbaren Flüssigkeiten. Es sind trübe aussehende Flüssigkeiten, wobei die eine Phase in der anderen in Form von kleinen Tröpfchen verteilt ist. Beispiel: Milch besteht als heterogenes System aus Milchfett, das in eine wässrige Phase eingebettet ist.

Suspensionen bestehen aus unlöslichen Feststoffteilchen mit einem Durchmesser $> 10^{-7}$ m, die in einer Flüssigkeit verteilt sind. Mit zunehmendem Durchmesser der Teilchen sinkt der Feststoff schneller zu Boden. Beispiel: Aufschlämmung von Kreide in Wasser.

Enthält ein stoffliches System unterschiedliche Bestandteile, so liegt eine **Mischung** vor. Die einzelnen Bestandteile können in heterogener Form vorliegen (**Gemisch** bzw. **Gemenge**), oder sie sind molekular verteilt (**Lösung** und **flüssige molekulare Mischungen**). Bei Mischungen sind alle Phasenkombinationen möglich. Mischkristalle und Legierungen sind Beispiele von „festen" Lösungen.

Kolloider Zustand
Unter dem Aspekt der Einheitlichkeit eines Phasensystems lässt sich die Vielfalt stofflicher Systeme einteilen. Diese Vorgehensweise basiert auf den entsprechenden Einteilungsprinzipien für Moleküle, Atome und Atomkerne (vgl. Bild 4-1).

Ein Stoffsystem (Materie) besteht im Extremfall aus völlig oder weitgehend voneinander getrennten Phasen (**heterogene** bzw. **grobdisperse Systeme**) oder den vollständig ineinander verteilten Stoffen (**homogene Systeme**). Im Übergangsbereich gibt es Systeme mit Teilchen in der

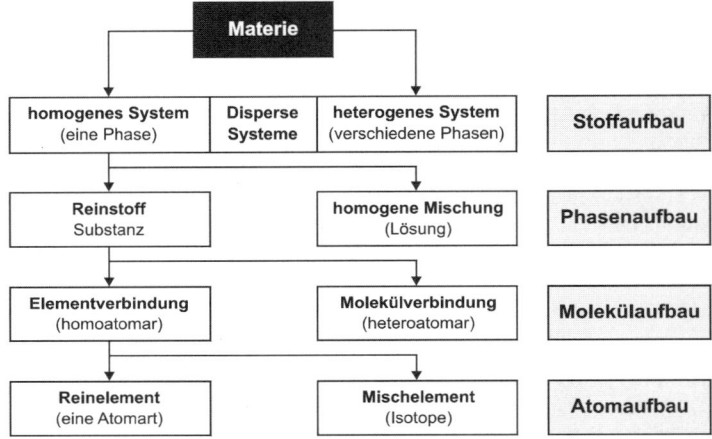

Bild 4-1: Einteilung stofflicher Systeme

Größenordnung zwischen 1 und 100 nm, die den kolloiddispersen Zustand der Materie darstellen. Sind die Teilchen kleiner als 1 nm, so liegen **echte Lösungen** (vgl. Abschn. 6.1) vor. **Kolloide Systeme** (*kolloid,* gr.: Stoff, der sich in feinster, mikroskopisch nicht mehr erkennbarer Verteilung in einer Flüssigkeit oder in einem Gas befindet) weisen in vielem ähnliche Eigenschaften wie echte Lösungen auf und werden daher auch als **kolloide Lösungen** bezeichnet. Kolloide Lösungen lassen sich nicht durch den Einfluss der Gravitation in die beiden Phasen trennen. Kolloidverteilte Stoffe stehen mit dem Lösungsmittel (Dispersionsmittel) in Wechselwirkung. Diesem verdanken sie zum Teil ihre Stabilität und ihre Eigenschaften.

Es können beispielsweise Wassermoleküle an Kolloidteilchen angelagert werden (hydrophile Kolloide). Die gebildete Hydrathülle erschwert dabei die gegenseitige Annäherung und verhindert so die Aggregation der Kolloidteilchen.

Der kolloiddisperse Zustand ist in jeder Phasenkombination möglich. Beispiele hierzu sind unter Angabe der speziellen Bezeichnung in Tabelle 4-2 zusammengestellt. Für die Bildung derartiger Dispersionskolloide sind zwei Möglichkeiten denkbar. Sie können entweder durch mechanische bzw. chemische Zerkleinerung makroskopischer Objekte oder durch Vergrößerung molekulardisperser Systeme auf kolloide Dimensionen gebracht werden.

Tabelle 4-2: Kolloiddisperse Systeme

Typ	Dispergierte Phase	Dispersions- mittel	Bezeichnung	Beispiele
Aerosole	flüssig	gasförmig	Aerosole	Nebel
	fest	gasförmig	Aerosole	Staub
Lyosole	gasförmig	flüssig	kolloide Schäume	O_2-Schaum im Blutplasma
	flüssig	flüssig	Emulsoide	Milch
	fest	flüssig	Suspensoide	Blut, kolloides Gold
Xerosole	gasförmig	fest	feste kolloide Schäume	Bimsstein, Brot
	flüssig	fest	feste kolloide Schäume	Ton, Lehm, Holz
	fest	fest	feste Schäume	Gläser, Legierungen

Kolloide Systeme, die sich aus einer molekulardispersen Verteilungsform unter bestimmten Konzentrationsbedingungen spontan bilden (z. B. Seifen, oberflächenaktive Substanzen), werden als **Assoziationskolloide** bezeichnet. In **Molekülkolloiden** dagegen haben die Einzelmoleküle bereits kolloide Dimension, wie z. B. bei Proteinen, synthetischen Polymeren, Cellulosemolekülen.

Kolloide Systeme zeigen wie die meisten Übergangsformen von Aggregatzuständen in Bezug auf die Zustandsgrößen Temperatur T und Druck p ein komplexes Verhalten. Bei den aus einheitlichen Aggregatzuständen bestehenden reinen Phasen ist dagegen der Zusammenhang zwischen T und p eindeutiger, wie in den folgenden Abschnitten gezeigt wird.

4.2   Gasförmiger Zustand

Von den zurzeit 113 bekannten Elementen sind unter Normalbedingungen nur die Nichtmetalle Wasserstoff, Sauerstoff, Stickstoff, Chlor, Fluor und die sechs Edelgase gasförmig. Einige kovalent aufgebaute kleine Moleküle, wie NH_3, CO_2 und HCl sind ebenfalls gasförmig. Es können aber auch andere Stoffe durch Erhöhung der Temperatur oder Absenkung des Druckes in den gasförmigen Zustand überführt werden.

Gase bestehen aus einzelnen Teilchen (Atome, Ionen, Moleküle), die sich weitgehend unabhängig voneinander in schneller Bewegung (thermische Bewegung, BROWN'sche Molekularbewegung) befinden. Die Abstände der Gasteilchen sind im Gegensatz zu Teilchen in Flüssigkeiten und Feststoffen relativ groß. Die Teilchen bewegen sich gleichmäßig verteilt in alle

Raumrichtungen. Einzelne, isoliert betrachtete Gasteilchen bewegen sich unter unregelmäßigen Kollisionen mit anderen Teilchen oder der Gefäßwand mit unterschiedlichen Weglängen in verschiedene Richtungen. Sie können in jeden Bereich des ihnen zur Verfügung stehenden Raumes gelangen und verteilen sich darin statistisch. Gase lassen sich in jedem beliebigen Verhältnis miteinander mischen, wobei **homogene Gemische** entstehen. Sie haben eine geringe Dichte und sind kompressibel, d. h., der Abstand zwischen den einzelnen Gasteilchen lässt sich durch Druckerhöhung reduzieren. Eine Druckerhöhung und/oder eine Abkühlung führt auch zur Verflüssigung oder Kristallisation von Gasen.

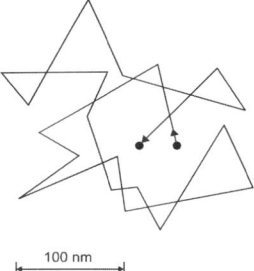

100 nm

Bild 4-2:   Bahn eines Gasteilchens. Bei Raumtemperatur benötigt das Molekül ca. 0,5 ns, um die Strecke zurückzulegen

Stoßen Gasteilchen bei ihrer Bewegung auf die sie umgebende Gefäßwand, üben sie auf diese Wand Druck aus. Der gasförmige Zustand lässt sich durch allgemeine Gesetze beschreiben. Es ergeben sich besonders einfache gesetzmäßige Zusammenhänge, wenn man Gase als ideal betrachtet.

4.2.1   Ideale Gase

Unter den Aggregatzuständen der Materie ist der gasförmige Zustand aus mikroskopischer Sicht dadurch gekennzeichnet, dass die Teilchengröße im Verhältnis zu ihrem Abstand sehr klein ist. Ein solches Gas ist praktisch unendlich verdünnt. Die Wechselwirkung zwischen einzelnen Gasteilchen kann deshalb in erster Näherung (**ideale Gase**) vernachlässigt werden.

Gesetz von BOYLE-MARIOTTE
Gase sind aus makroskopischer Sicht weitgehend komprimierbar. Die Abstände zwischen den Gasteilchen werden dabei entsprechend verringert.

Messungen der gegenseitigen Abhängigkeit von Druck p und Volumen V haben gezeigt: Bei **konstanter Temperatur T (isotherm)** ist für eine gleich bleibende Gasmenge das Produkt aus Druck und Volumen konstant:

$$p \cdot V = \text{konstant} \qquad (T = \text{konst.}) \qquad (4\text{-}1)$$

Aus diesem Zusammenhang, der als **Gesetz von BOYLE-MARIOTTE** bekannt ist, ergibt sich ein Kurvenverlauf, der dem einer Hyperbel entspricht. Die Konstante ist jedoch temperaturabhängig.

Die Druck-Volumen-Kurve stellt den positiven Ast einer Hyperbel dar. Bei Auftragung von V gegen $1/p$ lässt sich der Kurvenzug linearisieren. Die Steigung der Geraden entspricht der Konstanten.

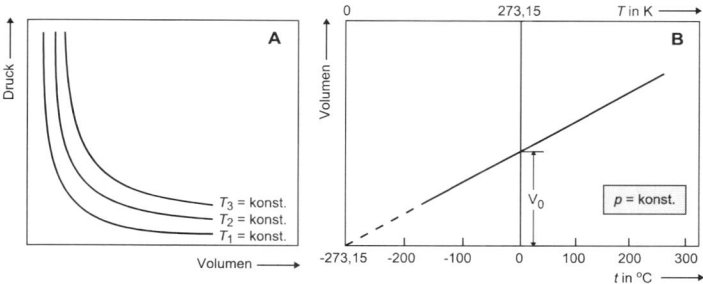

Bild 4-3: Grafische Darstellung der Gasgesetze von BOYLE-MARIOTTE und GAY-LUSSAC. (A) Gesetz von BOYLE-MARIOTTE: Isothermen ($T_1 < T_2 < T_3$), (B) Gesetz von GAY-LUSSAC: Isobare

Gesetze von GAY-LUSSAC

Diese Gesetze beschreiben erstens bei **konstantem Druck (isobar)** die Volumenänderung einer definierten Gasmenge in Abhängigkeit von der Temperatur oder zweitens bei **konstantem Volumen (isochor)** die Druckänderung des Gases in Abhängigkeit von der Temperatur. Wird die Messung der Temperaturabhängigkeit des Volumens (vgl. Bild 4-3 B) bei konstantem Druck (isobar) durchgeführt, so verändert sich bei idealen Gasen das Volumen proportional mit der Temperatur:

$$V = V_0 \left(1 + \frac{t}{273{,}15}\right) = V_0 \cdot \frac{T}{273{,}15} \qquad (4\text{-}2)$$

Eine analoge Gesetzmäßigkeit ergibt sich für die Temperaturabhängigkeit des Druckes bei konstantem Volumen (isochor):

$$p = p_0 \left(1 + \frac{t}{273,15}\right) = p_0 \cdot \frac{T}{273,15} \tag{4-3}$$

V_0 Volumen bei 0 °C, p_0 Druck bei 0 °C, t Temperatur in °C, T absolute Temperatur

Die grafische Darstellung der Temperaturabhängigkeit des Volumens ergibt eine Gerade, welche die Abzisse bei –273,15 °C schneidet. Daraus folgt, dass alle idealen Gase bei –273,15 °C ein Volumen von null haben. Die Temperatur –273,15 °C wird als **absoluter Nullpunkt** bezeichnet. Hierauf baut die Temperaturskala von KELVIN (1848) auf. Die absolute Temperatur in K ergibt sich aus

$$\frac{T}{K} = \frac{t}{°C} + 273,15 \tag{4-4}$$

Prinzip von AVOGADRO
Der italienische Chemiker AVOGADRO stellte bereits 1811 folgendes Prinzip auf.

> Bei gleicher Temperatur und gleichem Druck enthalten gleiche Gasvolumina dieselbe Anzahl von Teilchen (z. B. Atome, Moleküle).

Beispiel: Eine bestimmte Sauerstoffmenge nimmt bei $p = 100$ kPa und $T = 300$ K ein Volumen von 1000 Litern, ein. Befindet sich ein anderes Gas, z. B. Kohlenstoffdioxid, unter den gleichen p, T, V-Bedingungen, so beinhalten beide Proben nach AVOGADRO die gleiche Anzahl von Molekülen.

Eine Verdopplung der Moleküle aus dem vorausgegangenen Beispiel hat das zweifache Gasvolumen zur Folge, solange Druck und Temperatur konstant gehalten werden. Das Prinzip von AVOGADRO lässt sich somit formulieren als:

$$V \sim n \qquad (p = \text{konst.}, \; T = \text{konst.}) \tag{4-5}$$

Allgemeine Gasgleichung
Durch Kombination der Gesetze von BOYLE-MARIOTTE und GAY-LUSSAC mit dem Prinzip von AVOGADRO lässt sich ein einziger Ausdruck formulieren:

$$p \cdot V = n \cdot R \cdot T \tag{4-6}$$

p Druck, V Volumen, n Stoffmenge, R allgem. Gaskonstante, T absolute Temperatur

Der kombinierte Ausdruck ist das **ideale Gasgesetz**, die Konstante in der Gleichung wird **allgemeine Gaskonstante** genannt.

Das ideale Gasgesetz ist eine der wichtigsten Gleichungen in der Allgemeinen Chemie. Sie beschreibt das Verhalten eines idealen Gases (unter allen Bedingungen) und gilt näherungsweise für reale Gase unter normalen Bedingungen.

Die allgemeine Gaskonstante hat den Wert $R = 8,3145\ \text{Pa} \cdot \text{m}^3 \cdot \text{K}^{-1} \cdot \text{mol}^{-1}$. Sie wird aber auch mit anderen Einheiten von Druck und Volumen angegeben:

$$
\begin{aligned}
R &= 8,3145\ \text{J} \cdot \text{K}^{-1} \cdot \text{mol}^{-1} \\
&= 8,2058 \cdot 10^{-2}\ \text{l} \cdot \text{atm} \cdot \text{K}^{-1} \cdot \text{mol}^{-1} \\
&= 62,364\ \text{l} \cdot \text{Torr} \cdot \text{K}^{-1} \cdot \text{mol}^{-1} \\
&= 1,9859\ \text{cal} \cdot \text{K}^{-1} \cdot \text{mol}^{-1}
\end{aligned}
$$

Molares Volumen

Ein Mol eines jeden reinen Stoffes hat einen bestimmten Raumbedarf. Bei Flüssigkeiten und Feststoffen ist dieser eine stoffspezifische Größe (Dichte ρ). Unter Standardbedingungen nehmen z. B. 10 mol Schwefelsäure (= 0,981 kg) ein Volumen von 0,535 l ein ($\rho\,(H_2SO_4) = 1,834\ \text{kg/l}$).

Unter Standardbedingungen ($t = 25\ ^\circ C$, $p = 100\ \text{kPa}$) beansprucht 1 mol eines idealen Gases immer ein Volumen von 24,8 Litern (molares Volumen).

Das **molare Volumen** V_m einer Substanz ist definiert – wie aus dem Namen hervorgeht – als das pro Mol Teilchen benötigte Volumen unter Standardbedingungen:

$$V_m = \frac{V}{n} \tag{4-7}$$

Aus dem Prinzip von AVOGADRO folgt, dass das molare Volumen eines Gases unabhängig von der Art ist und nur von Druck und Temperatur abhängt.

Beispiel: Welches Volumen nehmen 10 g Kohlenstoffdioxid CO_2 unter Normalbedingungen ein, wenn CO_2 als ideales Gas angenommen wird? $p = 100\ \text{kPa}$, $T = 298\ \text{K}$, $M(CO_2) = 44\ \text{g} \cdot \text{mol}^{-1}$

Lösung: 10 g CO_2 entsprechen 10/44 mol = 0,23 mol
Umstellung der Gleichung (4-6) ergibt $V = n \cdot R \cdot T/p$:
$V = 0,23$ mol $\cdot 8,3145$ Pa $\cdot$ m^3 K$^{-1} \cdot$ mol$^{-1} \cdot 298$ K/100 kPa
$= 0,0057$ m^3 $(= 5,7$ l$)$

Beispiel: Wie viel g Schwefelsäure können maximal aus 50 l Schwefeldioxid SO_2
und 25 l Sauerstoff O_2 erhalten werden, wenn beide Gase bei 80 °C und
150 kPa vorliegen?
Reaktionsgleichungen: $2\,SO_2 \; + \; O_2 \quad\quad \rightarrow \quad 2\,SO_3$
$2\,SO_3 \; + \; 2\,H_2O \quad \rightarrow \quad 2\,H_2SO_4$

Lösung: 2 mol SO_2 reagieren mit 1 mol O_2 und ergeben in der Folgereaktion 2 mol
H_2SO_4, d. h., aus 1 mol SO_2 entsteht 1 mol H_2SO_4. Die angegebenen
Werte müssen zunächst mit Hilfe der Gasgesetze auf Standardbedingungen umgerechnet werden.

$$\frac{p_1 \cdot V_1}{T_1} = \frac{p_2 \cdot V_2}{T_2}$$

Eingesetzt ergibt sich: $V_2 = (150$ kPa $\cdot 50$ l $\cdot 273$ K$)/(353$ K $\cdot 100$ kPa$)$
$V_2 = 58$ l SO_2

Da sich in 24,8 l Schwefeldioxid 1 mol SO_2 befindet, enthalten 58 l SO_2
insgesamt 58/24,8 l $\cdot$ mol$^{-1} = 2,34$ mol. Dies entspricht 2,34 mol H_2SO_4
oder 2,34 g $\cdot 98$ g $\cdot$ mol$^{-1} = 229$ g H_2SO_4, wobei 98 g $\cdot$ mol^{-1} die Molmasse
von H_2SO_4 ist.

Molmassebestimmung nach der allgemeinen Gasgleichung

Sind für ein bestimmtes Gas die Zustandsgrößen p, V und T neben der
Masse des Gases durch Messungen bekannt, so kann die Molekülmasse M
aus der allgemeinen Gasgleichung berechnet werden. Alle Methoden der
Molekülmassebestimmung nach dem idealen Gasgesetz basieren auf dem
Prinzip, die Größen Druck, Temperatur, Volumen und Masse eines Gases
oder einer verdampfbaren Flüssigkeit zu bestimmen. Je nachdem, welche
dieser Zustandsgrößen festliegen und welche sich während des Experimentes als zu messende Größen einstellen, unterscheiden sich die verschiedenen Methoden zur Molekülmassebestimmung.

Die experimentelle Bestimmung der Gasdichte ρ als Masse in einer Volumeneinheit V war Ausgangspunkt für die Molekülmassebestimmung
(DUMAS 1827, HOFMANN 1867 und MEYER 1878). Die Gasdichte ist der
Molekülmasse proportional: $\rho \sim M$

Kohlenstoffdioxid hat eine Molekülmasse von 44 g $\cdot$ mol^{-1}. Unter Standardbedingungen nehmen 44 g CO_2 ein Volumen von 24,8 l ein. Hieraus ergibt sich eine Gasdichte
von 44 g/24,8 l $= 1,77$ g $\cdot$ l^{-1}. Kohlenstoffdioxid ist somit erheblich schwerer als Luft

mit einer Dichte $\rho = 1,29 \text{ g} \cdot \text{l}^{-1}$. Die Dichte der Luft lässt sich unter Berücksichtigung des Mischungsverhältnisses aus den Molekülmassen für Stickstoff ($28 \text{ g} \cdot \text{mol}^{-1}$) und Sauerstoff ($32 \text{ g} \cdot \text{mol}^{-1}$) errechnen.

Gasmischungen und Partialdrücke

Auch Gasmischungen lassen sich, sofern bei den einzelnen Gasen ideales Verhalten vorausgesetzt werden kann, durch die allgemeine Gasgleichung beschreiben. Werden verschiedene Gase mit den Volumina V_1, V_2, V_3 ... bei gleichem Druck p und gleicher Temperatur T gemischt, so ergibt sich das Gesamtvolumen additiv aus den Teilvolumina. In der Mischung nimmt jedes Gas das gesamte Volumen V ein:

$$V = V_1 + V_2 + V_3 + ... = \Sigma V_i \qquad (4\text{-}8)$$

Aus diesem Grund verfügt auch jeder Bestandteil über einen Partialdruck $p_1, p_2, p_3, ...$, der mit dem Druck identisch ist, den das jeweilige Gas besitzt, wenn es das Gesamtvolumen allein ausfüllen würde.

Der Gesamtdruck p einer Gasmischung setzt sich additiv aus den Partialdrücken p_i zusammen (**DALTON'sches Gesetz**):

$$p = p_1 + p_2 + p_3 + ... = \Sigma p_i \qquad (4\text{-}9)$$

Für eine Mischung der Gase A und B erhält man nach Einsetzen in die allgemeine Gasgleichung:

$$p_A = n_A \cdot \left(\frac{R \cdot T}{V} \right) \quad \text{und} \quad p_B = n_B \cdot \left(\frac{R \cdot T}{V} \right) \qquad (4\text{-}10)$$

Nach dem DALTON'schen Gesetz ergibt sich

$$p = p_A + p_B = (n_A + n_B) \cdot \left(\frac{R \cdot T}{V} \right) \qquad (4\text{-}11)$$

mit

$$\frac{R \cdot T}{V} = \frac{p_A}{n_A} \qquad \text{bzw.} \qquad \frac{R \cdot T}{V} = \frac{p_B}{n_B}$$

$$p = (n_A + n_B) \cdot \frac{p_A}{n_A}$$

Für p_A bzw. p_B erhält man

$$p_A = \left(\frac{n_A}{n_A + n_B} \right) \cdot p = x_A \cdot p$$

$$p_B = \left(\frac{n_B}{n_A + n_B} \right) \cdot p = x_B \cdot p \qquad (4\text{-}12)$$

Der Quotient $n_A/(n_A + n_B)$ wird Stoffmengenanteil x_A des Stoffes A genannt. Diese Größe ist das Verhältnis der Anzahl der Mole A zur Gesamtzahl der Mole (A + B). Analog ergibt sich der Stoffmengenanteil für B in der Mischung zu $x_B = n_B/(n_A + n_B)$. Der Partialdruck eines Gases der Mischung ist gleich dem Produkt aus Stoffmengenanteil und Gesamtdruck.

4.2.2   Reale Gase

Die bisher besprochenen Gasgesetze gelten nur für ideale Gase. Infolge gegenseitiger Anziehungskräfte zwischen den einzelnen Teilchen zeigen reale Gase mehr oder weniger **Abweichungen vom Gesetz von BOYLE-MARIOTTE**. Besonders bei hohen Drücken ($\gg$ 100 kPa) sind starke Abweichungen vom Idealverhalten zu erkennen.

Bild 4-4 zeigt auf der linken Seite (A) mit der durchbrochenen waagerechten Linie den Verlauf nach dem idealen Gasgesetz ($p \cdot V$ = konst.). Positive und negative Abweichungen von der Konstanz der $p \cdot V$-Werte einiger Gase, die sich real verhalten, sind bei relativ niedrigem Druck als ausgezogene Linie dargestellt. Bei hohen Drücken durchlaufen die fallenden $p \cdot V$-Werte ein Minimum, um anschließend mit zunehmendem Druck wieder anzusteigen (vgl. Bild 4-4 B).

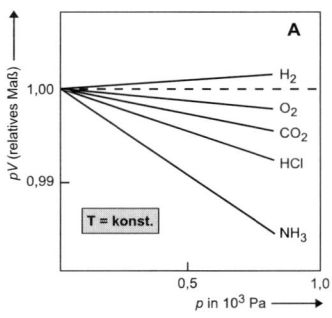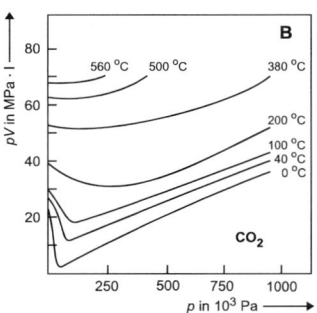

Bild 4-4: pV,p-Isothermen von realen Gasen: (A) CO_2 und andere Gase bei niedrigem Druck (0 °C), (B) CO_2 bei hohem Druck (verschiedene Temperaturen)

Als klassisches Beispiel soll das pV,p-Diagramm von Kohlenstoffdioxid CO_2 bei verschiedener, aber jeweils konstanter Temperatur (= Isotherme), betrachtet werden. Das Produkt nimmt zunächst mit steigendem Druck ab.

Die Gasteilchen nähern sich so weit, bis Abstoßungskräfte zwischen ihnen wirksam werden. Reale Gase verfügen über ein Eigenvolumen und sind daher nicht beliebig stark komprimierbar. Bei weiterer Drucksteigerung bleibt das Volumen daher näherungsweise konstant. Die Minima der Isothermen werden mit zunehmender Temperatur immer flacher. Die Temperatur, bei der das Minimum erstmals verschwindet, wird **BOYLE-Temperatur** des Gases genannt. Bei ihr lässt sich die Isotherme in einem relativ großen Bereich mit dem Gesetz von BOYLE-MARIOTTE beschreiben. Die BOYLE-Temperatur von Kohlenstoffdioxid beträgt 500 °C.

Zustandsgleichung realer Gase

Das thermische Verhalten vieler realer Gase lässt sich im einfachsten Fall näherungsweise durch eine von VAN DER WAALS (1873) aufgestellte Gleichung beschreiben:

$$\left(p + \frac{a}{V^2} \right) \cdot (V - b) = R \cdot T$$

oder:

$$\left(p + \frac{n^2 \cdot a}{V^2} \right) \cdot (V - n \cdot b) = n \cdot R \cdot T \qquad (4\text{-}13)$$

Zur Ermittlung der Konstanten a und b der **VAN-DER-WAALS'schen Gleichung** können die kritischen Daten aus experimentellen Isothermenmessungen herangezogen werden.

$$a = \frac{27 \cdot R^2 \cdot T_{krit.}^2}{64 \cdot p_{krit.}} \qquad b = \frac{R \cdot T_{krit.}}{8 \cdot p_{krit.}} \qquad (4\text{-}14)$$

Die spezifischen Konstanten a und b müssen für jedes Gas experimentell ermittelt werden.

a/V^2:   **Binnendruck (Kohäsionsdruck)**
          Berücksichtigt die Wechselwirkung zwischen den Gasteilchen (Dimension von a: $p \cdot V^2 \cdot mol^{-2}$)

b: **Kovolumen**
          Korrekturvolumen berücksichtigt das Eigenvolumen der Teilchen (Dimension von b: $V \cdot mol^{-1}$)

Kritische Daten eines Gases

Da bei realen Gasen das Produkt $p \cdot V$ nicht konstant ist (vgl. Bild 4-4), können sich beträchtliche Abweichungen des Verlaufs der Isotherme im

Vergleich zum idealen Gas ergeben. Wird der Druck p gegen das Volumen V entsprechend der VAN-DER-WAALS-Gleichung aufgetragen, so ergeben sich Kurven für unterschiedliche Temperaturen, wie sie in Bild 4-5 A gezeigt sind. Bei höheren Temperaturen unterscheiden sich die Isothermen kaum.

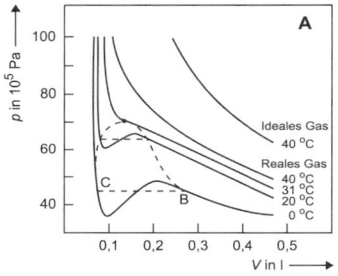 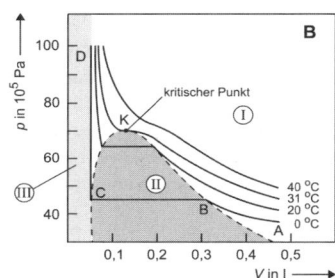

Bild 4-5: p,V-Isothermen des Kohlenstoffdioxids: (A) ermittelt nach der VAN-DER-WAALS-Gleichung, (B) experimenteller Verlauf
(I) Gasphase, (II) Zweiphasengebiet, (III) flüssige Phase

Die experimentell ermittelten Isothermen (von 0 bis 40 °C) des Kohlenstoffdioxids zeigen einen recht unterschiedlichen Verlauf (vgl. Bild 4-5 B). Während bei 40 °C die Isotherme einen Verlauf wie beim idealen Gas zeigt, besitzt die Isotherme bei 31 °C im Punkt K einen Wendepunkt (**kritischer Punkt**). Definiert wird dieser Punkt durch den kritischen Druck $p_{krit.}$, das kritische Volumen $V_{krit.}$ und die kritische Temperatur $T_{krit.}$. Im kritischen Punkt wird die Phasengrenze zwischen Gas (I) und Flüssigkeit (III) aufgehoben. Beide Phasen lassen sich dann nicht mehr unterscheiden.

Bild 4-5 A macht auch deutlich, dass oberhalb der kritischen Temperatur keine Kondensationsprozesse ablaufen können, d. h., die Verflüssigung von Gasen ist nur unterhalb von $T_{krit.}$ möglich. Die Höhe der kritischen Temperatur ist ein Maß für die intermolekularen Wechselwirkungen. Kleine Werte für $T_{krit.}$ (z. B.: Helium: 5,3 K; Wasserstoff: 33,3 K; Stickstoff: 126,1 K) deuten im Gegensatz zu hohen Werten (z. B.: Ammoniak: 405,6 K; Kohlenstoffdioxid: 304,2 K) darauf hin, dass die schwachen Wechselwirkungskräfte für den Zusammenhalt in der flüssigen Phase durch die kinetische Energie der Teilchen bereits bei tiefer Temperatur überkompensiert werden.

Wird bei hinreichend tiefer Temperatur ($< T_{krit.}$) der Druck erhöht, so sinkt das Volumen entsprechend dem Gang der Isotherme $A \rightarrow B$. Am Punkt B kondensiert das Gas zur Flüssigkeit; das Volumen nimmt sprunghaft ab ($B \rightarrow C$). Da die Packungsdichte in einer Flüssigkeit relativ hoch ist, verringert selbst eine starke Zunahme des Druckes ($C \rightarrow D$) ihr Volumen nur unwesentlich.

4.3   Fester Zustand

Das Modell des idealen Gases ist durch die vollständige Unordnung der Teilchen und das Fehlen jeglicher Wechselwirkungen gekennzeichnet, die in irgendeiner Weise gestaltend zwischen den Teilchen wirken könnten. Dagegen ist im Modell des idealen Festkörpers die maximale räumliche Ordnung in Form unterschiedlicher Kristallstrukturen realisiert.

Feste Stoffe sind entweder **amorph** (form- und gestaltlos, d. h. nicht regelmäßig geformt und nicht von ebenen Flächen begrenzt) oder **kristallin** (Übergangszustände sind möglich). Der kristalline Zustand ist energieärmer als der amorphe. Amorphe Stoffe werden isotrop genannt, d. h., ihre physikalischen Eigenschaften sind unabhängig von der Raumrichtung (Beispiel: Glas). Sie fallen streng genommen nicht unter die Begriffsbestimmung eines Festkörpers, sondern können als Flüssigkeiten hoher Viskosität (innere Reibung, Zähigkeit) aufgefasst werden.

4.3.1   Struktur und Bindungscharakter

Die Kristallstruktur eines Festkörpers wird, wie die Struktur von Molekülen, von energetischen Wechselwirkungen entscheidend mitgeprägt. Für einen zu betrachtenden Stoff wird die stabilste der möglichen Strukturen diejenige sein, die maximalen Energiegewinn der sich nähernden Teilchen bei der Koordination realisiert (vgl. Abschn. 3.1.4 Gitterenergie von Ionenkristallen).

Die maximale Koordinationszahl von 12 liegt in den beiden dichten Kugelpackungen vor (hexagonal und kubisch flächenzentriert). Sie ist bei vielen Metallen und Edelgasen zu beobachten, aber auch bei kleinen, hochsymmetrischen Verbindungen [CCl_4, CBr_4, $C(CH_3)_4$]. Bei ionogen aufgebauten Stoffen ist die größte Stabilität immer dann gegeben, wenn die Kationen und die Anionen maximalen Kontakt haben, während sich Ionen mit gleicher Ladung entsprechend abstoßen. Als Folge wird bei diesen Verbindungen die dichte Packung mit $KZ = 12$ nicht erreicht. Die Kristallstruktur wird vorrangig durch das Radienverhältnis der Bindungspartner r_A/r_B bestimmt.

Tabelle 4-3: Unterschiedliche Strukturtypen und Radienverhältnisse von ionogen-aufgebauten Verbindungen AB

Strukturtyp	KZ	Koordinations-polyeder	Abstand zum 1. Nachbarn[*]	Radienverhältnis r_A/r_B der beteiligten Ionen
Cäsiumchlorid	8	Hexaeder (Würfel)	$\dfrac{a}{2}\sqrt{3}$	**> 0,732** CsCl (0,91), CsBr (0,84) CsI (0,75), NH_4^+-Halogenide
Natriumchlorid	6	Oktaeder	$\dfrac{a}{2}$	**0,732 ... 0,414** KCl (0,73), LiF (0,59) MgO (0,59), NaCl (0,54), NaBr (0,50), NaI (0,44), LiCl (0,43), Ag-Halogenide
Zinkblende	4	Tetraeder	$\dfrac{a}{2}\sqrt{3}$	**0,414 ... 0,225** BeO (0,26) Zn- und Cd-Oxide

[*] Größe der Elementarzelle: CsCl (a = 0,412 nm), NaCl (a = 0,563 nm), ZnS (a = 0,542 nm)

Ionogen aufgebaute Verbindungen bestehen aus Metallen und Nichtmetallen des allgemeinen Typs AB. Tabelle 4-3 zeigt drei unterschiedliche Strukturtypen, die für ionische Feststoffe charakteristisch sind.

Cäsiumiodid kristallisiert beispielsweise in der im Bild 3-6 B gezeigten CsCl-Struktur mit der Koordinationszahl 8, weil bei dieser Anordnung der Kationen-Anionen-Kontakt maximal und der Anionen-Anionen-Kontakt minimal ist. Rubidiumiodid kristallisiert mit einem im Vergleich zum Cs kleineren Kation (vgl. Tab. 2-4) in der NaCl-Struktur mit der Koordinationszahl 6.

Bei kleinerer Kationengröße ist bei gleich bleibendem Anion diejenige Struktur mit der kleineren Koordinationszahl energetisch stabiler, in der das Kation wiederum im minimalen Abstand alle umliegenden Anionen berühren kann.

Zwischen Bindungscharakter und Strukturtyp lassen sich verschiedene Beziehungen ableiten. Die Strukturen mit den Koordinationszahlen 8 und 6 werden von Ionen gebildet, wobei der Ionencharakter vom CsCl-Typ (KZ = 8) zum NaCl-Typ (KZ = 6) bereits abnimmt. Im ZnS-Strukturtyp liegen polarisierte Atome vor. Derartige Strukturen sind deshalb auch für Verbindungen mit reinem kovalentem Charakter (z. B. Diamant) typisch. Auch für Strukturtypen mit anderer Stöchiometrie als 1 : 1 (AB) gelten ähnliche Korrelationen. Beispiele für den Strukturtyp AB$_2$ sind mit fallender Koordinationszahl die **Fluorit-Struktur** (CaF$_2$), die **Rutil-Struktur** (TiO$_2$) und die **Cristobalit-Struktur** (SiO$_2$). Zu den Koordinationszahlen vgl. auch Abschnitt 3.1.3.

4.3.2   Kristallgitter und Kristallsysteme

Kristalline Stoffe enthalten Bausteine (Atome, Ionen oder Moleküle), die in allen drei Richtungen des Raumes so geordnet sind, dass sich ausgehend von einem Baustein die Lage eines weiter entfernt liegenden Bausteins exakt angeben lässt. In einem derart ferngeordneten Kristall können die Mittelpunkte der Bausteine durch Geraden, die **Gittergeraden**, so verbunden werden, dass die auf den Gittergeraden aufgereihten Atome, Ionen oder Moleküle in regelmäßig wiederkehrendem Abstandsverhältnis zueinander stehen. Als weitere Folge der Fernordnung existieren zu jeder Gittergeraden beliebig viele zu ihr parallele Gittergeraden. Diese liegen in gleich weit voneinander entfernten Ebenen, den **Gitterebenen**, und haben dort gleiche Abstände zueinander. Die Gesamtheit des Gefüges von Gittergeraden und Gitterebenen wird **Kristallgitter** genannt.

> Charakteristische Kenngrößen eines Kristallgitters sind die von Gitterebenen begrenzte Parallelepipede. Sie sind so beschaffen, dass sie durch regelmäßige Stapelung in den drei Raumrichtungen den Raum lückenlos ausfüllen und somit das Kristallgitter konstituieren. Im Allgemeinen wird das kleinste dieser Parallelepipede **Elementarzelle** genannt.

Um die Lage der Bausteine in der Elementarzelle zu beschreiben, ist es sinnvoll, der Elementarzelle ein Koordinatensystem anzupassen, dessen Achsen (a, b, c) durch einen Baustein gehen und in den Richtungen der Kanten der Elementarzelle orientiert sind. Als Kanten werden zweckmäßigerweise solche Gittergeraden gewählt, auf denen die Abstände identischer Gitterpunkte möglichst klein sind und senkrecht aufeinander stehen. Zur Beschreibung verschiedener Elementarzellen werden insgesamt sieben Achsenkreuze mit unterschiedlichen Achsenlängen und Achsenwinkeln zwischen jeweils zwei Achsen benötigt. Kristallgitter, die auf ein solches Achsenkreuz bezogen werden können, lassen sich zu sieben Kristallsystemen zusammenfassen (vgl. Bild 4-6).

Kristallsystem	Achsenlänge	Achsenwinkel[*]	Beispiele
(1) kubisch	$a = b = c$	$\alpha = \beta = \gamma = 90°$	NaCl, KCl, CaO, γ-Al_2O_3, Cu, Ag
(2) tetragonal	$a = b \neq c$	$\alpha = \beta = \gamma = 90°$	TiO_2, MnO_2, Sn, Harnstoff
(3) hexagonal	$a = b \neq c$	$\alpha = \beta = 90°$, $\gamma = 120°$	SiO_2, Graphit, Zn, H_2O (Eis)
(4) trigonal (rhomboedrisch)	$a = b = c$	$\alpha = \beta = \gamma \neq 90°$	$CaCO_3$ (Calcit), Fe_2O_3, α-Al_2O_3
(5) orthorhombisch	$a \neq b \neq c$	$\alpha = \beta = \gamma = 90°$	$CaCO_3$ (Aragonit), $BaSO_4$, I_2, S_8
(6) monoklin	$a \neq b \neq c$	$\alpha = \gamma = 90°$, $\beta \neq 90°$	$CaSO_4 \cdot 2\,H_2O$ (Gips), Rohr- und Milchzucker
(7) triklin	$a \neq b \neq c$	$\alpha \neq \beta \neq \gamma$	$CuSO_4 \cdot 5\,H_2O$, $K_2Cr_2O_7$

[*] $\alpha = \sphericalangle\, b/c$, $\beta = \sphericalangle\, a/c$, $\gamma = \sphericalangle\, a/b$

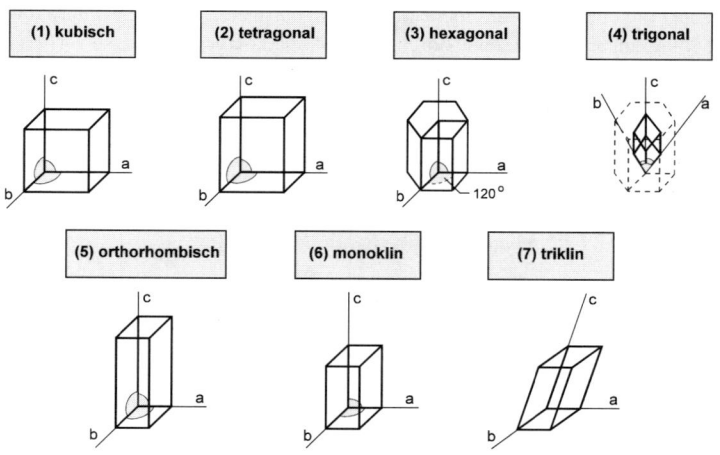

Bild 4-6: Die sieben Kristallsysteme mit charakteristischer Achsenlänge und Achsenwinkel

Von größerer Bedeutung bezüglich der physikalischen Eigenschaften als die Einteilung in die sieben Kristallsysteme ist die Klassifizierung der Kristalle nach ihrer Symmetrie. Untersucht man allgemein kristallisierte

Stoffe auf Symmetrieelemente, wie beispielsweise Drehachsen, Symmetriezentrum, Spiegelebenen oder Drehspiegelachsen, so lassen sich insgesamt 230 symmetrisch unterschiedliche Anordnungen von Gitterpunkten zeigen. Solche Anordnungsmöglichkeiten werden **Raumgruppe** genannt. Alle Raumgruppen leiten sich jeweils von einem der 14 Gittertypen ab, den so genannten BRAVAIS-Gittern.

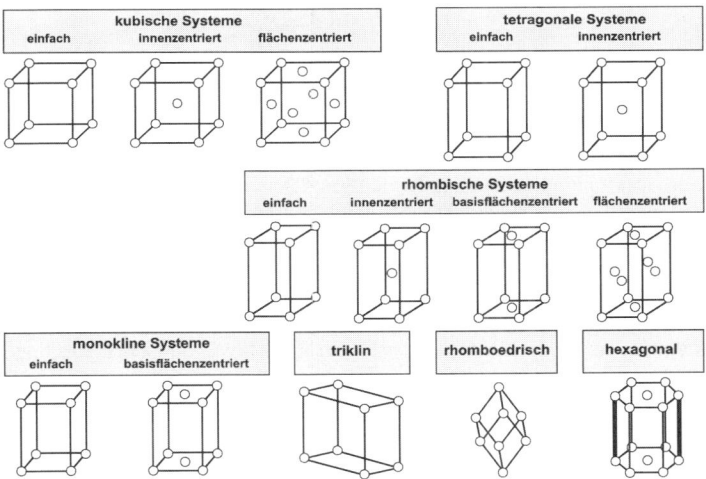

Bild 4-7: Die 14 BRAVAIS-Gitter

Die BRAVAIS-Gitter, bei denen nur die Eckpunkte mit Bausteinen besetzt sind, entsprechen den sieben Kristallsystemen.

Viele komplizierte Strukturen, z. B. von Hämoglobin oder anderen hochstrukturierten Molekülen, lassen sich durch Ineinanderstellen von gleichartigen Gittern darstellen. So entsteht die NaCl-Struktur aus zwei kubisch flächenzentrierten Gittern von Na^+-Ionen und Cl^--Ionen. Die beiden Gitter sind jeweils um 1/2 Kantenlänge der Elementarzelle in allen drei Raumrichtungen zueinander versetzt, d. h., im Zentrum des Cl-Gitters liegt eine Ecke des Na-Gitters.

Die makroskopisch sichtbare Form der Kristalle ist eine Folge der regelmäßigen Anordnung der Bausteine im Gitter. Die äußeren Kristallflächen entsprechen hierbei bestimmten Gitterebenen. Erfahrungsgemäß gilt, dass in einer gegebenen Kristallart eine begrenzende Fläche umso häufiger auftritt, je dichter sie als Gitterebene mit Bausteinen besetzt ist. So sind in einem kubischen Kristall sowohl die Würfelflächen als auch die Oktaederflächen (Begrenzung der Oktaeder-Lücken) relativ dicht mit Bausteinen besetzt. Das äußere Erscheinungsbild (**Kristallmorphologie**) ist daher als Würfel oder Oktaeder zu sehen.

Natriumchlorid kristallisiert normalerweise unter Ausbildung würfelförmiger Kristalle; aus einer harnstoffhaltigen NaCl-Lösung entstehen jedoch Oktaeder. Dieses Verhalten zeigt auch, dass die Entwicklung der äußeren Kristallform sehr stark von den Kristallisationsbedingungen (Milieu, Temperatur, Druck usw.) abhängt.

4.3.3   Methoden zur Ermittlung der Festkörperstruktur

Zur Bestimmung von Kristallstrukturen nehmen die Beugungsmethoden den wichtigsten Platz ein. Die Abstände der Bausteine in den Festkörpern sind von der Größenordnung mit den Wellenlängen verschiedener Strahlungsarten (Röntgen-, Elektronen- und Neutronenstrahlen) zu vergleichen. Daher können diese Strahlen beim Durchtritt durch kristalline Festkörper gebeugt werden. Ist die Wellenlänge der eingesetzten Strahlungsart bekannt, so lassen sich die Gitterkonstanten aus den Winkellagen der Reflexe im Beugungsdiagramm errechnen.

Röntgenstrahlbeugung

1912 setzte VON LAUE einen Kristall der Röntgenstrahlung aus. Beim Durchtritt des Röntgenstrahls durch die Materie entstand dabei auf einer Fotoplatte ein charakteristisches Beugungsmuster. Dieses Beugungsbild bewies einerseits die Gitterstruktur des Kristalls und andererseits die Wellennatur der Röntgenstrahlung.

Treffen Röntgenstrahlen auf ein Kristallgitter, so wird die Elektronenhülle jedes einzelnen Gitterbausteins (Atome, Ionen oder Moleküle) zum Ausgangspunkt einer elastisch gestreuten Elementarwelle; es entsteht für jede kristallin aufgebaute Substanz ein charakteristisches Beugungsbild.

Man kann sich einen Kristall aus einer Vielzahl von hypothetischen Ebenen aufgebaut vorstellen, die teilweise Atome enthalten. Der Röntgenstrahl wird an diesen Ebenen reflektiert. Verstärkungen durch Interferenz mit der Folge eines entsprechenden Abbildungspunktes treten immer dann auf, wenn der Gangunterschied der Wellen ein ganzzahliges Vielfaches von λ ist. Dies entspricht in Bild 4-8 für beide Strahlen den Strecken AB und BC, d. h., $n \cdot \lambda = AB + BC$ ($n = 1, 2, 3, \ldots$). Die Bedingung für eine Reflexion

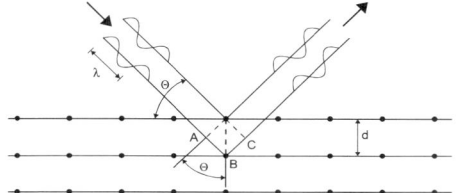

Bild 4-8: Röntgenbeugung an Kristallen

lautet somit:

$$\sin\Theta = \frac{n \cdot \lambda}{2 \cdot d} \qquad \text{bzw.} \qquad n \cdot \lambda = 2 \cdot d \cdot \sin\Theta \qquad (4\text{-}15)$$

Wird der Kristall gedreht, so treten unter einem entsprechendem Winkel Θ zum Einfallstrahl verstärkte Intensitäten auf. Die Gesamtzahl aller der **BRAGG-Gleichung** (4-15) genügenden Interferenzmaxima ergibt für jeden Kristall ein charakteristisches Interferenzmuster. Der aus der Gleichung berechenbare Wert für den Gitterebenenabstand d steht mit der Kantenlänge der Elementarzelle in enger Beziehung.

Die **Röntgenstrukturanalyse** ist die am häufigsten eingesetzte experimentelle Methode zur Bestimmung der Atomposition in Molekülen und Festkörpern. Sie wird aber auch in der Werkstoffprüfung, Festkörperchemie, Medizin und Kriminalistik genutzt, um Art und Menge des untersuchten Materials, aber auch Kristallgröße, Strukturdefekte und andere Eigenschaften zu ermitteln (vgl. Abschn. 36.4.3).

Die Beugung der Röntgenstrahlung hat ihre Ursache in der Wechselwirkung mit den Elektronen der Gitterbausteine. Daher lassen sich aus der Lage und der Intensität der Beugungsmaxima auch Informationen über die Elektronendichteverteilung im Kristall erhalten. So konnte gezeigt werden, dass in ionogen aufgebauten Verbindungen die Elektronendichteverteilung zwischen den Kationen und Anionen gegen null geht (vgl. Bild 3-2). Auch die Bestimmung des Ionencharakters einer Verbindung ist mit dieser Methode möglich.

Elektronenbeugung

Der Wellencharakter von Elektronenstrahlen führt dazu, dass diese wie Röntgenstrahlen an einem Kristall gebeugt werden. Werden Elektronen entsprechend beschleunigt, so erhalten sie eine Wellenlänge, die in der

Größenordnung der Wellenlänge von Röntgenstrahlung liegt. Elektronenbeugungsuntersuchungen zählen zu den wichtigsten Methoden der Strukturbestimmung von Kristalloberflächen. Elektronen dringen nur in oberflächennahe Gebiete des Feststoffes ein und erzeugen ein lokal begrenztes Beugungsfeld. Diese Methoden haben daher große Bedeutung für Untersuchungen von Stoffoberflächen und Korrosionserscheinungen.

Elektronenbeugungsuntersuchungen können auch bei Gasen oder Flüssigkeiten vorgenommen werden. Die Beugungszentren sind in diesen Fällen die Atome in den Molekülen. Praktische Anwendung findet diese Methode bei der Ermittlung von Bindungslängen und Bindungswinkeln der Moleküle. Im Elektronenmikroskop wird ebenfalls die Welleneigenschaft (in Analogie zum Licht) genutzt.

4.4   Flüssiger Zustand

Der flüssige Aggregatzustand bildet den Übergang zwischen dem gasförmigen und dem festen Zustand. Flüssigkeiten sind in mancher Hinsicht den Gasen ähnlicher als den Feststoffen. Beide nehmen die begrenzende Form eines sie umgebenden Gefäßes ein und werden am kritischen Punkt (vgl. Bild 4-5) nicht unterscheidbar. Beim Übergang zwischen Feststoffen und Flüssigkeiten ist bisher noch kein kritischer Zustand gefunden worden. Strukturell sind Flüssigkeiten dagegen den Feststoffen häufig ähnlicher. Beispiele hierfür sind die gemeinsame Eigenschaft der Volumenbeständigkeit und der geringfügige Unterschied in der Dichte beider Zustandsformen. Diese makroskopische Betrachtungsweise zeigt, dass die noch relativ frei beweglichen Teilchen einer Flüssigkeit (Atome, Ionen, Moleküle) nicht viel weiter voneinander entfernt sind als im Kristall.

Die Anziehungskräfte in Flüssigkeiten werden **Kohäsionskräfte** genannt. Ihre Wirkung heißt **Kohäsion** (innerer Zusammenhalt der Moleküle). Flüssigkeitsteilchen, die sich in der Oberflächenschicht (Phasengrenzfläche) befinden, werden einseitig nach innen gezogen. Ein Maß für die Kräfte, die eine Oberflächenverkleinerung zur Folge haben, ist die **Oberflächenspannung** σ. Sie ist definiert als Quotient aus Zuwachs an Energie und Zuwachs an Oberfläche. Die Oberflächenspannung beträgt für Flüssigkeiten bei Raumtemperatur $0{,}01...0{,}5\ J \cdot m^{-2}$.

Dampfdruck einer Flüssigkeit

Bereits unterhalb des Siedepunktes liegen flüssige und gasförmige Phasen eines Stoffes miteinander im Gleichgewicht. Die Ursache hierfür ergibt sich unmittelbar aus einer Eigenschaft der Materie: Die Teilchen einer

Flüssigkeit haben bei gegebener Temperatur unterschiedliche Geschwindigkeiten. Die kinetische Energie verteilt sich daher zu einem bestimmten Punkt nicht gleichmäßig auf die Flüssigkeit, sondern einige Teilchen haben nach der BOLTZMANN-Verteilung (vgl. Kap. 11) eine ausreichend hohe Energie, sodass sie die intramolekularen Anziehungskräfte der flüssigen Phase überwinden und in die Gasphase übertreten. Bei diesem Prozess wird der Flüssigkeit Energie in Form von Wärme entzogen (Verdunstungskälte). Der Vorgang wird **Verdampfung** genannt. Den Druck, den die verdampften Teilchen z. B. gegen eine Gefäßwand ausüben, nennt man Dampfdruck. Die zur Verdampfung von einem Mol einer Flüssigkeit (T = konst.) notwendige Energie heißt molekulare Verdampfungswärme bzw. **Verdampfungsenthalpie** (p = konst.). Der umgekehrte Prozess, die Umwandlung von Dampf zur flüssigen Phase, wird **Kondensation** genannt. Die hierbei frei werdende Wärmemenge ist die **Kondensationsenthalpie** (p = konst.).

Mit zunehmender Konzentration der Teilchen in der Gasphase stoßen diese häufiger zusammen, kommen mit der Phasengrenzfläche zur flüssigen Phase in Kontakt und werden dabei kondensiert. Im Gleichgewichtszustand laufen der Vorgang des Verdampfens und der Gegenprozess der Kondensation mit derselben Geschwindigkeit nebeneinander ab. Die Konzentration der Teilchen in der Gasphase bleibt im Gleichgewicht konstant. Der Gasdruck, den die verdampfende Flüssigkeit dann ausübt, wird **Sättigungsdampfdruck** genannt. Jede Flüssigkeit hat bei gegebener Temperatur einen bestimmten Dampfdruck, der mit steigender Temperatur zunimmt. Die Abhängigkeit des Druckes von der Temperatur ist in Bild 4-9 am Beispiel verschiedener Substanzen gezeigt.

Siedepunkt

Phasengleichgewichte haben unter kinetischen und thermodynamischen Aspekten eine ausgeprägte Analogie zu chemischen Gleichgewichten. Der Übergang von Teilchen in eine andere Phase entspricht dabei dem Übergang in eine andere Molekülart. Es lässt sich beispielsweise im **Dampfdruckgleichgewicht** eine stoffspezifische Gleichgewichtskonstante zwischen kondensierter und gasförmiger Phase ermitteln. Man erhält eine der VAN'T-HOFF'schen Gleichung (vgl. Kap. 7) analoge Beziehung, die Gleichung von CLAUSIUS **und** CLAPEYRON:

$$\ln p = \text{konst.} - \frac{\Delta H_V}{R \cdot T} \qquad (4\text{-}16)$$

p Dampfdruck, T absolute Temperatur, ΔH_V Verdampfungsenthalpie, R allgemeine Gaskonstante

Bei halblogarithmischer Auftragung des Dampfdruckes p gegen die reziproke absolute Temperatur $1/T$ ergibt sich ein linearer Zusammenhang. Aus der Steigung der Geraden kann (ebenfalls in Analogie zur Reaktionsenthalpie) die Verdampfungsenthalpie berechnet werden. Die unmittelbare Auftragung des Druckes p gegen die Temperatur (T oder t) ergibt die Dampfdruckkurve des Stoffes.

Durch die Dampfdruckkurven werden die Bereiche der flüssigen und gasförmigen Phasen festgelegt. In einer grafischen Darstellung (Bild 4-9 A) ist der Zustandsbereich der Gasphase immer unterhalb des Flüssigkeitsbereiches. Tiefe Temperaturen und höhere Drücke kennzeichnen die flüssige Phase, während die Gasphase vorwiegend durch höhere Temperaturen und kleinere Drücke charakterisiert wird. Die Dampfdruckkurve selbst beschreibt die gleichzeitige Existenz beider Phasen.

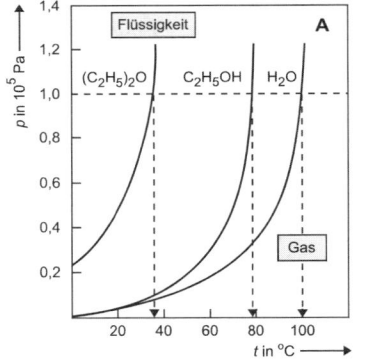
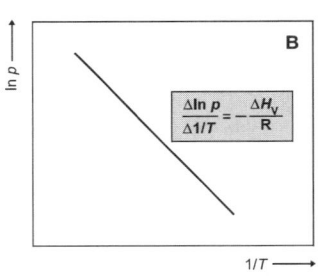

Bild 4-9: Dampfdruckkurven einiger Stoffe: (A) Dampfdruck in Abhängigkeit von der Temperatur, (B) halblogarithmische Darstellung mit reziproker Temperatur

Ist der Dampfdruck einer Flüssigkeit gleich dem jeweils herrschenden Außendruck, so siedet die Flüssigkeit. Die Bezugstemperatur heißt **Siedepunkt** (Sdp.) **oder Kochpunkt** (Kp.) der Flüssigkeit. Aus Bild 4-9 A geht die starke Druckabhängigkeit der Siedetemperatur hervor.

Der Siedepunkt einer Flüssigkeit wird normalerweise bei der Temperatur angegeben, bei der der Dampfdruck gleich 100 kPa ist (Atmosphärendruck).

Wird eine Flüssigkeit bis zum Sieden erhitzt, so bleibt die Temperatur während des Siedevorganges – bei kontinuierlicher Energiezufuhr – konstant, bis die gesamte Flüssigkeit verdampft ist. Die Siedetemperatur von Wasser beträgt 100 °C bei einem Druck von 100 kPa. Bei fallendem Luftdruck sinkt die Siedetemperatur. Wasser siedet z. B. bei 2,5 kPa bereits bei Raumtemperatur.

Gefrierpunkt
Wird eine Flüssigkeit abgekühlt, so reduziert sich die kinetische Energie der Teilchen. Die Temperatur, bei der die Geschwindigkeit so klein ist, dass die Teilchen in einem Kristallgitter lokalisiert werden können, wird **Gefrierpunkt**, **Schmelzpunkt** (Schmp.) oder **Festpunkt** (Fp.) genannt.

> Der Gefrierpunkt einer Flüssigkeit entspricht üblicherweise dem Temperaturpunkt, bei dem sich die flüssige und die feste Phase bei einem Gesamtdruck von 100 kPa im Gleichgewicht befinden.

Die Temperatur dieses Zweiphasensystems (fest/flüssig) bleibt ebenfalls bei kontinuierlicher Zu- bzw. Abfuhr der Energie so lange konstant, bis der gesamte Stoff als flüssige oder als feste Phase vorliegt.

4.5   Phasenübergang und Phasengleichgewicht

Eine Phase wird durch **Grenzflächen** von anderen Bereichen abgetrennt. An den Phasenübergängen ändern sich die Eigenschaften sprunghaft. Elemente und Verbindungen treten in den drei Aggregatzuständen **fest**, **flüssig** und **gasförmig** auf. Die chemische Verbindung Wasser kommt beispielsweise als festes Eis, flüssiges Wasser oder als Wasserdampf vor. Der Zusammenhang zwischen dem Aggregatzustand eines Stoffes, Druck und Temperatur lässt sich in einem **Zustandsdiagramm (Phasendiagramm)** grafisch darstellen. Als Beispiel werden die beiden Zustandsdiagramme von Wasser und Kohlenstoffdioxid besprochen.

Die Dampfdruck-, Schmelz- und Sublimationskurve teilen den Druck-Temperatur-Bereich in drei Gebiete. Innerhalb dieser Gebiete existiert nur eine Phase. Die Kurven selbst stellen eine Folge von Zustandsbedingungen (Druck, Temperatur) dar, in denen jeweils zwei Phasen nebeneinander vorliegen. Im **Tripelpunkt** existieren alle drei Phasen im Gleichgewicht nebeneinander.

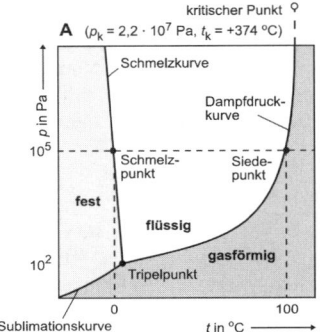
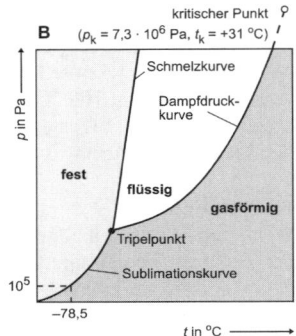

Bild 4-10: Phasendiagramm von (A) Wasser und (B) Kohlenstoffdioxid (nicht maßstabsgerecht)

Phasendiagramm von Wasser

Eis als feste Zustandsform hat eine geringere Dichte als flüssiges Wasser. Die Schmelzkurve zeigt im Phasendiagramm im Gegensatz zu vielen anderen Stoffen eine negative Steigung (Bild 4-10 A). Dieser Verlauf bedeutet ein Absinken des Schmelzpunktes mit zunehmendem Druck. Die Beweglichkeit der Gletscher auf ihrer durch den Eigendruck verflüssigten Unterlage und auch der Gleitfilm unter den Kufen eines Schlittschuhläufers können z.T. mit diesem Phänomen erklärt werden. Da die Schmelzkurve fast senkrecht verläuft, liegt der Tripelpunkt ($p = 6{,}1 \cdot 10^2$ Pa, $t = 0{,}01$ °C) bei Atmosphärendruck sehr nahe beim Schmelzpunkt.

Phasendiagramm von Kohlenstoffdioxid

Der Tripelpunkt von CO_2 liegt mit $p = 5{,}2 \cdot 10^5$ Pa und $t = -56{,}6$ °C wesentlich über dem Atmosphärendruck von 10^5 Pa und unter der Normaltemperatur, sodass festes Kohlenstoffdioxid („Trockeneis") direkt unter Normalbedingungen zu gasförmigem CO_2 sublimiert (vgl. Abb. 4-10 B).

Bei sehr hohen Drücken [$p(H_2O) > 2{,}2 \cdot 10^7$ Pa, $p(CO_2) > 7{,}3 \cdot 10^6$ Pa] haben Stoffe im gasförmigen Zustand die gleiche Dichte wie die Flüssigkeiten. Der Unterschied zwischen den beiden Phasen verschwindet. Dieser für jeden Stoff charakteristische Punkt heißt **kritischer Punkt**. Der dem kritischen Punkt zugeordnete Druck heißt **kritischer Druck** p_k, die Temperatur entsprechend **kritische Temperatur** t_k. Die kritischen Daten für Wasser und Kohlenstoffdioxid sind in Bild 4-10 angegeben.

▌ Oberhalb der kritischen Temperatur können Gase auch bei beliebig hohen Drücken nicht verflüssigt werden.

Die Sublimationskurve der beiden Stoffe, an der der unmittelbare Übergang vom festen in den gasförmigen Aggregatzustand stattfindet, verläuft in beiden Zustandsdiagrammen steiler als die Dampfdruckkurve. Verdampfungs-, Schmelz- und Sublimationsprozesse benötigen Energie. Energieumsätze, die bei konstantem Druck ablaufen, heißen **Enthalpieänderungen.** Die dafür notwendigen Energiebeträge bezeichnet man als Verdampfungsenthalpie ΔH_V, Schmelzenthalpie ΔH_F und Sublimationsenthalpie ΔH_S. Beim Sublimationsprozess muss sowohl Energie zum Entfernen der Teilchen aus dem Gitterverband (Schmelzprozess) als auch Energie zur Verdampfung aufgebracht werden.

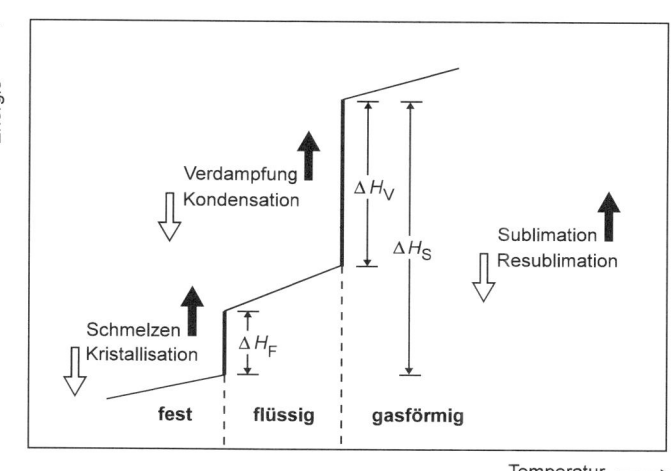

Bild 4-11: Änderung der Energieinhalte in Abhängigkeit von der Temperatur. Schmelzen, Verdampfung und Sublimation sind endotherme Prozesse, d. h., es mus Energie zugeführt werden. Kristallisation, Kondensation und Resublimation sind exotherme Vorgänge, bei denen Energie frei wird

Zugeführte Energien werden definitionsgemäß mit einem positiven Vorzeichen versehen. Für die Stoffmenge von 1 mol Wasser (= 18 g H_2O) beträgt die Schmelzenthalpie $\Delta H_F = + 6,0$ kJ, die Verdampfungsenthalpie $\Delta H_V = + 40,7$ kJ · mol^{-1}.

Der Aggregatzustandswechsel von der Gasphase in die flüssige Phase wird **Kondensation** genannt, der Übergang von der flüssigen Phase in den festen Zustand **Kristallisation** oder **Erstarrung.** Die Kondensations- und Kristallisationsenthalpien für 1 mol Wasser erhalten bei gleichem Betrag wie bei den entgegengesetzt ablaufenden Prozessen (Verdampfung und Schmelzen) negative Vorzeichen.

5 Thermodynamik chemischer Reaktionen

5.1 Allgemeines zum Ablauf chemischer Reaktionen

Die Kapitel 1 bis 4 beschäftigten sich mit der molekularen Struktur und den **mikroskopischen Eigenschaften** von Substanzen. Um chemische Reaktionen eindeutig beschreiben zu können, müssen diese in definierten Systemen ablaufen. Experimentelle Untersuchungen führt man daher mit bekannten Mengen der genau charakterisierten Substanzen durch. Gemessen werden **makroskopische Eigenschaften,** wie Dichte, Temperatur, Druck oder Volumen des Systems. Um den Einfluss dieser Zustandsgrößen auf den Ablauf chemischer Reaktionen zu untersuchen, können vielfältige chemische und physikalische Methoden herangezogen werden. Einfach erfassbar sind beispielsweise Fällungs- oder Auflösungsreaktionen, Farbreaktionen, Gasbildung, Wärmeaufnahme oder Wärmeabgabe. Untersuchungen zum zeitlichen Ablauf einer chemischen Umsetzung, ihrer Reaktionsgeschwindigkeit oder ihrer **Reaktionskinetik** lassen Schlüsse auf den mechanischen Ablauf der Reaktion zu. Die **Thermodynamik** hingegen befasst sich mit den quantitativen Beziehungen zwischen der Wärmeenergie und anderen Energieformen.

Die Betrachtung molekularer Strukturen basiert im Wesentlichen auf der **Quantenmechanik,** während die Thermodynamik auf drei fundamentalen Gesetzen beruht. Die Anwendung dieser **Grundgesetze der Thermodynamik** werden in den Kapiteln „Mehrstoffsysteme und Lösungen", „Chemische Gleichgewichte" und „Redoxsysteme" besprochen.

> Die **Thermodynamik** beantwortet die Frage, ob eine chemische Reaktion spontan ablaufen kann, d. h., ob eine Reaktion möglich ist. Sie macht Angaben über die Energieänderungen des Systems und erlaubt Berechnungen der maximalen Ausbeute an Produkt, das aus einer chemischen Reaktion erhalten werden kann. Die **Reaktionskinetik** informiert darüber, wie diese mögliche Umsetzung (Geschwindigkeit, Zeit bis zur maximalen Ausbeute, Mechanismus der Reaktion) im Einzelnen erfolgt.

Ein wichtiger Begriff in der Thermodynamik ist der des Systems. Unter einem **System** versteht man eine beliebige Menge Materie mit den sie umgebenden physikalischen oder gedachten Grenzen, die sie von ihrer Umgebung abgrenzen.

■   Ein **offenes System** kann Materie und Energie (z. B. Wärme, Arbeit) mit der Umgebung austauschen. Biologische Individuen stellen beispielsweise offene Systeme dar.

■   **Geschlossene Systeme** sind durchlässig für Energie, aber undurchlässig für Materie (z. B. verschlossene Glasampulle). Die Systemgrenze kann starr oder elastisch sein.

■   Ein **isoliertes System** ist gegenüber seiner Umgebung vollständig abgeschlossen. Seine Systemgrenze ist sowohl für Energie als auch für Materie vollkommen undurchlässig (z. B. geschlossene, ideale Thermosflasche).

Eine **Zustandgröße** (*Y* oder auch **Zustandsfunktion** genannt), ist eine physikalische Größe, die nur vom aktuellen Zustand des Systems abhängt, unabhängig davon, wie dieser Zustand erreicht wurde. Man unterscheidet:

■   intensive Zustandsgröße
■   extensive Zustandgröße

Eine **intensive Zustandsgröße** Y_{int} ist eine vom Umfang der Stoffportion unabhängige Zustandsfunktion. Sie hat innerhalb eines homogenen Systems überall denselben Wert. Beispiele sind: Druck, Temperatur und Dichte.

Eine **extensive Zustandgröße** Y_{ex} hängt vom Umfang der Stoffportion ab. Wird die Masse oder Stoffmenge der in einem System vorkommenden Stoffe bei konstanten intensiven Größen vervielfacht, so vervielfachen sich alle extensiven Zustandsgrößen des Systems in gleichem Maße. Beispiele sind: Masse, Volumen und Energie.

Der Prozess hat eine **Zustandsgrößenänderung** zur Folge. Zur Beschreibung von Zustandsänderungen benutzt man das Δ-Zeichen und bildet die Differenz zwischen dem Wert der entsprechenden Zustandsfunktion nach und vor der Umwandlung.

$$\Delta Y = \Sigma \ \nu_i Y_i \text{ (Endzustand)} - \Sigma \ \nu_i Y_i \text{ (Ausgangszustand)} \qquad (5\text{-}1)$$

ΔY Umwandlungsgröße, ν_i stöchiometrischer Koeffizient, Y_i Zustandsgrößen des Endzustandes (Produkte) und des Ausgangszustandes (Edukte)

Zur Kennzeichnung von Zustandsgrößenänderungen werden auch spezielle Begriffe verwendet:

- isotherm (Prozesse bei konstanter Temperatur)
- isobar (Prozesse bei konstantem Druck)
- isochor (Prozesse bei konstantem Volumen)
- adiabatisch (Prozesse ohne Wärmeübergang)

5.2 Erster Hauptsatz der Thermodynamik

Der erste Hauptsatz der Thermodynamik lässt sich als Gesetz von der Erhaltung der Energie formulieren. Hiernach bleibt die Energie immer erhalten.

> Energie kann weder erzeugt noch vernichtet werden, sondern nur von einer Form in eine andere Form überführt werden.

In einem abgeschlossenen System ist die Energie konstant, da ihm von außen keinerlei Arbeit, Wärme oder Materie zugeführt bzw. entnommen werden kann. Ist das System nicht abgeschlossen, sondern nur „geschlossen", so ist die Änderung seiner Gesamtenergie, die sich als die Änderung seiner inneren Energie U und seiner äußeren potenziellen und kinetischen Energie E_{pot} und E_{kin} ergeben kann, durch die mit der Umgebung ausgetauschten Wärmemenge Q und Arbeit W gegeben:

$$\Delta U + E_{pot} + E_{kin} = W + Q \qquad (5\text{-}2)$$

Die innere Energie ist eine Zustandsfunktion. Eine Funktion wird Zustandsfunktion genannt, wenn es gleichgültig ist, auf welchem Weg der Zustand erreicht wird. ΔU bezeichnet die Änderung der inneren Energie. Dies ist zugleich die quantitative Formulierung des **1. Hauptsatzes der Thermodynamik**. In der Regel geht man davon aus, dass die einem System zugeführte Arbeit nicht zur Änderung seiner äußeren potenziellen oder kinetischen Energie verwendet wird. Gleichung (5-2) vereinfacht sich dann zu:

$$\Delta U = W + Q \qquad\qquad (5\text{-}3)$$

Wird dem System Wärme oder Arbeit zugeführt, erhalten Q und W ein **positives Vorzeichen**. Energieabgabe an die Umgebung wird durch ein **negatives Vorzeichen** zum Ausdruck gebracht. Hat das System beispielsweise Energie aus der Umwelt aufgenommen ($U_2 > U_1$), so wird ΔU positiv.

Beispiel: Bei der Auflösung von Metallen in Säuren entsteht gasförmiger Wasserstoff (H_2). Das chemische System leistet somit Arbeit unter Bildung eines Gasvolumens gegen den jeweils herrschenden Druck. Bei 25 °C und 100 kPa entstehen z. B.:
24,8 l · mol^{-1} · (298 K/273 K) = 27,1 l · mol^{-1} Wasserstoff. Das Produkt pV ergibt ausgedrückt als (Kraft/Fläche) · Volumen = Kraft · Weg die Dimension einer Arbeit. Mit $T = 298$ K, $n = 1$ mol, $R = 8,3145$ J · K^{-1} · mol^{-1} errechnet sich unter Anwendung der allgemeinen Gasgleichung ein Wert von 2480 J · mol^{-1}.

Die Arbeit W, die das System unter den o. g. Bedingungen leisten kann, beträgt 2,48 kJ · mol^{-1}. Zusätzlich wird bei der Messung in einem offenen Kalorimeter[1] ($p =$ konst.) die Wärmemenge $Q = 143,09$ kJ · mol^{-1} ermittelt. Messungen in einem geschlossenen Kalorimeter ($V =$ konst., $W = 0$) führen zu einer Wärmeabgabe von $Q = 145,57$ kJ · mol^{-1}, d. h. $\Delta U = Q$. Die Ergebnisse lassen sich nach dem 1. Hauptsatz folgendermaßen formulieren:

$$\Delta U = Q + W = (-143{,}09 - 2{,}48) \text{ kJ} \cdot \text{mol}^{-1} = -145{,}57 \text{ kJ} \cdot \text{mol}^{-1}$$

Bei **isobarer** Reaktionsführung ($p =$ konst.) einer mit Volumenvergrößerung verbundenen Gasreaktion ist die Wärmeabgabe geringer als bei **isochorer** Messung ($V =$ konst.). Der Arbeitsbetrag, der bei konstantem Druck geleistet wurde, ergibt sich aus:

---

[1]*Kalorimeter* (lat.-gr.): Gerät zum Messen von Wärmemengen, die bei physikalischen oder chemischen Prozessen abgegeben oder aufgenommen werden. Messprinzipien können Temperaturänderungen eines Körpers mit bekannter spezifischer Wärmekapazität (Mischungskalorimetrie), der Vergleich der zu messenden Wärmemenge mit einer bekannten Reaktionswärme (Schmelz- oder Verdampfungskalorimetrie) oder die Berechnung der Wärmemenge aus der messtechnisch leicht zugänglichen elektrischen Energie sein.

$$W = -p \cdot (V_2 - V_1) = -p \cdot \Delta V \qquad (5\text{-}4)$$

W Arbeit, p Druck, V_1 Volumen zu Beginn der Reaktion, V_2 Volumen nach Beendigung der Reaktion

Vereinbarungsgemäß stellen positive Werte von $p\Delta V$ eine Leistung von Volumenarbeit dar und ergeben eine Arbeit mit negativem Vorzeichen. In Kombination mit Gleichung (5-3) erhält man nach Umstellen:

$$(U_2 + pV_2) - (U_1 + pV_1) = Q \qquad (5\text{-}5)$$

Da bei isobarer Reaktionsführung der Ausdruck $(U + pV)$ auf diese Weise der umgesetzten Wärme zugeordnet ist, wird gesetzt:

$$U + pV = H \qquad (5\text{-}6)$$

$$\Delta U + p\Delta V = \Delta H \qquad (5\text{-}7)$$

Somit ergibt sich für Gleichung (5-5):

$$H_2 - H_1 = \Delta H \qquad (5\text{-}8)$$

Die Zustandsfunktion H heißt **Enthalpie**. Die Änderung der Enthalpie ΔH entspricht der Änderung der inneren Energie ΔU und der Volumenarbeit $p\Delta V$ bei konstantem Druck. Für die Reaktionen, die ohne Volumenänderung ablaufen oder bei denen sich das Volumen nur unwesentlich ändert, gilt:

$$\Delta U = \Delta H \qquad (\Delta V = 0) \qquad (5\text{-}9)$$

Auch hier gilt die Vorzeichenregelung der Thermodynamik:

> Die Enthalpieänderung von Reaktionen, bei deren Ablauf Energie aus der Umgebung des Systems aufgenommen wird, erhält ein positives Vorzeichen. Solche Reaktionen werden **endotherme Reaktion** genannt. Gibt das System Energie an die Umgebung ab, liegt eine **exotherme Reaktion** vor, und das Vorzeichen ist negativ.

5.2.1   Anwendung auf chemische Reaktionen

Reaktionsenthalpie

Da bei jedem chemischen Prozess der Stoffumsatz mit dem Energieumsatz verbunden ist, muss mit der chemischen Gleichung nicht nur die stoffliche, sondern auch die energetische Bilanz dargestellt werden. Ältere Versuche, die Reaktionsenthalpie wie einen Reaktionspartner in die chemische Gleichung einzubeziehen, haben häufig zu Widersprüchen in der Vorzeichenregelung geführt. In der modernen Schreibweise wird die Reaktionsenthalpie ΔH_R der stöchiometrischen Gleichung auf der rechten Seite zugeordnet:

$$A \ + \ B \ \rightleftharpoons \ C \ + \ D \ ; \quad \pm \Delta H_R$$

$$\left| \ \leftarrow \text{stöchiometrische Gleichung} \rightarrow \right|$$
$$\left| \ \leftarrow\!\!\text{——— thermodynamische Gleichung ———}\!\!\rightarrow \right|$$

Der Zahlenwert für die Reaktionsenthalpie bezieht sich auf einen Formelumsatz (Fu) der zugeordneten stöchiometrischen Gleichung (vgl. Kap. 7). Für die thermodynamische Vorzeichenregelung ist die Richtung von den auf der linken Seite der Gleichung stehenden Ausgangssubstanzen zu den rechts stehenden Reaktionsprodukten zu Grunde gelegt. Bei Betrachtung der Rückreaktion ($C + D \rightarrow A + B$) kehrt sich das Vorzeichen von ΔH_R um.

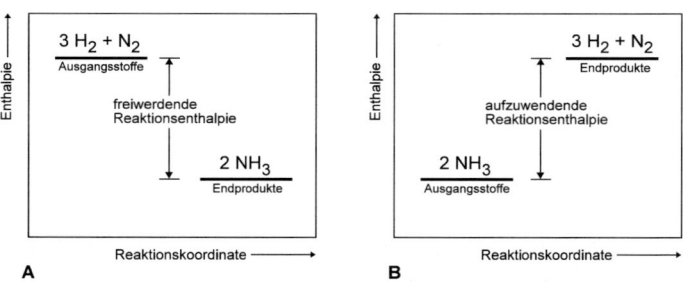

Bild 5-1:   Enthalpiediagramm für die Bildung und die Zersetzung von Ammoniak: (A) NH_3-Bildung als exotherme Reaktion, (B) NH_3-Zerfall als endotherme Reaktion

Unter einem **Formelumsatz** versteht man, z. B. bei der in Bild 5-1 gezeigten Reaktion $3\,H_2 + N_2 \rightarrow 2\,NH_3$, den gesamten Umsatz von 3 mol Wasserstoff und 1 mol Stickstoff zu 2 mol Ammoniak. Die entstehende Reaktionswärme von 92,3 kJ wird an die Umgebung abgegeben. Die Reaktionsenthalpie beträgt $\Delta H_R = -92,3 \text{ kJ} \cdot \text{mol}^{-1}$.

Die Größe der Reaktionsenthalpie bezieht sich immer auf eine bestimmte Reaktion mit der dazugehörigen Gleichung. Werden die stöchiometrischen Zahlen des jeweiligen Formelumsatzes geändert, so ergibt sich eine andere Reaktionsenthalpie.

$$1\,H_2 \quad + \quad 1\,Cl_2 \quad \rightarrow\rightarrow 2\,HCl \qquad \Delta H_R = -184,8 \text{ kJ} \cdot \text{mol}^{-1}$$
$$1/2\,H_2 \quad + \quad 1/2\,Cl_2 \quad \rightarrow\rightarrow 1\,HCl \qquad \Delta H_R = -92,4 \text{ kJ} \cdot \text{mol}^{-1}$$

Außerdem ist es häufig notwendig, für die Reaktionsteilnehmer den Aggregatzustand mit anzugeben, in dem die Substanz vorliegt: **(g)** für Gase, **(l)** für Flüssigkeiten (liquidus), **(s)** für Festkörper (solidus) bzw. die Kristallstruktur bei verschiedenen Modifikationen der Festkörper. Hierbei sind die energetischen Wechselwirkungen bei eventuellen Phasenübergängen zu berücksichtigen.

> Die Reaktionsenthalpie hängt von der Temperatur und dem Druck einer chemischen Reaktion ab. ΔH_R wird daher für einen definierten Ausgangs- und Endzustand der Reaktionsteilnehmer, den Standardzustand, angegeben. Bei Gasen legt man den idealen Zustand, bei festen und flüssigen Stoffen den Zustand der reinen Phase, jeweils bei 100 kPa, als Standardzustand fest. Für die Standardreaktionsenthalpie wird das Symbol ΔH_R^0 verwendet.

Die Reaktionstemperatur wird in der Symbolik der Standardreaktionsenthalpie als Index unten rechts mit angegeben. ΔH_{298}^0 bedeutet also die Standardreaktionsenthalpie bei 298 K. Üblicherweise gibt man ΔH^0 für die Standardtemperatur 25 °C = 298 K an. Wird im Zuge der Vereinfachung der Schreibweise die Temperaturangabe weggelassen, so beziehen sich die Angaben immer auf die Standardtemperatur von 298 K.

Satz von HESS

In der Chemie sind Zwischenstufen, Folgereaktionen und energetisch gekoppelte Reaktionsschritte das übliche Erscheinungsbild. Werden dabei die Energiebeträge der einzelnene Teilreaktionen addiert, so errechnet sich eine Gesamtreaktionsenthalpie. ΔU und ΔH sind als Zustandsfunktionen nicht vom Weg abhängig. Des Weiteren gilt der 1. Hauptsatz (Energieerhalt).

Die Bildung von Kohlenstoffdioxid CO_2 kann direkt aus den Elementen Kohlenstoff und Sauerstoff erfolgen:

1. Reaktionsweg: $C + O_2 \rightarrow CO_2$ $\Delta H^0 = -393{,}8 \text{ kJ} \cdot \text{mol}^{-1}$

Ein weiterer Reaktionsweg führt in zwei Schritten, über die Zwischenstufe Kohlenstoffmonooxid, zu CO_2:

2. Reaktionsweg: $C + 1/2\, O_2 \rightarrow CO$ $\Delta H^0 = -110{,}6 \text{ kJ} \cdot \text{mol}^{-1}$

$CO + 1/2\, O_2 \rightarrow CO_2$ $\Delta H^0 = -283{,}2 \text{ kJ} \cdot \text{mol}^{-1}$

Nach dem HESS'schen Satz, der eine Aussage des 1. Hauptsatzes darstellt, ist bei gleichem Ausgangs- und Endzustand einer chemischen Reaktion die Reaktionsenthalpie für jeden Reaktionsweg gleich groß und unabhängig davon, ob die Reaktion direkt oder über Zwischenstufen geführt wird. Für die Bildung von Kohlenstoffdioxid gilt somit:

$$\Delta H^0_{\text{Reaktionsweg 1}} = \Delta H^0_{\text{Reaktionsweg 2}} \qquad (5\text{-}10)$$

Größen, die ausschließlich vom jeweiligen Zustand abhängen, aber nicht vom Reaktionsweg, auf dem dieser Zustand erreicht wird, werden als Zustandsgrößen bezeichnet.

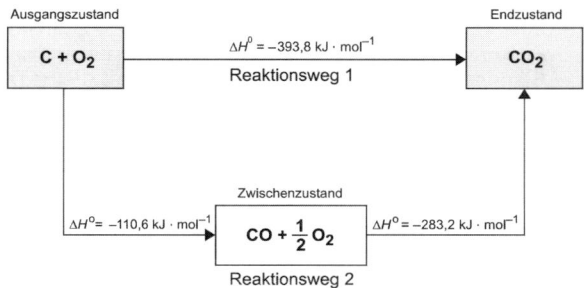

Bild 5-2:   Nach dem HESS'schen Satz ist die Reaktionsenthalpie nicht vom Reaktionsweg abhängig

Der HESS'sche Satz wird z. B. herangezogen, wenn experimentell schwer bestimmbare Reaktionsenthalpien rechnerisch zu ermitteln sind. So kann z. B. die schwierig messbare Reaktionsenthalpie bei der Bildung von CO aus den Elementen über die Enthalpiedifferenz der Verbrennungsreaktion von C und der von CO zu CO_2 errechnet werden.

Standardbildungsenthalpie

Mit der Festlegung eines Standardzustandes, der darauf beruhenden Bildungsenthalpie und der Anwendung des Satzes von HESS lassen sich Reaktionsenthalpien von chemischen Umsetzungen berechnen, wenn die Enthalpien der Endprodukte und der Ausgangsprodukte bekannt sind:

$$\Delta H = \Sigma \Delta H_B(\text{Endprodukte}) - \Sigma \Delta H_B(\text{Ausgangsprodukte}) \qquad (5\text{-}11)$$

Es lassen sich jedoch nur Enthalpieänderungen messen. Man kann keinen Absolutwert der Enthalpie eines Stoffes angeben. Es muss daher ein Bezugspunkt der Enthalpieskala festgelegt werden.

> Die stabilste Form eines Elements besitzt bei einer Temperatur von 25 °C und einem Druck von 100 kPa die Enthalpie null.

Die Enthalpie einer Verbindung lässt sich aus der Reaktionsenthalpie angeben, die bei ihrer Bildung aus den jeweiligen Elementen auftritt. Die unter Standardbedingungen pro Mol der Verbindung auftretende Reaktionsenthalpie wird **Standardbildungsenthalpie** genannt.

> Die Standardbildungsenthalpie ΔH_B^0 einer Verbindung entspricht der Reaktionsenthalpie, die bei der Bildung von 1 mol der Verbindung unter Standardbedingungen aus den Elementen im Standardzustand (Reaktionstemperatur 25 °C und Druck 100 kPa) auftritt.

Lässt man 1 mol Schwefel und 1 mol Sauerstoff bei einer Reaktionstemperatur von 25 °C und einem Druck von 1,013 bar reagieren, so tritt eine exotherme Reaktionsenthalpie von 297,0 kJ auf. Schwefel muss in der stabilsten Modifikation vorliegen.

$$\Delta H_B^0(SO_2) \quad = \quad -297{,}0 \text{ kJ} \cdot \text{mol}^{-1}$$

In Tabelle 5-1 sind Beispiele weiterer Standardbildungsenthalpien angegeben. Mit den ΔH_B^0-Daten lassen sich Reaktionsenthalpien für eine Vielzahl von chemischen Reaktionen berechnen. Basierend auf der allgemeinen Reaktionsgleichung:

$$a\,A \quad + \quad b\,B \quad \rightarrow \quad c\,C \quad + \quad d\,D$$

mit den Verbindungen A, B, C und D beträgt die Reaktionsenthalpie unter Standardbedingungen:

$$\Delta H_R^0 = d\,\Delta H_B^0(D) + c\,\Delta H_B^0(C) - b\,\Delta H_B^0(B) - a\,\Delta H_B^0(A) \qquad (5\text{-}12)$$

Tabelle 5-1: Bildungsenthalpie ΔH_B^0 und freie Bildungsenthalpien ΔG_B^0 einiger anorganischer Verbindungen unter Standardbedingungen. (g) gasförmig, (l) flüssig, (s) fest, (aq) in Wasser gelöst

Substanz	Formel	Bildungs-enthalpie ΔH_B^0 in kJ · mol⁻¹	Freie Bildungs-enthalpie ΔG_B^0 in kJ · mol⁻¹
Ammoniak	NH_3 (g)	–46,4	–16,5
Ammoniumnitrat	NH_4NO_3 (s)	–365,6	–183,9
Calciumcarbonat	$CaCO_3$ (s)	–1206,9	–1128,8
Calciumoxid	CaO (s)	–635,1	–604,1
Chlorwasserstoff	HCl (g)	–92,3	–95,3
Diamant	C (s)	+1,9	+2,9
Distickstoffoxid	N_2O (g)	+82,1	+104,2
Distickstofftetraoxid	N_2O_4 (g)	+9,2	+97,9
Eisen(III)-oxid	Fe_2O_3 (s)	+822,7	–742,2
Fluorwasserstoff	HF (g)	–271,1	–273,2
Iodwasserstoff	HI (g)	+26,5	+1,7
Kohlenstoffdioxid	CO_2 (g)	–393,8	–394,4
Kohlenstoffmonooxid	CO (g)	–110,6	–137,2
Magnesium-carbonat	$MgCO_3$ (s)	–1095,6	–1012,1
Magnesiumoxid	MgO (s)	–601,7	–569,4
Natriumchlorid	NaCl (s)	–411,2	–384,1
Salpetersäure	HNO_3 (l)	–174,1	–80,7
	HNO_3 (aq)	–207,4	–111,3
Salzsäure	HCl (g)	–167,2	–131,2
Schwefeldioxid	SO_2 (g)	–296,8	–300,2
Schwefel-kohlenstoff	CS_2 (l)	+89,7	+65,3
Schwefelsäure	H_2SO_4 (l)	–814,0	–690,0
	H_2SO_4 (aq)	–909,3	–744,5
Schwefeltrioxid	SO_3 (g)	–395,7	–371,1
Schwefel-wasserstoff	H_2S (g)	–20,6	–33,6
Silberchlorid	AgCl (s)	–127,1	–109,8
Stickstoffdioxid	NO_2 (g)	+33,2	+51,3
Stickstoffmonooxid	NO (g)	+90,3	+86,6
Wasser	H_2O (l)	–285,8	–237,1
	H_2O (g)	–241,8	–228,6
Zinn (weiß)	Sn (s)	0,0	0,0
Zinn (grau)	Sn (s)	–2,1	0,1

Beispiel: Für die Stahlherstellung nach dem Hochofenprozess kann folgende Teilgleichung formuliert werden:

$$Fe_2O_3(s) \; + \; 3\,CO(g) \; \rightarrow \; 2\,Fe(s) \; + \; 3\,CO_2(g)$$

Die Bildungsenthalpien sind Tabelle 5-1 zu entnehmen.

$$\begin{aligned} \Delta H_B^0 \; &= 3\,\Delta H_B^0(CO_2) + 2\,\Delta H_B^0(Fe) \, - \, \Delta H_B^0(Fe_2O_3) - 3\,\Delta H_B^0(CO) \\ &= 3\,(-393{,}8\ kJ \cdot mol^{-1}) + 2\,(0\ kJ \cdot mol^{-1}) \\ &\quad - 1\,(-822{,}7\ kJ \cdot mol^{-1}) - 3\,(-110{,}6\ kJ \cdot mol^{-1}) \\ &= -26{,}9\ kJ \cdot mol^{-1} \end{aligned}$$

Die Reaktionsenthalpie beträgt für diese exotherme Teilreaktion $-26{,}9\ kJ \cdot mol^{-1}$.

5.2.2   Energieformen bei chemischen Reaktionen

Die bei chemischen Reaktionen auftretende Reaktionsenthalpie wird nicht nur in Form von Wärme ausgetauscht. Häufig werden andere Energieformen beobachtet, z. B. elektrische oder mechanische Energie, Licht oder andere Formen der elektromagnetischen Strahlung. In allen Fällen gelten die gleichen Gesetze wie bei den kalorischen Erscheinungen, weil die verschiedenen Energieformen einander äquivalent und ineinander umrechenbar sind. Die Maßeinheit ist für alle Energieformen das Joule.

Elektrische Energie
Viele chemische Reaktionen können so gesteuert werden, dass statt der Abgabe (exotherme Reaktion) bzw. des Verbrauchs (endotherme Reaktion) von thermischer Energie überwiegend elektrische Energie ausgetauscht wird. Besonders geeignet für solche Reaktionen, bei denen Elektronen ausgetauscht werden, sind Ionen- und Redoxprozesse (vgl. Kap. 9). Es bildet sich beispielsweise an der Grenzfläche zwischen einem Metall und einer wässrigen Lösung seiner Ionen eine **Potenzialdifferenz** aus, die als elektrische Spannung gemessen werden kann. Sind zwei solcher Systeme elektrisch leitend miteinander verbunden, fließt ein Strom I, der pro Zeiteinheit eine bestimmte Elektrizitätsmenge bzw. Ladung überträgt. Das Produkt aus Spannung und Elektrizitätsmenge stellt sich als elektrische Energie dar.

Strahlungsenergie
Reaktionsenergie kann auch in Form elektromagnetischer Strahlungsenergie aufgenommen oder emittiert werden. Häufig ist an derartigen

photochemischen Reaktionen der sichtbare Teil der elektromagnetischen Strahlung beteiligt, weil die Energie dieser Strahlung etwa in der Größenordnung der bei chemischen Reaktionen auftretenden Reaktionsenthalpien (vgl. Tab. 5-2) liegt. Dabei ist die Energie der Strahlung durch ihre Frequenz f bestimmt, die der Wellenlänge λ umgekehrt proportional ist.

$$E \sim f \sim \frac{1}{\lambda} \tag{5-13}$$

Tabelle 5-2: Energie des sichtbaren Lichtes als Funktion von Wellenlänge und Frequenz

Farbe des sichtbaren Lichtes	Energie E in kJ · mol^{-1}	Wellenlänge λ in nm	Frequenz f in THz
Infrarot (IR)	< 149,5	> 780	< 384
Rot	159,5	650...780	461...384
Orange	184,2	590...650	508...461
Gelb	199,3	570...590	526...508
Grün	217,3	490...570	612...526
Blau	265,9	420...490	714...612
Violett	298,9	400...420	750...714
Ultraviolett (UV)	> 341,6	< 400	> 750

Die Voraussetzung für eine photochemische Reaktion ist die Absorption der Strahlung durch die Substanz. Es ergibt sich für den Grad der Aufnahme von elektromagnetischer Strahlung in stoffliche Systeme eine logarithmische Abhängigkeit von der absorbierenden Schichtdicke (LAMBERT). Liegt der Stoff in gelöster Form vor, so zeigt sich außerdem eine Abhängigkeit von seiner Konzentration (BEER). Das LAMBERT-BEER'sche Gesetz beschreibt das spektrale Absorbtionsmaß (Extinktion) aus der Kombination beider Gesetze (vgl. Abschn. 36.1.4).

Mechanische Energie

Führt man einem chemischen System mechanische Energie zu, so können stoffliche Veränderungen eintreten. Derartige Vorgänge laufen häufig als

Grenzflächenprozesse an der Oberfläche fester Stoffe ab. Sie spielen beispielsweise bei der Zerkleinerung von Rohstoffen zur Zementherstellung eine wichtige Rolle.

Chemische Prozesse, die mit einer Volumenausdehnung bei der Entstehung gasförmiger Reaktionsprodukte verbunden sind, geben mechanische Energie an ihre Umgebung ab und stellen derzeit ein wichtiges Anwendungsgebiet z. B. in Verbrennungsmotoren dar.

5.3   Zweiter Hauptsatz der Thermodynamik

Neben dem Materie- und Energieumsatz interessiert auch die Frage, ob eine chemische Reaktion in eine bestimmte Richtung abläuft oder nicht. Die Erfahrung zeigt, dass manche Vorgänge freiwillig nur in eine Vorzugsrichtung ablaufen. Wärme wird beispielsweise nur von einem wärmeren zu einem kälteren Körper übertragen und nie umgekehrt. Auch werden sich zwei unterschiedliche Gase immer freiwillig vermischen, aber niemals ohne äußeren Zwang wieder trennen. Solche Prozesse sind irreversible Vorgänge (nicht umkehrbar). Alle Naturvorgänge sind irreversibel.

> Ein Vorgang wird reversibel (umkehrbar) genannt, wenn seine Richtung durch infinitesimale Änderungen der Zustandsvariablen umkehrbar ist. Während des gesamten Vorganges befindet sich das betrachtete System im Gleichgewicht. Verläuft ein Prozess in eine Richtung, so wird er irreversibel genannt.

Als Kriterium für die Reaktionsmöglichkeit von Stoffen (Triebkraft) reicht die Reaktionsbildungsenthalpie allein nicht aus. Es werden weitere Zustandsfunktionen benötigt.

5.3.1   Freie Enthalpie und Entropie

Ein Maß für die Triebkraft eines Vorganges ist die Änderung der freien Enthalpie ΔG, die einen Teil der bei einer chemischen Reaktion als Nutzarbeit zu erhaltenden Enthalpie darstellt. Auch hier ist nur die Änderung vom Ausgangszustand zum Endzustand von Interesse. Die Frage, ob die angenommene Reaktion (thermodynamisch) realisierbar ist, lässt sich damit durch Differenzbildung beantworten.

$$\Delta G = \Sigma \Delta G\text{(Endprodukte)} - \Sigma \Delta G\text{(Ausgangsstoffe)} \qquad (5\text{-}14)$$

Ein negativer Wert für ΔG bedeutet, dass die Reaktion in die angegebene Richtung verläuft, während ein positiver Wert den erforderlichen Zwang anzeigt. Die Rückreaktion verläuft bei positivem ΔG dagegen freiwillig ab. Für den Fall $\Delta G = 0$ herrscht Gleichgewicht, d. h., Hin- und Rückreaktion halten sich die Waage.

> Die Änderung der freien Enthalpie ΔG ist das eigentliche Kriterium für die Reaktionsfähigkeit (Triebkraft). Sie beschreibt die reale (thermodynamische) Möglichkeit für den Ablauf einer Reaktion. Die Enthalpieänderung ΔH ist dagegen für die energetische Bilanz verantwortlich.

Läuft eine Reaktion unter Standardbedingungen ab (25 °C und 100 kPa), so erhält man die Änderung der freien Enthalpie im Standardzustand ΔG^0. Sie wird für Elemente ($1 \ mol \cdot l^{-1}$) in ihrem stabilsten Zustand gleich null gesetzt.

Da ΔG die Reaktionsfähigkeit beschreibt, sind ΔG^0-Werte mit den dazugehörigen Vorzeichen ein Maß für die Bildungsreaktion und damit für die Beständigkeit von Verbindungen gegenüber dem Ausgangszustand der Elemente.

Stabilität von Verbindungen: $\Delta G^0 < 0$
Instabilität von Verbindungen: $\Delta G^0 > 0$

Wie in Tabelle 5-1 gezeigt, ist eine Vielzahl der ΔG^0-Werte negativ. Dies deutet darauf hin, dass viele Verbindungen eine stabile Zustandsform im Vergleich zu den Elementen darstellen.

Die Änderung der freien Enthalpie für folgende allgemeine Reaktionsgleichung:

$$a\,A \ + \ b\,B \ \rightleftharpoons \ c\,C \ + \ d\,D$$

ergibt sich unter Standardbedingungen zu:

$$\Delta G_R^0 = c\,\Delta G_C^0 + d\,\Delta G_D^0 - a\,\Delta G_A^0 - b\,\Delta G_B^0 \qquad (5\text{-}15)$$

Der Index R zeigt an, dass es sich um die Änderung der freien Enthalpie bei der chemischen Reaktion handelt. ΔG_A^0 ist die freie Enthalpie von 1 mol A im Standardzustand.

Wird bei einem chemischen Vorgang von einem System Arbeit geleistet, so kann nur bei einem reversibel geführten Prozess ein maximaler Wert erreicht werden (W_{rev}). Bei reversibel geführten, isobaren (p = konst.) und isothermen (T = konst.) Prozessen besteht die Reaktionsenthalpie ΔH aus zwei Komponenten. Eine Energieform kann zur Verrichtung von Arbeit genutzt werden (maximale Nutzarbeit W_{rev}), während der Wärmebetrag Q_{rev} als gebundene Energie zur Arbeitsleistung nicht zur Verfügung steht.

$$\Delta H = W_{rev} + Q_{rev} \qquad (5\text{-}16)$$

Die bei einem chemischen Vorgang frei werdende maximale Nutzarbeit W_{rev} ist identisch mit der Änderung der freien Enthalpie während des Prozesses. Die freie Enthalpie G ist wie die innere Energie U eine Zustandsfunktion und somit unabhängig vom Reaktionsweg.

> Der zweite Hauptsatz der Thermodynamik besagt, dass von einem System während des Reaktionsablaufs (T = konst.) die maximale Nutzarbeit (= ΔG) nur vom Ausgangs- und Endzustand des Systems abhängt und nicht vom Weg, auf dem der Endzustand erreicht wird.

Bezieht man die Änderung der gebundenen Wärme ΔQ_{rev} auf die Temperatur, bei der der Prozess abläuft, so nennt man den Quotienten $\Delta Q_{rev}/T$ **reduzierte Wärme** oder **Entropieänderung** ΔS.

$$\frac{\Delta Q_{rev}}{T} = \Delta S \qquad (5\text{-}17)$$

Die Entropie S ist eine Zustandsgröße mit der SI-Einheit: $J \cdot K^{-1} \cdot mol^{-1}$. In einem geschlossenen System entspricht die Entropieänderung ΔS des Systems bei isothermer und reversibler Prozessführung der mit der Umgebung ausgetauschten Wärmemenge (bezogen auf die Reaktionstemperatur). Der Begriff Entropie kommt aus dem Griechischen und bedeutet „eine Richtung geben".

Obwohl ΔS und ΔG auf der Basis einer reversiblen Prozessführung formuliert wurden, hängen sie als Zustandsfunktionen nur vom Anfangs- und Endzustand ab und nicht von der Art der Zustandsänderung (reversibel oder irreversibel).

Statistische Interpretation der Entropie

Die Entropie kann nach BOLTZMANN als Maß für den Ordnungszustand eines Systems angesehen werden. Alle Systeme streben in einen Zustand mit maximaler Stabilität. Dieser Zustand hat somit die größte Wahrscheinlichkeit. Eine bildhafte Beschreibung von einem Zustand mit hoher Wahrscheinlichkeit ist im statistischen Sinne mit maximaler Unordnung gleichzusetzen und entspricht damit dem Maximalwert der Entropie. Die Entropie sinkt demzufolge mit zunehmendem Ordnungsgrad.

Werden zwei Gase miteinander gemischt, so verteilen sich die Gasmoleküle völlig unkontrolliert über den gesamten zur Verfügung stehenden Gasraum. Der Endzustand entspricht einem Zustand mit größter Unordnung (= größter Wahrscheinlichkeit) und damit größter Entropie.

Die Entropie wird idealerweise gleich null gesetzt, wenn eine größtmögliche Ordnung vorliegt. Dies ist idealisiert betrachtet für einen völlig regelmäßig gebauten Kristall am absoluten Nullpunkt ($-273{,}15\ °C$) gegeben.

Formulierung des zweiten Hauptsatzes mit Hilfe der Entropie:

Laufen in einem abgeschlossenen System (die Systemgrenzen sind für Energie und Materie undurchlässig) spontane (irreversible) Vorgänge ab, so nimmt die Entropie des Systems zu, bis im Gleichgewicht ein Maximalwert erreicht ist ($\Delta S > 0$). Bei reversiblen Vorgängen bleibt die Entropie konstant ($\Delta S = 0$).

5.3.2　GIBBS-HELMHOLTZ'sche Gleichung

Beide Enthalpien, ΔH als energetische Bilanz und ΔG als Kriterium für die Reaktionsmöglichkeit, stehen als energetische Zustandsfunktionen in Beziehung (ΔG als Teil von ΔH) zueinander. Aus der Differenz ergibt sich eine zweite Größe, die neben ΔH das Reaktionsvermögen mitbestimmt. Experimentelle Untersuchungen haben gezeigt, dass diese Differenz über die Entropie ΔS der absoluten Temperatur proportional ist.

$$\Delta H - \Delta G = T\,\Delta S \qquad (5\text{-}18)$$

Daraus ergibt sich die Gleichung von GIBBS und HELMHOLTZ:

$$\Delta G = \Delta H - T\,\Delta S \qquad\qquad (5\text{-}19)$$

Die GIBBS-HELMHOLTZ'sche Gleichung ist eine Fundamentalgleichung der chemischen Thermodynamik. Sie enthält die wichtigsten Aussagen der Hauptsätze und erlaubt die Absolutberechnung der freien Enthalpie für chemische Reaktionen aus den kalorischen Größen ΔH, ΔS und T.

Bei chemischen Reaktionen ohne Materieaustausch mit der Umgebung (geschlossenes System) lassen sich drei Fälle unterscheiden:

> Für $\Delta G < 0$ läuft eine Reaktion freiwillig (spontan) ab. Sie wird **exergonisch** genannt. Die freie Enthalpie nimmt ab und steht für die Leistung von Nutzarbeit zur Verfügung.
>
> Für $\Delta G = 0$ befindet sich eine Reaktion im **Gleichgewicht**.
>
> Für $\Delta G > 0$ läuft eine Reaktion nicht freiwillig ab. Sie wird **endergonisch** genannt.
>
> Eine chemische Reaktion verläuft umso vollständiger, je größer der Absolutbetrag von ΔG bei negativem Vorzeichen ist.

Richtung einer chemischen Reaktion

Reaktionen, die unter isothermen und isobaren Bedingungen in geschlossenen Systemen ablaufen, haben in der Praxis die größte Bedeutung. Um am Beispiel der Herstellung von Wassergas (CO und H_2) die Anwendung der GIBBS-HELMHOLTZ'schen Gleichung zu verdeutlichen, wird zunächst die Reaktionsgleichung mit der Reaktionsbildungsenthalpie formuliert:

$$C(s) + H_2O(g) \;\rightleftharpoons\; CO(g) + H_2(g) \quad \Delta H_R = +131{,}5\ kJ \cdot mol^{-1} \cdot l^{-1}$$

Bei der betrachteten Reaktionsrichtung kann die freie Enthalpie nur dann negativ werden und die Reaktion in Richtung der Produkte (CO, H_2) verlaufen, wenn der Entropie-Term ($T\Delta S$) positiv und größer ist als ΔH_R. Da die Reaktionsprodukte ausnahmslos Gase sind, liegt gegenüber dem Feststoff C ein Zustand geringerer Ordnung vor. Damit ist fast immer eine Entropiezunahme verbunden (vgl. Tab. 5-3). Liegen dagegen alle Reaktionsteilnehmer im gasförmigen Zustand vor, so wird das Vorzeichen von ΔS meist durch das Verhältnis der stöchiometrischen Koeffizienten (Molekülzahlen) bestimmt.

Tabelle 5-3: Thermodynamische Daten einiger chemischer Reaktionen (Werte sind unter Standardbedingungen ermittelt)

Reaktionsgleichung	ΔH in kJ · mol^{-1}	$T\Delta S$ in kJ · mol^{-1}	ΔG in kJ · mol^{-1}
$4\,Ag\,(s) + O_2\,(g) \longrightarrow 2\,Ag_2O\,(s)$	−122,4	−78,8	−43,6
$2\,Ag_2O\,(s) \longrightarrow 4\,Ag\,(s) + O_2\,(g)$	+122,4	+78,8	+43,6
$2\,CO\,(g) + O_2\,(g) \longrightarrow 2\,CO_2\,(g)$	−566,9	−51,9	−515,0
$2\,NO\,(g) \longrightarrow N_2\,(g) + O_2\,(g)$	−180,9	−7,5	−173,4
$CH_4\,(g) + 2\,O_2(g) \longrightarrow CO_2\,(g) + 2\,H_2O\,(g)$	−803,0	−1,7	−801,3
$2\,H_2\,(g) + O_2\,(g) \longrightarrow 2\,H_2O\,(l)$	−571,9	−97,1	−474,8
$H_2\,(g) + Cl_2\,(g) \longrightarrow 2\,HCl\,(g)$	−184,2	+6,8	−191,0

Temperaturabhängigkeit der Reaktionsrichtung

Bei einer gegebenen chemischen Umsetzung mit festliegender Reaktionsenthalpie steuert die Temperatur die Reaktionsrichtung über den Entropie-Term nach der GIBBS-HELMHOLTZ'schen Gleichung. Die freie Enthalpie wird in Abhängigkeit von der Temperatur fast ausschließlich vom Entropie-Term bestimmt, da ΔH kaum von der Temperatur abhängt. In Bild 5-3 sind die Verhältnisse grafisch dargestellt.

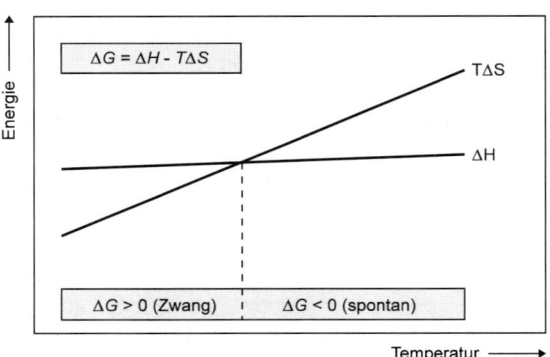

Bild 5-3: Reaktionsverlauf in Abhängigkeit von der Temperatur ($\Delta H > 0$, $\Delta S > 0$)

Es werden beispielsweise bei einer endothermen, unter Entropiezunahme verlaufenden Reaktion (ΔH und ΔS positiv) bei niedrigen Temperaturen nur positive ΔG-Werte erhalten. Mit zunehmender Temperatur sinken die ΔG-Werte, erreichen $\Delta G = 0$ und werden schließlich negativ. Die Reaktion läuft mit Temperaturerhöhung in zunehmender Weise freiwillig ab. Beispiele für solche Reaktionen sind die Wassergas-Reaktion und die Zerfallsreaktionen von Silberoxid (vgl. Tab. 5-3).

Vorhersage des Reaktionsvermögens

Nach der GIBBS-HELMHOLTZ'schen Gleichung können Enthalpie und Entropie in Abhängigkeit von ihrem Vorzeichen miteinander konkurrieren oder zusammenwirken. In der Natur versucht die Enthalpiedifferenz einen möglichst großen Absolutbetrag mit negativem Vorzeichen zu erreichen, weil bei allen spontan ablaufenden Prozessen die potenzielle Energie des Ausgangssystems verringert wird. Im Gegensatz dazu strebt die Entropie ΔS einen möglichst großen positiven Wert an. Der Idealzustand wäre bei maximaler Unordnung erreicht, d. h., wenn die ganze Materie gasförmig wäre.

Durch Anwendung der geschilderten Grundlagen können bei Kenntnis einiger Eigenschaften der Reaktionspartner (Bindungsart, Bindungsenergie, Struktur der Moleküle, Aggreatzustand) bestimmte Vorhersagen erfolgen, auch wenn die freien Enthalpien nicht bekannt sind.

- Chemische Reaktionen laufen i. Allg. spontan ab ($\Delta G < 0$), wenn in den Reaktionsprodukten die Bindungsstärke größer ist als in den Ausgangsstoffen (**exotherme Reaktionen**) und gleichzeitig die Ordnung bei der Reaktion abnimmt. Es entstehen kleinere oder mehr Moleküle, Atome oder Molekülfragmente.
  Beispiel: Verbrennungsprozess

- Bei **endothermen Reaktionen** ($\Delta H > 0$) ist die Bindung in den Ausgangsstoffen stärker als in den Reaktionsprodukten. Die Reaktion wird nur dann ablaufen, wenn die **Ordnung überproportional abnimmt** ($\Delta S > 0$) und damit der Entropie-Term die Enthalpie überkompensiert.
  Beispiele: thermische Molekülspaltung, Lösungsprozesse, Verdampfung, Sublimation

- **Endotherme Reaktionen**, bei denen die **Ordnung zunimmt**, verlaufen nicht spontan ($\Delta G > 0$). Führt man dem System jedoch Energie zu, so kann die Reaktion erzwungen werden.
  Beispiel: Photosynthese

■   Die **Entropie einatomiger Gase ist größer als die mehratomiger**, weil diese bereits eine gewisse Ordnung darstellen. Die Entropie ΔS der Spaltungsreaktion (Dissoziation) ist daher positiv. Die freie Enthalpie dieser Reaktion muss bei Temperaturerhöhung auf jeden Fall negativ werden, unabhängig vom Vorzeichen der Enthalpie. Elementmoleküle (Cl_2, N_2, O_2) zerfallen daher erst oberhalb einer bestimmten Temperatur.

■   **Synthesereaktionen**, bei denen kleine Moleküle zu größeren Atomverbänden führen, sind mit einer Entropieabnahme verbunden. Mit zunehmender Temperatur sinkt daher das Reaktionsvermögen in der betrachteten Reaktion.

6 Mehrstoffsysteme und Lösungen

6.1 Eigenschaften und Grundgesetze von Lösungen

Viele Stoffe lösen sich ohne chemische Reaktion in Flüssigkeiten und werden Lösungen genannt. Ist in einer Lösung der aufgelöste Stoff so verteilt, dass nur noch einzelne Teilchen (Atome, Moleküle, Ionen) in der als Lösungsmittel dienenden Flüssigkeit vorliegen, wird das System als echte Lösung bezeichnet. Die molekulare Größenordnung der Teilchen liegt zwischen 0,1 und 3,0 nm. Die Teilchen des gelösten Stoffes verleihen den Lösungen verschiedene physikalische Eigenschaften. Sie erteilen beispielsweise der Lösung einen osmotischen Druck, verursachen eine Dampfdruckerniedrigung mit der Folge einer Schmelzpunktabsenkung und einer Anhebung des Siedepunktes gegenüber dem reinen Lösungsmittel. Neben den echten Lösungen (moleculardispers) gibt es die **kolloiden Lösungen**. Die Größenordnung der Teilchen liegt hier zwischen 10 und 100 nm (vgl. Abschn. 4-1).

> Unter einer Lösung versteht man ein homogenes System, das aus mindestens zwei Komponenten besteht und auf molekularer Ebene verteilt ist. Lösungen können fest, flüssig oder gasförmig sein.

Lösungen sind einerseits auf rein physikalische Mischungsprozesse zurückzuführen oder aber das Resultat einer chemischen Reaktion zwischen den Komponenten. Derartige Prozesse laufen häufig unter Energieänderung ab, z.B. Lösungsenthalpie von Kristallen ($\Delta H > 0$) oder Solvatbildung ($\Delta H < 0$).

6.1.1 Zusammensetzung einer Lösung

Die physikalisch-chemischen Eigenschaften von Lösungen hängen vom relativen Gehalt des Lösungsmittels (Solvens) und des gelösten Stoffes ab. Bei quantitativen Bestimmungsverfahren ist die Kenntnis der Zusammensetzung von Lösungen erforderlich. Neben der prozentualen Angabe des Gehaltes wird vor allem der **Stoffmengenanteil** einer Substanz verwendet.

> Der **Stoffmengenanteil** einer Substanz A gibt das Verhältnis der Anzahl der gelösten Mole n_A zur Summe der Molzahlen von Lösungsmittel und gelöstem Stoff an.

Für ein Zweistoffsystem gilt:

$$x_A = \frac{n_A}{n_A + n_B} \quad \text{und} \quad x_B = \frac{n_B}{n_A + n_B} \tag{6-1}$$

und demzufolge:

$$x_A + x_B = 1 \tag{6-2}$$

Die Summe der Stoffmengenanteile einer Lösung ist immer 1. Der Stoffmengenanteil hat als reine Verhältniszahl keine Maßeinheit. Er kann jedoch auch als prozentuales Verhältnis (Molprozent) dargestellt werden:

$$\text{Mol-\%} = \frac{n_A}{n_A + n_B} \cdot 100 \ \% = x_A \cdot 100 \ \% \tag{6-3}$$

Beiden Angaben zur Zusammensetzung von Lösungen liegt die Teilchenzahl N_A zu Grunde.

Exkurs 6-1: Stoffmenge, molare Masse und relative Molekülmasse

Die SI-Einheit der **Stoffmenge n** ist das Mol (Einheitenzeichen: mol).

Ein Mol ist die Stoffmenge einer Substanz, in der so viele Teilchen enthalten sind, wie Atome in 12 g des Kohlenstoffnuklids ^{12}C. Die betrachteten Teilchen können Atome, Ionen oder Moleküle sein. Die Teilchenzahl, die ein Mol eines jeden Stoffes enthält, beträgt:

$$N_A = 6{,}022\ 141\ 5 \cdot 10^{23}\ \text{mol}^{-1}$$

Sie wird als AVOGADRO-Konstante bezeichnet.

Die **molare Masse M** eines Stoffes ist definiert als Quotient aus der Masse m und der Stoffmenge n dieser Substanz. Die SI-Einheit ist $kg \cdot mol^{-1}$, die übliche Einheit $g \cdot mol^{-1}$.

Die relative **Molekülmasse M_r** ergibt sich aus der Summe der relativen Atommassen A_r der im Molekül enthaltenen Atome. Besteht die Verbindung nicht aus Molekülen, sondern beispielsweise aus Ionen, so wird der Begriff Formelmasse verwendet.

Beispiele: $M_r(CO_2)$ $= A_r(C) + 2\,A_r(O) = 12,01 + 32,00 = 44,01$

$M_r(NaCl) = A_r(Na) + A_r(Cl) = 22,99 + 35,45 = 58,44$

$M_r(CaCl_2) = A_r(Ca) + 2\,A_r(Cl) = 40,08 + 70,90 = 110,98$

Die stoffliche Zusammensetzung von Lösungen wird häufig als **Konzentration** angegeben, wobei der Gehalt (Masse oder Stoffmenge) auf das Volumen bezogen wird. Hierzu gibt es zwei Möglichkeiten:

- Die **Massenkonzentration** β eines Stoffes A ergibt sich als Quotient aus der vorliegenden Masse m_A und dem Volumen der Lösung.

$$\beta(A) = \frac{m_A}{V} \qquad (6\text{-}4)$$

Die SI-Einheit ist $kg \cdot m^{-3}$, die übliche Einheit $g \cdot l^{-1}$.

Die Massenkonzentration entspricht aber nicht direkt der Teilchenanzahl, die für chemische Umsetzungen relevant ist. Zur Durchführung stöchiometrischer Rechnungen wird daher die Stoffmengenkonzentration verwendet.

- Die **Stoffmengenkonzentration** c eines Stoffes A ergibt sich als Quotient aus dessen Stoffmenge n_A und dem Volumen der Lösung.

$$c(A) = \frac{n_A}{V} \qquad (6\text{-}5)$$

Die SI-Einheit ist $mol \cdot m^{-3}$, die übliche Einheit $mol \cdot l^{-1}$. Lösungen mit Stoffmengenkonzentrationen von $c = 1\ mol \cdot l^{-1}$ werden als **einmolar** (1 M) bezeichnet.[1]

Bei der Angabe der Stoffmengenkonzentration ist es wichtig, die Formeleinheit mit anzugeben, die der Stoffmenge n zu Grunde liegt.

Beispiele: $c(NaOH) = 1,0\ mol \cdot l^{-1}$; das entspricht $\beta = 40,00\ g \cdot l^{-1}$

$c(HCl)$ $= 0,1\ mol \cdot l^{-1}$; das entspricht $\beta = 3,65\ g \cdot l^{-1}$

---

[1] Die früher verwendete Bezeichnung Molarität soll nicht mehr verwendet werden, da die Gefahr der Verwechslung mit dem Begriff der Molalität besteht. Der Ausdruck molare Konzentration ist nicht zulässig, da molare Größen immer auf die Einheit der Stoffmenge bezogen werden (mol) und daher auf diese beschränkt sind.

$$c(H_2SO_4) = 0{,}5 \text{ mol} \cdot l^{-1} \text{; das entspricht } \beta = 49{,}04 \text{ g} \cdot l^{-1}$$
$$c(H_3PO_4) = 0{,}1 \text{ mol} \cdot l^{-1} \text{; das entspricht } \beta = 9{,}80 \text{ g} \cdot l^{-1}$$
$$c(KMnO_4) = 0{,}2 \text{ mol} \cdot l^{-1} \text{; das entspricht } \beta = 31{,}61 \text{ g} \cdot l^{-1}$$

Die Konzentration (β und c) ist eine Funktion der Temperatur, da auch das Volumen von der Temperatur abhängt.

In der analytischen Praxis findet die Stoffmengenkonzentration eine spezielle Anwendung. Hier interessiert die Stoffmenge, die gemäß der stöchiometrischen Umsatzgleichung der des anderen Reaktionspartners entspricht (Äquivalent). Solche Lösungen werden **Standard-Lösungen** (Stoffmengenkonzentration der Äquivalente, Äquivalentkonzentration) genannt.

Die **Äquivalentkonzentration c (eq)** ist definiert als:

$$c(\text{eq}) = z \cdot c \qquad\qquad\qquad (6\text{-}6)$$

z Anzahl der ausgetauschten Elektronen, Protonen, Ladungen usw., c Stoffmengenkonzentration

Beispiel: Salzsäure mit einer Stoffmengenkonzentration von $0{,}1 \text{ mol} \cdot l^{-1}$ hat eine Äquivalentkonzentration von $0{,}1 \text{ mol} \cdot l^{-1}$. Eine 0,5-molare Schwefelsäure hat eine Äquivalentkonzentration von $1 \text{ mol} \cdot l^{-1}$, da Schwefelsäure H_2SO_4 zwei Protonen enthält bzw. ihr Säurerest SO_4^{2-} zweiwertig ist.

So wird bei einer Säure, die mehrere austauschbare Wasserstoffatome besitzt (z. B. H_2SO_4, H_3PO_4), als Mol nur der entsprechende Bruchteil für ein Wasserstoffatom zur Berechnung herangezogen, d. h., die molare Masse M ist durch die jeweilige Wertigkeit zu dividieren. Auch bei Oxidations- oder Reduktionsmittel wird die Zahl der übertragenen Elektronen in Ansatz gebracht. Zum Beispiel werden Permanganationen MnO_4^- (Oxidationszahl für Mangan: +7) in saurer Lösung nach Mn^{2+} reduziert. Die bei diesem Prozess aufgenommenen fünf Elektronen werden zur Berechnung der Äquivalente herangezogen.

Beispiel: Eine Kaliumpermanganatlösung ($c = 0{,}2 \text{ mol} \cdot l^{-1}$) hat im sauren Milieu eine Äquivalentkonzentration von $1 \text{ mol} \cdot l^{-1}$. In alkalischer Lösung werden Permanganationen nur nach MnO_2 reduziert. Die bei diesem Reduktionsprozess aufgenommenen Elektronen ergeben eine Äquivalentkonzentration von $0{,}6 \text{ mol} \cdot l^{-1}$ bei gleicher Stoffmengenkonzentration ($c = 0{,}2 \text{ mol} \cdot l^{-1}$).

Bei der Angabe von Äquivalenten kann eine definierte Menge eines bestimmten Stoffes durchaus verschiedenen Äquivalentkonzentrationen entsprechen.

Der bereits angesprochene Nachteil der Konzentrationsmaße liegt in der Temperaturabhängigkeit des Volumens der Flüssigkeit, die als Lösungsmittel dient. Üblicherweise vergrößert sich das Volumen mit steigender Temperatur. Bei genauen Analysen muss die Temperaturabhängigkeit der Konzentration berücksichtigt werden.

Eine Möglichkeit, die erwähnte temperaturabhängige Volumenänderung zu eliminieren, führt zur **Molalität** einer Lösung:

> Die Molalität b eines Stoffes A ist definiert als Quotient aus dessen Stoffmenge n_A und der Lösungsmittelmasse m:
>
> $$b(A) = \frac{n_A}{m} \qquad (6\text{-}7)$$

Die SI-Einheit der Molalität ist somit $mol \cdot kg^{-1}$, die Lösungen werden als **molal** bezeichnet.

6.1.2   Regeln der Löslichkeit

Ein wichtiges Merkmal für den Lösungsvorgang ist die allgemeine Tendenz von organisierten Teilchen, in einen weniger geordneten Zustand höherer Entropie ($\Delta S > 0$) überzugehen. Die treibende Kraft der Entropie würde bereits ausreichen, um zwei Flüssigkeiten vollständig zu mischen. In der Praxis findet sich jedoch häufig nur eine begrenzte Löslichkeit. Ein Grund sind die zwischenmolekularen Bindungsenergien. Zwischen Lösungsmittelteilchen treten Wechselwirkungen durch VAN-DER-WAALS- oder Dipol-Dipol-Kräfte auf. Da die Wechselwirkungskräfte in einer Lösung erheblich schwächer sind als im reinen Lösungsmittel, muss dem System Energie zugeführt werden. Ein endothermer Lösungsprozess hat somit eine positive Enthalpie ($\Delta H > 0$).

Die **GIBBS-HELMHOLTZ'sche Gleichung** $\Delta G = \Delta H - T \Delta S$ (vgl. Abschn. 5.3.2) drückt die Konkurrenzsituation von positivem ΔH und positivem ΔS aus und bestimmt das Lösungsgleichgewicht. In allen Fällen stellt sich bei einem Lösungsvorgang bei gegebener Lösungsmittelmenge ein Gleichgewicht ein, das die spezifische **maximale Löslichkeit** eines jeden Stoffes charakterisiert. Die Löslichkeit ist in Tabellenwerken häufig in Einheiten $mol \cdot kg^{-1}$ Lösung und g/100 g Wasser bei 20 °C angegeben.

Eigenschaften von Lösungsmitteln

Die in einer Lösung überwiegend vertretene Komponente wird **Lösungsmittel** genannt. Man unterscheidet polare und unpolare Lösungsmittel. Das wichtigste **polare** Lösungsmittel ist das Wasser und gleichzeitig das bekannteste Beispiel für ein Molekül mit einem Dipolmoment.

> Ist ein Molekül aus Atomen mit **unterschiedlichen Elektronegativitäten** zusammengesetzt und fallen außerdem die Ladungsschwerpunkte der positiven bzw. der negativen Ladungen im Molekül nicht zusammen (Ladungsasymmetrie), so ist das Molekül ein Dipol und besitzt somit ein elektrisches Dipolmoment.
>
> Ein Maß für diese **unsymmetrische Ladungsverteilung** ist das elektrische Dipolmoment μ. Es ist definiert als Produkt aus Ladung e und Abstand r zwischen den Ladungsschwerpunkten: $\mu = e \cdot r$. Die SI-Einheit ist Coulombmeter (alte Einheit: Debye, $1\ D = 3{,}336 \cdot 10^{-30}\ C \cdot m$).

Mit zunehmender Polarität einer Bindung nimmt auch ihr Dipolmoment zu. Unpolare Moleküle, z. B. von Wasserstoff, Fluor oder Stickstoff, haben daher kein Dipolmoment. Beispiele für Moleküle mit einem Dipol sind in Bild 6-1 mit den jeweiligen Ladungsverteilungen gezeigt.

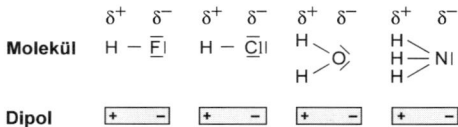

Bild 6-1: Beispiele von Molekülen mit einem Dipol

Treten in einem Molekül mehrere polare Atombindungen (H_2O, NH_3) auf, so ergibt sich in erster Näherung das elektrische Gesamtdipolmoment als Vektorsumme der einzelnen Dipolmomente der Bindungen. Im Ammoniakmolekül sind die drei N-H-Bindungen polarisiert. Der Stickstoff ist elektronegativer als der Wasserstoff und besitzt daher eine negative **Teilladung (Partialladung)**. Das NH_3-Molekül hat beim Stickstoff den negativen Pol und bei den Wasserstoffatomen den positiven Pol.

Die Beispiele der mehr als zweiatomigen Moleküle zeigen auch, welche Bedeutung die räumliche Orientierung der Bindungen für die Größe des Dipolmomentes hat. Ein linear gebautes H_2O-Molekül oder ein NH_3-Molekül, bei dem alle Atome in einer Ebene liegen, hätte kein Dipolmoment.

Polare Lösungsmittel lösen vorwiegend Stoffe mit **hydrophilen** (wasserfreundlichen) Gruppen wie –OH, –COOH oder –NH_2. Unpolare Moleküle, wie beispielsweise Kohlenwasserstoffe mit der allgemeinen Formel C_nH_{2n+2}, sind in polaren Lösungsmitteln äußerst schlecht löslich und werden daher **hydrophob** (wasserabweisend) genannt. Solche Substanzen lösen sich jedoch in unpolaren Lösungsmitteln. Beispiele für hydrophobe Lösungsmittel sind Benzol, Toluol, Pentan, Hexan, Petrolether, Tetrachlorkohlenstoff. Kohlenwasserstoffe werden häufig auch **lipophil** (fettliebend) genannt, weil sie sich in Fetten lösen.

Nach der alten Regel, die bereits den Alchimisten bekannt war („similia similibus solvuntur"; lat.: Ähnliches löst sich in Ähnlichem) gilt:

> Ähnlichkeit in den Molekülstrukturen und damit in den zwischenmolekularen Kräften der sich gegenseitig lösenden Stoffe bedeutet minimale Mischungsenthalpie ΔH. Es dominiert dann der Entropie-Term ($\Delta S > 0$).

Unter den vielen organischen, kovalent aufgebauten Stoffen sind daher häufig nur sauerstoffhaltige Verbindungen mit kleiner Molekülmasse in Wasser löslich. Einfache Alkohole sind ein Beispiel hierfür. Sie haben neben einer mit Wasser vergleichbaren Struktur (R–OH) ein großes Dipolmoment und sind in flüssiger Phase untereinander mit Wasserstoffbrückenbindungen verknüpft.

Werden Lösungsvorgänge von Feststoffen in Flüssigkeiten betrachtet, so stellt man im Gegensatz zu vielen Flüssigkeitsgemischen eine **Grenze der Löslichkeit** (gesättigte Lösung) fest. Der Lösungsvorgang kann in thermodynamischer Hinsicht in zwei Schritte zerlegt werden.

Teilchen des Feststoffes A werden in den flüssigen Zustand überführt.		Die „verflüssigten" Teilchen mischen sich mit dem Lösungsmittel B.	
$A(s) \longrightarrow A(l)$	$\Delta H_F > 0$ $\Delta G_F > 0$	$A(l) + B(l) \longrightarrow L_{AB}$	$\Delta H_L > 0$ oder < 0 $\Delta G_L > 0$ oder < 0
Schritt 1		**Schritt 2**	

Bild 6-2: Lösungsvorgang eines Feststoffes

Bei der Auflösung des Feststoffes verläuft Schritt 1, der dem Schmelzvorgang entspricht, nicht freiwillig ($\Delta G_F > 0$). Der gesamte Lösungsprozess (Schritt 1 und 2) wird daher weniger freiwillig ablaufen, als dies der Fall wäre, wenn die Substanz bereits als Flüssigkeit vorliegen würde (Schritt 2).

Bei vielen **kovalent aufgebauten, organischen Substanzen** besteht eine umgekehrt proportionale Beziehung zwischen der Löslichkeit in einem bestimmten Lösungsmittel und ihrem Schmelzpunkt. Dieses Verhalten ist mit der in Bild 6-2 gezeigten formalen Aufteilung zu erklären: Je höher der Schmelzpunkt ist, umso größer sind ΔH und ΔG des 1. Schrittes. Wichtig in diesem Zusammenhang ist auch der Einfluss verschiedener Lösungsmittel auf die Löslichkeit eines bestimmten Feststoffes. Auch hier gelten die gleichen Regeln der Löslichkeit wie bei flüssigen Stoffen (Ähnliches löst sich in Ähnlichem), sie sind jedoch durch die freie Enthalpie des Schmelzprozesses beeinflusst. Es sind beispielsweise kovalent aufgebaute Feststoffe mit niedrigem Schmelzpunkt (kleine positive Werte von ΔG_F) in kovalenten Lösungsmitteln mit geringer Polarität löslich, jedoch kaum in stark polaren und wasserstoffbrückenhaltigen Lösungsmitteln. Im Unterschied dazu sind **ionogen aufgebaute Verbindungen** in Wasser wesentlich besser löslich als in organischen Lösungsmitteln. Der Lösungsprozess von Ionenverbindungen in polaren Lösungsmitteln wird außerdem durch den Energiebetrag, der sich aus der Solvatation ergibt, unterstützt (vgl. Abschn. 6.2).

Auch für den Lösungsvorgang von Gasen gelten die gleichen Prinzipien wie bei den anderen Systemen. Zunächst kondensieren die Teilchen eines Gases in den flüssigen Zustand und vermischen sich anschließend mit dem Lösungsmittel. Je höher die Kondensationstemperatur (Siedepunkt), umso leichter kondensiert das Gas bei Normaltemperatur. ΔG ist für diesen Schritt 1 sehr stark negativ. Die Löslichkeit solcher Gase ist daher begünstigt.

Chemische Eigenschaften von Gas und Lösungsmittel

Findet eine chemische Umsetzung zwischen einem Gas und dem Lösungsmittel statt, so ist die Löslichkeit des Gases groß (Bsp. HCl, NH_3 und SO_2 in Wasser). Läuft keine chemische Reaktion ab (Bsp. Edelgase, CO, N_2 oder O_2 in Wasser), so ist die Löslichkeit im Allgemeinen gering. Die Löslichkeit der Gase hängt auch von der Art des Lösungsmittels ab.

Druckabhängigkeit

Die Löslichkeit von Gasen in Flüssigkeiten nimmt mit steigendem Druck zu. Den quantitativen Zusammenhang beschreibt das Gesetz von HENRY:

$$c_{\text{Lösung}} = \alpha \cdot p_{\text{Gas}} \tag{6-8}$$

$c_{\text{Lösung}}$ Konzentration des Gases in einer Lösung, α Löslichkeitskoeffizient, p_{Gas} Partialdruck des Gases

Temperaturabhängigkeit

Der Lösungsvorgang von Gasen in Flüssigkeiten ist im Allgemeinen ein exothermer Prozess ($\Delta H < 0$). Die Gaslöslichkeit nimmt daher mit steigender Temperatur (p = konst.) ab. Es können beispielsweise Gase aus einer Flüssigkeit durch Erwärmung desorbiert (ausgetrieben) werden.

Beispiel: Berechnung des Sauerstoffgehaltes von 1 Liter Wasser im Gleichgewicht mit Luft bei Normaldruck ($p = 1,013 \cdot 10^5$ Pa).
Der O_2-Gehalt der Luft beträgt 20,8 Vol.-%. Hieraus ergibt sich der O_2-Partialdruck zu:

$$\frac{20,8\ \%}{100\ \%} = \frac{p_{O_2}}{1,013 \cdot 10^5\ \text{Pa}} \implies p_{O_2} = 21,07 \cdot 10^3\ \text{Pa} = 21,07\ \text{kPa}$$

Die Löslichkeit von Sauerstoff ergibt sich mit $\alpha = 0,031$ ml/ml bei 20 °C zu:

$$c_{\text{Lösung}} = \alpha \cdot p_{O_2} = 0,031\ \frac{\text{ml}}{\text{ml}} \cdot \frac{21,07 \cdot 10^3\ \text{Pa}}{1,013 \cdot 10^5\ \text{Pa}} = 0,00645\ \text{ml } O_2/\text{ml } H_2O$$

In einem Liter Wasser sind bei 20 °C insgesamt 6,45 ml Sauerstoff gelöst.

6.2   Lösungsvorgänge
6.2.1   Solvatation und Solvathüllen

Bei vielen Lösungsvorgängen kommt es neben der Verteilung von gelösten Teilchen zu einer bevorzugten Wechselwirkung mit den Lösungsmittelmolekülen. Dies hat zur Konsequenz, dass neben Entropieeffekten auch energetische Faktoren den Lösungsvorgang mit beeinflussen. Das System nimmt einen energetisch begünstigten Zustand ein.

Der Lösungsvorgang von Ionenkristallen wird durch zwei energetische Beiträge realisiert. Zunächst muss ein der Gitterenergie gleich großer

Energiebetrag aufgewendet werden, um die Wechselwirkungskräfte zwischen den Kationen und Anionen zu überwinden und die Ionen in das Lösungsmittel zu überführen. Wie die Beispiele in Tabelle 3-3 zeigen, sind erhebliche Gitterenergien aufzubringen. Die Arbeitsleistung gegen die Gitterkräfte ist nur möglich, wenn beim Lösungsvorgang Energie in einer vergleichbaren Größenordnung frei wird. Dieser Energie liefernde Prozess wird **Solvatation** genannt. Bestehen Wechselwirkungen zwischen Ionen und Wasser als Lösungsmittel, so wird die Solvatation durch H_2O-Moleküle als **Hydratation** bezeichnet. Da Wasser als Lösungsmittel eine dominierende Rolle spielt, wird in den weiteren Kapiteln vorzugsweise der hydratisierte Zustand behandelt.

Die Ursache dieser Hydratation sind die elektrostatischen Anziehungskräfte zwischen den Ionen und dem Dipolmolekül Wasser. Es werden sowohl Kationen als auch Anionen hydratisiert. Experimentell stellt man fest, dass sich um die gelösten Teilchen Solvat- bzw. Hydratmoleküle in mehr oder weniger großer Anzahl, Abstand und Bindungsstärke anordnen. In unmittelbarer Nähe zum Zentrum befindet sich eine **fest gebundene Solvat- bzw. Hydrathülle** (innere oder primäre Hydratation). Die Lösungsmittelmoleküle sind so fest an das Zentralion gebunden, dass sich die innere Hydrathülle gemeinsam mit dem Ion durch die Lösung bewegt. Diese Hülle bleibt sowohl bei der thermischen Eigenbewegung (BROWN' sche Molekularbewegung) als auch bei erzwungener Bewegung (Leitfähigkeit im elektrischen Feld) erhalten.

Die äußere, **weniger fest gebundene Hydrathülle** basiert auf Wechselwirkungen der Lösungsmittelmoleküle mit dem bereits solvatisierten bzw.

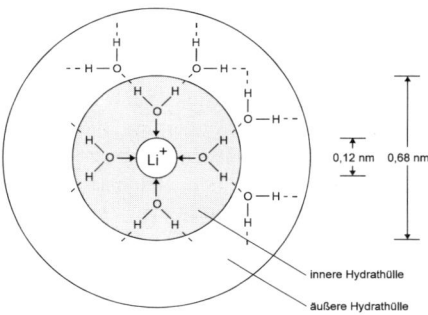

innere Hydrathülle

äußere Hydrathülle

Bild 6-3: Schematische Darstellung des hydratisierten Lithiumions

hydratisierten Ion. Sie beteiligt sich nicht an der Bewegung des zentralen Teilchens und wird daher relativ leicht abgestreift.

In Bild 6-3 sind die Hydrathüllen des Lithiumions dargestellt. Experimentell lässt sich zeigen, dass mit zunehmender Hydratation auch der Ionenradius ansteigt. Da die Größe verschiedener Ionen beträchtlich differiert, ist ihre polarisierende Wirkung auf die Hydratmoleküle und damit ihre Anzahl in der Hydrathülle unterschiedlich groß. Allgemein sind die großvolumigen Anionen schwächer hydratisiert als die kleinen Kationen (vgl. Tab. 6-1). Der **effektive Radius** (Ion mit Hydrathülle) des ursprünglich sehr kleinen und daher sehr stark hydratisierten Li-Ions übertrifft sogar den des größten und damit des am geringsten polarisierten Alkaliions, des hydratisierten Cs-Ions.

Tabelle 6-1: Hydratationszahlen von Alkali- und Halogenidionen

Ion	Anzahl der H_2O-Moleküle in der inneren Hydrathülle	Ionenradius	Hydrathülle	effektiver Radius
Li^+	5 ± 1			
Na^+	5 ± 1			
K^+	4 ± 2			
Rb^+	3 ± 1			
F^-	4 ± 1			
Cl^-	1 ± 1			
Br^-	1 ± 1			
I^-	1 ± 1			

Besonders starke Hydratation zeigen die Ionen der Nebengruppenelemente, da die freien Elektronenpaare der Wassermoleküle mit den unbesetzten Orbitalen des Kations in Wechselwirkung treten. Die vorwiegend kovalente (koordinative) Bindung zwischen Ion und Hydrathülle führt zur Veränderung des Lichtabsorptionsvermögens. So zeigt sich beim Auflösen von wasserfreiem $CuSO_4$, das farblose Cu^{2+}-Ionen enthält, die blaue Farbe des hydratisierten Ions $[Cu(H_2O)_4]^{2+}$. Die kristallwasserhaltige Form von Kupfersulfat hat die Formel $CuSO_4 \cdot 5\,H_2O$; dabei sind vier H_2O-Moleküle an das Cu^{2+} koordiniert, das fünfte an SO_4^{2-}. Die Anzahl der H_2O-Moleküle in hydratisierten Ionen einer wässrigen Lösung sind häufig identisch mit der Koordinationszahl in der festen Verbindung (Aquakomplexe). Die Koordinationszahlen 4 und 6 sind ebenfalls bevorzugt.

Beispiele: $[Al(H_2O)_6]^{3+}$, $[Cr(H_2O)_6]^{3+}$, $[Fe(H_2O)_6]^{3+}$, $[Co(H_2O)_6]^{3+}$
 $[Ca(H_2O)_4]^{2+}$, $[Zn(H_2O)_4]^{2+}$

6.2.2   Solvatations- bzw. Hydratationsenthalpie

Die thermodynamische Betrachtungsweise führt zu einem besseren Verständnis des häufig unterschiedlichen Lösungsverhaltens von Substanzen. Das Lösungsverhalten kann durch die GIBBS-HELMHOLTZ'sche Gleichung mit bindungsenergetischen Größen in Beziehung gebracht werden. Die Lösungsenthalpie ΔH_L stellt die Änderung vom Zustand der Bindung im Festkörper zur Bindung der Ionen mit den Hydratmolekülen dar. Als experimentell leicht zugängliche Größen lassen sich die Lösungsenthalpie und die Enthalpie für das Gitter (Gitterenergie) unter Anwendung des HABER-BORN'schen Kreisprozesses (vgl. Abschn. 3.1) zur Berechnung der Solvatations- bzw. Hydratationsenthalpie ΔH_{solv} verwenden. Die Lösungsenthalpie wird entweder frei oder verbraucht, je nachdem, ob der Energie verbrauchende Vorgang (Trennung der Gitterbausteine in freie Ionen) oder der Energie liefernde Solvatationsprozess dominiert.

$$\Delta H_L = \Delta H_{solv} - \Delta H_G \qquad (6\text{-}9)$$

Mit Hilfe des HABER-BORN'schen Kreisprozesses lassen sich daher endotherme und exotherme Lösungsenthalpien erklären.

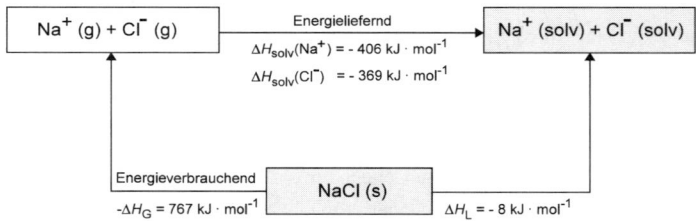

Bild 6-4: Auflösung des NaCl-Kristallgitters zu hydratisierten Ionen (Kreisprozess nach HABER und BORN)

Da die Wechselwirkungskräfte zwischen Ionen und Hydratmolekülen relativ stark sind, können die Ionen beim Einbau in ein Kristallgitter ihre Hydrathülle beibehalten. Es kommt zur Bildung von kristallwasserhaltigen Salzen. Ein Vergleich der Lösungsenthalpien des wasserfreien Salzes und seiner Hydratform zeigt, dass die Ionen im kristallisierten Zustand bereits eine Hydrathülle besitzen müssen. Wasserfreie Salze lösen sich häufig in Wasser unter Erwärmung, während die Hydrate zur Abkühlung neigen.

6.2.3   Löslichkeit von Stoffgruppen des PSE

In vielen Fällen lässt sich das Löslichkeitsverhalten von bestimmten Stoffgruppen aus der Stellung im Periodensystem der Elemente ableiten. Es
muss jedoch berücksichtigt werden, dass sich Gitterenthalpie und Sol-
vatationsenthalpie gleichsinnig ändern und damit eine Abschätzung der
Löslichkeit erschwert sein könnte. Lithium kann sich beispielsweise als
kleinstes Ion seinem Anionenpartner im Gitter am dichtesten nähern
(großes ΔH_G). Als Folge seiner geringen Größe bindet Li^+ die Solvatmole-
küle H_2O sehr fest (großes ΔH_{solv}). Eine einfache Abhängigkeit (z. B. über
die Ionengröße) ist durch die gleichsinnige Änderung von ΔH_G und ΔH_{solv}
in diesem Beispiel nicht zu erwarten.

Abhängigkeit der Löslichkeit vom Ionenradius
Innerhalb einer Gruppe des PSE nimmt der Kationenradius von oben nach
unten zu. Die Größe und damit die Stabilität der Hydrathülle nimmt daher
in der Regel mit steigender Ordnungszahl ab. Dies ist gleichbedeutend mit
einer Verminderung der Löslichkeit.

	Kationengröße $\rangle$		
Alkaligruppe:	Li^+	Na^+	K^+
Erdalkaligruppe:	Ca^{2+}	Sr^{2+}	Ba^{2+}
	Löslichkeit der Ionen in Wasser $\rangle$			
Salze der Anionen:	Cl^- Br^- I^- SO_4^{2-} NO_3^-			

Die Solvatation der Anionen trägt ebenfalls zur Enthalpiebilanz des Lö-
sungsvorganges bei (vgl. Bild 6-4 und Tab. 6-1). Anionen sind im Allgemeinen schwächer solvatisiert als die Kationen.

Werden großvolumige Anionen betrachtet, so dominiert die Solvatations-
enthalpie gegenüber der Gitterenthalpie. Die Löslichkeit nimmt somit
innerhalb einer Gruppe von oben nach unten ab.

Beispiel: $MgSO_4 \rightarrow BaSO_4$ und $NaClO_4 \rightarrow CsClO_4$.

Bei kleinen Anionen (Fluorid, Hydroxid) spielt dagegen die Gitterenthalpie die entscheidende Rolle. Die Löslichkeit nimmt hier innerhalb einer
Gruppe mit steigender Ordnungszahl zu.

Beispiel: $LiF \rightarrow NaF$ und $CaF_2 \rightarrow BaF_2$.

Deformierbarkeit und Löslichkeit

Viele Anionen lassen sich unter dem Einfluss von kleinen und mehrfach geladenen Kationen deformieren. Hierbei geht ein Teil des Ionenbindungscharakters zu Gunsten eines kovalenten Bindungsanteils verloren. Gleichzeitig wird eine Abnahme der Löslichkeit beobachtet. Vor allem die großvolumigen Anionen, wie Cl^-, Br^-, I^-, O^{2-} und S^{2-} sind im Fall der Kationenladungen stark deformierbar.

Die Löslichkeit von Bindungen mit hohem kovalentem Bindungsanteil nimmt in unpolaren (kovalenten) Lösungsmitteln in dem Maße zu, wie sie in polaren Lösungsmitteln sinkt. Anionen, die eine symmetrische Struktur aufweisen (CO_3^{2-}, NO_3^-, PO_4^{3-}, SO_4^{2-}), sind kaum deformierbar. Im Gegensatz zur Anionendeformierung wirkt sich das Feld der Anionenladungen nur gering auf die Elektronenverschiebung der Kationen aus.

Einfluss der Wasserstoffbrückenbindungen auf die Löslichkeit

Verfügt der zu lösende Feststoff bereits über H-Brückenbindungen, so ist – wie bei den Verbindungen mit hohem kovalentem Anteil – die Löslichkeit verringert. Sie steigt jedoch wieder an, wenn auch innerhalb der Lösungsphase H-Brücken-Bindungen ausgebildet werden können. Als charakteristisches Beispiel seien die Metallhydroxide der Erdalkaligruppe erwähnt. Die Stärke der H-Brücken-Bindungen nimmt bei den Erdalkalihydroxiden mit steigender Ordnungszahl ab. In $Mg(OH)_2$ hat das Kation eine zu geringe Größe, um die OH-Ionen wirkungsvoll zu trennen. Die Hydroxidionen sind daher im Anionengitter über H-Brücken gebunden. Die Löslichkeit dieses Hydroxids ist verhältnismäßig schlecht. Mit steigendem Kationenradius nimmt die Stabilität der H-Brücken-Struktur ab und damit die Löslichkeit der Erdalkalihydroxide in wässrigen Systemen zu.

6.3   Kolligative Eigenschaften von Lösungen

Eine Reihe charakteristischer Eigenschaften von Lösungen wird nur auf die Anzahl der gelösten Teilchen, nicht aber auf deren chemischen Charakter zurückgeführt. Solche Eigenschaften werden **kolligative Eigenschaften** genannt. Beispiele derartiger Erscheinungen sind die von der auftretenden Dampfdruckerniedrigung abhängigen Veränderungen des Siede- und Gefrierpunktes, aber auch verschiedene osmotische Vorgänge.

6.3.1   Dampfdruckerniedrigung

Werden Lösungen von nichtflüchtigen Substanzen hergestellt, so ist der Dampfdruck der Lösung geringer als der des Lösungsmittels. Diese Dampfdruckerniedrigung steigt mit zunehmender Konzentration der Lösung.

> Als Folge der Dampfdruckerniedrigung sind bei einer Lösung eine Gefrierpunktserniedrigung und eine Siedepunktserhöhung festzustellen.

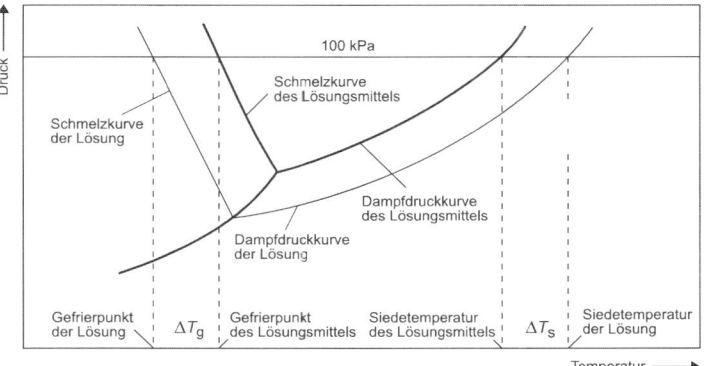

Bild 6-5: Phasendiagramm einer Lösung und des reinen Lösungsmittels mit der Folge einer Siedepunktserhöhung und einer Gefrierpunktserniedrigung

Auf Grund der Dampfdruckerniedrigung bei einer Lösung wird der Dampfdruck von 100 kPa erst bei einer höheren Temperatur erreicht. Hieraus folgt eine Erhöhung des Siedepunktes. Die Temperatur des Phasengleichgewichtes (fest/flüssig) ist bei der Lösung geringer als beim reinen Lösungsmittel. Dies bedeutet, dass der Gefrierpunkt abgesenkt wird. Die Gefrierpunktserniedrigung ΔT_g und die Siedepunktserhöhung ΔT_s sind proportional der Molalität und damit proportional zur Anzahl der gelösten Teilchen.

Gefrierpunktserniedrigung	$\Delta T_g = E_g \cdot b$	(6-10)
Siedepunktserhöhung	$\Delta T_s = E_s \cdot b$	(6-11)

Für jedes Lösungsmittel ist der Proportionalitätsfaktor in dieser Gleichung eine Stoffkonstante. Er besitzt die Einheit: $K \cdot kg \cdot mol^{-1}$ und gibt somit die ΔT-Werte für einmolale Lösungen an. Die Konstanten heißen molale Gefrierpunktserniedrigung oder **kryoskopische Konstante E_g** bzw. molale Siedepunktserhöhung oder **ebullioskopische Konstante E_s**.

Tabelle 6-2: Konstanten der Gefrierpunktserniedrigung und Siedepunktserhöhung für einige Lösungsmittel

Lösungsmittel	Gefrierpunkt in °C	E_g in $K \cdot kg \cdot mol^{-1}$	Siedepunkt in °C	E_s in $K \cdot kg \cdot mol^{-1}$
Wasser	0	−1,86	100,0	+0,51
Benzen	5,5	−4,90	80,1	+2,53
Essigsäure	16,6	−3,80	118,1	+3,07

Die Daten beziehen sich auf einen Druck von $p = 100$ kPa

Werden Salzlösungen hergestellt, so ist die Dissoziation zu beachten (vgl. Kap. 8). Bei einer NaCl-Lösung entstehen durch Dissoziation (NaCl $\rightarrow$ Na$^+$ + Cl$^-$) aus einem Molekül zwei Teilchen. Die Art der Teilchen spielt keine Rolle, nur die Anzahl bestimmt die Gefrierpunktserniedrigung bzw. die Siedepunktserhöhung. Für die Gefrierpunktserniedrigung ist daher $\Delta T_g = 2 \cdot E_g \cdot b_{NaCl}$ einzusetzen.

Eine praktische Anwendung der Gefrierpunktserniedrigung ist die Herstellung von Kältemischungen aus Eis und Salz. Die Verhinderung der Eisbildung auf den Straßen im Winter durch Streuen von Salz beruht ebenfalls auf der Gefrierpunktserniedrigung der Salzlösung gegenüber dem reinen Lösungsmittel Wasser.

6.3.2   Molmassebestimmung

Zur Bestimmung der Molmasse einer gelösten Substanz kann das RAOULT' sche Gesetz herangezogen werden. Die relative Dampfdruckerniedrigung, verursacht durch eine definierte Menge dieser Substanz in einem Lösungsmittel, kann experimentell gemessen und hieraus die relative Molmasse berechnet werden.

Direkte Dampfdruckmessungen sind jedoch mit einer zur Molmassebestimmung hinreichenden Genauigkeit relativ aufwändig, sodass in den derzeit in der Praxis angewendeten Verfahren die Bestimmung von ΔT durch kryoskopische und ebullioskopische Methoden bevorzugt wird. Kryoskopische Verfahren dominieren, weil Schmelzpunkte (Lösung und Lösungsmittel) einfacher, genauer und reproduzierbarer gemessen werden können als die entsprechenden Siedepunkte.

Beispiel: In einem Experiment zur Molmassebestimmung wird bei einer Lösung von 24,0 g einer Substanz A in 1 kg Wasser eine Gefrierpunktserniedrigung von $\Delta T_g = -0,23$ K gemessen. Aus Gleichung (6-10) wird durch Einsetzen von $b_A = n_A/\text{kg}$ und $n = m/M$:

$$\Delta T_g = E_g \cdot \frac{n_A}{\text{kg}} = E_g \cdot \frac{m}{M \cdot \text{kg}}$$

Nach Umstellung der Gleichung ergibt sich:

$$M = \frac{E_g \cdot m}{\Delta T_g \cdot \text{kg}} = \frac{-1,86 \text{ K} \cdot \text{kg} \cdot \text{mol}^{-1} \cdot 24 \cdot 10^{-3} \text{ kg}}{-0,23 \text{ K} \cdot 1 \text{ kg}}$$

$$= 194 \cdot 10^{-3} \text{ kg} \cdot \text{mol}^{-1}$$

Die Substanz hat somit eine relative Molmasse von $M_r = 194$.

6.3.3   Osmose und osmotischer Druck

In den vorangegangenen Abschnitten wurde gezeigt, dass die Dampfdruckerniedrigung sowie die Beeinflussung von Schmelz- und Siedepunkt einer Lösung nur von der Anzahl der gelösten Teilchen in einer bestimmten Lösungsmittelmenge abhängig sind. Auch der osmotische Druck, den eine Lösung gegenüber dem reinen Lösungsmittel ausübt, ist eine kolligative Eigenschaft. Die Wirkung des osmotischen Druckes lässt sich an zwei Experimenten zeigen:

Trennt man in einer Versuchsanordnung, wie sie in Bild 6-6 A (PFEFFER'sche Zelle) und Bild 6-6 C skizziert ist, eine Lösung und reines Lösungsmittel durch eine Membran, die nur für das Lösungsmittel permeabel (durchlässig) ist, so diffundieren Lösungsmittelmoleküle in die Lösung und sorgen für eine Verdünnung. Dieser Vorgang wird **Osmose** genannt.

In einem geschlossenen Raum werden zwei Gefäße mit der gleichen Menge an reinem Lösungsmittel (z. B. Wasser) und einer Lösung (z. B. Kochsalz in Wasser) gebracht. Nach einer gewissen Zeit ist ein Niveauunterschied festzustellen. Das Volumen der Lösung nimmt auf Kosten des Volumens des Lösungsmittels zu. Die bevorzugte Verdampfung des Lösungsmittels baut einen höheren Dampfdruck im linken Bereich des Bildes 6-6 B auf. Die Folge ist eine Gasblasendiffusion in den rechten Bereich der Abbildung. H_2O-Moleküle kondensieren schließlich über der Lösung (Bereich mit gerinerem Dampfdruck). Die Gasphase stellt dabei eine Transportstrecke dar, die nur vom Lösungsmittel genutzt werden kann, in diesem Beispiel von Wassermolekülen.

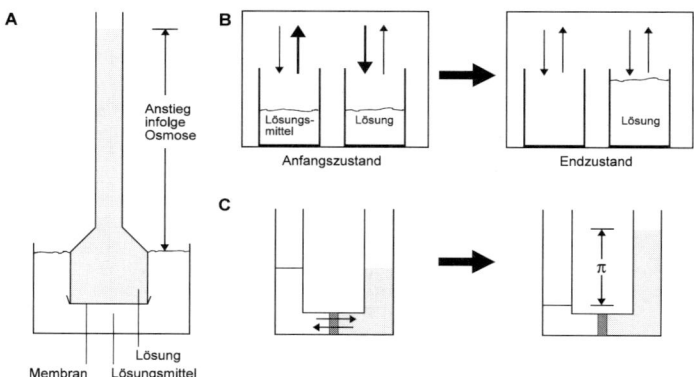

Bild 6-6: Isotherme Destillation (A), Anordnung zum Nachweis des osmotischen Druckes (B), Osmose und osmotischer Druck π (C)

Die Diffusion einer Komponente der Lösung durch eine Membran wird **Osmose** genannt. Die Anzahl der durch eine Membran diffundierenden Moleküle bzw. die Anzahl der bei der isothermen Destillation (Bild 6-6 B) die Flüssigkeitsoberfläche verlassenden Moleküle ist ihrer Konzentration proportional. Lösungsmittelmoleküle sind in der reinen Lösungsmittelphase höher konzentriert als in der Lösung eines Stoffes. Daher findet ein Nettotransport der Lösungsmittelmoleküle in Richtung der Lösung statt. Ein dynamisches Gleichgewicht ($p_{\text{Lösung}} = p_{\text{Lösungsmittel}}$) wird erreicht, wenn im Bereich der Lösung ein erhöhter Druck herrscht. In den gezeigten Versuchsanordnungen kann dieser **osmotische Druck** π als hydrostatischer Druck direkt gemessen werden.

Die quantitative Beschreibung der Messungen des osmotischen Druckes in (verdünnten) Lösungen ergibt viele Analogien zu den Gasgesetzen.

> Der osmotische Druck einer Lösung ist unter isothermen Bedingungen der Stoffmengenkonzentration direkt proportional (Analogie zum BOYLE'schen Gesetz).
>
> Bei gegebener Konzentration ist der osmotische Druck der absoluten Temperatur direkt proportional (Analogie zum GAY-LUSSAC-Gesetz).
>
> Lösungen verschiedener Substanzen mit gleicher Stoffmengenkonzentration zeigen unter isothermen Bedingungen den gleichen osmotischen Druck (Analogie zum Satz von AVOGADRO).

Bereits 1885 erkannte VAN'T HOFF, dass die von PFEFFER gefundenen Beziehungen der allgemeinen Gasgleichung entsprachen.

$$\pi \cdot V = n \cdot R \cdot T \qquad \textbf{bzw.} \qquad \pi = c \cdot R \qquad (6\text{-}12)$$

Unter dem **osmotischen Druck** einer gelösten Substanz versteht man den Druck, den diese Substanz im gasförmigen Zustand besitzen würde. Mit der Analogie des Druckes p eines idealen Gases und dem osmotischen Druck π einer Lösung lässt sich daher auch der Druck, den die gelösten Teilchen auf die Behälterwand ausüben, kinetisch erklären (vgl. Abschn. 4.2).

7 Allgemeine Reaktionsbegriffe

7.1 Symbole und Formeln

Chemische Elemente werden üblicherweise durch Buchstabensymbole gekennzeichnet. Die überwiegende Anzahl dieser Bezeichnungen wird international angewendet. Das Elementsymbol repräsentiert die absolute bzw. relative Atommasse, die Ordnungszahl und in einer chemischen Gleichung auch die Stoffmenge von einem Mol des Elements. Ist in einem Molekül mehr als 1 mol einer Elementsorte vertreten, so erhält das Symbol zusätzlich den entsprechenden Zahlenwert als Index unten rechts.

Beispiel:

Symbol des Elements	: O (Sauerstoff)
Relative Atommasse	: 15,9994
Ordnungszahl im PSE	: 8
Anzahl der Ionenladungen	: z. B. (2–) in O^{2-}
Anzahl der Atome im Molekül	: z. B. (3) in SO_3

Bild 7-1: Elementsymbol und Bedeutung der Indizes

Chemische Formeln von Molekülen enthalten die Atomsymbole und die Anzahl der Atome. Handelt es sich um Ionen, so wird die **Ladungszahl** mit angegeben. Bei Formeln binär aufgebauter Verbindungen wird der elektropositivere Bestandteil zuerst genannt. In vielen Fällen wird der Begriff einer binären Verbindung auch auf Systeme ausgeweitet, in denen bestimmte Atome als Gruppen auftreten (NH_4^+ Ammonium, NO_3^- Nitrat, PO_4^{3-} Phosphat, SO_4^{2-} Sulfat usw.). Entsprechend der IUPAC-Nomenklatur ist die Bezeichnung einer Verbindung (rationeller Name) geregelt:

Der Name des vorangestellten elektropositiven Bestandteils (Atom oder Atomgruppe) wird nicht verändert, der elektronegative wird als lateinischer Wortstamm angefügt, wobei Bestandteile, die nur ein Atom enthalten die Endung -id, mehratomige die Endung -at tragen. Die Endung -it wird auf Verbindungen angewendet, in denen die Oxidationszahl nicht maximal ist (NO_2^- Nitrit, SO_3^{2-} Sulfit, ClO_2^- Chlorit usw.). Teilweise werden die Atomzahlenverhältnisse durch die griechischen Zahlwörter mono, di, tri, tetra, penta, hexa, hepta, octa usw. im Namen mit zum Ausdruck gebracht.

Beispiele: **Namen von binären und höheren Verbindungen**
NaCl (Natriumchlorid), KBr (Kaliumbromid), CaC_2 (Calciumcarbid), Al_2O_3 (Aluminiumoxid), P_2O_5 (Phosphorpentoxid), Cl_2O (Dichloroxid), OF_2 (Sauerstoffdifluorid), KNO_3 (Kaliumnitrat), $KMnO_4$ (Kaliumpermanganat), $(NH_4)_2(Cr_2O_7)$ (Ammoniumdichromat), $Na_2(S_2O_3)$ (Natriumthiosulfat), $CaCO_3$ (Calciumcarbonat), FeO (Eisenoxid), BCl_3 (Bortrichlorid).

Verbindungen mit hohem ionischem Bindungscharakter werden häufig nach einer etwas anderen Systematik benannt (Nomenklatur nach STOCK). Dabei wird das Verhältnis der Anzahl der Atome (Kationen : Anionen) einer bestimmten Verbindung durch die Wertigkeit des Kations (Metall) zum Ausdruck gebracht. Bei dem Wertigkeitsbegriff handelt es sich um die **Oxidationszahl** (vgl. Abschn. 7.2), diese wird mit einer römischen Ziffer in Klammern unmittelbar hinter dem Namen des Elements angegeben. Somit ergibt sich beispielsweise mit der Bezeichnung Eisen(III)-oxid auch das Atomverhältnis (2 : 3) in der Verbindung Fe_2O_3.

Beispiele: Eisen(II)-chlorid $FeCl_2$, Blei(IV)-oxid PbO_2, Mangan(VII)-oxid Mn_2O_7, Phosphor(V)-oxid P_2O_5.

Die Zusammensetzung und der strukturelle Aufbau chemischer Verbindungen werden durch verschiedene Arten von Formeln zum Ausdruck gebracht. Die Auswahl des Arbeitsmittels **„Formel"** richtet sich in erster Linie nach dem Verwendungszweck. Es haben sich unterschiedliche Arten von Formeltypen herausgebildet, in denen jeweils bestimmte Eigenschaften mehr oder weniger stark dominieren. Die Formeltypen werden in zwei Gruppen eingeteilt.

Die Summenformel (Bruttoformel, empirische Formel) gibt die Elementzusammensetzung der betreffenden Substanz an. Die Anzahl der Atome ist dem jeweiligen Symbol als Index beigefügt.

Um stöchiometrische[1] Rechnungen durchzuführen, reichen Summenformeln vollkommen aus. Häufig geht man noch einen Schritt weiter und beschreibt gleichzeitig die Anzahl der Atome im Molekül bzw. in der Baueinheit (**Molekülformel**). Somit erhält beispielsweise Wasserstoffperoxid die Molekülformel H_2O_2, Dicyan $(CN)_2$ und Benzen C_6H_6. Die ein-

---

[1] *toicheion* (gr.): Grundstoff, *metron* (gr.): Maß. Der Zusammenhang zwischen der mit einer chemischen Reaktion verbundenen stofflichen Veränderung und deren quantitativen Beziehungen wird von der Stöchiometrie behandelt.

fachen Verhältnisangaben HO, CN und CH würden in den Summenformeln zum Ausdruck kommen, entsprechen aber nicht den bekannten stöchiometrischen Wertigkeiten der beteiligtn Atomarten. **Molekülformeln** spiegeln demzufolge die stöchiometrischen Atomzahlenverhältnisse, die in der einfachsten Struktureinheit vorliegen, wider.

In vielen Fällen können dem tatsächlichen Aufbau einer Verbindung größere Einheiten zu Grunde liegen. Aluminiumchlorid, Phosphorpentoxid oder Essigsäure sind Beispiel hierfür – sie liegen als Dimere vor. Andere Verbindungen existieren sogar als Trimere oder als Polymere (z. B. Wasser oder Fluorwasserstoff). Aber auch in diesen Fällen genügt die Formel der monomeren Einheit (Summenformel) den Anforderungen der Stöchiometrie. Dies gilt auch für die Formeln vieler Festkörper, in deren Aufbau keine molekularen Strukturen erkennbar sind.

Beispiele: Summenformeln

H_6C_2O	$H_4C_2O_2$	Na_2CO_3	$CaSO_4$
Ethylalkohol	Essigsäure	Natriumcarbonat	Calciumsulfat
$KMnO_4$	$Na_2S_2O_3$	C_2H_4	C_4H_{10}
Kaliumper- manganat	Natriumthio- sulfat	Ethen	Butan

Beim zweiten Formeltyp, den **Strukturformeln**, wird die Verknüpfung der Atome angegeben (**Konstitutionsformel**) und zusätzlich die Orientierung der Atome bzw. Atomgruppen zueinander (**Konformationsformel**). Die Konformationsformel hat besonders in der organischen Chemie Bedeutung. Bei dieser Darstellung geht es um die flexible Anordnung der Atome bzw. Atomgruppen, wenn die Struktureinheiten zueinander beweglich sind. Einzelheiten hierzu siehe Organische Chemie.

Die **Konstitutionsformeln** als Strukturformeln im eigentlichen Sinne weisen im Gegensatz zu den Bruttoformeln bestimmte Atomgruppierungen aus, die erste Einblicke in den chemischen Charakter der Verbindung zulassen. Diese Formelart findet in der Chemie am häufigsten Anwendung, weil die zum Verständnis des Reaktionsverhaltens notwendigen Informationen über Größe, Struktur usw. der Verbindung geliefert werden. Eine typische Form ist die **Valenzstrichformel,** in der die komplexe Problematik der chemischen Bindung auf einen Verbindungsstrich als Symbol reduziert wird.

Um Struktur- und Bindungsmerkmale deutlicher hervorzuheben, erhält der Symbolstrich in den Valenzstrichformeln zwei unterschiedliche Bedeutungen. Er kann einerseits als gemeinsames (bindendes) Elektronenpaar der Atome aufgefasst werden und ist damit in einer Bindung lokalisiert. Weiterhin werden freie (einsame) Elektronenpaare durch ein Strichsymbol an den Atomen dargestellt, sie verdeutlichen keine konkrete Bindung. Ein Ring symbolisiert häufig drei **delokalisierte Elektronenpaare**, die keinem bestimmten Atom zugeordnet werden können (vgl. Organische Chemie).

Beispiele: Strukturformeln (Konstitutionsformeln)

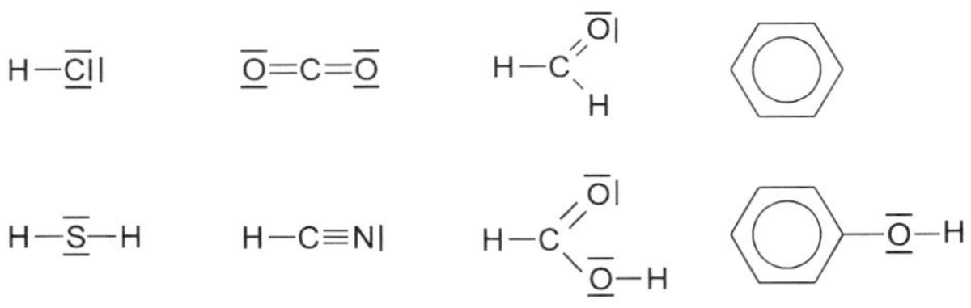

Mitunter ist es sinnvoll, die Elektronensituation detaillierter darzustellen. Hierzu wird der Symbolstrich zum Doppelpunkt (Symbol eines Elektronenpaares) aufgelöst. Diese Notwendigkeit ergibt sich beispielsweise, um ein Radikal (Atom- oder Molekülradikal) mit einem einzelnen, ungepaarten Elektron darzustellen.

Elektronenformeln werden bei ionogen aufgebauten Verbindungen zur **Ionenformel** vereinfacht, wobei alle Elektronensymbole weggelassen und nur die Ionenladungen am Elementsymbol beibehalten werden.

$$Na^+Cl^- \qquad Ca^{2+}O^{2-} \qquad NH_4^+Cl^- \quad Mg^{2+}S^{2-}$$

Strukturformeln können auch auf die wichtigsten Atomgruppierungen reduziert werden (teilweise in Klammern stehend), um mit dieser rationellen Schreibweise die Formel übersichtlicher zu gestalten.

Beispiele: Rationelle Formeln

HCHO	CH_3COOH	$CH_3(CH_2)_{16}COOH$
Formaldehyd	Essigsäure	Stearinsäure
$[Ni(NH_3)_6]SO_4$	$K_4[Fe(CN)_6]$	
Nickelhexaminsulfat	Kaliumhexacyanoferrat(II)	

7.2 Quantitative Eigenschaften von Formeln und Gleichungen

Die chemische Reaktionsgleichung ist ein kurzer und anschaulicher Ausdruck für stoffliche Veränderungen, die bei einer chemischen Reaktion eintreten. Sie gibt sowohl eine qualitative als auch eine quantitative Beschreibung der chemischen Vorgänge. Die Reaktionsgleichung gibt nicht nur Auskunft darüber, welche Stoffe an der Reaktion teilnehmen, sondern auch in welchem Masseverhältnis diese Stoffe miteinander reagieren (vgl. Abschn. 1.1). Um eine Reaktionsgleichung aufstellen zu können, müssen Anzahl und Art der Atome auf beiden Seiten der Reaktion gleich und ihre Struktur und Zusammensetzung bekannt sein. Aus der Reaktionsgleichung lässt sich daher entnehmen, wie viele Mole eines Reaktionsproduktes aus einem Mol einer gegebenen Ausgangssubstanz entstehen.

Beispiel: Metallisches Eisen reagiert mit Salzsäure unter Wasserstoffentwicklung gemäß folgender Reaktionsgleichung: $Fe + 2 HCl \rightarrow FeCl_2 + H_2$ (g) Welche Masse an Eisen muss in Salzsäure gelöst werden, um unter Standardbedingungen 10 l Wasserstoff zu entwickeln?

1 mol Eisen (55,85 g · mol^{-1}) bildet 1 mol H_2 (2,016 g · mol^{-1}). Unter Standardbedingungen (25 °C, 100 kPa) nimmt 1 mol H_2 das Volumen V_0 = 24,8 l ein.

$$\frac{10 \text{ l } H_2}{24,8 \text{ l} \cdot \text{mol}^{-1}} = 0,403 \text{ mol } H_2$$

$$\frac{55,85 \text{ g Fe}}{1 \text{ mol } H_2} = \frac{x \text{ g Fe}}{0,403 \text{ mol } H_2} \qquad x = 22,5 \text{ g Fe}$$

Es sind 22,5 g Eisen in Salzsäure aufzulösen.

Beispiel: Welche Menge Ammoniak erhält man bei der Umsetzung von 200 g Ammoniumsulfat mit Natronlauge, wenn die Ausbeute 95 % betragen soll?

$(NH_4)_2SO_4 + 2 NaOH \rightarrow Na_2SO_4 + 2 NH_3 + 2 H_2O$

Entsprechend der Reaktionsgleichung entstehen aus 132,14 g $(NH_4)_2SO_4$ (1 mol) bei 100 % Ausbeute 34,06 g NH_3 (2 mol).

$$\frac{132,14 \text{ g}}{34,06 \text{ g}} = \frac{200 \text{ g}}{x \text{ g}} \qquad x = 51,55 \text{ g}$$

Für 95 % Ausbeute ergeben sich somit: $x = 51,55$ g · 0,95 = 48,97 g NH_3

Eine quantitative Eigenschaft der Atome ist die **stöchiometrische Wertigkeit**. Hierunter versteht man, unabhängig vom Bindungscharakter, wie viele einwertige Atome ein Atom des Elements binden oder ersetzen können. Einwertig sind solche Elemente, deren Atome in keiner binären Verbindung mit mehr als einem Atom verbunden sind. Die stöchiometrischen Wertigkeiten der an einer Verbindung beteiligten Atome gleichen sich gegenseitig aus.

Beispiele: Binäre Verbindungen

$$K\!-\!\overline{\underline{Cl}} \qquad H\!-\!\overline{\underline{Br}}| \qquad H\!-\!\overline{\underline{O}}\!-\!H \qquad |\overline{\underline{Cl}}\!-\!Mg\!-\!\overline{\underline{Cl}}|$$

einwertig   einwertig   zweiwertig   zweiwertig

Bei der **Ionenwertigkeit** (Ionenladung, elektrochemische Wertigkeit) ist die stöchiometrische Wertigkeit auf die Ionen übertragen. Hierunter ist zu verstehen, wie viele einfach geladene (einwertige) Ionen gebunden oder ersetzt werden können. Die positive bzw. negative Ionenwertigkeit entspricht der Anzahl abgegebener bzw. aufgenommener Elektronen und ist damit der Ladungszahl gleichzusetzen.

Zur Bestimmung der für quantitative Betrachtungen wichtigen Anzahl der ausgetauschten Elektronen wurde der Begriff **Oxidationszahl (Oxidationsstufe)** eingeführt. Unter Verwendung dieses Begriffs lassen sich auch für komplizierte Redoxreaktionen (vgl. Kap. 9) auf eine sehr einfache Art Reaktionsgleichungen formulieren.

> Die Oxidationszahl (Oxidationsstufe) ist die Ladung, die den Atomen eines Moleküls zugeschrieben wird, wenn die Atome im Molekülverband (in vielen Fällen hypothetischerweise) als Ionen aufgefasst werden.

Regeln zur Ermittlung der Oxidationszahl:

(1) Die Oxidationszahl der Atome in einem Elementmolekül ist mit null festgelegt.

$$\overset{0}{H_2} \quad \overset{0}{O_2} \quad \overset{0}{N_2} \quad \overset{0}{Cl_2} \quad \overset{0}{P_4} \quad \overset{0}{S_8}$$

(2) In Ionenverbindungen ist die Oxidationszahl mit der Ionenladung identisch. Im Unterschied zur Ionenwertigkeit (Ziffer mit nachgestelltem Vorzeichen an der Stelle des Exponenten) wird die Oxi-

tionszahl allgemein unmittelbar als Ziffer über dem Elementsymbol notiert, wobei das Vorzeichen vorangestellt ist.

Verbindung	auftretende Ionen	Oxidationszahl
NaCl	Na^+ Cl^-	$\overset{+1}{Na}$ $\overset{-1}{Cl}$
CaO	Ca^{2+} O^{2-}	$\overset{+2}{Ca}$ $\overset{-2}{O}$
MgH_2	Mg^{2+} H^-	$\overset{+2}{Mg}$ $\overset{-1}{H}$
Fe_2O_3	Fe^{3+} O^{2-}	$\overset{+3}{Fe}$ $\overset{-2}{O}$

(3) Bei kovalent aufgebauten Verbindungen wird das Molekül (gedanklich) entsprechend den Elektronegativitäten der Elemente in Ionen aufgeteilt. Die Oxidationszahl ist dann der Ionenladung gleichzusetzen. Bei Bindungspartnern mit gleicher Elektronegativität erhalten beide die Hälfte der Bindungselektronen. Die Oxidationszahl ist dann gleich null.

Verbindung	Strukturformel	Oxidationszahl
HCl	H⟵$\overline{\underline{Cl}}$⏐	+1 -1 H Cl
H_2O	H⟵$\overline{\underline{O}}$⟶H	+1 -2 H O
HNO_3	H⟵$\overline{\underline{O}}$⟶N⟨...	+1 +5 -2 H N O
H_2SO_4	H⟵$\overline{\underline{O}}$... S ...	+1 +6 -2 H S O

(4) Die Oxidationszahlen der Elemente hängen auch von ihrer Stellung im PSE ab. Es lassen sich folgende Regeln ableiten:

> Die positive Oxidationszahl eines Elements ist nie größer als seine Gruppennummer (Einteilung nach römischen Ziffern, vgl. Kap. 2). Ausnahme: 1. Nebengruppe.

Beispiele: Alkaligruppe (+1), Erdalkaligruppe (+2), Kohlenstoff (+4), Schwefel (+6), Chlor (+7)

Die maximale negative Oxidationszahl beträgt:
Gruppennummer −8 (Einteilung nach römischen Ziffern).

Beispiele: Halogene (−1), Chalkogene (−2), Stickstoff (−3), Kohlenstoff (−4)

(5)   Wasserstoff kann auf Grund seiner Elektronenkonfiguration mit den
      Oxidationszahlen −1 0 +1 auftreten. Fluor kann als elektronegativs-
      tes Element keine positiven Oxidationszahlen haben.

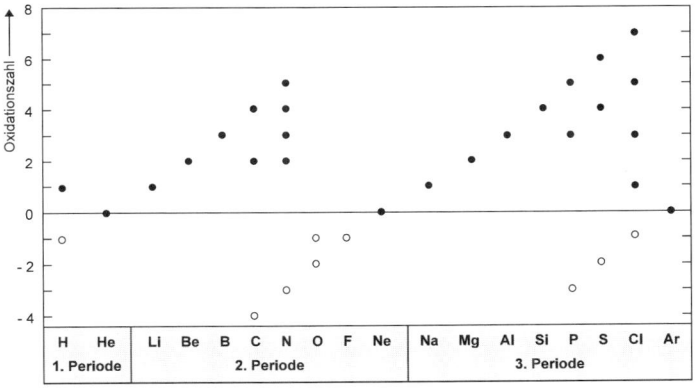

Bild 7-2: Wichtige Oxidationszahlen von Elementen der ersten drei Perioden des
Periodensystems der Elemente

7.3   Chemisches Gleichgewicht
7.3.1   Allgemeines

Zahlreiche chemische Reaktionen verlaufen nicht vollständig unter Umwandlung der Edukte in die Produkte ab. Neben der **Hinreaktion** (Umwandlung der Edukte in die Produkte) können auch bereits entstandene
Endprodukte unter **Rückreaktion** der Produkte wieder umgesetzt werden.
Zur quantitativen Bewertung soll zunächst der zeitliche Verlauf von
Reaktionen, der zur Einstellung des chemischen Gleichgewichtes führt,
näher betrachtet werden.

Bringt man Wasserstoff- und Iodmoleküle zusammen, so entsteht nach folgender
Reaktion Iodwasserstoff (Hydrogeniodid):

$$H_2 + I_2 \rightarrow 2\,HI$$

Die Reaktion verläuft jedoch unvollständig. Bringt man beispielsweise bei einer Temperatur von 490 °C jeweils 1 mol H_2 und I_2 in einem Reaktionsgefäß zusammen, so bilden sich nur 1,544 mol HI neben 0,228 mol H_2 und 0,228 mol I_2, die nicht miteinander reagiert haben.

In ein zweites Reaktionsgefäß werden 2 mol HI gebracht. Iodwasserstoff zerfällt gemäß der Reaktionsgleichung:

$$2\,HI \rightarrow H_2 + I_2$$

in H_2- und I_2-Moleküle. Auch diese Reaktion verläuft nicht vollständig. Bei einer Reaktionstemperatur von ebenfalls 490 °C zerfallen nun so lange HI-Moleküle, bis jeweils 0,228 mol H_2 bzw. I_2 und 1,544 mol HI vorliegen.

Zwischen den an der Reaktion beteiligten Molekülen stellt sich ein Zustand ein, bei dem sich die Zusammensetzung des Reaktionsgemisches nicht weiter ändert. Dieser Zustand wird **chemisches Gleichgewicht** genannt.

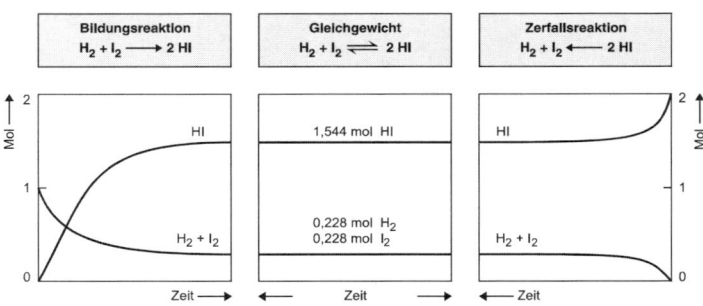

Bild 7-3: Bildungs- und Zerfallsreaktionen von Iodwasserstoff führen zum chemischen Gleichgewicht. In diesem Zustand verändern sich die Konzentrationen der Reaktionsteilnehmer nicht mehr

Im Gleichgewichtszustand sind makroskopisch keine Konzentrationsänderungen feststellbar. In Wirklichkeit finden jedoch ständig Zerfalls- und Bildungsreaktionen von HI statt.

Das Vorliegen eines chemischen Gleichgewichtes wird bei der Formulierung von Reaktionsgleichungen durch einen Doppelpfeil ⇌ charakterisiert, wobei die Hinreaktion durch $\rightarrow$ und die Rückreaktion durch $\leftarrow$ symbolisiert wird.

Viele Reaktionen werden als Gleichgewichtsreaktionen formuliert, obwohl im Gleichgewicht überwiegend die Edukte oder Produkte vorliegen. Man sagt dann, dass das chemische Gleichgewicht ganz auf einer Seite liegt. Bei der Bildungsreaktion von Wasser aus den Elementen $2\,H_2 + O_2 \rightleftarrows 2\,H_2O$ liegt das Gleichgewicht beispielsweise vollständig auf der rechten Seite, d. h., im Gleichgewichtszustand sind praktisch nur H_2O-Moleküle vorhanden.

7.3.2   Massenwirkungsgesetz (MWG)

Eine chemische Reaktionsgleichung kann nur dann den Gleichgewichtszustand quantitativ beschreiben, wenn zur Berechnung die Stoffmengenkonzentration c bzw. bei gasförmigen Stoffen die Partialdrücke p, die im Gleichgewicht vorliegen (Gleichgewichtskonzentrationen, Gleichgewichtsdrücke), bekannt sind. Das Massenwirkungsgesetz und die Gleichgewichtskonstante sind definiert als Verhältnis der Reaktionspartner (GULDBERG und WAAGE).

Für eine allgemein formulierte Reaktionsgleichung:

$$a\,A \;+\; b\,B \;\rightleftarrows\; c\,C \;+\; d\,D$$

mit a, b, c, d als stöchiometrische Koeffizienten ergibt sich als **Massenwirkungsgesetz**:

$$\frac{c\,^c(C) \cdot c\,^d(D)}{c\,^a(A) \cdot c\,^b(B)} = K_c \qquad\qquad \frac{p\,^c(C) \cdot p\,^d(D)}{p\,^a(A) \cdot p\,^b(B)} = K_p \qquad\qquad (7\text{-}1)$$

Die Gleichgewichtskonstante[1] K_c bzw. K_p hat für jede Reaktion einen charakteristischen Wert, der nur von der Temperatur abhängt. Mit der

---

[1] Im Allgemeinen ist die Gleichgewichtskonstante dimensionsbehaftet. Die Maßeinheit ergibt sich aus der Definitionsgleichung (7-1). **Beispiel:** $3\,A + B \rightleftarrows 2\,C \Rightarrow K_c$ in $l^2 \cdot mol^{-2}$. Es ist auch üblich, die Gleichgewichtskonstante ohne Einheit anzugeben.

Gleichgewichtskonstante ist die Lage des Gleichgewichtes eindeutig beschrieben.

K_c bzw. K_p werden **Gleichgewichtskonstante** oder **Massenwirkungskonstante** genannt. Sie ist definiert als Produkt der Konzentrationen (bzw. der Partialdrücke) der Endstoffe dividiert durch das Produkt der Konzentrationen (bzw. der Partialdrücke) der Ausgangsstoffe. Die stöchiometrischen Zahlen treten als Exponenten der Konzentrationen (bzw. der Partialdrücke) auf. Die Gleichgewichtskonstante hängt nur von der Reaktionstemperatur ab.

Für das in Abschn. 7.3.1 gezeigte Beispiel erhält man den Wert der Gleichgewichtskonstante K_c für die Reaktionstemperatur von 490 °C aus den Gleichgewichtskonzentrationen. Wird ein Reaktionsvolumen von 1 Liter angenommen, so erhält man:

$$K_c = \frac{1{,}544^2 \ \text{mol}^2 \cdot l^{-2}}{0{,}228 \ \text{mol} \cdot l^{-1} \cdot 0{,}228 \ \text{mol} \cdot l^{-1}} = 45{,}9$$

Es sind natürlich beliebig viele Kombinationen der H_2-, I_2- und HI-Konzentrationen denkbar, für die das MWG erfüllt ist. Wird beispielsweise 1 mol H_2 mit 0,5 mol I_2 bei 490 °C umgesetzt, so liegen im Gleichgewichtszustand 0,930 mol HI, 0,535 mol H_2 und 0,035 mol I_2 nebeneinander vor.

$$K_c = \frac{0{,}930^2 \ \text{mol}^2 \cdot l^{-2}}{0{,}535 \ \text{mol} \cdot l^{-1} \cdot 0{,}035 \ \text{mol} \cdot l^{-1}} = 45{,}9$$

Große Gleichgewichtskonstanten ($K \gg 1$) kennzeichnen Reaktionen, deren Gleichgewicht weitgehend auf der Seite der Endprodukte liegt.

Beispiel: $2\,H_2 + O_2 \rightleftarrows 2\,H_2O$

$$\frac{p^2(H_2O)}{p^2(H_2) \cdot p(O_2)} = K_p$$

Bei 25 °C beträgt der Wert für $K_p = 10^{80} \ \text{bar}^{-1}$. Wasser zersetzt sich bei Standardtemperatur nicht.

Ist $K \approx 1$, so liegen im Gleichgewichtszustand alle Reaktionsteilnehmer in vergleichbar großen Konzentrationen vor. Bei bekannter Gleichgewichtskonstante und bekannten Ausgangskonzentrationen können die Gleichgewichtskonzentrationen der Endprodukte und damit die Ausbeute der Reaktion berechnet werden.

Beispiel: Die Gleichgewichtskonstante einer Reaktion zur Bildung von Essigsäureethylester aus Essigsäure und Ethanol hat den Wert $K_c = 4$ für eine Temperatur von $t = 25\ °C$. Es sollen die Gleichgewichtskonzentrationen aller Reaktionsteilnehmer berechnet werden, wenn 1 mol Essigsäure mit 1 mol Ethanol reagiert.

Säure + Alkohol $\rightleftharpoons$ Ester + H_2O

Im chemischen Gleichgewicht liegen x mol Ester und x mol H_2O vor. Von den Ausgangsstoffen sind dann nur noch $(1 - x)$ mol vorhanden. Das Massenwirkungsgesetz ergibt sich dann zu:

$$\frac{c(\text{Ester}) \cdot c(H_2O)}{c(\text{Säure}) \cdot c(\text{Alkohol})} = \frac{x^2}{(1 - x)^2} = 4$$

Im Gleichgewichtszustand liegen 0,667 mol Essigsäureethylester und Wasser sowie 0,333 mol Essigsäure und Ethanol vor.

> Für kleine Gleichgewichtskonstanten ($K \ll 1$) liegt das Gleichgewicht auf der Seite der Ausgangsstoffe, d. h., die Reaktion läuft praktisch nicht ab.

Beispiel: $N_2 + O_2 \rightleftharpoons 2\,NO$

$$\frac{p^2(NO)}{p(N_2) \cdot p(O_2)} = K_p \qquad K_p\ (25\ °C) = 10^{-30}$$

In der Luft sind praktisch nur N_2 und O_2 vorhanden. Da sich Gleichgewichtskonstanten immer auf Reaktionen mit festgelegter Stöchiometrie beziehen, muss darauf geachtet werden, für welche Reaktion die Gleichgewichtskonstante angegeben ist.

$1\,N_2$ + $1\,O_2$ $\rightleftharpoons$ $2\,NO$
$0,5\,N_2$ + $0,5\,O_2$ $\rightleftharpoons$ $1\,NO$

$K_p(1) = 10^{-30}$
$K_p(2) = 10^{-15}$
$K_p(1) = K_p^2(2)$

7.3.3 Prinzip von LE CHATELIER

Das chemische Gleichgewicht wird in seiner Lage durch die Gleichgewichtskonstante K bestimmt. Sie kann durch folgende Größen beeinflusst werden:

■ Änderungen der Konzentrationen bzw. der Partialdrücke der Reaktionsteilnehmer
■ Temperaturänderung
■ Änderung des Druckes bei Reaktionen, bei denen sich die Gesamtstoffmenge der gasförmigen Reaktionspartner ändert

Die Verschiebung der Gleichgewichtslage durch Konzentrationsänderungen soll am Beispiel der Bildung von Essigsäureethylester besprochen werden. Die Anwendung des MWG auf die Reaktion ergibt:

$$\frac{c(\text{Ester}) \cdot c(\text{H}_2\text{O})}{c(\text{Säure}) \cdot c(\text{Alkohol})} = K_c$$

Durch geeignete Wahl der Ausgangkonzentrationen lassen sich die Konzentration und damit die Ausbeute an Endprodukt verändern. Vergrößert man die Konzentration eines Ausgangsstoffes, indem er im Überschuss eingesetzt wird, so wächst der Nenner des MWG. Da der Quotient bei gegebener Temperatur konstant ist (= K), muss der Zähler in gleichem Maße wachsen. Die Lage des Gleichgewichtes verschiebt sich zur Seite der Endprodukte und erhöht somit die Ausbeute (bezogen auf den nicht im Überschuss eingesetzten Ausgangsstoff).

Beispiel: Bei der Umsetzung von jeweils 1 mol Säure und Alkohol ergab sich eine Ausbeute an Essigsäureethylester von 66,7 %. Es soll nun die Ausbeute ermittelt werden, wenn 1 mol Essigsäure mit 10 mol Ethanol (Überschuss) in die Reaktion eingesetzt werden. Im Gleichgewicht bilden sich wiederum x mol Ester und Wasser, während die Ausgangsprodukte mit $(1 - x)$ mol Essigsäure und $(10 - x)$ mol Ethanol vorliegen. In das MWG eingesetzt ergibt sich:

$$\frac{x^2}{(1 - x) \cdot (10 - x)} = 4 \qquad x = 0{,}973 \text{ mol}$$

Die Ausbeute bezogen auf die eingesetzte Säure hat sich auf 97,3 % erhöht.

In ähnlicher Weise wie durch die Erhöhung der Ausgangskonzentrationen an Ethanol kann die Ausbeute an Essigsäureethylester durch Entfernung des sich im Verlauf der Reaktion bildenden Wassers erhöht werden.

Wird auf ein System, das im chemischen Gleichgewicht ist, durch Konzentrations-, Druck- oder Temperaturänderung ein Zwang ausgeübt, so verschiebt sich das Gleichgewicht immer so, dass sich ein neues Gleichgewicht einstellt, bei dem dieser Zwang reduziert ist.

Der Temperatureinfluss auf das chemische Gleichgewicht basiert auf der Temperaturabhängigkeit der Gleichgewichtskonstante. Quantitativ wird diese Temperaturabhängigkeit durch die **VAN-'T-HOFF-Gleichung** beschrieben:

$$\frac{d \ln K}{d T} = \frac{\Delta H_R^0}{R \cdot T^2} \qquad (7\text{-}2)$$

Unter der Annahme, dass ΔH_R^0 temperaturunabhängig ist, erhält man durch Integration:

$$\ln \frac{K_{T_2}}{K_{T_1}} = - \frac{\Delta H_R^0}{R} \left(\frac{1}{T_2} - \frac{1}{T_1} \right) \qquad (7\text{-}3)$$

Die Reaktionsenthalpie ΔH_R^0 kann nach Gleichung (7-2) aus den Werten der Gleichgewichtskonstante bei verschiedenen Temperaturen grafisch ermittelt werden. Bei halblogarithmischer Darstellung, bezogen auf die reziproke absolute Temperatur, ergibt sich eine Gerade mit der Steigung $-\Delta H_R^0/R$ (vgl. Bild 7-4). Mit Hilfe von Gleichung (7-3) lässt sich auch bei Kenntnis der K-Werte für nur zwei Temperaturen T_1 und T_2 die Reaktionsenthalpie berechnen.

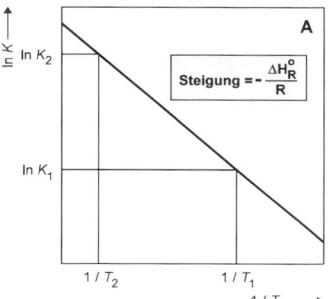 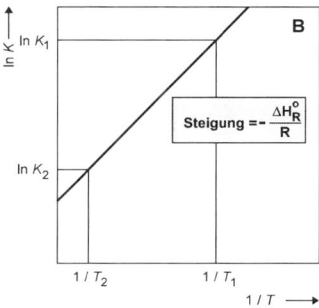

Bild 7-4:   Temperaturabhängigkeit der Gleichgewichtskonstante K einer endothermen Reaktion (A) und einer exothermen Reaktion (B). Auswertung nach der VAN-'T-HOFF-Gleichung

Temperaturerhöhung führt bei einer exothermen Reaktion ($\Delta H_R^0 < 0$) zu einer Verschiebung des chemischen Gleichgewichtes in Richtung der Ausgangsstoffe, bei endothermen Reaktionen ($\Delta H_R^0 > 0$) in Richtung der Endprodukte.

Beispiel: Für die Reaktion $H_2 + 0,5 \, O_2 \rightleftharpoons H_2O$ mit der Reaktionsenthalpie $\Delta H_R^0 = -242 \, kJ \cdot mol^{-1}$ beträgt die Gleichgewichtskonstante $K_{T1} = 10^{40} \, bar^{-0,5}$ für $T_1 = 300 \, K$. Die Gleichgewichtskonstante K_{T2} errechnet sich für $T_2 = 600 \, K$ zu:

$$\ln\frac{K_{T_2}}{K_{T_1}} = -\frac{-242\,kJ \cdot mol^{-1}}{0,00831\,kJ \cdot K^{-1} \cdot mol^{-1}}\left(\frac{1}{600\,K} - \frac{1}{300\,K}\right) = -48,5$$

$\ln K_{T_2} = -48,5 + \ln K_{T_1} = -48,5 + 92,1 = 43,6$

$K_{T_2} \approx 10^{20} \, bar^{-0,5}$

Die Gleichgewichtskonstante verringert sich bei einer Temperaturverdoppelung um 20 Zehnerpotenzen, die Gleichgewichtslage verschiebt sich in Richtung der Ausgangsstoffe.

Qualitativ findet der Einfluss der Temperatur auf die Gleichgewichtslage seinen Ausdruck im **Prinzip des kleinsten Zwanges**, das neben der Interpretation des Konzentrationseinflusses auch zur Beschreibung des Druckeinflusses geeignet ist.

$3 \, H_2(g) + N_2(g) \rightleftharpoons 2 \, NH_3(g)$ $\qquad \Delta H_R^0 = -92 \, kJ \cdot mol^{-1}$

$C(s) + CO_2(g) \rightleftharpoons 2 \, CO(g)$ $\qquad \Delta H_R^0 = +173 \, kJ \cdot mol^{-1}$

Die Ammoniak-Synthese und auch das CO/CO_2-Gleichgewicht verlaufen unter Stoffmengenänderung der gasförmigen Reaktionsteilnehmer. Dem Zwang einer Druckerhöhung können die Systeme auf unterschiedliche Art ausweichen. Bei der NH_3-Synthese entstehen aus 4 mol gasförmiger Ausgangsstoffe 2 mol gasförmiges Endprodukt. Die Druckerhöhung führt zur Verschiebung des Gleichgewichtes in Richtung des Endproduktes. Umgekehrt entstehen bei der Umwandlung von CO_2 in CO aus 1 mol gasförmigen Ausgangsproduktes 2 mol gasförmigen Endproduktes. Eine Druckerhöhung würde das Gleichgewicht nun in Richtung der Ausgangsstoffe verschieben.

Bei Reaktionen ohne Stoffmengenänderung der gasförmigen Reaktionsteilnehmer, wie dies für die Umsetzung $H_2 + I_2 \rightleftharpoons 2 \, HI$ gegeben ist, ändert sich die Gleichgewichtslage bei Druckänderung nicht.

Reaktionen mit Molzahländerung der gasförmigen Komponenten führen nach Druckerhöhung zur Gleichgewichtsverschiebung in Richtung der Seite mit kleinerer Molzahl.

Der quantitative Einfluss der Druckänderung auf die Lage des Gleichgewichtes kann mit Hilfe des MWG interpretiert werden.

8 Säuren und Basen

8.1 Autoprotolyse des Wassers
8.1.1 Eigenschaften und Struktur des Oxoniumions

Das wichtigste Milieu für die Säure-Base-Reaktionen sind wässrige Lösungen. Die bei der Dissoziation (Aufspaltung in Ionen oder Atome) von Wasser gebildeten Protonen H^+ können in wässrigen Lösungen nicht frei existieren. Jedes Proton lagert sich an ein Lösungsmittelmolekül mit freiem Elektronenpaar an und reagiert unter Ausbildung einer koordinativen Bindung zu einem **Oxoniumion** H_3O^+ (Hydroniumion, veraltet). Für die Eigendissoziation von Wasser (**Autoprotolyse**) kann folgendes Gleichgewicht formuliert werden:

$$H_2O + H_2O \rightleftharpoons H_3O^+ + OH^- \tag{8-1}$$

Die Größe des Oxoniumions mit seiner pyramidalen Struktur lässt sich aus den kristallographischen Daten von fester Perchlorsäure $HClO_4 \cdot H_2O$ ermitteln. Im Kristall liegen H_3O^+-Ionen und ClO_4^--Ionen als Gitterbausteine vor. In Wasser ist die Beschreibung des H_3O^+-Ions jedoch stark vereinfacht, da das Oxoniumion eine Vielzahl von Wasserstoffbrückenbindungen eingeht. Bild 8-1 zeigt mögliche Komplexe (H_3O^+, $H_9O_4^+$, $H_{21}O_{10}^+$), bei denen die positive Ladung weiter delokalisiert ist. An den $H_9O_4^+$-Komplex können sich auch noch weitere H_2O-Moleküle als äußere Hydrathülle anlagern.

Als vereinfachende Bezeichnung wird für das Oxoniumion die Formel H_3O^+ angenommen. Neben den Protonen bilden auch die bei der Autoprotolyse entstehenden Hydroxidionen größere Komplexe mit Wassermolekülen. OH^--Ionen lagern sich beispielsweise mit drei Wassermolekülen zu $H_7O_4^-$-Teilchen zusammen. Die Beständigkeit einzelner Oxoniumionen ist sehr kurz, da Protonen leicht auf andere Moleküle übertragen werden können. Mit diesem schnellen Austausch sind die hohen molaren Leitfähigkeiten der Oxonium- und Hydroxidionen in Wasser sowie der sehr schnelle Ablauf von Neutralisationsreaktionen (vgl. Abschn. 8.4) erklärbar.

A

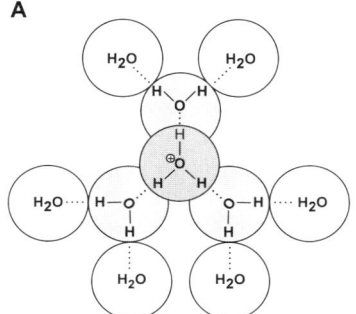

B

Temperatur in °C	K_W in 10^{-14} mol^2 · l^{-2}
10	0,292
20	0,682
25	1,001
50	5,474
100	54,830

A
C

Bild 8-1: Struktur des Oxoniumions und Temperaturabhängigkeit der Bildungsreaktion. (A) Solvatisierte Oxoniumionen, (B) Ionenprodukt des Wassers K_W bei verschiedenen Temperaturen

8.1.2 Dissoziationsgleichgewicht des Wassers und pH-Wert

Die Dissoziation von Wasser wird häufig als **Autoprotolyse** formuliert [Gleichung (8-1)]. Das Massenwirkungsgesetz für diese Reaktion lautet:

$$\frac{c(H_3O^\cdot) \cdot c(OH^-)}{c^2(H_2O)} = K \qquad K(25\ °C) = 3,25 \cdot 10^{-18} \tag{8-2}$$

oder $\qquad c(H_3O^\cdot) \cdot c(OH^-) = K \cdot c(H_2O)^2 = K_W \tag{8-3}$

Da die Eigendissoziation des Wassers sehr gering ist, kann die Konzentration des undissoziierten Wassers mit $c(H_2O) = 55,36$ mol $\cdot$ l^{-1} als praktisch konstant angenommen und der Ausgangskonzentration gleichgesetzt werden. (Die Masse von 1 Liter Wasser beträgt bei 25 °C 997,04 g; Division durch $M_r(H_2O) = 18,01$ g $\cdot$ mol^{-1} ergibt $c(H_2O) = 55,36$ mol $\cdot$ l^{-1}.)

Durch Einsetzen dieses Zahlenwertes in Gleichung (8-3) ergibt sich $K_W = 1 \cdot 10^{-14}$ mol^2 $\cdot$ l^{-2}. Die Konstante K_W stellt das **Ionenprodukt des Wassers** dar. Die starke Temperaturabhängigkeit dieser Größe ist für einige Temperaturen in Bild 8-1B gezeigt.

Wird in einer Lösung die Hydroniumionenkonzentration erhöht, so stellt sich eine entsprechende Abnahme der Konzentration von OH^--Ionen ein und umgekehrt. In neutralem Wasser sind gleiche H_3O^+- und OH^--Ionenkonzentrationen vorhanden. Dann wird aus Gleichung (8-3):

$$c(H_3O^+) = c(OH^-) = \sqrt{1 \cdot 10^{-14} \text{ mol}^2 \cdot l^{-2}} = 1 \cdot 10^{-7} \text{ mol} \cdot l^{-1} \qquad (8\text{-}4)$$

> Wässrige Lösungen, die mehr H_3O^+-Ionen enthalten als neutrales Wasser ($1 \cdot 10^{-7}$ mol $\cdot$ l^{-1}), werden **sauer** genannt. Lösungen mit höheren OH^--Ionenkonzentrationen sind **basisch**.

Um Berechnungen der Oxonium- bzw. der Hydroxidionenkonzentrationen zu vereinfachen, wurde von SØRENSEN an Stelle des Zahlenwertes der **negative dekadische Logarithmus** der Wasserstoffionenkonzentration (Oxoniumionenkonzentration) mit dem Symbol **pH (potentia hydrogenii)** eingeführt. Den zugehörigen Zahlenwert bezeichnet man als den pH-Wert oder als das pH einer Lösung.

$$pH = -\lg \frac{c(H_3O^+)}{\text{mol} \cdot l^{-1}} \qquad (8\text{-}5)$$

> Der pH-Wert ist der negative dekadische Logarithmus der Wasserstoffionenkonzentration $c(H_3O^+)$ in mol/l.

Reines Wasser hat demnach als neutrale Lösung den pH-Wert 7 ($t = 25\ °C$). Saure Lösungen mit höheren H_3O^+-Ionenkonzentrationen als das neutrale Wasser haben kleinere pH-Werte, basische mit geringeren H_3O^+-Konzentrationen größere pH-Werte.

> | pH < 7 | sauer | pOH > 7 |
> |--------|-------|---------|
> | pH = 7 | neutral | pOH = 7 |
> | pH > 7 | basisch | pOH < 7 |

Wird das Symbol p allgemein für den negativen dekadischen Logarithmus einer Größe benutzt, so lässt sich das **Ionenprodukt des Wassers** formulieren als:

$$pH + pOH = pK_W = 14 \qquad (8\text{-}6)$$

Mit dieser Gleichung kann der pH-Wert von alkalischen Lösungen über die OH^--Ionenkonzentration errechnet werden (vgl. Bild 8-2).

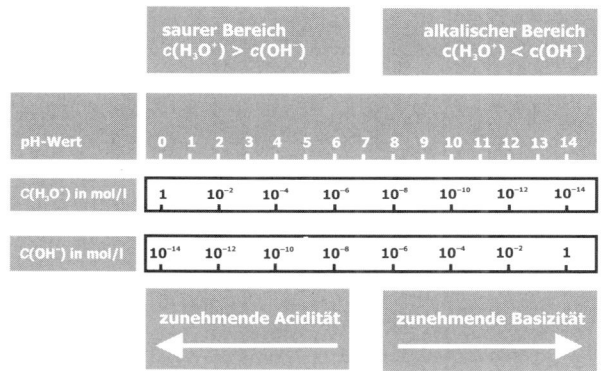

Bild 8-2: Acidität und Basizität wässriger Lösungen. Es gilt das Ionenprodukt des Wassers bei 25 °C: $K_W = c(H_3O^+) \cdot c(OH^-) = 10^{-14} \, mol^2 \cdot l^{-2}$

8.2   Säure-Base-Reaktionen
8.2.1   Theorie von ARRHENIUS

Die erste allgemeine Säure-Base-Theorie stammt von ARRHENIUS. Säuren sind danach solche Verbindungen, die in wässrigen Lösungen durch Dissoziation H^+-Ionen abgeben. Basen liefern beim Auflösen in Wasser OH^--Ionen.

Beispiele:

HCl	$\rightleftarrows$	H^+	+	Cl^-
H_2SO_4	$\rightleftarrows$	$2\,H^+$	+	SO_4^{2-}
NaOH	$\rightleftarrows$	Na^+	+	OH^-
$Ba(OH)_2$	$\rightleftarrows$	Ba^{2+}	+	$2\,OH^-$

Werden derartige Säuren und Basen, die in Wasser vollständig dissoziieren, zusammengegeben (z. B. 1 mol HCl mit 1 mol NaOH), so entsteht auf Grund der Reaktion:

$$HCl + NaOH \rightarrow Na^+ + Cl^- + H_2O$$

eine Lösung, die weder sauer noch alkalisch reagiert. Die Lösung reagiert neutral und verhält sich so wie eine wässrige Kochsalzlösung. Reaktionen von Säuren mit Basen werden daher **Neutralisationsreaktionen** genannt. Die eigentliche chemische Reaktion, die bei einer Neutralisation abläuft, ist die Vereinigung von H^+- und OH^--Ionen zu Wassermolekülen. Dabei entsteht eine Neutralisationsenthalpie von 57,4 kJ · mol^{-1}.

$$H^+ + OH^- \rightarrow H_2O \qquad \Delta H^0 = -57,4 \text{ kJ} \cdot \text{mol}^{-1}$$

Der hauptsächliche Nachteil dieser Säure-Base-Definition liegt in der Beschränkung auf das Lösungsmittel Wasser. Ein weiterer Nachteil besteht darin, dass nur Stoffe als Basen betrachtet werden, die OH^--Ionen abgeben können, obwohl eine Reihe weiterer Stoffe (Ammoniak, Amine, usw.) basische Eigenschaften zeigen.

8.2.2   Theorie von BRØNSTED

Die ARRHENIUS-Theorie wurde 1923 von BRØNSTED durch eine umfassende Begriffsbestimmung erweitert.

> Nach der Theorie von BRØNSTED sind Säuren solche Stoffe, die H^+-Ionen abspalten können (**Protonendonatoren**). Basen sind dagegen Stoffe, die H^+-Ionen aufnehmen (**Protonenakzeptoren**).

Damit entspricht jeder Säure eine bestimmte Base, die nach Abgabe des Protons aus dieser entstehen kann. An einer Protonenübertragungsreaktion sind immer zwei Säure-Base-Paare beteiligt, zwischen denen ein Gleichgewicht besteht. Sie werden als **korrespondierende** oder **konjugierte Säure-Base-Paare** bezeichnet. Mit der stärksten BRØNSTED-Säure korrespondiert daher die schwächste Base und umgekehrt.

Beispiel: Chlorwasserstoff kann als Säure reagieren, weil HCl ein Proton abspalten kann. Das dabei entstehende Cl^--Ion ist eine Base, da es ein Proton aufnehmen kann.

HCl	$\rightleftarrows$	H^+	+	Cl^-	(Säure-Base-Paar 1)
Säure		Proton		konj. Base	

Die Abspaltung eines Protons kann jedoch niemals als isolierte Reaktion ablaufen. Eine Säure-Base-Reaktion muss mit einer zweiten Reaktion gekoppelt sein, bei der das Proton verbraucht wird. Finden Säure-Base-Reaktionen in wässrigen Lösungen statt, so reagiert das Proton mit einem

H_2O-Molekül. Wasser reagiert dabei als Base. Durch die Aufnahme eines Protons entsteht bei diesem Säure-Base-System die Säure H_3O^+.

$$H_2O \quad + \quad H^+ \quad \rightleftharpoons \quad H_3O^+ \qquad \text{(Säure-Base-Paar 2)}$$

konj. Base   Proton   Säure

Beide Teilreaktionen ergeben als Gesamtreaktion:

$$HCl \quad + \quad H_2O \quad \rightleftharpoons \quad H_3O^+ \quad + \quad Cl^-$$

Säure 1   konj. Base 2   Säure 2   konj. Base 1

Tabelle 8-1: Korrespondierende Säure-Base-Paare

Säure-stärke	pK_S	Säure	$\rightleftharpoons$	H^+ + Base	pK_B	Base-stärke
sehr stark	≈ - 10	$HClO_4$	$\rightleftharpoons$	H^+ + ClO_4^-	≈ 24	sehr schwach
	≈ - 10	HI	$\rightleftharpoons$	H^+ + I^-	≈ 24	
	≈ - 9	HBr	$\rightleftharpoons$	H^+ + Br^-	≈ 23	
	≈ - 6	HCl	$\rightleftharpoons$	H^+ + Cl^-	≈ 20	
	≈ - 3	H_2SO_4	$\rightleftharpoons$	H^+ + HSO_4^-	≈ 17	
	- 1,74	H_3O^+	$\rightleftharpoons$	H^+ + H_2O	15,74	
	- 1,32	HNO_3	$\rightleftharpoons$	H^+ + NO_3^-	15,32	
stark	1,92	HSO_4^-	$\rightleftharpoons$	H^+ + SO_4^{2-}	12,08	schwach
	1,96	H_3PO_4	$\rightleftharpoons$	H^+ + $H_2PO_4^-$	12,04	
	2,22	$[Fe(H_2O)_6]^{3+}$	$\rightleftharpoons$	H^+ + $[Fe(H_2O)_5\,OH]^{2+}$	11,78	
	3,14	HF	$\rightleftharpoons$	H^+ + F^-	10,86	
mittel	4,76	CH_3COOH	$\rightleftharpoons$	H^+ + CH_3COO^-	9,24	mittel
	4,85	$[Al(H_2O)_6]^{3+}$	$\rightleftharpoons$	H^+ + $[Al(H_2O)_5\,OH]^{2+}$	9,15	
	6,52	H_2CO_3	$\rightleftharpoons$	H^+ + HCO_3^-	7,48	
	6,92	H_2S	$\rightleftharpoons$	H^+ + HS^-	7,08	
	7,21	$H_2PO_4^-$	$\rightleftharpoons$	H^+ + HPO_4^{2-}	6,79	
schwach	9,21	NH_4^+	$\rightleftharpoons$	H^+ + NH_3	4,79	stark
	9,40	HCN	$\rightleftharpoons$	H^+ + CN^-	4,60	
	10,40	HCO_3^-	$\rightleftharpoons$	H^+ + CO_3^{2-}	3,60	
	12,32	HPO_4^{2-}	$\rightleftharpoons$	H^+ + PO_4^{3-}	1,68	
sehr schwach	15,74	H_2O	$\rightleftharpoons$	H^+ + OH^-	- 1,74	sehr stark
	≈ 23	NH_3	$\rightleftharpoons$	H^+ + NH_2^-	- 9	
	≈ 24	CH_4	$\rightleftharpoons$	H^+ + CH_3^-	≈ - 20	
	≈ 34	OH^-	$\rightleftharpoons$	H^+ + O^{2-}	≈ - 10	
	≈ 39	H_2	$\rightleftharpoons$	H^+ + H^-	≈ - 25	

Zur Untersuchung der Basen- bzw. Säurestärke von Basen, die stärker basisch als OH^--Ionen, und Säuren, die stärker sauer als H_3O^+-Ionen sind, werden andere Lösungsmittel als Wasser verwendet.

An einer **Protonenübertragungsreaktion** (Protolysereaktion) sind immer zwei Säure-Base-Paare beteiligt, zwischen denen ein Gleichgewicht existiert. Beispiele verschiedener Säure-Base-Paare sind in Tabelle 8-1 gezeigt.

Allgemein lässt sich ein Protolysegleichgewicht beschreiben durch:

$$HA \; + \; B \; \rightleftharpoons \; BH^+ \; + \; A^- \qquad\qquad (8\text{-}7)$$
$$\text{Säure 1} \quad \text{Base 2} \qquad \text{Säure 2} \quad \text{Base 1}$$

Die Theorie nach BRØNSTED ist somit von der Art des Lösungsmittels unabhängig und kann sogar, falls Protonen ausgetauscht werden können, auf die Gasphase angewendet werden.

Die Definition einer Säure nach BRØNSTED enthält den klassischen Säurebegriff nach ARRHENIUS und erweitert ihn auf andere Stoffgruppen. Es lassen sich **Neutralsäuren** (HF), **Kationensäuren** (NH_4^+) und **Anionensäuren** ($H_2PO_4^-$) sowie die entsprechenden Basen unterscheiden. **Ampholyte** sind Verbindungen, die je nach dem zweiten Säure-Base-Paar als Säure oder Base reagieren können. Beispiele für Ampholyte sind HSO_4^-, $H_2PO_4^-$ und HPO_4^{2-}.

Nach der Theorie von BRØNSTED sind alle diejenigen Verbindungen Salze, die im festen Aggregatzustand ein Ionengitter ausbilden und beim Auflösen in Ionen dissoziieren. NaOH ist daher nach BRØNSTED im Gegensatz zu OH^- keine Base, sondern ein Salz.

8.2.3   Relative Säure- und Basestärke

Ein wichtiges Merkmal der BRØNSTED'schen Theorie besteht darin, dass Säure- und Baseeigenschaften einen relativen Charakter erhalten. Damit können quantitative Beziehungen zwischen verschiedenen Säure-Base-Paaren aufgestellt werden. So gilt beispielsweise für alle protolytischen Reaktionen:

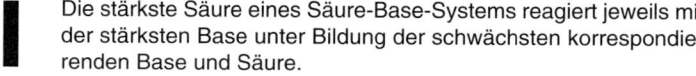

Die stärkste Säure eines Säure-Base-Systems reagiert jeweils mit der stärksten Base unter Bildung der schwächsten korrespondierenden Base und Säure.

Mit dieser thermodynamisch begründbaren Aussage lässt sich beispielsweise die Frage beantworten, ob in wässrigen Lösungen Salzsäure (HCl) mit Dinatriumsulfat (Na_2SO_4) gemäß folgender Gleichung reagiert: $HCl + SO_4^{2-} \rightleftarrows Cl^- + HSO_4^-$. In diesem Protolysegleichgewicht sind HCl und HSO_4^- die Säuren (vgl. Tab. 8-1, linke Seite), Cl^- und SO_4^{2-} die Basen (vgl. Tab. 8-1, rechte Seite). Die stärkere Säure HCl und die stärkere Base SO_4^{2-} reagieren zu der schwächeren konjugierten Base Cl^- und der schwächeren konjugierten Säure HSO_4^-. Das Säure-Base-Gleichgewicht liegt somit weitgehend auf der rechten Seite. Dagegen zeigt sich, dass z. B. zwischen Natriumcyanid (NaCN) und Wasser kein erheblicher Umsatz zu erwarten ist: $CN^- + H_2O \rightleftarrows HCN + OH^-$. Bei diesem Gleichgewicht reagiert das Wasser als sehr schwache Säure und das Cyanid als starke Base.

8.3 Protolysegleichgewichte
8.3.1 pK_S-Wert und Berechnung des pH-Wertes von Säuren

In wässriger Lösung sind freie Protonen nicht beständig. Daher findet zwischen einer Säure HA und dem Lösungsmittel, beispielsweise Wasser, folgende Protolyse statt: $HA + H_2O \rightleftarrows H_3O^+ + A^-$. Das Gleichgewicht liegt weit auf der rechten Seite, wenn HA eine starke Säure ist. Ein quantitatives Maß für die Stärke einer Säure ist die **Massenwirkungskonstante** der Protolysereaktion.

$$\frac{c(H_3O^+) \cdot c(A^-)}{c(HA)} = K \cdot c(H_2O) = K_S \qquad (8\text{-}8)$$

K_S wird **Säurekonstante** genannt. Der negative dekadische Logarithmus des Zahlenwertes der Säurekonstante wird (analog zum pH-Wert) als pK_S-Wert bezeichnet. In der organischen Chemie wird der pK_S-Wert häufig auch pK_a-Wert (Aciditätsfunktion) genannt.

$$pK_S = -lg\ K_S \qquad (8\text{-}9)$$

Tabelle 8-1 enthält neben den Protolysegleichgewichten die pK_S-Werte einiger Säure-Base-Paare. Zu den sehr starken Säuren gehören beispielsweise $HClO_4$, HCl und H_2SO_4. In allen Fällen ist $K_S > 100$, d. h., fast alle Säuremoleküle reagieren mit Wasser. Bei den mittelstarken bis schwachen Säuren, zu denen z. B. CH_3COOH, H_2S und HCN gerechnet werden, liegt das Gleichgewicht so weit auf der linken Seite, dass praktisch alle Säuremoleküle undissoziiert vorliegen.

Mehrwertige Säuren

Säuren, die mehrere Protonen abspalten können, nennt man mehrwertige (mehrbasige, mehrprotonige) Säuren. Beispiele hierzu sind Phosphorsäure (H_3PO_4), Schwefelsäure (H_2SO_4) und Kohlenstoffsäure (H_2CO_3). Sie können ihre Protonen stufenweise abspalten. Für jede Dissoziationsstufe wird eine eigene Dissoziationskonstante bzw. ein eigener pK_S-Wert angegeben.

Beispiel: Die Dissoziation von H_3PO_4 wird als Protolysereaktion formuliert.

1. Stufe: $H_3PO_4 + H_2O \rightleftarrows H_3O^+ + H_2PO_4^-$

$$K_{S1} = \frac{c(H_3O^+) \cdot c(H_2PO_4^-)}{c(H_3PO_4)} = 1,1 \cdot 10^{-2} \qquad pK_{S1} = 1,96$$

2. Stufe: $H_2PO_4^- + H_2O \rightleftarrows H_3O^+ + HPO_4^{2-}$

$$K_{S2} = \frac{c(H_3O^+) \cdot c(HPO_4^{2-})}{c(H_2PO_4^-)} = 6,2 \cdot 10^{-8} \qquad pK_{S2} = 7,21$$

3. Stufe: $HPO_4^{2-} + H_2O \rightleftarrows H_3O^+ + PO_4^{3-}$

$$K_{S3} = \frac{c(H_3O^+) \cdot c(PO_4^{3-})}{c(HPO_4^{2-})} = 4,8 \cdot 10^{-13} \qquad pK_{S3} = 12,32$$

Berechnung des pH-Wertes

Das Protolysegleichgewicht einer starken Säure liegt fast vollständig auf der rechten Seite. Beispiel: $HCl + H_2O \rightarrow H_3O^+ + Cl^-$. Dies bedeutet, dass nahezu alle HCl-Moleküle dissoziieren und zu H_3O^+-Ionen reagieren. Die H_3O^+-Konzentration in der Lösung kann daher vereinfachend gleich der Hcl-Konzentration gesetzt werden. Der pH-Wert wird somit nach folgender Beziehung berechnet:

$$pH = -lg\ c_{Säure} \qquad (8\text{-}10)$$

Beispiel: Eine HCl-Lösung mit der Stoffmengenkonzentration von $c(HCl) = 0,01\ mol \cdot l^{-1}$ hat ebenfalls eine H_3O^+-Konzentration von $0,01\ mol \cdot l^{-1}$.

$$pH = -lg\ c_{HCl} = 2$$

Schwefelsäure der Konzentration $c(H_2SO_4) = 0,5$ mol $\cdot$ l^{-1} hat eine H_3O^+-Konzentration von $2 \cdot 0,5$ mol $\cdot$ l$^{-1} = 1,0$ mol $\cdot$ l^{-1} (H_2SO_4 ist eine zweibasige Säure).

$$pH = -lg\ c_{H_3O^+} = 0$$

Bei schwachen Säuren, die nur unvollständig dissoziieren, muss zur Berechnung des pH-Wertes das Massenwirkungsgesetz auf das Protolysegleichgewicht angewendet werden: $HA + H_2O \rightleftarrows H_3O^+ + A^-$. Entsprechend der allgemeinen Reaktionsgleichung entstehen aus einem Molekül HA ein H_3O^+- und ein A^--Ion. Die Konzentrationen der beiden Ionensorten sind gleich groß: $c(H_3O^+) = c(A^-) = x$. Die Konzentration der undissoziierten Säure ist gleich der Anfangskonzentration der Säure c_{HA}^0 minus x. Da x H_3O^+-Ionen gebildet werden, müssen auch x Säuremoleküle HA verbraucht werden. Bei schwachen Säuren (kleine Protolysekonstante K_S) ist x gegenüber c_{HA}^0 zu vernachlässigen ($c(H_3O^+) \ll c_{HA}^0$). Es gilt dann näherungsweise $c_{HA}^0 = c(HA)$. Nach dem Massenwirkungsgesetz ergibt sich:

$$K_S = \frac{c(H_3O^+) \cdot c(A^-)}{c(HA)} = \frac{x^2}{c_{HA}^0 - x} \approx \frac{x^2}{c_{HA}^0} \qquad (8\text{-}11)$$

$$K_S \cdot c_{HA}^0 = x^2 = c^2(H_3O^+) \qquad (8\text{-}12)$$

Durch Logarithmieren ergibt sich für den pH-Wert:

$$pK_S - lg\ c_{HA}^0 = 2 \cdot pH$$

$$pH = \frac{pK_S - lg\ c_{HA}^0}{2} \qquad (8\text{-}13)$$

Bei sehr verdünnten schwachen Säuren ist die Protolyse so groß, dass die Näherungsgleichung (8-13) nicht mehr anwendbar ist. Es gilt dann die pH-Berechnung für starke Säuren: $pH = -lg\ c_{HA}^0$. Diese Gleichung kann angewendet werden, wenn $c_{HA}^0 \ll K_S$. Der Protolysegrad in diesem Bereich ist $\alpha \gg 0,62$ (vgl. auch Abschn. 8.3.2).

Beispiel: Wie groß ist der pH-Wert einer Essigsäure mit einer Stoffmengenkonzentration $c = 0,01$ mol $\cdot$ l^{-1}?

$$CH_3COOH + H_2O \rightleftarrows H_3O^+ + CH_3COO^-$$

$$K_S = \frac{c(H_3O^+) \cdot c(CH_3COO^-)}{c(CH_3COOH)} = 1{,}8 \cdot 10^{-5} \text{ mol} \cdot l^{-1}$$

Da die Protolysekonstante $K_S \ll c^0_{\text{Essigsäure}}$ ist, kann zur Berechnung des pH-Wertes die Gleichung (8-13) angewendet werden.

$$pH = \frac{pK_S - \lg c^0_{HA}}{2} = \frac{4{,}75 + 2{,}0}{2} = 3{,}37$$

Die Essigsäure hat, wie dies auch zu erwarten war, einen größeren pH-Wert als die stärkere Säure HCl gleicher Konzentration.

8.3.2   Protolysegrad

Das Ausmaß einer protolytischen Reaktion wird durch den Protolysegrad

$$\alpha = \frac{\text{Konzentration der protolysierten HA-Moleküle}}{\text{Konzentration der HA-Moleküle vor der Protolyse}} \qquad (8\text{-}14)$$

ausgedrückt. Für die Protolysereaktion $HA + H_2O \rightleftarrows H_3O^+ + A^-$ kann definiert werden:

$$\alpha = \frac{c^0_{HA} - c(HA)}{c^0_{HA}} = \frac{c(H_3O^+)}{c^0_{HA}} = \frac{c(A^-)}{c^0_{HA}} \qquad (8\text{-}15)$$

Der Protolysegrad α einer Säure ist der Anteil Säure, der in einer Reaktion mit Wasser zur korrespondierenden Base umgewandelt wurde. α kann Werte von 0 bis 1 annehmen.

Wendet man das MWG auf die Protolysereaktion an und ersetzt die Konzentrationen von $c(H_3O^+)$, $c(A^-)$ und $c(HA)$ durch die jeweiligen Ausdrücke aus Gleichung (8-15), so ergibt sich:

$$K_S = \frac{c(H_3O^+) \cdot c(A^-)}{c(HA)} = \frac{\alpha^2 \cdot (c^0_{HA})^2}{c^0_{HA} - \alpha \cdot c^0_{HA}} = c^0_{HA} \cdot \frac{\alpha^2}{1 - \alpha} \qquad (8\text{-}16)$$

Diese Beziehung wird **OSTWALD'sches Verdünnungsgesetz** genannt. Der Protolysegrad ist keine Konstante, sondern hängt von der Gesamtkonzentration eines Säure-Base-Paares ab. Für schwache Säuren ist $\alpha \ll 1$, und man erhält aus Gleichung (8-16) näherungsweise:

$$\alpha = \sqrt{K_S/c_{HA}^0} \qquad\qquad (8\text{-}17)$$

Der Protolysegrad α einer schwachen Säure nimmt mit abnehmender Konzentration der Säure, d. h. mit wachsender Verdünnung, zu.

Beispiel: Essigsäure mit einer Konzentration $c = 0{,}1 \ mol \cdot l^{-1}$ hat einen Protolysegrad von $\alpha = 0{,}0134$. Nimmt dagegen die Konzentration auf $c = 0{,}001 \ mol \cdot l^{-1}$ ab, so steigt α auf $0{,}125$. Die Protolyse nimmt somit von $1{,}34\%$ auf $12{,}5\%$ zu.

8.3.3   pH-Berechnungen von Basen und Salzlösungen

Werden Salze in Wasser aufgelöst, so dissoziieren sie in Kationen und Anionen. Außer der Hydratation erfolgt in einer Vielzahl von Fällen keine weitere Reaktion der Ionen. Die Lösung reagiert, wie reines Wasser, pH-neutral. Es sind jeweils $10^{-7} \ mol \cdot l^{-1} \ H_3O^+$- und OH^--Ionen vorhanden. Natriumchlorid (NaCl) und Natriumsulfat (Na_2SO_4) zeigen z. B. dieses Verhalten.

Verschiedene Salze lösen sich unter Änderung des pH-Wertes. Eine wässrige Lösung von Ammoniumchlorid NH_4Cl reagiert beispielsweise sauer, während Lösungen von Natriumcarbonat Na_2CO_3 und Natriumacetat CH_3COONa basisch reagieren.

Beispiel: Beim Lösen von Ammoniumchlorid dissoziiert NH_4Cl in Ammonium- und Chloridionen. Cl^- zeigt keine Reaktion mit dem Lösungsmittel, da Wasser eine sehr schwache BRØNSTED-Base ist. NH_4^+ ist eine BRØNSTED-Säure und an folgender Protolysereakton beteiligt:

$$NH_4^+ + H_2O \rightleftharpoons H_3O^+ + NH_3$$

NH_4^+ gibt unter Bildung von Hydroniumionen Protonen an die Wassermoleküle ab. Die NH_4Cl-Lösung reagiert daher sauer. Die Berechnung des pH-Wertes kann analog der von Essigsäure erfolgen. Die Anwendung des MWG ergibt:

$$\frac{c(H_3O^+) \cdot c(NH_3)}{c(NH_4^+)} = K_S$$

Mit $c(H_3O^+) = c(NH_3)$ folgt: $c(H_3O^+) = \sqrt{K_S \cdot c(NH_4^+)}$

Als Salz ist NH_4Cl vollständig in Ionen dissoziiert und kann, da nur ein vernachlässigbarer Anteil der NH_4^+-Ionen mit Wasser reagiert (pK_S = 9,25), mit der Konzentration von NH_4^+ im Gleichgewicht gesetzt werden: $c(NH_4^+) = c^0_{NH_4Cl}$. Damit erhält man:

$$c(H_3O^+) = \sqrt{K_S \cdot c^0_{NH_4Cl}} \qquad \text{und} \qquad pH = \frac{pK_S - \lg c^0_{NH_4Cl}}{2}$$

Für eine NH_4Cl-Lösung der Konzentration $0,01 \text{ mol} \cdot l^{-1}$ ergibt sich daraus ein pH-Wert von 5,6.

Liegt bei der Reaktion einer Base B mit Wasser $B + H_2O \rightleftharpoons BH^+ + OH^-$ das Gleichgewicht weit auf der rechten Seite, so ist B eine starke Base. Der pOH-Wert lässt sich dann nach folgender Beziehung berechnen:

$$pOH = -\lg c_{Base} \tag{8-18}$$

Hieraus ergibt sich der pH-Wert unter Anwendung von Gleichung (8-6):

$$pH = 14 - pOH \tag{8-19}$$

Ist B jedoch eine schwache Base, so stellt sich das Gleichgewicht zu Gunsten der Ausgangsprodukte ein. Als quantitatives Maß wird in Analogie zur Protolysereaktion einer Säure das Massenwirkungsgesetz formuliert:

$$K_B = \frac{c(BH^+) \cdot c(OH^-)}{c(B)} \tag{8-20}$$

K_B wird als **Basenkonstante** und der negative dekadische Logarithmus als **Basenexponent** bezeichnet.

$$pK_B = -\lg K_B \tag{8-21}$$

Liegt das Gleichgewicht so weit auf der linken Seite, dass die Konzentration von B im Gleichgewicht annähernd gleich der Konzentration an gelöster Base c^0_{Base} ist, so erhält man:

$$c(OH^-) = \sqrt{K_B \cdot c^0_{Base}} \tag{8-22}$$

und $\quad pOH = \dfrac{pK_B - \lg c_{Base}^0}{2}$ $\qquad$ (8-23)

Zwischen einem Säure-Base-Paar mit den charakteristischen Gleichgewichtskonstanten K_S und K_B besteht folgende Beziehung: Multipliziert man die Definitionsgleichungen für K_S (8-8) und K_B (8-20), so erhält man das **Ionenprodukt** des Wassers K_W (vgl. Abschn. 8.1.2):

$$K_S \cdot K_B = \dfrac{c(H_3O^+) \cdot c(A^-) \cdot c(BH^+) \cdot c(OH^-)}{c(HA) \cdot c(B)}$$

$$= c(H_3O^+) \cdot c(OH^-) = K_W \qquad (8\text{-}24)$$

Hier ist aber $c(B) = c(A^-)$ und $c(BH^+) = c(HA)$. Es gilt daher für jedes Säure-Base-Paar:

$$K_S \cdot K_B = K_W \qquad (8\text{-}25)$$

und $\quad pK_S + pK_B = 14$ $\qquad$ (8-26)

Beispiel: $Na_2CO_3 + H_2O \rightleftharpoons HCO_3^- + OH^- + 2\,Na^+$

Das Gleichgewicht der Reaktion liegt so weit auf der linken Seite, dass die Gleichgewichtskonzentration $c(CO_3^{2-})$ annähernd gleich der eingesetzten Na_2CO_3-Konzentration ist. Es kann daher Gleichung (8-23) angewendet werden. Der pK_S-Wert des Säure-Base-Paares $HCO_3^- \rightleftharpoons H^+ + CO_3^{2-}$ beträgt somit 10,40 (Tab. 8-1). Der pK_B-Wert von CO_3^{2-} beträgt somit: $pK_B = 14 - 10,40 = 3,60$. Für eine Na_2CO_3-Lösung der Konzentration $c = 0,1\ mol \cdot l^{-1}$ ergibt sich:

$$pOH = \dfrac{3,6 + 1}{2} = 2,3 \qquad und \qquad pH = 14 - 2,3 = 11,7$$

Lösungen von Salzen, die aus Anionen starker Anionenbasen und Kationen schwacher Kationensäuren bestehen, reagieren basisch. (Beispiele: Na_2CO_3, KCN, Na_2S)

Lösungen von Salzen aus starken Kationensäuren und schwachen Anionenbasen reagieren sauer. (Beispiele: NH_4Cl, $(NH_4)_2SO_4$, $AlCl_3$)

8.3.4   Puffersysteme

Sind schwache Säuren (Basen) und ihre korrespondierenden Basen (Säuren) gleichzeitig in wässrigen Lösungen vorhanden, so erhält man Systeme, die infolge der Protolysegleichgewichte relativ unempfindlich gegen weiteren Zusatz von Säuren und Basen sind. Lösungen mit diesen Eigenschaften werden als **Puffersysteme, Pufferlösungen** oder **Puffer** (SØREN-SEN) bezeichnet. Sie werden durch Auflösen einer schwachen Säure bzw. Base und des entsprechenden Salzes in Wasser hergestellt.

> Puffersysteme sind Lösungen, die auch bei Zugabe erheblicher Mengen Säure oder Base ihren pH-Wert nur geringfügig ändern. Sie entstehen aus einer schwachen BRØNSTED-Säure (-Base) und einem Salz der korrespondierenden Base (bzw. korrespondierenden Säure). Puffersysteme können je nach Stärke der gewählten Säure bzw. Base den pH-Wert der Lösung in einem ganz bestimmten Bereich (Pufferbereich) gegen Säure- bzw. Basenzusatz konstant halten.

Das Funktionsprinzip eines Puffersystems kann durch die Anwendung des Massenwirkungsgesetzes auf folgende allgemeine Protolysereaktion erklärt werden:

$$HA + H_2O \rightleftharpoons H_3O^+ + A^-$$

$$K_S = \frac{c(H_3O^+) \cdot c(A^-)}{c(HA)} \quad \Longrightarrow \quad c(H_3O^+) = K_S \cdot \frac{c(HA)}{c(A^-)}$$

Durch Bildung des negativen dekadischen Logarithmus der einzelnen Gleichungssysteme ergibt sich die **HENDERSON-HASSELBALCH-Gleichung**:

$$pH = pK_S + \lg \frac{c(A^-)}{c(HA)} \tag{8-27}$$

Berechnet man mit dieser Gleichung für bestimmte pH-Werte die prozentualen Verhältnisse an korrespondierender Base und Säure $c(A^-) : c(HA)$ und stellt man diese grafisch dar, entstehen **Pufferungskurven**. Bild 8-3 zeigt die Kurve für das System Essigsäure-Acetat.

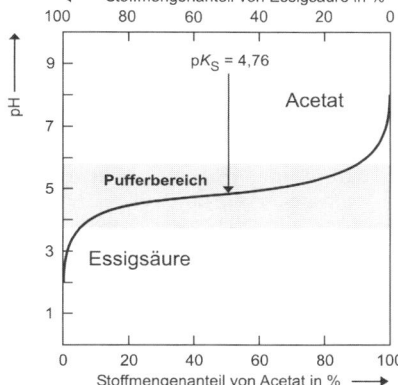

Bild 8-3: Pufferungskurve des Essigsäure-Acetat-Puffers. Optimale Pufferwirkung hat eine 1:1-Mischung (pH = 4,76)

Sind die Konzentrationen von Essigsäure und Acetat gleich groß, dann gilt pH = pK_S. Wird das Verhältnis $c(A^-) : c(HA)$ auf 10 geändert, so steigt das pH nur um eine Einheit; ändert es sich auf 10^{-1}, dann sinkt das pH um eine Einheit. Erst wenn die Konzentrationsunterschiede größer werden, ändert sich der pH-Wert drastisch.

> Bei bekanntem pH-Wert kann das Konzentrationsverhältnis von Säure zu konjugierter Base berechnet werden.
>
> Sind die Konzentrationen $c(HA)$ und $c(A^-)$ gleich groß, so ist der pH-Wert gleich dem pK_S-Wert der Säure. Dieser pH-Wert stellt auch den Wendepunkt der Pufferungskurve dar.
>
> Kleine Konzentrationsänderungen des Puffersystems wirken sich nicht auf den pH-Wert aus.
>
> Mit Hilfe der HENDERSON-HASSELBALCH-Gleichung lassen sich pH-Wert-Änderungen berechnen, wenn einem Puffersystem eine Säure oder eine Base zugefügt wird.

Werden einem Puffersystem Protonen zugesetzt, dann müssen, entsprechend dem Prinzip von LE CHATELIER, die Protonen mit der korrespondierenden Base zu undissoziierter Säure reagieren. Das Protolysegleichgewicht verschiebt sich nach links, die Protonen werden durch A^--Ionen gepuffert, und der pH-Wert nimmt nur minimal ab. Das System puffert so lange, bis das $c(A^-) : c(HA)$-Verhältnis $\approx 10^{-1}$ unterschritten wird. Erst dann erfolgt bei weiterer Protonenzugabe eine starke Abnahme des pH-Wertes (vgl. Bild 8-3).

Fügt man dem System OH⁻-Ionen zu, so reagieren diese mit undissoziierter Säure HA zu A⁻ und H_2O. Beide Reaktionsprodukte tragen nicht zur pH-Änderung bei. Das Protolysegleichgewicht wird nach rechts verschoben. Erst wenn das Verhältnis $c(A^-) : c(HA) \approx 10$ erreicht ist, steigt der pH-Wert bei weiterer Zugabe von OH⁻-Ionen sehr stark an.

> Optimale Pufferwirkung haben äquimolare Mischungen ($c_{korr. Base} : c_{Säure} = 1:1$). Der Pufferbereich liegt bei pH = pK_S ± 1. Die Wirksamkeit eines Puffersystems nimmt mit seiner Konzentration zu.

Durch Veränderung des Verhältnisses zwischen Säure und korrespondierender Base lässt sich der pH-Wert nur in einem geringen Bereich variieren. Bild 8-4 zeigt die Abhängigkeit des pH-Wertes einiger Puffersysteme von ihrem Säure-Base-Verhältnis.

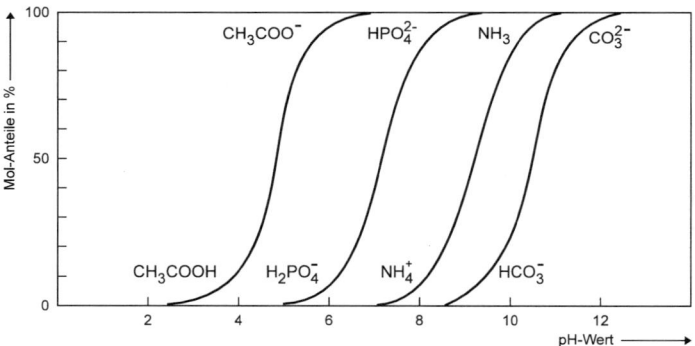

Bild 8-4: Beispiele einiger Puffersysteme

Auch bei diesen Puffersystemen liegt die optimale Pufferwirkung bei pH = pK_S ± 1. Die gezeigten Beispiele decken einen Arbeitsbereich von pH = 4...11 ab. Die jeweiligen pK_S-Werte der Säuren können aus Tabelle 8-1 entnommen werden.

Puffer sind von großem praktischen Interesse. Sie werden beispielsweise eingesetzt, wenn chemische Reaktionen, die während ihres Verlaufs Säuren oder Basen freisetzen, bei konstantem pH-Wert durchgeführt werden sollen. Zum Beispiel verhindern Puffersysteme eine Übersäuerung des Bodens (Umweltschutz). Neben vielen Körperflüssigkeiten wirkt auch Blut, dessen Inhaltsstoffe das pH bei 7,35 ($t = 37\,°C$) konstant halten, als Puffer.

8.4 Elektronentheorie der Säuren und Basen nach LEWIS

Experimentelle Erfahrungen haben gezeigt, dass viele wasserstofffreie Substanzen (z. B. $AlCl_3$, $FeBr_3$ oder SO_3) saure Eigenschaften haben und somit eine nicht unbeträchtliche Hydroniumionenaktivität entwickeln. Darüber hinaus sind in nichtwasserstoffhaltigen (nichtprototropen) Lösungsmitteln, wie in flüssigem SO_2, Erscheinungen bekannt, die mit Säure-Base-Vorgängen in Wasser oder anderen prototropen Lösungsmitteln vergleichbar sind. Derartige Reaktionen werden mit der nach LEWIS benannten Elektronentheorie der Säuren und Basen beschrieben.

> Eine LEWIS-Säure ist ein Molekül mit einer unvollständig besetzten Elektronenschale (Elektronenpaarlücke), das zur Bildung einer koordinativen (d. h. kovalenten) Bindung ein Elektronenpaar aufnehmen kann.

Eine LEWIS-Säure wird daher auch **Elektronenpaar-Akzeptor** genannt. Beispiele: BF_3, SO_3, $AlCl_3$, BCl_3, $SnCl_4$, Cu^{2+}.

> Eine LEWIS-Base ist ein Molekül, das ein Elektronenpaar zur Ausbildung einer kovalenten Bindung zur Verfügung stellen kann.

Sie wird auch **Elektronenpaar-Donator** genannt. Beispiele: NH_3, OH^-, NH_2^-, Cl^-, F^-, O^{2-}, SO_3^{2-}.

Nach der Elektronentheorie von LEWIS besteht eine Säure-Base-Reaktion in der Ausbildung einer Atombindung zwischen einer LEWIS-Säure und einer LEWIS-Base. Die Säure- bzw. Basestärke hängt daher vom jeweiligen Reaktionspartner ab.

Tabelle 8-2: Beispiele einiger Säure-Base-Reaktionen nach LEWIS

Säure	+	Base	⇌	Reaktionsprodukt
BF_3	+	NH_3	⇌	$BF_3 - NH_3$
$AlCl_3$	+	Cl^-	⇌	$[AlCl_4]^-$
Ag^+	+	$2\,NH_3$	⇌	$[Ag(NH_3)_2]^+$
SO_2	+	H_2O	⇌	H_2SO_3
CO_2	+	OH^-	⇌	HCO_3^-
H^+	+	NH_3	⇌	NH_4^+
H^+	+	OH^-	⇌	H_2O

9 Redox-Systeme

9.1 Oxidations- und Reduktionsreaktionen

Die Begriffe **Oxidation**, früher als Sauerstoffaufnahme (bzw. als Abgabe von Wasserstoff) definiert, und **Reduktion**, früher als Sauerstoffentzug (bzw. als Wasserstoffaufnahme) definiert, sind über ihre ursprüngliche Bedeutung hinaus erweitert worden. Heute werden diese Begriffe viel allgemeiner verwendet. Unter Oxidation und Reduktion versteht man die Änderung der Oxidationszahl eines Teilchens (vgl. Abschn. 7.2). Die Oxidationszahl kann verändert werden, wenn solchen Teilchen (Atome, Ionen, Moleküle) Elektronen zugeführt oder entzogen werden.

> Als **Reduktion** wird jeder Vorgang bezeichnet, bei dem ein Teilchen (Atom, Ion, Molekül) Elektronen aufnimmt. Die Oxidationszahl des reduzierten Teilchens wird hierbei kleiner.
>
> Allgemein: $Ox_1 + n\,e^- \rightleftharpoons Red_1$ (9-1)

Beispiel: $Cl_2 + 2\,e^- \rightleftharpoons 2\,Cl^-$ $Fe^{3+} + 1\,e^- \rightleftharpoons Fe^{2+}$

> Als **Oxidation** wird jeder Vorgang bezeichnet, bei dem einem Teilchen (Atom, Ion, Molekül) Elektronen entzogen werden. Hierbei wird die Oxidationszahl des oxidierten Teilchens größer.
>
> Allgemein: $Red_2 \rightleftharpoons Ox_2 + n\,e^-$ (9-2)

Beispiel: $Na \rightleftharpoons Na^+ + 1\,e^-$ $Fe^{2+} \rightleftharpoons Fe^{3+} + 1\,e^-$

Ein Teilchen kann nur dann Elektronen aufnehmen bzw. abgeben, wenn diese von anderen Teilchen abgegeben bzw. aufgenommen werden. Eine Oxidation ist daher stets mit einer Reduktion gekoppelt. Beide Teilreaktionen werden korrespondierende **Redoxpaare** genannt:

$Ox_1 + n\,e^- \rightleftharpoons Red_1$ korrespondierendes Redoxpaar 1

$Red_2 \rightleftharpoons Ox_2 + n\,e^-$ korrespondierendes Redoxpaar 2

An einer Redoxreaktion sind immer zwei Redoxpaare beteiligt.

$$Ox_1 \quad + \quad Red_2 \quad \rightleftarrows \quad Red_1 \quad + \quad Ox_2 \qquad (9\text{-}3)$$

Zwei miteinander kombinierte Redoxpaare nennt man **Redoxsystem**. Laufen Reaktionen unter Oxidation und Reduktion irgendwelcher Teilchen ab, so nennt man sie **Redoxreaktionen** oder Redoxvorgänge. Die sie beschreibenden Reaktionsgleichungen heißen **Redoxgleichungen**.

Tabelle 9-1: Elektrochemische Spannungsreihe mit Standardpotenzialen E^0 ausgewählter Redoxpaare (n Anzahl der Elektronen)

Redoxpaar		$E°$ in V
$Li^+ + e^-$	$\rightleftharpoons$ Li	$-3{,}05$
$K^+ + e^-$	$\rightleftharpoons$ K	$-2{,}93$
$Ca^{2+} + 2\,e^-$	$\rightleftharpoons$ Ca	$-2{,}87$
$Na^+ + e^-$	$\rightleftharpoons$ Na	$-2{,}71$
$Mg^{2+} + 2\,e^-$	$\rightleftharpoons$ Mg	$-2{,}36$
$Al^{3+} + 3\,e^-$	$\rightleftharpoons$ Al	$-1{,}66$
$2\,H_2O + 2\,e^-$	$\rightleftharpoons$ $H_2 + 2\,OH^-$	$-0{,}83$
$Zn^{2+} + 2\,e^-$	$\rightleftharpoons$ Zn	$-0{,}76$
$Cr^{3+} + 3\,e^-$	$\rightleftharpoons$ Cr	$-0{,}74$
$Fe^{2+} + 2\,e^-$	$\rightleftharpoons$ Fe	$-0{,}44$
$Cr^{3+} + 3\,e^-$	$\rightleftharpoons$ Cr	$-0{,}41$
$Co^{2+} + 2\,e^-$	$\rightleftharpoons$ Co	$-0{,}28$
$Ni^{2+} + 2\,e^-$	$\rightleftharpoons$ Ni	$-0{,}23$
$Sn^{2+} + 2\,e^-$	$\rightleftharpoons$ Sn	$-0{,}14$
$Pb^{2+} + 2\,e^-$	$\rightleftharpoons$ Pb	$-0{,}13$
$Fe^{3+} + 3\,e^-$	$\rightleftharpoons$ Fe	$-0{,}04$
$2\,H^+ + 2\,e^-$	$\rightleftharpoons$ **H_2**	**$0{,}00$**
$Sn^{4+} + 2\,e^-$	$\rightleftharpoons$ Sn^{2+}	$+0{,}15$
$Cu^{2+} + 2\,e^-$	$\rightleftharpoons$ Cu	$+0{,}34$
$Cu^+ + e^-$	$\rightleftharpoons$ Cu	$+0{,}52$
$I_2 + 2\,e^-$	$\rightleftharpoons$ $2\,I^-$	$+0{,}54$
$Fe^{3+} + e^-$	$\rightleftharpoons$ Fe^{2+}	$+0{,}77$
$Ag^+ + e^-$	$\rightleftharpoons$ Ag	$+0{,}80$
$Br_2 + 2\,e^-$	$\rightleftharpoons$ $2\,Br^-$	$+1{,}09$
$Pt^{2+} + 2\,e^-$	$\rightleftharpoons$ Pt	$+1{,}20$
$Cr_2O_7^{2-} + 14\,H^+ + 6\,e^-$	$\rightleftharpoons$ $2\,Cr^{3+} + 7\,H_2O$	$+1{,}33$
$Cl_2 + 2\,e^-$	$\rightleftharpoons$ $2\,Cl^-$	$+1{,}36$
$Au^{3+} + 3\,e^-$	$\rightleftharpoons$ Au	$+1{,}40$
$MnO_4^- + 8\,H^+ + 5\,e^-$	$\rightleftharpoons$ $Mn^{2+} + 4\,H_2O$	$+1{,}51$
$Pb^{4+} + 2\,e^-$	$\rightleftharpoons$ Pb^{2+}	$+1{,}67$
$Au^+ + e^-$	$\rightleftharpoons$ Au	$+1{,}69$
$Ag^{2+} + e^-$	$\rightleftharpoons$ Ag^+	$+1{,}98$
$F_2 + 2\,e^-$	$\rightleftharpoons$ $2\,F^-$	$+2{,}87$

Je ausgeprägter bei einem Redoxpaar die Tendenz der reduzierten Form ist, Elektronen abzugeben, umso schwächer ist die Tendenz der korrespondierenden oxidierten Form, Elektronen aufzunehmen. Redoxpaare werden auf Grund dieser Tendenz in einer Redoxreihe (**elektrochemische Spannungsreihe**) angeordnet (vgl. Tab. 9-1).

Die Stellung eines Redoxpaares in der elektrochemischen Spannungsreihe gibt Auskunft über die reduzierende bzw. oxidierende Wirkung der jeweiligen Form. Die oxidierte Form eines Redoxpaares ist ein umso stärkeres Oxidationsmittel, je größer (positiver) das Standardpotenzial ist (umso geringer ist dann die reduzierende Wirkung der reduzierten Form des gleichen Redoxpaares). Die reduzierte Form eines Redoxpaares ist ein umso stärkeres Reduktionsmittel, je kleiner das Standardpotenzial ist (umso geringer ist dann die oxidierende Wirkung der oxidierten Form des Redoxpaares).

Tabelle 9-2: Oxidations- und Reduktionsmittel werden in Analogie zur Klassifizierung der Stärke von Säuren und Basen nach ihrer Stärke eingeteilt

	E^0 in V	Beispiele
starke Oxidationsmittel	> 1,4	Fluor (F_2), Permanganat (MnO_4^-)
mittelstarke Oxidationsmittel	1,0...1,4	Chlor (Cl_2), Dichromat ($Cr_2O_7^{2-}$)
schwache Oxidationsmittel	0,5...1,0	Iod (I_2), Eisen(III)-Ionen (Fe^{3+})
schwache Reduktionsmittel	0...0,5	Zinn(II)-Ionen (Sn^{2+}),
		Thiosalfat ($S_2O_3^{2-}$), Sulfit (SO_3^{2-})
mittelstarke Reduktionsmittel	−0,6...0	Eisen (Fe)
starke Reduktionsmittel	< −0,6	Zink (Zn), Aluminium (Al), Natrium (Na)

Reduktionsmittel sind Substanzen (Elemente, Verbindungen), die Elektronen abgeben oder denen Elektronen entzogen werden können. Sie werden bei diesem Vorgang oxidiert. Beispiele: Natrium, Zink, Kohlenstoff, Wasserstoff.

Oxidationsmittel sind Substanzen (Elemente, Verbindungen), die Elektronen aufnehmen und dabei andere Substanzen oxidieren. Sie selbst werden bei diesem Vorgang reduziert. Beispiele: Sauerstoff, Chlor, Salpetersäure (HNO_3), Kaliumpermanganat ($KMnO_4$).

Redoxprozesse laufen nur freiwillig zwischen einer reduzierten Form mit einer in der elektrochemischen Spannungsreihe darunter stehenden oxidierten Form ab.

Beispiele für in wässriger Lösung ablaufende Redoxreaktionen:

$$Zn \quad + \quad Cu^{2+} \quad \rightarrow \quad Zn^{2+} \quad + \quad Cu$$
$$Fe \quad + \quad Cu^{2+} \quad \rightarrow \quad Fe^{2+} \quad + \quad Cu$$
$$2\,Br^- \quad + \quad Cl_2 \quad \rightarrow \quad Br_2 \quad + \quad 2\,Cl^-$$

Bei allen Beispielen verlaufen die Redoxreaktionen nur von links nach rechts. Soll dagegen Kupfer in Salzsäure aufgelöst werden, so zeigt die Stellung der beiden Redoxpaare, dass die Reaktion:

$$Cu \quad + \quad 2\,H_3O^+ \quad \rightarrow \quad Cu^{2+} \quad + \quad H_2 \quad + \quad H_2O$$

nicht möglich ist, d. h., Cu lässt sich in Salzsäure nicht auflösen.

9.2   Aufstellen von Redoxgleichungen

Wie alle stöchiometrischen Gleichungen geben Redoxgleichungen lediglich den Bruttoumsatz, jedoch nicht den tatsächlichen Verlauf wieder. Der Mechanismus des Elektronenaustauschprozesses zwischen Oxidations- und Reduktionsmittel ist kompliziert und in vielen Fällen noch nicht bekannt. Zur Deutung des Mechanismus sind besonders kinetische Untersuchungen und Messungen mit radioaktiv markierten Verbindungen von Bedeutung. Es konnte gezeigt werden, dass in vielen Fällen eine Zweielektronenübertragung erfolgt. Oxidationsstufen von Elementen, die sich um zwei Elektronen unterscheiden, haben daher eine ausgeprägte Stabilität.

Das Aufstellen einer Redoxgleichung bezieht sich nur auf das Auffinden der stöchiometrischen Zahlen und damit auf die Bilanzierung der Gesamtgleichung. Die Ausgangsstoffe und Endprodukte der Reaktion müssen bekannt sein.

Beispiel: Bei der Auflösung von metallischem Kupfer in Salpetersäurelösung entstehen Cu^{2+}-Ionen und Stickstoffmonooxid. Wie lautet die vollständige Redoxgleichung?

$$Cu + H_3O^+ + NO_3^- \rightarrow Cu^{2+} + NO$$

Bei komplizierten Redoxvorgängen ist es sinnvoll, die beiden beteiligten Redoxpaare getrennt zu formulieren.

Redoxpaar 1: $Cu \rightleftarrows Cu^{2+} + 2\,e^-$

Zur Aufstellung des Redoxpaares 2 geht man folgendermaßen vor:

(1) Ermittlung der Oxidationszahlen der oxidierten und der reduzierten Form

$$\overset{+5}{N}O_3^- \quad \rightleftharpoons \quad \overset{+2}{N}O$$

(2) Aus der Differenz der Oxidationszahlen erhält man die Zahl der ausgetauschten (aufgenommenen) Elektronen.

$$\overset{+5}{N}O_3^- \quad + \quad 3\,e^- \quad \rightleftharpoons \quad \overset{+2}{N}O$$

(3) Prüfung auf Elektroneutralität. Die Summe der elektrischen Ladungen muss auf beiden Seiten gleich groß sein. Die Differenz kann in saurer Lösung durch H_3O^+-Ionen ausgeglichen werden.

$$4\,H_3O^+ \quad + \quad NO_3^- \quad + \quad 3\,e^- \quad \rightleftharpoons \quad NO$$

In alkalischen Medien kann der Ladungsausgleich durch OH^--Ionen erfolgen.

(4) Prüfung der Stoffbilanz. Die Anzahl der Atome jeder Atomsorte muss auf beiden Seiten der Reaktionsgleichung gleich groß sein. Der Ausgleich erfolgt durch H_2O.

$$4\,H_3O^+ \quad + \quad NO_3^- \quad + \quad 3\,e^- \quad \rightleftharpoons \quad NO \quad + \quad 6\,H_2O$$

(5) Abstimmung für die Aufnahme und Abgabe einer gleichen Anzahl von Elektronen in beiden Redoxpaaren

$$
\begin{array}{llll}
Cu & \rightleftharpoons & Cu^{2+} & + & 2\,e^- & \Big| \;\bullet 3 \\
4\,H_3O^+ + NO_3^- & + & 3\,e^- & \rightleftharpoons & NO \;+\; 6\,H_2O & \Big| \;\bullet 2
\end{array}
$$

(6) Addition der Gleichungen beider Redoxpaare liefert die Redoxgleichung des Gesamtvorgangs.

$$3\,Cu \;+\; 8\,H_3O^+ \;+\; 2\,NO_3^- \;\rightarrow\; 3\,Cu^{2+} \;+\; 2\,NO \;+\; 12\,H_2O$$

Beispiele für Redoxgleichungen:

Verbrennen von Wasserstoff in Sauerstoff

Redoxpaar 1: $H_2 \;\rightleftharpoons\; 2\,H^+ + 2\,e^-$ $\Big| \;\bullet 2$
Redoxpaar 2: $O_2 \;+\; 4\,e^- \;\rightleftharpoons\; 2\,O^{2-}$ $\Big| \;\bullet 1$
1 + 2: $2\,H_2 \;+\; O_2 \;\rightarrow\; 2\,H_2O$

Reaktion von Permanganat und Fe^{2+}-Ionen in saurer Lösung

Redoxpaar 1: $MnO_4^- + 8\,H_3O^+ + 5\,e^- \;\rightleftharpoons\; Mn^{2+} + 12\,H_2O$ $\Big| \;\bullet 1$
Redoxpaar 2: $Fe^{2+} \;\rightleftharpoons\; Fe^{3+} + 1\,e^-$ $\Big| \;\bullet 5$
1 + 2: $MnO_4^- + 8\,H_3O^+ + 5\,Fe^{2+} \;\rightarrow\; Mn^{2+} + 5\,Fe^{3+} \;+\; 12\,H_2O$

Oxidation von Cr^{3+}-Ionen durch elementares Brom in alkalischem Medium

Redoxpaar 1:	$Cr^{3+} + 8\,OH^- \rightleftharpoons CrO_4^{2-} + 4\,H_2O + 3\,e^-$	$\cdot 2$
Redoxpaar 2:	$Br_2 + 2\,e^- \rightleftharpoons 2\,Br^-$	$\cdot 3$
1 + 2:	$2\,Cr^{3+} + 3\,Br_2 + 16\,OH^- \rightarrow 2\,CrO_4^{2-} + 6\,Br^- + 8\,H_2O$	

9.3 Elektronenaustausch an der Phasengrenze
9.3.1 Galvanische Ketten (DANIELL-Element)

Allgemein bildet sich an einer Phasengrenzfläche, z. B. der Oberfläche eines Metallstabes, der in eine metallhaltige Lösung der jeweiligen Metallionen taucht, ein Potenzial zwischen dem Metallstab und der Lösung aus. Die absolute Größe des Potenzials kann zwar nicht direkt gemessen werden, jedoch erhält man bei der Kombination von zwei derartigen Anordnungen als Relativwert eine Potenzialdifferenz. In vielen Fällen ist es möglich, die einzelnen Redoxpaare (Halbreaktionen) einer Redoxreaktion räumlich getrennt voneinander ablaufen zu lassen.

Betrachtet man z. B. bei der Redoxreaktion $Cu^{2+} + Zn \rightarrow Cu + Zn^{2+}$ jede Halbreaktion als isoliertes korrespondierendes Redoxpaar:

$$Zn \rightleftharpoons Zn^{2+} + 2\,e^-$$
$$Cu^{2+} + 2\,e^- \rightleftharpoons Cu$$

(dadurch praktisch realisiert, dass jeweils ein Metallstab – Cu und Zn – in die Lösung seiner Ionen taucht), so lässt sich zwischen beiden Halbelementen eine elektrische Spannungsdifferenz messen. Voraussetzung für einen geschlossenen Stromkreis ist jedoch, dass beide Halbelemente elektrisch leitend verbunden sind, z. B. durch ein Diaphragma (poröse Tonwand) oder einen Stromschlüssel (Glasrohr mit konz. NH_4Cl- oder KNO_3-Lösung). Diese Anordnung wird **galvanisches Element** (Zelle, Kette) genannt (vgl. Bild 9-1).

Ein metallischer Zinkstab taucht in eine wässrige $ZnSO_4$-Lösung, die vollständig in Zn^{2+}- und SO_4^{2-}-Ionen dissoziiert ist. Im Reaktionsraum 1 wird das Redoxpaar Zn/Zn^{2+} gebildet. Im Reaktionsraum 2 taucht ein Kupferstab in eine $CuSO_4$-Lösung, die ebenfalls vollständig dissoziiert vorliegt. Es entsteht das Redoxpaar Cu/Cu^{2+}. Beide Reaktionsräume sind

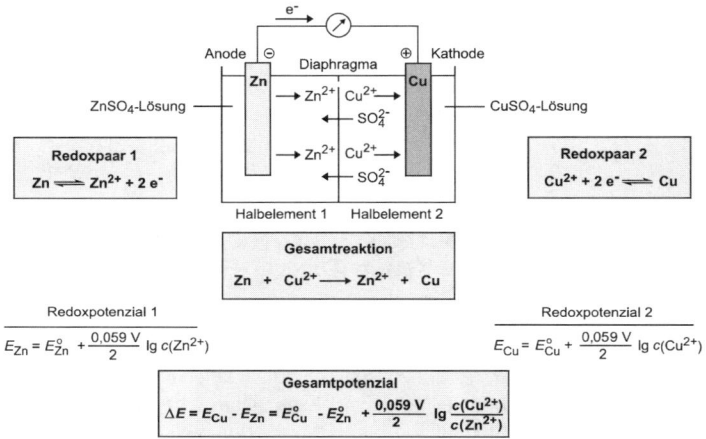

Bild 9-1: Galvanische Zelle (DANIELL-Element). Zur Berechnung der Redoxpotenziale siehe Gleichung von NERNST (vgl. Abschn. 9.3.4)

durch ein Diaphragma, das aus porösem, für SO_4^{2-}-Ionen durchlässigem Material besteht, voneinander getrennt. Ein solches Diaphragma ist dicht genug, um eine Vermischung der Zn^{2+}- und Cu^{2+}-Ionen durch thermische Diffusion zu verhindern. Werden die beiden Metalle elektrisch miteinander verbunden, so kann ein Elektronenfluss vom Zn- zum Cu-Stab gemessen werden. Zink wird in dieser Kombination zur Anode, Kupfer zur Kathode. Zwischen beiden Elektroden tritt eine Potenzialdifferenz auf, die als Spannung gemessen werden kann. Sie wird **Quellenspannung E** (veraltet elektromotorische Kraft, EMK) genannt. Auf Grund der auftretenden Quellenspannung kann die galvanische Kette elektrische Arbeit leisten. Die dabei ablaufenden chemischen Reaktionen sind in Bild 9-1 dargestellt.

Zn-Atome der Anode gehen unter Elektronenabgabe als Zn^{2+}-Ionen in Lösung. Die zurückbleibenden Elektronen fließen zur Kathode und scheiden aus der Lösung Cu^{2+}-Ionen als elementares Kupfer auf der Elektrode ab. Durch diese chemischen Vorgänge entstehen im Reaktionsraum 1 überschüssige positive Ladungen, die durch SO_4^{2-}-Ionen aus dem Reaktionsraum 2 ausgeglichen werden können. Das im Reaktionsraum 2 entstehende Defizit an positiven Ladungen (Cu-Abscheidung) ermöglicht den Anionentransport durch das Diaphragma.

Zink hat auf Grund seiner Stellung in der elektrochemischen Spannungsreihe (Zn steht oberhalb von Cu) das größere Bestreben, Elektronen abzugeben, als Kupfer. Zn bestimmt somit die Richtung des Elektronenflusses im galvanischen Element und damit die Reaktionsrichtung.

9.3.2   Normal-Wasserstoffelektrode

Das Potenzial eines einzelnen Redoxpaares (Halbelement) kann experimentell nicht bestimmt werden. Kombiniert man ein Halbelement mit immer dem gleichen **standardisierten Halbelement**, so kann die Einzelpaarung dieser Halbzelle auf das Einzelpotenzial (Redoxpotenzial) der Bezugs-Halbzelle als relatives Maß angegeben werden.

> Als standardisierte Bezugselektrode wurde die Normal-Wasserstoffelektrode gewählt und ihr willkürlich das **Potenzial null** zugeordnet.

Bild 9-2 zeigt den schematischen Aufbau einer Normal-Wasserstoffelektrode. Sie besteht aus einer platinierten (mit elektrolytisch abgeschiedenem, fein verteiltem Platin überzogenen) Platinelektrode, die bei 25 °C von Wasserstoffgas unter konstantem Druck ($p = 100$ kPa) umspült wird. Die Elektrode taucht in eine Säure von pH = 0, d. h. $c(H_3O^+) = 1$ mol $\cdot$ l^{-1}. Korrekter ist jedoch die Angabe der Aktivität[1] $a(H_3O^+) = 1$.

Werden Potenzialdifferenz-Messungen mit der Normal-Wasserstoffelektrode als Bezugs-Halbzelle unter Normalbedingungen durchgeführt, so erhält man die **Normalpotenziale E^0** (Standardpotenziale) der betreffenden Redoxpaare (vgl. Tab. 9-1). Diese Standardpotenziale sind die Quellenspannung einer galvanischen Kette, bestehend aus dem jeweiligen Halbelement und der Normal-Wasserstoffelektrode. **Normal- oder Standardbedingungen** sind dann gegeben, wenn bei einer Temperatur von 25 °C alle Reaktionsteilnehmer in der Konzentration $c = 1$ mol $\cdot$ l^{-1} (bzw. $a = 1$) vorliegen. Treten in einem Redoxsystem Gase auf, so ist der Partialdruck des Gases anzugeben. Da das Standardpotenzial für den Standarddruck von 100 kPa festgelegt ist, muss der auf 100 kPa be-

---

[1] In nicht verdünnten Lösungen ab einer bestimmten Konzentration ($c > 0,1$ mol $\cdot$ l^{-1}) beeinflussen sich die Teilchen einer Komponente gegenseitig und verlieren dadurch an Reaktionsvermögen. Die dann noch vorhandene wirksame Konzentration heißt Aktivität a. Sie unterscheidet sich von der Konzentration durch den Aktivitätskoeffizienten f, der die Wechselwirkungen in der Lösung berücksichtigt: $a = f \cdot c$. Für $c \to 0$ wird $f \to 1$.

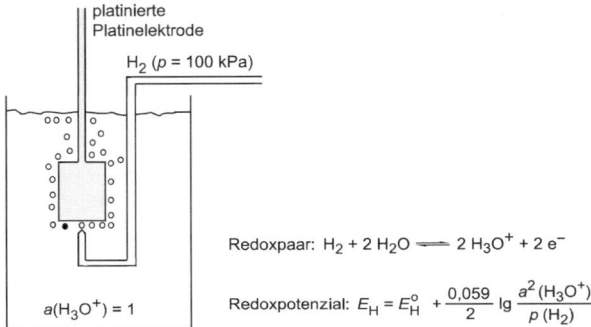

platinierte
Platinelektrode

H_2 (p = 100 kPa)

$a(H_3O^+)$ = 1

Redoxpaar: $H_2 + 2\,H_2O \rightleftharpoons 2\,H_3O^+ + 2\,e^-$

Redoxpotenzial: $E_H = E_H^o + \dfrac{0{,}059}{2}\,\lg\dfrac{a^2(H_3O^+)}{p(H_2)}$

Bild 9-2: Schematischer Aufbau der Normal-Wasserstoffelektrode

zogene Druck eingesetzt werden. In wässrigen Lösungen bleibt die H_2O-Konzentration nahezu konstant und wird in das Standardpotenzial mit einbezogen.

> Standardpotenziale sind Relativwerte bezogen auf die Normal-Wasserstoffelektrode, deren Standardpotenzial willkürlich gleich null gesetzt wurde.

9.3.3 Elektrochemische Spannungsreihe

Die Standardpotenziale stellen ein Maß für das Reaktionsverhalten eines Redoxpaares in wässrigen Lösungen dar. Die Redoxpaare werden daher nach der Größe ihrer Standardpotenziale geordnet, und man erhält eine Redoxreihe, die als **elektrochemische Spannungsreihe** bezeichnet wird (vgl. Tab. 9-1). Mit Hilfe der Spannungsreihe kann auf die reduzierende oder oxidierende Wirkung eines Redoxpaares geschlossen werden.

> Je negativer das Standardelektrodenpotenzial ist, umso stärker wirkt ein Redoxpaar reduzierend (**Reduktionsmittel**) und desto leichter wird es selbst oxidiert. Die Redoxpaare von **Oxidationsmitteln** haben dagegen stärker positive Standardelektrodenpotenziale.

Ein Stoff kann von einem Oxidationsmittel nur dann oxidiert werden, wenn das Elektrodenpotenzial des Oxidationsmittels stärker positiv ist.

Diese Voraussage gilt nur auf der Basis von Standardpotenzialen und für Konzentrationsverhältnisse, bei denen das Gesamtpotenzial nur wenig vom Standardpotenzial verschieden ist.

Beispiele: **Reaktionen von Metallen**
$Fe + Cu^{2+} \rightarrow Fe^{2+} + Cu;$ $Zn + 2 Ag^+ \rightarrow Zn^{2+} + 2 Ag$
Reaktionen von Nichtmetallen
$2 I^- + Br_2 \rightarrow I_2 + 2 Br^-;$ $2 Br^- + F_2 \rightarrow Br_2 + 2 F^-$
Reaktionen von Metallen mit Säuren
In starken Säuren ist das Redoxpotenzial $H_2/H_3O^+ = 0$ bei $c = 1$ mol $\cdot$ l^{-1}. Alle Metalle mit negativem Standardpotenzial, d. h., Metalle, die in der Spannungsreihe oberhalb von Wasserstoff stehen, können daher Elektronen an die H_3O^+-Ionen abgeben und H_2-Gas entwickeln.
$Zn + 2 H_3O^+ \rightarrow Zn^{2+} + H_2 + 2 H_2O$
$Fe + 2 H_3O^+ \rightarrow Fe^{2+} + H_2 + 2 H_2O$

> Metalle mit negativem Standardelektrodenpotenzial werden als **unedle Metalle** bezeichnet. Metalle mit positivem Potenzial, die in der Spannungsreihe unterhalb von Wasserstoff stehen, lösen sich nicht in Säuren unter H_2-Entwicklung. Man bezeichnet sie daher als **edle Metalle**.

Aus der Größe der Standardelektrodenpotenziale kann auch auf die Löslichkeit von Metallen in Wasser geschlossen werden. Das Elektrodenpotenzial einer H_2-Elektrode in neutralem Wasser $c(H_3O^+) = 10^{-7}$ mol $\cdot$ l^{-1} beträgt $-0,42$ V. Alle Metalle mit negativerem Standardelektrodenpotenzial sollten sich daher in Wasser unter H_2-Entwicklung auflösen.

Beispiele: $Ca + 2 H_2O \rightarrow Ca^{2+} + H_2 + 2 OH^-$
$2 Na + 2 H_2O \rightarrow 2 Na^+ + H_2 + 2 OH^-$

Hemmungserscheinungen
Bei einer Reihe von Metallen wird keine Auflösung in Wasser und Säuren festgestellt, anders als dies nach der Spannungsreihe zu erwarten wäre. Obwohl zum Beispiel das Standardpotenzial von Aluminium $E^0_{Al} = -1,68$ V beträgt, wird Al von Wasser nicht gelöst. Diese Erscheinung wird **Passivität** genannt. Die Ursache der Passivität ist die Bildung einer festen, schwer löslichen Oxidschicht. Die Metalle erscheinen dadurch edler. Unter Einwirkung starker Basen löst sich diese Schutzschicht unter Komplexbildung auf. Das Potenzial des Redoxpaares H_3O^+/H_2 in alkalischer Lösung mit pH = 13 beträgt $E_H = -0,77$ V. Aluminium wird somit von Basen unter

H_2-Entwicklung gelöst. Derartige Hemmungserscheinungen zeigen z. B. auch Chrom, Nickel und Zink.

9.3.4   NERNST-Gleichung

Liegen die Reaktionspartner eines Redoxsystems nicht unter Standardbedingungen vor, so kann man mit einer von NERNST (1889) entwickelten Gleichung die Quellenspannung sowohl eines Redoxpaares (Halbzelle) als auch einer Zelle (Redoxsystem) berechnen. Für die Berechnung eines Potenzials E eines Redoxpaares

$$Ox + n\ e^- \rightleftarrows Red \tag{9-4}$$

lautet die NERNST-Gleichung:

$$E = E^0 + \frac{R \cdot T \cdot 2{,}303}{n \cdot F} \cdot \lg\frac{c(Ox)}{c(Red)} \tag{9-5}$$

E^0 Standardpotenzial des Redoxpaares, R allgemeine Gaskonstante, T abs. Temperatur, F FARADAY-Konstante, n Anzahl der beim Redoxvorgang ausgetauschten Elektronen

$c(Ox)$ steht für das Produkt der Konzentrationen **aller** Reaktionsteilnehmer auf der Seite der oxidierten Form (Oxidationsmittel) des Redoxpaares. $c(Red)$ symbolisiert analog das Produkt der Konzentrationen **aller** Reaktionsteilnehmer auf der Seite der reduzierenden Form (Reduktionsmittel) des Redoxpaares. Die stöchiometrischen Koeffizienten treten wie beim MWG als Exponenten der Konzentrationen auf.

Für $T = 298$ K (Standardtemperatur) erhält man aus Gleichung (9-5) durch Einsetzen der Zahlenwerte für die Konstanten und bei Berücksichtigung des Umwandlungsfaktors von ln in lg:

$$E = E^0 + \frac{0{,}059\ V}{n} \cdot \lg\frac{c(Ox)}{c(Red)} \tag{9-6}$$

Beträgt $c(Ox) = 1$ mol $\cdot$ l^{-1} und $c(Red) = 1$ mol $\cdot$ l^{-1}, folgt aus Gleichung (9-6):

$$E = E^0 \tag{9-7}$$

Während das erste Glied der NERNST-Gleichung E^0 eine charakteristische Größe für jedes Redoxpaar darstellt (vgl. Tab. 9-1), bestimmt das zweite Glied die Konzentrationsabhängigkeit des Redoxpotenzials.

Mit der NERNST-Gleichung kann die Quellenspannung eines galvanischen Elements berechnet werden. Bild 9-1 zeigt am Beispiel des DANIELL-Elements die beiden Redoxpotenziale für die Redoxpaare Zn/Zn^{2+} und Cu/Cu^{2+}. Es ergeben sich hieraus Standardpotenziale von $E_{Zn}^0 = -0{,}76$ V und $E_{Cu}^0 = +0{,}34$ V. Das Gesamtpotenzial bzw. die Quellenspannung des galvanischen Elements erhält man aus der Differenz der Redoxpotenziale der Halbzellen.

$$\Delta E = E_{Cu} - E_{Zn} = E_{Cu}^0 - E_{Zn}^0 + \frac{0{,}059\ \text{V}}{2} \cdot \lg \frac{c(\text{Cu}^{2+})}{c(\text{Zn}^{2+})} \qquad (9\text{-}8)$$

Für die Konzentrationen $c(\text{Zn}^{2+}) = 1\ \text{mol} \cdot \text{l}^{-1}$ und $c(\text{Cu}^{2+}) = 1\ \text{mol} \cdot \text{l}^{-1}$ erhält man aus Gleichung (9-8):

$$\Delta E = E_{Cu} - E_{Zn} = E_{Cu}^0 - E_{Zn}^0 = 1{,}10\ \text{V} \qquad (9\text{-}9)$$

Die Quellenspannung des galvanischen Elements ist dann gleich der Differenz der Standardpotenziale. Während des Betriebs nimmt die Zn^{2+}-Konzentration im Halbelement 1 zu; die Cu^{2+}-Konzentration sinkt im Halbelement 2. Die Spannung des Redoxsystems muss daher, wie Gleichung (9-8) zeigt, abnehmen.

Bei einer Reihe weiterer Redoxsysteme sind die Potenziale stark vom pH-Wert abhängig. Das Redoxverhalten dieser Systeme kann nicht mehr ausschließlich aus den Standardpotenzialen vorhergesagt werden.

Beispiel: Gesucht wird das Potenzial des Redoxpaares Mn^{2+}/MnO$_4^-$ für verschiedene pH-Werte ($E^0 = 1{,}51$ V).

$$12\ \text{H}_2\text{O} + \text{Mn}^{2+} \rightleftarrows \text{MnO}_4^- + 8\ \text{H}_3\text{O}^+ + 5\ \text{e}^-$$

$$E = E^0 + \frac{0{,}059\ \text{V}}{5} \cdot \lg \frac{c(\text{MnO}_4^-) \cdot c^8(\text{H}_3\text{O}^+)}{c(\text{Mn}^{2+})}$$

Im Zähler des konzentrationsabhängigen Teils stehen die Produkte der Konzentrationen von Teilchen der oxidierenden Seite des Redoxpaares, im Nenner die Produkte der Konzentrationen von Teilchen der reduzierenden

Seite des Redoxpaares. Die stöchiometrischen Faktoren treten, wie beim MWG, als Exponenten der Konzentrationen auf. Im Vergleich zur Gesamtzahl der H_2O-Moleküle nimmt nur ein geringer Teil der H_2O-Moleküle an der Reaktion teil. Die Konzentration wird daher mit in die Konstante E^0 einbezogen und erscheint nicht direkt in der NERNST-Gleichung.

Für unterschiedlich saure Lösungen lassen sich unter der Annahme $c(MnO_4^-) = c(Mn^{2+}) = 0{,}1$ mol $\cdot$ l^{-1} verschiedene Oxidationspotenziale berechnen.

pH	$c(H_3O^+)$ in mol $\cdot$ l^{-1}	E in V
0	1	1,51
5	10^{-5}	1,04
7	10^{-7}	0,85

Mit zunehmendem pH-Wert sinkt das Oxidationspotenzial von MnO_4^-.

9.4   Konzentrationsketten und Elektrodenarten

Schaltet man zwei Halbelemente des gleichen Redoxpaares über eine Salzbrücke zusammen, so lässt sich keine Potenzialdifferenz messen, wenn die Konzentrationen (bzw. die Aktivitäten) der beiden Halbelemente gleich sind. Da das Redoxpotenzial von der Ionenkonzentration abhängt, lässt sich ein galvanisches Element aufbauen, dessen Elektroden gleich sind, die jedoch in Lösungen unterschiedlicher Konzentration eintauchen. Eine solche Anordnung wird **Konzentrationskette** genannt (Bild 9-3).

In beiden Reaktionsräumen (Halbelemente 1 und 2) taucht eine Kupferelektrode in eine Lösung mit Cu^{2+}-Ionen. Im Reaktionsraum 2 ist die Cu^{2+}-Konzentration jedoch größer als im Reaktionsraum 1. Das Potenzial des Halbelements 1 ist daher negativer als das des Halbelements 2. Als Folge davon gehen im Reaktionsraum 1 Cu-Atome in Lösung. Die dabei entstehenden Elektronen fließen zur Kathode und entladen dort Cu^{2+}-Ionen der Lösung. Der Ladungsausgleich durch die Anionen des Kupfersalzes erfolgt über eine Salzbrücke (z. B. KNO_3-Lösung).

Das Gesamtpotenzial des Redoxsystems entspricht der Differenz der Potenziale der beiden Halbelemente.

$$\Delta E = E_2 - E_1 = \frac{0{,}059 \text{ V}}{2} \cdot \lg\frac{c(Cu^{2+})_2}{c(Cu^{2+})_1}$$

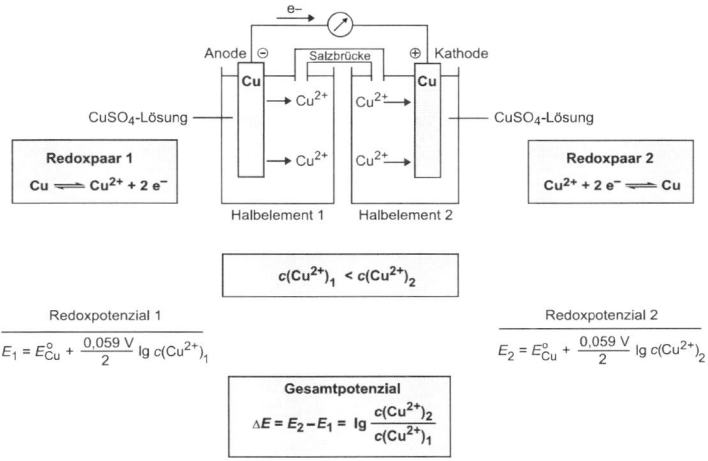

Bild 9-3: Schematische Darstellung einer Konzentrationskette.
Kupferelektroden tauchen in Lösungen unterschiedlicher Cu^{2+}-Konzentrationen, $c(Cu^{2+})_1 < c(Cu^{2+})_2$

Der Konzentrationsunterschied in beiden Halbelementen ist die Ursache für das Gesamtpotenzial der Kette. Leistet das Redoxsystem elektrische Arbeit, wird der Konzentrationsunterschied kleiner, und ΔE nimmt ab.

Elektrodenarten
Die Kombination eines Metalls mit der Lösung seiner Ionen wird als Einzelelektrode oder Halbzelle bezeichnet. Einzelelektroden kann man herstellen:

(a)   aus einem Metall Me, das in eine Lösung seiner Ionen Me^{m+} taucht (vgl. Bild 9-4 A).

$Me/Me^{m+}(aq, a_{Me^{m+}})$ Elektrode 1. Art

(b)   aus einem Metall, einem schwer löslichen Salz des Metalls und einer Lösung, die das Anion des schwer löslichen Salzes enthält. Beispiele: $Ag/AgCl/Cl^-$-Ionen, $Hg/Hg_2Cl_2/Cl^-$-Ionen (vgl. Bild 9-4 B).

$Me/MeX_m(s)/X^-(aq, a_{X^-})$ Elektrode 2. Art

Setzt man dem Halbelement Ag/Ag$^+$ Anionen zu, die mit Ag$^+$-Ionen zu einer schwer löslichen Verbindung führen, z.B. Cl$^-$-Ionen, dann wird das Potenzial nicht mehr durch die Ag$^+$-Konzentration, sondern durch die Cl$^-$-Konzentration bestimmt.

Elektroden 2. Art werden häufig als Bezugselektrode zur Festlegung eines Bezugspunktes verwendet, da sie leicht herzustellen und ihr Potenzial gut reproduzierbar ist. Liegt das schwer lösliche Salz im Überschuss vor, wird das Potenzial durch das Löslichkeitsprodukt festgelegt (die Cl$^-$-Konzentration ist durch Zugabe einer KCl-Lösung hoher Konzentration konstant). Eine häufig verwendete Bezugselektrode ist neben der Silber-Silberchlorid-Elektrode die **Kalomelelektrode**. Sie besteht aus Quecksilber, das mit festem Hg$_2$Cl$_2$ (Kalomel) bedeckt ist. Als Elektrolyt wird eine KCl-Lösung eingesetzt, die mit Hg$_2$Cl$_2$ gesättigt ist.

In beiden Elektrodenarten treten Ionen als Ladungsträger durch die Phasengrenze Metallsalz/Elektrolytlösung. Bei einem weiteren Typ von Elektroden stellen Elektronen die wandernden Ladungsträger dar.

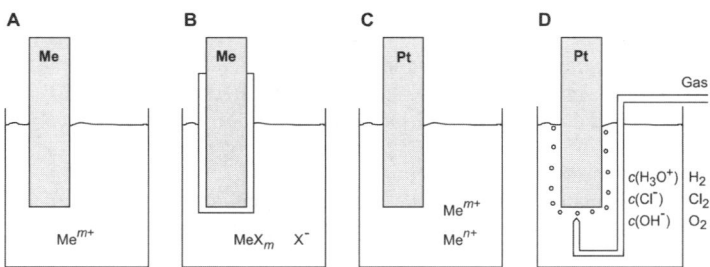

Bild 9-4: Unterschiedliche Elektrodenarten: (A) Elektrode 1. Art, (B) Elektrode 2. Art, (C) Redoxelektrode mit Ionengleichgewicht, (D) Gaselektrode

Diese Redoxelektroden bestehen aus einem inerten (*inert*, lat.: unbeteiligt) Metall, über das der Elektronenaustausch zwischen den Oxidationsstufen der beteiligten Ionen stattfindet. Ein Beispiel für dieses Redoxsystem ist eine Lösung, die Fe^{2+}- und Fe^{3+}-Ionen enthält und in die eine Pt-Elektrode eintaucht (vgl. Bild 9-4 C).

$$Pt/Fe^{2+}(aq,\ a_{Fe^{2+}}),\ Fe^{3+}\ (aq,\ a_{Fe^{3+}}) \qquad \text{Redoxelektrode}$$

Auch eine Pt-Elektrode, die in eine H_3O^+-Lösung taucht und von elementarem Wasserstoff umspült wird, stellt eine Redoxelektrode dar (Wasserstoffelektrode). Leitet man gasförmiges Chlor in eine Chloridlösung, so erhält man eine **Chlorelektrode** und bei der Verwendung von Sauerstoff und einer OH^- enthaltenden Lösung eine **Sauerstoffelektrode** (vgl. Bild 9-4 D).

9.5   Elektrochemische Spannungsquellen

Mit Hilfe von galvanischen Elementen besteht die Möglichkeit, chemische Energie direkt in elektrische Energie umzuwandeln. Man unterscheidet **Primärelemente** und **Sekundärelemente**. Galvanische Elemente sind als Batterien (DANIELL-Element, LECLANCHÉ-Element, Alkali-Mangan-Zelle) direkt als Spannungsquellen verwendbar. Sie sind daher als Primärelemente von den Sekundärelementen (Akkumulatoren) zu unterscheiden, die erst durch eine Aufladung zur Spannungsquelle werden. Sekundärelemente sind galvanische Elemente, bei denen sich die bei der Stromentnahme (Entladen) ablaufenden chemischen Vorgänge durch Zufuhr von elektrischer Energie (Laden) umkehren lassen. Der Vorteil der aufladbaren Sekundärelemente (Blei-Akku, Ni-Cd-Akku) besteht in ihrer wesentlich höheren Lebensdauer.

Trockenelement (LECLANCHÉ-Element)
Trockenelemente sind z. B. in Taschenlampenbatterien enthalten. In diesen Elementen dient ein Zinkblechzylinder als Anode und ein von Braunstein (MnO_2) umgebener Graphitstab als Kathode. Als Elektrolyt wird eine konzentrierte NH_4Cl-Lösung eingesetzt, die mit Gelatine oder Sägemehl verfestigt ist.

Anodenvorgang: $Zn \rightarrow Zn^{2+} + 2\,e^-$
Kathodenvorgang: $2\,MnO_2 + 2\,e^- + 2\,NH_4^+ \rightarrow Mn_2O_3 + H_2O + 2\,NH_3$

Das Potenzial einer Zelle beträgt etwa 1,5 V. Im Gegensatz zum Bleiakkumulator ist hier die Redoxreaktion nicht reversibel, d. h., Trockenelemente können nach dem Gebrauch nicht wieder verwendet werden.

Brennstoffzellen
Bei der Verbrennung von H_2 oder Kohlenwasserstoffen kann direkt elektrische Energie erzeugt werden (z. B. $2\,H_2 + O_2 \rightarrow 2\,H_2O$). Beide Re-

aktionsgase werden z. B. durch poröse Kohleelektroden in konzentrierte Natron- oder Kalilauge eingegast. Die Elektroden enthalten zusätzlich Edelmetallkatalysatoren der 8. bis 10. Gruppe des PSE.

Anodenvorgang: $H_2 + 2\,OH^- \rightarrow 2\,H_2O + 2\,e^-$
Kathodenvorgang: $4\,e^- + O_2 + H_2O \rightarrow 4\,OH^-$

Bleiakkumulator

Während die Quellenspannung des DANIELL-Elements oder von Elementen, in denen Gaselektroden enthalten sind, von der Konzentration bzw. dem Druck der am Redoxprozess beteiligten Stoffe abhängt, verschwindet die Konzentrationsabhängigkeit, wenn die Reaktionspartner nur aus festen Phasen bestehen. Die Trennung der beiden Halbelemente ist dann nicht mehr erforderlich. Ein wichtiges Beispiel ist der Bleiakkumulator. Er besteht aus einer Bleianode und einer Bleioxidkathode. Als Elektrolyt wird ca. 25%ige Schwefelsäure verwendet. Die Potenzialdifferenz in der Zelle beträgt 2,04 V. Wird elektrische Energie entnommen (Entladung), laufen an den Elektroden folgende Reaktionen ab:

Anodenvorgang: $Pb + SO_4^{2-} \rightarrow PbSO_4 + 2\,e^-$
Kathodenvorgang: $PbO_2 + SO_4^{2-} + 4\,H_3O^+ + 2\,e^- \rightarrow PbSO_4 + 6\,H_2O$

Die Gesamtreaktion der freiwillig verlaufenden Entladung lautet:

$$Pb + PbO_2 + 2\,SO_4^{2-} + 4\,H_3O^+ \rightarrow 2\,PbSO_4 + 6\,H_2O$$

Bei der Entladung wird also H_2SO_4 „verbraucht" und H_2O gebildet, d. h., die Schwefelsäure wird verdünnt. Da zwischen der H_2SO_4-Konzentration und ihrer Dichte ρ ein eindeutiger Zusammenhang besteht, kann durch Messung der Dichte berechnet werden, welche Spannung der Bleiakkumulator liefert. Durch Zufuhr elektrischer Energie (Laden) lässt sich die chemische Energie des Akkumulators wieder erhöhen. Die Gesamtreaktion des Ladevorgangs stellt sich wie folgt dar:

$$2\,PbSO_4 + 6\,H_2O \rightarrow Pb + PbO_2 + 2\,SO_4^{2-} + 4\,H_3O^+$$

Nickel-Cadmium-Akkumulatoren

Beim Entladevorgang laufen folgende Elektrodenreaktionen ab:

Anodenvorgang: $Cd + 2\,OH^- \rightarrow Cd(OH)_2 + 2\,e^-$
Kathodenvorgang: $NiO_2 + 2\,H_2O + 2\,e^- \rightarrow Ni(OH)_2 + 2\,OH^-$

Das Potenzial der Zelle beträgt etwa 1,4 V.

10 Gleichgewichte in Mehrphasensystemen

10.1 Gleichgewichte unter Beteiligung einer festen Phase

An Phasengrenzflächen sind die Atome oder Moleküle durch VAN-DER-WAALS'sche und elektrostatische Wechselwirkungen nicht abgesättigt. Die Folge dieser energiereichen Oberflächen wird **Oberflächenenergie** genannt, da bei Vergrößerung der Oberfläche eine Arbeit ($\triangle$Energie) geleistet werden muss, um Teilchen aus dem Inneren an die Oberfläche einer Phase zu befördern. Durch die Oberflächenenergie werden auch Dampfdruck (THOMSON) und Löslichkeit von Stoffen beeinflusst. Kleine Kristalle besitzen auf Grund ihrer größeren Oberfläche eine bessere Löslichkeit als größere und gehen somit bevorzugt in Lösung. Daher bildet ein feinkristalliner Niederschlag im Laufe der Zeit größere Kristalle aus. Die Oberflächenenergie kann herabgesetzt werden, indem entweder die Oberfläche bei konstanter **Oberflächenspannung** reduziert (Flüssigkeiten nehmen die Form der geringsten Oberfläche an) oder die Oberflächenspannung bei konstanter Oberfläche herabgesetzt wird.

Die Oberflächenspannung ist in Lösungen gegenüber dem reinen Lösungsmittel verändert. Ist der Einfluss erheblich, so wird der Zusatzstoff **oberflächenaktiv (grenzflächenaktiv)** genannt. Die meisten in Wasser gelösten, oberflächenaktiven Verbindungen erniedrigen die Oberflächenspannung, besonders Fettsäuren und ihre Ester, langkettige Alkohole und bestimmte synthetische höhermolekulare Verbindungen, die als Wasch-, Reinigungs- und Schaummittel verwendet werden (Tenside, Detergenzien).

10.1.1 Adsorption an Oberflächen

Besonders charakteristische Erscheinungen treten an flüssigen und vor allem an festen Phasengrenzen auf, wenn der zugesetzte Stoff wenig löslich ist. Er wird dann an der Phasengrenze adsorbiert. Besitzt die feste

Phase im Verhältnis zu ihrer Masse eine große Oberfläche (poröse Struktur), so kann dieser als **Adsorption** bezeichnete Prozess zur Abtrennung von Stoffen aus Lösungen oder Gasgemischen herangezogen werden.

Beispiele für solche Adsorbenzien sind: Aktivkohle (500...1000 $m^2 \cdot g^{-1}$), Tonerde (200 $m^2 \cdot g^{-1}$), Silikagel (500 $m^2 \cdot g^{-1}$) und Cellulosepulver. In Klammern ist die spezifische Oberfläche angegeben.

Die Aufnahme eines Gases durch einen anderen Stoff (Sorbens) wird allgemein als **Sorption** bezeichnet.

Absorption: Eindringen eines Gases in eine feste oder flüssige Phase (Absorbens, Absorptionsmittel) durch Diffusion unter Bildung einer homogenen Mischung.

Adsorption: Anlagerung von Gasen oder gelösten Stoffen an der Grenzfläche einer festen oder flüssigen Phase.

Die charakteristische Abhängigkeit zwischen der Konzentration des gelösten Stoffes (oder des Gaspartialdrucks) und der je Oberflächeneinheit adsorbierten Stoffmenge wird bei konstanter Temperatur durch die **Adsorptionsisotherme** dargestellt. Neben einer Reihe anderer Gleichungen bietet die Beziehung nach LANGMUIR die einfachste Beschreibung der Isotherme, nach der die adsorbierte Menge als Funktion des Druckes dargestellt werden kann:

$$a = \frac{a_\infty \cdot p}{p + b} \qquad (10\text{-}1)$$

a adsorbierte Menge, p Druck, a_∞ maximal adsorbierbare Menge, b Konstante

Beide Konstanten sind stoffspezifische Werte und können aus dem Verlauf der Adsorptionsisotherme experimentell bestimmt werden. Die maximal adsorbierbare Menge, bei der ein Zustand monomolekularer Bedeckung der Grenzschicht erreicht ist, gibt auch Hinweise auf die Größe der Gesamtoberfläche des Adsorptionsmittels.

Bei geringer Bedeckung der Oberfläche gilt im nahezu linear verlaufenden Anfangsbereich der Adsorptionsisotherme das HENRY-Gesetz mit einer linearen Abhängigkeit $a \sim p$ (vgl. Bild 10-1). Für sehr kleine Drücke ist $p \ll b$; damit kann p im Nenner vernachlässigt werden, und a wird dem Druck in der LANGMUIR-Gleichung direkt proportional (a_∞/b ist der Proportionalitätsfaktor). Bei hohen Drücken dagegen ist $p \gg b$, und die Konstante b kann vernachlässigt werden. Es wird $a = a_\infty$. Die adsorbierte Stoffmenge erreicht einen Maximalwert (Sättigungswert) und ist somit unabhängig vom Druck.

In vielen praktischen Fällen nimmt jedoch bei Druckerhöhung die Adsorptionsisotherme jenseits des Sättigungsbereiches (monomolekulare Bedeckung) durch Kondensationsprozesse des Gases weiter zu.

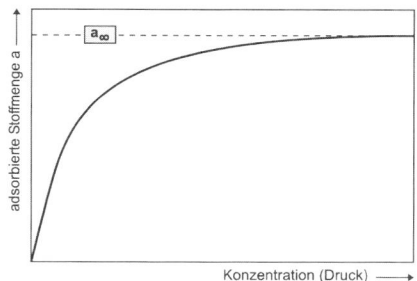

Bild 10-1: Adsorptionsisotherme nach LANGMUIR

Werden Adsorptionsisothermen bei unterschiedlichen Temperaturen ermittelt, so lässt sich in Analogie zur Reaktionsenthalpie die **Adsorptionsenthalpie** ΔH_A ermitteln. Sie stellt eine charakteristische Größe für den Energiegewinn beim Übergang freier Moleküle in den adsorbierten Zustand dar und damit ein Maß für die Stärke der Bindungskräfte. Hierbei gibt es zwei spezifische Möglichkeiten der Bindung von Molekülen an der Phasengrenzfläche: **Physisorption** und **Chemisorption**. Übergänge von dem physisorbierten in den chemisorbierten Zustand sind bei einer Vielzahl von Stoffen möglich.

> Bei der Physisorption dominieren schwache physikalische Wechselwirkungskräfte (VAN-DER-WAALS-Adsorption) mit kleinen Adsorptionsenthalpien ($\Delta H_A < -50 \text{ kJ} \cdot \text{mol}^{-1}$). Für die Chemisorption sind große Adsorptionsenthalpien ($\Delta H_A \sim -500 \text{ kJ} \cdot \text{mol}^{-1}$) mit einer starken chemischen Bindung adsorbierter Moleküle an der Phasengrenzfläche charakteristisch.

Eine Vielzahl von Molekülen bindet Sauerstoff, Wasserstoff und teilweise auch Stickstoff im Rahmen einer chemischen Adsorption (Chemisorption) an ihrer Oberfläche auf Kosten einer gelockerten oder vollständig aufgehobenen Bindung zwischen den Atomen des O_2-, H_2- oder N_2-Moleküls. Durch diese Elektronenübertragung zwischen chemisorbierten Teilchen und Festkörper sind die adsorbierten Stoffe chemisch sehr reaktiv. Metalle wie Kupfer, Nickel, Platin oder Palladium sind wirksame Katalysatoren für Hydrierungen, und Metalloxide (z. B. CuO, V_2O_5) sind Oxidationskatalysatoren. Die Chemisorption benötigt im Unterschied zur Physisorption wie jede andere chemische Umsetzung eine Aktivierungsenergie. Für die Rückreaktion der Chemisorption (Desorption) ist meistens eine wesentlich höhere Aktivierungsenergie aufzubringen.

10.1.2   Löslichkeit und Löslichkeitsprodukt

Bei einer bestimmten Temperatur ist die Menge eines Stoffes, die sich in einem Lösungsmittel, z. B. Wasser, maximal lösen kann, eine charakteristische Eigenschaft dieses Stoffes. Sie wird seine **Löslichkeit** genannt. Ist in einer Lösung die maximal lösliche Stoffmenge enthalten, so ist die Lösung **gesättigt**. Lösungen gelten allgemein als gesättigt, wenn ein fester Bodenkörper des löslichen Stoffes mit der Lösung im Gleichgewicht ist.

Für schwer lösliche Ionenverbindungen (z. B. AgCl) ist die Sättigungskonzentration in Wasser bei einer bestimmten Temperatur aus der Reaktionsgleichung herzuleiten:

$$AgCl\,(s) \quad \rightleftarrows \quad Ag^+ \quad + \quad Cl^-$$

Beim Lösungsvorgang treten Ag^+- und Cl^--Ionen aus dem Feststoff AgCl in die Lösung über und werden hydratisiert. Aus Elektroneutralitätsgründen ist immer die gleiche Anzahl Ag^+- und Cl^--Ionen in Lösung. Im Gleichgewicht wird pro Zeiteinheit die gleiche Anzahl an Ionenpaaren Ag^+/Cl^- aus der Lösung im Kristallgitter AgCl eingebaut, die aus dem Gitter in Lösung geht. Die Anwendung des MWG auf den Lösungsvorgang ergibt (bei 25 °C):

$$K_L = c(Ag^+) \cdot c(Cl^-) = 1{,}56 \cdot 10^{-10} \; mol^2 \cdot l^{-2} \tag{10-2}$$

$c(Ag^+)$ und $c(Cl^-)$ sind die Stoffmengenkonzentrationen der Ionen in der gesättigten Lösung. K_L ist eine temperaturabhängige Konstante und wird **Löslichkeitsprodukt** des Stoffes AgCl genannt. Eine bei 25 °C gesättigte Lösung von AgCl enthält somit Ag^+- und Cl^--Ionen in einer Konzentration von jeweils:

$$\sqrt{K_L(AgCl)} = c(Ag^+) = c(Cl^-) = 1{,}25 \cdot 10^{-5} \; mol \cdot l^{-1} \tag{10-3}$$

Wie auch bei anderen heterogenen Gleichgewichten treten im MWG die Konzentrationen von Feststoffen nicht auf. Auch bei Lösungsgleichgewichten ist die vorhandene Menge des Bodenkörpers bedeutungslos. Es spielt somit keine Rolle, ob der ungelöste Bodenkörper mit 100 g oder 1 g vorhanden ist, wesentlich ist nur, dass er überhaupt vorliegt.

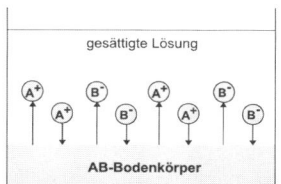

Bild 10-2: Schematische Darstellung einer gesättigten AB-Lösung. Der Feststoff AB befindet sich im Gleichgewicht mit der AB-Lösung: AB ⇄ A$^+$ + B$^-$. Im Gleichgewichtszustand ist das Produkt der Ionenkonzentrationen konstant: $K_L = c(A^+) \cdot c(B^-)$

$K_L(AB)$ wird **Löslichkeitsprodukt** des Stoffes AB genannt. Sein temperaturabhängiger Wert ist eine charakteristische Stoffkonstante. Im Gleichgewichtszustand ist das Produkt der Stoffmengenkonzentrationen konstant.

Für Lösungen eines schwer löslichen Salzes AB sind drei Fälle zu unterscheiden:

(1) Gesättigte Lösung

Das Löslichkeitsprodukt ergibt sich aus:

$$K_L(AB) = c(A^+) \cdot c(B^-)$$

In einer gesättigten Lösung von AB in Wasser ist somit die Löslichkeit:

$$c(A^+) = c(B^-) = c(AB) = \sqrt{K_L(AB)}$$

(2) Übersättigte Lösung

Werden in eine gesättigte Lösung von AB zusätzlich A$^+$- oder B$^-$-Ionen eingebracht, so ist die Lösung übersättigt; das Löslichkeitsprodukt $K_L(AB)$ ist überschritten. Als Folge bildet sich so lange festes AB, bis die Lösung wieder gesättigt ist: $K_L(AB) = c(A^+) \cdot c(B^-)$

Beispiel: Setzt man einer gesättigten AgCl-Lösung (K_L (AgCl) ≈ 10^{-10} mol $\cdot$ l^{-1}) Cl$^-$-Ionen zu, bis die Konzentration $c(Cl^-) = 10^{-1}$ mol $\cdot$ l^{-1} erreicht ist, dann fällt so lange AgCl aus, bis $c(Ag^+) = 10^{-9}$ mol $\cdot$ l^{-1} beträgt. Im Gleichgewicht ist dann:

$$c(Ag^+) \cdot c(Cl^-) = 10^{-9} \text{ mol} \cdot l^{-1} \cdot 10^{-1} \text{ mol} \cdot l^{-1} = 10^{-10} \text{ mol}^2 \cdot l^{-2}$$

Die gesättigte Lösung von AB in Wasser mit $c(A^+) = c(B^-) = \sqrt{K_L(AB)}$ ist somit nur ein Spezialfall einer gesättigten Lösung.

(3)   Ungesättigte Lösung

Eine Lösung ist ungesättigt, wenn der gesamte Stoff AB gelöst ist und kein AB-Bodenkörper vorliegt. Das Produkt der Ionenkonzentrationen ist kleiner als das Löslichkeitsprodukt:

$$K_L(AB) > c(A^+) \cdot c(B^-)$$

Ungesättigte Lösungen können z. B. durch Verdünnen von gesättigten Lösungen entstehen. Der im Gleichgewicht vorliegende Bodenkörper geht hierbei in Lösung.

Die Löslichkeitsprodukte einiger schwerlöslicher Stoffe sind in Tabelle 10-1 angegeben.

Tabelle 10-1: Löslichkeitsprodukte einiger schwer löslicher Salze

Verbindung $A_m B_n$	K_L in $(mol \cdot l^{-1})^{m+n}$	t in °C	Verbindung $A_m B_n$	K_L in $(mol \cdot l^{-1})^{m+n}$	t in °C
AgCl	$1{,}6 \cdot 10^{-10}$	50	$Mg(OH)_2$	$1{,}2 \cdot 10^{-11}$	18
	$13{,}2 \cdot 10^{-10}$		$Al(OH)_3$	$3{,}7 \cdot 10^{-15}$	
AgBr	$7{,}7 \cdot 10^{-13}$		$Fe(OH)_2$	$4{,}8 \cdot 10^{-16}$	18
AgI	$1{,}5 \cdot 10^{-16}$		$Fe(OH)_3$	$3{,}8 \cdot 10^{-38}$	18
$PbCl_2$	$2{,}1 \cdot 10^{-5}$				
CaF_2	$3{,}4 \cdot 10^{-11}$	18	HgS	$3{,}0 \cdot 10^{-54}$	18
			CuS	$8{,}0 \cdot 10^{-45}$	18
			CdS	$3{,}6 \cdot 10^{-29}$	18
$CaSO_4$	$6{,}1 \cdot 10^{-5}$	10			
$BaSO_4$	$1{,}0 \cdot 10^{-10}$		$CaCO_3$	$4{,}8 \cdot 10^{-9}$	
$PbSO_4$	$1{,}6 \cdot 10^{-8}$		$BaCO_3$	$7{,}0 \cdot 10^{-9}$	

Wenn nicht anders angegeben, gelten die Werte für 25 °C

Für Salze, deren stöchiometrische Zusammensetzung der Bruttoformel AB_2 oder A_2B_3 entspricht, ergeben sich durch Anwendung des MWG folgende Formulierungen der Löslichkeitsprodukte:

$$AB_2 \rightleftarrows A^{2+} + 2\,B^- \qquad K_L(AB_2) = c(A^{2+}) \cdot c^2(B^-) \qquad (10\text{-}4)$$

$$A_2B_3 \rightleftarrows 2\,A^{3+} + 3\,B^{2-} \qquad K_L(A_2B_3) = c^2(A^{3+}) \cdot c^3(B^{2-}) \qquad (10\text{-}5)$$

In der analytischen Chemie spielen schwer lösliche Salze eine wichtige Rolle. Viele Ionen, z. B. Ag^+, Cd^{2+} oder Cu^{2+}, werden durch Bildung schwer löslicher, oft typisch gefärbter Salze (AgCl weiß, CdS gelb, CuS schwarz) zum Nachweis der entsprechenden Ionen benutzt.

10.2   Verteilung von Stoffen zwischen zwei flüssigen Phasen

Liegen in einem System zwei miteinander nicht mischbare flüssige Phasen vor, so kann sich ein Stoff entsprechend seiner unterschiedlichen Löslichkeit in beiden Flüssigkeiten verteilen. Durch Molekularbewegung gehen die Teilchen dieser Substanz aus der einen in die andere Phase über, bis ein dynamischer Gleichgewichtszustand erreicht ist. Dieses Gleichgewicht ist durch das Verteilungsgesetz von NERNST charakterisiert:

$$\frac{c_A(\text{Phase 1})}{c_A(\text{Phase 2})} = K \qquad (10\text{-}6)$$

Der Quotient der Konzentrationen eines sich zwischen zwei Flüssigkeitsphasen verteilenden Stoffes A ist im Gleichgewicht konstant. Die temperaturabhängige Konstante K heißt **Verteilungskoeffizient**.

Beispiel: Der Verteilungskoeffizient von Anilin ($C_6H_5NH_2$) zwischen den beiden Phasen Benzen und Wasser beträgt bei 25 °C $K = 10$. Dies bedeutet, dass nach Einstellung des Verteilungsgleichgewichtes die Anilinkonzentration im Benzen 10-mal größer ist als in Wasser.

Das Verteilungsgesetz von NERNST ist jedoch nur unter der Annahme gültig, dass der Stoff in den beiden Phasen im gleichen molekularen Zustand vorliegt. Es dürfen keine Assoziationen bzw. Dissoziationen der Moleküle oder chemische Reaktionen mit den beiden Flüssigkeiten auftreten.

Viele organische Substanzen sind häufig in organischen Lösungsmitteln besser löslich als in Wasser. Sie können daher aus wässrigen Lösungen durch Ausschütteln mit organischen, in Wasser schwer löslichen Lösungsmitteln extrahiert werden. Dieser für die präparative organische Chemie wichtige Verfahrensschritt ist schematisch in Bild 10-3 am Beispiel einer Mehrfachextraktion gezeigt.

Der Stoff A ist in Wasser mit der Konzentration $c_A^0(H_2O)$ gelöst und geht entsprechend seinem Verteilungskoeffizienten in die $CHCl_3$-Phase über. Die Konzentration von A nimmt dabei von $c_A^0(H_2O)$ auf $c_A^1(H_2O)$ ab. Der zweite Extraktionsschritt der so entstandenen Phase mit frischem $CHCl_3$ senkt $c_A^1(H_2O)$ auf den Wert $c_A^2(H_2O)$ ab usw.

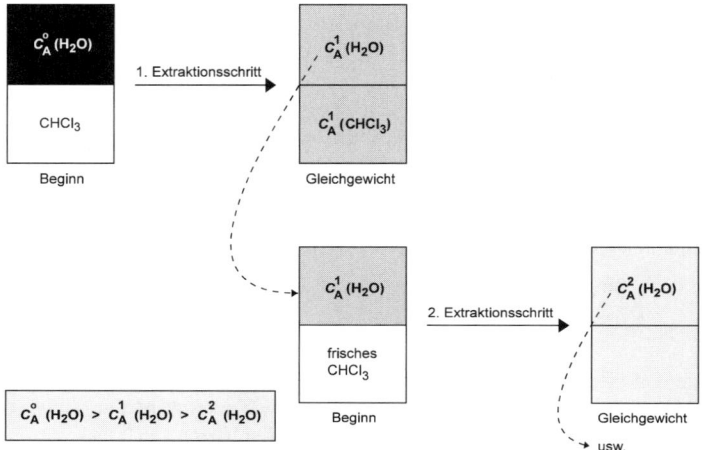

Bild 10-3: Schematische Darstellung einer Mehrfachextraktion

Liegen zwei Stoffe (A und B) in der wässrigen Phase gelöst vor, so lässt sich bei unterschiedlichen Verteilungskoeffizienten einer der beiden Stoffe bevorzugt extrahieren und somit bei mehrfacher Wiederholung des Schrittes mit jeweils frischem Extraktionsmittel isolieren.

Einen besseren Effekt als beim Ausschütteln mit einer größeren Flüssigkeitsmenge erzielt man durch mehrmalige Extraktion mit kleinen Flüssigkeitsmengen.

10.3   Gleichgewichte an Membranen
10.3.1   Dialyse

Die Dialyse ist ein physikalisches Verfahren zur Trennung gelöster niedermolekularer von makromolekularen oder kolloiden Stoffen. Während die molekulardispers gelösten Stoffe (0,1...3 nm) durch eine semipermeable (halbdurchlässige) Membran in Richtung des Konzentrationsgefälles diffundieren, können Teilchen makromekularer oder kolloiddisperser Dimension (10...100 nm) die Membranporen nicht passieren.

Zur Durchführung einer Dialyse wird die zu dialysierende Lösung in ein zylindrisches Gefäß gebracht, das durch eine Membran verschlossen ist und in strömendes Wasser eintaucht. Die Dialysegeschwindigkeit ist daher abhängig von der Membranfläche und vom Konzentrationsgefälle des molekulardispersen Stoffes auf beiden Seiten der Membran.

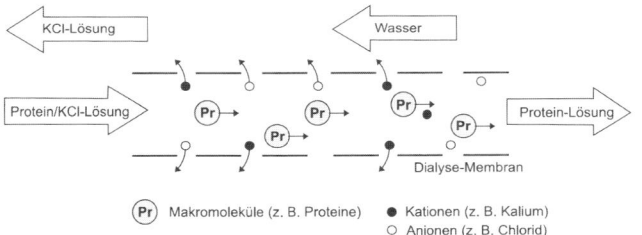

Bild 10-4: Entsalzung von Proteinlösungen durch Dialyse. Die Lösung strömt innerhalb des Dialyseschlauches (Membran) von links nach rechts. Die Kalium- und Chloridionen diffundieren durch die Membran in das außen im Gegenstrom geführte Wasser. Die Membran ist für Proteine undurchlässig

Die Dialyse findet in der Praxis, z. B. bei der Proteinreinigung (Entfernung von niedermolekularen Stoffen) häufig Verwendung. Eine unmittelbare Anwendung hat die Dialyse in der künstlichen Niere. Mit ihr werden organschädigende niedermolekulare Stoffe mittels einer Membran aus dem Blut entfernt.

10.3.2 DONNAN-Gleichgewicht

Werden zwei jeweils aus Kationen und Anionen bestehende Lösungen durch eine Membran miteinander in Kontakt gebracht, so werden die Ionen so lange diffundieren, bis der Konzentrationsgradient ausgeglichen ist. Enthält eine der beiden Salzlösungen zusätzlich ein impermeables Polyanion (z. B. Na-Salz eines Proteins), so tritt ein von DONNAN (1911) erstmalig beschriebenes Phänomen auf (vgl. Bild 10-5).

Vor der Gleichgewichtseinstellung befinden sich auf der linken Seite mehr Na-Ionen als auf der rechten Seite. Sie diffundieren entsprechend ihren Konzentrationsgradienten durch die Membran und nehmen – aus Elektroneutralitätsgründen – Cl⁻-Ionen mit. Der Diffusionsprozess der Ionen kommt zum Stillstand, wenn zwei Bedingungen erfüllt sind:

- Auf beiden Seiten der Membran gilt das Gesetz der Neutralität, d. h., die Summe der positiven und negativen Ladungen muss jeweils gleich sein.

- Das Produkt der Konzentrationen der permeablen Ionen muss auf beiden Seiten gleich sein.

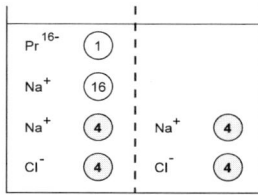
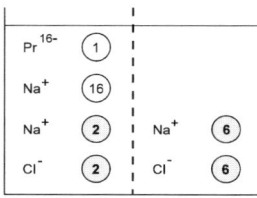

vor der Gleichgewichtseinstellung   DONNAN - Gleichgewicht

Bild 10-5: DONNAN-Gleichgewicht

Es gilt somit für die Verteilung der permeablen Ionen das DONNAN-Gleichgewicht in der allgemeinen Formulierung:

$$c_{II}(\text{Kation}) \cdot c_{II}(\text{Anion}) = c_{I}(\text{Kation}) \cdot c_{I}(\text{Anion}) \tag{10-7}$$

Entsprechend dem in Bild 10-5 gezeigten Beispiel müssen jeweils zwei Na^+- und Cl^--Ionen durch die Membran diffundiert sein, um die Gleichgewichtsbedingung zu erfüllen. Nachdem sich das DONNAN-Gleichgewicht eingestellt hat, besteht jedoch noch ein Konzentrationsgradient für Na^+- und Cl^--Ionen. Die Membran verhält sich so, als wäre sie für einen Teil dieser Ionen impermeabel.

Unterschiedliche Ionenkonzentrationen auf beiden Seiten einer semipermeablen Membran haben neben einer osmotischen Druckdifferenz (vgl. Abschn. 6.3.3) die Bildung eines Membranpotenzials zur Folge. Die Potenzialdifferenz kann quantitativ aus der NERNST-Gleichung erhalten werden.

11 Kinetik chemischer Reaktionen

11.1 Reaktionsgeschwindigkeit
11.1.1 Allgemeines

Mit Hilfe der Thermodynamik können die **Reaktionsgeschwindigkeit** und der **Reaktionsmechanismus**, nach dem sich die Stoffe aus dem Anfangszustand in den Endzustand umwandeln, nicht bestimmt werden. Die klassischen thermodynamischen Beziehungen gelten nur für Gleichgewichte, bei denen die Zeit als physikalische Größe keine Rolle spielt. Nur in diesen Fällen sind Massenwirkungsgesetz, Gleichgewichtskonstante und die Beziehungen von ΔG und K anwendbar. Für die Vorhersage, ob eine Reaktion tatsächlich wie gewünscht abläuft, müssen neben der Energiebilanz und dem Vorzeichen der Änderung der freien Enthalpie ΔG auch Informationen über die Geschwindigkeit der Reaktion vorliegen.

In der **chemischen Kinetik** werden zeitliche Veränderungen von Systemen untersucht und die Reaktionsgeschwindigkeiten gemessen. Reaktionszeiten chemischer Vorgänge können sich um mehrere Größenordnungen unterscheiden (vgl. Tab. 11-1). Im Extremfall können sie so groß werden ($10^8...10^{10}$ Jahre), dass auch bei längerer Betrachtung des Prozesses keine Veränderung gemessen werden kann. Das System täuscht ein Gleichgewicht vor, ohne sich tatsächlich im thermodynamischen Gleichgewicht zu befinden (metastabiler Zustand). Durch Einwirkung äußerer Faktoren (Energie, Katalysator) gelingt häufig ein Anstoß zur spontanen Reaktion.

> **Katalysatoren** beeinflussen nicht die Lage des chemischen Gleichgewichtes, sondern erhöhen nur die Geschwindigkeit des Erreichens.

Die Unterscheidung der Reaktionen nach ihrer Geschwindigkeit (vgl. Tab. 11-1) kann nur einen Überblick zur Reaktionsdauer geben, ohne über die **Gesetze des zeitlichen Ablaufs** der Reaktion zu informieren. Derartige Geschwindigkeitsgesetze erhält man durch experimentelle Messung der Konzentration oder des Druckes der Reaktionspartner als Funktion der Zeit. Zur Erläuterung soll folgende allgemeine Reaktion betrachtet werden:

$$a\,A \;+\; b\,B \;\rightarrow\; c\,C \;+\; d\,D$$

Tabelle 11-1: Typische Reaktionszeiten und charakteristische Aktivierungsenergien E_a

unterschiedliche Reaktionszeiten			Beispiele	E_a in kJ · mol^{-1}
metastabile Zustände	10^{10}	Jahre	$H_2 + I_2 \longrightarrow 2\,HI$	120
	10^8	Jahre		
	10^6	Jahre		
extrem langsam	10^4	Jahre	geochemische Prozesse	
	10^2	Jahre		
	1	Jahr		80
langsam	1	Stunde	$RCOOCH_3 + OH^- \longrightarrow RCOO^- + CH_3OH$ technische Reaktionsabläufe	
schnell	1	Sekunde		40
	10^{-2}	Sekunden	biochemische Reaktionen	
	10^{-4}	Sekunden		
	10^{-6}	Sekunden	$NH_3 + H_2O \rightleftharpoons NH_4^+ + OH^-$	
extrem schnell	10^{-8}	Sekunden	$CH_3\cdot + CH_3\cdot \longrightarrow CH_3\text{–}CH_3$	
	10^{-10}	Sekunden	$H^+ + OH^- \longrightarrow H_2O$	0

Die gasförmigen oder gelösten Ausgangsstoffe A und B setzen sich in einer einseitig von links nach rechts verlaufenden Reaktion zu den Produkten C und D um. Es wird zur Vereinfachung eine irreversible Reaktion angenommen, die praktisch vollständig zu den Produkten verläuft. Die Abnahme der Konzentration der Edukte A bzw. B oder die Zunahme der Konzentrationen C bzw. D in der betrachteten Zeit t ist gleich der Reaktionsgeschwindigkeit v der betreffenden Umsetzung. Da v zu jedem Zeitpunkt eine andere Größe besitzt, handelt es sich um differenzielle Änderungen. Die Reaktionsgeschwindigkeit v wird daher durch einen Differentialquotienten definiert:

$$v = -\frac{dc_A}{dt} = -\frac{dc_B}{dt} = +\frac{dc_C}{dt} = +\frac{dc_D}{dt} \qquad (11\text{-}1)$$

Das Vorzeichen des Quotienten ist negativ, wenn die Konzentration der Edukte abnimmt, und positiv, wenn die Konzentration der Produkte zunimmt.

I Die **Reaktionsgeschwindigkeit** ist definiert als zeitliche Änderung der Menge eines Stoffes (Konzentration oder Partialdruck), der durch die betrachtete Reaktion erzeugt oder verbraucht wird.

Am übersichtlichsten lassen sich Reaktionen in der Gasphase darstellen. Sind die Reaktanten A und B in einem Reaktionsraum frei beweglich, so können sie miteinander reagieren, indem sie zusammenstoßen und die

Produkte C und D bilden. Die Anzahl der Zusammenstöße Z ist proportional der Reaktionsgeschwindigkeit:

$$v = k' \cdot Z \tag{11-2}$$

Nicht jeder Zusammenstoß ist erfolgreich und führt zur Bildung der gewünschten Produkte. Aus der mikroskopischen Betrachtung des Gaszustandes lässt sich zeigen, dass der so genannte „Zweierstoß" von Molekülen (bimolekularer Mechanismus) eine wesentlich größere Häufigkeit besitzt als ein Zusammenstoß, an dem mehr als zwei Moleküle beteiligt sind. Die Anzahl der Zusammenstöße steht mit der Anzahl der Reaktionsteilnehmer in folgender Beziehung:

$$Z = k'' \cdot c_A^\alpha \cdot c_B^\beta \tag{11-3}$$

Die Reaktionsgeschwindigkeit (Zeitgesetz) ergibt sich dann für die oben genannte allgemeine Gleichung mit $k = k' \cdot k''$ zu:

$$v = -\frac{1}{a}\frac{dc_A}{dt} = -\frac{1}{b}\frac{dc_B}{dt} = +\frac{1}{c}\frac{dc_C}{dt} = +\frac{1}{d}\frac{dc_D}{dt}$$

$$= k \cdot c_A^\alpha \cdot c_B^\beta = k \cdot c(A)^\alpha \cdot c(B)^\beta \tag{11-4}$$

Die Beträge der stöchiometrischen Faktoren $1/a$, $1/b$, $1/c$, $1/d$ werden normalerweise mit in die Konstante k einbezogen, die dann einen anderen Wert erhalten kann.

> Die Reaktionsgeschwindigkeit einer irreversibel verlaufenden chemischen Reaktion ist der Konzentration der Reaktanten proportional. Die Proportionalitätskonstante k ist die Geschwindigkeitskonstante. Sie hat für jede chemische Reaktion bei gegebener Temperatur einen charakteristischen Wert und nimmt meistens mit steigender Temperatur zu.

11.1.2   Reaktionsordnung und Molekularität

Der Exponent, mit dem die Konzentration eines Reaktionspartners in der Geschwindigkeitsgleichung (11-4) auftritt, heißt **Reaktionsordnung** der

Reaktion bezüglich des betreffenden Reaktionspartners. Hat der Exponent den Wert 0, 1, 2 oder 3, so spricht man von 0., 1., 2. oder 3. Ordnung. Es sind auch gebrochene Exponenten möglich. Die Reaktionsordnung kann nicht aus der Reaktionsgleichung bzw. dem Reaktionsmechanismus abgelesen werden, sondern muss in jedem Fall experimentell ermittelt werden.

Betrachtet man „einfache" Zeitgesetze, wie beispielsweise:

$$v = k \cdot c_A^{\alpha} \cdot c_B^{\beta} \dots \cdot c_Z^{\omega} \qquad (11\text{-}5)$$

in denen die Konzentrationen nur als Produkte auftreten, so kann aus der Summe der Exponenten die **Gesamtreaktionsordnung** n der Reaktion ermittelt werden:

$$n = \alpha + \beta + \dots + \omega \qquad (11\text{-}6)$$

Die Exponenten α, β, γ usw. entsprechen nicht den stöchiometrischen Koeffizienten der Reaktion, sondern geben die Ordnung einer Reaktion an.

Reaktionen 0. Ordnung

Das einfachste Geschwindigkeitsgesetz enthält die Konzentration der reagierenden Stoffe in nullter Potenz. Damit wird durch $c^0 = 1$ der Konzentrationsausdruck im Geschwindigkeitsgesetz gleich eins und die Reaktionsgeschwindigkeit eine Konstante. Das **differenzielle Zeitgesetz** von Reaktionen 0. Ordnung lautet somit:

$$-\frac{dc_A}{dt} = k \qquad (11\text{-}7)$$

In kinetischen Experimenten werden im Allgemeinen keine differenziellen Konzentrationsänderungen (dc/dt) gemessen, sondern Konzentrationen, die zu bestimmten Zeitpunkten vorliegen. Daher ist die integrierte Form des differenziellen Zeitgesetzes für die Auswertung kinetischer Ergebnisse, aber auch für die praktische Anwendung besser geeignet:

$$-c_A = k \cdot t + \text{const.} \qquad (11\text{-}8)$$

Die Integrationskonstante der unbestimmten Form (const.) wird aus den Anfangsbedingungen des Experiments ermittelt. Zum Zeitpunkt $t = 0$ liegt die Anfangskonzentration $c_A = c_A^0$ vor. Eingesetzt in Gleichung (11-8) ergibt sich die bestimmte Form des **integrierten Zeitgesetzes** einer Reaktion 0. Ordnung:

$$c_A^0 - c_A = k \cdot t \qquad (11\text{-}9)$$

Beispiele für Reaktionen 0. Ordnung sind: Elektrolysen bei konstanter Stromstärke; Absorption eines Gases in einer Flüssigkeit bei konstantem Volumenstrom; Reaktionen an festen Grenzflächen, an denen durch Adsorption die Konzentration der Reaktionsteilnehmer konstant gehalten wird.

Reaktionen 1. Ordnung

Das Zeitgesetz für eine Reaktion 1. Ordnung (z. B. der Umwandlung der Substanz A in die Substanz B) lautet in **differenzieller Form:**

$$-\frac{dc_A}{dt} = k \cdot c_A \qquad (11\text{-}10)$$

Die Reaktionsgeschwindigkeit ist zu jedem Zeitpunkt der aktuellen Konzentration des Ausgangsstoffes c_A proportional. Sie ist zu Beginn der Umsetzung am größten und verringert sich mit abnehmender Konzentration.

Bezeichnet man die Anfangskonzentration des Stoffes A zum Zeitpunkt $t = 0$ mit c_A^0, die Konzentration zu einer beliebigen Zeit t mit c_A, so lässt sich das Zeitgesetz in diesen Grenzen integrieren:

$$\ln\frac{c_A}{c_A^0} = -k \cdot t \qquad (11\text{-}11)$$

Die logarithmische Darstellung des integrierten Zeitgesetzes ist als Geradenfunktion ($y = -mx$) für praktische Zwecke, z. B. für die grafische Bestimmung der Reaktionsgeschwindigkeitskonstanten, am besten geeignet. Durch Entlogarithmierung von Gleichung (11-11) ergibt sich:

$$c_A = c_A^0 \cdot e^{-k \cdot t} \qquad (11\text{-}12)$$

Die Konzentration von A nimmt somit exponentiell mit der Zeit ab.

Beispiele für Reaktionen 1. Ordnung sind der radioaktive Zerfall und die thermische Zersetzung von Verbindungen.

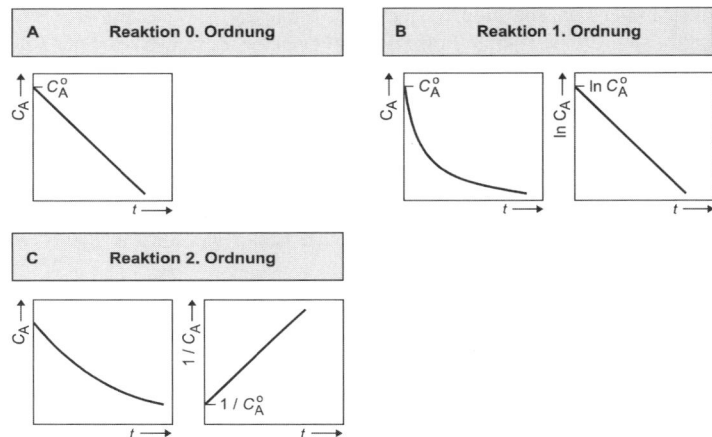

Bild 11-1:   Konzentrations-Zeit-Diagramme in unterschiedlicher Auftragung.
(A) Reaktion 0. Ordnung, (B) Reaktion 1. Ordnung mit halblogarithmischer Darstellung, (C) Reaktion 2. Ordnung mit reziproker Auftragung
der Konzentration

Reaktionen 2. und höherer Ordnung

Ist in der Geschwindigkeitsgleichung der Exponent oder die Summe der
Exponenten gleich 2, so handelt es sich um eine Reaktion 2. Ordnung.
Betrachtet man eine allgemeine Reaktion A + B → Produkte, so kann die
Umsetzung nach einem der drei möglichen Zeitgesetze 2. Ordnung ver-
laufen:

$$-\frac{dc_A}{dt} = k \cdot c_A^2 = k \cdot c_B^2 = k \cdot c_A \cdot c_B \qquad (11\text{-}13)$$

Die Reaktionsgeschwindigkeit ist dem Quadrat oder dem Produkt der
aktuellen Konzentrationen eines der Ausgangsstoffe oder beider Ausgangsstoffe proportional.

Reaktionen 2. Ordnung sind in der Chemie am weitesten verbreitet. Charakteristisch ist der allgemein langsamere Verlauf, der bei Reaktionen
höherer Ordnung noch weiter abnimmt. Chemische Umsetzungen, die sich
mit einem Geschwindigkeitsgesetz höherer Ordnung beschreiben lassen,
sind selten.

Wie die Beispiele in Tabelle 11-2 zeigen, ist die Anzahl der nach der Stöchiometrie
umgesetzten Teilchen häufig identisch mit der Reaktionsordnung. Dies ist jedoch nicht

Tabelle 11-2: Beispiele für Reaktionen 2. und 3. Ordnung

Reaktionen 2. Ordnung	Reaktionen 3. Ordnung
$H_2 + I_2 \longrightarrow 2\,HI$	$2\,NO + O_2 \longrightarrow 2\,NO_2$
$HI + HI \longrightarrow H_2 + I_2$	$2\,Fe^{3+} + 2\,I^- \longrightarrow 2\,Fe^{2+} + I_2$
$CO + NO_2 \longrightarrow CO_2 + NO$	
$Fe^{2+} + Mn^{3+} \longrightarrow Fe^{3+} + Mn^{2+}$	
$Fe^{2+} + Ce^{4+} \longrightarrow Fe^{3+} + Ce^{3+}$	

immer gegeben, da die Reaktionsgleichung nichts über den tatsächlich ablaufenden Mechanismus und damit über das molekulare Geschehen aussagt.

Halbwertszeit

Der Begriff Halbwertszeit ($t_{1/2}$) definiert die Zeit, in der die Hälfte der zu Beginn der Reaktion vorhandenen Menge des Ausgangsstoffes umgesetzt ist. Man erhält den Bezug zur Reaktionsgeschwindigkeit, wenn entsprechend der Definition im Zeitgesetz für die Konzentration $c_A = 1/2\ c_A^0$ gesetzt wird.

Bei einer Reaktion 1. Ordnung ist die Halbwertszeit von der Ausgangskonzentration unabhängig:

$$t_{1/2} = \frac{\ln 2}{k} = \frac{0{,}693}{k} \qquad (11\text{-}14)$$

Es ist üblich, auch radioaktive Zerfälle durch die Größe $t_{1/2}$ zu charakterisieren (vgl. Abschn. 1.3).

Bei allen anderen Ordnungen ist die Halbwertszeit von der Konzentration abhängig. Daher kann die Konzentrationsabhängigkeit auch als Bestimmungsmethode der Reaktionsordnung herangezogen werden: $t_{1/2} \approx (c^0)^{1-n}$, wobei n die Reaktionsordnung darstellt.

Molekularität einer Reaktion

Durch Messung makroskopischer Größen (Konzentration, Druck) lässt sich das Zeitgesetz nicht ermitteln. Ein Rückschluss auf den Mechanismus, z. B. auf die Anzahl der an einer Elementarreaktion (Reaktionsschritt) beteiligten Teilchen, ist jedoch nicht möglich. Daher dürfen die Reaktionsordnung (experimentelle Erfahrung) und die Molekularität als Anzahl der Teilchen, die an einem Elementarschritt beteiligt sind, nicht verwechselt werden.

Geht man bei einer Reaktion von nur **einem** Teilchen aus (A $\rightarrow$ B), ist die Molekularität eins, und die Reaktion wird **monomolekular** genannt. Vor allem größere Moleküle haben die Möglichkeit, nach dieser Molekularität zu reagieren.

Beispiel: Spaltung von Brom- und Wassermolekülen:

$Br_2 \rightarrow 2\,Br\odot$, $H_2O \rightarrow H\odot + OH\ominus$

Ionisierungsreaktion (vgl. Organische Chemie)

Bei **bimolekularen** Reaktionen reagieren zwei Teilchen miteinander: A + B $\rightarrow$ C. Die Molekularität der Reaktion ist zwei.

Beispiele: (1) $Br\odot + H_2 \rightarrow HBr + H\odot$

$H\odot + Br_2 \rightarrow HBr + Br\odot$

(2)   nukleophile Substitution von R-X

$HO^- + R{-}X \rightarrow R{-}OH + X^-$

Die meisten Umsetzungen laufen als bimolekulare Reaktionen ab.

Im Gegensatz zu Reaktionen 3. Ordnung, die noch relativ häufig beobachtet werden, sind **trimolekulare** Reaktionen sehr selten. Höhere Molekularitäten sind unwahrscheinlich, da der gleichzeitige Kontakt von drei Teilchen („Dreierstoß") ca. 1000-mal weniger wahrscheinlich ist als bimolekulare Reaktionen. Nur bei Elementarreaktionen ist die Reaktionsordnung gleich der Molekularität. Die meisten Reaktionen bestehen jedoch nicht aus nur einer Elementarreaktion, sondern aus einer Folge nacheinander oder parallel ablaufender Elementarreaktionen. Eine Übereinstimmung von Reaktionsordnung und Molekularität ist rein zufällig.

11.1.3   Rückreaktion und dynamisches Gleichgewicht

Eine Vielzahl von chemischen Reaktionen verläuft nicht quantitativ, obwohl die Reaktionsteilnehmer in stöchiometrischen Ansätzen vorliegen. Die Umsetzung, gemessen an der Konzentrationsabnahme eines Reaktanten, erreicht unter den gewählten Bedingungen einen Endwert von z. B. 40...60 % statt 100 %.

Eine gut untersuchte Reaktion ist die Umsetzung von Wasserstoff mit Iod:

$$H_2(g) + I_2(g) \rightarrow 2\,HI(g) \qquad \Delta H = -10 \text{ kJ} \cdot \text{mol}^{-1}$$

Bei gegebener Temperatur stellt sich ein Gleichgewicht der Konzentrationen von H_2, I_2 und HI ein, unabhängig davon, ob H_2 und I_2 oder HI als Ausgangsstoffe eingesetzt werden (vgl. Bild 7-3). Die oben formulierte Reaktion heißt daher **Hinreaktion** und kann mit folgendem Geschwindigkeitsgesetz beschrieben werden:

$$v_{\text{Hin}} = k_{\text{Hin}} \cdot c_{H_2} \cdot c_{I_2} \qquad (11\text{-}15)$$

Der Zerfall von Iodwasserstoff:

$$2\,HI(g) \rightarrow H_2(g) + I_2(g)$$

wird **Rückreaktion** genannt und ergibt das Geschwindigkeitsgesetz:

$$v_{\text{Rück}} = k_{\text{Rück}} \cdot c_{HI}^2 \qquad (11\text{-}16)$$

Sobald während der Hinreaktion erste Moleküle von Iodwasserstoff gebildet sind, vermag HI entsprechend seiner Konzentration die Rückreaktion in Gang zu setzen. Mit wachsender Konzentration an HI nimmt auch die Geschwindigkeit der Rückreaktion zu. Zu jedem Zeitpunkt der Reaktion ergibt sich der nach außen sichtbare und damit messbare Stoffumsatz der Gesamtreaktion (Hin- und Rückreaktion) aus der Umsatzdifferenz beider Teilreaktionen. Die **Reaktionsgeschwindigkeit der Gesamtreaktion (Bruttoreaktionsgeschwindigkeit)** ergibt sich aus der Differenz der Teilreaktionsgeschwindigkeiten:

$$v_{\text{Brutto}} = v_{\text{Hin}} - v_{\text{Rück}} = k_{\text{Hin}} \cdot c_{H_2} \cdot c_{I_2} - k_{\text{Rück}} \cdot c_{HI}^2 \qquad (11\text{-}17)$$

Wenn $v_{\text{Hin}} = v_{\text{Rück}}$ ist, also $v_{\text{Brutto}} = 0$ wird, lassen sich makroskopisch keine Änderungen der Konzentrationen der Reaktionspartner feststellen. Dass tatsächlich die Hin- und Rückreaktion nicht zum Stillstand gekommen sind, sondern die Reaktionsgeschwindigkeiten gleich groß sind, lässt sich durch Zusetzen eines radioaktiv markierten Reaktionsteilnehmers nachweisen (vgl. Abschn. 1.3). Dieser Zustand wird als **chemisches Gleichgewicht** bezeichnet.

Es handelt sich um ein dynamisches Gleichgewicht, das durch die Gleichgewichtskonzentration charakterisiert ist. Gleichung (11-17) ergibt umformuliert:

$$\frac{c_{HI}^2}{c_{H_2} \cdot c_{I_2}} = \frac{k_{Hin}}{k_{Rück}} = K_c \qquad\qquad (11\text{-}18)$$

K_c ist die Gleichgewichtskonstante des MWG und ist durch das Verhältnis der Geschwindigkeitskonstanten gegeben. **Das MWG kann somit kinetisch gedeutet werden.** Ist die Geschwindigkeitskonstante der Hinreaktion erheblich größer als die der Rückreaktion, dann wird K_c groß, und das Gleichgewicht liegt auf der rechten Seite:

$$H_2(g) + I_2(g) \rightleftarrows 2\,HI$$

Die kinetische Bedingung des Gleichgewichts [vgl. Gleichung (11-17)] wird dadurch erreicht, dass die kleine Geschwindigkeitskonstante der Rückreaktion mit einer hohen Konzentration der Endprodukte multipliziert werden muss und die größere Konstante der Hinreaktion mit einer kleineren Konzentration der Ausgangsstoffe.

K_c ist unabhängig von der Konzentration. Da die Geschwindigkeitskonstanten k_{Hin} und $k_{Rück}$ im Allgemeinen eine unterschiedliche Temperaturabhängigkeit aufweisen, ist der Quotient, und damit K_c, temperaturabhängig. Zu jedem numerischen Zahlenwert der Gleichgewichtskonstante muss daher die Temperatur mit angegeben werden.

11.2 Theorie der Reaktionsgeschwindigkeit
11.2.1 Temperaturabhängigkeit der Reaktionsgeschwindigkeit

Für den Ablauf einer chemischen Reaktion müssen als Folge molekularer Zusammenstöße zwischen den Molekülen Bindungen gespalten, umgruppiert oder neu geknüpft werden. Die Erfahrung lehrt, dass Temperaturerhöhung eine chemische Reaktion sehr stark beschleunigt, unabhängig von ihrem endothermen oder exothermen Charakter. Viele bei niedrigen Temperaturen inaktive oder nur langsam reagierende Stoffe können bei erhöhter Temperatur mit beträchtlicher Geschwindigkeit umgesetzt werden. Andererseits werden zahlreiche bei höheren Temperaturen schnell verlaufende Reaktionen durch Abkühlung praktisch zum Stillstand gebracht.

In einem System von Molekülen ist der Energieinhalt eines jeden Moleküls, der sich aus Translation (geradlinige, fortschreitende Bewegung),

Rotation (Drehbewegung) und Vibration (Schwingung der Atome im Molekül) zusammensetzt, infolge regelloser Zusammenstöße ständigen Veränderungen unterworfen. Die Verteilung der Energie im Gesamtsystem auf die einzelnen Moleküle unterliegt statistischen Gesetzmäßigkeiten (Geschwindigkeitsverteilung nach MAXWELL bzw. Energieverteilung nach BOLTZMANN).

Das MAXWELL-Geschwindigkeitsverteilungsgesetz beschreibt den Teil der Moleküle dN eines aus N Molekülen bestehenden Systems, die eine bestimmte Geschwindigkeit besitzen. Bild 11-2 zeigt die Geschwindigkeitsverteilung für die Moleküle eines Gases bei verschiedenen Temperaturen.

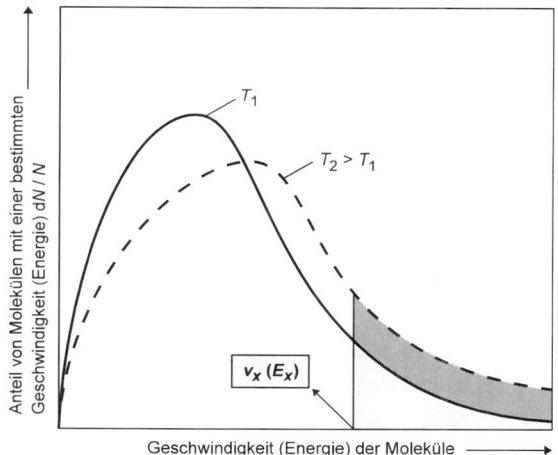

Bild 11-2: MAXWELL-Geschwindigkeitsverteilung für die Moleküle eines Gases bei zwei verschiedenen Temperaturen

Die resultierende, unsymmetrische Kurve weist ein Maximum auf, das sich mit zunehmender Temperatur unter gleichzeitiger Abflachung nach höheren Geschwindigkeiten verschiebt. Die schraffierten Flächen unter beiden Kurvenzügen zeigen den Anteil der Moleküle, deren Geschwindigkeit v_x und damit deren Energie E_x (vgl. Abschn. 11.2.2) einen bestimmten Minimalwert überschreitet. Der Anteil dieser energiereichen Moleküle nimmt mit steigenden Temperaturen zu. Hieraus ergibt sich die qualitative Folgerung, dass die Reaktionsgeschwindigkeit mit steigender Temperatur zunimmt.

Bei gegebener Temperatur T_1 ist die mittlere Geschwindigkeit, und damit die mittlere kinetische Energie der Moleküle ($= M/2 \cdot v_1{}^2$), eine Konstante. Bei Verdopplung der absoluten Temperatur ($T_2 = 2\,T_1$) muss sich auch v^2 verdoppeln, d. h., die Geschwindigkeit nimmt um den Faktor $\sqrt{2} = 1,4$ zu. Die Erfahrung zeigt jedoch, dass die Reaktionsgeschwindigkeit bei Verdopplung der Temperatur um einen wesentlich größeren Faktor zunimmt.

Die Abhängigkeit der Geschwindigkeitskonstante k von der Temperatur lässt sich für eine Vielzahl chemischer Reaktionen durch halblogarithmische Auftragung von $\log k$ gegen die reziproke absolute Temperatur $1/T$ als Gerade darstellen, die nach folgender Gleichung beschrieben werden kann:

$$\log k = \log Z - \frac{A}{T} \qquad (11\text{-}19)$$

Die Formulierung als e-Funktion ergibt mit den Konstanten Z, E_a und R ($A = E_a/2{,}3 \cdot R$):

$$k = Z \cdot e^{-\frac{E_a}{R \cdot T}} \qquad (11\text{-}20)$$

Auf der Grundlage der MAXWELL-Geschwindigkeitsverteilung konnte BOLTZMANN zeigen, dass der Anteil N_ε/N der Gesamtzahl von Molekülen, deren Energie einen bestimmten Energiebetrag überschreitet, durch das BOLTZMANN-Energieverteilungsgesetz gegeben ist (k_B = BOLTZMANN-Konstante $= R/N_A = 1{,}38065$ J $\cdot$ K^{-1}, ε = Energie eines einzelnen Moleküls).

$$\frac{N_\varepsilon}{N} = e^{-\frac{\varepsilon}{k_B \cdot T}} \qquad (11\text{-}21)$$

Gleichung (11-21) ist nicht wie das MAXWELL-Geschwindigkeitsgesetz nur auf translatorische Bewegungen der Moleküle beschränkt. ε stellt die Summe aller Energieformen eines Moleküls dar (Translations-, Schwingungs- und Rotationsenergie). Wird die Energie eines einzelnen Moleküls ε durch die molare Energie E ersetzt, so ergibt sich aus Gleichung (11-21) mit $E = \varepsilon \cdot N_A$ und $R = k_B \cdot N_A$:

$$\frac{N_E}{N_A} = e^{-\frac{E}{R \cdot T}} \qquad (11\text{-}22)$$

Mit Hilfe dieses Energieverteilungsgesetzes ist es möglich, den Anteil N_E/N_A der Moleküle eines Mols zu berechnen, die über eine größere als die betrachtete Energie E_x (vgl. Bild 11-2) verfügen und damit eine mögliche Energiebarriere dieser Höhe überwinden können. Als Energiebarriere wird die Aktivierungsenergie E_a angesehen werden.

11.2.2   Aktivierungsenergie und -entropie

Die formale Übereinstimmung der Gleichungen (11-20) und (11-22) ist offensichtlich nicht zufällig. Bereits ARRHENIUS nahm zur Deutung seiner Gleichung eine **kritische Stoßenergie E_a** für die Reaktion an. Er folgerte, dass nur die Zusammenstöße von Molekülen zu einer Reaktion führen, bei denen Teilchen mit ausreichender Energie zusammentreffen. Ist der Stoß heftig genug, so kann die Auslenkung der Molekülschwingung dazu führen, dass Bindungen im Molekül gelöst und die Reaktion eingeleitet wird. Gleichung (11-22) beschreibt den Anteil der Moleküle, der diese Mindestenergie besitzt. Ist für eine chemische Reaktion ein solches Minimum an Energie notwendig, damit Moleküle beim Zusammenstoß reagieren können, dann wird die zur Aktivierung der Moleküle erforderliche Energie **Aktivierungsenergie E_a** genannt. Gleichung (11-23) gibt den als ARRHENIUS-Gleichung bekannten Zusammenhang wieder:

$$\lg k = \frac{-E_a}{2{,}303 \cdot R \cdot T} + \text{konst.} \tag{11-23}$$

Aus der ARRHENIUS-Gleichung ergibt sich, dass die Reaktionsgeschwindigkeitskonstante bzw. die Reaktionsgeschwindigkeit bei gegebener Temperatur umso kleiner ist, je größer die notwendige Aktivierungsenergie der Reaktion ist. Der Zahlenwert der Aktivierungsenergie chemischer Reaktionen liegt im Allgemeinen zwischen 20 und 400 kJ · mol^{-1}.

Hohe Werte der Aktivierungsenergie haben eine starke Erhöhung der Reaktionsgeschwindigkeit mit zunehmender Temperatur zur Folge (vgl. Bild 11-3). Dieses Verhalten gilt sowohl für exotherme als auch für endotherme Reaktionen. Es muss zunächst die Aktivierungsenergie aufgebracht werden, damit die Reaktion ablaufen kann.

Für endotherme Reaktionen ist $E_a \geq \Delta H_R$, für exotherme Reaktionen lässt sich kein unterer Wert für die Aktivierungsenergie angeben.

Vorzeichen und Größe der Reaktionsenthalpie lassen keinen Rückschluss auf die Aktivierungsenergie zu.

Aus der Differenz der Aktivierungsenergien von Hin- und Rückreaktion kann die Reaktionsenthalpie berechnet werden.

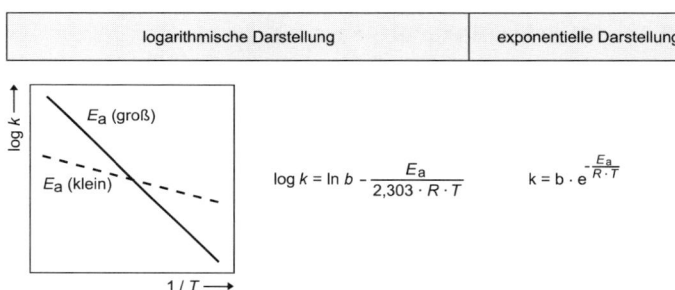

Bild 11-3: Unterschiedliche Aktivierungsenergien und ARRHENIUS-Gleichung als Geradenfunktion im Vergleich zur exponentiellen Schreibweise

Sehr große Aktivierungsenergien sind immer dann nötig, wenn chemische Bindungen aufgespalten werden müssen. Dabei ist jedoch nicht immer die volle Bindungsenthalpie aufzubringen. Nach einer empirischen Regel von HIRSCHFELDER beträgt die Aktivierungsenergie für Reaktionen vom Typ $AB + CD \rightarrow AC + BD$ nur etwa 1/3 der Dissoziationsenthalpie der beiden Moleküle AB und CD. Sind freie Atome an einer Reaktion mit Molekülen beteiligt ($CH_4 + Cl\odot \rightarrow CH_3\odot + HCl$), so wird nur eine Aktivierungsenergie von etwa 7 % der Bindungsenergie benötigt. Der Betrag von E_a ist bei dieser Art von Reaktion so klein, dass die Reaktionen mit erheblicher Geschwindigkeit ablaufen.

Kommt es bei chemischen Reaktionen nicht zur Trennung von Bindungen, wie dies beispielsweise bei Ionenreaktionen ($H^+ + OH^- \rightarrow H_2O$) oder bei Reaktionen von Radikalen der Fall ist ($R\odot + R\odot \rightarrow R–R$), so tritt auch keine nennenswerte (messbare) Aktivierungsenergie auf.

Aktivierungsentropie

Die Zusammenhänge zwischen Aktivierungsenergie, Temperatur und Reaktionsgeschwindigkeit können wie folgt verallgemeinert werden:

- Chemische Reaktionen, die mit hoher Geschwindigkeit ablaufen, haben im Vergleich zur mittleren kinetischen Energie der Moleküle nur eine geringe Aktivierungsenergie.

- Der Umsatz einer Reaktion mit einer hohen Aktivierungsenergie kann durch Temperaturerhöhung stark beeinflusst werden.

Die Umkehrung dieser allgemein gültigen Aussagen ist jedoch nicht uneingeschränkt zulässig. Eine geringe Aktivierungsenergie hat nicht zwangsläufig eine Erhöhung der Reaktionsgeschwindigkeit zur Folge. Zusammenstöße können zwar häufig und mit der nötigen Energie stattfinden, sie führen aber nicht zur Reaktion, wenn die Orientierung der Moleküle beim Zusammenstoß nicht optimal ist. Die Konstante Z in Gleichung (11-20) enthält daher einen **sterischen Faktor.** In Anwendung der Wahrscheinlichkeitsauffassung der Entropie (vgl. Abschn. 5.3) gilt folgende Beziehung:

$$\Delta S_a = R \cdot \lg \frac{Z_{\text{geeignete Orientierung}}}{Z} \qquad (11\text{-}24)$$

ΔS_a Aktivierungsentropie, $Z_{\text{geeignete Orientierung}}$ Zahl der Zusammenstöße in geeigneter Orientierung, Z Gesamtzahl der Zusammenstöße, R allgemeine Gaskonstante

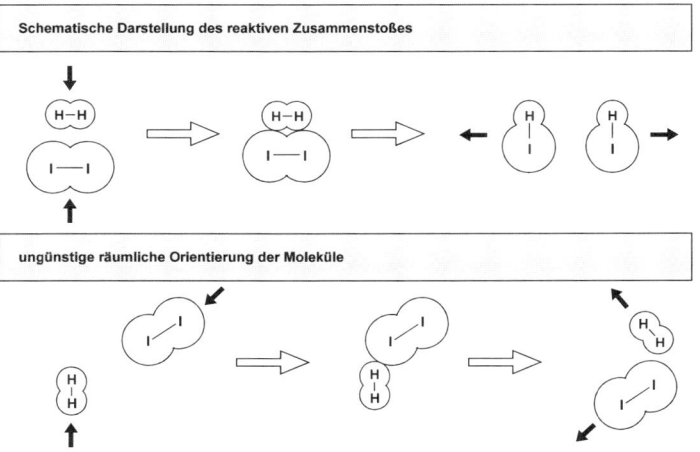

Bild 11-4: Bedeutung der Orientierung von Molekülen beim reaktiven Zusammenstoß am Beispiel der Iodwasserstoffreaktion

Die Aktivierungsentropie ΔS_a bestimmt den Bruchteil molekularer Zusammenstöße in geeigneter Orientierung. Negative Zahlenwerte von ΔS_a deuten daher auf hohe Anforderungen an eine geeignete Orientierung der Moleküle. Die Reaktionsgeschwindigkeiten werden dann sehr klein, auch wenn E_a relativ gering ist.

Im Vergleich dazu sind schnelle Reaktionen von einfachen, kugelförmigen Ionen ein Vorgang, bei dem der Entropiefaktor keinen die Reaktionsgeschwindigkeit reduzierenden Effekt hat.

Beispiele: H^+ + OH^- $\rightarrow$ H_2O

Ag^+ + Br^- $\rightarrow$ $AgBr$

11.2.3   Das Reaktions-Energie-Diagramm

Eine weitere Möglichkeit, den Einfluss der Orientierung von Molekülen auf die Geschwindigkeit chemischer Reaktionen zu verdeutlichen, stellt die **Theorie des Übergangszustandes** (Theorie des aktivierten Komplexes) dar. Bei Elementarreaktionen gehen die Ausgangsstoffe aus einer bestimmten räumlichen Lage in stabile Moleküle der Reaktionsprodukte über. Hierbei durchlaufen sie energetisch labile Zwischenzustände. Bild 11-4 zeigt am Beispiel der Iodwasserstoffreaktion aus H_2 und I_2 die Bedeutung der Orientierung von Molekülen. Die Annäherung der Moleküle von H_2 und I_2 entlang der Reaktionskoordinate[1] führt auf Grund der Abstoßungskräfte der Kerne bzw. der Elektronenschalen der Moleküle zum energetischen Anstieg des Systems. Diese Energiebarriere kann überwunden werden, wenn die Reaktionspartner Aktivierungsenergie aufnehmen und dadurch einen **aktivierten Zustand** (aktivierter Komplex) einnehmen. Der aktivierte Zustand wird nicht nur in einer Reaktionsrichtung (z. B.: $H_2 + I_2 \rightarrow 2\ HI$) durchlaufen, sondern auch bei der Rückreaktion ($2\ HI \rightarrow H_2 + I_2$). Daher hat sich auch die Bezeichnung **Übergangszustand** (transition state) eingebürgert.

---

[1] Die **Reaktionskoordinate** verdeutlicht die Bewegungsrichtung der reagierenden Teilchen vor dem Hintergrund der energetisch günstigsten Änderung der räumlichen Orientierung, die mit der Veränderung des Abstandes der reagierenden Teilchen verbunden ist. Entlang der Reaktionskoordinate durchlaufen die Reaktionsteilnehmer den aktivierten Komplex und reagieren schließlich durch dessen Zerfall zu den Produkten.

Für die gewählte Beispielreaktion wären zur Spaltung von 1 mol H_2 und 1 mol I_2 $(436 + 152)$ kJ $\cdot$ mol^{-1} = 588 kJ $\cdot$ mol^{-1} aufzubringen, um Iod- bzw. Wasserstoffatome zu erhalten. Die experimentell bestimmbare Aktivierungsenergie beträgt allerdings nur 167 kJ $\cdot$ mol^{-1}. Für die Rückreaktion ist für die Aufspaltung von 2 HI-Molekülen ein Energiebetrag von 598 kJ $\cdot$ mol^{-1} aufzubringen. Die Aktivierungsenergie für die Rückreaktion besitzt einen Wert von 177 kJ $\cdot$ mol^{-1}. Die Reaktion muss offensichtlich nach einem Mechanismus ablaufen, der eine höhere Reaktionsgeschwindigkeit ermöglicht, als dies über die Bildung von gasförmigen Atomen zu erwarten wäre.

Die bimolekulare Reaktion von H_2 und I_2 bzw. 2 HI führt zu einem aktivierten Komplex $[H_2I_2]^*$. Die Bindungen der Moleküle H_2 und I_2 lockern sich so weit, dass es zu einer Elektronenumgruppierung kommt. Als günstigste räumliche Anordnung bildet sich der Übergangszustand aus, der durch ein Energiemaximum gekennzeichnet ist. Die Lebensdauer des aktivierten Komplexes ist mit $10^{-12} \ldots 10^{-14}$ s außerordentlich gering.

$$\begin{array}{c} \text{H--H} \\ + \\ \text{I--I} \end{array} \quad \rightleftharpoons \quad \left[\begin{array}{c} \text{H} \cdots \text{H} \\ \vdots \quad \vdots \\ \text{I} \cdots \text{I} \end{array}\right]^* \quad \rightleftharpoons \quad \begin{array}{c} \text{H} \quad \text{H} \\ | \quad + \quad | \\ \text{I} \quad \quad \text{I} \end{array}$$

Der aktivierte Komplex zerfällt entweder in die Endprodukte oder führt zu den Ausgangsstoffen zurück. Die Aktivierungsenergie als Differenz aus der Energie des aktivierten Zustandes und der Energie des Ausgangszustandes ist geringer als der Betrag der Bindungsenergie, weil der aktivierte Komplex nur durch eine Schwächung, nicht aber eine Aufspaltung der kovalenten Bindung charakterisiert ist.

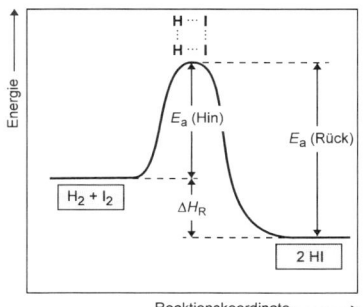
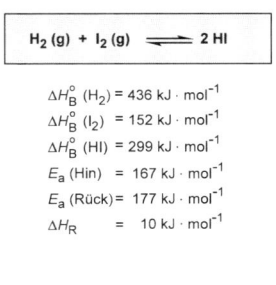

Bild 11-5: Reaktions-Energie-Diagramm der Iodwasserstoffreaktion mit einigen thermodynamischen Daten

Die energetische Situation eines solchen Reaktionsverlaufs ist in einem Reaktions-Energie-Diagramm (vgl. Bild 11-5) gezeigt. Energieänderungen werden auf der Ordinate aufgetragen, während die Abzisse die Reaktionskoordinate darstellt.

Zwischen dem Ausgangszustand und dem aktivierten Komplex besteht ein chemisches Gleichgewicht.

$$H_2 \ + \ I_2 \ \xrightarrow{\ k\ } \ 2\,HI$$

Während einer Folgereaktion zerfällt der aktivierte Komplex in die Reaktionsprodukte. Die Geschwindigkeit der Gesamtreaktion wird durch diesen langsamsten (geschwindigkeitsbestimmenden) Reaktionsschritt festgelegt.

11.3   Beschleunigung einer Reaktion durch Katalyse

Chemische Reaktionen lassen sich in ihrer Geschwindigkeit durch Zusatz bestimmter Stoffe wesentlich verändern. Eine Erhöhung der Reaktionsgeschwindigkeit, bei Anwesenheit anderer als in der stöchiometrischen Gleichung auftretenden Stoffe, wird als Katalyse bezeichnet. Die Stoffe selbst heißen Katalysatoren. Besitzt der Katalysator den gleichen Aggregatzustand wie das zu katalysierende Reaktionssystem, liegt eine **homogene Katalyse** vor (z. B. Protonenkatalyse in wässrigen Lösungen). Befinden sich der Katalysator und das zu katalysierende System in unterschiedlichen Aggregatzuständen (z. B. fest/flüssig oder fest/gasförmig), spricht man von **heterogener Katalyse**. Die Reaktion verläuft dabei häufig an der Oberfläche des Katalysators ab (Kontakt-Katalyse). Alle im Organismus (Mensch, Tier, Mikroorganismus) ablaufenden biochemischen Prozesse werden durch so genannte Biokatalysatoren gesteuert. Die Katalysatoren der Stoffwechselprozesse in der Zelle werden Enzyme genannt. Enzymatische Reaktionen zeigen Analogien zur heterogenen Katalyse und werden daher auch als mikroheterogene Katalyse bezeichnet.

Eine der grundlegenden Definitionen der Katalyse wurde von OSTWALD 1888 gegeben. Hiernach beeinflusst ein Katalysator nur die Geschwindigkeit einer chemischen Reaktion, nicht aber deren Gleichgewichtslage. Die Hinreaktion, aber auch die Rückreaktion wird in gleichem Maße beschleunigt. Damit kann der kinetische Aspekt der Katalyse durch einfache Reaktions-Energie-Diagramme (Bild 11-6) veranschaulicht werden.

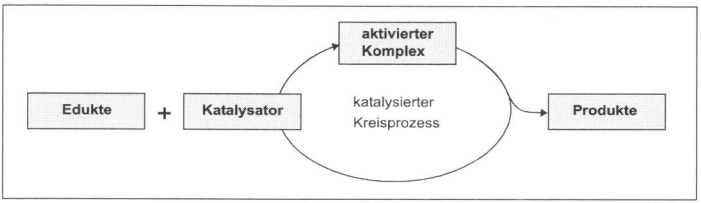

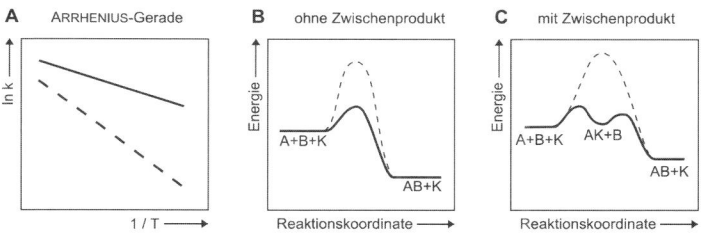

Bild 11-6: Schema und Wirkung eines Katalysators
(—— katalysiert, ------ unkatalysiert, K = Katalysator)

Die Wirkungsweise eines **Katalysators** ist häufig darauf zurückzuführen, dass er mit einem der Ausgangsstoffe (Edukte) eine reaktionsfähige Zwischenverbindung bildet, die eine geringere Aktivierungsenergie besitzt als der aktivierte Komplex, der nur aus den Reaktanten entsteht. Die Zwischenverbindung reagiert mit dem zweiten Reaktionspartner in solch einer Weise, dass der Katalysator im Laufe der Reaktion wieder freigesetzt wird (katalytischer Kreisprozess). Im Idealfall bildet sich der Katalysator unverbraucht zurück. Die Reduzierung der Aktivierungsenergie führt in vielen Fällen zu einer drastischen Erhöhung der Reaktionsgeschwindigkeit, sodass sich durch die katalytische Wirkung der thermodynamische Gleichgewichtszustand sehr schnell einstellt. Für die beschleunigende Wirkung des Katalysators ist es unwesentlich, ob die Reaktion über einen energetisch begünstigten aktivierten Komplex als Übergangszustand (Bild 11-6 B) oder über eine definierte (isolierbare) Zwischenverbindung (Bild 11-6 C) verläuft. Übergangszustände und Zwischenverbindungen können sich auch an der Oberfläche eines Festkörpers ausbilden und auf diese Weise zur Absenkung der Aktivierungsenergie führen (heterogene Katalyse).

Katalysatoren üben keinerlei Einfluss auf die Lage eines chemischen Gleichgewichtes einer Reaktion aus, denn sie erhöhen die Geschwindigkeit sowohl der Hin- als auch der Rückreaktion. Sie beschleunigen die Einstellung des Gleichgewichtes und verändern den Reaktionsmechanismus.

Sind bei chemischen Umsetzungen mehrere Reaktionsmöglichkeiten vorhanden, so beschleunigt ein Katalysator die verschiedenen Reaktionen unterschiedlich stark. Dies könnte zur Folge haben, dass ein bestimmtes Reaktionsprodukt in erheblicher Menge gebildet wird, obwohl die thermodynamische Voraussetzung gegenüber den anderen möglichen Reaktionswegen äußerst ungünstig ist (**katalytische Selektivität**). In vielen Fällen führt die extrem starke Erhöhung der Reaktionsgeschwindigkeit dazu, dass Reaktionsabläufe realisiert werden, die ohne Katalysatoren praktisch nicht ablaufen würden. Dies gilt in besonderem Maße für fast alle Prozesse in lebenden Organismen, aber auch für die technische Anwendung der Katalyse.

11.4   Kinetische Reaktionstypen

Alle irreversibel verlaufenden Reaktionen sind dadurch gekennzeichnet, dass die Reaktionsprodukte keinen Einfluss auf den zeitlichen Verlauf der Reaktion haben. Bei reversiblen Reaktionen dagegen laufen Hin- und Rückreaktion gleichzeitig ab und führen zum dynamischen Gleichgewicht (vgl. Abschn. 7.3). Im Gleichgewichtszustand sind makroskopisch zwar keine Konzentrationsänderungen feststellbar, jedoch verlaufen beide Prozesse gleichzeitig als Bildungs- oder Zerfallsreaktion ab. Dynamische Gleichgewichte stellen sich daher aus jeder Richtung ein.

Die Gesamtgeschwindigkeit einer reversibel verlaufenden Reaktion setzt sich aus beiden Vorgängen zusammen, der Hin- und der gleichzeitigen Rückreaktion. Die Bildungsgeschwindigkeit eines Reaktionsproduktes ist daher um die Geschwindigkeit des Zerfalls zu reduzieren, wenn die Gesamtgeschwindigkeit ermittelt werden soll.

Beispiel: Zerfall von Iodwasserstoff: $2\,HI \rightleftharpoons H_2 + I_2$

$$-\frac{1}{2}\,\frac{dc_{HI}}{dt} = k_{Hin} \cdot c_{HI}^2 - k_{Rück} \cdot c_{H_2} \cdot c_{I_2}$$

Im Gleichgewicht ist die Geschwindigkeit des Gesamtvorganges gleich null:

$$k_{\text{Hin}} \cdot c_{\text{HI}}^2 - k_{\text{Rück}} \cdot c_{\text{H}_2} \cdot c_{\text{I}_2} = 0$$

bzw. $$\frac{k_{\text{Hin}}}{k_{\text{Rück}}} = \frac{c_{\text{H}_2} \cdot c_{\text{I}_2}}{c_{\text{HI}}^2}$$

Der Quotient der Geschwindigkeitskonstanten entspricht der Gleichgewichtskonstante K in der Thermodynamik und ist zugleich ihre kinetische Ableitung.

Neben den „einfachen" Reaktionen (reversibel oder irreversibel) sind in der Chemie häufig „komplexe" Reaktionstypen anzutreffen, insbesondere Parallel- oder Folgereaktionen.

Parallelreaktionen
Für diesen Reaktionstyp ist die Umsetzung eines Stoffes auf zwei oder mehreren Wegen zu unterschiedlichen Produkten charakteristisch. Thermodynamische Kriterien spielen hier nur eine untergeordnete Rolle. Die Geschwindigkeit, mit der die Produkte gebildet werden, hängt von den kinetischen Parametern beider Reaktionswege ab (kinetisch kontrollierte Reaktion).

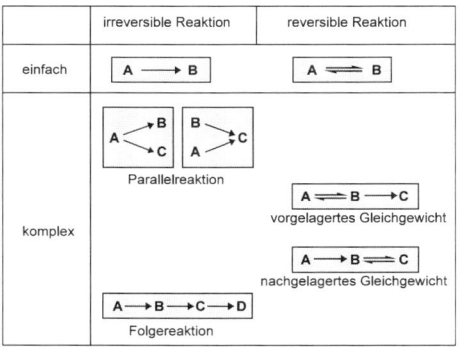

Bild 11-7: Kinetische Reaktionstypen

Typische Beispiele für parallele Reaktionswege findet man in der organischen Chemie. So entstehen bei der Zweitsubstitution von Aromaten verschiedene Strukturisomere in Konkurrenz zueinander. Die Chlorierung von Toluen (vgl. Kap. 20) liefert beispielsweise o-Chlortoluen und p-Chlortoluen.

Wird ein Ausgangsstoff auf unterschiedlichen Wegen zum gleichen Produkt umgesetzt oder führen verschiedene Ausgangsstoffe zu einem einzigen Produkt, so spricht man ebenfalls von Parallelreaktionen.

Folgereaktionen (Konsekutivreaktionen)
Folgereaktionen sind dadurch gekennzeichnet, dass das jeweilige Reaktionsprodukt der Ausgangsstoff einer weiteren Reaktion ist. Bei allen Folgereaktionen bestimmt die Geschwindigkeit des langsamsten Schrittes die Gesamtreaktionsgeschwindigkeit.

Der Zerfall von Distickstoffoxid ist ein Beispiel für eine Folgereaktion:

$$N_2O \quad \rightarrow \quad N_2 + O \qquad\qquad \text{langsamer Teilschritt}$$
$$N_2O + O \quad \rightarrow \quad N_2 + O_2 \qquad \text{schneller Teilschritt}$$

Verläuft der erste Teilschritt im Vergleich zum zweiten schnell, so gilt auch der Satz von dem langsamsten als geschwindigkeitsbestimmenden Vorgang. Der Stoff B ist dann stets in ausreichender Menge vorhanden und kann nicht schneller weiterreagieren, als dies nach dem Zeitgesetz der langsameren Reaktion B $\rightarrow$ C möglich ist.

Mit dem Reaktionstyp einer einfachen Folgereaktion vergleichbar sind Reaktionen, bei denen der erste Schritt nicht nur sehr schnell verläuft, sondern auch reversibel ist (**vorgelagertes Gleichgewicht**). Auch bei dieser Variante bestimmt der langsamste Schritt die Geschwindigkeit der Folgereaktion und damit die der Gesamtreaktion.

Anorganische Chemie

A
O
C

12 Wasserstoff und die Chemie wichtiger Säuren und Basen

12.1 Wasserstoff
12.1.1 Allgemeines

Elementsymbol: H (*hydrogenium,* lat.: Wasserbildner); **Isotope:** Protium $_1^1H$ (99,9855 %, M_R 1,007 94 ± 0,000 07), Deuterium $_1^2D$ (0,0145 %, M_R 2,02), Tritium $_1^3T$ (ca. 10^{-5} %, M_R 3,016 05) (instabil; β-Strahler $\rightarrow$ ^3He; $t_{1/2}$ = 12,346 a); **Oxidationsstufen:** –1, +1; von H. CAVENDISH 1766 als neues Element entdeckt.

Vorkommen: Bei weitem häufigstes Element des Weltalls. Mit einem Anteil von ca. 1 % am Aufbau der Erdrinde einschließlich der umgebenden Wasser- und Lufthülle beteiligt, steht er an 9. Stelle der Elementhäufigkeit. Im freien Zustand kommt er auf der Erde nur spurenweise (ca. $5 \cdot 10^{-5}$ Vol.-%) in der Atmosphäre vor. In gebundenem Zustand ist H Bestandteil des H_2O und organischer Verbindungen sowie einiger Minerale.

12.1.2 Elementarer Wasserstoff

Herstellung: Wasserstoff kann praktisch aus allen H-haltigen Verbindungen gewonnen werden.

Aus H_2O:

■ Durch Elektrolyse verdünnter Alkalilauge oder Schwefelsäure. Da hierbei 4,5 kWh $\cdot$ m^{-3} H_2 verbraucht werden, wird dieses Verfahren nur in Ländern mit „billigem" Strom durchgeführt. Bei der Chlor-Alkali-Elektrolyse fällt H_2 als Nebenprodukt an der Kathode an.

■ Durch chemische Spaltung mit unedlen Metallen, z. B. Na, K oder Ca und flüssiges H_2O, oder Mg, Zn oder Fe und heißer H_2O-Dampf.

■ Durch Reduktion von H_2O-Dampf mit C aus organischen Materialien (Kohle, Erdöl, Erdgas, s. unten.

Aus verdünnten Säuren:

■ Durch Zersetzung verdünnter Säuren mit Metallen (außer Cu und Edelmetalle), Prinzip des „KIPP'schen Gasentwicklers" für das Labor.
($Zn + 2\,HCl \rightarrow ZnCl_2 + H_2$)

Aus organischen Rohstoffen:

Industriell wird H_2 zu weit über 90 % aus fossilen Rohstoffen (Erdgas, Erdöl, Kohle) gewonnen.

■ Katalytische Dampfspaltung von Erdgas und leichte Erdölfraktionen (Steam-Reforming).

$$CH_4 + H_2O \rightarrow 3\,H_2 + CO$$
$$C_nH_{2n+2} + n\,H_2O \rightarrow (2n+1)\,H_2 + n\,CO$$

■ Partielle Oxidation von schwerem Heizöl:

$$2\,C_nH_{2n+2} + n\,O_2 \rightarrow (2n+2)\,H_2 + 2n\,CO$$

■ Kohlevergasung (Wassergasprozess):

$$3\,C + O_2 + H_2O \rightarrow H_2 + 3\,CO \text{ (Wassergas)}$$

Das entstehende CO wird anschließend zu zusätzlichem H_2 konvertiert.

$$CO + H_2O \rightarrow CO_2 + H_2$$

Das Kohlenstoffdioxid kann anschließend mit basischen Absorbenzien ausgewaschen werden.

■ Durch katalytische Dehydrierung von Schwerbenzin (Reformieren) zu Aromaten. Der so erzeugte H_2 wird allerdings zum größten Teil in den Raffinerien selbst wieder verbraucht.

Aus verdünnten Laugen:

■ Durch Zersetzung mit amphoteren Metallen, z. B. Al.

Eigenschaften: H_2 ist ein farb-, geruch- und geschmackloses Gas und weist nach dem He den zweitniedrigsten Siedepunkt aller Elemente und Verbindungen auf.

Tabelle 12-1: Einige physikalische Eigenschaften von Wasserstoff

Eigenschaften von Wasserstoff	
Schmelzpunkt	−259,19 °C
Siedepunkt	−252,76 °C
kritische Temperatur	−239,56 °C
Dichte bei 0 °C und 101,3 kPa	0,08987 kg · m⁻³

Wasserstoff ist das leichteste aller Gase, er ist etwa 14-mal leichter als Luft. In H_2O ist er fast unlöslich, gut löslich dagegen in vielen Metallen, z. B. Ti oder Pd. H ist ein relativ reaktionsträges Element. Mit Luft oder O_2 verbrennt H_2 mit fahler Flamme zu H_2O (Knallgasreaktion: $2\,H_2 + O_2 \rightarrow$

2 H_2O, $\Delta H = -572$ kJ · mol^{-1}). Ohne Katalysator benötigt ein H_2/O_2-Gemisch eine Zündtemperatur von etwa 600 °C, in Gegenwart eines Katalysators, z. B. Pt, erfolgt die Reaktion schon bei Raumtemperatur. Auch mit Cl_2 kann H_2 explosionsartig zu HCl reagieren (Chlorknallgas-reaktion). Ähnlich heftig reagiert er auch mit anderen Nichtmetallen, z. B. S. Als starkes Reduktionsmittel reduziert H_2 viele Metalloxide (z. B. CuO + H_2 → Cu + H_2O) oder Metallhalogenide. Gegenüber elektropositiven Elementen, wie Alkali- oder Erdalkalimetallen, wirkt er als Oxidations-mittel und bildet salzartige Hydride. Allgemein wird die Anlagerung von H als **Hydrierung** und die Abspaltung von H als **Dehydrierung** bezeich-net. Während seiner Entstehung bei Reaktionen liegt H zunächst atomar vor (status nascendi) und ist im Gegensatz zu elementarem H_2 sehr reaktiv. Die Darstellung von atomarem H erfolgt im Labor unter reduziertem Druck mittels elektrischer Entladungen. Auch bei der Reaktion unedler Metalle mit Säuren liegt er zunächst atomar vor.

Verwendung: Der größte Teil des weltweit erzeugten H_2 wird für die NH_3-Synthese und andere Hydrierungsreaktionen verwendet, z. B. Methanolsynthese und HCl-Gewinnung, Hydrocracken, Hydrierung von Fetten (Fetthärtung) usw. Die große Verbrennungswärme wird zum Schweißen, Schneiden und Heizen sowie als Raketen-treibstoff oder Energiequelle (in Brennstoffzellen) genutzt. In flüssiger Form findet er Verwendung als Kühlmittel. Daneben dient er als Reduktionsmittel zur Darstellung einiger Metalle. Im Rahmen des „umweltfreundlichen" Energieversorgungssystem-konzepts **Wasserstoffwirtschaft** dient mit nicht fossilen Energiequellen, z. B. Sonnen-energie-, Wind- oder Wasserkraft, erzeugter H als Energieträger. In den Handel kommt H in roten Gasflaschen (15 MPa) mit Linksgewinde.

12.1.3   Wasserstoffverbindungen

H bildet mit fast allen Elementen außer den Edelgasen mindestens eine Wasserstoffverbindung mit der Summenformel EH_n ($n \leq 4$), die allerdings nicht immer stabil ist. In diesen Verbindungen trägt er teils positive, teils negative Ladung, je nach Elektronegativität des beteiligten Elements. Die Grenze befindet sich formal zwischen B und C, Si und P, Ge und As, Sn und Sb sowie Pb und Bi, lässt sich aber nach chemischen Gesichtspunkten nicht scharf ziehen. Bei Verbindungen mit Elementen, die links dieser Grenze stehen, spricht man von **Hydriden,** die man in salzartige (Grup-pen 1, 2 ohne Be und einige f-Elemente), metallische (Gruppen 3...10) und kovalente Hydride unterteilt.

Salzartige Hydride enthalten das H^--Anion und kristallisieren in typischen Salz-strukturen (NaCl-Gitter, CaF_2-Gitter u. Ä.). In den **metallischen Hydriden,** auch

Einlagerungshydride genannt, besetzt H meist Oktaeder- oder Tetraederlücken in kubischen oder hexagonal dichten Packungen der Metalle. **Kovalente Hydride** entstehen mit weiter rechts im PSE stehenden Elementen. Die Hydride von Be und den Elementen der Gruppen 11...13, außer B, sind polymer und z.t. sehr instabil, die der noch weiter rechts stehenden Elemente molekular und flüchtig. Der Übergang zu den Verbindungen mit protischem H, wie die von N, O, F usw., ist fließend.

Die H-Verbindungen der Elemente N, O und F, NH_3, H_2O und HF, bilden unter Normalbedingungen ebenfalls polymere Strukturen über Wasserstoffbrückenbindungen aus. Die Stabilität dieser H-Verbindungen nimmt mit der Stellung des Elements im PSE von oben nach unten ab.

Außer diesen H-Verbindungen mit der Formel EH_n existiert noch eine ganze Reihe komplexer Hydride mit H^--Anionen als Liganden, von denen die von Al (z. B. Natriumtetrahydridoaluminat, Natriumalanat $NaAlH_4$) und von B (z. B. Natriumtetrahydridoborat, Natriumboranat $NaBH_4$) eine gewisse Bedeutung als Reduktions- und Hydrierungsmittel erlangt haben.

12.1.4   Wasser

Physikalische Eigenschaften: Schmelzpunkt: 273,15 K; Siedepunkt: 373,15 K; Dichte bei 3,98 °C: 1,000 g·cm^{-3} (größte Dichte), spezifische Wärmekapazität: 4,186 J·g^{-1}·K^{-1}, Verdampfungswärme: 2,26 kJ·g^{-1}, Schmelzwärme: 0,335 kJ·g^{-1}, elektrische Leitfähigkeit: $4 \cdot 10^{-8}$ S·m^{-1} (wird bereits durch geringe Verunreinigungen erheblich vergrößert).

H_2O ist eine geruch-, geschmack- und farblose Flüssigkeit, die in dicken Schichten bläulich erscheint. Sie erstarrt unter Volumenzunahme zu Eis.

Destilliertes Wasser (Aqua destillata) ist durch Destillation gereinigtes H_2O (bei hohen Anforderungen auch mehrfach destilliert). **Entionisiertes Wasser** wird durch Austausch der gelösten Kationen gegen H^+ und der Anionen gegen OH^- in Ionenaustauschern hergestellt. **Natürliches Wasser** ist stets verunreinigt, Regenwasser und Schnee durch O_2, N_2, CO_2 und Spuren anderer Stoffe sowie Staub, **Oberflächenwasser** und **Grundwasser** durch gelöste Salze. **Süßwasser** enthält je nach Herkunft unterschiedliche Mengen von vor allem Na-, K-, Mg- und Ca-Salzen, wobei Mg- und Ca-Ionen als **Härtebildner** bezeichnet werden. Ihr Gehalt wird auf CaO umgerechnet und in **Grad deutscher Härte** (1 °dH $\triangleq$ 10 mg CaO pro 1 l H_2O $\triangleq$ 7,19 mg·l^{-1} Ca^{2+} bzw. 4,34 mg·l^{-1} Mg^{2+}). H_2O mit weniger als 12 °dH wird vereinbarungsgemäß als „weich" bezeichnet, solches mit mehr als 12 °dH als „hart". Hartes H_2O bildet beim Waschen mit Seife unlösliche Kalkseifen, die einen Teil der Reinigungs- oder Waschmittel binden. Waschmittel enthalten deshalb Wasserenthärter (z. B. Soda oder Ionenaustauscher). **Trinkwasser** ist meist aufbereitetes H_2O (DIN 2000), das einen gewissen Gehalt an Salzen und gelösten Bestandteilen nicht überschreiten darf und frei von Krankheitserregern sein muss. Es wird ein Salzgehalt von ca. 0,035 % angestrebt, andererenfalls schmeckt das Wasser schal. **Meerwasser** (Salzwasser) enthält durchschnittlich 3,6 % Salze, vor allem NaCl, KCl, $MgCl_2$, $MgBr_2$, $MgSO_4$ und $CaSO_4$.

Kristallwasser ist in Kristallen chemisch gebundenes H_2O. Beim Entwässern solcher Kristalle ändert sich deren Kristallstruktur.

Eis ist der feste Aggregatzustand von H_2O (Dichte bei 0 °C: 0,917 g · cm^{-3}). Da es leichter ist als flüssiges H_2O, schwimmt Eis oben, wobei etwa 10 % aus dem Wasser herausragen. Diese Eigenschaft ist zusammen mit der Tatsache, dass H_2O von 0 °C eine geringere Dichte aufweist als solches von 3,98 °C, der Grund dafür, dass Gewässer von oben her zufrieren und nicht von unten, was zu einer Zerstörung des in ihnen enthaltenen Lebens führen würde. Die geringere Dichte von Eis ist auf seine relativ weitmaschige, von Hohlräumen durchsetzte Kristallstruktur zurückzuführen, die sich vom β-Tridymit, einer SiO_2-Modifikation durch Ersatz der Si-Atome durch O und der O-Atome durch H ableitet. In flüssigem H_2O können sich die einzelnen Moleküle dichter packen.

Brauchwasser wird von Industrie, Gewerbe und Verkehr benötigt, wobei die Reinheitsanforderungen sehr unterschiedlich sind. Der Bedarf ist etwa viermal so groß wie der an Trinkwasser, wobei die Rückgewinnung von Abwässern eine zunehmend wichtigere Rolle spielt.

Schweres Wasser (D_2O) und **superschweres Wasser (T_2O),** die Oxide von Deuterium und Tritium, ähneln in vielen Eigenschaften dem H_2O, wenn es auch charakteristische Unterschiede gibt.

Tabelle 12-1: Einige physikalische Daten von H_2O, D_2O und T_2O

	H_2O	D_2O	T_2O
Schmelzpunkt (°C)	0	3,82	4,49
Siedepunkt (°C)	100	101,42	101,51
Dichte bei 25 °C (g · cm^{-3})	0,997	1,104	1,214
max. Dichte (g · cm^{-3})	1,000	1,106	1,215
Temperatur des Dichtemaximums (°C)	3,98	11,23	13,4
pK-Wert bei 25 °C	14,00	14,869	15,215

D_2O ist etwas reaktionsträger als H_2O (Isotopeneffekt) (Viskosität nicht wesentlich höher als die von Wasser). Es kommt in natürlichem Wasser zu ca. 0,15 % vor und wird aus ihm durch eine aufwändige Elektrolyse gewonnen. Für 1 g D_2O benötigt man rund 100 kWh. Deuterierte Verbindungen sind für höhere Lebewesen giftig, nicht jedoch für niedere wie z. B. Algen. D_2O dient als Moderator- und Kühlflüssigkeit in einigen Typen von Kernreaktoren.

12.1.5   Wasserstoffperoxid

Physikalische Eigenschaften: Dichte: 1,448 g · cm^{-3}, Siedepunkt: 150,2 °C, Schmelzpunkt: –0,43 °C.

Herstellung: H_2O_2 wird heute überwiegend (> 95 %) nach dem Anthrachinon-Verfahren durch indirekte Hydrierung von O_2 hergestellt. Ältere Verfahren sind das

Isopropanol-Verfahren [$(CH_3)_2CHOH + O_2 \rightarrow (CH_3)_2C=O + H_2O_2$] und die elektrochemische Oxidation von H_2SO_4 bzw. $(NH_4)_2SO_4$ ($2\,H_2SO_4$ + elektrische Energie $\rightarrow H_2S_2O_8$; $H_2S_2O_8 + 2\,H_2O \rightarrow H_2O_2 + 2H_2SO_4$). Das nach einem dieser Verfahren gewonnene H_2O_2 wird extrahiert und destillativ gereinigt. Im Handel ist es als 3%ige, 30%ige (Perhydrol) und 70%ige wässrige Lösung erhältlich.

In reinem Zustand ist H_2O_2 eine blassblaue Flüssigkeit, die sich beim Erwärmen oder in Gegenwart eines Katalysators (z.B. einiger Schwermetallionen) explosionsartig zu H_2O und O_2 zersetzt ($2\,H_2O_2 \rightarrow 2\,H_2O + O_2$, $\Delta H = -196$ kJ · mol^{-1}). Zur Stabilisierung während der Lagerung gibt man Stabilisatoren, z.B. Natriumphosphate, zu. In Abwesenheit von Katalysatoren ist die Zerfallsgeschwindigkeit bei Raumtemperatur sehr gering. H_2O_2 ist eine sehr schwache Säure (pK_S = 10), deren Salze **Peroxide** heißen. Seine wichtigste Eigenschaft ist sein starkes Oxidationsvermögen ($H_2O_2 + 2\,H^+ + 2\,e^- \rightleftharpoons H_2O$, E_0 = +1,776 V). Gegenüber starken Oxidationsmitteln kann es auch reduzierend wirken ($2\,H^+ + O_2 + 2\,e^- \rightleftharpoons H_2O_2$, E_0 = +0,682 V). Nachgewiesen wird es durch Gelbfärbung farbloser Ti^{4+}-Lösungen.

Verwendung findet H_2O_2 als Bleichmittel (in wässriger Lösung oder in Form von Persalzen, z.B. Natriumperborat $NaBO_3 \cdot 4\,H_2O$).

12.2   Ausgewählte anorganische Säuren
12.2.1   Sauerstoffsäuren

Sauerstoffsäuren sind Säuren, die aus einem Zentralatom bestehen, das von OH- und/oder O-Gruppen umgeben ist. Beispiele für solche Säuren der allgemeinen Formel $EO_x(OH)_y$ sind H_2SO_4, H_3PO_4, HNO_3 oder $Si(OH)_4$. Die Eigenschaften solcher Sauerstoffsäuren lassen sich durch zwei Regeln näher beschreiben:

1. Bei mehrbasigen Säuren gilt: $K_{S(n)}/K_{S(n-1)} \gg 10^{-4}...10^{-5}$.
2. Je größer x ist, desto stärker ist die Säure mit der allgemeinen Formel $EO_x(OH)_y$.

x	K_1	Beispiel
3	$\gg 10^2$	$HClO_4$
2	$\approx 10^2$	H_2SO_4, HNO_3, $HClO_3$
1	$10^{-2}...10^{-3}$	H_3PO_4, H_2SO_3, HCl
0	$10^{-7,5}...10^{-9,5}$	$HClO$

Dies ist auf die bessere Ladungsdelokalisierung im entstehenden Säurerestanion zurückzuführen.

$$H-O-Cl \rightleftharpoons H^+ + O-Cl^-$$

Schwefelsäure, H_2SO_4 (Acidum sulfuricum)
Schwefelsäure ist eine der wichtigsten, industriell hergestellten Chemikalien.

Herstellung: Schwefelsäure wird zum überwiegenden Teil durch katalytische Oxidation von SO_2 zu SO_3 und dessen anschließende Umsetzung mit H_2O gewonnen ([Doppel-]Kontaktverfahren).
In Deutschland dient als Rohstoff für die SO_2-Gewinnung heute überwiegend elementarer Schwefel, der zu einem großen Teil aus der Entschwefelung von Erdgas und Erdöl stammt. Die früher wichtigen Röstgase aus der Metallerzeugung haben stark an Bedeutung verloren.
Verflüssigter Schwefel wird in einem Verbrennungsofen zerstäubt und mit getrockneter Luft verbrannt.

$$S + O_2 \rightarrow SO_2 \qquad \Delta H_R = -297 \text{ kJ} \cdot \text{mol}^{-1}$$

Das entstehende SO_2 wird anschließend an V_2O_5-Katalysatoren bei 400...600 °C zu SO_3 oxidiert.

$$SO_2 + 1/2 \, O_2 \rightarrow SO_3 \qquad \Delta H_R = -99 \text{ kJ} \cdot \text{mol}^{-1}$$

Als Reaktor wird meist ein so genannter Hordenreaktor verwendet, in dem der Katalysator in Form von Pellets in vier oder fünf übereinander angeordneten Schüttungen auf Siebböden ruht. Zwischen den Katalysator-Horden werden die Reaktionsgase gekühlt. Die Reaktionsgase werden anschließend durch eine Absorptionskolonne geleitet, in der das SO_3 bei 60...80 °C in konzentrierter Schwefelsäure absorbiert wird. Das gelöste SO_3 wird dann durch Zumischen von H_2O zu H_2SO_4 umgesetzt. Beim modernen Doppelkontaktverfahren wird der Umsatz durch Zwischenabsorption des SO_3 vor der letzten Katalysatorschüttung von etwa 98 % beim einfachen Kontaktverfahren auf über 99,5 % angehoben.
Das Nitroseverfahren (früher Bleikammer- oder Turmverfahren), bei dem NO_x als Sauerstoffüberträger diente, spielt heute nur noch zur Aufbereitung von Abgasen mit geringem SO_2-Gehalt eine Rolle.
Bei zahlreichen chemischen Prozessen fällt verdünnte Schwefelsäure als Abfallprodukt (Dünnsäure) an, die nach verschiedenen Verfahren aufkonzentriert wird.

Eigenschaften: 100%ige Schwefelsäure ist eine farblose Flüssigkeit, die durch Zusatz von SO_3 in **rauchende Schwefelsäure** oder **Oleum** auf bis zu 130 % SO_3 konzentriert werden kann. Diese ist durch den Gehalt an Polyschwefelsäuren wie $H_2S_2O_7$, $H_2S_3O_{10}$ oder $H_2S_4O_{13}$ je nach Konzentration bräunlich bis braun. Handelsüblich sind konz. Schwefelsäure (98,3%ig, Azeotrop, Siedepunkt: 338 °C), **Akkumulatorschwefelsäure** (30%ig) und verdünnte Schwefelsäure (16%ig). Charakteristisch für Schwefelsäure ist ihre Wasser entziehende Wirkung, die bei einigen organischen Substanzen, z. B. Kohlenhydraten, bis zur Stufe des Kohlenstoffs führen kann ($C_nH_{2n}O_n + H_2SO_4 \rightarrow n\ C + H_2SO_4 \cdot n\ H_2O$). Sie ist in stark exothermer Reaktion in beliebigem Verhältnis mit H_2O mischbar. Aus diesem Grunde muss das Verdünnen von H_2SO_4 immer durch Zugabe von Säure zum Wasser erfolgen, wobei dieses intensiv gerührt werden soll (**Vorsicht!**). Anderenfalls kann es zum Verspritzen von überhitzter Säure kommen. Als starke zweibasische Säure bildet H_2SO_4 zwei Reihen von Salzen: **Sulfate** und **Hydrogensulfate** ($H_2SO_4 \rightleftharpoons 2\ H^+ + SO_4^{2-}$, $K_1 \approx 1$, $K_2 = 1,3 \cdot 10^{-2}$).

In der Natur vorkommende Sulfate sind *Gips* $CaSO_4 \cdot 2\ H_2O$, *Anhydrid* $CaSO_4$, *Kieserit* $MgSO_4 \cdot H_2O$, *Schwerspat* $BaSO_4$ und *Coelestin* $SrSO_4$. Weitere wichtige Sulfate sind *Glaubersalz* $Na_2SO_4 \cdot 10\ H_2O$, *Bittersalz* $MgSO_4 \cdot 7\ H_2O$, $(NH_4)_2SO_4$ sowie die *Vitriole* und *Alaune*. **Vitriole** sind kristallwasserhaltige Sulfate zweiwertiger Metalle, z. B. *Eisenvitriol* $FeSO_4 \cdot 7\ H_2O$, *Kupfervitriol* $CuSO_4 \cdot 7\ H_2O$ oder *Zinkvitriol* $ZnSO_4 \cdot 7\ H_2O$. **Alaune** sind Doppelsulfate der allgemeinen Formel $M^IM^{III}(SO_4)_2 \cdot 12\ H_2O$ mit M^I als einwertigem Kation, z. B. Na^+, K^+, NH_4^+, Tl^+, und M^{III} als dreiwertigen Kationen, z. B. Al^{3+}, Cr^{3+}, Fe^{3+}, Co^{3+}, Ir^{3+}. Bekannte Alaune sind $KAl(SO_4)_2 \cdot 12\ H_2O$ *(Alaun)*, $KCr(SO_4)_2 \cdot 12\ H_2O$ *(Chromalaun)* oder $KFe(SO_4)_2 \cdot 12\ H_2O$ *(Eisenalaun)*.

Schwefelsäure wird vor allem für die Produktion von Düngemitteln (Ammoniumphosphate, Superphosphat), Sprengstoffen, Zellwolle, Kunstseide, Farben und Gläsern verwendet. Sie wird aber auch in einer Vielzahl anderer chemischer Prozesse eingesetzt.

Salpetersäure, HNO_3

Die Salpetersäure zählt zu den wichtigsten technischen Säuren.

Herstellung: Die Herstellung von Salpetersäure erfolgt durch katalytische Oxidation von Ammoniak bei 850...950 °C zu NO, welches nach dem Abkühlen mit weiterem Luftsauerstoff zu NO_2 reagiert, welches zu N_2O_4 dimerisiert (OSTWALD-Verfahren).

$$4\ NH_3 + 5\ O_2 \rightarrow 4\ NO + 6\ H_2O \quad \Delta H_R = -904 \text{ kJ/mol}$$
$$2\ NO + O_2 \rightarrow 2\ NO_2 \quad\quad\quad\quad\ \Delta H_R = -114 \text{ kJ/mol}$$
$$2\ NO_2 \rightarrow N_2O_4 \quad\quad\quad\quad\quad\quad\ \Delta H_R = -57 \text{ kJ/mol}$$

Als Katalysator dienen Pt/Rh-Drahtnetze ($d = 0,06...0,08$ mm) mit über 1000 Maschen/cm². Die Verweilzeit am Katalysator muss wegen der als Nebenreaktion erfolgenden N_2-Bildung sehr kurz gehalten werden (ca. 10^{-3}s), die Selektivität liegt bei ca. 95 %. Durch Absorption des entstehenden N_2O_4 in Gegenwart von Sauerstoff wird Salpetersäure gebildet.

$$2 N_2O_4 + O_2 + 2 H_2O \rightarrow 4 HNO_3$$

Eigenschaften: Handelsübliche konz. Salpetersäure enthält 92 % HNO_3. Die reine konz. Säure ist farblos, färbt sich jedoch oft infolge photochemischer Zersetzung zu NO_2 gelb (Umkehr der Bildungsreaktion). Die **rote rauchende Salpetersäure** ist etwa 100%ig und enthält überschüssiges NO_2. Die 100%ige Säure muss unterhalb von 0 °C aufbewahrt werden, um eine Zersetzung zu vermeiden. In der reinen Flüssigkeit liegen folgende Gleichgewichte vor: $2 HNO_3 \rightleftarrows H_2NO_3^+ + NO_3^-$ und $H_2NO_3^+ \rightleftarrows NO_2^+ + H_2O$. In wässriger Lösung ist HNO_3 eine starke Säure ($pK_S = -1,44$), deren Salze **Nitrate** heißen. Verdünnte Salpetersäure zeigt nur eine geringe oxidierende Wirkung, während die konz. Säure ein starkes Oxidationsmittel ist ($NO_3^- + 4 H^+ + 3 e^- \rightleftarrows NO + 2 H_2O$, $E_0 = +0,96$ V). Sie löst auch edlere Metalle wie Cu, Ag und Hg unter NO-Entwicklung. Nur Pt und Au werden nicht angegriffen, worauf die Bezeichnung der 50%igen HNO_3-Lösung als **Scheidewasser** beruht. Einige unedle Metalle (z. B. Al, Cr, Fe) bilden eine oberflächliche Schutzschicht (Passivierung der Metalle) und sind daher gegen HNO_3 beständig. Konzentrierte Salpetersäure wirkt auf viele Kohlenwasserstoffe und deren Derivate nitrierend. Oft findet für diesen Zweck **Nitriersäure** Verwendung (konz. HNO_3 + konz. H_2SO_4). Salpetersäure wird vorwiegend zur Herstellung von Düngemitteln und Sprengstoff sowie als Nitrier- und Oxidationsmittel eingesetzt.

Nitrate sind leicht lösliche Salze und spalten beim Erhitzen O_2 ab. Häufige Salze der Salpetersäure sind Kalisalpeter KNO_3, Natronsalpeter $NaNO_3$, Ammonsalpeter NH_4NO_3, Kalksalpeter $Ca(NO_3)_2$ und Höllenstein $AgNO_3$.

Perchlorsäure, $HClO_4$

Von den Sauerstoffsäuren des Cl ist die Perchlorsäure mit $K_S \approx 10^{10}$ mol·l^{-1} die stärkste. Sie zählt zu den stärksten bekannten Säuren überhaupt. Hergestellt wird Perchlorsäure aus $NaClO_4$-Lösung und HCl oder durch anodische Oxidation von Cl_2 in 40%iger $HClO_4$-Lösung als Kreislaufelektrolyt bei $-5...+3$ °C. Die H_2O-freie Säure ist eine leicht bewegliche, an der Luft rauchende Flüssigkeit, die ohne erkennbaren äußeren Anlass explodieren kann. Konzentrierte wässrige Lösungen sind ölig und wesentlich stabiler. Handelsüblich ist die 72%ige Lösung, die unter Normaldruck bei 203 °C als Azeotrop siedet. Infolge ihrer starken Oxidationswirkung ($E_0 = +1,38$ V) reagieren sowohl reine Perchlorsäure als auch konz. Lösungen explosionsartig mit brennbaren organischen Substanzen. Verwendung findet $HClO_4$ als Aufschlussmittel für Stähle, Legierungen, Erze, keramische Erzeugnisse und Mineralien, zur Herstellung von Raketentreibstoffen (Perchlorate), als Katalysator für Veresterungen und als Hilfsmittel zum Galvanisieren und Elektropolieren. Die Salze der Perchlorsäure, die **Perchlorate**, sind praktisch von allen Metallen bekannt und, abgesehen von den K-, Rb- und Cs-Salzen, leicht löslich. Das Ammoniumsalz ist wesentlicher Bestandteil fester Raketentreibstoffe (ca. 75 % NH_4ClO_4 + ca. 25 % feste organische Substanzen). Das ClO_4^--Ion ist ein ausgesprochen schwach koordinierender Ligand, weshalb man Perchlorsäure oder deren Alkalisalze zur Herstellung von Lösungen mit möglichst schwach koordinierten Kationen benutzt.

12.2.2   Halogenwasserstoffe

Die Halogenwasserstoffe HCl, HBr und HI sind sich untereinander sehr ähnlich und unterscheiden sich merklich von HF. Sie sind bei 25 °C Gase mit stechendem Geruch und in H_2O außerordentlich gut löslich, wobei 1-molare Lösungen vollständig dissoziert sind.

Hydrogenfluorid (Fluorwasserstoff), **HF**, ist in wasserfreier Form eine giftige, farblose, leicht bewegliche, an der Luft stark rauchende Flüssigkeit mit einem Siedepunkt von 19,5 °C. Der auffallend hohe Siedepunkt und auch Schmelzpunkt (−83,4 °C) ist wie beim H_2O auf die Assoziation von HF über Wasserstoffbrückenbindungen zurückzuführen. Hergestellt wird HF aus seinen Salzen, den **Fluoriden**, mit konz. H_2SO_4 ($CaF_2 + H_2SO_4 \rightarrow CaSO_4 + 2\ HF$).

Es entsteht auch beim Aufschluss von Fluorapatit $[Ca(PO_4)_3F]$. HF ätzt Glas und greift auch andere Silicate unter Bildung von gasförmigem SiF_4 an ($SiO_2 + 4\ HF \rightleftharpoons SiF_4 + 2\ H_2O$). Reines HF ist eine der stärksten bekannten Säuren und dissoziert hauptsächlich nach folgenden Gleichgewichten: $2\ HF \rightleftharpoons H_2F^+ + F^-$, $F^- + n\ HF \rightleftharpoons HF_2^- + H_2F_3^- + H_3F_4^-$ usw. Die wässrige Lösung, **Flusssäure**, ist im Gegensatz zu ihren schwereren Homologen nur eine schwache Säure ($K_S = 6,5 \cdot 10^{-4}$). Handelsüblich ist sie in 40%iger, 50%iger und 72%iger Form. Auch sie ist giftig und besonders schädlich für Schleimhäute und verletzte Haut. Verwendung findet HF zum Blindätzen von Glas, zur Oberflächenbehandlung von Fe, Al und Halbleitern und zur Herstellung von Fluoriden.

Hydrogenchlorid (Chlorwasserstoff), **HCl,** ist ein farbloses, an feuchter Luft rauchendes Gas, mit einem Siedepunkt von −85,05 °C. Hergestellt wird es entweder durch Umsetzung von konz. H_2SO_4 mit Chloriden (meist NaCl) oder in hochreiner Form aus den Elementen. Bei der Chlorierung organischer Verbindungen fällt es als Nebenprodukt an ($RH + Cl_2 \rightarrow HCl + RCl$ mit R=org. Rest). Im Gegensatz zur wässrigen Lösung, die **Salz-**

säure genannt wird, unterliegt flüssiges HCl nur einer geringen Eigendissoziation (3 HCl $\rightleftarrows$ $H_2Cl^+ + HCl_2^-$). Dennoch lösen sich viele organische und anorganische Verbindungen unter Bildung leitfähiger Lösungen. Außer in H_2O löst sich HCl auch gut in Alkoholen und Ethern. Salzsäure ist eine farblose Flüssigkeit, die in konzentrierter Form an feuchter Luft raucht (**rauchende Salzsäure**). Bei 25 °C bildet sie ein 42,7%iges Azeotrop mit einer Dichte von 1,27 g · cm^{-3}. Handelsüblich ist die etwa 38%ige **konz. Salzsäure**. Als nichtoxidierende Säure löst Salzsäure unedle Metalle unter H_2-Entwicklung zu Chloriden. Von ihren Salzen, den **Chloriden**, sind die von Cu(I), Ag(I), Hg(I), Tl(I) und Pb(II) mäßig bis schwer löslich in H_2O.

Verwendung findet HCl in der Metallreinigung, zum Beizen von Metallen, zur Herstellung von Metallchloriden, zur Neutralisation in der organischen und anorganischen Chemie und zur Hydrolyse von Proteinen und Kohlenhydraten.

Hydrogenbromid (Bromwasserstoff), **HBr**, mit einem Siedepunkt von −86,9 °C wird wie HCl (katalytisch) aus den Elementen gewonnen oder entsteht als Nebenprodukt bei Bromierungen. Bei der Freisetzung aus Bromiden darf auf Grund der leichten Oxidierbarkeit von Br^- keine oxidierende Säure verwendet werden. HBr kann auch durch die Umsetzung von Br_2 mit feuchtem rotem P gewonnen werden. **Bromwasserstoffsäure**, die wässrige Lösung von HBr, ähnelt in ihren Eigenschaften stark der Salzsäure. Handelsüblich ist das 48%ige Azeotrop (Siedepunkt: 124 °C, Dichte 1,48 g · cm^{-3}). Ihre Salze heißen **Bromide**. Verwendung findet HBr als Katalysator und zur Herstellung von Bromiden.

Hydrogeniodid (Iodwasserstoff), **HI**, ist noch oxidationsempfindlicher als HBr und siedet bei −35,4 °C. Hergestellt wird es wie HBr entweder aus I_2 und feuchtem rotem P oder katalytisch (Pt) aus den Elementen. Die farblose wässrige Lösung, **Iodwasserstoffsäure**, kommt 43%ig in den Handel und färbt sich an Luft schnell braun, wobei die Zersetzung durch Licht beschleunigt wird. Die Salze der Iodwasserstoffsäure heißen **Iodide**.

Königswasser

Die Mischung aus drei Teilen konz. Salzsäure und einem Teil konz. Salpetersäure wird **Königswasser** genannt. Dieses enthält freies Cl_2 und NOCl, weshalb es ein starkes Oxidationsmittel ist und fast alle Metalle, auch Au, angreift. Dabei werden z. B. die entstehenden Au^{3+}- oder Pt^{4+}-Kationen als Chlorkomplexe $[AuCl_4]^-$ bzw. $[PtCl_6]^{2-}$ stabilisiert. Auf dieser Kombination von oxidierender und koordinierender Wirkung beruht auch das Lösevermögen für manche in anderen Säuren schwer lösliche Salze, z. B. HgS, wobei das S^{2-}-Ion zum Schwefel oxidiert und das Hg^{2+}-Ion als $[HgCl_4]^{2-}$ stabilisiert wird.

Supersäuren

Einige Flüssigkeiten sind um Größenordnungen von $10^6...10^{10}$ acider als die konz. Lösungen sehr starker Säuren wie HNO_3 oder H_2SO_4. Solche **Supersäuren** entfalten ihre volle Acidität naturgemäß nur in nicht wässrigen Medien, da sonst die Acidität durch die stärkste, in H_2O beständige Säure, das H_3O^+-Ion, begrenzt ist. Jede stärkere Säure kann dort nur H_2O zu H_3O^+ protonieren. Bekannte supersaure Medien sind hochkonzentrierte H_2SO_4 oder reines HF. Noch stärkere Supersäuren sind z. B. **Fluorsulfonsäure, HSO_3F,** ($2\,HSO_3F \rightleftharpoons H_2SO_3F^+ + SO_3F^-$) und **magische Säure**, eine 1:1-Mischung aus Fluorsulfonsäure und SbF_5. Mit solchen Supersäuren lassen sich sonst nur schwer zugängliche Kationen, z. B. protonierte Aromaten oder Carbeniumionen u. Ä., erzeugen.

12.3   Ausgewählte anorganische Basen
12.3.1   Ammoniak

Herstellung: Technisch wird Ammoniak heute zu rund 90 % nach dem **HABER-BOSCH-Verfahren** hergestellt.

Aufbauend auf Arbeiten von NERNST entwickelte FRITZ HABER 1905 bis 1910 ein Verfahren zur Herstellung von Ammoniak aus den Elementen im Labormaßstab, das CARL BOSCH dann von 1913 an in die großtechnische Anwendung einführte.

Die Reaktion von Wasserstoff mit Stickstoff ist exotherm und verläuft unter Volumenverminderung.

$$3/2\ H_2 + 1/2\ N_2 \ \rightleftharpoons\ NH_3, \quad \Delta H_{R\,298} = -45,93\ kJ \cdot mol^{-1}$$

Deshalb sollten nach dem Prinzip von LE CHATELIER hohe Drücke und niedrige Temperaturen die Reaktion begünstigen. Da aber bei niedrigen Temperaturen die Reaktionsgeschwindigkeit zu niedrig ist, muss die Synthese bei Temperaturen von 400...500 °C bei ca. 30 MPa an Eisen-Katalysatoren durchgeführt werden.

Die gesamte Synthese besteht aus folgenden Einzelschritten:

1. Erzeugung von Ammoniaksynthesegas mit einem $H_2 : N_2$-Verhältnis von $3 : 1$:

   a) Steam-Reforming: Gasförmige oder leicht verdampfbare Einsatzprodukte wie Erdgas, Methan, Raffineriegase oder Benzin werde entschwefelt und in einem beheizten Röhrenreaktor bei ca. 3 MPa katalytisch mit Wasserdampf umgesetzt:

   $$CH_4 + H_2O \ \rightarrow\ 3\ H_2 + CO \text{ bzw.}$$
   $$C_nH_{2n} + n\ H_2O \ \rightarrow\ (2n + 1)\ H_2 + n\ CO$$

   Da die Reaktion bei 700 °C unvollständig ist, wird der Rest unter Luftzugabe im Sekundärreformer exotherm umgesetzt. Das Produkt

(N_2, H_2, CO, CO_2 und Edelgase) wird über die Konvertierung, CO_2-Wäsche und Feinreinigung in die Synthese geleitet.

b) Bei der Öldruckvergasung reagieren flüssige oder verflüssigte Einsatzprodukte wie schwere Heizöle oder Rückstandsöle in einer Flamme bei 3...6 MPa und 1200...1600 °C mit O_2 und Wasserdampf zu hauptsächlich H_2 und CO.

$$2\,C_nH_{2n+2} + n\,O_2 \;\rightarrow\; (2n + 2)\,H_2 + 2n\,CO$$

Nach der Rußabscheidung wird gebildetes COS mit H_2O zu CO_2 und H_2S umgesetzt. Die Gase werden katalytisch entschwefelt, konvertiert, vom CO_2 befreit und feingereinigt in die NH_3-Synthese geleitet.

c) Feste Einsatzprodukte wie Braun- oder Steinkohlekoks werden feingemahlen mit Wasserdampf, Sauerstoff und Luft im Wirbelschichtreaktor zu N_2, H_2, CO und CO_2 umgesetzt.

$$3\,C + O_2 + H_2O \;\rightarrow\; H_2 + 3\,CO \;\text{(Wassergas)}$$

Das Gasgemisch wird nach der Entschwefelung, Konvertierung, CO_2-Wäsche und Feinreinigung in die NH_3-Synthese geleitet.

2. Entschwefelung: Bei der Trockenentschwefelung wird H_2S katalytisch (z. B. Aktivkohle oder ZnO) mit Luft zu Schwefel und Wasser umgesetzt: $2\,H_2S + O_2 \;\rightarrow\; H_2O + S$.
Bei der Nassentschwefelung wird H_2 in der Kälte von geeigneten Lösungsmitteln, z. B. Methanol (Rectisol-Verfahren) oder Aminverbindungen, in der Kälte absorbiert. Das beladene Lösungsmittel wird durch Erwärmen vom H_2S befreit und im Kreislauf geführt.

3. Bei der Konvertierung wird das bei einem der unter 1. beschriebenen Verfahren gebildete CO zweistufig (Hochtemperaturkonvertierung: 350...400 °C, Tieftemperaturkonvertierung: 200...250 °C) katalytisch mit H_2O zu CO_2 und H_2 umgesetzt:

$$CO + H_2O \rightarrow CO_2 + H_2, \;\; \Delta H_R = -41 \text{ kJ} \cdot \text{mol}^{-1}.$$

Dieses lässt sich wesentlich leichter von H_2 und N_2 abtrennen als CO.

4. Auswaschen des Kohlenstoffdioxids in Gegenstromextraktion mit Wasser oder Kaliumcarbonatlösung bei ca. 3 MPa.

5. Feinreinigung: Methanisierung des restlichen CO (Kontaktgift) bei ca. 3 MPa, 100...150 °C:

$$3\,H_2 + CO \;\rightarrow\; CH_4 + H_2O$$

Gleichzeitig werden Reste an CO_2 und O_2 entfernt. Das entstandene H_2O wird durch Tieftemperaturkühlung mit flüssigem N_2 entfernt, wobei gleichzeitig die N_2-Menge auf das richtige Verhältnis zum H_2 eingestellt wird.

6. Synthese des Ammoniaks: Das Synthesegas wird in Wasserstoffdruck-festen Rohrreaktoren bei ca. 30 MPa und 450...550 °C an mehreren Katalysatorschichten zu Ammoniak umgesetzt. Zwischen den einzelnen Katalysatorschichten wird das Reaktionsgemisch wieder auf die optimale Reaktionstemperatur gekühlt (an Kühlern oder durch Einspeisung von frischem Synthesegas). Das gebildete NH_3 (ca. 15 %) wird durch Kühlung des Gasgemisches auf ca. -10 °C verflüssigt und abgetrennt. Das Restgas wird mit Frischgas angereichert im Kreislauf geführt. Aus dem Kreislaufgas wird ggf. Argon (bei Einsatz von Luft bei der Synthesegaserzeugung) gewonnen.

Eigenschaften: Ammoniak, NH_3, ist ein farbloses, stechend riechendes, diamagnetisches Gas, das entsprechend seiner molaren Masse leichter ist als Luft. Wie H_2O und HF weist es, bezogen auf seine geringe molare Masse, einen hohen Siedepunkt von 33 °C und Schmelzpunkt von $-77,8$ °C auf, die auf die Fähigkeit des NH_3 zurückzuführen sind, im flüssigen Zustand über Wasserstoffbrückenbindungen zu assoziieren, woraus auch eine hohe Verdampfungsenthalpie (1371 kJ $\cdot$ kg^{-1}) resultiert. NH_3 entsteht in der Natur bei der Verwesung organischer Stoffe. Bei Energiezufuhr (durch Erwärmen oder UV-Licht) zerfällt NH_3 in die Elemente. Ohne Katalysator brennt er nur in reinem O_2. In Luft brennt er nur in Gegenwart von die Verbrennung unterhaltenden Stoffen mit. Die katalytische Verbrennung von NH_3 mit Luft wird zur Herstellung von HNO_3 (OSTWALD-Verfahren) genutzt. NH_3 kann sowohl als Säure als auch als Base reagieren. Als dreibasische Säure reagiert es mit elektropositiven Metallen wie Alkali- oder Erdalkalimetallen zu **Amiden** (mit dem NH_2^--Ion), **Imiden** (mit dem NH^{2-}-Ion) und **Nitriden** (mit dem N^{3-}-Ion). In H_2O löst es sich sehr gut (bei 0 °C 1176 l NH_3 pro Liter H_2O) unter Bildung schwach basischer Ammoniak-Lösungen (früher **Salmiakgeist**) ($NH_3 + H_2O \rightleftharpoons NH_4^+ + OH^-$, p$K_B \approx 4,75$). Mit stärkeren Säuren als H_2O reagiert NH_3 zu **Ammoniumsalzen** (z. B. NH_4Cl). Flüssiges NH_3 ähnelt in seinen Eigenschaften dem H_2O. NH_4-Salze haben den Charakter von Säuren, Amide, Imide und Nitride den von Basen. Alkali- und Erdalkalimetalle lösen sich in flüssigem NH_3 durch solvatisierte Elektronen mit blauer Farbe: $Na + NH_3(l.) \rightleftharpoons [Na(NH_3)_m]^+ + [e(NH_3)_n]^-$.

Fast 90 % des weltweit erzeugten NH_3 werden zur Herstellung von Düngemitteln (Ammoniumsalze, Nitrate oder Harnstoff) verwendet. Weitere technische Folgeprodukte von NH_3 sind Hydrazin N_2H_4, Hydroxylamin NH_2OH, Aminoschwefelsäure NH_2SO_3H und Natriumcyanid NaCN, Blausäure HCN, organische Amine und Nitrile sowie eine Vielzahl organischer Stickstoffverbindungen.

12.3.2 Oxide und Hydroxide

Von allen Elementen, außer den leichten Edelgasen und F, existieren Oxide, die bei ionischen Verbindungen das O^{2-}-Ion enthalten. Diese können nach O^{2-} (f) + H_2O ⇌ 2 OH^- (aq), $K > 10^{22}$, als Basenanhydride aufgefasst werden. Lediglich wasserunlösliche Oxide werden nicht hydrolysiert, sind aber häufig entsprechend ihrem basischen Charakter in verdünnten Säuren löslich (z. B.: MgO + 2 H^+ ⇌ Mg^{2+} + H_2O).

Ionischen Oxide bzw. Hydroxide existieren nur von großen Kationen mit kleiner Ladung, die entweder das O^{2-}- oder das OH^--Ion nicht zu stark polarisieren. Bei kleinen Kationen mit höherer Ladung bilden sich mehr oder weniger kovalente Oxide bzw. Hydroxide, deren Basizität mit abnehmendem Ionenradius bzw. zunehmender Ladung ab- und deren Acidität entsprechend zunimmt. Große Kationen bilden vor allem die Elemente der ersten beiden Gruppe im PSE, deren Oxide und Hydroxide, abgesehen von denen des kleinen Be^{2+}, basisch sind. In beiden Gruppen nehmen die Basenstärke und die Löslichkeit der Oxide von oben nach unten zu, wobei die Oxide der Alkalimetalle basischer sind als die der nebenstehenden Erdalkalimetalle. Das Oxid bzw. Hydroxid des kleinen Be^{2+} ist bereits amphoter. Die Oxide und Hydroxide der Elemente der III. Nebengruppe und der Lanthanoiden bzw. der Actinoiden sind in der Oxidationsstufe +3, abgesehen von denen des amphoteren Sc, basisch, wobei ihre Basizität mit steigender Ordnungszahl und damit fallendem Ionenradius des E^{3+} abnimmt. Die Oxide und Hydroxide höher geladener Kationen sind, abgesehen vom amphoteren Th(OH)$_4$, sauer und können im Prinzip zu den Sauerstoffsäuren gezählt werden (s. a. unter Sauerstoffsäuren und unter Oxide).

Alkali- und Erdalkalimetallhydroxide

Die Alkalimetallhydroxide sind starke Basen und sehr leicht in H_2O löslich. Parallel zur Größe der Kationen nimmt die Basenstärke von LiOH zum CsOH zu.

Lithiumhydroxid, LiOH, dient als starke Base in U-Booten zur Luftreinigung (Bindung von CO_2).

Natriumhydroxid (Ätznatron), **NaOH,** ist das technisch wichtigste Alkalimetallhydroxid.

Herstellung: Durch Eindampfen von Natronlauge (siehe Abschn. 13.1.3) erhält man NaOH auch in Form einer weißen, undurchsichtigen und stark hygroskopischen Masse. Nach einem alten Verfahren erhält man NaOH auch durch Kaustifizieren von Soda ($Na_2CO_3 + Ca(OH)_2 \rightarrow 2\,NaOH + CaCO_3$), daher der frühere Name **kaustifizierte Soda.**

Eigenschaften: Reines NaOH hat einen Schmelzpunkt von 322 °C und einen Siedepunkt von 1390 °C. Es muss verschlossen aufbewahrt werden, da es als starke Base CO_2 aus der Luft bindet ($NaOH + CO_2 \rightarrow NaHCO_3$). In H_2O löst sich NaOH unter starker Wärmeentwicklung (**Vorsicht!**) zu stark alkalisch reagierender **Natronlauge** (bei Raumtemperatur ca. 1 kg NaOH pro Liter H_2O), die Al und Zn leicht, Pb und Sn weniger und die meisten anderen Metalle nicht angreift. NaOH ist sowohl in reiner als auch gelöster Form ein wichtiges Ausgangsprodukt bei der Herstellung von Seifen, Farbstoffen, Cellulose, Kunstseide und Reinigungsmitteln. Weiterhin findet es Verwendung beim Aufschluss von Bauxit und als Base in vielen technischen Prozessen.

Kaliumhydroxid (Ätzkali), **KOH,** ähnelt stark dem NaOH und wird auch nach äquivalenten Verfahren hergestellt. Es findet hauptsächlich Verwendung zur Produktion anderer K-Verbindungen (K_2CO_3, K-Phosphate, $KBrO_3$, KIO_3, KCN u. a.), von Waschmitteln, Wasserenthärtern, Schmierseifen, in Entschwefelungsanlagen für Erdöl, in der Glasindustrie und als Absorptionsmittel für CO_2, (zur Verwendung s. Abschn. 13.1.4). **Alkoholische Kalilauge** (eine Lösung von KOH in Alkoholen) wird zur Herstellung von Xanthogenaten (Flotationshilfsmittel) genutzt. Wenn möglich, wird die preiswertere NaOH statt KOH eingesetzt.

Rubidiumhydroxid, RbOH, ist eine extrem hygroskopische Masse, die Glas angreift.

Cäsiumhydroxid, CsOH, ist die stärkste aller Basen. Es findet Verwendung als Elektrolyt in Batterien für den Einsatz bei niedrigen Temperaturen.

Berylliumhydroxid, Be(OH)$_2$, ist wie $Al(OH)_3$ eine amphotere, weiße Substanz, die rasch altert und dabei immer schwerer löslich wird. **BeO** entsteht aus $Be(OH)_2$ beim Glühen und weist im Gegensatz zu den Oxiden der schweren Homologe (NaCl-Struktur) die kovalentere Wurzit-Struktur auf. Wegen seines hohen Schmelzpunktes und seiner großen chemischen Beständigkeit wird es für oxidkeramische Werkstoffe eingesetzt.

Magnesiumhydroxid (Brucit), **Mg(OH)$_2$,** besteht aus trigonalen farblosen Kristallen. Es wird aus Meerwasser oder $MgCl_2$-Lösungen durch Ausfällen mit CaO oder gebranntem Dolomit (CaO · MgO) gewonnen. Es ist in Wasser und Alkalilaugen schwer löslich, gut dagegen in Ammoniumsalzlösungen oder Säuren. Als zweisäurige starke

Base bildet es zwei Reihen von Salzen, basische und neutrale. Verwendung findet es zur Zuckerreinigung, in der Papierherstellung und in der Pharmazie.

Magnesiumoxid (Magnesia), **MgO,** wird durch Calcinieren von $MgCO_3$ (aus Magnesit oder Dolomit) oder $Mg(OH)_2$ gewonnen. Die verschiedenen Magnesia-Qualitäten unterscheiden sich hauptsächlich durch die Calcinierbedingungen. Relativ niedrige Temperaturen (600...1000 °C) führen zur kaustischen Magnesia (chemische Magnesia), die noch reaktionsfähig ist und, da sie mit Wasser abbindet, für Mörtelzwecke geeignet ist. Totgebrannte „Sintermagnesia" entsteht bei 1700...2000 °C (Schmelzpunkt: 2800 °C) und findet in der Feuerfestindustrie als Rohmaterial für feuerfeste Steine, z. B. zum Auskleiden elektrischer Öfen, Verwendung. Schmelzmagnesia wird bei 2800...3000 °C im elektrischen Lichtbogenofen erschmolzen und findet als Isoliermaterial in der Elektrowärmeindustrie Verwendung. Bei 600 °C gebrannte Magnesia, „Magnesia usta", dient als lockeres weißes Pulver zur Magensäureneutralisation.

Calciumoxid (Ätzkalk, gebrannter Kalk), **CaO,** und **Calciumhydroxid, Ca(OH)$_2$** (gelöschter Kalk).
Herstellung und **Eigenschaften:** CaO wird durch Calcination von Kalkstein bei etwa 1000...1200 °C in Schacht-, Ring- oder Drehrohröfen gewonnen (Kalkbrennen: $CaCO_3 \rightarrow CaO + CO_2$, $\Delta H = +746$ kJ · mol^{-1}). Dazu wird stückiger Kalkstein mit Koks oder Heizgasen erhitzt. Der Gewichtsverlust beim Brennen beträgt etwa 40 %, der Energieverbrauch liegt bei etwa 2000 kJ pro kg Kalk. Ca(OH)$_2$ entsteht durch langsame Zugabe von Wasser zum CaO (Kalklöschen: $CaO + H_2O \rightarrow Ca(OH)_2$, $\Delta H = -272$ kJ · mol^{-1}). Beim sog. *Trockenlöschen* wird nur so viel Wasser zugegeben, dass ein trockenes Hydrat entsteht, welches leicht zu handhaben ist. **Kalkmilch** ist eine Suspension von Ca(OH)$_2$ in **Kalkwasser,** einer Ca(OH)$_2$-Lösung in Wasser.

Verwendung: Ein großer Teil des erzeugten CaO dient in der Metallurgie, z. B. in der Stahlindustrie, zum Entfernen von P und S aus der Metallschmelze. Daneben verbraucht auch die Bauindustrie große Mengen zur Herstellung von Branntkalk bzw. Kalkhydrat für Mörtel oder Baustoffe wie Kalksandsteine. In der chemischen Industrie dient es zur Herstellung von Ca-Verbindungen wie CaC_2 oder Kalkstickstoff $CaCN_2$, zur Herstellung von Soda beim Solvay-Verfahren und als Neutralisations- und Fällungsmittel. Beträchtliche Mengen werden in der Umwelttechnik zur Wasser- und Abwasserbehandlung verwendet. Weitere große Abnehmer sind die Zuckerindustrie (Entfernung von Oxal- bzw. Zitronensäure aus dem Rohsaft), die Feuerfestindustrie (totgebrannter Dolomit), die Glasindustrie und die Landwirtschaft. Ca(OH)$_2$ wird überwiegend in Form von Kalkbrei eingesetzt. Andere Verwendungen sind die Kaustifizierung von Soda, die Freisetzung von NH_3 aus Gaswasser und die Herstellung von Chlorkalk CaCl(OH). In der Umweltschutztechnik dient Ca(OH)$_2$ zur Rauchgasentschwefelung.

Strontiumoxid, SrO, reagiert mit Wasser stark exotherm zum **Strontiumhydroxid** $Sr(OH)_2$, das eine starke Base ist.

Bariumoxid, BaO, ist ein weißes, in Methanol gut lösliches Pulver, das durch thermische Zersetzung von $BaCO_3$ erhalten werden kann. Es ist Ausgangsmaterial zur Herstellung von Öladditiven, dient als Licht- und Wärmeschutzmittel in Kunststoffen und zur Herstellung organischer Ba-Verbindungen. Mit Wasser reagiert es exotherm zum **Bariumhydroxid**, $Ba(OH)_2$, welches in Wasser nur mäßig löslich ist (Barytwasser) und auf Grund der Bildung von $BaCO_3$ sehr empfindlich gegen CO_2 ist (Nachweis von CO_2). Es wird zur Herstellung organischer Ba-Verbindungen und zur Entwässerung von Fetten, Wachsen und Glycerin eingesetzt.

A
O
C

13 Hauptgruppenelemente

13.1 Elemente der 1. Gruppe (I. Hauptgruppe)
13.1.1 Allgemeines

Die sechs Elemente Lithium (Li), Natrium (Na), Kalium (K), Rubidium (Rb), Cäsium (Cs) und Francium (Fr) bilden die erste (Haupt-)Gruppe des PSE und werden als Alkalimetalle (*al kalja,* arab.: aus Pflanzenasche gewonnene Soda) bezeichnet. Alkalimetalle bilden etwa 4,8 % der Erdkruste (einschließlich Luft- und Wasserhülle) und kommen auf Grund ihrer Reaktionsfähigkeit nicht elementar, sondern nur in Form von Verbindungen in Mineralien oder gelöst in Wasser vor.

Tabelle 13-1: Einige physikalische und chemische Eigenschaften der Alkalimetalle

	Li	Na	K	Rb	Cs	Fr
Schmelzpunkt in °C	180,54	97,82	63,60	38,89	28,45	~ 30
Siedepunkt in °C	1347	881,3	753,8	688	705	~ 680
Standardpotenzial in V Me$^+$/Me(V)	−3,045	−2,714	−2,925	−2,925	−2,923	——
Flammenfärbung	karminrot	gelb	rot-violett	rot	blau	——
Reaktionsfähigkeit	⟶ nimmt zu ⟶					
Basenstärke von MeOH	⟶ nimmt zu ⟶					

Eigenschaften: Die Alkalimetalle sind silbrig weiße, niedrig schmelzende Metalle mit sehr geringer Härte, die vom Lithium zum Cäsium abnimmt. Bei Raumtemperatur bilden sie ein kubisch raumzentriertes Gitter. Das einzelne Valenzelektron ist nur schwach gebunden ($\rightarrow$ geringe Ionisierungsenergie), was die große Reaktionsfähigkeit der Alkalimetalle bedingt. Sie bilden vorwiegend heteropolare Verbindungen mit der Oxidationszahl +1, wobei der ionische Charakter der Verbindung von Lithium zum Cäsium zunimmt.

Allgemeine Reaktionen der Alkalimetalle:

$$2\ Me + 2\ H_2O \quad \longrightarrow \quad 2\ MeOH + H_2$$
$$Me + O_2 \quad \longrightarrow \quad Me_2O\ (Oxide),\ Me_2O_2\ (Peroxide)$$
$$MeO_2\ (Superoxide)$$

$$2\,Me + 2\,NH_3 \quad\longrightarrow\quad 2\,MeNH_2 + H_2$$
$$2\,Me + F_2\ (Cl_2, Br_2, I_2) \longrightarrow\ 2\,MeF\ (MeCl, MeBr, MeI)$$
$$2\,Me + H \quad\quad\ \longrightarrow\quad MeH$$

An feuchter Luft überziehen sie sich sofort mit einer Hydroxidschicht, wobei bei Rubidium und Cäsium die Gefahr der *Selbstentzündung* besteht. Dementsprechend müssen sie immer in einer Luft abschirmenden Flüssigkeit gelagert werden, z. B. in Petrolether oder Paraffinöl, nicht jedoch in halogenierten Kohlenwasserstoffen (Explosionsgefahr). Mit Wasser reagieren sie in stark exothermer Reaktion schnell zu Wasserstoff und Alkalimetallhydroxid. Hierbei spiegelt sich die mit steigender Atommasse zunehmende Reaktionsfähigkeit in der Heftigkeit der Reaktion wider. Lithium reagiert, ohne zu schmelzen, während es bei Kalium bereits zur spontanen Entzündung des Wasserstoffs kommt. Die Alkalimetallhydroxide sind alle *starke Basen*, wobei die Basenstärke vom Lithiumhydroxid zum Cäsiumhydroxid zunimmt, und sehr leicht in Wasser löslich. Mit Sauerstoff bilden sich je nach Reaktionsbedingungen nicht nur die einfachen Oxide, sondern auch Peroxide und Superoxide. In flüssigem Ammoniak bilden die Alkalimetalle *Lösungen,* deren Farbe sich mit zunehmender Reaktion von hellblau über tiefblau, bronzefarben bis zu kupferfarben-metallisch glänzend verschiebt. Diese Farben sind, wie auch die gute Leitfähigkeit solcher Lösungen, auf solvatisierte Elektronen zurückzuführen. Beim Erhitzen zersetzen sich diese Lösungen unter Bildung von Amiden. Mit Halogenen reagieren die Alkalimetalle zu den entsprechenden *Halogeniden,* wobei sich auch hier wieder der Gang der Reaktivitäten widerspiegelt. Während Natrium z. B. bei Raumtemperatur mit Brom nur oberflächlich reagiert und mit Iod selbst bei Schmelztemperatur gar nicht, kommt es bei der Reaktion von Kalium mit diesen Elementen zur Explosion. Mit Wasserstoff reagieren die Alkalimetalle zu *salzartigen Hydriden* (NaCl-Gitter), deren thermische Stabilität vom LiH, welches als einziges Hydrid unzersetzt geschmolzen werden kann, zum CsH hin abnimmt.

Alkalimetallionen sind farblos, ebenso wie Alkalimetallverbindungen, die kein farbiges Säurerestion (MnO_4^-, CrO_4^{2-} u. Ä.) enthalten. Ihre Hydratationsenergie nimmt mit steigendem Ionenradius von Li^+ zu Cs^+ hin ab. Die Koordinationszahl (*KZ*) der Alkalimetallionen in Wasser beträgt 4, 6 oder 8, wobei man zwischen *innerer* und *äußerer Hydrathülle* unterscheiden muss. Lithium weist eine innere Hydrathülle von vier Wassermolekülen auf, die von einer zweiten, über H-Brücken relativ fest gebundenen Hülle umgeben ist, sodass der Radius des hydratisierten Li^+ ($\approx [Li(H_2O)_{12}]^+$) größer ist als der von hydratisiertem Cs^+.

13.1.2   Lithium und Lithiumverbindungen

Elementsymbol: Li (*lithos*, gr.: Stein), **Isotope:** $^6_3$Li (7,5 %), $^7_3$Li (92,5 %), **Oxidationsstufe:** +1. Li wurde 1817 von J. A. ARFVEDSON in Petalit, einem Lithiumaluminat, entdeckt und zuerst 1818 von H. DAVY durch Elektrolyse von Li_2CO_3 rein dargestellt. **Vorkommen:** Li ist mit einem Anteil von ca. $6 \cdot 10^{-3}$ % in der Erdrinde vorhanden. In geringen Konzentrationen kommt es in fast allen Gesteinen als Begleiter von Na und K vor. Auch einige Mineralwässer und Salzlaken enthalten Li. *Lithiummineralien* sind: die Phosphate *Amblygonit* (Li,Na)Al(F,OH) [PO_4] und *Triphylin* Li(Fe^{II},Mn^{II}) [PO_4], die Silicate *Spodumen* LiAl [Si_2O_6], *Lepidolith* (K,Li)Al$_2$(OH,F)$_2$ [$AlSi_3O_{10}$], *Petalit* Li [$AlSi_4O_{10}$] sowie *Krylithionit* Li$_3$Na$_3$ [AlF_6]$_2$. Gewisse Pflanzen wie Tabak, Hahnenfußgewächse und Holunder entziehen dem Boden selektiv Li und reichern es im Inneren an.

Metallisches Lithium

Herstellung: Li wird meist durch Schmelzflusselektrolyse von LiCl (Schmelzpunkt 613 °C) gewonnen, häufig wegen des niedrigeren Schmelzpunktes auch im Gemisch mit KCl (55 %).

Eigenschaften: Li ist das leichteste aller Metalle. Es ist sehr reaktionsfähig, und mit allen Hauptgruppenelementen (außer den Edelgasen) und einigen Nebengruppenelementen reagiert es unter starker Wärmeentwicklung. Als einziges aller Elemente reagiert es schon bei Raumtemperatur mit molekularem Stickstoff (6 Li + N$_2$ → 2 Li$_3$N$_2$) zum Nitrid. In Sauerstoff verbrennt es mit intensiv rotem Licht zu LiO$_2$ (ΔH = 599,1 kJ · mol^{-1}).

Verwendung: Als Legierungsbestandteil verleiht Li in sehr kleinen Mengen dem Grundmetall große Härte und Beständigkeit (z. B. Bahnmetall für Radlager, Li 0,04 % Li in Pb). Weiterhin findet es Verwendung als Elektrode in Brennstoffzellen, zur Herstellung von lithiumorganischen Verbindungen und zur Herstellung von LiH. In der Kerntechnik dient es zur Herstellung von Tritium, als Abschirmungsmittel ($^6_3$Li absorbiert Neutronen), zum Nachweis thermischer Neutronen und als Reaktorkühlmittel. Bei im Handel befindlichem Li ist das $^6_3$Li deswegen oft abgereichert.

Lithiumverbindungen sind meist farblos und wasserlöslich. Schwer löslich sind nur LiF, Li$_2$CO$_3$ und Li$_3$PO$_4$. LiF wird zur Herstellung UV-durchlässiger Gläser benutzt und zur Vergütung optischer Linsen. Da 1 kg LiH mit Wasser 2,8 m^3 H$_2$ bildet (LiH + H$_2$O → LiOH + H$_2$), wird es als unproblematisch transportierbare Wasserstoffquelle eingesetzt. Wie LiBH$_4$ findet es Verwendung als Hydrierungsmittel. Das Deuterid LiD dient in Wasserstoffbomben als Tritium- und Deuteriumquelle für die Fusionsreaktion [$^6_3$Li(n,α)$^3_1$H], da $^6_3$Li durch schnelle Neutronen zu Tritium zerlegt wird. Li findet in Form von klaren, mit Eu dotierten und $^6_3$Li angereicherten Kristallen Verwendung in Szintillationsdetektoren für energiereiche Elektronen. **LiCl** ist stark hygroskopisch und wird als Trockenmittel verwendet. **Li$_2$CO$_3$** wird in großen Mengen in der Al-Schmelzflusselektrolyse eingesetzt und dient in der Glas-, Email-, und Keramikindustrie als Flussmittel. **Lithiumfette** (Lithiumstearat) finden als Spezialschmierstoffe Verwendung. **Lithiumorganyle**, LiR, sind kovalente, flüssige oder niedrig schmelzende Verbindungen, die in der organischen Synthese und als Katalysatoren Einsatz finden.

13.1.3   Natrium und Natriumverbindungen

Elementsymbol: Na (*neter,* ägypt.: Soda), im englischen Sprachraum wird Na „sodium" genannt. **Isotope:** ^{23}Na (alle anderen sind instabil); **Oxidationsstufe:** +1. H. DAVY stellte zuerst 1807 metallisches Na durch Elektrolyse von geschmolzenem NaOH rein her.
Vorkommen: Na ist mit einer Häufigkeit von ca. 2,64 % am Aufbau der Erdrinde beteiligt. Außer in Form von Mineralien, z. B. als *Natronfeldspat* (Na [AlSi$_3$O$_8$]), findet man Na in Form von Salzen wie *Steinsalz* (NaCl), *Chilesalpeter* (NaNO$_3$), *Soda* (Na$_2$CO$_3$), *Glaubersalz* (Na$_2$SO$_4$) und *Kryolith* (Na$_3$ [AlF$_6$]) in mächtigen Lagern oder in Meerwassser als gelöstes NaCl (durchschnittlich 3 %). Natriumsalze sind wichtige Bestandteile der extrazellulären Räume von Lebewesen, sie regeln osmotisch den Wassergehalt.

Metallisches Natrium
Herstellung: Na wird durch Schmelzflusselektrolyse von Natriumchlorid gewonnen (99,5 % rein).
Eigenschaften: Nach Li und K ist Na das drittleichteste der festen Elemente. Es ist so weich, dass es sich mit einem Messer schneiden lässt. Na-Dampf ist purpurfarben und im Wesentlichen einatomig. Seine elektrische Leitfähigkeit beträgt etwa 33 % von der des Silbers. Als sehr reaktionsfähiges Element reagiert Na mit vielen anderen Elementen. Wenn es auch bei Raumtemperatur gegenüber trockenem Sauerstoff beständig ist, so reagiert es an feuchter Luft sofort zum Hydroxid, welches mit CO$_2$ dann Carbonat bildet. Beim Erwärmen an der Luft verbrennt es mit intensiv gelber Flamme zu Natriumperoxid. Zum Löschen von Natriumbränden dürfen nur Trockenlöscher verwendet werden, keinesfalls Wasser oder Halonlöscher. In flüssigen Kohlenwasserstoffen können feine Na-Suspensionen hergestellt werden, die wesentlich reaktiver sind als große Na-Stücke. Na schwimmt auf Wasser und reagiert in stark exothermer Reaktion zum Hydroxid (2 Na + H$_2$O → 2 NaOH + H$_2$, $\Delta H = -286$ kJ · mol^{-1}). Auch mit Alkoholen und Ammoniak oder Aminen reagiert es unter Wasserstoffentwicklung zu Alkoholaten bzw. Amiden (2 Na + 2 ROH → 2 NaOR + H$_2$). Technisch wichtig ist die Reaktion mit Hg zu Natriumamalgam (s. Chloralkalielektrolyse). Löslich ist es auch in Pb und K.
Achtung: Beim Umgang mit Na müssen immer Schutzbrille und Handschuhe getragen werden!

Verwendung: Das früher wichtigste Einsatzgebiet von Na war die Produktion von Antiklopfmitteln (Tetraethyl- bzw. Tetramethylblei) aus einer Pb/Na-Legierung. Große Mengen werden heute zur Herstellung schwer reduzierbarer Metalle wie U, Th, Zr, Ta und vor allem Ti benötigt. Kleinere Mengen dienen zur Herstellung von Katalysatoren und Reduktionsmitteln. Na ist Ausgangsmaterial für verschiedene Na-Verbindungen wie Natriumperoxid (Wasch- und Bleichmittel), Natriumamid (organische Synthesen, z. B. Indigosynthese), Natriumazid (Sprengstoffe), Natriumboranat (Reduktionsmittel) oder natriumorganische Verbindungen (Katalysatoren, z. B. bei Polymerisationen). In flüssiger Form dient es in Brutreaktoren als Kühlmittel. In der Beleuchtungsindustrie wird es für Natriumdampf-Entladungslampen benötigt.

Natriumverbindungen

Natriumchlorid, NaCl

Andere Bezeichnung: **Steinsalz, Kochsalz**
Vorkommen: als Steinsalz (Halit) in mächtigen Lagern, im Meerwasser, als konzentrierte Lösung in einigen Binnenseen ohne Abfluss (Totes Meer, Great Salt Lake).
Gewinnung: NaCl wird hauptsächlich nach drei Methoden gewonnen:

■ Durch bergmännischen Abbau von Steinsalzvorkommen (Gewerbesalz, Fabriksalz, Viehsalz).

■ Durch Eindampfen von natürlich hergestellten Salzsolen oder durch Aussolen (unter Tage Lösen und Hochpumpen der Lösung) von Steinsalzvorkommen (Tafelsalz, Siedesalz).

■ Durch Eindunsten oder Ausfrieren aus Meerwasser (Seesalz).

Für chemische Zwecke ist oft noch eine Reinigung erforderlich. SO_4^{2-}-Ionen werden mit $Ca(OH)_2$ als $CaSO_4$ ausgefällt, Ca^{2+}- und Mg^{2+}-Ionen durch Zugabe von Soda als $CaCO_3$ bzw. $Mg(OH)_2$.
Eigenschaften: NaCl kristallisiert wasserfrei in farblosen, durchsichtigen Würfeln (NaCl-Struktur, Schmelzpunkt 801 °C, Siedepunkt 1440 °C), die häufig noch Mutterlauge einschließen, welche beim Erhitzen entweicht, wobei die Kristalle mit knisterndem Geräusch zerspringen. Es absorbiert IR-Strahlung weniger als Glas. In reiner Form ist es nicht hygroskopisch. Das Feuchtwerden von Kochsalz beruht auf geringen Verunreinigungen durch $MgCl_2$. Da sich NaCl in kaltem und in heißem Wasser annähernd gleich gut löst (bei 20 °C 35,6 g NaCl in 100 g Wasser), ist ein Umkristallisieren von NaCl nicht möglich. Es kann allerdings durch Einleiten von HCl in gesättigte NaCl-Lösungen ausgefällt werden. Schwerflüchtige, starke Säuren, z. B. Schwefelsäure, setzen aus NaCl Chlorwasserstoff frei ($2\ NaCl + H_2SO_4 \rightarrow Na_2SO_4 + HCl$).
Verwendung: NaCl ist Rohstoff fast aller Natrium- und Chlorverbindungen. Es dient zur Herstellung von Cl_2, Natronlauge und Na (durch Elektrolyse), von Na_2CO_3 (SOLVAY-Verfahren) und Na_2SO_4.
Viehsalz ist durch Zusatz von Fe(III)-Salzen ungenießbar gemachtes, steuerfreies NaCl. Mischungen aus Eis und NaCl ergeben je nach Zusammensetzung *„Kältemischungen"* bis zu einer Temperatur von −21 °C bei einem Verhältnis NaCl : Eis von 3,5 : 1. NaCl dient zum Aussalzen von organischen Stoffen aus wässrigen Lösungen und ist für viele industrielle und gewerbliche Zwecke unentbehrlich.
Im menschlichen Blut und in der Gewebeflüssigkeit sind je nach Gewicht 150...300 g NaCl in gelöster Form (isotonische NaCl-Lösung: 0,9%ig) enthalten, die durch Aufnahme von 10...15 g NaCl täglich ergänzt werden. Ausgeschieden wird NaCl über den Urin und Schweiß. Die akut toxische Dosis beträgt 5 g $\cdot$ kg^{-1} Körpergewicht.

Natriumhydroxid, NaOH

Andere Bezeichnung: **Ätznatron, kaustifizierte Soda,** die wässrige Lösung heißt **Natronlauge.**
Herstellung: Festes NaOH wird aus Natronlauge durch Eindampfen erhalten.

Eigenschaften: NaOH bildet weiße, undurchsichtige, stark hygroskopische Kristalle (Schmelzpunkt: 318 °C, Siedepunkt: 1378 °C), die sich in Wasser stark exotherm unter Bildung einer starken Base sehr gut lösen (bei Raumtemperatur bis zu ca. 50 %). In den Handel kommt sie in Form von Schuppen, Tafeln oder Plätzchen. Al und Zn werden leicht, Pb und Sn weniger und die meisten anderen Metalle gar nicht von Natronlauge angegriffen (s. auch Abschn. 12.3.2).

Verwendung: Wegen ihres stark basischen Charakters findet Natronlauge in der Technik für zahlreiche Zwecke Verwendung (Seifen, Farbstoffe, Glasherstellung, Trocknungs- und Absorbtionsmittel).

Natriumsulfat, Na_2SO_4

Andere Bezeichnung: **Glaubersalz** ($Na_2SO_4 \cdot H_2O$)

Vorkommen: in der Natur in Form großer Lager, z. B. am Kaspischen Meer, in Spanien, in Kanada und Nevada, und auch in gelöster Form in Meerwasser und Salzsolen. Wichtige Mineralien sind z. B. *Thenardit* Na_2SO_4 und *Glauberit* $Na_2Ca(SO_4)_2$.

Herstellung: Na_2SO_4 wird sowohl aus natürlichen Mineralien oder Salzsolen gewonnen als auch technisch hergestellt. Als Nebenprodukt fällt es bei der Gewinnung verschiedener anderer Salze (Soda, Borax, Kali- und Lithiumsalze) sowie bei verschiedenen chemischen und metallurgischen Prozessen (z. B. Erzeugung von $Na_2Cr_2O_7$, Vitamin C) an. Calciniertes Na_2SO_4 entsteht bei der Umsetzung von NaCl mit $MgSO_4$ in der Kalisalzaufbereitung. Zur technischen Erzeugung wird NaCl bei höheren Temperaturen mit Schwefelsäure zu Na_2SO_4 und HCl umgesetzt.

Eigenschaften: Na_2SO_4 kristallisiert aus Wasser unterhalb von 32 °C als Decahydrat in Form großer, farbloser Kristalle und oberhalb von 32 °C wasserfrei aus. Bei einer Temperatur von mehr als von 32 °C „schmilzt" das Decahydrat „im eigenen Kristallwasser". Es bildet eine in Bezug auf $Na_2SO_4 \cdot 10\,H_2O$ gesättigte, in Bezug auf Na_2SO_4 übersättigte Lösung in Wasser und scheidet wasserfreies Salz ab.

Verwendung: hauptsächlich in der Zellstoff-, Waschmittel- und Glasindustrie. Kleinere Mengen bei der Farbstoffherstellung, in der Färberei, Galvanotechnik, Tierfutterherstellung und Chemikalienherstellung, z. B. von Natriumsulfid.

Natriumcarbonat, Na_2CO_3

Andere Bezeichnungen: **calcinierte Soda** = Na_2CO_3, **Kristallsoda** = $Na_2CO_3 \cdot 10\,H_2O$

Vorkommen: als Soda $Na_2CO_3 \cdot 10\,H_2O$ und in Modifikationen mit unterschiedlichem Kristallwassergehalt, z. B. in Wyoming als **Trona** $NaHCO_3$, große Mengen auch in Sodaseen wie dem Mono-Lake (USA) oder Magadi-See (Ostafrika).

Herstellung: Technisch wird Soda heute nach zwei Verfahren hergestellt, dem SOLVAY-**Verfahren** und **aus sodahaltigen Mineralien** wie Trona (SOLVAY-Verfahren).

Eigenschaften: Calcinierte Soda ist ein weißes Pulver (Schmelzpunkt: 853 °C), das sich exotherm in Wasser löst. Kristallsoda besteht aus großen, farblosen, an der Luft „verwitternden" Kristallen, die oberhalb von 32,5 °C im eigenen Kristallwasser schmelzen und als wasserfreie Soda auskristallisieren. Durch Hydrolyse reagieren die wässrigen Lösungen beider Sodaformen alkalisch. Beim Einwirken starker Säuren auf Soda entstehen deren Natriumsalze, wobei das CO_2 unter Aufbrausen entweicht.

Verwendung: vor allem in der Glas-, Waschmittel-, Papier- und Celluloseindustrie und zur Herstellung von anorganischen Na-Verbindungen. Kleinere Mengen in einer Vielzahl von Anwendungsgebieten.

Weitere Natriumverbindungen

Natriumhydrogencarbonat, $NaHCO_3$, ist ein feines, weißes Pulver, das sich unter schwach alkalischer Wirkung in Wasser löst. Oberhalb von 50 °C zerfällt es unter H_2O- und CO_2-Abspaltung in Soda. Verwendung findet es als Treibmittel in Back- und Brausepulvern, in Fertigteigen, als Mittel gegen Magenübersäuerung und in Trockenfeuerlöschern.

Natriumamid, $NaNH_2$, wird durch Umsetzung von metallischem Natrium mit Ammoniak hergestellt. Verwendung findet es in der organischen Synthese (z. B. Indigo) und zur Herstellung von Natriumazid ($NaNH_2 + N_2O \rightarrow NaN_3 + H_2O$).

Natriumnitrit, $NaNO_2$, entsteht neben Natriumnitrat durch Absorption nitroser Gase in Natronlauge ($N_2O_4 + 2\ NaOH \rightarrow NaNO_2 + NaNO_3 + H_2O$). Natriumnitrit findet Verwendung in Nitritpökelsalz ($NaCl + ca.\ 0{,}4\%\ NaNO_2$), in welchem es durch Bildung von Stickoxid-Myoglobin die rote Farbe des Fleisches erhält, in der Farbstoffindustrie zur Herstellung von Azofarbstoffen und in der Metallurgie.

Natriumnitrat, $NaNO_3$, (Chilesalpeter, Natronsalpeter), findet sich in Lagerstätten in Chile, Ägypten und den USA. $NaNO_3$ ist ein weißer, hygroskopischer, in Wasser gut löslicher Feststoff (Schmelzpunkt: 311 °C), der sich oberhalb von 380 °C zu Natriumnitrit und Sauerstoff zersetzt ($2\ NaNO_3 \rightarrow 2\ NaNO_2 + O_2$). Hergestellt wird es heute durch Umsetzung von Soda mit Salpetersäure ($Na_2CO_3 + 2\ HNO_3 \rightarrow 2\ NaNO_3 + H_2O + CO_2$) und spielt fast nur noch als Düngemittel eine Rolle.

Natriumsulfid, $Na_2S \cdot 9\ H_2O$, bildet farblose, wasserlösliche Kristalle. Infolge der Reaktion mit CO_2 riechen diese an Luft nach H_2S. Hergestellt wird es durch Glühen von Natriumsulfat mit Kohle ($Na_2SO_4 + 4\ C \rightarrow Na_2S + 4\ CO$). Es wird in der Gerberei, zur Herstellung von Farbstoffen und als Flotationsmittel verwendet.

Natriumsulfit, Na_2SO_3 und **Natriumhydrogensulfit, $NaHSO_3$,** sind farblose Salze, die beim Einleiten von SO_2 in Natronlauge oder eine Sodalösung entstehen. Sie finden Verwendung als Bleich-, Desinfektions- und Konservierungsmittel, als Reduktionsmittel z. B. für chromhaltige Abwässer und in der Fotografie.

Natriumthiosulfat, $Na_2S_2O_3$, wird durch Kochen von Natriumsulfitlösungen mit fein gepulvertem Schwefel ($Na_2SO_3 + 1/8\ S_8 \rightarrow Na_2S_2O_3$) oder durch Oxidation von Disulfiden mit Luftsauerstoff ($Na_2S + 1{,}5\ O_2 \rightarrow Na_2S_2O_3$) erhalten. Beim Ansäuern von Thiosulfatlösungen zerfällt die frei werdende Thioschwefelsäure wieder zu schwefliger Säure und Schwefel. Verwendung findet Thiosulfat in der Fotografie als komplexbildendes Fixiersalz zum Herauslösen des beim Belichten und Entwickeln unverändert gebliebenen Silberhalogenids ($AgX + S_2O_3^{2-} \rightarrow [Ag(S_2O_3)_2]^{3-} + X^-$). In der Bleicherei wird es als „Antichlor" nach der Chlorbleiche benutzt. In der Maßanalyse findet es Verwendung zur Titration von Iod in der Iodometrie ($2\ S_2O_3^{2-} + I_2 \rightarrow S_4O_6^{2-} + 2\ I^-$).

13.1.4   Kalium und Kaliumverbindungen

Elementsymbol: K (*al kalja*, arab.: Asche), im englischen Sprachraum wird Kalium „potassium" genannt; **Isotope:** ^{39}K (39,2581 %), ^{40}K (0,0117 %, radioaktiv, β-Strahler) und ^{41}K (6,7302 %); **Oxidationsstufe:** +1. Kalium wurde zuerst 1807 von H. DAVY durch Elektrolyse von geschmolzenem Kaliumhydroxid gewonnen.
Vorkommen: K ist mit einem Gehalt von ca. 2,58 % in der Erdrinde vorhanden. Meerwasser enthält es nur zu 0,08 %. Als sehr reaktives Element tritt Kalium nur in Verbindungen auf. Weit verbreitete Minerale sind der *Kalifeldspat* K [$AlSi_3O_8$], *Muskovit* $KAl_2(OH,F)_2$ [$AlSi_3O_{10}$], *Phlogopit* $KMg_3(OH,F)_2$ [$AlSi_3O_{10}$], *Sylvin* KCl, *Carnalit* $KMgCl_3 \cdot 6\,H_2O$, *Kainit* $KMgCl(SO_4) \cdot 3\,H_2O$, *Glaserit* $K_3Na(SO_4)_2$, *Schönit* $K_2Mg(SO_4)_2 \cdot 6\,H_2O$, *Polyhalit* $K_2Ca_2Mg(SO_4)_4 \cdot 2\,H_2O$ und *Langbeinit* $K_2Mg_2(SO_4)_3$.

Metallisches Kalium
Herstellung: Technisch wird Kalium durch Umsetzung von geschmolzenem KCl mit Natrium bei höheren Temperaturen gewonnen, wobei eine K/Na-Legierung entsteht, die fraktioniert destilliert wird.
Eigenschaften: Kalium ist ein silberweißes, glänzendes, bei Raumtemperatur fast wachsartig weiches Metall, das bei 63,6 °C schmilzt und bei 753,8 °C unter Bildung eines blaugrünen Dampfes siedet. Seine elektrische und thermische Leitfähigkeit ist sehr groß. Chemisch ist es reaktionsfähiger als Na. Beim Erhitzen an Luft verbrennt es mit intensiv violettem Licht zum Hyperoxid KO_2, bei der Reaktion mit Wasser entzündet sich der entstehende Wasserdampf durch die frei werdende Reaktionswärme spontan. An feuchter Luft setzt sich das entstehende KO_2 rasch mit H_2O und CO_2 zum Carbonat K_2CO_3 um. Mit Natrium bildet es niedrig schmelzende, z.T. flüssige Legierungen. Bezüglich des Arbeitens mit K siehe unter Na. Reste werden am besten mit hochsiedenden Alkoholen wie Pentanolen beseitigt.
Verwendung: Metallisches Kalium hat nur geringe technische Bedeutung.

Kaliumhydroxid, KOH
Andere Bezeichnung: **Ätzkali,** die wässrige Lösung heißt **Kalilauge**
Herstellung: analog der Herstellung von NaOH durch Elektrolyse von KCl-Lösungen.
Eigenschaften: KOH bildet eine harte, weiße und sehr hygroskopische Masse (Schmelzpunkt: 360 °C, Siedepunkt: 1327 °C), die sich gut in Wasser (exotherme Reaktion) löst. Die entstehende Lösung reagiert sehr stark alkalisch (Kalilauge). „Alkoholische" Kalilauge erhält man durch Lösen von KOH in Ethanol (s. auch Abschn. 12.3.2).
Verwendung: KOH wird zur Herstellung von anderen Kaliumverbindungen (K_2CO_3, K-Phosphate, $KMnO_4$, $KBrO_3$, KIO_3, KCN u. a.), von Farbstoffen, Spezialseifen und als Elektrolyt in Ni/Cd-Batterien verwendet. Weitere Verwendungen findet es in der Fotografie, bei der Glasherstellung und als Trocknungs- und Absorptionsmittel. Wenn möglich, wird die preiswertere Natronlauge verwendet.

Kaliumcarbonat, K_2CO_3
Andere Bezeichnung: **Pottasche**
Vorkommen: in einigen Binnengewässern, z. B. im Toten Meer, und in Lagerstätten.

Herstellung: Pottasche wurde früher durch Veraschen von Holz und anderen pflanzlichen Rohstoffen und anschließendes Auslaugen der Asche mit Wasser hergestellt. Das heute wichtigste Verfahren ist die Carbonatisierung von KOH (2 KOH + CO_2 → K_2CO_3 + H_2O). Das anfallende K_2CO_3 · 1,5 H_2O wird z. T. in Drehrohröfen bei 250...350 °C calciniert. Andere Verfahren spielen nur noch eine untergeordnete Rolle.

Eigenschaften: K_2CO_3 ist eine weiße, pulvrige und hygroskopische Masse (Schmelzpunkt: 894 °C), die chemisch dem Soda sehr ähnlich ist. Es löst sich sehr gut in Wasser (bei Raumtemperatur 1130 g in einem Liter). Die Lösung reagiert infolge der Hydrolyse alkalisch.

Verwendung: K_2CO_3 findet hauptsächlich Verwendung bei der Glasherstellung (Spezialgläser, Kristallglas, Fernsehröhren), bei der Seifen- und Emailherstellung, in der Pigmentfabrikation und in Feuerlöschern. Es dient zur Herstellung von Kaliwasserglas, für Waschmittel und als Ausgangsstoff für andere Kaliumverbindungen. Kaliumhydrogencarbonat, $KHCO_3$, dient als Treibmittel in der Lebensmittelindustrie.

Kaliumnitrat, KNO_3

Andere Bezeichnungen: **Salpeter, Kalisalpeter**

Herstellung: als „Konvertersalpeter" aus Natriumnitrat und Kaliumchlorid ($NaNO_3$ + KCl → KNO_3 + NaCl). Bei tiefen Temperaturen ist KNO_3, bei höheren NaCl die schwerstlösliche Komponente im Reaktionsgemisch. Andere Möglichkeiten sind die Umsetzung von Kaliumcarbonat oder Kaliumhydroxid mit Salpetersäure.

Eigenschaften: KNO_3 kristallisiert aus wässrigen Lösungen in Form von kühlenden, bitter schmeckenden, nicht hygroskopischen Prismen aus (Schmelzpunkt: 339 °C). Es geht beim Erhitzen über 350 °C unter Sauerstoffabgabe in Kaliumnitrit über. Im geschmolzenen Zustand ist es ein starkes Oxidationsmittel.

Verwendung: KNO_3 ist ein Bestandteil von *Schwarzpulver* (Schießpulver: Schwefel 10 %, KNO_3 75 %, Holzkohle 15 %). Weiterhin findet es als Düngemittel Verwendung.

Weitere Kaliumverbindungen

Kaliumchlorid, KCl

KCl ist das technisch wichtigste Kaliumsalz, es kristallisiert in weißen Würfeln (Schmelzpunkt.: 772 °C). Es wird aus Carnallit hergestellt, indem dieses in Wasser aufgelöst wird und dabei in seine Einzelkomponenten $MgCl_2$ und KCl zerfällt. Beim Eindampfen fällt dann das schwerer lösliche KCl zuerst aus. Da Carnallit fast immer durch NaCl, $CaSO_4$ und $MgSO_4$ · H_2O verunreinigt ist, gestaltet sich die Aufarbeitung allerdings etwas komplizierter, wobei in modernen Anlagen durch Flotation KCl-Ausbeuten von bis zu 90 % erreicht werden. KCl ist wesentlicher Bestandteil vieler Düngemittel. Es dient außerdem zur Herstellung von Kalilauge, Cl_2 und K (Elektrolyse) von K_2CO_3 und K_2CrO_4.

Kaliumsulfat, K_2SO_4

K_2SO_4 ist ein weißes, nur mäßig in Wasser lösliches Pulver (Schmp.: 1074 °C). Technisch wird es durch Umsetzung von KCl mit $MgSO_4$ gewonnen, wobei zuerst das Doppelsalz *Kalimagnesia* entsteht (2 KCl + 2 $MgSO_4$ → K_2SO_4 · $MgSO_4$ + $MgCl_2$). Dieses wird nach dem Abtrennen in eine KCl-Lösung eingebracht, in der es zum

Kaliumsulfat ausreagiert ($K_2SO_4 \cdot MgSO_4 + 2 KCl \rightarrow 2 K_2SO_4 + MgCl_2$). Verwendung findet es fast ausschließlich als Düngemittel.

Kalidüngemittel

Kaliumsalze gehören neben Phosphor- und Stickstoffverbindungen zu den essenziellen Nährstoffen der Pflanzen. Bei der Kennzeichnung von Düngemitteln wird der Kaliumgehalt (umgerechnet auf K_2O) in % K_2O angegeben, der Stickstoffgehalt in % N und der Phosphorgehalt in % P_2O_5. Neben diesen essenziellen Nährstoffen gehören noch Calcium- und Magnesiumverbindungen zu den Hauptnährstoffen. Na-, S-, Fe-, Co-, Cu-, Mn-, Zn- und B-Verbindungen werden in Spuren benötigt. Kunstdünger werden als *Einnährstoffdünger* und *Mehrnährstoffdünger* (Mischdünger) angeboten. Enthält ein *Mischdünger* zusätzlich noch Spurenelemente, so wird er umgangssprachlich als *Volldünger* bezeichnet. Bei intensiver Bewirtschaftung sind die in jedem Ackerboden in genügender Menge vorhandenen Kaliumsilicate zu schwer auszunutzen, weshalb dann Kaliumverbindungen über den Dünger zugeführt werden müssen. Dabei zieht man sulfathaltige Dünger den chloridhaltigen vor, da viele Pflanzen gegen die Wirkung von Chlorid empfindlich sind. Wichtige kaliumhaltige Mischdünger sind *Kaliammonsalpeter* ($KNO_3 + NH_4NO_3$), *Nitrophoska* (Ammoniumphosphate + KNO_3) und *Hakaphos* (ein Gemisch aus Harnstoff, KNO_3 und Ammoniumphosphaten).

13.1.5 Rubidium, Cäsium, Francium und ihre Verbindungen

Elementsymbole und Isotope:
Rubidium (*rubidus*, lat.: dunkelrot): Rb; Isotope: $^{85}_{37}Rb$, $^{87}_{37}Rb$ ($t_{1/2} = 4,7 \cdot 10^{10}$ a); alle anderen 24 instabilen Isotope haben Halbwertszeiten zwischen 65 ms und 86,2 d.
Cäsium (*caesius*, lat.: himmelblau): Cs; Isotope: $^{133}_{55}Cs$; alle anderen 30 Isotope weisen Halbwertszeiten zwischen 0,19 s und 30,1 a auf.
Francium (nach dem Heimatland der Entdeckerin M. PEREY): Fr, Isotope: alle 27 Fr-Isotope sind instabil. Die Halbwertszeiten liegen zwischen 120 ns und 21,8 min.
Oxidationsstufe: +1

Vorkommen: Rb ist mit einem Anteil von ca. 0,031 % und Cs mit ca. $7 \cdot 10^{-4}$ % in der Erdrinde enthalten. Sie treten oft als Begleiter ihrer leichteren Homologen auf. *Leopoldit* $(K,Li)(Al_2(OH,F)_2 [AlSi_3O_{10}]$ enthält bis über 1 % Rb. Tabakpflanzen, Zuckerrüben und Pilze reichern Rb selektiv aus dem Boden an. Das wichtigste Cs-Mineral ist der sehr seltene *Pollux* $Cs_4 [Al_4Si_9O_{24}] \cdot H_2O$. Fr ist ein Zwischenprodukt der Uran-Actinium-Zerfallsreihe. Man schätzt das gesamte Vorkommen auf der Erde auf etwa 50 g.

Metallisches Rb, Cs und Fr

Herstellung: Rb und Cs werden durch Erhitzen der Dichromate mit Zr auf 500 °C im Hochvakuum dargestellt (z. B. $Rb_2Cr_2O_7 + 2 Zr \rightarrow 2 Rb + 2 ZrO_2 + Cr_2O_3$).

Eigenschaften: Rb und Cs sind weiche, niedrig schmelzende und niedrig siedende, sehr reaktionsfreudige Metalle. Sie entzünden sich bei O_2-Zutritt spontan und verbrennen zum Hyperoxid MO_2. Mit H_2O reagieren sie zu starken Basen MOH. Wie Fr ähneln sie in ihren Eigenschaften dem K.

Verwendung: Rb hat fast keine technische Bedeutung, Cs findet u. a. Verwendung in Photozellen, und in Form des Isotops ^{137}Cs dient es in der Medizin als Strahlenquelle zur Krebstherapie.

Verbindungen

In ihren Verbindungen, die im Wesentlichen den entsprechenden K-Verbindungen ähneln, treten Rb, Cs und Fr nur in der Oxidationsstufe +1 auf. Die Hydroxide MOH sind sehr starke Basen, wobei **CsOH** als stärkste bekannte Base sogar Glas angreift und als Elektrolyt in Spezialbatterien Verwendung findet. Die Carbonate sind hygroskopisch und dienen als Rohstoff für andere Rb- bzw. Cs-Verbindungen. **Rb_2CO_3** wird für Spezialgläser verwendet.

13.2   Elemente der 2. Gruppe (II. Hauptgruppe)
13.2.1   Allgemeines

Die sechs Elemente Beryllium (Be), Magnesium (Mg), Calcium (Ca), Strontium (Sr), Barium (Ba) und Radium (Ra) bilden die zweite (Haupt-) Gruppe des PSE. Die Elemente Ca, Sr, Ba und Ra werden als *Erdalkalimetalle* bezeichnet. Die Elemente der zweiten Gruppe sind zu etwa 4,16 % am Aufbau der Erdrinde beteiligt, wobei Mg und Ca eindeutig überwiegen. Wegen ihrer ausgeprägten Reaktionsfähigkeit kommen sie nur in Form von Verbindungen vor, meist als Silicate, Carbonate oder Sulfate.

Tabelle 13-2: Einige physikalische und chemische Eigenschaften der Elemente der 2. Gruppe

	Be	Mg	Ca	Sr	Ba	Ra
Schmelzpunkt in °C	1285	650	845	771	726	700
Siedepunkt in °C	2477	1105	1483	1385	1696	1140
Standardpotenzial in V $Me^{2+}/Me(V)$	−1,847	−2,363	−2,866	−2,888	−2,906	−2,916
Flammenfärbung	—	—	orange	zinnoberrot	hellgrün	karminrot
Reaktionsfähigkeit	⟶		nimmt zu	⟶		⟶
Basenstärke von $Me(OH)_2$	⟶		nimmt zu	⟶		⟶
Löslichkeit der Hydroxide	⟶		nimmt zu	⟶		⟶
Löslichkeit der Sulfate	⟶		nimmt ab	⟶		⟶
Löslichkeit der Carbonate	⟶		nimmt ab	⟶		⟶
Zerfallstemperatur der Carbonate	⟶		nimmt zu	⟶		⟶

Eigenschaften: Alle Elemente der zweiten Gruppe sind graue bis weiße, abgesehen vom Be, weiche Leichtmetalle. Der hohe Schmelz- und Siedepunkt von Be weisen auf erhebliche kovalente Anteile am Aufbau des Metalls hin. Die im Vergleich zu den Alkalimetallen kleineren Ionenradien und doppelt so hohen Ionenladungen führen zu höheren Dichten, Schmelzpunkten, Siedepunkten und größeren Härten. Die Oxidationszahl ist +2, wobei die homologen Verbindungen von Be, das überwiegend kovalente Verbindungen bildet, zu Ra mit überwiegend heteropolaren Verbindungen zunehmend ionischen Charakter annehmen.

Allgemeine Reaktionen der Elemente der 2. Gruppe:

$$Me + 2\,H_2O \rightarrow Me(OH)_2 + H_2$$
$$2\,Me + O_2 \rightarrow 2\,MeO$$
$$Me + F_2\,(Cl_2, Br_2, I_2) \rightarrow MeF_2\,(MeCl_2, MeBr_2, MeI_2)$$
$$Me + H_2 \rightarrow MeH_2$$
$$3\,Me + N_2 \rightarrow Me_3N_2 \text{ (bei hohem Druck und hoher Temperatur)}$$

Alle Metalle bilden an feuchter Luft oder mit Wasser Hydroxide, die im Falle von Mg und Be einen weiteren Angriff auf das darunter liegende Metall verlangsamen. Ebenso wie die Reaktivität gegenüber Wasser nimmt auch die Reaktivität gegenüber Sauerstoff und Stickstoff vom Beryllium zum Radium hin zu. Die Basizität der Oxide und Hydroxide steigt in gleicher Richtung vom amphoteren $Be(OH)_2$ zum stark basischen $Ra(OH)_2$. Entsprechend sinkt die thermische Stabilität der Salze mit flüchtigen Säureanhydriden, z. B. der Carbonate, Nitrate und Sulfate ($MeCO_3 \rightarrow MeO + CO_2$). Die Basen selber sind gute CO_2-Absorber. Die Oxide weisen einen hohen Schmelzpunkt auf und sind abgesehen vom BeO gute elektrische Leiter. Mit Wasserstoff bilden die Erdalkalimetalle *ionische Hydride*, BeH_2 ist dagegen eine polymere, kovalente Verbindung. Auch mit den meisten anderen elektronegativen Elementen reagieren die Erdalkalimetalle direkt, oft aber erst bei erhöhter Temperatur, wobei Beryllium überwiegend kovalente Verbindungen bildet. Be gleicht in vielen seiner Verbindungen eher dem Al als den schwereren Homologen (Schrägbeziehung). Die Löslichkeit der Salze ist sehr unterschiedlich. Die Halogenide sind bis auf die Fluoride sehr gut löslich, ebenso die Nitrate, Cyanide, Sulfide und Acetate. Schwer löslich sind die Fluoride (außer bei Be), Sulfate (außer bei Be und Mg), Phosphate, Carbonate (außer bei Be), Oxide (außer bei Be). Von den Hydroxiden ist $Ba(OH)_2$ am besten löslich. Es existieren keine Verbindungen mit den Erdalkalimetallen in der Oxidationsstufe +1. Bei den Halogeniden der Formel $MeHal_2$ handelt es sich um Mischstrukturen $M^0M^{II}Hal_2$.

Erdalkalimetallionen, Me^{2+}, sind wie die Alkalimetallionen farblos. Verglichen mit diesen sind sie auf Grund ihrer höheren Ladung in Wasser stärker hydratisiert, wobei die Hydratisierungsenthalpie vom kleineren Be^{2+} zum größeren Ra^{2+} hin abnimmt. Dabei hydrolysiert wasserfreies $BeCl_2$ so heftig, dass es an feuchter Luft raucht. $MgCl_2$ und $CaCl_2$ sind nur noch sehr hygroskopisch, und $BaCl_2$ lässt sich relativ leicht in wasserfreier Form erhalten.

13.2.2   Beryllium und Berylliumverbindungen

Elementsymbol: Be, **natürliche Isotope:** ^9_4Be; die künstlichen anderen Isotope sind instabil mit Halbwertszeiten von 11,4 ms bis $1,6 \cdot 10^6$ a; **Oxidationsstufe:** +2. Elementares Be wurde erstmals 1828 von F. WÖHLER aus $BeCl_2$ und K hergestellt.
Vorkommen: Mit einem Anteil von $6 \cdot 10^{-4}$ % in der Erdrinde ist Be ein eher seltenes Element. Das wichtigste Mineral sind der *Beryll* ($Be_3Al_2 [Si_6O_{18}]$) und der *Bertrandit* ($4 BeO \cdot 2 SiO \cdot H_2O$). Der *Smaragd* ist ein grüner Beryll (Cr-haltig), der *Aquamarin* ein hellblauer (Fe-haltig).
Physiologie: Be ist ein sehr starkes Lungengift, wobei der Wirkmechanismus noch nicht geklärt ist, die Verbindungen sind ebenfalls giftig.

Metallisches Beryllium

Herstellung: Metallisches Be wird entweder durch Reduktion von BeF_2 mit Mg im Graphittiegel bei höheren Temperaturen oder durch Schmelzflusselektrolyse von $BeCl_2$ hergestellt.
Eigenschaften: Be ist ein stahlgraues, bei Raumtemperatur sprödes, gegen Luft bis etwa 600 °C beständiges Leichtmetall. An trockener Luft bleibt Be blank und überzieht sich an feuchter Luft mit einer schützenden Hydroxidschicht. Es löst sich in verdünnten, nicht oxidierenden Säuren, durch oxidierende Säuren wird es in der Kälte passiviert. Auf Grund des amphoteren Charakters des Oxids bzw. des Hydroxids löst es sich auch in wässrigen Alkalilaugen unter Bildung von Beryllaten $[Be(OH)_4]^{2-}$. Beryllium ist ein sehr starkes Lungengift, wobei der Wirkmechanismus noch nicht geklärt ist. Be und seine Verbindungen sind stark toxisch und stehen in der MAK-Liste unter A 2 der im Tierversuch Krebs erzeugenden Arbeitsstoffe.
Verwendung: Be ist ein technisches Sondermetall. Es wird hauptsächlich zur Herstellung von Be/Cu-Legierungen mit 0,5...2 % Be (aushärtbare Berylliumbronzen) eingesetzt. In der Kerntechnik findet es Verwendung als Moderator und Reflektormaterial. In der Luft- und Raumfahrttechnik wird Be auf Grund seines hohen spezifischen Elastizitätsmoduls als Metall oder in Form von Legierungen eingesetzt. Eine Spezialität ist die Verwendung als Röntgenfenster in Röntgengeräten.

Berylliumverbindungen

Kovalente Be-Verbindungen gehören wie die kovalenten Borverbindungen zu den Elektronenmangelverbindungen. Dieser Elektronenmangel kann durch Adduktbildung oder durch Mehrzentrenbindungen behoben werden.

$$x \text{ BeCl}_2 \longrightarrow \begin{array}{ccc} \text{Cl} & \text{Cl} & \text{Cl} \\ \diagdown & \diagdown & \diagdown \\ \text{Be} & \text{Be} & \text{Be} \\ \diagup & \diagup & \diagup \\ \text{Cl} & \text{Cl} & \text{Cl} \end{array}$$

$$x \text{ BeH}_2 \longrightarrow \begin{array}{ccc} \text{H} & \text{H} & \text{H} \\ \diagdown & \diagdown & \diagdown \\ \text{Be} & \text{Be} & \text{Be} \\ \diagup & \diagup & \diagup \\ \text{H} & \text{H} & \text{H} \end{array}$$

Im Gegensatz zu den entsprechenden Verbindungen der höheren Homologe sind Be-Verbindungen überwiegend kovalent. Wirtschaftlich spielen sie nur zur Erzeugung von Be selber eine Rolle. **Be(OH)$_2$** ist wie Al(OH)$_3$ eine amphotere, weiße Substanz, die rasch altert und dabei immer schwerer löslich wird. **BeO** entsteht aus Be(OH)$_2$ beim Glühen und weist im Gegensatz zu den Oxiden der schweren Homologe (NaCl-Struktur) die kovalente Wurzit-Struktur auf. Wegen seines hohen Schmelzpunktes und seiner großen chemischen Beständigkeit wird es für oxidkeramische Werkstoffe eingesetzt. **BeCl$_2$** bildet faserartige Moleküle, die als sehr hygroskopische Nadeln kristallisieren. Es ist wie BeF$_2$ ein Ausgangsprodukt für die Be-Herstellung. Dieses zeigt große strukturelle Ähnlichkeiten mit dem isoelektronischen SiO$_2$. Berylliumverbindungen schmecken oft süß und sind wie Be selber in der Regel giftig (s. o.).

13.2.3 Magnesium und Magnesiumverbindungen

Elementsymbol: Mg (abgeleitet von der Landschaft Magnesia in Griechenland); **natürliche Isotope:** $^{24}_{12}\text{Mg}$ (78,99 %), $^{25}_{12}\text{Mg}$ (10,00 %) und $^{26}_{12}\text{Mg}$ (11,01 %); es gibt noch acht künstliche, instabile Isotope mit Halbwertszeiten zwischen 0,122 s und 21,1 h. **Oxidationsstufe:** +2. Elementares Mg wurde erstmalig 1808 durch H. Davy auf elektrolytischem Wege hergestellt.

Vorkommen: Mg ist mit einem Anteil von 1,94 % in der Erdrinde und 0,13 % im Meerwasser das achthäufigste Element. Als reaktives Element kommt es nicht frei, sondern nur in kationisch gebundenem Zustand vor allem in Silicaten, Carbonaten, Chloriden und Sulfaten vor. Einige häufige Silicatmineralien sind der *Enstatit* (Mg [SiO$_3$]), *Olivin* ((Mg,Fe)$_2$ [SiO$_4$]), *Serpentin* ((Mg$_3$(OH)$_4$ [Si$_2$O$_5$]), *Talk* (Mg$_3$(OH)$_2$[Si$_4$O$_{10}$]), *Meerschaum* (Mg$_4$(OH)$_2$ [Si$_6$O$_{15}$]). Als Sulfate seien der *Kieserit* (MgSO$_4 \cdot$ H$_2$O) und der *Schönit* (K$_2$Mg(SO$_4$)$_2$) erwähnt, als Carbonate der *Magnesit* (Bitterspat, MgCO$_3$) und der *Dolomit* (CaMg(CO$_3$)$_2$), der ganze Gebirgszüge aufbaut. Als Chlorid findet man Mg in *Carnallit* (KMgCl$_3 \cdot$ 6 H$_2$O), als Oxid z. B. im *Spinell* (MgAl$_2$O$_4$).

Physiologie: Mg ist ein wichtiges Spurenelement. Der Mensch benötigt 0,2...0,5 g täglich. Es tritt in der Muskulatur mit 0,023 % auf, ist für den Knochenbau wichtig und spielt in Pflanzen im Chlorophyll eine wichtige Rolle bei der Assimilierung von CO$_2$.

Metallisches Magnesium

Herstellung: Magnesium wird entweder durch *Schmelzflusselektrolyse* aus MgCl$_2$ (aus Meerwasser oder aus Salzseen bzw. Salzlagerstätten) oder durch *thermische Reduktion* von Erzen wie Dolomit mit Ferrosilicium hergestellt. Beide Verfahren sind sehr energieaufwändig.

Eigenschaften: Mg ist ein dem Al ähnliches, silberglänzendes, an der Luft matt anlaufendes Leichtmetall von mittlerer Härte, das sich hämmern, walzen, ziehen oder gießen lässt. Die elektrische Leitfähigkeit beträgt etwa 1/3 der Leitfähigkeit von Cu. An Luft überzieht es sich mit einer Oxidhaut, die bei Raumtemperatur das darunter liegende Metall vor einem weiteren Angriff durch Sauerstoff schützt. Bei höheren Temperaturen verbrennt es mit blendend weißem Licht, das reich an UV-Strahlung ist, zu MgO (und Mg_3N_2). Es kann mit Sand oder Trockenlöschern gelöscht werden. Die Reaktion mit Wasser wird durch die Schutzschicht aus schwer löslichem $Mg(OH)_2$ verlangsamt. In Gegenwart von Ammoniumionen löst sich diese Schutzschicht auf. In Säuren löst sich Mg leicht auf, nicht jedoch in Basen. Mg ist ein kräftiges Reduktionsmittel und reduziert in der Hitze eine Vielzahl von Oxiden, Fluoriden oder Chloriden, z. B. SiO_2, CO_2 oder UF_4. Mit Stickstoff reagiert es in der Hitze zum Nitrid. Wichtig ist noch die Reaktion mit Halogenkohlenwasserstoffen in Ethen zu GRIGNARD-Verbindungen (Mg + 2 RHal $\longrightarrow$ 2 RMgHal).

Verwendung: Die Hauptmenge von Mg wird zur Herstellung von leichten Konstruktionslegierungen verbraucht, vor allem mit Al. Es wird zur thermischen Reduktion von Metallchloriden und anderen Verbindungen von Ti, U, Zr, Hf und Be verwendet. In der Eisen- und Stahlindustrie dient es als Entschwefelungs- und Desoxidationsmittel. In der organischen Synthese werden aus Mg GRIGNARD-Verbindungen hergestellt.

Magnesiumverbindungen

Magnesiumchlorid, $MgCl_2$, kommt in großen Mengen in der Natur vor und wird aus Meerwasser (Ausfällen mit CaO, Umsetzung des Hydroxids mit HCl, Eindampfen der Lösung), aus Salzseen, natürlichen Salzsolen, den Endlaugen der Kaliindustrie (bis zu 28 % $MgCl_2$) oder aus $MgCO_3$ oder MgO (2 MgO + 2 Cl_2+ C $\longrightarrow$ 2 $MgCl_2$ + CO_2 oder CO) gewonnen. Es ist hygroskopisch und kristallisiert aus Wasser als Hexahydrat ($MgCl_2 \cdot 6\,H_2O$). Der größte Teil des erzeugten $MgCl_2$ wird für die elektrolytische Mg-Herstellung verbraucht. Das Hexahydrat dient in Abmischung mit MgO in der Bauindustrie als Zementrohstoff. Weiterhin findet es bei der Granulierung von Düngemitteln, in der Erdöl- und Zuckerindustrie und als Staubbindemittel im Straßenbau und Bergbau Verwendung.

Magnesiumcarbonat *(Magnesit)***, $MgCO_3$,** ist das technisch wichtigste Mg-Mineral. Es kommt in riesigen Lagerstätten vor und wird wie das Doppelcarbonat **Dolomit** [$MgCa(CO_3)_2$] bergmännisch, meist im Tagebau, gewonnen und aufbereitet. Synthetisches $MgCO_3$ wird durch Umsetzung von Mg-Salzlösungen mit Ammoniumcarbonat, durch Carbonisierung von $Mg(OH)_2$ oder durch (Teil-)Calcinierung von Dolomit (zu CaO $\cdot$ MgO bzw. $CaCO_3 \cdot$ MgO) und anschließende Umsetzung mit Kohlenstoffdioxid zu löslichem Magnesiumhydrogencarbonat gewonnen. Natürliches $MgCO_3$ dient vor allem als Ausgangsmaterial zur Herstellung von MgO. Synthetisches $MgCO_3$ wird für Isolatoren, Gläser und Keramiken gebraucht. „Magnesia alba", $Mg(OH)_2 \cdot 4\,MgCO_3 \cdot 4\,H_2O$, ein lockeres weißes Pulver, dient als Füllstoff für Papier, Gummi, Farben, Puder und Zahnpasta.

Magnesiumhydroxid *(Brucit),* **Mg(OH)$_2$,** besteht aus trigonalen, farblosen Kristallen. Es wird aus Meerwasser oder MgCl$_2$-Lösungen durch Ausfällen mit CaO oder gebranntem Dolomit (CaO · MgO) gewonnen. Verwendung findet Magnesiumhydroxid zur Zuckerreinigung, in der Papierherstellung und in der Pharmaindustrie (s. auch Abschn. 12.3.2).

Magnesiumoxid *(Magnesia),* **MgO,** wird durch Calcinieren von MgCO$_3$ (aus Magnesit oder Dolomit) oder Mg(OH)$_2$ gewonnen. Die verschiedenen Magnesia-Qualitäten unterscheiden sich hauptsächlich durch die Calcinierbedingungen. Relativ niedrige Temperaturen (600...1000 °C) führen zur *kaustischen Magnesia* (chemische Magnesia), die noch reaktionsfähig ist und, da sie mit Wasser abbindet, für Mörtelzwecke geeignet ist. Totgebrannte *„Sintermagnesia"* entsteht bei 1700...2000 °C und findet in der Feuerfestindustrie als Rohmaterial für feuerfeste Steine, z. B. zum Auskleiden elektrischer Öfen, Verwendung (Schmelzpunkt: 2800 °C). *Schmelzmagnesia* wird bei 2800...3000 °C im elektrischen Lichtbogenofen erschmolzen und findet als Isoliermaterial in der Elektrowärmeindustrie Verwendung. Bei 600 °C gebrannte Magnesia, „Magnesia usta", dient als lockeres weißes Pulver zur Magensäureneutralisation (s. auch Abschn. 12.3.2). *Magnesiazement* (Sorelzement) entsteht beim Zusammenrühren von MgO mit konz. MgCl$_2$-Lösung im Verhältnis 5 : 3. Diese bindet als MgCl$_2$ · Mg(OH)$_2$ · 7 H$_2$O innerhalb weniger Stunden steinhart ab. Mit Füllstoffen wie Holzmehl oder -spänen u. Ä. entstehen Leichtbauplatten und Kunststeine.

Magnesiumsulfat, MgSO$_4$, kommt weit verbreitet als *Kieserit* oder *Bittersalz* (MgSO$_4$ · 7 H$_2$O) in Salzlagerstätten und Salzsolen vor. Es bildet farblose, bitter schmeckende Kristalle und ist sehr gut in Wasser löslich. Es findet in der Kaliindustrie zur Herstellung von Kaliumsulfat (aus KCl), Natriumsulfat und Kalimagnesia (K/Mg-Sulfat) Verwendung. Es dient zur Herstellung von Baustoffen und Feuerfestmaterialien und wird auch in der Textilindustrie verwendet. Speziell Kieserit wird als Düngemittel eingesetzt, und Bittersalz (s. o.) wird für medizinische Zwecke, z. B. als Abführmittel, genutzt.

13.2.4   Calcium und Calciumverbindungen

Elementsymbol: Ca *(calx,* lat.: Kalkstein); **natürliche Isotope:** $^{40}_{20}$Ca (96,941 %), $^{42}_{20}$Ca (0,647 %), $^{43}_{20}$Ca (0,135 %), $^{44}_{20}$Ca (2,086 %), $^{46}_{20}$Ca (0,004 %), $^{48}_{20}$Ca (0,187 %); die anderen acht instabilen Isotope haben Halbwertszeiten zwischen 175 ms und 1,3 · 10^5 a, **Oxidationsstufe:** +2. Die erste Reindarstellung von Ca gelang 1854 R. Bunsen und A. Matthiessen durch Schmelzelektrolyse von CaCl$_2$.
Vorkommen: Ca ist mit 3,39 % das fünfthäufigste Element der Erde und das dritthäufigste Metall. Es findet sich in der Natur als Carbonat, Sulfat, Silicat, Phosphat und Fluorit. Wichtige Mineralien sind die Carbonate *Kalkstein, Kreide* bzw. *Marmor* (CaCO$_3$) und *Dolomit* (CaMg(CO$_3$)$_2$), die Sulfate *Gips* (CaSO$_4$ · 2 H$_2$O) und *Anhydrit* (CaSO$_4$). Die Silicate und vor allem Calciumdoppelsilicate bilden einen großen Teil der Silicatgesteine, z. B. Ca$_3$ [Si$_3$O$_9$], die Phosphate finden sich in der Natur als *Apatit* [Ca$_5$(PO$_4$)$_3$(OH, F, Cl)] und *Phosphorit* (Ca$_3$(PO$_4$)$_2$), das Fluorid als *Flussspat* CaF$_2$.

Metallisches Calcium

Herstellung: Metallisches Ca wird nur in geringen Mengen, meist durch thermische Reduktion von CaO mit Al im Vakuum, hergestellt. Der entweichende Ca-Dampf wird kondensiert. Die Elektrolyse von $CaCl_2$ wird nur noch sehr selten durchgeführt.

Eigenschaften: Ca ist ein silberweißes (in höchstreinem Zustand ein hellgoldgelbes), zähes Leichtmetall, das sich nicht mit dem Messer schneiden lässt. Es ist etwa so weich wie Blei und läuft an der Luft schnell an. Bei Raumtemperatur wird es von O_2, Br_2, Cl_2 oder I_2 nur langsam angegriffen, beim Erhitzen mit diesen Elementen kommt es allerdings zu einer heftigen Reaktion. Beim Verbrennen (hellrote Flamme) an der Luft entsteht sowohl CaO als auch Ca_3N_2. Auf Grund seiner großen Affinität zu O eignet es sich hervorragend zur Reduktion von Oxiden. Mit Wasser reagiert Ca nur langsam, schneller beim Erwärmen oder mit Säuren. Wie die Alkalimetalle bildet es in flüssigem Ammoniak tiefgefärbte Lösungen (blauschwarz).

Verwendung: Ca dient zur Herstellung von Sondermetallen wie Zr, Th, U und seltenen Erden. Weiterhin findet es als Raffinationsmittel in der Metallurgie und zur Herstellung von CaH_2 Verwendung.

Calciumverbindungen

Calciumoxid, CaO, und Calciumhydroxid, Ca(OH)$_2$

Andere Bezeichnungen: CaO: Ätzkalk, gebrannter Kalk; $Ca(OH)_2$: gelöschter Kalk.

Herstellung: CaO wird durch Calcination von Kalkstein bei etwa 1000...1200 °C in Schacht-, Ring- oder Drehrohröfen gewonnen (Kalkbrennen: $CaCO_3 \rightharpoonup CaO + CO_2$, $\Delta H = +746$ kJ $\cdot$ mol^{-1}). Dazu wird stückiger Kalkstein mit Koks oder Heizgasen erhitzt. Der Gewichtsverlust beim Brennen beträgt etwa 40%, der Energieverbrauch liegt bei etwa 2000 kJ pro kg Kalk.

$Ca(OH)_2$ entsteht durch langsame Zugabe von Wasser zum CaO (Kalklöschen: $CaO + H_2O \rightharpoonup Ca(OH)_2$, $\Delta H = -272$ kJ $\cdot$ mol^{-1}). Beim so genannten Trockenlöschen wird nur so viel Wasser zugegeben, dass ein trockenes Hydrat entsteht, welches leicht zu handhaben ist. **Kalkmilch** ist eine Suspension von $Ca(OH)_2$ in **Kalkwasser**, einer $Ca(OH)_2$-Lösung in Wasser.

Verwendung: Ein großer Teil des erzeugten CaO geht in die Metallurgie, z. B. in der Stahlindustrie zum Entfernen von P und S aus der Metallschmelze. Daneben verbraucht auch die Bauindustrie große Mengen zur Herstellung von Branntkalk bzw. Kalkhydrat für Mörtel oder Baustoffe wie Kalksandsteine. In der chemischen Industrie dient es zur Herstellung von Ca-Verbindungen wie CaC_2 oder Kalkstickstoff $CaCN_2$, zur Herstellung von Soda beim Solvayverfahren und als Neutralisations- und Fällungsmittel. Beträchtliche Mengen gehen auch in die Umwelttechnik zur Wasser- und Abwasserbehandlung. Weitere große Abnehmer sind die Zuckerindustrie (Entfernung von Oxal- bzw. Zitronensäure aus dem Rohsaft), die Feuerfestindustrie (totgebrannter Dolomit), die Glasindustrie und die Landwirtschaft.

$Ca(OH)_2$ wir überwiegend in Form von Kalkbrei verwendet. Andere Verwendungen sind die Kaustifizierung von Soda, die Freisetzung von NH_3 aus Gaswasser und die Herstellung von Chlorkalk CaCl(OH). In der Umweltschutztechnik dient $Ca(OH)_2$ zur Rauchgasentschwefelung.

Mörtel sind Bindemittel, welche mit Wasser angerührt nach einer gewissen Zeit steinartig erhärten. Sie dienen zur Verkittung von Steinen oder zum Verputzen. Je nach Widerstandsfähigkeit gegen den Angriff von Wasser unterscheidet man Luftmörtel, z. B. Kalk oder Gips, und Wassermörtel, z. B. Portlandzement.

Kalkmörtel, der bekannteste Luftmörtel, ist ein wässriger Brei aus ca. 10 % CaO, ca. 15 % H_2O und ca. 75 % Sand (1 Teil Kalkbrei + 3 Teile Sand). Nach der Abscheidung des Überschusswassers härtet das $Ca(OH)_2$ mit dem CO_2 der Luft zu $Ca(CO_3)$ aus $(Ca(OH) + CO_2 \longrightarrow CaCO_3 + H_2O)$.

Zement (Portlandzement) ist ein Gemisch aus CaO, SiO_2 und Al_2O_3, das oft noch Fe_2O_3 enthält. Die genaue Zusammensetzung wird je nach den angestrebten Eigenschaften des Zementes variiert. Er wird durch Brennen von Kalkstein oder Kreide und Ton oder Mergel bei 1450 °C meist in Drehrohröfen hergestellt. Andere Zementarten sind Hüttenzemente, die beim Hochofenprozess anfallen, oder Tonerdezement, der aus Kalkstein und Bauxit hergestellt wird.

Zementmörtel ist ein wässriger Brei aus Zement und Sand. Beim Aushärten bilden sich unter Wasseraufnahme nadelförmige Kristalle aus verschiedenen hydratisierten Calciumsilicaten, -aluminaten und -aluminiumferriten, die miteinander verfilzen. Die Abbindung erfolgt im Gegensatz zu der von Kalkmörteln auch unter Wasser. Beim **Beton** ist ein Teil oder der gesamte Sand durch Kies oder Schotter ersetzt.

Calciumcarbonat, $CaCO_3$

Vorkommen: $CaCO_3$ kommt in der Natur als Kalkstein, Kreide oder sehr rein als Kalkspat vor.

Herstellung: $CaCO_3$-haltige Mineralien werden meistens bergmännisch im Tagebau abgebaut, nur hochwertiger Kalkstein wird auch unter Tage gewonnen. Geringe Mengen $CaCO_3$ für spezielle Anwendungen werden synthetisch, z. B. durch Carbonisierung von Kalkmilch, erzeugt (ccp.: calcium carbonatum praecipitatum).

Eigenschaften: $CaCO_3$ kommt in der Natur in drei Kristallmodifikationen vor, dem **Calcit** (Kalkspat), dem *Aragonit* und dem *Vaterit*. Von diesen Modifikationen ist der Calcit die beständigste Form, aus dem die gewöhnlichen Erscheinungsformen des $CaCO_3$, Kalkstein, Kreide und Marmor bestehen. *Kalkstein* ist ein hauptsächlich durch Ton verunreinigtes, feinkristallines $CaCO_3$, das bei stärkerem Tongehalt auch **Kalkmergel** genannt wird. Die erdige, weiche **Kreide** ist aus Schalentrümmern von Einzellern aus der Kreidezeit entstanden. **Muschelkalk** besteht vorwiegend aus Schalenresten urweltlicher Muscheln und Schnecken. **Marmor** ist ein sehr reines, grobkristallines $CaCO_3$. **Aragonit** findet sich in Perlen. Der sehr reine, in Island vorkommende **Doppelspat** zeichnet sich durch das eigentümliche Phänomen der **Doppelbrechung von Licht** aus, bei dem ein einfallender Lichtstrahl in zwei polarisierte Lichtstrahlen, die unterschiedlich stark gebrochen werden, zerlegt wird. Das in reinem Wasser schwer lösliche $CaCO_3$ ist in kohlensäurehaltigem Wasser beträchtlich unter Bildung des Hydrogencarbonates löslich [$CaCO_3 + H_2O + CO_2 \longrightarrow Ca(HCO_3)_2$]. Dieses Gleichgewicht verschiebt sich beim Kochen oder Eindunsten infolge des Entweichens von CO_2 wieder nach links, wobei dann $CaCO_3$ z. B. als **Kesselstein** ausfällt. Umgekehrt führt dieses Gleichgewicht in Kalkgebirgen durch Regen und CO_2 aus der Luft zur Verwitterung. Fast jedes Fluss- oder Quellwasser und auch Grundwasser enthält deshalb mehr oder weniger große Mengen an Ca-Salzen (s. Wasserhärte).

Verwendung: Natürliches $CaCO_3$ wird zum größten Teil ($< 80\,\%$) in der Bauindustrie, z. B. im Straßenbau, oder in der Zementindustrie (1 t Kalkstein für 1 t Zement) eingesetzt. Der Rest verteilt sich aufs Kalkbrennen, die Stahlindustrie (z. B. Schlackenbildner) und die Landwirtschaft (als Düngemittel). Geringere Mengen gehen noch in die Glasindustrie und als Entschwefelungsmittel in die Rauchgasreinigung. Sowohl natürliches als auch gefälltes gemahlenes $CaCO_3$ ist ein wichtiger Füllstoff, z. B. für die Papier-, Kunststoff- und Lackindustrie.

Calciumsulfat, $CaSO_4$

Andere Bezeichnungen: $CaSO_4$: Anhydrit, $CaSO_4 \cdot 0{,}5\ H_2O$: Halbhydrat, $CaSO_4 \cdot 2\ H_2O$: Gips, Dihydrat.

Vorkommen: $CaSO_4$ kommt in der Natur als Anhydrit, als Halbhydrat (**Bassanit**) und als Dihydrat *(Gipsstein, Terra alba, Alabaster, Marienglas)* vor.

Herstellung: Gipsstein wird entweder im Tagebau oder unter Tage gewonnen. Er wird zerkleinert und anschließend je nach den gewünschten Endeigenschaften nach den verschiedenen Verfahren dehydratisiert. Chemiegips fällt bei verschiedenen technischen Prozessen, z. B. bei der Rauchgasentschwefelung und der Phosphorsäureherstellung, an. Bei Temperaturen von 120...180 °C entsteht das Halbhydrat, bei höheren Temperaturen beginnt die Anhydritbildung. Auch Anhydrit wird aus natürlichen Vorkommen gewonnen. Technisch wird er durch Brennen von Gipsstein bei hohen Temperaturen (bis 1000 °C) erhalten oder fällt bei der Flusssäuregewinnung aus CaF_2 mit H_2SO_4 an (s. o.).

Eigenschaften: $CaSO_4 \cdot 2\ H_2O$ ist ein in Wasser schwer lösliches Pulver. Seine Löslichkeit nimmt mit steigender Temperatur ab. Beim Erhitzen gibt es je nach Temperatur unterschiedliche Mengen Kristallwasser ab (Halbhydrat, Anhydrit). Beim Erhitzen über 1000 °C zersetzt es sich zu CaO und SO_3. Teilweise dehydratisierter Gips hat einen Teil seines Kristallwassers verloren und härtet bei Wasserzugabe unter Rückbildung des Dihydrats aus. Dieses bildet nadelförmige Kristalle, die miteinander verfilzen und verwachsen. Je nach Brenntemperatur variieren die Eigenschaften dieses Produktes. **Formengips** wird bei 130...135 °C im Autoklaven hergestellt und besteht ebenso wie **Stuckgips**, der bei 120...180 °C gebrannt wird, im Wesentlichen aus Halbhydrat. Beide binden mit Wasser nach kurzer Zeit ab. **Hochbrandgips** entsteht bei 200...900 °C und besteht hauptsächlich aus Anhydrit, welches wesentlich langsamer abbindet als Stuckgips. **Putzgips** ist ein Gemisch aus Stuckgips und Hochbrandgips. **Estrichgips** wird bei 800...1000 °C gebrannt und bindet langsam steinhart ab. **Totgebrannter Gips** entsteht bei Brenntemperaturen über 1000 °C und bindet nicht mehr ab.

Verwendung: Verwendung findet $CaSO_4$ in Ländern mit erheblichem Anfall von Chemiegipsen (z. B. bei der Phosphorsäureherstellung) vor allem zur Schwefelsäureherstellung und zur Zementerzeugung. Wichtigster Verbraucher sonst ist die Bauindustrie. Weitere Verbraucher sind die Keramikindustrie, die Farbenindustrie und die Papierindustrie. Alabaster dient als Bildhauermaterial.

Calciumcarbid, CaC_2

Herstellung: CaC_2 wird technisch durch Umsetzung von reinem CaO mit Koks im elektrischen Ofen (Lichtbogen-Reduktionsofen) bei 2000...2200 °C hergestellt $(CaO + 3\ C \quad \rightarrow \quad CaC_2 + CO, \quad \Delta H = 1948\ kJ \cdot mol^{-1})$.

Eigenschaften: CaC_2 ist das Ca-Salz des Ethins. Reines CaC_2 ist farb- und geruchlos. Technisches Carbid ist dagegen durch Beimengungen mit etwa 20 % CaO und 2 % C grauschwarz. Der Carbidgeruch entsteht durch Hydrogenphosphid, das als Verunreinigung im CaC_2 enthalten ist. Mit Wasser, auch mit der Luftfeuchtigkeit, reagiert CaC_2 zu $CH{\equiv}CH$ und $Ca(OH)_2$.

Verwendung: Heute wird CaC_2 hauptsächlich zur Acetylenerzeugung für Schweißzwecke (Autogentechnik) und zur Herstellung von Spezialruß, zur Produktion von Kalkstickstoff (Calciumcyanamid, $CaCN_2$) und zur Entschwefelung und Desoxidation von Roheisen verwendet. Auf Grund der abnehmenden Bedeutung von Acetylen in der organischen Chemie und des stagnierenden Einsatzes von Kalkstickstoff ist die Carbidproduktion rückläufig.

Weitere Calciumverbindungen

Calciumhydrid, CaH_2, wird technisch durch Überleiten von H_2 über Ca bei 400 °C hergestellt ($Ca + H_2 \rightarrow CaH_2$, $\Delta H = -779$ kJ $\cdot$ mol^{-1}). Es kommt als weiße, kristalline, hygroskopische Masse in den Handel, die mit Wasser heftig unter Wasserstoffentwicklung reagiert ($CaH_2 + 2\ H_2O \rightarrow Ca(OH)_2 + H_2$, $\Delta H = -955$ kJ $\cdot$ mol^{-1}). 1 kg CaH_2 setzt ca. 1 m^3 H_2 frei, weshalb es sich gut zur Erzeugung von H_2 eignet. Weiterhin findet es Verwendung zur Desoxidation von Metallschmelzen und als starkes Trocknungsmittel.

Calciumfluorid (Flussspat, Fluorit), CaF_2, ist in Wasser, Alkali und verdünnten Säuren schwer löslich. Mit Schwefelsäure reagiert es zu Flusssäure ($CaF_2 + H_2SO_4 \rightarrow CaSO_4 + 2\ HF$). Es findet Verwendung in Hüttenwerken, der Aluminiumindustrie, in der Fluor- und Flusssäureherstellung, als Flussmittel (Erniedrigung des Schmelzpunktes), in der Metallverarbeitung und als Trübungsmittel in der Emailindustrie. Wegen ihrer geringen UV-Absorption werden reine CaF_2-Kristalle in Form von Linsen und Prismen in der UV-Spektroskopie verwendet.

Calciumchlorid, $CaCl_2$, fällt in großen Mengen bei verschiedenen chemischen Prozessen, z. B. bei der NH_3-Herstellung, als Nebenprodukt an. Da es in wasserfreier Form sehr hygroskopisch ist, dient es als Trocknungsmittel für Flüssigkeiten und Gase, ansonsten vor allem als Staubbindemittel im Straßenbau und Bergbau und als Kühl-, Tau- und Enteisungsmittel.

Calciumcyanamid, $CaCN_2$, ist ein farbloser, wasserlöslicher Feststoff, der das linear gebaute Cyanamidion $N{=}C{=}N^{2-}$ enthält. Technisch wird $CaCN_2$ durch Azotierung von CaC_2 bei 1000...1200 °C hergestellt ($CaC + N_2 \rightarrow CaCN_2 + C$, $\Delta H = -291$ kJ $\cdot$ mol^{-1}). Das entstehende Produkt aus ca. 70 % $CaCN_2$, 20 % CaO und 10 % C wird *Kalkstickstoff* genannt. Es ist ein wichtiges Düngemittel, welches gleichzeitig als Unkraut- und Schädlingsbekämpfungsmittel wirkt. Weiterhin findet es Verwendung in der Stahlindustrie und dient als Rohstoff für chemische Synthesen (z. B. für Melamine).

Calciumphosphat, $Ca_3(PO_4)_2$, ist ein farbloser Feststoff, der in Wasser nahezu unlöslich ist. Das tertiäre Calciumphosphat kann daher von Pflanzen nicht ohne Weiteres aufgenommen werden. Es muss zunächst in das wasserlösliche primäre Calciumdihydrogenphosphat $Ca(H_2PO_4)_2$ umgewandelt werden. Calciumphosphat wird gelegentlich mit dem in der Natur vorkommenden, als *Apatit* [$Ca_5(PO_4)_3(OH, F, Cl)$] bezeichneten Mineralien verwechselt. Calciumphosphat und Apatit finden Verwendung bei der Glas-, Email- und Porzellanherstellung, in der Zuckerindustrie, als Düngemittel und ist wichtiger Bestandteil von Knochen und Zahnschmelz.

Calciumdihydrogenphosphat, Ca(H$_2$PO$_4$)$_2$, wird technisch durch Aufschluss carbonatreicher Phosphate mit Phosphorsäure hergestellt [Ca$_3$(PO$_4$)$_2$ + 4 H$_3$PO$_4$ $\rightarrow$ Ca(H$_2$PO$_4$)$_2$, CaCO$_3$ + 2 H$_3$PO$_4$ $\rightarrow$ Ca(H$_2$PO$_4$)$_2$ + CO$_2$ + H$_2$O]. Es ist als **Doppelsuperphosphat** ein wichtiges Düngemittel.

Calciumnitrat (Kalksalpeter, Mauersalpeter), Ca(NO$_3$)$_2$, entsteht als Nebenprodukt bei der Herstellung von Nitrophosphaten beim Aufschluss von Ca$_3$(PO$_4$)$_2$ mit Salpetersäure und anschließende Neutralisation mit Ammoniak. Technisch hergestellt wird es durch Umsetzung von CaCO$_3$ mit HNO$_3$. Früher fand es Verwendung bei der Schießpulverherstellung. Heute wird es in Düngemitteln in Form von Doppelsalzen wie Ca(NO$_3$)$_2$ · NH$_4$NO$_3$, Ca(NO$_3$)$_2$ · CaO oder in Nitrophosphat [Ca(HPO$_4$) + NH$_4$NO$_3$ + Ca(NO$_3$)$_2$] eingesetzt. **Mauersalpeter** entsteht durch Ausblühen stickstoffhaltiger organischer Stoffe an Kalkmauern, z. B. von Viehställen, wobei der enthaltene Ammoniak durch Nitrobakterien zu Salpetersäure oxidiert wird, die mit dem Kalk dann zu Ca(NO$_3$)$_2$ reagiert.

13.2.5   Strontium, Barium, Radium und ihre Verbindungen

Elementsymbole und Isotope:

Strontium (nach dem Ort Strontian in Schottland): Sr; Isotope: $^{84}_{38}$Sr (0,56 %), $^{86}_{38}$Sr (9,86 %), $^{87}_{38}$Sr (7,0 %), $^{88}_{38}$Sr (82,58 %), es gibt noch 19 instabile Isotope mit Halbwertszeiten zwischen 0,6 s und 28,5 a.

Barium (*barys*, gr.: schwer): Ba; Isotope: $^{130}_{56}$Ba (0,106 %), $^{132}_{56}$Ba (0,101 %), $^{134}_{56}$Ba (2,417 %), $^{135}_{56}$Ba (6,592 %), $^{136}_{56}$Ba (7,854 %), $^{137}_{56}$Ba (11,23 %), $^{138}_{56}$Ba (71,70 %); es sind noch 23 instabile Isotope mit Halbwertszeiten zwischen 0,5 s uns 10,5 a bekannt

Radium (*radius*, lat.: Strahl): Ra; alle 25 bekannten Isotope sind instabil mit Halbwertszeiten zwischen 0,18 μs und 1600 a.

Oxidationsstufe: +2

Vorkommen: Sr ist mit ca. 0,03 %, Ba mit ca. 0,05 % und Ra mit ca. 7 · 10^{-12} % am Aufbau der Erdrinde beteiligt. Sie treten niemals elementar auf. Die wichtigsten Mineralien sind bei Sr der *Coelestin* SrSO$_4$ und der *Strontianit* SrCO$_3$ und bei Ba der *Schwerspat* oder *Baryt* BaSO$_4$ und der *Witherit* BaCO$_3$. Ra tritt als Zwischenprodukt radioaktiver Zerfallsreihen als Begleiter von Th- und U-Mineralien auf.

Physiologie: Wenn auch Sr-Verbindungen wenig giftig sind, so ist das radioaktive (β-Strahler) langlebige Isotop $^{90}_{38}$Sr, das sich bei der Urankernspaltung bildet, sehr gefährlich. Es wird von Pflanzen aufgenommen und kommt so in die Nahrungskette. Wegen seiner großen Ähnlichkeit mit dem nicht radioaktiven Ca wird es in die Knochenstruktur mit eingebaut und geht auch in die Milch über. Lösliche Ba-Verbindungen sind sehr giftig.

Metallisches Sr, Ba und Ra

Herstellung: Sr und Ba werden analog der Ca-Herstellung alumothermisch aus den Oxiden gewonnen, Sr auch elektrolytisch aus einer SrCl$_2$/KCl-Schmelze.

Eigenschaften: Sr, Ba und Ra sind weiche Leichtmetalle (Sr und hochreines Ba sind goldgelb), die in ihren Eigenschaften dem Ca sehr ähnlich sind.

Verwendung: Die Metalle haben kaum technische Bedeutung. Ra wird als Quelle für energiereiche Neutronen verwendet.

Verbindungen: In ihren Verbindungen, die im Wesentlichen den entsprechenden Ca-Verbindungen ähneln, treten Sr, Ba und Ra nur in der Oxidationsstufe +2 auf.

O-Verbindungen: Strontiumoxid, SrO, und **Bariumoxid, BaO,** sind wie die **Hydroxide** starke Basen (s. auch Abschn. 12.3.2). Letzteres ist Ausgangsstoff zur Herstellung von Öladditiven und dient als Licht- und Wärmeschutzmittel in Kunststoffen und zur Herstellung von anderen Ba-Verbindungen. **Bariumhydroxid, Ba(OH)$_2$,** ist ein Nachweisreagens für CO_2 und dient zur Herstellung organischer Ba-Verbindungen.

Carbonate: Strontiumcarbonat, SrCO$_3$, ist wie **Bariumcarbonat, BaCO$_3$,** ein weißes, in schwachen Säuren lösliches Pulver und wird größtenteils zur Herstellung von Bildschirmglas für Fernsehgeräte verwendet. Weitere wichtige Anwendungsgebiete sind die Herstellung ferritischer Magnetwerkstoffe direkt oder in Form anderer Sr-Verbindungen, die Pyro- und Signaltechnik. Die wichtigste Verwendung für **BaCO$_3$** ist die Herstellung von Tonziegeln und keramischen Produkten, in denen das Ausblühen von Salzen (Sulfaten) verhindert wird, und der Einsatz in der Glasindustrie für optische Spezialgläser oder Fernsehbildschirme. Weiterer Einsatz für Spezialkeramiken, in der Erdölindustrie, für fotografische Papiere und die Herstellung anderer Ba-Verbindungen, in der Abwasserreinigung und als Rattengift.

Sulfate: Bariumsulfat, BaSO$_4$, wird durch Aufarbeitung natürlicher Vorkommen gewonnen. Synthetisch wird es als gefälltes Bariumsulfat durch Umsetzung einer BaS-Lösung mit Na_2SO_4 hergestellt (BaS + Na_2SO_4 → $BaSO_4$ + Na_2S). Reines $BaSO_4$ ist ein rein weißer, in Wasser, Säuren und Alkali unlöslicher, chemisch sehr beständiger kristalliner Feststoff. Natürlicher *Baryt* ist durch Verunreinigungen gelblich bis dunkel verfärbt und muss für einige Anwendungen nasschemisch und durch Flotation gereinigt werden. Natürliches $BaSO_4$ wird zum überwiegenden Teil bei der Erdöl- und Erdgasförderung als Suspension in den Bohrflüssigkeiten verbraucht. Nur ca. 5 % werden für andere Anwendungen wie die Herstellung anderer Ba-Verbindungen eingesetzt. Hochgereinigt dient es in der Farben-, Gummi- und Kunststoffindustrie als Füllstoff. Gefälltes $BaSO_4$, **Blanc fixe**, findet ebenfalls als Füllstoff Verwendung. Daneben wird es als Weißpigment (Barytweiß) in der Papierindustrie und in geringen Mengen als Röntgenkontrastmittel verwendet. Wird es zusammen mit ZnS gefällt, so erhält man das Weißpigment **Lithopone (BaSO$_4$ + ZnS)**, das aber seit der Entwicklung von TiO_2-Pigmenten an Bedeutung verloren hat.

Die Nitrate werden in der Pyrotechnik **(Bariumnitrat, Ba(NO$_3$)$_2$:** grün, **Strontiumnitrat, Sr(NO$_3$)$_2$:** rot) genutzt.

13.3   Elemente der 13. Gruppe (III. Hauptgruppe)
13.3.1   Allgemeines

Die 13. Gruppe (Borgruppe) des PSE umfasst die Elemente Bor (B), Aluminium (Al), Gallium (Ga), Indium (In) und Thallium (Tl). Diese Elemente bilden etwa 7,3 % der Masse der Erdrinde und kommen auf Grund ihrer Reaktionsfähigkeit nur in gebundener Form, meist als oxidische oder hydroxidische Mineralien, vor.

Tabelle 13-3: Einige physikalische und chemische Eigenschaften der Elemente der 13. Gruppe

	B	Al	Ga	In	Tl
Schmelzpunkt in °C	2180	660,2	29,780	156,17	302,5
Siedepunkt in °C	3660	2330	2250	2070	1453
Standardpotenzial in V					
E^{3+}/E	–0,8698	–1,662	–0,529	–0,343	+0,72
E^{+}/E					–0,3363
Metallcharakter	⟶		nimmt zu	⟶	
Reaktionsfähigkeit	⟶		nimmt ab	⟶	
Beständigkeit der E(I)-Verb.	⟶		nimmt zu	⟶	
Beständigkeit der E(III)-Verb.	⟶		nimmt ab	⟶	
Basenstärke der E(III)-(hydr-)oxide	schw. sauer	amphoter	amphoter	amphoter	schw. basisch
Salzcharakter der E(III)-chloride	⟶		nimmt zu	⟶	

Eigenschaften: In vielen Eigenschaften ähneln die Elemente der 13. Gruppe denen der 2. Gruppe. Der Metallcharakter nimmt von oben nach unten zu, wobei Bor ein hartes Nichtmetall mit hohem Siede- und Schmelzpunkt sowie großer Sublimationsenthalpie ist und Thallium ein weiches Metall mit niedrigerem Schmelz- und Siedepunkt und kleiner Sublimationsenthalpie. Alle Elemente der 13. Gruppe bilden Verbindungen mit der Oxidationszahl +3, mit steigender Ordnungszahl wächst jedoch die Beständigkeit der Stufe +1, wobei diese beim Tl bereits die vorherrschende ist. Tl(III)-Verbindungen sind starke Oxidationsmittel (etwa wie Cl_2), während In(I)-Verbindungen starke Reduktionsmittel sind. Die Ionenradien der E(III) sind auf Grund der höheren effektiven Kernladung kleiner als die der Erdalkalimetalle mit den entsprechenden Folgen für den ionischen Charakter bzw. die Acidität oder Basizität der entsprechenden Verbindungen. Bor mit seinem sehr kleinen Ionenradius und dem damit verbundenen hohen Polarisierungsvermögen bildet nur kovalente Verbindungen, während die entsprechenden Verbindungen des größeren Tl(III) schon merklich ionischen Charakter aufweisen. Entsprechend sind E(I)-Verbindungen ionischer als E(III)-Verbindungen. Der saure Charakter der Oxide und Hydroxide nimmt in der gleichen Richtung ab. Borsäure $B(OH)_3$ ist eine schwache Säure Die Hydroxide von Al, Ga und In sind amphoter und $Tl(OH)_3$ ist schwach basisch. E(I)-Hydroxide sind entsprechend dem größeren Ionenradius stärker basisch als E(III)-Verbindungen, wobei Tl(OH) zu den ausgesprochen starken Basen zählt.

Allgemeine Reaktionen der Elemente der 13. Gruppe:

$$E(OH)_3 + H_2O \quad \rightarrow \quad E(OH)_4^- + H^+ \text{ (bei B)}$$
$$E(OH)_3 + H_2O \quad \rightarrow \quad E^{3+} + 3\,OH^- + H_2O \text{ (bei Al und Ga)}$$

E + H_2O	→	keine Reaktion (Ausnahme Al)
E + H_2	→	keine Reaktion
2 E + N_2	→	2 EN (direkt nur bei B, Al und bei hohen Temperaturen)
4 E + 3 O_2	→	2 E_2O_3 (bei hohen Temperaturen)
2 E + 3 Hal_2	→	2 $EHal_3$ (Hal = F, Cl, Br, I)

Alle Oxide und Hydroxide der Elemente der 13. Gruppe sind weniger basisch als die entsprechenden des links daneben stehenden Erdalkalimetalls. Die Elemente der 13. Gruppe reagieren i. Allg. nicht mit Wasser, außer Al, das sich allerdings schnell mit einer dünnen Al_2O_3-Schicht überzieht und dann gegenüber Wasser beständig ist. Im Gegensatz zu den Elementen der ersten beiden Gruppen des PSE lösen sich die Elemente der Borgruppe nicht in flüssigem Ammoniak. Ihre Affinität zu elektropositiven Elementen, z. B. H_2, ist viel kleiner als zu elektronegativen Elementen wie Cl_2 oder O_2. Dementsprechend reagieren sie nicht direkt mit H_2. Von allen Elementen der 13. Gruppe sind Nitride bekannt, wenn auch nur B und Al bei höheren Temperaturen direkt mit N_2 reagieren. B, Al, Ga, In und Tl sind gute Reduktionsmittel und reagieren zumindest in der Hitze begierig mit O_2. Besonders Reaktionen, die Al_2O_3 liefern, sind sehr stark exotherm und in der Lage, fast jedes Metalloxid zum freien Metall zu reduzieren (s. z. B. Herstellung von Ca, Sr, Ba). Mit F_2 und Cl_2 reagieren alle Elemente zu den entsprechenden E(III)-Halogeniden. $TlBr_3$ ist instabil und TlI_3 ist ein dem RbI_3 isomorphes Triiodid. Die E(III)-Chloride, -Sulfate und -Nitrate sind in Wasser unter Hydrolyse leicht löslich, schwer löslich die -Fluoride, -Phosphate, -Hydroxide und -Oxide der Metalle und alle Borate außer den Alkalimetallboraten. Die Carbonate sind bis auf Tl_2CO_3 unbeständig und zerfallen bei Raumtemperatur zu Oxid und CO_2. Es existieren formal „zweiwertige" Verbindungen aller Elemente der Borgruppe, die allerdings entweder E-E-Bindungen oder E(I) und E(III) im Verhältnis 1:1 enthalten, z. B. $Ga^IGa^{III}Cl_4$.

Die E^{3+}-Ionen sind farblos und wegen ihrer höheren Ladung stärker hydratisiert als die entsprechenden Erdalkalimetallionen. Die Chloride von B, Al und Ga rauchen z. B. an Luft, $InCl_3$ ist hygroskopisch.

13.3.2   Bor und Borverbindungen

Elementsymbol: B (*Boron* von *burah*, pers.: Borax); **natürliche Isotope**: $^{10}_{5}B$ (20 %), $^{11}_{5}B$ (80 %), es existieren 14 **instabile Isotope** mit Halbwertszeiten im ms-Bereich; **Oxidationsstufe**: +3. Verunreinigtes Bor wurde erstmals 1808 von H. DAVY,

L. J. THENARD und L. GAY-LUSSAC hergestellt. Die erste Reindarstellung gelang WEINTRAUB erst hundert Jahre später.

Vorkommen: B ist mit einem Anteil von ca. 0,003 % in der Erdrinde vorhanden. Es tritt ausschließlich in Form von Bor-Sauerstoff-Verbindungen auf. Durch die gute Wasserlöslichkeit der Alkalimetallborate ist es im Meerwasser auf 0,01 % angereichert und findet sich auch gelöst in heißen, vulkanischen Quellen. Das wichtigste Bormineral ist der *Kernit* $Na_2B_4O_7 \cdot 4\ H_2O$, der in Kalifornien in großen Lagerstätten vorkommt. Andere Minerale sind *Borax* (Tinkal) $Na_2B_4O_7 \cdot 10\ H_2O$, *Boracit* $Mg_3B_7O_{13}Cl$, *Colemanit* $Ca_2B_6O_{11} \cdot 5\ H_2O$ oder *Sassolin* $B(OH)_3$.

Physiologie: Einige Borverbindungen, z. B. Borsäure und Borane, sind giftig. B zählt zu den für höhere Pflanzen notwendigen Spurenelementen.

Elementares Bor

Herstellung: Reines Bor lässt sich durch Zersetzung von BBr_3 (oder BCl_3) mit Wasserstoff bei 1000...1400 °C ($2\ BBr_3 + 3\ H_2 \rightarrow 2\ B + 6\ HBr$, $\Delta H = 261\ kJ \cdot mol^{-1}$) oder durch thermische Zersetzung von BBr_3, BI_3 oder Diboran (z. B.: $2\ BI_3 \rightarrow 2\ B + 3\ I_2$, $\Delta H = -142\ kJ \cdot mol^{-1}$) an Wolframdrähten oder Tantaldrähten herstellen. Unreines Bor entsteht bei der Reduktion von B_2O_3 mit Mg ($B_2O_3 + 3\ Mg \rightarrow 2\ B + 3\ MgO$, $\Delta H = -533\ kJ \cdot mol^{-1}$). Nach einer Reinigung erhält man 98%iges B.

Eigenschaften: Bor ist ein Halbmetall. Es tritt in sechs verschiedenen kristallinen Modifikationen auf, in denen statt einzelner B-Atome im Wesentlichen B_{12}-Ikosaeder als Gitterelemente auftreten. Die Farbe liegt dabei je nach Modifikation zwischen rot und schwarz. Kristallines Bor (MOHS'sche Härte: 9,5) übertrifft die Härte des Korunds und liegt im Bereich des Borcarbids. Als Halbleiter leitet es den elektrischen Strom nur schlecht (positiver Temperaturkoeffizient). Bis ca. 400 °C ist es ziemlich reaktionsträge, bei hohen Temperaturen ist es jedoch ein starkes Reduktionsmittel. Amorphes Bor ist ein braunes unlösliches Pulver, das wesentlich reaktionsfähiger ist als kristallines Bor. Es verbrennt oberhalb 700 °C an Luft zu B_2O_3. Von heißen oxidierenden Säuren wird es unter Bildung von Borsäure angegriffen.

Verwendung: Als Legierungsbestandteil (Ferrobor) verleiht Bor Spezialstählen große Härte. In Form von Fasern verstärkt es Kunststoffe und Leichtmetalle. Kristallines Bor dient als elektronisches Bauteil in Thermistoren. In Spuren wird es zum Dotieren anderer Halbleiter verwendet. ^{10}B und ^{10}B-Verbindungen werden auf Grund ihres großen Einfangquerschnittes für Neutronen in Regelstäben von Kernreaktoren, als Abschirmmaterial und in Zählrohren zum Nachweis von Neutronen ($^{10}_{5}B + ^{1}_{0}n \rightarrow ^{7}_{3}Li + ^{4}_{2}\alpha$) eingesetzt.

Borverbindungen

Boroxid, B_2O_3 und Borsäure $B(OH)_3$

Herstellung: Borsäure kommt als Mineral (Sassolin) und in Fumarolen vor. Technisch wird sie durch Umsetzung von Borax mit Schwefelsäure gewonnen ($Na_2B_4O_7 \cdot 10\ H_2O + H_2SO_4 \rightarrow 4\ B(OH)_3 + Na_2SO_4 + 5\ H_2O$). Durch Glühen von Borsäure erhält man wasserfreies B_2O_3.

Eigenschaften: $B(OH)_3$ bildet weiße, geruchlose, sich fettig anfühlende Schuppen, die sich in kaltem Wasser nur schwer, in heißem dagegen leicht mit schwach saurer

Reaktion lösen $(B(OH)_3 + H_2O \rightleftarrows B(OH)_4^- + H^+)$. Die Lösung **(Borwasser)** ist ein Antiseptikum. Beim Erhitzen geht Borsäure unter Wasserabspaltung zunächst in die Metaborsäure, $(HBO_2)_x$, und dann in B_2O_3 über.

Verwendung: Borwasser dient als Desinfektionsmittel. Boroxid und Borsäure finden vor allem in der Glas- und Emailindustrie, z. B. als Flussmittel, Verwendung.

Borate

Herstellung: Reine Natriumborate $(Na_2B_4O_7 \cdot 4\ H_2O, Na_2B_4O_7 \cdot 10\ H_2O)$ werden durch selektive Kristallisation aus Lösung von Borax oder Kernit gewonnen.

Eigenschaften: Borate sind die Salze der Ortho-, Meta- oder Polyborsäure. Natriumborate sind weiße, in Wasser lösliche Pulver, die beim Erhitzen Wasser abspalten und in wasserfreies Borax übergehen. Die Schmelze löst eine Reihe von Metalloxiden.

Verwendung: Der größte Teil der Borate wird in der Glas- und Emailindustrie verbraucht. Weitere Anwendungsgebiete sind die Herstellung von Perboraten, von Düngemitteln, Flammschutzmitteln, Korrosionsschutzmitteln und der Einsatz in der Metallurgie als Fluss-, Schweiß- und Lötmasse.

Natriumperborat, $NaBO_2(OH)_2 \cdot 3\ H_2O$

Herstellung: Natriumperborat wird aus Borax in zwei Stufen hergestellt. $(Na_2B_4O_7 + 2\ NaOH \rightarrow 4\ NaBO_2 + H_2O, NaBO_2 + H_2O_2 + 3\ H_2O \rightarrow NaBO_2(OH)_2 \cdot 3\ H_2O)$.

Verwendung: Waschmittel enthalten etwa 15...30 % Natriumperborat als Bleichmittel.

Borhalogenide

Bortrifluorid, BF_3, wird durch die Reaktion von Boraten mit CaF_2 und SO_3 oder von $B(OH)_3$ mit HF in H_2SO_4 zum Binden des Reaktionswassers hergestellt $(Na_2B_4O_7 + 6\ CaF_2 + 7\ H_2SO_4 \rightarrow 4\ BF_3 + 6\ CaSO_4 + Na_2SO_4 + 7\ H_2O; B(OH)_3 + 3\ HF \rightarrow BF_3 + 3\ H_2O)$. Es ist ein farbloses, stechend riechendes Gas, das in Wasser nur langsam hydrolysiert wird und Hydrate bildet. Als starke LEWIS-Säure bildet es mit vielen LEWIS-Basen Addukte, z. B. mit Wasser, Alkoholen, Ketonen, Ethern oder Fluoridionen. Das Diethyletheraddukt ist eine übliche Handelsform von BF_3. Es findet vor allem als FRIEDEL-CRAFTS-Katalysator in der organischen Chemie Verwendung. Die anderen Borhalogenide $BHal_3$ sind wesentlich hydrolyseempfindlicher als BF_3.

Bortrichlorid, BCl_3, und **Bortribromid, BBr_3,** sind farblose Flüssigkeiten, **Bortriiodid, BI_3,** ist fest.

Tetrafluoroborsäure, HBF_4, wird als etwa 50%ige Lösung aus Borsäure und Flusssäure erhalten $[4\ HF + B(OH)_3 \rightarrow HBF_4 + 3\ H_2O]$. Sie dient vor allem zur Herstellung von Alkali-, Ammonium- und Übergangsmetallfluoroboraten, die z. B. als Flussmittel oder Flammschutzmittel Verwendung finden.

Borwasserstoffverbindungen

Unter **Boranen** versteht man etwa 25 neutrale binäre Borwasserstoffverbindungen der allgemeinen Formeln B_nH_{n+4}, B_nH_{n+6}, B_nH_{n+8}, B_nH_{n+10}, mit n zwischen 2 und 40. Der einfachste Vertreter ist das Diboran B_2H_6, freies BH_3 existiert nicht. Borane sind Elektronenmangelverbindungen mit Zweielektronen-Mehrzentrenbindungen.

Die Struktur der Polyborane hängt davon ab, wie viel B-Atome ein Boran enthält und wie viele H-Atome mehr als B-Atome im Polyboran vorhanden sind. Borane sind i. Allg. luftempfindlich, viele entzünden sich spontan und reagieren mit Wasser unter H_2-Entwicklung. **Boranate**, $B_nH_m^{x-}$, leiten sich von den Boranen durch Deprotonierung ab. Borane, Boranate und ihre Derivate weisen eine äußerst vielseitige und umfangreiche Chemie mit völlig neuen Strukturprinzipien auf und stellen heute eines der größten Teilgebiete der anorganischen Chemie dar.

Diboran ist ein farbloses, giftiges Gas, das sich an Luft spontan entzündet. Technisch wird es durch Umsetzung von $NaBH_4$ mit BF_3 hergestellt ($3\ NaBH_4 + 4\ BF_3 \rightarrow 2\ B_2H_6 + 3\ NaBF_4$). Es findet Verwendung als Reduktionsmittel in der organischen Chemie. **Organoborane**, $(R_2BH)_2$ oder $(RBH_2)_2$, sind bei stereoselektiven Hydrierungen in der organischen Chemie vielseitige Hydrierungsmittel (Hydroborierung).

Monoboranate (Tetrahydridoborate) existieren von einer Vielzahl von Metallen. Vor allem $NaBH_4$ und $LiBH_4$ dienen als Hydrierungsmittel in der synthetischen Chemie.

Boride zeichnen sich durch hohe Schmelzpunkte, große Härte, gute elektrische Leitfähigkeit und chemische Beständigkeit aus. Technische Bedeutung haben vor allem TiB_2 als Elektroden- bzw. Tiegelmaterial und CrB sowie CrB_2 für Verschleißschutzschichten.

Borcarbid, $B_{13}C_2$ (früher B_4C), bildet schwarze, glänzende, diamantharte Kristalle. In ihnen sind B_{12}-Ikosaeder über C-Atome verknüpft. Es findet Anwendung in der Schleiftechnik, zur Herstellung metallischer Boride oder wird zu keramischen Erzeugnissen verarbeitet, die z. B. als Panzerplatten oder als Abschirmmaterial in Kernreaktoren Verwendung finden.

Bornitrid, BN, wird technisch durch Umsetzung von BO mit NH bei 800...1200 °C hergestellt ($B_2O_3 + 2\ NH_3 \rightarrow 2\ BN + 3\ H_2O$). Es ist ein Isolator und chemisch und thermisch sehr stabil. Dementsprechend findet es Verwendung als Hochtemperaturschmiermittel, Formtrenntiegel, Schmelztiegel für Metalle und als feuerfeste Auskleidung von Brennkammern. Das kubische BN **(Borazon)** wird aus dem hexagonalen in einer Hochtemperatur-/Hochdrucksynthese hergestellt, die der von künstlichen Diamanten ähnelt. Es dient wegen seiner besseren chemischen Beständigkeit bei hohen Temperaturen als Diamantersatz in der Schleiftechnik.

Borazin (Borazol), $B_3N_3H_6$, ist eine farblose, wasserklare Flüssigkeit, deren physikalische Eigenschaften wie Dichte, Schmelzpunkt, Oberflächenspannung usw., weitgehend mit denen des isosteren Benzols übereinstimmen. Es wird deshalb auch als *„anorganisches Benzol"* bezeichnet.

13.3.3   Aluminium und Aluminiumverbindungen

Elementsymbol: Al (*alumen*, lat.: Alaun); **natürliche Isotope**: $^{27}_{13}Al$; es existieren noch 8 **instabile Isotope** mit Halbwertszeiten im min- und s-Bereich. **Oxidationsstufe**: +3. Verunreinigtes Al wurde 1870 zuerst von H. C. OERSTEDT erhalten, reines Aluminium zwei Jahre später von F. WÖHLER 1872 durch Reduktion von $AlCl_3$ mit K.

Vorkommen: Mit 7,3 % Anteil in der Erdrinde ist Al das dritthäufigste Element. Es tritt in erster Linie in Form von Alumosilicaten wie Feldspäten, Glimmern oder Tonerden auf. Wichtige Minerale sind z. B. der *Kalifeldspat* $K[AlSi_3O_8]$ als Bestandteil von Granit, Gneis und Eruptivgesteinen, *Natronfeldspat* (Albit) $Na[AlSi_3O_8]$, *Kalkfeldspat* $Ca [Al_2Si_2O_8]$, *Kaliglimmer* (Muskovit) $KAl_2(OH,F)_2[AlSi_3O_{10}]$, *Magnesiaglimmer* (Biotit) $K(MgFe^{II})_3(OH,F)_2 [AlSi_3O_{10}]$. Tone, z. B. der Kaolinit $Al_2(OH)_4[Si_2O_5]$, sind Verwitterungsprodukte feldspathaltiger Gesteine. Stark Ca- und Mg-haltige Tone bezeichnet man als *Tonmergel,* durch Fe-Oxide und Sand verunreinigte Tone als *Lehm.* Als Oxid kommt Al in Form von *Tonerde* (Korund oder verunreinigt als Schmirgel) Al_2O_3 vor, als Hydroxid im *Bauxit* $Al(OH)_3–AlO(OH)$, der technisch von größter Bedeutung ist. Technisch wichtig ist noch der *Kryolith* (Eisstein) $Na_3[AlF_6]$. Die Edelsteine *Rubin, Saphir,* orientalischer *Amethyst,* orientalischer *Topas* und orientalischer *Smaragd* sind Al-Oxide, die durch Beimengungen anderer Metalloxide gefärbt sind.

Metallisches Aluminium

Herstellung: Al wird fast ausschließlich durch Schmelzflusselektrolyse von Al_2O_3 (HALL-HEROULT-Prozess) produziert. Das benötigte Al_2O_3 wird aus Bauxit meist nach dem BAYER-Verfahren hergestellt (nasser Aufschluss). Bei SiO_2-reichen Erzen wird auch der trockene Aufschluss mit Na_2CO_3 durchgeführt.

BAYER-Verfahren: Gemahlener Bauxit wird mit wässriger NaOH bei 140...250 °C unter Druck aufgeschlossen zu $Al(OH)_3 + NaOH \rightarrow Na[Al(OH)_4]$, wobei die Aluminiumoxidhydrate als Aluminat in Lösung gehen. Der Fe-Gehalt des Bauxits fällt als Rotschlamm an und wird abfiltriert. Durch Verdünnen, Abkühlen und Impfen wird ein großer Teil des $Al(OH)_3$ ausgefällt $[Al(OH)_4^- + H_2O \rightarrow \alpha\text{-}Al(OH)_3 + OH^- + H_2O]$. Die an $Al(OH)_3$ verarmte Lauge wird teilweise eingedampft und in den Bauxit-Aufschluss zurückgeführt, das $\alpha\text{-}Al(OH)_3$ durch Calcinieren bei etwa 1200...1300 °C in $\alpha\text{-}Al_2O_3$ überführt.

Beim **trockenen Aufschluss** werden gemahlener Bauxit, Soda und gebrannter Kalk in Drehrohröfen bei 1000 °C geglüht $(Al_2O_3 + Na_2CO_3 \rightarrow 2 \ NaAlO_2 + CO_2)$. Das Aluminat wird mit Wasser aus dem Sinterprodukt herausgelöst und durch CO_2 als $Al(OH)_3$ ausgefällt. Die Aufarbeitung des Hydroxids erfolgt wie oben.

Elektrolyse: Durchgeführt wird die Elektrolyse bei 940...980 °C in Eisenblechwannen, deren Boden und Wände mit Kohlenstoff ausgekleidet und als Kathode geschaltet sind. Die Anoden bestehen ebenfalls aus Kohlenstoff (z. B. SÖDERBERG-Elektroden). Der Elektrolyt besteht aus $Na_3AlF_6 + 7...12 \%$ Al_2O_3 und Zusätzen wie AlF_3, LiF u. Ä. Das metallische Al scheidet sich kathodisch ab und wird flüssig abgezogen, an den Anoden entsteht CO_2 $(2 \ Al_2O_3 \rightarrow 4 \ Al + 3 \ O_2, 3 \ C + 3 \ O_2 \rightarrow 3 \ CO_2)$. Bei einer Zellspannung von 4,5...5 V beträgt die Stromausbeute 85...95 %. Die Rentabilität der Al-Produktion wird in erster Linie durch den Strompreis bestimmt. Die Emission von Fluor konnte durch entsprechende Filter stark verringert werden.

Eigenschaften: Al ist ein silberweißes Leichtmetall, das sehr dehnbar ist und sich zu feinen Drähten ziehen oder dünnen Blechen walzen lässt. Oberhalb von 600 °C nimmt es eine körnige Struktur an (Al-Grieß) und kann leicht zu Pulver gemahlen werden. Mit einer elektrischen Leitfähigkeit, die etwa 2/3 derjenigen von Cu entspricht, weist es pro Masseeinheit eine größere Leitfähigkeit als dieses auf.

Al verliert an Luft rasch seinen metallischen Glanz und überzieht sich mit einer harten, dichten, dünnen und durchsichtigen Oxidschicht. Diese kann zum besseren Schutz des Al durch anodische Oxidation auf 20 μm verstärkt werden (*Eloxal-Verfahren*). Fein verteiltes Al verbrennt beim Erhitzen an Luft mit gleißendem Licht und starker Wärmeentwicklung zum Oxid (4 Al + 3 O$_2$ →$^+$ 2 Al$_2$O$_3$, ΔH = –1676 kJ · mol^{-1}). Diese große Affinität zu Sauerstoff wird bei **aluminothermischen Verfahren** zur Metalloxidreduktion mit Al ausgenutzt (z. B. 3 Fe$_3$O$_4$ + 8 Al →$^+$ 4 Al$_2$O$_3$ + 9 Fe, ΔH = –3340 kJ · mol^{-1}), mit denen sehr reine, vor allem C-freie Metalle hergestellt werden können. Beim **Thermit-Verfahren** wird die Reaktionswärme zum Schweißen verwendet. Al weist ein stark negatives Normalpotenzial auf und wird dementsprechend durch nichtoxidierende Mineralsäuren und auch Natronlauge Al + NaOH + 3 H$_2$O →$^+$ Na[Al(OH)$_4$] + 1,5 H$_2$ schon in der Kälte unter H$_2$-Entwicklung angegriffen.

Aluminiumbronze ist die umgangssprachliche Bezeichnung für ein als Metalleffekt-Pigment gebrauchtes Alumiumpulver mit plättchenförmigen Partikeln.

Verwendung: Al ist nach Fe das meistverwendete Metall. Es wird überwiegend in Form von Legierungen verarbeitet, die bei gleicher Korrosionsbeständigkeit eine höhere Festigkeit aufweisen. Wichtige Legierungselemente, die meist in nur geringen Mengen zulegiert werden, sind Cu, Mg, Mn, Si und Zn. Wichtigste Verwendungsgebiete sind der Einsatz im Fahrzeug- und Flugzeugbau, im Bauwesen, in der Verpackungsindustrie und Elektrotechnik.

Aluminiumoxid, Al$_2$O$_3$, und Aluminumhydroxid, Al(OH)$_3$

Andere Bezeichnungen: Al$_2$O$_3$: *Tonerde* (pulvrig), *Korund* (kristallin), Al(OH)$_3$: *Tonerdehydrat*.

Herstellung: siehe auch unter Al. Elektrokorund wird durch reduzierendes Schmelzen von Bauxit oder Tonerde bei 2000 °C mit Koks oder Anthrazit im Lichtbogen-Reduktionsofen hergestellt. Dabei werden Fremdoxide, z. B. des Fe, Ti oder Si, reduziert und weitgehend entfernt.

Eigenschaften: Al$_2$O$_3$ existiert in mehreren Modifikationen. Das kubische **γ-Al$_2$O$_3$** ist ein weißes, hygroskopisches Pulver, das sich in Säuren und Basen löst. Es entsteht beim Glühen bei ca. 300 °C aus Al(OH)$_3$, ist ein vielseitiger Katalysator und ein gutes Absorbens. **Aktivtonerden** sind verschiedene Oxide und Oxidhydrate des Al mit hoher spezifischer Oberfläche, gutem Absorptionsvermögen, katalytischen Eigenschaften und großer chemischer Reaktionsfähigkeit. Das hexagonale **α-Al$_2$O$_3$** entsteht beim Glühen von Al(OH)$_3$ oder γ-Al$_2$O$_3$ auf über 1000 °C. Es bildet sehr harte Kristalle und ist unlöslich in Säuren und Basen. **Al(OH)$_3$** ist amphoter und löst sich sowohl in Säuren als auch in Basen. Es fällt aus Al-Salzlösungen bei Zugabe von NH$_3$ oder wenig Lauge als weißer, flockiger, sehr voluminöser Niederschlag aus.

Verwendung: Die Hauptverwendung des α-Al$_2$O$_3$ liegt in der Produktion von metallischem Al. Der Rest dient zur Herstellung von Feuerfest-, Schleif- Keramik-, Glas- und Emailprodukten. Auch Al(OH)$_3$ dient in erster Linie über die Stufe des α-Al$_2$O$_3$ der Al-Herstellung. Es findet ferner zur Herstellung anderer Al-Verbindungen wie AlF$_3$ oder synthetischem Kryolith und zur Herstellung von Aktivtonerden Anwendung. In fein verteilter Form dient es als Flammschutzmittel und als Füllstoff in der Kunststoff- und Kautschukindustrie. γ-Al_2O_3 und Aktivtonerden sind hauptsächlich Absorptionsmittel für Gase und Wasser, z. B. zum Trocknen von Gasen. Sie wirken als Katalysatoren (z. B. im CLAUS-Prozess) und als Katalysatorträger. Elektrokorund wird vorwiegend als Schleif- und Poliermittel, in der Feuerfestindustrie und bei der Herstellung von Hartbetonstoffen verwendet.

Künstliche Al_2O_3-Edelsteine (Rubine, Saphire u. Ä.) können durch Vermischen von hochreinem Al_2O_3 und farbgebenden Metalloxiden, Schmelzen des Gemisches und anschließendes Kristallisieren hergestellt werden.

Weitere Aluminiumverbindungen

Natriumaluminat, $NaAlO_2$, wird durch Auflösen von Tonerdehydrat in 50%iger NaOH hergestellt und findet in der Wasserreinigung, der Papierindustrie, zum Nachbehandeln von TiO_2-Pigmenten, zur Herstellung von Alumosilicaten und von Al-haltigen Katalysatoren Verwendung.

Aluminiumsulfat, $Al_2(SO_4)_3$ · 18 H_2O, wird durch Umsetzung von $Al(OH)_3$ oder Bauxit bzw. Kaolin mit Schwefelsäure bei ca. 170 °C hergestellt. Es ist das wichtigste Al-Salz. Ein großer Teil des $Al_2(SO_4)_3$ · 18 H_2O wird in der Papier- und Zellstoffindustrie z. B. zum Leimen und pH-Wert-Einstellen verwendet. Ein weiterer großer Teil dient bei der Wasserreinigung als Flockungsmittel. $Al_2(SO_4)_3$ · 18 H_2O ist auch Ausgangsprodukt für andere Al-Verbindungen z. B. Alaune (vgl. Abschn. 12.2.1).

Aluminiumchlorid, $AlCl_3$, wird in wasserfreier Form heute überwiegend durch Chlorierung von flüssigem Al bei 750...800 °C hergestellt. Als starke LEWIS-Säure bildet es mit zahlreichen anorganischen und organischen Donatoren Addukte. Es findet Verwendung als Katalysator in der organischen Chemie, z. B. bei FRIEDEL-CRAFTS-Reaktionen. Als Hexahydrat dient es als Flockungshilfsmittel und als Textilimprägniermittel.

Aluminiumtrihydrid, AlH_3, ist ein farbloser, luft- und feuchtigkeitsempfindlicher polymerer Feststoff, der oberhalb von 100 °C wieder in die Elemente zerfällt. Als starkes Reduktionsmittel eignet sich AlH_3, besonders in Form seiner etherlöslichen Derivate, z. B. $AlH_{3-n}R_n$ oder $AlH_{3-n}Cl_n$, zur Hydrierung anorganischer und organischer Substanzen. **Alanate,** $MAlH_4$, enthalten das komplexe Anion AlH_4^-. Als selektive Hydrierungsreagenzien dienen vor allem $NaAlH_4$ und das etherlösliche $LiAlH_4$.

Aluminiumalkyle, AlR_3 und **Alkylaluminiumhydride,** $AlH_{3-n}R_n$, sind luft- und wasserempfindliche Flüssigkeiten oder Feststoffe. Sie spielen ebenso wie **Dialkylaluminiumchloride,** R_2AlCl, bei der Niederdruckpolymerisation von Olefinen zu Kunststoffen oder synthetischen Kautschuken eine wichtige Rolle (ZIEGLER-NATTA-Katalysatoren) und finden Verwendung bei der Herstellung primärer Alkohole und bei Arzneimittelsynthesen (s. auch Abschn. 16.2).

Spinell, $MgAl_2O_4$, ist der Prototyp für zahlreiche andere analog zusammengesetzte Doppeloxide AB_2O_4, wobei A und B verschiedene Wertigkeiten haben können, die Summe der Kationenladung aber immer 8 ergibt, z. B. $M^{II}M^{III}_2O_4$, $M^{IV}M^{II}_2O_4$, $M^{VI}M^{I}_2O_4$.

13.3.4   Gallium, Indium, Thallium und ihre Verbindungen

Elementsymbole und Isotope:

Gallium (*gallia*, lat.: Gallien, Frankreich): Ga; natürliche Isotope: $^{69}_{31}$Ga (60,1 %), $^{71}_{31}$Ga (39,9 %); es existieren noch 20 instabile Isotope mit Halbwertszeiten zwischen 78,3 h und 118 ms.

Indium (von *indigo*: wegen der indigoblauen Flammenfärbung durch Indium): In; natürliche Isotope: $^{113}_{49}$In (4,3 %), $^{115}_{49}$In (95,7 %); es sind noch 27 instabile Isotope bekannt mit Halbwertszeiten zwischen 49,5 d und 120 ms.

Thallium (*thallos*, gr.: grüner Zweig): Tl; natürliche Isotope: $^{203}_{81}$Tl (29,524 %), $^{205}_{81}$Tl (70,476 %); es sind noch 25 instabile Isotope mit Halbwertszeiten zwischen 3,78 a und 1,7 s bekannt.

Wichtige Oxidationsstufen: +3, (+1)

Vorkommen: Ga ist mit einem Anteil von ca. 0,015 %, In von ca. 10^{-5} % und Tl von ca. 10^{-4} % in der Erdrinde enthalten. Wichtige Ga-Mineralien sind der *Gallit* $CuGaS_2$ und der *Söhngeit* $Ga(OH)_3$ wichtige In-Mineralien sind der *Indit* $FeIn_2S_4$ und der *Requesit* $CuInS_2$. Tl tritt i. Allg. als Begleiter von Zn-, Cu-, Fe- und Pb-Erzen auf. Tl-Minerale wie der *Lorandit* $TlAsS_2$ oder der *Crookesit* $(Cu, Tl, Ag)_2Se$ sind sehr selten.

Physiologie: Ga ist als Metall und in Verbindungen ungiftig, bei In kann eine toxische Wirkung auf Mensch, Tier und Pflanze nicht ausgeschlossen werden. Tl und Tl-Verbindungen sind stark toxisch.

Metallisches Ga, In und Tl

Herstellung: Ga wird technisch als Nebenprodukt der Al-Produktion gewonnen und durch Elektrolyse der alkalischen Hydroxidlösung erhalten. In und Tl fallen üblicherweise als Nebenprodukte bei der Zn- und Pb-Produktion an und werden elektrolytisch dargestellt.

Eigenschaften: Ga und In sind silberweiße, weiche Metalle. Bei Ga erfolgt wie bei Si, Ge, Sb, Bi und H_2O beim Schmelzen eine Volumenkontraktion. Bei einem Schmelzpunkt von 29,780 °C und einem Siedepunkt von 2403 °C weist es einen Flüssigkeitsbereich von fast 2400 °C auf und eignet sich deshalb zum Füllen von Quarzthermometern für Temperaturbereiche zwischen −15 und 1200 °C. Ga und In überziehen sich an Luft sofort mit einer geschlossenen, wasser- und basenstabilen Oxidschicht und sind sich auch in ihren Reaktionen sehr ähnlich. In löst sich im Gegensatz zum Al und Ga nicht in siedenden Ätzalkalien. Es besitzt einen großen Einfangquerschnitt für langsame und schnelle Neutronen.

Tl ist ein weiches, dehnbares Schwermetall und hat große Ähnlichkeit mit Blei. Das weißglänzende Metall läuft an Luft sofort grau an. In Alkalilaugen ist es unlöslich, löslich dagegen in Säuren, die keine schwer löslichen Salze bilden.

Verwendung: Metallisches Ga wird zum Dotieren von Halbleitern verwendet. Einige Ga-Legierungen, z. B. V_3Ga, zeigen Supraleitung mit Sprungtemperaturen von 10...17 K. Es wurde versucht, mit Hilfe von 50 t Ga (das ist etwa der Jahresverbrauch 1990) Neutrinos nachzuweisen. In ist teuer und findet viele verschiedene spezielle Anwendungen. Tl besitzt nur begrenzte technische Bedeutung. Es dient zur Herstellung niedrig schmelzender oder IR-durchlässiger Gläser. Es ist Bestandteil von Hochtemperatur-Supraleitern, z. B. des Systems Tl-Ca/Ba-Cu-O mit Sprungtemperaturen bei 120 K.

Ga-, In- und Tl-Verbindungen

Ga- und In-Verbindungen weisen große Ähnlichkeit mit den entsprechenden Al-Verbindungen auf und treten vorzugsweise in der Oxidationsstufe +3 auf, seltener in +1. Bei Thalliumverbindungen ist die Oxidationsstufe +1 stabiler als die Stufe +3, in der Tl-Verbindungen Oxidationsmittel sind und ansonsten den entsprechenden Al-Verbindungen ähneln. Die Tl(I)-Verbindungen ähneln eher den entsprechenden Alkalimetall- oder Silberverbindungen.

Oxide: Indiumoxid, In_2O_3, ergibt zusammen mit SnO_2 in dünnen Schichten auf Flachglas eine gute Wärmeisolierung. **Thalliumoxide, Tl_2O und Tl_2O_3,** sind beide schwarze Pulver. **Tl(I)-oxid** findet gelegentlich bei der Herstellung von Spezialgläsern Verwendung, **Tl(III)-oxid** zur Herstellung künstlicher Edelsteine oder als Katalysator zur Dimerisierung von Propen.

Halogenide: Galliumchlorid, $GaCl_3$, und **Indiumchlorid, $InCl_3$,** sind Ausgangsprodukte der anderen Ga- bzw. In-Verbindungen und können in der organischen Synthese als FRIEDEL-CRAFTS-Katalysator eingesetzt werden.

Galliumarsenid, GaAs, entsteht durch Zusammenschmelzen der hochreinen Elemente. Dünne GaAs-Filme können aus niedermolekularen III/V-Komplexen abgeschieden werden. GaAs ist der wichtigste Vertreter der sog. **III-V-Halbleiter,** 1:1-Verbindungen der Elemente Al, Ga und In mit P, As oder Sb. Diese Verbindungen sind isoelektronisch mit Si oder Ge und weisen alle die Zinkblende-Struktur auf. Daraus resultieren sehr ähnliche elektrische Eigenschaften wie bei Si und Ge, weshalb diese Verbindungen bezüglich ihrer Eignung als Halbleitermaterialien eingehend untersucht wurden. Sie finden u. a. kommerzielle Anwendung vor allem in der Optoelektronik, z. B. für LED, Infrarotfenster oder Transistoren für den GHz-Bereich.

Natriumthallid, NaTl, ist ein typischer Vertreter für eine Gruppe von Verbindungen, die als ZINTL-Phasen bezeichnet werden. Durch Aufnahme des Valenzelektrons des Na weist Tl vier Elektronen auf und bildet ein Diamantgitter aus, das für Elemente mit vier Valenzelektronen typisch ist. Da Na^+-Ionen in die Lücken dieses Diamantgitters aus Tl^--Ionen eingelagert sind, bilden sie selbst ebenfalls ein Diamantgitter. NaTl besteht also aus zwei ineinander geschachtelten Diamantgittern.

13.4   Elemente der 14. Gruppe (IV. Hauptgruppe)
13.4.1   Allgemeines

Die 14. Gruppe, auch *Kohlenstoffgruppe* genannt, umfasst die Elemente Kohlenstoff (C), Silicium (Si), Germanium (Ge), Zinn (Sn) und Blei (Pb). In keiner anderen Gruppe des PSE sind die Unterschiede zwischen den einzelnen Elementen einer Gruppe so groß wie hier. Das Anfangs-glied, der Kohlenstoff, hat in seinen physikalischen und chemischen Ei-genschaften nur noch geringe Ähnlichkeit mit dem Endglied der Gruppe, dem Blei. Die Elemente der 14. Gruppe sind zu 27,7 % am Aufbau der Erdrinde beteiligt, wovon allerdings das Si über 99 % ausmacht. Auch C ist noch recht häufig.

Tabelle 13-4: Einige physikalische und chemische Eigenschaften der Elemente der 14. Gruppe

	C	Si	Ge	Sn	Pb
Schmelzpunkt in °C	3750	1410	947,4	231,9	327,43
Siedepunkt in °C	4830	2477	2830	2687	1751
Standardpotenzial in V					
E(0)/EH$_4$	+0,132	+0,102	< M0,3	——	——
E(II)/E(0)	+0,510	——	0	−0,136	−0,126
E(IV)/E(II)	−0,116	——	−0,3	+0,154	+1,455
Metallcharakter	Nichtmetall ——————→		nimmt zu	——————→	Metall
Affinität zu elektropos. Elementen	——————————————→		nimmt ab	——————————————→	
Affinität zu elektroneg. Elementen	——————————————→		nimmt zu	——————————————→	
Beständigkeit der E(II)-Verb.	——————————————→		nimmt zu	——————————————→	
Beständigkeit der E(IV)-Verb.	——————————————→		nimmt ab	——————————————→	
Saurer Charakter der (Hydr-)oxide	——————————————→		nimmt ab	——————————————→	
Salzcharakter der Chloride	——————————————→		nimmt zu	——————————————→	
Beständigkeit der H-Verb.	——————————————→		nimmt ab	——————————————→	
max. Kettenlänge	> 1000	< 15	< 9	2	——
MOHS'sche Härte	10 (Diamant)	7	6	1,8	1,5

Eigenschaften: Der metallische Charakter wächst von den spröden Nichtmetallen C, Si und Ge über das duktile Sn zum weichen Metall Pb. Entsprechend den abnehmenden Bindungsstärken zwischen den Element-atomen sinken Schmelz-, Siede- und Sublimationstemperatur mit zuneh-mender Atommasse, ebenso das Kettenbildungsvermögen und die Härte. Die kleinen Ionenradien von E^{4+}-Ionen schließen die Bildung salzartiger E(IV)-Verbindungen aus, während bei den größeren E^{2+}-Ionen bei Ge, Sn und Pb der Salzcharakter, z.B. der Chloride, in der Gruppe von oben nach unten zunimmt. Umgekehrt nimmt der Salzcharakter der E^{4+}-Ver-bindungen, z.B. der Carbide, Silicide usw., von oben nach unten hin ab.

Allgemeine Reaktionen der Elemente der 14. Gruppe

E + H$_2$O   →   keine Reaktion
E + 2 OH$^-$ + 4 (2) H$_2$O   →   E(OH)$_{6(4)}^{2-}$ + 2(1) H$_2$
                                    (nicht bei C)
E + O$_2$ →   EO$_2$ (bei hohen Temperaturen)
2 E + O$_2$ →   2 EO (nicht bei Si)
E + 2 Hal$_2$ →   EHal$_4$ (nicht bei C und Pb)

$$
\begin{aligned}
E + H_2 &\rightarrow \text{ keine Reaktion} \\
EO_2 + 2\,OH^- &\rightarrow EO_3^{2-} + H_2O \text{ (bei C und Si)} \\
EO_2 + (n\text{-}4)\,OH^- + 2\,H_2 &\rightarrow E(OH)_n^{(n-4)-} \text{ (bei Ge, Sn, Pb)} \\
EO + 2\,H^+ &\rightarrow E^{2+} + H_2O \text{ (bei Ge, Sn, Pb)}
\end{aligned}
$$

Keines der Elemente der 14. Gruppe reagiert mit Wasser, allerdings werden Sn und Pb von Säuren angegriffen und alle Elemente außer C auch von Hydroxidlösungen. Mit Sauerstoff reagieren sie in Abhängigkeit von Temperatur und Druck zu Mono- oder Dioxiden, von denen nur die von C gasförmig sind. Mit Halogenen reagieren die Elemente der 14. Gruppe (außer C) zu E(IV)-Halogeniden, die abgesehen vom salzartigen PbF_4 überwiegend kovalenten Charakter haben. Die Dioxide aller Elemente lösen sich in Alkalilaugen unter Bildung von Carbonaten, Silicaten, Plumbaten usw. Dagegen lösen sich nur die Monoxide von Ge, Sn und Pb in Säuren unter Bildung von E^{2+}-Kationen. Mit Wasserstoff reagieren die Elemente nicht, allerdings sind die Wasserstoffverbindungen von C sehr stabil und vielfältig. Die Stabilität und Vielfältigkeit der Silane, Germane, Stannane und Plumbane ist bei weitem nicht so groß und nimmt in dieser Richtung stark ab.

13.4.2   Kohlenstoff und Kohlenstoffverbindungen

Elementsymbol: C (*carbo*, lat.: Kohle); **natürliche Isotope**: $^{12}_{6}C$ (98,90 %), $^{13}_{6}C$ (1,10 %), $^{14}_{6}C$ (Spuren); $^{14}_{6}C$ weist eine Halbwertszeit von 5730 a auf, weitere fünf instabile Isotope haben Halbwertszeiten bis hinunter zu 126,5 ms; wichtige Oxidationsstufen: +4, −4, in organischen Verbindungen auch alle anderen zwischen diesen Extrema. Kohlenstoff ist schon sehr lange in Form von Graphit oder Diamant bekannt. Als Element erkannt wurde er 1775 von A. L. LAVOISIER.
Vorkommen: C ist mit einem Anteil von ca. 0,087 % in der Erdrinde, einschließlich Biosphäre, Hydrosphäre und Atmosphäre, vorhanden. In Mineralien tritt er in erster Linie in Form von *Carbonaten*, wie z.B. Kalkstein $CaCO_3$ oder Dolomit $CaCO_3 \cdot MgCO_3$, oder verschiedenen *Spaten*, wie Eisenspat $FeCO_3$ oder Zinkspat $ZnCO_3$, auf. Außerdem findet sich C als CO_2 in der Atmosphäre und im Meerwasser und, wenn auch nur mit einem Anteil von 10^{-3} %, im Pflanzen- und Tierreich bzw. in Umwandlungsprodukten urweltlicher pflanzlicher und tierischer Organismen (Kohle, Erdöl, Erdgas). $^{14}_{6}C$ entsteht in den oberen Schichten der Atmosphäre durch die Reaktion von Neutronen mit N-Atomen ($^{14}_{7}N + ^{1}_{0}n \rightarrow ^{14}_{6}C + ^{1}_{1}p$).

Elementarer Kohlenstoff
Herstellung: Graphit wird einerseits bergmännisch abgebaut, andererseits aber auch synthetisch dargestellt (**Kunstgraphit, Elektrographit**). Als Rohstoffe werden dabei hauptsächlich Petrolkoks, Pechkoks, Zechenkoks, Anthrazit, Ruß oder Natur-

graphit eingesetzt. Diese werden bei Temperaturen von 800...1300 °C carbonisiert und anschließend z. B. nach dem ACHESON-Verfahren durch elektrische Aufheizung bei 2600...3000 °C graphitisiert. Durch Dauer und Temperatur des Erhitzens, evtl. auch durch Zusätze, werden der Reinheitsgrad und auch die Eigenschaften des Graphits festgelegt.

Diamant wird überwiegend bergmännisch gewonnen. Synthetische Diamanten werden bei hohen Drücken (50...120 kbar) und Temperaturen mit (ca. 1500...2500 °C) oder ohne (bis 3500 °C) Katalysator aus Graphit hergestellt. Katalysatoren sind Übergangsmetalle, deren Legierungen oder Carbide.

Eigenschaften: Kohlenstoff existiert in zwei kristallographischen Formen, als Graphit und als Diamant. Von beiden Formen kennt man zwei Modifikationen. Unter Normalbedingungen ist der *Graphit* die thermodynamisch stabilere Form. Durch Verdampfen von Graphit sind als dritte Form von elementarem Kohlenstoff Cluster erhältlich, die abwechselnd aus Fünf- und Sechsringen bestehen. Das kleinste dieser **Fullerene** ist das C_{60}, das die Gestalt eines Fußballs hat. Größere Cluster nehmen längliche Gestalt an. Offene röhrenförmige Cluster mit Durchmessern von wenigen Nanometern werden in der Nanotechnik für verschiedene Anwendungen untersucht (**Nanotubes**). In allen Formen ist C geruch- und geschmacklos. C ist ein bei Raumtemperatur reaktionsträges, bei hohen Temperaturen aber sehr reaktionsfähiges Nichtmetall. Dann reduziert es die meisten Oxide. In der Luft fein verteilter C kann explosionsartig verbrennen (*Kohlestaubexplosion*). Von den Halogenen reagiert F_2 schon bei Raumtemperatur mit C ($C + 2F_2 \rightarrow CF_4$). Mit H_2, S, N_2, Si oder Metallen reagiert C erst unter z. T. drastischen Bedingungen. In den meisten Lösungsmitteln ist er unlöslich, löslich jedoch in einigen geschmolzenen Metallen, z. B. in Fe, Co, Cr. Auf der Fähigkeit der C-Atome, Ketten und Ringe zu bilden, beruht die außerordentliche Vielfalt der C-Verbindungen, von denen der überwiegende Teil der organischen Chemie zugerechnet wird.

Diamant ist ein spröder, farbloser Kristall mit hoher Brechzahl (2,42), der die größte Härte aller bekannten Stoffe aufweist. Geringe Verunreinigungen können Diamanten auch farbig aussehen lassen. Seine elektrische Leitfähigkeit und seine Wärmeausdehnung sind gering, dagegen weist er eine gute Wärmeleitfähigkeit auf. Obwohl er metastabil ist, wandelt er sich erst oberhalb von 1500 °C unter Luftausschluss spontan in Graphit um. Verwendung finden Diamanten außer als Schmuckstein (z. B. Brillant) als Hartstoff zum Bohren, Schneiden, Honen, Schleifen, Polieren u. Ä.

Graphit ist ein weicher, kristalliner, leicht spaltbarer Feststoff, dessen Wärme- und elektrische Leitfähigkeit parallel zu den Schichten groß, senkrecht dazu aber wesentlich kleiner ist. Natürlicher und synthetischer Graphit finden eine vielfältige Verwendung z. B. als Elektrodenmaterial bei der Al-Herstellung, Elektrostahl-Erzeugung, Hartstoffherstellung, in der Metallurgie, Gießereitechnik, chemischen Industrie, als Werkstoff zum Auskleiden von Öfen, Wannen usw., im chemischen Apparatebau und für Maschinenbauelemente, für Gießformen, in der Halbleitertechnik, Elektrotechnik, Nukleartechnik usw.

Ruß ist ein fein verteilter Kohlenstoff, der zusätzlich noch H, O, N und S gebunden enthält. Je nach Herstellungsverfahren unterscheidet man Furnaceruß, Channelruß, Gasruß, Flammruß, Thermalruß, Acetylenruß und Lichtbogenruß, die sich bezüglich Primärteilchengröße, Struktur, spezifischer Oberfläche, Adsorptionsvermögen,

Lichtabsorptionsvermögen und Oberflächenchemie unterscheiden und dementsprechend in verschiedene Anwendungsgebiete gehen. Größter Rußverbraucher ist die Gummi- und Kautschukindustrie, weitere Einsatzgebiete sind die Lack- und Farbenindustrie, Kunststoffindustrie, Faserindustrie, Papierindustrie, Baustoffindustrie, Elektroindustrie, die Herstellung von Hartstoffen und die Feuerfestindustrie.

Aktivkohle ist eine sehr poröse, chemisch hochaktive Kohle mit sehr ausgedehnter innerer Oberfläche, die bis zu 25 % mineralische Anteile enthalten kann. Hergestellt wird sie z. B. aus organischem Material (Holz u. Ä., Steinkohle) durch Erhitzen auf bis zu 90 °C in Gegenwart von $ZnCl_2$ oder H_3PO_4 (chemische Aktivierung) oder O_2, Wasserdampf oder CO_2 (Gasaktivierung). Verwendet wird sie als Reinigungs- und Adsorptionsmittel, z. B. zum Entfärben von Naturstoffen wie Zucker, Speiseöl, zur Wasser- und Abwasserbehandlung, Reinigung von Chemikalien, Lösemittelrückgewinnung, Abgasreinigung, Schutzmaskenfilter oder Gastrennung.

Kohlenstofffasern entstehen durch den inerten thermischen Abbau unschmelzbarer Polymerfasern aus z. B. Polyacrynitril oder Cellulose. Sie finden Verwendung als leichte, hochfeste Verstärkungsfasern vor allem in der Luft- und Raumfahrttechnik und bei Sportartikeln.

Kohlenstoffmonooxid, CO

Herstellung: Technisch wird CO überwiegend zusammen mit H_2 in Form von Synthesegas hergestellt. Die Reinisolierung erfolgt entweder physikalisch durch partielle Kondensation und anschließende Destillation des Synthesegases oder chemisch durch reversible Komplexbildung mit Cu(I)-Salzen.

Physiologie: CO ist ein Atmungsgift und blockiert das Hämoglobin, da es fester an dieses gebunden wird als O_2. Da diese Reaktion vollständig reversibel ist, kann ausreichende Zufuhr von frischer Luft bei CO-Vergiftungen helfen.

Eigenschaften: CO ist ein farb- und geruchloses, bei Raumtemperatur sehr reaktionsträges Gas (Siedepunkt: –192 °C). Bei höheren Temperaturen ist es sehr reaktionsfähig. Es verbrennt dann in Luft mit heißer, blauer Farbe, reduziert eine Reihe von Metalloxiden, reagiert mit einigen Metallen (zu Carbonylen) in Gegenwart von Katalysatoren mit H_2O (Konvertierung: $CO + H_2O \rightarrow CO_2 + H_2$) und H_2 (s. Organische Chemie).

Verwendung: CO wird als Bestandteil von Synthesegasen zur Herstellung verschiedener organischer Grundchemikalien und Zwischenprodukte wie Methanol, Formaldehyd, Ameisensäure verwendet. In reiner Form wird es in der „REPPE-Chemie" zu Carbonylierungs- und Hydrocarbonylierungsreaktionen eingesetzt und zur Synthese von Essigsäure, Propionsäure, Acrylsäure oder Koch-Säuren. Weitere Verbraucher sind die Herstellung von Metallcarbonylen (z. B. im MOND-Verfahren oder zur Herstellung hochreinen Eisens) sowie der Herstellung von Phosgen und Formamid. Bei der Reduktion von Metalloxiden mit Kohle, z. B. im Hochofenprozess, tritt CO als Reduktionsmittel auf.

Kohlenstoffdioxid, CO$_2$ (Kohlendioxid)

Herstellung: Kohlenstoffdioxid entsteht beim Verbrennen C-haltiger Stoffe ($C + O_2$ $\rightarrow CO_2$), beim Kalkbrennen ($CaCO_3 \rightarrow CaO + CO_2$) oder dem Erhitzen anderer

Carbonate, der Reaktion von Carbonaten mit starken Säuren (z. B. $CaCO_3 + 2\,HCl \rightarrow CaCl_2 + CO_2 + H_2O$). Es kann auch aus Mineralwasserquellen, Erdgasen und Fermentationsgasen gewonnen werden. Der überwiegende Anteil des benötigten CO_2 fällt bei der Synthesegasreinigung für die Ammoniaksynthese an.

Physiologie: CO_2 führt ohne Vorwarnung zum Ersticken. Rund 2,5 % des atmosphärischen CO_2 werden jährlich bei der Photosynthese und zu Wasser und Glucose umgesetzt. Durch den Stoffwechsel von Tieren und Pflanzen und durch Verbrennung wird es wieder freigesetzt. Wird mehr CO_2 freigesetzt als assimiliert, so steigt der CO_2-Gehalt in der Atmosphäre an, was zur Erwärmung der Erde führt.

Eigenschaften: CO_2 ist ein farbloses, stabiles, nicht brennbares Gas, das leicht säuerlich schmeckt und schwerer als Luft ist. Es absorbiert infrarote Strahlung und ist als Bestandteil der Atmosphäre für den Wärmehaushalt der Erde von entscheidender Bedeutung, da es die Abstrahlung von Wärme in den Weltraum vermindert (Treibhauseffekt). Gefrorenes CO_2, **Trockeneis**, sublimiert bei $-78\ °C$. Es wird durch Entspannen von flüssigem CO_2 über Drosseldüsen hergestellt und der entstehende Kohlenstoffdioxidschnee zu Blöcken verpresst. Die Löslichkeit von CO_2 in Wasser ist stark temperaturabhängig und bei Raumtemperatur gering. Die entstehende wässrige Lösung ist nur schwach sauer, da nur etwa 1 % des gelösten CO_2 an Wasser gebunden als Kohlenstoffsäure („Kohlensäure") vorliegt ($H_2O + CO_2 \rightleftarrows H_2CO_3 \rightleftarrows H^+ + HCO_3^- \rightleftarrows 2\,H^+ + CO_3^{2-}$). Diese bildet zwei Reihen von Salzen, die *Carbonate*, z. B. Na_2CO_3, und die *Hydrogencarbonate*, z. B. $NaHCO_3$. Hydrogencarbonate sind leicht wasserlöslich, Carbonate, mit Ausnahme der Alkalicarbonate, wasserunlöslich. Carbonate zerfallen beim Erhitzen in Metalloxid und CO_2. Je kleiner das zugehörige Kation, desto niedriger ist die Zersetzungstemperatur. $Al_2(CO_3)_3$ zersetzt sich bereits bei Raumtemperatur. Auch von starken Säuren werden Carbonate unter CO_2-Abspaltung zersetzt.

Verwendung: CO_2 wird bei der Harnstoffherstellung, bei verschiedenen Synthesen in der organischen Chemie, der Herstellung verschiedener Carbonate, in der Lebensmittel- und Getränkeindustrie sowie als Feuerlöschmittel, Kühlmittel, Treibgas oder Schutzgas verwendet. Überkritisches CO_2 wird zur Extraktion von Naturstoffen eingesetzt.

Kohlenstoffverbindungen

Carbide sind Verbindungen von C mit weniger elektronegativen Metallen oder Nichtmetallen. Salzartige Carbide werden vorwiegend mit Metallen der ersten drei Gruppen des PSE gebildet. Sie werden von Wasser oder Säuren zu Kohlenwasserstoffen zersetzt [z. B.: $CaC_2 + 2\,H_2O \rightarrow C_2H_2 + Ca(OH)_2$].

Metallische Carbide, auch Einlagerungscarbide genannt, werden vorwiegend von Metallen der 4...6. Gruppe gebildet. Sie sind extrem hart, metallisch leitend und temperaturbeständig.

Kovalente Hydride werden mit Elementen etwa gleicher Elektronegativität gebildet, z. B. mit Si oder B. Sie sind extrem hart, schwer schmelzbar und chemisch inert, aber nichtleitend.

Phosgen, $COCl_2$, das Dichlorid der Kohlenstoffsäure, ist ein farbloses, sehr giftiges Gas mit heuähnlichem Geruch. Seine Herstellung erfolgt aus CO und Cl_2. Es wird zur Synthese von Isocyanaten für Polyurethane und zur Herstellung von Polycarbonaten verwendet.

Harnstoff, $CO(NH_2)_2$, das Diamid der Kohlenstoffsäure, wird technisch aus CO_2 und NH_3 hergestellt. Es wird hauptsächlich als Düngemittel und zur Herstellung von Harnstoffharzen verwendet. Harnstoff ist das Endprodukt des menschlichen und tierischen Stickstoffstoffwechsels und wird über den Urin und Schweiß ausgeschieden.

Kohlenstoffdisulfid *(Schwefelkohlenstoff)*, **CS_2,** wird durch Umsetzung von Kohle mit Schwefel bei höheren Temperaturen oder heute weitgehend aus Methan und Schwefel bei 650 °C ($CH_4 + S_2 \rightarrow CS_2 + 2\,H_2S$) hergestellt. Es wird hauptsächlich in der Viskoseindustrie zur Faserherstellung verwendet. Kleinere Mengen werden zur Erzeugung von Cellophan, zur Herstellung von CCl_4 und für eine Reihe weiterer Anwendungen benötigt.

Hydrogencyanid *(Blausäure, Cyanwasserstoff)*, **HCN,** kann durch Ammonoxidation von CH_4 (ANDRUSSOW-Verfahren) oder durch die Umsetzung von CH_4 mit NH_3 (BMA-Verfahren) hergestellt werden und fällt auch bei der Acrylnitrilsynthese als Nebenprodukt an. Sie ist eine farblose, bei 25,6 °C siedende, äußerst giftige Flüssigkeit mit einem charakteristischen mandelartigen Geruch. Als sehr schwache Säure wird sie bereits durch das CO_2 der Luft aus ihren Salzen, den Cyaniden, ausgetrieben. Wichtige Anwendungen sind die Herstellung von Methylmethacrylat, Adiponitril, Chlorcyan und von verschiedenen Cyaniden.

Cyanide sind Salze der Blausäure, z.B. NaCN oder KCN (Cyankali). Wie diese sind sie äußerst giftig. Das Cyanidion verhält sich in vielen Reaktionen ähnlich den Halogenidionen (Pseudohalogenid) und ist ein häufig auftretender Ligand in der Komplexchemie. Bekannte komplexe Cyanide sind das gelbe ($K_4[Fe(CN)_6]$) und das rote ($K_3[Fe(CN)_6]$) *Blutlaugensalz*, das *Berliner* oder *TURNBULLS Blau* ($Fe_4[Fe(CN)_6]_3$). Verwendung finden Cyanide bei der Herstellung von Pigmenten, in galvanischen Bädern, bei der Edelmetallgewinnung (Cyanidlaugerei) und zur Oberflächenhärtung.

Dicyan, $(CN)_2$, bildet sich bei der Umsetzung von HCN mit O_2 an Ag-Katalysatoren. Das farblose, giftige Gas (Siedepunkt: −21,17 °C) polymerisiert bei 300...500 °C zu Polycyan $(CN)_\infty$. Mit Sauerstoff verbrennt es unter starker Wärmeentwicklung (Flammentemperaturen bis zu 4800 °C) zu CO_2 und N_2. **Cyanate,** OCN^-, sind Salze der **Cyansäure,** $HO-C\equiv N$. **Knallsäure,** $H-C\equiv N-O$, ist ein Isomer der Cyansäure, die Salze heißen **Fulminate. Rhodanide** (Thiocyanate), SCN^-, sind die Salze der **Thiocyansäure** (Rhodansäure), $S=C=N-H$. Sie entstehen durch Kochen von CN^--Lösungen mit S (KCN + S $\rightarrow$ KSCN). KSCN, ein farbloses Salz, ist ein Reagens auf Fe^{3+}. **Dicyandiamid,** $H_2N-C(=NH)-NH-C\equiv N$, wird zur Herstellung von Melamin und als Härter in Pulverlacken verwendet. **Kalkstickstoff,** s. Calciumcyanamid.

13.4.3 Silicium und Siliciumverbindungen

Elementsymbol: Si (*silex,* lat.: Kiesel); **natürliche Isotope**: $^{28}_{14}Si$ (92,23 %), $^{29}_{14}Si$ (4,67 %), $^{30}_{14}Si$ (3,10 %); es sind noch 7 **instabile Isotope** mit Halbwertszeiten zwischen 280 a und 218 ms bekannt; **Oxidationsstufen**: +4, selten +2 und −4. Si wurde zuerst 1822 von J. J. BERZELIUS durch Reduktion von SiF_4 mit metallischem K dargestellt.

Vorkommen: Silicium ist mit einem Anteil von 27,5% in der Erdrinde das zweithäufigste Element auf der Erde. Man findet es in der Natur nur in Form von SiO_2 oder Salzen der Kieselsäure an Sauerstoff gebunden.

Weit verbreitet sind Alkali-, Erdalkali- und Aluminiumsilicate. SiO_2 kommt als Seesand, Kieselstein, Quarz, Bergkristall oder Amethyst vor.

Physiologie: Si und die meisten anorganischen Si-Verbindungen sind für den tierischen Organismus nicht oder nur wenig giftig. Einatmen von staubförmigem, kristallinem SiO_2 (MAK-Wert 4 mg $\cdot$ m^{-2}) kann zur Silikose führen.

Elementares Silicium

Herstellung: Technisches Silicium wird durch Reduktion von Quarz mit Koks in Lichtbogenreduktionsöfen bei ca. 2000 $^\circ$C hergestellt ($SiO_2 + 2C \longrightarrow Si + 2CO$). Zur Herstellung von Reinstsilicium wird das technische Si mit HCl bei 300 $^\circ$C in $SiHCl_3$ umgewandelt ($Si + 3HCl \rightleftharpoons SiHCl_3 + H_2$), welches destillativ hoch gereinigt bei 1000 $^\circ$C mit H_2 wieder zu Si und HCl zersetzt wird. Durch Zonenschmelzen der Si-Stäbe oder Ziehen eines Einkristalls aus der Schmelze (Tiegelziehen, CZOCHRALSKI-Verfahren) wird Gehalt an Verunreinigungen bis auf 10^{-9}% gesenkt.

Eigenschaften: Si ist ein dunkelgraues, metallisch glänzendes, hartes und sprödes Nichtmetall, das in der Diamantstruktur kristallisiert. Als Pulver sieht es braun aus. Da es ein Halbleiter ist, steigt seine geringe Leitfähigkeit mit der Temperatur. Sie wird auch durch geringe Verunreinigungen (gezielt als *Dotierung*) um Größenordnungen erhöht. Si hat den kleinsten linearen Ausdehnungskoeffizienten aller Elemente und dehnt sich beim Erstarren der Schmelze aus. In H_2O und Säuren ist es unlöslich (wohl löslich jedoch in HF/HNO_3-Mischungen unter SiF_6^{2-}-Bildung). In verdünnten Alkalilaugen wird es dagegen gelöst. Bei großer Hitze verbindet es sich mit O, N und H. Mit Metallen bildet es *Silicide* oder Legierungen. Si-Verbindungen sind nur in Anwesenheit anderer farbgebender Ionen, Atome oder Atomgruppen farbig. In Gegenwart von Cu reagiert Si mit Chloralkanen zu *Alkylchlorsilanen* [z. B. $Si + 2CH_3Cl \longrightarrow (CH_3)_2SiCl_2$].

Verwendung: Si kommt in Form von **Ferrosilicium** (Fe/Si-Legierung), Ca-Silicid, technischem Silicium und als Reinstsilicium in den Handel. Ferrosilicium dient vor allem als Desoxidationsmittel bei der Stahlerzeugung. Als Legierungsbestandteil verleiht Si dem Fe weichmagnetische Eigenschaften. In Al verbessert es die Vergießbarkeit. Technisches Si dient weiterhin zur Herstellung von *Siliconen* und als Rohstoff für die Reinstsiliciumherstellung für die Halbleitertechnik.

Siliciumdioxid, SiO_2

Vorkommen: Siliciumdioxid kommt in der Natur in mindestens acht Modifikationen, dabei hauptsächlich als *Quarz*, vor. Weitere Vorkommen sind z. B. der zu 70...90% aus SiO_2 bestehende *Kieselgur* und die *Kieselerde* (70...75% SiO_2).

Herstellung: SiO_2 wird in Form von pyrogener oder Fällungskieselsäure auch synthetisch hergestellt. *Pyrogene Kieselsäure* wird durch Flammenhydrolyse von $SiCl_4$ bei 1000 $^\circ$C hergestellt ($2H_2 + O_2 + SiCl_4 \longrightarrow SiO_2 + 4HCl$). Die *Fällungskieselsäure* wird durch Ausfällen von SiO_2 aus einer Wasserglaslösung mit Säure hergestellt ($Na_2SiO_3 + 2HCl \longrightarrow SiO_2 + 2NaCl + H_2O$).

Eigenschaften: SiO_2 ist eine farblose, chemisch sehr träge Substanz, die in mehreren Modifikationen wie dem bei Raumtemperatur stabilen α-Quarz, β-Quarz, β-Tridymit, β-Christobalit u. a. kristallisiert. Amorph tritt SiO_2 z. B. in Kieselgur, in Opalen, in Gläsern oder auch in pyrogener Kieselsäure auf. Die Umwandlungsgeschwindigkeiten der metastabilen in stabile Modifikationen ist sehr klein, beim Quarzglas heißt dieser Vorgang Entglasen. Gegenüber Säuren, außer Flußsäure (SiO_2 + 6 HF $\rightarrow$ H_2SiF_6 + 2 H_2O), und gegen wässrige Alkalilaugen ist SiO_2 sehr beständig, nicht dagegen gegen geschmolzene Alkalihydroxide (SiO_2 + 2 NaOH $\rightarrow$ Na_2SiO_3 + H_2O). Außer dieser chemischen Widerstandsfähigkeit machen der hohe Schmelzpunkt und der kleine thermische Ausdehnungskoeffizient SiO_2 zu einem vielfältig verwendbaren Material für Tiegel, Kolben usw. in der Chemie. **Kieselgur**, **Kieselerde** und die **synthetischen Kieselsäuren** unterscheiden sich hinsichtlich der Primärteilchengröße, der Porosität und der spezifischen Oberfläche, weshalb sie unterschiedliche Verwendungszwecke aufweisen.

Verwendung: Außer in Quarzgläsern finden Siliciumdioxide u. a. Verwendung als Füllstoffe, Adsorbenzien, Rieselhilfsmittel oder Mattierungsmittel.

Kieselsäure und Silicate

Orthokieselsäure, H_4SiO_4, ist eine sehr schwache Säure, die nur in großer Verdünnung vorübergehend beständig ist und ansonsten zur Kondensation neigt [z. B. 2 $Si(OH)_4$ $\rightleftarrows$ $(HO)_3Si$-O-$Si(OH)_3$ + H_2O]. Es ist schwierig, diese Kondensation auf einer bestimmten Stufe anzuhalten. Sie führt letztendlich zu SiO_2. Jedes Si-Atom steht im Mittelpunkt eines Tetraeders aus OH-Gruppen. Bei der Kondensation werden diese Tetraeder über gemeinsame O-Brücken eckenverknüpft.

Metakieselsäuren, $(H_2SiO_3)_n$, mit n = 3, 4 oder 6, sind ringförmige Kondensationsprodukte von Orthokieselsäure. Der Ring wird aus Si-O-Einheiten gebildet.

Polykieselsäuren, $(H_2SiO_3)_n \cdot H_2O$, sind kettenförmige Kondensationsprodukte der Orthokieselsäure mit $n < 6$. Die Kettenglieder sind Si-O-Einheiten, die Enden OH-Gruppen. Diese Ketten können weiter zu band- $(H_6Si_4O_{11})_n$ und schichtförmigen $(H_2SiO_5)_n$ Kieselsäuren kondensieren. Werden diese Blattstrukturen dreidimensional zu einem Raumnetz verknüpft, so führt dies letztendlich zu $(SiO_2)_n$, dem Anhydrid der Kieselsäure.

Für alle diese Kieselsäuren gilt: Je größer n ist, desto schwerer löslich ist die Kieselsäure. Das Anhydrid ist unlöslich.

Verwendung: s. SiO_2.

Silicate sind Verbindungen der Kieselsäuren. Sie sind nicht nur die artenreichste Klasse der Mineralien (etwa 80 % der Erdkruste besteht aus Silicaten), sondern auch geologisch und technisch sehr wichtig. Generell sind Silicate aus SiO_4-Einheiten aufgebaut, die mehr oder weniger über Si-O-Si-Brücken verknüpft sind. Je nach Kondensationsgrad der zugehörigen Kieselsäuren werden die Silicate in verschiedene Typen eingeteilt. Jede freie Ecke stellt ein negativ geladenes O-Atom dar, jede gemeinsame Ecke ein Brücken-O-Atom, das zwei Tetraeder verknüpft.

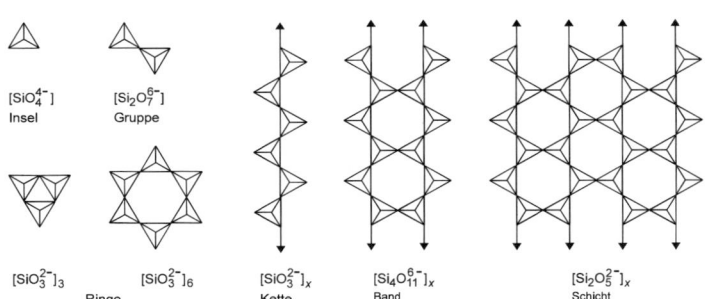

Bild 13-1: Beispiele der Tetraederanordnung in verschiedenartigen Silicaten

Diese Strukturvielfalt wird noch dadurch erhöht, dass kleine Kationen wie Al^{3+}, B^{3+} oder Be^{2+} die Si^{4+}-Ionen der SiO_4-Einheiten teilweise ersetzen können, was zu **Alumosilicaten, Borosilicaten oder Beryllosilicaten** führt.

Die Eigenschaften der Silicate werden durch die Struktur des anionischen Gerüstes bestimmt, da zwischen den Ketten, Bändern oder Schichten die Wechselwirkungen schwächer sind als innerhalb derselben. Ketten- und Blattstrukturen führen zu einer Spaltbarkeit parallel zur Ketten- oder Bandrichtung (z. B. Faserstruktur), Schichtstrukturen ergeben eine leichte Spaltbarkeit längs der Schichten (Blattstruktur). Insel-, Gruppen-, Ring- oder Gerüststrukturen ergeben kompakte Kristalle.

Natürliche Silicate sind in allen aufgeführten Strukturen bekannt, von den niedermolekularen Abkömmlingen der Ortho- und Metakieselsäuren bis zu Gerüstsilicaten. Als **Zeolithe** bezeichnet man Alumosilicate mit der allgemeinen Formel $[(M^+, M^{2+}_{0,5})AlO_2]_x [SiO_2]_y [H_2O]_z$, von denen ca. 150 Typen bekannt sind. Die typenspezifische Struktur weist definierte Hohlräume auf, die durch Poren mit gleichförmigem Durchmesser verbunden sind. Der Porendurchmesser lässt sich durch Austausch der Kationen verändern. Hergestellt werden Zeolithe durch Kristallisation aus Na-Aluminat- und Na-Silicat-Lösungen unter genau einzuhaltenden Bedingungen. Es existieren aber auch natürliche Zeolithe, die abgebaut werden. Die künstlichen Zeolithe finden breite Anwendung als Adsorbentien, Katalysatoren und Ionenaustauscher z. B. in Waschmitteln.

Tonkeramische Erzeugnisse entstehen durch Brennen bei 1000...1500 °C von feinteiligen Gemengen aus Tonen (Kaolin, Quarz) und Feldspat. Je nach Zusammensetzung können Werkstoffe für ganz unterschiedliche Anwendungen hergestellt werden.

Weitere Produktgruppen aus Silicaten sind Textilglasfasern, Mineralfaserdämmstoffe, Zement, grobkeramische Produkte für die Bauindustrie, Blähprodukte und silicatische Füllstoffe.

Weitere Siliciumverbindungen

Siliciumtetrachlorid, $SiCl_4$, ist das wichtigste Siliciumhalogenid. Die farblose, stechend riechende Flüssigkeit raucht an feuchter Luft infolge Hydrolyse. Sie wird durch Umsetzung von Si mit Cl_2, von Si mit HCl, von SiO_2 mit Kohle und Cl_2 (SiO_2 + 2 C + 2 $Cl_2 \rightarrow SiCl_4$ + 2 CO) und durch Chlorierung von SiC hergestellt. $SiCl_4$ ist Ausgangsprodukt für die Synthese organofunktioneller Si-Verbindungen, zur Herstellung von Halbleitersilicium, zur Herstellung von hochdispersem SiO_2 und dient zum Silicieren von Metallen.

Siliciumtetrafluorid, SiF_4, entsteht bei der Herstellung von HF nach dem BAYER-Verfahren als Nebenprodukt (2 CaF_2 + SiO_2 + 2 $H_2SO_4 \rightarrow SiF_4$ + 2 $CaSO_4$ + 2 H_2O) und wird aus den Abgasen durch Umsetzung zu **Hexafluorokieselsäure, H_2SiF_6,** entfernt (SiF_4 + 2 HF $\rightarrow H_2SiF_6$ oder 3 SiF_4 + 2 $H_2O \rightarrow$ 2 H_2SiF_6 + SiO_2). SiF_4 ist ein farbloses, an feuchter Luft rauchendes Gas mit stechendem Geruch. Bei Ausschluss von Feuchtigkeit ist es sehr beständig und reaktionsträge. Mg-, Zn- und $CuSiF_6$ werden aus H_2SiF_6 und den entsprechenden Oxiden hergestellt. Hexafluorosilicate dienen vor allem als Konservierungsmittel im Holzschutz.

Siliciumcarbid, SiC, wird durch Reaktion von hochreinem Quarzsand mit Kohlenstoff in elektrischen Widerstandsöfen hergestellt (SiO_2 + 3 C $\rightarrow$ SiC + 2 CO). Hochwertige Produkte erhält man durch thermische Zersetzung von CH_3SiCl_3 ($CH_3SiCl_3 \rightarrow$ SiC + 3 HCl). Reines SiC bildet säurefeste, farblose Kristalle mit Diamantstruktur. Die Härte liegt nur wenig unter der von Diamanten. Durch Verunreinigungen mit C ist SiC meist dunkel gefärbt **(Carborundum).** Es findet Verwendung als Schleifmittel, als nichtoxidische Keramik zur Herstellung feuerfester, hoch beanspruchbarer Teile, als elektrische Heizstäbe und in Form von Fasern als Verstärkungsmaterial.

Siliciumnitrid, Si_3N_4, hat in Keramiken ähnliche Eigenschaften wie SiC. Hergestellt wird es aus den Elementen bei 1200...1400 °C oder durch Umsetzung von Quarz mit Kohlenstoff und Stickstoff bei 1500 °C (3 SiO_2 + 6 C + 2 $N_2 \rightarrow Si_3N_4$ + 6 CO). Seine Eigenschaften können durch den Einbau von Metalloxiden noch variiert werden.

Silicide weisen unter den metallischen Hartstoffen die niedrigsten Schmelzpunkte und Härtewerte auf. Sie werden deshalb nicht als Hartmetalllegierung verwendet. Technische Bedeutung haben Silicide nur in Bereichen gefunden, in denen es auf Zunderbeständigkeit und chemische Beständigkeit ankommt. $MoSi_2$ dient als Werkstoff für elektrische Heizleiter, die bis 1600 °C in Luft betrieben werden können. Hergestellt werden sie prinzipiell nach den gleichen Verfahren wie Boride.

Silane, Si_nH_{2n+2}, entsprechen formal den Kohlenwasserstoffen. Sie sind beständig gegen Säuren, reagieren heftig mit Luft, Wasser oder Alkoholen. Außer den niederen Silanen existieren noch Polysilane der Grenzformel $(SiH_2)_n$, die dem Polyethylen entsprechen. Das wichtigste Halogenderivat der Silane ist das **Trichlorsilan, $SiHCl_3$,** das bei der Reinstsiliciumherstellung eine Rolle spielt. Funktionalisierte Silane finden Verwendung im so genannten Sol-Gel-Verfahren zur Erzeugung von Beschichtungen mit speziellen Eigenschaften für Metalle, Glas oder Kunststoffe.

Siliciummonooxid, SiO, ist eine dunkle, polymere, amorphe Masse, die durch Luft zu SiO_2 oxidiert wird. Auf Oberflächen aufgetragen, bildet sie Schutzschichten aus SiO_2.

Silicone sind Verbindungen, in denen Si-Atome, die jeweils einen oder mehrere über C-Atome an Si gebundene organische Reste tragen, durch O-Atome miteinander zu unverzweigten oder verzweigten oligomeren oder polymeren Molekülen verknüpft sind. Si-Atome mit einem organischen Rest sind trifunktionell und bilden Verzweigungszentren, solche mit zwei organischen Resten sind bifunktionelle Kettenglieder, und die mit drei funktionellen Resten führen als monofunktionelle Glieder zum Kettenabbruch. Gelegentlich treten auch Si-Atome ohne organischen Rest auf, die dann noch mehr verzweigend wirken als die trifunktionellen Si-Atome. Der organische Rest ist meist Methyl oder Phenyl. Die Methylgruppe wird bei der MÜLLER-ROCHOW-Synthese durch Umsetzung von Si mit CH_3Cl an Cu-Katalysatoren an Si gebunden (Si + 2 CH_3Cl → $(CH_3)_2SiCl_2$). Die Organylsiliciumchloride werden dann mit Wasser oder Methanol zu oligomeren Vorstufen umgesetzt, die dann später zu den gewünschten linearen, verzweigten oder vernetzten Siliconen polymerisiert werden. Silicone sind beständig gegenüber höheren Temperaturen, Oxidation und Wetter. Sie sind hydrophobierend, haftvermindernd, elektrisch nichtleitend, gas- und dampfdurchlässig, physiologisch indifferent und ändern ihre Eigenschaften nur wenig mit der Temperatur. Die wichtigsten Produktgruppen aus Siliconen sind Siliconöle, Siliconkautschuke, Siliconharze und Silicon-Copolymere, -Blockpolymere und Propfpolymere.

13.4.4   Germanium und Germaniumverbindungen

Elementsymbol: Ge (nach dem Heimatland seines Entdeckers) **natürliche Isotope**: $^{70}_{32}Ge$ (20,5 %), $^{72}_{32}Ge$ (27,4 %), $^{73}_{32}Ge$ (7,8 %), $^{74}_{32}Ge$ (36,5 %) und $^{76}_{32}Ge$ (7,8 %); es sind noch 16 **instabile Isotope** mit Halbwertszeiten zwischen 287 d und 1,2 s bekannt; **Oxidationsstufen**: +4 und selten +2. Ge wurde 1871 als Eka-Silicium von D. I. MENDELEJEW vorausgesagt und 1886 von C. WINKLER entdeckt.
Vorkommen: Mit einem Anteil von ca. 5,6 · 10^{-4} % ist Ge ein ziemlich seltenes, wenn auch weit verbreitetes Element. Es kommt hauptsächlich in Schwefelverbindungen in Gestalt seltener Minerale wie *Argyrodit* Ag_8GeS_6 und *Germanit* Cu_6Fe-Ge_2S_8 vor.
Physiologie: Ge und seine Verbindungen sind i. Allg. nicht giftig. Toxische Wirkung ist von GeH_4 bekannt.

Elementares Germanium
Herstellung: Ge fällt i. Allg. als Nebenprodukt bei der Gewinnung anderer Metalle wie Zn, Cu oder Pb oder als Flugasche an.
Eigenschaften: Ge ist ein grauweißer, sehr spröder Halbleiter, der im Diamantgitter kristallisiert. Wie Si dehnt es sich beim Kristallisieren aus. Kompaktes Ge ist gegenüber Luft beständig und verbrennt erst bei Rotglut zu GeO_2. In nichtoxidierenden Säuren und auch wässrigem Alkali ist es unlöslich, löslich jedoch in oxidierenden Säuren. Ge tritt in Verbindungen bevorzugt vierwertig auf, Ge(II)-Verbindungen werden leicht zu Ge(IV)-Verbindungen oxidiert.

Verwendung: Ge findet Verwendung als Halbleitermaterial und als Legierungsbestandteil.

Germaniumverbindungen

Germaniumdioxid, GeO_2, dient als Zusatz zu Gläsern mit hoher Brechzahl und als Katalysator bei der Herstellung nicht vergilbender Polyesterfasern. **Germaniumtetrachlorid, $GeCl_4$,** bildet sich bei der Einwirkung von HCl auf GeO_2 oder von Cl_2 auf Ge. Die farblose Flüssigkeit ist ein wichtiges Zwischenprodukt bei der Ge-Herstellung. **Germaniumhydrid (German), GeH_4,** wird in der Elektronikindustrie zur Epitaxie und zum Dotieren verwendet. **Germanide,** z. B. $GeMg_2$, die aus den Elementen erhältlich sind, finden in der Halbleitertechnik und zur Herstellung der Hydride Verwendung.

13.4.5   Zinn und Zinnverbindungen

Elementsymbol: Sn (*stannum*, lat.: Zinn); **natürliche Isotope:** $^{112}_{50}$Sn (1,0 %), $^{114}_{50}$Sn (0,7 %), $^{115}_{50}$Sn (0,4 %), $^{116}_{50}$Sn (14,7 %), $^{117}_{50}$Sn (7,7 %), $^{118}_{50}$Sn (24,3 %), $^{119}_{50}$Sn (8,6 %), $^{120}_{50}$Sn (32,4 %), $^{122}_{50}$Sn (4,6 %), $^{124}_{50}$Sn (5,6 %); es sind noch 19 **instabile Isotope** mit Halbwertszeiten zwischen 10^5 a und 1,04 s bekannt; **Oxidationsstufen:** +2 und +4, selten − 4. Zinn ist seit dem Altertum bekannt.

Vorkommen: Sn ist mit einem Anteil von ca. 0,004 % in der Erdrinde vorhanden. Es kommt nur selten in gediegenem Zustand vor. Die wichtigsten Zinnerze sind der *Zinnstein* (Kassiterit) SnO_2, der hauptsächlich auf der westmalaiischen Halbinsel und dem Hochplateau von Bolivien gefunden wird, und *Zinnkies* Cu_2FeSnS_4.

Physiologie: Das Metall und die meisten seiner Verbindungen werden als ungiftig angesehen. Lediglich SnH_4 und eine Reihe Sn-organischer Verbindungen sind sehr giftig.

Metallisches Zinn

Herstellung: Angereichertes SnO_2 wird mit Zuschlägen wie Kalk, Sand und Pyrit mit C in Flamm- oder Elektroöfen reduziert. Das Rohzinn (97...99 %) wird anschließend pyrometallisch und ggf. elektrolytisch gereinigt. Wichtig ist auch die Wiedergewinnung von Sn aus Abfällen von verzinntem Eisenblech auf elektrolytischem Wege.

Eigenschaften: Sn ist ein silberweißes, stark glänzendes Metall von geringer Härte und großer Duktilität, das beim Biegen ein eigentümliches Knirschen von sich gibt *(Zinngeschrei)*. Dieses metallische β-Zinn wandelt sich unterhalb von 13,2 °C in das graue α-Zinn um, welches im Diamantgitter kristallisiert. Diese Umwandlung ist sehr langsam, wird aber durch Spuren von α-Zinn katalysiert *(Zinnpest)*. β-Zinn lässt sich gut gießen, ziehen und walzen, z. B. zu sehr dünnen Folien (Stanniol). Gegen Luft und Wasser ist Sn bei Raumtemperatur beständig, verbrennt aber in der Hitze mit hell-weißem Licht zu SnO_2. Gegen schwache Säuren und Basen ist Sn beständig, in starken Säuren und Basen löst es sich unter H_2-Entwicklung. Es reagiert auch mit Halogenen, S und P. Mit vielen Metallen bildet es Legierungen. Die stabilste Oxidationsstufe ist +4, die zweiwertige wirkt reduzierend.

Verwendung: Reines Sn wird nur wenig gebraucht. Die Beständigkeit gegen schwache Säuren und Basen sowie die Ungiftigkeit führen zu seiner Verwendung als Schutzschicht für Metalle, z. B. von Fe (**Weißblech**). Zinnlegierungen sind vielfach in Gebrauch, z. B. als *Bronzen* (Cu/Sn), *Britanniametall* (88...90 % Sn + 8...10 % Sb + 2 % Cu), *Weichlot* (40...70 % Sn + 30...60 % Pb) oder *Lagermetalle* (50...90 % Sn + 7...20 % Sb + Cu).

Zinnverbindungen

Zinn(IV)-fluorid wird mit **Ammoniumfluorid** in Zahnpasta gegen Karies verwendet. **Zinn(II)-chlorid, SnCl$_2$**, wird an Luft langsam zu Sn(IV) oxidiert. Als starkes Reduktionsmittel scheidet es Au, Ag und Hg aus ihren Lösungen ab und reduziert viele Verbindungen. **Zinn(IV)-chlorid, SnCl$_4$**, wird durch Behandeln von Weißblechabfällen mit Cl$_2$ hergestellt. Es ist eine rauchende Flüssigkeit, die mit H$_2$O oder an feuchter Luft zu einer halbfesten Masse der Zusammensetzung SnCl$_4 \cdot 5$ H$_2$O kristallisiert *(Zinnbutter)*. Die wässrige Lösung ist weitgehend hydrolysiert. Durch Einleiten von HCl in solche Lösungen erhält man **Hexachlorzinnsäure, H$_2$[SnCl$_6$]**, deren Ammoniumsalz **(NH$_4$)$_2$ [SnCl$_6$] (Pinksalz)** in der Färberei als Beizmittel Verwendung findet. **Zinn(II)-hydroxid, Sn(OH)$_2$**, ist ein amphoteres weißes Pulver, das mit Säuren Sn(II)-Salze und mit Basen *Stannate*(II) (Stannite) bildet. **Zinndioxid** *(Zinnstein)*, **SnO$_2$**, ist ein in Wasser unlösliches, in konz. Salzsäure oder Salpetersäure lösliches weißes Pulver. Hergestellt wird es durch Blasen eines heißen Luftstromes über geschmolzenes Sn. SnO$_2$ findet u. a. Verwendung als Poliermittel für Stahl und Glas, als Trübungsmittel bei der Herstellung von Milchglas und Email oder als Trägermaterial für Katalysatoren. **Zinnsulfat, SnSO$_4$**, bildet weiße bis gelbliche Kristalle, die sich in verdünntem H$_2$SO$_4$ lösen. Es findet Verwendung zur galvanischen Verzinnung, zur elektrolytischen Metallsalz-Einfärbung von Aluminium sowie zur Tauchplattierung von Stahldraht vor dem Ziehen. **Zinndisulfid** *(Musivgold)*, **SnS$_2$**, bildet goldgelbe, metallisch glänzende Schuppen, die als Pigment *(Zinnbronzen)* in Anstrichen Verwendung finden. **Zinnorganische Verbindungen** enthalten Sn-C-Bindungen. Verwendung finden sie als Stabilisatoren für PVC, Katalysatoren für Polyurethane und Silicone, als Desinfektionsmittel oder Fungizide, Algizide z. B. in Antifoulingfarben bei Schiffsanstrichen, als Saatbeizen im Pflanzenschutz usw. (s. auch Abschn. 16.2).

13.4.6   Blei und Bleiverbindungen

Elementsymbol: Pb (*plumbum*, lat.: Blei); **natürliche Isotope:** $^{204}_{82}$Pb (1,4 %), $^{206}_{82}$Pb (24,1 %), $^{207}_{82}$Pb (22,1 %), $^{208}_{82}$Pb (52,4 %); es sind noch 26 **instabile Isotope** mit Halbwertszeiten zwischen $1,4 \cdot 10^7$ a und 4 ms bekannt; Blei ist das Endprodukt der drei natürlichen radioaktiven Zerfallsreihen; **Oxidationsstufen:** +2, +4, selten − 4. Blei ist bereits seit dem Altertum bekannt.

Vorkommen: Mit einem Anteil von ca. 0,002 % in der Erdrinde ist Pb seltener als z. B. Ni, Rb, Li, V oder W. Es tritt selten gediegen auf, in seinem Mineralien ist es zweiwertig. Das wichtigste Bleimineral ist der *Bleiglanz* (Galenit) PbS. Weitere wichtige Pb-Minerale sind das *Weißbleierz* (Cerussit) $PbCO_3$, *Rotbleierz* (Krokoit) $PbCrO_4$, *Gelbbleierz* (Wulfenit) $PbMoO_4$, *Scheelbleierz* (Stolzit) $PbWO_4$, *Anglesit* (Bleivitriol) $PbSO_4$, und *Boulangerit* $Pb_5Sb_4S_{11}$.

Physiologie: Sowohl metallisches Pb als auch seine Verbindungen sind giftig.

Metallisches Blei

Herstellung: Sulfidische Pb-Erze werden mit Luft bei Rotglut in PbO überführt (Rösten) und anschließend mit C/CO reduziert (Röstreduktionsverfahren). Aus Pb-reichen Erzen kann Pb durch unvollständiges Rösten und anschließendes Erhitzen unter Luftausschluss direkt in Pb überführt werden (Röstreaktionsverfahren). Die Verunreinigungen werden meist durch pyrometallische Verfahren oder elektrolytisch entfernt. Für die Wirtschaftlichkeit des Verfahrens ist die Gewinnung der im Erz enthaltenen Edelmetalle wichtig.

Eigenschaften: Pb ist ein bläulichgraues, weiches und dehnbares Schwermetall, das in kubisch dichter Packung kristallisiert. Es lässt sich gut walzen und ziehen. Die glänzende Oberfläche von Pb läuft an Luft durch Bildung einer oxidischen Schutzschicht, die mit CO_2 zu basischen Carbonaten reagiert, schnell mattblaugrau an. Beim Erhitzen an Luft bildet sich zunächst gelbe *Bleiglätte* (PbO), dann *Mennige* Pb_3O_4. Auch mit anderen Nichtmetallen wie S oder Halogenen reagiert Pb in der Hitze. Durch reines H_2O wird es nicht angegriffen. Mit lufthaltigem Wasser bildet es $Pb(OH)_2$ [Pb + 0,5 O_2 + H_2O → $Pb(OH)_2$], das in hartem Wasser in basische Carbonate übergeht, die das Pb schützen. Von konz. H_2SO_4, HCl, verdünnter HNO_3, organischen Säuren und von heißen Basen wird Pb angegriffen, in verdünnter H_2SO_4 und HF bilden sich Schutzschichten. Elektrolytisch abgeschiedenes Blei ist eine verästelte, kristalline *(Bleibaum)* oder schwammartige *(Bleischwamm)* Masse. In seinen Verbindungen bevorzugt Pb im Gegensatz zum Sn die Oxidationsstufe +2. Verbindungen in der Oxidationsstufe +4 sind Oxidationsmittel. Mit elektropositiven Elementen als Partnern tritt Pb in der Oxidationsstufe − 4 auf (z. B. Mg_2Pb).

Verwendung: Pb wird vorwiegend in legierter Form eingesetzt. Ein großer Teil wird für Bleiakkumulatoren verwendet und für die Ummantelung elektrischer Kabel. Auf Grund seiner Korrosionsbeständigkeit und seiner guten Verformbarkeit dient es zum Auskleiden von Behältern und Rohren für aggressive Flüssigkeiten, als Heizbadflüssigkeit, für Dichtungen und Abdeckungen im Bauwesen und als Abschirmmaterial gegen Strahlung. Es ist Rohstoff zur Herstellung von Pb-Verbindungen. **Bleilegierungen** sind z. B. *Letternmetall* (Pb/Sn/Sb) mit 70...90 % Pb oder *Lagermetalle* mit 60...80 % Pb. Legierungen mit Sb werden im Unterschied zum „*Weichblei*" ohne Sb „*Hartblei*" genannt.

Bleiverbindungen

Blei(II)-oxid *(Bleiglätte)***, PbO,** entsteht auf geschmolzenem Pb bei Luftzutritt und existiert in zwei Modifikationen. Bei 488 °C wandelt sich die rote in die gelbe Form um. Es ist in H_2O unlöslich, löslich dagegen in Essigsäure, verdünnter HNO_3 und Alkalien. Es wird z. B. in der Glasindustrie verwendet, zur Herstellung von Bleiseifen als Sikkative, Stabilisatoren für PVC oder Aktivatoren für Kautschuk und in der Glasindustrie zur Herstellung technischer Gläser. **Blei(II,IV)-oxid** *(Mennige)*, **Pb$_3$O$_4$**, ist ein rotes, in H$_2$O unlösliches Pulver und entsteht aus Pb bei hohen Temperaturen. In der üblichen Handelsform enthält Mennige bis zu 10% PbO. Es findet Verwendung in Korrosionsschutzanstrichen und zur Herstellung von Bleiglas. **Bleidioxid, PbO$_2$**, ist ein braunes, stark oxidierendes Pulver. Es ist in H$_2$O praktisch unlöslich, in Säuren nur wenig, in Basen aber löslich. Es findet u. a. Verwendung zusammen mit rotem P als Reibmasse für Zündhölzer und in **Bleiakkumulatoren** (s. „Allgemeine Chemie", Abschn. 9.5). **Blei(II)-hydroxid, Pb(OH)$_2$**, fällt aus Pb(II)-Salzlösungen aus und löst sich in Alkali zu Plumbaten(II): Pb(OH)$_2$ + 2 NaOH $\rightarrow$ Na$_2$ [Pb(OH)$_4$].

Blei(II)-chlorid, PbCl$_2$, ist in kaltem H$_2$O wenig, in heißem besser löslich. Es war früher Ausgangsstoff für Pb-Pigmente. **Blei(IV)-chlorid, PbCl$_4$**, ist eine gelbe, ölige, an feuchter Luft rauchende, sehr instabile Flüssigkeit.

Bleisulfid *(Bleiglanz)*, **PbS**, kommt weltweit verbreitet vor. Es findet z. B. Verwendung in der Halbleiterindustrie (z. B. für Photoleitfähigkeitszellen, IR-Detektoren), zum Entfernen von Mercaptanen aus Petroleum, als Schmiermittel oder in Keramikglasuren. **Bleisulfat, PbSO$_4$**, ist ein farbloses giftiges Pulver, das in H$_2$O schwer löslich, in konz. Säuren und Alkali löslich ist. Es findet Verwendung in Form von basischen Bleisulfaten (3PbO · PbSO$_2$ · H$_2$O) als Stabilisator für PVC und als Verdünnungsmittel für Bleichromate.

Bleichromat, PbCrO$_4$, ist ein feines, orangegelbes Pulver, das als Chromgelb in Lacken Verwendung findet.

Tetraethylblei, (C$_2$H$_5$)$_4$Pb, ist eine farblose, ölige Flüssigkeit, die als Antiklopfmittel in verbleitem Benzin Verwendung findet. Hergestellt wird es durch Umsetzung einer Na/Pb-Legierung mit Ethylchlorid im Autoklaven bei 80 °C [4 NaPb + 4 C$_2$H$_5$Cl $\rightarrow$ (C$_2$H$_5$)$_4$Pb + 4 NaCl + 3 Pb]. Sein Verbrauch ist aus ökologischen und toxikologischen Gründen rückläufig.

Bleistearat, Pb(OOCC$_{17}$H$_{35}$)$_2$, findet als Zusatz zu Gummimischungen, als Trockenmittel für Lacke, als Gleit- und Schmiermittel und als PVC-Stabilisator Verwendung. **Blei(II)-acetat** *(Bleizucker)*, **Pb(OOCCH$_3$)$_2$**, wird aus PbO und CH$_3$COOH hergestellt. Die wasserlösliche, süßlich schmeckende Substanz ist stark giftig und wird zur Baumwollfärberei und -druckerei verwendet. Mit Pb(OOCCH$_3$)$_2$ getränktes Papier zeigt H$_2$S an und wird *Bleipapier* genannt.

Bleiacid, Pb(N$_3$)$_2$, ist wie alle Schwermetallacide schlagempfindlich. Es findet deshalb Verwendung als Initialsprengstoff. Zur Verbesserung der Entzündbarkeit wird 92...96%igem Pb(N$_3$)$_2$ oft noch **Bleitrinitroresorcinat, Pb(C$_6$HN$_3$O$_8$)**, beigemischt.

Bleipigmente: Sammelbezeichnung für Pb-haltige Pigmente.

Bleiweiß, 2PbCO$_3$ · Pb(OH)$_2$: Weißpigment mit außerordentlichem Deckvermögen, dunkelt aber infolge von PbS-Bildung mit der Zeit nach. Kaum noch in Gebrauch. **(Blei-)Mennige, Pb$_3$O$_4$:** rotes Korrosionsschutzpigment, hervorragend wirksam; s. auch Pb(II,IV)-oxid. **Bleichromatpigmente, Pb(Cr,S)O$_4$:** Chromgelb, Chromorange, Chromrot, Chromgrün: s. Chrompigmente. **Bleimolybdatrot und Bleimolybdatorange, Pb(Cr,Mo,S)O$_4$:** bleihaltige Mischphasenpigmente.

13.5   Elemente der 15. Gruppe (V. Hauptgruppe)
13.5.1   Allgemeines

Die 15. Gruppe des PSE besteht aus den Elementen Stickstoff (N), Phosphor (P), Arsen (As), Antimon (Sb) und Bismut (Bi). Diese Elemente sind untereinander sehr verschieden, da die Trennungslinie zwischen Metallen und Nichtmetallen die 5. Hauptgruppe in der Mitte teilt. Die fünf Elemente sind mit einem Anteil von $0,33\%$ in der Erdrinde einschließlich Luft- und Wasserhülle beteiligt.

Tabelle 13-5: Einige physikalische und chemische Eigenschaften der Elemente der 15. Gruppe

	N	P	As	Sb	Bi
Schmelzpunkt in °C	−209,99	44,2	616	630,5	271
Siedepunkt in °C	−195,82	280,5	817	1635	1580
Standardpotenzial in V					
E(0)/EH$_3$ (sauer)	+0,27	−0,063	−0,607	−0,510	< −0,8
E(III)/E(0) (sauer)	+1,45	−0,502	+0,248	+0,212	-0,320
E(V)/E(III) (sauer)	+0,94	−0,2276	+0,560	+0,581	+2,07
Metallcharakter	Nichtmetall ⟶		nimmt zu	⟶ Metall	
Affinität zu elektropos. Elementen	⟶		nimmt ab	⟶	
Affinität zu elektroneg. Elementen	⟶		nimmt zu	⟶	
Beständigkeit der H-Verb.	⟶		nimmt ab	⟶	
Saurer Charakter der (Hydr-)oxide	⟶		nimmt ab	⟶	
Salzcharakter der Halogenide	⟶		nimmt zu	⟶	

Eigenschaften: Der Metallcharakter der Elemente dieser Gruppe nimmt von oben nach unten zu; N ist ein gasförmiges Nichtmetall, P existiert in zwei nichtmetallischen und einer elektrisch leitfähigen Modifikation, bei As und Sb gibt es nichtmetallische und metallische Modifikationen, und Bi ist ein Metall.

Gegenüber H und anderen elektropositiven Elementen treten die Elemente der 15. Gruppe nur dreiwertig auf, wobei die Stabilität solcher Verbindungen vom N zum Bi abnimmt, während sie gegenüber elektronegativen Elementen wie O oder Cl meist drei- und fünfwertig auftreten. Dabei nimmt die Tendenz zur Fünfwertigkeit vom P zum Bi ab und die zur Dreiwertigkeit entsprechend zu.

Allgemeine Reaktionen der Elemente der 15. Gruppe

$E + H_2O$	$\rightarrow$	keine Reaktion
$E + OH^-$	$\rightarrow$	Anionen einer Oxosäure
		(z. B. $H_2PO_4^{2-}$, AsO_2^-, nicht bei N)
$x\,E + y\,O_2$	$\rightarrow$	E_xO_{2y} (NO, P_4O_{10}, As_4O_6, Sb_4O_6, Bi_2O_3)
$E_{4(2)}O_{6(3)} + H^+$	$\rightarrow$	$EO^+ + H_2O$
$2\,E + 3\,(5)\,Hal_2$	$\rightarrow$	$2\,EHal_{3(5)}$ (Ausnahme: N)
$x\,E + y\,S$	$\rightarrow$	E_xS_y (außer bei N)

Keines der Elemente der 15. Gruppe reagiert mit H_2O oder nichtoxidierenden Säuren, allerdings reagieren sie mit Ausnahme von N mit OH^- zu *Oxoanionen* wie $H_2PO_2^-$ oder AsO_2^-. Mit Sauerstoff reagieren sie i. Allg. zu Oxiden der Oxidationsstufe +3, außer N, der verschiedene Stickoxide bildet, und P, der in der Oxidationsstufe +5 oxidiert wird. Der saure Charakter der Oxide der Oxidationsstufe +3 nimmt vom N zum Bi hin ab, der basische entsprechend zu, die fünfwertigen Oxide sind alles Säureanhydride. Mit Säuren bilden die Oxide *Oxokationen* wie NO^+ oder AsO^+, in starken Säuren existieren aber E^{3+}-Ionen von Sb und Bi, nicht aber von N, P und As. Abgesehen vom Stickstoff reagieren die Elemente der 15. Gruppe mit Halogenen je nach Kombination und molaren Verhältnissen zu den drei- oder fünfwertigen Halogeniden, die je nach dem sauren Charakter des zu Grunde liegenden Oxids in Wasser mehr oder weniger stark hydrolysiert werden. Mit Schwefel reagieren die schwereren vier je nach Bedingungen zu verschiedenen Sulfiden, z. B. Bi_2S_3 oder As_4S_4.

13.5.2   Stickstoff und Stickstoffverbindungen

Elementsymbol: N (*nitrogenium*, lat.: Salpeterbildner; **natürliche Isotope:** $^{14}_7N$ (99,63 %), $^{15}_7N$ (0,37 %); bei nicht aus Luft stammendem N kann das Isotopenverhältnis um bis zu 1,5 % abweichen, weitere sechs **instabile Isotope** haben Halbwertszeiten zwischen 9,96 min und 11 ms; **Oxidationsstufen:** +1 bis +5, −1 bis −3. N wurde 1772 von C. SCHEELE und, unabhängig davon, von D. RUTHERFORD als Bestandteil der Luft erkannt.
Vorkommen: N ist mit 78,08 % in der Luft enthalten. In Mineralien kommt er hauptsächlich in Form von Nitraten wie $NaNO_3$ vor. Er ist auch Bestandteil von Eiweißverbindungen und deshalb in pflanzlichen und tierischen Organismen bzw. in deren Stoffwechselprodukten, z. B. Harnstoff, enthalten. Verschiedene Planeten besitzen NH_3 in ihrer Atmosphäre.

Physiologie: Stickstoff übt auf höhere Organismen keine Wirkung aus. Als Bestandteil von Proteinen, Nucleinsäuren und vielen Coenzymen ist N für Tiere und Pflanzen unentbehrlich und in relativ großen Mengen vorhanden (ca. 3 % der Körpermasse beim Menschen).

Elementarer Stickstoff, N_2

Herstellung: *technisch:* In großem Maßstab durch Luftzerlegung nach dem LINDE-Verfahren oder durch Druckwechselabsorption sowie durch Verbrennen von Kohle mit Luft und Abtrennung des CO_2 aus dem entstehenden Generatorgas ($4N_2 + O_2 + C \rightarrow 4N_2 + CO_2$).

Beim LINDE-Verfahren wird gefilterte und von CO_2 und H_2O befreite Luft durch mehrmalige Kompression, Abführen der Kompressionswärme und anschließende Entspannung verflüssigt. Die Rektifikation der verflüssigten Luft erfolgt in zwei übereinander angeordneten Säulen (Zweisäulenverfahren), wovon die untere Säule bei einem Druck von mindestestens 0,6 MPa (Mitteldrucksäule) und die obere bei 0,15...0,3 MPa (Niederdrucksäule) arbeiten. In der Niederdrucksäule wird Reinsauerstoff als Sumpf- und Reinstickstoff als Kopfprodukt entnommen.

Bei der Druckwechselabsorption werden unterschiedliche Absorptionsgleichgewichte für N_2 und O_2 an zeolithischen Molsieben oder unterschiedliche Absorptionsgeschwindigkeiten an Kohlenstoffmolekularsieben ausgenutzt. Das zeolithische Verfahren eignet sich eher zur Gewinnung von N_2 und Kohlenstoffmolekularsiebe eher zur Gewinnung von O_2.

Man kann auch Luft über glühendes Kupfer oder durch eine alkalische Pyrogallollösung leiten. Reiner N wird durch Erhitzen von NH_4NO_2 auf über 70 °C erhalten ($NH_4NO_2 \rightarrow N_2 + 2 H_2O$) oder von Leichtmetallaciden. N kommt in grünen Stahlflaschen mit einem Druck von 200 bar in den Handel.

Eigenschaften: Elementarer N ist ein farb-, geruchs- und geschmackloses Gas. Auch flüssiger und fester N ist farblos. In H_2O ist er nur wenig löslich, besser dagegen in Alkoholen. Die N_2-Moleküle sind sehr reaktionsträge. So verbindet sich N unter Normalbedingungen nur mit Li und einigen Erdalkalimetallen zu *Nitriden*, bei höheren Temperaturen auch mit vielen anderen Metallen wie Mg, Al, Ti oder Cr. Diese Reaktionsträgheit ist auf die große Stabilität der N-N-Bindung zurückzuführen ($N\equiv N \rightarrow 2 N$, $\Delta H = + 946{,}8$ kJ $\cdot$ mol^{-1}). Von den Reaktionen mit Nichtmetallen sind besonders die mit H (zu NH_3) und mit O (zu NO) interessant, da sie technisch Bedeutung haben bzw. hatten. Einige Übergangsmetallkomplexe lagern molekularen N_2 zu Stickstoffkomplexen an, eine Reaktion, die in der Natur bei der **Stickstoffassimilation** eine Rolle spielt, bei der einige Mikroorganismen Luftstickstoff zu Eiweißstickstoff umwandeln.

Verwendung: Stickstoff findet als Inertgas für metallurgische und chemische Prozesse Verwendung sowie als Schutzgas, Kühlmittel, bei der Gefriertrocknung und der Ammoniaksynthese.

Ammoniak, NH_3

S. Abschn. 12.3.1.

Ammoniumverbindungen, NH₄X

Ammoniumverbindungen gleichen in ihren Eigenschaften weitgehend den entsprechenden K- oder Rb-Salzen KX bzw. RbX. Ein den Alkalimetallen entsprechendes freies Ammoniumradikal existiert nicht, wohl dagegen ein allerdings instabiles „Ammoniumamalgam".

Ammoniumchlorid *(Salmiakgeist)*, **NH₄Cl**, wird technisch durch die Reaktion von NH_3 mit HCl (NH_3 + HCl $\longrightarrow$ NH_4Cl) gewonnen und fällt als Nebenprodukt bei der Sodaherstellung an. Es ist ein farbloses, in Wasser leicht lösliches Salz, das, wie andere Ammoniumsalze auch, unter Umkehrung der Bildungsgleichung in dissoziierter Form sublimiert. Es findet Verwendung z. B. als Lötsalz, da es Metalloxide in flüchtigere Chloride umwandelt, sodass das Lot besser haften kann. Weitere Verwendungen findet es in galvanischen Trockenelementen (LECLANCHÉ-Elemente $\Rightarrow$ Zink-Kohle-Batterien).

Ammoniumsulfat, (NH₄)₂SO₄, fällt bei einer Reihe von Prozessen in- und außerhalb der chemischen Industrie zwangsläufig an. In großen Mengen wird es auch aus NH_3 und H_2SO_4 hergestellt. Es findet vor allem als Düngemittel Verwendung.

Ammoniumnitrat, NH₄NO₃, entsteht bei der Umsetzung von NH_3 mit HNO_3. Es ist ein farbloses, sehr hygroskopisches Salz, das beim Erhitzen ab 170 °C in H_2O und N_2O zerfällt. Reines NH_4NO_3 kann explodieren und neigt zum Verbacken und Zerfließen. Es wird deshalb i. Allg. mit anderen Salzen, z. B. mit $(NH_4)_2SO_4$, $CaCO_3$ oder $CaSO_4$, gemischt. Auf Grund seines hohen N-Gehaltes ist es ein hervorragender Stickstoffdünger. Andere Verwendungen findet es in der Pyrotechnik.

Ammoniumhydrogencarbonat, (NH₄)HCO₃, ist neben **Ammoniumcarbamat (H₄NO)CONH₂** Hauptbestandteil des *Hirschhornsalzes,* welches beim Erhitzen bei etwa 60 °C in NH₃, H₂O und CO₂ zerfällt. Es wird deshalb in Bäckereien als Treibmittel (Backpulver) verwendet.

Stickstoffoxide, NₓOᵧ

Es sind neun Stickstoffoxide mit N in den Oxidationsstufen zwischen +1 und +5 bekannt, von denen bei Raumtemperaturen nur zwei, NO und NO_2, stabil sind.
Distickstoffmonooxid (Stickoxydul, *Lachgas*), **N₂O,** ist ein farbloses, leicht süßlich riechendes Gas, das sich gut in Wasser löst. Es wirkt als leichtes Narkosemittel, wobei es die Atmung jedoch nicht unterhält.
Stickstoffmonooxid (Stickoxid), **NO,** ist ein farbloses, giftiges, sehr reaktionsfähiges Gas, das mit O_2 zu braunen Dämpfen aus NO_2 reagiert (2 NO + O_2 $\longrightarrow$ 2 NO₂). Es ist eines der wenigen stabilen Hauptgruppenoxide mit ungerader Elektronenzahl. Technisch spielt es als Zwischenprodukt bei der Salpetersäureherstellung eine Rolle.
Stickstoffdioxid, NO₂, ist ein braunrotes, sehr giftiges, die Atmungsorgane schädigendes, korrodierendes Gas, das bei 21,2 °C zu einer braunroten Flüssigkeit kondensiert, die beim weiteren Abkühlen farblos wird. Die Farbe stammt von der monomeren radikalischen NO_2-Form. In festem und flüssigem Zustand liegt es zu über 99 % dimer als N_2O_4 vor, oberhalb von ca. 140 °C vollständig als Monomer. Es ist Hauptbestandteil der **nitrosen Gase,** die bei verschiedenen Reaktionen von HNO_3, Nitraten und Nitriten entstehen, und ein kräftiges Oxidationsmittel. Als gemischtes Anhydrid von HNO_2 und HNO_3 bildet es mit Basen *Nitrate* und *Nitrite*

$(N_2O_4 + 2\,NaOH \;\rightarrow\; NaNO_3 + NaNO_2 + H_2O)$. Technisch spielt es als Zwischenprodukt bei der HNO_3-Synthese eine Rolle.

Distickstofftrioxid, N_2O_3, und Distickstoffpentaoxid, N_2O_5, sind Anhydride der salpetrigen Säure bzw. der Salpetersäure. N_2O_5 kann aus HNO_3 durch Wasserentzug von P_4O_{10} gewonnen werden. Es bildet farblose, explosive, an Luft zerfließende Kristalle. N_2O_3 ist nur bei tiefen Temperaturen als tiefblaue Flüssigkeit beständig und zersetzt sich bei höheren Temperaturen unter Umkehrung der Bildungsreaktion $(NO + NO_2 \;\rightleftarrows\; N_2O_3)$.

Salpetersäure, HNO_3 und Nitrate

S. Abschn. 12.2.1.

Weitere Stickstoffverbindungen

Salpetrige Säure, HNO_2, ist nur in kalter, verdünnter, wässriger Lösung beständig. Beim Erwärmen zerfällt die schwache Säure $(3\,HNO_2 \;\rightarrow\; HNO_3 + 2\,NO + H_2O)$. Ihre Salze heißen **Nitrite** und sind leicht wasserlöslich und giftig. Sie werden in der Technik vor allem in der Farbstoffherstellung genutzt.

Hydrazin, H_2N-NH_2, wird nach mehreren Verfahren durch Oxidation von NH_3 oder Harnstoff hergestellt. Es ist eine giftige, ölige, farblose und an Luft rauchende Flüssigkeit. Sie reagiert wie NH_3 als Base, ist ein starkes Reduktionsmittel und zerfällt bei höheren Temperaturen explosionsartig $(3\,N_2H_4 \;\rightarrow\; 4\,NH_3 + N_2)$. Es wird vor allem als Korrosionsinhibitor im Speisewasser für Dampferzeuger, zur Herstellung von Treibmitteln wie Azodicarbonamid ($NH_2CON{=}NCONH_2$), als Polymerisationsinhibitor und zur Herstellung von Herbiziden und Pharmaka verwendet.

Höhere NH-Verbindungen sind bis zum **Tetrazan N_4H_6** bekannt und werden mit zunehmender N-Kettenlänge immer instabiler.

Hydroxylamin, NH_2OH, wird technisch nach verschiedenen Verfahren (RASCHIG-Verfahren, NO-Reduktionsverfahren, Nitrat-Reduktionsverfahren) aus NO-Verbindungen hergestellt. NH_2OH ist ein leicht zersetzlicher Feststoff (Schmelzpunkt: $32{,}05\,°C$). Es reagiert amphoter und ist ein starkes Reduktionsmittel. Weit über $90\,\%$ des hergestellten NH_2OH werden zur Herstellung von ε-Caprolactam verwendet. Kleinere Mengen dienen zur Herstellung von Oximen als Hautverhinderer in Lacken, von Pharmaka und Pflanzenschutzmitteln.

Stickstoffwasserstoffsäure, HN_3, ist die den **Aziden** zu Grunde liegende Säure. Sie neigt ebenso wie die eher kovalenten **Schwermetallazide,** z. B. $Pb(N_3)_2$ oder AgN_3, bei Schlag oder Erhitzen zum explosionsartigen Zerfall, was bei der Verwendung von $Pb(N_3)_2$ als Initialzündstoff ausgenutzt wird. Die mehr salzartigen **Alkali-** und **Erdalkalimetallazide** lassen sich dagegen unzersetzt schmelzen und geben erst bei stärkerem Erhitzen in kontrollierbarer Reaktion N_2 ab. Das giftige NaN_3 wird als bakterizides Mittel z. B. bei der Konservierung von Wein verwendet.

Stickstoffhalogenide sind die Sammelbezeichnung für alle N-Hal-Verbindungen. Sie besitzen vornehmlich wissenschaftliche Bedeutung, lediglich NF_3 und $NOCl$ sind von technischem Interesse. NCl_3 wurde früher zur Mehlbleichung genutzt.

Stickstoffdüngemittel

Stickstoff gehört zusammen mit Phosphor und Kalium zu den so genannten Makro-nährstoffen, die für das Pflanzenwachstum von besonderer Bedeutung sind. Des-wegen werden seit etwa 1830 N-, P- und K-haltige Mineralien als Düngemittel verwendet. Seit Ende des 19. Jahrhunderts werden synthetische Mineraldünger ein-gesetzt. Stickstoffdünger enthalten N in Form von NH_3, NH_4- oder NO_3^--Salzen oder als Amid.

Ammoniak wird in einigen Ländern, z. B. den USA, als Gas in den Boden injiziert oder in Form einer wässrigen Lösung ausgebracht.

Als Ammoniumsalze werden $(NH_4)_2SO_4$ und NH_4NO_3 verwendet, die durch Neutra-lisation von NH_3 mit der entsprechenden Säure hergestellt werden. Beide werden heute nicht mehr so häufig verwendet; $(NH_4)_2SO_4$, weil es zur Übersäuerung der Böden führt, und NH_4NO_3, weil es in reiner Form zu gefährlich ist. In Gemischen mit anderen Salzen, z. B. mit $CaCO_3$ als **Kalkammonsalpeter**, wird NH_4NO_3 al-lerdings weiterhin verwendet. Neben NH_4NO_3 wird als Nitratdünger noch Natronsal-peter verwendet, das aus natürlichen Lagerstätten (Chilesalpeter) gewonnen wird. Kalkstickstoff $CaCN_2$ ist ein N-Dünger mit gleichzeitig herbizider und fungizider Wirkung. Harnstoff wird heute universell verwendet. Allerdings wirkt er nur sehr langsam, da er im Boden zunächst zu Ammoniak hydrolysieren muss.

13.5.3   Phosphor und Phosphorverbindungen

Elementsymbol: P (*phosphoros*, gr.: Lichtträger); **natürliches Isotop:** $^{31}_{15}P$; es sind noch sieben **instabile Isotope** mit Halbwertszeiten zwischen 25,3 d und 268 ms bekannt; **wichtige Oxidationsstufen:** −3, +3, +5. P wurde bereits 1669 von H. BRAND auf der Suche nach dem „Stein der Weisen" entdeckt. Er trocknete Harn ein und erhitzte den Rückstand unter Luftabschluss, wobei er weißen P erhielt, der im Dunkeln leuchtete.

Vorkommen: P kommt auf Grund seiner großen Affinität zu O nicht in freiem Zu-stand vor, sondern nur in Form von *Phosphaten*. Er ist mit einem Anteil von etwa 0,09 % in der Erdrinde vorhanden. Die Hauptvorkommen liegen vornehmlich in Pe-ru, Marokko, den USA und Russland. Wichtige P-Minerale sind u. a. der *Apatit* $Ca_5(PO_4)_3(OH,F,Cl)$, der *Phosphorit* $Ca_3(PO_4)_2$, *Vivianit* (Blaueisenerz) $Fe_3(PO_4)_2 \cdot 8 H_2O$, *Monazit* $(Ce,Th)(PO_4, SiO_4)$ und der *Wavellit* $Al_3(PO_4)_2(OH,F)_3 \cdot 5 H_2O$. Wei-tere Phosphorvorkommen sind die Guano-Lager von Meeresvögeln.

Physiologie: P kommt als Ca-Phosphat in den Knochen und als Phosphorsäureester z. B. als Baustein von Nucleinsäuren oder in Phospholipiden in allen lebenden Orga-nismen vor. Weißer P ist sehr giftig.

Elementarer Phosphor

Herstellung: Weißer P als die technisch wichtigste Modifikation wird durch elektro-thermische Reduktion von Apatit in Gegenwart von Kies (SiO_2) bei über 1400 °C her-gestellt [$2 Ca_3(PO_4)_2 + 10 C + 6 SiO_2 \rightarrow 6 CaSiO_3 + 10 CO + P_4$, $\Delta H = +1543$ kJ · mol^{-1}].

Roter P wird durch die exotherme Umwandlung von weißem P in Kugelmühlen bei 350 °C hergestellt. Er geht bei weiterem Erhitzen über 450 °C in den kristallinen violetten P (HITTORF'scher Phosphor) über. Schwarzer P entsteht beim Erhitzen von weißem P in Gegenwart von fein verteiltem Hg als Katalysator, der es erlaubt, ohne hohe Drücke zu arbeiten.

Eigenschaften: Weißer (α)Phosphor ist eine wachsweiche, an frischen Schnittflächen gelbliche, an der Oberfläche weiße, durchscheinende Masse aus P_4-Molekülen, die zu einem Tetraeder angeordnet sind. Er raucht an offener Luft, wobei er unter Chemilumineszenz und Wärmeentwicklung langsam in P_2O_5 übergeht. Bei Temperaturen > 50 °C entzündet er sich selbst, weshalb er meist unter Wasser aufbewahrt wird. Er ist die reaktivste P-Modifikation, verbrennt im Cl_2-Strom zu PCl_5 und wird auch durch starke Oxidationsmittel zu P(V)-Verbindungen oxidiert.

Roter Phosphor ist ein dunkelrotes amorphes Pulver, das sich nicht selbst entzündet und auch sonst weniger reaktionsfähig ist als weißer P, aber reaktionsfähiger als violetter P. Mit starken Oxidationsmitteln, wie $KClO_3$, bildet es Mischungen, die schon bei geringer Energiezufuhr (z. B. Reibung) explodieren.

Violetter Phosphor weist ein kompliziertes Schichtgitter auf, ist wie der rote P nicht giftig und sublimiert oberhalb von 620 °C unter Bildung von P_4.

Schwarzer Phosphor bildet schwarzgraue, metallisch glänzende, schuppige Kristalle. Er leitet Strom und Wärme und ähnelt chemisch dem violetten P.

Verwendung: Weißer P dient zur Herstellung vieler P-Verbindungen, vor allem reiner H_3PO_4 bzw. Phosphate (> 85 %), aber auch Phosphoroxiden, Phosphorsulfiden, Phosphorhalogeniden und rotem P. Roter P wird in Reibflächen von Zündholzschachteln, in der Pyrotechnik und zum Flammschutz z. B. bei Polyamiden verwendet.

Phosphoroxide, Phosphorsäuren und Phosphate

Phosphorpentaoxid, P_2O_5, ist von den Oxiden des P das einzige mit technischer Bedeutung. Es wird durch Verbrennen von weißem P mit trockener Luft hergestellt. P_2O_5, besser P_4O_{10}, ist eine farb- und geruchlose, sehr hygroskopische, ätzende Substanz, die bei 359 °C sublimiert. Mit Wasser reagiert es heftig unter Zischen zu Phosphorsäure. Verwendet wird es als Trockenmittel, z. B. für nichtbasische Gase, zur H_2O-Abspaltung aus vielen organischen Verbindungen, zur Eigenschaftsverbesserung von Asphalten und hauptsächlich zur Herstellung reiner H_3PO_4.

Von den **Phosphorsäuren** ist die **(Ortho)phosphorsäure, H_3PO_4,** die wichtigste. In reinem Zustand ist sie eine wasserklare, ungiftige, harte, an feuchter Luft zerfließende Substanz, die in jedem Verhältnis in Wasser löslich ist. Handelsübliche H_3PO_4 ist eine sirupartige, 83...90%ige wässrige Lösung. Sie wirkt erst bei höheren Temperaturen oxidierend, greift dann aber in wasserfreier Form sogar Edelmetalle an. Als mittelstarke, dreibasische Säure bildet sie **primäre (Dihydrogen-, $H_2PO_4^-$), sekundäre (Hydrogen-, HPO_4^{2-})** und **tertiäre Phosphate (PO_4^{3-}). Phosphatierung:** Behandlung eines Metalls mit sauren, phosphathaltigen Lösungen, um auf ihrer Oberfläche eine Schicht zu erzeugen, die im Wesentlichen aus Phosphaten besteht (begrenzter Korrosionsschutz oder Untergrund für nachfolgende Anstriche).

Natriummonophosphat, Na_3PO_4, Tetranatriumdiphosphat, $Na_4P_2O_7$, und Pentanatriumtriphosphat (engl. STPP), **$Na_5P_3O_{10}$,** sind die technisch wichtigsten **Natri-

umphosphate. Na_3PO_4 wird durch Neutralisation von H_3PO_4 mit NaOH hergestellt, $Na_4P_2O_7$ durch thermische Wasserabspaltung von Na_2HPO_4 und $Na_5P_3O_{10}$ durch Kondensation von NaH_2PO_4 und Na_2HPO_4 bei 300...500 °C (2 Na_2HPO_4 + NaH_2PO_4 $\rightarrow$ $Na_5P_3O_{10}$ + 2 H_2O). Durch Erhöhung des Anteils an NaH_2PO_4 erhält man bei dieser Reaktion **höhermolekulare Polyphosphate**, die auch **glasige Phosphate** oder **Schmelzphosphate** genannt werden. Verwendet werden die Natriumphosphate zur Metallreinigung, Phosphatierung, Kesselspeisewasserbehandlung, für Puffersysteme, im Lebensmittelbereich und bei der Tierernährung. $Na_4P_2O_7$ wird in der technischen Reinigung, $Na_5P_3O_{10}$ vor allem in der Wasch- und Reinigungsmittelindustrie verwendet. Das **Dinatriumdihydrogendiphosphat, $Na_2H_2P_2O_7$,** dient als Backpulver. Natriumpolyphosphate finden bei der Lebensmittelherstellung, zur Stabilisierung von Pigmentsuspensionen und bei der Ledergerbung Verwendung.

Ammoniumdihydrogenphosphat, $(NH_4)H_2PO_4$, und Diammoniumhydrogenphosphat, $(NH_4)_2HPO_4$, werden aus NH_3 und H_3PO_4 hergestellt, **Ammoniumpolyphosphat, $[NH_4PO_3]_n$,** aus H_3PO_4 und Harnstoff oder $(NH_4)_2HPO_4$ und P_4O_{10} in einer NH_3-Atmosphäre. Die Ammoniumphosphate finden ihre Hauptanwendung in Düngemitteln. Weitere Verwendungen sind der Einsatz als Feuerlöschmittel gegen Waldbrände, Flammschutz bei Papier, Textilien, Kunststoffen oder flammhemmenden Anstrichen sowie die Anwendung in der Tierernährung.

Tetrakaliumdiphosphat, $K_4P_2O_7$, wird analog dem entsprechenden Na-Salz hergestellt und auf Grund seiner guten Wasserlöslichkeit in flüssigen Reinigungsmitteln eingesetzt.

Ca-Phosphate finden Verwendung im Futtermittelbereich, in Backpulvern **(Ca $(H_2PO_4)_2$, Monocalciumphosphat)** und in Zahnpasten **($CaHPO_4$, Dicalciumphosphat)**.

Phosphorige Säure, $HPO(OH)_2$, wird durch Versprühen von PCl_3 und H_2O-Dampf im Überschuss erhalten. In verunreinigter Form fällt sie bei der Herstellung von organischen Säurechloriden mit PCl_3 an. Die zweibasische Säure wird zur Herstellung von **basischem Bleiphosphit** (PVC-Stabilisator), von Aminomethylenphosphonsäuren und als Reduktionsmittel verwendet.

Weitere Phosphorverbindungen

Phosphan (Phosphin), **PH_3,** ist ein farbloses, nach Knoblauch riechendes Gas. Es entsteht bei der Reaktion von weißem Phosphor mit heißer Alkalilauge (P_4 + 6 H_2O $\rightarrow$ PH_3 + 3 H_3PO_2) oder bei der Hydrolyse von Phosphiden. Das ebenfalls oft in Spuren entstehende **Diphosphan** (Disphoshin) ist selbstzündlich und bewirkt die Entzündung von verunreinigtem Phosphan.

Phosphortrichlorid wird in exothermer Reaktion aus den Elementen hergestellt, die farblose, an feuchter Luft rauchende Flüssigkeit (Siedepunkt: 74,5 °C) wird zur Herstellung von H_3PO_3 (Reaktion mit H_2O), aliphatischen Säurechloriden, verschiedenen Estern von H_3PO_3 und zur Herstellung von PCl_5, $POCl_3$ und $PSCl_3$ verwendet. **Phosphorpentachlorid** wird durch die Umsetzung von PCl_3 mit Cl_2 hergestellt. Der weiße Feststoff reagiert mit H_2O über $POCl_3$ zu H_3PO_4 und wird als Chlorierungsmittel in der organischen Chemie eingesetzt. **Phosphoroxichlorid** wird durch Oxidation von PCl_3 mit O_2 hergestellt. Es wird vorwiegend zur Herstellung von aliphatischen und aromatischen Estern von H_3PO_4 eingesetzt. **Phosphorsulfochlorid**

(Phosphorthiochlorid), **PSCl$_3$**, wird durch die Reaktion von PCl$_3$ mit S entweder katalytisch oder bei erhöhter Temperatur erzeugt. Die aus ihm hergestellten Esterchloride der **Thiophosphorsäure** sind Vorprodukte von Pflanzenschutzmitteln.
Polyphosphazene, [–N=PR$_2$–N=PR$_2$–N=PR$_2$–] sind thermisch und chemisch beständige Polymere, die sich vom oligomeren oder polymeren Phosphornitrid-dichlorid $(N \equiv PCl_2)_n$ ableiten. Mit R = Alkoxy-, Phenoxy-Aminogruppen oder F erhält man elastomere und/oder thermoplastische Polymere, die auf Grund ihrer Eigenschaftskombinationen in vielen speziellen Einsatzgebieten verwendet werden.

Phosphorhaltige Düngemittel

Phosphordüngemittel wirken vor allem auf die Entwicklung der Zellkerne von Blüten, Samen und Knollen. Der P-Gehalt wird in Gehalt an P$_2$O$_5$ angegeben. Wichtige P-haltige Düngemittel sind z. B. **Superphosphat, Ca(H$_2$PO$_4$)$_2$ + 2 CaSO$_4$**, das durch Aufschluss von Rohphosphat mit H$_2$SO$_4$ entsteht, **Doppelsuperphosphat, Ca(H$_2$PO$_4$)$_2$**, aus dem Aufschluss von Rohphosphaten mit H$_3$PO$_4$, **Triplesuperphosphat, Nitrophosphate, CaHPO$_4$, + NH$_4$NO$_3$ + Ca(NO$_3$)$_2$**, aus dem Aufschluss von Rohphosphat mit HNO$_3$ und Umsetzung der Produkte mit NH$_3$, **Ammoniumphosphat** und **Hyperphosphat. Thomasphosphat** ist gemahlene Schlacke, die bei der Verhüttung von P-haltigen Eisenerzen anfällt.

13.5.4   Arsen, Antimon, Bismut und ihre Verbindungen

Elementsymbole und Isotope:
Arsen (*arsenikos*, gr.: kühn): As; natürliches Isotop: $^{75}_{33}$As; die 19 instabilen Isotope haben Halbwertszeiten zwischen 80,3 d und 0,6 s.
Antimon (*stibium*, lat.: für eine schwarze Schminke aus Antimonsulfid, von den Alchimisten *antimonium* genannt): Sb; natürliche Isotope: $^{121}_{51}$Sb (57,3 %), $^{123}_{51}$Sb (42,7 %); mit Halbwertszeiten zwischen 2,77 a und 0,82 s bekannt.
Bismut (*bismutum*: lateinische Form von Wismut): Bi; das Isotop $^{209}_{83}$Bi kommt am häufigsten vor und hat eine Halbwertszeit von $2 \cdot 10^{10}$ a; man kennt weitere 58 instabile Isotope mit Halbwertszeiten zwischen $< 1,5$ s und $3 \cdot 10^6$ a.
Wichtige Oxidationsstufen: –3,+3, +5.

Vorkommen: As ist mit $5,5 \cdot 10^{-4}$ %, Sb mit 10^{-4} % und Bi mit $2,5 \cdot 10^{-5}$ % in der Erdkruste enthalten. Sie treten sowohl gediegen als auch in gebundener Form, meist als Sulfide oder auch als Oxide auf.
Physiologie: As tritt in fast allen organischen Geweben auf. Die Toxizität von As und seinen Verbindungen ist sehr unterschiedlich. Schwer lösliche Verbindungen wie Sulfide oder auch As selbst sind nahezu ungiftig, dagegen sind lösliche Verbindungen, vor allem des 3-wertigen As, hochgiftig.
Ins Blut gespritzt, sind Sb-Verbindungen fast ebenso giftig wie die analogen As-Verbindungen. Allerdings können die Sb-Verbindungen die Darmwand viel schwe-

rer passieren, sodass Sb-Vergiftungen wesentlich seltener sind als As-Vergiftungen. Sb-Verbindungen rufen einen starken Brechreiz hervor *(Brechweinstein)*. Bi ist in seiner Giftigkeit mit Sb oder Pb zu vergleichen. Da anorganische Bi-Verbindungen im Wesentlichen H_2O-unlöslich sind, stellen sie im Gegensatz zu organischen Bi-Komplexen keine akuten Gifte dar.

Elementares As, Sb und Bi

Herstellung: As, Sb und Bi fallen bei der Gewinnung von Schwermetallen wie Cu oder Pb als Nebenprodukte an, wobei die Oxide mit C zum Element reduziert werden. Die Reinigung erfolgt oft elektrolytisch.
Eigenschaften: As und Sb kommen wie P in mehreren Modifikationen vor. Dem weißen P entspricht das **gelbe As**. Die entsprechende Sb-Modifikation ist instabil. **Graues As** und **graues Sb** entsprechen dem schwarzen P und sind metallisch, hart und spröde. **Amorphes** (schwarzes) **As** und **Sb** entsprechen dem roten P.
Bi ist ein rötlich silberglänzendes Metall, das in reinster Form nur wenig spröde, mit Spuren von Verunreinigungen allerdings sehr spröde ist.
Alle drei Elemente sind bei Raumtemperatur beständig gegen Luft und verbrennen bei erhöhten Temperaturen zu den Trioxiden. In nichtoxidierenden Säuren sind sie unlöslich, löslich aber in HNO_3 und anderen oxidierenden Säuren, As auch in siedender Alkalilauge. Mit Cl_2 reagieren sie zu den Trichloriden.
Verwendung: As wird als Legierungsbestandteil von Pb-Legierungen (Flintenschrot), Cu-Sn-Legierungen für Spiegel und Cu für Hochtemperaturbeanspruchungen verwendet. Hochreines As dient zur Herstellung von GaAs- und InAs-Halbleitern. Sb wird auf Grund seiner Sprödigkeit meist nicht in reinem Zustand, sondern in Legierungen, oft mit Pb oder Sn, in denen es die Härte erhöht, verwendet. Solche Legierungen sind z. B. Hartblei, Schriftmetall, Britanniametall, Lagermetalle. Reinstes Sb findet in der Halbleitertechnik Verwendung.
Der größte Teil des Bi wird zur Herstellung von Legierungen verwendet, die sich durch einen niedrigen Schmelzpunkt auszeichnen [z. B. WOOD'sches Metall (schmilzt bereits in heißem H_2O), LICHTENBERG-, LIPOWITZ- oder NEWTON-Legierung] oder sich beim Erstarren ausdehnen. In geringer Dosierung erhöht es die Formstabilität von Fe- und Al-Legierungen. Weitere Möglichkeiten sind z. B. der Einsatz als Katalysatorbestandteil in der Kunstfaserproduktion oder in thermoelelektrischen Geräten. Ca. 3/4 des produzierten Bi werden für pharmazeutische Zwecke verbraucht.

As-, Sb- und Bi-Verbindungen

In ihren Verbindungen treten As, Sb und Bi vorwiegend in den Oxidationsstufen +3 und +5 auf. Dabei nimmt die Stabilität der Stufe +3 vom As zum Sb hin zu und die der Stufe +5 ab. Die anderen Oxidationsstufen wie −3 und +1 sind von untergeordneter Bedeutung.

H-Verbindungen: Arsan, AsH$_3$, und **Stiban, SbH$_3$**, sind farblose, übel riechende, sehr giftige Gase, die zur Dotierung von Si-Halbleitern verwendet werden.

O-Verbindungen: Arsentrioxid (Arsenik, As(III)-oxid), **As$_2$O$_3$**, ist eine weiße, geruchlose, sehr giftige Substanz, die beim Verbrennen von As an Luft entsteht. Es dient zur Herstellung aller anderen As-Verbindungen und wird für Katalysatoren, Spezialgläser und Vernickelungsbäder gebraucht. Der Gebrauch als Schädlingsbekämpfungs- und Konservierungsmittel ist in vielen Ländern verboten. **Antimon(III)-oxid** (Antimontrioxid), **Sb$_2$O$_3$**, wird an Stelle von SnO als Trübungsmittel in farblosem Email und in großen Mengen als Flammschutzmittel in Kunststoffen benutzt. **Bismut(III)-oxid** (Bismuttrioxid), **Bi$_2$O$_3$**, wird in der keramischen Industrie und als Katalysator verwendet. Bei den zugehörigen Hydroxiden nimmt der saure Charakter von der **arsenigen Säure, As(OH)$_3$**, über die **antimonige Säure, Sb(OH)$_3$**, zum eher basischen **Bismuthydroxid, Bi(OH)$_3$**, hin ab. Die E(V)-Oxide und -Hydroxide weisen alle einen sauren Charakter auf.

Halogenide: Arsentrichlorid, AsCl$_3$, wird aus den Elementen produziert und dient zur Herstellung von Kampfstoffen, Arsenpräparaten (z. B. Salvarsan, Neosalvarsan) und wird auch in der keramischen Industrie und in der Elektronik verwendet. **Antimontrichlorid** *(Spießglanzbutter)*, **SbCl$_3$**, wird aus den Elementen hergestellt und dient in der Medizin als Ätzmittel, als Reagens auf Vitamin A, als Sprühreagens in der Chromatographie, als Katalysator in organischen Synthesen, Gerbhilfsmittel, zum Beizen von Geweben und zum Brünieren von Gewehrläufen. **Bismut(III)-chlorid** (Bismuttrichlorid), **BiCl$_3$**, wird durch Auflösen von Bi$_2$O$_3$ in Salzsäure hergestellt und dient in der Papier- und Dünnschichtchromatographie als Anfärbereagens. **Bismutoxichlorid, BiOCl**, entsteht bei der Hydrolyse von BiCl$_3$ und findet als Perlglanzpigment in Lippenstiften und Schminken Verwendung.

Sulfide: Arsensulfid (Tetraarsentetrasulfid, Realgar, Rauschrot), **As$_4$S$_4$**, wird technisch durch Sublimieren eines Gemenges aus FeAsS und FeS$_2$ hergestellt (4 FeAsS + 4 FeS $\rightarrow$ 8 FeS + As$_4$S$_4$). Das rote Pulver wird beim Erhitzen schwarz und in der Pyrotechnik und in der Gerberei-Industrie verwendet. **Arsentrisulfid** (Arsen-(III)-sulfid, Auripigment, Rauschgelb), **As$_2$S$_3$**, entsteht durch Zusammenschmelzen der Elemente im richtigen Verhältnis. Es findet Verwendung bei der Herstellung von IR-durchlässigen Gläsern, in Photohalbleitern und als Pigment (Königsgelb). **Antimontrisulfid** (Antimonglanz), **Sb$_2$S$_3$**, fällt in orangeroter Form aus sauren Sb(III)-Salz-Lösungen beim Einleiten von H$_2$S aus. Diese instabile Modifikation wandelt sich beim Erhitzen in den grauen Grauspießglanz um. Er dient zur Herstellung anderer Sb-Verbindungen und findet direkte Verwendung in der Pyrotechnik, für Rubingläser, Tarnanstriche und zum Vulkanisieren von Gummi. **Antimon(V)-sulfid** (Antimonpentasulfid), **Sb$_2$S$_5$**, wird in Zündköpfen von Streichhölzern verwendet. **Bismut(III)-sulfid** (Bismuttrisulfid), **Bi$_2$S$_3$**, ist eine stahlgraue bis zinnweiße Substanz, die in der Natur als *Bismutglanz* vorkommt. **Bismutvanadat, BiVO4**, wird als anorganisches Gelbpigment (Zusammensetzung BiVO$_4$ bis 4 BiVO$_4$ · 3 BiMoO$_3$) in Anstrichstoffen und Kunststoffen als Alternative zu Bleichromat-Pigmenten eingesetzt.

Bismutpräparate spielen wie As- oder Sb-Präparate in der Chemotherapie eine Rolle. Zum Einsatz gelangen Bi-Nitrat, -carbonat, -gallat, -salicylat u. a. Die Bedeutung dieser Präparate ist aber auf Grund von Nebenwirkungen, vor allem basischer Bi-Verbindungen, stark zurückgegangen.

13.6   Elemente der 16. Gruppe (VI. Hauptgruppe)
13.6.1   Allgemeines

Die fünf Elemente Sauerstoff (O), Schwefel (S), Selen (Se), Tellur (Te) und Polonium (Po) bilden die 16. Gruppe (6. Hauptgruppe) des PSE. Den Namen *Chalkogene* (gr.: Erzbildner) tragen diese Elemente, weil inbesondere O und S maßgeblich am Aufbau der natürlichen Erze beteiligt sind.

Tabelle 13-6: Einige physikalische und chemische Eigenschaften der Elemente der 16. Gruppe

	O	S	Se	Te	Po
Schmelzpunkt in °C	−218,75	119,6	220,5	449,8	254
Siedepunkt in °C	−182,97	444,6	684,8	1390	962
Standardpotenzial in V					
$E(0)/EH_2$ (sauer)	+1,229	+0,142	−0,399	−0,718	< −1,00
$E(0)/E^{2-}$ (alkalisch)	+0,401	−0,447	−0,920	−1,143	< −1,40
EO_4^{2-}/H_2EO_3 (sauer)	——	+0,172	+1,150	+1,020	+1,52
EO_4^{2-}/EO_3^{2-} (alkalisch)	——	−0,930	+0,400		
Metallcharakter	Nichtmetall ⟶		nimmt zu	⟶ Metall	
Affinität zu elektropos. Elementen	⟶		nimmt ab	⟶	
Affinität zu elektroneg. Elementen	⟶		nimmt zu	⟶	
Saurer Charakter der (Hydr-)oxide	⟶		nimmt ab	⟶	
Salzcharakter der Halogenide	⟶		nimmt zu	⟶	
Allgemeine Reaktionsfähigkeit	⟶		nimmt ab	⟶	
Beständigkeit der H-Verbindungen	⟶		nimmt ab	⟶	

Der metallische Charakter der Elemente der 16. Gruppe nimmt mit steigender Atommasse zu. O und S sind Nichtmetalle, Se weist bereits eine metallische Modifikation auf, und bei Te und Po ist diese schon die bevorzugte. Parallel dazu bilden die drei schweren Elemente mit Säuren auch Salze, in denen sie das Kation sind, Po tritt in wässriger Lösung als Po^{2+} auf. Gegenüber elektropositiven Elementen wie H oder Metallen sind die Chalkogene nur zweiwertig, gegenüber elektronegativen Elementen wie O oder Hal kommen sie in den Oxidationsstufen +2, +4 und +6 (außer O) vor. Mit steigender Atommasse wird die Stufe +4 gegenüber der Stufe +6 immer wichtiger, z. B. ist H_2SeO_4 bereits ein starkes Oxidationsmittel, während H_2SO_3 ein Reduktionsmittel ist. Der saure Charakter der Oxide und Hydroxide nimmt in der Gruppe von oben nach unten ab, wobei H_2SO_4 eine sehr starke und H_6TeO_6 eine sehr schwache Säure ist. Die Stabilität der H-Verbindungen der Chalkogene nimmt von unten hin ab; H_2O ist eine sehr stabile Verbindung, H_2Po eine sehr instabile.

Allgemeine Reaktionen der Elemente der 16. Gruppe

$E + H_2O$ $\rightarrow$ keine Reaktion
$3 E + 4 HNO_3$ $\rightarrow$ $3 EO_2 + 2 H_2O + 4 NO$
$E + O_2$ $\rightarrow$ $EO_2 (SO_3)$
$EO_3 + H_2O$ $\rightarrow$ H_2EO_4 (Ausnahmen: O, H_6TeO_6)
$E + 3 F_2$ $\rightarrow$ EF_6 (Ausnahme: O)
$2 E + Cl_2$ $\rightarrow$ E_2Cl_2 (Ausnahme: O)
$E + H_2$ $\rightarrow$ H_2E (Ausnahme: Te)

Die Chalkogene reagieren nicht mit H_2O oder nichtoxidierenden Säuren. Einzig S reagiert mit Basen unter Disproportionierung. Mit konz. HNO_3 reagieren sie, mit Ausnahme von O, zu *Dioxiden*, die ihrerseits mit H_2O *Oxosäuren* bilden. Die Dioxide entstehen auch bei der Verbrennung der Elemente an Luft, wobei S bis zum SO_3 weiter reagieren kann. Die Trioxide bilden mit H_2O Elementsäuren. Mit F reagieren die Chalkogene (Ausnahme: O) zu den *Hexafluoriden*, mit Chlor zu E_2Cl_2. Die Wasserstoffverbindungen können aus den Elementen gewonnen werden, wobei der saure Charakter dieser mit Ausnahme von H_2O widerlich riechenden und sehr giftigen Verbindungen von oben nach unten stark zunimmt.

A O C

13.6.2   Sauerstoff und Sauerstoffverbindungen

Elementsymbol: O (*oxygenium*, lat.: Säurebildner); **natürliche Isotope:** $^{16}_{8}O$ (99,762%), $^{17}_{8}O$ (0,038%), $^{18}_{8}O$ (0,200%); es sind noch fünf instabile Isotope mit Halbwertszeiten zwischen 2,03 min und 8,9 ms bekannt; **wichtige Oxidationsstufen:** -1, -2. O wurde 1772 von K. SCHEELE und J. PRIESTLEY bei der Untersuchung von Verbrennungsvorgängen entdeckt.

Vorkommen: Sauerstoff ist mit ca. 50% am Aufbau der Erdrinde sowie der umgebenden Luft- und Wasserhülle beteiligt und damit das häufigste Element auf der Erde. Luft besteht zu 23,16 Gew.-% bzw. 20,95 Vol.-% aus O_2, Meerwasser zu 85,8%. In der Erdrinde kommt er in Form von Oxiden und Oxosalzen (Carbonaten, Silicaten usw.) vor.

Physiologie: Sauerstoff ist Bestandteil der meisten organischen Verbindungen. Mit Ausnahme der anaeroben Organismen ist O_2 für alle Organismen lebensnotwendig. Atmungsgase für Menschen müssen mindestens 7% O_2 enthalten, reines O_2 ist dagegen über längere Zeit schädlich. Beim Menschen geht eingeatmeter O in den Lungenbläschen ins Blut über, wo er vom Hämoglobin der roten Blutkörperchen als Oxyhämoglobin gebunden und zu den einzelnen Zellen geführt wird. In den Zellen oxidiert er mit Hilfe von Enzymen die bereitgestellten Nährstoffe, meist Traubenzucker, zu CO_2 und H_2O. Die dabei frei werdende Energie nutzt der Körper.

Elementarer Sauerstoff, O$_2$

Herstellung: Durch *Luftzerlegung*: s. Abschn. 13.5.2. In kleineren Mengen durch *Elektrolyse* von H$_2$O oder durch Erhitzen eines Gemisches aus KClO$_3$ und MnO$_2$. In technischen Prozessen wird oft 60 ...80%iger O$_2$ eingesetzt, der durch Anreicherung aus Luft z. B. mit Zeolithen erhalten wird (pressure swing absorption). In Raum- und Unterwasserfahrzeugen wird er aus Hyperoxiden freigesetzt. Für technische Prozesse genügt oft auch 60...80%iger O$_2$, der mit Zeolithen oder Kohlenstoff-Molekularsieben angereichert wird (s. a. Stickstoff).

Eigenschaften: O$_2$ ist unter Normalbedingungen ein farbloses, in dicken Schichten bläuliches, geruch- und geschmackloses, paramagnetisches Gas, das sich zu einer bläulichen Flüssigkeit verdichten lässt und bei –218,75 °C zu hellblauen Kristallen erstarrt. Seine Wasserlöslichkeit (3,03 Vol.-% bei 20 °C), die besser ist als die von N$_2$, nimmt mit steigender Temperatur ab. Es bildet mit fast allen Elementen Verbindungen, meist *Oxide*, teilweise aber auch *Peroxide*. Diese Reaktionen *(Oxidationen)*, die z. T. viel Energie freisetzen, laufen jedoch oft erst bei erhöhten Temperaturen ab, sodass sie erst durch „Zünden" in Gang gebracht oder katalysiert werden müssen. Dabei ist reiner O$_2$ reaktiver als Luft. In flüssigem O$_2$ erfolgen solche Reaktionen oft explosionsartig, besonders bei pulverförmigen Substanzen. Unter Flammenerscheinung erfolgende Oxidationen nennt man *Verbrennungen*. Die unerwünschte Reaktion von Metallen mit O$_2$ nennt man **Korrosion**. Das einzige Element, mit dem O Verbindungen in Oxidationsstufen > 0 bildet, ist F.

Verwendung: An Stelle von O$_2$ wird in Verbrennungsprozessen vielfach Luft eingesetzt. Häufig verwendet wird O$_2$ in der Metallurgie und Metallbearbeitung. Er dient zur Herstellung von H$_2$SO$_4$, HNO$_3$, Synthesegas und für Oxidationsreaktionen in der organischen Chemie. Mit Sauerstoff/Wasserstoff-Gebläsebrennern werden sehr hohe Temperaturen erreicht, z. B. in der Glasindustrie. Flüssiger O$_2$ wird als Raketentreibstoff genutzt. Daneben findet er noch zahlreiche Anwendungen zum Bleichen, in der Medizin, Zementindustrie, Messtechnik, in Brennstoffzellen, bei der Halbleiterfertigung, zur biologischen Abwasserreinigung.

Ozon, O$_3$

Es ist ein bläuliches, charakteristisch riechendes, sehr giftiges Gas. Das diamagnetische Gas mit einem Siedepunkt von –110,51 °C ist metastabil und zerfällt bei Energiezufuhr, z. B. UV-Licht oder Wärme, rasch (2 O$_3$ $\longrightarrow$ 3 O$_2$). Ozon entsteht aus O$_2$ oder Luft durch Funkenüberschlag, stille elektrische Entladungen oder die Einwirkung von UV-Strahlung. Auch elektrolytisch entstandener O$_2$ kann bei hohen Stromdichten Ozon enthalten. Als sehr starkes Oxidationsmittel wirkt Ozon wesentlich stärker oxidierend als O$_2$. Mit Ag bildet es ein Peroxid, Alkohole und Ether entzünden sich beim Kontakt mit Ozon spontan. Es wird an Stelle von Cl$_2$ zur Desinfektion von Trinkwasser und als Bleichmittel eingesetzt. In der Lufthülle, die ca. 3 · 10^{-6} Vol.-% Ozon enthält, entsteht es in der Stratosphäre (ca. 25 km Höhe) durch energiereiche Sonnenstrahlung, wodurch diese absorbiert und so vom Erdboden fern gehalten wird. In Bodennähe ist Ozon schädlich und entsteht photolytisch aus Kraftfahrzeug- und Kraftwerksabgasen (Sommersmog).

Sauerstoffverbindungen

Oxide und Hydroxide

Siehe auch Abschn. 12.2.1 und 12.2.2. Die Oxide von Nichtmetallen sind überwiegend Säureanhydride, d.h., sie reagieren mit H_2O zu Säuren ($EO_x + y\, H_2O \rightarrow H_{2y}EO_{x+y}$). Der saure Charakter der Metalloxide hängt von der Oxidationsstufe des Metalls ab. In niedrigen Oxidationsstufen, bei großen Ionen also, sind Metalloxide *Basen*, z.B. Na_2O, CaO, FeO. Mit zunehmender Oxidationsstufe reagieren die Metalloxide saurer. Die Metalloxide in den Oxidationsstufen +4 und höher mit kleinen Metallionen sind wie die Nichtmetalloxide *Säureanhydride*, z.B. CrO_3, V_2O_5. Dazwischen liegen die *amphoteren Oxide*, die sowohl als Basen als auch als Säuren reagieren können, d.h., sie bilden mit Säuren Salze mit Metallkationen und mit Basen solche mit Metallat-Anionen.

Oxide und Hydroxide sind oft farbig, was bei solchen mit Valenzelektronen in d- oder f-Orbitalen auf d-d- bzw. f-f-Übergängen beruht.

Peroxide leiten sich vom H_2O_2 ab und enthalten das O_2^{2-}-Ion. Es sind die Peroxide von Alkali- und Erdalkalimetallen sowie von einigen d-Elementen bekannt. Die Übergangsmetalle bilden bevorzugt *Peroxokomplexe* mit einem Dreiring aus dem Metallatom, dem Peroxoliganden. Anorganische Peroxide neigen im Kontakt mit organischer Materie zu explosiver Zersetzung. Wichtige Peroxide sind Na_2O_2 und BaO_2.

Hyperoxide enthalten das O_2^--Ion und sind nur von den schweren Alkalimetallen bekannt.

Wasserstoffperoxid und Peroxoverbindungen s. Abschn. 12.1.5.

13.6.3   Schwefel und Schwefelverbindungen

Elementsymbol: S (*sulphur*, lat.: Schwefel); **natürliche Isotope**: $^{32}_{16}S$ (95,02 %), $^{33}_{16}S$ (0,75 %), $^{34}_{16}S$ (4,21 %), $^{36}_{16}S$ (0,02 %); es sind noch 6 **instabile Isotope** mit Halbwertszeiten zwischen 87,4 d und 187 ms bekannt; **wichtige Oxidationsstufen**: –2, +4, +6. S war bereits im Altertum bekannt und wurde 1777 von A. DE LAVOISIER als Element erkannt.

Vorkommen: S ist mit einem Anteil von ca. 0,05 % in der Erdrinde enthalten. Er kommt sowohl gediegen als auch in gebundener Form als *Sulfid* oder *Sulfat* in Sedimenten und vulkanischen Ablagerungen vor. Sulfidische S-Mineralien werden als *Kiese*, *Blenden* und *Glanze* bezeichnet, z.B. Eisenkies (Schwefelkies, Pyrit) FeS_2, Kupferkies $CuFeS_2$, Bleiglanz PbS oder Zinkblende ZnS. Wichtige Sulfat-Erze sind z.B. die Calciumsulfate *Gips* $CaSO_4 \cdot 2\,H_2O$ und *Anhydrit* $CaSO_4$, die Magnesiumsulfate *Bittersalz* $MgSO_4$ und *Kieserit* $MgSO_4 \cdot H_2O$, Bariumsulfat *(Schwerspat)* $BaSO_4$, Strontiumsulfat *(Coelestin)* $SrSO_4$ und Natriumsulfat *(Glaubersalz)* $Na_2SO_4 \cdot 10\,H_2O$. Außerdem ist S als Bestandteil von Eiweißstoffen auch organisch gebunden im Tier- und Pflanzenreich, einschließlich daraus hervorgegangener fossiler Rohstoffe wie Erdgas (H_2S), Erdöl oder Kohle, die bis zu 8 % S enthalten können.

Physiologie: Elementarer S zeigt auf niedere und höhere Tiere kaum Wirkung. In Form von H_2S oder SO_2 ist er aber giftig, sodass elementarer S dann giftig wirkt, wenn er in Berührung mit einem Organismus in eine dieser Verbindungen überführt wird. Darauf beruht sein Einsatz als Schädlingsbekämpfungsmittel. Als Bestandteil verschiedener Aminosäuren findet er sich in allen Organismen. Bei der Verwesung wird dieser Schwefel in Form von H_2S oder Mercaptanen wieder freigesetzt, worauf der Verwesungsgeruch beruht.

Elementarer Schwefel

Gewinnung: Aus Elementarschwefelvorkommen wird S nach dem FRASCH-Verfahren durch Einpressen von heißem Wasser unter Druck und Herauspumpen des geschmolzenen S gewonnen. Bei oberflächennahen Vorkommen wird er bergmännisch abgebaut und durch Flotation, Ausschmelzen oder Destillation isoliert. Von wachsender Bedeutung ist die Gewinnung aus H_2S, das bei der Verarbeitung fossiler Rohstoffe anfällt. Dieses wird nach dem CLAUS-Prozess in zwei Stufen zum S oxidiert ($2\ H_2S + O_2 \longrightarrow S_2 + 2\ H_2O$, $2\ H_2S + SO_2 \longrightarrow 3/8\ S_8 + 2\ H_2O$). Nach dem OUTO-KUMPO-Verfahren wird S durch Erhitzen von FeS_2 auf $1200\,°C$ unter Luftausschluss erhalten.

Eigenschaften: S ist ein geruchloses, gelbes Nichtmetall, das in zahlreichen, z. T. noch nicht vollständig aufgeklärten Modifikationen auftritt. Fester S existiert in zwei Modifikationen. Eine davon ist der unter Normalbedingungen thermodynamisch beständige **rhombische Schwefel** oder **α-Schwefel**, der wasserunlöslich ist, leicht löslich jedoch in CS_2 oder HCl_3. Oberhalb von $95{,}6\,°C$ wandelt er sich in den **monoklinen Schwefel** oder **β-Schwefel** um, der ebenfalls in CS_2 leicht löslich ist und bei $100\,°C$ im Hochvakuum sublimiert wird. Beide Modifikationen weisen S_8-Ringe als Grundstruktur auf. Bei $119{,}6\,°C$ schmilzt der β-S und bildet eine hellgelbe, dünne Flüssigkeit, den **λ-Schwefel**, auch **cyclo-Octaschwefel** genannt, die aus CS_2 als α-S auskristallisiert. Mit steigender Temperatur entsteht aus λ-S der **μ-Schwefel** oder **catena-Schwefel**, der mit dem λ-S in einem temperaturabhängigen Gleichgewicht steht, das bei $159\,°C$ überwiegend beim μ-S liegt. Dieser ist dunkelbraun, harzartig, besteht aus langen S_x-Kettenmolekülen mit Helixstruktur und ist unlöslich in CS_2. Er siedet bei $444{,}6\,°C$. Der orangefarbene Dampf besteht je nach Temperatur aus S_8, S_7...S_2-Molekülen. Oberhalb von $1800\,°C$ liegen einzelne S-Atome vor. **Plastischer Schwefel** entsteht durch Abschrecken einer S-Schmelze und besteht aus λ- und μ-S. Durch CS_2 lässt sich der λ-S abtrennen. **Schwefelblüte** oder **Schwefelblume** schlägt sich als feines, gelbes Pulver aus S-Dampf auf kühlen Flächen nieder.

S ist ein schlechter Wärme- und Stromleiter und verbindet sich schon bei mäßig erhöhter Temperatur, teilweise unter großer Wärmeabgabe, mit fast allen Elementen außer Au, Pt, Ir, Te, I und den Edelgasen. An Luft verbrennt er nach Entzündung mit blauer Flamme zu SO_2. Er wird von oxidierenden Säuren und Alkali angegriffen. In $(NH_4)_2S$-Lösungen löst er sich unter Polysulfidbildung.

Verwendung: S gehört neben fossilen Rohstoffen, Salz und Kalk zu den Basisrohstoffen der chemischen Industrie. 80...90 % des S wird für die Herstellung von H_2SO_4 verbraucht. Der Rest dient zur Erzeugung von SO_2, als Kautschukvulkanisationsmittel, zur Herstellung von CS_2 und P_2S_5, von Kitten, Schwarzpulver, Schwefelfarben und Papier. Es werden schwefelhaltige Straßenbeläge getestet.

Schwefelverbindungen

Dihydrogensulfid (Sulfan, Schwefelwasserstoff), H_2S

H_2S ist ebenso giftig wie Blausäure und lähmt das Atemzentrum und die Atmungs-fermente. Die tödliche Konzentration liegt bei 2 mg pro Liter Luft.

H_2S ist ein farbloses, nach faulen Eiern riechendes Gas, das in großen Mengen im Erdöl und besonders im Erdgas vorkommt. Daneben findet man es in Gasen, die in vulkanischen Gegenden aus der Erde strömen, und in geringen Mengen gelöst in einigen Mineralquellen. Bei einer Reihe von chemischen Reaktionen fällt es als Ne-benprodukt an. Technisch hergestellt wird es katalytisch aus den Elementen. Im La-bormaßstab kann es auch aus vielen Sulfiden, z. B. FeS, mit starken Säuren im Kipp' schen Apparat freigesetzt werden. In Wasser reagiert es sauer und bildet als zweiba-sische Säure zwei Reihen von Salzen, die **Hydrogensulfide M^IHS** und die **Sulfide M^I_2S**. Erstere sind in H_2O gut löslich, von den Sulfiden nur die Alkali- und Erdalka-lisulfide sowie (NH_4)-, Al- und Cr(III)-sulfid. Im gasförmigen und gelösten Zustand ist H_2S ein mittelstarkes Reduktionsmittel, wobei es selbst zum S oxidiert wird. Ver-wendung findet H_2S als Ausgangsprodukt für NaHS und Na_2S, für organische S-Ver-bindungen und in einigen Anlagen zur Produktion von schwerem Wasser.

Polyhydrogensulfide (Polysulfane), H_2S_n (n = 2, 3, 4, ...), sind gelbe bis braunrote Flüssigkeiten, die bereits durch Spuren von Alkalilaugen zersetzt werden [H_2S_n → $H_2S + (n-1)$ S]. Sie bestehen aus kettenförmigen Molekülen, sind unlöslich in H_2O, löslich in CS_2 und Benzol.

Schwefeloxide und Schwefelsäuren

Neben den technisch wichtigen Oxiden SO_2 und SO_3 kennt man noch eine ganze Reihe von S-Oxiden (wie SO, S_2O, S_2O_3) und Peroxiden (wie SO_4 oder S_2O_7), die lediglich von wissenschaftlichem Interesse sind. Auf Grund seiner verschiedenen Oxidationsstufen bildet S eine Reihe von Oxosäuren, in denen der O zusätzlich noch durch S ersetzt sein kann. Von technischem Interesse sind neben H_2SO_4 bei den Oxo-säuren vor allem H_2SO_3, bei den Thiooxosäuren $H_2S_2O_3$ (Thioschwefelsäure, insta-bil), bei den Di-S-Säuren $H_2S_2O_6$ (Di-S-säure, frei nicht bekannt) und bei den Peroxo-S-säuren $H_2S_2O_8$ (Peroxodischwefelsäure) bzw. deren Salze.

Schwefeldioxid, SO_2, kommt in vulkanischen Gasen vor und wird bei einer Vielzahl technischer Prozesse wie dem Verbrennen fossiler Brennstoffe, Schmelzen und Rös-ten von Erzen, bei Bleichprozessen oder bei der Papier- und Glasherstellung frei. Technisch hergestellt wird es durch Verbrennung von S, Abrösten von FeS_2, ZnS oder Pb-Sulfiden, Spaltung von $CaSO_4$ oder $FeSO_4 \cdot x\ H_2O$ oder Spalten von Abfall-schwefelsäure. Das farblose, stechend riechende, giftige Gas mit einem Siedepunkt von $-10\ °C$ lässt sich leicht zu einer farblosen, leicht beweglichen Flüssigkeit kon-densieren, ist ein gutes polares Lösemittel und wird in Stahlflaschen oder Kessel-wagen transportiert. Der größte Teil des hergestellten SO_2 wird zur H_2SO_4-Produk-tion verwendet. Weitere Verwendungen sind die Produktion S-haltiger Chemikalien (wie Sulfite, Thiosulfate), der Einsatz in der Zellstoffproduktion, in der Mn-Erz-aufbereitung, bei der Mineralölaufbereitung zur Abtrennung S-haltiger Verunreini-gungen und als Desinfektions- und Reinigungsmittel.

In Wasser löst es sich gut unter Bildung von **schwefliger Säure, H₂SO₃** ($SO_2 + H_2O$ → H_2SO_3). Diese ist eine schwache, zweibasische Säure, die nur in Lösung beständig ist. Diese bildet zwei Reihen von Salzen, die **Sulfite** und die **Hydrogensulfite**. Technisch wichtig sind $NaHSO_3$ aus SO_2 und NaOH, $Na_2S_2O_5$ (Natriumdisulfit) aus SO_2 + NaOH in gesättigter $NaHSO_3$-Lösung und Na_2SO_3 aus SO_2 + NaOH in gesättigter Na_2SO_3-Lösung, welche in der Foto-, Papier-, Textil- und Lederindustrie Verwendung finden, sowie $Ca(HSO_3)_2$ aus SO_2 + $CaCO_3$ zur Sulfitcellulose-Herstellung.

Schwefeltrioxid, SO₃, wird bei der H_2SO_4-Produktion durch katalytische Oxidation von SO_2 als Zwischenprodukt hergestellt. Reines SO_3 wird durch Destillation von Oleum in Fallfilm- oder Umlaufverdampfern gewonnen *(Oleostripping)*. Die farblose, an Luft stark rauchende, eisartige, in drei Modifikationen existierende Masse (je nach Modifikation verschiedene Schmelzpunkte) ist ein starkes Oxidationsmittel und reagiert mit H_2O unter starker Wärmeentwicklung zu H_2SO_4. Viele organische Verbindungen werden durch SO_3 vollständig dehydratisiert. Es wird zur Herstellung von Chlorsulfonsäure, Thionylchlorid, Aminosulfonsäure, Dimethylsulfat und zur Sulfonierung organischer Substanzen, besonders für die Waschmittelindustrie, eingesetzt.

Schwefelsäure, H₂SO₄, s. Abschn. 12.2.1.

Schwefelkohlenstoff (Carbondisulfid), **CS₂,** ist eine farblose, giftige, übel riechende, feuergefährliche Flüssigkeit mit einem Siedepunkt von 46,25 °C. Es ist ein sehr gutes Lösungsmittel für S, P, Br, I und viele organische Substanzen. Mehr als die Hälfte des erzeugten CS_2 werden zur Faserherstellung in der Viskoseindustrie benötigt. Kleine Mengen dienen zur Erzeugung von Cellophan und zur Herstellung von CCl_4, Vulkanisationsbeschleunigern, Flotationshilfsmitteln, Korrosionsinhibitoren, Pflanzenschutzmitteln und Zwischenprodukten für Pharmazeutika.

Thioschwefelsäure (Monosulfanmonosulfonsäure), **H₂S₂O₃,** ist eine bei Raumtemperatur instabile, ölige, farblose Flüssigkeit. Die starke, zweibasische Säure bildet zwei Reihen von Salzen, von denen allerdings nur die **Thiosulfate** beständig sind. Wichtige Thiosulfate sind **Natriumthiosulfat, Na₂S₂O₃,** und **Ammoniumthiosulfat, (NH₄)₂S₂O₃.** $(NH_4)_2S_2O_3$ wird durch Umsetzung von S mit einer Lösung von SO_2 in wässrig ammonikalischem Medium hergestellt. Es dient wie das Na-Salz als *Fixiersalz* in der Fotoindustrie.

Peroxodischwefelsäure, H₂S₂O₈, wird technisch durch Oxidation von H_2SO_4 an Platin-Anoden bei hohen Stromdichten hergestellt (2 H_2SO_4 → $H_2S_2O_8 + H_2$). Sie ist ein starkes Oxidationsmittel und unterliegt in wässriger Lösung rasch der Hydrolyse ($H_2S_2O_8 + H_2O$ → $H_2SO_5 + H_2SO_4$, $H_2SO_5 + H_2O$ → $H_2SO_4 + H_2O_2$). Das entstehende H_2O_2 kann abdestilliert werden. Diese Reaktion wird, wenn auch nur noch in beschränktem Maße, zur Herstellung von H_2O_2 genutzt. Von den Salzen des $H_2S_2O_8$ sind das **Kaliumperoxodisulfat K₂S₂O₈** und das **Ammoniumperoxodisulfat (NH₄)₂S₂O₈** schwer löslich und deshalb leicht zu gewinnen. **Peroxomonoschwefelsäure H₂SO₅** heißt auch Caro'sche Säure.

Schwefelhexafluorid, SF_6, wird in exothermer Reaktion aus den Elementen hergestellt. Das farb- und geruchlose, sehr reaktionsträge Gas findet auf Grund seiner hohen Werte für die Permittivitätszahl, seiner Durchschlagsfestigkeit und Ungiftigkeit Verwendung als *Schutzgas* in Hochspannungsanlagen, zur Verhinderung des Entzündens von Mg-Schmelzen beim Gießen und auf Grund seiner für ein Gas hohen molaren Masse als *Isoliergas* in Mehrfachfenstern.

Dischwefeldichlorid (Dichlorsulfan, Chlorschwefel), S_2Cl_2, wird durch Einleiten von Cl_2 in flüssigen S hergestellt. Die orangegelbe, an feuchter Luft rauchende, übel und stechend riechende Flüssigkeit vermag große Mengen S zu lösen und wird deshalb beim Vulkanisieren von Kautschuk eingesetzt. Es ist u. a. Ausgangsprodukt für $SOCl_2$, SCl_2 und SF_4. Mit Polyolen liefert es Additive für Hochdruckschmiermittel und Schneidöle.

Thionylchlorid, $SOCl_2$, ist eine farblose, an feuchter Luft stark rauchende Flüssigkeit, die aus SO_2 bzw. SO_3 und Cl_2 mit SCl_2 bzw. S_2Cl_2 erhalten wird. Als Säurechlorid der schwefligen Säure ist sie ein wichtiges Chlorierungsmittel in der chemischen Industrie. **Sulfurylchlorid, SO_2Cl_2,** bildet sich direkt aus SO_2 und Cl_2 an Aktivkohle als Katalysator. Das Säurechlorid der Schwefelsäure dient als Chlorierungs- und Sulfochlorierungsmittel in der organischen Chemie.

Fluorschwefelsäure, FSO_2OH, wird aus SO_3 und HF hergestellt und als Fluorierungsmittel, Katalysator und zum Polieren von Bleiglas verwendet.

Chlorsulfonsäure (Chloroschwefelsäure), $ClSO_2(OH)$, wird aus flüssigem oder gasförmigem SO_3 und HCl hergestellt. Die an feuchter Luft stark rauchende Flüssigkeit dient bei organischen Synthesen als Kondensationsmittel und zur Sulfonierung langkettiger aliphatischer Alkohole.

13.6.4   Selen, Tellur, Polonium und ihre Verbindungen

Elementsymbole und Isotope:

Selen (*selene*, gr.: Mond): Se; natürliche Isotope: $^{74}_{34}$Se (0,9 %), $^{76}_{34}$Se (9,0 %), $^{77}_{34}$Se (7,6 %), $^{78}_{34}$Se (23,5 %), $^{80}_{34}$Se (49,6 %), $^{82}_{34}$Se (9,2 %); es sind noch 18 instabile Isotope mit Halbwertszeiten zwischen $6{,}5 \cdot 10^4$ a und 0,27 s bekannt.

Tellur (*tellus*, lat.: Erde): Te; natürlich vorkommende Isotope: $^{120}_{52}$Te (0,096 %), $^{122}_{52}$Te (2,60 %), $^{123}_{52}$Te (0,908 %), $^{124}_{52}$Te (4,816 %), $^{125}_{52}$Te (7,14 %), $^{126}_{52}$Te (18,95 %), $^{128}_{52}$Te (31,7 %), $^{130}_{52}$Te (34,5 %); es sind noch 22 instabile Isotope mit Halbwertszeiten zwischen 154 d und 1,41 s bekannt.

Polonium (nach Polen, dem Heimatland von M. CURIE): Po; natürliche Isotope: $^{210}_{84}$Po ist ein radioaktives Zerfallsprodukt (Halbwertszeit 138,38 d, α-Strahler) der Uranreihe; es sind noch 26 Isotope mit Halbwertszeiten zwischen 102 Jahren und wenigen 0,3 µs bekannt.

Wichtige Oxidationsstufen: -2, $+4$, $+6$

Vorkommen: Mit ca. 10^{-5} % (Se), $2 \cdot 10^{-7}$ % (Te) bzw. 10^{-14} % (Po) Anteil in der Erdrinde sind Se, Te und Po seltene Elemente. Se und Te kommen spurenweise in vielen Sulfiden als Selenide oder Telluride vor. Se-Mineralien, z. B. PbSe oder Hg_2Se, sind selten und meist mit S-Mineralien vergesellschaftet. Te ist in einzelnen Erzen wie Tellurobismutit Bi_2Te_3, Tetradymit Bi_2Te_2S, stärker angereichert als Se. Beide kommen, wenn auch selten, gediegen vor.

Po wird durch Bestrahlen von Bi mit Neutronen hergestellt oder als natürlicher Bestandteil in Tabak gefunden.

Physiologie: Obwohl Se ein essenzielles Spurenelement ist, sind Se und seine Verbindungen sehr giftig, wesentlich giftiger als Te und seine Verbindungen.

Elementares Se, Te und Po

Herstellung: Se und Te fallen hauptsächlich bei der elektrolytischen Cu-Raffination im Anodenschlamm an, aus dem sie durch Oxidation zu Seleniten bzw. Telluriten abgetrennt werden, welche dann mit SO_2 zu den Elementen reduziert werden. Po: s. o.

Eigenschaften: Se tritt wie Te in mehren Modifikationen auf: vier roten, der unter Normalbedingungen stabilen, metallischen, grauen und zwei schwarzen. Braunes, amorphes Te wandelt sich bereits bei Raumtemperatur in die stabile metallische Modifikation um. Die metallischen Modifikationen sind Halbleiter. Von Po sind nur zwei metallische Modifikationen bekannt.

Verwendung: Als (Photo-)Halbleiter wird Se vor allem in der Halbleiterindustrie verwendet. Der Einsatz in Pigmenten (Cadmiumrot bzw. -orange) ist stark zurückgegangen. Se wird aber noch in Form von Verbindungen zum Einfärben von Glas benutzt.

Te wird u. a. als Legierungsbestandteil in Stählen, Cu-Legierungen (verbesserte Bearbeitbarkeit), Pb- und Sn-Legierungen (bessere mechanische Eigenschaften und Korrosionsbeständigkeit) verwendet. Als Ferrotellur (50...80 % Te) dient es als Stabilisator für C in der Eisengießerei, ferner findet es in der Halbleiterindustrie, z. B. als Photohalbleiter, und als Vulkanisierhilfsmittel Verwendung.

Po dient als Wärmequelle für elektrische Batterien in Satelliten und zusammen mit Be-Targets als Neutronenquelle.

Se-, Te- und Po-Verbindungen

Chemisch sind Se, Te und Po dem S sehr ähnlich, wobei die Oxidationsstufe +6 schwerer erreicht wird und die Stufe +4 die wichtigere ist. Die niedrigeren Oxidationsstufen –2 und +2 spielen nur eine untergeordnete Rolle.

H-Verbindungen: Dihydrogenselenid (Selenwasserstoff), **H_2Se,** ist ein übel riechendes, sehr giftiges Gas. **In- und Ga-Selenid** finden Verwendung in der Halbleiterindustrie. **Telluride** werden in der Supraleiter- und Halbleitertechnik eingesetzt.

O-Verbindungen: Selendioxid, SeO_2, und **Tellurdioxid, TeO_2,** entstehen beim Verbrennen der Elemente an Luft und lösen sich in Wasser unter Bildung von H_2SeO_3 und H_2TeO_3, deren Salze **Selenite** bzw. **Tellurite** heißen. Die Elementsäuren H_2SeO_4 und $Te(OH)_6$ sind stärkere Oxidationsmittel als H_2SO_4. Ihre Salze heißen **Selenate** bzw. **Tellurate**.

13.7   Elemente der 17. Gruppe (VII. Hauptgruppe)
13.7.1   Allgemeines

Die fünf Elemente Fluor (F), Chlor (Cl), Brom (Br), Iod (I) und Astat (At)
bilden die 17. Gruppe (7. Hauptgruppe) des PSE. Den Namen *Halogene*
(gr.: Salzbildner) tragen diese Elemente, weil ihre Metallverbindungen
meist den Charakter von Salzen (in der Art von Kochsalz) haben.

Tabelle 13-7:   Einige physikalische und chemische Eigenschaften der Elemente der
17. Gruppe

	F	Cl	Br	I	At
Schmelzpunkt in °C	−219,61	−101	−7,25	113,6	≈ 300
Siedepunkt in °C	−188,14	−34,06	+58,78	185,24	≈ 370
Standardpotenzial in V					
E_2/E^- (sauer)	2,87	+1,3595	+1,065	+0,536	+0,25
HEO/E_2	——	+1,6300	+1,595	+1,450	+1,00
EO_3^-/E_2	——	+1,4700	+1,520	+1,196	+1,40
EO_4^-/E_2	——	+1,3900	+1,580	+1,340	+1,50
Nichtmetallcharakter			nimmt ab		
Affinität zu elektropos. Elementen			nimmt ab		
Affinität zu elektroneg. Elementen			nimmt zu		
Saurer Charakter der Halogen-wasserstoffe			nimmt zu		
Allgemeine Reaktionsfähigkeit			nimmt ab		
Beständigkeit der H-Verbindungen			nimmt ab		

Der Siedepunkt der Halogene nimmt mit steigender Molmasse zu. F_2 und
Cl_2 sind Gase, Br_2 ist eine Flüssigkeit, und I_2 und At_2 sind Feststoffe. In
der gleichen Richtung beobachtet man eine *Farbvertiefung*. F ist fast
farblos, Cl grüngelb, Br rotbraun und I in festem Zustand grauschwarz, in
der Gasphase violett. Alle fünf Halogene sind Nichtmetalle, wobei der
metallische Charakter von oben nach unten in der Gruppe zunimmt. Bei
I sind schon metallischer Glanz und elektrische Leitfähigkeit zu beobachten. Allgemein nimmt die Reaktionsfähigkeit der Halogene vom F zum At
ab. Die Affinität zu elektropositiven Elementen, wie z. B. H, fällt ebenfalls
in dieser Richtung. HF ist eine sehr stabile Verbindung, während HI
bereits merklich instabil ist. Die Oxidationsstufe in solchen Verbindungen
ist −1. Jedes Halogen kann die in der Gruppe unter ihm stehenden Elemente aus ihren H-Verbindungen verdrängen. Gegenüber elektronegativen
Elementen hat die Affinität erwartungsgemäß die umgekehrte Tendenz.
Die O-Verbindungen von I sind die beständigsten und im Gegensatz zu
denen der leichteren Halogene exotherm. In diesen Verbindungen treten

die Halogene (außer F, das nur in der Stufe −1 auftritt) in den Oxidationsstufen +1, +2, +3, +5 und +7 auf.

> **Allgemeine Reaktionen der Elemente der 17. Gruppe:**
>
> | | | |
> |---|---|---|
> | $Hal_2 + O_2$ | $\rightarrow$ | keine direkte Reaktion |
> | $Hal_2 + H_2$ | $\rightarrow$ | 2 HHal |
> | $HHal + H_2O$ | $\rightarrow$ | $H_3O^+ + Hal^-$ |
> | $Hal_2 + $ Metall | $\rightarrow$ | Metallhalogenide |
> | $Hal_2 + H_2O$ | $\rightarrow$ | $H^+ + Hal^- + HOHal$ (nicht bei F) |
> | $NaHal + H_2SO_4$ | $\rightarrow$ | $HHal + NaHSO_4$ (nicht mit NaI) |

Die Halogene reagieren mit Sauerstoff nur unter Energiezufuhr, z. B. durch
elektrische Entladungen, nicht aber direkt. Dagegen erfolgt die Reaktion
mit H_2 bei F_2, Cl_2 und Br_2 direkt, beim I_2 muss katalysiert werden. Die
entstehenden Halogenwasserstoffe lösen sich in Wasser, Ether und Alkohol zu Säuren, deren Säurestärke von oben nach unten in der Gruppe
zunimmt. Auch die Reaktion mit den meisten Metallen erfolgt spontan,
wobei die entstehenden Metallhalogenide im Falle von Cl_2, Br_2 und I_2
i. Allg. wasserlöslich sind, bei F_2 nur die Alkalimetallfluoride. Mit H_2O
reagieren die Halogene (außer F) unter Disproportionierung zu *Halogeniden* und *Hypohalogeniden*. Die *Hydrogenhalogenide* von F, Cl und Br
können aus den Metallhalogeniden durch Einwirkung einer starken Säure
freigesetzt werden. Im Falle von F und Cl nimmt man üblicherweise konz.
H_2SO_4, bei Br eine nichtoxidierende Säure wie H_3PO_4.

13.7.2   Fluor und Fluorverbindungen

Elementsymbol: F (*fluor*, lat.: das Fließen, nach dem Mineral Flussspat); **natürliche
Isotope:** $^{19}_9F$; es sind noch sechs **instabile Isotope** mit Halbwertszeiten zwischen
109,8 min und 2,2 s bekannt; **Oxidationsstufe:** −1. Fluor wurde 1886 von H.
MOISSAN als Produkt der Elektrolyse von KF erkannt.
Vorkommen: F ist mit einem Anteil von ca. 0,07 % in der Erdrinde enthalten, tritt
aber nicht elementar auf. Es ist in geringen Konzentrationen weit verbreitet, z. B. im
Meerwasser (1,2 mg · l^{-1}) oder Süßwasser (0,2 mg · l^{-1}), in Zähnen und Knochen
(0,001 %). Wichtige F-Mineralien sind *Flussspat* CaF_2, *Kryolith* $Na_3[AlF_6]$, *Apatit*
$Ca_5(PO_4)_3F$, *Chiolith* $Na_5[Al_3F_{14}]$ und der *Topas* $(Al_2F_2)[SiO_4]$.
Physiologie: F_2 und viele F-Verbindungen sind giftig. Bei Konzentrationen von
0,01 % F_2 in der Luft setzt Reizwirkung ein. Die MAK beträgt 10^{-5} %. F$^-$ wird in
Knochen und Zähne eingebaut. Der Tagesbedarf liegt, solange Zähne und Knochen

wachsen, bei ca. 1,8 mg · d^{-1}, die aber häufig nicht in der Nahrung vorhanden sind. F-Mangel erhöht die Gefahr von Karies.

Elementares Fluor, F_2

Herstellung: Technisch erfolgt die F_2-Herstellung durch Elektrolyse von geschmolzenen KF/HF-Mischungen im Verhältnis 1 : 2...2,2 bei 70...130 °C (je nach KF/HF-Verhältnis) und bei 8...12 V an Kohle-Anoden in Zellen aus Monelmetall. Das erhaltene F_2 wird durch Kühlung auf −100 °C und alkalische Wäsche von begleitendem HF und H_2 befreit.

Eigenschaften: F ist ein schwach grünliches, stechend riechendes, stark ätzendes, giftiges Gas aus F_2-Molekülen, das bei −188,14 °C zu einer hellgelben Flüssigkeit kondensiert. Es ist das reaktionsfähigste Element und das stärkste Oxidationsmittel. Als elektronegativstes Element weist es in seinen Verbindungen stets die Oxidationsstufe −1 auf und vereinigt sich mit anderen Elementen leicht in deren höchsten Wertigkeitsstufen, z. B. OsF_8, IF_7, CoF_3 oder AgF_2. Bei Raumtemperatur reagiert es heftig mit H_2, S, P, C, Alkali- und Erdalkalimetallen und auch mit vielen sonst sehr stabilen Verbindungen wie z. B. H_2O ($F_2 + H_2O \; \rightarrow \; 1/2\,O_2 + 2\,HF$). Einige, z.T. recht unedle Metalle, z. B. Al, Mg, Ni, Cu oder Stahl, sind relativ beständig gegen F_2, weil sie sich mit einer dichten, schützenden Fluoridschicht überziehen. Bei stärkeren Erhitzen werden auch sie angegriffen. Das Einführen von F in organische Verbindungen nennt man *Fluorierung*. Im Vergleich zu den anderen Halogenen nimmt F eine Sonderstellung ein, da sich viele seiner Verbindungen anders verhalten als die der anderen Halogene. Beispielsweise ist AgF löslich und CaF_2 schwer löslich, im Gegensatz zu den entsprechenden Verbindungen von Cl, Br oder I.

Verwendung: Der größte Teil der F_2-Produktion wird zur Herstellung von UF_6 verwendet. Weitere Verbraucher sind die Produktion von SF_6, HF, fluorierten Kunststoffen und FCKW sowie die nachträgliche Fluorierung von PE für Kraftstofftanks oder zur Aktivierung von Polyolefinoberflächen.

Hydrogenfluorid (Fluorwasserstoff), HF, und Flusssäure

Siehe Abschn. 12.2.2.

Fluorverbindungen

Fluoride sind die Salze der Flussäure. Ihre Löslichkeit unterscheidet sich oft stark von der der entsprechenden anderen Halogenide. Lösliche Fluoride sind giftig. Neben den binären Fluoriden existieren auch viele **komplexe Fluoride** mit $[Me^xF_y]^{(o-x)-}$-Anionen, z. B. $[AlF_6]^{3-}$, $[SiF_6]^{2-}$ oder $[BF_4]^-$, die sich von **komplexen Fluorosäuren**, wie $H_2[SiF_6]$ oder $H[BF_4]$, ableiten. Von Alkalimetallen und $(NH_4)^+$ sind auch **komplexe Hydrogenfluoride**, z. B. $K[HF_2]$, bekannt. Auch von den schweren Edelgasen sind Fluoride bekannt.

Fluoridierung von Trinkwasser: Zur Kariesprophylaxe wird vielerorts das Trinkwasser mit F in Form von $Na_2[SiF_6]$, NaF oder HF in Konzentrationen um 1 mg·l^{-1} versetzt (s. auch Physiologie). In Zahnpasta wird zur Prophylaxe ein Gemisch aus Ammoniumfluorid und Zinn(IV)-fluorid verwendet.

13.7.3   Chlor und Chlorverbindungen

Elementsymbol: Cl (*chloros*, gr.: grün); **natürliche Isotope:** $^{35}_{17}Cl$ (75,77 %), $^{37}_{17}Cl$ (24,23 %); es sind noch 8 **instabile Isotope** mit Halbwertszeiten zwischen $3 \cdot 10^5$ a und 298 ms bekannt; **wichtige Oxidationsstufen:** −1, −3, +1, +3, +5, +7. Cl wurde 1774 durch C. W. SCHEELE als Produkt der Oxidation von HCl mit MnO_2 entdeckt.
Vorkommen: Cl ist mit einem Anteil von 0,19 % am Aufbau der Erdrinde und der umgebenden Luft- und Wasserhülle beteiligt. Als sehr reaktionsfähiges Element kommt Cl in der Natur nicht in freiem Zustand vor (außer sehr selten in vulkanischen Gasen). Die wichtigsten Vorkommen sind das *Steinsalz* NaCl, der *Sylvin* KCl, der *Carnallit* $KMgCl_3 \cdot 6 \, H_2O$, der *Bischofit* $MgCl_2 \cdot 6 \, H_2O$ und der *Kainit* $KMgCl(SO_4)$ $\cdot 3 \, H_2O$. Meerwasser enthält 2,9 % Alkalichloride und 0,3 % $MgCl_2$. Der Magensaft enthält 0,3...0,4 % HCl (ca. 0,1 mol $\cdot l^{-1}$).
Physiologie: Cl-Gas zerstört tierisches und pflanzliches Gewebe teils durch Oxidation und teils durch Addition an oder Substitution von H in organischen Verbindungen. 0,5...1 % Cl-Gas in der Luft wirkt rasch tödlich. Konzentrationen von 0,01 % wirken bei längerem Einatmen ebenfalls tödlich, wobei selbst 0,001 % die Atmungsorgane stark schädigt. Die Reizschwelle liegt unter 0,0001 %. Cl^--Ionen sind dagegen lebensnotwendig. Der menschliche Körper enthält ca. 0,12 % chemisch gebundenes oder ionisches Cl. Viele organische Cl-Verbindungen sind leberschädigend.

Elementares Chlor, Cl_2

Herstellung: Zur technischen Herstellung wird die Chlor-Alkalielektrolyse angewendet. Bei Zwangsanfall von HCl in organischen Synthesen wird Cl_2 durch HCl-Elektrolyse oder seltener durch Oxidation mit O_2 (modifiziertes DEACON-Verfahren) gewonnen. Im Laboratorien kann es aus Salzsäure durch Oxidation mit starken Oxidationsmitteln wie z. B. $KMnO_4$, MnO_2 oder $KClO_3$ erhalten werden (schematisch 2 HCl + O $\rightarrow$ $Cl_2 + H_2O$). In den Handel gelangt es in flüssiger Form in grauen Stahlflaschen, Fässern oder Kesselwagen.
Eigenschaften: Cl_2 ist ein gelbgrünes, erstickend riechendes, die Atemwege stark reizendes Gas, das 2,5-mal so schwer wie Luft ist und sich durch Druck oder tiefe Temperaturen leicht verflüssigen lässt. Es ist in H_2O gut unter Disproportionierung (s. Abschn. 13.7.1) zu **Chlorwasser** löslich, welches vor Licht geschützt werden muss, da sonst HCl und O_2 entstehen. Es gehört zu den reaktionsfähigsten Elementen und reagiert dementsprechend schon bei Raumtemperatur, heftiger bei erhöhten Temperaturen, mit den meisten Elementen (Ausnahme: N, O, C, Edelgase). Die bevorzugte Oxidationsstufe ist −1, nur gegen F und O betätigt es auch positive Oxidationsstufen. Alkalimetalle, z. B. Na, verbrennen im Cl_2-Strom bei 100 °C (z. B. 2 Na + Cl_2 $\rightarrow$ 2 NaCl, $\Delta H = −832,2$ kJ $\cdot mol^{-1}$). Auch die Reaktionen mit den anderen Metallen oder auch Halbmetallen verlaufen, besonders wenn diese in fein verteilter Form vorliegen, meist heftig. Mit Nichtmetallen reagiert es meist weniger heftig, wenn auch das Gemisch mit H_2 **Chlorknallgas** heißt und unter dem Einfluss von Licht oder Erwärmung auf über 250 °C explodiert ($H_2 + Cl_2$ $\rightarrow$ 2 HCl, $\Delta H = −184,9$ kJ $\cdot mol^{-1}$). Wichtig ist die Reaktion von Cl_2 mit gesättigten Kohlenwasserstoffen oder die Addition an ungesättigte Kohlenwasserstoffe, beide führen zu Chlorkohlenwasserstoffen.

Verwendung: Cl_2 dient zur Herstellung von chlorierten organischen Substanzen (wie PVC, Chlormethanen und Chlorbenzolen), von NaOCl, CaOCl und verschiedenen anorganischen Chloriden (wie $MgCl_2$, $AlCl_3$, $SOCl_2$).

Hydrogenchlorid (Chlorwasserstoff), HCl, und Salzsäure

Siehe Abschn. 12.2.2.

Chlorverbindungen

Chloroxide: Cl bildet entsprechend seinen Oxidationsstufen eine Reihe von Oxiden, die i. Allg. leicht, besonders in Gegenwart oxidierbaren Materials, z. T. explosionsartig zerfallen. Technisch wichtig ist allein das ClO_2.

Chlordioxid, ClO_2, ist ein gelblich-rötliches, giftiges Gas von durchdringendem Geruch. Es zerfällt explosionsartig in die Elemente. Deswegen wird es nur direkt am Ort der Verwendung hergestellt und mit inerten Gasen wie N_2 oder CO_2 verdünnt. Man erhält es durch die Reaktion von $NaClO_3$ mit Salz- oder Schwefelsäure ($NaClO_3$ + 2 HCl $\rightarrow$ ClO_2 + 0,5 Cl_2 + NaCl + H_2O) oder aus $NaClO_2$ und Cl_2 (2 $NaClO_2$ + Cl_2 $\rightarrow$ 2 NaCl + 2 ClO_2). Es dient als Bleichmittel in der Zellstoffindustrie und zur Trinkwasseraufbereitung.

Hypochlorite (Chlorate(I)) sind Salze der nur in ihrer wässrigen Lösung bekannten **hypochlorigen Säure** (unterchlorige Säure)**, HClO**. Sie entstehen durch die Reaktion von Cl_2 mit H_2O und wirken stark oxidierend. Die Hypochlorite werden in Lösung durch Einleiten von Cl_2 in stark basische Lösungen von (Erd-)Alkalihydroxiden (2 NaOH + Cl_2 $\rightarrow$ NaOCl + NaCl + H_2O) oder durch Elektrolyse von Meerwasser oder Sole hergestellt. Diese „Bleichlaugen" enthalten äquimolare Mengen an Cl^-- und OCl^--Ionen. Die Reaktion von Cl_2 mit feuchtem $Ca(OH)_2$ führt zu **Chlorkalk, $Ca(OCl)_2 \cdot 2\ H_2O$ + $CaCl_2$.** In fester Form wird **Calciumhypochlorit, $Ca(OCl)_2$,** durch Chlorierung einer $Ca(OH)_2$-Suspension in Form des ausfallenden Dihydrats gewonnen. Es wird in flüssiger oder fester Form zur Desinfektion, bei der Kühlwasserbehandlung und zur Kampfstoffvernichtung (Lost-Typen) verwendet. **Natriumhypochlorit, NaOCl,** ist in fester Form instabil. Seine Lösung (Bleichlauge) wird zum Bleichen, z. B. von Zellstoff oder Textilien, zur Desinfektion, z. B. von Schwimmbädern, und zur Herstellung von Hydrazin verwendet. Als **chloriertes Trinatriumphosphat, $[Na_3PO_4 \cdot 11\ H_2O] \cdot NaOCl$,** ist es Bestandteil von einigen Haushalts- und Industriereinigungsmitteln.

Chlorite (Chlorate(III)) sind Salze der nur in Form ihrer wässrigen Lösung bekannten **chlorigen Säure, $HClO_2$.** Von technischer Bedeutung ist lediglich das **Natriumchlorit, $NaClO_2$,** das durch die Einwirkung von ClO_2 auf NaOH in Gegenwart von H_2O_2 entsteht (2 ClO_2 + 2 NaOH + H_2O_2 $\rightarrow$ 2 $NaClO_2$ + 2 H_2O + O_2). Das stark oxidierend wirkende, in reiner Form zersetzliche Salz dient zur Herstellung von ClO_2 bei Kleinverbrauchern.

Chlorate sind Salze der nur in wässriger Lösung existierenden **Chlorsäure, $HClO_3$.** Die starke Säure ist ein starkes Oxidationsmittel. Im Gemisch mit rauchender Salzsäure *(Euchlorin)* entsteht viel Cl_2 und ClO_2, das die organischen Substanzen schnell zerstört. Von den einfacher herstellbaren und stabileren, leicht in H_2O löslichen Salzen finden **Natriumchlorat, NaClO₃**, und **Kaliumchlorat, KClO₃**, technische Verwendung. In reinem Zustand sind sie bei Raumtemperatur stabil, geben aber beim Erhitzen O_2 ab. $NaClO_3$ wird hauptsächlich zur Herstellung von ClO_2 verwendet. Weitere Anwendungen sind die Herstellung von Perchloraten, die Urangewinnung [U(IV) → U(VI)] und als Herbizid. Als Chloratkerze dient es als O_2-Spender in U-Booten, Flugzeugen, in der Raumfahrt und in Atemschutzmasken. $KClO_3$ findet Verwendung zur Herstellung von Feuerwerkskörpern und Streichhölzern.

Perchlorate und **Perchlorsäure** s. Abschn. 12.2.1.

13.7.4   Brom, Iod, Astat und ihre Verbindungen

Elementsymbole und Isotope:

Brom (*bromos*, gr.: Gestank): Br; natürliche Isotope: $^{79}_{35}Br$ (50,69 %), $^{81}_{35}Br$ (49,31 %); es sind noch 21 instabile Isotope mit Halbwertszeiten zwischen 57,0 h und 0,36 s bekannt.

Iod (*iodes*, gr.: veilchenfarben): I; natürliches Isotop: $^{127}_{53}I$; es sind noch 26 instabile Isotope mit Halbwertszeiten zwischen $1,57 \cdot 10^7$ a und 0,5 s bekannt.

Astat (*astatos*, gr.: unbeständig): At; natürliche Isotope: $^{215}_{85}At$, $^{217}_{85}At$ und $^{219}_{85}At$ sind instabile Zerfallsprodukte in Th- und U-Mineralien; es sind noch 25 ebenfalls instabile Isotope mit Halbwertszeiten zwischen 83 h und 0,11 µs bekannt.

Wichtige Oxidationsstufen: –1, +1, +3, +5, +7

Vorkommen: Br ist mit einem Anteil von ca. $0,2 \cdot 10^{-3}$ % und I mit ca. $6 \cdot 10^{-5}$ % in der Erdrinde enthalten, beide kommen auch im Meerwasser vor. Sie treten nicht elementar auf. Br tritt oft als Begleiter von Cl in analogen Verbindungen auf, z. B. *Bromargyrit* AgBr, *Embolit* Ag(Br,Cl) oder *Iodembolit* Ag(Br,I). Im Unterschied zu den anderen Halogenen findet man es nicht nur als I^-, sondern auch als IO_3^-, z. B. im Chilesalpeter als *Lautarits* $Ca(IO_3)_2$. Angereichert findet es sich auch in Meereslebewesen. At ist mit einem geschätzten Vorkommen von weltweit 70 mg das seltenste Element.

Physiologie: Br-Verbindungen sind giftiger als entsprechende Cl-Verbindungen. Br_2 ruft auf der Haut schmerzhafte, tiefe Wunden hervor, die Dämpfe sind auch in geringen Konzentrationen noch reizend oder sogar tödlich.

I ist für Wirbeltiere ein Spurenelement. Es ist Bestandteil der Schilddrüsenhormone wie z. B. des Thyroxins und reichert sich dementsprechend in der Schilddrüse an. I-Mangel, wie er z. B. in Gebirgsgegenden auftritt, wird oft durch Iodierung des Speisesalzes bekämpft. ^{131}I, das bei der Kernspaltung entsteht, gilt als eines der gefährlichsten Radionuklide.

Elementares Br, I und At

Herstellung: Br wird entweder aus Meerwasser oder aus angereicherten Bromiden, I aus bei der Erdöl- und Erdgasförderung anfallenden Salzsolen durch Oxidation mit Cl_2 gewonnen und destillativ gereinigt.

Eigenschaften: Br_2 ist das einzige bei Raumtemperatur flüssige, nichtmetallische Element, I_2 bildet grauschwarze, metallisch glänzende, halbleitende Schuppen. Beide sind schon bei Raumtemperatur merklich flüchtig und bilden schwere, giftige Dämpfe (Br: rotbraun, I: violett). In H_2O lösen sie sich nur wenig unter Disproportionierung zu Brom- bzw. Iodwasser (s. Abschn. 13.7.3). I löst sich besser in einer KI-Lösung unter Bildung von Triiodidionen I_3^-. Die Lösung in Ethanol heißt **Iodtinktur**. Die Lösungen von Br_2 in organischen Lösungsmitteln sind braun, die von I_2 violett oder rot. Br_2 ist ein stärkeres Oxidationsmittel als I_2, aber schwächer als Cl_2. Als sehr reaktives Element reagiert Br_2 mit fast allen Elementen (außer O und C), während das weniger reaktive I_2 erst bei höherer Temperatur mit P, Al, Fe oder Hg reagiert. Die Einführung von Br in organische Verbindungen wird **Bromierung** genannt.

Verwendung: Br_2 wird hauptsächlich in der organischen Chemie verwendet, z. B. für Treibstoffadditive (wie 1,2-Dibromethan), Flammschutzmittel, Pflanzenschutzmittel, Tränengase, Inhalationsnarkotika oder Farbstoffe.

I_2 und seine Verbindungen werden verwendet z. B. als Ti-iodid für Katalysatoren, zur Desinfektion, für pharmazeutische Zwecke, als AgI in der Fotoindustrie und zur Regenerzeugung, für Futtermittelzusätze, als Stabilisatoren für Kunststoffe, zur Herstellung hochreiner Metalle wie Zr oder Ti und für Farbstoffe und Tinten.

Br-, I- und At-Verbindungen

Br, I und At ähneln in ihren Verbindungen im Wesentlichen den analogen Chloriden, wobei die Stabilität der Oxidationsstufe +7 ab- und die der Stufe +5 zunimmt. Die Kenntnisse über At-Verbindungen stammen aus Tracer-Experimenten.

H-Verbindungen: Hydrogenbromid und **Hydrogeniodid** sowie **Bromwasserstoffsäure** und **Iodwasserstoffsäure** s. Abschn. 12.2.2.

Halogenide: Von den **Bromiden**, den Salzen der Bromwasserstoffsäure, haben die Alkali- und Erdalkalibromide sowie **ZnBr$_2$** technische Bedeutung erlangt. **LiBr** dient als Trocknungsmittel in Klimaanlagen, **CaBr$_2$** bei der Erdölgewinnung in „packer fluids", die das Förderrohr außen umgeben und dem Druckausgleich dienen. $ZnBr_2$ wird ebenfalls in solchen „packer fluids" verwendet, ist allerdings wesentlich korrosiver. **Iodide** sind die Salze der Iodwasserstoffsäure, wobei die der Alkali- und Erdalkalimetalle farblos und leicht löslich und die von Schwermetallen oft farbig (AgI gelb, HgI_2 rot, HgI grüngelb, PbI_2 gelb) und schwer löslich sind.

O-Verbindungen: Bromate heißen die Salze der nur in Lösung bekannten **Bromsäure, HBrO$_3$**. Alkalibromate werden entweder durch Einleiten von Br_2 in Alkalihydroxid-Lösungen gewonnen, in denen dieses disproportioniert ($Br_2 + 6\ OH^- \rightarrow BrO_3^- + 5\ Br^- + 3\ H_2O$) und das schwerer lösliche Bromat abgetrennt wird oder häufiger durch elektrochemische Oxidation von Br^-. Diese stark oxidierend wirkenden, hitze- und stoßempfindlichen Salze werden z. B. für die Behandlung von Mehl oder in Haarfestigern eingesetzt. **Iodate** sind die Salze der **Iodsäure, HIO$_3$**. Deren Anhydrid, **Diiodpentaoxid, I$_2$O$_5$**, ist das einzige exotherme Halogenoxid. Wie die Bromate ähneln die Iodate im Wesentlichen den entsprechenden Chloraten. Die anderen Oxide, Säuren und deren Salze von Br und I sind von untergeordneter Bedeutung.

13.8   Elemente der 18. Gruppe (VIII. Hauptgruppe)

Die gasförmigen Elemente Helium (He), Neon (Ne), Argon (Ar), Krypton (Kr), Xenon (Xe) und Radon (Rn) bilden die 18. Gruppe des PSE. Auf Grund ihrer ausgesprochenen Reaktionsträgheit werden sie *Edelgase* genannt.

Als erstes Edelgas wurde Ar 1785 durch H. CAVENDISH aus Luft isoliert, ohne es jedoch als solches zu identfizieren. Ar wurde dann 1894 von W. RALEIGH und W. RAMSAY in Luft entdeckt.1895 erfolgte die Entdeckung von He in U-haltigen Erzen. Durch Fraktionierung von aus flüssiger Luft gewonnenem Rohargon fanden W. RAMSAY und M. W. TRAVERS dann 1898 noch Ne, Kr und Xe. Das sich bei radioaktiven Zerfallsprozessen bildende radioaktive Gas Rn wurde um 1900 von E. RUTHERFORD und F. SODDY als Edelgas identifiziert.

Tabelle 13-8: Einige physikalische und chemische Eigenschaften der Edelgase

	He	Ne	Ar	Kr	Xe	Ra
Schmelzpunkt in °C	−272,1	−248,61	−189,37	−157,20	−111,80	−71,1
Siedepunkt in °C	−268,94	−246,08	−185,88	−153,35	−108,10	−62,1
kritische Temperatur in °C	−267,95	−228,75	−122,35	−63,8	+16,6	+104,5
kritischer Druck in Pa	0,229	2,654	4,89	5,50	5,84	6,30
kritische Dichte in g · cm^{-3}	0,0693	0,484	0,530	0,908	1,099	1,200

Elementsymbole und Isotope:

Helium (*helios*, gr.: Sonne): He; natürliche Isotope: $_2^3$He ($0,138 · 10^{-3}$ %), $_2^4$He (99,999 862 %); andere Isotope sind nicht bekannt.

Neon (*neos*, gr.: neu): Ne; natürliche Isotope: $_{10}^{20}$Ne (90,51 %), $_{10}^{21}$Ne (0,27 %), $_{10}^{22}$Ne (9,22 %); andere Isotope sind nicht bekannt.

Argon (*argos*, gr.: träge): Ar; natürliche Isotope: $_{18}^{36}$Ar (0,337 %), $_{18}^{38}$Ar (0,063 %), $_{18}^{40}$Ar (99,6 %); es sind noch 9 instabile Isotope mit Halbwertszeiten zwischen 269 a und 0,173 s bekannt.

Krypton (*kryptos*, gr.: verborgen): Kr; natürliche Isotope: $_{36}^{78}$Kr (0,35 %), $_{36}^{80}$Kr (2,25 %), $_{36}^{82}$Kr (11,6 %), $_{36}^{83}$Kr (11,5 %), $_{36}^{84}$Kr (57,0 %), $_{36}^{86}$Kr (17,3 %); es sind noch 19 instabile Isotope mit Halbwertszeiten zwischen $2,1 · 10^5$ a und 0,78 s bekannt.

Xenon (*xenos*, gr.: fremd): Xe; natürliche Isotope: $_{54}^{124}$Xe (0,10 %), $_{54}^{126}$Xe (0,09 %), $_{54}^{128}$Xe (1,91 %), $_{54}^{129}$Xe (26,4 %), $_{54}^{130}$Xe (4,1 %), $_{54}^{131}$Xe (21,2 %), $_{54}^{132}$Xe (26,9 %), $_{54}^{134}$Xe (10,4 %), $_{54}^{136}$Xe (8,9 %); es sind noch 23 instabile Isotope mit Halbwertszeiten zwischen 36,4 d und 0,9 s bekannt.

Radon (*radius*, lat.: Strahl): Rn; alle natürlich vorkommenden Rn-Isotope sind kurzlebige Zwischenprodukte der radioaktiven Zerfallsreihen des U, Th oder Ac; von den 27 bekannten Isotopen ist $_{86}^{222}$Rn mit einer Halbwertszeit von 3,824 d das stabilste.

Vorkommen: Edelgase finden sich in der Luft, He auch als Zerfallsprodukt radioaktiver Prozesse (α-Strahlung) in Erdgasen und in U- und Th-haltigen Mineralien. Die Luft enthält $72 \cdot 10^{-6}\%$ He, $1,3 \cdot 10^{-3}\%$ Ne, $1,285\%$ Ar, $0,29 \cdot 10^{-3}\%$ Kr, $36 \cdot 10^{-6}\%$ Xe und $46 \cdot 10^{-18}\%$ Rn.

Gewinnung: He wird technisch vor allem aus He-haltigen Erdgasen durch fraktionierte Tieftemperaturdestillation gewonnen. Ne, Ar, Kr und Xe werden in Luftzerlegungsanlagen als Nebenprodukte erzeugt.

Eigenschaften: Alle Edelgase sind farb-, geruch- und geschmacklose einatomige Gase, von denen man lange Zeit glaubte, dass sie keine Verbindungen eingehen würden. Mit einigen polaren Verbindungen wie Wasser oder Hydrochinon bilden Edelgase, außer He, physikalische Verbindungen, so genannte Clathrate. **Clathrate** (Käfigeinschlussverbindungen) ist die Bezeichnung für Einschlussverbindungen, bei denen das Wirtsmolekül ein käfigartiges Kristallgitter besitzt, in dem das Gastmolekül eingeschlossen ist.

Helium besitzt von allen Elementen und bekannten Verbindungen den niedrigsten Schmelzpunkt und lässt sich auch nur unter erhöhtem Druck verfestigen. Die Schmelzwärme geht bei sehr niedrigen Temperaturen gegen null, anschließend muss zum Gefrieren Wärme zugeführt werden. He ist das einzige Element ohne Tripelpunkt im Zustandsdiagramm, wobei es drei allotrope feste und zwei flüssige Phasen gibt. Eine von diesen flüssigen Phasen, das ^{4}He-II, ist eine Supraflüssigkeit; diese fließt über höher gelegene Hindernisse hinweg auf das tiefstmögliche Niveau (ONNES-Effekt) und zeigt praktisch keine Zähigkeit. Die Wärmeleitfähigkeit von He ist ca. 1000-mal größer als die von Ag. He-I verhält sich wie eine normale Flüssigkeit.

Neon weist von allen Gasen die größte Zähigkeit auf.

Argon entsteht z.T. aus ^{40}K-Isotop, worauf die Kalium-Argon-Datierung zur Altersbestimmung von Gesteinen beruht.
Es sind bis jetzt keine echten Ar-Verbindungen bekannt. Allerdings bildet Ar bei $0\,°C$ ein Hydrat mit einem Dissoziationsdruck von $1,06 \cdot 10^4$ kPa und mit Hydrochinon ein ziemlich stabiles Clathrat.
Clathrate sind Käfigeinschlussverbindungen, bei denen das Wirtsmolekül – hier Hydrochinon – ein käfigartiges Kristallgitter besitzt, welches das Gastmolekül oder -atom – hier Ar – einschließt. Eine spezielle Art sind Gashydrate, bei denen beim Gefrieren von Wasser Atome oder meist nicht polare Moleküle in die entstehenden Hohlräume eingelagert werden. In dieser Form sind große Mengen Methan in der Tiefsee eingeschlossen („brennendes Eis").

Krypton bildet bei tiefen Temperaturen Einschlussverbindungen und auch lockere Additionsverbindungen z. B. mit BF_3. KrF_2 ist eine echte Kr-Verbindung und eines der stärksten bekannten Oxidationsmittel. Daneben gibt es noch einige Komplexsalze wie $KrF^+[SbF_6]^-$.

Xenon bildet neben den Clathraten noch eine Reihe von echten binären und auch ternären Verbindungen mit komplexen Anionen, vorzugsweise mit F und O, in den

Oxidationsstufen +2, +4, +6 und +8, die wesentlich stabiler sind als die bekannten Kr-Verbindungen, z. B. $KrF_{2(4,6,8)}$, $KrO_{3(4)}$ oder Na_4XeO_6. Mit Cl, Br, N und C werden nur die niedrigeren Oxidationsstufen erreicht.

Radon ist ein radioaktives Edelgas, das schwerer ist als Luft und sich deshalb in Bodennähe aufhält. Es stellt daher im Uranbergbau eine erhebliche Gefahrenquelle dar. Festes Rn phosphoresziert zunächst stahlblau, mit abnehmender Temperatur gelblich und weiter bis orangerot. Als Verbindungen sind Fluoride und Fluorokomplexe bekannt.

Verwendung: He wird u. a. als Schutzgas z. B. beim Lichtbogen-Schweißen, als Kühlgas in Kernreaktoren, als Atemgas für Taucher und therapeutische Zwecke, Füllgas für Ballons und als flüssiges He in der Tieftemperaturtechnologie verwendet.

Ne wird als Füllgas in Leuchtstoffröhren und Glimmlampen verwendet, in denen es scharlachrotes Licht emittiert. Flüssiges Ne wird, wenn auch wegen seines hohen Preises noch selten, auf Grund seines 40-mal höheren Kühlvermögens als He, in der Kältetechnik als Kühlmittel verwendet.

Ar wird zusammen mit N als Füllgas in Glühlampen verwendet und zusammen mit anderen Edelgasen in Entladungsröhren für bestimmte Farbeffekte. Weiter wird es auf Grund seines relativ niedrigen Preises u. a. als Schutzgas z. B. beim Elektroschweißen verschiedener Metalle, bei der Ti-Herstellung oder der Schmelzraffination von NE-Metallen eingesetzt.

Die Hauptanwendung von **Kr** liegt in der Glühlampenindustrie, wo es auf Grund seiner sehr geringen Wärmeleitfähigkeit höhere Glühfadentemperaturen erlaubt als andere Füllungen.

Vielen Anwendungsmöglichkeiten des **Xe** steht sein hoher Preis entgegen. Neben einem Einsatz in Glühlampen (s. Kr) finden Xe-Hochdrucklampen in der Photochemie, UV-Spektroskopie und zur Beleuchtung großer Flächen Verwendung.

Rn wird als Heilmittel in der Emanations-Therapie eingesetzt.

14 Nebengruppenelemente

14.1   Allgemeines

Die Nebengruppen (NG) umfassen die Elemente mit den Ordnungszahlen 21...30 (Sc...Zn), 39...48 (Y...Cd), 57...80 (La...Hg) und 89...114 (Ac...Uuq), die **Übergangselemente** oder **Nebengruppenelemente** genannt werden. Bei ihnen erfolgt nicht, wie bei den Hauptgruppen (HG), die Auffüllung der äußersten Elektronenschale, sondern die der zweitäußersten mit zehn d-Elektronen von 8 bis 18 („äußere" Übergangselemente, d-Block-Elemente) und der drittäußersten Elektronenschale mit 14 f-Elektronen von 18 auf 32 („innere" Übergangselemente, f-Block-Elemente) (zur *Elektronenkonfiguration*: s. Abschn. 1.4).

Die Nebengruppenelemente unterscheiden sich in ihren chemischen Eigenschaften nicht so stark voneinander wie die Hauptgruppenelemente, da der Bau der inneren (d- und f-)Schalen einen weit geringeren Einfluss auf eben diese chemischen Eigenschaften ausübt als der der äußeren Schale. Dementsprechend sind sich die f-Block-Elemente untereinander noch ähnlicher als die d-Block-Elemente. So sind alle Nebengruppenelemente *Metalle,* und fast alle d-Block-Elemente sind, da sie auf der äußersten Schale meist 2 s-Elektronen besitzen, im Stande, in der Oxidationsstufe +2 aufzutreten. Diese s-Elektronen werden bei der Verbindungsbildung auch zuerst abgegeben, sodass es keine Übergangsmetallionen mit s-Elektronen gibt. Da über die s- und p-Orbitale der äußersten Schale hinaus auch die d-Orbitale der zweitäußersten Schale zu Bindungen herangezogen werden können, kann man bei den d-Block-Elementen eine gewisse, gegenüber den Hauptgruppenelementen abgeschwächte Periodizität beobachten. So entspricht die maximale Oxidationsstufe in vielen Fällen der Nebengruppennummer, wenn auch die Achtwertigkeit bei den Elementen der VIII. NG (Guppen 8 bis 10) außer bei Ru und Os bisher noch nicht erreicht wurde und Cu, Ag und Au auch höhere Oxidationsstufen als +1 erreichen. Die Nebengruppenelemente können stufenlos alle Oxidationsstufen zwischen der höchsten und niedrigsten annehmen, während dies bei den Hauptgruppenelementen, von wenigen Ausnahmen abgesehen, für die stabilen Oxidationsstufen in Zweierstufen erfolgt. Hierbei nimmt die Beständigkeit der höchsten Oxidationsstufe, im Gegensatz zu den Hauptgruppen, mit wachsender Atommasse nicht ab, sondern zu. Eine Besonderheit ist die große Ähnlichkeit der Elemente der fünften und sechsten Periode innerhalb einer Nebengruppe. Da vor dem Hf bei den Lanthanoiden die f-Orbitale aufgefüllt werden, was mit einer entsprechenden Zunahme der Kernladung verbunden ist, sind die Atom- und Ionenradien der Nebengruppenelemente der fünften und sechsten Periode sehr ähnlich (**Lanthanoidenkontraktion**), wobei dieser Effekt vom Paar Zr/Hf zum Cd/Hg abnimmt. Zr/Hf sind nur schwer zu trennen, und Ag/Au bzw. Cd/Hg unterscheiden sich doch schon beträchtlich in ihren Eigenschaften. Hauptgruppenelementionen sind bevorzugt diamagnetisch (gepaarte Elektronen) und farblos, Nebengruppenelementionen dagegen meist farbig und paramagnetisch.

14.2   Elemente der 3. Gruppe (III. Nebengruppe)

Die 3. Gruppe (III. Nebengruppe, Scandiumgruppe) umfasst die Elemente Scandium (Sc), Yttrium (Y), Lanthan (La) und Actinium (Ac). Die auf das La bzw. das Ac folgenden f-Block-Elemente werden als *Lanthanoide* bzw. *Actinoide* gesondert behandelt (s. Kap. 15).

Tabelle 14-1: Einige physikalische und chemische Eigenschaften der Elemente der 3. Gruppe

	Sc	Y	La	Ac
Schmelzpunkt in $^\circ$C	1539	1552	920	1050
Siedepunkt in $^\circ$C	2832	3337	3454	3300
Standardpotenzial in V $E^{3+}/E(V)$	$-2{,}077$	$-2{,}372$	$-2{,}522$	$-2{,}6$
Hydratationsenthalpie von E^{3+} in kJ $\cdot$ mol^{-1}	-3916	-3576	-3238	——
Basizität der Hydroxide	⟶	nimmt zu	⟶	
Schwerlöslichkeit der Sulfate	⟶	nimmt zu	⟶	

Elementsymbole und Isotope:
Scandium (nach Skandinavien): Sc; natürliche Isotope: $^{45}_{21}$Sc; es sind noch 11 instabile Isotope mit Halbwertszeiten zwischen 83,8 d und 182 ms bekannt.
Yttrium (nach dem schwedischen Ort Ytterby): Y; natürliche Isotope: $^{89}_{39}$Y; es sind noch 20 instabile Isotope mit Halbwertszeiten zwischen 106,6 d und 0,6 s bekannt.

Lanthan (*lanthanein*, gr.: verborgen sein): La; natürliche Isotope: $^{138}_{57}$La (0,09 %), $^{139}_{57}$La (99,91 %); es sind noch 22 Isotope mit Halbwertszeiten zwischen 6 · 10^4 a und 1,3 s bekannt.

Actinium (*aktis*, gr.: Strahl): Ac; alle Ac-Isotope sind instabil. Die Halbwertszeiten der 24 bekannten Isotope liegen zwischen 21,8 a und 0,11 µs.

Vorkommen: Der Anteil von Sc an der Erdkruste wird auf 1,2 · 10^{-3} % geschätzt, bei Y auf etwa 3 · 10^{-3} % und bei La auf ca. 4,4 · 10^{-3} % . Ac ist Zwischenprodukt der radioaktiven Zerfallsreihen und mit einem geschätzten Gehalt von 1,5 · 10^{-5} % in *Pechblende* sehr selten. Sc ist in geringen Konzentrationen weit verbreitet und findet sich in W-, Sn- und U-Erzen. Das wichtigste Sc-Mineral ist der *Thortveitit* $(Y,Sc)_2[Si_2O_7]$. Y ist Hauptbestandteil der *Yttererden* und findet sich im *Xenotim* YPO_4, *Thalenit* $Y_2[Si_2O_7]$ und im *Gadolinit* $Y_2FeBe_2[SiO_4]_2O_2$. La kommt vor allem als Begleiter von Ce in *Monazit* $(Ce,Th)[(P,Si)O_4]$ und in *Cersilikaten* vor.

Metallisches Sc, Y, La und Ac

Herstellung: Sc und La werden durch Schmelzflusselektrolyse aus $ScCl_3$ bzw. $LaCl_3$ oder LaF_3 gewonnen, Y durch metallothermische Reduktion von Y_2O_3, YCl_3 oder YF_3, z. B. mit Ca.

Eigenschaften: Von den Elementen der Scandiumgruppe werden die ersten beiden zu den Leichtmetallen gerechnet. Insgesamt sind die silberweißen, dehnbaren Metalle den links neben ihnen stehenden Erdalkalimetallen ähnlicher als den Metallen der II. Nebengruppe. Wie die Erdalkalimetalle, und im Unterschied zu den Elementen der II. Nebengruppe, wächst ihr unedler Charakter mit steigender Atommasse. In ihrem Verhalten weisen sie aber auch eine gewisse Ähnlichkeit mit den leichteren Elementen der III. Hauptgruppe, dem B und vor allem dem Al, auf. Sie sind gegen Luftsauerstoff relativ stabil und lösen sich leicht in nichtoxidierenden Säuren.

Verwendung: Sc besitzt bisher keine technische Bedeutung. Geringe Mengen werden in der Kerntechnik und als Zusatz zu Leuchtstoffen benötigt. Y wird in der Reaktortechnik für Rohre, z. B. zur Aufnahme von U-Stäben oder von Kontrollstäben, genutzt. Eine Y-Co-Legierung findet in Permanentmagneten Verwendung. La ist als Legierungshilfsmittel zum Binden von O, S oder anderen Nichtmetallen von gewissem Interesse. $LaCo_5$ weist dauermagnetische Eigenschaften auf. $LaNi_5$ kann als H_2-Speicher eingesetzt werden. Ac besitzt eine 150fach höhere Aktivität als Ra und wird zur Erzeugung von Neutronen eingesetzt.

Verbindungen

In ihren Verbindungen treten sie fast ausschließlich dreiwertig auf. Wegen der höheren Ladung des Metallions sind die Hydroxide weniger basisch als die der Erdalkalimetalle, aber basischer als die von Al oder Ga. Mit größer werdendem Metallion werden sie erwartungsgemäß basischer, $Sc(OH)_3$ ist eine schwache, noch amphotere Base, $La(OH)_3$ eine starke Base. Die Salze unterliegen dementsprechend beim Sc stärker der Hydrolyse als beim La. Die Oxide, die sich durch Erwärmen der Hydroxide, Nitrate oder Carbonate herstellen lassen, reagieren mit vom Sc zum La steigender Heftigkeit mit H_2O, sind aber im geglühten Zustand ähnlich wie Al_2O_3 unlöslich. Die Sulfate werden wie bei den Elementen der II. Hauptgruppe mit steigender Atommasse schwerer löslich.

O-Verbindungen: Scandiumoxid, Sc$_2$O$_3$, ist ein weißes, lockeres Pulver, das sich in heißen und konzentrierten Säuren löst und als Ausgangsprodukt für andere Sc-Verbindungen dient. **Yttriumoxid, Y$_2$O$_3$,** kann z. B. durch Verglühen des Oxalats oder aus dem Hydroxid hergestellt werden. Durch Umsetzung mit HF entsteht aus ihm **Yttriumfluorid, YF$_3$.** Als Keramikwerkstoff ist gesintertes Y$_2$O$_3$ korrosionsbeständiger als viele andere Oxidkeramiken, aber sehr teuer. Zusammen mit ZrO$_2$ wird es zur Herstellung von NERNST-Stiften als Infrarotstrahler verwendet. **Yttriumgranat, Y$_3$Al$_5$O$_{12}$,** und verwandte Verbindungen werden in der Elektronik, EDV- und Lasertechnik sowie auf Grund der großen Härte (MOHS'sche Härte: 8,5) als Diamantersatz verwendet. Bei den Barium-Yttrium-Cupraten Ba$_x$Y$_{2-x}$CuO$_4$ bzw. Ba$_2$YCu$_3$O$_7$ wird die Verwendung in keramischen Hochtemperatursupraleitern noch erforscht. Hochreines **Lanthanoxid, La$_2$O$_3$,** dient zu Herstellung von optischen Gläsern mit hoher Brechzahl. Auf Grund seines hohen Schmelzpunktes (2750 °C) wird es auch als Tiegelmatereial verwendet.

Scandiumchlorid, ScCl$_3$, löst sich in H$_2$O unter Hydrolyse mit saurer Reaktion. Weitere häufige Verbindungen sind die farblosen **Sc(NO$_3$)$_3$** und **Sc$_2$(SO$_4$)$_3$.**

14.3   Elemente der 4. Gruppe (IV. Nebengruppe)
14.3.1   Allgemeines

Zur 4. Gruppe (IV. Nebengruppe, *Titangruppe*) gehören die Elemente Titan (Ti), Zirconium (Zr), Hafnium (Hf) und das künstliche Element Rutherfordium (Rf).

Tabelle 14-2: Einige physikalische und chemische Eigenschaften der Elemente der 4. Gruppe

	Ti	Zr	Hf	Rf[1]
Schmelzpunkt in °C	1677	2128	2150	(2100)
Siedepunkt in °C	3262	3578	5400	(5500)
Ionenradien in nm				
E^{4+}	0,068	0,074	0,075	(0,078)
E^{3+}	0,076	——	——	——
E^{2+}	0,090	——	——	——
Standardpotenzial in V				
EO^{2+}/E(V)	−0,882	−1,43	−1,57	(−1,7)
Tendenz zur Ausbildung von E^{3+} bzw. E^{2+}	——————→ nimmt ab —————————→			
Säurecharakter des EO$_2$	sauer ——————→ basisch			

[1] Werte in Klammern geschätzt

Alle Elemente der IV. Nebengruppe sind hoch schmelzende und hoch siedende Metalle, deren Normalpotenzial EO^{2+}/E mit steigender Atommasse negativer wird. Dieser Trend wird auch durch die Ionisierungsenergien bestätigt. Da sie eine passivierende Oxidschutzschicht bilden, sind die Elemente bei Raumtemperatur nicht sehr reaktiv, reagieren aber bei höheren Temperaturen mit vielen Nichtmetallen wie Cl_2 (ECl_4), O_2 (EO_2), N_2 (EN), C (EC), B (EB) oder H_2 (EH_2). Die häufigste Oxidationsstufe ist +4, die Elemente treten aber auch, allerdings mit vom Ti zum Hf fallender Tendenz, in niedrigeren Oxidationsstufen auf. Die Acidität der Dioxide nimmt vom überwiegend sauren TiO_2 zum eher basischen HfO_2 ab. Durch die Lanthanoidenkontraktion, die sich in der IV. Nebengruppe am stärksten auswirkt, weisen Zr und Hf extrem ähnliche Atom- und Ionenradien auf, was eine extrem große Ähnlichkeit in ihren chemischen Eigenschaften bewirkt.

14.3.2   Titan und Titanverbindungen

Elementsymbol: Ti (nach den Titanen der gr. Mythologie); **natürliche Isotope:** $^{46}_{22}Ti$ (8,2 %), $^{47}_{22}Ti$ (7,4 %), $^{48}_{22}Ti$ (73,8 %), $^{49}_{22}Ti$ (5,4 %), $^{50}_{22}Ti$ (5,2 %); es sind noch acht instabile Isotope mit Halbwertszeiten zwischen 47 a und 80 ms bekannt; **wichtige Oxidationsstufen:** +4, +3. Ti wurde 1789 von W. GREGOR entdeckt und 1825 durch J. J. BERZELIUS durch Reduktion von TiO_2 mit Na, allerdings verunreinigt, hergestellt. Erste Reindarstellung 1924 durch VAN ARKEL und DE BOER.

Vorkommen: Ti ist mit einem Anteil von 0,43 % in der Erdrinde enthalten. Es tritt nur in Form von Verbindungen auf, die allerdings in der Natur sehr verteilt sind, sodass es häufig nur in kleinen Konzentrationen anzutreffen ist. Wichtige Ti-Erze sind der *Ilmenit* (Titaneisenstein) $FeTiO_3$, der *Perowskit* $CaTiO_3$, der *Titanit* Ca-$TiO(SO_4)$ und vor allem das TiO_2, das in drei Kristallformen, dem *Rutil,* dem *Anatas* und dem *Brookit,* auftritt.

Metallisches Titan

Herstellung: TiO_2-Konzentrat wird bei 750...1000 °C mit Kohle und Chlor zu $TiCl_4$ umgesetzt ($TiO_2 + 2\ Cl_2 + 2\ C \longrightarrow TiCl_4 + 2\ CO$). Nach dem KROLL-Verfahren wird dieses unter Inertgas bei ca. 800 °C mit Mg zum schwarzen *Ti-Schwamm* reduziert ($TiCl_4 + 2\ Mg \longrightarrow Ti + MgCl_2$). Reinstes Ti wird nach VAN ARKEL und DE BOER erhalten. Pulverförmiges Ti wird mit wenig I_2 in einem einer W-Glühlampe ähnlichen Gefäß auf 500 °C erhitzt. Das entstehende TiI_4 verdampft, zersetzt sich am 1600 °C heißen W-Faden, wobei sich Ti abscheidet und das entstehende freie I_2 mit weiterem verunreinigtem Ti reagieren kann ($Ti\ +\ 2I_2\ \rightleftarrows\ TiI_4,\ \Delta H = -376$ $kJ \cdot mol^{-1}$). *Ferrotitan* gewinnt man durch Reduktion von TiO_2 mit Kohle oder Al in Gegenwart von Fe.

Eigenschaften: Reines Ti ist ein silberweißes, duktiles, schmiedbares, den elektrischen Strom gut leitendes Leichtmetall von großer Festigkeit, geringem Gewicht und guter Beständigkeit gegen die Atmosphäre, Meerwasser, Bleichlaugen, Salpetersäure oder Königswasser. Diese Korrosionsbeständigkeit ist auf die Ausbildung einer passivierenden Oxidschicht zurückzuführen (s. Abschn. 14.3.1). In den meisten Säuren und Basen ist es unlöslich, leicht löslich ist es in Salzsäure und Flusssäure. Wichtigste Oxidationsstufe ist +4, seltener tritt es in der Stufe +3 (z. B. als TiN) oder +2 auf. Mit Liganden wie H_2O, F^- oder Cl^- bildet Ti^{4+} Komplexe.

Verwendung: Ti vereinigt die positiven Eigenschaften von Al und Stahl in sich. Es ist deshalb ein wertvoller Werkstoff in der Luft- und Raumfahrt, wobei sein hoher Preis seine Verwendung limitiert. Außerdem wird es im Apparatebau und in der chemischen Industrie als korrosionsbeständiger Werkstoff geschätzt. Legierungen mit Al, Mo, Mn und Fe sind relativ leicht, hochfest und temperaturbeständig. Als Legierungsbestandteil in Stählen wirkt es als Carbid- und Nitridbildner. Ti-Stähle sind auch für extreme Beanspruchungen, z. B. bei Turbinenschaufeln, geeignet.

Titanverbindungen

Titandioxid (Titanweiß), TiO_2, ist die technisch wohl wichtigste Titanverbindung. Von den drei in der Natur vorkommenden Modifikationen werden technisch der Rutil und der Anatas hergestellt. TiO_2 wird heute nach zwei Verfahren, dem *Sulfat-Verfahren* und dem *Chlorid-Verfahren*, hergestellt.

Problem beim Sulfat-Verfahren ist der Dünnsäureanfall (verdünnte, mit Fe-Salzen verunreinigte H_2SO_4), beim Chlorid-Verfahren sind es die hohen Anforderungen an den Rohstoff. Das in beiden Modifikationen gelbstichig weiße, kristalline Pulver ist auf Grund seiner hohen Brechzahl, chemischen Widerstandsfähigkeit und physiologischen Unbedenklichkeit heute das wichtigste *Weißpigment.* Es findet außerdem Verwendung als Trübungsmittel in Email, als synthetischer Schmuckstein, in Kosmetika und Pharmazeutika. Ferner dient es als Träger für Katalysatoren und als Ausgangssubstanz zur Ti-Herstellung.

Titanate sind Salze oder Ester der hypothetischen Titansäure (H_4TiO_4). Natürlich kommen sie als Salze in Form von *Ilmenit* oder *Perowskit* vor. Im Gegensatz zu Sulfaten oder Chromaten enthalten sie aber keine TiO_3^{2-}- oder TiO_4^{4-}-Ionen. Mit verschiedenen Ionen wie Ca, Sr, Ba, Pb u. a. finden sie sehr spezielle Verwendungen, z. B. als hochwirksame Dielektrika, elektroakustische Wandler u. a. m. **Titansäureester, Ti(OR)$_4$,** werden u. a. als Haftvermittler zum Verkleben von Folien, in der Lackindustrie als Lackhilfsmittel oder für Hochtemperaturlacke verwendet.

Titantetrachlorid, TiCl$_4$, ist eine klare, rauchende und stechend riechende Flüssigkeit, die von H_2O zu TiO_2 und HCl zersetzt wird. Es ist Zwischenprodukt beim Chlorid-Verfahren zur TiO_2-Herstellung und dient als Katalysator zur Polymerisation von Ethylen.

Titanborid, TiB$_2$, wird durch Umsetzung von B mit Ti erhalten. Als härtestes bekanntes Metallborid ist es das technisch wichtigste Borid und findet Verwendung als Elektroden- und Tiegelmaterial, als Diamantersatz bei Bohrern und Schneidwerkzeugen oder als schützender Überzug für Mo, W oder Ta (**Cermets**: aus dem Englischen

ceramics und **met**als abgeleiteter Name für eine Gruppe von Werkstoffen mit zwei getrennten Phasen, einer metallischen und einer keramischen. Letztere bewirkt große Härte, hohen Schmelzpunkt, gute Wärmefestigkeit, Verschleißfestigkeit und Zunderbeständigkeit. Das Metall verbessert die Temperaturwechselfestigkeit und Schlagfestigkeit). **Titancarbid, TiC,** bildet grau-schwarze, glänzende, sehr harte und spröde Kristalle und wird technisch durch Reduktion von TiO_2 mit Ruß oder Graphit oder nach dem CVD-Verfahren (**c**hemical **v**apor **d**eposition) aus $TiCl_4$ mit H_2 und CH_4 hergestellt. Als nach dem WC wichtigstes Carbid findet es Verwendung als Hartstoff für die Herstellung von Cermets oder Hartmetallen. **Titannitrid, TiN,** ist ein goldgelber, gegen H_2O, HNO_3, HF, KOH und NaOH beständiger, elektrisch leitender Feststoff, der sich in heißen Alkalilaugen unter Bildung von NH_3 löst. Hergestellt wird er durch Reaktion von $TiCl_4$ mit N_2 in einem H-Plasma oder durch direktes Nitrieren von Ti z. B. in KCN/K_2CO_3-Salzschmelzen. Als Hartstoff findet TiN Verwendung zur Herstellung von verschleißmindernden Oberflächenschichten auf Lagern oder Schneidwerkzeugen und zur Auskleidung von Reaktionsbehältern, z. B. für flüssige Metalle.

Titanhydrid, TiH_2, wird industriell aus Ti-Schwamm und H_2 hergestellt. Die H-Aufnahme ist reversibel, abhängig vom Druck und von der Temperatur. Das Hydrid ist nicht exakt stöchiometrisch (ca. $TiH_{1,95}$) und wird besonders in der Pulvermetallurgie zur Desoxidation verwendet, zur Herstellung von reinem Ti-Metallpulver oder fein verteiltem TiN. Es wird ferner zum Erzielen einer festen Verbindung zwischen Metallen und keramischen Materialien und zur Herstellung geschäumter Metalle verwendet.

Titan(IV)-sulfat, $Ti(SO_4)_2$, ist nur in Lösung in konz. H_2SO_4 beständig. Es hydrolysiert leicht zu $TiO(SO_4)$. Das weiße, in H_2O unter Hydrolyse lösliche Pulver entsteht beim Sulfat-Verfahren zur Herstellung von TiO_2. Die ca. 15%ige Lösung ist ein empfindliches Reagens auf H_2O_2.

Titanylverbindungen ist die alte Bezeichnung für heute als Titanoxidverbindungen bezeichnete Oxo-Verbindungen des Ti, z. B. $TiO(SO_4)$.

Titan(III)-Verbindungen entstehen durch Reduktion aus Ti(IV)-Verbindungen. Die meist violetten Ti(III)-Verbindungen sind als starke Reduktionsmittel an Luft nicht beständig und gehen rasch in die farblosen Ti(IV)-Verbindungen über.

14.3.3 Zirconium, Hafnium, Rutherfordium und ihre Verbindungen

Elementsymbole und Isotope:

Zirconium (vom Halbedelstein Zirkon): Zr; natürliche Isotope: $^{90}_{40}$Zr (51,45 %), $^{91}_{40}$Zr (11,32 %), $^{92}_{40}$Zr (17,19 %), $^{94}_{40}$Zr (17,28 %), $^{96}_{40}$Zr (2,76 %); es sind noch 17 instabile Isotope mit Halbwertszeiten zwischen $1,5 \cdot 10^6$ a und 2,0 s bekannt.

Hafnium (von *Hafnia*, lat.: für Kopenhagen): Hf; natürliche Isotope: $^{174}_{72}$Hf (0,16 %), $^{176}_{72}$Hf (5,2 %), $^{177}_{72}$Hf (18,6 %), $^{178}_{72}$Hf (27,1 %), $^{179}_{72}$ Hf (13,7 %), $^{180}_{72}$Hf (35,2 %); es sind noch 18 instabile Isotope mit Halbwertszeiten zwischen $9 \cdot 10^6$ a und 0,12 min bekannt.

Rutherfordium (zu Ehren von E. RUTHERFORD): Rf

Vorkommen: Zr ist mit einem Anteil von ca. 0,016 %, Hf mit ca. $2,8 \cdot 10^{-4}$ % in der Erdrinde vertreten. Beide kommen wie Ti nicht elementar vor. Zr ist in geringen Konzentrationen weit verbreitet. Wichtige Zr-Mineralien sind der Zirkon *(Alvit)* $ZrSiO_4$ und die Zirkonerde *(Baddeleyit, Brasilit)* ZrO_2. Hf kommt nicht in Form eigenständiger Minerale vor, sondern mit einem Anteil von 1...5 % nur als Begleiter des Zr. Rf ist ein künstliches Element.

Physiologie: Zr und seine Verbindungen sind nicht giftig.

Metallisches Zr und Hf

Herstellung: ZrO_2 wird analog zur Ti-Herstellung aufgearbeitet und enthält meist 1...3 % Hf. Zr- und Hf-Salze müssen durch aufwändige Extraktionsverfahren, Ionenaustauscherverfahren oder fraktionierte Destillation flüchtiger Verbindungen getrennt werden. Die Aufarbeitung des Hf erfolgt wie beim Zr.

Eigenschaften: Zr und Hf sind helle, glänzende, relativ weiche, dehnbare Schwermetalle, die sich zu Blechen auswalzen und zu Drähten ziehen lassen. Zr ist ein guter Wärmeleiter und weist einen geringen Wärmeausdehnungskoeffizienten sowie einen geringen Einfangquerschnitt für thermische Neutronen auf. Hf besitzt einen 600-mal höheren Einfangquerschnitt für thermische Neutronen. Wie Ti sind sie auf Grund einer Oberflächenoxidschicht außerordentlich beständig gegen Säuren, Basen und Meerwasser, sie sind löslich in Flusssäure und Königswasser. Als Pulver entzünden sie sich spontan an Luft und verbrennen zu Nitriden und Oxiden (s. auch Abschn. 14.3.1).

Verwendung: Wegen seiner Korrosionsbeständigkeit wird Zr als Konstruktionswerkstoff in der chemischen Industrie und ähnlichen Bereichen eingesetzt. Für Hüllenmaterial der Brennstoffelemente in Kernreaktoren muss Zr Hf-frei sein. Weitere Verwendungen findet es in schussfestem Stahl, als Gettermaterial in Hochdrucklampen, Füllstoff in Blitzbirnen und in Zr-Nb-Legierungen als Supraleiter. Zr-Verbindungen finden u. a. Verwendung zur hydrophobierenden Imprägnierung von Textilien, zur Herstellung von Pigmenten sowie in der Glas- und Keramikindustrie. Einige Zr-organische Verbindungen lassen sich als Katalysatoren oder in der Lackindustrie einsetzen. Wegen seines hohen Einfangquerschnittes für thermische Neutronen wird Hf als Werkstoff für Regelstäbe in Kernreaktoren sowie als Neutronenabsorber (z. B. in Wiederaufbereitungsanlagen) verwendet. In Blitzlichtwürfeln geben Hf-Folien eine besonders hohe Lichtausbeute, und in Nb-, Ta-, W- und Mo-Legierungen wirken ca. 2 % Zusatz von Hf festigkeitssteigernd.

Zr- und Hf-Verbindungen

In ihren Verbindungen liegen Zr und Hf meist in der Oxidationsstufe +4 vor, viel seltener in der Stufe +3.

Zirconiumdioxid, ZrO_2, wird aus $ZrSiO_4$ durch Schmelzen mit CaO und Reduktion des SiO_2 und der Verunreinigungen mit Kohle gewonnen. Es wird für Zirconiumoxidkeramiken eingesetzt, die bis $2600\,°C$, z. B. im Ofenbau, für Widerstandsheizelemente, für Feststoffelektrolyte und Neutronenreflektoren in Kernreaktoren (Hf-frei) eingesetzt werden können.

Zirconiumsilicat, $ZrSiO_4$, kommt in der Natur als *Zirkon* vor und findet als Formsand in der Stahlindustrie, zur feuerfesten Auskleidung von Öfen in der Glas- und Stahlindustrie, als Füllstoff für Kunstharze und als Trübungsmittel in Emails und Gläsern Verwendung. Es dient als Wirtsgitter für farbgebende Oxide von V, Pr oder Fe in Keramikpigmenten.

Zirconiumhydrid, ZrH_2, ähnelt in seinen Eigenschaften stark dem TiH_2 und findet u. a. als starkes Reduktionsmittel, in der Pyrotechnik, der Pulvermetallurgie und hauptsächlich im militärischen Bereich als Bestandteil von Brand- und Leuchtsätzen Verwendung.

Zirconylverbindungen: vgl. Titanylverbindungen

Hafniumverbindungen haben nur eine geringe technische Bedeutung. Sie entsprechen im Wesentlichen den analogen Verbindungen des Zr.

14.3.4   Rutherfordium (Element 104)

Elementsymbol: Rf, Eka-Hafnium, systematischer Name Unnilquadium (Unq) bisher Ku (Kurtschatowium). Rf ist ein künstliches Element, das auf zwei Wegen hergestellt wurde:

1) 1964 durch eine Arbeitsgruppe in der UdSSR:

$$^{242}_{94}Pu + {}^{22}_{10}Ne \ \longrightarrow\ {}^{260}_{104}Ku + 4\,n$$

2) 1969 durch eine amerikanische Arbeitsgruppe in Berkeley:

$$^{249}_{98}Cf + {}^{12}_{6}C \ \longrightarrow\ {}^{257}_{104}Rf + 4\,n$$

Es sind bisher neun Isotope des instabilen Elements synthetisiert worden, deren Halbwertszeiten zwischen 1,1 min und 0,5 ms liegen.

Die chemischen Eigenschaften des Rf gleichen im Wesentlichen denen des Hf.

14.4   Elemente der 5. Gruppe (V. Nebengruppe)

Die 5. Gruppe (V. Nebengruppe, *Vanadiumgruppe*) umfasst die Elemente Vanadium (V), Niobium (Nb), Tantal (Ta) und das künstliche Element Dubnium (Db).

Tabelle 14-3: Einige physikalische und chemische Eigenschaften der Elemente der 5. Gruppe

	V	Nb	Ta
Schmelzpunkt in °C	1919	2468	2996
Siedepunkt in °C	3400	4930	5425
Ionenradien			
E^{5+}	0,059	0,069	0,068
E^{4+}	0,060	0,074	0,070
E^{3+}	0,074	0,075	0,071
E^{2+}	0,088	0,076	———
Standardpotenzial in V			
$EO^{3+}/E(V)$	−0,876	−1,099	———
$EO_2/E(V)$	−0,254	−0,644	−0,812
Beständigkeit von E(V)	———————→	nimmt zu	———————→

Alle Elemente der V. Nebengruppe sind hoch schmelzende und hoch siedende Schwermetalle, die sich trotz ihres unedlen Charakters bei Raumtemperatur durch eine ausgeprägte Reaktionsträgheit auszeichnen, die darauf zurückzuführen ist, dass sie sich mit einer dichten Oxidschicht überziehen. Sie sind gegen nichtoxidierende Säuren (Nb und Ta auch gegen oxidierende) und Basen beständig und werden lediglich von Flusssäure unter Fluorokomplexbildung und Alkalischmelzen unter Metallatbildung angegriffen. Im Gegensatz zur IV. Hauptgruppe steigt in der V. Nebengruppe die Stabilität der E(V)-Verbindungen mit der Atommasse an. Durch die Lanthanoidenkontraktion weisen, wie in der IV. Nebengruppe, die schwereren Elemente in ihren Verbindungen untereinander eine große Ähnlichkeit auf, während sie sich in Struktur und Formel merklich von denen des V unterscheiden.

Nachweis: spektroskopisch, bei V auch gravimetrisch durch Fällung als $[NH_4]_4V_4O_{12}$.

Elementsymbole und Isotope:
Vanadium (nach der nordischen Göttin *Vanadis*): V; natürliche Isotope: $^{50}_{23}V$ (0,25 %), $^{51}_{23}V$ (99,75%); es sind noch instabile Isotope mit Halbwertszeiten zwischen 330 d und 90 ms bekannt.
Niobium (Niob; nach der gr. Sagengestalt *Niobe*, Tochter des Tantalos): Nb; natürliche Isotope: $^{92}_{41}Nb$ (2 · 10^{-11} %, Halbwertszeiten 3,2 · 10^7 a), $^{93}_{41}Nb$ (100%); es sind noch 20 instabile Isotope mit Halbwertszeiten zwischen 3,2 · 10^7 a und 0,8 s bekannt.
Tantal (nach der gr. Sagengestalt *Tantalos*): Ta; natürliche Isotope: $^{180}_{73}Ta$ (0,012 %, Halbwertszeit 2 · 10^{13} a), $^{181}_{73}Ta$ (99,988%); es sind noch 19 instabile Isotope mit Halbwertszeiten zwischen 600 d und 32 s bekannt.
Dubnium (nach dem russischen Kernforschungszentrum *Dubna*): Db

Vorkommen: V ist mit einem Anteil von ca. 0,011 %, Nb mit ca. $1,8 \cdot 10^{-3}$ % und Ta mit ca. $0,29 \cdot 10^{-3}$ % in der Erdrinde enthalten. Sie treten nicht elementar auf. V findet sich in zahlreichen Eisenerzen, Tonen, Basalten und Ackerböden und auch in bestimmten Erdölen. Wichtige V-Mineralien sind der *Patronit* VS_4, der *Vanadinit* $Pb_5(VO_4)_3Cl$, Vanadiumglimmer *(Roscoelit)* $K(Al,V)_2[AlSi_3O_{10}](OH,F)$ und der *Carnotit* $K(UO_2)(VO_4)$. Nb und Ta sind in geringen Konzentrationen weit verbreitet und in Mineralen meist vergesellschaftet. Das wichtigste Nb-Mineral ist *Niobit* (Eisenniobat, Columbit) $(Fe,Mn)(NbO_3)_2$, der immer mit *Tantalit* vergesellschaftet vorkommt. Db ist ein künstliches Element.

Physiologie: V ist für Tiere und Pflanzen ein essenzielles Spurenelement. In größeren Mengen sind V-Verbindungen giftig und rufen Asthma, Übelkeit, Krämpfe und auch Bewusstlosigkeit hervor. Der menschliche Körper enthält ca. 100 mg Nb, dessen physiologische Funktion aber nicht bekannt ist. Nb und Ta und deren Verbindungen gelten als nicht giftig.

Metallisches V, Nb und Ta

Herstellung: V wird meist durch Reduktion von V_2O_5 mit Ca hergestellt, welches aus schwefelsaurer Lösung als Hydrat ausgefällt wird. Reinstes V erhält man analog zur Herstellung von reinstem Ti nach VAN ARKEL und DE BOERS oder elektrolytisch. Für V-Stähle wird V als **Ferrovanadium** in Form einer ca. 5%igen Legierung durch Reduktion von V- und Fe-Oxid im elektrischen Ofen gewonnen.

Mit Nb und Ta angereichertes Erz wird in einem H_2SO_4/HF-Gemisch gelöst und durch mehrere Extraktionen in eine Nb- und eine Ta-Fraktion aufgetrennt. In der Nb-Fraktion erhält man das Nb_2O_5, das entweder mit Na oder mit C zu Nb reduziert wird. Technisch wichtiger ist die Produktion des **Ferroniob**, einer Fe-Legierung mit 50...70 % Nb, durch direkte alumothermische Reduktion von Erzkonzentraten. In der Ta-Fraktion erhält man $K_4[Ta_4O_5F_{14}]$, das durch Reduktion mit Na oder seltener durch Schmelzflusselektrolyse als Ta-Pulver erhalten wird und durch Sintern im Hochvakuum oder durch Schmelzen im Lichtbogenofen zu Ta-Barren gereinigt und verdichtet wird. In Form von **Ferroniobtantal** oder **Ferrotantalniob** (s. auch Ferroniob) wird es aluminothermisch aus Erzen gewonnen.

Eigenschaften: Alle Elemente der V. Nebengruppe sind hoch schmelzende und hoch siedende Schwermetalle, die sich trotz ihres unedlen Charakters bei Raumtemperatur durch eine ausgeprägte Reaktionsträgheit auszeichnen, die darauf zurückzuführen ist, dass sie sich mit einer dichten Oxidschicht überziehen. Sie sind gegen nichtoxidierende Säuren (Nb und Ta auch gegen oxidierende) und Basen beständig und werden lediglich von Flusssäure unter Fluorokomplexbildung und Alkalischmelzen unter Vanadat-, Niobat- bzw. Tantalatbildung angegriffen. Erst bei erhöhter Temperatur reagieren sie mit den meisten Nichtmetallen, z. B. V mit O_2 zu V_2O_5 und mit Cl_2 zu VCl_4. Die Legierung Nb_3Ge ist ein metallischer Supraleiter mit relativ hoher Sprungtemperatur von 23,2 K.

Verwendung: Der wichtigste Verbraucher für V ist die Fe-Industrie, wo es als Legierungsbestandteil vor allem für Baustähle, Werkzeugstähle und Schnelldrehstähle verwendet wird, gefolgt von der NE-Metallurgie. Als Hüllenwerkstoff für Kernbrennstoffe gewinnen V-Legierungen an Bedeutung. Weniger als 5 % werden zu V-Verbindungen, vor allem für Katalysatoren, weiterverarbeitet.

Nb dient hauptsächlich in Form von Ferroniob zur Herstellung von Baustählen und hochwarmfesten Stählen. Es ist Bestandteil vieler Superlegierungen mit hoher Wärmefestigkeit (z. T. bis 2000 °C) und auch verschiedener supraleitender Legierungen. Wegen seines geringen Neutroneneinfangquerschnittes ist es Material für Brennstabhüllen. Ta wird im chemischen Apparatebau als korrosionsfester Werkstoff für Behälterauskleidungen, Wärmetauscher und Pumpenteile verwendet. In der Elektronik dient es zur Herstellung von Ta-Elektrolytkondensatoren. Es ist Bestandteil verschiedener hoch belastbarer Legierungen und vieler korrosionsfester Stähle. In der Chirurgie dient Ta als Werkstoff für verschiedene Implantate und Instrumente.

V-, Nb- und Ta-Verbindungen

Im Gegensatz zur V. Hauptgruppe steigt in der V. Nebengruppe die Stabilität der E(V)-Verbindungen mit der Atommasse an. Durch die Lanthanoidenkontraktion weisen wie in der IV. Nebengruppe die schwereren Elemente in ihren Verbindungen untereinander eine große Ähnlichkeit auf, während sie sich in Struktur und Form merklich von denen des V unterscheiden. Die wichtigsten Oxidationsstufen sind +4 und +5, seltener +2 und +3.

O-Verbindungen: Vanadiumpentaoxid, V_2O_5, ist das technisch wichtigste V-Oxid und Ausgangssubstanz zur Gewinnung von V-Metall und V-Verbindungen. Es entsteht durch Verbrennen von fein verteiltem V in O_2 oder durch Glühen vieler V-Verbindungen an Luft. Das in H_2O unlösliche, aber in Basen unter **Vanadat**-Bildung lösliche orangefarbene Oxid mit einer den $Si_2O_5^{2-}$-Ionen entsprechenden Blattstruktur spaltet beim Erhitzen mit Reduktionsmitteln leicht O ab, worauf seine Verwendung als Oxidationskatalysator z. B. bei der H_2SO_4-Herstellung, Entstickung von Rauchgasen oder Malein- oder Phthalsäureanhydrid-Synthese beruht. **Vanadiumtrioxid, V_2O_3,** entsteht durch Glühen von V_2O_5 im H_2-Strom. Es findet als S-unempfindlicher Hydrierkatalysator Verwendung. **Niobiumpentaoxid, Nb_2O_5,** ist eine reaktionsträge, nur in Flusssäure lösliche Substanz, sie erhöht die Brechzahl optischer Gläser für Objektive. Nb_2O_5 ist Ausgangssubstanz zur Gewinnung von Nb und NbC und wird auch in keramischen Widerstandskörpern verwendet. **Tantalpentaoxid, Ta_2O_5,** ist ein chemisch außerordentlich reaktionsträges, nur in Flusssäure und Alkalischmelzen lösliches weißes Pulver, das zur Herstellung von Spezialgläsern, Kondensatoren und Katalysatoren bei organischen Synthesen dient.

Carbide: Niobiumcarbid, NbC, wird neben W-, Ti- und Mo-Carbid in einigen Hartmetallen verwendet. **Tantalcarbid, TaC,** entsteht z. B. bei ca. 1900 °C beim Erhitzen von Ta_2O_5 mit C. Es ist bis ca. 800 °C gegen Luft stabil und dient als Zusatz zu WC-Hartmetallen für Schneidlegierungen u. Ä. Die gleiche Anwendung haben auch die bis zu sehr hohen Temperaturen beständigen **Tantalborid** und **Tantalnitrid**.

Vanadiumorganische Verbindungen sind Verbindungen, in denen das V-Atom direkt (entweder σ oder π) an ein C-Atom eines organischen Restes gebunden ist. Es treten die Oxidationsstufen −3 bis +5 auf (s. auch Kap. 16). **Vanadiumtriacetylacetonat, $C_{15}H_{21}O_6V$ (V(acac)$_3$)** dient als Homogenkatalysator für Polymerisationen.

Dubnium (Element 105)

Elementsymbole: Db; Eka-Tantal (Eka-Ta), amerikanischer Vorschlag (CAS): Ha (für Hahnium), russischer Vorschlag Ns (Bohrium oder Nielsbohrium), systematischer Name: Unp (für Unnilpentium).

Das künstliche Element wurde bisher nur in winzigen Mengen auf kernphysikalischem Wege erhalten:

1) $^{243}_{95}Am + {}^{22}_{10}Ne \rightarrow {}^{260}_{105}Unp + 2n$ (UdSSR, 1967, Nielsbohrium)

2) $^{149}_{98}Cf + {}^{15}_{7}N \rightarrow {}^{260}_{105}Unp + 4n$ (USA, 1970, Hahnium)

Die fünf bekannten Isotope weisen Halbwertszeiten zwischen 40 s (^{262}Unp) und 1,2 s (^{255}Unp) auf. Soweit eine Prüfung mit den geringen erhaltenen Mengen und bei der kurzen Halbwertszeit möglich war, scheinen die chemischen Eigenschaften sich an die des Ta anzuschließen.

14.5   Elemente der 6. Gruppe (VI. Nebengruppe)
14.5.1   Allgemeines

Die 6. Gruppe (VI. Nebengruppe, *Chromgruppe*) umfasst die Elemente Chrom (Cr), Molybdän (Mo), Wolfram (W) und das künstliche Element Seaborgium (Sg).

Tabelle 14-4: Einige physikalische und chemische Eigenschaften der Elemente der 6. Gruppe

	Cr	Mo	W
Schmelzpunkt in $^{\circ}$C	1903	2620	3410
Siedepunkt in $^{\circ}$C	2640	4825	5700
Ionenradien			
E^{6+}	0,052	0,062	0,062
E^{4+}	0,056	0,070	0,070
E^{3+}	0,063	——	——
E^{2+}	0,084	——	——
Standardpotenzial in V			
E^{2+}/E	−0,912	——	——
E^{3+}/E	−0,744	−0,20	−0,11
EO_4^{+}/E	——	——	−0,05
E^{3+}/E^{2+}	−0,408	——	——
$E_2O_7^{2-}/E^{3+}$	−1,33	——	——
Beständigkeit von E(VI)	⟶	nimmt zu	⟶

Alle Elemente der VI. Nebengruppe sind hoch schmelzende und hoch siedende Metalle, die mit den Elementen der VI. Hauptgrupe fast nichts gemeinsam haben. Im Gegensatz zu diesen nimmt ihre Beständigkeit mit steigender Atommasse zu, sodass Chromate im Unterschied zu Wolframaten starke Oxidationsmittel sind. Gleichzeitig fällt in der gleichen Richtung die Beständigkeit der Oxidationsstufe +3, deren Chemie beim Cr sehr ausgedehnt ist, während sie sich beim W auf wenige Verbindungen beschränkt.

Wie in den beiden vorstehenden Gruppen sind auch hier auf Grund des Einschubes der Lanthanoiden die Ähnlichkeiten zwischen den schweren Elementen größer als die zum Cr. Die Schmelzpunkte erreichen in der Cr-Gruppe ein Maximum, die Dampfdrücke und die thermischen Ausdehnungskoeffizienten ein Minimum. Obwohl es sich um relativ unedle Elemente handelt, sind die Elemente der VI. Nebengruppe auf Grund einer dichten Oxidschicht bei Raumtemperatur stabil gegen Luft oder Basen und nicht oder nur schwach oxidierende Säuren. Sie sind auch sonst relativ reaktionsträge. Mit Alkalischmelzen bilden sich Chromate, Molybdate bzw. Wolframate.

14.5.2   Chrom und Chromverbindungen

Elementsymbol: Cr (*chroma*, gr.: Farbe); **natürliche Isotope:** $^{50}_{24}$Cr (4,35 %), $^{52}_{24}$Cr (83,79 %), $^{53}_{24}$Cr (9,50 %), $^{54}_{24}$Cr (2,36 %); es sind noch 8 instabile Isotope mit Halbwertszeiten zwischen 27,70 d und 50 ms bekannt; **wichtige Oxidationsstufen:** +2, +3, +6, seltener +4, +5. Cr wurde 1797 von L. N. VAUQUELIN in Rotbleierz entdeckt und 1894 von H. GOLDSCHMIDT aluminothermisch rein gewonnen.

Vorkommen: Cr ist mit einem Anteil von ca. $6{,}4 \cdot 10^{-3}$ % in der Erdrinde enthalten. Es tritt nicht elementar auf, sondern hauptsächlich in oxidischer Form, als Chromeisenstein *(Chromit)* $FeCr_2O_4$ oder Rotbleierz *(Krokit)* $PbCrO_4$. Die Hauptvorkommen an Chromit, dem Rohstoff für alle Cr-Verbindungen, liegen im südlichen Afrika. Weitere Vorkommen u. a. in Russland, in der Türkei, im Iran und in Finnland.

Physiologie: Cr ist ein essenzielles Spurenelement. Cr(VI)-Verbindungen sind giftig und cancerogen. Sie wirken stark ätzend auf Haut und Schleimhäute. Metallisches Cr und Cr(III)-Verbindungen sind weder hautreizend, mutagen noch cancerogen.

Metallisches Chrom

Herstellung: Metallisches Cr wird heute nach vier Verfahren hergestellt: aluminothermisch (Cr_2O_3 + 2 Al → Al_2O_3 + 2 Cr) oder durch Reduktion mit C aus Cr_2O_3 (Cr_2O_3 + 3 C → 2 Cr + 3 CO), durch elektrochemische Reduktion von Chromalaun $NH_4Cr(SO_4)_2 \cdot 12\ H_2O$ oder von CrO_3. Das pulverförmige Rohmetall wird gesintert und im Lichtbogenofen zusammengeschmolzen.

Eigenschaften: Cr ist ein silberglänzendes, in reinem Zustand zähes und gut form-bares Schwermetall, das in kompakter Form gegen Luft und H_2O beständig ist. Bei Raumtemperatur wird es von Säuren (mittelkonzentrierte HCl, HBr oder H_2SO_4) nur langsam, in der Hitze schneller angegriffen. Durch starke Oxidationsmittel wird es durch eine dichte Oxidschicht passiviert und ist dann sowohl gegen oxidierende als auch nichtoxidierende Säuren, außer Königswasser und Flusssäure, und Basen be-ständig. Bei erhöhter Temperatur reagiert es mit vielen Nichtmetallen wie O_2, Cl_2, Br_2, F_2, S, C, Si oder B. Die an Luft stabilste Oxidationsstufe ist +3, häufig tritt es auch in den Stufen +2 und +6, seltener +4 und +5 auf. Cr(II)-Verbindungen sind basisch, Cr(III)-Verbindungen amphoter, in den höheren Oxidationsstufen reagieren Cr-Verbindungen sauer. Cr(VI)-Verbindungen sind starke Oxidationsmittel. Cr-Ionen weisen eine vielfältige Komplexchemie mit Koordinationszahlen von 5 oder 6 auf, besonders in der Oxidationsstufe +3.

Ferrochrom, FeCr, ist eine Fe/Cr-Legierung mit 52...77 % Cr. Es ist die bedeutendste Verwendungsform von Cr und wird aus Chromit durch Reduktion mit Kohle in elektri-schen Öfen oder Siemens-Martin-Öfen hergestellt (FeO · Cr_2O_3 + 4 C → Fe + 2 Cr + 4 CO). Zur Schmelzpunkterniedrigung wird dem Gemisch Kalkstein und Quarzit zugeschlagen.

Verwendung: Cr wird größtenteils in Form von Ferrochrom zur Herstellung von Cr-Stählen und nichtrostenden Stählen verwendet. Cr-Metall braucht man z. B. zur Herstellung von Turbinenschaufeln, eisenfreien Cr-Legierungen und Cermets (z. B. aus 23 % Al_2O_3 und 77 % Cr).

Chromverbindungen

Dichromtrioxid (Chrom(III)-oxid), **Cr_2O_3,** wird durch Reduktion von $Na_2Cr_2O_7$ mit organischen Stoffen, Holzkohle oder S oder auch NH_4-Salzen kontinuierlich in Öfen hergestellt (z. B. 2 $Na_2Cr_2O_7$ + 3 C → 2 Cr_2O_3 + 2 Na_2CO_3 + CO_2). Durch Wa-schen des Reaktionsgemisches mit H_2O, Filtrieren, Trocknen und Mahlen erhält man sehr reines Cr_2O_3. Das schwarz-grüne, metallisch glänzende, kristalline Oxid ist in H_2O, Säuren, Alkalien und Alkoholen unlöslich und dient zur Herstellung von Cr-Me-tall, als grünes Pigment, Poliermittel und als Katalysator in der organischen Chemie. Als Beimengung (0,25 %) zu Al_2O_3 verursacht es dessen Rotfärbung zum **Rubin.**

Chromdioxid (Chrom(IV)-oxid), **CrO_2,** wird durch thermischen Abbau von CrO_3 hergestellt. Das braune bis schwarze ferromagnetische Pulver dient als Pigment für Magnetbänder. **Chromtrioxid** (Chrom(VI)-oxid, Chromsäureanhydrid), **CrO_3,** bildet dunkelrote, geruchlose, stark giftige, cancerogene Kristallnadeln, die sich in viel H_2O zu gelber Chromsäure H_2CrO_4, in wenig H_2O zu je nach Kondensationsgrad gelben bis orangefarbenen Polychromsäuren $H_2Cr_xO_{3x+1}$ lösen. Herstellung s. unter Chromate. Verwendet wird das starke Oxidationsmittel zur galvanischen Verchromung, als Holz-schutz, zur Herstellung Cr-haltiger Katalysatoren und als Ausgangsmaterial für CrO_2.

Chromate sind Salze der verschiedenen Oxosäuren des Cr in den Oxidationsstufen +3 bis +6. Technisch wichtig sind die Chromate(VI), die sich von der Chromsäure ableiten, die das gelbe CrO_4^{2-}-Anion enthalten. Beim Ansäuern von Chromatlösung kondensieren die CrO_4^{2-}-Ionen unter Farbvertiefung zu **Dichromat $Cr_2O_7^{2-}$,** Trichromat $Cr_3O_{10}^{2-}$ und höheren Polychromaten. Zur Toxizität s. o. Chromate sind die Ausgangsmaterialien für Cr(VI)-Pigmente (z. B. $PbCrO_4$), die verschiedenen Chromoxide und Cr(III)-Salze.

CrO_3 und Chromate finden Verwendung als starke Oxidationsmittel in der organischen Synthese, z. B. zur Herstellung von Montanwachsen. Chromat-Pigmente s. u.

Chrom(III)-sulfat, $Cr_2(SO_4)_3$, ist ein violettes, in H_2O und Säuren unlösliches Pulver. Technisch wichtiger ist das basische Chromsulfat, $Cr(OH)SO_4$, das aus $Na_2Cr_2O_7$ durch Reduktion mit organischen Materialien wie Montanwachsen oder Anthracen in H_2SO_4 hergestellt wird. Dieses wird im Gemisch mit Na_2SO_4, welches bei der Herstellung mit anfällt, zur Ledergerbung eingesetzt. **Chromboride** und **Chromcarbide** sind sehr harte, spröde, nicht stöchiometrische Verbindungen, die für Cermets und für Bohr- und Schneidwerkzeuge eingesetzt werden. Chromcarbide gehören zu den korrosionsbeständigsten Materialien.

Chrom-Pigmente ist die Sammelbezeichnung für Pigmente auf der Basis von Cr-Verbindungen. Man unterscheidet **Chromoxid-Pigmente** (Chromoxidgrün und Chromoxidhydratgrün) mit Cr(III), die oliv- bis smaragdgrüne Farbtöne liefern. **Chromat-Pigmente** mit reinen, kräftig gelben bis roten Farben (z. B. Chromgelb $PbCrO_4$ oder Chromrot $PbO \cdot PbCrO_4$) und **Mischpigmente** (z. B. das Molybdatrot, $PbCrO_4$ + $PbSO_4$ + $PbMoO_4$). Zinktetraoxychromat (basisches Zinkchromat) wurde als Korrosionsschutzpigment verwendet. Wegen ihrer physiologischen Bedenklichkeit ist man bemüht, CrO_4^{2-}-haltige Pigmente zu ersetzen.

Chromschwefelsäure ist ein ätzendes, giftiges, stark oxidierendes Gemisch, das durch Lösen von Chromaten in konz. Schwefelsäure erhalten wird. Es dient zur Entfettung und Reinigung von Glasgeräten.

Chromgerbung ist ein wichtiges Gerbverfahren unter Einsatz dreiwertiger Chromsalze. Dabei werden die Carboxyl-Gruppen des Kollagens der Tierhaut vernetzt.

14.5.3   Molybdän, Wolfram, Seaborgium und ihre Verbindungen

Elementsymbole und Isotope:

Molybdän (*molybdaina*, gr.: Bleiglanz): Mo; natürliche Isotope: $^{92}_{42}$Mo (14,84 %), $^{94}_{42}$Mo (9,25 %), $^{95}_{42}$Mo (15,92 %), $^{96}_{42}$Mo (16,68 %), $^{97}_{42}$Mo (9,55 %), $^{98}_{42}$Mo (24,13 %), $^{100}_{42}$Mo (9,63 %); es sind noch 14 instabile Isotope mit Halbwertszeiten zwischen 3000 a und 1,1 s bekannt.

Wolfram (zu *Wolf* und *ram* = Schmutz, da schädliche Beimischung zum Zinnerz): W; natürliche Isotope: $^{180}_{74}$W (0,10 %), $^{182}_{74}$W (26,3 %), $^{183}_{74}$W (14,3 %), $^{184}_{74}$W (30,7 %), $^{186}_{74}$W (28,6 %); es sind noch 22 instabile Isotope mit Halbwertszeiten zwischen 121 d und 0,08 s bekannt.

Seaborgium (zu Ehren des amerikanischen Chemikers G. T. SEABORG): Sg

Vorkommen: Mo ist mit einem Anteil von etwa $1,4 \cdot 10^{-3}$ % und W mit etwa $0,1 \cdot 10^{-3}$ % in der Erdrinde enthalten. Sie treten nicht elementar auf. Das wichtigste Mo-Erz ist der Molybdänglanz *(Molybdänit)* MoS_2. Weitere Mo-Minerale sind das Gelbbleierz *(Wulfenit)* $PbMoO_4$ und der *Powellit* $Ca(Mo,W)O_4$. W wird stets als *Wolframat* gefunden. Wichtige W-Mineralien sind der *Wolframit* $(Mn,Fe)WO_4$, der *Scheelit* (Tungstein, Scheelspat) $CaWO_4$, das Scheelbleierz *(Stolzit)* $PbWO_4$ und der Wolframocker *(Tungstit)* $WO_3 \cdot x\, H_2O$. Sg ist ein künstliches Element.

Physiologie: Mo ist ein essenzielles Spurenelement, vor allem in Leguminosen, in denen es an der Fixierung des Luftstickstoffes und an der Eiweißsynthese beteiligt ist. Es ist kaum giftig, der MAK-Wert für lösliche Verbindungen liegt bei 5 mg · m^{-3} Luft bzw. bei 15 mg · m^{-3} für unlösliche Verbindungen. Mo begünstigt die F$^-$-Einlagerung im Zahnschmelz.
W und seine Verbindungen gelten als ungiftig.

Metallisches Mo und W

Herstellung: Da die meisten Erze nur relativ geringe Konzentrationen an Mo- bzw. W-Verbindungen aufweisen, müssen diese zunächst durch Flotation angereichert werden. Mo wird durch Reduktion des aus angereicherten Erzen hergestellten MoO$_3$ mit H$_2$ oder NH$_3$ erhalten. Das entstehende Pulver wird nach Pressen und Sintern zu Barren eingeschmolzen. Angereicherte W-Erze werden in Na-Wolframat überführt, welches durch Lösen und Extrahieren gereinigt, als NH$_4$-Wolframat ausgefällt und zum WO$_3$ geglüht wird. Dieses wird durch Glühen im H$_2$-Strom oder bei 1200 °C mit C zu W reduziert. Das erhaltene Pulver wird durch Sintern und Hämmern in das massive Metall überführt.

Eigenschaften: Mo und W sind weiß glänzende, hoch schmelzende und gut formbare Schwermetalle (W weist den höchsten Schmelzpunkt aller Metalle auf). Sie sind bei Raumtemperatur gegen Luft und nichtoxidierende Säuren infolge Passivierung sehr beständig. Bei erhöhten Temperaturen reagieren sie mit vielen Nichtmetallen wie O$_2$, F$_2$, Cl$_2$, Br$_2$, B, C, Si und N$_2$. Von oxidierenden Säuren und Alkalischmelzen werden sie angegriffen. **Ferromolybdän** bzw. **Ferrowolfram** werden durch Reduktion aus Mo- bzw. W-Oxiden und Fe-Oxiden mit C im Elektroofen hergestellt.

Verwendung: Mo dient in erster Linie zum Legieren von Stählen und korrosionsbeständigen Legierungen, vor allem mit Ni, wobei in Fe/Mo-Legierungen statt Mo **Ferromolybdän** eingesetzt wird. Auf Grund seines hohen Schmelzpunktes ist W in der Beleuchtungsindustrie als Glühfaden unentbehrlich geworden. Weitere Verwendungsmöglichkeiten sind der Einsatz in Antikathoden für Röntgenröhren, Schweißelektroden, Thermoelementen oder Heizleitern. Es wird für harte und säurebeständige Legierungen, als Kontaktmaterial für elektrische Schalter und vor allem zur Herstellung von Hartmetallen verwendet. Für Fe/W-Legierungen wird meist **Ferrowolfram** eingesetzt.

Mo- und W-Verbindungen

In ihren Verbindungen treten Mo und W zwei-, drei-, vier-, fünf- und sechswertig auf, in Carbonylaten auch negativ zweiwertig. Die wichtigste Oxidationsstufe ist +6, während die bei Cr so wichtige große Rolle spielt. In Komplexen erreicht Mo und W die Koordinationszahl 6 bis 9.

O-Verbindungen: Molybdäntrioxid (Molybdän(VI)-oxid, Molybdänsäureanhydrid)**, MoO$_3$,** ist ein feines, weißes, mindergiftiges Pulver, das sich beim Erhitzen gelb färbt. Es ist ein wesentlich weniger starkes Oxidationsmittel als CrO$_3$ und Ausgangssubstanz für Mo-Metall und Ferromolybdän. Auf Al$_2$O$_3$ dient es als Katalysator in der Petrochemie, z. B. beim Reformieren, Alkylieren, Hydrocracken oder Entschwefeln. Es dient zur Herstellung von Mo-Draht und Mo-Legierungen. **Molybdate** sind Salze der hypothetischen Molybdänsäure. Mit anderen Säuren wie H$_3$PO$_4$ bildet es Heteropolysäuren,

z. B. **Ammonium-12-molybdato-phosphat (NH$_4$)$_3$[P(Mo$_{12}$O$_{40}$)]** oder als Nachweis für P mit **Ammoniumheptamolybdat (NH$_4$)$_6$Mo$_7$O$_{24}$.** Wegen seiner geringen Toxizität werden Molybdate im Korrosionsschutz und als flammhemmende Zusätze in Kunststoffen verwendet.

Woframtrioxid (Wolfram(VI)-oxid), **WO$_3$,** ist ein gelbes, in H$_2$O und Säuren unlösliches Pulver, das in der Natur als *Wolframocker* vorkommt, und beim Glühen von W an Luft entsteht. Herstellung s. o. Es wird zur Herstellung von W und als gelbes Pigment in der Keramikindustrie verwendet. **Wolframate** sind die Salze der **Wolframsäure WO$_3$ · H$_2$O.** Technisch wichtig sind vor allem das Natriumwolframat Na$_2$WO$_4$ · 2 H$_2$O, das Ammoniumparawolframat (NH$_4$)$_{10}$W$_{12}$O$_{41}$ · 11 H$_2$O und Ammoniummetawolframat (NH$_4$)$_6$H$_2$W$_{12}$O$_{40}$. Zu **Heteropolysäuren** s. unter Molybdate. Na$_2$WO$_4$ ist Ausgangsstoff für Pigmente, W-organische Verbindungen, Wolframsäure und Röntgenleuchtstoffe. (NH$_4$)$_6$H$_2$W$_{12}$O$_{40}$ wird zur Herstellung von Katalysatoren z. B. für die Petrochemie zur Hydrodesulfurierung von Kohlenwasserstoffen oder NO$_x$-Entfernung aus Kraftwerksabgasen eingesetzt. **Wolfamblauoxid** ist ein Gemisch der Suboxide W$_{18}$O$_{49}$ und W$_{20}$O$_{58}$. Es wird technisch durch Glühen von (NH$_4$)$_{10}$W$_{12}$O$_{41}$ · 11 H$_2$O unter Luftabschluss oder in H$_2$-haltiger Atmosphäre hergestellt. Die Farben variieren zwischen dunkelviolett (W$_{18}$O$_{49}$) und dunkelblau (W$_{20}$O$_{58}$). **Wolframdioxiddiiodid, WO$_2$I$_2$,** spielt in Glühlampen, die außer einer Edelgasfüllung noch etwas I$_2$ enthalten, als flüchtige W-Verbindungen eine Rolle. I$_2$ verbindet sich auf der Kolbeninnenwand mit aufgedampftem W zu WO$_2$I$_2$, wodurch der Kolben gereinigt wird und so eine größere Lichtausbeute ermöglicht.

Sulfide: Molybdändisulfid, MoS$_2$, bildet metallisch glänzende, bleigraue Blättchen. Es wird zur Herstellung von Mo und Mo-Verbindungen verwendet. Da es auf Grund seiner Schichtstruktur sehr gute, dem Graphit ähnliche Schmiereigenschaften hat, wird es als temperaturstabiles (bis über 300°C) Schmiermittel eingesetzt. **Wolframdisulfid, WS$_2$,** wird durch Umsetzung von W-Pulver mit S bei erhöhter Temperatur hergestellt und dient, ähnlich wie MoS$_2$, als Hochleistungs-Festschmierstoff.

Wolframcarbide, WC und WC$_2$, dienen als Basismaterial in Diamantbohrkronen und als harte Komponenten in zäh-harten und verschleißfesten Oberflächenschichten. Die beiden Carbide sind graue, metallisch glänzende, hoch schmelzende Kristalle von großer Härte (MOHS'sche Härte > 9) und werden durch Zusammenschmelzen von W und C oder durch Reduktion von WO$_3$ mit C hergestellt und meist mit Co-Pulver gesintert. WC$_2$ ist das wichtigste Carbid unter den Hartstoffen (Widia = **wie Dia**mant). **Wolframschmelzcarbid** ist ein auf dem Schmelzwege hergestelltes eutektisches Gemisch aus WC und WC$_2$ (fälschlich als W$_2$C bezeichnet), das sich gegenüber den reinen Carbiden durch eine größere Zähigkeit auszeichnet.

Wolframbronzen sind gut kristallisierende, in Säuren außer Flusssäure unlösliche Substanzen, die bei der Behandlung von geschmolzenen Alkali-, Erdalkali- oder Polywolframaten mit Reduktionsmitteln, z. B. H$_2$ oder Zn, entstehen. Sie sind nichtstöchiometrische Verbindungen, z. B. Na$_x$WO$_3$ mit $0 < x < 1$. Die Farbe variiert zwischen goldgelb und blauviolett.

14.5.4   Seaborgium (Element 106)

Elementsymbol: Sg; auch Eka-Wolfram (Eka-W), systematischer Name: Unnilhexium (Unh). Das künstliche Element 106 wurde in winzigen Mengen durch kernphysikalische Methoden auf drei Wegen hergestellt:

1) $^{208}_{82}Pb + ^{54}_{24}Cr \longrightarrow ^{259}_{106}Unh + 3\,n$ (1974 in der UdSSR)

2) $^{207}_{82}Pb + ^{54}_{24}Cr \longrightarrow ^{259}_{106}Unh + 2\,n$ (1974, UdSSR)

3) $^{249}_{98}Cf + ^{18}_{8}O \longrightarrow ^{263}_{106}Unh + 4\,n$ (1974, USA)

14.6   Elemente der 7. Gruppe (VII. Nebengruppe)
14.6.1   Allgemeines

Zur 7. Gruppe (VII. Nebengruppe, *Mangangruppe*) gehören die Elemente Mangan (Mn), Technetium (Tc), Rhenium (Re) und das künstliche Element Bohrium (Bh).

Tabelle 14-5: Einige physikalische und chemische Eigenschaften der Elemente der 7. Gruppe

	Mn	Tc	Re
Schmelzpunkt in °C	1247	2250	3180
Siedepunkt in °C	2030	4700	5870
Atomradius im Metall in nm	0,1366	0,1352	0,1371
Ionenradien			
E^{7+}	0,046	0,056	0,056
E^{4+}	0,060	———	0,072
E^{3+}	0,066	———	———
E^{2+}	0,080	———	———
Standardpotenzial in V			
$EO_4^-/E(V)$	+0,741	+0,472	+0,368
$EO_2/E(V)$	+0,025	+0,272	+0,260
$E^{2+}/E(V)$	−1,180	———	———
Beständigkeit von E(II)	$\longrightarrow$	nimmt ab	$\longrightarrow$
Beständigkeit von E(VIII)	$\longrightarrow$	nimmt zu	$\longrightarrow$

Alle Elemente der VII. Nebengruppe sind hoch schmelzende Metalle, die denen der VI. und VIII. Nebengruppe ähneln und mit ihnen auch vergesellschaftet vorkommen. Auch hier ist die Ähnlichkeit der schwereren Elemente Tc und Re untereinander durch die Lanthanoidenkontraktion größer als die mit Mn, während dieses seinerseits, abgesehen von der maximalen Oxidationsstufe, dem Fe oder dem Cr mehr ähnelt als den beiden schweren Homologen. Die Ähnlichkeit der Elemente der VII. Nebengruppe mit denen der VII. Hauptgruppe beschränkt sich auf die maximale Oxidationsstufe von +7 und den Säurecharakter von Verbindungen in dieser Oxidationsstufe. Die Stabilität dieser Oxidationsstufe steigt aber im Gegensatz zu diesen bei den Elementen der Mangangruppe mit steigender Atommasse. Mn(VII)-Verbindungen sind starke Oxidationsmittel, bei Re ist die Stufe +7 die stabilste. Neben dieser Stufe nehmen die Elemente der VII. Nebengruppe durch Abgabe der beiden s-Elektronen noch die Oxidationsstufe +2 an, deren Stabilität aber von oben nach unten abnimmt.

14.6.2   Mangan und Manganverbindungen

Elementsymbol: Mn (zu *Magnesia*); **natürliche Isotope:** $_{25}^{55}$Mn; es sind noch 9 instabile Isotope mit Halbwertszeiten von $3,7 \cdot 10^6$ a bis 0,283 s bekannt; **wichtige Oxidationsstufen:** +2, +4, +7. Metallisches Mn wurde zuerst 1774 von J. G. GAHN aus MnO_2 durch Reduktion mit Kohle gewonnen.
Physiologie: Mn ist ein essenzielles Spurenelement, das in allen lebenden Zellen vorkommt. Einatmen von Mn-Staub führt zu schweren Stoffwechsel- und Nervenstörungen (Manganismus). Der MAK-Wert liegt zur Zeit bei 5 mg je m^3 Luft.
Vorkommen: Mn ist mit einem Anteil von ca. 0,1 % in der Erdrinde enthalten und nach dem Fe das zweithäufigste Schwermetall. Es tritt nicht elementar auf und ist in seinen Verbindungen weit verbreitet und oft mit Fe-Erzen vergesellschaftet. Wichtige Manganerze sind Braunstein *(Pyrolusit)* $MnO_{1,7...2}$, *Bixbyit* Mn_2O_3, *Manganit* $Mn_2O_3 \cdot H_2O$, *Hausmannit* Mn_3O_4, Manganspat *(Rhodochrosit, Himbeerspat)* $MnCO_3$ und *Rhodonit* $MnSiO_3$.

Metallisches Mangan

Herstellung: Reines Mn wird heute meist durch elektrochemische Reduktion von hochgereinigter $MnSO_4$-Lösung hergestellt. Es wird aber auch durch Reduktion mit Silicium aus Fe-armen Mn-Erzen als ca. 97%iges Metall oder aluminothermisch aus Braunstein gewonnen. Technisch wichtiger als reines Mangan sind Mn-Fe-Legierungen.
Eigenschaften: Mn ist ein silbergraues, hartes (MOHS'sche Härte: 6), sehr sprödes, dem benachbarten Fe sehr ähnliches Schwermetall, das in der Spannungsreihe zwischen Al und Zn steht, also relativ unedel ist. Da es nicht durch eine oxidische

Oberflächenschicht passiviert wird, reagiert es in kompakter Form bereits sehr langsam mit Luft, als fein verteiltes Pulver kann es sich selbst entzünden. Es wird durch H_2O langsam angegriffen, in Säuren erfolgt die Auflösung unter Bildung von Mn(II)-Salzen. Oxidierende Säuren werden reduziert. Dagegen ist die Reaktionsfähigkeit gegenüber den meisten Nichtmetallen bei Raumtemperatur gering, bei erhöhter Temperatur verbindet es sich aber mit vielen Elementen. **Mn-Fe-Legierungen** spielen technisch eine wesentlich größere Rolle als reines Mn. Sie werden im Elektro- oder Hochofen aus einer Mischung von Koks, Mn- und Fe-Erzen hergestellt. **Stahleisen** enthält 2...5 % Mn, **Spiegeleisen** 5...30 % und **Ferromangan** 30...80 %. Diese Legierungen dienen zum größten Teil zur Desoxidation und Entschwefelung von Stahl und zur Herstellung von Mn-Stählen. **Manganin** ist eine Legierung aus 83 % Cu, 13 % Mn und 4 % Ni. Es dient als Material für temperaturunabhängige Präzisionswiderstände. Einige intermetallische Phasen wie AlMn, Cu_2MnAl, Cu_2MnSn sind ferromagnetisch, obwohl ihre Komponenten nicht ferromagnetisch sind. Sie werden nach ihrem Entdecker **HEUSLER'sche Legierungen** genannt. Mn-Cu-Legierungen weisen ein so genanntes „Formengedächtnis" auf.

Verwendung: Reines Mn wird vor allem zur Herstellung von Legierungen mit NE-Metallen wie Cu und Al verwendet.

Manganverbindungen

In seinen Verbindungen kann Mn alle Oxidationsstufe zwischen –3 und +7 annehmen, wobei +2, +4 und +7 die mit Abstand wichtigsten sind und die Oxidationsstufen < 1 nur in Komplexen erreicht werden. Je nach Oxidationsstufe nehmen Mn-Verbindungen typische Farben an: rosa (+2), rot (+3), braun (+4), blau (+5), grün (+6) und violett (+7).

Mangan(II)-oxid (Manganmonooxid), **MnO,** wird durch Reduktion von MnO_2-haltigen Erzen mit C oder CH_4 bei 400...1000 °C erhalten. Es ist Ausgangsmaterial für Mn(II)-Salze, Zusatz zu Düngemitteln und dient zur Herstellung oxidkeramischer Werkstoffe. **Mangan(II,III)-oxid** (Trimangantetraoxid), Mn_3O_4, entsteht beim Erhitzen von Mn-Oxiden anderer Wertigkeit an Luft auf über 850 °C, ist Ausgangsmaterial für die aluminothermische Mn-Herstellung und dient zur Herstellung von Magnetwerkstoffen und Halbleitern. **Mangan(III)-oxid** (Dimangantrioxid), Mn_2O_3, ensteht beim Erhitzen von MnO_2 auf 500...600 °C. Es hat im Wesentlichen die gleiche Verwendung wie Mn_3O_4.

Mangan(IV)-oxid (Mangandioxid, *Braunstein*), MnO_2, ist ein schwarzes, wasserunlösliches Pulver, das in zahlreichen Modifikationen existiert. Es kann durch Nachbehandlung von Naturbraunstein und durch die elektrochemische Oxidation von Mn(II)-Salzen hergestellt werden. Es wird außer als Rohstoff für Mn-Fe-Legierungen und andere Mn-Verbindungen zur Herstellung von Trockenbatterien, von Ferriten, als Oxidationsmittel in der organischen Synthese, als Vernetzer für Polysulfidkautschuk und als Bestandteil von Oxidationskatalysatoren verwendet.

Kaliumpermanganat, KMnO₄, das K-Salz der im freien Zustand nicht bekannten Permangansäure, ist das technisch wichtigste Permanganat. Es bildet metallisch schimmernde, purpurne Kristalle und löst sich in H_2O mit der violetten Farbe des MnO_4^--Ions. Es dient als Oxidationsmittel in der organischen Synthese, zur Oxidation von Verunreinigungen, z. B. aus niederen Alkoholen, zur Abwasser- und Abluftreinigung, zum Bleichen anorganischer und organischer Materialien und als Holzbeize. In Form verdünnter Lösung dient es als Desinfektionsmittel. Reines $KMnO_4$ verätzt die Magenschleimhäute und färbt durch MnO_2-Bildung bei Berührung die Haut braun.

Mangan(II)-sulfat, $MnSO_4$, dient zur elektrochemischen Herstellung von Mn-Metall und MnO_2, als Ausgangsprodukt für die Herstellung von Mn-Sikkativen und Düngemitteln, als Zusatz zu Futter- und Düngemitteln und kommt auch bei der Glasherstellung zum Einsatz.

Mangan(II)-chlorid, $MnCl_2$, dient zur Herstellung korrosionsbeständiger Mg-Legierungen, zum Färben von Ziegelsteinen, als Katalysator bei organischen Reaktionen und wird auch in Trockenbatterien verwendet.

Manganblau ist ein licht-, zement-, kalk- und wasserechtes Mischkristall-Pigment aus $BaSO_4$ und $Ba_3(MnO_4)_2$. Die Herstellung erfolgt durch Glühen von $KMnO_4$/$BaSO_4$/$Ba(NO_3)_2$-Mischungen bei 700...800 °C. Es wird in Anstrichstoffen und zur Kunststein- und Kunststoffpigmentierung eingesetzt.

14.6.3   Technetium, Rhenium, Bohrium und ihre Verbindungen

Elementsymbole und Isotope:

Technetium (*technetos*, gr.: künstlich gemacht): Tc, von Tc existieren nur 21 instabile Isotope mit Halbwertszeiten zwischen $4{,}2 \cdot 10^6$ a und 0,83 s.

Rhenium (nach dem lat. Namen *Rhenus*, der Rhein): Re; natürliche Isotope: $^{185}_{75}Re$ (37,40 %), $^{187}_{75}Re$ (62,60 %); es sind noch 19 instabile Isotope mit Halbwertszeiten zwischen $2 \cdot 10^5$ a und 8 s bekannt.

Bohrium (zu Ehren des dänischen Physikers NIELS BOHR): Bh

Vorkommen: Tc entsteht in der Erdkruste in winzigen Mengen als Spaltprodukt beim Zerfall von ^{238}U und findet sich dementsprechend in geringsten Spuren in U-Erzen. Re ist mit einem Anteil von ca 10^{-7} % in der Erdrinde sehr selten. Es tritt nicht elementar auf, und man kennt auch keine Re-Mineralien. Es kommt in geringen Konzentrationen in Molybdänglanz, Columbit, Gadolinit und Alvit vor. Bohrium kommt in der Natur nicht vor.

Metallisches Tc und Re

Herstellung: ^{99}Tc wird als Nebenprodukt der Kernspaltung in Reaktoren gewonnen. Aus ausgebrannten Brennstäben wird es als NH_4TcO_4 abgetrennt und mit H_2 zum Metall reduziert. Re ist ein Nebenprodukt der Mo-Gewinnung. Beim Rösten von Mo-Erzen entsteht flüchtiges Re_2O_7, das aus den Röstgasen durch Wasserwäsche abgetrennt und mit H_2 zum Re-Metall reduziert werden kann.

Eigenschaften: Re ist in reinem Zustand ein Pt-ähnliches, duktiles, hoch schmelzendes und hoch siedendes, hartes Metall (MOHS'sche Härte: 8), das bei Raumtemperatur gegen Luft stabil ist. Oberhalb von 600 °C verbrennt es zum Re_2O_7. Es ist gegen nichtoxidierende Säuren, auch Flusssäure, stabil und wird durch oxidierende Säuren als ReO_4^- gelöst. Beim Schmelzen mit KOH in Gegenwart von Luft entsteht $KReO_4$. Tc gleicht in seinen Eigenschaften im Wesentliche dem Re.

Verwendung: Sein hoher Schmelzpunkt, die gute Dehnbarkeit, mechanische Festigkeit und der hohe spezifische Widerstand sind Grundlage für die Verwendung von Re in Thermoelementen, Heizwendeln u. Ä. Es ist Bestandteil von Superlegierungen für Turbinentriebwerke und einiger Mo- und W-Legierungen, deren mechanische Eigenschaften es verbessert. Wichtigstes Anwendungsgebiet sind Bimetall-Reforming-Katalysatoren *(Rheniforming)* zur Herstellung von bleifreiem Kraftstoff. Es wird auch als Metall oder in Form von Oxiden oder Salzen für vergiftungsbeständige Hydrier-Dehydrierkatalysatoren verwendet. Dem großtechnischen Einsatz von Tc steht die Radioaktivität im Wege.

Tc- und Re-Verbindungen

Re kann in seinen Verbindungen in allen Oxidationsstufen zwischen –3 und +7 auftreten, wobei allerdings die Stufen +3 und +7 die mit Abstand wichtigsten sind. **Rhenium(VII)-oxid** (Dirheniumheptoxid), Re_2O_7, entsteht beim Erhitzen von Re oder Re-Verbindungen an Sauerstoff. Es löst sich in H_2O unter Bildung der **Perrheniumsäure HReO$_4$**, von der sich die wichtigen **Perrhenate** ableiten. **Ammoniumperrhenat NH$_4$ReO$_4$** und **Kaliumperrhenat KReO$_4$** dienen als Zwischenprodukt bei der Re-Metall- und Re-Katalysator-Herstellung.

Tc hat in Form von **Natriumpertechnetat NaTcO$_4$** in der Röntgendiagnostik praktische Bedeutung erlangt.

14.6.4   Bohrium (Element 107)

Elementsymbol: Bh; auch Eka-Rhenium (Eka-Re), systematisch Unnilseptium (Uns), nach CAS Nielsbohrium (Ns), kommt in der Natur nicht vor. Es wurde in winzigen Mengen durch kernphysikalische Methoden hergestellt:

$$^{209}_{83}Bi + ^{54}_{24}Cr \quad \rightarrow \quad ^{261}_{107}Uns + 2\,n \quad \text{(1976, UdSSR; 1981 Darmstadt)}$$

Die Halbwertszeit von ^{261}Uns liegt zwischen 1 und 2 ms.

14.7   Elemente der 8. Gruppe (Eisengruppe)
14.7.1   Allgemeines

Die neun Elemente Eisen (Fe), Ruthenium (Ru), Osmium (Os), Cobalt (Co), Rhodium (Rh) und Iridium (Ir) sowie Nickel (Ni), Palladium (Pd) und Platin (Pt) bilden zusammen nach der alten IUPAC-Empfehlung die **8. Nebengruppe** des PSE. Die künstlichen Elemente Unniloctium (Element 108, Uno) Unnilennium (Element 109, Une) und Unununilium (Element 110, Uun) sollen bei dieser Betrachtung außer Acht gelassen werden, da sie nur so kurze Halbwertszeiten haben, dass sich zu ihren chemischen Eigenschaften keine Aussage machen lässt. Nach dem neuen IUPAC-Vorschlag bilden die ersten drei die 8. Gruppe, die mittleren vier die 9.

und die letzten drei die 10. Gruppe. Eine weitere häufig zu findende Einteilung fasst die leichteren drei Elemente Fe, Co und Ni wegen ihrer deutlichen Ähnlichkeit untereinander zur *„Eisengruppe"* zusammen und die sechs übrigen Elemente zur *„Platingruppe"*. Entsprechend den anderen Übergangsmetallen soll hier die Einteilung in vertikale Dreier- oder Vierergruppen beibehalten werden.

Tabelle 14-6:   Einige physikalische und chemische Eigenschaften der Elemente der 8. Gruppe

	Fe	Ru	Os
Schmelzpunkt in °C	1539	2450	3050
Siedepunkt in °C	3070	4150	5020
Atomradius im Metall in nm	0,1241	0,1325	0,1338
Ionenradien			
E^{2+}	0,074	——	——
E^{3+}	0,064	0,068	——
E^{4+}	0,585	0,062	0,63
Standardpotenzial in V			
E^{2+}/E	−0,440	+0,45	+0,85
E^{3+}/E^{2+}	+0,771	+0,23	——
EO_4^{2-}/E^{3+}	+2,200	——	——
$E(IV)/E^{3+}$	——	+0,49	——
EO_4^{2-}/EO_2	——	+2,01	+1,61
EO_4^-/EO_4^{2-}	——	+0,59	——
EO_4/EO_4^-	——	+0,95	——
Beständigkeit von E(II)	$\longrightarrow$	nimmt ab	$\longrightarrow$
Beständigkeit von E(VIII)	$\longrightarrow$	nimmt zu	$\longrightarrow$

Erwartungsgemäß ist auch in der 8. Gruppe der Unterschied zwischen dem ersten Element Fe und den beiden schwereren Verwandten im chemischen Verhalten deutlicher als der Unterschied zwischen den beiden schwereren Elemente untereinander, wenn auch hier die Ähnlichkeit nicht mehr das Ausmaß erreicht wie in den vorherigen Gruppen. Alle drei Elemente sind hoch schmelzende und hoch siedende Schwermetalle. Fe ist das bei weitem reaktivste Element dieser Triade und löst sich leicht in verdünnten Säuren unter Fe(II)-Salz-Bildung. Ru und Os werden dagegen von nichtoxidierenden Säuren und auch von Königswasser nicht angegriffen. Fe reagiert mit den meisten Nichtmetallen bereitwillig, während Ru und Os erst bei erhöhten Temperatur und oft nur langsam reagieren. Wenn diese auch im Gegensatz zu Fe gegen atmosphärische Einflüsse beständig sind, reagieren sie doch mit vielen Oxidationsmitteln zu E(VI)- oder E(VIII)-Verbindungen. Fe erreicht nicht die Gruppennummer als maximale Wertigkeit, sondern nur die Stufe +6 ($[FeO_4]^{2-}$), während Ru und Os als einzige Übergangselemente die Stufe +8 erreichen. Dabei sind Os(VIII)-Verbindungen stabiler als Ru(VIII)-Verbindungen. Die am häufigsten angetroffene Oxidationsstufe der drei Elemente ist +3 für Fe und Ru und +4 für Os. Fe und in weit geringerem Maße Ru weisen in ihren niedrigen Oxidationsstufen +2 und +3 eine umfangreiche Kationenchemie auf, die für Os nicht existiert.

14.7.2   Eisen und Eisenverbindungen

Elementsymbol: Fe (*ferrum,* lat.: Eisen); **natürliche Isotope:** $^{54}_{26}$Fe (5,8 %), $^{56}_{26}$Fe (91,7 %), $^{57}_{26}$Fe (2,2 %), $^{58}_{26}$Fe (0,3 %); es sind noch 8 instabile Isotope mit Halbwertszeiten zwischen $3 \cdot 10^5$ a und 75 ms bekannt, **wichtige Oxidationsstufen:** +2, +3. Fe ist bereits seit ca. 6000 a als Meteoreisen bekannt und wird seit 3000 a aus Eisenerzen durch Erhitzen mit Kohle gewonnen.

Vorkommen: Mit einem Anteil von ca. 3,38 % in der Erdrinde ist Fe nach dem Al des zweithäufigste Metall. Der Erdkern besteht wahrscheinlich überwiegend aus Fe. Gediegen kommt es in Meteoriten vor. In Form von Verbindungen ist es weit verbreitet. Man kennt mehr als 400 Fe-Minerale, von den nur wenige wirtschaftliche Bedeutung haben: Magneteisenstein *(Magnetit)* Fe_3O_4 mit 45...70 % Fe, Roteisenstein (Eisenglanz, *Hämatit*) α-Fe_2O_3 mit 40...65 % Fe, Brauneisenstein (Minette) $Fe_2O_3 \cdot H_2O$ mit bis zu 60 % Fe, Spateisenstein *(Siderit)* $FeCO_3$ mit bis zu 40 % Fe und Eisenkies (*Pyrit*, Schwefelkies) FeS_2 mit bis zu 46 % Fe. Die größten abbauwürdigen Fe-Vorkommen liegen in Russland, Kanada, Australien, Brasilien und Indien.

Physiologie: Fe ist ein essenzielles Spurenelement. Ein erwachsener Mensch enthält bei 70 kg Körpergewicht etwa 4,2 g Fe in Form von Verbindungen. Eisen hat im roten Blutfarbstoff Hämoglobin und in verschiedenen Enzymen eine wichtige Funktion bei Atmungs- und Sauerstofftransport-Vorgängen. Pflanzen bilden bei Fe-Mangel kein Chlorophyll und können dann kein CO_2 assimilieren.

Metallisches Eisen

Herstellung: Die technische Darstellung von Fe erfolgt durch Reduktion von oxidischen Fe-Erzen mit Koks im Hochofen. In Ländern mit preiswertem Strom und teurer Kohle spielt daneben noch die Fe-Erzeugung im elektrischen Ofen eine Rolle.

Der Hochofen mit einem Rauminhalt von meist 500...800 m³ wird kontinuierlich von oben schichtweise mit Fe-Erz, Koks und Zuschlag, der die Beimengungen des Erzes *(Gangart)* in leicht schmelzende Ca-Al-Silicate (Schlacke) überführen soll, gefüllt. Die unterste Koksschicht verbrennt in der mit O_2 angereicherten, vorgewärmten Verbrennungsluft *(Wind)* zu CO, wodurch die Temperaturen im unteren Teil des Hochofens auf über 1600 °C steigt. Das heiße CO zieht nach oben und reduziert in der darauf folgenden Erz-Schicht das Fe_2O_3 zum Metall, wobei es selbst zu CO_2 oxidiert wird. In der folgenden heißen Koksschicht stellt sich das **BOUDOUARD-Gleichgewicht** (172,5 kJ + CO_2 + C $\rightleftarrows$ 2 CO) entsprechend der herrschenden Temperatur ein, und es entsteht erneut CO, das seinerseits in der darauf folgenden Erz-Schicht wieder reduzierend wirkt. In weiter oben liegenden, weniger heißen Koksschichten (T = 500...900 °C) erfolgt hauptsächlich eine Reduktion des Fe_2O_3 zum FeO, welches aber seinerseits z. T. noch zum Fe reduziert wird. In den noch kälteren Teilen des Hochofens wird die Beschickung nur noch durch die aufsteigenden Gase, die den Hochofen oben als *Gichtgas* verlassen, vorgewärmt. Während des Hochofenprozesses nimmt Fe ca. 4 % C auf, wodurch sein Schmelzpunkt auf 1100...1200 °C sinkt und es sich in flüssiger Form unterhalb der flüssigen *Schlacke* ansammeln kann. Das flüssige *Roheisen* wird von Zeit zu Zeit abgestochen und entweder in Blöcke gegossen oder in flüssiger Form dem Stahlwerk zugeführt. Die Schlacke wird ebenfalls von Zeit zu Zeit abgestochen und entsprechend ihrer Zusammensetzung als Straßenbaumaterial oder zur Herstellung von Mörtel oder anderem Baumaterial verwendet. *Gichtgas* besteht aus 50...55 % N_2, 25...30 % CO, 10...16 % CO_2, 0,5...5 % H_2 und 0...3 % CH_4 (Heizwert: 4000 kJ · m^{-3}). Aus ca. 2 t Erz, 1 t Koks, 0,5 t Zuschlag und 5,5 t „Wind" entstehen 1 t Roheisen, 1 t Schlacke und 7 t Gichtgas. Das erhaltene **Roheisen** enthält noch 2,5...4 % C und wechselnde Mengen Si (0,5...3 %), Mn (0,5...3 %), P (0...2 %) und Spuren vieler anderer Elemente, z. B. S. Beim langsamen Abkühlen scheidet sich der C als *Graphit* ab, und man erhält das *graue Roheisen*. Beim schnellen Abkühlen verbleibt er als Zementit Fe_3C im Metall, und man erhält *weißes Roheisen*.

Die Entkohlung des Roheisens bis zum C-Gehalt des **Stahls** *(Frischen)* kann entweder dadurch erfolgen, dass zunächst vollkommen entkohlt wird und der gewünschte C-Gehalt hinterher durch *Rückkohlen* eingestellt wird (**Windfrischverfahren**), oder man entkohlt von vornherein nur bis zum gewünschten C-Gehalt (**Herdfrischverfahren**). Im ersten Fall wird die Oxidation des gelösten C im Wesentlichen durch Luft oder O_2, im zweiten Fall wird mit einer oxidierenden Flamme und oxidhaltigem Eisen (Schrott) oxidiert. Die Rückkohlung erfolgt durch Zugabe von C-haltigem Fe oder Ferromangan. Das Fe-C-System ist sehr komplex. Je nach Temperaturbereich und Zusammensetzung unterschiedet man u. a. Ferrit, Graphit, Cementit (Eisencarbid), Austenit, Martensit, Perlit, Ledeburit. Austenit z. B. ist eine kubisch-flächenzentrierte Hochtemperaturmodifikation (γ-Phase) mit einem Stabilitätsbereich zwischen 723 und 1392 °C bei einem Lösevermögen für C von 2 % bei 1147 °C, Martensit eine instabile Gefügeform im System Eisen–Eisencarbid (Cementit, Fe_3C), die durch rasches Abkühlen (Abschrecken) des Austenits entsteht.

Stähle mit geringen Gehalten an Begleitelementen (kleiner als 0,5 % Si; 0,8 % Mn; 0,1 % Al od. Ti; 0,25 % Cu; 0,06 % S; 0,09 % P) werden als unlegiert bezeichnet. Zur Verbesserung von physikalischen oder chemischen Eigenschaften können eine große Anzahl Elemente wie Cr, Ni, Co, W, Mo, Mn, Al, V, Ti, Ta, Nb, Seltenerdmetalle, Si, B, Cu sowie ggf. N, P u. S einzeln oder zu mehreren zulegiert werden (z. B. Cr-Stähle, Mn-Stähle, B-Stähle, Cr-Mo-Stähle).

Eigenschaften: Reines Fe ist ein silberweißes, hoch schmelzendes und hoch siedendes, dehnbares und reaktionsfreudiges Schwermetall. Es kommt, wie viele andere

Metalle auch, in mehreren allotropen Modifikationen vor. Technisches Eisen ist eine Legierung mit C. Roheisen mit hohem C-Gehalt ist relativ spröde und erweicht nicht langsam, sondern schmilzt rasch, weshalb es weder schmiedbar noch schweißbar ist. Schmiedbares Fe wird **Stahl** genannt und enthält weniger als 1,7 % C. Fe bildet eine passivierende Oxidschicht aus und ist daher an trockener Luft und auch gegen luft- und CO_2-freies H_2O beständig. Aus dem gleichen Grunde löst es sich nicht in konz. Schwefelsäure, Salpetersäure oder Basen außer heißer NaOH. Nicht oxidierende Säuren greifen Fe unter H_2-Entwicklung an. An feuchter, CO_2-haltiger Luft oder luft- und CO_2-haltigem H_2O bilden sich jedoch Fe(III)-oxidhydrate (**Rost**). Beim Erhitzen verbindet es sich leicht mit vielen Nichtmetallen wie Cl_2, S, P, C, Si oder B.

Verwendung: Fe ist das bei weitem wichtigste Gebrauchsmetall, wird aber nur selten rein verwendet sondern meist in Form von *Legierungen*. Man unterscheidet: **Gusseisen** mit 2...4 % C, das spröde und gieß-, aber nicht schmiedbar ist und zum Gießen maßgenauer Formstücke genutzt wird, **Eisenstähle** mit < 1,7 % C, die elastischer und schmiedbar sind und für Werkzeuge, Klingen, Federn, Eisenbahnschienen verwendet werden, und **Baustähle** mit < 0,4 % C für Bleche, Nägel, Rohre und Träger. Meist werden keine reinen, nur aus Fe und C zusammengesetzten Stähle verwendet, sondern Stahllegierungen wie Ferrosilicium, Ferrochrom, Ferronickel oder Ferromolybdän, in denen die NE-Metalle die Eigenschaften des Fe erheblich verbessern können. Ni erhöht die Zähigkeit, Cr die Härte und Korrosionsbeständigkeit, die Kombination von Ni und Cr die Härte, Zähigkeit und chemische Widerstandsfähigkeit (z. B. V2A-Stahl, „Nirosta" mit 71 % Fe, 20 % Cr, 8 % Ni und je 0,2 % Si, C und Mn), W die Wärmeformbeständigkeit und Si in Mengen von 10...13 % die Sauerstoffbeständigkeit.

Eisenverbindungen

In seinen Verbindungen ist Fe hauptsächlich zwei-, drei- und seltener sechswertig, es sind jedoch Verbindungen in allen Oxidationsstufen zwischen −2 und +6 bekannt. Fe(II)-Verbindungen sind, sofern sie Kristallwasser aufweisen, meist von grüner Farbe und werden durch Oxidationsmittel, z. B. Luft oder H_2O_2, zu Fe(III)-Verbindungen oxidiert. Fe(III)-Verbindungen werden durch Reduktionsmittel, z. B. Fe-Pulver, zu Fe(II)-Verbindungen reduziert.

Eisen(II)-oxid (Ferrooxid, **FeO**, ist ein nicht stöchiometrisch zusammengesetztes, metastabiles, schwarzes Pulver, das man durch Einwirken von H_2O-Dampf auf Fe oberhalb 750 °C erhält. Es hat einen geringen Fe-Unterschuss ($Fe_{0,90...0,95}O$). Stöchiometrisch zusammengesetztes, pyrophores FeO erhält man durch thermische Zersetzung von Fe(II)-oxalat.

Eisen(II,III)-oxid (Ferroferrioxid, *Magnetit*), Fe_3O_4, entsteht z. B. beim Glühen von Eisen an Luft in unreiner Form als „Zunder", wo es z. B. beim Schmieden als „Hammerschlag" vom glühenden Eisen abspringt, oder durch Glühen von Fe_2O_3 bei über 1400 °C. Das schwarze, ferromagnetische, elektrisch leitende Pulver findet Verwendung als Magnetelektrode bei der Chloralkalielektrolyse, Magnetpigment, schwarzes Farbpigment **(Eisenoxidschwarz)**, Poliermittel oder Glasfärbemittel. In Form von dünnen Oberflächenschichten schützt es das darunter liegende Fe vor Korrosion. Das in der Natur als wichtiges Fe-Erz vorkommende Oxid ist als Magneteisenstein Rohstoff für die Fe-Erzeugung.

Eisen(III)-oxid (Ferrioxid, Eisentrioxid), **Fe_2O_3**, bildet rote bis schwarze Kristalle, die beim Glühen von Fe(II)-Verbindungen, Fe_3O_4 oder FeO(OH) an Luft entstehen. Es existiert in drei Modifikationen, von denen **α-Fe_2O_3 (Hämatit)** mit Korund-Struktur und **γ-Fe_2O_3 (Maghemit)** mit einer vom Spinell abgeleiteten Struktur die wichtigeren sind. In der Natur kommt es in großen Lagerstätten vor und dient als Rohstoff zur Fe-Erzeugung. **Eisenglimmer** ist ein natürlich vorkommendes, feinschuppiges, glänzendes Mineral, das als Korrosionsschutzpigment Verwendung findet. Fe_2O_3 findet Verwendung als Poliermittel, Rotpigment **(Eisenoxidrot)** und als Zusatz zu Bohremulsionen.

Eisen(III)-oxidhydrat (Eisen(III)-hydroxid), **FeO(OH)**, fällt bei der Hydrolyse bzw. Fällung von Fe(III)-Salzen als rotbrauner, gallertartiger Niederschlag aus. Das **α-FeO(OH) (Eisenoxidgelb)** entsteht bei der Fe_2O_3-Produktion als Zwischenprodukt und findet als anorganisches Gelbpigment Verwendung.

Eisen(II)-sulfid (Eisendisulfid, Pyrit), **FeS_2**, ist das Fe(II)-Salz des S_2^{2-}-Anions und entsteht in der Natur aus organischen Materialien und FeS. Synthetisch gewinnt man es durch die Reaktion von H_2S mit $FeCl_3$ bei Rotglut. Es ist das wichtigste sulfidische Eisenerz.

Eisen(II)-sulfat (Ferrosulfat), **$FeSO_4$**, entsteht beim Auflösen von Fe in Schwefelsäure als weißes hygroskopisches Pulver. Beim Glühen entweichen SO_2 und SO_3. Aus wässriger Lösung kristallisiert es als Heptahydrat **$FeSO_4 \cdot 7\,H_2O$ (Eisenvitriol, Grünsalz)** in Form hellblaugrüner Kristalle, die sich an Luft durch Oxidation zu Fe(III) gelbbraun verfärben. Technisch fällt es als Nebenprodukt bei der TiO_2-Herstellung und beim Fällen von Zementkupfer aus $CuSO_4$-Lösung an. Es wird u. a. zur Herstellung von Fe-Verbindungen, im Pflanzenschutz, bei der Färberei und Gerberei (Indigoküpe), zur Desinfektion von Abfallgruben, zur Holzkonservierung, als Flockungsmittel bei der Abwasserreinigung, als Katalysator und in verdünnter Form zur Herstellung blutbildender Präparate verwendet.

Eisen(III)-chlorid (Eisentrichlorid), **$FeCl_3$**, wird technisch durch Chlorierung von Fe-Schrott bei Rotglut erzeugt. In H_2O löst es sich unter Hydrolyse zu einer gelb- bis rotbraunen, sauren Lösung, aus der es als Hexahydrat $FeCl_3 \cdot 6\,H_2O$ kristallisiert. Verwendet wird es u. a. als Oxidationsmittel und Farbbeize im Textildruck, in der Küpenfärberei, als Flockungsmittel in der Wasseraufbereitung und als FRIEDEL-CRAFTS-Katalysator.

Eisen(III)-nitrat, $Fe(NO_3)_3$, entsteht bei der Auflösung von Fe in 20...30%iger Salpetersäure. Es wird zum Schwarzfärben und Beschweren von Seide, zum Gerben von Häuten, zur Berliner-Blau-Herstellung, als Fe-Beize in der Färberei und auf Grund seiner eiweißfällenden Wirkung als Adstringens bei Magen- und Darmblutungen verwendet.

Eisencyanidkomplexe entstehen aus Fe- und CN^--Ionen ($Fe^{2+(3+)} + 6\ CN^- \rightarrow [Fe(CN)_6]^{4-(3-)}$). **Kaliumhexacyanoferrat(II) (gelbes Blutlaugensalz) $K_4[Fe(CN)_6]$ $\cdot 3\,H_2O$** bildet gelbe, auf Grund der Stabilität des $[Fe(CN)_6]$-Ion ungiftige, luftbeständige Kristalle. Es wird aus HCN, $Ca(OH)_2$ und $FeCl_2$ hergestellt und findet Verwendung zur Stahlhärtung, zur Herstellung von rotem Blutlaugensalz und Berliner Blau sowie zum Schönen von Weinen. **Kaliumhexacyanoferrat(III) (rotes Blutlaugensalz) $K_3[Fe(CN)_6]$** wird durch Oxidation von gelbem Blutlaugensalz mit Persulfat, H_2O_2, Cl_2 o. Ä. hergestellt. Die in H_2O unter Bildung einer gelben Lösung löslichen, giftigen, roten Kristalle dienen u. a. als Oxidationsmittel bei organischen Synthesen, der Farbfilmentwicklung, in der Küpenfärberei, als Stahlhärtungsmittel, als Holzbeize und zur Herstellung von Blaupausen. **Eisenblaupigmente, Me$^+$ [Fe^{2+}Fe^{3+}(CN)$_6$]** · **H$_2$O** mit M$^+$= Na$^+$, K$^+$, NH$^+$ wurden früher als **Preußisch Blau, Pariser Blau, Milori Blau** oder TURNBULLS **Blau** bezeichnet. Diese extrem farbstarken Pigmente werden für Automobillacke, in Druckfarben, zum Anfärben von Fungiziden und zur Buntpapierherstellung verwendet.

Eisen(III)-citrat ist eine in der Zusammensetzung variierende Fe-Verbindung der Citronensäure und wird ebenso wie **Eisen(III)-formiat Fe(OOCH)$_3$, Eisen(II)-fumarat Fe(OOC–CH=CH–COO)** oder **Eisen(II)-gluconat Fe[OOC(CHOH)$_4$CH$_2$OH]$_2$** als Fe-Präparat verwendet.

Eisencarbid (Cementit), **Fe$_3$C**, bildet graue, in H$_2$O unlösliche, harte, spröde und schwer schmelzbare Kristalle, die im weißen Gusseisen und Stahl die Härte bedingen. Die feste Lösung in γ-Fe heißt **Austenit**, die beim Abschrecken entstehende metastabile Phase heißt **Martensit**. Beim langsamen Abkühlen bildet sich ein eutektoides Gemisch aus Fe$_3$C und α-Fe, der **Perlit**. Fe$_3$C bewirkt bei der Aufkohlung die Härtung von Stahl. **Eisennitrid, Fe$_2$N** oder seltener **Fe$_4$N**, ensteht bei der Behandlung von Stahl mit N-abgebenden Verbindungen (Nitrierhärtung) in der Oberfläche des Stahls und macht diesen sehr hart.

Eisenpentacarbonyl, Fe(CO)$_5$, ist eine brennbare, gelbe, ölige, giftige, wasserunlösliche Flüssigkeit, die mit Luft explosive Gemische bildet. Sie ist der wichtigste Vertreter der Fe-Carbonyle (s. Abschn. 16.1). Das starke Reduktionsmittel findet Verwendung zur Herstellung von sehr reinem Fe, z. B. für Katalysatoren, Magnetbänder oder pharmazeutische Produkte.

Eisen(III)-thiocyanat (Eisenrhodanid), **Fe(SCN)$_3$**, entsteht bei der Zugabe eines Thiocyanats, z. B. KSCN, zu einer Fe(III)-Salz-Lösung als intensiv blutroter Komplex [Fe(SCN)$_3$(H$_2$O)$_3$] neben [Fe(SCN)$_2$(H$_2$O)$_4$] und [Fe(SCN)(H$_2$O)$_5$]. Es findet Verwendung als Beize in Farbdruckfarben.

Ferrite sind oxidkeramische Werkstoffe mit der Zusammensetzung M^{II}Fe$^{III}_2$O$_4$, die permanente magnetische Dipole enthalten. Ihre Strukturen leiten sich vom α-Fe$_2$O$_3$ bzw. γ-Fe$_2$O$_3$ ab. Sie finden z. B. als elektrische Isolatoren (mit M^{II}= Mn, Co oder Ni) oder als Dauermagnete (z. B. BaFe$_2$O$_4$ oder SrFe$_2$O$_4$) Verwendung.

Eisensäuerlinge (Eisenwässer, Stahlquellen) sind Mineralwässer, die mehr als 10 mg Fe je m^3 Wasser gelöst enthalten. In **Vitriolquellen** liegt es als FeSO$_4$, in den häufigeren **Eisencarbonat-** oder **Stahlquellen** als Fe(HCO$_3$)$_2$ vor.

14.7.3   Ruthenium, Osmium und ihre Verbindungen

Elementsymbole und Isotope:
Ruthenium (nach dem lat. Namen *Ruthenia* für Russland): Ru; natürliche Isotope: $^{96}_{44}$Ru (5,52 %), $^{98}_{44}$Ru (1,88 %), $^{99}_{44}$Ru (12,7 %), $^{100}_{44}$Ru (12,6 %), $^{101}_{44}$Ru (17,0 %), $^{102}_{44}$Ru (31,6 %), $^{104}_{44}$Ru (18,7 %); es sind noch 14 instabile Isotope mit Halbwertszeiten zwischen 373 d und 11 s bekannt.

Osmium (*osme*, gr. Geruch): Os; natürliche Isotope: $^{184}_{76}$Os (0,020 %), $^{186}_{76}$Os (1,6 %), $^{187}_{76}$Os (1,6 %), $^{188}_{76}$Os (13,3 %), $^{189}_{76}$Os (16,1 %), $^{190}_{76}$Os (26,4 %), $^{192}_{76}$Os (41,0 %); es sind noch 21 instabile Isotope mit Halbwertszeiten zwischen 6 a und 0,2 s bekannt.

Vorkommen: Ru kommt mit einem Anteil von weniger als 10^{-6} %, Os mit $5 \cdot 10^{-6}$ % in der Erdrinde vor. Sie treten als Begleiter des Pt in sehr geringen Mengen auf. Ein sehr seltenes Ru-Mineral ist der *Laurit* RuS_2. Os findet sich meist in Pt-Erzen in der Form von „Osmiridium".

Metallisches Ru und Os

Herstellung: s. 14.9.3. Bei der Gewinnung der Pt-Metalle wird Ru durch Oxidation mit Cl_2 und Destillation des flüchtigen RuO_4 vom Osmiridium abgetrennt. Os wird vom Osmiridium durch Reduktion von OsO_4 mit CH_2O zum Metall abgetrennt. Eine große Bedeutung hat auch die Rückgewinnung aus Edelmetallabfällen.

Eigenschaften: Ru und Os sind sehr harte und spröde, hoch schmelzende und hoch siedende Schwermetalle. Ru ist gegen kalte und heiße Säuren, einschließlich Königswasser, beständig. Oxidierende Alkalischmelzen greifen Ru in der Hitze an. Os wird durch H_3PO_4 und oxidierende Säuren, verschiedene Oxidationsmittel, wie z. B. NaOCl-Lösung, und auch oxidierende Alkalischmelzen angegriffen. Sie sind in kompakter Form gegen Luft stabil, reagieren aber beim Erhitzen oder als Pulver oder Schwamm langsam schon bei Raumtemperatur zu den giftigen RuO_4 bzw OsO_4. In der Hitze reagieren sie mit verschiedenen Nichtmetallen, z. B. Cl_2, F_2, S oder P. Sie vermögen erhebliche Mengen H_2 zu absorbieren und zu übertragen.

Verwendung: Auf Grund ihrer Fähigkeit, H_2 zu übertragen, eignen sie sich als Katalysator für Hydrierungen von Aromaten, Säuren und Ketonen oder auch zur Methanisierung von CO. In geringem Umfang sind sie härtesteigernder Bestandteil von Pt- und Pd-Legierungen. Os findet in Form von Carbonylen und anderer Komplexe als Katalysator Verwendung.

Ru- und Os-Verbindungen

In seinen Verbindungen nehmen Ru und Os alle Oxidationsstufen zwischen 0 und +8 an, wobei die Stufen +2, +3 und +4 die häufigsten sind. Neben den üblichen anorganischem Verbindungen ist von Ru eine umfangreiche Komplexchemie bekannt. In diesem Falle ist die minimale Oxidationsstufe, wie auch bei Os-Komplexen, –2.

Rutheniumverbindungen haben nur eine untergeordnete technische Bedeutung. RuO_2-beschichtete Ti-Anoden werden in der Chloralkali- und anderen Elektrolysen eingesetzt, wobei sie die Korrosionsbeständigkeit des Ti beträchtlich steigern. Als Ba_2LaRuO_6 dient es zur Abgasentgiftung bei Autos. **Rutheniumtetraoxid, RuO_4,** dient in der organischen Chemie als vielseitiges Oxidationsmittel. **Osmiumtetraoxid** (Osmium(VIII)-oxid, Osmiumsäure), **OsO_4,** bildet sich beim Erhitzen von fein verteiltem Os-Pulver an Luft oder durch Oxidation mit HNO_3. Es dient u. a. zum Nachweis von Fingerabdrücken und zum Anfärben von Präparaten für Lichtmikroskope, zur selektiven Oxidation von Olefinen zu Glykolen und als Katalysator z. B. bei Hydroxylierungen.

14.7.4   Hassium (Element 108)

Elementsymbol: Hs (nach dem lat. Namen für *Hessen*); auch Eka-Osmium (Eka-Os), systematischer Name: Unniloctiom (Uno). 1984 wurde durch Beschuss einer Bleifolie mit auf 10 % der Lichtgeschwindigkeit beschleunigten Eisenkernen erstmals ein Isotop des Eka-Osmium (Element 108) gewonnen, das nach ca. 0,002 s durch α-Zerfall in Eka-W überging.

$$^{208}_{82}Pb + {}^{58}_{26}Fe \quad \rightarrow \quad \{{}^{266}_{108}Hs\} \quad \rightarrow \quad {}^{265}_{108}Hs + n$$

14.8   Elemente der 9. Gruppe (Cobaltgruppe)
14.8.1   Allgemeines

Die vier Elemente Cobalt (Co), Rhodium (Rh), Iridium (Ir) und Meitnerium (Mt) bilden die 9. Gruppe des PSE.

Tabelle 14-7: Einige physikalische und chemische Eigenschaften der Elemente der 9. Gruppe

	Co	Rh	Ir
Schmelzpunkt in °C	1492	1960	2454
Siedepunkt in °C	3100	3670	4530
Atomradius im Metall in nm	0,1253	0,1345	0,1357
Ionenradien			
E^{2+}	0,072	0,068	———
E^{3+}	0,063	0,067	0,068
E^{4+}	0,053	0,060	0,063
Standardpotenzial in V			
E^{2+}/E	−0,277	+0,60	+1,10
E^{3+}/E^{2+}	+1,808	+1,20	+1,15
EO_4^{2-}/E^{3+}	———	———	———
$E(IV)/E^{3+}$	———	+1,40	+0,74
EO_4^{2-}/EO_2	———	+2,01	+1,61
EO_4^-/EO_4^{2-}	———	———	———
EO_4/EO_4^-	———	———	———
Beständigkeit von E(II)	$\longrightarrow$	nimmt ab	$\longrightarrow$
Beständigkeit von E(VI)	$\longrightarrow$	nimmt zu	$\longrightarrow$

Alle vier Elemente der 9. Gruppe sind hoch schmelzende und hoch siedende, relativ harte, silberglänzende Metalle, wobei im Falle von Cobalt
ein Blaustich hinzukommt. Wie schon in den Gruppen vorher ist auch in
dieser Gruppe die Ähnlichkeit zwischen den beiden schweren Vertretern
dieser Triade größer als die zum leichten Co. Allerdings ist auch Co wesentlich weniger reaktiv als Fe, weshalb in dieser Gruppe die Ähnlichkeit
der leichteren zu den schweren Elementen doch größer ist als in den vorherigen Gruppen. Co ist in der Kälte ebenso wie Rh und Ir gegen Luft
beständig, und die letzten beiden reagieren auch bei Rotglut nur langsam
mit O_2 und Halogenen. Die Variationsbreite der Oxidationsstufen ist bei
den Elementen dieser Gruppe nicht so groß wie in den vorherigen Gruppen. Die Elemente spalten nicht mehr alle d-Elektronen ab und erreichen
deshalb nicht mehr die Gruppennummer als höchste Oxidationsstufe. Die
höchste Stufe ist bei Co +5 und bei den beiden anderen +6.

14.8.2   Cobalt und Cobaltverbindungen

Elementsymbol: Co (zu *Kobold*); **natürliche Isotope:** $^{59}_{27}$Co; es sind noch 11 instabile Isotope mit Halbwertszeiten zwischen 5,271 a und 193,2 ms bekannt; **wichtige Oxidationsstufen:** +2, +3. Co wurde zuerst 1735 von G. BRANDT dargestellt und
als Element erkannt.
Vorkommen: Co ist mit einem Anteil von 10^{-3} % in der Erdrinde vorhanden. Es tritt
sehr selten elementar auf und ist in geringen Konzentrationen weit verbreitet. In
seinen Erzen ist es stets mit Ni im durchschnittlichen Verhältnis von $1:4$ vergesellschaftet. Wichtige Co-Minerale sind u. a. der *Cobaltit* (Cobaltglanz) CoAsS, der
Smaltit (Speiscobalt) $CoAs_{2...3}$ und der *Linneit* (Cobaltkies) Co_3S_4.
Physiologie: Co ist ein essenzielles Spurenelement. Es ist Zentralatom des Vitamins
B_{12}. Bei oraler Aufnahme ist es wenig toxisch, allerdings haben sich Stäube und
Aerosole von Co und schwer löslichen Co-Verbindungen im Tierversuch als toxisch
erwiesen.

Metallisches Cobalt
Herstellung: Co fällt vorwiegend als Nebenprodukt der Kupferverhüttung an. Aus
den Cu/Co-Laugen wird es elektrolytisch abgeschieden. Co-Mineralien müssen
durch verschiedene aufarbeitungstechnische Prozesse, z. B. Flotation, angereichert
werden. Die erhaltenen Oxide werden mit Koks zum Metall reduziert. Andere Verfahren gewinnen es aus oxidischen oder sulfidischen Vorstufen nach verschiedenen
Trennungsstufen durch Druckreduzierung mit H_2.
Eigenschaften: Co ist ein dem Fe sehr ähnliches, stahlgraues, glänzendes, ferromagnetisches, hoch schmelzendes und hoch siedendes Schwermetall, das härter als

Stahl ist. Co-Pulver kann sich an Luft selbst entzünden und verbrennt ebenso wie kompakte Co bei Weißglut zu Co_3O_4. Es reagiert leicht mit Halogenen und P, As und Sb und bildet mit vielen Metallen wie Mo, W, Cr, Pt oder auch Lanthanoiden Legierungen.

Verwendung: Co wird für hochwarmfeste Co-Legierungen für Maschinenbauteile benötigt, für Hart- und Schneidmetalle, zur Herstellung von Magnetlegierungen, zur Verfestigung von Wolframcarbid für Schneidwerkzeuge und zur Herstellung von Pigmenten in der Glas-, Email- und Keramikindustrie. Das in Reaktoren gewinnbare ^{60}Co wird in der Krebstherapie und als γ-Strahlenquelle bei Sterilisationen oder Konservierungen eingesetzt.

Cobaltverbindungen

In seinen Verbindungen nimmt Co die Oxidationsstufen zwischen -1 und $+5$ an, von denen die Oxidationsstufe $+2$ die wichtigste ist, welche sich aber in Gegenwart von Komplexbildnern leicht zu Co(III) umwandeln lässt, in der Co eine ausgedehnte Komplexchemie aufweist.

Cobalt(II,III)-oxid (Tricobalttetraoxid), **Co_3O_4**, entsteht beim Verbrennen von Co an Luft und bildet stahlgraue bis schwarze Kristalle mit Spinellstruktur. Verwendet wird es in der Emailindustrie, zur Herstellung von Ferriten, Thermistoren und Solarkollektoren und als Katalysator zur vollständigen Verbrennung von Abgasen.

Cobalt(II)-chlorid (Cobaltdichlorid), **$CoCl_2$**, bildet Hydrate, von je nach H_2O-Gehalt unterschiedlicher Farbe. Darauf beruht die Verwendung als Feuchtigkeitsindikator. Weitere Verwendungen findet es in der Galvanotechnik, zur Herstellung von Katalysatoren, von Vitamin B_{12}, als Absorptionsmittel für NH_3 und Kampfgase und zur Herstellung anderer Co-Verbindungen. **Cobalt(III)-fluorid, CoF_3,** dient als oxidierendes Fluorierungsmittel, z. B. für Metalloxide.

Cobaltcarbonat, $CoCO_3$, zersetzt sich beim Erhitzen unter CO_2-Abgabe und wird als Ausgangsprodukt für Keramiken, Katalysatoren und Pigmente verwendet. **Cobaltcarbonyle** haben z. T. als Katalysatoren Bedeutung erlangt (s. Abschn. 16.1). **Cobalt(II)-phosphat, $Co_3(PO_4)_2 \cdot 8\ H_2O$,** dient zur Blaufärbung von Porzellan und Glas sowie zur Herstellung von Emails, Glasuren und Co-Pigmenten. Durch Glühen einer Mischfällung aus $Co_3(PO_4)_2$ und $Mg_3(PO_4)_2$ bei $800...1000\,°C$ erhält man **Cobaltviolett,** das in Künstlerfarben verwendet wird.

Cobaltgrün (RINMANNS Grün, Türkisgrün, Zinkcobaltat(III)), **$ZnCo_2O_4$,** entsteht beim Glühen von ZnO mit CoO als Pigment mit hoher Licht-, Wetter-, Wasser- und Lösungsmittel-Echtheit, das vor allem in Künstler- und Zementfarben Verwendung findet. **Cobaltblau** (THENARDS, DUMONTS, LEITHNERS Blau, Coelestinblau, Cobaltaluminat), **$CoAl_2O_4$,** ist ein gegen Licht, Luft, Hitze, Alkalien und die meisten Säuren beständiges Blau-Pigment mit Spinell-Struktur.

Cobaltbeschleuniger (Cobaltsikkative) ist die Handelsbezeichnung für Metallseifen des Co(II), die bei der Kunstharzhärtung als Trockenstoffe wirken, z. B. **Cobaltnaphthenat.**

Cobaltglas ist eine schon seit der Antike bekannte blaue Glassorte, die für Kirchenfenster und Schmuckzwecke verwendet wird.

14.8.3   Rhodium, Iridium und ihre Verbindungen

Elementsymbole und Isotope:
Rhodium (*rhodon*, gr.: Rose): Rh; natürliche Isotope: $^{103}_{45}$Rh; es sind noch 20 instabile Isotope bekannt mit Halbwertszeiten zwischen 2,9 a und 0,8 s.
Iridium (*iris*, gr.: Regenbogen): Ir; natürliche Isotope: $^{191}_{77}$Ir (37,3 %), $^{193}_{77}$Ir (62,7 %); es sind noch 26 instabile Isotope mit Halbwertszeiten zwischen 74 d und 4,9 s bekannt.

Vorkommen: Rh ist mit einem Anteil von ca. 10^{-7} % in der Erdrinde das nach Ru seltenste Pt-Metall. Man findet elementares Rh als Begleitsubstanz einiger Pt-Erze in geringen Konzentrationen. Mit einem Anteil von ca. 10^{-7} % in der Erdrinde zählt Ir mit zu den seltensten Elementen. Als Edelmetall kommt es auch gediegen vor, meist jedoch mit Pt oder Os legiert (*Osmiridium* mit < 24 % Os, *Iridosmium* mit > 55 % Os, *Aurosmirid* mit je 25 % Au und Os). Relativ hohe Ir-Konzentrationen findet man in Sedimenten der ausgehenden Kreidezeit.

Metallisches Rh und Ir

Herstellung: s. unter Pt. Daneben spielt bei beiden Elementen die Rückgewinnung aus Edelmetallabfällen eine große Rolle.
Eigenschaften: Rh und Ir sind silberweiße, korrosionsfeste, hoch schmelzende und hoch siedende Schwermetalle. Ir weist die höchste Dichte aller Elemente auf (22,6 g $\cdot$ cm^{-3}). Kompakt sind sie unlöslich in allen Säuren und werden nur von sehr starken Oxidationsmitteln angegriffen (vgl. Abschn. 9.1). Bei hohen Temperaturen reagieren sie an Luft zu Rh$_2$O$_3$ bzw. IrO$_2$ und mit Cl$_2$ zu RhCl$_3$ bzw. IrCl$_3$.
Verwendung: Ein großer Teil des Rh wird in Rh/Pt-Netzen als Katalysator bei der NH$_3$-Oxidation und für Pt/Rh-Pt-Thermoelemente verwendet. Weitere Anwendungsgebiete sind die Fotografie, Abgaskatalysatoren, Legierungen für die Glasindustrie, Tiegel und Heizwicklungen, Rh/Kohle-Katalysatoren. Galvanotechnische Beschichtungen (Rhodinierung) haben gegenüber Schichten anderer Pt-Metalle den Vorzug großer Härte. Ir wird wegen seiner Sprödigkeit nur legiert eingesetzt. Als Legierung mit 70 % Pt wird es u. a. für sehr harte und korrosionsbeständige Injektionsnadeln, Kontakte für Motoren, in Dentallegierungen, Instrumententeilen und hochwertigen Juwelierwaren verwendet. Weitere Möglichkeiten sind der Einsatz als Katalysator, in Laboratoriumstiegeln und Thermoelementen.

Rh- und Ir-Verbindungen

In ihren Verbindungen nehmen Rh und Ir alle Oxidationsstufen zwischen 0 und +6 an, wobei die Stufe +3 bei Rh und bei Ir +4 die wichtigsten sind. Rh bildet eine Vielzahl von Komplexverbindungen, von denen einige organische z. T. interessante Katalysatoreigenschaften aufweisen. Technisch interessant sind:
Rhodium(III)-chlorid (Rhodiumtrichlorid), **RhCl$_3$**, entsteht beim Erhitzen von Rh-Pulver im Cl$_2$-Strom und dient als Katalysator bei Reduktionen, Polymerisationen, Isomerisationen und anderen Synthesen.
Rhodium-organische Verbindungen: Rh neigt zur Bildung von Koordinationsverbindungen, z. B. mit CO, Phosphinliganden, Aminen usw., die sich z.T. als Kataly-

satoren eignen. Der **WILKINSON-Katalysator, RhCl[P(C$_6$H$_5$)$_3$],** dient zur homogenen Katalyse bei Carbonylierungen bzw. Decarbonylierungen, Hydroformylierungen und Oxidationen. Mit chiralen Liganden lassen sich asymmetrische Synthesen durchführen.

Ammoniumhexachloroiridat(IV), (NH$_4$)$_2$[IrCl$_6$], fällt bei der Ir-Abtrennung von den anderen Pt-Metallen durch Oxidation mit Cl$_2$ bei 100 °C und Zugabe von NH$_4$Cl aus.

Komplexe Iridiumverbindungen in den Oxidationsstufen +3 und +4, auch mit organischen Liganden, eignen sich als Homogenkatalysatoren.

14.8.4   Meitnerium (Element 109)

Elementsymbol: Mt (zu Ehren der Physikerin L. MEITNER); auch Eka-Iridium (Eka-Ir), systematischer Name: Unnilennium (Une). Beim Beschuss von Bismutfolie mit Eisenkernen wurde 1981 erstmals ein Isotop des Eka-Iridiums (Element 109) gewonnen, das nach 0,005 s durch α-Zerfall in Eka-Re übergeht.

$$^{209}_{83}Bi + ^{58}_{26}Fe \quad \rightarrow \quad \{^{267}_{109}Mt\} \quad \rightarrow \quad ^{266}_{109}Mt + n$$

14.9   Elemente der 10. Gruppe (Nickelgruppe)
14.9.1   Allgemeines

Die drei Elemente Nickel (Ni), Palladium (Pd), Platin (Pt) und Darmstadtium (Ds) bilden die 10. Gruppe des PSE.

Tabelle 14-8: Einige physikalische und chemische Eigenschaften der Elemente der 10. Gruppe

	Ni	Pa	Pt
Schmelzpunkt in °C	1452	1552	1769,3
Siedepunkt in °C	2730	2930	3830
Atomradius im Metall in nm	0,1246	0,1376	0,1388
Ionenradien			
E^{2+}	0,069	0,80	0,80
E^{3+}	0,062	0,076	———
E^{4+}	0,048	0,65	0,65
Standardpotenzial in V			
E^{2+}/E	−0,250	+0,987	+1,2
E^{3+}/E^{2+}	+1,678	———	———
Reaktionsfähigkeit	⟶	nimmt ab	⟶
Beständigkeit von E(IV)	⟶	nimmt zu	⟶

Alle drei Elemente der 10. Gruppe sind silberweiße, hoch schmelzende und hoch siedende, duktile und schmiedbare Metalle. In massiver Form sind sie nicht besonders reaktionsfähig und bei normalen Temperaturen gegen die Atmosphäre beständig. Beim Erhitzen bilden Ni und Pt eine Oxidschicht. Ni ist als Pulver pyrophor. Insgesamt nimmt die Reaktionsfähigkeit vom Ni zum Pt hin ab. Alle drei Metalle absorbieren je nach physikalischem Zustand unterschiedliche Mengen H_2, wobei Pd von allen Metalle bei weitem die größte Menge absorbieren kann. Insgesamt wird der Trend fortgesetzt, dass die Ähnlichkeit der beiden schweren Elemente untereinander von der 4. Gruppe ab geringer wird. Dafür ist die Ähnlichkeit zwischen Ni und Pd größer als z. B. zwischen Cr und Mo. Die höchste Oxidationsstufe von +6 wird nur von Pt erreicht, Ni und Pd erreichen nur +4, wobei bei beiden +2 die häufigste ist. Pt weist sowohl in der Stufe +2 als auch +4 eine umfangreiche Chemie auf.

14.9.2   Nickel und Nickelverbindungen

Elementsymbol: Ni (zu *Nickel* für Kobold); **natürliche Isotope:** $^{58}_{28}Ni$ (68,27 %), $^{60}_{28}Ni$ (26,10 %), $^{61}_{28}Ni$ (1,13 %), $^{62}_{28}Ni$ (3,59 %), $^{64}_{28}Ni$ (0,91 %); es sind noch 8 **instabile Isotope** mit Halbwertszeiten zwischen $7,5 \cdot 10^4$ a und 0,05 s bekannt; **Oxidationsstufe:** +2.

Vorkommen: Ni ist mit einem Anteil von ca. 0,008 % in der Erdrinde vorhanden. Im Erdkern werden noch große Mengen Ni vermutet. Außer in Meteoriten tritt Ni nicht elementar auf. Seine Minerale sind in geringen Konzentrationen weit verbreitet. Wichtige Ni-Minerale sind der Nickelmagnetkies *(Pyrrhotin)*, ein Gemisch aus $CuFeS_2$ und eisenhaltigem NiS, der *Garnierit* $(Mg,Ni)_3(OH)_4 [Si_2O_5]$, der Gelbnickelkies *(Nickelblende, Millerit)* NiS, der Rotnickelkies *(Nickelit)* NiAs, der Weißnickelkies *(Chloanthit)* $NiAs_{2...3}$, Arsennickelkies *(Gersdorffit)* NiAsS, der Antimonnickel *(Breithauptit)* NiSb und der Antimonnickelglanz *(Ullmannit)* NiSbS.

Physiologie: Ni zählt zu den essenziellen Spurenelementen. Stäube von Ni und einigen Ni-Verbindungen gelten als Krebs erregend. Organische Ni-Verbindungen und $Ni(CO)_4$ sind hochgiftig. Ni kann sensibilisierend wirken und zu „Nickelkrätze" führen.

Metallisches Nickel

Herstellung: Ni wird nach verschiedenen pyro- oder hydrometallurgischen Verfahren aus sulfidischen Ni/Cu-Erzen abgetrennt. Das Rohnickel wird auf elektrolytischem Wege zu mindestens 99,5%igem Elektrolytnickel verarbeitet oder im **MOND**-**Prozess** bei ca. 50 °C mit CO in das flüchtige $Ni(CO)_4$ umgewandelt, das nach einer fraktionierten Destillation bei ca. 200 °C wieder thermisch zersetzt wird. Oxidische Erze werden nach der Aufkonzentrierung bei 700 °C mit H_2 reduziert und in ammoniakalischen Lösungen ausgelaugt. Das Ni wird dann elektrolytisch raffiniert.

Eigenschaften: Ni ist ein silberweißes, zähes, dehnbares, hoch schmelzendes und hoch siedendes, schwach ferromagnetisches Schwermetall mit einem CURIE-Punkt bei 353 °C. Kompaktes Ni ist sehr widerstandsfähig gegen Luft, Wasser, nichtoxidierende Säuren, Alkalien und organische Stoffe. Feinstverteiltes Ni absorbiert große Mengen CO und H_2, worauf seine Verwendung als Hydrierkatalysator beruht (RANAY-Nickel).

Verwendung: Der größte Teil von Ni wird zur Veredelung von Stahl, dessen Zähigkeit, Härte und Korrosionsfestigkeit es verbessert, und für Ni-Basis-Legierungen, z. B. Monelmetall, verwendet. Geringere Mengen dienen zum Vernickeln und Plattieren, feinstverteiltes Ni als technischer Hydrierkatalysator. Ein weiterer Teil dient als Elektrodenmaterial in Ni-Cd-Batterien. $NiLa_5$-Legierungen werden als H_2-Speicher eingesetzt.

Nickelverbindungen

In seinen Verbindungen tritt Ni in allen Oxidationsstufe zwischen −1 und +4 auf, von denen die Stufe +2 die bei weitem wichtigste ist.

Nickellegierungen: Monelmetall ist eine bis 500 °C warmfeste, sehr korrosionsfeste Legierung aus 65...67 % Ni, 30...32 % Cu und 1 % Mn, die ähnlich wie Ni selber auf Grund ihrer Beständigkeit auch gegen F_2 zum Bau von Apparaturen für die Herstellung und Umsetzung von F_2 eingesetzt wird. **Neusilber** ist eine Legierung aus 50...65 % Cu, 8...26 % Ni und dem Rest Zn, die sich durch ihren silbrigen Glanz, eine gute Verarbeitbarkeit und hohe Zähigkeit auszeichnet. Sie wird in der Uhren- und Schmuckindustrie sowie für Bestecke und Tafelgeräte verwendet. **Hastelloy** sind Legierungen der Systeme Ni/Mo, Ni/Cr/Mo, Ni/Fe/Cr-Mo, die in aggressiver Umgebung eingesetzt werden und wegen ihrer hervorragenden Hochtemperaturfestigkeit und Zunderbeständigkeit auch bei hohen Temperaturen anwendbar sind. **Nitinol** sind hochfeste, korrosionsbeständige, verformbare und eine hohe Schwingfestigkeit aufweisende Ti-Ni-Legierungen mit ca. 55 % Ni.

Nickel(II)-oxid (Nickelmonooxid), NiO, ist ein grün-schwarzes Pulver, das beim Glühen von $Ni(OH)_2$, $NiCO_3$ oder $Ni(NO_3)_2$ entsteht. Es wird zum Graufärben von Glas, als Färbemittel bei Glasuren und Email, für elektronische Speichersysteme und auf Grund seiner Halbleitereigenschaften auch in der Elektronikindustrie verwendet.

Nickel(II)-hydroxid, $Ni(OH)_2$, entsteht beim Versetzen einer Ni(II)-Salz-Lösung mit wässrigem Alkalihydroxid und dient zur Herstellung von Ni-Cd-Akkumulatoren.

Nickeltetracarbonyl, $Ni(CO)_4$, wird durch Überleiten von CO über fein verteiltes Ni bei 50...100 °C und 1 bar hergestellt. Beim Erhitzen zerfällt es in Ni und CO (s. auch Herstellung, MOND-Prozess).

Nickel(II)-sulfat, $Ni(SO_4)$, bildet als Hexahydrat smaragdgrüne oder blaue Kristalle und dient als Ausgangsverbindung zur Herstellung von Katalysatoren, anderen Ni-Verbindungen und wird in Galvanikbädern eingesetzt.

Nickel(II)-chlorid, $NiCl_2$, bildet als Hexahydrat grasgrüne, gut wasserlösliche Kristalle und wird u. a. zum Vernickeln, zur Herstellung von Ni-Katalysatoren und als NH_3-Absorber in Schutzmasken verwendet.

Nickel(II)-sulfid, NiS, entsteht beim Verschmelzen von elementarem Ni mit S. Es findet Verwendung bei der Katalysatorherstellung, beim Reforming-Prozess und bei der Hydrierung von S-Verbindungen in der Erdölchemie.

Nickel(II)-carbonat, NiCO₃, bildet hellgrüne, in Wasser unlösliche Kristalle. Technische Bedeutung hat das **Nickel(II)-carbonat-hydrat, 2NiCO₃ · 3 Ni(OH)₂ · 4 H₂O**, das aus Ni(II)-Salz-Lösungen durch Zugabe von Na₂CO₃ erhalten wird. Es wird beim Galvanisieren eingesetzt und dient u. a. als Katalysator bei der Fetthärtung, zum Herstellen keramischer Farben und Glasuren.

Nickel-Pigmente sind anorganische Pigmente der Zusammensetzung (Ti, Sb, Ni)O₂, in denen ein Teil der Ti⁴⁺-Ionen im Rutil-Gitter durch Sb- und Ni-Ionen so ersetzt sind, dass die Gesamtladung der Kationen konstant bleibt.

14.9.3   Palladium, Platin und ihre Verbindungen

Elementsymbole und Isotope:

Palladium (Bezug auf den Planetoiden *Pallas* nach der gr. Göttin Pallas Athene): Pd; natürliche Isotope: $^{102}_{46}$Pd (1,02 %), $^{104}_{46}$Pd (11,14 %), $^{105}_{46}$Pd (22,33 %), $^{106}_{46}$Pd (27,33 %), $^{108}_{46}$Pd (26,46 %), $^{110}_{46}$Pd (11,72 %); es sind noch 16 instabile Isotope mit Halbwertszeiten zwischen 6,5 · 10⁶ a und 12,7 s bekannt.

Platin (zu *plata*, span.: Silber): Pt; natürliche Isotope: $^{190}_{78}$Pt (0,01 %), $^{192}_{78}$Pt (0,79 %), $^{194}_{78}$Pt (32,9 %), $^{195}_{78}$Pt (33,8 %), $^{196}_{78}$Pt (25,3 %), $^{198}_{78}$Pt (7,2 %); es sind noch 24 instabile Isotope mit Halbwertszeiten zwischen 50 a und 0,1 s bekannt.

Vorkommen: Pd ist mit einem Anteil von weniger als 10⁻⁶ %, Pt mit ca. 5 · 10⁻⁷ % in der Erdrinde enthalten. Wichtige Pd-Vorkommen sind der Nickelmagnetkies von Sudbury (Kanada) und Norilsk (Sibirien). Es kommt ferner, z. T. gediegen, in fast allen Pt-Erzen vor. Normalerweise findet man Pt zusammen mit anderen Pt-Metallen gediegen oder als Mineral, z. B. *Sperrylith* PtAs₂, *Geversit* PtSb₂, *Cooperit* PtS, *Braggit* [(Pt,Pd,Ni)S], *Ferroplatin* (Fe,Pt), *Polyxen* (Fe,Pt,Pt-Metalle) oder *Iridiumplatin* (Ir,Pt).

Physiologie: Pt-Metall ist toxikologisch unbedenklich, doch können Pt-Verbindungen, besonders [PtCl₆]²⁻-Verbindungen, allergische Reaktionen auslösen. Pharmakologisch interessant ist das Cisplatin.

Metallisches Pd und Pt

Herstellung: Die in primären oder sekundären Lagerstätten vorhandenen Pt-Metalle werden durch Flotation konzentriert. Bei der elektrolytischen Raffination von Cu fallen sie im Anodenschlamm bereits konzentriert an. Weitere wichtige Quellen sind Scheidegut und verbrauchter Katalysator. Der genaue Trennungsgang für die Pt-Metalle richtet sich nach der Zusammensetzung des Rohstoffes. Er besteht aus zahlreichen Zwischenstufen, die die Unterschiede in der Löslichkeit der Komplexsalze und in der Beständigkeit der einzelnen Oxidationsstufen ausnutzen. Die Metalle fallen meist als grauer Metallschlamm oder als so genanntes „Mohr" an, das ist ein pyrophores Pulver. Auch Flüssig-flüssig-Extraktionen werden als Trennmethode angewendet. Pd fällt bei der Trennung der Pt-Metalle meist als (NH₄)₂[PdCl₆] an, das in [Pd(NH₃)₂Cl₂] überführt und zu Pd-Schwamm calciniert wird. Nach der Reinigung durch Glühen im H₂-Strom und Reduktion mit N₂H₄ oder Na-Formiat erhält man elementares Pd in Form von pyrophorem Pd-Mohr. Eine große Bedeutung hat auch die Rückgewinnung aus Edelmetallabfällen.

Eigenschaften: Beide Metalle sind glänzende, zähe, an Luft beständige, hoch schmelzende und hoch siedende, schmied- und hämmerbare Schwermetalle, die sich in nichtoxidierenden Säuren nicht lösen. Von Halogenen und Schwefel werden sie zumindest in der Hitze angegriffen. An Luft bilden sie beim starken Erhitzen Oxide. Pd ist das reaktivste aller Pt-Metalle. Da Pd und Pt große Mengen H zu lösen vermögen, eignen sie sich als Hydrierungskatalysatoren. Aber auch eine Vielzahl anderer Reaktionen wird durch sie beschleunigt.

Verwendung: Beide Metalle werden meist in Form von Legierungen eingesetzt, oft mit anderen Pt-Metallen. Pd-Legierungen werden für Pt-Tiegel (80 % Pt und 20 % Pd), als Katalysatoren (z. B. für Hydrofining- und Reformingprozesse), als Zahnersatz und als Schmucklegierung (z. B. Weißgold) verwendet. In der pharmazeutischen Industrie werden Pd/Kohle-Katalysatoren eingesetzt. Die größte Menge des erzeugten Pt wird für Abgaskatalysatoren von Autos verbraucht. Es wird u. a. auch für hochfeste, temperaturbeständige Legierungen, z. B. für Düsen, Raketenspitzen, Heizdrähte, Laborinstrumente und Zahnersatz, eingesetzt.

Pd- und Pt-Verbindungen

In seinen Verbindungen tritt Pd in den Oxidationsstufen 0, +2, +3 und +4, Pt auch in der Stufe +6, auf, wovon die Verbindungen in der Stufe +2, bei Pt auch +4, die beständigsten und häufigsten sind. Pt weist eine ausgedehnte Komplexchemie auf und kommt auch in Lösung nur in Form von Platinaten vor. In vielen Eigenschaften ähneln sich Pt und Pd.

Oxide: Palladium(II)-oxid, PdO, entsteht beim Erhitzen von Pd-Pulver im O_2-Strom und ist in H_2O, Säuren und Laugen schwer löslich. Durch Reduktion lässt es sich leicht in einen sehr aktiven Hydrierkatalysator überführen. **Platin(IV)-oxid** (Platindioxid), **PtO_2,** ist ein dunkelbraunes bis schwarzes, in H_2O, Säuren und Basen unlösliches Pulver, das als Hydrierungskatalysator (ADAMS-Katalysator) verwendet wird.

Halogenverbindungen: Palladium(II)-chlorid (Palladiumdichlorid), **$PdCl_2$,** wird als homogener Katalysator beim WACKER-Verfahren zur Olefin-Oxidation und als Ausgangsstoff für andere Pd-Verbindungen verwendet. **Cis-Diammindichloroplatin(II)** *(Cisplatin)*, **cis-[Pt(NH$_3$)$_2$Cl$_2$],** und verwandte Komplexe werden als starkes toxisches Cytostatikum gegen Hoden-, Eierstock- und andere Tumore eingesetzt.

Palladium-organische Verbindungen treten z. B. beim WACKER-HOECHST-Verfahren als Zwischenstufe auf und können, wie in diesem Falle auch, oft leicht durch Umsetzung einer Pd-Verbindung mit ungesättigten organischen Verbindungen hergestellt werden. Da sie ziemlich instabil sind, zerfallen sie meist und bilden häufig neue Verbindungen mit interessanten Eigenschaften, die sich oft für Katalysen ausnutzen lassen. Insgesamt verhalten sich Pd-organische Verbindungen ähnlich den entsprechenden Ni-Komplexen.

14.9.4   Darmstadtium (Element 110)

Elementsymbol: Ds (nach der Stadt *Darmstadt*); auch Eka-Platin (Eka-Pt), systematischer Name: Ununnilium (Uun). Von der Herstellung des Elementes 110 wurde

1994 erstmals von der Forschergruppe in Darmstadt berichtet, $M_R = 272?$. Die Halbwertszeit beträgt etwa 10 ms.

14.10   Elemente der 11. Gruppe (I. Nebengruppe)
14.10.1   Allgemeines

Die 11. Gruppe (I. Nebengruppe, *Kupfergruppe*) umfasst die Elemente Kupfer (Cu), Silber (Ag) und Gold (Au). Diese Elemente werden auf Grund ihrer Korrosionsbeständigkeit schon von alters her zur Herstellung von Münzen verwendet, weshalb sie auch *Münzmetalle* genannt werden.

Tabelle 14-9: Einige physikalische und chemische Eigenschaften der Elemente der 11. Gruppe

	Cu	Ag	Au
Schmelzpunkt in °C	1083	960,8	1063
Siedepunkt in °C	2595	2212	2660
Atomradius im Metall in nm	0,1278	0,1455	0,1442
Ionenradien			
E^+	0,096	0,126	0,137
E^{2+}	0,072	0,089	———
E^{3+}	———	———	0,085
Standardpotenzial in V			
E^+/E	+0,521	+0,7991	+1,691
E^{2+}/E	+0,337	+1,390	———
E^{3+}/E	+0,8	+1,6 (AgO^+)	+1,498
$E(CN)_2^-/E$	−0,429	−0,31	−0,60
spez. elektrische Leitfähigkeit in $\Omega^{-1} \cdot cm^{-1}$	$5,75 \cdot 10^5$	$6,14 \cdot 10^5$	$4,13 \cdot 10^5$
Hydratationsenthalpie in $kJ \cdot mol^{-1}$	−582	−486	−645

Die Ähnlichkeit zwischen den Elementen der I. Hauptgruppe und der I. Nebengruppe beschränkt sich auf die Stöchiometrie analoger Verbindungen in der Oxidationsstufe +1. Im Gegensatz zu den niedrig schmelzenden und niedrig siedenden, unedlen Alkalimetallen sind die Münzmetalle alle hoch schmelzende und siedende Schwermetalle mit positivem Standardpotenzial. Dabei nimmt der edle Charakter der Münzmetalle mit steigender Atommasse zu, während die Alkalimetalle in der gleichen Richtung unedler werden. Durch die kleineren Atom- und Ionenradien der Münzmetalle weisen deren Verbindungen einen wesentlich kovalenteren Charakter auf als die entsprechenden der Alkalimetalle. Dies drückt sich in der Unlöslichkeit z. B. der Halogenide und Sulfide der Münzmetalle in H_2O aus. Gleichzeitig haben sie aus dem gleichen Grund eine ausgeprägte Neigung zur Komplexbildung, was sich z. B. in der großen Stabilität der Cyanid-Komplexe $[E(CN)_2]^-$ oder auch in den größeren Hydratationsenergien ausdrückt. In ihren Verbindungen sind die Münzmetalle ein-, zwei- und dreiwertig, seltener werden auch die höheren Wertigkeiten +4 und +5 angetroffen.

14.10.2   Kupfer und Kupferverbindungen

Elementsymbol: Cu *(cuprum,* lat.: Kupfer); **natürliche Isotope:** $^{63}_{29}Cu$ (69,17 %), $^{65}_{29}Cu$ (30,83 %); es sind noch 12 instabile Isotope mit Halbwertszeiten zwischen 61,9 h und 0,18 s bekannt; **wichtige Oxidationsstufen:** +1, +2.

Vorkommen: Cu kommt mit einem Anteil von ca. $3 \cdot 10^{-4}$ % in der Erdrinde vor. Dabei tritt es gelegentlich gediegen auf, meist aber in Form von oxidischen, sulfidischen oder carbonatischen Mineralen. Wichtige Minerale sind z. B. Kupferkies *(Chalkopyrit)* $CuFeS_2$, Buntkupfererz *(Bornit)* Cu_3FeS_3, *Cubanit* $CuFe_2S_3$, Kupferglanz *(Chalkosin)* Cu_2S, Rotkupfererz *(Cuprit)* Cu_2O, *Malachit* $Cu_2(OH)_2(CO_3)$, Kupferlasur *(Azurit)* $Cu_3(OH)_2(CO_3)_2$.

Physiologie: Cu ist ein essenzielles Spurenelement. Als Metall zeigt es an sich keine physiologische Wirkung, kann aber in Gegenwart von Säuren Cu-Ionen freisetzen, die auf niedere Lebewesen wie Pflanzen, Bakterien und Algen stark giftig wirken. Für höhere Tiere und den Menschen sind Cu-Verbindungen nicht sehr giftig, die Inhalation der Metalldämpfe kann allerdings *Metall-Fieber* verursachen.

Metallisches Kupfer

Herstellung: Die meisten Cu-Erze müssen z. B. durch Flotation angereichert werden. Oxidische Erze werden mit Koks reduziert. Sulfidische Erze werden geröstet, wobei Cu_2O entsteht, welches noch schmelzmetallurgisch über die Stufe des Cu_2S von Fe-Verbindungen befreit werden und anschließend mit Luft in Rohkupfer überführt werden muss, das 94...97 % Cu enthält ($3\ Cu_2S + 3\ O_2 \rightarrow 6\ Cu + 3\ SO_2$). Über weitere Raffinationsprozesse entsteht schließlich *Elektrolyt-Kupfer* (99,99 %ig). Cu-arme Erze werden meist hydrometallurgisch durch Auslaugen mit H_2SO_4 verarbeitet. Aus den entstehenden Cu-Salzlösungen wird das Cu als Zement-Cu durch Fe-Schrott ausgefällt oder elektrolytisch abgeschieden.

Eigenschaften: Cu ist ein hellrotes, relativ weiches, zähes, dehnbares Schwermetall, dessen Härte durch Beimengungen von anderen Metallen (besonders As und Sb) beträchtlich gesteigert werden kann. Es lässt sich auch mit einer Reihe anderer Metalle gut legieren, z. B. mit Zn, Sn, Ag, Ni, Fe, Al, Mn, Si oder Pt. Es ist neben Au das einzige farbige Metall und weist nach Ag die zweithöchste Leitfähigkeit für elektrischen Strom und Wärme auf. An trockener Luft oxidiert Cu oberflächlich langsam zu rotem Cu_2O, das eine weitere Oxidation verhindert. Auch an feuchter

Luft ist Cu durch Ausbildung einer grünlichen **Patina** vor weiterer chemischer Einwirkung geschützt. Geschmolzenes Cu löst H_2 und O_2 gut, weshalb es sich nicht gießen lässt. Durch oxidierende Säuren oder auch in Anwesenheit von O_2, z. B. in flachen Gewässern, wird es als Cu^{2+} gelöst.

Kupferlegierungen: Die Legierungen des Cu gehören zu den ältesten bekannten Gebrauchsmetallen. Zu den wichtigsten Legierungsbestandteilen neben Cu gehören u. a. Zn *(Messing)*, Sn *(Zinnbronzen)*, Nickel (z. B. in Münzen), Al *(Aluminiumbronzen)* und Ni und Zn *(Neusilber)*. Die überlieferten Namen für solche Legierungen sind heute in der Technik meist durch normierte Bezeichnungen abgelöst, in denen aus den Elementsymbolen und nachgestellten Ziffern die Zusammensetzung hervorgeht, z. B. G-CuZn 15 für Gussmessing mit 15 % Zn. Daneben existieren noch Cu-Legierungen mit weniger als 5 % Zusätzen mit den verschiedensten Metallen und Cu-Vorlegierungen zum Einlegieren ihrer Legierungsbestandteile.

Verwendung: Etwa 40 % des weltweit erzeugten Cu wird für Legierungen verbraucht. Im nicht legierten Zustand findet es umfangreiche Verwendung als Leitungsmaterial in der Elektroindustrie, für Braukessel, Vakuum-Pfannen, Lötkolben, Destillationsapparaturen, die galvanische Verkupferung, Dachbedeckungen, Statuen usw. Einige Cuprate der Erdalkali- und Seltenerdmetalle sind Hochtemperatursupraleiter, z. B. $YBa_2Cu_3O_7$ mit $T_C = 92$ K.

Kupferverbindungen

In seinen Verbindungen nimmt Cu die Oxidationsstufen 0 bis +4 an, wobei die Stufen +1 und, vor allem in wässriger Lösung, +2 die wichtigeren sind.

Kupfer(I)-oxid, Cu_2O, findet Verwendung in Antifoulingfarben, als Fungizid, Antioxidans in Schmiermitteln, Katalysator, in der Galvanotechnik, zur Herstellung von Gleichrichtern und Pigmenten, zum Rotfärben von Glas, Email und zur Entgiftung von Abgasen aus Autos, Raffinieren und Hochöfen. **Kupfer(I)-hydroxid, CuOH,** ist ein blassblaues, giftiges, in H_2O, verdünnten Säuren und Alkoholen unlösliches Pulver, das bei der Herstellung von Kunstseiden, als Beizmittel, in Schiffsbodenfarben, als Fungizid und als Katalysator eingesetzt wird.

Kupfer(I)-chlorid, CuCl, wird durch Reduktion von Cu(II)-chlorid in siedender HCl mit Elektrolyt-Cu oder durch Ausfällen aus NaCl-haltiger $CuSO_4$-Lösung mittels SO_2 hergestellt. Es dient u. a. in der Gasanalyse und der Technik zur CO-Absorption. **Kupfer(I)-bromid, CuBr,** wird als Katalysator für organische Reaktionen eingesetzt.

Kupfer(II)-oxid, CuO, wird z. B. in der Elementaranalyse als Katalysator, zum Entschwefeln von Erdöl und in Antifoulingfarben verwendet. Es eignet sich als Wärmesammler in Sonnenkollektoren, da es nahezu undurchlässig für kurzwelliges, aber durchlässig für langwelliges Licht ist. Es dient zur Herstellung von Rubinglas, blaugrünen Gläsern und Glasuren sowie zum Färben von Edelsteinimitaten.

Kupfer(II)-sulfat, $CuSO_4$, ist in H_2O-freiem Zustand farblos, als Pentahydrat **(Kupfervitriol)** blau. Es ist das mit Abstand wichtigste Cu-Salz und dient zur Herstellung von Pigmenten und vieler anderer Cu-Verbindungen. Es findet Verwendung in der Landwirtschaft als Fungizid, als Unkrautvertilger und zum Beizen von Saatgut. Bei der ZnS-Aufbereitung dient es als Flotationsreagens und in der Galvanotechnik zur Herstellung dicker Überzüge oder Metallisieren von Kunststoffen.

Kupfer(II)-carbonat, CuCO$_3$, ist nur als gut kristallisierendes, basisches Kupfercarbonat verschiedener Zusammensetzung bekannt, z. B. **Cu$_2$(OH)$_2$(CO$_3$)**, **Malachit** oder **Kupferlasur**. Diese werden unter Bezeichnungen wie *Azurblau, Kupferblau* usw. zur Herstellung roter Porzellanglasuren, als Färbemittel bei der Papierfabrikation und zum Schwarzbeizen von Messing verwendet.

Kupfer(II)-chlorid findet Verwendung in der organischen Synthese, z. B. bei Oxychlorierungen oder im DEACON-Prozess. In der Feuerwerkerei dient es zur Erzeugung grüner Flammen, in der Fotografie zur Cu-Ätzung. **Basisches Kupfer(II)-chlorid** (Kupfer(II)-oxychlorid, Kupfer(II)-hydroxidchlorid), **CuCl$_2$ · 3 Cu(OH)$_2$**, entsteht aus einer NaCl-haltigen CuCl-Lösung bei Luftzutritt und wird gegen pilzbedingte Krankheiten eingesetzt. **Kupfer(II)-fluorid, CuF$_2$**, wird durch die Reaktion von HF mit CuCO$_3$ hergestellt und in der Keramikindustrie, als Katalysator in der organischen Synthese und zu Fluorierungen eingesetzt. Es wirkt als Fungizid, Herbizid und Termitenrepellent (Abwehrmittel gegen den Termitenbefall von Holz).

Kupfer(I)-cyanid, CuCN, ist ein giftiges, fast weißes Pulver, das in der Galvanotechnik zur Cu- und Messingabscheidung und zur Herstellung von Farbstoffen verwenden wird.

Kupfer-Patina ist eine fest haftende, grüne, passivierende Schutzschicht auf Cu, die in feuchter Atmosphäre entsteht. In Städten besteht sie aus basischem Cu-Carbonat CuCO$_3$ · Cu(OH)$_2$, in Industrienähe aus basischem Cu-Sulfat CuSO$_4$ · Cu(OH)$_2$ und in Meeresnähe aus basischem Cu-Chlorid CuCl$_2$ · Cu(OH)$_2$.

14.10.3 Silber, Gold und ihre Verbindungen

Elementsymbole und Isotope:
Silber: Ag (lat. *argentum*); natürliche Isotope: $^{107}_{47}$Ag (51,83 %), $^{109}_{47}$Ag (48,17 %); es sind noch 24 instabile Isotope mit Halbwertszeiten zwischen 127 und 0,3 s bekannt.
Gold: Au (lat. *aurum*); natürliche Isotope: $^{197}_{79}$Au; es sind noch 28 instabile Isotope mit Halbwertszeiten zwischen 183 d und 0,14 s bekannt.

Vorkommen: Ag ist mit einem Anteil von ca. $5 \cdot 10^{-6}$ %, Au mit ca. $5 \cdot 10^{-7}$ % in der Erdrinde vorhanden. Ag findet sich in der Natur vor allem als Sulfid, aber auch als Chlorid und gediegen. Wichtige Ag-Mineralien sind Silberglanz *(Argentit)* Ag$_2$S, die Rotglüherze *Prousit* Ag$_3$AsS$_3$ und *Pyrargyrit* Ag$_3$SbS$_3$, der Silberantimonglanz *(Margyrit)* AgSbS$_2$, *Fahlerz* (Cu,Ag)$_3$(Sb,As)S$_3$ und *Hornsilber* AgCl *(Chlorargyrit)* und AgBr *(Bromargyrit)*. Au tritt meist gediegen in Form kleiner Körnchen, seltener als größere Brocken, meist in Quarz- oder Pyritvorkommen auf, wobei es oft mit kleinen Mengen Ag, Pt und anderen Metallen verunreinigt ist. Das an seinen ursprünglichen Lagerstätten gefundene Gold heißt auch **Berggold**, das an sekundären Lagerstätten **Seifengold** oder **Waschgold**. Als Mineral kommt es fast ausschließlich an Te gebunden vor in Form von Schrifterz *(Sylvanit)* AuAgTe$_4$, als Blättererz *(Nagyagit)* (Pb,Au)(S,Te,Sb)$_{1...2}$ oder als *Calaverit (Krennerit)* AuTe$_2$. Meerwasser enthält zwischen 0,001 und 0,01 ppm Au.

Physiologie: Durch die in der Metalloberfläche enthaltenen Ag-Ionen wirkt Ag stark antiseptisch, bakterizid und fungizid. Durch lang andauernde Einnahme von Ag-Präparaten kann sich die ganze Körperhaut durch eingelagertes Ag_2S dauerhaft schwarz färben, wobei aber keine Vergiftungserscheinungen auftreten (Argyrie, Argyrose).

Metallisches Ag und Au

Herstellung: Mehr als 50 % des Ag werden heute als Nebenprodukt bei der Verhüttung von PbS gewonnen, bei dem es durch Zinkentbleiung *(Parkessieren)* angereichert wird. Das entstehende Reichblei mit bis zu 25 % Ag wird im Flammenofen durch Luft oxidiert (Treibarbeit), wobei das edlere Ag unverändert bleibt. Das gebildete PbO wird kontinuierlich abgezogen, bis die Oxidschicht aufreißt und das Ag frei liegt *(Silberblick)*. Dieses Rohsilber wird wie Cu elektrolytisch gereinigt. Au wird entweder durch **Goldwaschen** (Schlämmen) gewonnen, beim **Amalgamieren** mit Hg als Au-Amalgam von Begleitstoffen abgetrennt und durch Abdestillation des Hg isoliert oder (ergiebigste Methode) durch **Cyanidlaugerei,** bei der Au mit alkalischer KCN- oder NaCN-Lösung ausgelaugt (4 Au + 8 NaCN + O_2 + 2 H_2O → 4 Na [Au(CN)$_2$] + 4 NaOH) und das komplexe Cyanid anschließend mit Zn oder Al zum Metall reduziert wird. Die weitere Reinigung erfolgt meist durch elektrolytische Raffination. Erhebliche Mengen Au werden auch aus den Anodenschlämmen der elektrolytischen Raffination von Cu, Ag und dergleichen und durch Rückgewinnung aus Edelmetallabfällen gewonnen.

Eigenschaften: Ag und Au sind weiche, dehnbare, glänzende Edelmetalle mit sehr guter Leitfähigkeit für elektrischen Strom und Wärme. Au kann zu hauchdünnen Blättchen ausgehämmert oder gewalzt werden *(Blattgold)*. Chemisch sind beide sehr beständig und werden von H_2O, Alkali und nichtoxidierenden Säuren nicht angegriffen, wohl aber von Alkalicyanid-Lösungen und starken Oxidationsmitteln. Im Gegensatz zu Au bildet Ag schon mit Spuren H_2S ein schwarzes Sulfid (Ag_2S), und auch von Halogenen wird es angegriffen. Es ist mit den meisten anderen Metallen (aber nicht Fe und Co) legierbar. Hg greift Au unter Bildung von Au-Amalgam an.

Verwendung: Ag ist das meistgeförderte und meistgebrauchte Edelmetall. In der Regel wird es mit Cu legiert, um seine Härte zu steigern. Der Feingehalt in Silberwaren wird in Promille Ag angegeben *(Sterlingsilber: 925 ‰)*. Neben der Verwendung in Münzen wird es zum Bau chemischer Apparaturen, zur Herstellung von Anoden für galvanische Bäder und in der Elektroindustrie zur Herstellung von Kontakten und Elektroden verwendet. Ferner dient es zum Versilbern und Plattieren, für Ag-Zn- bzw. Ag-Cd-Batterien. Weitere Verbraucher sind die Spiegelindustrie, es wird für Dentallegierungen eingesetzt und auch als Katalysator für zahlreiche chemische Prozesse. Große Mengen werden auch in Form von Ag-Verbindungen in der Fotografie verwendet. Rund 30 % der vorhandenen Au-Vorräte werden in Form von Barren und Münzen gehortet. Die technische Verwendung von Au ist begrenzt, da es für alle Anwendungen meist preiswertere Austauschstoffe gibt. Für Schmuck und Gebrauchsgegenstände muss Au auf Grund seiner geringen Härte legiert werden, meist mit Ag, Cu oder Pt-Metallen. Billige Schmuckgegenstände sind oft plattiert *(Doublé)*. Ein beachtlicher Teil des erzeugten Au wird in der Elektrotechnik und Elektronik verbraucht. Weitere Verwendungen findet es für chemische Geräte, als Zahngold und als Ultrarotreflektor. **Goldlegierungen:** Au wird vor allem mit den Metallen Ag, Cu, Ni, Pd und Pt, seltener mit Cd, In, Zn oder Sn legiert. Der Au-Gehalt in solchen Legierungen wird als *Feingehalt* in Promille (früher in *Karat*: 1000‰ $\triangleq$ 24 Karat) angegeben. **Weißgolde** sind Au-Pd-Legierungen mit 65...80% Au oder solche mit 33,3...75% Au, die durch Ni-Zusatz stark weiß gefärbt sind und dazu noch etwas Cu und Zn enthalten. Mit hohem Feingehalt sind solche Legierungen gegen Säuren genauso unempfindlich wie Feingold. **Dentallegierungen** zeichnen sich durch hohe Festigkeitswerte aus und enthalten neben 55...96% Au noch Ag, Cu, Pt, Pd und Zn. Pd- und Pt-freie Legierungen sind gelb gefärbt. **Münzlegierungen** sind Au-Cu-Legierungen mit unterschiedlichem Feingehalt, meist über 900‰. **Goldlote** werden als Werkstoffe für elektrische Kontakte und für Laborgeräte verwendet und bestehen z. B. aus 80% Au und 20% Cu. **Federngold** wird für die Federn von Füllfederhaltern verwendet und besteht aus 59% Au, 23% Cu, 14% Ag und 4% Zn. Au-Pt-Legierungen und Au-Rh-Legierungen werden zur Herstellung von Spinndüsen verwendet. **Goldamalgame** sind Au-Hg-Legierungen, die auch noch andere Metalle, z. B. Ag, enthalten können. Diese weißen Legierungen sind bei 10% Au-Gehalt noch flüssig, bei 13% bereits kristallin.

Ag- und Au-Verbindungen

In seinen Verbindungen, die in Abwesenheit eines farbgebenden Anions meist farblos sind, tritt Ag in den Oxidationsstufen 0, +1, +2 und +3 auf, wovon die Stufe +1 bei weitem die wichtigste ist.

Au nimmt in seinen Verbindungen alle Oxidationsstufen zwischen −1 und +5 an, wobei die Stufen +1 und +3 die wichtigsten sind. Au-Verbindungen zerfallen meist beim Erwärmen, während Komplexe wesentlich stabiler sind.

Halogenide: Silberchlorid, AgCl, ist ein feines, weißes, in H_2O praktisch unlösliches Pulver, das sich an Licht unter Abscheidung von Ag und Cl_2 langsam über lila, blassviolett nach dunkelviolett verfärbt. Dieser Prozess, der auch beim **AgBr** und **AgI** abläuft, ist die Grundlage der Fotografie, wo auch der Hauptanwendungsbereich von AgCl liegt. AgCl, -Br und -I sind löslich in $S_2O_3^{2-}$- und CN^--Lösungen. **Silberbromid, AgBr,** ist schwerer löslich als AgCl, lichtempfindlicher und auch leichter reduzierbar. Verwendet wird es außer in der Fotografie zur Herstellung optischer Fenster. **Silberiodid, AgI,** ist noch schwerer löslich als AgBr und löst sich auch nicht in NH_3-Lösung, wohl aber in CN^--Lösung. Es wird außer in der Fotografie auch zur Erzeugung von künstlichem Regen gebraucht (Impfkristall). **Tetrachlorogold(III)-säure, H [AuCl$_4$],** ist die technisch wichtigste Au-Verbindung und dient als Ausgangsmaterial für fast alle anderen Au-Verbindungen. Sie wird in der Medizin als Ätzmittel, in der Fotografie für Goldtonbäder und in der Galvanotechnik verwendet. Unter dem Namen **Goldchlorid** wird sie gehandelt, ihr Na-Salz **NaAuCl$_4$** unter dem Namen **gelbes Goldchlorid.**

Silbernitrat, AgNO$_3$, wird durch Auflösen von metallischem Silber in Salpetersäure hergestellt und dient u. a. zur Herstellung der meisten anderen Ag-Verbindungen, zur galvanischen Versilberung und in fester Form als **Höllenstein** zur Beseitigung von Wucherungen.

Silbersulfid, Ag$_2$S, ist die in H_2O am schlechtesten lösliche Ag-Verbindung. Sie entsteht schon durch das in der Luft vorhandene H_2S an der Oberfläche von Ag-Gegenständen. Enfernt werden kann es durch schwefelsaure Thioharnstoff-Lösung.

Natriumdicyanoaurat(I), Na[Au(CN)$_2$], spielt ebenso wie das **Kaliumdicyano-aurat(I), K[Au(CN)$_2$]**, beim Vergolden und in der Cyanidlaugerei eine Rolle.

Versilbern: Durch galvanisches Abscheiden von Ag auf anderen Metallen (Elektrolyte aus **Natriumcyanoargentat Na[Ag(CN)$_2$]**, NaCN, Na$_2$CO$_3$ und organischen S-Verbindungen, die den Glanz verbessern) entsteht eine „Silberauflage" auf diesen Metallen.

Vergolden: Gegenstände können durch *Aufwalzen* (Golddoublé), *Tauchvergolden, Feuervergolden* (mit Au-Amalgam) oder *Galvanisieren* in cyanidischer Lösung mit dünnen Au-Schichten überzogen werden. Da reine Au-Schichten sehr weich sind, werden heute beim galvanischen Vergolden für technische Anwendungen meist gleichzeitig Cu und andere Legierungsmetalle zusammen mit dem Au abgeschieden. Man kann die Au-Beschichtung auch durch nachträgliches *Rhodinieren* härten. Die Vergoldung dient außer zu dekorativen auch zu technischen Zwecken, z. B. bei der Herstellung korrosionsfreier niederohmiger Kontakte in gedruckten Schaltungen und elektrischen Bauelementen.

14.11   Elemente der 12. Gruppe (II. Nebengruppe)
14.11.1 Allgemeines

Zur 12. Gruppe (II. Nebengruppe, *Zinkgruppe*) gehören die Metalle Zink (Zn), Cadmium (Cd) und Quecksilber (Hg). Im Gegensatz zu anderen Nebengruppenelementen ist in allen ihren Elektronenschalen, ähnlich wie bei den Erdalkalimetallen, eine stabile Anzahl ($2n^2$) von Elektronen enthalten.

Tabelle 14-10: Einige physikalische und chemische Eigenschaften der Elemente
der 12. Gruppe

	Zn	**Cd**	**Hg**
Schmelzpunkt in °C	419,4	320,9	–38,84
Siedepunkt in °C	908,5	767,3	356,95
Atomradius im Metall in nm	0,1333	0,1490	0,1503
Standardpotenzial in V			
E_2^{2+}/E		> –0,2	+0,7925
E_2^{+}/E	–0,7628	–0,4029	+0,8200
Spez. elektrische			
Leitfähigkeit in $\Omega^{-1} \cdot cm^{-1}$	$1,65 \cdot 10^5$	$1,32 \cdot 10^5$	$1,044 \cdot 10^4$
Bildungsenthalpie			
MO in $kJ \cdot mol^{-1}$	–348,5	–258,3	–90,9
Hydratationsenthalpie			
E^{2+} in $kJ \cdot mol^{-1}$	–2015	–1776	–1846

Die Unterschiede zwischen den Elementen der II. Hauptgruppe und der II. Nebengruppe sind wegen der ausschließlichen Zweiwertigkeit aller Elemente nicht so groß wie z. B. zwischen der I. Hauptgruppe und der I. Nebengruppe. Allerdings sind bei den Metallen der Zinkgruppe die beiden äußeren s-Elektronen wegen der größeren Kernladung fester gebunden als bei den Erdalkalimetallen. Das kommt auch in dem relativ edleren Charakter der Elemente der II. Nebengruppe zum Ausdruck, wenn sie auch weniger edel sind als die Metalle der benachbarten I. Nebengruppe. Durch die Lanthanoidenkontraktion weist Hg einen auch innerhalb der Gruppe relativ edlen Charakter auf. Alle drei Elemente sind relativ niedrig siedende und niedrig schmelzende, diamagnetische Metalle, wobei Hg als einziges Metall bei Raumtemperatur flüssig ist. Ihr Standardpotenzial steigt mit zunehmender Atommasse vom relativ unedlen Zn zum Edelmetall Hg. In gleicher Richtung sinken, im Gegensatz zu den Erdalkalimetallen, die Bildungsenthalpien und thermischen Stabilitäten der Verbindungen, z. B. der Oxide. Da alle Elemente einen kleineren Ionenradius aufweisen als die in der gleichen Periode stehenden Erdalkalimetalle, sind ihre analogen Verbindungen mit elektronegativen Partnern kovalenter als dort. Dies äußert sich auch im unterschiedlichen Lösungsverhalten, z. B. der viel schwerer löslichen Oxide oder Sulfide. Da die Metalle der II. Nebengruppe auch in ihren Verbindungen eine gefüllte d-Schale aufweisen, ist die Tendenz zur Ausbildung von Rückbindungen viel geringer als bei anderen d-Elementen, was sich im Fehlen von Komplexen mit Liganden äußert, die auf solche Rückbindungen angewiesen sind. Im Gegensatz zu den Elementen der IV. bis zu VIII. Nebengruppe ist hier die Ähnlichkeit zwischen den leichteren Gruppenelementen Zn und Cd größer als die zwischen den beiden schwereren Cd und Hg.

14.11.2 Zink und Zinkverbindungen

Elementsymbol: Zn; **natürliche Isotope:** $^{64}_{30}$Zn (48,6 %), $^{66}_{30}$Zn (27,9 %), $^{67}_{30}$Zn (4,1 %), $^{68}_{30}$Zn (18,8 %), $^{70}_{30}$Zn (0,6 %); es sind noch 15 instabile Isotope mit Halbwertszeiten zwischen 244 d und 0,04 s bekannt; **Oxidationsstufe:** +2.
Vorkommen: Zn kommt mit einem Anteil von ca. $6 \cdot 10^{-3}$ % in der Erdrinde vor. Zn-Erze sind weit verbreitet und enthalten meist Begleitmetalle wie Pb, Cu oder Fe. Wichtige Zn-Mineralien sind die Zinkblende *(Sphalerit)* ZnS, der *Wurzit*, eine Hochtemperaturmodifikation von ZnS, Zinkspat *(edler Galmei)* $ZnCO_3$, Kieselzinkerz *(Kieselgalmei)* $Zn_2SiO_4 \cdot H_2O$, *Willemit* Zn_2SiO_4 und Rotzinkerz *(Zinkit)* ZnO.
Physiologie: Zn ist ein für Mensch und Tier essenzielles Spurenelement. In großen Dosen (> 250 mg Zn) aufgenommen, verursachen Zn-Salze allerdings äußerliche

Verätzungen und innerlich starke Entzündungen der Verdauungsorgane. Zinkoxid-Dämpfe bewirken das Gießfieber. Regelrechte Zn-Vergiftungen sind, abgesehen von durch Zn-Chromat und Zn-Stäube verursachte, allerdings nicht bekannt.

Metallisches Zink

Herstellung: Meist geht man vom ZnS oder vom $ZnCO_3$ aus, die durch Rösten in das Sulfid umgewandelt werden ($2\ ZnS + 3\ O_2 \rightarrow 2\ ZnO + 2\ SO_2$; $ZnCO_3 \rightarrow ZnO + CO_2$). Das ZnO wird in Muffelöfen oder elektrothermisch bei $1200...1400\ ^\circ C$ mit C zu Zn reduziert. Das bei den Reaktionstemperaturen gasförmige Zn wird als **Hütten-zink** kondensiert, wobei als Nebenprodukt Zn-Staub anfällt. Es kann zur Reinigung destilliert oder umgeschmolzen werden. Bei elektrolytischen Verfahren werden die oxidischen Vorstoffe in schwefelsaurer Lösung, $ZnSO_4$-Lösung, gelöst und nach der Reinigung und Neutralisation elektrolysiert. Es entsteht reines Kathodenzink (Fein-zink), welches zu Blöcken umgeschmolzen wird. Gehandelt wird Zn in 25 kg schwe-ren Blöcken.

Eigenschaften: Zn ist ein bläulichweißes, bei Raumtemperatur sprödes, relativ un-edles Metall. An Luft entsteht an der Oberfläche eine fest haftende dünne, farblose Schicht aus basischem $ZnCO_3$ und ZnO, die das darunter liegende Metall vor einer weiteren Oxidation schützt. Zn ist aus diesem Grund auch beständig gegen Süß- und Salzwasser. Mit Säuren und Basen reagiert es unter H_2-Entwicklung zu Zn(II)-Sal-zen. Oberhalb von $500\ ^\circ C$ entzündet sich Zn und verbrennt mit blaugrüner Flamme zu ZnO.

Zinklegierungen enthalten vor allem Al und Cu, die beide in Beimengungen bis zu $7,5\%$ die Festigkeit des Metalls erheblich steigern. Bis zu $0,05\%$ Mg verbessert die Korrosionsbeständigkeit. Zn-Legierungen finden Verwendung im Maschinenbau, Transportwesen, Automobilbau und in Lagerwerkstoffen.

Verwendung: Die Hauptmenge des erzeugten Zn wird zum Verzinken von Stahl gebraucht, z. B. beim Feuerverzinken oder Galvanisieren. Hoch pigmentierte Zn-Staub-Farben wirken korrosionsschützend. Zn-Legierungen, z. B. mit Cu (Messing), werden ebenfalls vielseitig eingesetzt. In der Metallurgie und auch in der chemischen Industrie dient es in Form von Pulver oder Granalien als vielseitiges Reduktions-mittel.

Zinkverbindungen

Zn tritt in seinen Verbindungen durchweg in der Oxidationsstufe +2 auf, die Salze sind farblos, und das Zn(II) ist meist tetraedrisch oder oktaedrisch, seltener linear oder quadratisch planar koordiniert.

Zinkoxid, ZnO, wird aus Zinkdampf und Luftsauerstoff oder aus Zinkerzen bzw. -schrott durch Rösten, Reduktion mit Kohle und anschließender Reoxidation herge-stellt. Nasschemisch kann es aus gereinigten Zn-Salzlösungen als $Zn(OH)_2$ oder $ZnCO_3$ ausgefällt und anschließend calciniert werden. Je nach Herstellungsart und -bedingungen erhält man unterschiedliche Qualitäten für verschiedene Anwendun-gen. Verwendung findet ZnO als lichtbeständiges Weißpigment (**Zinkweiß**), als Füllstoff in Kautschukwaren, als Grundgitter in Lumiphoren und als Ausgangssub-stanz für andere Zn-Verbindungen. Als Katalysator wird es in der Methanol-Syn-these, zur Fettspaltung, bei Hydrierungen und Isomerisierungen eingesetzt. Auf Grund seiner adstringierenden und antiseptischen Wirkung findet es Anwendung in **Zink-Präparaten** zur Haut- und Wundbehandlung.

Zinksulfat, ZnSO₄, kristallisiert aus gesättigter, wässriger Lösung als Heptahydrat (**Zinkvitriol**) aus und bildet eine Reihe anderer Hydrate. $ZnSO_4 \cdot 7\ H_2O$ bildet mit den Sulfaten von Fe(II), Mg, Mn(II), Co(II) oder Ni(II) Mischkristalle, ist in H_2O leicht löslich und reagiert infolge Hydrolyse schwach sauer. Technische Herstellung erfolgt durch Rösten von ZnS ($ZnS + 2\ O_2 \longrightarrow ZnSO_4$). Es ist das technisch meistverwendete Zn-Salz und wird u. a. in galvanischen Verzinkungsbädern, zur Herstellung von ZnS-Pigmenten, als Zusatz bei der Kunstseidegewinnung, zur Flotation von Erzen und zur Gewinnung von Elektrolytzink benutzt.

Zinksulfid, ZnS, ist in reinem Zustand ein weißes Pulver, das in zwei verschiedenen Modifikationen, der kubischen Zinkblende und dem hexagonalen Wurzit, auftritt. Es findet auf Grund seiner hohen Brechzahl (ca. 2,37) in Weißpigmenten, z. B. Lithoponen, in Cd-Pigmenten und als Grundgitter in Lumiphoren Verwendung.

Zinkfluorid, ZnF₂, entsteht beim Erhitzen von ZnO mit HF auf Rotglut und wird in galvanischen Verzinkungsbädern, in Glasuren und Emails auf Porzellan, in Spezialgläsern mit hoher Brechzahl, als Flussmittel u. v. a. m. verwendet. **Zinkchlorid, ZnCl₂,** wird beim Auflösen von Zn, ZnO, $ZnCO_3$ oder dergleichen in Salzsäure erhalten. Verwendung findet es in Salzbädern zur Herstellung von Polyacrylfasern, als Elektrolyt in Hochleistungszellen, in Lötwasser, als LEWIS-Säure zur H_2O-Abspaltung und zur Kondensation bei organischen Synthesen, zum Raffinieren in der Ölindustrie und zum Verzinken. **Zinkbromid, ZnBr,** wird in Lösungen mit ca. 55 % ZnBr und 20 % CaBr₂ mit einer Dichte von 1,9 g · cm⁻³ als „packer fluid" bei der Erdölförderung eingesetzt.

Zinkborat, z. B. $ZnO \cdot B_2O_3 \cdot 2\ H_2O$, bildet verschiedene Hydrate, die als weiße, H_2O-unlösliche Kristalle aus ZnO und Borsäure entstehen. Es findet Verwendung als Flammschutzmittel für Kunststoffe, Flussmittel für keramische Erzeugnisse und als Fungizid. **Zinkchromat, ZnCrO₄,** ist ein zitronengelbes Pulver, das selbst keine technische Bedeutung hat. Dagegen besitzen **Zink-Kalium-Chromat, KZn(CrO₄)₂(OH)₂** *(Zinkgelb),* **basisches Zink-Kalium-Chromat, K₂CrO₄ · 3 ZnCrO₄ · Zn(OH)₂ · 2 H₂O,** und **Zinktetraoxychromat, ZnCrO₄ · 4 Zn(OH)₂,** als wichtige anorganische Korrosionsschutzpigmente eine große technische Bedeutung. Sie sind unlöslich in H_2O und löslich in Säuren. **Zinkcyanid, Zn(CN)₂,** löst sich in Alkalicyaniden unter Bildung von Cyanozinkaten, $[Zn(CN)_4]^{-2}$, und in Alkalihydroxiden. Es wird in der Galvanotechnik zur elektrolytischen Abscheidung von Zn und Messing verwendet. **Zinkstearat, (H₃₅C₁₇-CO-O)₂Zn,** ist ein typischer Vertreter der **Zinkseifen,** die als Trockenstoffe in Lacken und Farben, als Gleitmittel für Kunststoffe, als Mattierungsmittel und zur PVC-Stabilisierung eingesetzt werden.

14.11.3 Cadmium, Quecksilber und ihre Verbindungen

Elementsymbole und Isotope:

Cadmium (*kadmia,* gr.: Zinkerz): Cd; natürliche Isotope: $^{106}_{48}$Cd (1,25 %), $^{108}_{48}$Cd (0,89 %), $^{110}_{48}$Cd (12,51 %), $^{111}_{48}$Cd (12,81 %), $^{112}_{48}$Cd (24,13 %), $^{113}_{48}$Cd (12,2 %), $^{114}_{48}$Cd

(28,72 %), $^{116}_{48}$Cd (7,47 %); es sind noch 15 instabile Isotope mit Halbwertszeiten zwischen 453 d und 0,8 s bekannt.

Quecksilber: Hg (*hydrargyrum,* gr.-lat.: Wassersilber); natürliche Isotope: $^{196}_{80}$Hg (0,2 %), $^{198}_{80}$Hg (10,1 %), $^{199}_{80}$Hg (17,0 %), $^{200}_{80}$Hg (23,1 %), $^{201}_{80}$Hg (13,2 %), $^{202}_{80}$Hg (29,6 %), $^{204}_{80}$Hg (6,8 %); es sind noch 23 instabile Isotope mit Halbwertszeiten zwischen 260 a und 0,2 s bekannt.

Vorkommen: Cd ist mit einem Anteil von ca. $3 \cdot 10^{-5}$ %, Hg mit ca. $4 \cdot 10^{-5}$ % in der Erdrinde vorhanden. Cd kommt nicht gediegen vor und in seinen Verbindungen immer als Begleiter der entsprechenden Zn-Mineralien. Wichtige Cd-Mineralien sind Cadmiumblende *(Greenockit)* CdS, *Otavit* CdCO$_3$ und *Monteponit* CdO. Hg ist in geringen Konzentrationen weit verbreitet und tritt auch elementar in Form von in Gestein eingeschlossenen Tröpfchen auf. Wichtige Hg-Minerale sind das Quecksilbersulfid *(Zinnober)* HgS, der *Livingstonit* Hg[Sb$_4$S$_7$], Quecksilberhornerz *(Kalomel)* Hg$_2$Cl$_2$ und Iodhydrargyrit *(Coccinit)* Hg$_2$I$_2$.

Physiologie: Cd gehört nicht zu den essenziellen Elementen, ist ebenso wie seine Verbindungen sehr giftig und wird gewebetoxikologisch dem Pb und Hg gleichgesetzt. Es wird in der Leber und in den Nieren kumuliert, wobei bei Rauchern doppelte Gehalte gemessen wurden. Bei Cd und einigen seiner Verbindungen wird ein Krebs erregendes Potenzial vermutet. Im Gegensatz zu flüssigem Hg sind Hg-Dämpfe und zahlreiche Hg-Verbindungen stark toxisch, wobei die Giftigkeit mit zunehmender Löslichkeit zunimmt und die organischen Hg-Verbindungen die giftigsten sind. Hg wird auch durch die Haut aufgenommen.

Metallisches Cd und Hg

Herstellung: Cd wird fast ausschließlich als Nebenprodukt der Zn-, aber auch der Pb- und Cu-Gewinnung erhalten, indem Cd-reiche Flugstäube oder Zementate elektrolysiert werden. Daneben hat das Recycling von Ni-Cd-Batterien als Maßnahme zur Verringerung der Umweltbelastung steigende Bedeutung. Hg wird heute fast ausschließlich aus HgS gewonnen. Dieses wird im Luftstrom bei über 400 °C (HgS + O$_2$ $\rightarrow$ Hg + SO$_2$) oder auch mit Fe-Feilspänen (HgS + Fe $\rightarrow$ Hg + FeS) oder CaO (4 HgS + 4 CaO $\rightarrow$ 4 Hg + 3 CaS + CaSO$_4$) zersetzt, und anschließend wird das dampfförmige Hg kondensiert.

Eigenschaften: Cd ist ein silberweißes, glänzendes, ziemlich weiches, plastisch verformbares, unedles Metall, das beim Biegen knirscht. Beim starken Erhitzen verbrennt Cd an Luft mit roter Flamme zu einem braunen Rauch aus CdO. Technisches Cd löst sich langsam in Salzsäure und H$_2$SO$_4$, rasch in Salpetersäure. Dagegen wird reines Cd von Säuren kaum angegriffen. Hg ist das bei Raumtemperatur einzige flüssige Metall und zusammen mit Br das einzige flüssige Element. Es ist eine silbrige, leicht bewegliche, sehr schwere Flüssigkeit, die schon bei Raumtemperatur einen merklichen Dampfdruck (0,170 Pa) aufweist. Reines Hg ist beständig gegen Luft, verunreinigtes überzieht sich mit einer grauen Oxidhaut. Als Edelmetall löst es sich nicht in oxidierenden Säuren, wohl aber in konz. H$_2$SO$_4$, konz. HNO$_3$ und Königswasser. Viele Metalle (wichtige Ausnahme Fe) lösen sich in Hg und bilden je nach Zusammensetzung flüssige, teigige oder feste Amalgame.

Verwendung: Etwa 35 % des insgesamt verarbeiteten Cd werden bei der Batterie-herstellung (Ni-Cd und Ag-Cd) verbraucht. Ein fast ebenso großer Anteil dient in galvanisch oder durch Vakuum-Bedampfung abgeschiedenen Überzügen als Korro-sionsschutz für Fe u. Ä. Weitere 25 % werden zur Herstellung von Cd-Pigmenten und Cd-Seifen verwendet. Weiterhin findet es Anwendung in Cd-Legierungen, für Lager-werkstoffe, Lot oder als Material für Brems- und Nebelstäbe in der Kerntechnik. Hg dient in Thermometern zur Temperatur- und in Barometern zur Luftdruckmessung. Große Mengen Hg werden in der Chloralkali-Elektrolyse nach dem Amalgam-Ver-fahren verbraucht. Weitere wichtige Einsatzgebiete sind das Herauslösen von Au und Ag aus edelmetallhaltigen Sanden und die Hg-Pigment-Herstellung. Hg findet Ver-wendung u. a. als Sperrflüssigkeit beim Auffangen von Gasen, in Gleichrichtern, Dif-fusionspumpen, Antibewuchsfarben, Katalysatoren, Amalgamen und als Treibgas in Dampfturbinen.

Cd- und Hg-Verbindungen

In seinen Verbindungen tritt Cd durchweg in der Oxidationsstufe +2 auf und weist in Komplexen meist die Koordinationszahl 4 auf. Hg tritt in seinen Verbindungen in den Oxidationsstufen +1 und +2 auf, wobei in der Stufe +1 immer Hg-Hg-Bindungen vorliegen. Bis auf das salzartige HgF_2 sind alle Hg-Verbindungen überwiegend kova-lent.

O-Verbindungen: Cadmiumoxid, CdO, wird durch Oxidation von Cd-Dämpfen oder durch thermische Zersetzung von $CdCO_3$ oder $Cd(NO_3)_2$ hergestellt. Es dient zur Herstellung von Leuchtstoffen (Luminophoren), Halbleitern, Silberlegierungen und Batterien und findet in der Galvanotechnik, der Email- und Keramikindustrie sowie als Katalysator (Hydrierungen, Methansynthese) Verwendung. **Cadmium-hydroxid, Cd(OH)$_2$,** fällt aus Cd-Salzlösung beim Versetzen mit Alkalilaugen als weißer, im Gegensatz zum $Zn(OH)_2$ nicht amphoterer Niederschlag aus und wird in der Galvanotechnik und bei der Fabrikation negativer Elektroden für Ni-Cd-Batterien verwendet.

Quecksilber(II)-oxid (rotes Präzipitat), **HgO,** entsteht aus Hg(II)-Salzlösungen mit überschüssiger Natronlauge oder durch thermisches Zersetzen von $Hg(NO_3)_2$. Mit geringen Teilchengrößen ist es gelb und dient bevorzugt zur Herstellung anderer Hg-Verbindungen. Größere Kristalle sind rot und dienen als Depolarisator in Trocken-batterien, Katalysatoren und früher auch in Antifoulingsanstrichen und Porzellanfar-ben.

Halogenide: Cadmiumchlorid, CdCl$_2$, wird durch Auflösen von Cd-Metall in Salz-säure und anschließendes Eindampfen hergestellt. Es wird in der Galvanotechnik, der Fotografie, Färberei und als Absorptionmittel für H_2S verwendet.
Quecksilber(II)-chlorid, HgCl$_2$, wird aus $HgSO_4$ durch Erhitzen mit NaCl herge-stellt und heißt, da es dabei absublimiert, auch *Sublimat.* Mit NH_3 bildet es weißes **Quecksilber(II)-amidochlorid** (weißes Präzipitat) ($HgCl_2 + 2\,NH_3 \rightarrow Hg(NH_2)Cl + NH_4Cl$). $HgCl_2$ ist sehr giftig und dient vor allem zur Herstellung anderer Hg-Ver-bindungen, als Katalysator und als Verstärker in der Fotografie.
Quecksilber(I)-chlorid *(Kalomel),* **Hg$_2$Cl$_2$,** wird beim Übergießen mit einer NH_3-Lösung durch fein verteiltes Hg tiefschwarz. An Licht dunkelt es unter Disproportio-

nierung zu Hg und $HgCl_2$. Es findet Verwendung in Kalomelelektroden, als Schädlingsbekämpfungsmittel, in der Pyrotechnik und als Katalysator.

Cadmiumseifen ist die Sammelbezeichnung für Cd-Salze von Fettsäuren, z. B. **Cadmiumstearat**. Diese werden häufig zusammen mit analog aufgebauten Metallseifen des Ba, Zn und Pb als Stabilisatoren für PVC eingesetzt.

Quecksilber(II)-fulminat (Knallquecksilber), **$Hg(CNO)_2$,** wird auf Grund seiner Stoß-, Reib- und Schlagempfindlichkeit als Initialsprengstoff für Zündhütchen, Sprengkapseln oder Patronen eingesetzt.

Cadmium-Pigmente zeichnen sich durch eine hohe Farbstärke, hohe Farbreinheit und thermische Stabilität aus. Die Farbskala der Cd-Pigmente kann durch die Variation des Kations oder des Anions nuanciert werden und reicht von einem grünlichen Gelb, **(Cd,Zn)S**, über Gelb, **(CdS)**, Orange, Rot bis zum Bordeauxrot, **(Cd,Hg)(S)** oder **Cd(S,Se)**. Obwohl Cd-Pigmente wegen ihrer geringen Löslichkeit für weitgehend ungiftig gehalten werden, geht ihr Verbrauch aus Umweltschutzgründen immer mehr zurück.

Quecksilber-organische Verbindungen, R^1-Hg-R^2 oder R-Hg-X, leiten sich fast ausschließlich von Hg(II) ab und sind meist gegen Luft und Wasser stabil. Häufige Reste $R^{(1,2)}$ sind Methyl, Ethyl und Phenyl. Einige dieser sehr giftigen Verbindungen wurden früher als Pflanzenschutzmittel verwendet. Heute dienen sie zur organischen Synthese, als Katalysator und als Haut- und Schleimhautantiseptikum.

15 Lanthanoide und Actinoide

15.1 Lanthanoide

Die Elemente mit den Ordnungszahlen 58...71 (Ce bis Lu) werden als Lanthanoide oder Lanthaniden (Ln) bezeichnet, wobei oft noch das La dazugezählt wird. Zusammen mit Sc, Y und La bilden sie die *Seltenerdmetalle,* ohne Lu werden sie die *4f-Metalle* genannt.

Tabelle 15-1: Einige physikalische und chemische Eigenschaften der Lanthanoide

Element	Schmelzpunkt in °C	Siedepunkt in °C	Standardpotenzial E^{3+}/E in V	Basizität der (Hydr-) Oxide
Ceriterden	798	3257	−2,483	
Cer	935	3017	−2,462	
Praseodym	1016	3127	−2,431	
Neodym	1068	2730	−2,423	a
Promethium	1072	1900	−4,414	b
Samarium	826	1439	−2,407	n
Europium	1312	3000	−2,397	e
Gadolinium				h
Yttererden				m
Terbium	1356	2480	−2,391	e
Dysprosium	1407	2335	−2,353	n
Holmium	1470	2720	−2,319	d
Erbium	1522	2510	−2,296	
Thulium	1545	1725	−2,278	
Ytterbium	816	1193	−2,267	
Lutetium	1675	3315	−2,255	

Die Lanthanoide lassen sich in zwei Untergruppen, die *Ceriterden* und die *Yttererden,* unterteilen (s. Tab. 15-1). Sie unterscheiden sich im Wesentlichen nur im Bau der drittäußersten Elektronenschale, die nur noch geringen Einfluss auf die chemischen Eigenschaften hat, weshalb sich diese Elemente nur sehr wenig unterscheiden. Dadurch wird auch ihre Trennung schwierig. Es lässt sich trotzdem eine gewisse, allerdings nur sehr schwache Periodizität feststellen, wenn man die Elemente mit den Elektronenkonfigurationen $[Kr]4f^n$ und $[Kr]4f^{n+7}$ untereinander schreibt. Ce und Tb bilden neben den Ionen E^{3+} auch E^{4+}-Ionen, wodurch sie die Elektronenkonfiguration mit leerer ([Kr]4f^0) bzw. halb aufgefüllter f-Schale ([Kr]4f^7) erreichen. Aus demselben Grund ist bei den Elementen Gd und Lu die Oxidationsstufe +3 sowie bei Eu und Yb die Stufe +2 sehr stabil. Mit zunehmender Entfernung von Gd oder Lu schwindet die Neigung zur Bildung anderer als E^{3+}-Ionen. Von Pr und Dy ist auch die Stufe +4 und von Sm und Tm auch die Stufe +2 bekannt. Diese Periodizität spiegelt sich auch in den Farben der Ionen, bei den Atomvolumina, den Dichten, Schmelzpunkten, Verdampfungswärmen und auch den magnetischen Momenten wider.

Die Lanthanoide sind silberglänzende, an Luft rasch oxidierende, reaktionsfreudige Metalle. Sie zersetzen H$_2$O und Säuren unter H$_2$-Entwicklung, reagieren leicht mit elektronegativen Elementen wie Cl, O, N und auch H zu den entsprechenden E(III)-Chloriden, -Oxiden, -Nitriden und -Hydriden, wobei die Hydride nichtstöchiometrische Phasen H$_{2...3}$ bilden. In ihren Verbindungen treten sie hauptsächlich in der Oxidationsstufe +3 auf, Sm, Eu, Tm und Yb auch in der Stufe +2, Ce, Pr, Tb und Dy in der Stufe +4. Entsprechend den abnehmenden Ionenradien sinkt die Basizität der Hydroxide mit zunehmender Protonenzahl, allerdings ist keines von ihnen amphoter.

Vorkommen: Die meisten der „Seltenerdmetalle" sind nicht selten, wobei Lanthanoide mit gerader Protonenzahl häufiger sind als solche mit ungerader. Zusammen haben sie einen Anteil von ca. 0,02 % am Aufbau der Erdrinde. Auf Grund ihrer Ähnlichkeit kommen sie meist gemeinsam vor. Die wichtigsten Minerale sind der *Bastnäsit* (Ce,La,Dy)CO$_3$F und der *Monazit* (Ce,Th)[(P,Si)O$_4$], bei den leichten Lanthanoiden der *Thalenit* Y$_2$[Si$_2$O$_7$], der *Thortveitit* (Y,Sc)$_2$[Si$_2$O$_7$], der *Gadolinit* Be$_2$Y$_2$O$_2$[SiO$_4$] und der *Xenotim* YPO$_4$. Oft leichter zugänglich und von größerer Bedeutung als die primären Lagerstätten sind die sekundären Lagerstätten, z. B. Monazitsand. Die Hauptfundorte befinden sich in Brasilien, Südindien, auf Sri Lanka, in Zaire, in Südafrika und in den USA.

Gewinnung: Lanthanoide werden vor allem aus Bastnäsit und Monazit gewonnen, fallen aber auch bei der Urangewinnung an. Die angereicherten Erden werden in konz. Schwefelsäure behandelt und die entstehenden Sulfate als *Oxalate* gefällt, die zu Oxiden zersetzt werden. Die Separation geschieht heute in *Ionenaustauschern*. Dabei wird zum einen ausgenutzt, dass das Gleichgewicht Ln^{3+}(gel.) + 3 HR(f.) ⇌ LnR$_3$(f.) + 3 H$^+$ (HR = Kationenaustauscherharz) mit zunehmendem Ionenradius nach rechts verschoben wird. Zum anderen wächst in umgekehrter Richtung die Komplexbildungskonstante für die Reaktion mit dem komplexierenden Eluationsmittel HA (LnR$_3$(f.) + 4 HA(gel.) ⇌ HLnA$_4$(gel.) + 3 HR(f.)). Auf diese Weise reichern sich die schweren Lanthanoide in einer von oben beschickten Austauschersäule unten an, die leichten oben. Beim Eluieren werden die unten angereicherten schweren Lanthanoide bevorzugt in lösliche Komplexe überführt, und so werden die Lanthanoiden der

Reihe nach mit abnehmender Protonenzahl eluiert. Man erhält so spektroskopisch reine Lanthanoidfraktionen. Die Darstellung der Elemente erfolgt metallothermisch mit Na, Ca, Mg oder La unter Schutzgas. Aus wasserfreien Chlorid-Gemischen kann durch Schmelzflusselektrolyse **Mischmetall** (Ce: 53%, Nd: 16%, Pr: 5%, Gd: 2% und La+Yb: 24%) gewonnen werden.

Verwendung: Ce wird in Cereisen (50% Fe) als Zündmetall für Feuerzeuge und Gasanzünder verwendet. Weiterhin finden Lanthanoide Verwendung in Katalysatoren zum Cracken von Erdöl, als Leuchtstoffe für Fernsehbildröhren, als Zusätze für Hg- und Leuchtstofflampen zur Verbesserung der Spektren des emittierten Lichtes, in verschiedenen, z. T. magnetischen (z.B. $LnCo_5$ und Ln_2Co_{17}) oder supraleitenden Legierungen, Spezialgläsern, Regelstäben für Kernreaktoren, in Lasern und in oxidischer Form in Glühstrümpfen.

Cer, Ce (nach dem Asteroiden *Ceres*), ist mit einem Anteil von ca. $5 \cdot 10^{-3}$% das häufigste Lanthanoid-Element. Es ist von allen Lanthanoiden das reaktionsfreudigste Element und tritt in seinen Verbindungen in den Oxidationsstufen +3 und +4 auf. In oxidischer Form ist es ein wichtiger Bestandteil von Gasglühstrümpfen und auch von selbstreinigenden Öfen. Ce_2O_3 wird als Poliermittel für Gläser verwendet, Ce_2S_3 neuerdings als orange bis rote Pigmente. Weitere Verwendungen findet Ce in Katalysatoren, als Bestandteil von z.B. Fe/Al-Legierungen und als Werkstoff in Kernreaktoren.

Praeseodym, Pr (*praseios*, gr.: lauchgrün), steht mit einem Anteil von ca. $6 \cdot 10^{-4}$% am Aufbau der Erdrinde an 43. Stelle der Elementhäufigkeit. Das einzige stabile Isotop ist das $^{141}_{59}$Pr. In seinen Verbindungen tritt es überwiegend in der Oxidationsstufe +3 und nur selten in der Stufe +4 auf. Das Pr_2O_3 ist ein ungewöhnlich stark lichtbrechendes Oxid. Verwendung findet das silbrige, weiche, reaktionsfreudige Schwermetall zum Gelbfärben von Gläsern und Email sowie in Lichtbogenanlagen.

Neodym, Nd (*neos*, gr.: neu; *didymos*, gr.: Zwilling), steht mit einem Anteil von etwa $3 \cdot 10^{-3}$% an 32. Stelle der Elementhäufigkeit. Es sind 7 stabile Isotope ($^{142}_{60}$Nd (27,16%), $^{143}_{60}$Nd (12,18%), $^{144}_{60}$Nd (23,80%), $^{145}_{60}$Nd (8,29%), $^{146}_{60}$Nd (17,19%), $^{148}_{60}$Nd (5,75%), $^{150}_{60}$Nd (5,63%)) bekannt. In seinen Verbindungen tritt es fast ausschließlich in der Oxidationsstufe +3 und selten in der Stufe +4 auf. Das silbrige, glänzende, schwach giftige, reaktionsfreudige Schwermetall findet Verwendung zum Färben von Glas und Emaille, in astronomischen Absorptionsfiltern und in Lasern.

Promethium, Pm (nach der gr. Sagengestalt *Prometheus*), besitzt keine langlebigen Isotope und wurde aus Spaltprodukten des Uran isoliert. Das Isotop $^{147}_{61}$Pm findet Verwendung als weicher β-Strahler zur Dickenmessung und in Nuklearbatterien.

Samarium, Sm (nach dem Mineral *Samarskit*), steht mit einem Anteil von ca. $7 \cdot 10^{-4}$% am Aufbau der Erdrinde an 41. Stelle der Elementhäufigkeit. Es sind 8 stabile Isotope ($^{144}_{62}$Sm (3,1%), $^{146}_{62}$Sm ($2 \cdot 10^{-7}$%), $^{147}_{62}$Sm (15,1%), $^{148}_{62}$Sm (11,3%), $^{149}_{62}$Sm (13,9%) , $^{150}_{62}$Sm (7,4%), $^{152}_{62}$Sm (26,6%), $^{154}_{62}$Sm (22,6%)) bekannt. In seinen

Verbindungen tritt das hellsilbrige, an Luft relativ beständige, reaktionsfreudige Schwermetall überwiegend in der Oxidationsstufe +3 und selten in der Stufe +2 auf. Es findet Verwendung als Neutronenabsorber in Kernreaktoren, als Infrarotabsorber in Gläsern, in Permanentmagnet-Legierungen und als Katalysator.

Europium, Eu (nach dem Kontinent *Europa*), ist mit einem Anteil von ca. $10^{-4}\%$ am Aufbau der Erdrinde ein relativ seltenes Lanthanoid und steht an 58. Stelle der Elementhäufigkeit. Es sind zwei stabile Isotope ($^{151}_{63}$Eu (47,8 %) und $^{153}_{63}$Eu (52,2 %)) bekannt. Das silbrig weiße, dehnbare, weiche und sehr reaktionsfreudige Schwermetall tritt in seinen Verbindungen überwiegend in der Oxidationsstufe +3 und seltener in der Stufe +2 auf. Als guter Neutronenabsorber ist es Bestandteil von Reaktorregelstäben. Ferner dient es als Aktivator in Szintillationskristallen und wird auch in Lasern verwendet.

Gadolinium, Gd (zu Ehren des finn. Chemikers J. GADOLIN), steht mit einem Anteil von ca. $6 \cdot 10^{-4}\%$ am Aufbau der Erdrinde an 42. Stelle der Elementhäufigkeit. Es sind 7 stabile Isotope ($^{152}_{64}$Gd (0,20 %), $^{154}_{64}$Gd (2,1 %), $^{155}_{64}$Gd (14,8 %), $^{156}_{64}$Gd (20,6 %), $^{157}_{64}$Gd (15,7 %), $^{158}_{64}$Gd (24,8 %), $^{160}_{64}$Gd (21,8 %)) bekannt. Das an trockener Luft relativ stabile silbrig weiße, dehnbare, weiche, ferromagnetische (CURIE-Temp.: 16 °C) und reaktionsfreudige Schwermetall tritt in seinen Verbindungen ausschließlich in der Oxidationsstufe +3 auf. Es ist Bestandteil von Hochtemperaturlegierungen, Supraleitern, Magneten und elektronischen Bauteilen.

Terbium, Tb (nach dem schwed. Ort *Ytterby*), steht mit einem Anteil von ca. $10^{-4}\%$ am Aufbau der Erdrinde an 59. Stelle der Elementhäufigkeit. Das einzige stabile Isotop ist das $^{159}_{65}$Tb. Das silbergraue, dehnbare, an der Luft relativ stabile und reaktionsfreudige Schwermetall tritt in seinen Verbindungen meist in der Oxidationsstufe +3 und seltener in der Stufe +4 auf. Es findet Verwendung in Lasern, Leuchtstoffen und in Hochtemperaturbrennstoffzellen.

Dysprosium, Dy (*dysprositos*, gr.: schwer zugänglich), steht mit einem Anteil von ca. $5 \cdot 10^{-4}\%$ am Aufbau der Erdrinde an 44. Stelle der Elementhäufigkeit. Es sind 7 stabile Isotope ($^{156}_{66}$Dy (0,06 %), $^{158}_{66}$Dy (0,10 %), $^{160}_{66}$Dy (2,34 %), $^{161}_{66}$Dy (19,0 %), $^{162}_{66}$Dy (25,5 %), $^{163}_{66}$Dy (24,9 %), $^{164}_{66}$Dy (28,1 %)) bekannt. Das silbrig glänzende, weiche, an der Luft relativ beständige und reaktionsfreudige Schwermetall tritt in seinen Verbindungen meist in der Oxidationsstufe +3 und seltener in der Stufe +4 auf und findet in der Kerntechnik Verwendung.

Holmium, Ho (von *Holmia*, lat.: für Stockholm) steht mit einem Anteil von ca. $10^{-4}\%$ am Aufbau der Erdrinde an 54. Stelle der Elementhäufigkeit. Es ist nur ein stabiles Isotop ($^{165}_{67}$Ho) bekannt. Das weiche, geschmeidige, an trockener Luft relativ stabile und reaktionsfreudige Schwermetall findet nur sehr vereinzelt Verwendung.

Erbium, Er (nach dem schwed. Ort *Ytterby*), steht mit einem Anteil von ca. $3 \cdot 10^{-4}\%$ am Aufbau der Erdrinde an 46. Stelle der Elementhäufigkeit. Es sind 6 stabile Isotope ($^{162}_{68}$Er (0,14 %), $^{164}_{68}$Er (1,56 %), $^{166}_{68}$Er (33,4 %), $^{167}_{68}$Er (22,9 %), $^{168}_{68}$Er

(27,1 %), $^{170}_{68}$Er (14,9 %)) bekannt. Das silbrig glänzende, weiche, dehnbare, an der Luft relativ stabile und reaktionsfreudige Schwermetall tritt in seinen Verbindungen ausschließlich in der Oxidationsstufe +3 auf. Es wird als Legierungsbestandteil, in der Kerntechnik und zum Färben von Gläsern und Emaille verwendet.

Thulium, Tm (nach der sagenhaften Insel *Thule*), steht mit einem Anteil von ca. $2 \cdot 10^{-5}$ % am Aufbau der Erdrinde an 64. Stelle der Elementhäufigkeit. Es ist nur ein stabiles Isotop ($^{169}_{69}$Tm) bekannt. In seinen Verbindungen tritt das silbergraue, weiche, an trockener Luft ziemlich stabile und reaktionsfreudige Schwermetall meist in der Oxidationsstufe +3 und seltener in der Stufe +2 auf. Auf Grund seines hohen Preises ist seine Verwendung sehr eingeschränkt, z. B. in Ferriten in der Elektronik.

Ytterbium, Yb (nach dem schwedischen Ort *Ytterby*), steht mit einem Anteil von $4 \cdot 10^{-3}$ % am Aufbau der Erdrinde an 30. Stelle der Elementhäufigkeit. Es sind 7 stabile Isotope ($^{168}_{70}$Yb (0,14 %), $^{170}_{70}$Yb (3,06 %), $^{171}_{70}$Yb (14,3 %), $^{172}_{70}$Yb (21,9 %), $^{173}_{70}$Yb (16,1 %), $^{174}_{70}$Yb (31,8 %), $^{176}_{70}$Yb (12,7 %)) bekannt. In seinen Verbindungen tritt das an Luft relativ stabile, silbrige, weiche und reaktionsfreudige Schwermetall meist in der Oxidationsstufe +3 und seltener in der Stufe +2 auf. Es wird als Legierungsbestandteil in rostfreien Stählen verwendet.

Lutetium, Lu (von *Lutetia*, lat.: für Paris), steht mit einem Anteil von ca. $9 \cdot 10^{-5}$ % am Aufbau der Erdrinde an 61. Stelle der Elementhäufigkeit. Das silberweiße, reaktionsfreudige Schwermetall ist nur sehr schwer zu isolieren und tritt in seinen Verbindungen durchweg in der Oxidationsstufe +3 auf. Es findet als Katalysator in der Erdölindustrie Verwendung.

15.2   Actinoide

Die Elemente mit den Ordnungszahlen 90...103 (Th bis Lr) werden als Actinoide oder Actiniden (An) bezeichnet, wobei oft auch noch das Ac dazugehört. Die Elemente, die schwerer als U sind, werden als Transurane bezeichnet.

Die Actinoide entsprechen in ihren Eigenschaften weitgehend den Lanthanoiden. Ein großer Unterschied zwischen den Lanthanoiden und Actinoiden entsteht dadurch, dass Letztere auch ihre 5f-Elektronen valenzmäßig mit beteiligen und dadurch auch in höheren Wertigkeiten als 3 (bzw. 4) auftreten können. Die maximale Wertigkeit nimmt vom Th zum Np hin von 4 auf 7 zu, Pu und Am sind max. 7-wertig und Curium nur noch 5-wertig. Auch die beständigste Oxidationsstufe steigt bis auf +6 bei U, um dann über +5 (Np) und +4 (Pu) wieder auf +3 abzufallen. Dadurch ist natürlich die Periodizität bei den Actinoiden nicht so ausgeprägt wie bei den Lanthanoiden, sie spiegelt sich vor allem in den Farben der

Tabelle 15-2: Einige physikalische und chemische Eigenschaften der Actinoide

Element	Schmelz-punkt in $^{\circ}$C	Siede-punkt in $^{\circ}$C	Standard-potenzial E^{3+}/E in V	Basizität der (Hydr)-Oxide
Thorium	1755	4790	——	
Protactinium	1568	(4200)	——	
Uran	1132	3818	−1,789	
Neptunium	639	3902	−1,856	a
Plutonium	639,5	3232	−2,031	b
Americium	1173	2607	−2,320	n
Curium	1350	——	−2,310	e h
Berkelium	986	——	——	m
Californium	900	——	−2,320	e
Einsteinium	——	——	——	n
Fermium	——	——	——	d
Mendelevium	——	——	——	
Nobelium	——	——	——	
Lawrencium	——	——	——	

An(III)-Ionen und in den magnetischen Momenten wider. Alle Actinoide sind radioaktive, silberweiße, an Luft rasch oxidierende, reaktionsfreudige Metalle. Sie werden von H_2O und Säuren angegriffen und reagieren auch leicht mit vielen Nichtmetallen wie H, Cl, O oder N. Die Oxidationsstufe +3 tritt bei allen auf, ist aber oft nicht die stabilste. Wie bei den Lanthanoiden sinkt die Basizität der An(III)-Hydroxide. Die Fluoride, Oxide und Hydroxide der An(III) und An(IV) sind in H_2O schwer löslich. Von U, Np und Pu existieren feste Hexafluoride, die bereits bei Raumtemperatur flüchtig sind und zur Isotopentrennung genutzt werden.

Vorkommen: Außer Th und U kommen alle Actinoide sehr selten (bis Am) oder gar nicht (ab Cm) in der Natur vor. Die Ersteren sind Mitglieder radioaktiver Zerfallsreihen in U-Mineralien. Th ist auch Begleiter der Lanthanoide und findet sich in Monazitsanden. Die Hauptlagerstätten befinden sich in Zaire, Kanada, in Tschechien und der Slowakei sowie Südafrika.

Physiologie: Alle Actinoide sind radioaktiv und extrem giftig.

Gewinnung: Th, Pa und U werden vor allem aus U-Erzen gewonnen. Zu ihrer Trennung nutzt man die verschiedenen Stabilitäten der unterschiedlichen Oxidationsstufen aus, führt fraktionierte Fällungen durch oder extrahiert die Elemente einzeln. Die anderen Elemente müssen künstlich hergestellt werden, und zwar entweder in Teilchenbeschleunigern oder in Kernreaktoren. Wägbare Mengen erhält man durch Beschuss von U oder Pu mit H, He, C, N, O oder Ne. Die als Zwischenprodukt anfallenden Oxide werden dann metallothermisch durch z. B. Ca, Mg oder La zum Metall reduziert.

Verwendung: Verwendung finden lediglich Th, U und Pu, vor allem in Kernreaktoren und in Kernwaffen.

Thorium, Th (nach dem nordischen Gott *Thor*), ist mit einem Anteil von ca. $10^{-3}\%$ in der Erdrinde das häufigste Actinoid. Das silberweiße, weiche, glänzende, an Luft relativ stabile und reaktionsfreudige Schwermetall tritt in seinen Verbindungen meist in den Oxidationsstufen +4 und seltener in den Stufen +2 und +3 auf. Mit einem Schmelzpunkt von 3300 °C hat ThO_2 den höchsten Schmelzpunkt aller Oxide. Verwendung findet es als Brutstoff in Brutreaktoren, in Gasglühstrümpfen, in Gläsern und als Katalysator zum Cracken von Erdöl.

Uran, U (nach dem Planeten *Uranus*), kommt mit einem Anteil von $3 \cdot 10^{-4}\%$ in der Erdrinde vor. In der Natur tritt vor allem das radioaktive Isotop $^{238}_{92}U$ (99,28 %) auf, die beiden anderen natürlichen Isotope $^{235}_{92}U$ (0,72 %) und $^{234}_{92}U$ (0,0055 %) sind wesentlich seltener. Das Metall wird durch Schmelzflusselektrolyse von KUF_5 oder K_2UCl_6 gewonnen oder durch Reduktion der Oxide mit Ca, Al oder C. Das dem Fe ähnliche, sehr dichte, nicht sehr harte, reaktionsfreudige Schwermetall tritt in seinen Verbindungen vor allem in den Oxidationsstufen +4 und +6 auf, seltener in den Stufen +3 und +5. An Luft läuft das Metall an, und in pulverisierter Form verbrennt es. Wichtige Verbindungen sind das **Uranhexafluorid, UF_6**, das zur großtechnischen Trennung von U-Isotopen nach dem Gasdiffusionsverfahren dient. Es ist ein starkes Fluorierungsmittel und bildet Fluorokomplexe der Form UF_7^- und UF_8^{2-}. **Uran(IV,VI)-oxid, U_3O_8**, bildet sich durch Glühen von UO_2 oder UO an Luft als dunkelgrünes, giftiges, wasserunlösliches Pulver, das oberhalb von 900 °C zu UO_2 zerfällt. **Urandioxid, UO_2**, ist ein schwarzes, kristallines, H_2O-unlösliches Pulver, das in gepresster Form als Brennstoff-Füllung der Brennstäbe in Kernreaktoren dient.

Plutonium, Pu (nach dem Planeten *Pluto*), ist mit einem Anteil von $10^{-21}\%$ das nach dem Am seltenste Element. Das extrem giftige, silbrig glänzende und an Luft gelblich anlaufende, reaktionsfreudige Schwermetall tritt mit seinen Verbindungen in den Oxidationsstufen zwischen +2 und +8 auf, wobei die Stufen +3 bis +7 die häufigeren sind. Das technisch wichtigste Pu-Isotop ist $^{239}_{94}Pu$, das in Kernreaktoren und zum Bau von Atombomben verwendet wird. Hergestellt wird es in Brutreaktoren durch Neutroneneinfang $[^{238}_{92}U\,(n,\gamma) \;\rightarrow\; ^{239}_{92}U \;\rightarrow\; ^{239}_{93}Np + \beta^- \;\rightarrow\; ^{239}_{94}Pu + \beta^-]$. Pu ist nicht nur durch seine Radioaktivität gefährlich, sondern auch durch seine chemischen Eigenschaften.

16 Metallcarbonyle und Organometallverbindungen

16.1 Metallcarbonyle

Typisch für die d-Übergangselemente ist die Bildung von Komplexen mit einer Vielzahl von neutralen Molekülen wie CO, PR_3, AR_3, SbR_3 und auch verschiedenen Molekülen mit delokalisierten π-Orbitalen, z. B. Pyridin. Diese Komplexe können in Zusammensetzung und Struktur sehr verschieden sein und reichen von einkernigen Komplexen mit nur einer Art von Liganden, z. B. $Fe(CO)_5$, bis zu Komplexionen mit verschiedenen Liganden wie $[Rh_{17}(S)_2(CO)_{32}]^{3-}$. Charakteristisch an diesen Komplexen ist, dass die Metallatome niedrige Oxidationsstufen aufweisen. Die Liganden können diese stabilisieren, weil sie neben ihren freien Elektronenpaaren noch über freie π-Orbitale verfügen, mit denen sie Elektronen aus besetzten Metallatomorbitalen abziehen können. Das führt zu einer Art zusätzlicher π-Bindung zwischen Metallatom und Ligand, die die σ-Bindung unterstützt. Die Liganden wirken, da sie Elektronen in niedrig liegende, unbesetzte p-Orbitale aufnehmen können, im LEWIS'schen Sinne als Säure (genauer als π-Säure). Solche Liganden werden auch π-*Akzeptor-Liganden* genannt, von denen CO der wichtigste ist. Die Stöchiometrie der meisten dieser Komplexe kann mit Hilfe der Edelgasregel vorhergesagt werden. Die Summe aus Zahl der Valenzelektronen des Metallatoms und Zahl der Elektronen in den σ-Elektronenpaaren, die von den Liganden beigesteuert werden, muss die Elektronenzahl des nächsten Edelgases ergeben. Es gibt allerdings Ausnahmen von dieser Regel, z. B. bei $V(CO)_6$.

Unter der Bezeichnung **Metallcarbonyle** im eigentlichen Sinne versteht man eine Gruppe von ein- und mehrkernigen Komplexverbindungen, in denen CO als einziger Ligand koordinativ an formal nullwertige Metallatome gebunden ist, z. B. bei $Cr(CO)_6$ oder $Co_2(CO)_8$. Von diesen Metallcarbonylen leitet sich eine Vielzahl von Komplexen mit mindestens einem CO-Liganden, z. B. Metallcarbonylwasserstoffe oder Carbonyl-Halogenid-Komplexe, ab, sodass heute von allen Übergangsmetallen wenigstens ein Carbonylderivat bekannt ist. Die ersten Metallcarbonyle, $Ni(CO)_4$ und $Fe(CO)_5$, wurden zwischen 1888 und 1891 entdeckt, wobei

Ni(CO)$_4$ schon bald von A. MOND in einem industriellen Prozess (MOND-Verfahren) zur Ni-Herstellung eingesetzt wurde. Heute werden Metallcarbonyle und CO-haltige Komplexe bei vielen Reaktionen der industriellen Chemie als Katalysatoren verwendet.

Einkernige Metallcarbonyle

Einkernige Metallcarbonyle werden, abgesehen vom V(CO)$_6$, ausschließlich von Metallen mit gerader Ordnungszahl gebildet. Die Metalle der VI. Nebengruppe bilden *oktaedrische Hexacarbonyle* M(CO)$_6$, Fe, Ru und Os *trigonal-bipyramidale Pentacarbonyle* M(CO)$_5$ und Ni, Pd und Pt *tetraedrische Tetracarbonyle* M(CO)$_4$. Alle diese Verbindungen sind hydrophobe, flüchtige Verbindungen, die in unpolaren Lösungsmitteln mehr oder weniger löslich sind.

Tabelle 16-1: Eigenschaften von einkernigen Metallcarbonylen

Einkernige Metallcarbonyle			
V(CO)$_6$ schwarze Kristalle Zers. bei 70 °C	Cr(CO)$_6$ farblose Kristalle, Subl. im Vakuum, Zers. bei 150 °C, gegenüber Luft stabil	Fe(CO)$_5$ gelbe Flüssigkeit, Fp.: −20 °C, Kp.: 103 °C, instabil in UV-Licht	Ni(CO)$_4$ farblose Flüssigkeit Fp.: −19 °C, Kp.: 42,1 °C sehr giftig, leicht zersetzlich
	Mo(CO)$_6$ farblose Kristalle, Subl. im Vakuum, Zers. bei 180 °C, gegenüber Luft stabil	Ru(CO)$_5$ farblose Flüssigkeit Fp.: −22 °C, sehr flüchtig, schwierig herzustellen	Pd(CO)$_4$ instabil, noch nicht isoliert
	W(CO)$_6$ farblose Kristalle, Subl. im Vakuum, Zers. bei 150 °C, gegenüber Luft stabil	Os(CO)$_5$ farblose Flüssigkeit Fp.: −15 °C,	Pt(CO)$_4$ farblose Flüssigkeit noch nicht isoliert

Fp.: Gefrierpunkt, Kp.: Siedepunkt, Zers.: Zersetzung, subl.: sublimiert

Mehrkernige Metallcarbonyle

Einzelne Metalle mit ungerader Elektronenzahl können den 18-Elektronen-Formalismus der Edelgasregel mit CO nicht erfüllen. Um zu einer geraden e$^-$-Zahl zu gelangen, müssen sie sich zu mehrkernigen Metallcarbonylen mit gerader Anzahl von Metallatomen zusammenlagern. Aber auch Metalle mit gerader Elektronenzahl kondensieren zu mehrkernigen Metallcarbonylen, dann aber auch mit ungerader Anzahl von Metallatomen, wenn dies thermodynamisch günstiger ist. Es ist eine große Anzahl homo- und heteronuklearer mehrkerniger Metallcarbonyle bekannt, z. B. Fe$_3$(CO)$_{12}$ oder MnRe(CO)$_{10}$, die nicht nur lineare M–C–O-Gruppen, sondern auch M–M-Bindungen und brückenständige CO-Gruppen enthalten.

Hierbei bilden die Metallcarbonyle der kleineren Metalle häufiger verbrückte Komplexe als die der größeren. Naturgemäß sind diese mehrkernigen Komplexe weniger flüchtig als die einkernigen, wobei ihre Flüchtigkeit mit zunehmender molarer Masse abnimmt.

Tabelle 16-2: Eigenschaften von mehrkernigen Metallcarbonylen

Einige mehrkernige Metallcarbonyle

$Mn_2(CO)_{10}$ gelbe Kristalle, Fp.: 155 °C subl. im Vakuum, unverbrückt	**$Fe_2(CO)_9$** goldgelbe Kristalle, Fp.: 100 °C (Zers.), verbrückt, nicht flüchtig, fast unlöslich	**$Co_2(CO)_8$** orangerote Kristalle, Fp.: 51 °C (Zers.), 2 Isomere verbrückt
	$Fe_3(CO)_{12}$ tiefgrüne Kristalle, Fp.: 140 °C (Zers.), verbrückt, etwas löslich	**$Co_4(CO)_{12}$** schw. Kristalle, Fp.: 60 °C (Zers.), verbrückt
		$Co_6(CO)_{16}$ schw. Kristalle, Fp.: 105 °C (Zers.)
$Tc_2(CO)_{10}$ farblose Kristalle, Fp.: 160 °C subl. im Vakuum, unverbrückt	**$Ru_2(CO)_9$** nur in Lösung bekannt, instabil	**$Rh_2(CO)_8$** haltbar nur bei hohem CO-Druck
	$Ru_3(CO)_{12}$ orangerote Kristalle, Fp.: 154 °C (Zers.), unverbrückt	**$Rh_4(CO)_{12}$** ziegelrote Kristalle, Fp.: 150 °C (Zers.), subl. im Vakuum, verbrückt
	$Ru_6(CO)_{18}$ rote Kristalle, Fp.: 235 °C	**$Rh_6(CO)_{16}$** schw. Kristalle, Fp.: 220 °C (Zers.), verbrückt
$Re_2(CO)_{10}$ farblose Kristalle, Fp.: 177 °C subl. im Vakuum, verbrückt	**$Os_2(CO)_9$** gelborange Kristalle, Fp.: 64...67 °C (Zers.), subl. im Vakuum, verbrückt	**$Ir_2(CO)_8$** nicht bekannt
	$Os_3(CO)_{12}$ hellgelbe Kristalle, Fp.: 224 °C, subl. im Vakuum, verbrückt	**$Ir_4(CO)_{12}$** gelbe Kristalle, Fp.: 210 °C, unverbrückt
		$Ir_6(CO)_{16}$ rote Kristalle

Darstellung von Metallcarbonylen

Viele Metallcarbonyle lassen sich direkt aus fein verteiltem Metall mit CO zum Carbonyl umsetzen [z. B. $Ni + 4 CO \rightleftharpoons Ni(CO)_4$]. Wirklich hergestellt werden so nur $Ni(CO)_4$ und $Fe(CO)_5$, wobei beim Eisen höhere Temperaturen und Drücke notwendig sind. Normalerweise reduziert man Metallverbindungen in Gegenwart von CO, meist bei höheren Drücken (200...300 bar), wobei als Reduktionsmittel neben CO selbst H_2, Metalle (Na oder Al usw.) oder andere Verbindungen (AlR_3) eingesetzt werden [z. B.: $2 CoCO_3 + 2 H_2 + 8 CO \rightleftharpoons Co_2(CO)_8 + 2 CO_2 + 2 H_2O$].

Reaktionen von Metallcarbonylen

Metallcarbonyle gehen eine große Anzahl verschiedener Reaktionen ein:

- Bei **Substitutionsreaktionen** werden ein oder mehrere CO-Liganden gegen andere Donoren, wie CNR, PX_3 (X = Hal), PR_3, NO, N_2, OR_2 usw. ausgetauscht [z. B.: $Fe(CO)_5 + RNC \rightarrow RNCFe(CO)_4 + CO$].
- **Oxidationsreaktionen** wurden vor allem mit Halogenen als Reaktionspartnern durchgeführt [z. B.: $Mn_2(CO)_{10} + Br_2 \rightarrow 2 Mn(CO)_5Br$]. Die entstehen-

den Metallcarbonylhalogenide stellen ihrerseits wieder wichtige Ausgangsverbindungen für weitere Synthesen dar.

■ **Reduktionsreaktionen** führen zu den wichtigen **Carbonylmetallaten** (Carbonylate), die Metallcarbonylanionen enthalten. Diese bilden eine vielfältige Gruppe von ein- und mehrkernigen Komplexen mit formal negativ geladenen Metallatomen. Ein wichtiges Beispiel ist die sog. „Basenreaktion" der Carbonyle: $Fe(CO)_5 + 2\,OH^- \rightarrow [Fe(CO)_4]^{2-} + 2\,H_2O + CO_2$ (Additionsreaktionen).

Kohlenstoffmonooxid-analoge Liganden

Eine Reihe von Liganden kann in Komplexen eine dem CO in Carbonylkomplexen analoge Funktion übernehmen. Dazu zählen z. B. zum $:C{\equiv}O:$ isoelektronische Moleküle wie $R{-}N{\equiv}C:$ oder $:N{\equiv}N:$, die zu entsprechenden Isonitril- bzw. Distickstoff-Komlexen mit den Metallcarbonylen ähnlichen Stöchiometrien führen, z. B. $Cr(CNPh)_6$ (Ph = Phenyl-, C_6H_5-) oder $Co(CO)(NO)(CNC_7H_{12})_2$. Weitere wichtige Liganden mit π-Acidität sind das NO, Verbindungen des dreiwertigen P (PR_3), As (AsR_3), Sb (SbR_3) und Bi (BiR_3). Insgesamt lassen sich diese Liganden auf Grund IR-spektroskopischer Untersuchungen mit sinkender π-Acidität in folgender Reihenfolge anordnen **(spektrochemische Reihe):**

$$CO \approx PF_3 > PCl_3 \approx AsCl_3 \approx SbCl_3 > PCl_2R > PCl(OR)_2$$
$$> PClR_2 \approx P(OR)_3 > PR_3 \approx AsR_3 \approx SbR_3 \approx SR_2$$

Das CN-Ion nimmt auf Grund seiner negativen Ladung eine Sonderstellung ein, da seine π-Acidität durch sie stark abgesenkt wird. Gleichzeitig ist es aber ein starker σ-Donator und bildet mit Übergangsmetallen des d-Blocks sowie den Elementen Zn, Cd und Hg eine ganze Reihe von Cyano-Komplexen der allgemeinen Formel $[M^{n+}(CN)_x]^{(x-n)-}$, die oft anionisch vorliegen, z. B. $[Fe(CN)_6]^{4-}$ oder $[Ni(CN)_4]^{2-}$, und außer in der Ladung den entsprechenden Carbonyl-Komplexen analog sind.

Verwendung: Metallcarbonyle oder verwandte Komplexe finden vielfältigen Einsatz, u. a. zur Herstellung reinster Metalle (z. B. MOND-Verfahren), zur Herstellung von Katalysatoren, als Antiklopfmittel [z. B. $Fe(CO)_5$], als Katalysatoren in technischen Synthesen, als Pigmente $[M^IFe^{II}Fe^{III}(CN)_6]$ oder zur Beseitigung von Luftverunreinigungen.

16.2   Organometallverbindungen

Unter Organometallverbindungen versteht man solche Verbindungen, in denen Kohlenstoffatome organischer Gruppen direkt an Metallatome gebunden sind. Nach dieser Definition gehören Alkoxy-Verbindungen wie $Ti(OC_2H_5)_4$ nicht zu den Organometallverbindungen. Auf der Metallseite ist der Begriff **Metall** in diesem Zusammenhang etwas weiter gefasst, sodass oft auch organische Derivate des B, Si oder sogar des P zu den Organometallverbindungen gezählt werden, obwohl man in diesen Fällen wohl besser von **Element-organischen Verbindungen** spricht.

Prinzipiell kann man die Organometallverbindungen in drei große Gruppen einteilen:

■ **Ionische Verbindungen elektropositiver Metalle,** z. B. $Ph_3C^-Na^+$, die in Kohlenwasserstoffen unlöslich und gegenüber H_2O oder Luft sehr empfindlich sind. Sie werden vorwiegend von Metallen der 1. Gruppe gebildet (außer Li), und ihre Stabilität wächst mit zunehmender Stabilität des Carbanions R^-.

■ **σ-gebundene Verbindungen,** in denen der organische Rest über normale, kovalente Zwei-Elektronen-Bindungen gebunden ist. Der Übergang zu den ionischen Verbindungen ist dabei fließend. Solche Verbindungen werden von den Elementen der 3. bis 16. Gruppe gebildet. Im Allgemeinen bestimmt bei den metallorganischen Verbindungen der Hauptgruppen die Natur des Metalls die Eigenschaften, während bei den Übergangsmetallen die Natur der Liganden das Reaktionsverhalten der metallorganischen Verbindungen stark beherrscht. Typische Vertreter dieser Gruppe sind z. B. SiR_4, $(CH_3)_3SnCl$ oder $(Ph–CH_2)_4Zr$.

■ **Verbindungen mit nichtklassischen Bindungen.** In zahlreichen Organometallverbindungen liegen M-C-Bindungen vor, die weder als ionisch noch als kovalent beschrieben werden können. Eine Klasse bilden die organischen Derivate von Li sowie die der Elemente der 2. und 13. Gruppe, vor allem des Li, Be, Mg, B und Al. In ihnen sind die organischen Reste, z. B. der Alkyl-Gruppe, an Mehrzentrenbindungen beteiligt und somit brückenständig, z. B. bei GRIGNARD-Verbindungen wie CH_3MgI oder Li-organischen Verbindungen wie $(CH_3Li)_4$. Die zweite, vielfältigere Klasse umfasst Verbindungen der Übergangsmetalle mit Carbenen, Alkenen, Alkinen, Benzol und anderen Ringsystemen mit π-Elektronensystemen, z. B. $C_5H_5^-$, z. B. $(C_6H_6)_2Cr$ [Bis(η^6-benzen)chrom] oder $(C_4H_4)Fe(CO)_3$ [(η^4-Butadien)(tricarbonyl)eisen].

Herstellung: Zur Herstellung von metallorganischen Verbindungen steht eine Reihe von Synthesen zur Verfügung, die sich bei den Hauptgruppenelementen eher an der Natur des Metalls und bei den Übergangsmetallen eher an der Natur des organischen Restes orientieren. Gängige Reaktionstypen zur Synthese von metallorganischen Verbindungen der Hauptgruppenelemente sind *oxidative Additionen* (z. B.: 2 Li + $H_9C_4–Br$ → $H_9C_4–Li$ + LiBr), *Transmetallierungen* [z. B.: Zn + $(H_3C)_2Hg$ → $(H_3C)_2Zn$ + Hg], *Metathesereaktionen* [z. B.: 3 $H_3C–Li$ + $SbCl_3$ → $(H_3C)_3Sb$ + 3 LiCl], *Hydrometallierungen* [z. B.: B_2H_6 + 6 $H_2C=CH_2$ → 2 $(H_5C_2)_3B$], *Carbometallierungen* [z. B.: $H_9C_4–Li$ + Ph–C≡C–Ph → $(H_9C_4)PhC=CPhLi$] und auch *Eliminierungsreaktionen* [z. B.: $(H_3C–CO–O)_2Hg$ → $(H_3C)_2Hg$ + 2 CO_2]. Bei den metallorganischen Verbindungen der Übergangsmetalle werden σ-gebundene organische Reste oft mit ähnlichen Verfahren eingeführt wie bei den Hauptgruppenelementen. Die große Klasse der Übergangsmetallkomplexe mit π-gebundenen Liganden werden meist nach speziellen Herstellungsmethoden dargestellt.

Verwendung: Die metallorganischen Verbindungen sind wichtige Hilfsmittel in der synthetischen Chemie. Neben den schon lange verwendeten Hauptgruppenverbindungen (GRIGNARD-Verbindungen oder P-organische Verbindungen) stehen heute die Übergangsmetallverbindungen im Mittelpunkt des Interesses. Technisch werden sie u. a. als Antiklopfmittel eingesetzt [$(H_5C_2)_4Pb$], als Katalysatoren z. B. in der Oxosynthese oder beim WACKER-HOECHST-Verfahren, als ZIEGLER-NATTA-Katalysatoren zur Polyolefinsynthese und zur katalytischen Hydrierung (WILKINSON-Katalysator). Bestimmte quadratische Pt-Komplexe finden als Cytostatika Verwendung in der Krebstherapie.

Organische Chemie

O
C

17 Aufbau und Reaktionstypen organischer Verbindungen

17.1   Bindungsverhältnisse in Kohlenwasserstoffen

Dem Element Kohlenstoff kommt auf Grund seiner einzigartigen Eigenschaft, nicht nur mit Atomen anderer Elemente, sondern auch mit weiteren Kohlenstoffatomen kovalente Bindungen einzugehen, eine besondere Bedeutung zu. Es ist das Anliegen der *organischen Chemie,* die Vielfalt der Kohlenstoffverbindungen und deren Eigenschaften systematisch darzustellen und die theoretischen Ursachen sowie den praktischen Nutzen von Verbindungen zu erforschen.

Ein isoliertes Kohlenstoffatom hat im Grundzustand die in Bild 3-11 gezeigte Valenzelektronenkonfiguration. Kohlenstoff (Ordnungszahl 6) besitzt sechs Außenelektronen, von denen vier (2s und 2p) als Valenzelektronen für das chemische Verhalten mitverantwortlich sind. Aus Bild 3-11 kann leicht ein falsches Bild über die Bindungsverhältnisse am Kohlenstoffatom abgeleitet werden. Formal wären die beiden 2p-Elektronen befähigt, jeweils eine kovalente Bindung zu bilden. Es könnte sogar das dritte 2p-Orbital mit einbezogen werden, wenn ein Bindungspartner zwei Elektronen mitbringt. Die Erfahrung lehrt aber, dass diese Vorstellung falsch ist. Kohlenstoff hat z.B. in CH_4 oder CCl_4 vier gleichwertige Einfachbindungen.

Der Weg aus diesem Dilemma wird durch einfache Manipulation möglich. Das Anheben („Promovieren") eines 2s-Elektrons auf ein p-Niveau benötigt einen bestimmten Energiebetrag, der durch Bindungsbildung (Kombination von Elektronen zu gemeinsamen Elektronenpaaren) jedoch wieder eingebracht wird. Die Beteiligung aller vier Elektronen des angeregten Zustands bei der *Bindungsbildung* ist energetisch so günstig, dass mit nur ein 2s-Elektron promoviert, sondern auch das zweite 2s-Elektron im Rahmen einer **Hybridisierung** mit einem, zwei oder drei p-Elektronen ein gemeinsames Energieniveau erreicht (vgl. Abschn. 3.2.4). Promotion und Hybridisierung sind aus energetischen Gründen immer Teilprozesse der Bindungsbildung.

Hybridisierung (sp^3, sp^2, sp) ist die energetische Nivellierung von vier, drei oder zwei Valenzelektronen des gebundenen Kohlenstoffatoms. Hierdurch lassen sich typische Grundstrukturen (Tetraeder, Dreieck, Gerade), aber auch unterschiedliche Reaktivitäten der Kohlenwasserstoffe (Alkane, Alkene, Alkine) erklären.

Im einfachsten organischen Molekül, dem Methan mit der Summenformel CH_4, sind alle C–H-Bindungen gleichwertig. Durch Überlappung von jeweils einem 2sp^3-Hybridorbital mit einem 1s-Orbital entstehen vier σ-Bindungen, die nach den Ecken eines regelmäßigen Tetraeders ausgerichtet sind (vgl. Bild 3-15). Im Ethan CH_3–CH_3 überlappt ein sp^3-Hybridorbital eines C-Atoms mit dem des zweiten Kohlenstoffatoms unter Bildung einer C–C-Einfachbindung. Die verbliebenen sp^3-Hybridorbitale (2 · 3 = 6) gehen kovalente Bindungen mit sechs H-Atomen ein. Auf analoge Weise bauen sich höhere Kohlenwasserstoffe (C_3H_8, C_4H_{10} usw.) der homologen Reihe auf. **Homologe** unterscheiden sich formelmäßig jeweils um eine CH_2-Einheit (CH_3–H, CH_3–CH_3, CH_3–CH_2–CH_3). Innerhalb einer homologen Reihe ändern sich die physikalischen Eigenschaften mit steigender Kettenlänge gleichmäßig.

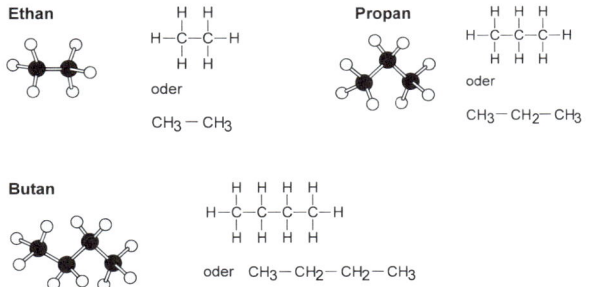

Bild 17-1: Dreidimensionale Modelle von Ethan, Propan und Butan

Die Gerüstmodelle bieten einen guten Einblick in den Aufbau eines Moleküls. Um die Achsen der auftretenden C–H- und C–C-Einfachbindungen können die Molekülteile gegeneinander rotieren (**freie Drehbarkeit**). Kohlenwasserstoffe, die ausschließlich Einfachbindungen (σ-**Bindungen**) enthalten, werden **gesättigt** genannt (**Alkane**).

Die in zahlreichen organischen Verbindungen anzutreffende Mehrfachbindung entsteht unter zusätzlicher Beteiligung der nicht hybridisierten p-Elektronen. Hierbei sind **Doppel-** von **Dreifachbindungen** zu unterscheiden. Ethen ist der einfachste Vertreter von ungesättigten Kohlenwasserstoffen mit C=C-Doppelbindungen (**Alkene** oder **Olefine**). In diesem Model sind zwei sp²-hybridisierte C-Atome eine σ-Bindung und zusätzlich eine π-Bindung eingegangen (vgl. Bild 3-21). Die π-Bindung entsteht durch Wechselwirkung zwischen zwei p-Orbitalen, die senkrecht auf der sp²-Hybridorbitalebene stehen. Hieraus resultiert, dass alle Atome des Ethens auf einer Ebene liegen. Analoge Verhältnisse sind auch bei folgenden Gruppierungen zu beobachten: $R_2C=O$ und $R_2C=NR$. Eine *Dreifachbindung* als weitere Möglichkeit einer ungesättigten Verbindung entsteht bei der Überlappung von zwei sp-hybridisierten C-Atomen. Die beiden senkrecht zueinander stehenden p-Orbitale kombinieren zu zwei π-Bindungen (vgl. Bild 3-22). Die Ausbildung einer *Mehrfachbindung* (Doppelbindung = σ + π oder Dreifachbindung = σ + 2π) führt in beiden Fällen zur Einschränkung der Rotation um die σ-Bindungsachse.

> π-Bindungen entstehen im p,p-Überlappungsbereich der Doppel- und Dreifachbindung. Auf Grund der größeren Entfernung von den Atomkernen haben sie einen geringeren Beitrag an der Gesamtbindungsenergie als die σ-Elektronen.

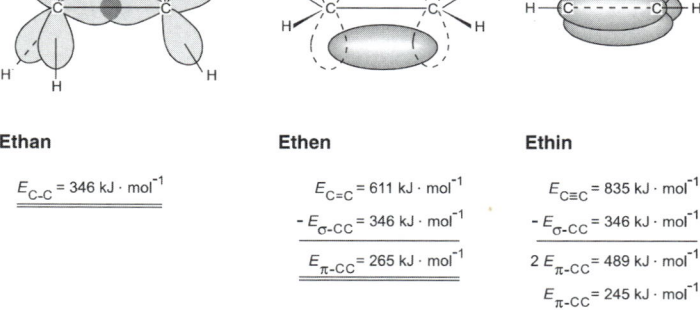

Ethan

$E_{C-C} = 346\ \text{kJ} \cdot \text{mol}^{-1}$

Ethen

$E_{C=C} = 611\ \text{kJ} \cdot \text{mol}^{-1}$

$-\,E_{\sigma-CC} = 346\ \text{kJ} \cdot \text{mol}^{-1}$

$E_{\pi-CC} = 265\ \text{kJ} \cdot \text{mol}^{-1}$

Ethin

$E_{C\equiv C} = 835\ \text{kJ} \cdot \text{mol}^{-1}$

$-\,E_{\sigma-CC} = 346\ \text{kJ} \cdot \text{mol}^{-1}$

$2\,E_{\pi-CC} = 489\ \text{kJ} \cdot \text{mol}^{-1}$

$E_{\pi-CC} = 245\ \text{kJ} \cdot \text{mol}^{-1}$

Bild 17-2: Modell verschiedener C–C-Bindungen mit unterschiedlichen Beiträgen zur Bindungsenergie (Beispiel: C_2-Kohlenwasserstoffe)

Der Vergleich der Bindungsenergien (Bild 17-2) zeigt, dass eine Doppel- bzw. Dreifachbindung zur Erhöhung der *Reaktionsfähigkeit* einer organischen Verbindung führt. Die π-Bindung im Ethen öffnet sich bei einer

chemischen Reaktion relativ leicht, dieses ist somit wesentlich reaktions-
freudiger als Ethan mit seiner σ-Bindung. Auch die räumliche Orientierung der Hybridorbitale führt zwangsläufig zu bestimmten Strukturen bei
der Verbindungsbildung.

Die **Orbitaltheorie,** die zum Verständnis der Molekülgeometrie von
Alkanen, Alkene und Alkinen hilfreich ist, lässt sich auch zur Erklärung
der Besonderheit von **aromatischen Verbindungen** heranziehen. Das
Benzen (Benzol), als einfachster Vertreter der aromatischen Verbindungen,
enthält sechs sp^2-hybridisierte C-Atome in cyclischer und planarer Anordnung. Je zwei sp^2-Orbitale der C-Atome überlappen mit benachbarten
C-Atomen und bilden die σ-Bindungen des Ringes. Das dritte sp^2-Orbital
überlappt mit dem 1s-Orbital des H-Atoms und bildet eine σ-Bindung
zwischen dem Kohlenstoff und dem Wasserstoff, die ebenfalls in der
Ringebene liegt. Die p-Orbitale der sechs Kohlenstoffatome überlappen
seitlich und bilden einen geschlossenen **Elektronenring ("Elektronenwolke")** oberhalb und unterhalb der Ringebene. Die Orbitaldarstellung der
Bindungsverhältnisse im Benzen zeigt Bild 17-3.

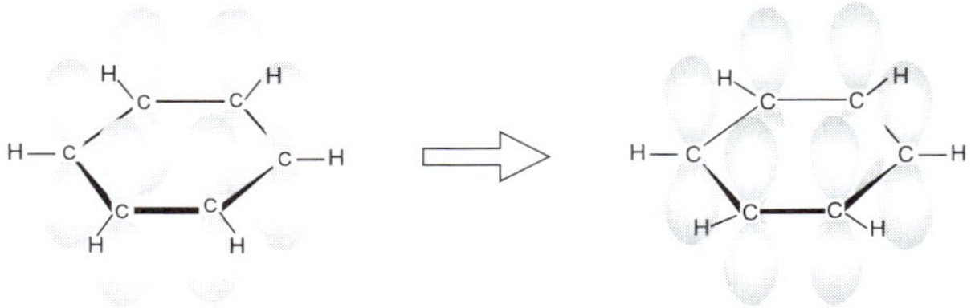

Bild 17-3: Orbitaldarstellung der Bindungsverhältnisse im Benzen. Das Kohlenstoffgerüst wird durch Überlappung von sp^2-Hybridorbitalen gebildet
(σ-Bindung). Jedes C-Atom steuert ein Elektron zum gemeinsamen
π-System bei

Üblicherweise wird Benzen mit zwei unterschiedlichen Schreibsymbolen
dargestellt, mit der KEKULÉ-Formel oder einem Hexagon mit innen liegen-
dem Kreis als delokalisierte Elektronenwolke. Die KEKULÉ-Formel lässt
zwei verschiedene Grenzstrukturen mit zyklisch konjugierten[1] Doppelbindungen zu, die jedoch als Individuen nicht existieren. Die Elektronen des
π-Systems sind vielmehr gleichmäßig über das gesamte Molekül verteilt;
die π-Elektronen sind delokalisiert. Diese Phänomen wird **Mesomerie**

---

[1] Konjugierte Doppelbindungen sind π-Elektronensysteme, die durch Einfachbindungen getrennt sind (Bsp.: Butadien, $CH_2=CH–CH=CH_2$).

oder Resonanz genannt. Das real existierende Molekül wird daher durch Kombination mehrerer Grenzstrukturen beschrieben, die üblicherweise durch einen Mesomeriepfeil ($\leftrightarrow$) dargestellt wird.

| Grenz- | Grenz- | Delokalisiertes |
| struktur 1 | struktur 2 | π - Elektron |

Die symmetrische Elektronenverteilung stellt einen energetisch begünstigten Zustand dar. Quantitativ lässt sich der Stabilitätszuwachs durch Delokalisierung der π-Elektronen als **Mesomerieenergie** ausdrücken. Am Beispiel Benzen ist sie mit $151 \, kJ \cdot mol^{-1}$ besonders hoch.

17.2   Reaktionsprinzipien und reaktive Teilchen

Ausgangsstoffe und Reaktionsprodukte unterscheiden sich in der Verknüpfung der Atome bzw. Atomgruppen. Es ist daher üblich, die Vielfalt organischer Reaktionen systematisch zu strukturieren. Eine Einteilung kann nach

- der Art der **Bindungslösung und -neuknüpfung**
- dem Reaktionstyp
- der **Anzahl der Teilchen** (Molekularität), die am geschwindigkeitsbestimmenden Schritt beteiligt sind

erfolgen.

17.2.1   Bindungslösung und Bindungsneuknüpfung

Es gibt prinzipiell zwei Möglichkeiten, um chemische Bindungen zu spalten. Die Atome können *symmetrisch* unter Bildung von Radikalen getrennt werden. Dabei verbleibt bei jedem Bindungspartner ein Elektron (**Homolyse**). Vollzieht sich die Trennung *unsymmetrisch,* so geht das Bindungselektronenpaar unter Ausbildung von Ionen (**Heterolyse**) auf einen der beiden Partner über. Auch der umgekehrte Vorgang, die *Verbindungsbildung*, ist nach dem homolytischen oder dem heterolytischen Prinzip möglich.

Radikalische Reaktionen

Der homolytische Zerfall führt zu Radikalen (s. Abschn. 11.1.2) und ist in Bezug auf die Molekularität monomolekular (vgl. Abschn. 17.2.3). Die Bindungsneuknüpfung von zwei Radikalen (Rekombination) ist *bimolekular.*

$$A{-}B \longrightarrow A\odot + \odot B \qquad \text{homolytische Dissoziation}$$

Radikale können auch durch den Angriff eines in einer Vorstufe bereits gebildeten Radikals entstehen:

$$A{-}B + X\odot \rightarrow A{-}X + B\odot$$

Radikale der Kettenreaktionen (vgl. Kap. 31) sind Beispiele derartiger thermisch oder photochemisch entstandener Dissoziationsprodukte. Zur Bildung ist immer die vollständige Aufspaltung der Bindung nötig, für die eine Dissoziationsenthalpie aufgebracht werden muss.

Tabelle 17-1: Dissoziationsenthalpie von zwei- und mehratomigen Molekülen in kJ · mol^{-1}

zweiatomige Moleküle

H—H	436	O—H	428	F—F	155	H—F	565
		O=O	497	Cl—Cl	243	H—Cl	431
		C=O	1074	Br—Br	193	H—Br	368
		N≡N	945	I—I	151	H—I	297

mehratomige Moleküle

H—CH$_3$	427	H—NH$_2$	431	Cl—CH$_3$	452
H—C$_6$H$_5$	469	H—OH	497	Br—CH$_3$	293
H$_3$C—CH$_3$	368	HO—OH	213	I—CH$_3$	234

Sichtbares und UV-Licht haben eine Energie von 150...1000 kJ · mol^{-1}

Ionische Reaktionen

Ob eine Bindung A–B homolytisch oder heterolytisch gespalten wird, entscheidet der *Elektronegativitätsunterschied* beider Atome. Sind die Elektronegativitäten gleich groß (wie im Falle gleicher Atomarten), so ist die Wahrscheinlichkeit für eine radikalische Reaktion am größten. Mit zunehmender Elektronegativitätsdifferenz wird die Bindung stärker polarisiert bis zum Grenzfall, der Bildung von Ionen.

$$A{-}B \longrightarrow A^{\oplus} + |B^{\ominus} \qquad \text{heterolytische Dissoziation}$$

Ist A ein H-Atom, wie bei vielen organischen Verbindungen (Kohlenwasserstoffe, Alkohole, Carbonsäuren), so entstehen *Protonen.* Hierbei sind alle Übergänge von stark polarisierter bzw. schwach ausgeprägter ionischer Tendenz bis hin zu stabilen ionischen Dissoziationsformen denkbar.

Assoziationsreaktionen
Die Umkehrreaktion der Dissoziation ist die *Bindungsneuknüpfung* oder *Assoziation.* Bei reversibel verlaufenden Dissoziationsreaktionen stellt die Assoziationsreaktion die Rückreaktion dar.

Reaktionsteilnehmer, die zur Bindungsbildung ein Elektronenpaar zur Verfügung stellen, werden **nucleophil (kernsuchend)** genannt. Beispiele hierzu sind Anionen (OH⁻, Cl⁻, Br⁻), Moleküle mit Mehrfachbindungen (Alkene, Alkine, Aromaten) und mit Elektronenüberschuss (H_2O, NH_3). Die Bereitschaft zur Elektronenabgabe wird **Nucleophilie** genannt. Sie stellt ein Reaktivitätsmaß dar und ist somit eine kinetische Größe. OH⁻-Ionen haben beispielsweise stärkere nucleophile Eigenschaften als Cl⁻-Ionen und H_2O. **Elektrophile (elektronensuchende)** Reaktanten (Elektronenpaarakzeptoren) besitzen eine unvollständige Elektronenstruktur (Elektronenlücke) und haben eine äußerst geringe Nucleophilie. Beispiele sind Protonen und Elemente der 13. Gruppe (3. Hauptgruppe) des PSE.

17.2.2   Reaktionstypen

Substitution
Bei der überwiegenden Anzahl chemischer Reaktionen kommt es sowohl zur Trennung einer Bindung als auch zur Bindungsneuknüpfung. Beide Vorgänge können unabhängig voneinander als einzelne Schritte oder gleichzeitig als Synchronmechanismus ablaufen.

Solche Prozesse führen im Sinne einer Substitution (Symbol S) zu Reaktionsprodukten, in denen ein bestimmtes Atom (oder einer Atomgruppe) im Molekül durch ein anderes (oder eine andere) ersetzt wird. Eine Substitution kann *radikalisch, nucleophil* oder *elektrophil* verlaufen.

A ⊙ + B–X ⟶ A–B +⊙X   Substitutionsreaktion
                                S_R-Mechanismus

Beispiel: Br⊙ + CH₃–H   →   H–Br + ⊙CH₃

Bei der radikalischen Substitution (S_R-Mechanismus) entsteht als Reaktionsprodukt ein neues Radikal, das über einen Kettenreaktionsmechanismus weiter reagieren kann. Man trifft diesen Mechanismus bei vielen technisch wichtigen Reaktionen wie Chlorierung und Oxidationen in der Gasphase an.

Bei heterolytischen Substitutionen gibt es in Bezug auf das Reagens zwei verschiedene Reaktionsmöglichkeiten. Als **Reagens** wird der weniger kompliziert aufgebaute Reaktionspartner bezeichnet, der andere heißt **Substrat.** Ist das Reagens A nucleophil, so wird die neu aufzubauende Bindung A–B durch das Elektronenpaar von A aufgebaut. Das Bindungselektronenpaar des Substrates B–X verlässt mit dem abgetrennten Bestandteil X das Molekül. In einer solchen nucleophilen Substitution (S_N) sind die am Austausch beteiligten Atome oder Atomgruppen nucleophile Reaktanten.

$$A| + B{-}X \longrightarrow A{-}B + X|$$

Substitutionsreaktion
S_N-Mechanismus

Beispiel: $\overline{HO}|^{\ominus} + CH_3{-}\overline{\underline{Cl}}| \longrightarrow CH_3{-}OH + |\overline{\underline{Cl}}|^{\ominus}$

Die Bezeichnung für die verschiedenen Substitutionsmechanismen ist aus dem nucleophilen bzw. elektrophilen Charakter der Reaktanten abgeleitet. Ist das Reagens A entsprechend der allgemeinen Schreibweise elektrophil, so entsteht die neue Bindung aus den Elektronen der in dem größeren Molekül (Substrat) vorhandenen Bindung, die bei der elektrophilen Substitution (S_E) getrennt wird.

$$A^+ + B{-}X \longrightarrow A{-}B + X$$

Substitutionsreaktion
S_E-Mechanismus

Ein technisch wichtiges Beispiel für diesen Mechanismus ist die Einführung funktioneller Gruppen in ein aromatisches System.

Beispiel:

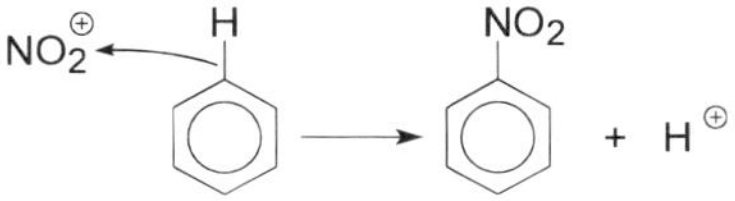

Eliminierung
Als Eliminierungsreaktion (E) wird die Abspaltung von zwei Atomen (bzw. Atomgruppen) aus einem Molekül bezeichnet, die nicht durch andere ersetzt (substituiert) werden.

$$A| + B-X-Y-Z \longrightarrow A-B + X=Y + |Z$$

Eliminierungs-
reaktion

Bei einer **α-Eliminierung** werden die beiden Atome oder Atomgruppen vom gleichen Atom abgespalten. Die wesentlich häufigere **β-Eliminierung** geht bei der Abspaltung von benachbarten Atomen aus.

Beispiel einer β-Eliminierung:

$$R-\underset{\underset{H}{|}}{C}H-CH_2-OH \longrightarrow R-CH=CH_2 + H_2O$$

Addition
Die Additionsreaktion kann als Umkehrung der Eliminierung aufgefasst werden und tritt auch als Rückreaktion in reversiblen Prozessen auf. Der Mechanismus sieht formal die Verknüpfung von zwei Partnern mit dem Molekül vor. Es entsteht nur ein Reaktionsprodukt.

$$A| + B=X + Y \longrightarrow A-B-X-Y$$

Additionsreaktion
Addition von A und Y

Beispiel: Umsetzung von Schwefeltrioxid mit Wasser

$$HO^{\ominus} + \underset{\underset{O}{||}}{\overset{\overset{O}{||}}{S}}=O + H^{\oplus} \longrightarrow HO-\underset{\underset{O}{||}}{\overset{\overset{O}{||}}{S}}-OH$$

Die entstandene Schwefelsäure dissoziiert in Protonen und Hydrogensulfat- bzw. Sulfationen.

Umlagerung
Bei Umlagerungsreaktionen wandern Atome oder Atomgruppen innerhalb des Moleküls unter Umgruppierung von Elektronen. Diese Vorgänge können unter Einsatz von nucleophilen, elektrophilen oder radikalischen Zwischenstufen ablaufen. Dabei wandert eine funktionelle Gruppe, z. B. nach dissoziativer Abspaltung des Molekülteils, und das Molekülgerüst wird umgeordnet.

$$A-\underset{\underset{R}{|}}{B}-X-Y \longrightarrow \bar{A}^{\ominus} + \underset{\underset{R}{|}}{\overset{\oplus}{B}}-X-Y \longrightarrow \bar{A}^{\ominus} + \underset{\underset{R}{|}}{B}-\overset{\oplus}{X}-Y$$

Das stabile Endprodukt hat sich nach Wiederanlagerung von A an das Molekülgerüst durch Umlagerung strukturell verändert (Isomerisierung).

Redoxreaktionen

Die an typischen anorganischen Systemen erläuterten Gesetzmäßigkeiten der Redoxreaktion (vgl. Kap. 9) sind ebenso für die Oxidation bzw. Reduktion organischer Verbindungen gültig. Auch unter biochemischen Aspekten ist die enzymkatalysierte Oxidation von Nährstoffen (wie Fetten, Kohlenhydraten und Aminosäuren) zu Kohlenstoffdioxid, Wasser und Ammoniak bzw. Harnstoff im Organismus von Bedeutung. Zur Beurteilung und zum Verständnis der Redoxreaktion ist es zunächst sinnvoll, die *Oxidationszahl* der betreffenden C-Atome zu ermitteln. Auch hier kann das in Abschnitt 7.2 beschriebene Schema angewendet werden.

Tabelle 17-2: Beispiele von Oxidationszahlen des C-Atoms in verschiedenen organischen Verbindungen

Oxidationszahl des C-Atoms	allgemeine Struktur	Beispiel
- 4	CH_4	Methan CH_4
- 3	RCH_3	Ethan $CH_3 - CH_3$
- 2	R_2CH_2	Propan $CH_3 - CH_2 - CH_3$
- 1	R_3CH	Isobutan $(CH_3)_2CH - CH_3$
0	R_4C	Isopentan $(CH_3)_3C - CH_3$
+ 1	$RCH=O$	Acetaldehyd $CH_3 - CH=O$
+ 2	$R_2C=O$	Aceton $CH_3 - CO - CH_3$
+ 3	$RCOOH$	Essigsäure $CH_3 - COOH$
+ 4	CO_2	Kohlenstoffdioxid CO_2

R = Alkyl- oder Arylrest

Beispiele zur Ermittlung von Oxidationszahlen:

(1) Ethanol $H \overset{H}{\underset{H}{\overset{\uparrow}{C}}}_2 - \overset{H}{\underset{H}{\overset{\uparrow}{C}}}_1 \leftarrow OH$

EN(C) = 2,5
EN(H) = 2,2
EN(O) = 3,5

Oxidationszahl von C_l: Entsprechend den Elektronegativitäten EN der beteiligten Atome werden die Bindungselektronenpaare den jeweiligen Bindungspartnern mit der größeren EN zugeordnet (C–C-Bindungen werden homolytisch gespalten). Nach erfolgter (hypothetischer) Trennung werden die dem C_1-Atom zugeordneten Elektronen addiert. Es ergeben sich fünf Elektronen, ein Elektron mehr als im atomaren Grundzustand (4 Elektronen). Die resultierende Oxidationszahl beträgt somit -1.

Oxidationzahl von C_2: Es ergeben sich nach homo- bzw. heterolytischer Bindungs-spaltung sieben Elektronen abzüglich vier Elektronen (Grundzustand). Daraus resultiert eine Oxidationszahl von -3.

(2) Aceton

$$H\overset{\displaystyle H}{\underset{\displaystyle H}{C}}\!\!-\!\!C_2\!\!-\!\!\overset{\displaystyle O}{C_1}\!\!-\!\!\overset{\displaystyle H}{\underset{\displaystyle H}{C}}\!\!-\!\!H$$

Oxidationszahl von C_1 : +2
Oxidationszahl von C_2 : -3

Die **Oxidation organischer Verbindungen** wird allgemein als **Dehydrierung** bezeichnet, d. h. Abspaltung von zwei Wasserstoffatomen bzw. von zwei Protonen und zwei Elektronen. Bespiele von Dehydrierungs-reaktionen sind in Tabelle 17-3 zusammengestellt.

Tabelle 17-3: Korrespondierende Redoxpaare organischer Verbindungen

reduzierte Form	⇌	oxidierte Form	+ 2 H⁺ + 2 e⁻
$R\!-\!CH_2\!-\!OH$ prim. Alkohol	⇌	$R\!-\!C\!\!\overset{O}{\underset{H}{\diagdown}}$ Aldehyd	$+ 2\,H^+ + 2\,e^-$
$\overset{R}{\underset{R}{>}}C\overset{H}{\underset{OH}{<}}$ sek. Alkohol	⇌	$\overset{R}{\underset{R}{>}}C\!\!=\!\!O$ Keton	$+ 2\,H^+ + 2\,e^-$
$R\!-\!C\!\!\overset{O}{\underset{H}{\diagdown}}\ +\ H_2O$ Aldehyd	⇌	$R\!-\!C\!\!\overset{O}{\underset{OH}{\diagdown}}$ Carbonsäure	$+ 2\,H^+ + 2\,e^-$
$CH_3\!-\!\underset{OH}{\overset{\displaystyle \mid}{CH}}\!-\!COOH$ Milchsäure	⇌	$CH_3\!-\!\underset{O}{\overset{\displaystyle \parallel}{C}}\!-\!COOH$ Brenztraubensäure	$+ 2\,H^+ + 2\,e^-$
$R\!-\!\underset{NH_2}{\overset{\displaystyle \mid}{CH}}\!-\!COOH$ α-Aminosäure	⇌	$R\!-\!\underset{NH}{\overset{\displaystyle \parallel}{C}}\!-\!COOH$ α-Iminosäure	$+ 2\,H^+ + 2\,e^-$
$2\,R\!-\!S\!-\!H$ Mercaptan	⇌	$R\!-\!S\!-\!S\!-\!R$ Disulfid	$+ 2\,H^+ + 2\,e^-$
HO—⟨ ⟩—OH Hydrochinon	⇌	O=⟨ ⟩=O Chinon	$+2\,H^+ + 2\,e^-$

Redoxgleichungen mit organischen Verbindungen lassen sich unter Verwendung der Angaben (Oxidations- bzw. Reduktionsteilreaktionen) ohne Probleme formulieren.

Beispiel: Dehydrierung von Isopropanol zu Aceton durch das Oxidationsmittel Dichromat.

Oxidationsreaktion:

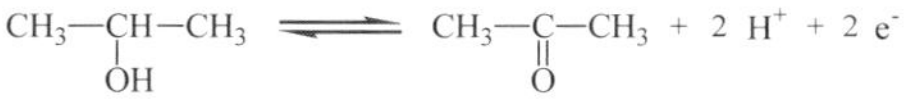

$$CH_3{-}\underset{\underset{OH}{|}}{CH}{-}CH_3 \;\rightleftharpoons\; CH_3{-}\underset{\overset{\|}{O}}{C}{-}CH_3 \; + \; 2\;H^+ \; + \; 2\;e^-$$

Reduktionsreaktion:

$$Cr_2O_7^{2-} \; + \; 6\;e^- \; + \; 14\;H^+ \rightleftharpoons 2\;Cr^{3+} \; + \; 7\;H_2O$$

Gesamtreaktion:

$$3\;CH_3\text{-}CHOH\text{-}CH_3 + Cr_2O_7^{2-} + 8\;H^+ \rightleftharpoons 3\;CH_3\text{-}CO\text{-}CH_3 + 2\;Cr^{3+}$$
$$+ \; 7\;H_2O$$

17.2.3 Molekularität der Reaktionen

Auch bei organischen Reaktionen wird die Anzahl der Teilchen, die am langsamsten Teilschritt einer Gesamtreaktion beteiligt sind, zur Charakterisierung der Gesamtreaktion herangezogen. Es muss aber in jedem Fall zwischen der **Ordnung** in der makroskopischen Erfahrung (Messung) und der **Molekularität** als Anzahl der Teilchen (Atome, Ionen, Moleküle), die am geschwindigkeitsbestimmenden Schritt beteiligt sind, unterschieden werden.

In der Praxis kennt man *monomolekulare* (ein Teilchen reagiert, z. B.: Umlagerungen oder Zerfallsprozesse) und *bimolekulare Reaktionen* (zwei Teilchen reagieren miteinander, z. B. Substitutions- oder Additionsreaktionen). *Trimolekulare Reaktionen*, die den gleichzeitigen Kontakt von drei Reaktionspartnern erforderlich machen, sind sehr selten.

Die bisher genannten Klassifizierungsmöglichkeiten lassen sich miteinander verknüpfen. Eine elektrophile Addition oder eine bimolekular ablaufende nucleophile Substitution lässt sich daher wie folgt bezeichnen:

A_E ——— Reaktionsweg (Addition)

——— Art des angreifenden Teilchens (Elektrophil)

S_N2 ——— Reaktionsweg (Substitution)

——— Molekularität (bimolekulare Reaktion)

——— Art des angreifenden Teilchens (Nucleophil)

17.3   Nomenklatur organischer Verbindungen
17.3.1   Trivialnamen

In den Anfängen der organischen Chemie gab man neu entdeckten Verbindungen Namen, die sich in vielen Fällen auf ihren Ursprung oder ihre Verwendung bezogen. Beispiele dafür sind *Penicillin* (Schimmelpilz: Penicillium notatum), *Cumarin* (Bohnenart, die von südamerikanischen Indianern cumaru genannt wird) oder *α-Pinen* (aus Pinien). Selbst in der heutigen Zeit wird diese Art der Namensgebung angewendet, um Moleküle mit komplexen Strukturen einfach zu benennen.

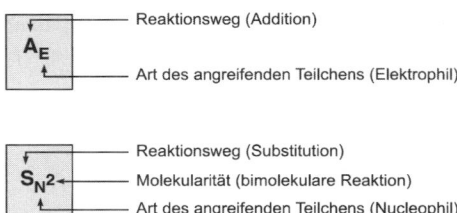

Cortison (17α,21-Dihydroxi-4-pregnen-3,11,20-trion)

Es gibt aber auch wesentlich trivialere Gründe für die Einführung bestimmter Bezeichnungen. So benannte VON BAEYER die von ihm erstmalig synthetisierte Barbitursäure und deren Abkömmlinge, die Schlafmittel Barbiturate, nach einer Freundin mit dem Vornamen Barbara.

Im Laufe der Zeit nahm die Anzahl der neu entdeckten Substanzen immer schneller zu, sodass man mit *Trivialnamen* allein nicht mehr auskam. Die Entwicklung machte eine systematische Namensgebung erforderlich, die idealerweise für jede Verbindung einen eigenen Namen bereithalten sollte. Eine weitere Forderung bestand darin, aus dem systematischen Namen die *molekulare Struktur* abzuleiten und umgekehrt aus der Struktur den *Namen* abzuleiten. Das wichtigste System ist die **IUPAC-** oder **Genfer Nomenklatur**. Viele Trivialnamen sind bereits so lange in Gebrauch und damit vertraut, dass sie vermutlich nicht ersetzt werden. Der systematische Name Ethansäure versus Essigsäure ist ein Beispiel hierfür. In diesem Taschenbuch wird weitgehend die IUPAC-Nomenklatur benutzt, aber auch Trivialnamen, wenn es im praktischen Gebrauch üblich erscheint.

17.3.2   Systematische Nomenklatur

Seit über 100 Jahren treffen sich in bestimmten Zeitabständen Kommissionen und Ausschüsse der IUPAC (**I**nternational **U**nion of **P**ure and **A**pplied **C**hemistry), die ein Nomenklatursystem erarbeiten und ständig aktualisieren. In ihrer gegenwärtigen Form ist diese Nomenklatur unter dem Namen IUPAC-System bekannt. Das Grundprinzip besteht darin, den Namen einer chemischen Verbindung nach bestimmten Regeln aus der Strukturformel abzuleiten, aber auch umgekehrt die Konzeption der Strukturformel bei Kenntnis der systematischen Bezeichnung zu ermöglichen.

In der organischen Chemie ist es sinnvoll, zwischen zwei Bauelementen, dem *Grundgerüst* und dem *Substituenten,* zu unterscheiden.

> Das **Grundgerüst** besteht aus einem unverzweigten acyclischen oder cyclischen organischen Strukturteil. **Substituenten** sind (kleinere) Kohlenwasserstoffgruppen oder funktionelle Gruppen.

Es gibt drei Hauptklassen von Kohlenstoffgerüsten.

(1)   Acyclische Verbindungen

Acyclische organische Moleküle sind nicht cyclisch und bestehen aus offenen Ketten von C-Atomen. Sie enthalten keine ringförmigen Strukturelemente. Die Ketten können unverzweigt (linear) oder verzweigt sein.

unverzweigte Kette mit
10 Kohlenstoffatomen

verzweigte Kette mit
10 Kohlenstoffatomen

(2) Carbocyclische Verbindungen

Carbocyclische Kohlenstoffgerüste enthalten Ringe aus C-Atomen. Der kleinste Carbocyclus besteht aus drei C-Atomen. Es sind jedoch Ringe unterschiedlichster Größe und Form bekannt. Sie können Seitenketten oder Substituenten tragen und Mehrfachbindungen aufweisen. Am häufigsten kommen 5- und 6-gliedrige Ringe vor.

α-Pinen (Terpentin)

Testosteron
(männliches Geschlechtshormon)

(3) Heterocyclische Verbindungen

Als dritte und größte Klasse von Verbindungen mit cyclischer Struktur enthalten Heterocyclen mindestens ein *Heteroatom* im Ring. In den meisten Fällen sind Sauerstoff, Stickstoff und Schwefel die Heteroatome. Es können jedoch auch mehrere Heteroatome (gleich- oder verschiedenartig) enthalten sein. Auch die heterocyclischen Systeme gibt es in verschiedenen Größen. Sie können ebenfalls *Mehrfachbindungen* enthalten, *Seitenketten* tragen oder mit weiteren *Ringen* verknüpft sein.

Cumarin
(Der Geruch nach frischem Heu
beruht größtenteils auf Cumarin)

Penicillin (Antibiotikum)

Der Austausch von H-Atomen im Grundgrüst mit Substituenten führt zu Verbindungen, die **Derivate** der Stammkörper genannt werden. Substituenten lassen sich folgendermaßen einteilen (vgl. Tab. 17-5):

Alkylgruppen (Symbol: R)
entstehen aus Aliphaten oder Cycloaliphaten, indem ein H-Atom abgespalten wird.

- **Arylgruppen** (Symbol: R oder Ar)
  entstehen aus Aromaten durch Abspaltung eines H-Atoms.
- **Acylgruppen** (Symbol: R–CO-)
  entstehen formal aus Carbonsäuren, indem aus der Carboxylgruppe die OH-Gruppe abgespalten wird.
- **Funktionelle Gruppen**

Tabelle 17-4: Beispiele einiger Grundgerüste organischer Verbindungen

Acyclische Kohlenwasserstoffe	
CH_4	Methan
CH_3-CH_3	Ethan
$CH_3-CH_2-CH_3$	Propan
$CH_3-CH_2-CH_2-CH_3$	Butan
$CH_3-CH_2-CH_2-CH_2-CH_3$	Pentan
$CH_2{=}CH_2$	Ethen
$CH_2{=}CH-CH_3$	Propen
$CH_2{=}CH-CH{=}CH_2$	Butadien

Cyclische Kohlenwasserstoffe	
	Cyclopropan
	Cyclobutan
	Cyclopentan
	Cyclohexan
	Benzen
	Naphthalin
	Anthracen

Zur Namensgebung werden die Bezeichnungen des Grundgerüstes mit der Bezeichnung der Substituenten (als Vor- oder Nachsilbe) kombiniert. Hierzu gibt es bestimmte Regeln (vgl. Kap. 18 bis 21 und 23 bis 31).

Tabelle 17-5: Beispiele von Substituenten und ihre Bezeichnungen

Substituent (Gruppe)	Bezeichnung Vorsilbe	Nachsilbe
Alkyl- und Arylgruppen (R—)		
CH_3-	Methyl-	
CH_3-CH_2-	Ethyl-	
$CH_3-CH_2-CH_2-$	Propyl-	
$CH_3-CH-CH_3$	Isopropyl-	
C_6H_5-	Phenyl-	
$C_6H_5-CH_2-$	Benzyl-	
Acylgruppen (R—CO—)		
$H-CO-$	Formyl-	
CH_3-CO-	Acetyl-	
CH_3-CH_2-CO-	Propionyl-	
C_6H_5-CO-	Benzoyl-	
Funktionelle Gruppen		
$-CH=CH_2$	Vinyl-	
$-Cl$	Chlor-	
$-OH$	Hydroxy-	-ol
$-SH$	Mercapto-	-thiol
$-NH_2$	Amino-	-amin
$-CH=O$	Oxo- (Formyl-)	-al
$>C=O$	Oxo- (Keto-)	-on
$-COOH$	Carboxy-	-carbonsäure
$-COOR$		-ester
$-CONH_2$	Carbamoyl-	-amid
$-SO_3H$	Sulfo-	-sulfonsäure
$-SO_2NH_2$	Sulfamoyl-	-sulfonamid

18 Alkane und Cycloalkane

18.1   Konstitution der Alkane

Kohlenwasserstoffe sind als Hauptbestandteile von Erdgas und Erdöl unsere wesentlichsten Energiequellen. Wie der Name bereits andeutet, bestehen sie aus den Elementen Kohlenstoff und Wasserstoff. Sie werden entsprechend ihrer Struktur in *gesättigte, ungesättigte* und *aromatische Kohlenwasserstoffe* eingeteilt. In diesem Kapitel werden gesättigte Kohlenwasserstoffe behandelt, die acyclisch oder cyclisch gebaut sein können. Sie werden daher **Alkane** oder **Cycloalkane** genannt.

Das einfachste Alkan ist das **Methan** (zur tetraedischen Form vgl. Abschn. 17.1). Weitere Alkane lassen sich durch Verlängerung der C-Kette und Ergänzung der notwendigen H-Atome vom Methan ableiten (vgl. Tab. 18-1).

Tabelle 18-1: Homologe Reihe der Alkane

Systematischer Name	Summen-formel	Konstitutions-formel	Schmelzpunkt in °C	Siedepunkt in °C
Methan	CH_4	CH_4	-183	-162
Ethan	C_2H_6	$CH_3{-}CH_3$	-183	-89
Propan	C_3H_8	$CH_3{-}CH_2{-}CH_3$	-187	-42
Butan	C_4H_{10}	$CH_3{-}(CH_2)_2{-}CH_3$	-138	-1
Pentan	C_5H_{12}	$CH_3{-}(CH_2)_3{-}CH_3$	-130	+36
Hexan	C_6H_{14}	$CH_3{-}(CH_2)_4{-}CH_3$	-94	+69
Heptan	C_7H_{16}	$CH_3{-}(CH_2)_5{-}CH_3$	-91	+98
Octan	C_8H_{18}	$CH_3{-}(CH_2)_6{-}CH_3$	-57	+126
Nonan	C_9H_{20}	$CH_3{-}(CH_2)_7{-}CH_3$	-54	+151
Decan	$C_{10}H_{22}$	$CH_3{-}(CH_2)_8{-}CH_3$	-30	+174
Pentadecan	$C_{15}H_{32}$	$CH_3{-}(CH_2)_{13}{-}CH_3$	+10	+270
Eicosan	$C_{20}H_{42}$	$CH_3{-}(CH_2)_{18}{-}CH_3$	+36	+345
Triacontan	$C_{30}H_{62}$	$CH_3{-}(CH_2)_{28}{-}CH_3$	+66	——
Tetracontan	$C_{40}H_{82}$	$CH_3{-}(CH_2)_{38}{-}CH_3$	+81	——
Hectan	$C_{100}H_{202}$	$CH_3{-}(CH_2)_{98}{-}CH_3$	+115	——

Die Alkane können mit der allgemeinen Formel C_nH_{2n+2} beschrieben werden, wobei n die Anzahl der C-Atome ist. Alkane mit einer unverzweigten Grundstruktur werden **normale** oder **n-Alkane** genannt. Eine fortlaufende Reihe derartiger verwandter Verbindungen nennt man **homologe Reihe.** Die ersten Glieder der homologen Reihe zeigen wesentlich größere Unterschiede in den physikalischen Eigenschaften, als dies bei den höheren Gliedern der Fall ist.

18.2   Nomenklatur und IUPAC-Regeln für Alkane

Für Alkane mit einem, zwei, drei und vier C-Atomen werden die Namen Methan, Ethan, Propan und Butan verwendet. Die Namen der höheren Alkane leiten sich von der griechischen (bzw. lateinischen) Bezeichnung für die Zahl der C-Atome ab, die das betreffende Alkan aufweist. **Pent**an steht demnach für ein Alkan mit fünf, **Hex**an für eines mit sechs und **Hept**an für eines mit sieben Kohlenstoffatomen. Man sollte sich die Namen der ersten zehn Alkane einprägen, nicht zuletzt, weil man damit auch die ersten zehn Alkene, Alkine, Alkohole und Verbindungen anderer Gruppen lernt. So wird das Alk**an**, Alk**en**, Alk**in** und der Alkoh**ol** mit vier Kohlenstoffatomen But**an**, But**en**, But**in** und Butan**ol** genannt.

IUPAC-Namen der Alkane

(1)   Zur Benennung eines Alkans wählt man die längste fortlaufende Kohlenstoffkette und leitet davon die Struktur der Verbindung ab, die sich durch Ersatz von Alkylgruppen durch H-Atome ergeben würde.

$$CH_3{-}CH_2{-}CH_2{-}\underset{\underset{CH_3}{|}}{CH}{-}CH_3 \qquad CH_3{-}CH_2{-}\underset{\underset{CH_3}{|}}{CH}{-}CH_2{-}CH_3$$

2-Methylpentan   3-Methylpentan

In den beiden Konstitutionsformeln besteht z. B. die längste Kette aus fünf C-Atomen. Die Verbindungen werden daher als substituierte Pentane aufgefasst, obwohl insgesamt sechs C-Atome vorhanden sind.

(2)   Gruppen, die an der Stammkette gebunden sind, werden **Substituenten** genannt. Gesättigte Substituenten, die nur Kohlenstoff und Was-

serstoff enthalten, werden als **Alkylgruppen** bezeichnet. Die Namensgebung leitet sich von der Bezeichnung für das entsprechende Alkan ab. Es wird die Endung **-an** durch die Endung **-yl** ersetzt.

$CH_3–CH_3$ $CH_3–CH_2-$ oder   Et-
Ethan   Ethyl-

(3)   Die Substituenten werden mit Namen und Stellungsziffer gekennzeichnet. Die Stammkette wird so beziffert, dass der erste Substituent die niedrigste Stellungsziffer enthält.

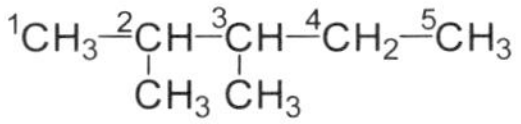

$$^1CH_3–^2CH–^3CH–^4CH_2–^5CH_3 \qquad \text{2,3-Dimethylpentan}$$
$$CH_3 \; CH_3$$

Befinden sich mehrere gleiche Gruppen an der Grundkette, wird dies durch die Präfixe di-, tri-, tetra- usw. angedeutet. Sind mehrere unterschiedliche Alkylgruppen mit der Grundkette verknüpft, so werden sie in alphabetischer Reihenfolge aufgeführt, z. B. 3,3-Diethyl-4-methyl-5-propyloctan.

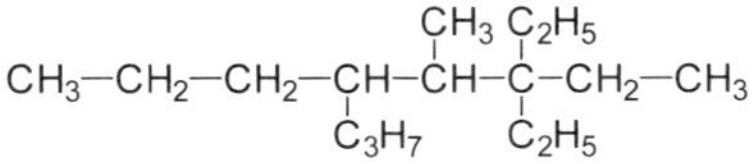

$$CH_3 \; C_2H_5$$
$$CH_3–CH_2–CH_2–CH–CH–C–CH_2–CH_3$$
$$C_3H_7 C_2H_5$$

(4)   Der Name wird beim Schreiben mit IUPAC-Bezeichnungen in einem Wort geschrieben. Zahlen werden voneinander durch Kommas getrennt, Buchstaben durch Bindestriche.

18.3   Physikalische Eigenschaften der Alkane

Im Alkanmolekül werden die Atome durch kovalente Bindungen zusammengehalten. Diese Bindungen *(intramolekulare Kräfte)* verbinden entweder zwei gleiche Atome (C-Atome) oder zwei Atome, die sich nur geringfügig in ihrer Elektronegativität unterscheiden, z. B. EN(C) = 2,5 und EN(H) = 2,1. Die daraus folgende schwache Bindungspolarität und der symmetrische Aufbau der Bindungen führen zur gegenseitigen Aufhebung der Bindungspolaritäten. Alkanmoleküle sind daher *unpolar* oder äußerst schwach polar.

Die intermolekularen Bindungskräfte, die unpolare Moleküle zusammen-halten (VAN-DER-WAALS-Kräfte), sind schwach ausgeprägt und von kurzer Reichweite. Sie wirken nur zwischen den einander berührenden Oberflä-chen der Moleküle. Innerhalb einer homologen Reihe sind die zwischen-molekularen Kräfte daher umso stärker, je größer das Molekül und damit seine Oberfläche ist.

Tabelle 18-1 enthält *Siedepunkte* und *Schmelzpunkte* einiger Alkane. Beide physikalischen Kenngrößen steigen mit der Anzahl der C-Atome. Beim Siede- oder Schmelzvorgang müssen die intermolekularen Kräfte in der Flüssigkeit bzw. im Feststoff überwunden werden. Da mit zunehmender Größe der Moleküle diese Kräfte wachsen, erhöhen sich die Siede- und Schmelzpunkte der Alkane. Die ersten vier Alkane (Methan bis Butan) sind unter Normalbedingungen *gasförmig,* die folgenden Alkane (C_5 bis C_{17}) sind *flüssig,* und Kohlenwasserstoffe mit mehr als 18 C-Atomen sind *fest.* Alkane sind in Wasser schlecht löslich, die flüssigen haben eine geringere Dichte als Wasser (ca. $0.8 \text{ kg} \cdot l^{-1}$) und schwimmen somit auf der Wasseroberfläche. Die Dichte einer organischen Verbindung ist nur dann größer, wenn sie schwere Atome wie Chlor, Brom oder Iod enthält.

Die schlechte Mischbarkeit von Alkanen und Wasser wird von vielen Pflanzen zum Aufbau einer Schutzschicht genutzt. Auf Äpfeln findet sich ein Gemisch großer Alkanmoleküle ($C_{27}...C_{29}$), auf Kohlblättern das C_{29}-n-Alkan und auf Tabakblättern das C_{31}-Alkan. Auch Bienenwachs enthält hochmolekulare, unverzweigte Alkane. Die Hauptaufgabe dieser Wachsschichten besteht darin, Wasserverlust von Pflanzen zu verhindern.

Die Siedepunkte der Alkane mit gleicher Kohlenstoffanzahl, aber unter-schiedlichen Strukturen *(Isomere)* sind verschieden. In Tabelle 18-2 sind die Siedepunkte der isomeren Pentane aufgeführt. Stets nimmt der Siede-punkt mit zunehmender Kettenverzweigung ab. Dieser Einfluss wird bei allen organischen Verbindungen beobachtet. Durch die Verzweigung ändert sich die Form eines Moleküls und nähert sich der Kugelform. Damit verringert sich die Oberfläche, die intermolekularen Kräfte werden schwä-cher und können bereits bei tieferen Temperaturen überwunden werden. Das chemische Verhalten der Alkane ist wenig differenziert. Sie sind brennbar, das ist eine Eigenschaft, die vorwiegend in Verbrennungs-motoren zur Energieerzeugung genutzt wird. Hierbei zeigt sich, dass verzweigte Alkane *(Isoalkane)* bessere Verbrennungseigenschaften haben als unverzweigte *(n-Alkane).* Geradkettige Alkane neigen zur vorzeitigen Entzündung des Benzin-Luft-Gemisches bei der Kompression („Klopfen" des Motors).

Tabelle 18-2: Abhängigkeit der Siedepunkte von der Kettenverzweigung

Name	Formel	Siedepunkt in °C
Pentan	CH_3—CH_2—CH_2—CH_2—CH_3	36
2-Methylbutan	CH_3—$\overset{\displaystyle \mid}{\underset{\displaystyle CH_3}{CH}}$—$CH_2$—$CH_3$	28
2,2-Dimethylpropan	CH_3—$\overset{\displaystyle CH_3}{\underset{\displaystyle CH_3}{\overset{\mid}{\underset{\mid}{C}}}}$—$CH_3$	10

Als Maß für die Qualität eines Kraftstoffes wurde die **Octanzahl** eingeführt. Willkürlich hat man einen hochverzweigten Kohlenwasserstoff, das 2,2,4-Trimethylpentan (Isooctan), mit besonderer Klopffestigkeit als Standard mit der Wertung 100 (Octanzahl 100) und das lineare n-Heptan, einen schlechten Motorkraftstoff, als Standard mit der Wertung 0 (Octanzahl 0) eingeführt. Ein Benzin mit der Octanzahl 95 verhält sich so, als ob es aus 95 % Isooctan und 5 % n-Heptan gemischt wäre. Die Octanzahl eines minderwertigen Kraftstoffes lässt sich durch weiteren Zusatz von Isoalkanen, Alkenen oder Arenen (aromatische Kohlenwasserstoffe) erhöhen. Beispiele hierfür sind 2-Methylbutan (92), Benzen (98), Methylbenzen (124), Ethylbenzen (124). Früher wurde die Octanzahl durch Zusatz kleiner Mengen von Bleitetraethyl gesteigert. Allerdings sind die Verbrennungsabgase dieses verbleiten Benzins toxisch und umweltschädigend.

18.4   Konformation der Alkane

Die Eigenschaften von Molekülen werden stark von ihrer Oberfläche geprägt. Diese Tatsache macht es erforderlich, den Details der Molekülgeometrie eine besondere Aufmerksamkeit zu schenken. Bereits in dem einfachen Ethanmolekül kann man theoretisch eine unendlich große Anzahl von Strukturen erhalten, wenn die beiden Methylgruppen gegeneinander gedreht werden. Man bezeichnet solche definierbaren Anordnungen von Atomen (oder Atomgruppen) eines Moleküls, die durch Rotation um eine C–C-Einfachbindung (σ-Bindung) entstanden ist, als **Konformationen**. Bleitetraethyl wird in Europa kaum noch verwendet und ist durch tert. Butylmethylether und tert. Butylmethylketon ersetzt worden. Einige typische Konformationen des n-Butanmoleküls sind in Bild 18-1 gezeigt.

Zur Beschreibung der Konformation eines Moleküls verwendet man, neben anderen Projektionsformeln (vgl. Kap. 22), die NEWMAN-Projektion.

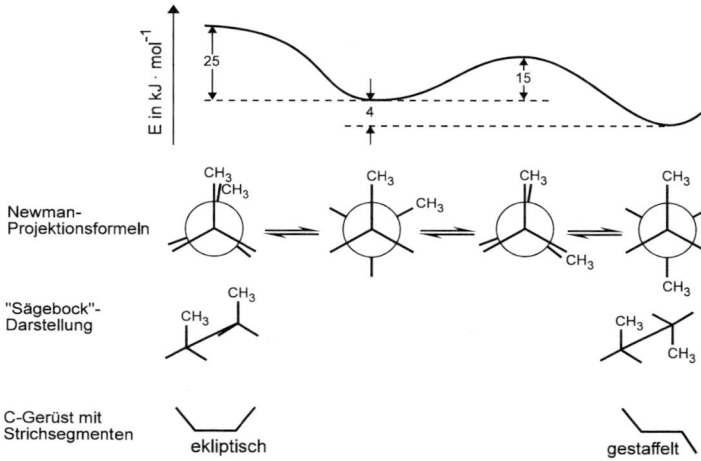

Bild 18-1: Vier theoretisch mögliche Konformationen von n-Butan mit den jeweiligen Energieinhalten (die H-Atome werden nicht gezeigt)

Man projiziert in Richtung der Bindung zwischen zwei Atomen (z. B. C_2–C_3). In der Papierebene erscheinen die von den beiden Atomen ausgehenden Bindungen wie die Speichen eines Rades. Das hintere C-Atom wird durch einen Kreis dargestellt – die Bindungen enden daher am Kreisumfang. Für das vordere C-Atom enden sie im Kreismittelpunkt. Wie das Bild 18-1 zeigt, können Konformationen auch durch *Sägebockformeln* oder als *Strichsegmentformeln* des C-Gerüstes dargestellt werden.

Die **ekliptische Konformation** des n-Butans zeigt beide C-CH$_3$-Bindungen hintereinander, während die **gestaffelte Konformation** die C–CH$_3$-Bindungen des vorderen C-Atoms genau in der Mitte zwischen zwei C–H-Bindungen des hinteren C-Atoms zeigt. Zwischen diesen beiden Extremen gibt es eine Vielzahl von Winkeleinstellungen und damit unendlich viele Konformationen des Butans.

Die gezeigten Konformationen werden **Rotationsisomere** oder **Rotamere** genannt, weil sie durch Rotation um die C–C-Bindung erzeugt werden können. Solche Rotationen um die σ-Bindung erfolgen bei Raumtemperaturen relativ leicht. Die geringe Differenz der Energieinhalte führt zur ständigen Rotation der Molekülteile, sodass einzelne Rotationsisomere nicht isolierbar sind. Den geringsten Energieinhalt hat die gestaffelte bzw. „Zickzack"-Form.

18.5 Cycloalkane – Nomenklatur und Konformation

Bei den bisher besprochenen Verbindungen waren die Kohlenstoffatome zu Ketten aneinander gefügt. In vielen Fällen bilden die C-Atome jedoch **Ringe.** Man spricht dann von **cyclischen Verbindungen** oder **Cycloalkanen.**

> Cycloalkane sind carbocyclische Kohlenwasserstoffe, die durch Voranstellen des Präfixes **cyclo-** vor die Stammbezeichnung des Alkans benannt werden.

Die Konstitutionsformeln und Namen der ersten fünf unsubstituierten Cycloalkane sind:

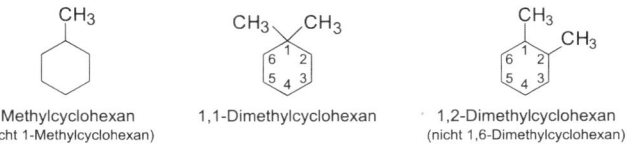

Cyclopropan   Cyclobutan   Cyclopentan   Cyclohexan   Cyclooctan

Substituenten am Ring werden gesondert zum Ausdruck gebracht. Ihre Position wird durch *Ziffern* markiert, wobei die niedrigste Zahlenkombination gewählt wird.
Beispiele:

Methylcyclohexan
(nicht 1-Methylcyclohexan)

1,1-Dimethylcyclohexan

1,2-Dimethylcyclohexan
(nicht 1,6-Dimethylcyclohexan)

Die Konformation der Cycloalkane muss nicht notwendigerweise planar sein. Cyclopropan, als einzige Ausnahme, bildet einen geometrisch berechneten C–C–C-Bindungswinkel von 60°, der wesentlich kleiner ist als der übliche Tetraederwinkel von 109,5°. Wegen der daraus resultierenden Winkelspannung neigt Cyclopropan zur Ringöffnung und damit zur Bildung acyclischer Produkte.

	Cyclopropan	Cyclobutan	Cyclopentan
C—C—C— ∢ planar	60°	90°	108°
Experimentell ermittelt	60°	88°	105°

Cyclohexan als sechsgliedriger Ring hat eine besondere Bedeutung. Würde man Cyclohexan in ein ebenes Sechseck mit C–C–C-Bindungswinkeln von 120° bringen, so würde die dadurch hervorgerufenen Winkelspannung die planare Anordnung der C-Atome verhindern und andere Konformationen ausbilden.

Das Cyclohexan-Molekül kann entweder eine **Sessel-Konformation**, eine **Twist-Konformation** oder eine **Wannen-Konformation** annehmen. Die energetisch günstigste und damit stabilste Konformation ist die Sessel-Konformation (vgl. Bild 18-2). In dieser Struktur können alle C–C–C-Bildungen den spannungsfreien Tetraederwinkel von 109,47° annehmen. Durch Verdrehung um die C–C-Bindungen können die Konformationsisomeren ineinander überführt werden. Außerdem kann eine Sessel-Konformation in eine zweite Sessel-Konformation übergehen, wobei alle H-Atome aus axialen Positionen in äquivalente Positionen überführt werden und umgekehrt.

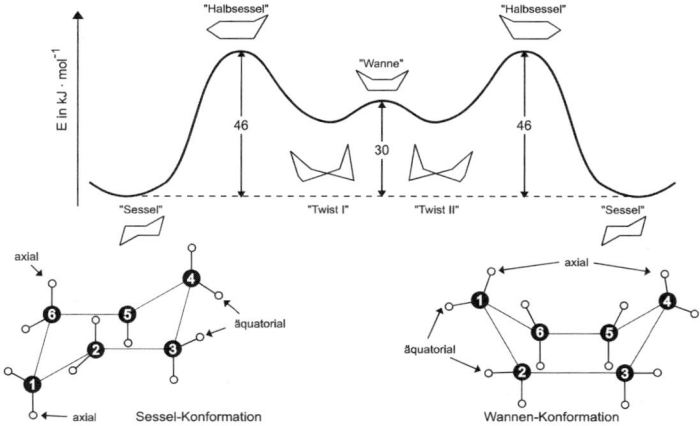

Bild 18-2: Strukturen und relative Stabilität einiger Konformerer des Cyclohexans

In dieser energetisch nicht besonders günstigen Konformation treten beträchtliche Torsionsspannungen auf. Außerdem haben die beiden an den Enden der Wanne nach innen stehenden H-Atome einen geringeren Abstand als die Summe ihrer Atomradien. Diese gegenseitige Behinderung bewirkt eine zusätzliche Ringspannung und damit Instabilität. Die Sesselkonformation des Cyclohexans verfügt über zwei Arten von H-Atomen, die man auf Grund ihrer Stellung zum Ringgerüst **axiale** und **äquatoriale** H-Atome nennt. Jeweils drei axiale Wasserstoffatome liegen unterhalb (C_1, C_3, C_5) bzw. oberhalb (C_2, C_4, C_6) der Ringebene. Die sechs äquatorialen H-Atome liegen in der gedachten Ringebene.

Eine weitere Besonderheit der Cyclohexankonformation ist der sehr geringe Abstand der jeweils drei axialen Wasserstoffatome auf einer Seite des Ringes. Würde man ein oder zwei H-Atome durch ein größeres Atom oder eine Atomgruppe ersetzen (z. B. -Cl oder -CH_3), so würden sich die verbleibenden H-Atome und die größere Gruppe räumlich behindern und abstoßen.

axiale Stellung   äquatoriale Stellung

Bei monosubstituierten Cyclohexanderivaten gibt es zwei Sesselkonformere – eine stabile Konformation mit äquatorialer Position des Substituenten und eine weniger stabile Konformation (axiale Position von X), bei der es zur Kollision mit anderen Atomen im Molekül kommt.

18.6   Reaktionen der Alkane
18.6.1   Oxidation und Verbrennung

Die vollständige Verbrennung von Alkanen mit Sauerstoff führt zu den Endprodukten Kohlenstoffdioxid und Wasser. Das wichtigste bei dieser **exothermen Reaktion** ist die Freisetzung großer Energiemengen. Diese können abgeschätzt werden, wenn man die Differenz der Summe der Bindungsenergien (vgl. Tab. 3-7) in den Ausgangsprodukten und den Endprodukten berechnet.

$$CH_4 + 2\,O_2 \rightarrow CO_2 + 2\,H_2O \qquad \Delta H_R = -890\;kJ \cdot mol^{-1}$$

$$C_4H_{10} + 6{,}5\,O_2 \rightarrow 4\,CO_2 + 5\,H_2O \qquad \Delta H_R = -2870\;kJ \cdot mol^{-1}$$

Bei der Oxidation von Methan mit Sauerstoff müssen vier C–H- und zwei O=O-Bindungen aufgebrochen werden. Für diesen Prozess sind Bindungsenergien von $4 \cdot 414$ kJ = 1656 kJ und $2 \cdot 498$ kJ = 996 kJ, also (1656 + 996) kJ = 2652 kJ aufzuwenden. Die an der Reaktion beteiligten Atome C, H und O gruppieren sich zu den Reaktionsprodukten CO_2 und H_2O um. Bei der Bildung der neuen Bindungen, zwei C=O- und vier O–H-Bindungen, werden $2 \cdot 736$ kJ = 1472 kJ und $4 \cdot 464$ kJ = 1856 kJ, also (1472 + 1856) kJ = 3328 kJ freigesetzt. Die Differenz zwischen aufzuwendender Energie (2652 kJ) und frei werdender Energie (3328 kJ) kann als Reaktionsenthalpie (-890 kJ $\cdot$ mol^{-1}) mit $\Delta H_R = 676$ kJ $\cdot$ mol^{-1} abgeschätzt werden.

Diese grobe Abschätzung weicht relativ stark von der experimentell ermittelten Reaktionsenthalpie ab, reicht jedoch vollkommen aus, um die Tendenz einer Reaktion hinsichtlich ihrer Energiebilanz zu ermitteln. Eine Reaktion wird freiwillig nur in Richtung frei werdender Energie verlaufen.

Ist bei der Oxidation nicht ausreichend Sauerstoff vorhanden, so kommt es zu einer *unvollständigen Verbrennung*. In diesem Fall kann der Kohlenstoff nur teilweise zu Kohlenstoffmonooxid verbrennen. Es kann aber auch nur der Wasserstoff unter Bildung von Kohlenstoff oder ungesättigten Verbindungen zu H_2O umgesetzt werden.

$$C_2H_6 + 2,5\ O_2 \rightarrow 2\ CO + 3\ H_2O$$
$$C_2H_6 + 0,5\ O_2 \rightarrow C_2H_4 + H_2O$$
$$CH_4 + O_2 \rightarrow C + 2\ H_2O$$

Die Auswirkungen der unvollständigen Oxidation sind jedem Kraftfahrer als Ablagerung von Kohlenstoff (Ruß) auf Zylinderköpfen, Zündkerzen oder in Auspuffanlagen bekannt, aber auch Ausdruck von zu hohen Kohlenstoffmonooxidkonzentrationen in den Abgasen seines Verbrennungsmotors.

18.6.2   Umsetzung mit Halogenen

Alkane sind auf Grund ihrer weitgehend unpolaren C–C- und C–H-Bindungen relativ reaktionsträge Verbindungen. Bei chemischen Umsetzungen werden diese Bindungen vorwiegend homolytisch unter Bildung **freier Radikale** gespalten. Diese spielen daher bei der Reaktion von Alkanen eine entscheidende Rolle. Einfache Radikale (Methyl, Ethyl oder Isopropyl) sind besonders reaktionsfähige Teilchen. Sie können leicht untereinander (Rekombination) reagieren oder zu einem Alkan und einem Alken disproportionieren, z. B.:

$$CH_3\odot + \odot CH_3 \rightarrow CH_3-CH_3 \quad \textbf{(Rekombination)}$$

$$2\ CH_3-\overset{\odot}{C}H-CH_3 \rightarrow CH_3-CH_2-CH_3 + CH_3-CH=CH_2$$
$$\textbf{(Disproportionierung)}$$

> Radikale sind Atome, Moleküle oder Ionen, die über ein unge-paartes (freies) Elektron verfügen. Sie entstehen u. a. bei der photochemischen oder thermischen Spaltung von Molekülen.

Die Umsetzung von Alkanen mit Chlor wird durch kurzwelliges (z. B. UV-)Licht begünstigt, sodass bereits bei Raumtemperatur eine heftige Reaktion erfolgt. Unter Einwirkung energiereicher Photonen wird das Chlormolekül in Chloratome (Radikale) gespalten:

$$|\overline{Cl}-\overline{Cl}| \xrightarrow{\text{UV-Licht}} 2\ |\overline{Cl}\odot$$

Im Dunkeln erfolgt diese Reaktion erst bei 250°C.

In der Folgereaktion wird aus einem Alkan (z. B. Ethan) durch Abspaltung eines H-Atoms ein Radikal erzeugt, das seinerseits ein Cl_2-Molekül angreift und somit eine **Kettenreaktion** in Gang setzt.

$$Cl\odot + CH_3-CH_3 \rightarrow CH_3-CH_2\odot + HCl$$
$$CH_3-CH_2\odot + Cl_2 \rightarrow CH_3-CH_2-Cl + Cl\odot$$

Wurde diese Kettenreaktion einmal gestartet, kann sie bis zu 10^6 Cyclen durchlaufen, bevor es zum *Abbruch der Kette* kommt.

Möglichkeiten des Kettenabbruchs durch Kombination von Radikalen:

$$2\ Cl\odot \rightarrow Cl_2$$
$$CH_3-CH_2\odot + Cl\odot \rightarrow CH_3-CH_2-Cl$$
$$2\ CH_3-CH_2\odot \rightarrow CH_3-CH_2-CH_2-CH_3$$

Durch Zusatz von Stoffen, die als **Inhibitoren** bezeichnet werden, können radikalisch verlaufende Reaktionen gesteuert (verzögert oder abgebrochen) werden. Beispiele für Inhibitoren (Radikalfänger) sind Sauerstoff, Phenole, Hydrochinon und Iod.

Die Umsetzung mit Chlor wird *Chlorierung* genannt. Allgemein bezeichnet man sie als Substitutionsreaktion; ein Cl-Atom substituiert ein H-Atom im Alkanmolekül. Analog erfolgt die Umsetzung mit anderen Halogenen, z. B. Brom:

$$R-H \;+\; Br_2 \xrightarrow{\text{UV-Licht}} R-Br \;+\; H-Br$$

Wird Halogen im Überschuss eingesetzt, so kann die Reaktion unter Bildung von mehrfach halogenierten Produkten weiterlaufen. Wird z. B. Methan mit einem Überschuss an Chlor umgesetzt, so entsteht neben Chlormethan (CH_3Cl) auch Dichlormethan (CH_2Cl_2), Trichlormethan (Chloroform) ($CHCl_3$) und Tetrachlormethan (CCl_4).

$$CH_4 \xrightarrow[-HCl]{+\,Cl_2} CH_3Cl \xrightarrow[-HCl]{+\,Cl_2} CH_2Cl_2 \xrightarrow[-HCl]{+\,Cl_2} CHCl_3 \xrightarrow[-HCl]{+\,Cl_2} CCl_4$$

Methan   Chlormethan   Dichlormethan   Trichlormethan   Tetrachlormethan

Durch geeignete Reaktionsbedingungen sowie Stoffmengenverhältnisse von Chlor und Methan kann die Bildung bestimmter Produkte begünstigt werden.

Werden längerkettige Alkane halogeniert, können bereits beim ersten Substitutionsschritt mehrere Produkte entstehen. Am Beispiel von Butan werden die entstehenden Isomere gezeigt:

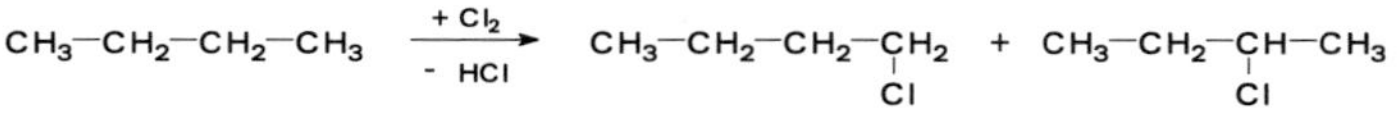

$$CH_3-CH_2-CH_2-CH_3 \xrightarrow[-\,HCl]{+\,Cl_2} CH_3-CH_2-CH_2-\underset{\underset{Cl}{|}}{CH_2} \;+\; CH_3-CH_2-\underset{\underset{Cl}{|}}{CH}-CH_3$$

1-Chlorbutan   2-Chlorbutan

Derartige Reaktionsgleichungen sind nicht stöchiometrisch ausgeglichen. Diese Schreibweise wird angewendet, wenn aus einem Ausgangsprodukt verschiedene Reaktionsprodukte entstehen können. Die wichtigsten Reaktionsprodukte werden auf der rechten Seite der Gleichung als Formel angegeben.

19 Alkene und Alkine

19.1   Definition und Klassifizierung

Kohlenwasserstoffe, die eine C=C-Doppelbindung enthalten, werden als **Alkene** oder **Olefine** bezeichnet, solche mit einer C≡C-Dreifachbindung heißen **Alkine**. Die allgemeinen Summenformeln sind:

Alkene: C_nH_{2n} Alkine: C_nH_{2n-2}

Beide Verbindungsklassen werden als ungesättigte Kohlenwasserstoffe bezeichnet, weil sie nicht über die maximale Zahl von H-Atomen verfügen, wie sie in den Alkanen (C_nH_{2n+2}) anzutreffen ist. Formal lassen sich Alkene und Alkine durch Oxidation von Alkanen herstellen.

$$R-CH_2-CH_2-R \xrightarrow[\text{Katalysator}]{-H_2} R-CH=CH-R \xrightarrow[\text{Katalysator}]{-H_2} R-C≡C-R$$

Neben Molekülen, die nur eine Mehrfachbindung enthalten, gibt es auch solche mit mehreren *Doppel-* oder *Dreifachbindungen* (z. B. Diene, Triene, Tetraene, Polyene, Diine). Sind in einer Verbindung mehr als eine Mehrfachbindung vorhanden, so hat es sich als zweckmäßig erwiesen, die relative Lage der Mehrfachbindungen zueinander zu klassifizieren.

Tabelle 19-1: Beispiele verschiedener Mehrfachbindungssysteme

kumulierte Doppelbindungen	konjugierte Doppelbindungen	isolierte Doppelbindungen
$CH_2=C=CH_2$ 1,2-Propadien	$CH_2=CH-CH=CH_2$ 1,3-Butadien	$CH_2=CH-CH_2-CH_2-CH=CH_2$ **1,5-Hexadien**
$CH_2=C=CH-CH_2-CH_3$ 1,2-Pentadien	$CH_2=CH-CH=CH-CH=CH_2$ 1,3,5-Hexatrien	$CH≡C-CH_2-C≡CH$ 1,4-Pentadiin

Doppelbindungen, die unmittelbar nebeneinander liegen und somit ein gemeinsames C-Atom haben, werden als **kumulierte Doppelbindungen** bezeichnet. Alternierende Doppel- und Einfachbindungen in einer Kohlenwasserstoffkette heißen **konjugierte Doppelbindungen.** Sind zwei Mehrfachbindungen durch mehr als eine Einfachbindung getrennt, so werden sie **isoliert** oder **nicht konjugiert** genannt. Von den unterschiedlichen

Möglichkeiten der Anordnung von Mehrfachbindungen ist die Konjugation in Naturstoffen am häufigsten vertreten und bildet daher auch eine Sonderklasse innerhalb der ungesättigten Systeme.

19.2   Nomenklatur

Die IUPAC-Nomenklatur zur Benennung von ungesättigten Kohlenwasserstoffen ist der für Alkane sehr ähnlich. Ergänzende Regeln beziehen sich auf die Benennung der Mehrfachbindung und ihre Lage:

(1)   Kohlenstoff-Kohlenstoff-Mehrfachbindungen werden durch die Suffixe „**en**" (Doppelbindung) und „**in**" (Dreifachbindung) gekennzeichnet. Ist mehr als eine Mehrfachbindung im Molekül vertreten, so heißt die Verbindung -dien, -trien, -polyen (-diin, -triin, -polyin) bzw. es treten beide Suffixe in der Bezeichnung auf.

(2)   Das durchnummerierte Kohlenstoffgerüst sollte möglichst die Mehrfachbindungen enthalten. Zur Positionsbezeichnung wird mit der Stellungsziffer für das an der Mehrfachbindung beteiligte C-Atom die kleinstmögliche Nummer gewählt.

(3)   Bei cyclischen Verbindungen wird mit der Nummerierung an einem C-Atom der Mehrfachbindung begonnen. Auch hier gilt die Regel, dass Substituenten oder weitere Mehrfachbindungen möglichst kleine Stellungsziffern erhalten.

Beispiele:

$$\overset{1}{C}H_2 = \overset{2}{C}H - \overset{3}{C}H_3$$
Propen

$$\overset{1}{C}H_2 = \overset{2}{C}H - \overset{3}{C}H_2 - \overset{4}{C}H_3$$
1-Buten

$$\overset{1}{C}H_3 - \overset{2}{C} \equiv \overset{3}{C} - \overset{4}{C}H_3$$
2-Butin

$$\overset{1}{C}H_2 = \overset{2}{C} - \overset{3}{C}H_2 - \overset{4}{C}H_3$$
$$\quad\quad\; CH_3$$
2-Methyl-1-buten

$$\overset{1}{C}H_3 - \overset{2}{C}H = \overset{3}{C}H - \overset{4}{C}H - \overset{5}{C}H_3$$
$$\quad\quad\quad\quad\quad\quad CH_3$$
4-Methyl-2-penten

$$\overset{1}{C}H_2 = \overset{2}{C} - \overset{3}{C}H_2 - \overset{4}{C}H_3$$
$$\quad\quad\; CH_2 - CH_3$$
2-Ethyl-1-buten

3-Methylcyclopenten

1,4-Cyclohexadien

Neben der IUPAC-Nomenklatur haben sich auch einige Trivialbezeichnungen eingebürgert. Die einfachsten Vertreter der Alkene oder Alkine werden häufig auch Ethylen (Ethen), Propylen (Propen) und Acetylen (Ethin) genannt. Drei wichtige Gruppen, die sich von Ethylen, Propylen und Propin ableiten, werden üblicherweise Vinyl-, Allyl- und Propargylgruppen genannt.

$CH_2=CH-$ $CH_2=CH-CH_2-$ $CH\equiv C-CH_2-$
Vinylgruppe   Allylgruppe   Propargylgruppe

19.3   cis-trans-Isomerie bei Alkenen

C=C-Doppelbindungen verfügen über besondere Eigenschaften, die sie von Einfachbindungen unterscheiden. Jedes Kohlenstoffatom der Doppelbindung ist nur mit zwei weiteren Atomen verbunden. Die an einer C=C-Doppelbindung unmittelbar beteiligten Atome liegen alle in einer Ebene, wobei die Winkel zwischen den Atomen annähernd 120° betragen. Im Unterschied zur Einfachbindung, die frei drehbar ist, lässt sich die C=C-Bindungsachse kaum verdrehen. Die wichtigsten Merkmale von Einfach- und Doppelbindungen sind in Tabelle 19-2 zusammengestellt.

Tabelle 19-2: Vergleich zwischen C–C- und C=C-Bindungen

Merkmale	C—C-Bindung	C=C-Bindung
Anzahl der mit einem Kohlenstoffatom verbundenen Atome	4 (tetraedrisch)	3 (trigonal)
Drehbarkeit	relativ frei	stark eingeschränkt
Geometrie	viele Konformationen sind denkbar	planar
Bindungswinkel	109,5°	120°
Bindungslänge	154 pm	134 pm

O
C

Bei den Alkenen gibt es erheblich mehr Isomere[1] als bei den ungesättigten Kohlenwasserstoffen. Neben der Verzweigung kommen unterschiedliche Positionen der Doppelbindung in der Grundkette und die cis-trans-Isomerie hinzu.

Die cis-trans-Isomerie tritt auf, wenn die freie Drehbarkeit um die C–C-Bindung aufgehoben wird, z. B. durch einen Ring oder eine Doppelbindung.

Die in den folgenden Beispielen gezeigten Verbindungen sind Isomere und haben unterschiedliche Schmelz- und Siedepunkte. Sie werden **konfigurative Isomere** genannt. Cis- und trans-2-Buten haben verschiedene Konfigurationen. Die cis-trans-Isomerie ist eine Sonderfall der Stereoisomerie (vgl. Kap. 22).

cis-2-Buten
Siedepunkt 4 °C
Schmelzpunkt: –139 °C

trans-2-Buten
Siedepunkt: 0 °C
Schmelzpunkt: –106 °C

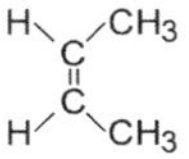

Im Gegensatz zu Konformeren können cis-trans-Isomere isoliert werden. Beide stehen unter normalen Bedingungen nicht miteinander im Gleichgewicht, können jedoch ineinander umgewandelt werden, wenn man ihnen genügend Energie (Wärme, Licht) zur Spaltung der Doppelbindung zuführt. Es erfolgt **Rotation** um die noch verbliebene stärkere σ-Bindung.

cis trans

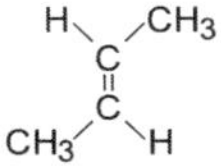

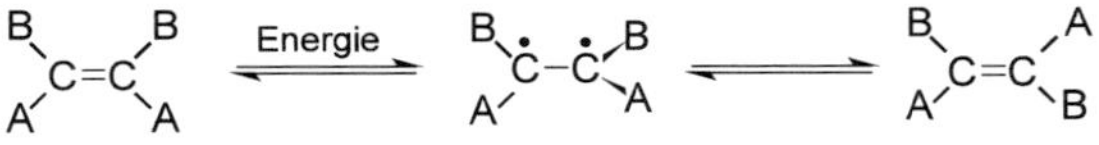

19.4 Mechanismus der elektrophilen Addition

Alkene haben zwischen den C-Atomen der C=C-Doppelbindung einen relativen π-Elektronenüberschuss und somit nucleophile Eigenschaften. π-Elektronen sind weniger stabil als σ-Elektronen und daher ausschließlich bei Additionsreaktionen an Alkenen beteiligt. Die Doppelbindung liefert die Elektronen für elektrophile Reagenzien.

[1] Moleküle mit gleicher Summenformel, deren Atome sich in der Sequenz oder in der räumlichen Anordnung unterscheiden, werden als Isomere bezeichnet.

Die Addition dieser elektronendefizitären Reagenzien (z. B. Protonen) erfolgt in mehreren Schritten. Zunächst tritt der elektrophile Partner E mit den π-Elektronen der Doppelbindung unter Bildung des π-Komplexes in Wechselwirkung. Dieser lagert sich zu einem **Carbokation (Carbenium-ion)** um. Der Kohlenstoff im Carbokation ist mit seinem Elektronensextett bestrebt, sich durch Reaktion mit einem Elektronen liefernden Teilchen abzusättigen. Reagenzien, die Elektronen abgeben, werden **Nucleophile** (Nu) genannt. Nucleophile sind häufig Anionen oder neutrale Moleküle mit „freien" Elektronenpaaren.

π-Komplex   Carbokation

Bei den meisten Reaktionen von Alkenen ist die Bildung des Carbokations der langsamste und damit der geschwindigkeitsbestimmende Schritt. Weil dieser Schritt bei solchen Additionsreaktionen durch einen elektrophilen Angriff gekennzeichnet ist, wird der gesamte Vorgang **elektrophile Addition** (A_E-Mechanismus) genannt.

19.5   Reaktionen der Alkene

Addition von Wasserstoff
Wird Wasserstoff in Gegenwart eines Katalysators an die Doppelbindung eines Alkens addiert, so nennt man diesen Vorgang **Hydrierung**.

Als Katalysatoren können fein verteilte Übergangsmetalle (Nickel, Palladium, Platin) verwendet werden. Während der Hydrierung ist das Alken an der Metalloberfläche gebunden. Beide H-Atome lagern sich dann von der gleichen Seite an die Doppelbindung an, dieser Angriff wird auch als **cis-Addition** bezeichnet.

Der Enthalpiebetrag von -120 kJ $\cdot$ mol^{-1} bezieht sich auf die Hydrierung. Zur Dehydrierung müssen 120 kJ $\cdot$ mol^{-1} zugeführt werden.

> Die Dehydrierung ist im Gegensatz zur Hydrierung eine Eliminierungs- und Oxidationsreaktion. Sie wird bei wesentlich höheren Temperaturen durchgeführt, als üblicherweise bei Hydrierreaktionen angewendet werden.

Addition von Wasser

Wasser kann mit Säuren (z. B. H_2SO_4) als Katalysator an Alkene addiert werden. Diese Reaktion wird **Hydratisierung** genannt.

$$CH_2{=}CH_2 \xrightarrow{+H^{\oplus}} CH_3{-}CH_2^{\oplus} \xrightarrow{+H_2O} CH_3{-}CH_2{-}\overset{\oplus}{O}H_2 \xrightarrow[-H^+]{} CH_3{-}CH_2{-}OH$$

Ethanol

Die Hydratisierung von ungesättigten Kohlenwasserstoffen ist eine weitere wichtige Methode, um Alkohole großtechnisch herzustellen. Bei dieser Reaktion treten auch Ether und Ester als Nebenprodukte auf (vgl. Kap. 25 und 27).

Addition von Säuren

Eine Reihe von Säuren kann ebenfalls wie Wasser an die Doppelbindung von Alkenen addiert werden. Das Proton der Säure verbindet sich mit dem einen C-Atom, der Säurerest mit dem anderen C-Atom der Doppelbindung.

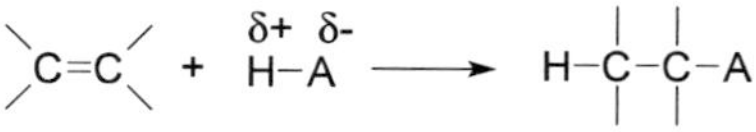

$$\underset{}{C{=}C} \;+\; \overset{\delta+\;\;\delta-}{H{-}A} \longrightarrow H{-}\overset{|}{\underset{|}{C}}{-}\overset{|}{\underset{|}{C}}{-}A$$

Halogenwasserstoffsäuren (H–F, H–Cl, H–Br, H–I), Schwefelsäure (H–OSO$_3$H) und organische Carbonsäuren (H–OOCR) sind typische Säuren für die elektrophile Addition.

Beispiele:

$$CH_2{=}CH_2 \;+\; H{-}Cl \longrightarrow CH_3{-}CH_2{-}Cl$$

Ethen   Chlor-   Chlorethan
               wasserstoff   (Ethylchlorid)

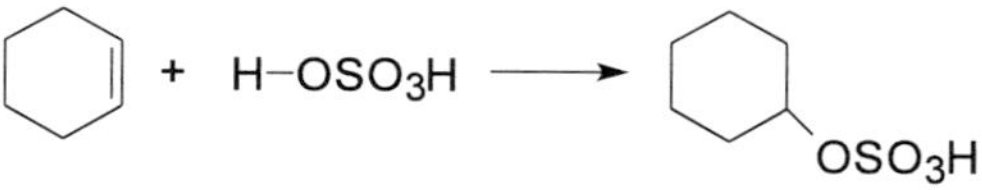

Hexen   Schwefelsäure   Cyclohexylhydrogensulfat

Addition von Halogenen

Der Mechanismus der Halogenaddition an Alkene unterscheidet sich geringfügig von dem der Säureaddition. Im ersten Schritt wird das Halogen, z. B. das Brommolekül, durch die nucleophile Aktivität der π-Bindung so stark polarisiert, dass eine heterolytische Spaltung erfolgt. Bromid, das Nucleophil, wird aus dem Brommolekül verdrängt und ein cyclisches **Bromoniumion** als Zwischenprodukt gebildet.

$$\begin{array}{c} CH_2 \\ \| \\ CH_2 \end{array} + Br_2 \longrightarrow \begin{array}{c} CH_2 \\ \| \\ CH_2 \end{array} |\overline{Br}\overset{\curvearrowright}{-}\overline{Br} \longrightarrow \begin{array}{c} CH_2 \\ \\ CH_2 \end{array}\hspace{-4pt}\overset{\oplus}{}Br| \;+\; \overline{Br}|^{\ominus}$$

Das Nucleophil (Bromid) reagiert mit dem Bromoniumion als elektrophilem Teilchen zum Endprodukt 1,2-Dibromethan.

$$\overset{CH_2}{\underset{CH_2}{\overset{|}{Br}\hspace{-4pt}\oplus}} \quad |\overline{Br}|^{\ominus} \longrightarrow \begin{array}{c} CH_2-Br \\ | \\ Br-CH_2 \end{array}$$

Die Entfärbung einer Bromlösung kann auch als qualitativer Nachweis für die C=C-Doppelbindung genutzt werden.

Oxidation mit Permanganat

Die Umsetzung von Alkenen mit Kaliumpermanganat in alkalischem Medium liefert Verbindungen mit zwei benachbarten Hydroxygruppen (Glykole):

$$3 \;\;\begin{array}{c} \diagdown \\ \diagup \end{array}\hspace{-6pt}C=C\hspace{-6pt}\begin{array}{c} \diagup \\ \diagdown \end{array} + 2\,KMnO_4 + 4\,H_2O \longrightarrow 3 \;\;\begin{array}{c} |\quad| \\ -C-C- \\ OH\,OH \end{array} + 2\,MnO_2 + 2\,KOH$$

Bei dieser Umsetzung wird Kaliumpermanganat reduziert, und es verschwindet dessen violette Farbe. Es entsteht ein schwarz-brauner Niederschlag (Braunstein MnO_2). Diese Reaktion ist ein empfindlicher Nachweis für Alkene. Es muss jedoch berücksichtigt werden, dass andere funktionelle Gruppen ebenfalls von $KMnO_4$ oxidiert werden können.

O
C

19.6 Regel von MARKOWNIKOW

Alkene und deren Reaktionspartner können in Verbindungen mit **symmetrischer** und **unsymmetrischer Konstitution** eingeteilt werden. Beispiele sind in Tabelle 19-3 gezeigt.

Tabelle 19-3: Einteilung von Alkenen und deren Reaktionspartnern in symmetrische und unsymmetrische Verbindungen

	symmetrisch	unsymmetrisch
Alkene	$CH_2 = CH_2$ $CH_3 - CH = CH - CH_3$	$CH_2 = CH - CH_3$
Reaktionspartner	H—H Br—Br	H—Cl H—OH H—OSO$_3$H

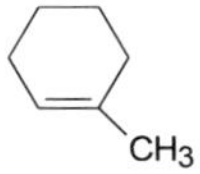

Bei der Addition von unsymmetrischen Reaktionspartnern (HX) an unsymmetrische Alkene sind im Prinzip immer zwei Reaktionsmöglichkeiten gegeben:

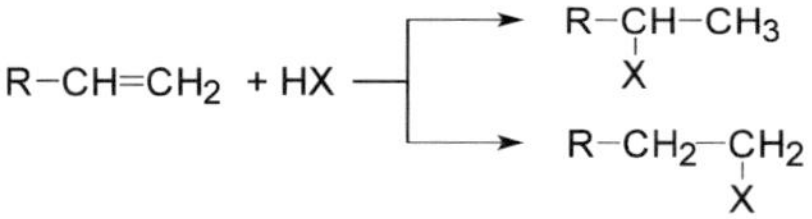

$$R-CH=CH_2 + HX \longrightarrow \begin{cases} R-\underset{X}{CH}-CH_3 \\ R-CH_2-\underset{X}{CH_2} \end{cases}$$

Die Addition verläuft im Allgemeinen jedoch nur in eine Richtung: Der nucleophile Partner X reagiert bevorzugt mit dem wasserstoffärmeren C-Atom. So würde bei der Umsetzung von Chlorwasserstoff mit Propen das 2-Chlorpropan entstehen:

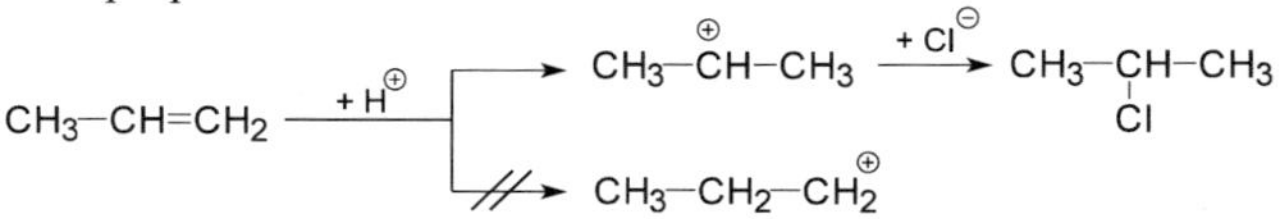

$$CH_3-CH=CH_2 \xrightarrow{+ H^{\oplus}} \begin{cases} CH_3-\overset{\oplus}{CH}-CH_3 \xrightarrow{+ Cl^{\ominus}} CH_3-\underset{Cl}{CH}-CH_3 \\ \xcancel{\longrightarrow} CH_3-CH_2-\overset{\oplus}{CH_2} \end{cases}$$

Es ist bekannt, dass die als Zwischenprodukt entstandenen Carbokationen durch Alkylgruppen stabilisiert werden können. Carbokationen werden je nach Anzahl der Alkylgruppen (R), mit denen sie besetzt sind, in **primäre, sekundäre** und **tertiäre** Carbokationen eingeteilt. Ihre Stabilität nimmt in dieser Reihenfolge zu.

$$\overset{\oplus}{CH_3} \quad < \quad R-\overset{\oplus}{CH_2} \quad \ll \quad R-\overset{R}{\underset{}{\overset{|}{CH}}}{}^{\oplus} \quad < \quad R-\overset{R}{\underset{R}{\overset{|}{C}}}{}^{\oplus}$$

Regel von MARKOWNIKOW: Wird ein unsymmetrisches Alken von einem unsymmetrischen Reaktionspartner angegriffen, so lagert sich der elektrophile Teil des Reaktionspartners an das C-Atom der Doppelbindung mit den meisten H-Atomen an. Diese Reaktion verläuft immer so, dass als bevorzugtes Zwischenprodukt das stabilste Carbokation entsteht.

Merkhilfe: Wer schon hat, bekommt noch mehr.

19.7 1,4-Addition an konjugierte Diene

Bei der elektrophilen Addition an Verbindungen mit konjugierten Doppelbindungen (z. B. 1,3-Butadien) beobachtet man die Bildung von zwei Reaktionsprodukten, einem 1,2- und einem 1,4-Additionsprodukt.

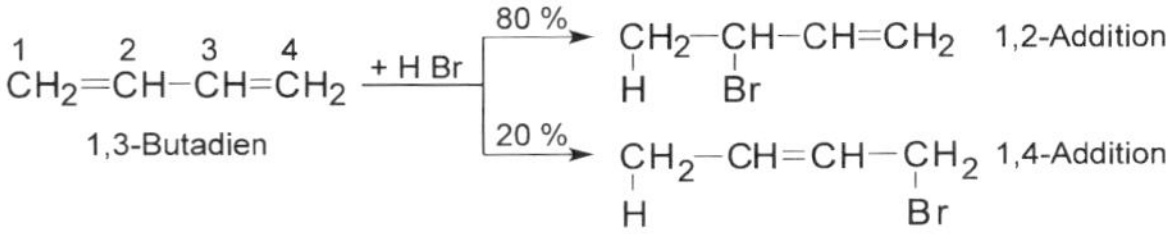

Wie bei der elektrophilen Addition von Ethylen greift zunächst das Proton eine der beiden π-Bindungen unter Ausbildung eines Carbokations an. Die positive Ladung bleibt jedoch nicht am C-Atom 2 lokalisiert, sondern tritt in Wechselwirkung (vgl. Bild 19-1) mit den π-Orbitalen der zweiten Doppelbindung. Es liegt ein System mit delokalisierten π-Elektronen vor, das sich über die C-Atome 2, 3 und 4 erstreckt.

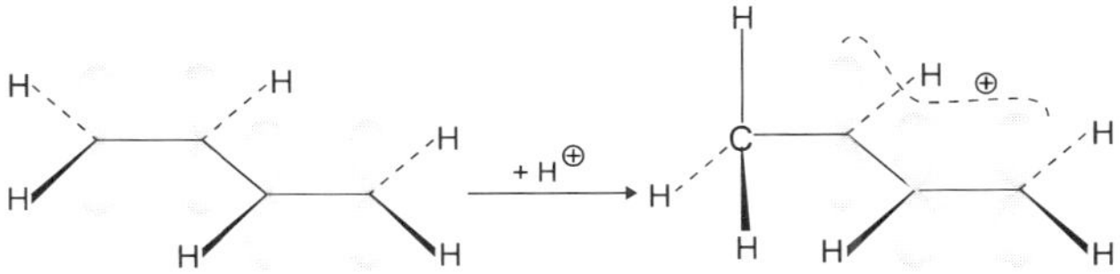

Bild 19-1: π-Wechselwirkungen im Butadien nach elektrophilem Angriff eines Protons

In solchen Fällen spricht man von **Mesomerie** und deutet die Elektronenverteilung zwischen den beteiligten C-Atomen entweder durch punktierte Bindungen an oder beschreibt die Verbindung durch fiktive Grenzstrukturen, zwischen denen der tatsächliche Zustand zu suchen ist.

$$CH_3\overset{\oplus}{-CH\cdots CH\cdots CH_2} \quad \left\{CH_3\overset{\oplus}{-CH}-CH=CH_2 \longleftrightarrow CH_3-CH=CH\overset{\oplus}{-CH_2}\right\}$$

Der Doppelpfeil (Mesomeriepfeil) zwischen den beiden Grenzstrukturen soll zeigen, dass es sich nicht um ein Gleichgewicht zwischen verschiedenen Molekülarten handelt, sondern dass ein echter Zwischenzustand vorliegt.

Exkurs 19-1: Mesomeriebegriff

Der Begriff Mesomerie beschreibt die Erscheinung, dass in Molekülen mit delokalisierten π-Elektronen Elektronenverschiebungen auftreten können. Ein mesomeres Molekül muss daher von mindestens zwei fiktiven Grenzstrukturen, die bestimmte Elektronenverteilungen beschreiben, dargestellt werden können. Der wirkliche Zustand des Moleküls liegt zwischen den Grenzstrukturen. Der Energieinhalt eines solchen mesomeren Zwischenzustandes ist stets geringer als der der Grenzstrukturen. Ein mesomeres Molekül ist *mesomeriestabilisiert*. Als Mesomeriesymbol wird der Doppelpfeil ↔ verwendet.

Die Voraussetzungen für das Auftreten von Mesomerieeffekten an π-Elektronensystemen werden durch Mesomerieregeln festgelegt:

■ Moleküle mit delokalisierten π-Elektronen müssen sich mindestens durch zwei Grenzstrukturen beschreiben lassen. Die Lage der Atomkerne und das σ-Bindungsgerüst bleiben dabei unverändert.

Beispiele:

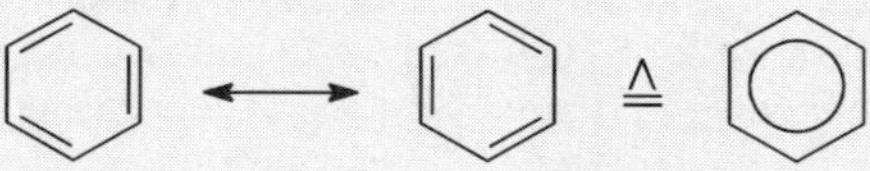

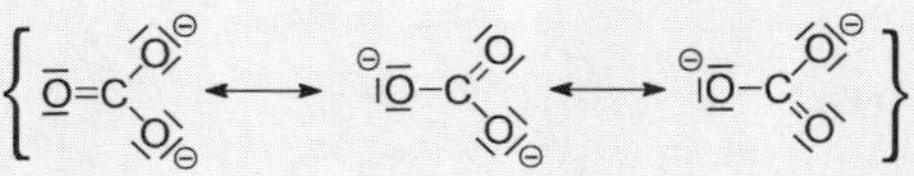

■ Der Molekülteil, auf den sich der mesomere Bereich bezieht, muss eben gebaut sein, damit die π-Elektronenwechselwirkung maximal ist.

■ Die Grenzstrukturen einer Verbindung müssen die gleiche Anzahl gepaarter bzw. ungepaarter Elektronen enthalten.

Eine für 1,3-Diene charakteristische 1,4-Addition ist die Diels-Alder-Reaktion. Bei dieser Cycloaddition wird ein konjugiertes Dien (z. B. 1,3-Butadien) aus und mit einer anderen ungesättigten Verbindung (z. B. Ethen) in der Gasphase (z. B. bei ca. 200 °C) unter Druck umgesetzt. Das Reaktionsprodukt Cyclohexen bildet sich jedoch nur in geringer Ausbeute (ca. 20 %):

Dien   Dienophil

Diese Reaktion ist das einfachste Beispiel für eine Vielzahl von Umsetzungen, an denen jeweils ein Dien und ein Dienophil unter Bildung eines 6er-Ringes beteiligt sind.

19.8   Alkine
19.8.1   Struktur und Eigenschaften

Die Struktur der C≡C-Dreifachbindung lässt sich am besten durch ein Modell mit sp-hybridisierten C-Atomen beschreiben (vgl. Bild 3-22). Bei diesem Modell wird nur ein p-Orbital mit dem s-Orbital kombiniert. Die Folge hiervon ist eine lineare Anordnung der beiden sp-Hybridorbitale.

In den **Alkinen** überlappen sich zwei sp-Hybridorbitale benachbarter C-Atome zu σ-Bindungen. Die jeweils verbleibenden p-Orbitale kombinieren zu zwei π-Bindungen, die rotationssymmetrisch die Bindungsachse umgeben.

Alkine sind wenig polare Verbindungen. Ihre physikalischen Eigenschaften stimmen daher mit denen der Alkane und Alkene im Wesentlichen überein. Sie sind in Wasser wenig löslich, lösen sich aber in organischen Lösungsmitteln mit geringer Polarität. Ihre Dichte ist kleiner als die von Wasser. Der Siedepunkt steigt erwartungsgemäß mit der Anzahl der Kohlenstoffatome.

19.8.2   Additionsreaktionen der Alkine

Alkine werden wie die Alkene zu den *ungesättigten Verbindungen* gerechnet, die zahlreiche Additionsreaktionen eingehen. Die sp-Hybridisierung mit der rotationssymmetrischen Ladungsverteilung der π-Elektronen hat jedoch eine geringere Aktivität der C≡C-Dreifachbindung gegenüber einem elektrophilen Angriff zur Folge.

Die Additionsreaktionen des einfachsten und wichtigsten Alkins, des Ethins (Acetylens), verlaufen immer über die Stufe der Alkenderivate.

Beispiele hierzu sind die katalytische Hydrierung oder die Addition von Chlor:

$$HC{\equiv}CH \xrightarrow{+ H_2} CH_2{=}CH_2 \xrightarrow{+ H_2} CH_3{-}CH_3$$

$$HC{\equiv}CH \xrightarrow{+ Cl_2} \underset{Cl}{\overset{Cl}{CH{=}CH}} \xrightarrow{+ Cl_2} \underset{Cl \quad Cl}{\overset{Cl \quad Cl}{CH{-}CH}}$$

trans-1,2-Dichlorethen   1,1,2,2-Tetrachlorethan

Mit unsymmetrischen Alkinen und unsymmetrischen Reaktionspartnern wird wie bei den Alkenen die MARKOWNIKOW-Regel befolgt.

$$CH_3{-}C{\equiv}CH \xrightarrow{+ HBr} \underset{Br}{\overset{}{CH_3{-}C{=}CH_2}} \xrightarrow{+ HBr} \underset{Br}{\overset{Br}{CH_3{-}C{-}CH_3}}$$

2-Brompropen   2,2-Dibrompropan

Vinylierungen

Von technischer Bedeutung sind auch Umsetzungen des Ethins, bei denen Alkenderivate (Vinylverbindungen) als Endprodukte entstehen. Hierbei ergeben sich für die Kunststoffherstellung wichtige Ausgangsstoffe (Monomere).

$$HC{\equiv}CH + HCl \rightarrow CH_2{=}CH{-}Cl \qquad \text{Vinylchlorid}$$
$$HC{\equiv}CH + HCN \rightarrow CH_2{=}CH{-}CN \qquad \text{Acrylnitril}$$
$$HC{\equiv}CH + ROH \rightarrow CH_2{=}CH{-}OR \qquad \text{Vinylether}$$
$$HC{\equiv}CH + RCOOH \rightarrow CH_2{=}CH{-}CO{-}OR \qquad \text{Vinylester}$$

Die Addition von Wasser an Alkine benötigt nicht nur katalytische Protonen, sondern auch Quecksilber(II)-ionen. Die $C{\equiv}C$-Dreifachbindungen werden durch Hg^{2+}-Ionen aktiviert:

$$R{-}C{\equiv}CH + H{-}OH \xrightarrow[HgSO_4]{H^+} \left[\underset{}{\overset{OH \quad H}{R{-}C{=}CH}} \right] \longrightarrow \underset{}{\overset{O}{R{-}C{-}CH_3}}$$

Vinylalkohol (Enol)

Vinylalkohole (Enole) sind relativ instabil und lagern sich durch Wanderung eines Protons in stabilere Carbonylverbindungen um. Das durch die Addition von Wasser an Ethin entstandene Produkt reagiert somit zu Acetaldehyd weiter.

20 Aromatische Verbindungen

20.1   Allgemeines

Bisher wurden Substanzen besprochen, die in der übergeordneten Verbindungsklasse der **aliphatischen Kohlenwasserstoffe** zusammengefasst sind. Hiervon werden die **aromatischen Kohlenwasserstoffe** abgegrenzt. Die Bezeichnung „aromatisch" diente ursprünglich zur Charakterisierung organischer Substanzen, die aus pflanzlichem oder auch tierischem Material isoliert wurden und sich durch angenehmen Geruch auszeichnen.

Aromatische Kohlenwasserstoffe unterscheiden sich von den aliphatischen Verbindungen vor allem durch einen geringeren Wasserstoffgehalt und einen besonderen ungesättigten Charakter. Sie werden daher zu einer eigenen Stoffklasse zusammengefasst. Dazu gehören z. B. Benzoesäure ($C_7H_6O_2$), Benzylalkohol (C_7H_8O) aus Benzoeharz, Benzaldehyd (C_7H_6O) aus Bittermandeln, Salicylsäure ($C_7H_6O_3$) aus zahlreichen Pflanzen und Früchten und Phenol (C_6H_6O). KEKULÉ erkannte als Erster die Tatsache, dass in diesen Verbindungen eine gemeinsame C_6-Gruppierung enthalten ist, die aber bei den üblichen chemischen Umsetzungen und Abbaureaktionen unverändert bleibt. Der Grundkörper der aromatischen Verbindungen wurde 1825 von FARADAY entdeckt. Er isolierte die Verbindung aus einem öligen Kondensat. Man nennt die Verbindung heute **Benzen** (Benzol), im angloamerikanischem Sprachgebrauch „benzene".

O
C

> Aromatischen Verbindungen sind cyclische, vollkonjungierte Polyene, die ein mesomeriestabilisiertes π-Elektronensystem enthalten. Liegt ein solches System in einer organischen Verbindung (z. B. Benzen) vor, so sind damit bestimmte charakteristische Eigenschaften verbunden.

Das Atomverhältnis 1 : 1 von Kohlenstoff zu Wasserstoff in Benzen (C_6H_6) lässt auf eine hochungesättigte Verbindung schließen. Im Vergleich dazu haben das gesättigte n-Hexan (C_6H_{14}) und das ebenfalls gesättigte Cyclohexan (C_6H_{12}) ein wesentlich höheres C : H-Verhältnis. Formal stellt Benzen entsprechend seiner Summenformel ein cyclisches Trien dar. Das chemische Verhalten weicht jedoch stark von dem der offenkettigen Polyene ab (Tab. 20-1).

Tabelle 20-1: Vergleich der Reaktivität von Benzen mit 1,3,5-Hexatrien

Reagens	Benzen	1,3,5-Hexatrien
Br_2	⬡—Br	CH_2—CH=CH—CH=CH—CH_2 (Br, Br)
	Katalysator: $FeBr_3$	Lösungsmittel: Chloroform
HNO_3	⬡—NO_2	Oxidation und Polymerisation
H_2	⬡ H	CH_3—$(CH_2)_4$—CH_3
	katalytisch bei 200 °C	katalytisch bei Raumtemperatur

Röntgenstrukturuntersuchungen haben gezeigt, dass alle C-Atome des Benzenmoleküls ein planares, reguläres Sechseck bilden, dessen Kantenlänge 140 pm beträgt. Der *Bindungsabstand* liegt damit zwischen den Werten für eine Einfachbindung (148 pm) und einer Doppelbindung (134 pm). Dieser Tatbestand lässt sich idealerweise durch Mesomerie beschreiben. Der reale Bindungszustand liegt zwischen zwei Grenzstrukturen, die mit KEKULÉ-Formeln oder besser noch durch das von ROBINSON vorgeschlagene Symbol charakterisiert werden können.

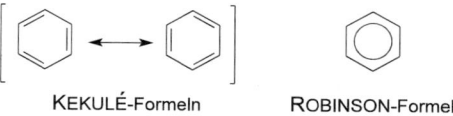

KEKULÉ-Formeln   ROBINSON-Formel

Seit den Untersuchungen von KEKULÉ, der bereits 1865 die 6-Ring-Formel für Benzen aufstellte, sind zahlreiche Versuche unternommen worden, das charakteristische Reaktionsverhalten dieser Verbindung zu klären. Erst quantenmechanische Berechnungen, vor allem von HÜCKEL vorgenommen, führten 1931 zu genaueren Vorstellungen über die Benzenstruktur. Nach der Orbitaltheorie sind die C-Atome des Benzenringes sp^2-hybridisiert. Die drei Hybridorbitale weisen demnach in die Ecken eines gleichwinkligen Dreiecks. Darüber hinaus stehen die sechs parallel zueinander angeordneten und senkrecht zur Ringebene orientierten p-Orbitale in Wechselwirkung miteinander (vgl. Bild 17-3). Durch diese Überlappung entsteht oberhalb und unterhalb der Ringebene ein zusammenhängendes Molekülorbital. Dieses Orbital ist mit sechs Elektronen besetzt und wird demzufolge als π-**Elektronensextett** bezeichnet. Entsprechend dieser Vorstellung wurde für das Benzenmolekül ein Symbol eingeführt, bei dem die π-Elektronen durch einen Kreis dargestellt werden (ROBINSON-Formel).

> Das abgeschlossene π-Elektronensystem stellt in einer cyclisch-vollkonjugieren Verbindung das entscheidende Kriterium für den aromatischen Zustand dar. Es bedingt alle wichtigen Eigenschaften des Benzens: ebene Struktur, Gleichheit aller C–C- und C–H-Bindungen, thermische Stabilität und nucleophile Aktivität.

Die Mesomeriestabilisierung des Benzens ergibt sich aus der Energiedifferenz zwischen den KEKULÉ-Strukturen und dem realen Molekülzustand.

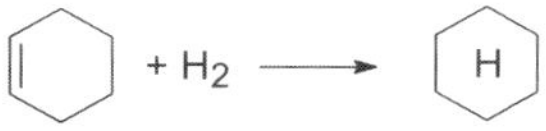

Cyclohexen

$\Delta H_{gemessen} = -120 \text{ kJ} \cdot \text{mol}^{-1}$

hypothetisches Cyclohexatrien

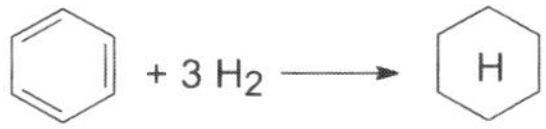

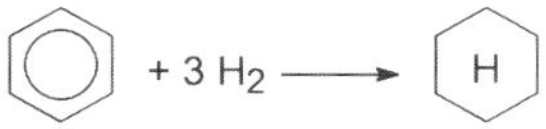

$\Delta H_{berechnet} = 3 \cdot (-120) \text{ kJ} \cdot \text{mol}^{-1}$
$= -360 \text{ kJ} \cdot \text{mol}^{-1}$

Benzen

$\Delta H_{gemessen} = -209 \text{ kJ} \cdot \text{mol}^{-1}$

An Stelle der zu erwartenden Hydrierungsenthalpie $(3 \cdot (-120) \text{ kJ} \cdot \text{mol}^{-1})$ werden bei der Hydrierung von Benzen nur $-209 \text{ kJ} \cdot \text{mol}^{-1}$ gemessen. Das Benzenmolekül ist somit um die Differenz von $151 \text{ kJ} \cdot \text{mol}^{-1}$ energieärmer, d. h. stabiler als das hypothetische Cyclohexatrien. Dieser Energiebetrag wird als **Mesomerieenergie** bezeichnet.

Exkurs 20-1: HÜCKEL-Regel

Nach der HÜCKEL-Regel besitzen alle monocyclischen, planaren Verbindungen mit vollkonjugierten Polyenen und einer bestimmten Zahl $(4n + 2)$ von π-Elektronen aromatische Eigenschaften. n ist immer eine ganze Zahl. Das π-Elektronensextett des Benzens stellt somit nur einen Spezialfall dieser Reihe für *n* = 1 dar. Darüber hinaus ist die Anzahl der π-Elektronen als Voraussetzung für ein aromatisches System entsprechend der HÜCKEL-Regel 2, 10, 14, 18 usw. Im Gegensatz dazu ist für cyclische Polyene mit 4, 8, 12 usw. π-Elektronen kein aromatischer Charakter zu erwarten.

    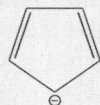   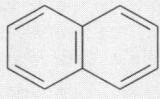

2-π-Elektronensystem   6-π-Elektronensystem   10-π-Elektronensystem
Cyclopropenylkation   Cyclopentadienylanion   Naphthalen

20.2   Nomenklatur aromatischer Verbindungen

Zur Bezeichnung der wichtigsten aromatischen Ringsysteme werden ausschließlich *Trivialnamen* verwendet, z. B. Benzen (Benzol), Naphthalen (Naphthalin) oder Anthracen. Die Bezifferung der Ringatome ist in den Beispielen mit angegeben.

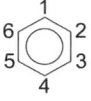   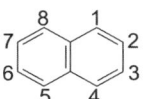   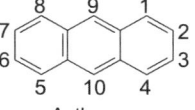

Benzen   Naphthalen   Anthracen

Aromatische Verbindungen werden als Stoffgruppe **Arene** genannt. Monosubstituierte Benzole (Benzene) werden als deren **Derivate** bezeichnet.

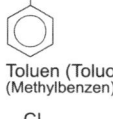

Toluen (Toluol)   Phenol   Anilin   **Nitrobenzol**
(Methylbenzen)   (Hydroxybenzen)   (Aminobenzen)   **(Nitrobenzen)**

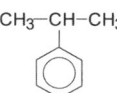

Chlorbenzen   Ethylbenzen   Cumen (Cumol)   Styren (Styrol)
            (Isopropylbenzen)   (Vinylbenzen)

Sind zwei Substituenten am Ring vorhanden, so gibt es drei mögliche Isomere, die mit den Präfixen **ortho-, meta-** und **para-** (o-, m- und p-) bezeichnet werden.

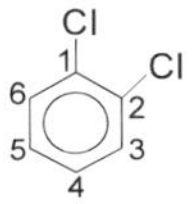

o-Dichlorbenzen m-Dichlorbenzen p-Dichlorbenzen
1,2-Dichlorbenzen 1,3-Dichlorbenzen 1,4-Dichlorbenzen

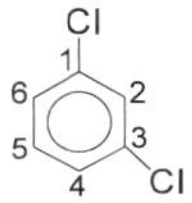

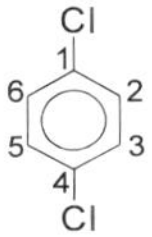

Die o-, m- und p-Schreibweise gilt auch für unterschiedliche Substituenten am Molekül.

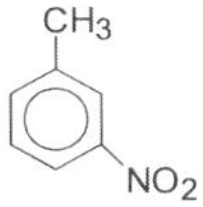

m-Nitrotoluen 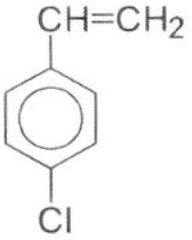   p-Chlorstyren 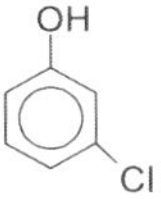   m-Chlorphenol 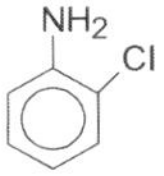   o-Chloranilin

Es haben sich auch *Trivialnamen* für aromatische Gruppen wie die Phenyl- und die Benzylgruppe eingebürgert.

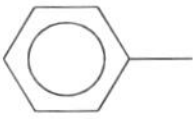

Phenylgruppe   CH₂ Benzylgruppe

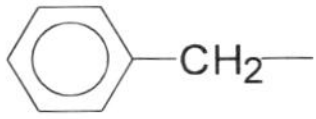

Für die **Phenylgruppe** wird das Symbol Ph als Abkürzung eingesetzt. Die Anwendung solcher Gruppenbezeichnungen kommt in den folgenden Beispielen zum Ausdruck:

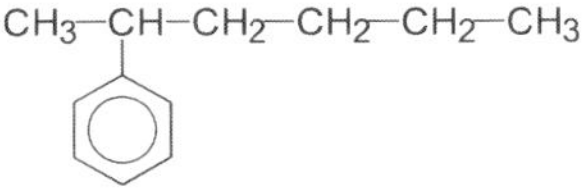

$CH_3\text{—}CH\text{—}CH_2\text{—}CH_2\text{—}CH_2\text{—}CH_3$

2-Phenylhexan 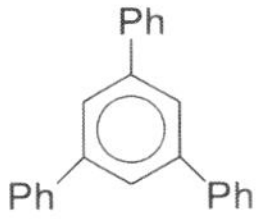   1,3,5-Triphenylbenzen

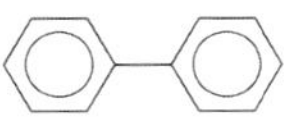

Biphenyl 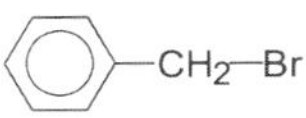   Benzylbromid 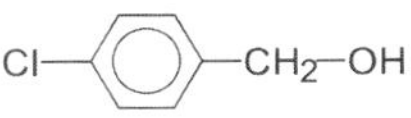   p-Chlorbenzylalkohol

20.3   Elektrophile aromatische Substitution

Das π-Elektronensextett verleiht dem Benzen nucleophile Eigenschaften und wird somit leicht von elektrophilen Teilchen E angegriffen. Die wichtigsten Reaktionen dieses Typs sind die **Halogenierung,** die **Nitrierung,** die **Sulfonierung** und die **Alkylierung.** In Anlehnung an die Reaktion von Alkenen mit elektrophilen Reagenzien bildet sich auch bei den Aromaten (Arenen) zunächst ein π-Komplex, der in ein mesomeriestabilisiertes Carbokation, ein Areniumion, übergeht.

Im letzten Reaktionsschritt wird das aromatische System unter Protonenabspaltung zurückgebildet. Diese **Rearomatisierung** (Energievorteil) ist entscheidend für den Reaktionsverlauf im Sinne einer Substitution und nicht einer Addition. Im Allgemeinen ist die Bildung eines Areniumions (σ-Komplex) der langsamste und damit der geschwindigkeitsbestimmende Schritt.

Halogenierung
Die direkte Chlorierung bzw. Bromierung als Substitutionsreaktion gelingt nur in Gegenwart geeigneter Katalysatoren, z. B. LEWIS-Säuren wie $FeCl_3$ oder $AlBr_3$. Die Bindung im Halogenmolekül wird so polarisiert, dass es zur Bildung des Kations Cl^+ bzw. Br^+ kommt, welches dann elektrophil den Aromaten angreift.

Neben dem jeweiligen Hauptprodukt Chlor- bzw. Brombenzen werden als Nebenprodukte p- und o-Dihalogenbenzene gebildet.

Nitrierung

Aromatische Nitroverbindungen sind wichtige Ausgangsstoffe für die Farbstoff- und Sprengstoffindustrie sowie zur Synthese von Arzneimitteln. Beim Erwärmen von Benzen mit konz. Salpetersäure oder Nitriersäure, einer Mischung von konz. HNO_3 und konz. H_2SO_4, entsteht als Hauptprodukt **Nitrobenzen.**

Das reagierende Agens ist das Nitrylkation (Nitroniumion) NO_2^+, das in der Nitriersäure vorliegt.

$$HNO_3 \; + \; H_2SO_4 \quad \rightleftarrows \quad H_2NO_3^+ \; + \; HSO_4^-$$

$$H_2NO_3^+ \; + \; H_2SO_4 \quad \rightleftarrows \quad NO_2^+ \; + \; H_3O^+ \; + \; HSO_4^-$$

NO_2^+ als elektrophiles Reagens, wird zunächst über einen π-Komplex gebunden. Intermediär entsteht wieder ein mesomeriestabilisiertes Carbokation (σ-Komplex), das sich nach Abspaltung von einem Proton zu Nitrobenzen stabilisiert. Die weitere Nitrierung von Nitrobenzen gestaltet sich schwierig, doch wird unter verschärften Reaktionsbedingungen das m-Dinitrobenzen erhalten.

Sulfonierung

Aromatische Sulfonsäuren sind Zwischenprodukte für Farbstoffe, Waschmittel und Arzneimittel. In vielen Fällen hat die Einführung der Sulfonsäuregruppe (-SO_3H) nur den Zweck, eine Verbindung in ihr wasserlösliches Na-Salz zu überführen.

Die Umsetzung von Benzen erfolgt mit konzentrierter oder rauchender Schwefelsäure (Oleum) bei Raumtemperatur zu Benzensulfonsäure. Als elektrophiles Reagens fungiert das monomere SO_3-Molekül bzw. das Kation SO_3H^+.

π-Komplex   σ-Komplex   Benzensulfonsäure

Wird die Reaktionstemperatur erhöht, so kommt es zur **Mehrfachsulfonierung**. Bei 200 °C ensteht überwiegend Benzen-1,3-disulfonsäure und bei 300 °C Benzen-1,3,5-trisulfonsäure. Die Sulfonierung ist im Gegensatz zu den anderen elektrophilen Substitutionsreaktionen reversibel, d. h., die Sulfonsäuregruppe lässt sich im sauren Milieu wieder abspalten.

FRIEDEL-CRAFTS-Alkylierung

Bei der Reaktion von Halogenalkanen mit Aromaten in Gegenwart eines Katalysators erhält man alkylierte aromatische Kohlenwasserstoffe. Als Katalysatoren können LEWIS-Säuren (AlCl$_3$, FeCl$_3$ usw.) eingesetzt werden. Die LEWIS-Säure polarisiert mit ihrer Elektronenlücke die C-Halogen-Bindung, wobei es nicht notwendigerweise zur völligen Spaltung der Bindung kommt. Das stark polarisierte C-Atom des Halogenalkans greift den Aromaten elektrophil an.

$$CH_3-Cl + FeCl_3 \rightleftharpoons \overset{\delta\oplus}{CH_3}\cdots\overset{\delta\ominus}{Cl}\cdots FeCl_3$$

$$\bigcirc + \overset{\delta\oplus}{CH_3}\cdots\overset{\delta\ominus}{Cl}\cdots FeCl_3 \longrightarrow \left[\bigcirc_{\oplus}\right]\overset{H}{\underset{CH_3}{}} + [FeCl_4]^{\ominus}$$

$$\longrightarrow \bigcirc\overset{CH_3}{} + HCl + FeCl_3$$

Diese Alkylierungsreaktion wird hauptsächlich angewendet, um Methyl-oder Ethylgruppen einzuführen. Das intermediär gebildete Carbokation neigt mitunter dazu, sich in ein stabileres sekundäres oder tertiäres Carbeniumion umzuwandeln, sodass ein Isomerengemisch entsteht.

FRIEDEL-CRAFTS-Acylierung

Analog zur Alkylierung verläuft die FRIEDEL-CRAFTS-Acylierung mit Säurechloriden und Säureanhydriden (vgl. Kap. 27) in Gegenwart von LEWIS-Säuren als Katalystor. Diese Methode wird zur Herstellung aromatischer Ketone angewendet. Die LEWIS-Säure aktiviert das Säurehalogenid unter Bildung eines Acylkations, das den Aromaten elektrophil angreift.

$$CH_3-C\overset{O}{\underset{Cl}{}} + FeCl_3 \rightleftharpoons CH_3-C\overset{\oplus\ominus}{\underset{Cl}{O-FeCl_3}} \rightleftharpoons CH_3-\overset{\oplus}{C}=O + [FeCl_4]^{\ominus}$$

Acetylchlorid   Acetylkation

$$\bigcirc + CH_3-\overset{\oplus}{C}=O \xrightarrow[-H^{\oplus}]{} \bigcirc\overset{O}{\underset{}{\overset{\|}{C}-CH_3}}$$

Methylphenylketon

20.4   Dirigierende Wirkung von Substituenten bei der Zweitsubstitution

An monosubstituierten Aromaten können weitere Substitutionsreaktionen durchgeführt werden. Der bereits vorhandene Substituent beeinflusst nicht nur den Verlauf der elektrophilen Substitution, sondern auch die Reaktivität der Verbindung und den Ort zur Zweitsubstitution. Zur Interpretation der unterschiedlichen Reaktivität von substituierten Aromaten können *induktive* und *mesomere Effekte* herangezogen werden.

+I-Effekt
Ist der Erstsubstituent S ein Elektronendonator, so kann die positive Ladung des Carbokations besonders gut kompensiert werden, wenn die Zweitsubstitution in o- und p-Stellung erfolgt (vgl. Bild 20-1). Der +I-Effekt von S wirkt sich in der m-Stellung wegen der anderen Elektronendelokalisation am schwächsten aus. Der induktive Effekt nimmt mit wachsendem Abstand ab.

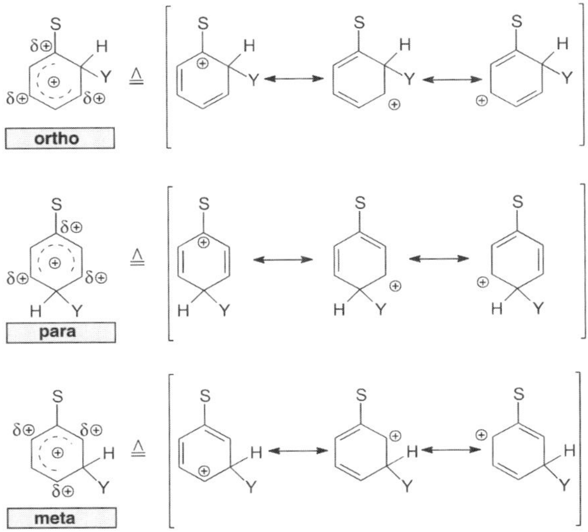

Bild 20-1: Wirkung der induktiven Effekte bei der Zweitsubstitution. S ist ein +I- bzw. −I-Substituent im Übergangszustand

■   +I-Substituenten dirigieren in die o- und p-Position.

−I-Effekt

Ist S ein Elektronenakzeptor, so kann die positive Ladung des Carbokations nicht kompensiert werden. Ein −I-Substituent destabilisiert das Carbokation und damit auch den Übergangszustand. Die Elektronen ziehende Wirkung macht sich in allen Ringpositionen bemerkbar, wobei sich dieser Effekt in der m-Position am schwächsten auswirkt (vgl. Bild 20-1).

■   −I-Substituenten dirigieren in die m-Position.

+M-Effekt

Verfügt S über ein freies Elektronenpaar und übt dadurch einen +M-Effekt aus, so lassen sich für die o- und p-Substitution im Gegensatz zur m-Substitution noch weitere Grenzformeln formulieren. Die Übergangszustände bei Substitution in o- und p-Stellung werden daher stärker stabilisiert als bei der m-Substitution.

■   +M-Substituenten dirigieren in die o- und p-Position.

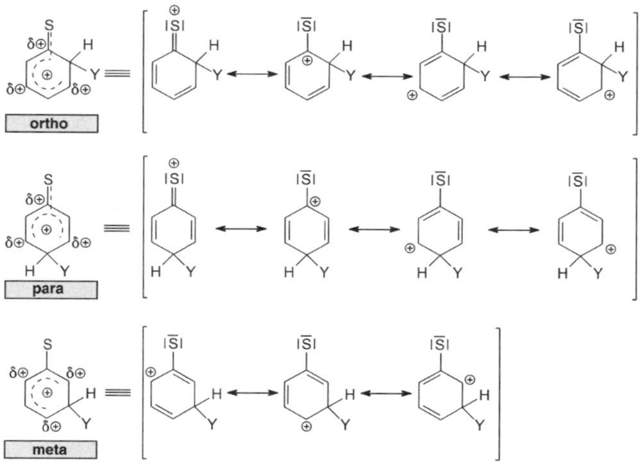

Bild 20-2: Mesomerieeffekt bei der Zweitsubstitution. S ist ein +M-Substituent im Übergangszustand

−M-Effekt

Bei −M-Substituenten treten bei der o- und p-Substitution in den Grenz-strukturen positive Ladungen an benachbarten Atomen auf. Derartige Grenzstrukturen sind energetisch ungünstig. Im Vergleich zum unsubsti-tuierten Benzen sind alle Positionen deaktiviert. Bei der m-Substitution wird das Carbokation am wenigsten deaktiviert. Der Angriff wird daher vorzugsweise in der m-Position erfolgen.

■ −M-Substituenten dirigieren in die m-Position.

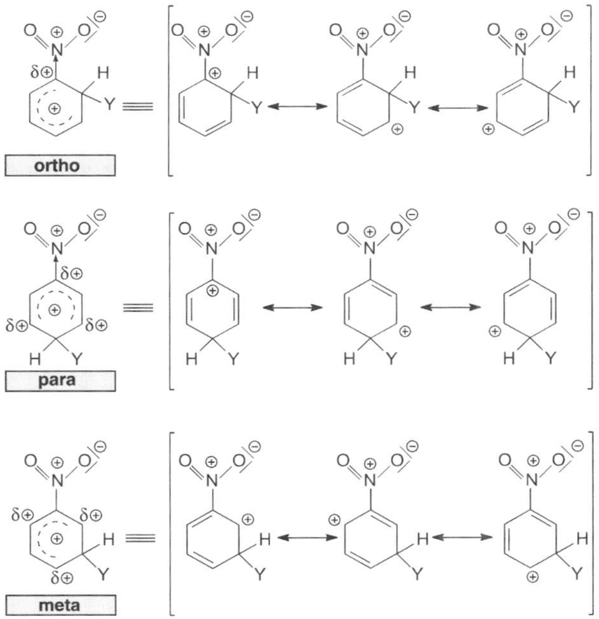

Bild 20-3: Mesomerieeffekte bei der Zweitsubstitution. NO_2 ist ein −M-Substituent im Übergangszustand

Seit langem sind Orientierungsregeln bekannt, die den Ort des Eintritts eines zweiten Substituenten bestimmen. Danach dirigieren **Substituenten 1. Ordnung** den Zweitsubstituenten vorwiegend in o- und p-Stellung, wobei die Ausbeute an p-Derivat in der Regel überwiegt. Sie können aktivierend wirken (wie -OH, -OCH$_3$, -NH$_2$, Alkylgruppen) oder desaktivierend wirken (wie -F, -Cl, -Br, -I).

Substituenten 2. Ordnung dirigieren in m-Stellung und wirken desaktivierend (-NO$_2$, -SO$_3$H, -COOR).

Tabelle 20-2: Substituenteneffekte bei der elektrophilen aromatischen Substitution

Substituent	Effekte des Substituenten	Wirkung auf die Reaktivität	Orientierende Wirkung	
-OH	-I, +M	aktivierend	o, p	
-O$^-$	-I, +M	aktivierend	o, p	
-OR	-I, +M	aktivierend	o, p	
-NH$_2$, -NHR, -NR$_2$	-I, +M	aktivierend	o, p	1. Ordnung
-Alkyl	+I	aktivierend	o, p	
-F, -Cl, -Br, -I	-I, +M	desaktivierend	o, p	
-NO$_2$	-I, -M	desaktivierend	m	
-SO$_3$H	-I, -M	desaktivierend	m	
-COX (X= -H, -R, -OH, -OR, -NH$_2$)	-I, -M	desaktivierend	m	2. Ordnung
-CN	-I, -M	desaktivierend	m	

Tabelle 20-2 gibt einen Überblick über die verschiedenen Substituenteneffekte und die orientierende Wirkung einzelner Substituenten. Es kann gezeigt werden, dass Substituenten, die zur Erhöhung der Elektronendichte im Benzenring beitragen, in die ortho- und para-Position dirigieren. +I- und +M-Substituenten aktivieren diese Position in besonderer Weise. Andererseits dirigieren Substituenten, die zur Absenkung der Elektronendichte im Ring neigen, vorzugsweise in die meta-Position. Bei diesen Erstsubstituenten werden zwar alle Ringpositionen desaktiviert, die m-Position jedoch am wenigsten.

21 Heterocyclen

21.1   Struktur und Nomenklatur

Heterocyclische Verbindungen enthalten in ihrem Ringsystem außer Kohlenstoff ein oder mehrere Heteroatome, z.B. Stickstoff, Sauerstoff oder Schwefel. Die **Heteroatome** haben wesentlichen Anteil an den Eigenschaften der Ringsysteme, ihre Wirkung ist mit der von Substituenten in carbocyclischen Ringsystemen zu vergleichen. Man unterscheidet **heteroaliphatische** Verbindungen mit und ohne ungesättigtem Charakter sowie **heteroaromatische** Verbindungen mit delokalisierten π-Elektronensystemen.

Die Nomenklatur für heterocyclische Verbindungen verwendet für die wichtigsten 5- und 6-gliedrigen Ringsysteme Trivialnamen, die auch durch die IUPAC-Regeln zugelassen sind:

Furan   Thiophen   Pyrrol   Pyrazol

Pyridin   Chinolin   Purin

Abgesehen von der Verwendung von Trivialnamen als Stammbezeichnung gibt es zwei verschiedene Nomenklatursysteme, deren Verwendung jedoch nicht einheitlich ist. Die IUPAC-Kommission übernahm das von HANTZSCH und WIDMAN entwickelte Nomenklatursystem. Hiernach werden Heteroatome durch **Präfixe,** die Ringgröße und der Sättigungsgrad durch **Suffixe** zum Ausdruck gebracht (vgl. Tab. 21-1). Die Präfixe **Oxa-** für Sauerstoff, **Thio-** für Schwefel und **Aza-** für Stickstoff sind in dieser Reihenfolge kombinierbar. Beginnen die Suffixe mit einem Vokal, so entfällt das endständige -a der Präfixe.

Tabelle 21-1: Suffixe bei systematischen Namen von Heterocyclen

Ringgröße	maximal ungesättigt	gesättigt
3	-iren	-iran
4	-et	-etan
5	-ol	-olan
6	-in	-an
7	-epin	-epan
8	-ocin	-ocan

Durch die Kombination entstehen Namen wie Oxiran für den gesättigten Dreiring mit einem Sauerstoffatom, 1,4-Dioxan für den gesättigten Sechsring mit zwei Sauerstoffatomen in 1,4-Position oder 1,3,5-Triazin für den maximal ungesättigten (aromatischen) Sechsring mit drei Stickstoffatomen in den genannten Positionen.

21.2   Heterocycloaliphaten

Heterocyclische Verbindungen mit fünf oder mehr Ringatomen, die keine oder isolierte Doppelbindungen enthalten, verhalten sich chemisch wie die analogen acyclischen Verbindungen. Beispiele für heterocyclische Aliphaten sind cyclische Ether, Thioether, Acetale. Kleinere Ringsysteme sind, bedingt durch die hohe Ringspannung, instabiler und damit reaktiver als größere Ringe.

21.3   Heteroaromaten

Eine Reihe ungesättigter Heterocyclen bilden ein delokalisiertes π-Elektronensystem aus. Falls die HÜCKEL-Regel (vgl. Abschn. 20.1) angewendet werden kann, werden sie als **Heteroaromaten** bezeichnet. Die aromatischen Eigenschaften sind im Vergleich zum Benzen und seinen Derivaten weniger stark ausgeprägt.

21.3.1   Fünfgliedrige Ringsysteme

Die Elektronenstruktur der fünfgliedrigen Heteroaromaten unterscheidet sich wesentlich in Bezug auf die Elektronenkonfiguration der Heteroatome von der sechsgliedriger Heterocyclen. Als charakteristisches Beispiel sind die Grenzstrukturen von Pyrrol gezeigt (analoge Strukturen gelten für Furan und Thiophen):

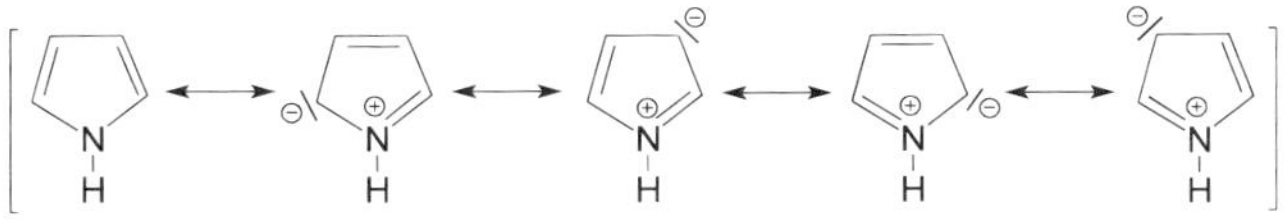

Die Ringatome benutzen sp^2-Hybridorbitale, um ein planares, pentagonales σ-Bindungsgerüst aufzubauen. Das π-Elektronensystem entsteht durch Überlappen von p-Orbitalen der C-Atome (jeweils 1 Elektron) und eines p-Orbitals des Heteroatoms Stickstoff (2 Elektronen). Beim Pyrrol ist somit das freie Elektronenpaar in das π-Elektronensystem mit einbezogen, beim Thiophen und Furan jeweils nur eines der beiden Elektronenpaare. Mit insgesamt sechs π-Elektronen entsprechen Pyrrol, Furan und Thiophen der HÜCKEL-Regel.

Die unterschiedliche Elektronegativität von Kohlenstoff und dem Heteroatom hat eine unsymmetrische Ladungsverteilung zur Folge. Im Ring herrscht ein π-Elektronenüberschuss, während sich beim Heteroatom ein Elektronenmangel einstellt.

Reaktivität des Ringsystems

Thiophen, Furan und Pyrrol gehören zu den **π-elektronenreichen** aromatischen Systemen. Die Elektronendichte an den C-Atomen des Ringes nimmt in folgender Reihe zu:

Benzen << Thiophen < Furan < Pyrrol

Die typische Reaktion der genannten Heterocyclen ist daher die **elektrophile Substitution.** Viele für aromatische Kohlenwasserstoffe charakteristische Reaktionen verlaufen bei den Heteroaromaten analog.

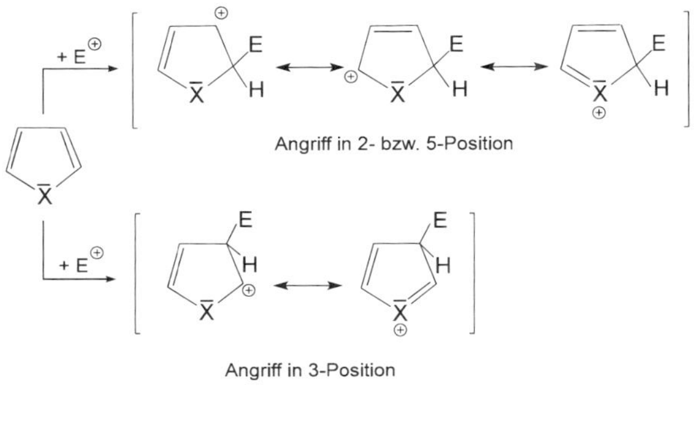

Angriff in 2- bzw. 5-Position

Angriff in 3-Position

Nitrierung, Sulfonierung und Halogenierung sind Beispiele hierfür. Der elektrophile Angriff erfolgt normalerweise in 2- (bzw. 5-)Position, weil der Übergangszustand stärker mesomeriestabilisiert ist als bei einem Angriff in 3-Position.

Wegen der erhöhten Reaktivität kommt es häufig zur Bildung von Nebenprodukten. Hierzu trägt auch die Unbeständigkeit von Pyrrol- und Furansystemen gegenüber starken Säuren und Oxidationsmitteln bei.

21.3.2   Sechsgliedrige Ringsysteme

Pyridin, als wichtigstes Beispiel für einen sechsgliedrigen Heteroaromaten, lässt sich durch folgende Grenzstrukturen beschreiben:

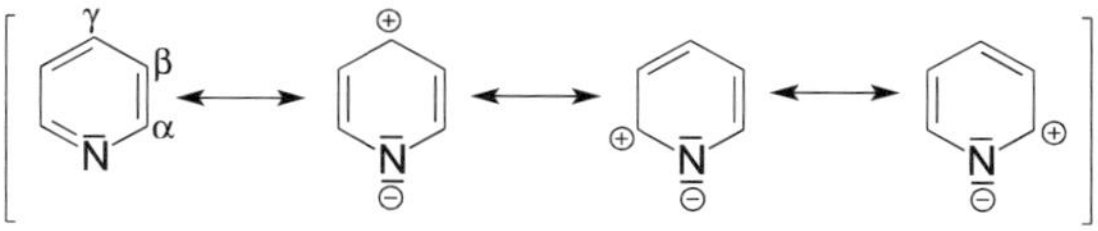

Jedes Ringsystem bildet aus drei sp^2-Hybridorbitalen ein planares, hexagonales σ-Gerüst. Im Pyridin stellen die fünf C-Atome jeweils ein Elektron, sodass der Stickstoff nur ein Elektron zur Vervollständigung der sechs π-Elektronen abgibt. Bei der Elektronenstruktur von Pyrrol hingegen steuert der Stickstoff zwei Elektronen zur Ausbildung des aromatischen Charakters bei. Diese unterschiedliche Beteiligung der Elektronen an Stickstoff beeinflusst die physikalischen Eigenschaften der Verbindungen. Im Gegensatz zum Pyrrol ist im Pyridin das freie Elektronenpaar am N-Atom nicht am aromatischen π-System beteiligt. Es kann z. B. für die Bindung eines Protons zur Verfügung stehen.

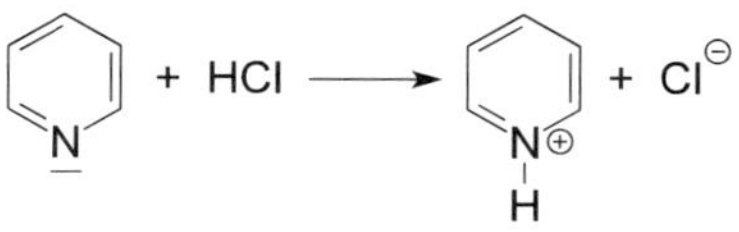

Pyridin ist daher eine Base und bildet mit Säuren Pyridiniumsalze. Da es auch ein gutes Lösungsmittel ist, wird Pyridin häufig als Hilfsbase z. B. zum Abfangen von HCl verwendet.

Reaktivität des Ringsystems

Die höhere Elektronegativität von Stickstoff gegenüber Kohlenstoff führt bei dem π-elektronenarmen Pyridinring zur Absenkung der Reaktivität gegenüber Elektrophilen. Diese **Desaktivierung** wird durch eine Protonierung am N-Atom verstärkt. Elektrophile Substitutionen finden daher nur unter drastischen Bedingungen an der am wenigsten desaktivierten 3-Position statt.

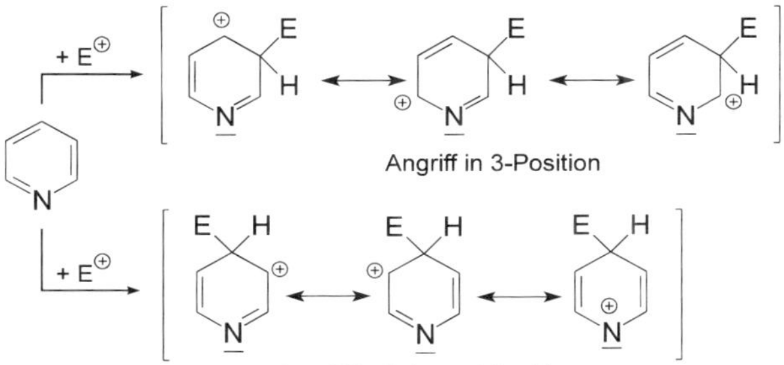

Angriff in 3-Position

Angriff in 2- bzw. 4-Position

Erfolgt der Angriff in 2- bzw. 4-Position, kann eine Grenzstruktur formuliert werden, bei der das N-Atom ein Elektronensextett aufweist. Diese Grenzform ist energetisch besonders ungünstig.

Dagegen sind beim Pyridin nucleophile Substitutionsreaktionen in 2- und 4-Position relativ leicht möglich. Im Allgemeinen ist die 2-Position wegen der Nähe zum Elektronen anziehenden N-Atom bevorzugt.

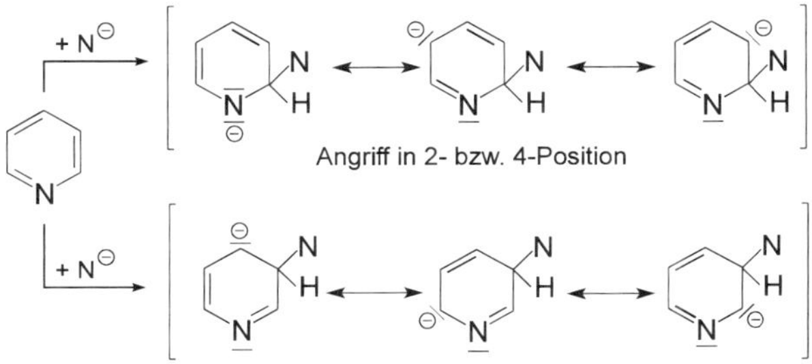

Angriff in 2- bzw. 4-Position

Angriff in 3-Position

22 Stereoisomere

22.1 Allgemeines

Stereoisomere besitzen gleiche **Konstitution**, aber verschiedene **Konfiguration**. Sie unterscheiden sich durch die Anordnung ihrer Atome im Raum. Die Konfiguration beschreibt bei gegebener Konstitution die räumliche Anordnung um ein starres (Doppelbindung oder Ringsystem) oder chirales (vgl. Abschn. 22.4) Strukturelement. **Konfigurationsisomere (Stereoisomere)** dürfen nicht mit **Konformationsisomeren** verwechselt werden. Konfigurative Isomere, aber auch Konstitutionsisomere können nur durch Spaltung und Neuknüpfung von kovalenten Bindungen ineinander umgewandelt werden. Konformative Isomere sind bereits durch Drehung um Einfachbindungen ineinander überführbar. Die thermische Energie bei Raumtemperatur reicht i. Allg. aus, um diese Umwandlung zu realisieren. Daher können Konformationsisomere als solche nicht isoliert werden. Bei Konfigurationsisomeren, die in zwei Klassen unterteilt werden, ist dies möglich. Sie verhalten sich entweder wie Bild und Spiegelbild, man nennt sie dann **Enantiomere**; oder sie verhalten sich nicht wie Bild und Spiegelbild, dann sind es **Diastereomere**. cis-trans-Isomere (vgl. Abschn. 19.3) sind nach dieser Definition Diastereomere. Es gibt auch eine weitere Art von Diastereomerie, die wie Enantiomerie die Eigenschaft hat, die Ebene von linear polarisiertem Licht zu drehen und somit **optisch aktiv** zu sein (vgl. Abschn. 36.2.2).

22.2 Chiralität und Molekülsymmetrie

Optisch aktive Verbindungen gehören zu keiner besonderen chemischen Gruppe, sondern sind in allen Substanzklassen anzutreffen. Tritt ein Strahl linear polarisierten Lichtes durch ein einzelnes Molekül, so wird in den meisten Fällen seine Schwingungsebene durch Wechselwirkung mit den Ladungsschwerpunkten des Moleküls etwas gedreht. Richtung und Ausmaß der Drehung hängen von der Orientierung des Moleküls im Lichtstrahl ab. Auch die kleinste Substanzprobe besteht aus einer Vielzahl von Molekülen, die statistisch verteilt sind. Zu jedem Molekül gibt es ein anderes (identisches) Molekül, das bezüglich der Wechselwirkung mit dem

Lichtstrahl spiegelbildlich zum ersten angeordnet ist und damit die verursachte Drehung des ersten Moleküls wieder aufhebt. Daher ist das Fehlen der optischen Aktivität keine Eigenschaft der Moleküle, sondern es hängt mit der statistischen Verteilung der Moleküle, die jeweils einander als Spiegelbild dienen, zusammen. Eine Substanz weist nur dann keine optische Aktivität auf, wenn ein Molekül der Verbindung als Spiegelbild des anderen betrachtet werden kann.

> Moleküle, die mit ihrem Spiegelbild nicht zur Deckung gebracht werden können, sind **chiral**. Chiralität ist die notwendige und zugleich hinreichende Bedingung für die Existenz von **Enantiomeren**. Verbindungen, deren Moleküle chiral sind, kommen als Enantiomere vor. Gleichzeitig besitzen Verbindungen, deren Moleküle nicht chiral (**achiral**) sind, keine enantiomeren Formen.

1964 schlugen CAHN, INGOLD und PRELOG vor, in der Chemie die Ausdrücke „chiral" und „Chiralität" zu verwenden. Chiralität ist vom griechischen Wort cheir (Hand) abgeleitet und bedeutet „Händigkeit". Hände stehen als Beispiel für Paare, deren beide Bestandteile nicht deckungsgleich sind. Typische chirale Objekte sind Füße, Schuhe, Schrauben, Wendeltreppen usw.

Achirale Objekte oder Moleküle besitzen keine Händigkeit. Beispiele von achiralen Gegenständen sind Bälle oder Würfel. Man erkennt sie mit der Identität ihres Spiegelbild, sie können somit auch nicht als links- oder rechtshändige Form auftreten. Es gibt von ihnen keine Enantiomerenpaare.

Tabelle 22-1: Symmetrieoperationen

Symmetrieelement	Symmetrieoperation	Symbol
Ebene	Spiegelung an einer Ebene	σ_v = vertikale Ebene σ_h = horizontale Ebene
Achse	Drehung um die Achse mit einem Drehwinkel $\alpha = \dfrac{360°}{n}$	C_n (n = Zähligkeit)
Zentrum	Inversion aller Punkte durch ein Zentrum	i
Drehspiegelachse	Drehung um einen Winkel α und die Spiegelung an einer Ebene senkrecht zur Drehachse	S_n

Die Ursache der Chiralität und damit der optischen Aktivität ist häufig ein **asymmetrisches Kohlenstoffatom** (*C), das mit vier unterschiedlichen

Substituenten verbunden ist. Es würde bereits der Austausch eines H-Atoms gegen sein Isotop Deuterium genügen (z. B. $CH_3-{}^*CHD-OH$). Voraussetzung für optische Aktivität eines Moleküls ist seine Chiralität. Das Molekül muss nicht notwendigerweise asymmetrisch sein. Der Unterschied zwischen Chiralität und Asymmetrie wird deutlich, wenn die Symmetrieeigenschaften der Moleküle betrachtet werden. Sie können durch Symmetrieoperationen beschrieben werden, die man an den Symmetrieelementen ausführt.

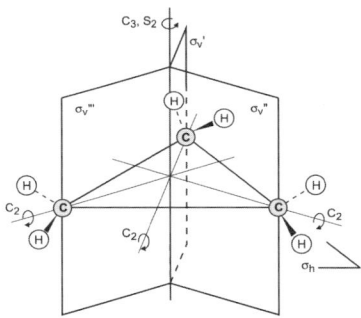

Bild 22-1: Symmetrieelemente des Cyclopropans (S_n Drehspiegelachsen, C_n Drehachsen, n Zähligkeit, σ_v vertikale Spiegelebene, σ_h horizontale Spiegelebene)

Asymmetrische Moleküle besitzen keine Symmetrieelemente. Chirale Moleküle können jedoch eine Symmetrieachse C_n enthalten und evtl. senkrecht dazu weitere C_2-Achsen. Sie haben jedoch weder ein Symmetriezentrum noch eine Spiegelebene oder Drehspiegelachse.

Beispiele:

CHO
H–C–OH
CH₂–OH

chiral und
asymmetrisch

chiral, aber nicht
asymmetrisch

achiral mit
Spiegelebene

achiral mit
Symmetriezentrum

22.3   Einteilung der Isomere

Bereits bei den Konstitutionsisomeren wird deutlich, dass die Summenformel zur eindeutigen Charakterisierung der Verbindung nicht ausreicht (vgl. Kap. 18). Die **Konstitution (Struktur)** einer Verbindung wird bei gegebener Summenformel durch die Art und die Abfolge der Bindungen festgelegt. Unterschiede in der räumlichen Orientierung werden bei Konstitutionsisomeren nicht berücksichtigt. **Konstitutionsisomere** sind vollkommen verschiedene Substanzen mit unterschiedlichen physikalischen und chemischen Eigenschaften, die oft auch verschiedene funktionelle Gruppen haben (vgl. Tab. 22-2).

Tabelle 22-2: Einteilung von Isomeren

Isomere		Gemeinsame Merkmale	Unterschiedliche Merkmale	Physikalische Eigenschaften	Chemische Eigenschaften
Konstitutionsisomere	Funktionsisomere	Summenformel	Funktionelle Gruppen	Isomere haben verschiedene Eigenschaften	Verschiedene Reaktivität
	Skelettisomere		C-Gerüst		
	Stellungsisomere	Gerüst, Funktionen	Stellung am Gerüst		
	Valenzisomere		Bindungen		
Stereoisomere	Diastereomere	Konstitution	Relative Anordnung von Substituenten: •Doppelbindung •Ring •Chiralitätszentrum		Überführung ist durch Lösen einer Bindung möglich
	Enantiomere		Chirale Molekülpaare, Anordnung wie Bild und Spiegelbild	Unterschiede gegenüber linear polarisiertem Licht	Unterschiedliche Reaktivität nur bei chiralen Reaktionspartnern
	Konformationsisomere		Verschiedene Torsionswinkel	Isomere sind nur isolierbar, wenn die Verdrehung stark behindert ist	Isomerisierung erfolgt ohne Bindungsspaltung

Diastereomere unterscheiden sich, wie auch die Strukturisomere, in ihren physikalischen und chemischen Eigenschaften (Löslichkeit, Siedepunkt usw.). **Enantiomere** sind Moleküle, die nicht mit ihrem Spiegelbild zur Deckung gebracht werden können. Sie haben gleiche physikalisch-chemische Eigenschaften mit Ausnahme der Wechselwirkung gegenüber linear polarisiertem Licht und optisch aktiven (chiralen) Reaktionspartnern. Mit achiralen Partnern reagieren Enantiomere gleich schnell zu identischen oder enantiomeren Produkten. Mit chiralen Reaktionspartnern ergeben sich unterschiedliche Reaktionsgeschwindigkeiten. Ein Enzym als chirales Reagens reagiert häufig nur mit einem Enantiomer, während die Reaktionsgeschwindigkeitskonstante der Reaktion mit dem anderen Enantiomer sehr klein ist.

> **Stereoisomere**, die sich wie ein Gegenstand und sein Spiegelbild verhalten, nennt man **Enantiomere**. Ist eine solche Beziehung nicht vorhanden, nennt man sie **Diastereomere**. Zwei Stereoisomere können immer nur enantiomer oder diastereomer zueinander sein.

Beispiele:

Konstitutionsisomere			
Funktionsisomere	Skelettisomere	Stellungsisomere	Valenzisomere
CH_3-O-CH_3			
CH_3-CH_2-OH			

Stereoisomere		
Diastereomere	Enantiomere	Konformationsisomere
Fumar- und Maleinsäure		n-Butan
subst. Cyclohexane		
Weinsäure		

22.4   Nomenklatur der Stereoisomere

Um aus der ebenen Projektionsformel einer chiralen Verbindung die räumliche Struktur eindeutig anzugeben, ist es erforderlich, Vereinbarungen für die **Projektion der Raumstruktur** in der Ebene zu treffen. Nach einem Vorschlag von FISCHER sind in einer Projektionsformel die horizontal neben dem Chiralitätszentrum gezeichneten Molekülgruppen (R_2 und R_4) vor der Projektionsebene zu denken, während sich die beiden über und unter dem Chiralitätszentrum stehenden Substituenten (R_1 und R_3) hinter der Projektionsebene befinden.

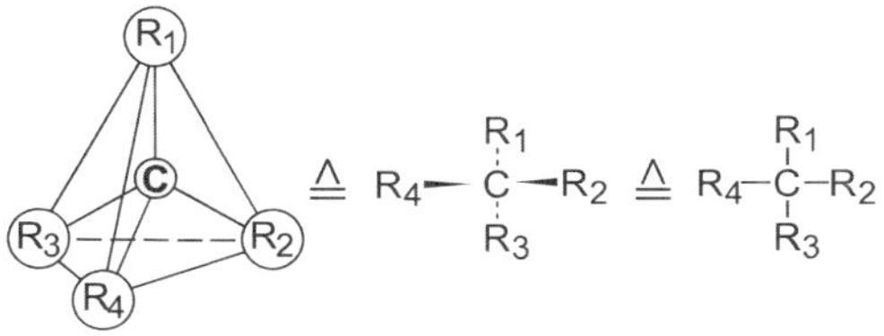

$$R_4 \!-\! \overset{\displaystyle R_1}{\underset{\displaystyle R_3}{\overset{|}{\underset{|}{C}}}} \!\rightarrow\! R_2 \quad \triangleq \quad R_4 \!-\! \overset{\displaystyle R_1}{\underset{\displaystyle R_3}{\overset{|}{\underset{|}{C}}}} \!-\! R_2$$

Dieser Sachverhalt kann auch so zum Ausdruck gebracht werden, dass die Bindung vor der Ebene durch Keile und hinter der Ebene durch gestrichelte Linien dargestellt wird. Falls die Kette C-Atome verschiedener Oxidationszahlen enthält, bildet das C-Atom mit der höchsten Oxidationszahl den Kopf der Kette.

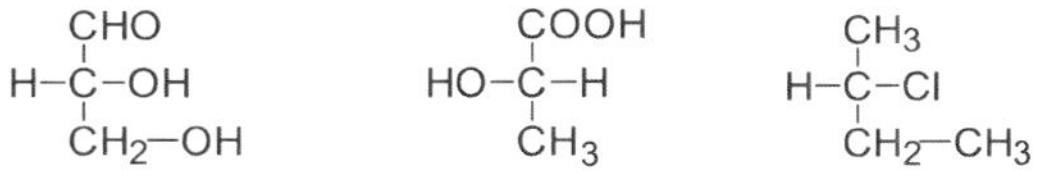

| D-Glycerinaldehyd | L-Milchsäure | D-2-Chlorbutan |

Beim D-Glycerinaldehyd befindet sich die OH-Gruppe rechts vom Chiralitätszentrum. Analog steht der vorrangige Substituent bei allen Verbindungen der D-Reihe auf der rechten Seite, bei der L-Konfiguration auf der linken Seite des chiralen C-Atoms.

D,L-System

Dieses System ist nur auf Verbindungen des Typs R–CHX–R' anwendbar. Steht der Substituent X des Chiralitätszentrums in der FISCHER-Projektion, wie die OH-Gruppe des Glycerinaldehyds (s. o.), auf der rechten Seite, hat das Chiralitätszentrum **D-Konfiguration** (von *dexter*). Befindet es sich auf der linken Seite, hat es **L-Konfiguration** (von *laevus*).

Bei Verbindungen, die mehr als ein Chiralitätszentrum besitzen, gilt, dass das am weitesten vom C-Atom mit der höchsten Oxidationsstufe entfernte chirale Zentrum für die Zuordnung entscheidend ist. Die (+)-Glucose wird daher als D-(+)-Glucose bezeichnet (vgl. Kap. 29). Bei Aminosäuren ist dagegen das α-C-Atom für die Konfigurationsbezeichnung mit dem D,L-System verantwortlich. Hier bestimmt die Position der Aminofunktion, ob die Verbindung der D- oder L-Reihe angehört.

R,S-System

Ein weiteres System zur eindeutigen Bezeichnung eines bestimmten chiralen Zentrums, d. h. einer bestimmten Konfiguration, wurde von CAHN,

INGOLD und PRELOG vorgeschlagen. Das R,S- oder CAHN-INGOLD-PRELOG-System wird folgendermaßen angewendet:

Die verschiedenen funktionellen Gruppen an einem Chiralitätszentrum werden nach einer bestimmten Priorität geordnet (a, b, c und d). Was man unter **Priorität** versteht, ist in den **Sequenzregeln** festgelegt. Zunächst wird das chirale Zentrum von der dem Molekülteil mit geringster Priorität (d) abgewandten Seite betrachtet. Bilden die drei restlichen Molekülgruppen eine Reihe abnehmender Priorität im Uhrzeigersinn, so spricht man von einer **R-Konfiguration** (von *rectus*). Ist die Reihenfolge dem Uhrzeigersinn entgegengesetzt, so spricht man von einer **S-Konfiguration** (von *sinister*).

Blickrichtung

a →b →c rechtsdrehend

R-Konfiguration

Blickrichtung

a →b →c linksdrehend

S-Konfiguration

1. Sequenzregel: Atome, die direkt mit dem Chiralitätszentrum verbunden sind, werden entsprechend der Ordnungszahl in die Reihe der Prioritäten aufgenommen. Bei zwei Isotopen genießt das Atom mit der höheren Massenzahl die Priorität.

Beispiel: $I-$ > $Br-$ > $Cl-$ > $F-$ > $OH-$ > NH_2- > CH_3- > $H-$

       hohe Priorität   ⟶   **geringe Priorität**

2. Sequenzregel: Lässt sich die Reihenfolge zweier Gruppen nach der 1. Regel nicht entscheiden, so werden die Ordnungszahlen der folgenden Atome beider Gruppen verglichen, indem man sich immer weiter vom Chiralitätszentrum entfernt.

Beispiel:
In 2-Chlorbutan sind zwei der vier an das Chiralitätszentrum gebundenen Atome ebenfalls C-Atome. In der Methylgruppe folgen als zweite Atome (H, H, H) und in der Ethylgruppe (C, H, H).

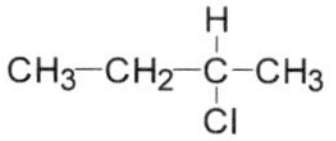

$$CH_3-CH_2-\overset{\overset{\displaystyle H}{|}}{\underset{\underset{\displaystyle Cl}{|}}{C}}-CH_3$$

Da die Ordnungszahl von Kohlenstoff höher ist als die von Wasserstoff, hat C_2H_5- Vorrang vor CH_3-. Die vollständige Reihenfolge lautet somit: Cl- > C_2H_5- > CH_3- > H-.

3. Sequenzregel: Die Atome einer Doppel- bzw. Dreifachbindung werden beide wie zwei bzw. drei einfach gebundene Atome gewertet.

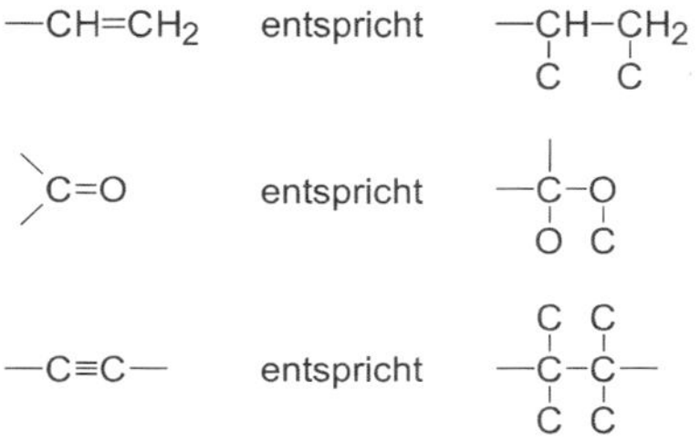

$$-CH=CH_2 \quad \text{entspricht} \quad \begin{array}{c} -CH-CH_2 \\ \ \ \ |\ \ \ \ | \\ \ \ \ C\ \ \ C \end{array}$$

$$\begin{array}{c} \diagdown \\ \diagup \end{array}C=O \quad \text{entspricht} \quad \begin{array}{c} | \\ -C-O \\ |\ \ \ | \\ O\ \ C \end{array}$$

$$-C\equiv C- \quad \text{entspricht} \quad \begin{array}{c} C\ \ C \\ |\ \ \ | \\ -C-C- \\ |\ \ \ | \\ C\ \ C \end{array}$$

Hieraus ergibt sich folgende Reihenfolge:

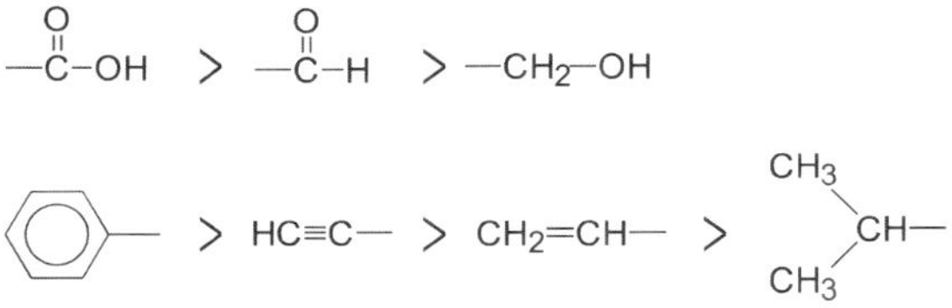

$$\begin{array}{c} O \\ \| \\ -C-OH \end{array} > \begin{array}{c} O \\ \| \\ -C-H \end{array} > -CH_2-OH$$

$$\bigcirc\!\!\!\!\bigcirc- \ > \ HC\equiv C- \ > \ CH_2=CH- \ > \ \begin{array}{c} CH_3 \\ \diagdown \\ CH- \\ \diagup \\ CH_3 \end{array}$$

Beispiel:

Die R,S-Methode soll auf die beiden Enantiomeren der Milchsäure angewendet werden. Die vier am chiralen Zentrum gebundenen Gruppen werden zunächst nach Priorität geordnet: OH > COOH > CH$_3$ > H. Das Molekül wird dann von der dem H-Atom als Substituent geringster Priorität entgegengesetzten Seite betrachtet. Die Reihenfolge abnehmender Priorität der verbleibenden Substituenten ist bei der gezeigten (–)-Milchsäure im Uhrzeigersinn orientiert (R-Konfiguration). Die (+)-Milchsäure besitzt die S-Konfiguration.

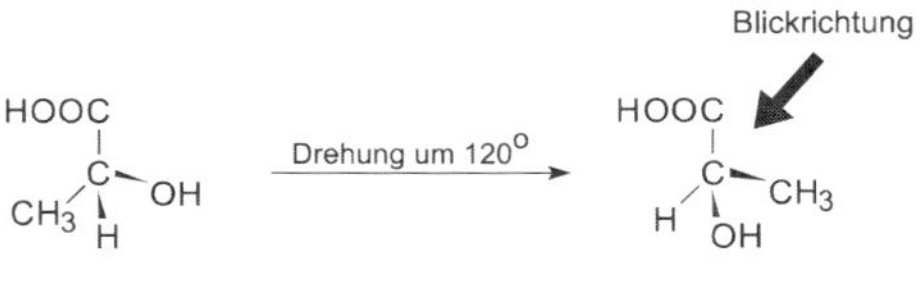

(R)-(–)-Milchsäure

Zwischen der R,S-Konfiguration und dem gemessenen **Drehwert** (+) oder (–) einer Verbindung gibt es keinen Zusammenhang. Der Drehwert ist eine physikalische Konstante und leitet sich nicht unmittelbar aus der Molekülstruktur ab.

22.5   Moleküle mit mehreren Chiralitätszentren

Viele Verbindungen, die in der Natur vorkommen, haben mehr als ein Chiralitätszentrum. Um diese Verbindungen eindeutig zu bezeichnen, muss zunächst die Anzahl möglicher Isomere und ihre strukturelle Beziehung untereinander ermittelt werden.

Für Verbindungen mit n Chiralitätszentren gibt es maximal 2^n Stereoisomere. Die chiralen C-Atome müssen jedoch unterschiedlich substituiert sein. Bei Verbindungen mit zwei benachbarten chiralen Zentren gibt es für jedes der beiden Chiralitätszentren zwei Anordnungsmöglichkeiten der Substituenten. Je nach Stellung der Substituenten werden die Stereoisomere **erythro-Form** oder **threo-Form** genannt.

Beispiel: 2-Brom-3-chlorbutan $CH_3-\overset{*}{C}H-\overset{*}{C}H-CH_3$
                                         $\underset{Br}{|}\quad\underset{Cl}{|}$

Die Verbindung hat zwei Chiralitätszentren, die beide entweder R- oder S-konfiguriert sein können. Es existieren somit vier Isomere: (R, R), (S, S), (R, S), (S, R). Der erste Buchstabe bezieht sich auf C-2, der zweite auf C-3.

(1) 2R, 3R ┊ (2) 2S, 3S │ (3) 2R, 3S ┊ (4) 2S, 3R

Enantiomere   │   Enantiomere

Es gibt zwei Enantiomerenpaare. Die (R, R)- und die (S, S)-Konfiguration sowie die (R, S)- und die (S, R)-Konfiguration sind nicht deckungsgleiche Bild-Spiegelbild-Formen.

Die Stereoisomere (1) und (2), Cl- und Br-Atom auf verschiedenen Seiten, werden als **threo-Paar** bezeichnet. Das Enantiomerenpaar (3) und (4), Cl- und Br-Atom auf der gleichen Seite, wird **erythro-Paar** genannt. Verbindungen, die Stereoisomere sind, sich aber nicht wie Bild und Spiegelbild zueinander verhalten, nennt man **Diastereomere**.

Verbindungen mit gleichen Chiralitätszentren
Die Anzahl der möglichen stereoisomeren Formen reduziert sich, wenn die Verbindung zwei gleichartig substituierte Chiralitätszentren enthält.

(1) und (2) sind Enantiomere, (3) und (4) sehen zwar spiegelbildlich aus, können aber bei der FISCHER-Projektion durch Drehung des Moleküls um 180° und bei der perspektivischen Darstellung durch Rotation um die C–C-Bindung zur Deckung gebracht werden. Die Strukturen (3) und (4) besitzen in der FISCHER-Projektion eine Spiegelebene und in der perspektivischen Darstellung ein Symmetriezentrum. Die Verbindungen sind daher identisch.

Beispiel :   Weinsäure   HOOC–*CH–*CH–COOH
                                                OH OH

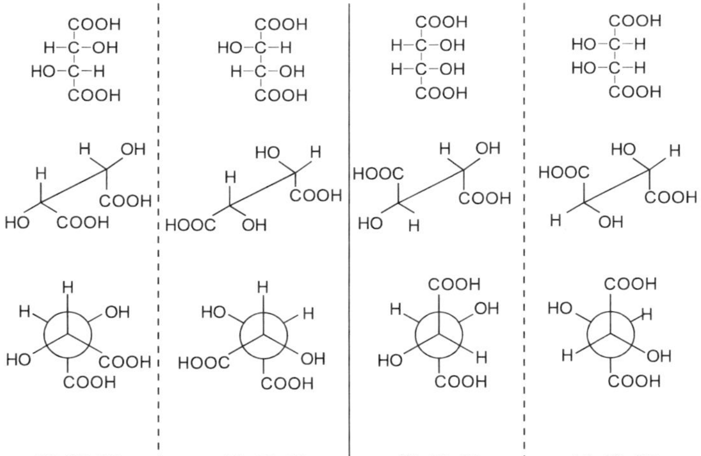

(1) 2R, 3R   (2) 2S, 3S   (3) 2R, 3S   (4) 2S, 3R

Enantiomere   meso-Form

Substanzen mit diesen Eigenschaften sind **achiral,** da beide Asymmetriezentren entgegengesetzte Konfiguration zeigen. Die beiden Konformationen (3) und (4) heißen **meso-Formen** und sind nicht optisch aktiv, haben jedoch andere chemische und physikalische Eigenschaften als die Enantiomerenpaare (1) und (2).

23 Amine

23.1 Klassifizierung und Nomenklatur

Amine können als Substitutionsprodukte des Ammoniaks aufgefasst werden. Die Verwandtschaft zwischen den Aminen und Ammoniak kommt in folgenden Konstitutionsformeln zum Ausdruck:

$$
\begin{array}{cccc}
\text{H}-\overset{\displaystyle|}{\underset{\displaystyle|}{\overline{\text{N}}}}-\text{H} & \text{R}-\overset{\displaystyle|}{\underset{\displaystyle|}{\overline{\text{N}}}}-\text{H} & \text{R}-\overset{\displaystyle|}{\underset{\displaystyle|}{\overline{\text{N}}}}-\text{R} & \text{R}-\overset{\displaystyle|}{\underset{\displaystyle|}{\overline{\text{N}}}}-\text{R} \\
\text{H} & \text{H} & \text{H} & \text{R} \\
\text{Ammoniak} & \begin{array}{c}\text{primäres}\\\text{Amin}\end{array} & \begin{array}{c}\text{sekundäres}\\\text{Amin}\end{array} & \begin{array}{c}\text{tertiäres}\\\text{Amin}\end{array}
\end{array}
$$

Nach der Anzahl der im NH_3-Molekül durch andere Gruppen substituierten H-Atome werden **primäre, sekundäre** und **tertiäre** Amine unterschieden. Trägt der Stickstoff vier Substituenten, so spricht man von quartären Ammoniumverbindungen. Ein Amin kann am N-Atom gleiche oder verschiedene Reste tragen, die entweder aliphatisch oder aromatisch sein können. Der Stickstoff kann auch Teil eines Ringes sein (vgl. Kap. 21).

Beispiele:

$$
\begin{array}{ccc}
\text{CH}_3-\text{CH}_2-\text{NH}_2 & \text{CH}_3-\text{NH}-\underset{\displaystyle\overset{|}{\text{CH}_3}}{\text{CH}}-\text{CH}_3 & \text{CH}_3-\underset{\displaystyle\overset{|}{\text{CH}_3}}{\text{N}}-\text{CH}_3 \\
\begin{array}{c}\text{Ethylamin}\\\text{primär}\end{array} & \begin{array}{c}\text{Methylisopropylamin}\\\text{sekundär}\end{array} & \begin{array}{c}\text{Trimethylamin}\\\text{tertiär}\end{array}
\end{array}
$$

$$
\begin{array}{ccc}
\langle\!\bigcirc\!\rangle\!-\text{NH}_2 & \overset{\oplus}{\text{NH}_4}\ \overset{\ominus}{\text{Cl}} & \text{HO}-\text{CH}_2-\text{CH}_2-\underset{\displaystyle\overset{|}{\text{CH}_3}}{\overset{\displaystyle\overset{\text{CH}_3}{|}}{\overset{\oplus}{\text{N}}}}-\text{CH}_3\ \ \overset{\ominus}{\text{Cl}} \\
\begin{array}{c}\text{Anilin}\\\text{primär}\end{array} & \text{Ammoniumchlorid} & \begin{array}{c}\text{Cholin}\\\text{quartär}\end{array}
\end{array}
$$

Di- und Triamine sind aliphatische oder aromatische Kohlenwasserstoff-Verbindungen, die zwei bzw. drei NH_2-Gruppen im Molekül besitzen.

Allgemein können die Amine nach der substitutiven Nomenklatur benannt werden: primäre Amine durch das Präfix **Amino-** oder das Suffix

-amin; sekundäre und tertiäre durch die Präfixe **Alkylamino-** bzw. **Dialkylamino-**.

Beispiele: CH$_3$—CH$_2$—NH$_2$ CH$_3$—CH—CH$_2$—CH$_3$
                                                                                |
                                                                               NH$_2$

Aminoethan   2-Aminobutan   N,N-Dimethylaminobenzen
Ethanamin   2-Butanamin   N,N-Dimethylanilin
Ethylamin

Das N-Atom in einem Amin ist dreibindig und hat ein freies Elektronenpaar. Die Orbitale sind sp^3-hybridisiert und nahezu tetraedisch gebaut. Auf Grund dieser pyramidalen Struktur können Amine prinzipiell chiral sein. Praktisch lassen sich die Enantiomere jedoch nicht voneinander trennen. Bereits bei sehr viel geringeren Temperaturen als Raumtemperatur werden die Enantiomere ineinander umgewandelt. Die Umwandlung erfolgt durch Umklappen der Pyramide, vergleichbar mit dem Umklappen eines Regenschirms.

23.2   Eigenschaften der Amine

Amine haben (wie Ammoniak) polarisierte Atombindungen und bilden intermolekulare Wasserstoffbrückenbindungen aus. Daher sind Amine mit bis zu fünf oder sechs C-Atomen sehr gut in Wasser löslich. Wie bei den Alkoholen nimmt die Löslichkeit mit zunehmender Größe des Kohlenwasserstoffrestes ab.

Die H-Brücken-Bindungen zwischen den Aminmolekülen sind, verglichen mit Alkoholen, weniger stark ausgeprägt, sodass die Siedepunkte der Amine tiefer liegen als die der entsprechenden Alkohole. Bei den Aminen mit gleicher C-Zahl sinkt der Siedepunkt von den primären zu den tertiären Verbindungen weiter ab. Beim Umgang mit aromatischen Aminen ist die hohe Hautresorbierbarkeit und Toxizität zu beachten.

Tabelle 23-1: Eigenschaften einiger Amine

Name	Formel	Siedepunkt in °C	pK_B-Wert
Ammoniak	NH_3	$-33,4$	4,70
Methylamin	CH_3-NH_2	$-6,3$	3,36
Dimethylamin	$(CH_3)_2NH$	7,4	3,29
Trimethylamin	$(CH_3)_3N$	2,9	4,23
Ethylamin	$CH_3-CH_2-NH_2$	16,6	3,33
n-Propylamin	$CH_3-CH_2-CH_2-NH_2$	48,7	3,42
Ethylendiamin	$NH_2-CH_2-CH_2-NH_2$	116,5	4,07
p-Methylanilin	$CH_3-C_6H_4-NH_2$	107,1	9,00
Anilin	$C_6H_5-NH_2$	184,0	9,42
p-Nitroanilin	$NO_2-C_6H_4-NH_2$	138,1	13,02
Pyridin	C_5H_5-N	115,2	8,94

Eine weitere charakteristische Eigenschaft der Amine ist wegen des freien Elektronenpaares ihre **Basizität**. Die Stärke der Basizität ist in besonderem Maße von der Verfügbarkeit des freien Elektronenpaares für die Reaktion mit dem Proton abhängig. Wie Ammoniak können Amine unter Bildung von Ammoniumsalzen ein Proton anlagern. Eine einfache Methode zur Trennung von Aminen und ungeladenen organischen Verbindungen ist die Extraktion mit wässriger Salzsäure.

Dimethylamin   Dimethylammoniumchlorid

Der +I-Effekt von N-Alkylgruppen trägt dazu bei, dass Alkylamine stärker basisch sind als Ammoniak. Es ist jedoch, wie das Beispiel der Methylamine zeigt (vgl. Tab. 23-1), in wässrigen Lösungen kein kontinuierlicher Anstieg der Basizität von den primären bis zu den tertiären Aminen zu beobachten. Dieses Verhalten wird verständlich, wenn man berücksichtigt, dass die Basizität neben der Elektronendichte am N-Atom auch von der Solvatation des entstehenden Ammoniumions abhängt. Mit der Anzahl der H-Atome am Stickstoff steigt die Möglichkeit zur Solvatisierung des Kations und damit seine Stabilität.

Elektronendichte am N-Atom: $R_3\overline{N} > R_2\overline{N}H > R\overline{N}H_2 > \overline{N}H_3$

Solvatation: $R_3NH^{\oplus} > R_2NH_2^{\oplus} > RNH_3^{\oplus} > NH_4^{\oplus}$

Beide Effekte, Elektronendichte am N-Atom und Stabilisierung des Kations, wirken gegeneinander. Bei großvolumigen organischen Resten ist die sterische Hinderung noch mit zu berücksichtigen.

Aromatische Amine sind im Vergleich zu Ammoniak und den aliphatischen Aminen wesentlich schwächere Basen (vgl. Tab. 23-1). Der Grund hierfür ist die Beteiligung des freien Elektronenpaares an der Mesomerie des aromatischen Systems (+M-Effekt):

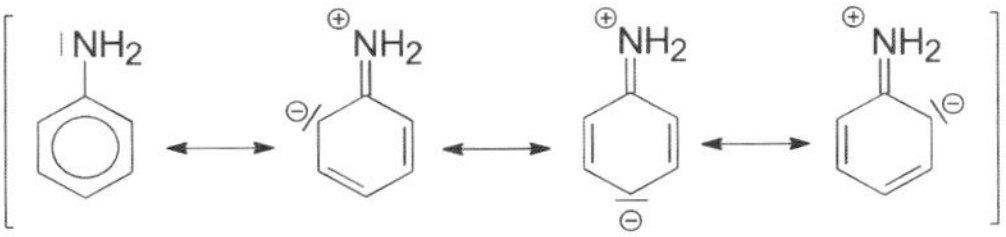

Elektronen anziehende Gruppen am organischen Rest oder am Stickstoffatom verringern die Basizität weiter.

23.3   Herstellung von Aminen

Viele organische Halogenverbindungen können mit wässrigen oder alkoholischen Ammoniaklösungen in Amine umgewandelt werden.

$$R-X \ + \ |NH_3 \ \longrightarrow \ R-\overset{\oplus}{N}H_3 \ + \ X^{\ominus}$$

Das Halogen X wird durch Ammoniak substituiert, wobei sich eine Bindung zwischen dem N-Atom und der Alkylgruppe bildet. Diese Reaktion wird daher auch **Alkylierung** genannt. Bei der Reaktion ist ein Überschuss von NH_3 oder Amin erforderlich, damit im zweiten Schritt die überschüssige Base (NH_3) das Proton vom Alkylammoniumion übernehmen kann.

$$R-\overset{\oplus}{N}H_3 \ + \ |NH_3 \ \longrightarrow \ R-\overline{N}H_2 \ + \ NH_4^{\oplus}$$

Der erste Reaktionsschritt verläuft nach einem S_{N2}-Mechanismus. Das entstandene Amin ist selbst ein Nucleophil und kann weiter alkyliert werden.

$$2 \ R-\overline{N}H_2 \ + \ R-X \ \longrightarrow \ R-\overline{N}H-R \ + \ RNH_3^{\oplus}Cl^{\ominus}$$

Diese Reaktion kann noch zweimal wiederholt werden, wobei ein tertiäres Amin und schließlich ein quartäres Ammoniumsalz entsteht.

$$R-\underset{\underset{}{|}}{\overset{\overset{R}{|}}{N}}-R \ + \ R-X \ \longrightarrow \ R-\overset{\overset{R}{|}}{\underset{\underset{R}{|}}{N}}{}^{\oplus}-R \ \ X^{\ominus}$$

tertiäres Amin   quartäres Ammoniumsalz

Die Bildung eines Reaktionsgemisches engt die Anwendbarkeit der Alkylierung zur Herstellung reiner Amine etwas ein. Durch die Wahl geeigneter Konzentrationsverhältnisse kann jedoch ein relativ einheitliches Produkt erzeugt werden. Bei Anwendung z. B. eines großen NH_3-Überschusses ist das Hauptprodukt ein primäres Amin.

$$CH_3-CH_2-CH_2-CH_2-Br + NH_3 \longrightarrow CH_3-CH_2-CH_2-CH_2-\overset{\oplus}{N}H_3 + Br^{\ominus}$$

Substitution

$$CH_3-\underset{\underset{Br}{|}}{\overset{\overset{CH_3}{|}}{C}}-CH_3 \ + \ NH_3 \longrightarrow CH_3-\overset{\overset{CH_3}{|}}{C}=CH_2 \ + \ NH_4Br$$

Eliminierung

Auch bei der nucleophilen Substitution konkurriert die **Eliminierung** mit der **Substitution**. Ammoniak kann das H-Atom unter Bildung eines Alkens ebenso wie das C-Atom unter Bildung eines Amins angreifen.

Reduktion anderer Stickstoffverbindungen

Nitroverbindungen können wie viele andere organische Stickstoffverbindungen nach drei verschiedenen Methoden reduziert werden:

- **katalytische Hydrierung** (Ni oder Pt) mit Wasserstoff
- **chemische Reaktion** mit unedlen Metallen in saurer Lösung
- chemische Reaktion mit **komplexen Hydriden,** z. B.

$$CH_3-\langle\bigcirc\rangle-NO_2 \ \xrightarrow{\text{Reduktion}} \ CH_3-\langle\bigcirc\rangle-NH_2$$

p-Nitrotoluen   p-Toluidin

Säureamide und Nitrile lassen sich z. B. mit Lithiumaluminiumhydrid ($LiAlH_4$) zu Aminen reduzieren. Je nach Art von R' und R'' (R', R'' = H oder Alkylgruppe) erhält man **primäre, sekundäre** oder **tertiäre Amine.**

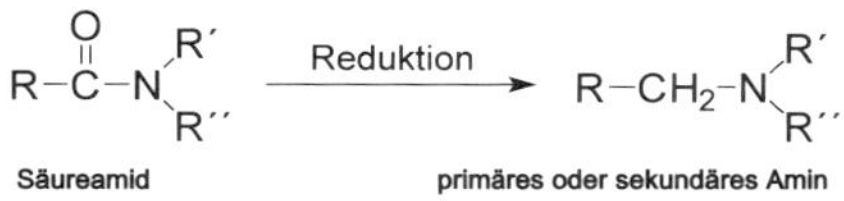

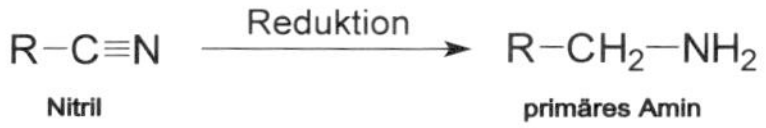

Säureamid — primäres oder sekundäres Amin

Nitril — primäres Amin

23.4   Reaktionen von Aminen
23.4.1   Elektrophile Reaktion

Ester, Säureanhydride und Säurechloride lassen sich mit Ammoniak zu einfachen Amiden umsetzen. Die Reaktion dieser Carbonsäurederivate kann ebenso mit primären oder sekundären Aminen erfolgen. Diese Reaktion wird **Acylierung** genannt. Die Herstellung des Fiebermittels Acetanilid ist ein Beispiel für die Umsetzung von Essigsäureanhydrid mit Anilin.

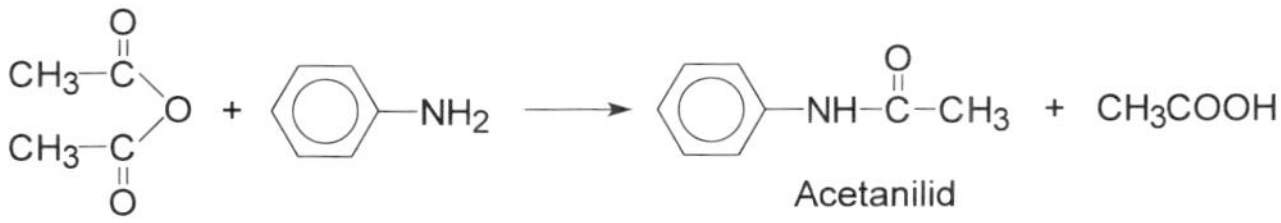

Acetanilid

23.4.2   Umsetzung mit salpetriger Säure

Amine reagieren mit salpetriger Säure ($NaNO_2$/HCl) in Abhängigkeit vom eingesetzten Amin zu unterschiedlichen Produkten. Besonders wichtig ist die Reaktion **primärer aromatischer Amine**.

Salpetrige Säure entsteht aus Natriumnitrit und starken Mineralsäuren. Bei Temperaturen von 0...5 °C ist eine wässrige Lösung von salpetriger Säure relativ stabil.

$$NaNO_2 \ + \ HCl \ \xrightarrow{\ 0...5\,°C\ } \ HO-\overline{N}=\overline{\underline{O}} \ + \ NaCl$$

Zwischen einer sauren Lösung von salpetriger Säure und dem für die Reaktion verantwortlichen Nitrosoniumion in Wasser existiert ein Gleichgewicht:

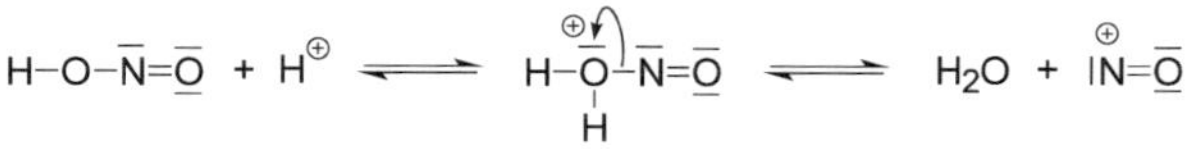

$$H-O-\overline{N}=\overline{O} + H^{\oplus} \; \rightleftharpoons \; H-\overset{\oplus}{\underset{H}{O}}-\overline{N}=\overline{O} \; \rightleftharpoons \; H_2O + \overset{\oplus}{I}N=\overline{O}$$

Primäre Amine reagieren mit salpetriger Säure zu **Diazoniumverbindungen.**

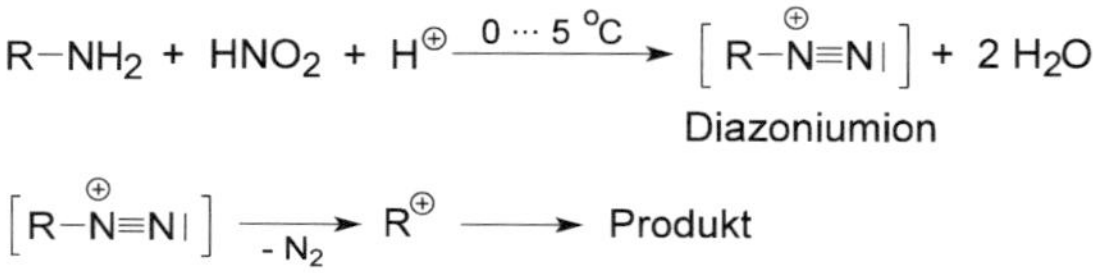

$$R-NH_2 + HNO_2 + H^{\oplus} \xrightarrow{\;0 \cdots 5\,^{\circ}C\;} \left[R-\overset{\oplus}{N}\equiv NI \right] + 2\,H_2O$$

Diazoniumion

$$\left[R-\overset{\oplus}{N}\equiv NI \right] \xrightarrow{-N_2} R^{\oplus} \longrightarrow Produkt$$

Alkyldiazoniumionen sind auch bei Temperaturen von 0 °C relativ instabil. Sie spalten Stickstoff ab und reagieren zu einem Carbokation. Anschließend reagieren sie mit einem Nucleophil oder gehen unter H$^+$-Abspaltung in ein Alken über.

Isopropylamin ist ein Beispiel für beide Reaktionsvarianten, d. h., Isopropylalkohol und Propen entstehen als gemeinsame Reaktionsprodukte.

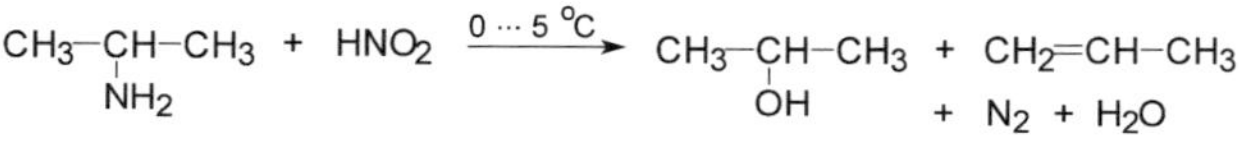

$$CH_3-\underset{NH_2}{CH}-CH_3 + HNO_2 \xrightarrow{\;0 \cdots 5\,^{\circ}C\;} CH_3-\underset{OH}{CH}-CH_3 + CH_2{=}CH-CH_3$$
$$+ N_2 + H_2O$$

Sekundäre Amine reagieren mit dem Nitrosoniumion am N-Atom unter Bildung von **Nitrosaminen.**

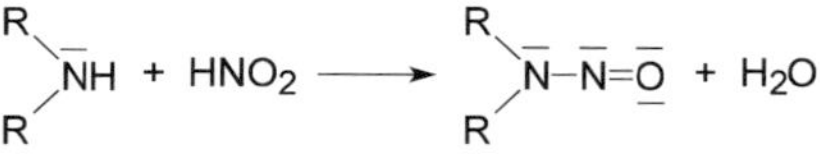

$$\underset{R}{\overset{R}{>}}NH + HNO_2 \longrightarrow \underset{R}{\overset{R}{>}}N-\overline{N}=\overline{O} + H_2O$$

Derartige Verbindungen wie Dimethylnitrosamin, N-Methyl-N-nitroso-harnstoff oder N-Methyl-N-nitrosourethan zeigen auch beim Menschen cancerogene (Krebs erregende) Wirkung.

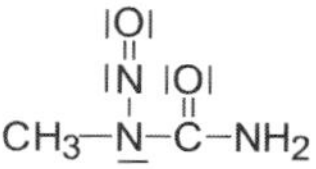

$$CH_3-\overset{\overset{\displaystyle |O|}{\overset{\|}{N}}}{N}-\overset{\overset{\displaystyle |O|}{\|}}{C}-NH_2 \qquad\qquad CH_3-CH_2-\overline{O}-\overset{\overset{\displaystyle |O|}{\|}}{C}-\overset{\overset{\displaystyle |O|\,I N}{}}{N}-CH_3$$

N-Methyl-N-nitrosoharnstoff 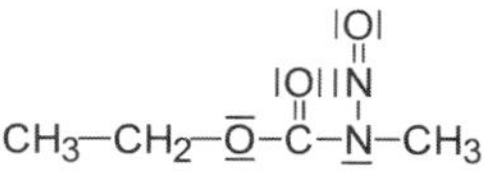   N-Methyl-N-nitrosourethan

Bei **tertiären Aminen** findet keine Reaktion am Amin-N, sondern am aromatischen Ring statt. Es entsteht entsprechend einer S_E-Reaktion eine **aromatische Nitrosoverbindung.**

23.4.3 Aromatische Diazoniumverbindungen

Bei der Umsetzung primärer aromatischer Amine mit salpetriger Säure entstehen bei etwa 0 °C Diazoniumionen. Dieser Vorgang wird als **Diazotierung** bezeichnet.

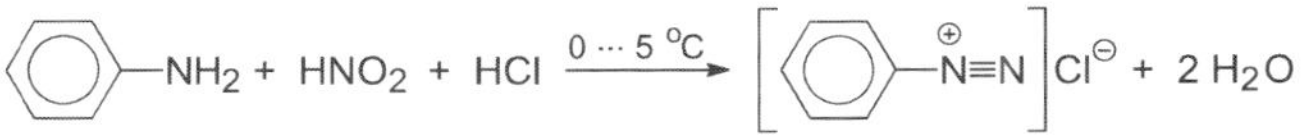

$$\langle\bigcirc\rangle\!-\!NH_2 + HNO_2 + HCl \xrightarrow{\ 0\cdots5\ °C\ } \left[\langle\bigcirc\rangle\!-\!\overset{\oplus}{N}\!\equiv\!N\right] Cl^{\ominus} + 2\,H_2O$$

Benzendiazoniumchlorid

Wässrige Lösungen von Benzoldiazoniumchlorid sind bei 0...5 °C mehrere Stunden stabil. Der Diazoniumrest kann durch andere Substituenten ausgetauscht werden. Die wichtigsten sind in der folgenden Übersicht zusammengestellt:

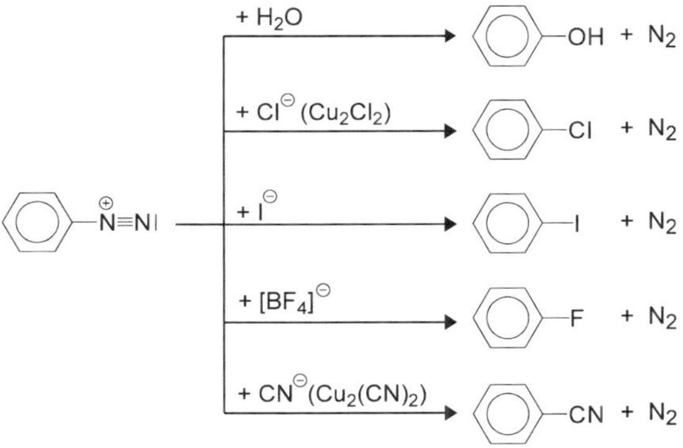

Diese Umsetzungen verlaufen nach unterschiedlichen Mechanismen. Erhitzt man z. B. eine wässrige Diazoniumsalzlösung, so erfolgt unter S_{N1}-Reaktion die Bildung der entsprechenden Phenole. Die Einführung von Cl^-, I^-, F^-, CN^- und anderer Substituenten erfolgt in Abhängigkeit von der nucleophilen Kraft des Reagens mit und ohne Mitwirkung eines entsprechenden Katalysators. Auf diese Weise lassen sich Substituenten einführen, die unter den Bedingungen der direkten nucleophilen Substitution nur schwer eingebaut werden können.

23.5   Herstellung von Azofarbstoffen

Aromatische Diazoniumionen sind schwache Elektrophile, die mit ausreichend aktivierten Aromaten (z. B. Phenole, Naphthole, aromatische Aminoverbindungen) unter Bildung von Azoverbindungen reagieren. Die Substitution erfolgt dabei bevorzugt in para-Stellung, kann aber auch, wenn diese besetzt ist, als ortho-Kupplung ablaufen.

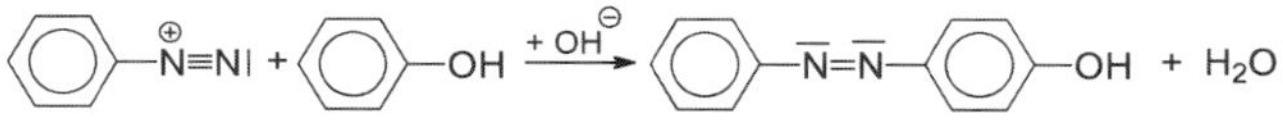

Benzendiazoniumion   p-Hydroxyazobenzen

Man nennt diese spezielle Art der elektrophilen Substitution an Aromaten **Azokupplung**, weil zwei aromatische Ringe durch eine Azogruppe -N=N- miteinander verbunden sind.

Die Azokupplung mit Phenolen verläuft im alkalischen Milieu besonders leicht, weil hier Phenolationen vorliegen (vgl. Kap. 24). Kupplungsreaktionen mit primären und sekundären Aminen (C-Kupplung) verlaufen dagegen im schwach sauren Bereich.

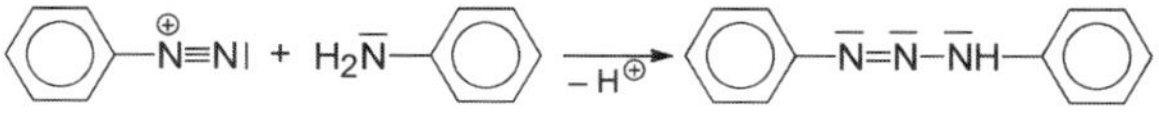

1,3-Diphenyl-triazen

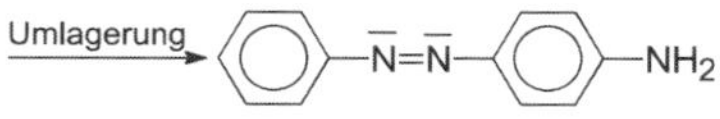

p-Aminoazobenzen

Das entstandene Triazen-System lagert sich in Gegenwart von Säuren in die stabilere, stärker basische Aminoazoverbindung um.

Azofarbstoffe

Chemische Substanzen, die elektromagnetische Strahlung aus dem Bereich des sichtbaren Spektrums (400...800 nm) absorbieren, erscheinen dem menschlichen Auge farbig. Es wird jeweils die Komplementärfarbe des absorbierten Lichtes wahrgenommen. Als wichtige Voraussetzung für die Lichtabsorption müssen **chromophore Gruppen** im Molekül vorhanden sein. Chromophore sind z. B. die funktionellen Einheiten >C=C<, -N=N- oder >C=O. Die Absorptionsmaxima dieser Gruppe liegen im UV-Bereich und können durch Wechselwirkung mit anderen konjugierten π-Elektronensystemen in den sichtbaren Bereich verschoben werden.

Azofarbstoffe enthalten als Chromophor die Azogruppe -N=N-, die durch Kupplung mit aktivierten Aromaten entsteht. Zwei Beispiele von häufig verwendeten Kupplungskomponenten sind mit der pH-abhängigen Kupplungsposition im Folgenden gezeigt:

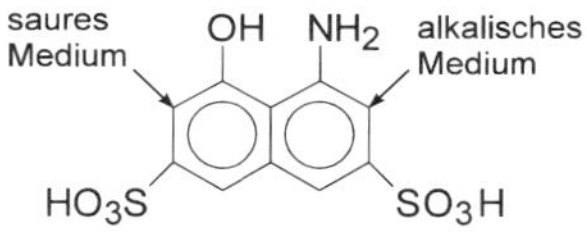

saures Medium   OH   NH$_2$ alkalisches Medium   saures Medium   OH   alkalisches Medium   NH$_2$

HO$_3$S   SO$_3$H   HO$_3$S

H-Säure γ-Säure

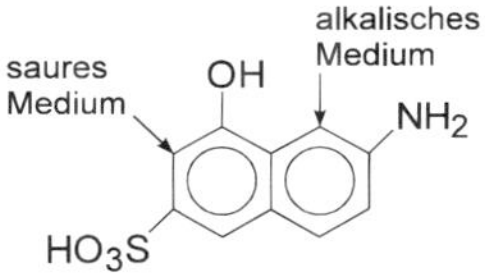

Zu den sauren Azofarbstoffen zählt z. B. das aus diazotierter Sulfanilsäure und β-Naphthol erhaltene **β-Naphtholorange**, zu den basischen Vertretern zählt das ebenfalls orange gefärbte **Chrysoidin**, das aus diazotiertem Anilin und 1,3-Phenylendiamin entsteht.

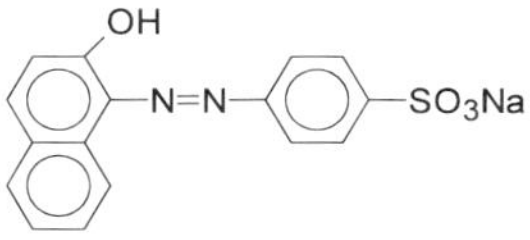

OH   N=N   SO$_3$Na   NH$_2$ N=N   NH$_2$

β-Naphtholorange 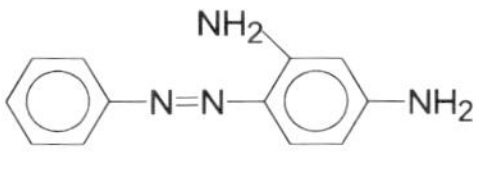   Chrysoidin

Ein weiteres Beispiel ist der häufig verwendete Azofarbstoff **Direkttiefschwarz E**, der durch Kupplung von diazotiertem Benzidin mit einem Mol H-Säure in saurem Medium, der anschließenden Kupplung der H-Säure mit diazotiertem Anilin in alkalischem Medium und schließlich der Kupplung der zweiten Diazoniumgruppe des Benzidins mit 1,3-Phenylendiamin hergestellt werden kann.

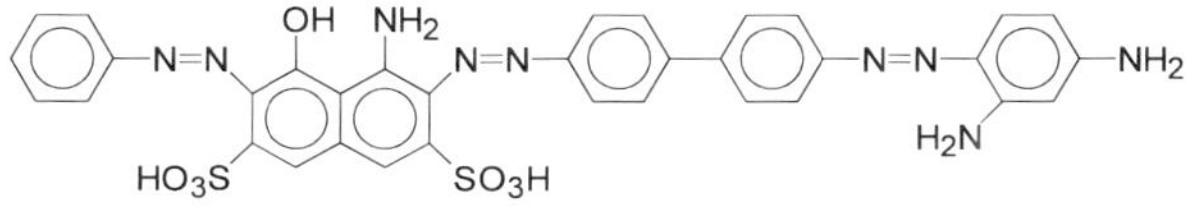

N=N   OH   NH$_2$ N=N   N=N   NH$_2$

HO$_3$S   SO$_3$H   H$_2$N

Direkttiefschwarz E

24 Alkohole und Phenole

24.1   Klassifizierung und Nomenklatur

Alkohole und Phenole werden durch die allgemeine Konstitutionsformel **R–OH** beschrieben. Die funktionelle Gruppe ist die **Hydroxygruppe** –OH. Hydroxyverbindungen sind als Abkömmlinge des Wassers aufzufassen, von dem sie sich durch Substitution eines H-Atoms gegen einen Alkyl- bzw. Arylrest ableiten.

Als **Alkohole** werden Verbindungen bezeichnet, in denen die Hydroxygruppe an ein sp^3-hybridisiertes C-Atom gebunden ist. Verbindungen, deren OH-Gruppe direkt mit einer C=C-Doppelbindung oder mit einem aromatischen Ring verbunden ist, werden als **Enole** bzw. **Phenole** bezeichnet. Nach der Anzahl der OH-Gruppen sind einwertige von mehrwertigen Alkoholen zu unterscheiden. Verbindungen, die mehrere OH-Gruppen am gleichen C-Atom tragen, werden nicht zu den Hydroxyverbindungen gerechnet.

Alkohole werden darüber hinaus in **primäre**, **sekundäre** und **tertiäre** eingeteilt, je nachdem, ob ein, zwei oder drei organische Reste mit dem C-Atom, das die OH-Gruppe trägt, verbunden sind.

einwertige Alkohole		
R–CH₂–OH	R–CH–OH | R	R | R–C–OH | R
primärer Alkohol	sekundärer Alkohol	tertiärer Alkohol

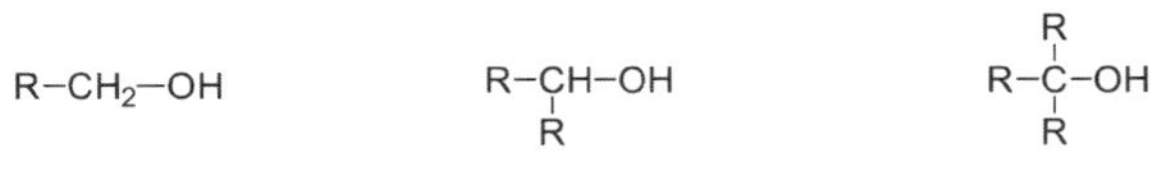

mehrwertige Alkohole		
CH₂–CH₂ | | OH OH	R–CH–CH–R | | OH OH	CH₂–CH–CH₂ | | | OH OH OH
zweiwertiger primärer Alkohol	zweiwertiger sekundärer Alkohol	dreiwertiger primärer und sekundärer Alkohol

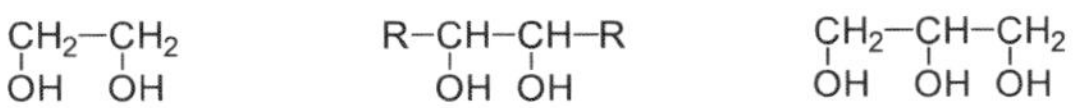

Methanol CH_3–OH nimmt nach dieser Einteilung eine Sonderstellung ein, wird aber üblicherweise zu den primären Alkoholen gerechnet.

Alkohole werden häufig trivial nach dem Alkylrest durch Anhängen des Suffix **-alkohol** benannt (z. B. Methylalkohol, Ethylalkohol). Nach der IUPAC-Nomenklatur werden sie durch die Endung **-ol** in Kombination mit dem entsprechendem Kohlenwasserstoff bezeichnet (z. B. Alkanole, Alkenole, Alkandiole). Als Stammverbindung ist die Kohlenstoffkette mit der größten Zahl der Hydroxygruppen zu wählen. Bildet die Hydroxygruppe nicht die Hauptgruppe der Verbindung, so wird sie durch das Präfix **Hydroxy-** bezeichnet.

Beispiele:

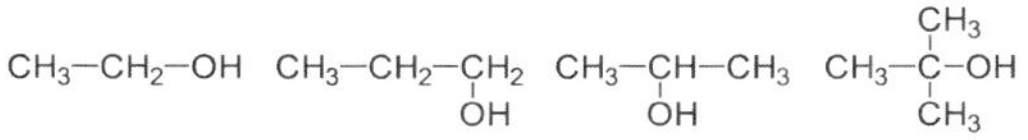

CH_3–CH_2–OH

Ethanol
(Ethylalkohol)
Hydroxyethan

CH_3–CH_2–CH_2
                OH

1-Propanol
(n-Propylalkohol)
1-Hydroxypropan

CH_3–CH–CH_3
        OH

2-Propanol
(Isopropylalkohol)
2-Hydroxypropan

CH_3–C–OH (mit CH_3 oben und CH_3 unten)

2-Methyl-2-propanol
(tertiärer Butylalkohol)
2-Hydroxy-2-methylpropan

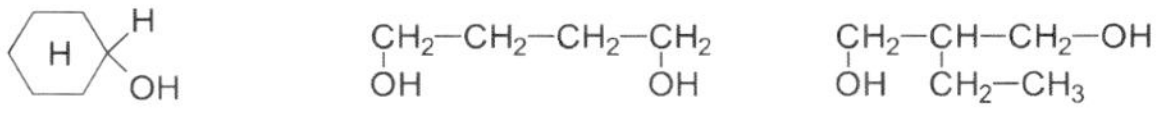

Cyclohexanol

CH_2–CH_2–CH_2–CH_2
 OH   OH

1,4-Butandiol

CH_2–CH–CH_2–OH
 OH CH_2–CH_3

2-Ethyl-1,3-propandiol

Für mehrwertige Alkohole sind auch Trivialnamen in Gebrauch:

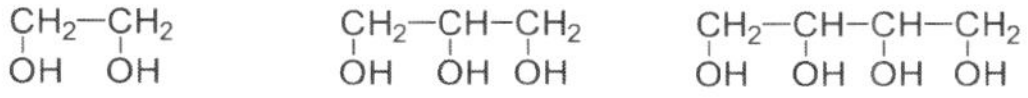

CH_2–CH_2
 OH   OH

Ethylenglykol
(Glykol)

CH_2–CH–CH_2
 OH   OH   OH

Glycerin
(Glycerol)

CH_2–CH–CH–CH_2
 OH   OH   OH   OH

Erythrit

Auch die meisten Phenole tragen Trivialnamen, oder sie werden als substituierte Phenole bezeichnet.

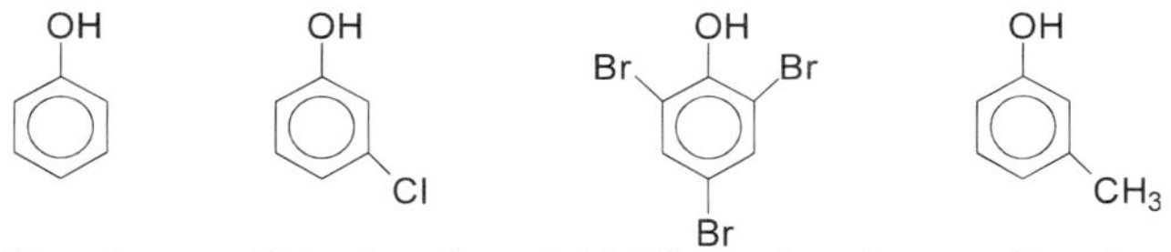

Phenol

m-Chlorphenol

2,4,6-Tribromphenol

m-Kresol

O C

β-Naphthol   Brenzcatechin   Hydrochinon   Resorcin

24.2   Eigenschaften von Alkoholen und Phenolen

Reine Kohlenwasserstoffe sind nahezu unpolar und entsprechen hinsichtlich ihren physikalischen Eigenschaften unseren Erwartungen von derartigen Verbindungen. Relativ niedrige Schmelz- und Siedepunkte sind charakteristisch für Moleküle, zwischen denen ausgesprochen schwache intermolekulare Wechselwirkungen bestehen; ebenso typisch sind die gute Löslichkeit in unpolaren Solvenzien und dementsprechend die schlechte Löslichkeit in polaren Lösungsmitteln wie Wasser.

Tabelle 24-1: Physikalische Eigenschaften einiger Alkohole und Phenole

Name	Schmelzpunkt in °C	Siedepunkt in °C	Löslichkeit * in g/100 g H_2O	pK_S-Wert
Methanol	− 97	65	∞	15,5
Ethanol	− 115	79	∞	15,9
1-Propanol	− 126	97	∞	——
1-Butanol	− 90	118	7,9	——
1-Pentanol	− 79	138	2,3	——
1-Hexanol	− 52	157	0,6	——
1-Heptanol	− 34	176	0,2	——
1-Octanol	− 15	195	0,05	——
Ethylenglykol	− 16	197	∞	——
Glycerin	18	290	∞	——
Phenol	41	182	9,3	9,96
o-Kresol	31	191	2,5	10,20
o-Chlorphenol	9	173	2,8	8,11
o-Aminophenol	174	——	1,7	9,70
o-Nitrophenol	45	217	0,2	7,22
2,4-Dinitrophenol	113	——	0,6	4,00
2,4,6-Trinitrophenol	122	——	1,4	0,37
Brenzcatechin	104	246	45,0	10,00

* Angaben gelten für 25 °C

Alkohole enthalten neben dem Kohlenwasserstoffrest eine oder mehrere stark polare OH-Gruppen. Sie eignen sich daher als vielseitiges Lösungsmittel, da sie einerseits durch die hydrophile OH-Gruppe mit dem Wasser und andererseits durch den hydrophoben (lipophilen) Alkylrest mit den Kohlenwasserstoffen verwandt sind. Die ersten aliphatischen Alkohole ($C_1...C_3$) sind daher mit Wasser und anderen polaren Lösungsmitteln, aber auch mit Kohlenwasserstoffen und anderen unpolaren Lösungsmitteln unbegrenzt mischbar. Bei höheren Alkoholen (ab C_4) überwiegt der hydrophobe Charakter des Moleküls mit der Folge abnehmender Löslichkeit in polaren Lösungsmitteln. Mehrwertige Alkohole sind mit Wasser wesentlich besser mischbar als die entsprechenden Monohydroxyverbindungen.

Die meisten Phenole sind bei Raumtemperatur fest und lösen sich etwas in Wasser (1...9 g pro 100 g). Bei einwertigen Phenolen wird die Löslichkeit weitgehend durch den hydrophoben organischen Rest bestimmt, wobei sie etwa mit den mittleren Alkoholen vergleichbar ist. Auch die Wasserlöslichkeit der Phenole steigt mit der Einführung weiterer OH-Gruppen stark an.

Wasserstoffbrückenbindungen
Betrachtet man die physikalischen Eigenschaften der Alkohole und Phenole, so fallen die besonders hohen Siedepunkte auf, die deutlich über den Werten hydroxygruppenfreier Verbindungen mit vergleichbarer molarer Masse liegen (vgl. Tab. 24-2). Der Grund für dieses außerordentliche Verhalten der Alkohole sind H-Brücken-Bindungen der OH-Gruppen untereinander. Das H-Atom der Hydroxygruppe tritt dabei mit einem freien Elektronenpaar des O-Atoms eines anderen Moleküls in Wechselwirkung.

H-Brücke hält die
Alkoholmoleküle zusammen

Zwei und mehr Alkoholmoleküle können auf diese Weise zusammengehalten werden. Die Bindungsenergie einer Wasserstoffbrückenbindung ist mit 20...40 kJ · mol^{-1} erheblich geringer als die einer kovalenten Bindung. Sie reicht jedoch aus, um den höheren Energieaufwand und damit die höheren Siedepunkte von Alkoholen und Phenolen zu erklären.

Tabelle 24-2: Vergleich der Siedepunkte einiger Verbindungen mit annähernd gleicher molarer Masse

Verbindung	Struktur	molare Masse in g · mol^{-1}	Siedepunkt in °C
Ethanol	$CH_3–CH_2–OH$	46	+ 78
Propan	$CH_3–CH_2–CH_3$	44	– 42
Fluorethan	$CH_3–CH_2–F$	48	– 32
Dimethylether	$CH_3–O–CH_3$	46	– 24
n-Pentan	$CH_3–CH_2–CH_2–CH_2–CH_3$	72	+ 36
Diethylether	$CH_3–CH_2–O–CH_2–CH_3$	74	+ 35
1-Chlorpropan	$CH_3–CH_2–CH_2–CH_2–Cl$	79	+ 47
1-Butanol	$CH_3–CH_2–CH_2–CH_2–OH$	74	+ 118

Das Löslichkeitsverhalten der Alkohole spiegelt ebenfalls ihre Fähigkeit zur Bildung von H-Brücken wider. Kleinere Alkoholmoleküle sind mit Wasser unbegrenzt mischbar, da sie sich leicht in das Netzwerk der H-Brücken einbauen:

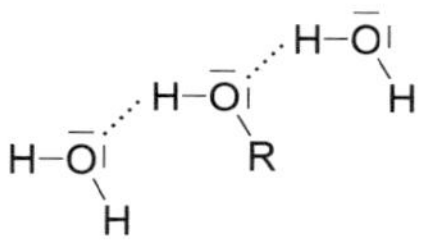

Acidität von Alkoholen und Phenolen

Alkohole und Phenole sind amphotere Verbindungen, da sie über ein acides H-Atom der Hydroxygruppe verfügen und freie Elektronenpaare mit basischen Eigenschaften am O-Atom besitzen. Die Acidität der Alkohole liegt mit pK_S = 15...16 in der Größenordnung der des Wassers. Phenole sind wesentlich stärkere Säuren als Alkohole; ihre pK_S-Werte liegen um 5...6 Einheiten tiefer. Der Hauptgrund für die höhere Acidität der Phenole besteht in der Möglichkeit der Resonanzstabilisierung des Phenoxid-Anions, die beim Alkoxid-Anion nicht gegeben ist.

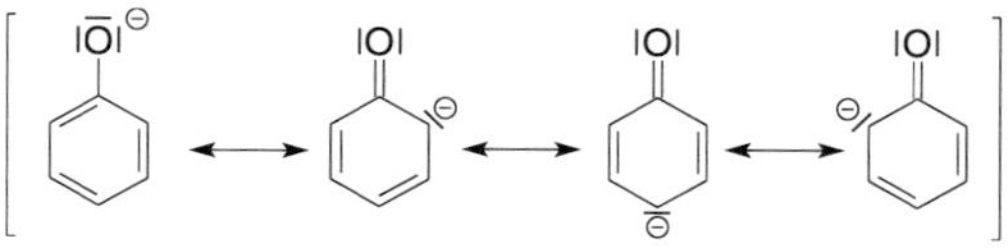

Elektronenakzeptorgruppen (Cl-, NO_2-) erhöhen die Acidität deutlich, während die Wirkung der Elektronendonatorgruppen (CH_3-) zur Aciditätsminderung weniger stark ausgeprägt ist (vgl. Tab. 24-1).

Metallderivate

Alkoxidionen in alkoholischer Lösung sind, wie Hydroxidionen in Wasser, starke Basen. Man erhält sie durch Umsetzung des entsprechenden Metalls in wasserfreiem Alkohol.

$$CH_3–CH_2–OH + Na \longrightarrow CH_3–CH_2–ONa + 0,5\ H_2$$
Natriumethanolat

$$2\ CH_3–OH + Mg \longrightarrow (CH_3–O)_2Mg + H_2$$
Magnesiummethanolat

Metallisches Natrium wird von Alkoholen bereits unter sehr milden Bedingungen oxidiert. Diese Eigenschaft kann daher z. B. in Laboratorien zur Vernichtung von Natriumabfällen mit Hilfe von Methanol genutzt werden. Die Reaktion von Magnesium mit wasserhaltigem Methanol kann zur Herstellung von absolutem (wasserfreiem) Methanol verwendet werden. Magnesiummethanolat reagiert mit dem Restwasser zu schwer löslichem Magnesiumhydroxid und Methanol.

$$(CH_3–O)_2Mg + 2\ H_2O \longrightarrow Mg(OH)_2 + 2\ CH_3–OH$$

Phenole reagieren auf Grund ihrer höheren Acidität mit Basen (z. B. Natronlauge) zu Phenolaten.

Stärkere Säuren (z. B. Kohlenstoffsäure) verdrängen Phenole aus ihren Salzen.

24.3   Herstellung von Alkoholen und Phenolen

Aus Alkoholen kann eine Vielzahl aliphatischer Verbindungen (Alkene, Ether, Aldehyde, Ketone, Carbonsäuren und Ester) hergestellt werden. Sie werden nicht nur als Ausgangssubstanzen eingesetzt, sondern auch als Lösungsmittel, in denen die Reaktionen durchgeführt und aus denen Produkte umkristallisiert werden.

Die Bedeutung der Alkohole für die Chemie hängt nicht nur von der Vielschichtigkeit ihrer Reaktionsmöglichkeiten ab, sondern auch davon, dass sie in großen Mengen preiswert erhältlich sind. Die beiden wichtigsten Synthesewege sind die **Hydratisierung** von Alkenen, die man bei der Erdölverarbeitung erhält, und die **Gärung von Kohlenhydraten**. Außer diesen Verfahren sind noch einige andere bekannt, die aber nur sehr spezifisch angewendet werden können.

Hydratisierung von Alkenen

Alkene mit bis zu fünf Kohlenstoffatomen können leicht in Alkohole umgewandelt werden. Die Reaktion erfolgt entweder durch direkte Wasseranlagerung oder durch Addition von Schwefelsäure mit anschließender Hydrolyse:

$$CH_3-CH=CH_2 + H_2SO_4 \longrightarrow CH_3-\underset{\underset{OSO_3H}{|}}{CH}-CH_3 \longrightarrow CH_3-\underset{\underset{OH}{|}}{CH}-CH_3$$

2-Propanol
(sekundär Alkohol)

$$CH_3-\underset{\underset{CH_3}{|}}{\overset{\overset{CH_3}{|}}{C}}=CH_2 + H_2O \xrightarrow{+H^{\oplus}} CH_3-\underset{\underset{\oplus OH_2}{|}}{\overset{\overset{CH_3}{|}}{C}}-CH_3 \xrightarrow{-H^{\oplus}} CH_3-\underset{\underset{OH}{|}}{\overset{\overset{CH_3}{|}}{C}}-CH_3$$

2-Methyl-2-propanol
(tertiär Alkohol)

Nach diesen Methoden erhält man nur solche Alkohole, die mit der MARKOWNIKOW-Regel vereinbar sind, z. B. 2-Propanol und nicht 1-Propanol, tertiären Butylalkohol und nicht Isobutylalkohol. Als einziger primärer Alkohol ist Ethanol auf diese Weise herstellbar.

Gärung von Kohlenhydraten

Die durch Mikroorganismen (z. B. Hefe) bewirkte Gärung von Kohlenhydraten (z. B. Zucker) ist das älteste und zugleich immer noch aktuelle Synheseverfahren für die Herstellung von Ethanol. Den Zucker als Nährstoff für die Mikroorganismen erhält man aus Zuckerrohr, Zuckerrüben und der Stärke verschiedener Getreidesorten.

Synthese mehrwertiger Alkohole

Ethylenglykol, ein zweiwertiger Alkohol, lässt sich durch Reaktion von Ethylenoxid mit Wasser oder durch Anlagerung von HOCl an Ethylen mit nachfolgender Hydrolyse des Ethylenchlorhydrins herstellen.

$$CH_2-CH_2 + H_2O \xrightarrow{[H^{\oplus}]} \begin{matrix} CH_2-CH_2 \\ | \quad\quad | \\ OH \quad OH \end{matrix}$$

Ethylenoxid

$$CH_2{=}CH_2 \xrightarrow{+ HOCl} \begin{matrix} CH_2-CH_2 \\ | \quad\quad | \\ OH \quad Cl \end{matrix} \xrightarrow[\substack{- NaCl \\ - CO_2}]{+ NaHCO_3} \begin{matrix} CH_2-CH_2 \\ | \quad\quad | \\ OH \quad OH \end{matrix}$$

Ethylen   Ethylen-
                             chlorhydrin

Glycerin, ein dreiwertiger Alkohol, ist in zahlreichen Fetten bzw. Ölen enthalten und kann durch **alkalische Hydrolyse** (Verseifung) gewonnen werden. Technisch wird Glycerin durch Chlorierung von Propen mit anschließender Hydrolyse der Halogenverbindung erzeugt.

$$\begin{matrix} CH_3 \\ | \\ CH \\ \| \\ CH_2 \end{matrix} \xrightarrow[- HCl]{+ Cl_2} \begin{matrix} CH_2-Cl \\ | \\ CH \\ \| \\ CH_2 \end{matrix} \xrightarrow[- KCl]{+ KOH} \begin{matrix} CH_2-OH \\ | \\ CH \\ \| \\ CH_2 \end{matrix} \xrightarrow{+ HOCl} \begin{matrix} CH_2-OH \\ | \\ CH-OH \\ | \\ CH_2-Cl \end{matrix} \xrightarrow[- KCl]{+ KOH} \begin{matrix} CH_2-OH \\ | \\ CH-OH \\ | \\ CH_2-OH \end{matrix}$$

Mehrwertige Alkohole sind zähflüssige, süß schmeckende Flüssigkeiten, die mit Wasser unbegrenzt mischbar sind. Sie werden u. a. als Frostschutz-, Kühl- und Lösungsmittel verwendet. Glycerin findet in der pharmazeutischen Industrie als Salben- und Arzneimittelgrundlage Verwendung, aber auch z. B. bei der Herstellung des Sprengstoffs Dynamit (Nitroglycerin).

Herstellung von Phenolen

Phenole werden industriell häufig nach den gleichen Methoden hergestellt, die auch im Labor angewendet werden. Einige Phenole, darunter die wichtigste Verbindung, das *Phenol* selbst, erhält man nach einem speziellen Verfahren **(Cumol-Phenol-Synthese)**. Phenol wird hauptsächlich zur Herstellung von Phenol-Formaldehyd-Kunststoff verwendet (vgl. Abschn. 31.4.3).

■ Umsetzung von Natrium-Benzolsulfonat mit Natriumhydroxid und anschließende Freisetzung aus dem Phenolat mit Kohlenstoffsäure oder Salzsäure:

$$\langle\!\!\bigcirc\!\!\rangle{-}SO_3Na + NaOH \xrightarrow{350\,^{\circ}C} \langle\!\!\bigcirc\!\!\rangle{-}ONa + NaHSO_3$$

- Alkalische Hydrolyse von Chlorbenzol:

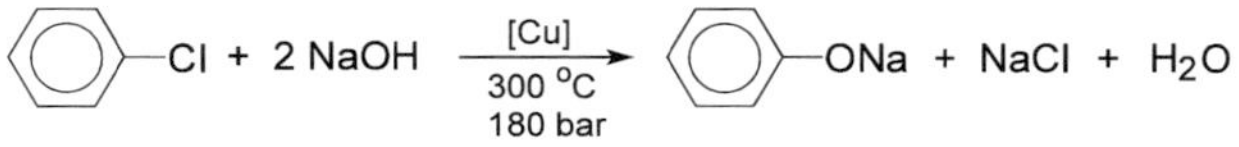

$$\text{C}_6\text{H}_5\text{-Cl} + 2\,\text{NaOH} \xrightarrow[\substack{300\,^{\circ}\text{C} \\ 180\,\text{bar}}]{[\text{Cu}]} \text{C}_6\text{H}_5\text{-ONa} + \text{NaCl} + \text{H}_2\text{O}$$

- Thermische Behandlung von Diazoniumsalzen (vgl. Abschn. 23.4.3)

- Cumol-Phenol-Synthese

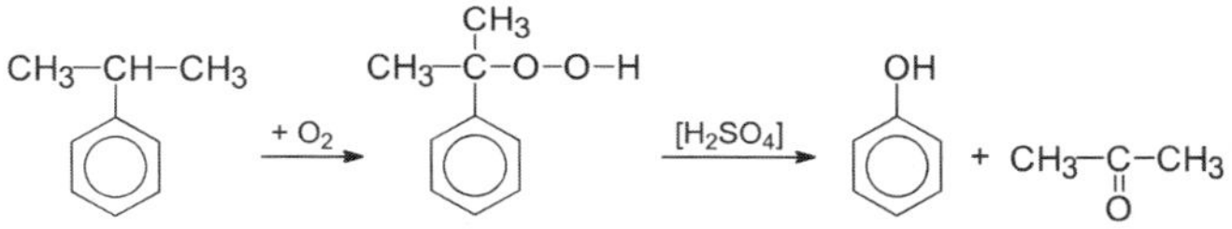

$$\text{C}_6\text{H}_6 + \text{CH}_2{=}\text{CH}{-}\text{CH}_3 \xrightarrow{\text{FRIEDEL-CRAFTS-Alkylierung}} \text{C}_6\text{H}_5{-}\underset{\text{CH}_3}{\overset{\text{CH}_3}{\text{CH}}}$$

| Cumen | Cumenhydroperoxid | Phenol | Aceton |

$$\text{Cumen} \xrightarrow{+\,\text{O}_2} \text{Cumenhydroperoxid} \xrightarrow{[\text{H}_2\text{SO}_4]} \text{Phenol} + \text{CH}_3{-}\underset{\text{O}}{\overset{\|}{\text{C}}}{-}\text{CH}_3$$

24.4   Reaktionen von Alkoholen
24.4.1   Dehydratisierung

Alkohole lassen sich in einer Eliminierungsreaktion durch Erhitzen mit konz. H_2SO_4 oder H_3PO_4 in Alkene umwandeln. Diese **β-Eliminierung** von Alkoholen ist eine wichtige Reaktion zur Herstellung von ungesättigten Kohlenwasserstoffen. Sie erfolgt entweder nach einem E_1- oder E_2-Mechanismus, je nach Art des Alkohols. Die Reaktionsunterschiede werden in den Reaktionsbedingungen deutlich.

Tabelle 24-3:   Reaktionsbedingungen für die β-Eliminierung von unterschiedlich substituierten Alkoholen

Art des Alkohols	Struktur	Säure	Temperatur in °C	Mechanismus
primärer Alkohol	$CH_3{-}CH_2{-}OH$	95 % H_2SO_4	160	E_2
sekundärer Alkohol	$CH_3{-}\underset{CH_3}{CH}{-}OH$	60 % H_2SO_4	120	E_2/E_1
tertiärer Alkohol	$CH_3{-}\underset{CH_3}{\overset{CH_3}{C}}{-}OH$	20 % H_2SO_4	90	E_1

t-Butylalkohol ist ein typisches Beispiel für das Ergebnis der Dehydratisierung von tertiären Alkoholen. Zunächst wird in einer Gleichgewichtsreaktion die Hydroxygruppe als LEWIS-Base protoniert:

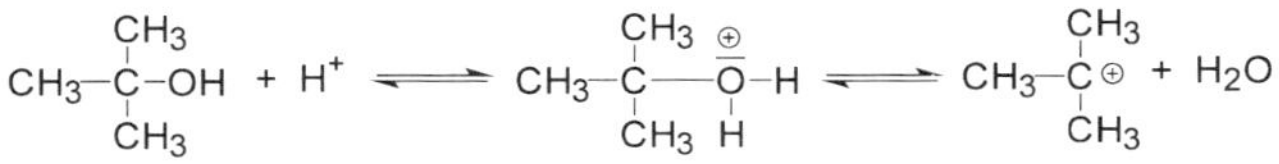

$$CH_3-\underset{\underset{CH_3}{|}}{\overset{\overset{CH_3}{|}}{C}}-OH + H^+ \rightleftharpoons CH_3-\underset{\underset{CH_3}{|}}{\overset{\overset{CH_3}{|}}{C}}\overset{\oplus}{-}\underset{H}{\overset{|}{O}}-H \rightleftharpoons CH_3-\underset{\underset{CH_3}{|}}{\overset{\overset{CH_3}{|}}{C}}\oplus + H_2O$$

Der Dissoziationsschritt erfolgt leicht unter Bildung des sehr stabilen tertiären Carbokations. Der Verlust eines Protons (Rückbildung des Katalysators) in benachbarter Stellung zur OH-Gruppe (β-Position) führt zur Bildung des Alkens:

$$\underset{\underset{CH_3}{|}}{\overset{\overset{H \quad CH_3}{|\quad\quad|}}{CH_2-C}}\oplus \longrightarrow CH_2{=}\underset{\underset{CH_3}{|}}{\overset{\overset{CH_3}{|}}{C}} + H^\oplus$$

Bei der Dehydratisierung eines primären Alkohols wird die Entstehung eines instabilen Carbokations durch die gleichzeitige Wasserabspaltung vermieden. Am geschwindigkeitsbestimmenden Schritt sind zwei Teilchen beteiligt. Daher verläuft diese Reaktion als E_2-Mechanismus.

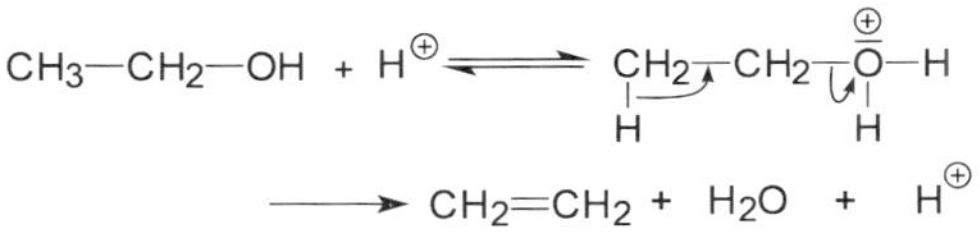

$$CH_3-CH_2-OH + H^\oplus \rightleftharpoons \underset{\underset{H}{|}}{CH_2}-CH_2-\underset{\underset{H}{|}}{\overset{\overset{\oplus}{O}}{O}}-H$$

$$\longrightarrow CH_2{=}CH_2 + H_2O + H^\oplus$$

Alle Dehydratisierungsreaktionen beginnen mit der Protonierung des Alkohols (Alkohol ist eine Base). Die Geschwindigkeit der Reaktion richtet sich nach der Stabilität des entstehenden Carbokations (tertiär > sekundär > primär).

24.4.2   Umsetzungen mit Halogenwasserstoffen

Eine wichtige Reaktion, bei der ebenfalls die C–O-Bindung gespalten wird, ist die Umsetzung von Alkoholen mit Halogenwasserstoffen oder Phosphorhalogeniden (PCl_3) zu Alkylhalogeniden.

$$R{-}OH + H{-}X \rightarrow R{-}X + H_2O$$

Reaktionsgeschwindigkeit und Mechnismus hängen von der Konstitution des Alkohols ab; die tertiären Alkohole reagieren am schnellsten. Es kann z. B. t-Butanol in wenigen Minuten mit konz. Salzsäure bei Raumtemperatur zu t-Butylchlorid umgesetzt werden. n-Butanol muss dagegen mit konz. Salzsäure und einem Katalysator ($ZnCl_2$) mehrere Stunden erhitzt werden, um vergleichbare Ausbeuten zu erhalten.

Auch bei diesen Umsetzungen wird der Alkohol zunächst durch die Säure protoniert. Anschließend dissoziiert der protonierte Alkohol in Wasser und ein Carbokation. Das stabilere tertiäre Carbokation sättigt sich nach einem S_{N1}-Mechanismus mit dem Halogenid als Nucleophil:

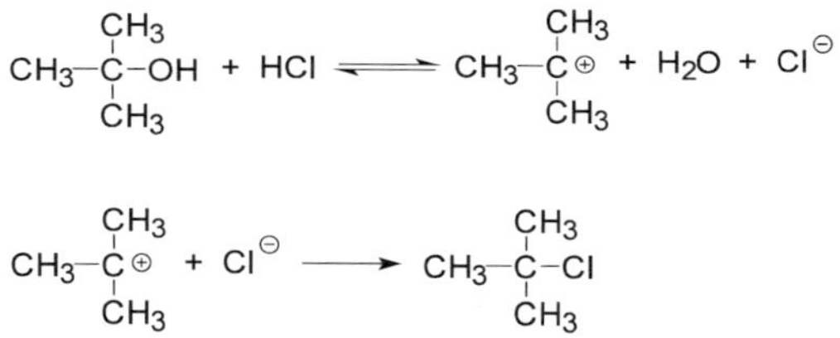

$$CH_3-\underset{\underset{CH_3}{|}}{\overset{\overset{CH_3}{|}}{C}}-OH + HCl \rightleftharpoons CH_3-\underset{\underset{CH_3}{|}}{\overset{\overset{CH_3}{|}}{C}}{}^{\oplus} + H_2O + Cl^{\ominus}$$

$$CH_3-\underset{\underset{CH_3}{|}}{\overset{\overset{CH_3}{|}}{C}}{}^{\oplus} + Cl^{\ominus} \longrightarrow CH_3-\underset{\underset{CH_3}{|}}{\overset{\overset{CH_3}{|}}{C}}-Cl$$

Der protonierte primäre Alkohol bildet kein stabiles Carbokation aus, sondern führt über eine typische S_{N2}-Reaktion direkt zum Alkylhalogenid. Das Halogenidion verdrängt das Wasser wie in einer Synchronreaktion.

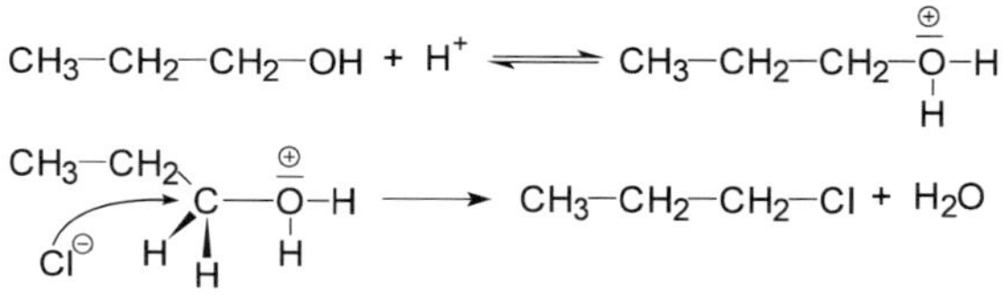

$$CH_3-CH_2-CH_2-OH + H^+ \rightleftharpoons CH_3-CH_2-CH_2-\overset{\oplus}{\underset{H}{O}}-H$$

$$\underset{Cl^{\ominus}}{\overset{CH_3-CH_2}{}}C\overset{\oplus}{-O}-H \longrightarrow CH_3-CH_2-CH_2-Cl + H_2O$$

Zinkchlorid lagert sich als Katalysator (LEWIS-Säure) polarisierend an die Bindung zwischen Kohlenstoff und Sauerstoff und liefert zusätzlich Cl^--Ionen, die den S_{N2}-Mechanismus beschleunigen.

24.4.3   Anorganische Ester

In mineralsauren alkoholischen Reaktionsgemischen konkurrieren stets Anionen der Mineralsäure und nichtprotonierte Alkoholmoleküle als nucleophile Partner. Als Folge entsteht ein Reaktionsgemisch, bestehend aus Ether und anorganischem Ester:

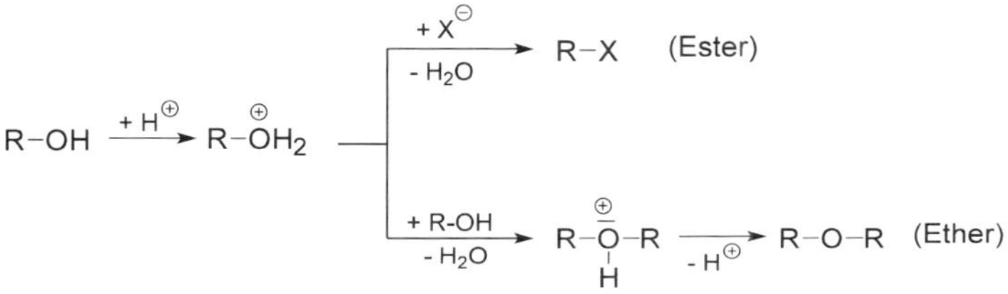

$$R-OH \xrightarrow{+\,H^{\oplus}} R-\overset{\oplus}{O}H_2$$

$$\xrightarrow[-\,H_2O]{+\,X^{\ominus}} R-X \quad (Ester)$$

$$\xrightarrow[-\,H_2O]{+\,R-OH} R-\overset{\oplus}{\underset{H}{O}}-R \xrightarrow{-\,H^{\oplus}} R-O-R \quad (Ether)$$

In den meisten Fällen reagiert das stärker nucleophile Agens mit dem Carbokation des Substrats. Daher lassen sich die Umsetzungen durch die Wahl der Mineralsäure oder der Konzentrationsverhältnisse steuern. Schwach nucleophile Säurerest-Ionen begünstigen die Etherbildung, ein Säureüberschuss dagegen die Esterbildung. Eine Temperaturerhöhung führt zur Dominanz der Etherbildung.

Anorganische Ester sind Verbindungen, in denen der acide Wasserstoff durch einen organischen Rest ersetzt ist. Häufig verwendete Ester anorganischer Säuren leiten sich von Salpetersäure, Schwefelsäure und Phosphorsäure ab.

Lässt man Salpetersäure auf Alkohole einwirken, so entstehen **Alkylnitrate**. Die aus mehrwertigen Alkoholen entstehenden Nitrate sind empfindlich gegen mechanische Beanspruchung und können daher explodieren. Bekannte Beispiele sind Nitroglycerin und Nitrocellulose (Schießbaumwolle).

$$R-OH + HONO_2 \xrightarrow{K\ddot{a}lte} R-O-NO_2 + H_2O$$

Die Reaktion zwischen Schwefelsäure und Alkoholen führt zu **Monoalkylsulfaten**:

$$R-OH + HO-SO_2-OH \xrightarrow{K\ddot{a}lte} R-O-SO_2-OH + H_2O$$

Die Ester mit langen Alkylresten sind als Alkalisalze hervorragende Detergenzien (vgl. Kap. 28).

Alkohole bilden auch eine Reihe von wichtigen Alkylphosphaten (z. B. Adenosintriphosphat, ATP). Sie gehören mit zu den grundlegenden Verbindungen des Zellstoffwechsels.

$$RO-\underset{\underset{OH}{|}}{\overset{\overset{O}{\|}}{P}}-OH$$

Alkylphosphat

$$RO-\underset{\underset{OH}{|}}{\overset{\overset{O}{\|}}{P}}-O-\underset{\underset{OH}{|}}{\overset{\overset{O}{\|}}{P}}-OH$$

Alkyldiphosphat

$$RO-\underset{\underset{OH}{|}}{\overset{\overset{O}{\|}}{P}}-O-\underset{\underset{OH}{|}}{\overset{\overset{O}{\|}}{P}}-O-\underset{\underset{OH}{|}}{\overset{\overset{O}{\|}}{P}}-OH$$

Alkyltriphosphat

24.4.4   Redoxreaktionen

Mit Alkoholen sind Redoxreaktionen möglich, wobei die Reaktionsprodukte je nach Stellung der Hydroxygruppe unterschiedlich sind. **Primäre Alkohole** werden über Aldehyde zu Carbonsäuren oxidiert. Methanol als einfachster Alkohol oxidiert darüber hinaus zu Kohlenstoffdioxid.

primärer Alkohol $\underset{\text{Red.}}{\overset{\text{Ox.}}{\rightleftarrows}}$ Aldehyd $\underset{\text{Red.}}{\overset{\text{Ox.}}{\rightleftarrows}}$ Carbonsäure

Beispiel:

$$CH_3-CH_2-OH \xrightarrow[-H_2O]{+1/2\ O_2} CH_3-C\underset{H}{\overset{O}{\diagdown}} \xrightarrow{+1/2\ O_2} CH_3-C\underset{OH}{\overset{O}{\diagdown}}$$

Ethanol   Ethanal   Ethansäure
                    (Acetaldehyd)   (Essigsäure)

Die Erhöhung der Oxidationsstufe des C-Atoms vom Alkohol zur Carbonsäure kann als **Dehydrierung** (endothermer Prozess) oder als **Oxidation** (exothermer Prozess) durchgeführt werden, z. B.:

$$CH_3-CH_2-OH \xrightarrow[\text{[Cu] 300 °C}]{+1/2\ O_2} CH_3-C\underset{OH}{\overset{O}{\diagdown}} + H_2 \qquad \Delta H = +63\ \text{kJ} \cdot \text{mol}^{-1}$$

$$CH_3-CH_2-OH \xrightarrow{+1\ O_2} CH_3-C\underset{OH}{\overset{O}{\diagdown}} + H_2O \quad \Delta H = -178\ \text{kJ} \cdot \text{mol}^{-1}$$

Aldehyde sind i. Allg. oxidationsempfindlicher als die entsprechenden Alkohole. Es sind daher besondere Bedingungen erforderlich, um die Reaktion auf der Aldehydstufe abzubrechen (z. B. Abtrennung des Aldehyds durch Destillation).

Sekundäre Alkohole reagieren unter oxidativen Bedingungen zu Ketonen. Die weitere Oxidation führt zur Spaltung des Moleküls.

sek. Alkohol $\underset{\text{Red.}}{\overset{\text{Ox.}}{\rightleftarrows}}$ Keton $\overset{}{\not\longrightarrow}$ Spaltung des Moleküls

Beispiel:

$$CH_3-\underset{\underset{CH_3}{|}}{C}-OH \xrightarrow[- H_2O]{+ 1/2\ O_2} CH_3-\underset{\underset{CH_3}{|}}{C}=O$$

2-Propanol   2-Propanon
                              (Aceton)

Tertiäre Alkohole können nur unter Spaltung des Moleküls oxidiert werden.

tert. Alkohol $\overset{}{\not\longrightarrow}$ Spaltung des Moleküls

Die Oxidationsprodukte Aldehyd, Keton und Carbonsäure können durch die Reduktion wieder in die jeweiligen Alkohole überführt werden. Das Grundgerüst der Verbindung bleibt in allen Fällen erhalten, da lediglich die funktionelle Gruppe verändert wird.

24.5 Reaktionen von Phenolen
24.5.1 Oxidation

Phenole lassen sich bereits durch Luftsauerstoff in die entsprechenden Oxidationsprodukte überführen.

Brenzcatechin   o-Benzochinon   Hydrochinon   p-Benzochinon

Die Oxidation erfolgt stufenweise über ein *Semichinon:*

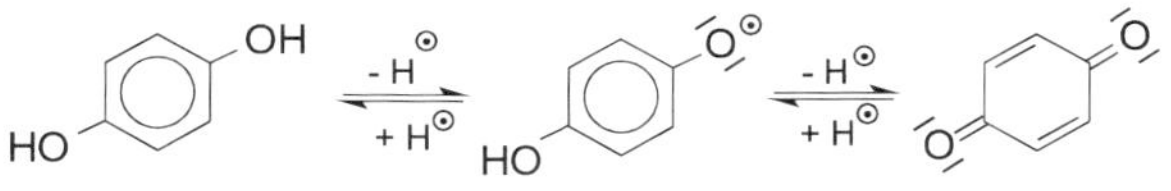

Hydrochinon   Semichinon   p-Benzochinon

Das aromatische System ist in den Chinonen aufgehoben. Sie lassen sich aber unter Rearomatisierung zu Phenolen reduzieren. Die umkehrbare Oxidation von Hydrochinonen spielt bei vielen chemischen Redoxprozessen eine wichtige Rolle.

24.5.2   Aromatische Substitution

Hydroxy- und Alkoxygruppen erhöhen besonders in o- und p-Stellung die π-Elektronendichte am aromatischen Ring. Der dem +M-Effekt entgegengerichtete –I-Effekt ist jedoch schwächer ausgeprägt, sodass sich insgesamt ein Donatoreffekt ergibt. Phenole, Phenolate und Phenylether sind daher π-**elektronenreiche Aromaten** und werden leichter elektrophil angegriffen als Benzol (vgl. Abschn. 20.4).

Nitrophenole
Bei der Nitrierung von Phenol wird ein Gemisch o- und p-Nitrophenol erhalten. Alkylierte Dinitrophenole werden als Kontaktherbizide zur Bekämpfung von Schadinsekten und Unkräutern eingesetzt, z. B. 2-Methyl-4,6-dinitrophenol.

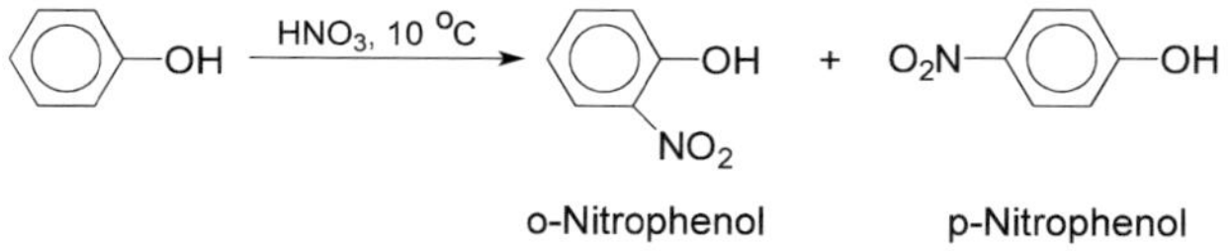

o-Nitrophenol   p-Nitrophenol

Phenolcarbonsäuren
Die Einführung einer Carboxylgruppe (-COOH) mit dem sehr schwachen elektrophilen Reagens Kohlenstoffdioxid kann nur bei den besonders elektronenreichen Phenolaten erfolgreich durchgeführt werden. o-Hydroxybenzoesäure (Salicylsäure) ist ein Beispiel für diesen Syntheseweg, der technisch realisiert ist:

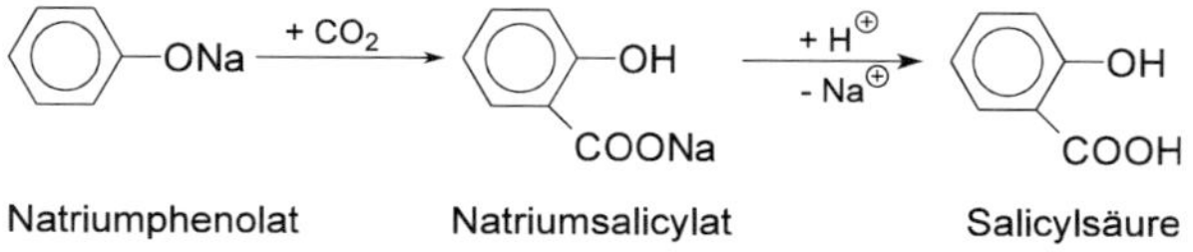

Natriumphenolat   Natriumsalicylat   Salicylsäure

Salicylsäure ist ein wichtiger Grundstoff für viele therapeutisch wirksame Verbindungen. Salicylsäure selbst wirkt antirheumatisch, Acetylsalicylsäure (Aspirin®) und Salicylamid wirken schmerzlindernd, fiebersenkend und entzündungshemmend.

Halogenphenole

Im Gegensatz zu Benzol lässt sich Phenol mit Bromwasser ohne Katalysator zu 2,4,6-Tribromphenol bromieren. In wasserfreien Lösungsmitteln entsteht dagegen ein Isomerengemisch aus o- und p-Bromphenol.

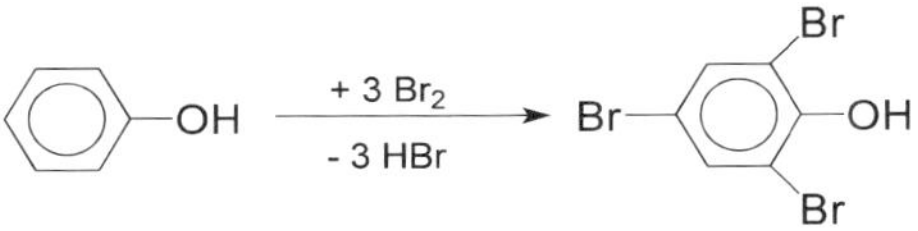

Mehrfach chlorierte Phenole bilden Ausgangsstoffe für Pflanzenschutzmittel, aber auch für Kampfstoffe wie Agent Orange und Agent Purple, die im Vietnamkrieg eingesetzt wurden, um den Dschungel zu entlauben. Die Herstellung und Anwendung mehrfach chlorierter Phenole und ihrer Derivate ist unter ökologischen Aspekten äußerst bedenklich. So kann 2,4,5-Trichlorphenol relativ leicht in **polychlorierte Dibenzodioxine (PCDD)** übergehen.

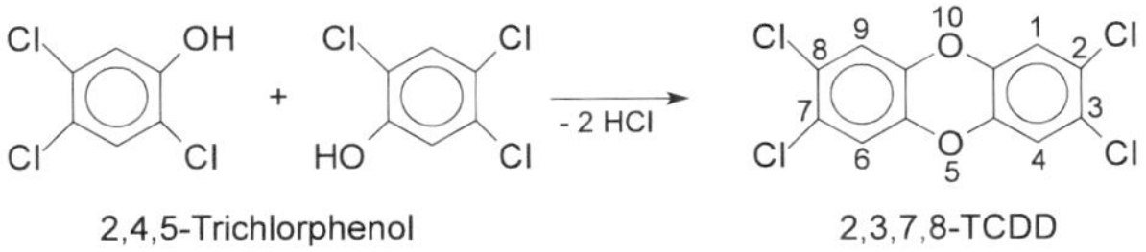

2,4,5-Trichlorphenol   2,3,7,8-TCDD

Besonders das 2,3,7,8-Tetrachlor-dibenzo-1,4-dioxin (TCDD), das als „Dioxin" schlechthin bezeichnet wird, zeichnet sich durch seine extreme Giftigkeit aus. Daher ist allen Prozessen, bei denen polychlorierte Phenole entstehen können, größte Aufmerksamkeit zu widmen. Das ist z. B. in Müllverbrennungsanlagen der Fall, in denen u. a. chlorhaltige Kunststoffe (PVC) oder mit Chlor bzw. Chlorverbindungen gebleichte, besonders weiße Papiere verbrannt werden. Sie stellen eine potenzielle Dioxinquelle dar.

25 Ether und Epoxide

25.1   Klassifizierung und Nomenklatur

Ether enthalten eine Sauerstoffbrücke im Molekül und können formal als Dialkylderivate des Wassers aufgefasst werden. Man unterscheidet **einfache** (symmetrische), **gemischte** (unsymmetrische) und **cyclische Ether.**

CH₃—CH₂—O—CH₂—CH₃   ⬠—O–CH₃   ⬡—O—⬡

Diethylether   Cyclopentylmethylether   Diphenylether
Ethoxyethan   Methoxycyclopentan   Phenoxybenzen
(einfach)   (gemischt)   (einfach)

Nach dem IUPAC-System sind RO-Substituenten als **Alkyloxy-, Alkenyloxy-, Aryloxygruppen** usw. zu bezeichnen und als Präfix dem Namen des vorrangigen Kohlenwasserstoffs (alphabetische Reihenfolge) voranzustellen. Diese Nomenklatur wird auf einfache Verbindungen kaum angewendet. Man bevorzugt viel mehr eine Nomenklatur, die den systematischen Namen des jeweiligen Kohlenwasserstoffrestes und der nachgestellten Klassenbezeichnung **-ether** zusammensetzt (z. B. Ethylmethylether und nicht Ethoxymethan).

Sind die beiden Kohlenwasserstoffreste eines Ethers miteinander verbunden, so erhält man cyclische Ether, die zu den heterocyclischen Verbindungen gerechnet werden (vgl. Kap. 21). Unter ihnen sind die Epoxide (Oxirane) als dreigliedrige, cyclische Ether und deren Derivate von besonderer Bedeutung.

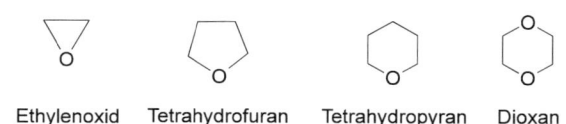

Ethylenoxid   Tetrahydrofuran   Tetrahydropyran   Dioxan

Das einfachste und technisch wichtigste Epoxid ist das Ethylenoxid.

25.2 Physikalische Eigenschaften

Ether sind farblose, leicht brennbare Flüssigkeiten mit charakteristischem, relativ angenehmem Geruch. Wegen der fehlenden Möglichkeit zur Ausbildung intermolekularer H-Brücken-Bindungen haben sie geringere Siedepunkte als Alkohole mit vergleichbarer Molekülmasse. Die Löslichkeit in Wasser ist daher sehr gering; mit Alkoholen und anderen unpolaren Lösungsmitteln dagegen sind sie jedoch gut mischbar.

Ether zeigen normalerweise keine Reaktion mit verdünnten Säuren oder Basen sowie mit vielen Oxidations- und Reduktionsmitteln. Auch die Reaktion mit anderen Substanzklassen ist nicht besonders ausgeprägt. Diese Reaktionsträgheit und die gute Löslichkeit für viele organische Verbindungen macht sie zu idealen Lösungsmitteln.

Diethylether ist nicht zuletzt wegen seines hohen Dampfdruckes zur Extraktion besonders von biologischem Material geeignet. Ein wesentlicher Nachteil ist die Peroxidbildung. Ether, die lange in Kontakt mit Luftsauerstoff waren, reichern sich mit gefährlichen Peroxiden an. Die Etherperoxide sind extrem explosiv. Vor Verwendung des Ethers können die Peroxide durch Schütteln mit einer wässrigen Eisen(II)-sulfatlösung reduziert und damit vernichtet werden.

25.3 Herstellung von Ethern und Epoxiden

Viele **symmetrische Ether** mit einfachen Alkylgruppen werden industriell hergestellt und vorwiegend als Lösungsmittel verwendet. Der wichtigste ist Diethylether, bekannt als Narkotikum und Lösungsmittel bei Extraktionen. Erwähnenswert sind noch Diisopropylether und Di-n-butylether.

Diese Ether werden durch säurekatalytische Dehydratisierung der entsprechenden Alkohole bei 140 °C hergestellt. Die Dehydratisierung zu Ethern und nicht zu Alkenen wird durch die Reaktionsbedingungen gesteuert. Der Reaktionsmechanismus kann am Synthesebeispiel Diethylether folgendermaßen formuliert werden:

$$CH_3-CH_2-OH \ + \ H^{\oplus} \ \rightleftharpoons \ CH_3-CH_2-\overset{\oplus}{O}H_2$$

Zur Weiterreaktion wird das Ethyloxoniumion durch ein Ethanolmolekül nucleophil angegriffen:

$$\text{CH}_3\text{—CH}_2\text{—}\overset{\overline{}}{\text{O}}\text{I} \;+\; \overset{\oplus}{\text{CH}_2\text{—}\text{OH}_2} \xrightarrow[-\text{H}_2\text{O}]{} \text{CH}_3\text{—CH}_2\text{—}\overset{\oplus}{\overset{}{\text{O}}}\text{—CH}_2\text{—CH}_3$$

$$\xrightarrow[-\text{H}^{\oplus}]{} \text{CH}_3\text{—CH}_2\text{—}\overset{\overline{}}{\text{O}}\text{—CH}_2\text{—CH}_3 \quad \text{Diethylether}$$

Als Nebenprodukt entsteht auch Ethen, das in einer Eliminierungsreaktion gebildet wird.

Zur Herstellung von **unsymmetrischen Ethern** hat sich die WILLIAMSON-Synthese wegen ihrer Vielseitigkeit bewährt. Die Umsetzung von Halogenalkanen mit Natriumalkoholaten oder Natriumphenolaten führt in einer S_{N2}-Reaktion zu gemischten Ethern:

$$\text{R}'\text{—X} \;+\; \text{Na}^{\oplus}\,{}^{\ominus}\text{I}\overline{\text{O}}\text{—R} \longrightarrow \text{R}'\text{—}\overline{\text{O}}\text{—R} \;+\; \text{Na}^{\oplus}\text{I}\,\overline{\underline{\text{X}}}\,^{\ominus}$$

Die Anlagerung von Sauerstoff an Olefine liefert **Epoxide**. Das einfachste und technisch interessanteste Epoxid ist das Ethylenoxid (Ethenoxid), das durch Oxidation von Ethen an einem Silberkatalysator hergestellt wird.

$$\text{CH}_2\text{=CH}_2 \;+\; 1/2\,\text{O}_2 \xrightarrow[250\,^{\circ}\text{C, Druck}]{[\text{Ag}]} \overset{\text{CH}_2\text{—CH}_2}{\underset{\text{O}}{\diagdown\;\;\diagup}}$$

25.4   Reaktionen von Ethern und Epoxiden

Ether sind reaktionsträge Verbindungen und gegenüber Basen, Oxidationsmitteln und Reduktionsmitteln relativ stabil. Sie besitzen am Sauerstoff nucleophile Eigenschaften und bilden daher, wie die Alkohole, mit starken Säuren oder Alkylierungsmitteln Oxoniumsalze:

$$\text{R}\text{—}\overline{\text{O}}\text{—R} \quad \begin{array}{l} \xrightarrow{+\,\text{H}^{\oplus}} \text{R}\text{—}\overset{\oplus}{\underset{\text{H}}{\text{O}}}\text{—R} \\[2ex] \xrightarrow{+\,\text{R}'\text{-X (BX}_3)} \text{R}\text{—}\overset{\oplus}{\underset{\text{R}'}{\text{O}}}\text{—R} \;+\; \text{BX}_4^{\ominus} \end{array}$$

Etherspaltung

Bei der organischen Synthese werden OH-Gruppen gegen weitere Reaktionen häufig durch Veretherung oder Veresterung geschützt. Oxoniumsalze sind gegenüber nucleophilen Agenzien wesentlich reaktiver als die Ether selbst. Ein nucleophiler Austausch einer RO-Gruppe (Etherspaltung) wird daher durch Säuren katalysiert, z. B. von Iodwasserstoffsäure:

$$R-\overset{\ominus}{O}-R \xrightarrow{+\,H^{\oplus}} R-\overset{\oplus}{\underset{H}{O}}-R \xrightarrow{+\,I^{\ominus}} R-I \ + \ R-OH$$

Diarylether sind gegenüber HI inert, während Dialkylether, obwohl sonst sehr reaktionsträge, von HI gespalten werden. Die Reaktion mit Benzyl- oder Alkylgruppen verläuft besonders gut, sodass diese häufig als Schutzgruppe verwendet wird.

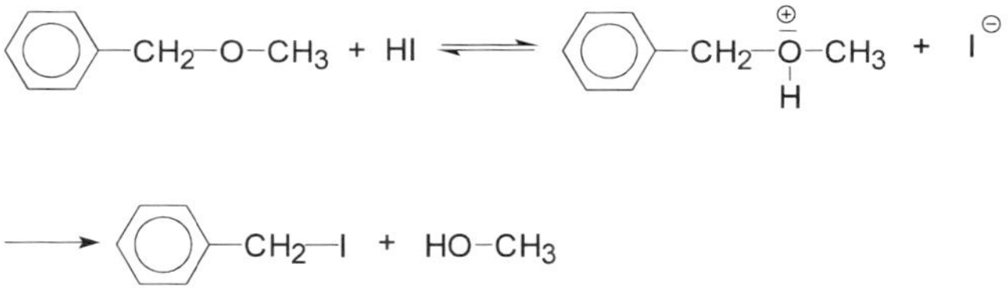

$$\bigcirc\!\!-CH_2-O-CH_3 + HI \rightleftharpoons \bigcirc\!\!-CH_2-\overset{\oplus}{\underset{H}{O}}-CH_3 \ + \ I^{\ominus}$$

$$\longrightarrow \bigcirc\!\!-CH_2-I \ + \ HO-CH_3$$

Diese Reaktion verläuft nach einem S_{N2}-Mechanismus.

Autoxidation der Ether

Eine charakteristische Reaktion aliphatischer Ether ist die Autoxidation zu Peroxiden. Die radikalisch verlaufende Reaktion tritt stets bei längerem Aufbewahren von Ethern an der Luft ein. Primär greift unter Beteiligung von Licht der Sauerstoff ein α-C-Atom des Ethers an.

$$CH_3-O-CH_2-CH_3 \xrightarrow{+\,O_2} CH_3-O-\underset{O-OH}{CH}-CH_3$$

Das gebildete Hydroperoxid zerfällt unter Abspaltung von Alkohol in ein Radikal, das zu explosiven Etherperoxiden polymerisiert:

$$n \ CH_3-O-\underset{O-OH}{CH}-CH_3 \xrightarrow[-n\,CH_3\text{-}OH]{} n \ CH_3-O-\overset{\oplus}{\underset{O-O^{\ominus}}{CH}}$$

$$\longrightarrow \left[\!\begin{array}{c} CH-O-O \\ \mid \\ O-CH_3 \end{array}\!\right]_n \quad \text{Etherperoxid}$$

Peroxide reichern sich beim Eindampfen von Etherlösungen an und können zu gefährlichen Explosionen führen. Sie müssen entweder mit Eisen-
(II)-salzen reduktiv zerstört oder mit KOH als schwer lösliche Kalium-
peroxide abgetrennt werden.

Reaktionen von Epoxiden

Die dreigliedrigen Epoxide sind wegen ihrer großen Ringspannung wesentlich reaktiver als andere Ether. Eine wichtige Reaktion ist die protonen-
katalysierte Umsetzung mit Wasser zu Glykolen.

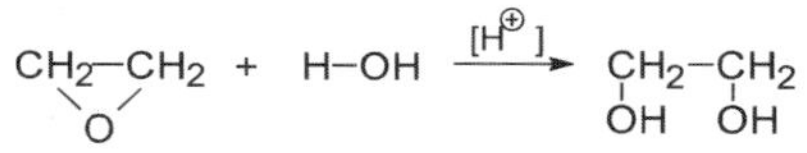

Ethylenoxid   Ethylenglykol

Die Hälfte der in der Bundesrepublik hergestellten Menge an Ethylenglykol wird als Frostschutzmittel verwendet und nahezu der gesamte Rest
zur Synthese von Polyestern (vgl. Abschn. 31.4.1).

Epoxide reagieren unter Protonenkatalyse mit anderen Nucleophilen:

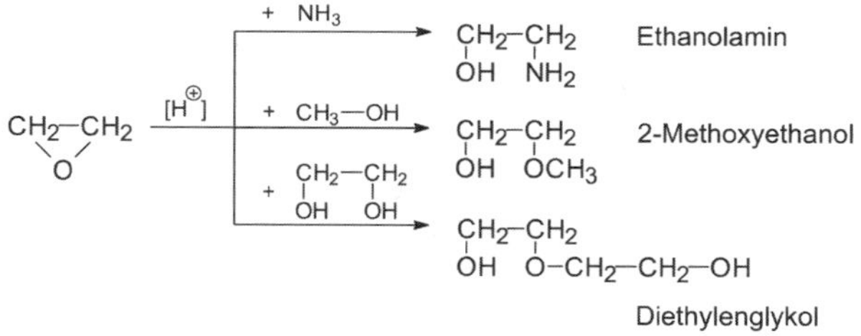

2-Methoxylethanol wird als Zusatz für Düsentreibstoffe hergestellt, um das Ausfrieren
von Wasser in den Treibstoffleitungen zu verhindern. Diethylenglykol findet Verwendung als Weichmacher in vielen Kunststoffen.

26 Aldehyde und Ketone

26.1   Einleitung

Unter Carbonylverbindungen im weiteren Sinne versteht man organische Verbindungen, die eine **Carbonylgruppe** $\diagup C{=}O$ enthalten. Im engeren Sinne werden hierunter jedoch nur die Aldehyde und Ketone verstanden, die am Carbonylkohlenstoff keine weiteren Heteroatome tragen. **Aldehyde** enthalten mindestens ein mit dem Carbonylkohlenstoff verbundenes H-Atom. Die zweite Bindung ist entweder mit einer Alkyl- oder einer Arylgruppe oder mit einem weiteren H-Atom besetzt.

$$
\underset{\text{Formaldehyd}}{H-\overset{\overset{\displaystyle O}{\|}}{C}-H} \qquad \underset{\text{Aldehyd}}{R-\overset{\overset{\displaystyle O}{\|}}{C}-H} \qquad \underset{\text{Keton}}{R-\overset{\overset{\displaystyle O}{\|}}{C}-R}
$$

In den **Ketonen** ist der Carbonylkohlenstoff mit zwei C-Atomen verbunden, die entweder aus aliphatischen oder aus aromatischen Gruppen stammen können.

26.2   Nomenklatur

Die IUPAC-Nomenklatur sieht für aliphatische Aldehyde das Suffix **-al**, für aliphatische und cycloaliphatische Ketone das Suffix **-on** vor, die an den Namen des jeweiligen Kohlenwasserstoffs angefügt werden.

$$
\underset{\substack{\text{Methanal} \\ \text{(Formaldehyd)}}}{H-\overset{\overset{\displaystyle O}{\|}}{C}-H} \qquad \underset{\substack{\text{Ethanal} \\ \text{(Acetaldehyd)}}}{CH_3-\overset{\overset{\displaystyle O}{\|}}{C}-H} \qquad \underset{\substack{\text{1,2-Dihydroxypropanal} \\ \text{(Glycerinaldehyd)}}}{\overset{\overset{\displaystyle OH\;\;OH\;\;O}{}}{CH_2-CH-C-H}}
$$

$$
\underset{\substack{\text{Propanon} \\ \text{(Aceton)}}}{CH_3-\overset{\overset{\displaystyle O}{\|}}{C}-CH_3} \qquad \underset{\substack{\text{2-Butanon} \\ \text{(Ethylmethylketon)}}}{CH_3-\overset{\overset{\displaystyle O}{\|}}{C}-CH_2-CH_3} \qquad \underset{\text{Cyclopentanon}}{\bigcirc\!\!=\!O}
$$

Bezeichnungen für Ketone werden häufig auch gebildet, indem man die beiden Namen der organischen Reste dem Klassennamen **-keton** voranstellt, z. B.:

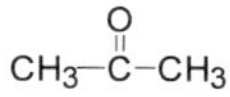

Dimethylketon 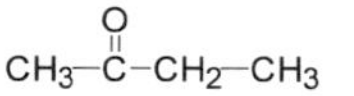   Ethylmethylketon 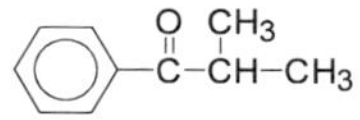   Isopropylphenylketon

Viele Aldehyde und Ketone sind seit langer Zeit bekannt und führen deshalb auch Trivialnamen. Einige Beispiele sind in Klammern unter ihren systematischen Namen gezeigt. Gebräuchliche Aldehyde leiten sich von dem (lateinischen) Trivialnamen der Carbonsäuren ab, der durch Oxidation des Aldehyds erhalten werden kann, z. B.: Formaldehyd von Ameisensäure *(acidum formicium)*, Acetaldehyd von Essigsäure *(acidum aceticum)*.

Ist die Aldehyd- oder Ketofunktion nicht die Hauptgruppe der Verbindung, so wird zur Bezeichnung in beiden Fällen das Präfix **Oxo-** verwendet.

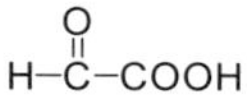

Oxoethansäure 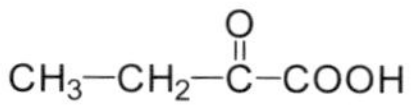   2-Oxobutansäure

Das Suffix **-carbaldehyd** wird verwendet, wenn die Carbonylgruppe unmittelbar mit einem Ringgerüst verbunden ist.

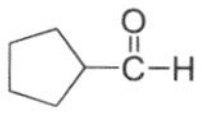

Cyclopentancarbaldehyd   Benzylcarbaldehyd   2-Hydroxybenzylcarbaldehyd
(Formylcyclopentan)   (Benzaldehyd)   (Salicylaldehyd)

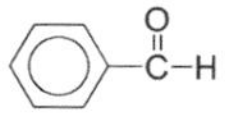

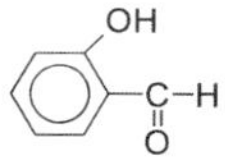

26.3   Nucleophile Addition an Carbonylverbindungen

Die C=O-Doppelbindung der Carbonylgruppe besteht aus einer σ-Bindung und einer π-Bindung. Das C-Atom ist sp^2-hybridisiert und bildet mit dem p-Orbital des Sauerstoffs die σ-Bindung. Die drei mit dem Carbonylkohlenstoff verbundenen Atome (vgl. Bild 26-1) liegen alle in einer Ebene und bilden einen Bindungswinkel von jeweils 120˚. Als zweite Bindung entsteht die π-Bindung durch Überlappung des verbleibenden p-Orbitals am Kohlenstoff mit einem Sauerstoff-p-Orbital. Mit 124 pm ist die

C=O-Bindungslänge deutlich kleiner als die Länge der C–O-Bindung in
Alkoholen und Ethern (143 pm).

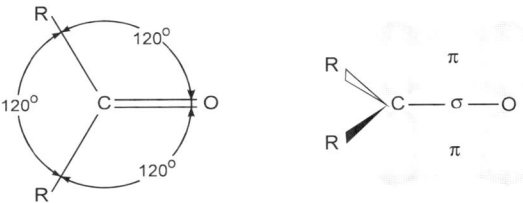

Bild 26-1: Bindungen in der Carbonylgruppe

Die unterschiedliche Elektronegativität von Kohlenstoff und Sauerstoff
führt zu einer starken Polarisierung der C=O-Doppelbindung. Aus dem
Vergleich der Bindungsenergien geht hervor, dass die weniger fest gebundenen π-Elektronen zum elektronegativeren Sauerstoff verschoben werden. Diese Polarisierung lässt sich auf folgende Weise zum Ausdruck
bringen:

Polarisierung der   mesomere Grenzformeln
Carbonylgruppe   der Carbonylgruppe

Die meisten Reaktionspartner von Carbonylverbindungen werden auf
Grund der elektrophilen Eigenschaften des C-Atoms nucleophil angegriffen. Beispiele geeigneter nucleophiler Reaktionspartner sind:

O-Nucleophil	N-Nucleophil	C-Nucleophil
H_2O	$R-NH_2$	HCN
$R-OH$	$R-NH-NH_2$	$HC\equiv CH$
		$R|^{\ominus}$

Carbonylaktivität

Als Carbonylaktivität bezeichnet man die Reaktivität einer Carbonylgruppe gegenüber nucleophilen Agenzien. Sie wird in erster Linie vom
Polarisierungsgrad des C-Atoms und damit von den elektrophilen Eigenschaften der Substituenten an einer C=O-Gruppe bestimmt. Formaldehyd

besitzt die reaktivste Carbonylgruppe, deren Reaktivität jedoch bei den höheren aliphatischen Aldehyden und Ketonen durch den +I-Effekt der Alkylgruppen verringert wird. Der +M-Effekt von aromatischen Aldehyden und Ketonen wirkt sich noch stärker reaktionsmindernd auf den nucleophilen Angriff aus. Dies wird im Fall der relativ großen aromatischen Ringe sowie der stark verzweigten Alkylreste intensiviert durch eine sterische Behinderung der Reaktion.

Mechanistische Betrachtung

Im Unterschied zur C=C-Doppelbindung erfolgen Additionsreaktionen an der Carbonylgruppe nach einem nucleophilen Mechanismus. Dieser Reaktionsverlauf ist typisch für polare Mehrfachbindungen und stellt sich folgendermaßen dar:

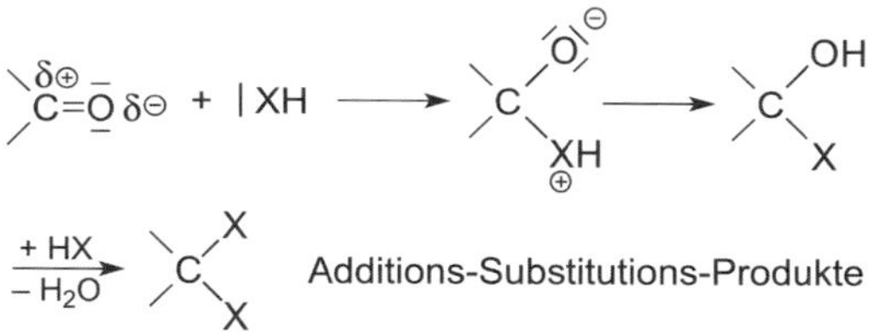

Im ersten Reaktionsschritt lagert sich das nucleophile Agens mit seinem freien Elektronenpaar an das polarisierte C-Atom der Carbonylgruppe an. Das entstehende Zwischenprodukt lagert sich durch Protonenwanderung in die **Additionsverbindung** um. Diese kann unter Angriff eines zweiten Moleküls HX zur **Substitution** der OH-Gruppe führen.

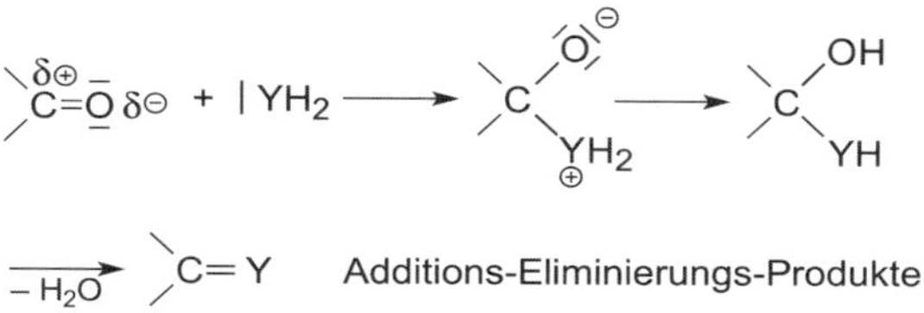

Verfügt das nucleophile Agens über zwei acide Wasserstoffatome (Amine), so reagiert die **Additionsverbindung** unter nachfolgender **β-Eliminierung** von Wasser zu einer carbonylanalogen Verbindung. Das Sauerstoffatom der C=O-Gruppe ist hier durch andere Heteroatome Y ersetzt. In beiden Fällen handelt es sich bei der Folgereaktion um eine Kondensationsreaktion.

Säurekatalyse

Die freien Elektronenpaare am Carbonylsauerstoff verleihen diesem schwache basische Eigenschaften. Eine Protonierung des O-Atoms führt zu einer verstärkten Polarisierung der Carbonyldoppelbindung.

$$\underset{/}{\overset{\backslash}{C}}=\overset{..}{\underset{..}{O}} + H^{\oplus} \longrightarrow \left[\underset{/}{\overset{\backslash}{C}}=\overset{\oplus}{\underset{..}{O}}-H \longleftrightarrow \overset{\backslash}{\underset{/}{C}}{}^{\oplus}-\overset{..}{\underset{..}{O}}H \right]$$

Säuren katalysieren daher den nucleophilen Angriff an Carbonylgruppen.

26.4   Umsetzung von Aldehyden und Ketonen
26.4.1   Bildung von Acetalen und Ketalen

Alkohole sind O-Nucleophile und können bei Aldehyden und Ketonen an die C=O-Doppelbindung addiert werden. Als Reaktionsprodukt entsteht ein **Halbacetal**, das am selben C-Atom sowohl eine Hydroxy- als auch eine Alkoxy- oder Aryloxygruppe trägt. Die Bildung eines Halbacetals ist reversibel.

$$\underset{H}{\overset{R}{C}}=O + R'-OH \overset{[H^+]}{\rightleftharpoons} \underset{H}{\overset{R}{C}}\overset{OH}{\underset{OR'}{}}$$

In Gegenwart katalytischer Mengen Säure und eines Überschusses an Alkohol reagieren Halbacetale unter Bildung von **Acetalen** weiter:

$$\underset{H}{\overset{R}{C}}\overset{OH}{\underset{OR'}{}} + R''-OH \overset{[H^+]}{\rightleftharpoons} \underset{H}{\overset{R}{C}}\overset{OR''}{\underset{OR'}{}} + H_2O$$

Die Umsetzung von Ketonen mit Alkoholen erfolgt in analoger Weise zu den Aldehyden. Als Reaktionsprodukte entstehen **Halbketale** und **Ketale**. Auch hier gelten die übergeordneten Bezeichnungen **Halbacetal** und **Acetal**. Wird zur Acetalisierung ein geeignetes Diol, z. B. Ethylenglykol, verwendet, so entstehen **cyclische Acetale**:

$$\underset{CH_3}{\overset{CH_3}{C}}=O + \overset{HO-CH_2}{\underset{HO-CH_2}{|}} \rightleftharpoons \underset{CH_3}{\overset{CH_3}{C}}\overset{O-CH_2}{\underset{O-CH_2}{|}} + H_2O$$

Aceton   Ethylenglykol   Acetonethylenglykolketal

Auch in der Stoffgruppe der Kohlenhydrate (vgl. Kap. 29), die auch als Polyhydroxyaldehyde bzw. Polyhydroxyketone bezeichnet werden, liegen viele Verbindungen als Halbacetale (z. b. Glucose, Fructose) oder als Acetale (z. B. Saccharose, Cellulose, Stärke) vor.

Im Unterschied zu den Aldehyden und Halbacetalen sind die Acetale bzw. Ketale gegenüber Alkalien und Oxidationsmitteln beständig. Aldehyde werden daher zum Schutz derartiger Umsetzungen in Acetale überführt.

Nach der beendeten Oxidation der Alkoholgruppe kann das Acetal mit verdünnten Mineralsäuren wieder gespalten werden.

26.4.2   Addition von Wasser

Wasser ist, wie Alkohol, ein O-Nucleophil und kann daher auch an Aldehyde und Ketone addiert werden. In wässriger Lösung liegen bei 20 °C Formaldehyd zu 99,99 % und Acetaldehyd zu 58 % als Hydrat, Aceton dagegen praktisch unhydratisiert vor.

Formaldehydhydrat

Die Reaktion verläuft analog zur Bildung von Halbacetalen. In den meisten Fällen können die erhaltenen Hydrate jedoch nicht isoliert werden, da sie bei der Aufarbeitung wieder in die Carbonylverbindung zerfällt. Eine der Ausnahmen ist Trichloracetaldehyd (Chloral), das ein stabiles, kristallines Hydrat $CCl_3CH(OH)_2$ bildet. Chloralhydrat wird in der Tiermedizin als Narkotikum verwendet.

26.4.3   Addition von Blausäure

Reaktionen an der Carbonylverbindung verlaufen immer nur bis zur Additionsstufe, wenn die neu gebildete σ-Bindung am Carbonylkohlenstoff möglichst unpolar ist. Blausäure addiert an die C=O-Doppelbindung von Aldehyden und Ketonen unter Bildung von Cyanhydrinen. Als Katalysator wird eine Base eingesetzt:

$$\begin{array}{c} R \\ \diagdown \\ \diagup \\ R \end{array} C{=}O \ + \ HCN \ \underset{}{\overset{[OH^{\ominus}]}{\rightleftharpoons}} \ \begin{array}{c} R \diagdown \quad \diagup OH \\ C \\ R \diagup \quad \diagdown CN \end{array}$$

α-Hydroxynitril (Cyanhydrin)

Das C-Atom der Blausäure verfügt über kein freies Elektronenpaar und kann daher nicht direkt nucleophil angreifen. Die zugesetzte Base spaltet aus HCN ein Proton ab und wandelt einen Teil der Blausäure in nucleophile Cyanidionen um. Cyanhydrine sind bedeutende Zwischenprodukte für die Herstellung von α-Hydroxycarbonsäuren, α,β-ungesättigten Carbonsäuren und α-Aminosäuren.

26.4.4   Addition von N-Nucleophilen

Ammoniak, Amine und bestimmte, mit Ammoniak verwandte Verbindungen tragen am Stickstoff ein freies Elektronenpaar und verhalten sich gegenüber dem Carbonylkohlenstoff wie Stickstoff-Nucleophile. Ein primäres Amin reagiert z. B. mit einer Carbonylverbindung wie folgt:

$$\begin{array}{c} \diagdown \\ \diagup \end{array} C{=}O \ + \ \overset{\frown}{N}H_2{-}R \ \rightleftharpoons \ \begin{array}{c} \diagdown \quad \diagup OH \\ C \\ \diagup \quad \diagdown NHR \end{array} \ \overset{-H_2O}{\longrightarrow} \ \begin{array}{c} \diagdown \\ \diagup \end{array} C{=}N{-}R$$

Azomethin

Das Additionsprodukt aus Amin und der Carbonylgruppe ist instabil und reagiert unter Wasserabspaltung (Dehydratisierung) zum Endprodukt **Azomethin** oder **SCHIFF'sche Base**. SCHIFF'sche Basen sind wichtige Zwischenprodukte bei vielen biochemischen Reaktionen. Auf diese Weise können Carbonylverbindungen durch Azomethinbildung an Proteine fixiert werden.

Die Reaktion von Carbonylverbindungen mit Ammoniak führt zu **Iminen**. Einfache aliphatische Imine sind nicht stabil und hydrolysieren in wässriger Lösung in die Ausgangsverbindungen. In nichtwässrigen Medien erfolgt dagegen Polymerisation. Ethanimin trimerisiert z. B. zu einer gesättigten heterocyclischen Verbindung, während Methanimin darüber hinaus zu Hexamethylentetramin (Urotropin) reagiert.

Andere Derivate des Ammoniaks reagieren mit Carbonylverbindungen in ähnlicher Weise wie primäre Amine. Tabelle 26-1 zeigt einige typische Beispiele.

Tabelle 26-1: Stickstoffderivate von Carbonylverbindungen

Formeln der Stickstoffbasen	Name	Formeln der Carbonylderivate	Name
$R-NH_2$	primäres Amin	$C=N-R$	Azomethin
NH_2-OH	Hydroxylamin	$C=N-OH$	Oxim
NH_2-NH_2	Hydrazin	$C=N-NH_2$	Hydrazon
$NH_2-NH-\bigcirc$	Phenylhydrazin	$C=N-NH-\bigcirc$	Phenylhydrazon

Oxime und Hydrazone können durch Umsetzung von Aldehyden/Ketonen mit Hydroxylamin bzw. Hydrazin oder einem organischen Hydrazin erhalten werden. Sie werden zur Identifizierung der Carbonylverbindungen herangezogen, da sie im Allgemeinen gut kristallisieren. Die Schmelzpunkte einer Vielzahl dieser Derivate sind in verschiedenen Lehrbüchern der organischen Chemie tabelliert.

26.4.5   Oxidations- und Reduktionsreaktionen

Aldehyde lassen sich im Gegensatz zu Ketonen leicht zur Carbonsäure oxidieren. In diesem Verhalten ist der Unterschied zwischen Aldehyden und Ketonen am ausgeprägtesten.

$$R-\overset{\overset{\displaystyle O}{\|}}{C}-H \quad \xrightarrow{[O]} \quad R-\overset{\overset{\displaystyle O}{\|}}{C}-OH$$

Aldehyde werden nicht nur durch die starken Oxidationsmittel Permanganat und Dichromat oxidiert, die u. a. primäre und sekundäre Alkohole oxidieren, sondern auch durch wesentlich schonendere Oxidationsmittel, wie Ag^+- und Cu^{2+}-Ionen.

TOLLENS-Reaktion

Bei der TOLLENS-Reaktion wird einwertiges Silber, das als wasserlösliches Diamin-Ion $[Ag(NH_3)_2]^+$ vorliegt, von Aldehyden zu metallischem Silber reduziert. Unter geeigneten Bedingungen scheidet sich ein Silberspiegel an der Gefäßwand ab.

$$R-\overset{\overset{\displaystyle O}{\|}}{C}-H \;+\; 2\,[Ag(NH_3)_2]^{\oplus} \;+\; 3\,OH^{\ominus} \longrightarrow R-\overset{\overset{\displaystyle O}{\|}}{C}-O^{\ominus} \;+\; 2\,Ag\downarrow$$
$$+\;\; 4\,NH_3 \;+\;\; 2\,H_2O$$

Die Oxidation mit TOLLENS-Reagens dient in erster Linie zum Nachweis der Aldehyde, aber auch zur Unterscheidung von Ketonen. Sie kann auch zur Herstellung von verspiegelten Weihnachtskugeln verwendet werden, indem die komplexierten Silbersalze mit wässriger Formaldehydlösung im Inneren einer Kugel zur Reaktion gebracht werden.

FEHLING-Reaktion

Auch zweiwertige Kupferionen sind in der Lage, Aldehyde in basischem Milieu zu oxidieren. Eine Komplexierung mit Weinsäure (Tartrat) ergibt eine tiefblau gefärbte, klare Lösung. Bei der Reaktion entsteht aus dem löslichen Cu^{2+}-Komplex ein ziegelrot gefärbter Niederschlag aus Kupferoxid mit einwertigem Kupfer. Diese Reaktion kann als spezifischer Nachweis für aliphatische Aldehyde verwendet werden; Ketone werden nicht oxidiert.

$$R-\overset{\overset{\displaystyle O}{\|}}{C}-H \;+\; 2\,Cu^{\oplus} \;+\; 5\,OH^{\ominus} \longrightarrow R-\overset{\overset{\displaystyle O}{\|}}{C}-O^{\ominus} \;+\; Cu_2O \;+\; 3\,H_2O$$

Aldehyde sind i. Allg. so leicht oxidierbar, dass sie, wenn sie längere Zeit an der Luft aufbewahrt werden, eine entsprechende Menge an Carbonsäure enthalten. Die autokatalytisch verlaufende Reaktion beruht auf einem Radikalkettenmechanismus und wird durch Radikalbildner oder Licht eingeleitet.

$$R-\overset{\overset{\displaystyle O}{\|}}{C}-H \ + \ Fe^{3\oplus} \ \longrightarrow \ H^{\oplus} \ + \ Fe^{2\oplus} \ + \ R-\overset{\overset{\displaystyle O}{\|}}{C}\odot$$

Acylradikal

$$R-\overset{\overset{\displaystyle O}{\|}}{C}\odot \ + \ O_2 \ \longrightarrow \ R-\overset{\overset{\displaystyle O}{\|}}{C}-O-O\odot$$

$$R-\overset{\overset{\displaystyle O}{\|}}{C}-O-O\odot \ + \ R-\overset{\overset{\displaystyle O}{\|}}{C}-H \ \longrightarrow \ R-\overset{\overset{\displaystyle O}{\|}}{C}-O-OH \ + \ R-\overset{\overset{\displaystyle O}{\|}}{C}\odot$$

Peroxycarbonsäure

Das unmittelbare Oxidationsprodukt ist eine Peroxysäure, die leicht unter Bildung der entsprechenden Carbonsäure und Wasserstoffperoxid H_2O_2 hydrolytisch zerfällt.

Ketone lassen sich im Gegensatz zu Aldehyden nur unter drastischen Reaktionsbedingungen oxidativ angreifen. Dabei wird eine Bindung zwischen Carbonylkohlenstoff und einem Nachbarkohlenstoff gespalten. Die entstehenden Molekülbruchstücke sind Carbonsäuren.

Reaktion von Carbonylverbindungen

Carbonylverbindungen lassen sich katalytisch (Ni-, Pd- oder Cu-Katalysator) oder mit chemischen Reduktionsmitteln (LiAlH$_4$) reduzieren. Diese Reduktion ist für die Darstellung primärer und sekundärer Alkohole brauchbar:

$$R-\overset{\overset{\displaystyle O}{\|}}{C}-H \ \xrightarrow{+ \ 2 \ [H]} \ R-CH_2-OH$$

Aldehyd   primärer Alkohol

$$R-\overset{\overset{\displaystyle O}{\|}}{C}-R \ \xrightarrow{+ \ 2 \ [H]} \ R-\underset{\underset{\displaystyle OH}{|}}{C}H-R$$

Keton   sekundärer Alkohol

Bei der CLEMMENSEN-Reduktion werden Carbonylverbindungen mit amalgamiertem Zink in konz. Salzsäure erhitzt. Die Reduktion führt über die Stufe der Alkohole hinaus bis zu den entsprechenden Kohlenwasserstoffen:

$$CH_3-\overset{\overset{\displaystyle O}{\|}}{C}-CH_2-CH_3 \xrightarrow{+\ Zn/Hg/HCl} CH_3-CH_2-CH_2-CH_3$$

Butanon   Butan

Disproportionierung von Aldehyden

Die Bildungsenthalpie der Aldehyde ist größer als die ihrer Oxidations- und Reduktionsprodukte. Daher reagieren sie unter dem Einfluss katalytischer Mengen an Basen (z. B. Natronlauge) zu äquimolaren Mengen an Carbonsäure und Alkohol.

Beispiel:

$$2\ C_6H_5-\overset{\overset{\displaystyle O}{\|}}{C}-H + NaOH \longrightarrow C_6H_5-CH_2-OH + C_6H_5-\overset{\overset{\displaystyle O}{\|}}{C}-\overset{\ominus}{O}\overset{\oplus}{Na}$$

Benzaldehyd   Benzylalkohol   Na-Benzoat

$$2\ H-\overset{\overset{\displaystyle O}{\|}}{C}-H + NaOH \longrightarrow CH_3-OH + H-\overset{\overset{\displaystyle O}{\|}}{C}-\overset{\ominus}{O}\overset{\oplus}{Na}$$

Formaldehyd   Methanol   Na-Formiat

Die als CANNIZZARO-Reaktion bezeichnete Umsetzung gelingt i. Allg. nur bei Verbindungen, in denen die Aldehyde keine α-ständigen H-Atome besitzen (vgl. Abschn. 26.6). Die Anlagerung des OH-Ions an das C-Atom der polarisierten C=O-Gruppe führt zur Abspaltung eines Hydrid-Ions, das sich an das positivierte C-Atom der zweiten Carbonylverbindung anlagert. Im letzten Schritt tauschen Alkoholat und Carbonsäure ein Proton aus.

$$R-\overset{\overset{\displaystyle O}{\|}}{C}-H + \overset{\ominus}{|O}-H \rightleftharpoons R-\overset{\overset{\displaystyle |O|^{\ominus}}{|}}{\underset{\displaystyle H}{C}}-OH$$

$$R-\overset{\overset{\displaystyle |O|}{|}}{\underset{\displaystyle H}{C}}-OH + H-\overset{\overset{\displaystyle |O|}{\|}}{C}-R \longrightarrow R-\overset{\overset{\displaystyle O}{\|}}{C}-OH + R-CH_2-\overset{\ominus}{|O|}$$

$$\longrightarrow R-\overset{\overset{\displaystyle O}{\|}}{C}-\overset{\ominus}{O|} + R-CH_2-OH$$

26.5   Keto-Enol-Tautomerie

Aldehyde und Ketone mit α-ständigen Wasserstoffatomen sind im engeren
Sinne keine einheitlichen Verbindungen, sondern Gleichgewichtsge-
mische zwischen zwei Molekültypen mit unterschiedlicher Konstitution.
Die beiden Konstitutionsisomere nennt man **Ketoform** und **Enolform**. Die
Art der Isomerie wird **Tautomerie** genannt.

Ketoform   Enolform

Tautomerie ist ein schneller, reversibler Übergang von einer konstitutionsisomeren Form in eine andere. Die Gleichgewichtslage hängt von der
Temperatur, dem Reaktionsmedium und der Energie beider Formen ab. Im
Allgemeinen ist eine Carbonyldoppelbindung um 40...60 kJ · mol^{-1} energieärmer als die Enolgruppierung.

Bei den meisten Aldehyden und Ketonen überwiegt die Ketoform. Aceton liegt z. B.
nur zu 0,0003 % in der Enol- und zu 99,9997 % in der Ketoform vor. Es gibt nur
wenige Beispiele für Verbindungen, bei denen die Enolform überwiegt. 2,4-Pentandion
besteht zu 76 % aus der Enolform.

24 % Ketoform   76 % Enolform

Zwei Faktoren begünstigen die außergewöhnliche Stabilität der Enolform: Die stabili-
sierende Wirkung der in einem 6er-Ring angeordneten H-Brücken-Bindungen und das
in der Enolform vorhandene System konjugierter Doppelbindungen.

26.6   Aldol-Reaktion

Carbonylverbindungen besitzen am C-Atom der Carbonylgruppe elektrophile und am α-C-Atom nucleophile Eigenschaften. Zwei Moleküle

dieser Stoffklasse können daher unter geeigneten Bedingungen miteinander zu **Aldolen** (**Ald**ehydalkoh**olen**) reagieren. Die Aldehyde werden je nach elektrischer Eigenschaft als Carbonyl- bzw. Methylenkomponente (acides α-H-Atom) bezeichnet:

$$\underset{\substack{\text{Carbonyl-}\\\text{Komponente}}}{-\overset{\overset{\displaystyle O}{\|}}{C}-} \quad + \quad \underset{\substack{\text{Methylen-}\\\text{Komponente}}}{-\overset{\overset{\displaystyle H}{|}}{\underset{|}{C}}-\overset{\overset{\displaystyle O}{\|}}{C}-} \quad \longrightarrow \quad \underset{\text{Aldol}}{-\overset{\overset{\displaystyle OH}{|}}{\underset{|}{C}}-\overset{|}{\underset{|}{C}}-\overset{\overset{\displaystyle O}{\|}}{C}-}$$

Eine Aldol-Reaktion wird durch starke Basen oder schwache Säuren katalysiert. Als Carbonyl- und Methylenkomponente können sowohl Moleküle der gleichen Verbindungen als auch verschiedener Verbindungen eingesetzt werden. Praktische Bedeutung hat vor allem die basenkatalysierte Verknüpfung von Acetaldehyd zu Acetaldol. Die Reaktion verläuft in folgenden Stufen:

Schritt 1 $CH_3-\overset{\overset{\displaystyle O}{\|}}{\overset{\alpha}{C}}-H + OH^{\ominus} \rightleftharpoons {}^{\ominus}|\,CH_2-\overset{\overset{\displaystyle O}{\|}}{C}-H + H_2O$
                            Carbanion

Schritt 2 $CH_3-\overset{\overset{\displaystyle O}{\|}}{C}-H + {}^{\ominus}|\,CH_2-\overset{\overset{\displaystyle O}{\|}}{C}-H \rightleftharpoons CH_3-\overset{\overset{\overset{\displaystyle \ominus}{|\overline{O}|}}{|}}{CH}-CH_2-\overset{\overset{\displaystyle O}{\|}}{C}-H$
                                                    Alkoxid-Ion

Schritt 3 $CH_3-\overset{\overset{\overset{\displaystyle \ominus}{|\overline{O}|}}{|}}{CH}-CH_2-\overset{\overset{\displaystyle O}{\|}}{C}-H + H_2O \rightleftharpoons CH_3-\overset{\overset{\displaystyle OH}{|}}{CH}-CH_2-\overset{\overset{\displaystyle O}{\|}}{C}-H + OH^{\ominus}$

Zunächst bildet die Base unter Abstraktion eines α-H-Atoms ein Enolat-Anion. Das Carbanion greift nucleophil an die Carbonylgruppe eines zweiten Moleküls Acetaldehyd an, wobei eine neue C-C-Bindung entsteht. Im letzten Schritt wird ein Proton vom Lösungsmittel Wasser auf das Alkoxid-Ion übertragen. An diese **Aldoladdition** schließt sich häufig die Abspaltung von Wasser (Dehydratisierung) an, sodass ungesättigte Carbonylverbindungen entstehen:

$$CH_3-\overset{\overset{\displaystyle OH}{|}}{CH}-CH_2-\overset{\overset{\displaystyle O}{\|}}{C}-H \xrightarrow{-H_2O} CH_3-CH=CH-\overset{\overset{\displaystyle O}{\|}}{C}-H$$
$$\underset{\substack{\textbf{2-Butenal}\\\text{(Crotonaldehyd)}}}{}$$

Beispiel: Carbonyl-Komponente: Acetaldehyd
Methylen-Komponente: 2-Methylpropanol

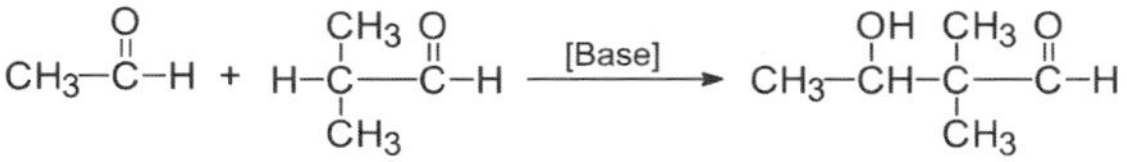

$$CH_3-\overset{\overset{O}{\|}}{C}-H \; + \; H-\overset{\overset{CH_3}{|}}{\underset{\underset{CH_3}{|}}{C}}-\overset{\overset{O}{\|}}{C}-H \xrightarrow{\text{[Base]}} CH_3-\overset{\overset{OH}{|}}{C}H-\overset{\overset{CH_3}{|}}{\underset{\underset{CH_3}{|}}{C}}-\overset{\overset{O}{\|}}{C}-H$$

3-Hydroxy-2,2-dimethylbutanal

Aldol-Reaktionen können auch säurekatalysiert ablaufen. Es entstehen Enole, die ebenfalls nucleophile Eigenschaften besitzen, z. B.:

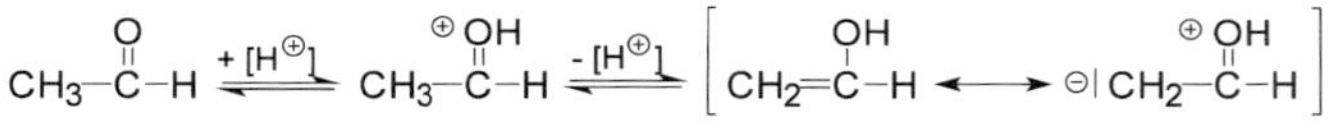

$$CH_3-\overset{\overset{O}{\|}}{C}-H \underset{\xrightarrow{\;\;\;\;\;}}{\overset{+[H^{\oplus}]}{\rightleftharpoons}} CH_3-\overset{\overset{\oplus OH}{\|}}{C}-H \underset{\xrightarrow{\;\;\;\;\;}}{\overset{-[H^{\oplus}]}{\rightleftharpoons}} \left[CH_2=\overset{\overset{OH}{|}}{C}-H \longleftrightarrow \ominus|CH_2-\overset{\overset{\oplus OH}{|}}{C}-H \right]$$

An den Additionsschritt der Aldol-Reaktion schließt sich besonders in Gegenwart schwacher Säuren oder beim Erhitzen eine β-Eliminierung an, wobei die α,β-ungesättigte Carbonylverbindung entsteht.

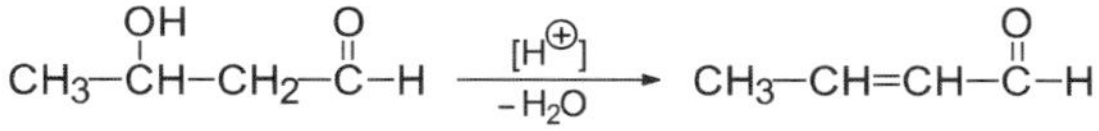

$$CH_3-\overset{\overset{OH}{|}}{C}H-CH_2-\overset{\overset{O}{\|}}{C}-H \xrightarrow[-H_2O]{[H^{\oplus}]} CH_3-CH=CH-\overset{\overset{O}{\|}}{C}-H$$

2-Butenal

Es entsteht das gleiche Endprodukt wie bei der basenkatalysierten Addition. Die säurekatalysierte Umsetzung lässt sich jedoch nicht auf der Stufe des Aldols abbrechen.

27 Carbonsäuren und ihre Derivate

27.1 Einleitung

Carbonsäuren sind Oxidationsprodukte der Aldehyde und enthalten als funktionelle Gruppe die **Carboxylgruppe** -COOH. Verbindungen, in denen diese Gruppierung verändert worden ist, werden als Carbonsäurederivate zusammengefasst. Häufig ist die OH-Gruppe durch andere Atome oder Atomgruppen ersetzt.

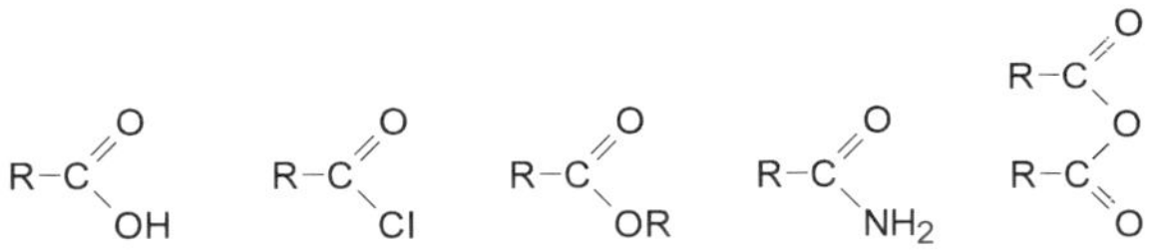

| Carbonsäure | -chlorid | -ester | -amid | -anhydrid |

Die den Carbonsäurederivaten gemeinsame Gruppierung R–CO- wird **Acylgruppe** genannt.

27.2 Nomenklatur

Viele Carbonsäuren sind in der Natur weit verbreitet und gehören zu den seit langem bekannten organischen Verbindungen. Aus diesem Grund ist die Anzahl der Trivialnamen besonders hoch. Die Namen gehen häufig auf die lateinische oder griechische Bezeichnung der betreffenden Säure zurück. In Tabelle 27-1 sind die ersten zehn Carbonsäuren mit ihren üblichen Trivialnamen sowie der systematischen IUPAC-Nomenklatur zusammengestellt.

Die Bezeichnung nach der IUPAC-Nomenklatur für Carbonsäuren wird aus dem Suffix **-säure** und dem Namen des Kohlenwasserstoffs gleicher C-Zahl gebildet. Essigsäure mit zwei C-Atomen wird Ethansäure genannt. Bei substituierten Carbonsäuren ergibt sich die Positionsbezeichnung des Substituenten aus dem Abstand des entsprechenden C-Atoms zu der

Tabelle 27-1: Aliphatische Carbonsäuren

IUPAC-Name	Formel	Trivialname	Herkunft
Methansäure	$H–COOH$	Ameisensäure	Ameisen (lat.: *formica*)
Ethansäure	$CH_3–COOH$	Essigsäure	Essig (lat.: *acetum*)
Propansäure	$CH_3–CH_2–COOH$	Propionsäure	Milch (gr.: *protos pion*)
Butansäure	$CH_3–(CH_2)_2–COOH$	Buttersäure	Butter (gr.: *butyron*)
Pentansäure	$CH_3–(CH_2)_3–COOH$	Valeriansäure	Baldrianwurzel (lat.: *valeriana*)
Hexansäure	$CH_3–(CH_2)_4–COOH$	Capronsäure	Ziege (lat.: *capra*)
Heptansäure	$CH_3–(CH_2)_5–COOH$	Önant	Weinblüte (gr.: *oenanthe*)
Octansäure	$CH_3–(CH_2)_6–COOH$	Caprylsäure	Ziege (lat.: *capra*)
Nonansäure	$CH_3–(CH_2)_7–COOH$	Pelargonsäure	Gerania (lat.: *pelargonium*)
Decansäure	$CH_3–(CH_2)_8–COOH$	Caprinsäure	Ziege (lat.: *capra*)

Carboxylgruppe, die stets die Positionsziffer 1 hat. Wird der Trivialname der Carbonsäure verwendet, gibt man die Position des Substituenten nach dem griechischen Alphabet an. Das zur Carboxylgruppe benachbarte C-Atom ist das α-Kohlenstoffatom, das nächste ist das β-Kohlenstoffatom.

2-Chlorpropansäure
(α-Chlorpropionsäure)

5-Hydroxypentansäure
(δ-Hydroxyvaleriansäure)

Ist die Carboxylgruppe an einen Ring gebunden, so wird dem Namen des Ringsystems das Suffix **-carbonsäure** hinzugefügt, z. B.:

Cyclopentan-
carbonsäure

2-Chlorbenzol-
carbonsäure

2-Naphthalen-
carbonsäure

Die Atomgruppierung R–CO- wird **Acylrest** genannt. In speziellen Fällen leitet sich die Acylrestbezeichnung vom Namen der Säure ergänzt durch das Suffix **-yl** oder **-oyl** ab. Es sind auch Trivialbezeichnungen gebräuchlich.

$$
\underset{\text{Acyl-}}{R-\overset{\displaystyle O}{\overset{\|}{C}}-}
\qquad
\underset{\text{Formyl-}}{H-\overset{\displaystyle O}{\overset{\|}{C}}-}
\qquad
\underset{\text{Acetyl-}}{CH_3-\overset{\displaystyle O}{\overset{\|}{C}}-}
\qquad
\underset{\text{Benzoyl-}}{\bigcirc\!\!-\overset{\displaystyle O}{\overset{\|}{C}}-}
$$

27.3   Physikalische Eigenschaften

Carbonsäuren enthalten in der Carboxylgruppe jeweils eine polare C=O- und OH-Gruppe. Sie können daher untereinander und mit anderen geeigneten Verbindungen H-Brücken ausbilden. Carbonsäuren haben außergewöhnlich hohe Siedepunkte und liegen im festen und flüssigen Zustand sowie in unpolaren Lösungsmitteln **dimer** vor.

$$
R-C{\overset{\displaystyle O\cdots H-O}{\underset{\displaystyle O-H\cdots O}{}}}C-R
$$

In vielen polaren Lösungsmitteln liegen die Carbonsäuren *monomer* vor, da bevorzugt H-Brücken-Bindungen zu den Lösungsmittelmolekülen ausgebildet werden. Die ersten Vertreter der Reihe der aliphatischen Carbonsäuren sind daher uneingeschränkt mit Wasser mischbar. Langkettige Carbonsäuren sind erwartungsgemäß lipophiler und lösen sich besser in unpolaren Lösungsmitteln wie Ether und Benzen.

Aliphatische Carbonsäuren mit C-Zahlen bis C_9 sind Flüssigkeiten; die höheren aliphatischen und alle aromatischen Carbonsäuren sind Feststoffe. Alkansäuren mit geringer C-Zahl haben einen unangenehmen, stechenden Geruch (Ameisensäure, Essigsäure, Buttersäure usw.), die höheren (ab C_{10}) sind geruchlos.

Die erheblich größere Acidität der COOH-Gruppe ist im Vergleich zu den Alkoholen und Phenolen durch die Mesomeriestabilisierung der konjugierten Base zu erklären. Eine Delokalisierung der Elektronen führt zu einer symmetrischen Ladungsverteilung und damit zu einem energieärmeren und somit stabileren System.

$$
R-\overset{\displaystyle O}{\overset{\|}{C}}-OH
\underset{+H^{\oplus}}{\overset{-H^{\oplus}}{\rightleftharpoons}}
\left[
R-\overset{\displaystyle O}{\overset{\|}{C}}-\overset{\ominus}{\underset{}{O}}|
\longleftrightarrow
R-\overset{\displaystyle |\overset{\ominus}{O}|}{\overset{\|}{C}}=O
\right]
\triangleq
R-C{\overset{\displaystyle \overline{O}|}{\underset{\displaystyle \underset{\ominus}{O}|}{}}}
$$

Substituenten, die als Elektronenakzeptor wirken, erhöhen die Acidität, Elektronendonatoren verringern sie. Die Wirkung nimmt mit zunehmender Entfernung von der COOH-Gruppe stark ab. Die pK_S-Werte von einigen Carbonsäuren werden in Tabelle 27-2 mit denen zweier Alkohole verglichen. Ein kleiner pK_S-Wert bedeutet hohe Acidität.

Tabelle 27-2: Säurekonstanten einiger Carbonsäuren

Name	Formel	K_S-Wert	pK_S-Wert
Ameisensäure	$H—COOH$	$2,34 \cdot 10^{-4}$	3,68
Essigsäure	$CH_3—COOH$	$1,82 \cdot 10^{-5}$	4,74
Propionsäure	$CH_3—CH_2—COOH$	$1,41 \cdot 10^{-5}$	4,85
Buttersäure	$CH_3—CH_2—CH_2—COOH$	$1,58 \cdot 10^{-5}$	4,80
Chloressigsäure	$ClCH_2—COOH$	$1,51 \cdot 10^{-3}$	2,82
Dichloressigsäure	$Cl_2CH—COOH$	$5,01 \cdot 10^{-2}$	1,30
Trichloressigsäure	$Cl_3C—COOH$	$2,00 \cdot 10^{1}$	0,70
2-Chlorbutansäure	$CH_3—CH_2—CHCl—COOH$	$1,41 \cdot 10^{-3}$	2,85
3-Chlorbutansäure	$CH_3—CHCl—CH_2—COOH$	$8,91 \cdot 10^{-5}$	4,05
Benzoesäure	$C_6H_5—COOH$	$6,61 \cdot 10^{-5}$	4,18
o-Chlorbenzoesäure	$o-Cl—C_6H_4—COOH$	$1,26 \cdot 10^{-3}$	2,90
m-Chlorbenzoesäure	$m-Cl—C_6H_4—COOH$	$1,58 \cdot 10^{-4}$	3,80
p-Chlorbenzoesäure	$p-Cl—C_6H_4—COOH$	$1,00 \cdot 10^{-4}$	4,00
Phenol	$C_6H_5—OH$	$1,00 \cdot 10^{-10}$	10,00
Ethanol	$CH_3—CH_2—OH$	$1,00 \cdot 10^{-16}$	16,00

27.4   Carbonylaktivität

An Carbonsäuremolekülen kommen auf Grund unterschiedlicher Bindungen (OH-, C–O- und C=O) sowie der freien Elektronenpaare an beiden Sauerstoffatomen mehrere Möglichkeiten der Reaktion in Betracht. Zusätzlich gibt es verschiedene Möglichkeiten der Eliminierung.

Umsetzungen an den funktionellen Gruppen der Carbonsäuren und ihren Derivaten werden durch eine **nucleophile Addition** am elektrophilen Zentrum der C=O-Gruppe eingeleitet (vgl. Abschn. 26.3). Es schließt sich eine β-Eliminierung an. Insgesamt erfolgt eine **nucleophile Substitution** am Carbonyl-C-Atom:

$$R-\overset{\overset{O}{\|}}{C}-X + |YH \rightleftharpoons R-\overset{\overset{|\overset{\ominus}{\underline{O}}|}{|}}{\underset{X}{C}}-\overset{\oplus}{Y}H \rightleftharpoons R-\overset{\overset{OH}{|}}{\underset{X}{C}}-Y \rightleftharpoons R-\overset{\overset{O}{\|}}{C}-Y + HX$$

Die elektrophile Kraft des Carbonyl-C-Atoms und damit die Reaktivität der Verbindung werden entscheidend von den Eigenschaften des Substituenten X beeinflusst. Substituenten mit -I-Effekt erhöhen die Reaktivität, +I- und +M-Substituenten verringern sie. Hieraus ergibt sich eine Reihenfolge der Carbonsäurederivate nach fallender Carbonylaktivität, in die auch Aldehyde und Ketone eingeordnet sind.

$$R-\overset{\overset{O}{\|}}{C}-Cl > R-\overset{\overset{O}{\|}}{C}-H > R-\overset{\overset{O}{\|}}{C}-R > R-\overset{\overset{O}{\|}}{C}-OR > R-\overset{\overset{O}{\|}}{C}-NH_2 > R-\overset{\overset{O}{\|}}{C}-\overset{\ominus}{\underline{O}}|$$

Carboxylationen haben die geringste Carbonylaktivität, da hier sehr günstige Mesomeriebedingungen herrschen.

27.5   Herstellung und Umsetzungen
27.5.1   Carbonsäuren

Carbonsäuren können durch Oxidation von primären Alkoholen und Aldehyden hergestellt werden. Es eignen sich als Oxidationsmittel CrO_3, $K_2Cr_2O_7$ und $KMnO_4$. Die Reaktion führt ungesteuert immer zur Carbonsäure:

$$R-CH_2-OH \xrightarrow{\text{Oxidation}} R-CHO \xrightarrow{\text{Oxidation}} R-COOH$$

prim. Alkohol   Aldehyd   Carbonsäure

Aus Halogenalkanen können durch Umsetzung mit KCN Nitrile (R–CN) hergestellt werden. Die durch Säuren oder Basen katalysierte Verseifung führt über ein Säureamid zur Carbonsäure:

$$R-Cl \xrightarrow[-\ KCl]{+\ KCN} R-C\equiv N| \xrightarrow{+\ H_2O} R-\overset{\overset{O}{\|}}{C}-NH_2 \xrightarrow{+\ H_2O} R-\overset{\overset{O}{\|}}{C}-OH + NH_3$$

Substituierte Carbonsäuren wie α-Brom- oder α-Chlor-Carbonsäuren werden am besten nach HELL, VOLLHARD und ZELINSKY mit Halogenen und rotem Phosphor als Katalysator hergestellt.

$$2\,P + 3\,Br_2 \longrightarrow 2\,PBr_3$$

$$CH_3\text{—}COOH \xrightarrow{PBr_3} CH_3\text{—}\overset{\overset{O}{\|}}{C}\text{—}Br \underset{}{\overset{[H^{\oplus}]}{\rightleftharpoons}} CH_2\text{=}\overset{OH}{\overset{|}{C}}\text{—}Br \xrightarrow[-HBr]{+Br_2} Br\text{—}CH_2\text{—}\overset{\overset{O}{\|}}{C}\text{—}Br$$

$$Br\text{—}CH_2\text{—}\overset{\overset{O}{\|}}{C}\text{—}Br + CH_3\text{—}COOH \longrightarrow Br\text{—}CH_2\text{—}COOH + CH_3\text{—}\overset{\overset{O}{\|}}{C}\text{—}Br$$

Phosphorbromid führt die Essigsäure in das Säurebromid über, dessen α-H-Atom durch ein Br-Atom substituiert wird. Der Bromaustausch erfolgt mit einem weiteren Essigsäuremolekül.

Reaktionen von Carbonsäuren

Carbonsäuren können unter Umkehrung der Synthesereaktion z. B. mit $LiAlH_4$ zu Alkoholen reduziert werden.

$$R\text{—}COOH \xrightarrow{+\,LiAlH_4} R\text{—}COOAlH_3^{\ominus}\,Li^{\oplus} \xrightarrow{+\,3\,R\text{—}COOH}$$

$$(R\text{—}CH_2O\text{—})_4\overset{\ominus}{Al}\overset{\oplus}{Li} \xrightarrow{+\,H^{\oplus}} 4\,R\text{—}CH_2\text{—}OH$$

Decarboxylierungen (CO_2-Abspaltungen) von Carbonsäuren sind möglich durch Erhitzen der Salze, Oxidation mit Bleitetraacetat oder durch oxidative Decarboxylierung zu Bromiden.

$$R\text{—}COO^{\ominus}Ag^{\oplus} + Br_2 \longrightarrow R\text{—}Br + CO_2 + AgBr$$

Oxidation mit Wasserstoffperoxid zu Persäuren:

$$R\text{—}\overset{\overset{O}{\|}}{C}\text{—}OH \xrightarrow{+\,H^{\oplus}} R\text{—}\underset{\underset{OH}{|}}{\overset{\overset{\oplus}{O}}{C}} + \underset{\underset{H}{|}}{|\overset{-}{O}\text{—}OH} \rightleftharpoons$$

$$R\text{—}\underset{\underset{OH}{|}}{\overset{\overset{OH}{|}}{C}}\underset{\underset{H}{|}}{\overset{\oplus}{\text{—}O}}\text{-}OH \xrightarrow{-\,H^{\oplus}} R\text{—}\overset{\overset{O}{\|}}{C}\text{—}O\text{—}OH + H_2O$$

27.5.2   Carbonsäurehalogenide

Carbonsäurehalogenide, die auch Acylhalogenide genannt werden, gehören zu den reaktivsten Carbonsäurederivaten. Carbonsäurechloride sind leicht zugänglich und preiswerter als andere Carbonsäurehalogenide. Sie können durch Umsetzung der Carbonsäure mit Thionyldichlorid $SOCl_2$ oder Phosphorpentachlorid PCl_5 hergestellt werden.

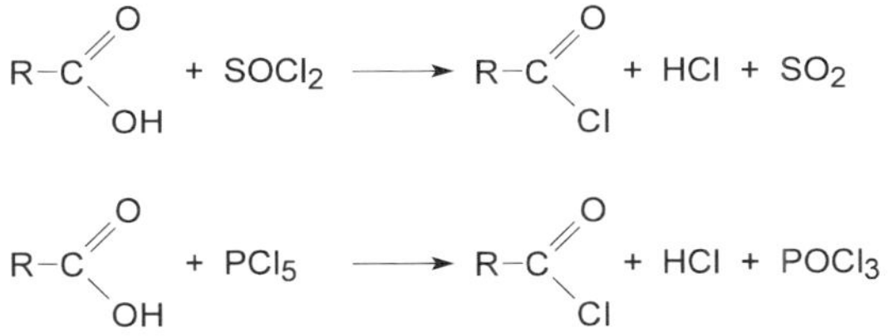

Diese Reaktion wird durch einen elektrophilen Angriff des anorganischen Säurechlorids auf die Carbonylgruppe eingeleitet. Nach Abspaltung von HCl erfolgt die eigentliche Halogenierung über einen cyclischen Übergangszustand:

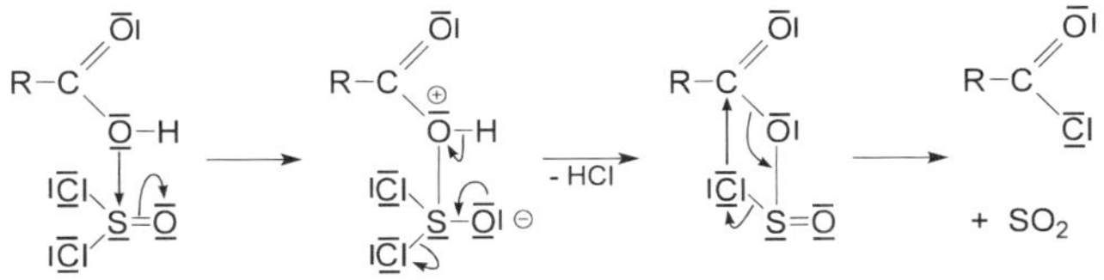

Acylhalogenide reagieren wegen der hohen Carbonylaktivität mit zahlreichen nucleophilen Agenzien:

O-Nucleophile	N-Nucleophile	C-Nucleophile
H–OH	H–NH$_2$	Carbanionen
R–OH	R–NH$_2$	aromatische Systeme
R–COO$^{\ominus}$	R–NHR	

Die Reaktivität der Acylhalogenide nimmt im Unterschied zu den Alkylhalogeniden von den Acylfluoriden zu den Acyliodiden ab. Derartige

Acylierungsreaktionen werden zur Herstellung anderer Säurederivate (Ester, Anhydride, Amide usw.) und zur Synthese aromatischer Ketone (vgl. FRIEDEL-CRAFTS-Acylierung) benutzt.

$$R-COCl + H-OH \xrightarrow[-HCl]{} R-COOH \qquad \text{Carbonsäure}$$

$$R-COCl + R-OH \xrightarrow[-HCl]{} R-COOR \qquad \text{Carbonsäureester}$$

$$R-COCl + R-COONa \xrightarrow[-NaCl]{} R-CO-O-CO-R \qquad \text{Carbonsäureanhydrid}$$

$$R-COCl + NH_3 \xrightarrow[-HCl]{} R-CONH_2 \qquad \text{Carbonsäureamid}$$

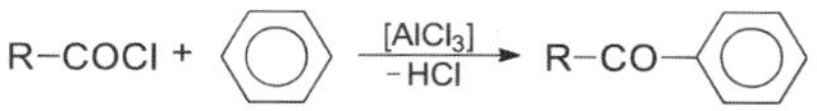

$$R-COCl + \xrightarrow[-HCl]{[AlCl_3]} R-CO- \qquad \text{Arylketon}$$

27.5.3   Carbonsäureanhydride

Carbonsäureanhydride lassen sich formal aus zwei Molekülen Carbonsäure durch eine Kondensationsreaktion herstellen. Bei Dicarbonsäuren mit zwei oder drei C-Atomen zwischen den Carboxlgruppen kann die Wasserabspaltung auch intramolekular ablaufen:

$$CH_3-\overset{O}{\overset{\|}{C}}-OH + HO-\overset{O}{\overset{\|}{C}}-CH_3 \xrightarrow[-H_2O]{} CH_3-\overset{O}{\overset{\|}{C}}-O-\overset{O}{\overset{\|}{C}}-CH_3$$

Essigsäureanhydrid

Phthalsäureanhydrid

Carbonsäureanhydride haben ebenfalls eine hohe Carbonylaktivität, sie können mit den in Abschnitt 27.5.2 genannten Nucleophilen reagieren. Sie sind gegenüber Nucleophilen reaktiver als Carbonsäureester, aber weniger reaktiv als Acylhalogenide. Einige typische Reaktionen sind:

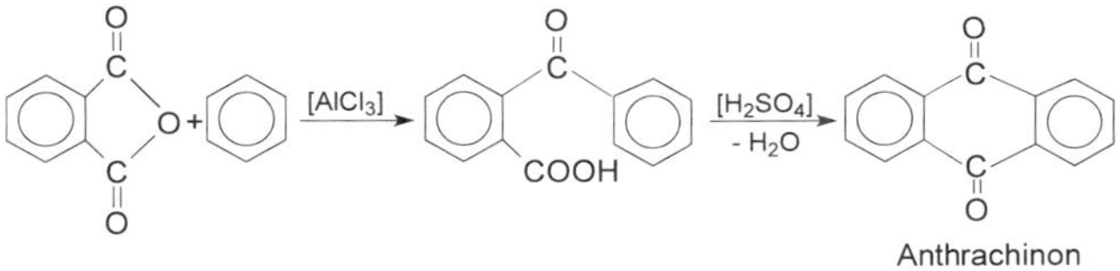

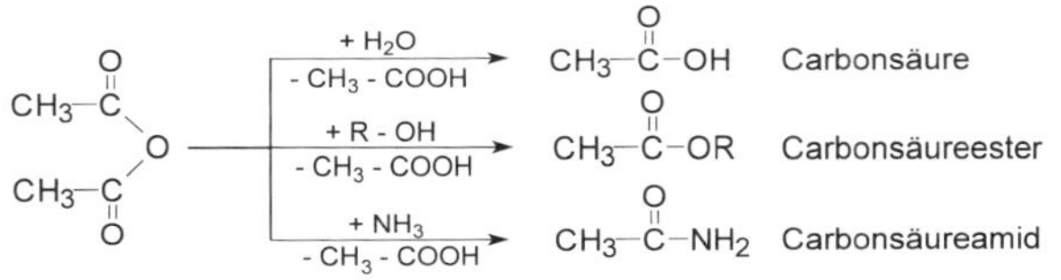

Anthrachinon

27.5.4   Carbonsäureester

Carbonsäureester leiten sich von der jeweiligen Carbonsäure formal durch Austausch der OH-Gruppe gegen eine RO-Gruppe ab. Sie werden ebenso wie Carbonsäuresalze bezeichnet. Ester sind angenehm riechende Verbindungen, die bei zahlreichen Früchten und Blumen für deren charakteristischen Geruch verantwortlich sind. Einige bekannte Aromen sind n-Pentylacetat (Bananen), Octylacetat (Orangen) und Pentylbutyrat (Aprikosen).

Die geringe Carbonylaktivität von Carbonsäuren lässt sich durch katalytische Mengen von Mineralsäuren beträchtlich erhöhen. Wird eine Carbonsäure mit Alkohol in Gegenwart einer Mineralsäure (HCl, H_2SO_4) erhitzt, so bilden sich ein Ester und Wasser. Diese stehen mit den Ausgangskomponenten im Gleichgewicht. Für die Umsetzung mit primären und sekundären Alkoholen wird folgender Reaktionsmechanismus angenommen:

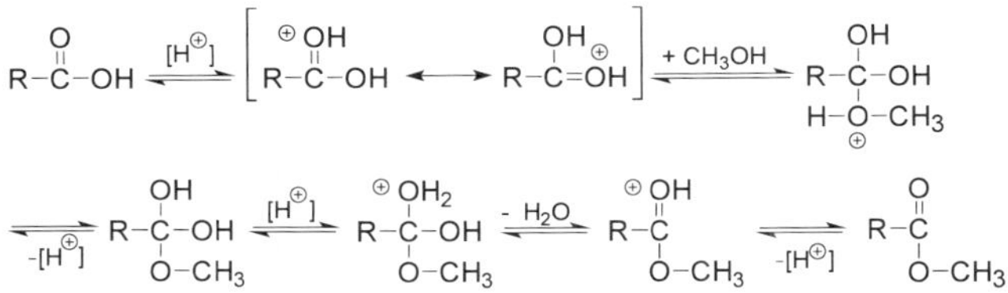

Werden dagegen tertiäre Alkohole eingesetzt, kommt es zunächst zur Protonierung mit anschließender Abspaltung der alkoholischen OH-Gruppe. Das entstandene Carbokation greift das Carbonyl-C-Atom elektrophil an.

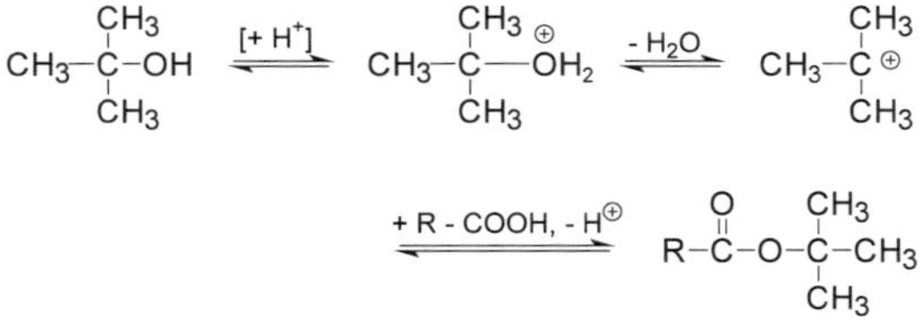

Bei der Bildung von Carbonsäureestern wird häufig konz. Schwefelsäure einerseits als Katalysator verwendet und andererseits, um das bei der Veresterung frei werdende Reaktionswasser zu binden (Verschiebung des Gleichgewichts nach rechts). Die Lage des Gleichgewichtes der Reaktion wird dadurch zu Gunsten der Endprodukte nach rechts verschoben (vgl. Abschn. 7.3). Eine weitere Möglichkeit zur Verschiebung des Gleichgewichtes kann erreicht werden, wenn man den Ester kontinuierlich aus dem Reaktionsgemisch abdestilliert.

Die Umkehrung der Veresterung wird **Verseifung** genannt. Sie wird allgemein als **Hydrolyse von Estern,** aber auch von anderen Carbonsäurederivaten bezeichnet und durch Basen sowie Säuren katalysiert. Die **alkalische Esterhydrolyse** liefert Alkohol und das Carboxylat-Ion, das gegenüber Nucleophilen fast inaktiv ist. Die Verseifungsreaktion verläuft daher praktisch irreversibel:

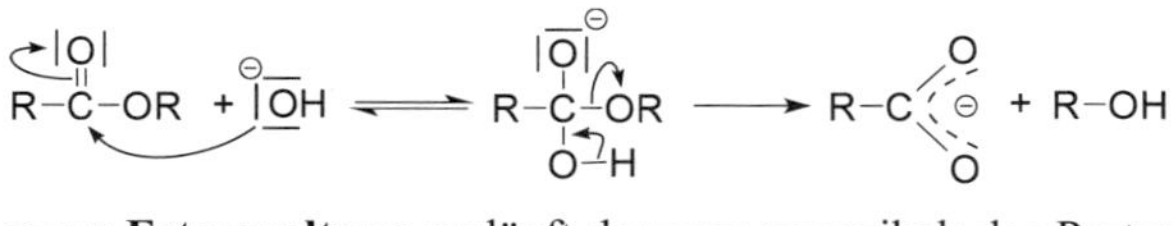

Eine **saure Esterspaltung** verläuft dagegen reversibel; das Proton wirkt als Katalysator:

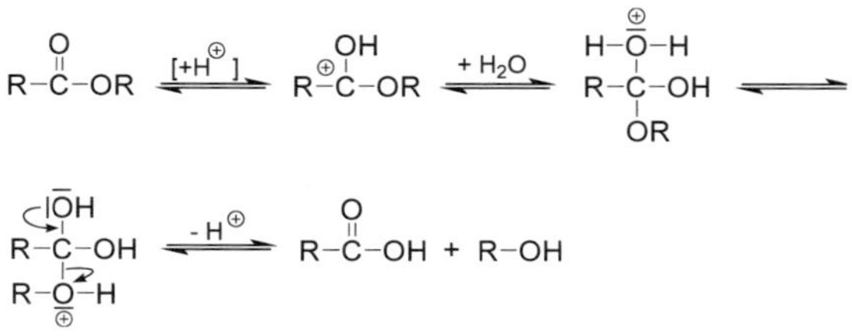

27.5.5   Carbonsäureamide

Carbonsäureamide werden durch Umsetzung von Carbonsäurechloriden, -anhydriden und -estern mit Ammoniak oder Aminen hergestellt. Auch bei thermischer Behandlung entsprechender Ammoniumsalze entstehen Carbonsäureamide:

$$R{-}COO^{\ominus} NH_4^{\oplus} \xrightarrow{\text{Temp.}} R{-}\overset{\displaystyle O}{\overset{\|}{C}}{-}NH_2 + H_2O$$

Carbonäureamide besitzen wie Carbonsäureester eine geringe Carbonylaktivität. Sie lassen sich jedoch leicht mit Alkalien, Säuren oder Wasser zu Carboxylaten bzw. Carbonsäuren hydrolysieren. Erhitzt man Carbonsäureamide mit Wasser abspaltenden Mitteln (z. B. P_4O_{10}), so tritt Dehydratisierung zu Nitrilen ein.

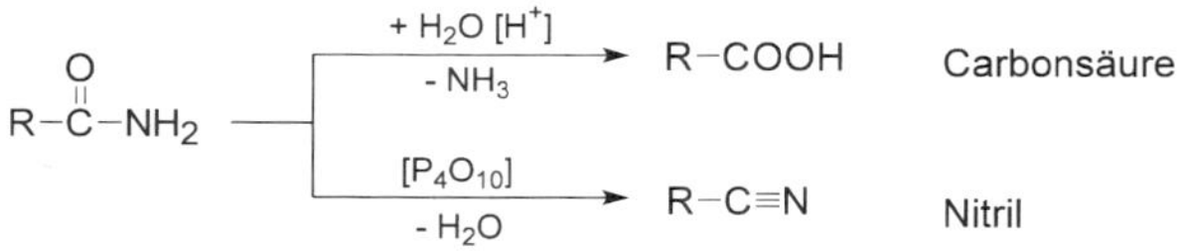

$$R{-}\overset{\displaystyle O}{\overset{\|}{C}}{-}NH_2 \quad \begin{cases} \xrightarrow[-\,NH_3]{+\,H_2O\,[H^+]} & R{-}COOH \quad \text{Carbonsäure} \\[2ex] \xrightarrow[-\,H_2O]{[P_4O_{10}]} & R{-}C{\equiv}N \quad \text{Nitril} \end{cases}$$

Amidstrukturen liegen auch den Aminen zu Grunde. Sie sind als Polyamide durch die Peptidbindung –CO–NH– charakterisiert (vgl. Kap. 30).

OC

28 Bifunktionelle Säuren, Fette und Tenside

28.1 Dicarbonsäuren

Dicarbonsäuren enthalten im Molekül zwei Carboxylgruppen und dissoziieren daher in zwei Stufen. Die ersten fünf Glieder der homologen Reihe sind acider als die entsprechenden Monocarbonsäuren (vgl. Tab. 27-2 und 28-1), weil sich die beiden COOH-Gruppen gegenseitig beeinflussen.

$$HOOC-(CH_2)_{\overline{n}}-COOH \xrightleftharpoons{K_1} \ ^{\ominus}OOC-(CH_2)_{\overline{n}}-COOH$$

$$^{\ominus}OOC-(CH_2)_{\overline{n}}-COOH \xrightleftharpoons{K_2} \ ^{\ominus}OOC-(CH_2)_{\overline{n}}-COO^{\ominus}$$

Die zweite, noch nicht dissoziierte Carboxylgruppe übt einen $-I$-Effekt aus und stabilisiert so die negative Ladung des Monocarboxylations. Der Effekt ist umso größer, je dichter die Carboxylgruppen zusammen sind. Oxalsäure hat daher den kleinsten pK_{S1}-Wert (vgl. Tab. 28-1). Dieser Wert nimmt stetig mit steigender Anzahl der CH_2-Reste in der Kette zu und nähert sich allmählich dem der Essigsäure. Die zweite Säurefunktion wird von der bereits vorhandenen negativen Ladung der Carboxylgruppe ungünstig beeinflusst.

Tabelle 28-1: Eigenschaften und Verwendung von Dicarbonsäuren

Trivialname	Formel	pK_{S1}	pK_{S2}	Vorkommen und Verwendung
Oxalsäure	HOOC–COOH	1,46	4,40	Sauerklee, Harnsteine
Malonsäure	HOOC–CH$_2$–COOH	2,83	5,85	Leguminosen
Bernsteinsäure	HOOC–(CH$_2$)$_2$–COOH	4,17	5,64	Citrat-Cyclus, Rhabarber
Glutarsäure	HOOC–(CH$_2$)$_3$–COOH	4,33	5,57	Citrat-Cyclus, Zuckerrübe
Adipinsäure	HOOC–(CH$_2$)$_4$–COOH	4,43	5,52	Nylonherstellung
Maleinsäure	cis-HOOC–CH = CH–COOH	1,90	6,50	
Fumarsäure	trans-HOOC–CH = CH–COOH	3,00	4,50	Citrat-Cyclus
Phthalsäure	1,2-C$_6$H$_4$(COOH)$_2$	2,96	5,40	Weichmacher, Polymere
Terephthalsäure	1,4-C$_6$H$_4$(COOH)$_2$	3,54	4,46	Kunststoffe

Einfache Dicarbonsäuren haben Trivialnamen, die häufig auf die Herkunft der Säure aus einer bestimmten Pflanze hinweisen. Die IUPAC-Nomenklatur entspricht der der Monocarbonsäure:

HOOC–(CH$_2$)$_3$–COOH	=	1,3-Propandicarbonsäure
(Glutarsäure)	=	1,3-Pentandisäure

Reaktionen von Dicarbonsäuren
Je nach Abstand der beiden Carboxylgruppen unterscheiden sich Dicarbonsäuren durch ihr Verhalten beim Erhitzen. Oxalsäure zerfällt in Kohlenstoffdioxid und Ameisensäure, Letztere weiter in CO und Wasser.

$$HOOC-COOH \xrightarrow[- CO_2]{200\ °C} H-COOH \longrightarrow CO + H_2O$$

1,1-Dicarbonsäuren, wie die Malonsäure, verlieren noch leichter CO$_2$. Sie decarboxylieren und gehen in die entsprechenden Monocarbonsäuren über.

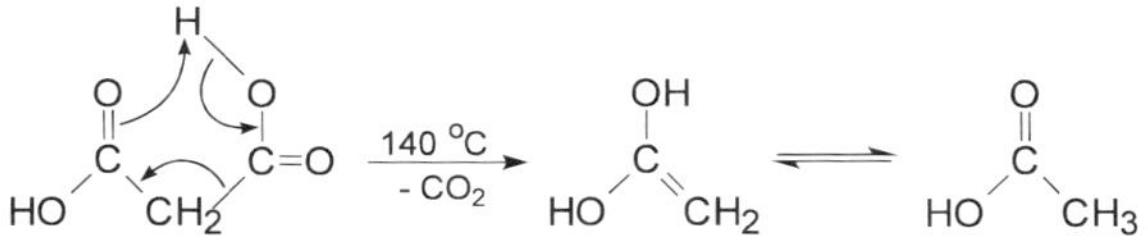

Malonsäure	Enol der Essigsäure	Essigsäure

1,2- und 1,3-Dicarbonsäuren verlieren beim Erhitzen Wasser und gehen in *cyclische Anhydride* über:

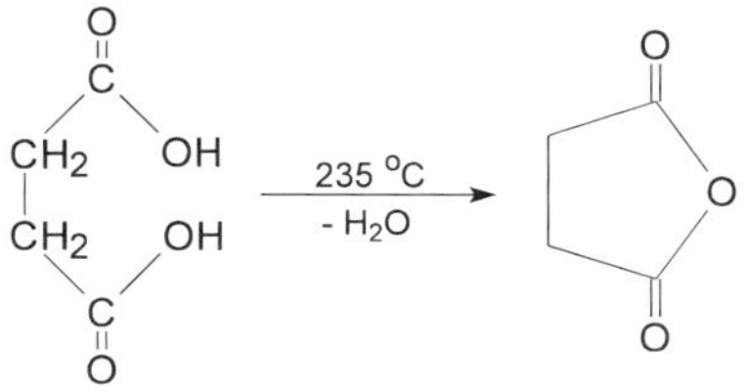

Bernsteinsäure	Bernsteinsäureanhydrid

Fünf- und sechsgliedrige Ringe bilden sich bevorzugt. Die Dehydratisierung gelingt auch unter milderen Bedingungen, wenn ein Wasser abspaltendes Agens, z. B. Acetanhydrid, zugesetzt wird.

Ungesättigte und aromatische Dicarbonsäuren

Unter den ungesättigten und aromatischen Carbonsäuren nehmen Maleinsäure, Fumarsäure und die Benzendicarbonsäuren eine besondere Stellung ein. Maleinsäure und Fumarsäure sind cis-trans-Isomere.

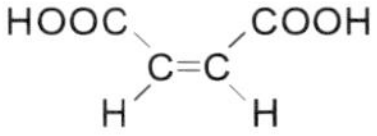

Maleinsäure (Fp. = 130 °C) 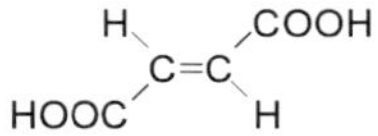   Fumarsäure (Fp. = 287 °C)

Bei diesem Isomerpaar wird die Abhängigkeit der chemischen Reaktivität und der physikalischen Eigenschaften besonders deutlich. Die Carboxylgruppen der Maleinsäure sind räumlich benachbart und ermöglichen die Bildung eines Anhydrids im Gegensatz zum trans-Isomer, der Fumarsäure.

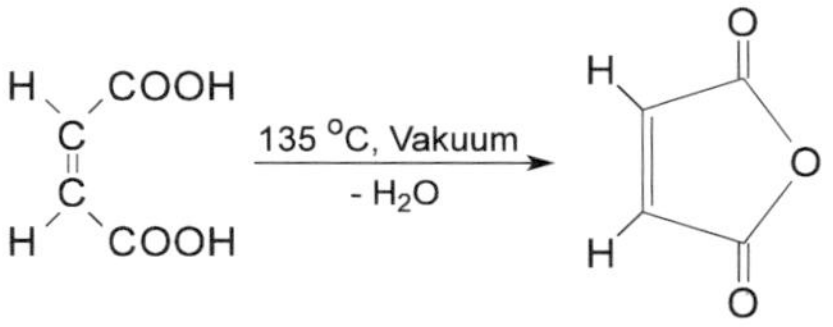

Maleinsäure und Fumarsäure können durch Erhitzen oder UV-Bestrahlung ineinander umgewandelt werden (**Isomerisierung**).

Die aromatischen Dicarbonsäuren Phthalsäure und Terephthalsäure besitzen zur Synthese von Farbstoffen und zur Herstellung von Kunststoffen (Polyesterfasern) wie Trevira, Diolen usw. technische Bedeutung (vgl. Kap. 31).

28.2   Hydroxycarbonsäuren

Viele Hydroxycarbonsäuren, insbesondere α-Hydroxycarbonsäure-Derivate, kommen in der Natur vor und sind oft Schlüsselverbindungen des allgemeinen Stoffwechsels. Man kennt sie unter ihren Trivialnamen, z. B.:

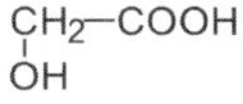

Glykolsäure 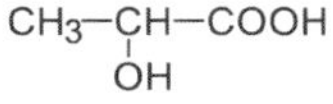   Milchsäure 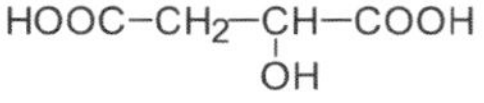   Äpfelsäure

$$\underset{\underset{\text{OH}}{\mid}\quad\underset{\text{OH}}{\mid}}{\text{HOOC}-\text{CH}-\text{CH}-\text{COOH}}$$

Weinsäure

$$\text{HOOC}-\text{CH}_2-\underset{\underset{\text{COOH}}{\mid}}{\overset{\overset{\text{OH}}{\mid}}{\text{C}}}-\text{CH}_2-\text{COOH}$$

Citronensäure

Die systematische Nomenklatur der Hydroxycarbonsäuren ist mit der der Halogencarbonsäuren zu vergleichen. Bis auf wenige Ausnahmen sind die α-Hydroxycarbonsäuren optisch aktiv. Zur Bezeichnung ihrer Konfiguration wird z. B. das D,L-System angewendet (vgl. Kap. 22).

Herstellung von Hydroxycarbonsäuren

■ Alkalische Hydrolyse von α-Halogencarbonsäuren

$$\underset{\underset{\text{Cl}}{\mid}}{\text{R}-\text{CH}-\text{COOH}} \underset{-\text{Cl}^{\ominus}}{\overset{+\text{OH}^{\ominus}}{\rightleftharpoons}} \underset{\underset{\text{OH}}{\mid}}{\text{R}-\text{CH}-\text{COOH}}$$

■ Hydrolyse von Cyanhydrinen

$$\underset{\underset{\text{H}}{\mid}}{\text{R}-\text{C}=\text{O}} \xrightarrow{+\text{HCN}} \underset{\underset{\text{OH}}{\mid}}{\text{R}-\text{CH}-\text{C}\equiv\text{N}} \xrightarrow[-\text{NH}_3]{+2\,\text{H}_2\text{O}} \underset{\underset{\text{OH}}{\mid}}{\text{R}-\text{CH}-\text{COOH}}$$

■ Hydratisierung von α,β-ungesättigten Carbonsäuren

$$\text{CH}_2=\text{CH}-\text{COOH} + \text{H}_2\text{O} \xrightarrow{+[\text{H}^{\oplus}]} \underset{\underset{\text{OH}}{\mid}}{\text{CH}_2-\text{CH}_2-\text{COOH}}$$

Bis auf wenige Ausnahmen sind Hydroxycarbonsäuren Feststoffe, die in Wasser besser löslich sind als die unsubstituierten Carbonsäuren. Der $-$I-Effekt der Hydroxylgruppe erhöht die Acidität der Verbindung. Mit zunehmender Entfernung von der Carboxylgruppe nimmt dieser jedoch ab.

Reaktionen von Hydroxycarbonsäuren

Erhitzt man eine α-Hydroxycarbonsäure, so findet eine intermolekulare Dehydratisierung statt. Die dabei entstehenden cyclischen Ester sind Derivate des 1,4-Dioxans und werden als **Lactide** bezeichnet.

3,6-Dimethyl-1,4-dioxan-2,5-dion

Wird eine β-Hydroxycarbonsäure erhitzt, entsteht eine ungesättigte Carbonsäure.

$$R-\underset{\underset{OH}{|}}{CH}-CH_2-COOH \xrightarrow[-H_2O]{Temperatur} R-CH=CH-COOH$$

In γ- und δ-Hydroxycarbonsäuren befindet sich die OH-Gruppe in einer solchen Position zur Carboxylgruppe, dass eine intramolekulare Veresterung unter einer Ausbildung von 5- bzw. 6-Ringen erfolgen kann. Die so gebildeten cyclischen Ester werden als **Lactone** bezeichnet.

$$\underset{\underset{OH}{|}}{CH_2}-CH_2-CH_2-COOH \xrightarrow[-H_2O]{Temperatur}$$

γ-Hydroxybuttersäure   γ-Butyrolacton

28.3   Ketocarbonsäuren

α- und β-Ketocarbonsäuren sind als Zwischenprodukte des allgemeinen Stoffwechsels an biologischen Oxidations- bzw. Reduktionsreaktionen beteiligt. Die systematische Nomenklatur dieser Stoffklasse gleicht der der Halogen- und Hydroxysäuren. Das Präfix **Oxo-** dient dabei als Bezeichnung einer Keto- und einer Aldehydfunktion. Für einige wichtige Ketocarbonsäuren sind ebenfalls Trivialnamen in Gebrauch:

$$CH_3-\overset{O}{\overset{||}{C}}-\overset{O}{\overset{||}{C}}-OH \qquad CH_3-\overset{O}{\overset{||}{C}}-CH_2-\overset{O}{\overset{||}{C}}-OH \qquad HO-\overset{O}{\overset{||}{C}}-\overset{O}{\overset{||}{C}}-CH_2-\overset{O}{\overset{||}{C}}-OH$$

Brenztraubensäure   Acetessigsäure   Oxalessigsäure
(Salze: Pyruvate)
α-Oxo-propionsäure   β-Oxo-buttersäure   Oxo-bernsteinsäure
2-Oxo-propansäure   3-Oxo-butansäure   Oxo-butandisäure

Herstellung von α-Ketosäuren

■   Hydrolyse von Acylcyaniden

$$R-\overset{O}{\overset{||}{C}}-Cl \xrightarrow[-CuCl_2]{+CuCN} R-\overset{O}{\overset{||}{C}}-C\equiv N \xrightarrow[-NH_3]{+2\ H_2O} R-\overset{O}{\overset{||}{C}}-COOH$$

■ Dehydrierung von Hydroxysäuren

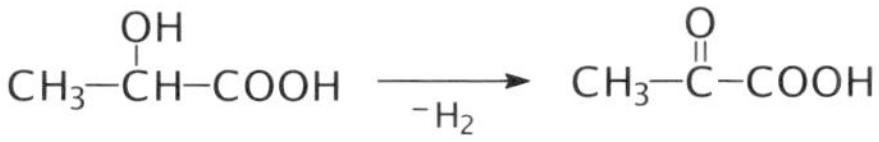

$$\underset{\displaystyle CH_3-\overset{\displaystyle OH}{\underset{|}{CH}}-COOH}{} \xrightarrow[-H_2]{} \underset{\displaystyle CH_3-\overset{\displaystyle O}{\underset{\|}{C}}-COOH}{}$$

■ Hitzespaltung von Weinsäure

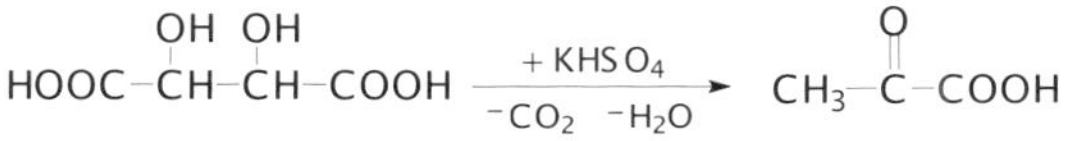

$$HOOC-\overset{OH}{\underset{|}{CH}}-\overset{OH}{\underset{|}{CH}}-COOH \xrightarrow[-CO_2\ -H_2O]{+\,KHSO_4} CH_3-\overset{O}{\underset{\|}{C}}-COOH$$

Diese als „Brenzreaktion" bekannte Herstellungsmethode gab der Brenztraubensäure ihren Namen.

Brenztraubensäure ist die bekannteste α-Ketocarbonsäure. Sie ist ein wichtiges Zwischenprodukt beim biologischen Abbau der Kohlenhydrate und Fette. Unter anaeroben Bedingungen wird Pyruvat (Salz der Brenztraubensäure) im Säugetierorganismus zu Lactat (Salz der Milchsäure) reduziert (z. B. im Muskel bei intensiver Beanspruchung).

Zerfall der β-Ketosäuren

Im Gegensatz zu den α-Ketosäuren sind die β-Ketosäuren unbeständig. Acetessigsäure z. B. zerfällt in Aceton und CO_2 (Decarboxylierung).

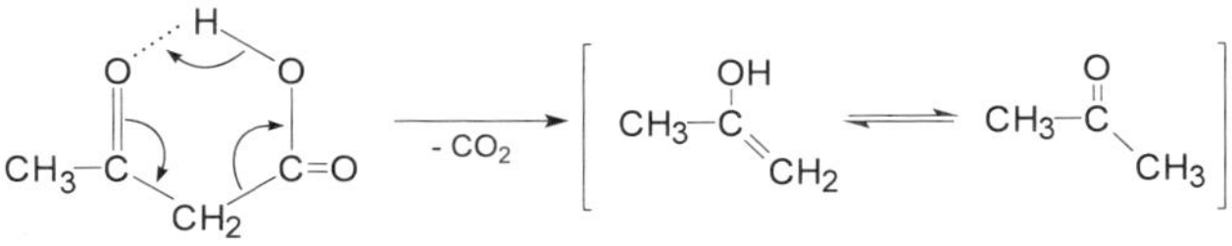

28.4   Fette, Öle und Lipide

Die Ester langkettiger, häufig unverzweigter Carbonsäuren wie Fette und Öle werden unter dem Begriff **Lipide** zusammengefasst. Öle sind meist pflanzlichen, Fette meist tierischen Ursprungs. Obwohl die einen bei Raumtemperatur i. Allg. flüssig, die anderen fest sind, besitzen beide den gleichen chemischen Aufbau.

Längerkettige Carbonsäuren (Fettsäuren) sind über Esterfunktionen mit dem dreiwertigen Glycerin verbunden. Man nennt Fette und Öle daher auch **Triglyceride**. Wie alle Ester können auch Fette und Öle mit Alkalien, z. B. Natronlauge, umgesetzt werden. Neben Glycerin entstehen die Natriumsalze der entsprechenden Säuren (Fettsäuren), die auch als **Seifen** bezeichnet werden. Diese Hydrolyse wird daher auch Verseifung genannt.

Triglycerid   Glycerin   Na-Salze der Fettsäuren

█ Fette sind Mischungen von Glycerinestern (Glyceride) verschiedener Carbonsäuren (Fettsäuren) mit 12 bis 20 C-Atomen.

Tabelle 28-2: Wichtige Fettsäuren

Zahl der C-Atome	Trivialname	Strukturformel	Fp. in °C
gesättigte Fettsäuren			
12	Laurinsäure		44
14	Myristinsäure		58
16	Palmitinsäure		63
18	Stearinsäure		70
20	Arachidinsäure		77
ungesättigte Fettsäuren			
18	Ölsäure		13
18	Linolsäure		− 5
18	Linolensäure		−11

Die in der Natur vorkommenden Fette enthalten ausschließlich Fettsäuren mit gerader C-Zahl (vgl. Tab. 28-2). Neben gesättigten Fettsäuren (z. B. Palmitinsäure und Stearinsäure) kommen auch ungesättigte Fettsäuren mit einer oder mehreren Doppelbindungen vor. Mit steigendem Gehalt an Doppelbindungen, die immer in der cis-Konfiguration vorliegen, werden die Fette zunehmend flüssiger und werden dann als **Öle** bezeichnet.

Öle sind flüssige Fette und haben i. Allg. einen höheren Gehalt an ungesättigten Carbonsäuren als Fette und daher auch einen niedrigeren Schmelzpunkt.

Pflanzenöle, die mehrfach ungesättigt sind, können in Fette umgewandelt werden, indem einige oder alle Doppelbindungen katalytisch hydriert werden. Dieser Prozess wird **Fetthärtung** genannt. Margarine wird aus partiell hydriertem Pflanzenöl als Fettbasis hergestellt, um die butterähnliche Konsistenz zu erhalten. Das butterähnliche Aussehen wird durch Zusatz von Milch und Farbstoffen erreicht.

28.5   Tenside

Tenside sind grenzflächenaktive Substanzen, die aus einem hydrophoben Kohlenwasserstoffrest und einer hydrophilen (lipophoben) Gruppe (Carboxylat-, Sulfonat-, Ammonium- oder Hydroxylgruppe) bestehen. Als Folge dieser Struktur bilden Tenside in Wasser keine molekulardispersen Lösungen, sondern lagern sich zu kugelförmigen Gebilden (**Micellen**) zusammen, deren hydrophobe Reste nach innen orientiert sind während die hydrophilen, polaren Gruppen mit dem Wasser Kontakt haben.

Tenside sind Bestandteile von Waschmitteln und werden als Emulgatoren, z. B. in kosmetischen Cremes oder Nahrungsmitteln, Dispergiermitteln, Solubilisatoren usw., verwendet. An der Oberfläche einer wässrigen Lösung bilden Tenside eine monomolekulare Schicht, deren Moleküle mit ihrer polaren Seite mit den Wassermolekülen in Wechselwirkung treten, während die hydrophoben Reste aus der Flüssigkeit ragen (vgl. Bild 28-1A). Durch diesen Effekt wird die Grenzflächenspannung des Wassers

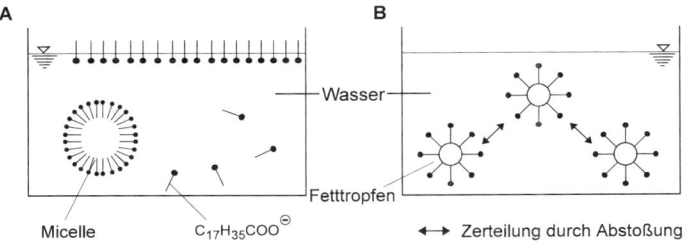

Bild 28-1: Wirkung der Tenside als Waschmittel: (A) Oberflächenaktivität und Micellenbildung, (B) Wirkung als Emulgator

herabgesetzt und das Eindringen in kapillare Räume, z. B. Textilfasern, erleichtert. Die Faser wird benetzt, und lipophile Stoffe (Öl, Fett) werden durch die Tenside abgelöst. Es entstehen Fetttröpfchen, die von Tensidmolekülen so umhüllt sind, dass die polaren Strukturen zum Wasser gerichtet sind (vgl. Bild 28-1B). Die entsprechende Emulsionswirkung wird beim Waschprozess genutzt.

Anionische Tenside

Anionische Tenside besitzen als polare Gruppierungen Carboxylat-, Sulfat- oder Sulfonatgruppen. Praktische Bedeutung haben die Natrium- und Kaliumsalze aliphatischer Carbonsäuren (Seifen) sowie die Natrium- salze von Schwefelsäuremonoalkylestern, Alkansulfonsäuren und Alkyl- sulfonsäuren (vgl. Tab. 28-3). 2/3 des Gesamtverbrauchs an Tensiden wird den anionischen Tensiden zugerechnet.

Seifen werden aus natürlichen Fetten oder Ölen durch alkalische Hydroly- se oder Spaltung mit überhitztem Wasserdampf mit nachfolgender Neutra- lisation hergestellt. Ein wesentlicher Nachteil bei der Anwendung von Seifen besteht darin, dass die Fettsäuren mit härtebildenden Ionen (z. B. Ca- und Mg-Ionen) schwer lösliche Niederschläge bilden, die zum Ver- grauen der Textilien führen.

Alkylsulfate können aus primären Fettalkoholen mit 10...18 C-Atomen durch katalytische Hydrierung von Fettsäuren erhalten werden. Sie reagie- ren mit konz. Schwefelsäure oder SO_3 zur entsprechenden Alkylschwefel- säure, deren Natriumsalze wirksame Tenside bilden. Die Tensidlösungen reagieren neutral, ihre Erdalkalimetallsalze sind löslich, sodass auch in hartem Wasser die waschaktiven Eigenschaften nicht beeinträchtigt wer- den.

Alkylbenzensulfonate werden durch Alkylierung von Benzen mit unver- zweigten 1-Alkenen oder Chloralkanen (10...15 C-Atome) und anschlie- ßender Sulfonierung der gebildeten Alkylbenzene sowie Neutralisierung der Sulfonsäuren erhalten. Alkylbenzensulfonate, wie Dodecylbenzensul- fonat, werden in Kläranlagen durch Mikroorganismen abgebaut.

Kationische Tenside

Kationische Tenside enthalten als polaren Rest eine quartäre Ammonium- gruppierung. Sie werden als Flotations- und Textilhilfsmittel eingesetzt, haben aber nur einen geringen Anteil am Gesamttensidverbrauch. Benz-

alkoniumchloride werden z. B. durch Umsetzung von Benzylchlorid mit
tertiären Aminen gewonnen, die zwei Methyl- und eine $C_8...C_{18}$-Alkyl-
gruppe enthalten.

$$CH_3-(CH_2)_n-\overset{\overset{CH_3}{|}}{\underset{\underset{CH_3}{|}}{N^{\oplus}}}-CH_2-\langle\bigcirc\rangle \quad Cl^{\ominus} \quad n = 7 ... 18$$

Tabelle 28-3: Einteilung von Tensiden

Tensid	polare Gruppe	Beispiel	Bezeichnung
anionisch	$-COO^{\ominus}$	$CH_3-(CH_2)_{\overline{n}}-COO^{\ominus}$	Seifen
	$-O-SO_2-O^{\ominus}$	$CH_3-(CH_2)_{\overline{n}}-O-SO_2-O^{\ominus}$	Fettalkoholsulfate
	$-SO_2-O^{\ominus}$	$CH_3-(CH_2)_{\overline{n}}-SO_2-O^{\ominus}$	Alkylsulfonate
		$CH_3-(CH_2)_{\overline{n}}-\langle\bigcirc\rangle-SO_2-O^{\ominus}$	Alkylbenzensulfonate
kationisch	$-\overset{\overset{CH_3}{|}}{\underset{\underset{CH_3}{|}}{N^{\oplus}}}-CH_3$	$CH_3-(CH_2)_n-\overset{\overset{CH_3}{|}}{\underset{\underset{CH_3}{|}}{N^{\oplus}}}-CH_3 \quad Cl^{\ominus}$	Alkyltrimethyl-ammoniumchlorid
amphotensid	$-\overset{\overset{CH_3}{|}}{\underset{\underset{CH_3}{|}}{N^{\oplus}}}-CH_2-COO^{\ominus}$	$CH_3-(CH_2)_n-\overset{\overset{CH_3}{|}}{\underset{\underset{CH_3}{|}}{N^{\oplus}}}-CH_2-COO^{\ominus}$	N-Alkylbetain
nichtionisch	$-O-(CH_2-CH_2-O)_{\overline{o}}-H$	$CH_3-(CH_2)_{\overline{m}}-O-(CH_2-CH_2-O)_{\overline{o}}-H$	Polyethylenglykol-Addukte

$n = 10...20, \quad m = 8...16, \quad o = 5...20$

Nichtionische Tenside
Polyethylenglykolether und -ester sind Beispiele für nichtionische Tenside, die durch Polymerisation von Ethylenoxid in Gegenwart von Fettalkoholen, alkylierten Phenolen oder Fettsäuren hergestellt werden können. Sie
gewinnen zunehmend als Waschmittel an Bedeutung, nachdem in neuerer
Zeit Verbindungen entwickelt werden, die sich besser biologisch abbauen
lassen. Nichtionische Tenside machen etwa 1/3 des Verbrauchs an Tensiden aus.

Amphotenside
Tenside dieses Typs enthalten neben einer anionischen auch eine katio-
nische Gruppierung. Daraus folgt ein Wirkmechanismus, der bei pH = 8
einem anionischen und bei pH = 4 einem kationischen Tensid entspricht.
Amphotenside werden z. B. bei der Herstellung von Haarwaschmitteln und
Badezusätzen für Kinder verwendet.

OC

29 Kohlenhydrate

29.1 Einleitung

Kohlenhydrate zählen zu den Naturstoffen und spielen in pflanzlichen und tierischen Organismen eine lebenswichtige Rolle. Sie sind auf Grund ihrer Struktur als **Polyhydroxycarbonylverbindungen** zu bezeichnen. Neben den Hydroxylgruppen, die das hydrophile Verhalten verursachen, unterscheidet man nach Art der Carbonylfunktion **Aldosen** (Polyhydroxyaldehyde) und **Ketosen** (Polyhydroxyketone). Man unterteilt die Kohlenhydrate in:

- Monosaccharide (einfache Zucker)
- Oligosaccharide (2...6 Monosaccharidbausteine)
- Polysaccharide (> 1000 Monosaccharidbausteine)

Mono- und Oligosaccharide werden auch unter der Bezeichnung **Zucker** zusammengefasst, da der süße Geschmack charakteristisch für diese Stoffgruppe ist. Unter den in der Natur frei vorkommenden Monosacchariden sind vor allem D-(+)-Glucose (Traubenzucker) und D-(–)-Fructose (Fruchtzucker) zu nennen. Typische Bausteine von Oligo- und Polysacchariden sind D-(+)-Xylose (Stroh- und Maiskolben), L-(+)-Arabinose (Kirschgummi) und D-(+)-Galaktose (Milchzucker, Gummi arabicum).

CH_2OH	CHO	CHO	CHO	CH_2OH
$C=O$	$H-C-OH$	$H-C-OH$	$H-C-OH$	$C=O$
CH_2OH	$HO-C-H$	$H-C-OH$	$HO-C-H$	$HO-C-H$
	CH_2OH	$H-C-OH$	$H-C-OH$	$H-C-OH$
		CH_2OH	$H-C-OH$	$H-C-OH$
			CH_2OH	CH_2OH
Dihydroxy-aceton Ketotriose	L-(+)-Threose Aldotetrose	D-(+)-Ribose Aldopentose	D-(+)-Glucose Aldohexose	D-(-)-Fructose Ketohexose

Darüber hinaus können Kohlenhydrate mit drei C-Atomen als **Triosen**, mit vier C-Atomen als **Tetrosen**, mit fünf C-Atomen als **Pentosen** und mit sechs C-Atomen als **Hexosen** usw. zusammengefasst werden. Die wichtigsten Kohlenhydrate leiten sich von den Pentosen und Hexosen ab, wobei die Aldosen gegenüber den Ketosen dominieren.

29.2 Monosaccharide
29.2.1 Konfiguration und Klassifizierung

Die Bezeichnung Kohlenhydrate hat sich zu einer Zeit entwickelt, als man dieser Stoffklasse die allgemeine Summenformel $C_n(H_2O)_n$ (Hydrate von Kohlenstoff) zuschrieb, ohne dass eine Aussage über die Struktur der Verbindungen getroffen werden konnte. Es sind mittlerweile zahlreiche, natürlich vorkommende Kohlenhydrate mit abweichender Summenformel bekannt; die historische Bezeichnung wurde jedoch beibehalten.

Zur strukturellen Darstellung der Monosaccharide wird häufig die FISCHER-Projektion verwendet (vgl. Abschn. 22.5). Die asymmetrischen Kohlenstoffe (Chiralitätszentren) sind mit (*) markiert. Neben der D- bzw. L-Konfiguration (jeweils durch Einrahmung gekennzeichnet) ist die Drehrichtung für linear polarisiertes Licht mit (+) bzw. (−) angegeben.

(1)	CHO	CHO		CHO	CHO
(2)	H–C–OH	H–C–OH		H–C–OH	HO–C–H
(3)	HO–C–H	HO–C–H		H–C–OH	HO–C–H
(4)	HO–C–H	H–C–OH		CH₂OH	CH₂OH
(5)	CH₂OH	CH₂OH			

L-(+)-Arabinose D-(+)-Xylose   D-(−)-Erythrose L-(+)-Erythrose

Enantiomerenpaar

(1)	CHO	CH₂OH	CHO	CHO
(2)	H–C–OH	C=O	H–C–OH	H–C–OH
(3)	HO–C–H	H–C–OH	HO–C–H	H–C–OH
(4)	H–C–OH	HO–C–H	HO–C–H	HO–C–H
(5)	H–C–OH	HO–C–H	H–C–OH	HO–C–H
(6)	CH₂OH	CH₂OH	CH₂OH	CH₂OH

D-(+)-Glucose L-(+)-Fructose D-(+)-Galaktose L-(−)-Mannose

Für die Zuordnung zur L- oder D-Reihe ist bei Monosacchariden das letzte asymmetrische Kohlenstoffatom verantwortlich, d. h. das asymmetrische C-Atom, welches am weitesten von der Aldehyd- bzw. Ketogruppe entfernt ist. Zeigt in der FISCHER-Projektion die OH-Gruppe nach links, gehört der Zucker zur L-Reihe, weist sie nach rechts, zur D-Reihe.

Die D- und L-Form eines Zuckers, z. B. D-(–)-Erythrose und L-(+)-Erythrose, verhalten sich an allen asymmetrischen Zentren wie Bild und Spiegelbild und werden daher **Enantiomere** genannt. Sie besitzen gleiche physikalisch-chemische Eigenschaften mit Ausnahme der Wechselwirkung gegenüber linear polarisiertem Licht. Alle übrigen Isomere stehen im Verhältnis der **Diastereomerie** zueinander. Stereoisomere, die sich nur in der Konfiguration an einem Asymmetriezentrum unterscheiden, werden als **Epimere** bezeichnet (z. B. D-Glucose und D-Galaktose).

29.2.2 Cyclische Strukturen

Die bisher gezeigten Konstitutionsformeln der Monosaccharide geben deren chemischen Eigenschaften im Wesentlichen richtig wieder. Die wirkliche Struktur der meisten Monosaccharide hat jedoch keine acyclische Konstitution. Sind in Kohlenhydraten sowohl Strukturelemente von Aldehyen (bzw. Ketonen) und Alkoholen vorhanden, so ist es nahe liegend, dass intramolekulare Halbacetale entstehen.

```
      CHO                H  OH                CH2OH              HOH2C  OH
     H–C–OH               C                   C=O                  C
    HO–C–H     ───▶    H–C–OH             HO–C–H     ───▶      H–C–OH
     H–C–OH           HO–C–H   O             H–C–OH             HO–C–H   O
     H–C–OH            H–C–OH                H–C–OH              H–C–OH
      CH2OH            H–C                    CH2OH              H–C–OH
                        CH2OH                                    CH2
   D-(+)-Glucose                          D-(–)-Fructose
```

Die Hydroxylgruppe steht in beiden Fällen günstig für eine nucleophile Addition an die Carbonylgruppe. Es entstehen bevorzugt cyclische Strukturen mit fünf- oder sechsgliedrigen Ringen. Diese leiten sich vom Tetrahydropyran bzw. Tetrahydrofuran ab und werden demzufolge auch als **Pyranosen** bzw. **Furanosen** bezeichnet.

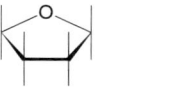 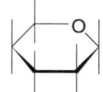

Tetrahydrofuran   Tetrahydropyran

Bei der Cyclisierung entsteht ein neues Asymmetriezentrum. Es wird **anomeres Kohlenstoffatom** genannt. Die beiden möglichen Strukturen, die sich nur in der Konfiguration am anomeren C-Atom unterscheiden, nennt man **Anomere** (Spezialfall von Epimeren). Sie werden je nach Stellung des anomeren Substituenten (OH-Gruppe) als α- oder β-Form bezeichnet. Bei Monosacchariden der D-Reihe steht die OH-Gruppe in α-Anomeren nach unten (axial), im β-Anomeren nach oben (äquatorial). Die Orientierung der nicht anomeren Substituenten (axial oder äquatorial) wird von der Konfiguration des Monosaccharids bestimmt. Im Fall Glucose sind alle nicht anomeren Substituenten äquatorial orientiert.

α-D-Glucopyranose
[α] = +112 Grad · dm^{-1} · (g/ml)$^{-1}$

D-Glucose

β-D-Glucopyranose
[α] = + 19 Grad · dm^{-1} · (g/ml)$^{-1}$

In der FISCHER-Projektion wird vereinbarungsgemäß bei Monosacchariden der D-Reihe die anomere OH-Gruppe in der α-Form auf die rechte, in der β-Form auf die linke Seite geschrieben. Für die Monosaccharide der L-Reihe gilt die umgekehrte Konvention.

α-D-Glucopyranose   D-Glucose   β-D-Glucopyranose

In wässriger Lösung stellt sich ein Gleichgewicht zwischen den beiden Anomeren und der nicht cyclischen Form ein, das weitgehend in Richtung der cyclischen Formen verschoben ist **(Oxo-Cyclo-Tautomerie).** Durch Einstellung geeigneter Kristallisationsbedingungen (Lösungsmittel und Temperatur) ist es möglich, die reine α- oder β-Pyranoseform zu isolieren. Sie können sich außerdem in Lösung ineinander umwandeln. Bringt man die reinen Anomerenformen wieder in Lösung, so stellt man bald eine Drehwertänderung fest, die als **Mutarotation** bezeichnet wird.

Löst man kristalline α-D-Glucopyranose in Wasser, so lässt sich eine spezifische Drehung $\alpha = +112°$ · dm$_{-1}$ · (g/ml)$_{-1}$ messen. Dieser Wert sinkt langsam auf $+52°$ · dm$_{-1}$ · (g/ml)$_{-1}$ ab. Die reine β-D-Glucopyranose zeigt hingegen eine Eingangsdrehung von $+19°$ · dm$_{-1}$ · (g/ml)$_{-1}$, die sich nach oben zum selben Gleichgewichtsdrehwert $\alpha = +52°$ · dm$_{-1}$ · (g/ml)$_{-1}$ ändert. Die Gleichgewichtszusammensetzung besteht zu 36,4 % aus der α- und zu 63,6 % aus der β-Form. Die nicht-cyclische Form ist nur zu etwa 0,003 % vorhanden. Säuren und Basen beschleunigen die Einstellung des Gleichgewichtes.

29.2.3   Reaktionen der Monosaccharide

Oxidations-Reaktion

Aldosen lassen sich wie alle Aldehyde leicht zu Aldonsäuren oxidieren. Bei der Einwirkung von milden Oxidationsmitteln (Br_2-Wasser oder verdünnte HNO_3) wird die Aldehydgruppe zur Carbonsäure oxidiert. Die entstehenden Aldonsäuren, z. B. Gluconsäure, sind nur in alkalischer Lösung beständig. Im sauren Medium bildet sich zwischen Carboxylgruppe und γ- oder δ-Hydroxygruppe unter H_2O-Abspaltung ein Lacton.

In stark basischem Medium werden Monosaccharide selbst von so milden Oxidationsmitteln wie Ag^+- oder Cu^{2+}-Ionen angegriffen. Da bei diesen Umsetzungen aus farblosen Silber(I)-Salzlösungen elementares, schwarzes Silber und aus blauen Kupfer(II)-Salzlösungen schwer lösliches, ziegelrotes Kupfer(I)-oxid ausfällt, eignen sich diese Reaktionen zum qualitativen Nachweis von Monosacchariden. Komplexierte Silbersalzlösungen nennt man TOLLENS-Reagens, komplexierte Kupfersalzlösungen FEHLING-Reagens.

Starke Oxidationsmittel, z. B. HNO_3, oxidieren neben der Aldehydgruppe auch die primäre Hydroxylgruppe. Es entstehen Aldarsäuren; aus D-Glucose wird Glucarsäure.

Reduktions-Reaktion

Bei der Reduktion von Aldosen und Ketosen verhalten sich die Monosaccharide wie Carbonylverbindungen und bilden die **Zuckeralkohole**. Es entstehen **Polyole**, die in diesem speziellen Fall Alditole genannt werden. Katalytische Hydrierung oder Reduktion mit $NaAlH_4$ wandelt die D-Glucose in D-Glucit (Sorbit) um. Sorbit wird als Diabetikerzucker verwendet, da sein Einfluss auf den Blutzuckerspiegel gering ist.

D-Glucose   D-Sorbit   D-Fructose   D-Mannit

Ester- und Etherbildung

Monosaccharide sind Polyhydroxyverbindungen und gehen daher Reaktionen ein, die für Alkohole typisch sind. So lässt sich β-D-Glucose mit einem geeigneten Säurederivat, z. B. Acetanhydrid, in Gegenwart einer tertiären Base in Ester umwandeln. Alle Hydroxygruppen werden verestert, und es entsteht das β-D-Glucosepentaacetat (Ac = CH_3–CO-):

β-D-Glucose   β-D-Glucoseacetat

Diese Reaktion kann auch verwendet werden, um das Polysaccharid Cellulose zu acetylieren und Rayon-Faser (Kunstseide) herzustellen. Die WILLIAMSON'sche Ethersynthese kann ebenfalls auf Monosaccharide angewendet werden.

α-D-Glucose   Methyl-2,3,4,6-tetra-o-methyl-
                               α-D-Glucopyranosid

Die Methylether der Monosaccharide spielten früher eine wichtige Rolle bei der Bestimmung von Ringgrößen (Pyranose oder Furanose).

Acetalbildung bei Zuckern

Monosaccharide setzen sich als cyclische Halbacetale mit Alkoholen zu ebenfalls cyclischen Acetalen um. Man bezeichnet die Acetale der Zucker als **Glykoside** (speziell: Glucosid, Fructosid, Mannosid, usw.). Je nach Orientierung der OH-Gruppe kann die als **glykosidische Bindung** bezeichnete Verknüpfung in α- oder β-Position sein:

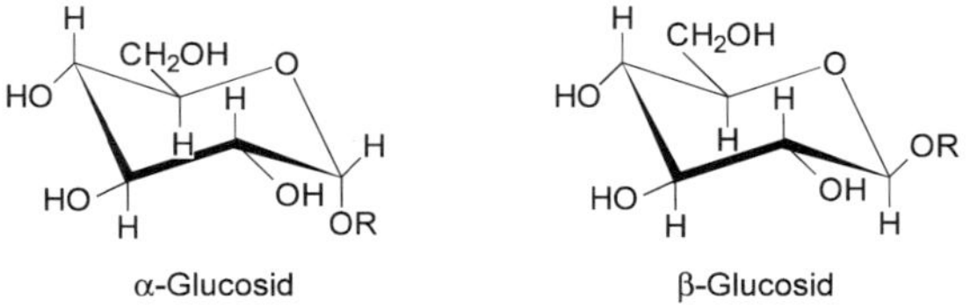

α-Glucosid   β-Glucosid

Ein Übergang in die offenkettige Aldehydform ist jetzt ausgeschlossen. Damit entfällt die reduzierende Wirkung von Glucosiden; Mutarotation findet ebenfalls nicht mehr statt. Die Glykosidbildung kann z. B. mit OH-Gruppen von Alkoholen, Carbonsäuren oder Zuckern erfolgen.

Glucoside sind wie Acetale gegenüber Alkalien beständig, werden jedoch durch Säuren hydrolysiert. Auch Poly- und Disaccharide werden durch Säuren in ihre einzelnen Zuckerbausteine aufgespalten.

29.3   Disaccharide

Die meisten bekannten Oligosaccharide sind Disaccharide. Sie bilden sich aus zwei Monosaccharidmolekülen, die glykosidartig miteinander verbunden sind. Erfolgt diese Verknüpfung zwischen zwei glykosidischen OH-Gruppen, spricht man von einer **Dicarbonylbindung** der Disaccharide, erfolgt die Bindung dagegen zwischen einer glykosidischen und einer alkoholischen OH-Gruppe, liegt eine **Monocarbonylbindung** vor.

Disaccharide mit einer Dicarbonylbindung wirken nicht mehr reduzierend, da beide Monosaccharideinheiten eine Acetalgruppierung enthalten. Bei Disacchariden mit einer Monocarbonylbindung bleibt eine Halbacetalgruppierung erhalten und damit auch das Reduktionsvermögen des Disaccharids.

Schema für die Benennung von Disacchariden:

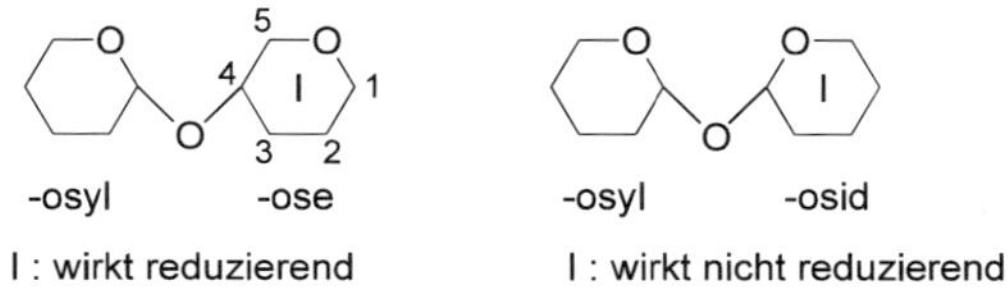

-osyl   -ose   -osyl   -osid

I : wirkt reduzierend   I : wirkt nicht reduzierend

Bei reduzierenden Disacchariden wird im Namen angegeben, welche OH-Gruppe im Ring I die glycosidische Bindung eingeht: 4-O- ist die OH-Gruppe am vierten C-Atom.

Saccharose

Zu den nicht reduzierenden Disacchariden gehört vor allem die Saccharose (Rohrzucker), die als „der Zucker" ein wichtiges Handelsprodukt ist. Sie ist im Pflanzenreich weit verbreitet und wird großtechnisch aus Zuckerrohr oder Zuckerrüben gewonnen. Im Molekül ist die α-D-Glucose mit β-D-Fructose α-β-glykosidisch verknüpft. Saccharose ist ein Acetal und daher als α-D-Glucopyranosyl-β-D-fructofuranosid zu bezeichnen.

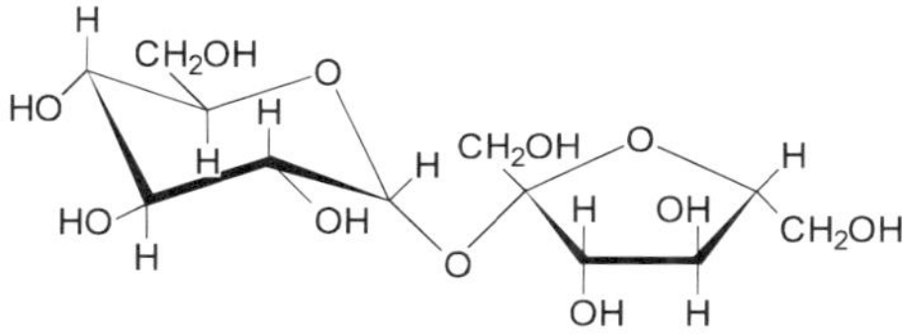

α-D-Glucopyranose   β-D-Fructofuranose

Saccharose (Rohrzucker)

Saccharose ist rechtsdrehend. Das bei der sauren Hydrolyse entstehende Gemisch aus D-Glucose und D-Fructose wird als **Invertzucker** bezeichnet, da nach der Hydrolyse die starke Linksdrehung der D-Fructose dominiert.

Lactose

Ein Beispiel für drehende Disaccharide ist die **Lactose** (Milchzucker), die hauptsächlich in der Milch der Säugetiere (ca. 5 %) vorkommt. Wird die glykosidische Bindung mit einer alkoholischen OH-Gruppe gebildet, steht die Halbacetal-Form des zweiten Zuckers (Glucose) mit der offenen

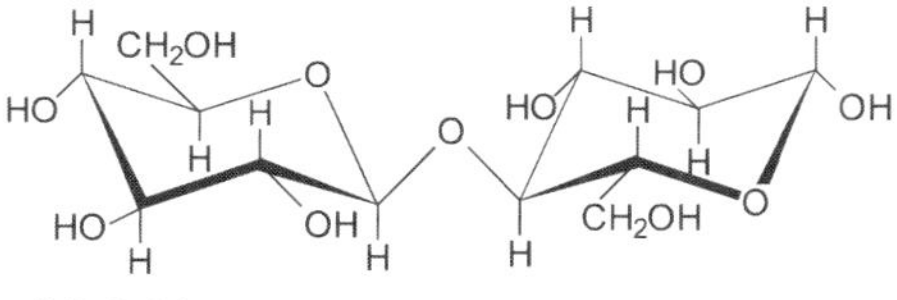

β-D-Galaktopyranose   α-D-Glucopyranose

Lactose (Milchzucker)

Aldehydform im Gleichgewicht. Damit ist z.B. die Reduktion von FEHLING-Lösung möglich. Lactose besteht aus einem D-Galaktose-Molekül, das glykosidisch mit der OH-Gruppe des vierten C-Atoms eines D-Glucose-Moleküls verbunden ist. Die systematische Bezeichnung lautet somit: 4-O-β-D-Galaktopyranosyl-D-glucopyranose.

Weitere reduzierende Disaccharide sind Gentiobiose (6-O-β-D-Glykopyranosyl-D-Glucopyranose) sowie Maltose und Cellobiose, die Bausteine von Stärke und Cellulose.

29.4   Polysaccharide

Polysaccharide sind Beispiele für acetalartige Verknüpfungen von Monosacchariden. Sie stellen makromolekulare Verbindungen dar, die in Pflanzen und Tieren weit verbreitet sind und als Gerüstsubstanzen (z.B. Cellulose, Hemicellulose) oder als Reservestoffe (z.B. Stärke, Glykogen) Verwendung finden. Die Bedeutung der makromolekularen Struktur wird am Beispiel der Polysaccharide Cellulose, Stärke und Glykogen deutlich. Sie bestehen alle aus dem gleichen monomeren Baustein, der D-Glucose, unterscheiden sich jedoch in ihrem Verzweigungsgrad.

Tabelle 29-1: Eigenschaften der Polysaccharide

	Cellulose	Stärke	Glykogen
monomerer Baustein	D-Glucose	D-Glucose	D-Glucose
Zahl der Bausteine	5000	300 ... 5000	100 000
Glykosidische Bindung	β (1,4)	α (1,4) und α (1,6)	α (1,4) und α (1,6)
Aufbau	linear	verzweigt	stark verzweigt
Gestalt	linear	gestreckt	kugelig
Wasserlöslichkeit	keine	nach Kochen	gut
Biologische Bedeutung	Gerüstsubstanz (pflanzl. Zellwand)	Depotsubstanz (Pflanzen)	Depotsubstanz (Säugetiere)

Cellulose

Cellulose besteht aus D-Glucose-Bausteinen, die an den C-Atomen 1 und 4 β-glykosidisch verknüpft sind, und kommt als Stützsubstanz (ca. 40 %) im Holzgewebe aller höheren Pflanzen vor. Holz, Baumwolle, Stroh und Leinen bestehen überwiegend aus Cellulose. Es ist erstaunlich, dass Menschen und Tiere zwar Stärke und Glykogen spalten und damit verwerten können, nicht aber die Cellulose. Der Grund dieser biochemischen Spezifität liegt in der unterschiedlichen anomeren Konfiguration der Glucoseeinheiten. Die Verdauungsenzyme der Tiere (Amylasen, Maltasen) sind nur in der Lage, α-glykosidische Bindungen zu spalten, nicht aber die β-glykosidische Bindung.

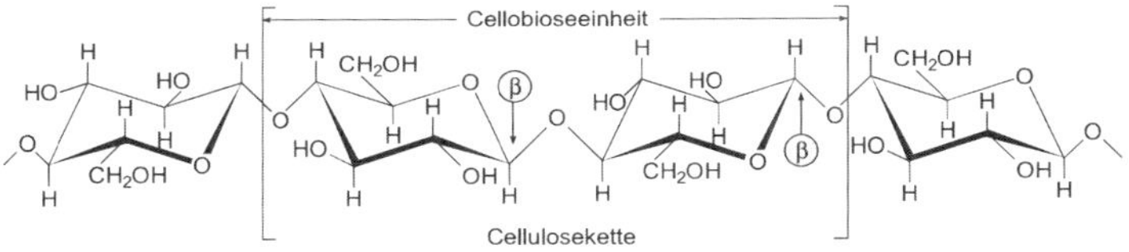

Cellulose verfügt pro Glucoseeinheit über drei OH-Gruppen, die chemisch modifiziert werden können. Einige wichtige technische Produkte sind Derivate der Cellulose. Celluloseacetat wird z.B. als Kunstseide verarbeitet oder zur Herstellung von Zigarettenfiltern verwendet. Cellulosenitrat, auch als Schießbaumwolle bekannt, wird heute noch zur Herstellung von Sprengstoff verwendet.

Stärke
Stärke ist das Reservekohlenhydrat der Pflanzen und besteht zu 10...30 % aus **Amylose** und zu 70...90 % aus **Amylopektin**. Beide Bestandteile sind

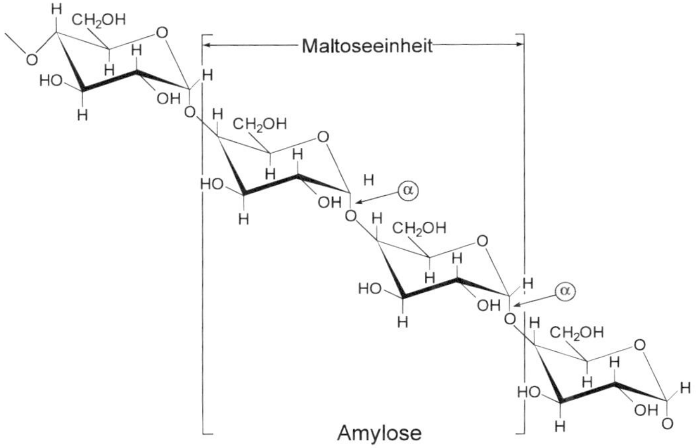

aus D-Glucoseeinheiten aufgebaut, die α-glykosidisch verknüpft sind. Die Amyloseketten sind kaum verzweigt, jedoch in der Lage, Hohlräume zu bilden, in denen kleinere Moleküle aufgenommen werden können. Die Einlagerung von Iod z. B. ergibt einen tiefblau gefärbten, wasserlöslichen Komplex.

Der Hauptbestandteil der Stärke ist das wenig wasserlösliche Amylopektin. Das Makromolekül ist im Gegensatz zu Amylose stark verzweigt: α-1,4-glykosidisch verknüpfte Amylose-Ketten sind α-1,6-glykosidisch miteinander verbunden.

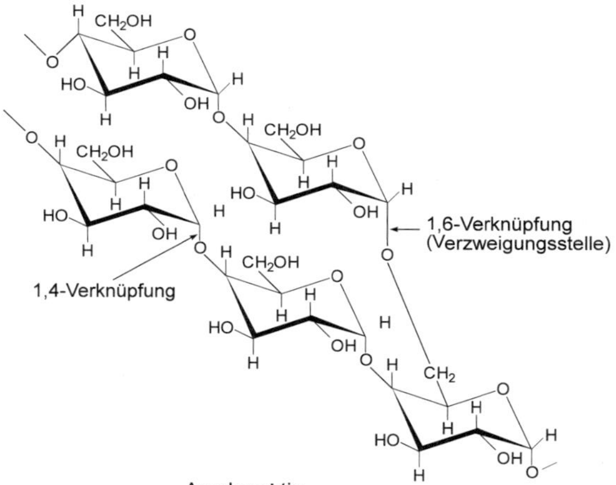

Amylopektin

Glykogen

Glykogen hat als Reservekohlenhydrat der Tiere eine stark verzweigte Struktur und eine weit höhere molare Masse (ca. $100\,000$ g $\cdot$ mol^{-1}) als Amylopektin. Glykogen wird aus nicht benötigter Nahrungs-Glucose in der Leber enzymatisch aufgebaut und gespeichert. Es kann aber auch sehr schnell wieder mobilisiert werden. Die Verfügbarkeit von Blutzucker, der zur Versorgung von Organen notwendig ist, wird über den Auf- und Abbau von Glykogen gesteuert.

30 Aminosäuren, Peptide und Proteine

30.1 Einleitung

Proteine sind hochmolekulare Naturstoffe mit einer molaren Masse von mehr als $10\,000$ g · mol^{-1}, deren Bausteine, die 20 proteinogenen **Aminosäuren**, in unterschiedlicher Reihenfolge miteinander durch Amidbindungen (Peptidbindung) zu linearen Ketten verknüpft sind. Die meisten natürlich vorkommenden Aminosäuren haben L-Konfiguration und sind α-Aminocarbonsäuren, d. h., das zur Carbonylgruppe benachbarte C-Atom trägt die Aminofunktion. Die allgemeine Strukturformel einer Aminosäure ist zum besseren Verständnis im Vergleich zu einem Kohlenhydrat wiedergegeben:

L-α-Aminosäure   L-(-)-Glycerinaldehyd

Alle natürlich vorkommenden α-Aminosäuren (Ausnahme: Glycin) sind chiral, weil das α-C-Atom ein asymmetrisches Zentrum darstellt (vgl. Abschn. 22.2).

30.2 Proteinogene Aminosäuren
30.2.1 Struktur und Klassifizierung

Die am häufigsten angewendete und vermutlich auch sinnvollste Klassifizierung der 20 wichtigsten Aminosäuren erfolgt entsprechend der Polaritäten ihrer Seitenketten (R-Rest). Nach dieser Einteilung gibt es drei Hauptklassen von Aminosäuren mit (1) unpolaren Seitenketten, (2) ungeladenen polaren Seitenketten und (3) geladenen Seitenketten.

Tabelle 30-1: Strukturformeln und Klassifizierung der 20 proteinogenen Aminosäuren (AS) mit ihren Abkürzungen

Name Symbol	Strukturformel	Name Symbol	Strukturformel
AS mit unpolaren Seitenketten		**AS mit ungeladenen polaren Seitenketten**	
Alanin Ala (A)		Asparagin Asn (N)	
Leucin Leu (L)		Glutamin Gln (Q)	
Isoleucin Ile (I)		Cystein Cys (C)	
		Serin Ser (S)	
Methionin Met (M)		Threonin Thr (T)	
Phenylalanin Phe (F)		Tyrosin Tyr (Y)	
Prolin Pro (P)		**AS mit basischen und sauren Seitenketten**	
Tryptophan Trp (W)		Arginin Arg (R)	
		Histidin His (H)	
Valin Val (V)		Lysin Lys (K)	
Glycin Gly (G)		Asparaginsäure Asp (D)	
		Glutaminsäure Glu (E)	

(1) Aminosäuren mit unpolaren Seitenketten

Neun Aminosäuren tragen unpolare Seitenketten. **Glycin** – als einzige
Aminosäure ohne chirales Zentrum – hat die kleinste Seitenkette, das
H-Atom (vgl. Tab. 30-1). **Alanin**, **Valin**, **Leucin** und **Isoleucin** tragen
aliphatische Kohlenwasserstoffgruppen, die sich in ihrer Größe unterscheiden und damit den Aminosäuren unterschiedliche Polaritäten verleihen. **Methionin** hat eine Thioether-Seitengruppe, die in vielen physi-

kalischen Eigenschaften mit einer n-Butylgruppe vergleichbar ist (C und S haben fast gleiche Elektronegativität). **Prolin** hat als einzige Aminosäure, bedingt durch die cyclische Form des Pyrrolidin-Restes, eine relativ starre Konformation. **Phenylalanin** und **Tryptophan** enthalten aromatische Seitenketten, die sich durch Größe und Unpolarität auszeichnen.

(2)   Aminosäuren mit ungeladenen polaren Seitenketten
Die sechs Aminosäuren, die zu dieser Gruppe gerechnet werden, haben Hydroxy-, Amid- oder Thiolgruppen. **Serin** und **Threonin** tragen Seitenketten mit einer Hydroxyfunktion. **Asparagin** und **Glutamin** verfügen über amidtragende Seitenketten unterschiedlicher Länge. **Tyrosin** hat eine Hydroxyphenylgruppe. **Cystein**, als einzige Aminosäure mit einer freien SH-Gruppe, kann unter Oxidation leicht eine Disulfidbindung mit einer anderen SH-Gruppe eingehen. Auf diese Weise können verschiedene Proteinketten miteinander verbunden oder zwei SH-Gruppen innerhalb desselben Moleküls verknüpft werden. Disulfidbrücken haben für die Proteinstruktur größte Bedeutung.

(3)   Aminosäuren mit geladenen polaren Seitenketten
Die restlichen fünf Aminosäuren tragen geladene Seitengruppen mit einem basischen oder sauren Zentrum. Die basischen Aminosäuren **Lysin**, **Arginin** und **Histidin** haben bei einem physiologischen pH-Wert von 7,3 eine positive Ladung (zur pH-Abhängigkeit der Ladung vgl. Abschn. 30.2.2). Die „sauren" Amiosäuren **Asparaginsäure** und **Glutaminsäure** sind bei pH > 3 negativ geladen. In dieser Form werden sie als Aspartat und Glutamat bezeichnet.

> Die physikalisch-chemischen Eigenschaften der Aminosäuren (Polarität, Acidität, Basizität, Aromatizität, Größe, Fähigkeit zur Vernetzung bzw. Ausbildung von H-Brücken-Bindungen und chemische Reaktivität) der 20 proteinogenen α-Aminosäuren unterscheiden sich ganz erheblich (vgl. Tab. 30-2). Diese Merkmale sind mitbestimmend für das breite Spektrum der Eigenschaften von Proteinen.

Zur Bezeichnung der Aminosäuren benutzt man Trivialnamen, die bis auf wenige Ausnahmen das Suffix **-in** tragen. Es ist jedoch auch eine systematische Bezeichnung möglich. Als Bausteine der Proteine werden die Aminosäuren üblicherweise durch Ein- oder Dreibuchstabensymbole gekennzeichnet (vgl. Tab. 30-1). α-Aminosäuren, die ein Organismus selbst nicht synthetisieren kann, werden als **essenzielle Aminosäuren** bezeichnet. Für

Tabelle 30-2: Verschiedene physikalisch-chemische Eigenschaften der 20 proteinogenen α-Aminosäuren

Name	Löslichkeit* in g · l⁻¹	Hydrophobizität (relative)	Isoelektrischer Punkt (IP)	pK_{S1} α-COOH	pK_{S2} α-NH_3^+	pK_R Seitenkette
Aminosäuren mit unpolaren Seitenketten						
Alanin	160	1,8	6,11	2,35	9,87	—
Leucin	22,4	4,2	6,04	2,33	9,74	—
Isoleucin	32,1	4,5	6,04	2,32	9,76	—
Methionin	53,7	1,9	5,70	2,13	9,28	—
Phenylalanin	25,1	2,8	5,67	2,16	9,18	—
Prolin	1550	−1,6	5,80	2,95	10,65	—
Tryptophan	10,6	−0,9	5,94	2,43	9,44	—
Valin	56,1	3,8		2,29	9,74	—
Glycin	225	−0,4	6,07	2,35	9,78	—
Aminosäuren mit ungeladenen polaren Seitenketten						
Asparagin	4,3	−3,5	5,47	2,10	8,84	—
Glutamin	7,3	−3,5	5,65	2,17	9,13	—
Cystein	160	2,5	5,13	1,92	10,78	8,33
Serin	360	−0,8	5,70	2,19	9,21	—
Threonin	90,3	−0,7	5,60	2,09	9,10	—
Tyrosin	0,4	−1,3	5,66	2,20	9,11	10,13
Aminosäuren mit geladenen polaren Seitenketten						
Arginin	149	−4,5	10,74	1,82	8,99	12,48
Histidin	38	−3,2	7,69	1,80	9,33	6,04
Lysin	2000	−3,9	9,99	2,16	9,18	10,79
Asparaginsäure	4,3	−3,5	2,95	1,99	9,90	3,90
Glutaminsäure	7,5	−3,5	3,09	2,10	9,47	4,07

* Angaben beziehen sich auf eine Temperatur von 20 °C

den Menschen sind Valin, Leucin, Isoleucin, Threonin, Methionin, Phenylalanin, Tryptophan und Lysin essenziell und müssen daher mit der Nahrung zugeführt werden.

30.2.2 Säure-Base-Eigenschaften

Aminosäuren haben auf Grund ihrer Struktur sowohl saure als auch basische Eigenschaften (**Ampholyte**). Es ist daher eine intramolekulare Protonenübertragung unter Bildung eines inneren Salzes möglich.

$$\underset{\substack{| \\ NH_2}}{CH_2{-}COOH} \;\rightleftharpoons\; \underset{\substack{| \\ NH_3^\oplus}}{CH_2{-}COO^\ominus}$$

Aminoessigsäure   Zwitterion
(Glycin)   (inneres Salz)

Zwitterionen mit der allgemeinen Struktur $NH_3^\oplus{-}CHR{-}COO^\ominus$ werden allgemein als **Betaine** bezeichnet. Sie sind stets durch ein hohes Dipolmoment charakterisiert.

Aminosäuren sind in erster Näherung neutrale Verbindungen, sofern sie nicht eine geladene Seitenkette tragen (vgl. Tab. 30-1). Setzt man jedoch Säuren zu, so wird das Zwitterion an der Carboxylgruppe protoniert; Basenzusatz hat die Abspaltung eines Protons von der Ammoniumgruppierung zur Folge. Die Titrationskurve von Glycin ist in Bild 30-1 dargestellt.

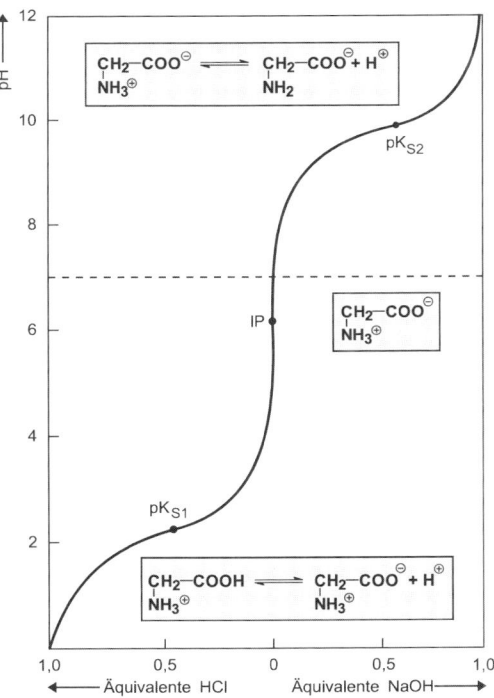

Bild 30-1: Titrationskurve von Glycin

Bei geringem pH-Wert sind beide Säure-Base-Funktionen vollständig protoniert, sodass die kationische Form dominiert. Während der Titration mit einer starken Base (z.B. NaOH) spaltet Glycin stufenweise zwei Protonen ab, was für mehrprotonige Säuren charakteristisch ist. Die pK_S-Werte unterscheiden sich hinreichend voneinander, sodass die HENDER-SON-HASSELBALCH-Gleichung beide Wendepunkte (pK_{S1} und pK_{S2}) der Titrationskurve gut annähert:

$$pH = pK_S + \lg\frac{c(\text{Base})}{c(\text{Säure})} \qquad (30\text{-}1)$$

pK_S neg. dek. Logarithmus der Säurekonstante K_S, $c(\text{Base})$ Konzentration der Base, $c(\text{Säure})$ Konzentration der Säure

Bei pH = 2,35 sind die Konzentrationen der kationischen Form und des Zwitter-Ions gleich. Auch bei pH = 9,78 liegen gleiche Konzentrationen des Zwitter-Ions und der anionischen Form vor. Der pH-Wert, bei dem das Molekül ausschließlich in der Betainstruktur vorliegt, d. h. keine elektrische Nettoladung trägt, entspricht seinem **isoelektrischen Punkt (IP)**. Für α-Aminosäuren lässt sich in Anlehnung an die HENDERSON-HASSEL-BALCH-Gleichung der isoelektrische Punkt in guter Näherung berechnen:

$$IP = \frac{1}{2}\,(pK_{S1} + pK_{S2}) \qquad (30\text{-}2)$$

IP Isoelektrischer Punkt, pK_{S1} Kenngröße für die Carboxyl-Gruppe, pK_{S2} Kenngröße für die Amino-Gruppe

Der IP für das Beispiel Glycin (Bild 30-1) berechnet sich somit zu 6,07. Die Betainstruktur der Aminosäuren ist auch Ursache für ihre relativ hohen Schmelzpunkte. Aminosäuren lösen sich kaum oder gar nicht in organischen Lösungsmitteln, dagegen gut in Wasser, wobei die Lösungen neutral oder schwach sauer reagieren.

30.2.3   Charakteristische Reaktionen

Aminosäuren können entsprechend ihren funktionellen Gruppen wie Amine oder Carbonsäuren reagieren.

Reaktionen der Carboxylgruppe
Die Carboxylgruppe von α-Aminosäuren lässt sich auf dem üblichen Wege mit Alkoholen verestern. Über die Ester sind z. B. auch die Amide und Hydrazine zugänglich:

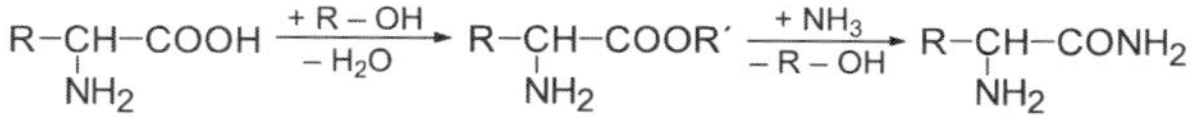

$$R-\underset{NH_2}{CH}-COOH \xrightarrow[-H_2O]{+R-OH} R-\underset{NH_2}{CH}-COOR' \xrightarrow[-R-OH]{+NH_3} R-\underset{NH_2}{CH}-CONH_2$$

Aminosäureamid

Die Chloride der Aminosäuren sind dagegen nur in stark saurer Lösung darzustellen und daher auch nur als Hydrochloride stabil:

$$R-\underset{\underset{NH_3^{\oplus}}{|}}{CH}-COO^{\ominus} \xrightarrow{+ H^{\oplus}} R-\underset{\underset{NH_3^{\oplus}}{|}}{CH}-COOH \xrightarrow{+ PCl_5} R-\underset{\underset{NH_3^{\oplus} Cl^{\ominus}}{|}}{CH}-COCl$$

Aminosäurechlorid-
hydrochlorid

Reaktionen der Aminogruppe

α-Aminosäuren reagieren an der Aminofunktion wie aliphatische Amine mit Alkylhalogeniden, aktivierten Arylhalogeniden und Säurehalogeniden zu N-Alkyl-, N-Aryl- und N-Acylaminosäuren. N-Acylaminosäuren können unter Dehydratisierung zu Azolactonen cyclisieren:

$$R-\underset{\underset{NH_2}{|}}{CH}-COOH \xrightarrow{+ R - COCl} R-\underset{\underset{NH-CO-R'}{|}}{CH}-COOH \xrightarrow{- H_2O}$$

N-Acylaminosäure   Azolacton

Freie Aminosäuren können mit salpetriger Säure analog der Diazotierung primärer aliphatischer Amine unter Stickstoffabspaltung zu den entsprechenden Hydroxycarbonsäuren umgesetzt werden (vgl. Abschn. 23.4.2):

$$R-\underset{\underset{NH_2}{|}}{CH}-COOH \xrightarrow{NaNO_2/HCl} R-\underset{\underset{\oplus N\equiv N\ |}{|}}{CH}-COOH \xrightarrow[- H^{\oplus}]{+ H_2O} R-\underset{\underset{OH}{|}}{CH}-COOH + N_2$$

Diese Umsetzung kann zur quantitativen (gasvolumetrischen) Messung von Aminosäuren benutzt werden.

Nachweisreaktion

Zum Nachweis von Aminosäuren kann die Bildung eines blau-violetten Farbstoffes mit Ninhydrin herangezogen werden. Die Ninhydrinreaktion ist ein sehr empfindlicher, aber nicht unbedingt spezifischer Nachweis von Aminosäuren. Der Reaktionsmechanismus ist relativ komplex. Brutto-reaktionsgleichung:

$$2 \,\text{Ninhydrin} + R-\underset{\underset{\oplus NH_3}{|}}{CH}-COO^{\ominus} \longrightarrow \text{blau-violettes Anion} + R-CHO + CO_2 + 3\,H_2O + H^{\oplus}$$

Ninhydrin   blau-violettes Anion

Die Aminosäure liefert nur den Stickstoff zur Bildung des Farbstoffes. Der Rest wandelt sich unter Decarboxylierung in ein spezifisches Aldehyd um. Die entstandene Menge Farbstoff verhält sich direkt proportional zu der Aminosäurekonzentration.

Disulfidbrücke

Neben der Peptidbindung in Peptiden und Proteinen ist noch eine weitere kovalente Bindung zwischen Aminosäurebausteinen von Interesse, die Disulfidbindung. Sie entsteht zwischen zwei **Cystein**-Einheiten durch Oxidation der SH-Gruppe:

$$
\begin{array}{ccc}
& \text{O} & & & \text{O} \\
& \parallel & & & \parallel \\
-\text{NH}-\text{CH}-\text{C}- & & & -\text{NH}-\text{CH}-\text{C}- \\
\;\;\;\;\;|\;\;\;\; & & & \;\;\;\;\;|\;\;\;\; \\
\text{CH}_2-\text{SH} & \xrightarrow{\;\text{Oxidation}\;} & & \text{CH}_2-\text{S} \\
& \xleftarrow{\;\text{Reduktion}\;} & & \;\;\;\;\;\;\;\;| \\
\text{CH}_2-\text{SH} & & & \text{CH}_2-\text{S} \\
\;\;\;\;\;|\;\;\;\; & & & \;\;\;\;\;|\;\;\;\; \\
-\text{NH}-\text{CH}-\text{C}- & & & -\text{NH}-\text{CH}-\text{C}- \\
& \parallel & & & \parallel \\
& \text{O} & & & \text{O}
\end{array}
$$

Disulfidbrücke

zwei Cystein-Einheiten   —Cys—S—S—Cys—

Befinden sich beide Cystein-Einheiten in demselben Peptid- oder Proteinmolekül, so bilden sich bei entsprechendem Abstand intramolekulare Strukturen, wie **Helices** oder **Faltblattstrukturen** (vgl. Abschn. 30.3.2). Sind die Cystein-Einheiten in verschiedene Proteine eingebaut, so verbindet die Brücke zwei Proteinstränge. Disulfidbrücken kann man durch milde Reduktionsmittel wieder spalten.

30.3   Peptide und Proteine
30.3.1   Definition, Einteilung und Nomenklatur

Proteine oder Eiweißstoffe bestehen aus Aminosäuren, die säureamidartig (–CO–NH–) miteinander verknüpft sind. Die Funktionen der Proteine im Organismus sind recht vielfältig. Als **Biokatalysatoren** oder **Enzyme** regeln sie den Ablauf biochemischer Reaktionen. Sie sind zuständig für die Kontraktion der Muskulatur und damit für die aktive Bewegung. In Haaren, Federn und Horn sind Proteine als Gerüstsubstanzen enthalten. Nicht zuletzt tragen sie als Transportproteine zum Sauerstofftransport bei.

Die einzelnen Aminosäuren sind in den Proteinen über Peptidbindungen verknüpft. Zwei, drei oder mehr Aminosäuren kondensieren formal unter

Wasserabspaltung zu Di-, Tri-, Oligo- oder Polypeptiden. Es werden folgende Gruppen unterschieden:

- Oligopeptide (< 10 Aminosäuremoleküle)
- Polypeptide (11...100 Aminosäuremoleküle)
- Makropeptide oder Proteine (> 100 Aminosäuremoleküle)

Bei der Strukturangabe von Peptiden beginnt man mit der Aminosäure, die über eine freie Aminofunktion verfügt. Sie wird als N-terminale Einheit bezeichnet. Die C-terminale Einheit, eine Aminosäure mit freier Carboxylgruppe, kennzeichnet das Ende des Makromoleküls. Zur Benennung eines Peptids wird der Name der C-terminalen Aminosäure zu Grunde gelegt, dem in der entsprechenden Reihenfolge die Namen der Acylgruppen der übrigen Aminosäuren vorangestellt werden.

Für dieses Tripeptid ergibt sich: Glycyl-L-valyl-L-alanin und unter Verwendung des in Tabelle 30-1 angeführten Dreibuchstaben-Codes die Kurzbezeichnung: Gly-Val-Ala. Dabei kann die N-terminale Aminosäure zusätzlich durch H und die C-terminale durch OH gekennzeichnet werden (H-Gly-Val-Ala-OH). Eiweißstoffe, die außer Aminosäuren weitere Bausteine enthalten, werden als konjugierte Proteine oder **Proteide** bezeichnet.

Die Atomabfolge in der Hauptkette ist in allen Peptiden und Proteinen gleich (...–NH–C_α–CO–NH–C_α–CO–...). Die Vielfalt der Proteinsorten wird durch die unterschiedliche Reihenfolge der Aminosäurebausteine (**Sequenz**), aber auch durch unterschiedliche Kettenlängen verursacht. So ist mit den 20 natürlich vorkommenden α-Aminosäuren eine Vielzahl von Sequenzisomeren möglich, die sich nur in der Reihenfolge der Seitengruppe R unterscheiden.

Tabelle 30-3: Bindungskräfte zwischen verschiedenen Peptidregionen

Bindungstyp	Prinzip	Bindungsenergie in kJ · mol^{-1}
Disulfidbrücke	$-S-S-$	≈ 200
Ion-Ion-Wechselwirkung	$-\overset{\oplus}{N}H_3\cdots\overset{\ominus}{O}\diagdown{C}\diagup_{\diagdown O}$	> 130
Ion-Dipol-Wechselwirkung	$-\overset{\oplus}{N}H_3\cdots O{=}C\diagup_{\diagdown}$	40...130
H-Brücken-Bindung	$-OH\cdots O{=}C\diagup_{\diagdown}$	< 20
	$-NH\cdots O{=}C\diagup_{\diagdown}$	
Hydrophobe Wechselwirkungen	$\diagdown_{\diagup}CH_2\cdots CH_2\diagup^{\diagdown}$	< 10

Bestimmte Bereiche einer Peptid- oder Proteinkette sind zur Wechselwirkung mit anderen Bereichen der gleichen oder einer Nachbarkette befähigt. Bei der Ausbildung einer dreidimensionalen Struktur können die in Tabelle 30-3 gezeigten Bindungsarten beteiligt sein.

30.3.2   Primärstruktur von Proteinen

Die Konstitutionsformel eines Proteins beschreibt die Anzahl und Art der Aminosäuren sowie die Reihenfolge ihrer Verknüpfung **(Aminosäuresequenz)** und wird als Primärstruktur bezeichnet. Zur Strukturaufklärung führt man eine vollständige Hydrolyse des Proteins in saurer oder alkalischer Lösung durch. Die heute angewendeten Standardbedingungen für eine Totalhydrolyse sind 24-stündiges Erhitzen der Probe bei 110 °C in 6-molarer Salzsäure. Das Aminosäuregemisch, dessen Auftrennung vorwiegend mit chromatographischen Methoden erfolgt, liefert Informationen über Art und Anteil der am Aufbau des Proteins beteiligten Aminosäuren.

Enzymatische Spaltung
Während die saure bzw. alkalische Hydrolyse das Proteinmolekül unspezifisch in seine Bausteine zerlegt, gelingt durch die enzymatische Spaltung

ein gezielter und schonender Angriff auf bestimmte Peptidbindungen. Das Enzym Carboxypeptidase spaltet z. B. ausschließlich die C-terminale, während Aminopeptidase nur die N-terminale Aminosäure abspaltet. Andere Enzyme greifen nur zwischen bestimmten Aminosäuren an und liefern auf diese Weise bereits erste Angaben zur Sequenz der Aminosäuren.

Sequenzanalyse

Das Verfahren ermöglicht den stufenweisen Abbau von Peptiden von der N-terminalen Aminosäure her. Die einzelnen Aminosäuren werden nacheinander abgetrennt und analysiert. Im ersten Schritt reagiert die freie Aminogruppe als Nucleophil mit dem stark elektrophilen C-Atom von Phenylisothiocyanat. Dabei entsteht ein Derivat des Thioharnstoffs.

Markierung der Endgruppe

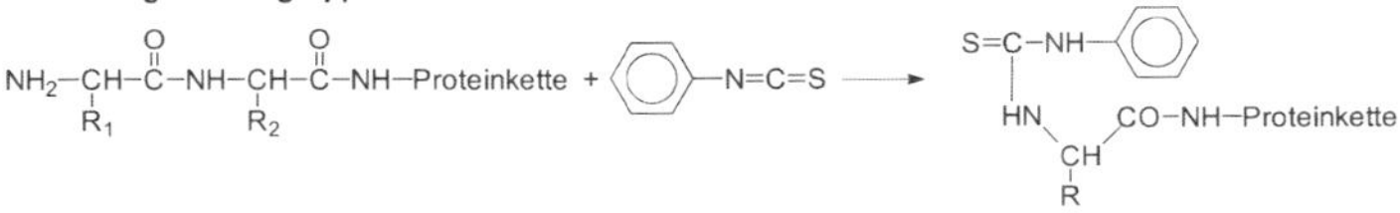

Phenylisothiocyanat   Phenylthioharnstoff-Derivat

Abtrennung der N-terminalen Aminosäure

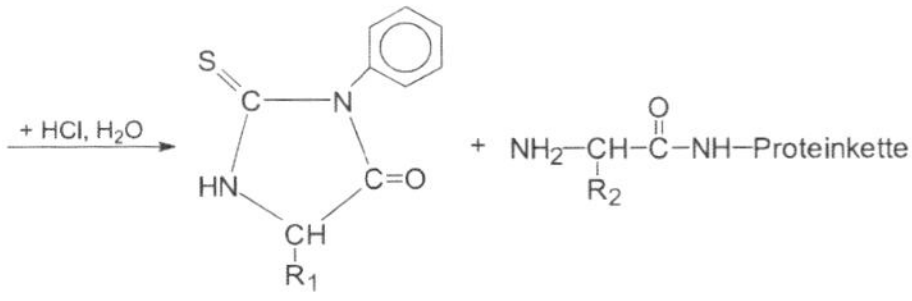

Phenylthiohydantoin

Im Verlauf der weiteren Reaktion, die hier stark vereinfacht dargestellt wurde, entsteht ein für jede Aminosäure charakteristisches Phenylthiohydantoin. Durch Vergleich ist die jeweils abgetrennte Aminosäure identifizierbar. Diese Sequenzanalyse wird in Sequenatoren automatisch durchgeführt. Auf diese Weise lassen sich pro Tag etwa 20 Aminosäuren bestimmen.

30.3.3   Raumstruktur von Proteinen

Polypeptide mit ausreichender Länge und Proteinketten bilden Raumstrukturen mit höherem Ordnungsgrad. Diese Begünstigung der Makromoleküle liegt darin begründet, dass über die **Primärstruktur** hinaus weitere Faktoren die Raumstruktur des Proteins stabilisieren.

Eine Möglichkeit ist die inter- oder intramolekulare Bildung einer **Faltblattstruktur** (vgl. Bild 30-2), bei der zwei Peptidketten durch H-Brücken (C=O$\cdots$H–N) zusammengehalten werden. Häufiger findet man jedoch eine spiralförmige Peptidkette in Form einer Wendeltreppe (**α-Helix**) mit etwa 3,6 Aminosäuren pro Umgang (vgl. Bild 30-2). Die H-Brücken-Bindungen bilden sich zwischen zwei aufeinander folgenden Windungen derselben Kette aus. Die Seitenketten liegen außerhalb der Helix bzw. auf beiden Seiten der Faltblattebene. Faltblatt und Helix sind **Sekundärstrukturen**.

Bezeichnung	Beschreibung	schematische Struktur
Primärstruktur	Sequenz = Reihenfolge der Aminosäuren von links nach rechts	H - Lys - Ala - His $\cdots$ Val - Gly - OH
Sekundärstruktur	Periodische Faltung oder spiralförmige Orientierung in Form einer Wendeltreppe begünstigt durch die gewinkelte Peptidkette und Einschränkung der Rotation Fixierung durch H-Brücken	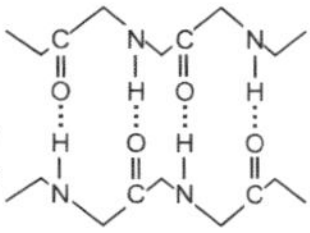 Helix / Faltblattstruktur 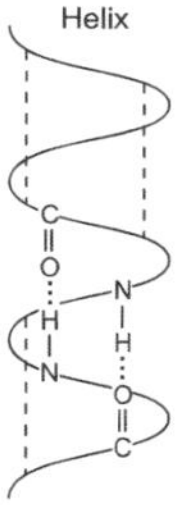
Tertiärstruktur	Nichtperiodische, knäuelartige Faltung. Fixierung durch H-Brücken, Disulfidbrücken, hydrophobe Wechselwirkungen usw.	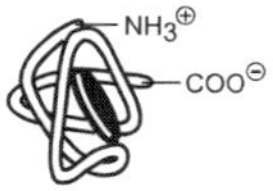
Quartärstruktur	Verknüpfung von Untereinheiten durch H-Brücken und hydrophoben Wechselwirkungen zu großen Proteinstrukturen	

Bild 30-2: Aufbau von Proteinen

Unter der **Tertiärstruktur** eines Proteins versteht man die gegenseitige räumliche Orientierung einzelner Molekülabschnitte zueinander. Auch die bereits beschriebene Sekundärstruktur bestimmt teilweise die Ausbildung geordneter Bereiche innerhalb einer Kette. Es können sich z. B. helicale oder anders gestaltete Strukturen falten und so zu einer räumlichen Orientierung des Moleküls führen. Stabilisierend auf die Tertiärstruktur eines Proteins wirken sich neben den H-Brücken auch ionogene Wechselwirkungen aus, z. B. zwischen den Carboxylgruppen von Asparagin- und Glutaminsäure einerseits und den Ammonium- oder Guanidiniumgruppierungen des Lysins bzw. Arginins andererseits. Auch hydrophobe Wechselwirkungen zwischen den unpolaren Resten tragen nicht unerheblich zur Stabilisierung der Molekülstruktur im wässrigen Milieu bei.

Verschiedene Proteine können sich auch zu einer größeren Einheit zusammenlagern. Sie werden durch zwischenmolekulare Kräfte zusammengehalten und lassen sich reversibel trennen. Diese Anordnung wird **Quartärstruktur** genannt. Ein bekanntes Beispiel ist Hämoglobin, das aus vier Untereinheiten besteht (vgl. Bild 30-2).

O
C

31 Kunststoffe

31.1 Einteilung der Kunststoffe

Kunststoffe sind hochmolekulare organische Verbindungen, die entweder durch Umwandlung von Naturstoffen oder durch Synthesereaktionen aus niedermolekularen chemischen Verbindungen hergestellt werden. Die weitaus größte Bedeutung haben heute die **synthetischen Kunststoffe.** Diese werden hergestellt durch:

- Polymerisation
- Polykondensation oder
- Polyaddition

Teilweise lassen sich fertige Polymere auch miteinander mischen, was zu Veränderungen der physikalisch-chemischen Eigenschaften führt. Derartige Kunststoffmischungen, die stets sowohl Eigenschaftsverbesserungen als auch -verschlechterungen mit sich bringen, werden **Blends** genannt.

31.1.1 Thermoplaste

Kunststoffe, die aus linearen oder verzweigten Molekülen bestehen, nennt man **Thermoplaste.** Bei normaler Temperatur sind Thermoplaste spröde oder zähelastische Kunststoffe, die sich ohne chemische Veränderung wiederholt durch Erwärmen in den plastischen Zustand überführen lassen.

Die Kettenlänge der Moleküle liegt zwischen 10^{-9} und 10^{-6} m bei einer Dicke von $2...3 \cdot 10^{-10}$ m und einer mittleren relativen Molekülmasse $M_r = 800...3 \cdot 10^6$. Die Bindung zwischen den einzelnen Molekülketten untereinander erfolgt durch **Nebenvalenzkräfte.** Durch Temperaturerhöhung werden diese Kräfte geschwächt, und die Molekülketten gleiten dann unter Zug oder Druck aneinander ab. Das Material wird zäh- oder weichelastisch und geht schließlich in den plastisch fließenden Zustand über.

Hochmolekulare Stoffe sind **amorph** oder höchstens **teilweise kristallin** und nehmen damit eine Zwischenstellung zwischen Festkörpern und unterkühlten Flüssigkeiten ein.

Wenn die einzelnen Molekülketten des Thermoplastes im Gebrauchstemperaturbereich völlig ungeordnet und ineinander verknäult sind, so ist der Thermoplast **amorph** und befindet sich im Glaszustand. Er ist dann glasklar und meist spröde.

Teilkristalline Strukturen führen zu hornartig hartelastisch-zähen Kunststoffen, die mechanisch widerstandsfähig und formsteif sind. Die mechanische Festigkeit beruht auf den Kristalliten und die Flexibilität auf den amorphen Bereichen.

Durch Zusatz von **Weichmachern** können im Gebrauchstemperaturbereich Thermoplaste mit mehr oder weniger weichelastischen Eigenschaften erhalten werden. Weichmacher sind Fremdmoleküle mit hohem Siedepunkt, die die Nebenvalenzkräfte im Thermoplast reduzieren.

31.1.2   Elastomere

Elastomere sind räumlich weitmaschig vernetzte Molekülketten. Sie sind bei tiefen Temperaturen hartelastisch und im Gebrauchstemperaturbereich weichelastisch bzw. gummielastisch. Sie sind nicht schmelzbar, unlöslich, aber quellbar.

31.1.3   Duromere

Kunststoffe mit räumlich eng vernetzten Molekülstrukturen nennt man Duromere. Diese Moleküle sind durch Hauptvalenzbindungen dicht miteinander verbunden und bilden praktisch ein amorphes Riesenmolekül, das keine räumliche Begrenzung aufweist. Duromere entstehen durch Vernetzung reaktionsfähiger linearer oder verzweigter Moleküle.

31.2   Mechanismen der Polymerisation

Alkene mit endständiger Doppelbindung gehen leicht Polymerisationsreaktionen ein (vgl. Kap. 19). Eine Polymerisationsreaktion ist die Aneinanderlagerung niedermolekularer Verbindungen mit Mehrfachbindungen **(Monomere)** zu hochmolekularen Verbindungen **(Polymere)** unter Aufrechterhaltung der elementaranalytischen Zusammensetzung.

Die Polymerisationsreaktionen sind alle exotherm, besitzen eine Reaktionsenthalpie zwischen 40 und 100 kJ · mol^{-1}. Polymerisationen sind mit einer Verringerung der Entropie verbunden. Gleichzeitig kommt es zu einem Volumenverlust, der von Monomer zu Monomer verschieden ist.

$$n\ CH_2{=}\underset{\underset{R}{|}}{CH} \longrightarrow \left[{-}CH_2{-}\underset{\underset{R}{|}}{CH}{-} \right]_n$$

Monomer   Polymer (Polymerisat)

Zum Start der Polymerisationsreaktion muss zunächst das Monomer aktiviert werden. Dies kann geschehen durch:

- Wärmezufuhr
- UV-Licht
- energiereiche Strahlung

Dabei entstehen durch verschiedene, für viele Monomere zum Teil noch unbekannte Mechanismen Radikale, die eine Radikalkettenreaktion unter Ausbildung von mehr oder weniger verzweigten Molekülketten starten können.

$$\underset{/}{\overset{\backslash}{C}}{=}\underset{\backslash}{\overset{/}{C}} \quad \xrightarrow[\text{UV, }\gamma\text{-Strahlung}]{\text{Wärme}} \quad \begin{matrix}\text{Start-}\\\text{radikal}\end{matrix} \quad \xrightarrow[\text{Radikalkettenpolymerisation}]{+\ n\ \text{Monomere}} \quad \text{Polymer}$$

Bei diesen Verbindungen handelt es sich häufig um Peroxid- oder Azoverbindungen. Es sind keine Katalysatoren, da sie nicht unverändert bleiben und in das Makromolekül mit eingebaut werden. Es gibt aber auch Initiatoren, die mit Olefinen zu kationischen oder anionischen Ionen reagieren, die wiederum in einer Ionenkettenreaktion zu Polymermolekülen reagieren können. Dementsprechend unterscheidet man zwischen **radikalischer** und **ionischer Polymerisation.**

$$\diagdown C = C \diagup \quad \xrightarrow{\text{Initiator}} \quad \diagdown \overset{-}{C} - \overset{+}{C} \diagup \quad \xrightarrow[\text{Ionenkettenpolymerisation}]{+\,n\ \text{Monomere}} \quad \text{Polymer}$$

31.2.1   Radikalkettenpolymerisation

Zum Start der Radikalkettenpolymerisation werden den Monomeren in geringen Mengen radikalbildende Substanzen (Initiatoren, Aktivatoren) in Mengen von 0,1 bis ca. 5 % zugesetzt. Meist sind es Peroxid- oder Azoverbindungen (z. B. Benzoylperoxid, Di-tertiärbutylperoxid, Azoisobutyronitril) , die unter Zufuhr von Wärme oder photochemisch zerfallen und Peroxide bilden. Als Aktivatoren verwendet man Fe-, Mn- und Co-Salze oder Metallkomplexverbindungen.

Als weitere Radikalbildner verwendet man wässrige Systeme von H_2O_2, $K_2S_2O_8$ (Kaliumperoxodisulfat), $NaBO_2 \cdot H_2O_2 \cdot 3\,H_2O$ (Natriummetaboratperhydrat). Auch Sauerstoff als Radikal wird bei der Hochdruckpolymerisation von Ethylen verwendet (150...200 °C, 1000 bar, 0,01...0,02 % O_2).

Die entstandenen Radikale haben eine beschränkte Lebensdauer und reagieren mit der Doppelbindung, wobei das π-Elektronenpaar entkoppelt wird und zu dem Radikal eine σ-Bindung ausbildet. Dabei hat das gebildete Molekül wieder Radikalcharakter und kann mit einem weiteren Molekül mit dem π-Elektronensystem reagieren.

Mechanismus der Radikalkettenpolymerisation
Die Radikalkettenpolymerisation läuft prinzipiell in drei Schritten ab:

■ **Startreaktion**
Die Aktivierung des Monomermoleküls erfolgt mittels Radikalen R, die in einer vorgelagerten Reaktion aus den Initiatoren gebildet wurden.

$$R\cdot \ + \ \underset{X}{CH_2{=}CH} \ \longrightarrow \ R{-}CH_2{-}\underset{X}{CH}\cdot$$

■ **Wachstumsreaktion**

$$R{-}CH_2{-}\underset{X}{CH}\cdot \ + \ n\ \underset{X}{CH_2{=}CH} \ \longrightarrow \ R{-}CH_2{-}\underset{X}{CH}{-}\Big[\underset{X}{CH_2{-}CH}\Big]_{n-1}{-}CH_2{-}\underset{X}{CH}\cdot$$

■ **Abbruchreaktion**

Das Kettenwachstum wird beendet, wenn das Makromolekül mit Radikaleigenschaften durch bestimmte Reaktionen diese Eigenschaft verliert.

Kombination zweier Radikale

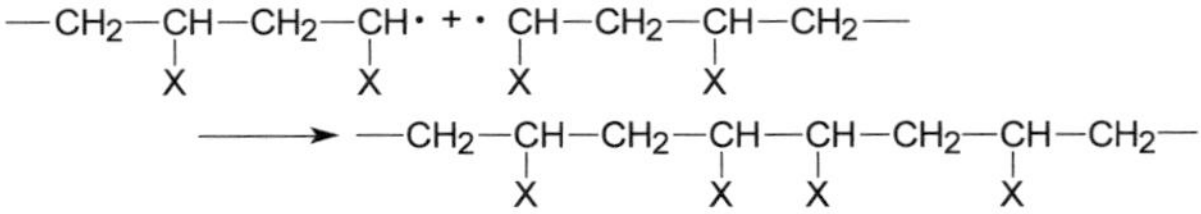

Reaktion mit einem Initiatorradikal

Disproportionierung

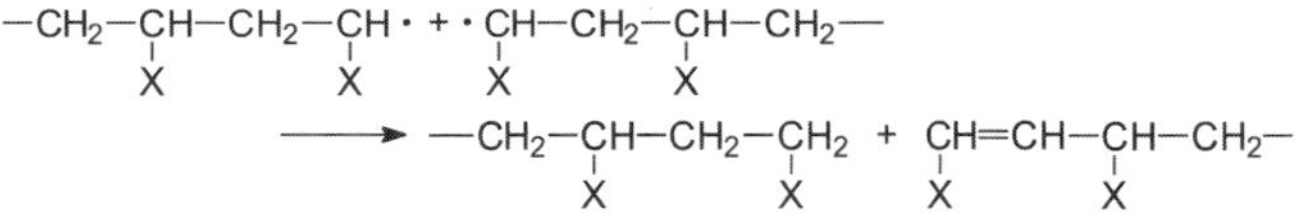

Übertragungsreaktion

Das Radikal reagiert mit einem fertigen Makromolekül oder mit der eigenen Kette und entreißt dabei ein Wasserstoffatom. Es bildet sich ein neues Radikal, wobei das freie Elektron mitten in der Kette liegt. Durch Reaktionen mit weiteren Monomeren kommt es dadurch zu Verzweigungen.

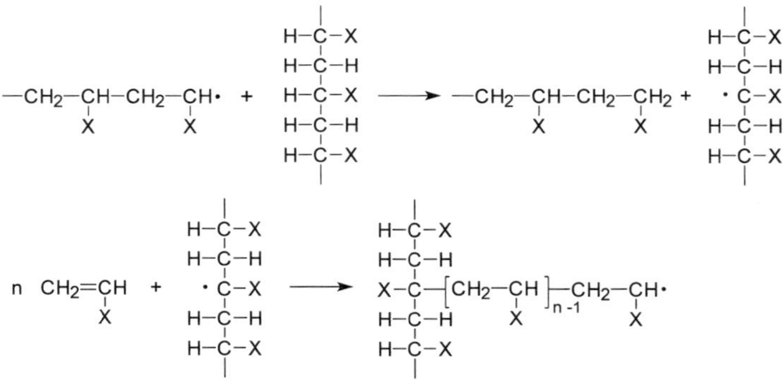

Zusatz von Reglern

Das makromolekulare Radikal reagiert mit einem Fremdmolekül, wie z. B. zugesetzten Halogenverbindungen, Mercaptanen oder Aldehyden. Das Fremdmolekül wird dabei zum Radikal und startet eine neue Kette. Diese Substanzen werden **Regler** genannt und haben folgende Wirkung:

- Herabsetzung des Polymerisationsgrades
- Verminderung der meist unerwünschten Verzweigungsreaktion

$$-CH_2-\underset{X}{CH}-CH_2-\underset{X}{CH}\cdot + CCl_4 \longrightarrow -CH_2-\underset{X}{CH}-CH_2-\underset{X}{CH}-Cl + CCl_3\cdot$$

$$n\ CH_2{=}\underset{X}{CH} + CCl_3\cdot \longrightarrow CCl_3-\left[CH_2-\underset{X}{CH}\right]_{n-1}-CH_2-\underset{X}{CH}\cdot$$

Die Polymerisation ist eine Kettenreaktion, die nicht unterbrochen werden kann. Sie ist keine Gleichgewichtsreaktion. Durch Zugabe von Stoffen, z. B. Phenolen, die leicht in den radikalischen Zustand übergehen und dabei relativ stabile Radikale bilden, kann die Polymerisation verzögert oder verhindert werden. Bei der Polymerisation entstehen in einer stark exothermen Reaktion in kürzester Zeit hochmolekulare Kettenmoleküle, die sich in Molekülgröße und Struktur innerhalb bestimmter Grenzen unterscheiden. Man definiert den mittleren Polymerisationsgrad wie folgt:

$$\overline{P} = \frac{\overline{M}}{M} = \frac{\text{mittlere Molekülmasse des Polymers}}{\text{Molekülmasse des Monomers}} \qquad (31\text{-}1)$$

Die Reaktion von einer einzigen Monomerart führt zu **Homopolymerisaten**, die Polymerisation von zwei oder mehr verschiedenen Monomerarten kann dagegen bei vergleichbarer Reaktivität zu **Copolymerisaten** (Mischpolymerisaten) führen, die sich je nach Anteil der Ausgangsmonomere in ihren Eigenschaften von den reinen Homopolymerisaten unterscheiden. Wird die Reaktion des Monomers mit einem Polymer als Reaktionspartner durchgeführt, so nennt man die Reaktion eine **Pfropfpolymerisation**, da hierbei das Monomer auf dem bestehenden Polymer aufwächst.

31.2.2   Ionenkettenpolymerisation

Zum Start einer Kettenpolymerisation können ionische Katalysatoren eingesetzt werden, die π-Elektronenpaare anregen und positiv oder negativ geladene Moleküle für die Ionenkettenpolymerisation bilden. Man spricht deshalb von **kationischer** oder **anionischer Ionenkettenpolymerisation**. Bei diesem Polymerisationstyp werden die ionogenen Kettenstarter bei der Reaktion nicht verbraucht, sodass es sich hier um **echte Katalysatoren** handelt.

Kationenpolymerisation

Kationisch werden vor allem die nucleophil reagierenden Olefine, die Substituenten mit einem +I-Effekt aufweisen, polymerisiert. Dazu gehören Isobutylen (2-Methyl-propen), Styren, Butadien und Vinylether. Als Katalysatoren dienen Säuren, wie H_2SO_4, HCl, $HClO_4$, H_3PO_4, oder FRIEDEL-CRAFTS-Katalysatoren, wie BF_3, $AlCl_3$, $TiCl_4$ oder $SnCl_4$. Die FRIEDEL-CRAFTS-Katalysatoren benötigen, um wirksam zu werden, eine zweite Komponente, wie Wasser, Alkohol oder Säuren, mit der sie im Komplex die Startreaktion auslösen.

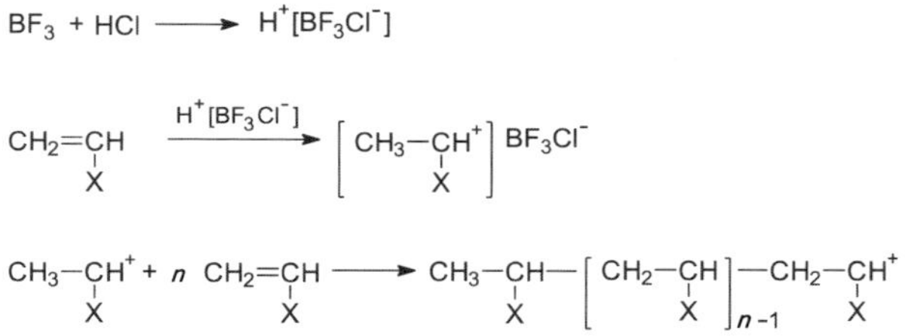

$$BF_3 + HCl \longrightarrow H^+[BF_3Cl^-]$$

$$CH_2{=}\underset{X}{CH} \xrightarrow{H^+[BF_3Cl^-]} \left[CH_3{-}\underset{X}{CH^+} \right] BF_3Cl^-$$

$$CH_3{-}\underset{X}{CH^+} + n\ CH_2{=}\underset{X}{CH} \longrightarrow CH_3{-}\underset{X}{CH}{-}\left[\underset{X}{CH_2{-}CH} \right]_{n-1}{-}CH_2{-}\underset{X}{CH^+}$$

Der Kettenabbruch erfolgt durch die Addition eines Anions oder durch Abspaltung eines Protons.

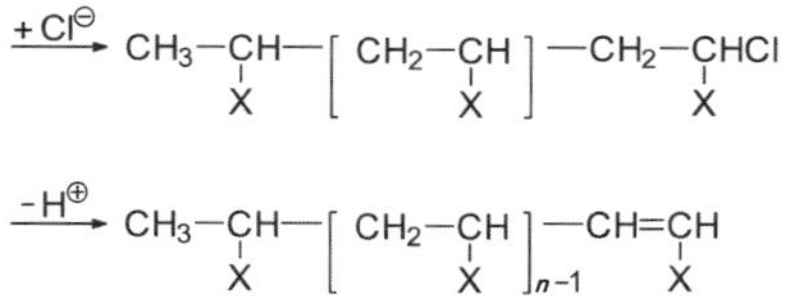

$$\xrightarrow{+Cl^\ominus} CH_3{-}\underset{X}{CH}{-}\left[\underset{X}{CH_2{-}CH} \right]{-}CH_2{-}\underset{X}{CHCl}$$

$$\xrightarrow{-H^\oplus} CH_3{-}\underset{X}{CH}{-}\left[\underset{X}{CH_2{-}CH} \right]_{n-1}{-}\underset{X}{CH{=}CH}$$

Anionkettenpolymerisation

Elektrophil reagierende Monomere, d. h. solche mit Elektronen anziehenden Substituenten, wie Acrylnitril, Methacrylsäureester, Acrylsäureester,

können anionisch polymerisiert werden. Als Katalysatoren dienen Basen
wie z. B. Alkalihydroxide, Alkoholate oder Natriumamide.

$$Na^+NH_2^- \ + \ CH_2{=}\underset{X}{CH} \longrightarrow NH_2{-}CH_2{-}\underset{X}{CH^-} + Na^+$$

$$NH_2{-}CH_2{-}\underset{X}{CH^-} + n\,CH_2{=}\underset{X}{CH} \longrightarrow NH_2{-}CH_2{-}\underset{X}{CH}{-}\left[CH_2{-}\underset{X}{CH}\right]_{n-1}{-}CH_2{-}\underset{X}{CH^-}$$

Der Kettenabbruch erfolgt allgemein durch Kationen, z. B. H$^+$:

$$NH_2{-}CH_2{-}\underset{X}{CH^-}{-}\left[CH_2{-}\underset{X}{CH}\right]_{n-1}{-}CH_2{-}\underset{X}{CH^-} + Na^+ \xrightarrow[\ -\,NH_2^-,\,Na^+\ ]{+\,NH_3}$$

$$NH_2{-}CH_2{-}\underset{X}{CH}{-}\left[CH_2{-}\underset{X}{CH}\right]_{n-1}{-}CH_2{-}\underset{X}{CH_2}$$

Eine Kristallisation ist nur möglich, wenn eine regelmäßige Anordnung
der Substituenten über eine gewisse Länge vorliegt. Man unterscheidet
bei Makromolekülen, die aus α-Olefinen polymerisiert wurden, drei Modelle **sterischer Ordnung (Taktizität):**

■ **isotaktische Ordnung**
  Bei der isotaktischen Ordnung liegen die -C-C-Bindungen in der
  Ebene, und die Substituenten R ragen alle aus der Ebene nach oben
  heraus, während die H-Atome derselben tertiären C-Atome alle
  unterhalb der Ebene liegen.

■ **syndiotaktische Ordnung**
  Die syndiotaktische Konfiguration zeichnet sich dadurch aus, dass
  die Substituenten R alternierend oberhalb und unterhalb der Ebene
  angebracht sind.

■ **ataktische Anordnung**
  Bei der ataktischen Konfiguration gibt es keine Regelmäßigkeit
  mehr.

Genauere Untersuchungen der isotaktischen Moleküle zeigen, dass alle
kristallinen isotaktischen Moleküle eine Überstruktur in Form einer Helix
besitzen.

Vorteile der Ionenkettenpolymerisation gegenüber der Radikalketten-polymerisation sind:

- niedrigere Reaktionstemperatur und deren Steuerungsmöglichkeit
- Steuerung der Reaktion über die Permittivität des Lösungsmittels
- bessere Beherrschung der Reaktionstemperatur
- stereospezifische Polymerisation
- kaum Molekülverzweigungen

31.2.3 Polymerisationsmethoden

Bei der Polymerisation treten beträchtliche Reaktionswärmen auf, die während der Reaktion abgeführt werden müssen. Gleichzeitig spielt die Reaktionstemperatur oder die Verwendung von Lösungsmitteln oder Hilfsmitteln für die Qualität des Polymerisats eine wichtige Rolle. Aus diesem Grund werden verschiedene Polymerisationsmethoden angewendet. Man unterteilt sie in zwei Gruppen:

- **Polymerisation im homogenen System**

  - Substanzpolymerisation
  - Lösungspolymerisation
  - Fällungspolymerisation

- **Polymerisation im heterogenen System**

  - Suspensionspolymerisation
  - Emulsionspolymerisation

Substanzpolymerisation

Die Substanzpolymerisation oder **Massepolymerisation** wurde früher **Blockpolymerisation** genannt. Bei der Substanzpolymerisation wird das flüssige oder gasförmige Monomer ohne Verdünnungs- oder Lösungs-mittel mit dem Initiator versetzt und u. U. unter Erwärmen polymerisiert.

Die Polymerisation kann Tage bis Wochen dauern, wobei klare, fehler-freie Formstücke mit hohem Polymerisationsgrad und guter Festigkeit erhalten werden (z. B. Plexiglas). Während der kontinuierlichen Sub-stanzpolymerisation läuft das Polymerisat durch einen Reaktor, wobei das geschmolzene Polymerisat am Reaktorausgang ausgetragen, ausgewalzt und zerkleinert oder extrudiert wird.

Beispiele: Styren, Acrylester, Vinylacetat, Vinylether.

Lösungspolymerisation

Das in einem Lösungsmittel gelöste Monomer wird unter Zusatz des Initiators unter Rühren polymerisiert. Gleichzeitig löst sich das Polymerisat im Lösungsmittel. Diese Polymerisation wird durchgeführt, wenn die Wärmeableitung bei der Substanzpolymerisation nicht ausreicht. Da das Entfernen des Lösungsmittels nur schwer oder unvollständig gelingt, verwendet man die Lösungspolymerisation dort, wo hochviskose Lösungen des Polymers direkt angewendet werden. Dies trifft zu bei Klebstoffen, Lacken und Beschichtungen.

Beispiele: Polyvinylacetat, Polyvinylchlorid, Polyisobutylen.

Fällungspolymerisation

Die Fällungspolymerisation ist eine Modifizierung der Lösungspolymerisation. Bei dieser Art der Polymerisation verwendet man Lösungsmittel, in denen das Monomer löslich, das Polymer aber unlöslich ist. Es fällt als **Pulver** oder **Gel** an und wird abfiltriert oder abzentrifugiert. Die Polymerisate besitzen häufig einen relativ hohen Polymerisationsgrad und sind reiner als Emulsionspolymerisate.

Suspensionspolymerisation

Das wasserunlösliche Polymer wird durch heftiges Rühren in einer inerten Flüssigkeit, meist Wasser, zu feinen Tropfen verteilt. Um die Dispersion zu stabilisieren und ein Zusammenbacken oder Schlammbildung zu verhindern, werden **Schutzkolloide** oder **Zusatzstoffe** wie Kaolin, Talkum oder Kieselgur verwendet. Diese haften nicht am Polymerisat und verhindern ein Verkleben. Als Initiatoren (0,5...1 %) verwendet man **Radikalbildner,** die im Monomer löslich sind. Da die Zusatzstoffe nicht am Produkt haften, entstehen klare Produkte mit einer Größe von 0,15 mm bis zu einigen Millimetern, die mittels Zentrifugen abgetrennt werden.

Beispiele: Polystyren, Polyvinylchlorid, Polymethacrylsäuremethylester.

Emulsionspolymerisation

Bei der Emulsionspolymerisation erfolgt die Dispergierung der Monomere nicht allein durch Rühren, sondern vor allem durch **Emulgatoren.**

Als Emulgatoren werden anionenaktive, kationenaktive und nichtionogene Tenside verwendet. Die Teilchengröße liegt bei 0,01...3 μm und kann bis auf etwa 50 μm gesteigert werden. Als **Initiator** wird meist Kaliumperoxidisulfat in Verbindung mit Phosphatpuffern verwendet. Die Polymerisation erfolgt in kleinen **Micellen,** die aus Emulgator und wenigen Monomermolekülen bestehen. Mit einem Initiatormolekül erfolgt die Startreaktion; weitere Monomermoleküle werden aus den großen emulgierten Monomertröpfchen nachgeliefert.

Nach diesem Verfahren können Polystrol, Polyvinylchlorid, Polymethacrylsäuremethylester, Polyacrylsäureester, Polyvinylacetat, Polyvinylether sowie Copolymerisate aus Butadien und Styren sowie Butadien und Acrylnitril u. a. hergestellt werden. Die direkte Verwendung der Emulsionen erfolgt als Klebstoff, Holzleim, Dispersionsfarben und Textilimprägnierungen. Durch Sprühtrocknung, Walzentrocknung oder Fällungsverfahren können die Polymerisate als Feststoffe gewonnen werden, wobei durch **Fällungszusätze** die Emulgatorwirkung aufgehoben wird. Da die Emulsionspolymerisate nicht vollständig von Initiator und Emulgator befreit werden können, sind diese z. T. durch die Hilfsstoffe verunreinigt und weniger klar.

31.3   Polymerisationsverfahren
31.3.1   Polyolefine

Polyethylen, PE

$$n\ CH_2{=}CH_2 \longrightarrow \left[CH_2{-}CH_2\right]_{n-1} CH_2{-}CH_2{-}$$

Herstellung: Zur Herstellung von Polyethylen werden heute zwei grundsätzlich verschiedene Verfahren angewendet:

■   **Hochdruckverfahren**
      Das Verfahren wurde 1933 von ICI im technischen Maßstab durchgeführt. Es kann durch folgende Parameter beschrieben werden:
      Radikalkettenpolymerisation, Gaspolymerisation
      Druck   1000...3000 bar
      Temperatur   100...300 °C
      Initiator O_2 ca. 0,02 %
      Sauerstoffkonzentration, Druck, Temperatur und Verweilzeit beeinflussen maßgeblich den Umsatz, die relative Molekülmasse und den Verzweigungsgrad des Endproduktes. Hoher Druck bewirkt, dass die kurzlebigen Radikale einem hohen Monomerangebot ge-

genüberstehen. Dadurch wird ein vorzeitiger Kettenabbruch verhindert, der zu Produkten mit höherem Polymerisationsgrad bzw. mit höherer mittlerer relativer Molekülmasse führt. Dieses Produkt wird als **LDPE** (**l**ow **d**ensity **p**oly**e**thylene) bezeichnet.

■ **Niederdruckverfahren**
Zu den Niederdruckverfahren zählt man das **Normaldruckverfahren** und das **Mitteldruckverfahren**. Das erhaltene Polymerisat wird **Niederdruckpolyethylen** oder **HDPE** (**h**igh **d**ensity **p**oly**e**thylene) genannt.

	Mitteldruckverfahren	Normaldruckverfahren nach ZIEGLER
Polymerisationsart	Lösungsmittel-polymerisation	Fällungs-polymerisation
Druck	30...100 bar	1...10 bar
Temperatur	150...250 °C	20...70 °C
Lösungsmittel	Kohlenwasserstoffe (Xylol)	Dieselöl
Katalysatoren	reduzierte Cr-Oxide oder Mo-Oxide	ZIEGLER-Katalysatoren

Struktur: Hochdruckpolyethylen (LDPE) besteht aus verzweigten Kettenmolekülen, deren zusätzliche Verzweigungen durch Übertragungsreaktionen entstanden sind.

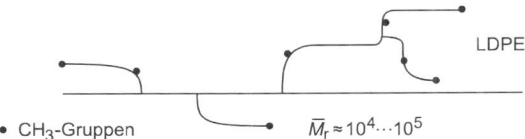

LDPE

• CH$_3$-Gruppen $\bar{M}_r \approx 10^4 ... 10^5$

Niederdruckpolyethylen (HDPE) weist praktisch eine kaum verzweigte Kettenstruktur auf. UHMPE (**u**ltra **h**igh **m**olecular **p**oly**e**thylene) besitzt eine mittlere relative Molekülmasse bis 6,5 · 10^6. Es sind dies Thermoelaste, die nur beim Schmelzen elastisch werden.

HDPE

• CH$_3$-Gruppen $\bar{M}_r \approx 10^5 ... 10^6$

Eigenschaften:

	Kristallinität in %	Dichte in g · cm⁻³	Schmelztemperatur in °C	max. Temperatur in °C
LDPE	40...55	0,915...0,95	110...120	80
HDPE	60...70	0,95...0,955	≈ 132	90
ZIEGLER-Katalysator	75...80	0,96...0,97	≈ 136	100

Durch langsames Abkühlen oder Tempern kann die Kristallinität erhöht werden. Die Eigenschaften des Polyethylens entsprechen dem eines langkettigen Paraffins. Der unpolare Charakter bewirkt:

- geringe Wasseraufnahme
- geringe Quellung in polaren Lösungsmitteln
- starke Quellung und in der Hitze z. T. Lösung in unpolaren Lösungsmitteln, Ölen, Fetten (unlöslich in allen organischen Lösungsmitteln bei $t < 60\ °C$)
- sehr schlechte Klebbarkeit; nur nach Abflammen oder Behandeln mit Chromschwefelsäure möglich

Chemische Eigenschaften:

- beständig gegen wässrige Säuren, Laugen, Salzlösungen
- zersetzend wirken konzentrierte oxidierende Säuren und Halogene
- gegen nicht zu starke ionisierende Strahlung beständig; wird selbst nicht radioaktiv

Elektrische Eigenschaften:

- hoher spezifischer elektrischer Widerstand (wegen geringer Feuchtigkeitsaufnahme)
- niedrige Permittivität und niedriger dielektrischer Verlustfaktor

Verarbeitung: Die Plastizität von PE ist so groß, dass es ohne Weichmacherzusatz verformt werden kann. Man verwendet **Spritzguss** für Teller, Becher etc., auf Grund der höheren Härte vorzugsweise aus HDPE. Diese sind unzerbrechlich, leicht, aber im Fall von LDPE nicht kochfest. Etwa die Hälfte aller festen PE-Sorten werden als **Folien** gehandelt. Lebensmittel werden gern in PE verpackt, da es ganz wasserundurchlässig ist. Für die Lichtbeständigkeit müssen PE-Folien mit **Stabilisatoren** oder Ruß versetzt werden.

Verwendung: PE ist der von der verarbeiteten Menge her bedeutendste Massenkunststoff und wird als solcher vielseitig eingesetzt. Auch für Schäume findet PE

Verwendung. Die **Dauergebrauchstemperatur** liegt zwischen -50 und $+100$ °C. Häufig werden auch Copolymerisate mit Propylen, Vinylacetat und Acrylsäureester eingesetzt und chemisch abgewandelte Produkte verwendet.

Polypropylen, PP

PP wird ähnlich wie PE hergestellt. Es weist eine höhere Kristallstruktur auf, die zu einer höheren Festigkeit führt.

Polystyren (Polystyrol), PS und Styren-Copolymerisate

$$n\ CH_2{=}CH \longrightarrow \left[CH_2{-}CH \right]_{n-1} CH_2{-}CH$$

Herstellung: Polystyren ist der älteste technisch produzierte vollsynthetische Thermoplast (BASF, 1930), aus dem sich harte, formbeständige Produkte herstellen lassen. Die Polystyren-Kunststoffe sind heute nach den Polyolefinen und dem Polyvinylchlorid die drittgrößte Kunststoffgruppe. Zur Erzeugung von PS werden Substanz-, Lösungs-, Fällungs- und Suspensions-Polymerisationsverfahren angewendet. Meist wird unter Verwendung von Benzoylperoxid als Initiator nach dem Radikalmechanismus polymerisiert.

Eigenschaften:
- Thermoplast, amorph (ataktisch), Schmelzbereich 140...160 °C
- hohe Steifigkeit, mittlere Festigkeit und Härte, geringe Schlagzähigkeit
- gute elektrische Isoliereigenschaften
- geringe Wärmeformbeständigkeit, Dauergebrauchstemperatur 60...90 °C
- löslich in vielen aromatischen oder halogenhaltigen Lösungsmitteln
- Spannungskorrosion durch Lösungsmittel
- geringe Wetterbeständigkeit, gute Brennbarkeit
- glasklar, spröde

Verwendung: PS eignet sich zur Herstellung von Massenartikeln. PS wird vielseitig verarbeitet, u. a. durch **Extrudieren** und **Blasformen,** hauptsächlich jedoch durch **Spritzgießen.** Polystyrenschaum wird gewonnen, indem man dem PS in der Wärme verdampfende Stoffe (z. B. Methylenchlorid) zumischt. Durch Erhitzen mit Wasserdampf entsteht daraus der fertige feste Schaumstoff (Handelsname: Styropor (Deutschland)).

Modifizierte Styren-Polymerisate

Styren-Polymerisate sind häufig keine reinen Polystyrene (Homopolymerisate), sondern modifizierte Polystyren-Kunststoffe mit verbesserten Eigenschaften.

Acrylnitril-Butadien-Styren-Polymerisat, ABS

Herstellung: ABS wird meist durch **Pfropf-Copolymerisation** von Styren und Acrylnitril auf Polybutadien-Kautschuk hergestellt. Polybutadien besteht aus Kettenmolekülen, die Doppelbindungen enthalten. An ihnen werden Styren und Acrylnitril in Form des Copolymerisats SAN anpolymerisiert („aufgepfropft"). Daneben entsteht auch SAN. Es bildet ein hartes Gerüst, in das das Pfropf-Copolymerisat eingelagert wird.

Eigenschaften:

- Thermoplast, undurchsichtig, technischer Kunststoff
- sehr hohe Schlagzähigkeit (5...10-mal höher als beim PS) auch bei tiefen Temperaturen
- sehr gute Metallisierbarkeit, vor allem durch Galvanisierung

Verwendung: Gehäuse für Geräte, Möbelteile, Sportgeräte, galvanisierte Teile.

31.3.2   Halogenhaltige Polymerisate

Polyvinylchlorid, PVC

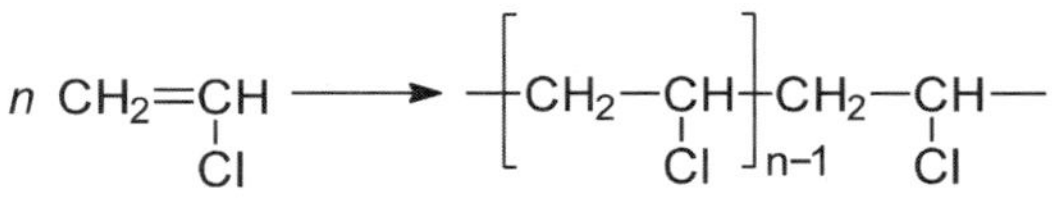

$$n\ CH_2{=}CH \longrightarrow \left[CH_2{-}CH\right]_{n-1} CH_2{-}CH{-}$$
$$\phantom{n\ CH_2{=}}\ Cl \phantom{\longrightarrow \left[CH_2{-}\right.}Cl \phantom{]_{n-1} CH_2{-}}Cl$$

Herstellung: Vinylchlorid polymerisiert sehr leicht, da die C=C-Doppelbindung durch das einseitig gebundene Chlor polarisiert ist. PVC wird hauptsächlich nach dem Masse-, Emulsions- oder Suspensionsverfahren hergestellt. Hierbei werden die Eigenschaften vergleichsweise stark durch die Herstellungsweise geprägt.

Eigenschaften:
- PVC ist ein wenig verzweigter, ataktisch angeordneter, amorpher Thermoplast
- schwer entflammbar
- beständig gegenüber Salzlösungen, konzentrierten Säuren und Laugen, Chlor und Ozon
- unbeständig gegenüber Oleum und flüssigen Halogenen
- beständig gegenüber unpolaren Lösungsmitteln
- unbeständig gegenüber polaren Lösungsmitteln, wie Estern, Ketonen, Chlorkohlenwasserstoffen und aromatischen Kohlenwasserstoffen. Lösungsmittel für PVC sind Tetrahydrofuran und Cyclohexanon
- gute Licht- und Wetterbeständigkeit, keine Spannungskorrosion

Hart-PVC

Hart-PVC enthält keinen Weichmacher. Allerdings benötigt es, ebenso wie Weich-PVC, **Stabilisatoren,** um die Verarbeitungstemperaturen ohne Zersetzung überstehen zu können. Hart-PVC zeigt häufig beim Biegen „Weißbruch" **(Crazing),** d.h., beim Biegen entstehen viele kleine Mikrorisse **(Crazes),** ohne jedoch einen Bruch herbeizuführen. Diese Eigenschaft wird bei Prägefolien ausgenutzt, um eine helle Schrift auf dunklerem Untergrund hervorzurufen.

Eigenschaften:
- gute Festigkeit, Steifigkeit und Härte, aber geringe Schlagzähigkeit bei tiefen Temperaturen ($< 15\ ^\circ$C)
- geringe Wärmeformbeständigkeit, Dauergebrauchstemperatur 65...90 $^\circ$C, schwer entflammbar, selbstverlöschend
- schwierig verarbeitbar: thermoplastische Verarbeitung bei 240 $^\circ$C; ab 140 $^\circ$C tritt HCl-Abspaltung unter rotbrauner Verfärbung auf; durch HCl und durch Absorption von Licht wird die Zersetzung katalysiert; deshalb werden Stabilisatoren zugesetzt
- warmformbar im thermoelastischen Bereich bei 110...140 $^\circ$C

Verwendung: Rohre, Tafeln, Profile, Fassadenelemente, Fensterrahmen, Türrahmen, Möbelteile, Kühlschrankteile, Behälter, Flaschen, Folien, chemische Apparate.

Weich-PVC

Weich-PVC wird unter Zusatz von 15...50 % Weichmachern (z. B. **Dioc**-**t**ylphthalsäureester, DOP) hergestellt (äußere Weichmachung). Weich-PVC ist schlagzäh und weichgummi- bis lederartig.

Verwendung: Spritzgussteile, Schläuche, Profile, Fußbodenbeläge, Kunstleder, Isolierungen, Schlauchfolien.

Vinylchlorid-Copolymerisate und PVC-Blends

PVC liegt häufig nicht in Form des Homopolymerisats vor, sondern als Copolymerisat oder Poly-Blend. Durch derartige Abwandlungen können Eigenschaften wie die Schlagzähigkeit verbessert werden. Bei den Copolymerisaten wird durch den Einbau des Comonomers in das Polymermolekül eine dauerhafte Weichmachung erzielt (**„Innere Weichmachung"**). Ähnliches wird bei den Poly-Blends durch Mischung mit anderen weichelastischen Polymeren erreicht. Dabei erhält man auch hochschlagzähe Kunststoffe.

Verwendung: PVC und die anderen chlorhaltigen Kunststoffe stellen auf Grund ihrer vielseitigen Abwandlungs- und Anwendungsmöglichkeiten die zweitgrößte Kunststoffgruppe dar. Vinylchlorid-Copolymerisate und PVC-Blends werden für Büro- und Zeichenartikel, Klebstoffe, Lacke, Fußbodenbeläge, Dachrinnen, Fensterrahmenprofile, Fassadenverkleidungen, Möbelbeläge oder Umleimer verwendet.

Schäume

Schäume werden durch Zusatz von Treibmitteln zu Hart- und Weich-PVC hergestellt. Dabei gibt es zwei Verfahren:

- gleichzeitiges Gelieren und Schäumen in der Hitze
- Gelieren unter Druck und anschließendes Schäumen durch Entspannen

Polytetrafluorethylen, PTFE

Herstellung: Tetrafluorethylen, $F_2C=CF_2$, Sdp.= $-76,5$ °C, farbloses Gas, muss unter Zusatz von Inhibitoren unter O_2-Ausschluss gelagert werden, da bei Gegenwart von Sauerstoff eine spontane exotherme Polymerisation möglich ist.

$$n\ CF_2{=}CF_2 \longrightarrow \left[\begin{array}{cc} F & F \\ | & | \\ C-C \\ | & | \\ F & F \end{array}\right]_{n-1} \begin{array}{cc} F & F \\ | & | \\ C-C- \\ | & | \\ F & F \end{array}$$

Die Polymerisation erfolgt als Emulsions- oder Suspensionspolymerisation bei 28,8 °C unter Druck mit Peroxiden in Wasser, um die hohe Wärmeenergie von 172 kJ · mol^{-1} abzuführen. PTFE-Polymerisat fällt nach Filtration, Waschen und Trocknen in Form von körnigem Pulver an. Noch enthaltener Emulgator kann evtl. als „Gleitmittel" wirken und die Verarbeitung erleichtern.

Eigenschaften:
- symmetrische unverzweigte Ketten, hochkristallin (bis 95 %)
- beständig gegen alle in der Praxis vorkommenden Chemikalien
- elektronegative F-Moleküle schirmen die Kohlenstoffkette ab; elementares Fluor und geschmolzene Alkalimetalle greifen PTFE an
- licht- und wetterbeständig, unbrennbar
- Schmelztemperatur 327 °C, Zersetzungsbeginn bei ca. 400 °C, Einsatzbereich –200...300 °C, zwischen –90 und 250 °C praktisch konstante mechanische Eigenschaften
- hornartig, zäh, geringe Festigkeit und Härte, Kriechneigung, gute Schlagzähigkeit
- niedriger Reibungskoeffizient, antiadhäsiv

Verarbeitung: Auf Grund des hohen Schmelzpunktes (327 °C) und der extrem hohen Schmelzviskosität ist PTFE jedoch nicht thermoplastisch verarbeitbar. Formkörper werden aus körnigem Ausgangspolymerisat kalt verpresst und dann bei 350...380 °C außerhalb der Form gesintert. Dabei tritt eine starke Schrumpfung bis zu 20 % ein, die schon vorher berücksichtigt werden muss. Folien und Bänder werden von einem gesinterten Rundblock geschält und können anschließend durch Auswalzen vergütet werden. Die Verarbeitung zu Profilen mit dem Extruder ist möglich, wenn das PTFE-Pulver vor der Schnecke kalt verdichtet wird und hinter dem Extruder im Heizzylinder gesintert wird. Das Verfahren ist aber sehr langsam. Einfacher ist deshalb das Vermischen mit Mineralöl zu Paste, die Formgebung im Extruder und anschließendes Sintern nach Verdampfen des Lösungsmittels (außerhalb des Extruders). Dadurch können Schläuche, Bänder, Folien, dünne Stäbe, Fäden (für Filtergewebe) und Drahtummantelungen hergestellt werden.

Handelsnamen: Teflon (USA), Hostaflon TF (Deutschland)

Copolymere mit PTFE

Heute gibt es auch fluorhaltige Kunststoffe, z. B. Copolymerisate von Tetrafluorethylen mit Ethylen, die sich einerseits thermoplastisch verarbeiten lassen, andererseits aber dennoch nahezu gleich gute Eigenschaften aufweisen wie PTFE.

- PE
- PFA (Perfluoralkoxy-Copolymer) $CF_2{=}CF$
    $O{-}CF_2{-}CF_2{-}CF_3$
- FEP (Hexafluorpropylen) $CF_2{=}CF$
    CF_3

Verwendung: Bratpfannen- und Bügeleisenbeschichtungen, Behälter- und Rohrauskleidungen, Dichtungen, Gewindedichtungsbänder, Lager, chemische Apparate, Copolymerisate von Hexafluorpropylen und Vinylfluorid (Viton) sind kautschukelastisch, chemikalienfest, alterungs- und ozonbeständig; Dauereinsatztemperatur 200 °C.

31.3.3   Acrylpolymerisate

Polyacrylsäureester (Acrylharze)

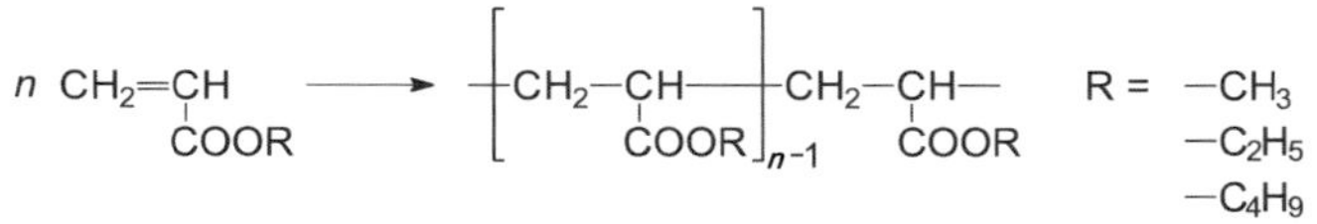

$$n\ CH_2{=}CH \longrightarrow {-}[CH_2{-}CH{-}]_{n-1}CH_2{-}CH{-}$$

with COOR groups, $R = -CH_3$, $-C_2H_5$, $-C_4H_9$

Herstellung: Acrylsäureester werden bevorzugt durch **Emulsionspolymerisation** in Polymere überführt, da die Emulsionen direkt zur Verarbeitung gehen. Intramolekulare Absättigung der Nebenvalenzkräfte führt zu niedrigen Erweichungsbereichen. Dadurch ist der Werkstoff nicht selbsttragend.

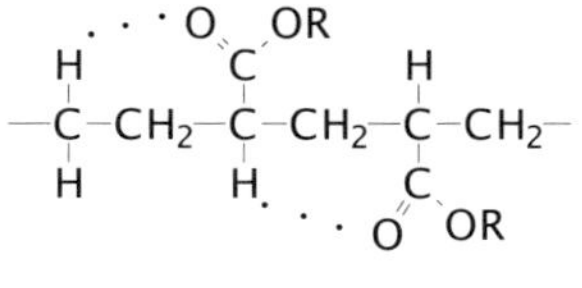

Eigenschaften:
- amorphe Thermoplaste
- keine selbsttragenden Kunststoffe, aber gute Filmbildner

- farblos, licht- und wetterbeständig
- leicht löslich in vielen Lösungsmitteln
- unlöslich in Wasser, Benzin
- geringe Wärmeformbeständigkeit, geringe Festigkeit
- ungeeignet zur Herstellung von Formteilen, aber wegen guter Haftung auf nahezu allen Untergründen sehr gut geeignet als Bindemittel
- bei 12...16 °C Verschmelzen der Latexteilchen, ab 40...50 °C weich oder klebrig

In der Praxis werden häufig keine reinen Acrylsäureester (Homopolymerisate), sondern Copolymerisate mit modifizierten Eigenschaften benutzt. Die Copolymerisate mit 5...10 % Acrylnitril stellen **Elastomere** dar, die alterungsbeständig und resistent gegen Öle sind, allerdings werden sie durch Wasser oder Wasserdampf angegriffen. Durch Blends oder Pfropfpolymerisation mit kautschukartigen Massen, z.B. Butadienstyren, erhält man schlagfeste Produkte.

Verwendung: ähnlich wie bei PVAC; **Dispersionen:** Klebstoffe, Anstriche, Grundierungen, Verdickungsmittel; **Lösungen:** Alkalisalze der Polyacrylsäuren als Verdickungsmittel, Emulgatoren, Flockungsmittel zum Klären von Abwässern.

Polymethacrylsäuremethylester, PMMA

Herstellung: Methacrylsäuremethylester ist reaktionsfreudig und kann radikalisch polymerisiert werden.

Durch **Massepolymerisation** erhält man Platten, die über Tage oder Wochen unter Kühlung spannungsfrei polymerisiert werden ($\overline{M}_r$ = einige 10^6). Durch **Suspensionspolymerisation** und **Copolymerisation** mit Acrylnitril werden schlagzähe Produkte ($\overline{M}_r \approx 150\,000$) erzielt.

Eigenschaften:

- amorpher Thermoplast
- glasklar, „Acrylglas", Lichtdurchlässigkeit 92 %, durchlässig für UV- und Röntgenstrahlen
- mittlere Festigkeit, hohe Steifigkeit, geringe Schlagzähigkeit
- beständig gegenüber Säuren, Laugen und unpolaren Lösungsmitteln
- unbeständig gegenüber polaren Lösungsmitteln
- gute Alterungs- und Witterungsbeständigkeit
- Dauergebrauchstemperaturbereich $-40...75$ °C

Verarbeitung: Extrudieren, Spritzgießen, Thermoformen, Schweißen, Kleben, spanende Bearbeitung.

Verwendung: Bauwesen (Verglasungen, Duschkabinen), Fahrzeug- und Flugzeugbau, Optik (Uhrengläser), Apparate, Medizintechnik, Möbelbau, Modellbau, Kunst.

Polyacrylnitril, PAN

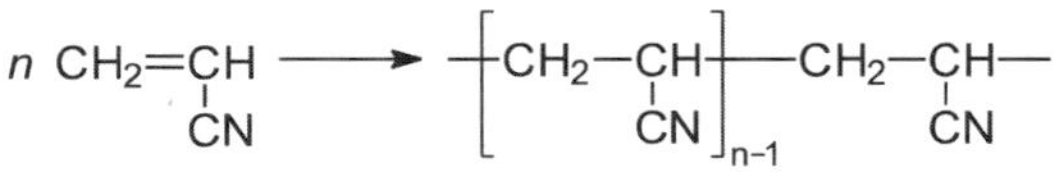

$$n\ CH_2{=}CH \longrightarrow \left[CH_2{-}CH\right]_{n-1}{-}CH_2{-}CH{-}$$
$$\qquad\qquad CN \qquad\qquad CN \qquad\quad CN$$

Herstellung: Polyacrylnitril wird durch Fällungspolymerisation in wässriger Lösung mit **Peroxidinitiatoren** hergestellt, wobei das wasserunlösliche PAN ausfällt. Letzteres ist jedoch z.B. in Dimethylformamid (DMF) löslich und kann aus einer 15%igen Lösung unter starker Verstreckung (12fach) bei 180 °C zu wollähnlichen, hochfesten Fäden versponnen werden.

Eigenschaften:

■ teilkristallin, nicht thermoplastisch verarbeitbar, Erweichung bei 220...250 °C, bis 180 °C Dauergebrauchstemperatur

■ hohe Hitzeformbeständigkeit, wetter- und chemikalienbeständig

■ gute Fasereigenschaften, Verspinnen aus DMF, ähnelt Naturfasern

Verwendung: Taue, Textilien, Transportbänder. Wegen ihrer hohen Aroma- und Gasdichte werden Copolymerisate mit einem PAN-Gehalt über 70% als sog. **Barriere-Kunststoffe** eingesetzt. Als Copolymerisat mit beispielsweise Styren-Copolymerisaten (z.B. ABS, SAN, ASA [Propfpolymerisat von Styren und Acrylnitril auf Acrylkautschuk]) erhöht es die Steifigkeit und Festigkeit.

Handelsnamen: Dralon, Dolan, Orlon

31.4 Polykondensationsverfahren

Diese Reaktionsart beschreibt, wie sich gleiche oder verschiedenartige Monomere unter Abspaltung kleiner Moleküle, wie z.B. Wasser, HCl oder CH_3OH, zu vernetzten Makromolekülen umsetzen. Dabei ändert sich sowohl die Anordnung der Atome als auch ihre chemische Zusammensetzung. Die hierbei gewonnenen Kunststoffe nennt man **Poly-**

kondensate. Werden verschiedenartige Monomere eingesetzt, nennt man die Endprodukte auch **Co-Polykondensat.**

Während Polykondensation müssen die entstehenden Nebenprodukte zur vollständigen Umsetzung entfernt werden; sie verläuft im Vergleich zur Polymerisation langsamer und schrittweise, d. h., sie kann an beliebigen Stellen unterbrochen werden. Bei der Polykondensation können sowohl lineare (Thermoplaste) als auch verzweigte (Duromere) Kunststoffe entstehen.

Technisch unterscheidet man:

- Polykondensation in der Schmelze
- Polykondensation in Lösung
- Polykondensation in Suspension
- Grenzflächenkondensation
- Festkörperkondensation

31.4.1   Polyester

Polyethylenterephthalat, PETP

Herstellung: PETP wird seit etwa 1947 produziert. Die Herstellung erfolgt durch Umesterung in zwei Stufen:

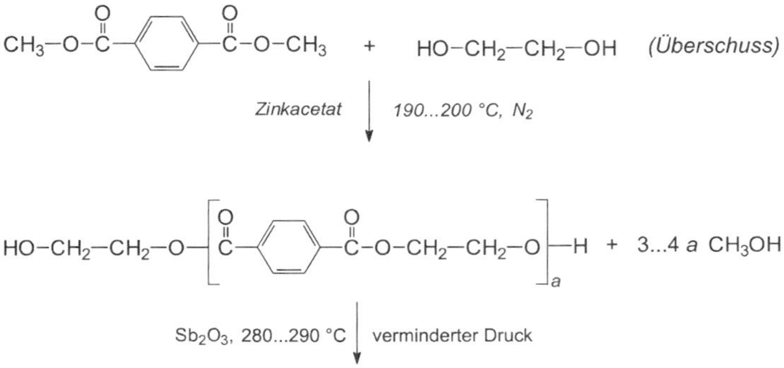

$$\text{HO-CH}_2\text{-CH}_2\text{-O} \left[\overset{O}{\underset{\parallel}{C}} - \hspace{-0.5em}\bigcirc\hspace{-0.5em} - \overset{O}{\underset{\parallel}{C}}\text{-O-CH}_2\text{-CH}_2\text{-O} \right]_n \text{H} \quad + \quad \text{HOCH}_2\text{-CH}_2\text{OH}$$

Eigenschaften:

- $\overline{M}_r$ = 8000...10 000
- Thermoplast, teilkristallin 30...40 %, unter bestimmten Voraussetzungen auch amorph (schnelles Abkühlen)
- kristallines PETP: gute Festigkeit, hart, steif, zäh, gutes Zeitstandverhalten, niedrige Schlagzähigkeit, milchigweiß
- gute Wärmeformbeständigkeit, Gebrauchstemperaturbereich −40...100 °C
- **amorphes PETP:** vergleichsweise geringere Härte und höhere Schlagzähigkeit; es kann nur bei −40...60 °C verwendet werden, da es oberhalb von 90 °C unter Trübung kristallisiert
- überwiegend gute Chemikalienbeständigkeit
- beständig gegen Öle, Fette, Kraftstoffe, unpolare Lösungsmittel
- unbeständig gegen heißes Wasser, Wasserdampf, konzentrierte Säuren, Laugen, polare Lösungsmittel, Aceton, $CHCl_3$, CH_2Cl_2

Verwendung: technischer Thermoplast, Textilfasern, technische Fasern

Handelsnamen: Diolen, Trevira

Polycarbonat, PC

$$2n \text{ HO-}\hspace{-0.5em}\bigcirc\hspace{-0.5em}\overset{CH_3}{\underset{CH_3}{-C-}}\hspace{-0.5em}\bigcirc\hspace{-0.5em}\text{-OH} \quad + \quad n \hspace{-0.5em}\bigcirc\hspace{-0.5em}\text{-O-}\overset{O}{\underset{\parallel}{C}}\text{-O-}\hspace{-0.5em}\bigcirc$$

$$\downarrow -2n \text{ HO-}\hspace{-0.5em}\bigcirc$$

$$\left[\text{O-}\hspace{-0.5em}\bigcirc\hspace{-0.5em}\overset{CH_3}{\underset{CH_3}{-C-}}\hspace{-0.5em}\bigcirc\hspace{-0.5em}\text{-O-}\overset{O}{\underset{\parallel}{C}}\text{-O-}\hspace{-0.5em}\bigcirc\hspace{-0.5em}\overset{CH_3}{\underset{CH_3}{-C-}}\hspace{-0.5em}\bigcirc\hspace{-0.5em}\text{-O} \right]_n$$

Herstellung: Polycarbonate sind lineare Polyester der Kohlenstoffsäure. Ihre Herstellung erfolgt meist durch **Polykondensation** (Umesterung) von Kohlenstoffsäureestern mit Bisphenol A [2,2-Bis-(p-hydroxyphenyl)-propan]. Bei der **Schmelz-Polykondensation** wird Bisphenol A mit Diphenylcarbonat unter Inertgas bei 180...300 °C zu PC umgeestert. Das entstehende Phenol wird durch Vakuum entfernt. Bei der **Grenzflächen-Polykondensation** wird Bisphenol A direkt mit Phosgen umgesetzt. Die wässrige Phase enthält das Na-Salz von Bisphenol A, und in der Methylenchloridphase ist Phosgen gelöst.

Eigenschaften:
- Thermoplast, amorph, geringe Kristallisationsneigung
- mittlere bis hohe Festigkeit und Härte, hohe Steifigkeit und Schlagzähigkeit
- nagelbar, kalt schmiedbar, polierbar, geringe H_2O-Aufnahme
- auf Grund seiner geringen Kristallisation ist es glasklar und hat schwache gelbliche Eigenfärbung
- hohe Wärmeformbeständigkeit, Dauergebrauchstemperatur –10...135 °C, kurzzeitig bis 160 °C
- gute Alterungs- und Witterungsbeständigkeit
- mäßige chemische Beständigkeit; als Ester wird es von Basen verseift, ansonsten nur gegen verdünnte Säuren, Benzin, Öl und Ethanol beständig

Verarbeitung: Trotz des hohen Schmelzbereichs von 200...300 °C bei einer relativen Molekülmasse von ca. 30000 ist die Spritzgießverarbeitung nicht erschwert, sondern es muss wegen der hohen Schmelzviskosität unter Druck verarbeitet werden. Die Verarbeitung erfolgt durch Spritzgießen (größte Bedeutung), Extrudieren, Blasformen oder Gießen zu Folien. Um bei den hohen Verarbeitungstemperaturen störende Wasserdampfbläschen zu vermeiden, muss PC vor der Verarbeitung mehrere Stunden getrocknet werden. Es wird häufig mit Glasfasern verstärkt.

Verwendung: technischer Thermoplast zur Herstellung hochfester, maßhaltiger, durchsichtiger Erzeugnisse, z. B. Geschirr, medizinische Geräte (sterilisierbar), durchsichtige Abdeckhauben, Schutzhelme, Gehäuse, bruchsichere Verglasungen, Gewächshäuser, Wintergärten oder Volieren; neuere Anwendungen für Compact Discs (CDs).

Handelsnamen: Makrolon (Deutschland), Lexan (USA)

Ungesättigte Polyester, LUP

Herstellung: Zunächst wird durch **Polykondensation** einer ungesättigten Dicarbonsäure (meist Maleinsäure oder Maleinsäureanhydrid) und eines Dialkohols (meist Ethylenglykol) ein relativ niedermolekulares Vorkondensat hergestellt. Aus der Reihe der Glykole spielen neben Ethylenglycol vor allem Propan-1,2-diol, Butan-1,4-diol, Hexan-1,6-diol oder hydriertes Bisphenol A eine Rolle. Zur Gewinnung verzweigter Strukturen werden zusätzlich wenige Prozent Trihydroxyverbindungen mit einkondensiert.

(Vorkondensat)

Monohydroxyverbindungen dienen als Kettenabbrecher. Um den Abstand der polymerisationsfähigen Doppelbindungen im Polyester und damit die Vernetzungsdichte zu variieren, werden gesättigte oder aromatische Dicarbonsäuren mit einkondensiert. Dazu gehören Phthalsäure, Terephthalsäure, Sebacinsäure oder Adipinsäure. Das Vorkondensat wird in einer polymerisierbaren Flüssigkeit (meist Styren) gelöst. Diese Lösung (Styrolgehalt 34...40 %) kommt in den Handel und wird bei der Verarbeitung engmaschig vernetzt (gehärtet).

Die **Vernetzung** kann auf zwei unterschiedlichen Wegen herbeigeführt werden:

- ■ **Warmhärtung:** Zugabe eines Härters und Erhitzen auf 80...100 °C, als Härter werden Peroxide eingesetzt.

- ■ **Kalthärtung:** Zugabe eines Härters und Zugabe eines Beschleunigers bei 0...35 °C, als Härter werden Peroxide, als Beschleuniger Metallsalze (Naphthenate, Octoate) der Amine eingesetzt.

Eigenschaften: UP kommt als Duromer in vielfach modifizierten Varianten vor. Häufig gilt:

- glasklar, hohe Festigkeit
- hohe Wärmeformbeständigkeit, witterungsbeständig
- überwiegend gute Chemikalienbeständigkeit, Verwendung im Lebensmittelbereich

Verwendung: Lacke, **Gießharze:** ungefüllt in Elektrotechnik, Modellbau, gefüllt als Kunstharzmörtel, Kunststein, Spachtelmasse (Automobilbau), glasfaserverstärkt mit Vliesen, Matten oder Geweben, Festigkeit ca. 800 N · mm^{-2}.

Handelsnamen: Palatal, Leguval

Alkydharze

Alkydharze sind Polyesterharze, die durch Polykondensation mehrwertiger Alkohole (z. B. Glycerin) mit Dicarbonsäuren (z. B. Phthalsäure, Maleinsäure) hergestellt werden. Sie werden z. T. durch Zusatz nichttrocknender Öle (z. B. Rizinusöl) oder trocknender Öle (z. B. Leinöl) modifiziert. Alkydharze sind **vernetzende Polyester,** die hauptsächlich als Grundstoffe für lufttrocknende Lacke und Einbrennlacke verwendet werden und besonders haft-, hitze- und wetterfeste Lackfilme ergeben. Diese linearen Polyester werden in Verbindung mit Melaminharzen als Alkydlacke zur Einbrennlackierung im Automobilbau verwendet. Die Vernetzung bzw. Polymerisation erfolgt bei höheren Temperaturen.

31.4.2   Polyamide, PA

Polyamide sind **Kondensationsharze,** bei denen wiederkehrende Elemente durch die CONH-Gruppe verbunden sind. Zur übersichtlichen strukturellen Benennung wurde eine Nummernbezeichnung eingeführt, bei der sich jeweils die erste Ziffer auf die C-Atome im Amin und die zweite auf diejenige der Carbonsäure bezieht (vgl. Tab. 31-1).

Tabelle 31-1: Nomenklatur von Polyamiden

Name	Ausgangsstoff	Herstellung	struktureller Aufbau
Polyamid 6 PA 6	ε-Caprolactam $\begin{array}{c} H\ \ O \\ -N-C- \\ -(CH_2)_5- \end{array}$	Polymerisation bzw. Polyaddition	$\left[\begin{array}{c} H\qquad\quad O \\ -N-(CH_2)_5-C- \end{array}\right]_n$
Polyamid 11 PA 11	11-Aminoundecan- säure $H_2N-(CH_2)_{10}COOH$	Polykondensation	$\left[\begin{array}{c} H\qquad\quad\ O \\ -N-(CH_2)_{10}-C- \end{array}\right]_n$
Polyamid 12 PA 12	ω-Laurinlactam $\begin{array}{c} H\ \ O \\ -N-C- \\ -(CH_2)_{11}- \end{array}$	Polymerisation bzw. Polyaddition	$\left[\begin{array}{c} H\qquad\quad\ O \\ -N-(CH_2)_{11}-C- \end{array}\right]_n$
Polyamid 66 PA 66	Hexamethylendiamin $H_2N-(CH_2)_6-NH_2$ + Adipinsäure $HOOC-(CH_2)_4-COOH$	Polykondensation	$\left[\begin{array}{c} H\qquad\quad\ H\ O\qquad\qquad O \\ -N-(CH_2)_6-N-C-(CH_2)_4-C- \end{array}\right]_n$
Polyamid 610 PA 610	Hexamethylendiamin $H_2N-(CH_2)_6-NH_2$ + Sebacinsäure $HOOC-(CH_2)_8-COOH$	Polykondensation	$\left[\begin{array}{c} H\qquad\quad\ H\ O\qquad\qquad O \\ -N-(CH_2)_6-N-C-(CH_2)_8-C- \end{array}\right]_n$

Herstellung: Polyamide werden durch folgende Verfahren hergestellt:

■ **Polykondensation von Dicarbonsäuren und Diaminen**
Die erste Stufe, die exotherme Bildung des Polysalzes (AH-Salzes), erfolgt in wässriger Lösung. Diese wird dann unter Stickstoff im Autoklaven unter Druck auf 200...280 °C erhitzt, wobei stufenweise das Kondensationswasser abgetrennt wird. Die heiße Schmelze wird ausgepresst, erstarrt kontinuierlich auf gekühlten Bändern und wird anschließend zerkleinert. Beispiel: Polyamid 66

$$x\ NH_2-(CH_2)_6-NH_2\ +\ x\ HOOC-(CH_2)_4-COOH\ \longrightarrow$$

$$\left[\overset{\oplus}{NH_3}-(CH_2)_6-\overset{\oplus}{NH_3}\ +\ \overset{\ominus}{OOC}-(CH_2)_4-COO^{\ominus}\right]_x$$
Ammoniumsalz (AH-Salz)

$$\xrightarrow[-H_2O]{p,\ \Delta T}\ \left[NH-(CH_2)_6-NH-\underset{O}{C}-(CH_2)_4-\underset{O}{C}\right]_x\ +\ 2\ x\ H_2O$$

■ **Polyaddition bzw. Polymerisation von Lactamen**
Als zweites großtechnisches Verfahren hat die Polymerisation von Caprolactam Bedeutung erlangt. Das PA 6 kann durch hydrolytische, anionische und kationische Polymerisation gewonnen werden.

Bei der **hydrolytischen Polymerisation** bewirkt eine geringe Zugabe von Wasser die Spaltung des Lactams zur ω-Aminocarbonsäure, die mit weiterem Lactam zum Polymer reagiert. Die **ionische Polymerisation** wird meist kontinuierlich in einem beheizten Reaktionsrohr in der Schmelze drucklos durchgeführt und läuft innerhalb weniger Minuten ab.

Aromatische Polyamide aus Terephthalsäure und Phenylendiamin (Kevlar) besitzen hohe Festigkeit und werden durch Kondensation aus dem entsprechenden Säurechlorid und dem Diamin hergestellt.

Eigenschaften:
■ hervorragende mechanische Eigenschaften auf Grund der Ausbildung von Wasserstoffbrücken und der guten Kristallisationsneigung, $\overline{M}_r = 10\,000...20\,000$
■ **wenig kristallin,** zäh, flexibel
■ **hochkristallin (ca. 60 %),** reißfest, hart, steif, abriebfest; durch langsames Abkühlen, Tempern und Verstrecken kann die Kristallinität erhöht werden
■ gute Schlagzähigkeit und gute Gleit- und Verschleißeigenschaften; die Produkte sind glasklar (amorph) bis undurchsichtig (teilkristallin)
■ **Dauergebrauchstemperatur,** unbelastet bis 150 °C, belastet bis 130 °C
■ Polyamide zeigen einen auffallend scharfen Schmelzbereich bei 200...250 °C

- geschmolzenes Polyamid ist oxidationsempfindlich (Verfärbung) und wird deshalb ohne Luftzutritt verarbeitet
- Polyamid ist koch- und sterilisierbar, aber auf Dauer wenig beständig gegen kochendes Wasser
- **Lösungsmittelbeständigkeit:** quellbar in Chlorkohlenwasserstoffen, löslich in heißem Phenol, Ameisensäure, Glykol, Benzylalkohol, Kresol, Formamid
- gute Wasseraufnahme (2...3 %)
- allgemein chemikalienbeständig, unbeständig gegen konzentrierte Säuren, Oxidationsmittel

Verarbeitung: Die chemische Struktur der Polyamide ähnelt der einiger Naturstoffe, die auf der Basis von Aminosäuren aufgebaut sind, wie beispielsweise Seide oder Wolle. Alle Polyamide sind Stoffe mit eiweißartigem Charakter und neigen in der Schmelze dazu, Fäden zu ziehen. Die Fasern werden nach dem Spinnen verstreckt (Schmelzspinnverfahren) und sind dann besonders fest. Außer als **Faser** sind alle Polyamidsorten auch als **Halbzeuge** (Platten, Profile, Folien) und **Spritzgussmassen** im Handel. Auch diese werden im Anschluss an die Bildungsreaktion direkt aus dem Schmelzfluss durch die üblichen Verarbeitungsverfahren wie Spritzgießen oder Extrudieren gewonnen.

Verwendung: im Maschinenbau für Zahnräder, Laufrollen, Lager, Schrauben, Dichtungen, Gleitlager, Lüfterräder; Beschichtungen für Gartenmöbel, Türbeschläge; in gelöster Form für Lacke und Schmelzkleber.

31.4.3   Polykondensationsharze mit Formaldehyd

Zu dieser Gruppe von Polykondensaten gehören die Phenoplaste und Aminoplaste. Die verknüpfende Komponente ist Formaldehyd. Im Verlauf dieser Reaktion wird Wasser abgespalten. Als Reaktionspartner dienen häufig Phenole, Harnstoff und Melamin.

Phenol-Formaldehydharze (Phenolharze), PF

Herstellung: Phenoplaste entstehen durch **stufenweise Polykondensation** von Formaldehyd mit Phenol und seinen Homologen (z.B. den Kresolen). Dabei werden zunächst relativ niedermolekulare **Vorkondensate**

(PF-Harze) hergestellt, die später zu den eigentlichen PF-Kunststoffen weiterkondensiert werden. Bei den Vorkondensaten wird zwischen den **Novolaken** und den **Resolen** unterschieden. Die Vorkondensation erfolgt in wässriger Lösung in der Wärme und in Gegenwart saurer oder basischer Katalysatoren. Die Vorkondensation wird durch Neutralisieren des Katalysators oder durch Abkühlen rechtzeitig unterbrochen, sodass niedermolekulare Vorkondensate entstehen, die noch löslich oder schmelzbar und deshalb verarbeitbar sind. Während der Verarbeitung erfolgt die **Weiterkondensation** durch Zugabe von Härtern (z. B. Hexamethylentetramin) oder Säuren und/oder durch Erhitzen. Durch die Weiterkondensation härtet (vernetzt) das Vorkondensat zum duromeren Endprodukt.

- **Sauer katalysierte Kondensation**
  Formaldehyd wird durch Protonierung aktiviert und greift elektrophil an den aktivierten Stellen des Phenols in ortho- und para-Stellung an. Das Verhältnis der Reaktionspartner Phenol und Formaldehyd beträgt etwa 1 : 0,9.

Die Phenole bilden mit Formaldehyd zunächst Methylolverbindungen, die in Gegenwart von Säuren sofort unter Wasserabspaltung in Diphenylmethanderivate übergehen.

Diese reagieren mit primär gebildeten Methylolverbindungen weiter zu **Novolaken.** Es sind dies niedrig kondensierte Produkte mit einem Schmelzbereich von 85...90 °C, die in Alkohol oder Aceton löslich und unbegrenzt lagerfähig sind, da sie keine Methylolgruppen enthalten.

Die Härtung erfolgt durch Zugabe von formaldehydabspaltendem Urotropin bei 60...150 °C. Auch durch Zusatz von Paraldehyd kann eine dichte Venetzung über weitere Methylengruppen erfolgen, wodurch unlösliche und unschmelzbare Harze entstehen. Durch Umsetzung der Novolake mit Epichlorhydrin werden **Epoxynovolake** gewonnen.

■ **Alkalisch katalysierte Kondensation**
Bei der alkalisch katalysierten Reaktion werden Phenol und Formaldehyd im Verhältnis 1 : 1,5...2 umgesetzt.

Im alkalischen Milieu wird durch Phenolatbildung die elektrophile Substitution aktiviert. Dabei werden primär Methylolverbindungen gebildet. Weiterkondensation erfolgt unter Bildung von CH_2- und CH_2OCH_2-Brücken.

■ Bei der Vorkondensation mit basischen Katalysatoren und Formal-
dehydüberschuss enthält man Resole. Die freien Methylolgruppen
bilden unter Wasserabspaltung Methylenbrücken. Dies führt zur
Lagerbegrenzung und Selbsthärtung der Produkte.

Resole (A-Stufe) gehen durch Hitzehärtung über das Resitol (B-
Stufe) in das duromere Resit (C-Stufe) über. Neben der Hitzehärtung ist auch Kalthärtung (Säurehärtung) durch Zugabe saurer Katalysatoren möglich. Resole vernetzen außer über Methylenbrücken
auch über Etherbrücken.

■ **Härtung der Resole**
Kalthärtung: Säurehärtung, $T > 25$ °C, 1...5 % Mineralsäuren,
Ameisensäuren, die Härtezeit liegt bei Stunden bis Tagen.
Hitzehärtung: 100...180 °C (z. B. 1...8 min, 150 °C); vom Resol
verläuft die Reaktion über Resitol (große verzweigte, schwach ver-
netzte Ketten; nur noch quellbar) zum voll ausgehärteten Resit.

Eigenschaften:
■ Duromer
■ PF-Kunststoffe sind spröde und nur begrenzt einsetzbar. Deswegen
werden ihnen üblicherweise Füllstoffe (meist Holzmehl, > 50 %)
und Verstärkungstoffe zugegeben.
■ hohe Festigkeit, sehr hohe Steifigkeit und Härte, gute Maßhaltigkeit
■ hohe Wärmeformbeständigkeit
■ allgemein gute Chemikalienbeständigkeit, unbeständig gegen starke Säuren und Laugen
■ schwer entflammbar, selbstverlöschend
■ gelbe bis braune Eigenfarbe, nachdunkelnd an Licht
■ preiswert
■ bei der Aushärtung wird häufig freies Formaldehyd festgestellt, das
aus dem Reaktionsgleichgewicht der Methylolverbindungen entweicht

Verwendung: Die Vorkondensate gelangen, z. B. als Holzleime, Press- oder Gieß-massen, in flüssiger (gelöster) oder fester (getrockneter) Form in den Handel. Sie sind in dieser Form mehr oder weniger gut lagerfähig und können, ggf. nach vorheri-gem Auflösen oder Aufschmelzen, zu Fertigprodukten verarbeitet werden.

- Holzleim
- Bindemittel: für feuchtigkeitsbeständige Spanplatten und Spanholz-Formteile, Bremsbeläge, Schleifscheiben
- Schichtpressstoffe (Hartpapier, Hartgewebe, Kunstharz-Pressholz, z. B. Fur-nierpressstoffe)
- Press- und Gießmassen: Elektrobauteile (Steckdosen, Stecker, Spulenkörper), Griffe für Pfannen und Herde, Lenkräder, Drehknöpfe, Schreibmaschinenwal-zen, Möbelprofile
- Schaumstoffe und Lackrohstoffe

Resorcin und Kresol-Formaldehydharze

Resorcin weist auf Grund seiner zwei phenolischen Gruppen eine wesentlich höhere Reaktivität gegenüber Formaldehyd auf. Diese führt zu folgenden Eigenschaften:

- sehr hoher Vernetzungsgrad
- löungsmittel- und heißwasserbeständig
- bakterien- und schimmelfest
- vollkommen witterungsbeständig
- wesentlich teurer als PF-Harze

m-Kresol besitzt auf Grund der Methylgruppe eine etwas größere Reaktivität als Phe-nol. Dagegen zeigt o-Kresol gegenüber m-Kresol geringere Kondensationsneigung, da eine reaktionsfähige Stelle blockiert ist. Die Eigenschaften der entsprechenden Kondensationsharze sind ähnlich denen der PF-Harze.

Aminoplaste

Aminoplaste sind Kondensationsprodukte von Formaldehyd mit Aminen, meistens mit Harnstoff oder Melamin. Es handelt sich dabei um eine **nucleophile Addition** an Carbonylverbindungen (vgl. Abschn. 27.4). Hierbei kann der Formaldehyd an jedes H-Atom der NH-Gruppe addie-ren. Als weitere Kondensationspartner werden Thioharnstoff, Anilin oder Phenylborat eingesetzt.

Melamin-Formaldehydharze, MF

Herstellung: MF-Kunststoffe werden ähnlich wie PF- und UF-Kunst-stoffe durch **stufenweise Polykondensation** hergestellt. Auch hier wer-den zunächst relativ niedermolekulare Vorkondensate (MF-Harze) er-zeugt, die bei der späteren Verarbeitung zu den eigentlichen duromeren MF-Kunststoffen weiterkondensiert werden. Melamin setzt sich mit bis zu 6 Molen Formaldehyd um. Um ein in Bezug auf seine Verarbeitung sowie seine Eigenschaften günstiges Produkt zu erhalten, werden 3...3,3 Mol Formaldehyd pro Mol Melamin umgesetzt.

Im Falle eines ausgehärteten MF-Harzes sieht die Struktur des Endproduktes etwa wie oben aus.

Eigenschaften: Duromer, sehr ähnlich dem PF und UF. Charakteristische Unterschiede zu PF und UF:

- farblos, keine Verfärbung
- höhere Festigkeit, Thermo- und Chemikalienbeständigkeit
- kochfest, weniger H_2O-Aufnahme als UF-Harze, wenig rissanfällig
- beständig gegenüber Mikroorganismen und Schimmel
- völlig geruchsfrei und physiologisch unbedenklich

Verwendung: Sowohl die UF- als auch die MF-Harze werden häufig mit einem hohen Füllstoffanteil verarbeitet. Diese Produkte sind auf Grund ihrer geringeren Eigenfarbe auch für helle Produkte einsetzbar.

- Schichtpressstoff als Deckschicht für Spanplatten (Resopalplatten)
- Holzleime, Bindemittel
- Formteile, Pressmassen
- Schaumstoffe
- Lackharze als Zusatz bei Alkydharzlacken

Handelsname: Resopal

31.5   Polyadditionsverfahren

Die Polyaddition ist die Polyreaktion von zwei zumindest bifunktionellen Verbindungen. Durch Addition cyclischer Verbindungen oder Monomerer mit Doppelbindungen in speziellen funktionellen Gruppen sind Makromoleküle synthetisierbar. Die Kopplung der Reaktionspartner erfolgt durch Wanderung eines aciden Wasserstoffatoms ohne Bildung von Nebenprodukten. Besitzen die Ausgangsverbindungen zwei reaktionsfähige Gruppen, so entstehen lineare Thermoplaste; enthalten sie mehr als zwei derartige Gruppen, so kommt es unter Vernetzung zur Bildung von Duromeren.

31.5.1   Epoxidharzkunststoffe

Epoxidharzkunststoffe, EP werden durch eine Additionsreaktion zwischen höhermolekularen Epoxiden und meist niedermolekularen **Kopplungskomponenten,** wie z. B. aromatischen oder aliphatischen Aminen, gebildet. Da es sich um eine Additionsreaktion handelt, müssen die Reaktionspartner in einem exakten stöchiometrischen Verhältnis gemischt werden, um eine optimale Vernetzung und damit optimale mechanische Eigenschaften zu erreichen.

Reaktionen der Epoxidgruppe

Epoxide sind cyclische, dreigliedrige Ether. Die um 55 kJ $\cdot$ mol^{-1} verringerte Bindungsenergie im Dreiring sowie die asymmetrische Ladungsverteilung führen zu einer sehr reaktionsfähigen Verbindung. Die Epoxide können nucleophile Reagenzien in Gegenwart von sauren oder basischen Katalysatoren addieren (vgl. Kap. 25).

Technische Epoxidharze

Die Epoxidgruppe spielt bei den Epoxidharzen eine wichtige Rolle. Unter Epoxidharzen versteht man Kunststoffvorprodukte, die zwei oder mehr Epoxidgruppen pro Molekül besitzen und durch Reaktionspartner in einer Additionsreaktion vernetzt werden. 1934 meldete CASTAN das erste Patent an. Der Beginn der Großproduktion erfolgte 1952 bei Ciba. Bisphenol-A-diglycidylether (n = 0...15), Butandioldiglycidylether und Tetrahydrophthalsäurediglycidylester sind Beispiele für technisch wichtige Epoxidverbindungen.

Reaktionspartner für die additive Vernetzung

Als Reaktionspartner für die Epoxidharze kommen mehrfunktionelle Komponenten in Frage, die auf Grund unterschiedlicher Reaktivität zu **kalt- oder heißhärtenden Systemen** führen.

■ **Kalthärtung** (Raumtemperatur bis 100 °C)

Vorteil:	• leichte Verarbeitbarkeit
	• schneller Reaktionsverlauf
Nachteil:	• Überhitzungsgefahr
	• nach Gelierung klingt die Vernetzung ab
Verbindungen:	• mehrfunktionelle aliphatische Amine
	• Polyamide mit NH_2-Endgruppen

■ **Warm- bzw. Heißhärtung** (Temperatur höher als 80 °C)

Vorteil:	• höherer Vernetzungsgrad und höhere Festigkeit
	• gute Steuerung der Härtung
	• über Temperaturverlauf, z.T. fertige Harz/Härter-Mischungen einsetzbar und bis zu etwa einem Jahr lagerbar
Verbindungen:	• Dicarbonsäuren, Polyester mit COOH-Endgruppen
	• mehrfunktionelle Säureanhydride
	• Vorkondensate der Amino- und Phenoplaste
	• aromatische Diamine (z.B. 4,4'-Diaminodiphenylmethan, 4,4'-Diaminodiphenylsulfon)
	• Dicyandiamid

Vernetzungsschema

$$
\begin{array}{c}
\text{O---}\square\square\square\square\text{---O} \quad \text{H}_2\text{N---}\blacksquare\blacksquare\blacksquare\blacksquare\text{---NH}_2 \quad \text{O---}\square\square\square\square\text{---O} \\[4pt]
\text{O---}\square\square\square\square\text{---O} \\[4pt]
\text{O---}\square\square\square\square\text{---O} \quad \text{H}_2\text{N---}\blacksquare\blacksquare\blacksquare\blacksquare\text{---NH}_2 \quad \text{O---}\square\square\square\square\text{---O}
\end{array}
$$

Additionsreaktion

$$
\begin{array}{c}
\text{---}\square\square\square\square\text{---CH---CH}_2\text{---N---}\blacksquare\blacksquare\blacksquare\blacksquare\text{---N---CH}_2\text{---CH---}\square\square\square\square\text{---} \\
\qquad\qquad\;\; \text{OH} \quad\;\; \text{H} \qquad\qquad\quad \text{CH}_2 \quad\;\; \text{OH} \\
\qquad\qquad\qquad \text{HO---CH---}\square\square\square\square\text{---CH---OH} \\
\qquad\qquad\qquad\qquad\qquad\;\; \text{CH}_2 \\
\text{---}\square\square\square\square\text{---CH---CH}_2\text{---N---}\blacksquare\blacksquare\blacksquare\blacksquare\text{---N---CH}_2\text{---CH---}\square\square\square\square\text{---} \\
\qquad\qquad\;\; \text{OH} \qquad\quad\; \text{H} \qquad\qquad\qquad\quad \text{OH}
\end{array}
$$

Durch die Molekülvernetzung geht das flüssige oder schmelzbare Vorprodukt in den festen, unschmelzbaren, eigentlichen Kunststoff über. Der Vorgang der engmaschigen Molekülvernetzung von Harzen wird im Allgemeinen als **Härtung** (Kalthärtung, Heißhärtung) bezeichnet.

Eigenschaften: EP-Kunststoffe zeigen in Abhängigkeit von ihrer Zusammensetzung breit variierende Eigenschaften. In der Regel gilt:

- hohe mechanische Festigkeit 60...80 N · mm^{-2}, Härte, hohe Abriebfestigkeit
- außerordentliche Haftung auf fast allen Untergründen durch Ausbildung z.t. kovalenter Bindungen
- gute chemische und thermische Beständigkeit
- geringer Schwund beim Aushärten, gute Maßhaltigkeit, dadurch keine Spannungen bei Verklebungen
- gute elektrische Eigenschaften, hohe Durchschlagfestigkeit, hoher Oberflächen- und Durchgangswiderstand, sehr gute Permittivität und dielektrischer Verlustfaktor (teilweise besser als bei Porzellan)

■   **Nachteil:** hoher Preis, hohe Viskosität bei Verarbeitung, aromatische Aminhärter giftig

Verwendung: Klebharze (auch in Form von Klebefolien zum Verkleben von Metallen und Keramik), Bindemittel, Lackharze (insbesondere für Primer bzw. Grundierungen), Gießharze und Pressharze, Laminierharze für faserverstärkte Werkstoffe.

31.5.2   Polyurethane

Die Reaktion polyfunktioneller Isocyanate mit Verbindungen mit aktiven Wasserstoffatomen gestattet die Synthese einer Vielzahl von Polymeren. Durch die Umsetzung mit polyfunktionellen Alkoholen kommt es zu der Bildung von so genannten Polyurethanen, PUR, die infolge ihrer weitgehend variablen Eigenschaftspalette eine Sonderstellung einnehmen.

$$—R_1{-}N{=}C{=}O \quad + \quad HO{-}R_2{-} \quad \rightleftharpoons \quad —R_1{-}\underset{H}{\overset{\overset{O}{\|}}{N}}{-}C{-}O{-}R_2{-}$$

Urethangruppe

Technisch wichtige Isocyanate
Zu den technisch wichtigen Isocyanaten zählt 1,6-Diisocyanatohexan (Schmp.: $-67\,^{\circ}$C, Sdp.: $81{,}5\,^{\circ}$C).

$$O{=}C{=}N{-}(CH_2)_6{-}N{=}C{=}O$$

Dieses Diisocyanat addiert langsam und ist geeignet für temperaturbeständige, elastische, hochlichtechte Polyurethane. Als Umsetzungsprodukt mit Harnstoff wird daraus das Biuret mit drei freien Isocyanatgruppen der unten abgebildeten Struktur hergestellt. Es dient zur Produktion vergilbungsfreier Elastomere und Lacküberzüge.

$$
\begin{array}{l}
\qquad\qquad HN{-}(CH_2)_6{-}NCO \\
\qquad\qquad |\\
\qquad\qquad CO\\
\qquad\qquad |\\
OCN{-}(CH_2)_6{-}N\\
\qquad\qquad |\\
\qquad\qquad CO\\
\qquad\qquad |\\
\qquad\qquad HN{-}(CH_2)_6{-}NCO
\end{array}
$$

1,4-Diisocyanatobenzen (Schmp.: $96\,^{\circ}$C, Sdp.: $110\,^{\circ}$C) und 1,5-Diisocyanatonaphthalin sind sehr reaktionsfähig, wobei 1,5-Diisocyanatonaphthalin für Elastomere Anwendung findet.

90 % der Produktion entfallen auf 4,4-Diisocyanatodiphenylmethan und auf das Toluylendiisocyanat als 2,4-/2,6-Isomerengemisch in der Zusammensetzung 80/20 Gewichts-%. Die Synthese erfolgt durch Nitrierung von Toluol, Reduktion zum entsprechenden Diamin und Umsetzung mit Phosgen zum Diisocyanat.

Komponenten zur Urethanbildung

Die Reaktionsgeschwindigkeit des Addenden wird durch seine Basizität bestimmt (vgl. Abschn. 23.2). Isocyanate werden in der Technik vorzugsweise mit Polyhydroxyverbindungen vernetzt. Hierfür werden Polyether, z. B. Polyethylenglykol, Polypropylenglykol oder Polybutylenglykol, verwendet. Diese Polyurethane zeigen gutes Tieftemperaturverhalten und hohe Hydrolysestabilität.

$$HO-CH_2-CH_2-[O-CH_2-CH_2]-O-CH_2-CH_2-OH$$

Polyethylenglykol

Auch Polyester aus Adipinsäure oder Phthalsäure und Ethylenglykol werden verwendet. Die entsprechenden Produkte zeigen hervorragende Resistenz gegen Licht und Wärmealterung. Sie werden für Lacke und Beschichtungsmaterialien eingesetzt. Wenn Trihydroxyverbindungen mit berücksichtigt werden, ergeben sich vernetzte Strukturen. Für die Reproduktion spezifischer Eigenschaften sind deshalb exakte Härtungsbedingungen und stöchiometrische Verhältnisse einzuhalten.

Lineare Polyurethane

Herstellung: Lineares PUR wird durch Polyaddition von Dialkoholen an Diisocyanate hergestellt. Meist wird Butandiol mit Hexamethylendiisocyanat umgesetzt. Die Reaktion beginnt bei 50 °C, wird jedoch selbst bei 200 °C durchgeführt, wobei Produkte mit relativen Molekülmassen zwischen 8 000 und 14 000 erhalten werden. Auf Grund der großen Reaktionsenthalpie (870 kJ · kg^{-1} Polyurethan) muss unter Kühlung gearbeitet werden. Die hochviskose Schmelze wird gleich weiterverarbeitet.

Eigenschaften: Lineare Polyurethane ähneln in ihren Eigenschaften den Polyamiden. Sie haben noch stärkere Kristallisationsneigung als Polyamide, sind hydrolysebeständiger und nehmen weniger Wasser auf. Der thermische Zerfall erfolgt ab 230 °C. Sie besitzen geringere Zugfestigkeit als Polyamide, weisen aber bessere chemische Widerstandsfähigkeit auf und sind weniger oxidationsempfindlich.

Verwendung: Zur Faserherstellung (Perlon N) und als Lederersatz

Vernetzte Polyurethane
Herstellung:
Die Eigenschaften der vernetzten Polyurethane können in einem weiten Bereich variiert werden, wobei weichelastische bis harte Produkte erhalten werden. Diese Eigenschaften können mittels der addierenden Komponenten und über den Vernetzungsgrad gesteuert werden. Der Vernetzungsgrad wird über den Anteil an Polyhydroxyverbindungen, den Anteil an Triisocyanaten und deren Überschuss an Isocyanaten gesteuert.

Elastomere
Die linearen Polyurethanmoleküle werden durch Zusatz von überschüssigem Diisocyanat weitmaschig vernetzt.

Bei Temperaturen über 150 °C tritt eine reversible Spaltung der Allophangruppen in Urethan- und Isocyanatgruppen auf, sodass sich der Stoff thermoplastisch verarbeiten lässt.

Hochvernetzte Strukturen

Vernetzte Polyurethane entstehen durch Additionsreaktion von Di- oder Triisocyanaten an hochmolekulare Polyhydroxyverbindungen. In der Regel kommen die beiden Komponenten getrennt als **Zweikomponentenharze** oder **Reaktionsharze** in den Handel. Sie werden bei der Verarbeitung vermischt und härten dann in einer Polyadditionsreaktion unter Vernetzung aus.

Polyurethanschaumstoffe
Isocyanate reagieren mit Wasser unter Bildung von primärem Amin und CO_2. Die intermediär gebildete Carbaminsäure ist instabil.

$$R-N=C=O \ + \ H_2O \ \longrightarrow \ R-\underset{H}{N}-C\overset{O}{\underset{OH}{\diagup}} \ \longrightarrow \ RNH_2 \ + \ CO_2$$

$$RNH_2 \ + \ R_1N=C=O \ \longrightarrow \ R_1-\underset{H}{N}-\overset{O}{\underset{}{C}}-\underset{H}{N}-R$$

Das primäre Amin reagiert mit Isocyanat zum entsprechenden Harnstoff. Beim chemischen Treibverfahren wird die Hydroxykomponente mit einer bestimmten Menge Wasser versetzt und mit der Isocyanatkomponente zur Reaktion gebracht. Durch Zusatz einer leicht siedenden Flüssigkeit, z. B. Cyclopentan, zum Reaktionsgemisch verdampft diese auf Grund der Reaktionswärme unter Schaumbildung. Die Schaumbildung läuft je nach Reaktionsbedingungen in einer und fünf Minuten ab. Das Treibmittel kann unter Druck dem Reaktionsgemisch zugesetzt werden. Nach Passieren des Mischkopfes schäumt die Masse auf.

Weichschäume enthalten lange elastifizierende Ketten zwischen den Urethangruppen und einen geringen Anteil von Harnstoffgruppen. **Hartschaum** ist stärker vernetzt und enthält relativ viele Urethan- und Harnstoffgruppen. Zur Erzielung bestimmter Schaumstrukturen werden oberflächenaktive Zusatzstoffe und sog. Zellregler zugegeben.

Integralschäume bzw. **Strukturschäume** erhält man durch Reaktion einer treibmittelhaltigen Hydroxykomponente mit einem Isocyanat, wobei die beiden Komponenten in einer Mischdüse gemischt, erwärmt und mit relativ geringem Druck in einen Hohlraum gespritzt werden. An der warmen Formwand kommt es zu einer schnelleren Reaktion und zur Ausbildung einer geschlossenen Zone. Von dort ausgehend nimmt die Dichte in Richtung des Schaumkernes ab.

Eigenschaften: Vernetztes PUR tritt in sehr unterschiedlichen Varianten auf. Im Allgemeinen zeichnet es sich durch folgende Eigenschaften aus:

- gut haftend auf den meisten Untergründen, da die Polyurethane zur Chelatbildung mit Metallen neigen und mit Glas, Holz oder Baumwolle Wasserstoffbrücken bilden
- relativ wärmeformbeständig
- weitgehend lösungsmittel-, chemikalien-, witterungs- und alterungsbeständig
- Hydrolyseneigung durch heißes Wasser, Alkalien und Säuren
- Anwendung in feuchter Erde kann zu mikrobiellem Abbau führen

Verwendung: Streich-, Gieß-, Spachtelmasse, widerstandsfähige Lacke (Grundierungen, Elektrotauchlacke, Decklacke, Fußbodenversiegelung usw.), Klebstoffe, Schaumstoffe.

31.6 Elastomere

Elastomere sind nach DIN 53501 bis zu ihrer Zersetzungstemperatur vernetzte Polymerwerkstoffe, die bei niedrigen Temperaturen unterhalb 0 °C glasartig erstarrt sind und selbst bei hohen Temperaturen nicht viskos fließen, sondern sich im Temperaturbereich von Glas- und Zersetzungstemperatur (Gebrauchstemperatur) elastisch verhalten. In der Tabelle sind die wichtigsten, technisch genutzten Elastomere zusammengestellt.

Tabelle 31-2: Die wichtigsten technisch genutzten Elastomere

	Vulkani-sationsmittel	Anwendungs-bereich in °C	Bruchdehnung in %
1,4-cis-Polyisopren (synthetisch, IR)	Schwefel	−60 ... +60	500
1,4-cis-Polyisopren (Naturkautschuk, NR)	Schwefel	−60 ... +70	600
1,4-cis-Polybutadien (BR)	Schwefel	−60 ... +90	450
Butadien-Styrol-Kautschuk (SBR)	Schwefel	−30 ... +80	500
Nitrilkautschuk (NBR)	Schwefel	−20 ...+110	450
Isobuten-Butadien-Copolymer (Butylkautschuk)	Schwefel	−30 ...+120	600
Ethylen-Propylen-Terpolymer (EPDM)	Schwefel	−50 ...+120	500
Ethylen-Vinylacetat-Copolymer (EVM)	Peroxide	−30 ...+140	500
Acrylester-Chlorethylvinylether-Cop. (Acrylkautschuk, ACM)	Diamine	−10 ...+140	250
Urethankautschuk (AU, EU)	Isocyanate o. Peroxide	−30 ...+100	450
Sulfochloriertes Polyethylen (CSM)	Diamine	−30 ...+120	300
Vinylidenfluorid-Hexafluorpropylen-Cop. (FPM)	Peroxide	−10 ...+190	450
Polyethylentetrasulfid (TM, ET)	Schwefel + ZnO	−50 ...+120	300
Polysiloxan (Siliconkautschuk)	Alkyltrichlorsilan	−80 ...+180	250

Die große Anzahl der technischen Elaste wurde erst durch einen **Vernetzungsprozess (Vulkanisation)** erschlossen, da die direkte Nutzung eines im Zustand der elastisch weichen Schmelze befindlichen Polymers, wie Naturkautschuk oder Synthesekautschuk, mit zwei prinzipiellen Nachteilen verbunden ist. Der elastische Körper erfährt bei der Dehnung eine bleibende Deformation, da abhängig von Belastungsdauer und -stärke eine plastische Verformung auftritt. Außerdem ist die Temperaturbreite des elastisch-weichen Bereiches relativ schmal, und der Effekt einer begleitenden plastischen Verformung nimmt mit steigender Temperatur zu.

31.6.1   Natürliche Polyisoprene

Polyisoprene kommen in der Natur als Kautschuk, Guttapercha und Balata vor und bestehen aus dem Grundkörper Isopren.

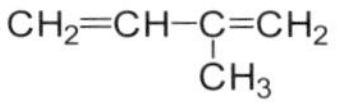

$$CH_2=CH-\underset{\underset{CH_3}{|}}{C}=CH_2 \qquad \text{Isopren (Methylbutadien)}$$

Naturkautschuk wird durch Rindenschnitte an verschiedenen tropischen Bäumen gewonnen und durch Zusatz von Säuren, meist Ameisen- oder Essigsäure, koaguliert. Der so gewonnene Kautschuk wird entweder zu Fellen gewalzt und an der Luft getrocknet (**„crepe"**) oder zu Platten gepresst und in Kammern bis zum Trocknen geräuchert (**„smoker sheet"**). Beim amorphen Naturkautschuk liegt die cis-1,4-Verknüpfung der Isoprenbausteine bei über 99 % und die mittlere relative Molekülmasse bei $2 \cdot 10^6$.

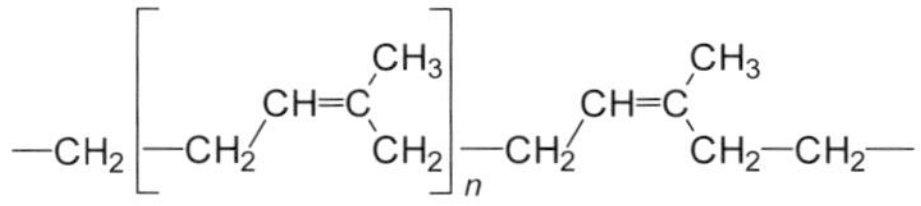

cis-1,4-Polyisopren (Naturkautschuk)

Der Naturkautschuk muss auf Walzen und Knetern oberhalb von 75 °C plastifiziert werden (**Mastifizieren**). Bei diesem Vorgang erfolgt ein mechanischer und chemischer Abbau der Molekülketten. Die Ketten werden beim Mastifizieren vorzugsweise in der Mitte gespalten, und der Luftsauerstoff reagiert dann unter Kettenabbruch mit den relativ stabilen Allylradikalen.

Chlorkautschuk ist ein Chlorierungsprodukt von Naturkautschuk, wobei die Chlorierung an Festkautschuk, in Lösung oder in der Latexphase erfolgen kann. Der Chlorgehalt liegt zwischen 61 und 68 %. Chlorkautschuk ist in Aromaten, aliphatischen Kohlenwasserstoffen, Estern und Ketonen löslich. Unlöslich ist das Produkt in Alkoholen und Wasser.

Chlorkautschuk zeichnet sich durch Flammwidrigkeit, geringe Wasserdurchlässigkeit und Geruchlosigkeit aus, zersetzt sich ohne Schmelzen bei 130 °C und zeigt gute Haftung, z. B. an Metallen. Er dient als Bindemittel für Anstrichfarben, Haftvermittler für Gummi-Metallhaftung, Gewebe- und Papierbeschichtungen.

31.6.2   Synthetische Polydiene

Ausgangsverbindungen der synthetischen Elastomere sind Homo- und Copolymerisate der konjugierten Diene. So wurde während des Ersten Weltkrieges als erster Synthesekautschuk Methylkautschuk durch Polymerisation von Dimethylbutadien hergestellt. In den folgenden Jahren gewann die Polymerisation des leichter zugänglichen Butadiens an Bedeutung, die anfangs mit metallischem Natrium durchgeführt wurde (Buna-S). Sie verlor ihre Bedeutung, als die Emulsionspolymerisation von Butadien-Styrol sich mit einem Schlag durchsetzte. Durch Einsatz von ZIEGLER-NATTA-Katalysatoren können Elastomere mit einheitlichem sterischem Aufbau synthetisiert werden, deren Eigenschaften weitgehend denen des Naturkautschuks entsprechen. Die für die Elastomersynthese wichtigen konjugierten Diene sind:

- Butadien
- Isopren
- Chloropren

1,3-Butadien und Isopren fallen beim **Cracken von Leichtbenzin (Steamcrack-Prozess) oder von Schwerbenzin (KELLOG-Verfahren)** an und werden dabei aus der C_4- bzw. C_5-Fraktion der Crackgase gewonnen. Die technische Herstellung von Chloropren erfolgt aus Butadien und Chlor.

31.6.3   Polymerisation der Diene

Bei Dienen mit konjugierten Doppelbindungen reagieren die beiden Doppelbindungen nicht unabhängig voneinander. Butadien mit zwei konjugierten Doppelbindungen kann durch die unten aufgeführten mesomeren Grenzstrukturen dargestellt werden. Einzelheiten sind in Abschnitt 19.7 dargelegt. Auf diese Weise kann die Polymerisation in 1,2- oder 1,4-Stellung erfolgen, wobei die 1,2-Polymerisation prinzipiell bevorzugt ist. Die durchschnittlichen relativen Molmassen der linearen, nicht vulkanisierten Produkte liegen zwischen 100 000 und 500 000.

Polybutadien

Herstellung: Die radikalische Polymerisation des Butadiens in wässriger Emulsion führt zu stark vernetzten Produkten und spielt daher technisch keine große Rolle. Die ersten Verfahren zur Gewinnung von Polybutadien verwendeten Natrium als Initiator. Bei dieser anionischen Polymerisation wurden Polymere gewonnen, die zu 70 % 1,2-Strukturen enthalten, was insgesamt einem unregelmäßig aufgebautem Polyvinylethylen entspricht. Mit ZIEGLER-NATTA-Katalysatoren unterschiedlicher Zusammensetzung kann das Polymerisat hinsichtlich der Anteile der cis-1,4-, trans-1,4- und 1,2-Verknüpfungen beeinflusst werden.

Eigenschaften: Die Vulkanisate zeichnen sich durch hohen Abriebwiderstand, hohe Elastizität und sehr gute Tieftemperatur-Flexibilität aus.

Verwendung: Polybutadien wird meist im Verschnitt mit Naturkautschuk und Styren-Butadien-Kautschuk, aber auch mit Chloroprenkautschuk und Nitrilkautschuk, eingesetzt.

Butadien-Copolymerisate

Styren-Butadien-Copolymerisate

Die Copolymerisation mit 15...40 % gebundenem Styren im Elastomer wird in Emulsion bei 5 °C mittels Redoxkatalysatoren durchgeführt. Die Emulsionspolymerisate sind durch statistische Verteilung der Styreneinheiten gekennzeichnet. Die relative Molekülmasse wird durch Regler eingestellt und die Polymerisation bei 60 % Umsatz abgestoppt. Die Lösungspolymerisation, die mit Lithiumalkyl initiiert wird, führt u. a. zu Blockpolymerisaten. Dabei polymerisiert im Wesentlichen zunächst Butadien und dann Styren. Durch gestaffelte Monomerzugabe oder Zusatz von polaren Substanzen erhält man statistisch aufgebaute Copolymere.

Diese finden als thermoplastische Kautschuke Anwendung. Der größte Einsatzbereich der Styren-Butadien-Copolymerisate ist bei der Reifenherstellung (Reifenlauffläche).

Polychloropren

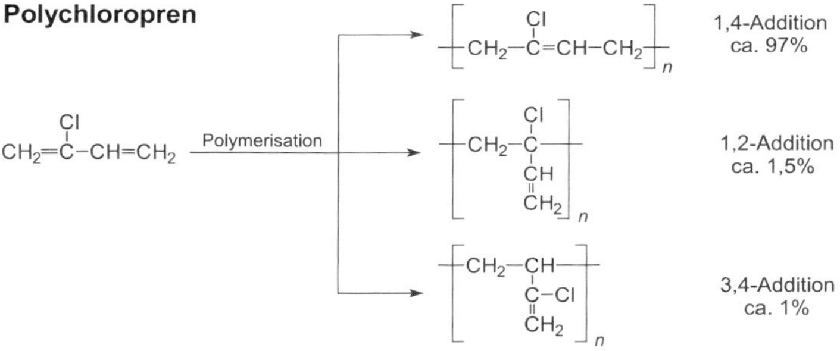

$$CH_2=\overset{\overset{\displaystyle Cl}{|}}{C}-CH=CH_2 \xrightarrow{\text{Polymerisation}}$$

$$\left[-CH_2-\overset{\overset{\displaystyle Cl}{|}}{C}=CH-CH_2-\right]_n \quad \begin{array}{l}\text{1,4-Addition}\\ \text{ca. 97\%}\end{array}$$

$$\left[-CH_2-\overset{\overset{\displaystyle Cl}{|}}{\underset{\underset{\displaystyle CH_2}{\overset{\|}{CH}}}{C}}-\right]_n \quad \begin{array}{l}\text{1,2-Addition}\\ \text{ca. 1,5\%}\end{array}$$

$$\left[-CH_2-\overset{\overset{\displaystyle CH}{|}}{\underset{\underset{\displaystyle CH_2}{\overset{\|}{C}-Cl}}{}}-\right]_n \quad \begin{array}{l}\text{3,4-Addition}\\ \text{ca. 1\%}\end{array}$$

Bei der Emulsionspolymerisation des Chloroprens entsteht im Wesentlichen das trans-1,4-Additionsprodukt. Die Polymereigenschaften können durch die Art der Molekülmassenregelung, wie Reglerkonzentration, Endumsatz, Einsatz von Comonomeren und Temperatur, beeinflusst werden. Der vulkanisierte Werkstoff wird für Schläuche, Kabelmäntel, Förderbänder, Schutzbekleidungen, zur Schaumgummiherstellung oder für Klebstoffe verwendet. Das Produkt ist schwer entflammbar, ölbeständig, abriebfest und alterungsbeständig. Lösungsmittel sind Aromaten und polare Lösungsmittel.

Butylkautschuk

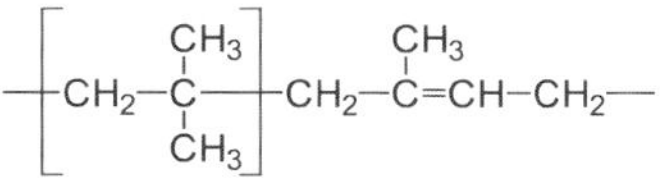

$$\left[-CH_2-\overset{\overset{\displaystyle CH_3}{|}}{\underset{\underset{\displaystyle CH_3}{|}}{C}}-\right]-CH_2-\overset{\overset{\displaystyle CH_3}{|}}{C}=CH-CH_2-$$

Die Herstellung erfolgt in Lösung in Gegenwart von FRIEDEL-CRAFTS-Katalysatoren (z. B. AlCl$_3$ + HCl) bei −95...−100 °C, da die Polymerisation anderenfalls sehr schnell abläuft und Verzweigungen auftreten. Die Polymerisate bestehen zu ca. 95...99 % aus Isobutylen und zu 0,8...5 Mol-% aus Isopren. Der Doppelbindungsanteil liegt bei 0,5...3 Mol-%. Vulkanisierter Butylkautschuk ist sehr beständig gegenüber Heißluft,

Bewitterung und Ozon. Er weist zudem geringe Gasdurchlässigkeit, geringe Wasserabsorption und gute Chemikalienbeständigkeit auf. Anwendung findet der Werkstoff bei der Herstellung von Luftschläuchen, Heizschläuchen, Behälterauskleidungen, Kabelisolationen u. Ä.

31.6.4   Vulkanisation

Bei der Vulkanisation wird der Kautschuk durch Vernetzung in einen Zustand überführt, der ihm elastische Eigenschaften über einen weiten Temperaturbereich verleiht. Die Verarbeitung des Kautschuks bzw. die Vulkanisation läuft in folgenden Schritten ab:

■   Der Natur- oder Synthesekautschuk wird unter Zusatz von sog. Abbaumitteln mastifiziert. Dabei wird der Kautschuk auf beheizten Walzen so lange gewalzt, bis er seine reversible Dehnbarkeit verloren hat und plastisch verformbar wird.

■   Die Mischung wird in Form gebracht, und durch Zugabe von Schwefel wird eine Heißvulkanisation durchgeführt, wobei eine Stabilisierung der gegebenen Abmessungen erreicht wird. Durch Eintauchen des Gegenstandes in eine verdünnte Lösung von S_2Cl_2, in CS_2 oder Benzin kann er kalt vulkanisiert werden.

Als **Zusätze zum Rohkautschuk** werden folgende Stoffe eingesetzt:

■   Bei der Heißvulkanisation wird elementarer Schwefel verwendet. Der Schwefel reagiert beim Erhitzen mit den Doppelbindungen des Rohkautschuks und bildet **Brücken zwischen den Molekülketten.** Für Weichgummi werden 1...4%, für Hartgummi bis zu 25% zugesetzt. Anteilig wird in bestimmten Mischungen auch Sb_2S_5 („Goldschwefel") verwendet.

■   Die Vulkanisation kann durch **Beschleuniger** beeinflusst werden, über deren Wirkungsmechanismus nur Modellvorstellungen vorliegen. Man unterscheidet zwischen gewöhnlichen, Semiultra- und Ultrabeschleunigern.

■   Im vulkanisierten Zustand sind Doppelbindungen vorhanden, die besonders bei Lichteinwirkung gegen Sauerstoff empfindlich sind. Daher wird z. B. p-Phenylendiaminderivat als **Alterungsschutzmittel** zugesetzt.

■ Als **inaktive Füllstoffe** werden Tonerde, Kieselgur, Kaolin, Schwerspat und andere feindisperse Substanzen verwendet. Der wichtigste **aktive Füllstoff** ist der Gasruß, der die Reißfestigkeit und die Abriebfestigkeit maßgeblich verbessert. So steigt bei optimaler Zugabe die Festigkeit bei Naturkautschuk um 100 bis 150 %. Als helle **Verstärkerstoffe** dienen kolloide Kieselsäure.

Tabelle 31-3: Zusätze zum Rohkautschuk in Massenanteilen

Bestandteile	Masseanteile in %	Bestandteile	Masseanteile in %
Kiefernteer	2,5	Alterungsschutz-	1,5
Stearinsäure	3	mittel	
Paraffin	0,75	Schwefel	2,5
ZnO	3,0	Beschleuniger	0,6
Ruß	45		

31.7   Kunststoffe aus Cellulose
31.7.1   Veresterung der Cellulose

Jede Glucoseeinheit in der Cellulosekette besitzt drei freie Hydroxylgruppen, die über starke Wasserstoffbrückenbindungen praktisch unlösliche und unschmelzbare Strukturen bilden. Um die Cellulose als natürliches Polymer technisch für die verschiedensten Zwecke verarbeitbar und einsetzbar zu machen, müssen die OH-Gruppen umgesetzt werden. Dies gelingt prinzipiell durch Veresterung oder Veretherung. Auf diese Weise erhält man Derivate, die wie die meisten synthetischen Thermoplaste in bestimmten Lösungsmitteln löslich sind und nach den üblichen Verfahren verarbeitet werden können.

Cellulosenitrat, CN

Grundsätzlich ist die Veresterung mit allen anorganischen Säuren möglich. Begrenzende Faktoren sind allerdings die Art und Größe des Säurerestes sowie das unterschiedliche Ausmaß der säurekatalysierten Hydrolyse der Cellulose. Die älteste Methode, Cellulose zu modifizieren, besteht in der Umsetzung mit Salpetersäure. Dabei wird Cellulosenitrat erhalten, das oft fälschlicherweise als „Nitrocellulose" bezeichnet wird.

Die Nitrierung von Polysacchariden mit konzentrierter Salpetersäure wurde bereits 1832 beschrieben, doch erst die Nitrierung mit einem Gemisch aus Salpeter- und Schwefelsäure (1845) führte zu einem Produkt, das bald als Treib- und Explosivstoff militärisches Interesse erweckte. Cellulosenitrat ist ferner Grundlage des ersten synthetischen Kunststoffes, des Celluloids oder Kunsthorns, das die Gebrüder HYATT 1870 durch Verkneten von Cellulosenitrat mit Campher als Weichmacher in alkoholischer Lösung herstellten und das auch heute noch seine Bedeutung hat (Billardkugeln, Tischtennisbälle, Brillengestelle etc.). Cellulosenitrat wurde auch zu Kunstfasern (Chardonnet-Seide) und Filmmaterial verarbeitet, wegen der leichten Entflammbarkeit wurde dies jedoch bald aufgegeben. Nach dem 1. Weltkrieg erlangte Cellulosenitrat als Rohstoff für Nitrolacke seine größte Bedeutung.

Tabelle 31-4: Anwendung und unterschiedliche N-Gehalt in Celluloseprodukten

N-Gehalt in %	Anwendung
10,4 ...12,4	Harz für Nitrolacke, löslich in polaren Lösungsmitteln
10,6 ...11,2	Celluloid, löslich in Alkohol, Campher als Weichmacher
11,8 ...12,4	Fotofilme u.a., löslich in versch. polaren Lösungsmitteln
12,6 ...13,4	Schießbaumwolle, hochexplosiv

Der vollständig substituierte Ester, das Trinitrat, lässt sich nur direkt mit N_2O_3, dem Salpetersäureanhydrid, herstellen, wobei im System Salpetersäure/Schwefelsäure/Wasser gearbeitet wird.

$$\text{Cell—OH} + \text{HNO}_3 \xrightarrow[-\text{H}_2\text{O}]{\text{H}_2\text{SO}_4} \text{Cell—O—NO}_2$$

Celluloseester mit organischen Säuren

Die unter wirtschaftlichem Gesichtspunkt größte Bedeutung haben unter den kovalent modifizierten Celluloseprodukten sicherlich die Celluloseester. Technische Bedeutung haben die Ester der Fettsäuren mit zwei bis vier C-Atomen erlangt. Allgemein zeichnen sich die Celluloseester durch gute mechanische Eigenschaften, hohe Lichtechtheit und im Vergleich zu Nitrocellulose durch verringerte Entflamm- und Brennbarkeit aus. In ihrer Anwendung als thermoplastische Massen weisen sie interessante Eigenschaftskombinationen auf, sodass sie sich in bestimmten Einsatzgebieten gegenüber Polymeren auf Erdölbasis behaupten konnten. Industrielle Bedeutung haben die Carbonsäureester der Essigsäure, Propionsäure und Buttersäure erlangt.

Herstellung:

■ Reaktionsfähigkeit und Vorbehandlung der Cellulose:
Die Qualität der Cellulose und die Herstellungsbedingungen beeinflussen in hohem Maße den Reaktionsablauf und die technischen Produkteigenschaften der Celluloseester. Zur Produktion von Celluloseester kann nur speziell aufbereitete, hochgereinigte Cellulose eingesetzt werden. Für die Herstellung von Fasern, Folien und Filmen nach dem Gieß- und Extrusionsverfahren müssen die Lösungen frei sein von nicht acylierter Cellulose, Gelteilchen und Schmutzpartikeln.

■ Veresterungsreaktion:
Zur Bildung der Celluloseester können im Prinzip die bekannten Methoden der präparativen organischen Chemie herangezogen werden. Alle kommerziell betriebenen Verfahren basieren auf der Umsetzung von Cellulose mit Säureanhydriden in Chargen, wobei man ausgehend von einem heterogenen Reaktionssystem am Ende des Veresterungsprozesses Lösungen der Triester erhält.

$$\text{Cell-OH} + \text{(CH}_3\text{CO)}_2\text{O} \xrightarrow[\text{6 h}]{\text{H}_2\text{SO}_4} \text{CH}_3\text{COOH} + \text{Cell-O-}\overset{\displaystyle \text{O}}{\underset{\displaystyle \|}{\text{C}}}\text{-CH}_3$$

Triacetat

Das Triacetat enthält 62,5 % Essigsäure und wird nach beendeter Umsetzung mit Wasser ausgefällt. Es ist löslich in Eisessig, Chloroform und anderen organischen Lösemitteln. Durch eine teilweise Hydrolyse, bei der ca. 1/6 der Acetylgruppen abgespalten wird, entsteht daraus das „Sekundäracetat", welches in Aceton löslich ist und sich nach dem Trockenspinnverfahren in Fadenform gewinnen lässt.

Eigenschaften: Mechanische Eigenschaften, Löslichkeit, und die Verträglichkeit mit Weichmachern und Lackharzen der Celluloseacetate werden durch den Polymerisationsgrad, den Veresterungsgrad und die Art der Acylreste bestimmt. Aus Sekundäracetaten, Acetopropionaten und Acetobutyraten lassen sich unter Verwendung von Weichmachern (hauptsächlich aliphatische Dicarbonsäure- oder Phthalsäureester) thermoplastische Massen herstellen. Diese zeichnen sich durch folgende Eigenschaften aus:

- hohe Bruchfestigkeit, Spannungsrissunempfindlichkeit
- ausgezeichnete Transparenz, sehr gute Lichtbeständigkeit, Oberflächenglanz
- gutes elektrisches Isoliervermögen
- niedrige Schmelzviskosität
- beständig gegen verdünnte Säuren, aliphatische Kohlenwasserstoffe, Öle, Fette
- unbeständig gegen Heißwasser, Alkalien, konz. Säuren, aromatische und halogenierte Kohlenwasserstoffe, Ester, Ketone, Alkohole

Verwendung: Die Celluloseacetate werden in den unterschiedlichsten Formen und in den vielfältigsten Anwendungsbereichen eingesetzt. Das Triacetat wird beispielsweise zu Filmen, Folien und Isolierfolien verarbeitet, das Sekundäracetat, ein aus dem Triacetat durch partielle Hydrolyse hergestelltes Celluloseacetat (mit einem Substitutionsgrad DS von 2,3...2,5), dient als Basis für thermoplastische Massen, Kunstseide, Filme, Folien, Platten und Lackrohstoffe, und der gemischte Celluloseacetatbutyratester dient zusätzlich noch als Schmelztauchmasse und als Lack zur Oberflächenversiegelung von Papier. Celluloseacetate mit einem Essigsäuregehalt von 52...57 % werden nach dem Trockenspinnverfahren zu Kunstseide verarbeitet. Dazu wird eine Lösung der Acetylcellulose in Aceton durch Düsen in einen Luftschacht gedrückt, wobei das Lösungsmittel rasch verdunstet und das Celluloseacetat in Form von Fäden zurückbleibt. Mischester finden ausgedehnte industrielle Verwendung bei der Herstellung schwer entflammbarer transparenter Celluloseacetat-Folien, als Isoliermaterial für die Elektroindustrie, für die Herstellung von Filmen, Röntgenfilmen, ferner als Lackrohstoff und Verpackungsmaterial sowie als Rohstoff für Spritzguss- und Strangpressmassen.

31.7.2   Celluloseether

Die Hydroxylgruppen der Cellulose lassen sich teilweise oder vollständig verethern, wodurch Produkte mit bestimmten Löslichkeitseigenschaften und entsprechend verschiedenen Anwendungen entstehen. Im technischen Maßstab werden hauptsächlich Methyl-, Ethyl-, Oxethyl-, Carboxymethyl- und Benzylether hergestellt. Rohstoff ist Zellstoff, der zunächst mit Natronlauge aufgeschlossen wird. Als Methylierungsmittel zur Herstellung von Methylcellulose dient Methylchlorid, Dimethylsulfat oder Diazomethan.

$$\text{Cell—NaO} \longrightarrow \begin{cases} + \text{ CH}_3\text{Cl} \xrightarrow[- \text{ NaCl}]{\text{Druck, 100 °C}} \\ \text{Methylchlorid} \\ + \text{ CH}_3\text{O—SO}_2\text{—OCH}_3 \xrightarrow{- \text{ Na}_2\text{SO}_4} \\ \text{Dimethylsulfat} \\ + \text{ CH}_2\text{N}_2 \xrightarrow{- \text{ N}_2} \\ \text{Diazomethan} \end{cases} \longrightarrow \begin{matrix} \text{Cell—O—CH}_3 \\ \text{Methylcellulose} \end{matrix}$$

Die Methylierung wird hauptsächlich so gelenkt, dass wasserlösliche Produkte entstehen.

Die Produkte werden als Schutzkolloide, Verdickungsmittel, Bindemittel oder Klebstoffe eingesetzt. Oxethylcellulose wird durch Umsetzung mit Ethylenoxid, Carboxymethylcellulose durch Reaktion mit Chloressigsäure erhalten.

$$\text{Cell—ONa} \longrightarrow \begin{cases} + \overset{\text{O}}{\overbrace{\text{CH}_2\text{—CH}_2}} \longrightarrow \text{Cell—O—CH}_2\text{—CH}_2\text{—OH} \\ \text{Ethylenoxid} \qquad\qquad \text{Oxyethylcellulose} \\ + \text{ Cl—CH}_2\text{—COOH} \xrightarrow{- \text{ NaCl}} \text{Cell—O—CH}_2\text{—COOH} \\ \text{Chloressigsäure} \qquad\qquad \text{Carboxymethylcellulose} \\ + \text{ CH}_3\text{—CH}_2\text{Cl} \xrightarrow{- \text{ NaCl}} \text{Cell—O—CH}_2\text{—CH}_3 \\ \text{Ethylenchlorid} \qquad\qquad \text{Ethylcellulose} \\ + \langle\bigcirc\rangle\text{—CH}_2\text{—Cl} \xrightarrow{- \text{ NaCl}} \text{Cell—O—CH}_2\text{—}\langle\bigcirc\rangle \\ \text{Benzylchlorid} \qquad\qquad \text{Benzylcellulose} \end{cases}$$

Die heute am meisten verwendeten wasserlöslichen Produkte leiten sich von der Carboxymethylcellulose ab. Sie dienen wegen ihrer hohen Lösungsviskosität u. a. als Bindemittel in Druck- und Stempelfarben, als Emulgiermittel und als Bindemittel für Leimfarben. Die wasserunlösliche Ethylcellulose wird in geringem Umfang als Thermoplast und Lackrohstoff eingesetzt. Die Benzylcellulose ist ein ausgezeichnetes elektrisches Isoliermaterial (Trolitul).

31.8   Temperaturbeständige Polymere

Unter Temperaturbeständigkeit von Polymeren versteht man im Allgemeinen das Beibehalten der mechanischen Eigenschaften bis zu einer bestimmten Temperatur und über eine bestimmte Zeitdauer hinweg.

Die oberste Temperaturgrenze für die Stabilität eines Moleküls ist durch die Bindungsenergie der kovalenten Bindungen bestimmt. Sie gibt einen Überblick über Größenordnung und Rangfolge der Bindungsfestigkeit. Bei vernetzten, unschmelzbaren Polymeren wird die Dauerwärmeformbeständigkeit bezüglich der chemischen Widerstandsfestigkeit unter Umweltbedingungen festgelegt. Bei nichtvernetzten Polymeren kommen als zusätzliche Faktoren die Glas- bzw. die Schmelztemperatur als Erweichungsgrenze und die **Ceilingtemperatur** (Temperatur, bei der Depolymerisation auftritt) hinzu. Doch ist es auch hier in den meisten Fällen nicht die physikalische Wärmeformbeständigkeit, sondern die chemische Wärmeformbeständigkeit, die eine thermische Gebrauchsgrenze setzt.

Die Temperaturbeständigkeit hängt von der Struktur der Monomere und – in geringerem Maße – von der Wechselwirkung der Polymerketten untereinander bzw. dem Aufbau (Morphologie) des Materials im Festzustand ab. Bei der Morphologie unterscheidet man zwischen amorphen, teilkristallinen und flüssigkristallinen Polymeren. Amorphe Polymere sind durch die **Glastemperatur** gekennzeichnet. Unterhalb dieser Temperatur sind sie steif bzw. glasartig, oberhalb erweichen sie und werden hochviskos und verformbar. Teilkristalline Polymere besitzen sowohl eine Glas- als auch eine **Schmelztemperatur**, bei der die Kristallite in den flüssigen Zustand übergehen. Die wichtigste Einflussgröße ist die thermische Stabilität von Polymeren. Sie stellt jedoch die jeweilige Stabilität der chemischen Bindungen innerhalb der Monomerbausteine und deren Verknüpfung unter Umweltbedingungen.

Zum Erreichen hoher Temperaturbeständigkeiten müssen C–H- und aliphatische C–C-Bindungen durch die stabileren aromatischen Bindungen oder Bindungen zwischen Kohlenstoff und Heteroaromaten wie Fluor, Stickstoff oder Sauerstoff ersetzt werden. Substituenten mit hoher Elektronegativität erhöhen die Oxidationsbeständigkeit. Grob unterteilt ergeben sich die Polymerklassen der **Fluorpolymere, Polyaryle, aromatischen Polyester** und **Polyamide** sowie der **heterocyclischen und Leiterpolymere.** Während bei einfachen Kettenmolekülen der oxidative oder hydrolytische Abbau stets zum Kettenbruch führt, ist bei Leiterpolymeren der Kettenzusammenhalt auch bei Lösung einer Kettenbindung noch möglich. Paraverknüpfte Aromaten als Bausteine und zur Konjugation befähigte Strukturen, z. B. annelierte Ringsysteme, bilden relativ steife Polymerketten von hoher Festigkeit und Steifigkeit.

31.8.1   Fluorpolymere

Die meisten Fluorpolymere bauen auf Tetrafluorethylen auf. Die im Vergleich zu Wasserstoffatomen relativ großen Fluoratome zwingen die Polymerkette zu einer Verdrillung, und es bildet sich eine gestreckte Kettenstruktur, wobei die elektronegativen Fluoratome die Kohlenstoffkette gegen einen oxidativen Angriff abschirmen.

Die thermische Stabilität ist eine Folge der um ca. 20 % höheren Bindungsenergie der C–F-Bindung gegenüber der C–H-Bindung. Die Molekülsymmetrie und die geringe Polarisierbarkeit der F-Atome bedingen das antiadhäsive Verhalten. Polytetrafluorethylen besitzt eine Dauergebrauchstemperatur von 260 °C. Zur Verbesserung der Verarbeitbarkeit werden Copolymerisate hergestellt. Dabei sinkt die Dauergebrauchstemperatur je nach Produkt um bis zu 100 °C.

31.8.2   Polyaryle

Polyphenylen, das aus aromatischen Ringen besteht, die über C–C-Bindungen verknüpft sind, ist auf Grund der hohen Kristallinität und des hohen Schmelzpunktes (> 500 °C) weder löslich noch schmelzbar. Erst durch Einführen von Heteroatomen, wie Sauerstoff und Schwefel oder von Carbonyl- bzw. Sulfonylgruppen, erhält man die Kunststoffgruppe der Polyaryle. Sie zeichnen sich generell durch hohe Glastemperaturen, Hydrolysebeständigkeit und Oxidationsbeständigkeit aus.

Polyphenylensulfid, PPS

Polyphenylensulfid wird durch Umsetzung von 1,4-Dichlormethan mit Na_2S unter Druck bei 280 °C in N-Methyl-2-pyrrolidon hergestellt.

$$n \ Cl\text{—}\langle\bigcirc\rangle\text{—}Cl \ + \ n \ Na_2S \ \longrightarrow \ \left[\langle\bigcirc\rangle\text{—}S\right]_n \ + \ 2 \, n \, NaCl$$

Polyphenylensulfid ist überwiegend linear und kristallin. Die Schmelztemperatur liegt bei 285 °C, die Verarbeitungstemperatur als Thermoplast bei ca. 300...330 °C und die Dauergebrauchstemperatur bei 200...240 °C. Mit Füllstoffen verstärktes PPS besitzt eine Dauergebrauchstemperatur von > 240 °C und kann in vielen Anwendungen Metalle substituieren. Verwendung findet es für Pumpengehäuse und Zahnräder oder für spritzgegossene Leiterplatten, Spulenkörper u. a.

Polyetherketone, PEK

In den Polyetherketonen sind die aromatischen Körper durch Sulfon- oder Carbonylgruppen miteinander verbunden. Je nach Wahl der Monomere können eine Vielzahl von Polyetherketonen mit unterschiedlicher Anzahl von Keto- und Ethergruppen erhalten werden. Mit zunehmendem Gehalt an Ketogruppen steigt die Schmelztemperatur. Die Gebrauchstemperatur liegt bei handelsüblichen Produkten zwischen 240 und 250 °C.

$$\left[O\text{—}\langle\bigcirc\rangle\text{—}O\text{—}\langle\bigcirc\rangle\overset{O}{\underset{C}{\|}}\langle\bigcirc\rangle\right]_n \quad \text{PEEK}$$

Poly-ether-ether-keton

$$\left[O\text{—}\langle\bigcirc\rangle\text{—}O\text{—}\langle\bigcirc\rangle\overset{O}{\underset{C}{\|}}\langle\bigcirc\rangle\overset{O}{\underset{C}{\|}}\langle\bigcirc\rangle\right]_n \quad \text{PEEKK}$$

Poly-ether-ether-keton-keton

Die Polyetherketone besitzen als teilkristalline Thermoplaste sehr gute Chemikalienbeständigkeit und können bei Temperaturen zwischen 350 und 420 °C über die Schmelze verarbeitet werden. Das Anwendungsgebiet liegt in der Automobil- und Elektroindustrie.

31.8.3   Heterocyclische Polymere und Leiterpolymere

Polyimide, PI

Polyimide besitzen als technisch genutzte heterocyclische Polymere mit bis zu 250 °C die höchste Dauergebrauchstemperatur. Ein merklicher chemischer Abbau an Luft setzt erst ab 550 °C ein. Die Synthese erfolgt durch Umsetzung eines aromatischen Dianhydrids (z. B. Pyromellitsäure-anhydrid) mit einem aromatischen Diamin (z. B. Diaminodiphenylether). Als erste Synthesestufe wird die Polyamid-Polycarbonsäure erhalten, die noch aus der Dimethylformamidlösung verarbeitet werden kann. Bei über 150 °C kommt es zur Kondensationsreaktion unter Ausbildung der unlöslichen und wärmebeständigen Imidstruktur.

Die Polyimide besitzen sehr gute mechanische Eigenschaften und können in chemisch aggressiver Umgebung angewendet werden. Die Verarbei-tung ist allerdings schwierig. Der Werkstoff wird häufig bei Anwendun-gen in der Luft- und Raumfahrt mit Kohlefasern verstärkt. Thermoplas-tisch verarbeitbare Polyimide werden dadurch erhalten, dass die Poly-imidkette durch Einbau von Bisphenol A flexibilisiert wird.

Polybenzimidazole, PBI

Die Polybenzimidazole sind in ihrer Kettenstruktur den Polyimiden sehr ähnlich. Ausgangspunkt war die Suche nach einem Material für Schutz-anzüge, das den Anforderungen im Weltall entsprach. Die Synthese ver-läuft in einem Zweistufenprozess, wobei zuerst 3,3-Diaminobenzidin mit Isophthalsäurephenylester in der Schmelze bei 250...300 °C umgesetzt wird. In der zweiten Stufe wird dieses Präpolymer einer thermischen Festphasenkondensation unterworfen, wobei es zum Ringschluss kommt.

Polybenzimidazole sind amorph und besitzen eine Dauergebrauchstemperatur von 180 °C. Der Werkstoff zeigt gute Haftung auf Metalloberflächen und wird deshalb als Metallkleber verwendet. Die Polybenzimidazole sind nur unter Luftausschluss wärmebeständig. Auf Grund der Löslichkeit in stark polaren Lösungsmitteln ist die Verarbeitung aus Lösung zu Fasern das gebräuchlichste Verfahren. Auf diese Weise werden feuerfeste Schutzanzüge oder feuerhemmende Gewebe und Schäume für Flugzeugsitze hergestellt.

31.8.4   Kohlenstoffpolymere

Die Vernetzung von Aromaten zu graphitartigen Strukturen führt zu Werkstoffen mit extremer Temperaturbeständigkeit (unter Inertgas bis 3 000 °C), die vollkommen unlöslich und unschmelzbar sind. Zur Herstellung von Kohlenstofffasern werden verstreckte Polyacrylnitrilfasern der Pyrolyse unterworfen, wobei bandförmige Graphitstrukturen erhalten werden. Neben der hohen Temperaturbeständigkeit zeichnen sich diese Werkstoffe auch durch gute elektrische Leitfähigkeit aus. Die Fasern dienen als Verstärkung von Kunststoffen, als Asbestersatz in Bremsbelägen oder als Faserverstärkung in Glaskohlenstoff. Bei der Behandlung von Phenol-Formaldehydharzen unter Sauerstoffausschluss bis etwa 1000 °C wird glasartiger Kohlenstoff (Glaskohlenstoff) erhalten, der sich durch Härte, niedrigen thermischen Ausdehnungskoeffizienten, extreme Gasundurchlässigkeit und sehr gute Chemikalienbeständigkeit auszeichnet. Die Kombination von Kohlenstofffasern mit Glaskohlenstoff führt zu kohlenstofffaserverstärktem Kohlenstoff (CFC). Dazu werden Kohlenstofffasern mit Phenolharz getränkt und bei erhöhten Temperaturen in Glaskohlenstoff überführt. Die Anwendung liegt in der Raumfahrt, auf dem Gebiet der Anlagentechnik und auch in der Luftfahrt (Bremsscheiben in Flugzeugfahrwerken). Führt man die Pyrolyse mit geschäumtem Phenol-Formaldehydharz durch, so erhält man offenzelligen Kohlenstoff-Schaum, der sich als Isolationsmaterial in Hochtemperaturbereichen eignet. Die Dauertemperaturbelastung an Luft geht bis zu 350 °C und beträgt unter Stickstoff bis 3 000 °C.

31.9   Silicone

Die Silicone sind auf Grund ihrer physikalischen und chemischen Eigenschaften interessante Verbindungen, die als technische Produkte vielfältige Anwendung finden. Terminologisch richtig müssen die Silicone als **Polysiloxane** bezeichnet werden. Der Molekülaufbau entspricht dem der Polyacetale, wobei das Silicium die Position des Kohlenstoffs übernimmt. Die Silicone werden durch Hydrolyse von Diorganochlorsilanen und anschließende Polykondensation synthetisiert.

31.9.1   Herstellung der Ausgangsmaterialien

Die Gewinnung der Dialkylsiliciumdichloride aus Silicium und Methylchlorid erfolgt nach der ROCHOW-MÜLLER-Synthese, die während des Zweiten Weltkrieges in den USA und Dresden erstmalig realisiert wurde. Diese Direktsynthese ist auch heute die einzige Methode, mit der Dimethylchlorsilane in technischen Mengen hergestellt werden.

Bei der Direktsynthese wird Kupfer als Katalysator und Zink als Promotor eingesetzt, um selektiv Dimethyldichlorsilan zu gewinnen. Das benötigte Silicium wird durch Reduktion von SiO_2 mit Koks im Elektroschachtofen hergestellt und flüssig abgelassen (Fp.: 1413 °C). Das Silicium wird in Kugelmühlen auf Teilchengrößen von $30...350 \cdot 10^{-3}$ mm gebracht.

$$SiO_2 + 2\ C \xrightarrow{\quad 2000\ °C \quad} Si + 2\ CO$$

$$2\ CH_3Cl + Si \xrightarrow[\quad 300\ °C \quad]{Cu} (CH_3)_2SiCl_2$$

Phenylchlorsilane werden im technischen Maßstab analog aus Chlorbenzen und Silicium in Gegenwart von Kupfer bei 500 °C hergestellt.

$$2 \ C_6H_5Cl \ + \ Si \ \xrightarrow[500 \ °C]{Cu} \ (C_6H_5)_2SiCl_2$$

Vinylmethyldichlorsilan oder Vinyldimethylchlorsilan ist in Form seiner Folgeprodukte wichtig zur Ausbildung von Vernetzungsstellen in Elastomeren.

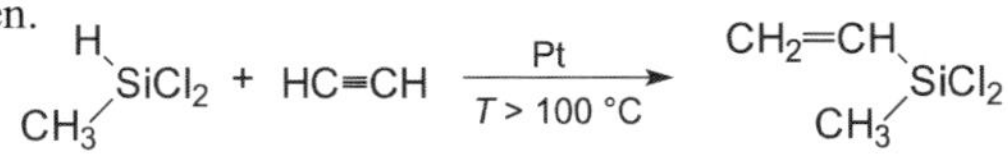

$$\underset{CH_3}{\overset{H}{{>}}}SiCl_2 \ + \ HC{\equiv}CH \ \xrightarrow[T > 100 \ °C]{Pt} \ \underset{CH_3}{\overset{CH_2{=}CH}{{>}}}SiCl_2$$

Zur Herstellung von Siliconkautschuken, die unter Luftfeuchtigkeit vernetzen, müssen Komponenten der allgemeinen Formel $RSiZ_3$ eingesetzt werden, wobei R Methyl-, Ethyl-, Vinyl- und Z Acetat-, Amino-, Amido- oder Alkoxy-Reste darstellen können.

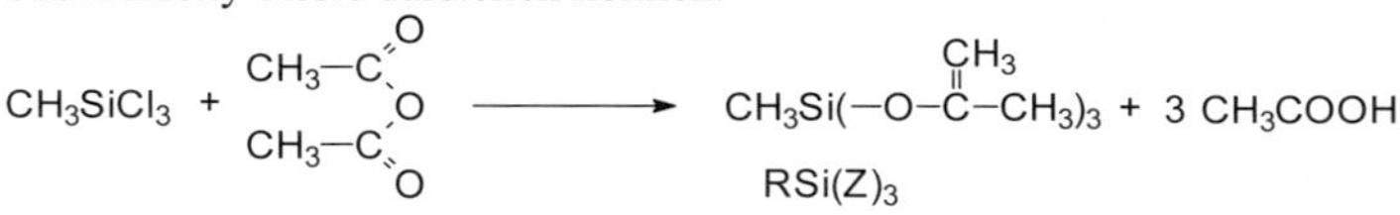

$$CH_3SiCl_3 \ + \ \begin{matrix} CH_3{-}C{\overset{O}{\underset{O}{<}}} \\ CH_3{-}C{\overset{O}{\underset{O}{<}}} \end{matrix} \ \longrightarrow \ \underset{RSi(Z)_3}{CH_3Si({-}O{-}\overset{CH_3}{\underset{}{\overset{|}{C}}}{-}CH_3)_3} \ + \ 3 \ CH_3COOH$$

31.9.2   Herstellung höhermolekularer Silicone

Die Herstellung der Silicone gelingt durch Hydrolyse der Alkyl- oder Arylchlorsilane, wobei die Reaktion auf der Hydrolyseempfindlichkeit der Si-Cl-Bindung beruht. An Stelle der Chlorsilane können auch Alkoxysilane eingesetzt werden, die durch Umsetzung der Chlorsilane mit Alkohol gewonnen werden, wobei die Si-OR-Bindung hydrolysierbar ist. Die Si-C-Bindung ist dagegen nicht hydrolysierbar. Durch die Hydrolyse erhält man niedermolekulare lineare und cyclische mehrgliedrige Polysiloxane. Bei zunehmender Größe der Substituenten R_1 werden in der Tendenz auch höhergliedrige Cyclopolysiloxane erhalten. Die durch Hydrolyse gewonnenen niedermolekularen Polysiloxane müssen zu hochmolekularen Polysiloxanen umgesetzt werden (mit $R_1 = CH_3-$, C_2H_5-, C_6H_5-).

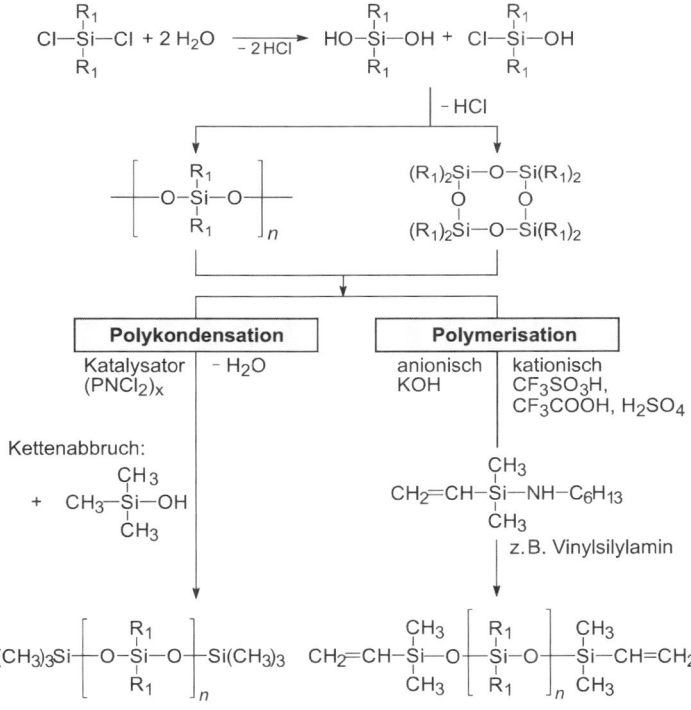

Die Polymerisation kann nach dem kationischen oder auch dem anionischen Mechanismus erfolgen. Der Kettenabbruch erfolgt durch Zugabe von Trimethylsilol. Bei der Kettenverlängerung durch eine Kondensationsreaktion wird als Katalysator häufig Phosphornitrilchlorid eingesetzt. Nach Erreichen des gewünschten Polymerisationsgrades werden zum Kettenabbruch mit Vinylgruppen oder Methylgruppen substituierte Silylamine oder Disilazane eingesetzt. Bei der Polykondensation werden im Gegensatz zur Polymerisation nur geringe Anteile an Cyclopolysiloxanen erhalten.

31.9.3   Technische Siliconprodukte

Siliconöle

Siliconöle sind meist lineare Polydimethylsiloxane mit Trimethylsilylendgruppen und entsprechendem Polymerisationsgrad ($n = 5...4\,000$).

$$(CH_3)_3Si-O \left[\begin{array}{c} CH_3 \\ | \\ Si-O \\ | \\ CH_3 \end{array} \right]_n Si(CH_3)_3$$

Eigenschaften:

■ farblos, klar, geruch- und geschmacklos, chemisch und physiologisch indifferent

■ Dauertemperaturbeständigkeit 170 °C, günstiges Viskositäts-Temperatur-Verhalten

■ elektrisches Isolationsvermögen

■ niedrige Oberflächenspannung, hohe Gasdurchlässigkeit

Verwendung: Wärmeträgeröle und Transformatorenöle, flüssiges Dielektrikum, Hydrauliköl, Trennmittel, Schaumregulatoren, Hilfsmittel für Textilien und Kosmetika.

Elastomere

Zur Erzielung vernetzter Elastomerstrukturen müssen vernetzungsfähige Gruppen am Si-Atom gebunden sein. Dazu gehören:

$$\begin{array}{ccccc} CH_3 & CH_3 & CH=CH_2 & CH=CH_2 & \\ | & | & | & | & \\ -Si-OH & -Si-O- & -Si-O- & R-Si-O- & -O-Si-(OR')_3 \\ | & | & | & | & \\ CH_3 & H & R & CH_3 & \end{array}$$

$$R = CH_3, C_6H_5 \qquad R' = CH_3, C_2H_5, CH_3CO$$

Die zur Vernetzung fähigen funktionellen Gruppen können sowohl an den Kettenenden als auch statistisch oder blockartig in der Kette verteilt werden. Der Gehalt an vernetzungsfähigen Grupen liegt zwischen 0,03 und 1,5 Molprozent. Die Verknüpfung von Vinylsiloxygruppen untereinander oder mit Methylgruppen gelingt mit organischen Peroxiden bei 110...180 °C, wobei Propylen- oder Butylenbrücken gebildet werden.

Bei den kalthärtenden Systemen werden Polysiloxane mit Acetoxygruppen verwendet, die in trockener Atmosphäre stabil sind. Bei Applikation führt die Luftfeuchtigkeit zur Vernetzung.

$$-\overset{|}{\underset{|}{Si}}-OCOCH_3 \;+\; H_2O \;\longrightarrow\; -\overset{|}{\underset{|}{Si}}-OH \;+\; CH_3COOH$$

$$-\overset{|}{\underset{|}{Si}}-OCOCH_3 \;+\; HO-\overset{|}{\underset{|}{Si}}- \;\longrightarrow\; -\overset{|}{\underset{|}{Si}}-O-\overset{|}{\underset{|}{Si}}- \;+\; CH_3COOH$$

Bei Vernetzungsreaktionen, bei denen Kondensationsprodukte freigesetzt werden, wird die Stabilität der Siliconnetzwerke beeinträchtigt. Zudem wirken diese auf Metalle korrosionsfördernd. Nur bei der platinkatalysierten Hydrosilylierung werden keine Nebenprodukte gebildet. Vernetzte Polydimethylsiloxane haben mäßige Festigkeiten, daher werden verstärkende Füllstoffe zugemischt.

Silicon-Elastomere zeichnen sich durch den Erhalt der gummielastischen Eigenschaften über einen Temperaturbereich von –75 bis 250 °C aus. Auch nach längerer Belastung bei hohen Temperaturen verändern sich die Eigenschaften nicht wesentlich. Siliconkautschuk zeichnet sich durch hervorragende Alterungs-, Ozon- und Wetterbeständigkeit sowie gute elektrische Isolationseigenschaften und physiologische Inertheit aus.

Anwendung findet Siliconkautschuk für Dichtungen, Isolierungen, Dichtprofile, Schläuche und technische Form- und Spritzartikel im Fahrzeug- und Flugzeugbau sowie in der Elektroindustrie und der Medizin (z. B. Zahnabdruckmassen, Herzklappen usw.).

Siliconharze

Ausgangsverbindungen für die hochvernetzten Siliconharze sind langkettige Polysiloxanole, die mit Di-, Tri- oder Tetraalkoxysilanen unter Abspaltung von Alkoholen vernetzt werden. Gehärtet werden die Siliconharze durch mehrstündiges Erhitzen auf 180...250 °C. Der Kondensationsvorgang wird durch Zn- oder Bleioctoate bzw. -naphthenate katalysiert. Die Siliconharze werden für witterungs- und temperaturbeständige Lackierungen und Beschichtungen verwendet, die eine Dauerbelastung von 180 °C aushalten. Ein bis 100 °C beständiger Hartschaum wird durch Wasserstoff geschäumt, der nach folgender Gleichung entsteht:

$$R_3SiH + R'OH \;\rightarrow\; R_3SiOR' + H_2$$

Analytische Chemie

Die Analytik als Teilaspekt der modernen Chemie lässt sich bis zu den Anfängen der Chemie zurückverfolgen. Zur Erzgewinnung, zur Herstellung von Heilmitteln oder bei den Versuchen zur Umwandlung unedler Metalle in Gold mussten Stoffe in ihre Bestandteile zerlegt und anschließend bestimmt werden. Zunächst beschränkten sich die Untersuchungen auf die Zusammensetzung von Stoffen in Bezug auf ihre **Hauptbestandteile**. Im Laufe der Zeit kamen Methoden hinzu, um geringste **Spurenbestandteile** analysieren zu können. Aber auch die strukturelle Aufklärung von Molekülen und Feststoffen wurde ein wichtiger Aufgabenbereich der analytischen Chemie. Gegenwärtig spielt die industrielle **Prozessanalytik** jedes auf chemischen Reaktionen basierenden Industrieunternehmens eine große Rolle. Sie liefert Entscheidungshilfen für die Abfolge einzelner Verfahrensschritte. Ihre Ergebnisse leisten damit einen wichtigen Beitrag zur Prozessführung, Ökonomie und zu möglichen ökologischen Auswirkungen auf die Umwelt.

32.1   Analytischer Prozess

Der zentrale Aufgabenbereich der Analytik befasst sich mit der Art und Zusammensetzung von Stoffen und Stoffgemischen. Die Ermittlung der Zusammensetzung einer Substanzprobe wird auch als **Element- oder Verbindungsanalytik** bezeichnet, wobei unter dem Begriff Element alle chemischen Teilchen (z. B. Atome, Moleküle, Ionen) verstanden werden. Zwischen qualitativer und quantitativer Bestimmung besteht kein prinzipieller Unterschied, da die **qualitative Analyse** nur ein Grenzfall der **quantitativen Analyse** darstellt. Es geht dabei um eine Ja-Nein-Entscheidung, ob ein Element oder Verbindung vorliegt oder nicht. Der Ausgang des qualitativen Nachweises eines Stoffes ist aber auch von dessen Menge bzw. Konzentration abhängig (vgl. Abschn. 33.1.2). Moderne Analysemethoden wie spektroskopische oder chromatographische Verfahren ermöglichen gleichzeitige Aussagen über Art und Menge des in einer Probe enthaltenen Stoffes.

Die genaue Beschreibung des Analyseproblems ist eine der wichtigsten Voraussetzungen, dass das Analyseergebnis sinnvoll genutzt werden kann.

Beispiel: Ein Unternehmen möchte in ein Bauvorhaben investieren und benötigt ein Gutachten zur Beurteilung der Bodenqualität. Zunächst muss festgestellt werden, welche Bestandteile des Bodens für die Bewertung des Baugrundes zu untersuchen sind. Darüber hinaus muss geklärt werden, welche der anzuwendenden Analyseverfahren rechtlich anerkannt sind.

Im Rahmen der analytischen Arbeit müssen Proben genommen (Festlegung von Ort, Zeitpunkt, Menge, Anzahl usw.) und für die Analyse vorbereitet werden. Die Untersuchungen sind mit den ausgewählten Methoden durchzuführen. Abschließend werden die Ergebnisse ausgewertet und in einem Bericht zusammengestellt.

Der analytische Prozess ist in verschiedene Abschnitte gegliedert. Man unterscheidet Analyseprinzip, Analysemethode und Analyseverfahren.

- Das **Analyseprinzip** beschreibt den naturwissenschaftlichen Hintergrund, auf dem die Messung beruht (Messprinzip).

- Eine **Analysemethode** beschreibt den Ablauf einer Analyse unter Verwendung eines bestimmten Analyseprinzips (inklusive Probevorbereitung, Messung und Auswertung).

- Die vollständige Beschreibung eines analytischen Prozesses liegt mit dem **Analyseverfahren** fest. Alle Einzelheiten wie Probenahme und Probevorbereitung, Messanordnung, Reagenzienauswahl, Fehlerquellen, Selektivität, Genauigkeit, Zeitbedarf usw. sind im Analyseverfahren festgelegt.

Unabhängig von der gewählten Analysemethode besteht jeder analytische Prozess aus den Teilschritten

- Probenahme und Probevorbereitung
- Messung (Bestimmung) sowie
- Auswertung

Alle Teilschritte können mit unterschiedlichen Fehlern behaftet sein. Zur sinnvollen Durchführung geht man davon aus, dass sich die mittleren relativen Fehler aller Teilschritte in einer vergleichbaren Größenordnung bewegen.

32.2   Probenahme und Probevorbereitung

Der Erfolg einer Analyse wird in entscheidendem Maße von der Qualität der Probenahme geprägt. Folgende Anforderungen werden an die Entnahme einer Probe gestellt:

■ Die ausgewählte Probe **muss für das untersuchte Material repräsentativ sein**. Nur von homogenen Systemen (Flüssigkeiten, Gasmischungen) wird diese Bedingung streng erfüllt. Bei den häufig vorliegenden heterogenen Gemischen muss eine problemorientierte Abstimmung zwischen Probenahme und gewünschtem Ergebnis erfolgen. Eine mögliche „Homogenisierung" durch mechnische Verfahren wie z. B. Mahlen oder Dispergieren ist immer anzustreben.

■ Bei Analysen, die in Abhängigkeit von der Tages- oder Jahreszeit durchgeführt werden, ist die **Probenahmezeit** wichtig. Auch der **Ort der Probenahme** bei bestimmten Fragestellungen (z. B. Schadstoffuntersuchungen in verschiedenen Kompartimenten einer Pflanze) spielt eine nicht unerhebliche Rolle.

■ Die entnommenen Proben müssen bis zur Analyse **stabil** bleiben oder konserviert werden. Ausgasungen, chemische Reaktionen oder mikrobiologisches Wachstum sind typische Beispiele, die im Rahmen der Probevorbehandlung verhindert werden müssen. **Transport und Lagerung** sind ebenfalls im Analyseverfahren festzulegen.

■ Für die analytische Untersuchung muss **Probematerial in ausreichender Menge** zur Verfügung stehen.

Quantitativ lassen sich bei der Probenahme folgende analytische Mengenbereiche unterscheiden:

■ **Arbeitsbereich**: Den Bereich zwischen der kleinsten und größten bestimmbaren Menge eines Analyten, auf den ein Verfahren anwendbar ist, bezeichnet man als Arbeitsbereich A:

$$A = m_A \qquad (32\text{-}1)$$

■ **Probemassebereich**: Der Massebereich des Analyten m_A und der Matrix m_M bilden zusammen den Probemassebereich P:

$$P = m_A + m_M \qquad (32\text{-}2)$$

Nach dem Probemassebereich lassen sich die Analyseverfahren einteilen in:

$P > 100$ mg	100 mg $> P > 10$ mg	$P < 10$ mg
Makroanalyse	**Halbmikroanalyse**	**Mikroanalyse**

■ **Gehaltsbereich**: Der Gehaltsbereich G ist definiert als Verhältnis von Analytmasse m_A zur Gesamtprobemasse ($m_A + m_M$):

$$G = \frac{m_A}{m_A + m_M} \cdot 100\,\% \qquad (32\text{-}3)$$

Der Gehaltsbereich des **Hauptbestandteils** beträgt in der Regel $G > 10\,\%$. **Nebenbestandteile** liegen im Bereich $10\,\% > G > 1\,\%$ und **Spurenbestandteile** bei $G < 1\,\%$.

Aus diesen Angaben kann die **Mindestprobemenge** für ein bestimmtes Analyseverfahren bei gegebenem Arbeits- und Gehaltsbereich berechnet werden.

Beispiel: Ein zu bestimmendes Metall ist in einer Armerzprobe zu ca. $2\,\%$ enthalten. Das Analyseverfahren zeigt noch $0{,}2$ mg genau an. Die Mindestsubstanzmenge der Erzprobe beträgt dann:

$$P = \frac{0{,}2 \text{ mg}}{2\,\%} \cdot 100\,\% = 10 \text{ mg}$$

Probevorbereitung

Die meisten Stoffe lassen sich analytisch nicht direkt untersuchen, sondern müssen zunächst für die Messung vorbereitet werden. Nahezu alle Substanzen enthalten mehr oder weniger Wasser und sind daher vor der Analyse zu trocknen. Zur **Entfernung des Wassers** aus einer Probe werden verschiedene Verfahren angewendet:

■ **Lufttrocknung (Raumtemperatur)**
(Probe wird auf eine Trockenschale in Schichten von 1...2 cm gegeben, Dauer: mehrere Tage)

■ **Trocknung ($T = 105\,°C$)**
(Es können Masseverluste durch Ausgasen oder Verdampfung leicht flüchtiger Stoffe auftreten, Dauer: 1...2 Stunden)

■ **Gefriertrocknung ($T = -85\,°C$)**
(sehr schonendes Verfahren)

Fast alle analytischen Methoden benötigen flüssige Proben oder Lösungen, da diese leicht zu handhaben und zu dosieren sind. Feststoffe müssen durch **Lösen** oder **Aufschließen** in eine homogene Probe überführt werden. Sie müssen, falls erforderlich, zerkleinert und in Mühlen auf eine bestimmte Korngröße (typischerweise d_K < 100 μm) aufgemahlen werden.

Zum einfachen **Lösen** einer Feststoffprobe können Wasser, Säuren, Basen oder organische Lösungsmittel geeignet sein. **Aufschlüsse** werden unter Normaldruck oder erhöhtem Druck durchgeführt. In offenen Systemen werden beispielsweise Oxidations- oder Reduktionsmittel eingesetzt. Bei der Metallbestimmung in Böden oder Abfällen können die zu bestimmenden Metalle durch Kochen mit Königswasser am Rückfluss in Lösung gebracht werden. In allen Fällen müssen auch an die **Reinheit der Aufschlussmittel** besondere Anforderungen gestellt werden.

32.3   Messung und Auswertung

Analytische Informationen werden allgemein aus der Messung bzw. Bestimmung einer Wechselwirkung der Probe mit einer Messsonde (Sensor) erhalten. Eine Analysemethode kann als **Gruppenbestimmung** (selektiv) oder **Einzelbestimmung** (spezifisch) ausgelegt sein. Für eine zuverlässige Beurteilung sind immer mehrere Bestimmungen durchzuführen.

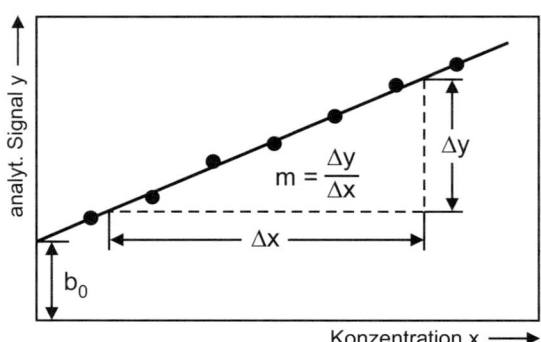

Bild 32-1: Lineare Kalibrierfunktion für sieben Intensitätswerte *y* in Abhängigkeit von der Konzentration *x*

Zur Bestimmung eines Analyten muss jedes Analyseverfahren zunächst kalibriert werden. Bei einer **Kalibrierung** wird die Intensität des analytischen Signals in Abhängigkeit von der Konzentration, dem Gehalt oder der absoluten Masse aufgetragen (vgl. Bild 32-1).

Die Kalibrierfunktion lässt sich beispielsweise durch folgende Geradengleichung ausdrücken:

$$y = b_0 + m\,x \qquad\qquad (32\text{-}4)$$

Der Ordinatenabschnitt b_0 (**Blindwert**) stellt eine Größe dar, deren analytisches Signal der Konzentration null entspricht. Rechnerisch ergibt die Kalibrierfunktion nach (32-4) immer einen Blindwert. Wird jedoch gegen den Blindwert gemessen (Probekonzentration $c_P = 0$ mit allen verwendeten Reagenzien), kann folgende vereinfachte Geradengleichung verwendet werden.

$$y = m\,x \qquad\qquad (32\text{-}5)$$

Der Anstieg der Kalibriergraden wird als **Empfindlichkeit m** bezeichnet. Bei nichtlinearer Kalibrierfunktion lässt sich keine einheitliche Empfindlichkeit für das gesamte Analyseverfahren angeben. Zur Berechnung einer unbekannten Konzentration aus dem gemessenen Signal y_A muss Gleichung (32-4) nach der Konzentration x_A aufgelöst werden. Es ergibt sich die **allgemeine Analysefunktion:**

$$x_A = \frac{y_A - b_0}{m} \qquad\qquad (32\text{-}6)$$

32.4 Analytische Kenngrößen und statistische Bewertung

Bei der statistischen Beurteilung von Mess- und Analysewerten sollen einerseits die erhaltenen Resultate einer Mehrfachbestimmung nahe beieinander liegen und andererseits dem tatsächlichen Gehalt der Probe entsprechen. Es sind immer zwei Aspekte, nach denen das analytische Ergebnis beurteilt wird:

- **Reproduzierbarkeit** der erhaltenen Messwerte
- Übereinstimmung mit dem **tatsächlichen Gehalt** der Probe

Die Reproduzierbarkeit hängt vom zufälligen Fehler des Analyseverfahrens ab. **Zufallsfehler** entstehen durch subjektive oder apparative Störungen während der Messung. Je größer der zufällige Fehler ausfällt, desto geringer ist die **Präzision** des Analyseverfahrens. Abweichungen vom tatsächlichen Gehalt der Probe werden durch **systematische Fehler** verursacht. Sie können durch entsprechende Korrekturen eliminiert werden.

 Zufällige Fehler machen ein **Analyseergebnis unsicher**, systematische Fehler machen es **falsch**.

Die Präzision einer Analyse wird durch Mehrfachbestimmungen an unabhängigen Proben und Berechnung der Standardabweichung vom Mittelwert ermittelt. Der **Mittelwert** $\bar{y}$ berechnet sich für n Bestimmungen zu:

$$\bar{y} = \frac{1}{n} \sum_{i=1}^{n} y_i \qquad (32\text{-}7)$$

Als Maß für die Streuung der Messwerte um den Mittelwert gilt die **Standardabweichung** s:

$$s = \sqrt{\frac{\sum_{i=1}^{n}(y_1 - \bar{y})^2}{n-1}} \qquad (32\text{-}8)$$

Die Standardabweichung kann auch als relative Größe angegeben werden, indem sie auf den Mittelwert $\bar{y}$ bezogen wird. Die **relative Standardabweichung** s_r berechnet sich zu:

$$s_r = \frac{s}{\bar{y}} \qquad (32\text{-}9)$$

Sie wird auch als prozentuale Größe ausgedrückt: $s_r(\%) = s_r \cdot 100\,\%$

Um die Präzision in Bezug auf die Konzentration x zu beschreiben, wird die Standardabweichung s_x **(Verfahrensstandardabweichung)** über die Kalibrierfunktion wie folgt berechnet:

$$s_x = \frac{s}{m} \qquad (32\text{-}10)$$

Die Präzision eines Analyseverfahrens hängt nicht nur von der Messung der Probe ab, sondern auch von Fehlern bei der Probenahme und der Probevorbereitung sowie von möglichen Auswertefehlern. Der Gesamtfehler setzt sich additiv aus den Quadraten der Standardabweichungen (**Varianzen**) entsprechend dem Fehlerfortpflanzungsgesetz zusammen:

$$s^2 = \frac{s_p{}^2}{m} + \frac{s_M{}^2}{n \cdot m} \qquad (32\text{-}11)$$

s^2 Gesamtvarianz, $s_P{}^2$ Varianz aus der Probenahme, $s_M{}^2$ Varianz aus der Messung, m Anzahl der Proben, n Anzahl der Messungen je Probe

> Die **Präzision** ist eine qualitative Bezeichnung für das Ausmaß der gegenseitigen Annäherung voneinander unabhängiger Analyseergebnisse bei mehrfacher Anwendung eines Analyseverfahrens.

Lassen sich Analysewerte gut reproduzieren, können sie aber trotzdem falsch sein, d. h., die ermittelte Konzentration eines Analyten kann sich von seiner tatsächlichen Konzentration in der Probe deutlich unterscheiden.

> Die **Richtigkeit** einer Analyse ist eine qualitative Bezeichnung für das Ausmaß gegenseitiger Annäherung der Ergebnisse bei Bestimmungen an dem gleichen Probematerial.

Der Fehler eines einzelnen Konzentrationswertes e_i setzt sich somit aus den zufälligen und systematischen Abweichungen zusammen:

$$e_i = \underbrace{(x_i - \overline{x})}_{\text{Zufallsfehler}} + \underbrace{(\overline{x} - x_w)}_{\text{systematischer Fehler}} \qquad (32\text{-}12)$$

e_i Fehler eines Konzentrationswertes, x_i Konzentration der Probe, $\overline{x}$ Mittelwert, x_w wahrer Konzentrationswert

Ein Maß für die Richtigkeit einer Analyse ist die **Wiederfindungsrate (WFR)**. Sie ist definiert als prozentualer Anteil der wiedergefundenen Konzentration (bzw. des Mittelwertes) an der wahren Konzentration.

$$WFR\,(\%) = \frac{\overline{x}}{x_w} \cdot 100\% \qquad (32\text{-}13)$$

An
C

Vertrauensbereich

Wird ein Analyseergebnis bestimmt, muss eine Abschätzung für dessen statistische Unsicherheit mit angegeben werden. Die Unsicherheit wird durch den Vertrauensbereich T_c ausgedrückt und ist definiert als:

$$T_c = \pm \frac{s \cdot t_n(P)}{\sqrt{n}} \tag{32-14}$$

s Standardabweichung, n Anzahl der Parallelbestimmungen, t_n STUDENT-t-Faktor für eine bestimmte Wahrscheinlichkeit

Das Analyseergebnis wird als Mittelwert der Parallelbestimmung mit dem Vertrauensbereich angegeben. T_c (95) bedeutet beispielsweise, dass der Sollwert mit 95 % Wahrscheinlichkeit $\pm T_c$ liegt. Über den systematischen Fehler macht T_c jedoch keine Angabe.

Nachweis- und Erfassungsgrenze

Die Nachweis- und Erfassungsgrenze ist immer dann von Interesse, wenn eine Substanz im Spurenbereich analysiert werden soll. In solchen Fällen wird ein Analyseverfahren mit größtmöglicher Empfindlichkeit bei geringstmöglicher Unpräzision ausgewählt.

Die **Nachweisgrenze** y_{NWG} ergibt sich, wenn der Messwert um mindestens drei Standardabweichungen des Blindwertes über dem mittleren Blindwert $\bar{y}_B$ liegt.

$$y_{NWG} = \bar{y}_B + 3 \cdot s_B \tag{32-15}$$

$$y_{EFG} = \bar{y}_B + 6 \cdot s_B \tag{32-16}$$

Als sicher gilt ein Messwert ab einer Differenz von mindestens sechs Standardabweichungen des Blindwertes. Dieser Wert wird auch **Erfassungsgrenze** y_{EFG} (99,8 % Wahrscheinlichkeit) genannt.

33 Qualitative Analyse

33.1 Allgemeines

Die qualitative Analyse als Teil der analytischen Chemie ermittelt die Zusammensetzung einer Probe nach der Art eines chemischen Individuums. Sie hat dabei keine quantitative Zielsetzung, sondern es geht ausschließlich um die Identifizierung der Stoffe bzw. um eine **Ja-Nein-Entscheidung,** ob eine Substanz anwesend ist oder nicht. Dabei werden physikalische und chemische Reaktionen der zu analysierenden unbekannten Substanz mit denen bekannter Substanzen verglichen.

Beispiele von analytisch nutzbaren Reaktionstypen sind: Fällungsreaktionen, Säure-Base-Reaktionen, Komplexbildungsreaktionen, Redoxreaktionen und Gasentwicklungsreaktionen.

Analytische Reaktionen führen zu einem charakteristischen **Niederschlag** oder zur Auflösung eines Niederschlages. Sie können sich auch als **Farbänderung, Gasentwicklung** oder typischer **Geruch** bemerkbar machen. Die Nachweisreaktion muss so gewählt werden, dass idealerweise nur eine Substanz damit identifiziert werden kann. Es ist aber auch wichtig, dass bereits für eine sehr geringe Substanzmenge die Nachweisreaktion positiv ausfällt und die Reaktion nicht von anderen Stoffen gestört wird. Leider kommt es nicht gerade selten vor, dass verschiedene Substanzen die gleiche Nachweisreaktion zeigen. Daher werden **charakteristische Trennungsgänge** durchgeführt, in denen Kationen und Anionen systematisch nachgewiesen werden.

Analytische Reagenzien lassen sich vereinfacht einteilen in:

- **Gruppenreagenzien** (selektive Reagenzien)
  führen zu einer Nachweisreaktion oder Abtrennung einer größeren Substanzgruppe mit ähnliche Eigenschaften

- **Spezifische Reagenzien**
  ergeben mit bestimmten Substanzen eindeutige Nachweisreaktionen

An
C

33.1.1   Reaktionstypen der qualitativen Analyse

Die meisten analytisch nutzbaren Reaktionstypen finden in wässrigen Lösungen statt. Den Reaktionen liegen die allgemeinen physikalisch-chemischen Prinzipien zu Grunde, wie z. B. chemisches Gleichgewicht (vgl. Abschn. 7.3), Säure-Base-Reaktionen (vgl. Kap. 8), Redoxreaktionen (vgl. Kap. 9) sowie Löslichkeit (vgl. Abschn. 10.1.2). Im Folgenden sind die wichtigsten Reaktionstypen zusammengestellt:

Fällungsreaktionen

Silber- bzw. Chloridionen werden als schwer lösliches Silberchlorid gefällt. (Wiederauflösung des Niederschlags vgl. auch Komplexbildungsreaktionen.)

$$Ag^+ + Cl^- \rightleftharpoons AgCl(s)$$

Fällungen von Barium- bzw. Sulfationen als schwer lösliches Bariumsulfat. (s = $solid$, engl.: fest)

$$Ba^{2+} + SO_4^{2-} \rightleftharpoons BaSO_4(s)$$

Säure-Base-Reaktionen

Freisetzung bzw. Verflüchtigung (g = $gaseous$, engl.: gasförmig) von Essigsäure aus einer acetathaltigen Lösung durch Zugabe von Hydroniumionen aus einer stärkeren Säure (z. B. Salzsäure oder Schwefelsäure).

$$CH_3COO^- + H_3O^+ \rightleftharpoons CH_3COOH(g) + H_2O$$

Ammoniakgas kann durch Zugabe einer starken Base (z. B. Natronlauge) aus einem Ammoniumsalz freigesetzt werden.

$$NH_4^+ + OH^- \rightleftharpoons NH_3(g) + H_2O$$

Komplexbildungsreaktionen

Schwer lösliches Silberchlorid kann durch Ammoniak unter Bildung eines wasserlöslichen Silberdiamin-Komplexes aufgelöst werden.

$$AgCl(g) + 2\,NH_3 \rightleftharpoons [Ag(NH_3)_2]^{2+}$$

Die Wassermoleküle des hydratisierten Nickel(II)-Ions können gegen Ammoniakmoleküle unter Bildung des blauen Nickelhexamin-Komplexes ausgetauscht werden.

$$[Ni(H_2O)_6]^{2+} + 6\,NH_3 \rightleftharpoons [Ni(NH_3)_6]^{2+} + 6\,H_2O$$

Redoxreaktion

Unter einem Redoxvorgang versteht man eine Elektronenaustauschreaktion. Er kann als:

■ einfache Redoxreaktion in wässriger Lösung,
$$2\,Fe^{3+} + Sn^{2+} \rightleftharpoons 2\,Fe^{2+} + Sn^{4+}$$

■ heterogene Reaktion in wässriger Lösung,
$$Cu^{2+} + Zn(s) \rightleftharpoons Cu(s) + Zn^{2+}$$

■ Disproportionierung
$$Cl_2 + H_2O \rightleftharpoons HCl + HOCl$$

■ oder Komproportionierung ablaufen.
$$2\,MnO_4^- + 3\,Mn^{2+} + 4\,OH^- \rightleftharpoons 5\,MnO_2 + 2\,H_2O$$

Gasentwicklungsreaktionen

Bei diesem Reaktionstyp werden Gase gebildet, die meistens in einer weiteren Umsetzung nachgewiesen werden. Aus Carbonaten lässt sich beispielsweise durch Zusatz einer starken Säure das geruchlose Kohlenstoffdioxid, CO_2, freisetzen, das in einer nachfolgenden Reaktion als schwer lösliches Bariumcarbonat identifiziert werden kann.

$$H^+ + HCO_3^- \rightleftharpoons CO_2(g) + H_2O$$
$$CO_2(g) + Ba^{2+} + 2\,OH^- \rightleftharpoons BaCO_3(s) + H_2O$$

Eine analytisch wichtige Verflüchtigungsreaktion stellt auch die Bildung von Schwefelwasserstoff, H_2S, aus Metallsulfiden und starken Säuren dar. Die Gasentwicklung wird von einem deutlich wahrnehmbaren Geruch nach faulen Eiern begleitet (vgl. Abschn. 33.5.2). Schwefelwasserstoff ist sehr giftig.

Unter analytischen Aspekten lassen sich die **Reaktionstypen** in vier Gruppen einteilen:

■ Bildung charakteristischer Niederschläge

■ Auflösung von Niederschlägen

■ Farbveränderungen

■ Gasentwicklungen

An
C

33.1.2   Empfindlichkeit einer Nachweisreaktion

Die Empfindlichkeit oder Nachweisgrenze einer Reaktion wird durch die **Erfassungsgrenze (EG)** angegeben. Sie stellt kein Konzentrationsmaß dar, sondern ist eine Mengenangabe.

> Die Erfassungsgrenze gibt die geringste Menge eines Stoffes an, die unter den gegebenen Bedingungen in einem geeigneten Volumen nachweisbar ist. Sie wird in der Maßeinheit μg (10^{-6} g) angegeben.

Von der IUPAC wurden Normvolumina für die verschiedenen Ausführungsformen eines Nachweises festgelegt:

- Reagenzglastest ($V = 5$ ml)
- Mikroreagenzglas ($V = 100$ μl)
- Tüpfelanalyse ($V = 30$ μl)
- Tropfen unter dem Mikroskop ($V = 10$ μl)

Die Empfindlichkeit einer Nachweisreaktion kann aber auch als **Grenzkonzentration (GK)** angegeben werden.

> Die Grenzkonzentration gibt an, in wie viel Milliliter 1 g des gesuchten Stoffes noch nachweisbar ist.

Beispiel: Ist z. B. 1 g in einem Volumen von $5 \cdot 10^5$ ml Lösung noch nachweisbar, so ist die Grenzkonzentration GK $= 1$ g $/ 5 \cdot 10^5$ ml $= 2 \cdot 10^{-6}$ g $\cdot$ ml^{-1} $= 10^{-5,7}$ g $\cdot$ ml^{-1}.

In der Regel wird die Grenzkonzentration als negativer dekadischer Logarithmus angegeben: **pD = –lg GK**. Je größer der Zahlenwert von pD, umso empfindlicher ist die Nachweisreaktion. pD ist in erster Linie abhängig von der Temperatur, Ionenstärke und Zusammensetzung der Lösung.

33.1.3   Durchführung einer quantitativen Analyse

Die Analysesubstanz liegt in den meisten Fällen als **Feststoffgemisch** vor. Das Material wird homogeniesiert, damit alle vorhandenen Substanzen erfasst werden. Dazu zerkleinert man mit einem Pistill in einer

Reibschale oder im Stahlmörser. Bei **Lösungen** ist darauf zu achten, dass sie vor der Probenahme gut geschüttelt werden, um Homogenität zu gewährleisten. Ein Teil der Analyseprobe wird direkt aus der Lösung bearbeitet. Um Nachweise aus der Trockensubstanz durchzuführen, wird ein Teil der Lösung im Porzellantiegel vorsichtig bis zur Trockene eingedampft.

Es ist sinnvoll, bei der Durchführung der qualitativen Analyse auf eine bestimmte Reihenfolge für die einzelnen Untersuchungen zu achten:

- Kennzeichnung und Charakterisierung der Analysesubstanz (Art, Menge, Farbe, Geruch etc.)
- Vorproben
- Lösen und Aufschließen der Analysesubstanz
- Anionen-Analytik
- Trennungsgang und Kationen-Analytik
- Zusammenstellung der Ergebnisse

33.2   Vorproben

Der systematische Gang einer qualitativen Analyse beginnt mit Vorproben, die **erste Informationen über die Zusammensetzung,** aber auch über die Anwesenheit einzelner Stoffe liefern.

Obwohl die Vorproben in manchen Fällen eindeutige Aussagen ergeben, muss deren Ergebnis an der entsprechenden Stelle im Trennungsgang bestätigt werden. Dies liegt an den vielfältigen Störungsmöglichkeiten, die durch die Zusammensetzung des Analysegemisches gegeben sein können. Die wichtigsten Vorproben sind:

- Flammenfärbung (Spektralanalyse)
- Phosphorsalz und Boraxperle
- Oxidationsschmelze
- Behandlung im Glührohr
- Erhitzen mit Schwefelsäure

Vorproben können an jeder beliebigen Stelle im Trennungsgang durchgeführt werden. Sie werden jedoch vorzugsweise vor dem Kationen-Trennungsgang oder bei Wartezeiten während der Gesamtanalyse durchgeführt. Neben den Vorproben sollte aber auch auf die Farbe der Ursubstanz geachtet werden. Sie lässt bereits erste Rückschlüsse auf die Anwesenheit bestimmter Verbindungen zu (vgl. Tab. 33-1).

Tabelle 33-1: Farbe der Analysesubstanz

Farbe	Mögliche Bestandteile
weiß	keine Chrom-, Eisen-, Cobalt-, Nickel- und Kupfersalze (Ausnahme: $CuSO_4$, H_2O-frei)
rosa	Cobalt- und Mangansalze
rot-braun	Quecksilberoxid
gelb-braun	Eisen(III)-Salze
grün	Chrom-, Kupfer- und Nickelsalze
blau	Cobalt- und Kupfersalze
grau-schwarz	Metalle, Metalloxide

33.2.1   Flammenfärbung und Spektralanalyse

Alle Elemente senden im atomaren oder ionisierten Zustand bei Energiezufuhr Licht einer bestimmten Farbe aus. Die Anregungsbedingungen sind bei den Elementen äußerst verschieden. Zur Anregung der Elektronen auf der Außenschale genügt z. B. bei den Alkalimetallen für die kurzfristige Anhebung auf ein höheres Energieniveau bereits die Flamme eines Bunsenbrenners. Beim Zurückfallen der Elektronen auf ein niedriges Energieniveau wird die Energiedifferenz als Strahlung einer bestimmten Wellenlänge abgegeben.

Hierbei wird die Flamme mehr oder weniger charakteristisch gefärbt (vgl. Tab. 33-2). Da die Farben einzelner Elemente sich gegenseitig überdecken können, ist die Anwendung eines Spektrometers (vgl. Abschn. 36.3.1) zu empfehlen.

Tabelle 33-2: Flammenfärbung und Spektrallinien

Element	Farbe der Flamme	Spektrallinien
Na^*	gelb	589 nm (gelb)
K^*	violett	768 nm (rot) 404 nm (violett)

Element	Farbe der Flamme	Spektrallinien
Ca	ziegelrot	622 nm (rot) 553 nm (grün)
Sr	rot	635...700 (mehrere rote Linien) 604 nm (orange) 460 nm (blau)
Ba	gelbgrün	524 nm (grün) 513 nm (grün)
Cu	grün (blauer Kern)	
Pb, As, Sb	fahlblau	

* Liegen Kalium- und Natriumverbindungen nebeneinander vor, so kann zur Kalium-erkennung ein Kobaltglas verwendet werden. Das Kobaltglas absorbiert die gelbe Natriumflamme und erleichtert das Erkennen des violetten Kalium-Lichtes. Die Anregungsbedingungen für die Elemente Natrium und Kalium sind äußerst ver-schieden.

33.2.2   Borax- und Phosphorsalzperle

Für die Erkennung zahlreicher Schwermetalle hat sich die Borax- bzw. Phosphorsalzperle als ausgezeichnete Vorprobe erwiesen.

Durch Schmelzen von Borax ($Na_2B_4O_7 \cdot 10\ H_2O$) oder Phosphorsalz ($NaNH_4HPO_4$) an einer Platindrahtöse oder an einem Magnesiastäbchen erzeugt man eine eine Perle von 2...3 mm Durchmesser.

Phosphorsalzperle

$$(Na(NH_4)HPO_4 \xrightarrow{\text{Hitze}} NaPO_3 + NH_3(g) + H_2O(g)$$

Das entstandene Natriummetaphosphat ($NaPO_3$) ist in der Lage, im geschmolzenen Zustand Schwermetalle zu charakteristisch gefärbten Orthophosphaten zu lösen. Somit lässt die Färbung der Metallphosphate einen ersten Rückschluss auf die Anwesenheit bestimmter Metalle zu. Die Färbung der Metallphosphate ist auch von der Art der Flamme (Oxidations- oder Reduktionsflamme), von der Behandlungsdauer und von der Menge der gelösten Substanz abhängig (vgl. Tab. 33-3).

Boraxperle

$$Na_2B_4O_7 \cdot 10\,H_2O \xrightarrow{\text{Hitze}} Na_2B_4O_7 + 10\,H_2O\,(g)$$

$$n\,Na_2B_4O_7 \xrightarrow{\text{Hitze}} (NaBO_2)_n \quad (= \text{Meta- bzw. Polyborate})$$

Beim Erhitzen von Borax entweicht zunächst Kristallwasser, das ähnlich dem Phosphorsalz beim Schmelzen eine klare, glasige Masse von Metaborat ergibt. Die ebenfalls charakteristisch gefärbten Metallborate sind beispielhaft in Tabelle 33-3 gezeigt.

Tabelle 33-3: Farbe einiger Phosphorsalz- und Boraxperlen

Färbung	Oxidationsflamme	Reduktionsflamme
gelb	heiß: Ni, Fe, V, U kalt: Fe (farblos-gelbrot) U (gelb-grün) V (gelb-braun)	heiß: Ti (schwach)
rot	heiß: Sn, Cu kalt: Sn, Cu	kalt: Cu (rot-braun) kalt: Ti und W (in Gegenw. von Fe)
grün	heiß: Cr, Cu (grün-gelb) kalt: Cr	heiß: Cr, U, V, Fe (schwach) kalt: Cr, U, V, Fe (schwach)
blau	heiß: Co kalt: Co, Cu	heiß: Co kalt: Co, W
violett	heiß: Mn (gesättigt) kalt: Ni (gesättigt)	kalt: Ti (schwach)

33.2.3   Oxidationsschmelze

Die Oxidationsschmelze wird zur Erkennung von Chrom- und Manganionen herangezogen. Das Oxidationsgemisch zur Herstellung der Schmelze setzt sich aus gleichen Teilen Natriumcarbonat (Na_2CO_3) und Kaliumnitrat (KNO_3) zusammen und vermag Chromverbindungen zu Chromaten und Manganverbindungen zu Manganaten zu oxidieren. Dabei laufen folgende Reaktionen ab:

$$Cr_2(SO_4)_3 + 3\,Na_2CO_3 \rightarrow Cr_2O_3 + 3\,Na_2SO_4 + CO_2(g)$$

$$Cr_2O_3 + 3\,KNO_3 + 2\,Na_2CO_3 \rightarrow 2\,Na_2CrO_4 + 3\,KNO_2 + 2\,CO_2(g)$$

$$MnSO_4 + 2\,KNO_3 + 2\,Na_2CO_3 \rightarrow Na_2MnO_4 + 2\,KNO_2 + Na_2SO_4 + 2\,CO_2(g)$$

Bei der Anwesenheit von **Chromionen** nimmt die Schmelze eine intensive **Gelbfärbung** an. Ist die Schmelze **grün bis blau-grün** gefärbt, so ist dies ein Hinweis auf **Manganionen**.

33.2.4   Erhitzen im Glühröhrchen

Wenige Milligramm der trockenen Analysesubstanz werden in ein einseitig geschlossenes Glühröhrchen gegeben. Zunächst wird schwach erhitzt und im weiteren Verlauf die Temperatur bis zur Rotglut gesteigert. Alle auftretenden Veränderungen sind zu notieren und mit den Angaben in den folgenden Tabellen zu vergleichen.

Ein Glühröhrchen ist ca. 50 mm lang und hat einen Durchmesser von ca. 5 mm. Es besteht aus schwer schmelzbarem Glas.

Farbänderung der Analysesubstanz

Bei der thermischen Zersetzung ändern einige Verbindungen ihre Farbe. Tabelle 34-4 zeigt einige Beispiele.

Tabelle 33-4: Farbänderung verschiedener Substanzen

Ursprungs-Farbe	Farbveränderung in der Hitze	in der Kälte	Herkunft
weiß	gelb	weiß	ZnO, Zinksalze
weiß-gelb/rot	braun-rot	gelb	PbO, Bleisalze
hellrot	dunkelrot-violett	hellrot	Quecksilberoxid
braun-rot	schwarz	braun-rot	Fe_2O_3
rosa	blau	blau	Cobaltsalze

Entweichen von Gasen

Durch die thermischen Zersetzung werden gasförmige Stoffe aus der Analysesubstanz ausgetrieben. Sie ergeben durch charakteristischen Geruch, Farbe und anderen Eigenschaften wichtige Informationen über die Zusammensetzung einer Probe.

An
C

Tabelle 33-5: Eigenschaften der durch thermische Zersetzung entstehenden Gase

Gas	Farbe	Geruch	andere Eigenschaften	Herkunft
CO_2	farblos	geruchlos	trübt $Ba(OH)_2$	CO_3^{2-}
$(CN)_2$	farblos	bittere Mandeln	brennt blau-violett	sehr giftig!
SO_2	farblos	stechend	pH-Papier: rot	SO_3^{2-}, SO_4^{2-}
NO_2	braun-rot	stechend	KI-Stärkepapier: blau	NO_2^-, NO_3^-
HCl	farblos	stechend	pH-Papier: rot (weiße Nebel mit NH_3)	Cl^-
NH_3	farblos	stechend	pH-Papier: blau (weiße Nebel mit HCl)	NH_4^+

Sublimatbildung

Bei der thermischen Zersetzung der Analysesubstanz kann sich ein Teil der flüchtigen Stoffe an den kalten Stellen in der Nähe der Öffnung des Glühröhrchens niederschlagen. Sie ergeben teilweise charakteristische Sublimatniederschläge (vgl. Tab. 34-6).

Tabelle 33-6: Typische Sublimatniederschläge

sublimierender Stoff	Farbe	Eigenschaften
Ammoniumsalze	weiß	NH_3-Entwicklung mit einer starken Base
Arsen(III)-oxid	weiß glänzende Kristalle	
Quecksilberverbindungen	graue Kügelchen	Quecksilberspiegel

33.2.5   Erhitzen mit Schwefelsäure

Mit schwer flüchtiger Schwefelsäure lassen sich eine Vielzahl von Verbindungen zersetzen. Weniger starke Säuren oder deren Anionen werden aus den Salzen ausgetrieben (vgl. Kap. 8).

Die Behandlung mit verdünnter Schwefelsäure (w = 10 %) erfolgt zunächst in der Kälte, dann in der Wärme, und man beobachtet das sich entwickelnde Gas (vgl. Tab. 34-7).

Tabelle 33-7: Erhitzen mit verdünnter Schwefelsäure (**w**(H_2SO_4) = 10 %)

Gas	Herkunft	Geruch	Bemerkungen
CO_2	Carbonate	—	trübt $Ba(OH)_2$
SO_2	Sulfite, Thiosulfate	stechend	trübt $Ba(OH)_2$ bei $S_2O_3^{2-}$ Schwefelabscheidung
H_2S	Sulfide	nach faulen Eiern	schwärzt $Pb(COOCH_3)_2$
NO_2	Nitrite	stechend erstickend	braune Gase
HCN	Cyanide	nach bitteren Mandeln	sehr giftig!

Reagiert die Probe mit verdünnter Schwefelsäure (w(H_2SO_4) = 10 %), so sollte der Zusatz von konzentrierter Schwefelsäure (w(H_2SO_4) = 96 %) sehr vorsichtig erfolgen, damit eine zu heftige Reaktion vermieden wird.

33.2.6   Weitere Vorproben

Fluoridnachweis

Zum Nachweis großer Fluoridmengen kann die Ätzprobe herangezogen werden. In einem Platin- oder Bleitiegel wird die fluoridhaltige Substanz mit Schwefelsäure (w(H_2SO_4) = 20 %) vorsichtig erwärmt und mit einer Glasplatte abgedeckt. Es entwickelt sich Fluorwasserstoff, HF, durch den das **Glas geätzt** wird.

CaF_2 + H_2SO_4 $\rightarrow$ $CaSO_4$ + 2 HF(g)

4 HF + SiO_2 $\rightarrow$ SiF_4(g) + 2 H_2O

Bei größeren Mengen an Kieselsäure oder Borsäure versagt der Nachweis wegen SiF_4- oder BF_3-Bildung. Beide Gase können kein Glas angreifen.

Heparprobe

Zur Prüfung, ob Schwefelverbindungen in der Analysesubstanz vorhanden sind, wird die Heparprobe durchgeführt. In einer kleinen Perle aus

Soda (Na$_2$CO$_3$) am Magnesiastäbchen oder in der Öse eines Platindrahtes wird die Probe in der Oxidationsflamme des Bunsenbrenners erhitzt und anschließend in der leuchtenden Spitze der Flamme reduzierend geschmolzen.

$$4\,Ag + 2\,S^{2-} + 2\,H_2O + O_2 \rightarrow 2\,Ag_2S + 4\,OH^-$$

Schwefelverbindungen werden zum Sulfid reduziert und zum Nachweis mit einem feuchten Stück Silber in Kontakt gebracht. Es bildet sich **schwarzes Silbersulfid.**

Leuchtprobe

Zu der auf Zinn (Sn) zu prüfenden Substanz gibt man gekörntes Zink und halbkonzentrierte Salzsäure. Das Zink reduziert eventuell vorhandene schwer lösliche Sn(IV)-Verbindungen zu Sn(II)-Ionen in Lösung. Taucht man in diese Mischung ein zur Hälfte mit kaltem Wasser gefülltes Reagenzglas und hält dies anschließend in den Reduktionsraum der Bunsenflamme, entsteht an der benetzten Reagenzglaswand eine **blaue Fluoreszenz.**

MARSH'sche Probe

Zur Prüfung auf Arsen (As) und Antimon (Sb) wird das Analysegemisch in einem Reagenzglas mit gekörntem Zink, verdünnter Schwefelsäure ($w(H_2SO_4)$ = 10 %) und etwas CuSO$_4$ versetzt. Das Reagenzglas wird mit einem duchbohrten Stopfen verschlossen, in dessen Öffnung ein zur Spitze ausgezogenes Glasrohr steckt.

Es bilden sich neben Wasserstoff die **sehr giftigen Hydride AsH$_3$ und SbH$_3$.** Zündet man die Reaktionsgase an, brennen sie mit **fahlblauer Flamme.** Wird die Flamme auf eine kalte, glasierte Porzellanschale gerichtet, scheiden sich elementares Arsen und Antimon als schwarzer Belag ab. In ammoniakalischer Wasserstoffperoxid-Lösung löst sich As sofort zur Arsensäure auf, Sb dagegen erst nach einiger Zeit.

Ammoniumionen

Ammoniak wird durch starke, nicht flüchtige Basen freigesetzt.

$$NH_4^+ + OH^- \rightleftharpoons NH_3(g) + H_2O$$

Das verdrängte Ammoniakgas kann am Geruch erkannt oder durch die Reaktion mit Salzsäure nachgewiesen werden. Bei Anwesenheit von NH$_3$ bildet sich ein weißer Ammoniumchloridnebel entsprechend folgender Reaktionsgleichung:

$$NH_3 + HCl \rightarrow NH_4Cl$$

33.3   Lösen und Aufschließen

Die systematische Analyse setzt in der Regel eine homogene Lösung der Analysesubstanz voraus. Liegt das Untersuchungsmaterial im festen Zustand vor, so werden die Lösemittel in folgender Reihenfolge eingesetzt:

■ **Wasser** (Probe ist selten vollständig in Wasser löslich)

■ **verdünnte und konzentrierte Salzsäure** (HCl ist für viele Substanzen ein gutes Lösungsmittel und sollte immer dann angewendet werden, wenn die Probe keine Hg(I)- ung Ag(I)-Salze enthält)

■ **verdünnte und konzentrierte Salpetersäure** (HNO_3 muss im Trennungsgang vor der H_2S-Gruppe wieder beseitigt werden, weil Sulfidionen zu Schwefel oxidiert werden)

■ **Königswasser** (Gemisch aus Salzsäure, $w(HCl)$ = 36 % und Salpetersäure, $w(HNO_3)$ = 65 % im Verhältnis 3 : 1)

Um die Wartezeit beim Filtrieren, Abrauchen, Eindampfen und Kristallisieren gering zu halten, sollte möglichst **wenig Substanz und Lösemittel** eingesetzt werden.

Der Einsatz eines **geeigneten Aufschlussverfahrens** setzt die Identifizierung des schwer löslichen Rückstandes voraus. Hierzu bieten sich folgende Vorproben an:

■ **Erdalkali- und Bleisulfate** ergeben einen weißen Rückstand, der beim Erhitzen mit konz. Schwefelsäure, $w(H_2SO_4)$ = 96 %, in Lösung geht;

■ **Silberchlorid** löst sich in Ammoniak, fällt beim Kochen oder nach Zugabe von Salpetersäure, $w(HNO_3)$ = 10 %, wieder aus und nimmt wegen seiner Lichtempfindlichkeit eine violett-schwarze Färbung an;

■ **Quecksilber(I)-chlorid** disproportioniert in ammoniakalische Lösung und verfärbt sich schwarz durch Bildung von elementarem, fein verteiltem Quecksilber;

■ **Zinnoxid** durch die Leuchtprobe (vgl. Abschn. 33.2.6);

■ **Eisen(III)-oxid** durch Phosphorsalzperle (vgl. Abschn. 33.2.2);

■ **Chrom(III)-oxid** durch Phosphorsalz und Oxidationsschmelze (vgl. Abschn. 33.2.2 und 33.2.3).

An
C

Kann der schwer lösliche Rückstand durch Farbe und Vorprobe eingeordnet werden, so gilt er erst dann als bestimmt, wenn seine Ionen nachgewiesen sind (vgl. Abschn. 33.5).

Im Folgenden wird auf die Problematik einiger Aufschlussverfahren zur
qualitativen Analyse näher eingegangen. Je nach vorhandener Substanzmenge können die Aufschlüsse (Schmelzen) in einem Tiegel, in
einer Platinöse oder mit einem Magnesiastäbchen durchgeführt werden.
Die Herstellung der Schmelze mit einem Magnesiastäbchen ist ähnlich
der Herstellung einer Borax- bzw. Phosphorsalzperle.

33.3.1   Saurer Aufschluss mit Kaliumhydrogensulfat

Wird Kaliumhydrogensulfat ($KHSO_4$) bis zur Schmelze (Fp. 197 °C)
erhitzt, entsteht unter Wasserabspaltung Kaliumpyrosulfat, das sich bei
weiterem Erhitzen zersetzt.

$2 KHSO_4 \rightarrow K_2S_2O_7 + H_2O(g)$

$K_2S_2O_7 \rightarrow K_2SO_4 + SO_3(g)$

Die stark saure Schmelze (10facher Überschuss an $KHSO_4$) löst Metalloxide (Me_2O_3) wie z. B. Fe_2O_3, Al_2O_3 und Cr_2O_3 als leicht lösliche Sulfate.

$Me_2O_3 + 3 SO_3 \rightarrow Me_2(SO_4)_3$

Nach Erkalten kann die klare Schmelze herausgenommen, zerkleinert
und in Wasser gelöst werden.

33.3.2   Alkalischer Aufschluss mit Soda/Pottasche

Der alkalische Aufschluss kann mit Natriumcarbonat (Fp. 854 °C) oder
Kaliumcarbonat (Fp. 897 °C) durchgeführt werden. Das Gemisch von
Na_2CO_3 und K_2CO_3 im Verhältnis 1 : 1 hat einen erheblich geringeren
Schmelzpunkt als die reinen Salze.

Dieser Aufschluss kann für Erdalkalisulfate, Bleisulfat, Silberhalogenide
und Silicate eingesetzt werden. In der Schmelze laufen folgende Reaktionen an:

$BaSO_4 + Na_2CO_3 \rightarrow BaCO_3 + Na_2SO_4$

$PbSO_4 + K_2CO_3 \rightarrow PbO + K_2SO_4 + CO_2(g)$

Der Schmelzkuchen wird mit Wasser aufgekocht, sodass die leicht löslichen Salze (Na_2SO_4, K_2SO_4 und NaCl) in Lösung gehen. Der Rückstand wird abgetrennt, sulfatfrei gewaschen und kann mit verdünnter Salzsäure oder Essigsäure gelöst werden.

$$4\,AgCl + 2\,Na_2CO_3 \;\rightarrow\; 4\,Ag(s) + 4\,NaCl + 2\,CO_2 + O_2(g)$$

Silberhalogenide werden durch den Aufschluss zu metallischem Silber reduziert. Das im Schmelzkuchen vorhandene Silber kann in verdünnter Salpetersäure gelöst werden.

33.3.3   Freiberger Aufschluss

Vermutet man auf Grund der Vorproben im säureschwerlöslichen Rückstand der Analysesubstanz SnO_2, so kann der Freiberger Aufschluss angewendet werden:

$$2\,SnO_2 + 2\,K_2CO_3 + 9\,S \;\rightarrow\; 2\,K_2SnS_3 + 3\,SO_2 + 2\,CO_2$$

Die trockene, schwer lösliche Substanz wird mit der 6fachen Menge eines Gemisches aus gleichen Anteilen Kaliumcarbonat (K_2CO_3) und Schwefel (S) im Porzellantiegel geschmolzen. Nach dem Auslaugen der Schmelze mit heißem Wasser und Filtration wird der Überstand mit verdünnter Salzsäure, $w(HCl) = 10\,\%$, angesäuert, wobei das gelöste Kaliumthiostannat (K_2SnS_3) zerstört und Zinn(IV)-sulfid (SnS_2) als Niederschlag ausfällt. Die Zinn(IV)-Ionen können z. B. mit der Leuchtprobe (vgl. Abschn. 33.2.6) nachgewiesen werden.

33.3.4   Oxidationsaufschluss

Zum Lösen von Chrom(III)-oxid (Cr_2O_3) wird der Oxidationsaufschluss durchgeführt. Chromoxid wird mit der 10fachen Menge eines Gemisches aus gleichen Teilen Natriumperoxid (Na_2O_2) und Natriumcarbonat (Na_2CO_3) gemischt und vorsichtig geschmolzen.

$$Cr_2O_3 + 3\,Na_2O_2 \;\rightarrow\; 2\,Na_2CrO_4 + Na_2O$$

Die erkaltete Schmelze wird in heißem Wasser ausgelaugt und filtriert. Der Nachweis erfolgt wie im Kationentrenngang beschrieben (vgl. Abschn. 33.5).

An
C

33.4   Anionenanalytik

33.4.1   Nachweise aus der Analysesubstanz

Aus der Analysesubstanz können Anionen direkt nachgewiesen werden, wenn keine Störung durch Metallionen stattfinden. Andernfalls müssen mit Ausnahme der Alkalimetalle und Ammoniumionen alle Kationen entfernt werden. Dies kann beispielsweise mit einem Ionenaustauscher oder durch einen Natriumcarbonatauszug (Sodaauszug) erfolgen.

Nachweis von Acetationen (CH_3COO^-)

Verreibt man Acetat mit Kaliumhydrogensulfat ($KHSO_4$) oder verd. Schwefelsäure im Mörser, wird Essigsäure (CH_3COOH) freigesetzt. Sie kann am typischen Geruch erkannt werden.

$$2\,CH_3COONa + 2\,KHSO_4 \;\rightarrow\; K_2SO_4 + Na_2SO_4 + 2\,CH_3COOH$$

Die Bildung anderer stark riechender Verbindungen wird durch Zusatz von Ag^+-Ionen und $KMnO_4$ eingeschränkt. Es werden aus den evtl. vorhandenen, störenden Anionen AgCN, AgSCN und Ag_2S gebildet. Kaliumpermanganat oxidiert SO_3^{2-}, $S_2O_3^{2-}$ zu SO_4^{2-} und NO_2^- zu NO_3^-.

Nachweis von Carbonationen (CO_3^{2-})

Zum Nachweis von Carbonat versetzt man in einem Reagenzglas die trockene Analysesubstanz mit verd. Salzsäure, wobei Kohlenstoffdioxid (CO_2) entsteht:

$$CO_3^{2-} + 2\,HCl \;\rightarrow\; CO_2(g) + H_2O + 2\,Cl^-$$

Das Reagenzglas wird mit einem Gärröhrchen verschlossen, welches mit klarer, gesättigter $Ba(OH)_2$-Lösung gefüllt ist. Anschließend erwärmt man, um das gebildete CO_2 durch die Bariumhydroxid-Lösung zu leiten. Fällt weißes Bariumcarbonat aus, so gelten CO_3^{2-}-Ionen als nachgewiesen.

$$CO_2\,(g) + Ba(OH)_2 \;\rightarrow\; BaCO_3(s) + H_2O$$

Nachweis von Oxalationen ($C_2O_4^{2-}$)

Die trockene Analysesubstanz wird in einem Reagenzglas mit konz. Schwefelsäure versetzt. Bei Anwesenheit von Oxalaten entwickelt sich ein Gasgemisch aus CO und CO_2:

$$C_2O_4^{2-} + H_2SO_4 \;\rightarrow\; CO_2(g) + CO + H_2O + SO_4^{2-}$$

Das gebildete Kohlenstoffmonooxid kann an der Reagenzglasöffnung angezündet werden und verbrennt mit blauer Flamme.

Nachweis von Nitrationen (NO_3^-)

Nitrat kann mit Zinkstaub und Salzsäure zu Nitrit reduziert und dann indirekt über das NO_2^--Ion nachgewiesen werden. Hierzu wird mit Natriumacetat auf pH 4…5 abgepuffert und mit „LUNGES Reagenz" versetzt. Eine Rotfärbung zeigt Nitrationen an.

Zur Herstellung von LUNGES Reagenz wird Sulfanilsäure ($w = 1$ %) in Essigsäure ($w = 30$ %) mit α-Naphthyamin ($w = 0,3$ %) ebenfalls in Essigsäure ($w = 30$ %) gelöst zusammengegeben. In der sauren Lösung wird Sulfanilsäure durch HNO_2 diazotiert und mit α-Naphthyamin zu einem roten Diazofarbstoff gekoppelt (vgl. Abschn. 23.4).

Nachweis von Borationen (BO_3^{3-})

Die Analysesubstanz wird in einem Reagenzglas mit Methanol und einigen Tropfen konz. Schwefelsäure versetzt. Nach erfolgter Reaktion wird das Gemisch erhitzt, und die entweichenden Gase werden entzündet.

$2 BO_3^{3-} + 3 H_2SO_4 \rightarrow 2 H_3BO_3 + 3 SO_4^{2-}$

$H_3BO_3 + 3 CH_3OH \rightarrow B(OCH_3)_3 + 3 H_2O$

Der mit grüner Flamme verbrennende Borsäuretrimethylester zeigt Borationen an.

33.4.2 Nachweise aus dem Sodaauszug

Bei Analysegemischen, die außer Alkalimetallen und Ammoniumionen weitere Metalle enthalten, werden diese durch Kochen mit Natriumcarbonat (Na_2CO_3) als schwer lösliche **Carbonate** oder **Hydroxide** abgetrennt. Die nachzuweisenden Anionen liegen dann im Filtrat (Zentrifugat) als Natriumsalze vor.

Für die Nachweise muss die jeweilige Probe des Sodaauszugs mit den angegebenen Säuren sauergestellt werden. Hierbei muss mit starker Gasentwicklung gerechnet werden.

$CO_3^{2-} + 2 H^+ \rightarrow CO_2(g) + H_2O$

Nachweis von Chloridionen (Cl^-)

Zu 1…2 ml der salpetersauren Lösung des Sodaauszuges gibt man einige Tropfen Silbernitratlösung, $w(AgNO_3) = 1$ %. Ein weißer, käsiger Niederschlag deutet auf die Anwesenheit von Chlorid.

An
C

$Cl^- + AgNO_3 \rightarrow AgCl(s) + NO_3^-$

Silberchlorid verfärbt sich am Licht allmählich violett bis schwarz und löst sich in Ammoniumhydroxid bzw. -carbonat zu einem Silberdiaminkomplex:

$AgCl(s) + 2 NH_4OH \rightarrow [Ag(NH_3)_2]Cl + 2 H_2O$

Durch Zugabe von Salpetersäure wird der Diaminkomplex zerstört. Es entsteht wieder schwer lösliches Silberchlorid (AgCl).

Nachweis von Bromidionen (Br⁻)

1...2 ml des Sodaauszuges werden mit Salpetersäure, $w(HNO_3) = 10\,\%$, angesäuert und mit Silbernitratlösung, $w(AgNO_3) = 1\,\%$, versetzt. Es bildet sich ein schwach gelblich gefärbter Niederschlag:

$Br^- + AgNO_3 \rightarrow AgBr(s) + NO_3^-$

Silberbromid löst sich mit NH_4OH- bzw. $(NH_4)_2CO_3$-Lösung nur schwer, sodass AgBr und AgCl an ihrem Löseverhalten gut zu unterscheiden sind.

Versetzt man eine mit verd. Schwefelsäure angesäuerte und Chloroform ($CHCl_3$) oder Kohlenstoffdisulfid (CS_2) unterschichtete Probelösung tropfenweise mit frisch hergestelltem Chlorwasser, so ergibt sich bei **Bromiden** eine Braun- und bei **Iodiden** eine Violettfärbung. Beide Elemente lösen sich in der organischen Phase.

$2 Br^- + Cl_2 \rightarrow Br_2 + 2 Cl^-$
$2 I^- + Cl_2 \rightarrow I_2 + 2 Cl^-$

Bei Anwesenheit von Bromiden und Iodiden gemeinsam tritt zunächst die violette Farbe des I_2 und dann die braune des Br_2 auf, nachdem Iod weiter zu Iodat und teilweise zu ICl_3 oxidiert wurde.

Nachweis von Iodidionen (I⁻)

0,5 ml des salpetersauren Sodaauszuges werden mit Silbernitratlösung, $w(AgNO_3) = 1\,\%$, versetzt. Es bildet sich bei Anwesenheit von Iodidionen ein gelber Niederschlag von Silberiodid (AgI).

$I^- + AgNO_3 \rightarrow AgI(s) + NO_3^-$

AgI ist in NH_4OH- und $(NH_4)_2CO_3$-Lösung nicht löslich, kann aber mit Kaliumcyanid-Lösung, $w(KCN) = 1\,\%$, in Lösung gebracht werden.

Nachweis von Nitrationen (NO₃⁻)

Etwa 0,5 ml des Sodaauszuges werden im Reagenzglas mit verd. Schwefelsäure, $w(H_2SO_4) = 10\,\%$, angesäuert und mit einigen Tropfen

Eisen(II)-sulfat, $w(FeSO_4) = 20\ \%$, versetzt. Anschließend wird mit konz. Schwefelsäure vorsichtig unterschichtet. Es entsteht HNO_3, die von $FeSO_4$ in saurer Lösug zu NO reduziert wird, wobei Fe(II) zu Fe(III) oxidiert wird. NO lagert sich an überschüssiges Fe^{2+} an und bildet den Komplex Pentaaquanitrosyleisen(II).

$$2\ NO_3^- + 6\ Fe^{2+} + 8\ H^+ \rightarrow 2\ NO + 6\ Fe^{3+} + 4\ H_2O$$

$$[Fe(H_2O)_6]^{2+} + NO \rightarrow [Fe(H_2O)_5]^{2+} + H_2O$$

Nitritionen können den Nachweis stören und werden durch Kochen der Probe mit Harnstoff beseitigt.

Nachweis von Sulfationen (SO_4^{2-})

Zu 1…2 ml des mit verd. Salzsäure, $w(HCl) = 10\ \%$, angesäuerten Sodaauszuges gibt man Bariumchloridlösung, $w(BaCl_2) = 5\ \%$. Anwesende Sulfationen werden durch einen weißen, feinkörnigen Niederschlag angezeigt:

$$SO_4^{2-} + BaCl_2 \rightarrow BaSO_4(s) + 2\ Cl^-$$

Ein häufig möglicher Konzentrationsniederschlag kann mit Wasser geschüttelt und aufgelöst werden. $BaSO_4$ ist nur in heißer konz. Schwefelsäure löslich.

Nachweis von Phosphationen (PO_4^{3-})

Etwa 0,5 ml des Sodaauszuges werden mit verd. Salpetersäure angesäuert und mit Ammoniummolybdat-Lösung, $w((NH_4)_6Mo_7O_{24}) = 15\ \%$, versetzt. Ein kanariengelber Niederschlag von Ammoniumphosphormolybdat zeigt bereits in der Kälte, mitunter erst nach Erwärmen und einiger Zeit, Phosphationen an.

$$H_2PO_4^- + 22\ H^+ + 3\ NH_4^+ + 12\ MoO_4^{2-} \rightarrow (NH_4)_3[P(Mo_3O_{10})_4](s) + 12\ H_2O$$

Der Niederschlag kann in Ammoniumhydroxid- oder Alkaliphosphat-Lösungen aufgelöst werden.

33.5   Kationentrennungsgang

In der Literatur sind eine Vielzahl von Nachweisreaktionen und Trennungsgängen beschrieben. Wir behandeln hier nur eine beschränkte, aber repräsentative Auswahl, mit der seit Jahren erfolgreich gearbeitet wird. Der Trennungsgang richtet sich nach der **Löslichkeit der Chloride,**

An
C

Sulfide, Hydroxide und Carbonate im sauren oder alkalischen Medium. Analytisch lässt sich daher der Trennungsgang in folgende Gruppen einteilen, wobei die vorherigen Gruppen jeweils abgetrennt sein müssen:

■ **HCl-Gruppe**
Ag^+, Pb^{2+} und Hg_2^{2+} werden als Chloride unter stark sauren Bedingungen gefällt.

■ **H$_2$S-Gruppe**
Cu^{2+}, Cd^{2+}, Bi^{3+}, Sb^{3+}/Sb^{5+}, Sn^{2+}/Sn^{4+}, Pb^{2+} und As^{3+}/As^{5+} bilden in stark saurer Lösung schwer lösliche Sulfide. Einge der Elementsulfide sind in Ammoniumpolysulfid $(NH_4)_2S_X$ unter Bildung von Thiosalzen löslich.

■ **(NH$_4$)$_2$S-Gruppe**
Ni^{2+}, Co^{2+}, Fe^{2+}/Fe^{3+}, Mn^{2+}, Cr^{3+}, Al^{3+} und Zn^{2+} bilden in ammoniakalischer Lösung schwer lösliche Sulfide oder Hydroxide.

■ **(NH$_4$)$_2$CO$_3$-Gruppe**
Elemente, die durch die bisher genannten Gruppenreagenzien nicht ausfallen, können mit $(NH_4)_2CO_3$ schwer lösliche Carbonate bilden (Ca^{2+}, Sr^{2+} und Ba^{2+}).

■ **Lösliche Gruppe**
Na^+, K^+, NH_4^+ und unter bestimmten Bedingungen Mg^{2+} werden am Ende des Trennungsganges nachgewiesen, da sie mit o. g. Fällungsreagenzien keine schwer löslichen Niederschläge bilden.

33.5.1   HCl-Gruppe

Die zur HCl-Gruppe gehörenden Kationen werden durch Chloridionen aus ihrer Lösung gefällt:

$Ag^+ + Cl^- \rightarrow AgCl(s)$
$Hg^{2+} + 2\,Cl^- \rightarrow Hg_2Cl_2(s)$
$Pb^{2+} + 2\,Cl^- \rightarrow PbCl_2(s)$

Ag^+- und Hg_2^{2+}-Ionen fallen nahezu vollständig aus, während Pb^{2+} teilweise in Lösung bleibt und in der H$_2$S-Gruppe abgetrennt werden muss.

Trennungsschema der HCl-Gruppe

Chlorid-Fällung

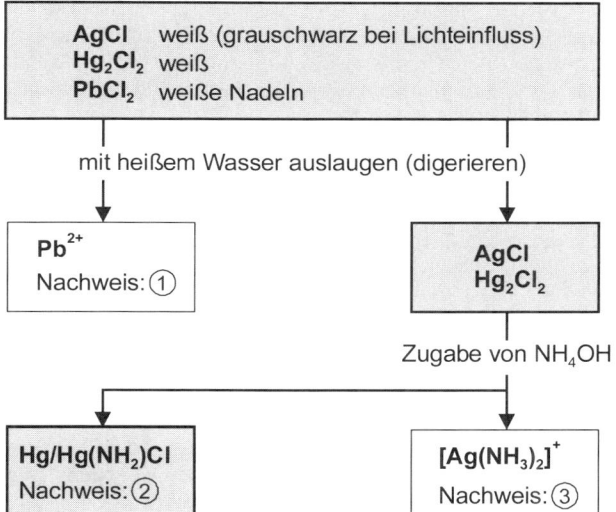

Nachweise

① **Pb^{2+}**	Eindampfen der Lösung	
	(A) Nach Abkühlung kristallisieren weiße PbCl$_2$-Nadeln	
	(B) Durch Zugabe von H$_2$SO$_4$ fällt PbSO$_4$ aus	
	Disproportionierung	
	Hg$_2$Cl$_2$ + 2 NH$_3$ → Hg(s) + Hg(NH$_2$)Cl(s) + NH$_4$Cl	
② **Hg/Hg(NH$_2$)Cl**	schwarzer Niederschlag	
	Das Gemisch aus weißem Quecksilber(II)-amidochlorid und schwarzem Quecksilber wird **Kalomel** genannt.	
③ **[Ag(NH$_3$)$_2$]$^+$**	liegt in Lösung vor	
	Nach Ansäuern mit HNO$_3$ fällt wieder weißes AgCl aus.	

33.5.2 H_2S-Gruppe

Die schwer löslichen Sulfide der H_2S-Gruppe haben unterschiedliche Löslichkeiten und benötigen daher zu Fällung verschiedene Hydrogensulfid-Konzentrationen. Da die Protonen-Konzentration (pH-Wert) die H_2S-Konzentration bestimmt, kann die Fällung der Sulfide stufenweise erfolgen (vgl. Tab. 33-8).

Tabelle 33-8: Ausfällbare Sulfide in Abhängigkeit vom pH-Wert

pH-Wert	Massenanteil w(HCl) in %	ausfällbare Sulfide
0,5	ca. 10	As^{3+}/As^{5+}, Hg^{2+}
0,15	ca. 5	Bi^{3+}, Cu^{2+}, Sb^{3+}/Sb^{5+}, Sn^{2+}/Sn^{4+}
1	ca. 3,5	Pb^{2+}
2	0,03...0,04	Cd^{2+}

Vor der Fällung der Sulfide aus dem Filtrat/Zentrifugat der HCl-Gruppe müssen vorhandene Oxidationsmittel (z. B. HNO_3, H_2O_2) entfernt werden, da sie H_2S nach folgender Gleichung oxidieren können:

$$H_2S + 2\,HNO_3 \rightarrow S(s) + 2\,NO_2(g) + 2\,H_2O$$

Vorsichtiges Abrauchen mit konz. Salzsäure, w(HCl) = 36 % bis zur Trockene, beseitigt die Oxidationsmittel.

Exkurs 33-1: Toxikologie und Herstellung von Schwefelwasserstoff

Schwefelwasserstoff, H_2S, ist ein farbloses Gas von üblem, an faule Eier erinnerndem Geruch, das **bei hohen Konzentrationen nicht mehr wahrnehmbar** ist und mit blauer Flamme verbrennt.

H_2S wirkt ähnlich wie Blausäure lähmend auf das Atemzentrum. Der MAK-Wert liegt bei 10 ppm (15 mg/m³). Leichte Vergiftungen lösen beim Menschen Benommenheit und Reizung der Augen aus.

Im Labor kann H_2S durch Reaktion von Eisensulfid mit verd. Salzsäure, w(HCl) = 20 %, hergestellt werden. Schwefelwasserstoff kann aber auch Druckgasflaschen entnommen werden.

Trennungsschema der H₂S-Gruppe

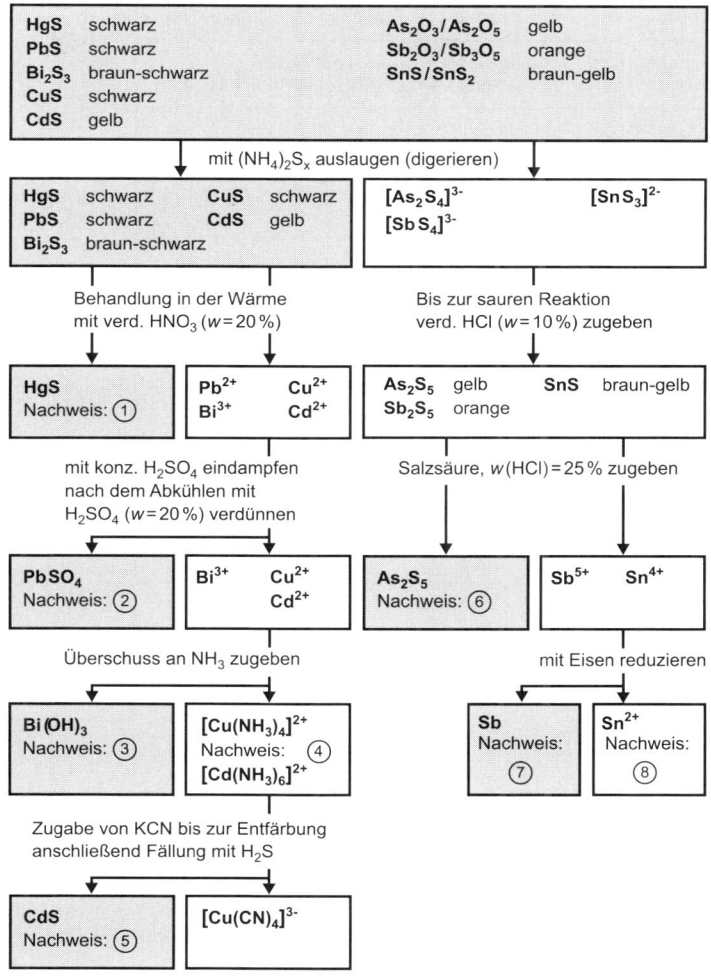

Einleitung von H₂S in die HCl-saure Lösung,
nach Fällung mit Wasser verdünnen

HgS	schwarz		As₂O₃/As₂O₅	gelb
PbS	schwarz		Sb₂O₃/Sb₃O₅	orange
Bi₂S₃	braun-schwarz		SnS/SnS₂	braun-gelb
CuS	schwarz			
CdS	gelb			

mit (NH₄)₂Sₓ auslaugen (digerieren)

HgS	schwarz	CuS	schwarz	[As₂S₄]³⁻ [SnS₃]²⁻
PbS	schwarz	CdS	gelb	[SbS₄]³⁻
Bi₂S₃	braun-schwarz		

Behandlung in der Wärme
mit verd. HNO₃ (w = 20 %)

Bis zur sauren Reaktion
verd. HCl (w = 10 %) zugeben

HgS Nachweis: ①

Pb²⁺ Cu²⁺
Bi³⁺ Cd²⁺

As₂S₅ gelb   SnS braun-gelb
Sb₂S₅ orange

mit konz. H₂SO₄ eindampfen
nach dem Abkühlen mit
H₂SO₄ (w = 20 %) verdünnen

Salzsäure, w(HCl) = 25 % zugeben

PbSO₄ Nachweis: ②

Bi³⁺ Cu²⁺
Cd²⁺

As₂S₅ Nachweis: ⑥

Sb⁵⁺ Sn⁴⁺

Überschuss an NH₃ zugeben

mit Eisen reduzieren

Bi(OH)₃ Nachweis: ③

[Cu(NH₃)₄]²⁺ Nachweis: ④
[Cd(NH₃)₆]²⁺

Sb Nachweis: ⑦

Sn²⁺ Nachweis: ⑧

Zugabe von KCN bis zur Entfärbung
anschließend Fällung mit H₂S

CdS Nachweis: ⑤

[Cu(CN)₄]³⁻

An
C

Nachweise

① **HgS**		Niederschlag löst sich in HNO_3/HCl
	(A)	Amalgambildung mit unedlen Metallen
	(B)	Bildung von Hg_2Cl_2 (weiß) und Hg (schwarz) durch das Reaktionsmittel $SnCl_2$
② **PbSO₄**		löst sich in Ammoniumkonzentrat-Lösung
		Nach Zusatz von $K_2Cr_2O_7$ fällt gelbes $PbCrO_4$ aus
③ **Bi(OH)₃**		löst sich in HCl
		neutralisieren und mit alkal. Stannat(II)-Lösung versetzen (Bi fällt schwarz aus)
		$2\,Bi(OH)_3 + 3\,Na[Sn(OH)_3] + 3\,NaOH \longrightarrow$ $2\,Bi(s) + 3\,Na_2[Sn(OH)_6]$
④ **[Cu(NH₃)₄]²⁺**		kann an der blauen Farbe der Lösung erkannt werden
⑤ **CdS**		ist an der gelben Farbe des Niederschlags zu erkennen
⑥ **As₂S₅**		geht nach Zugabe von konz. $(NH_4)_2CO_3$ in Lösung
		nach Zugabe von H_2O_2 und Erwärmen bildet sich AsO_4^{3-}
		H_2O_2 und Mg^{2+} zugeben: $MgNH_4AsO_4 \cdot 6\,H_2O$
		kristallisiert weiß
⑦ **Sb**		löst sich unter Zusatz von Salzsäure ($w = 25\,\%$) und wenig HNO_3
		Stark verdünnen und H_2S einleiten, orange Niederschlag von Sb_2S_3
⑧ **Sn²⁺**		verbleibt in Lösung
	(A)	Bildet mit $HgCl_2$: Hg_2Cl_2 (weiß) und Hg (schwarz)
	(B)	Leuchtprobe

33.5.3   (NH₄)₂S-Gruppe

Die dreiwertigen Kationen bilden bereits im schwach ammoniakalischen Bereich (pH = 8) schwer lösliche Hydroxide – im Unterschied zu den zweiwertigen Kationen, die aus ammoniakalischer Lösung mit H_2S zu schwer löslichen Sulfiden gefällt werden.

Trennungsschema der (NH₄)₂S-Gruppe

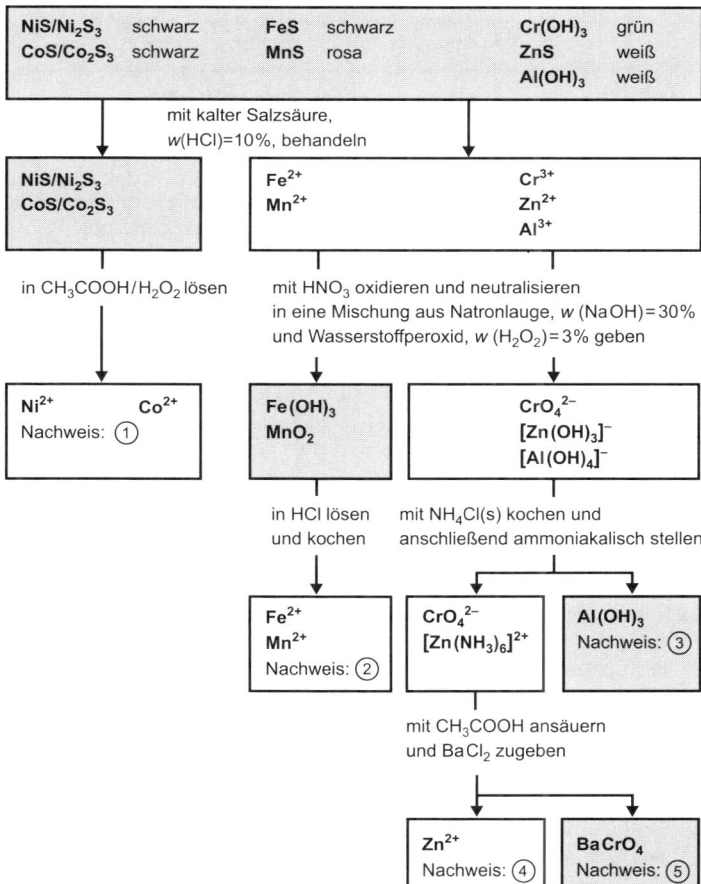

Salzsaure Lösung mit NH₄Cl/NH₄OH versetzen
und mit (NH₄)₂S in der Wärme fällen

NiS/Ni₂S₃	schwarz	FeS	schwarz	Cr(OH)₃	grün
CoS/Co₂S₃	schwarz	MnS	rosa	ZnS	weiß
				Al(OH)₃	weiß

mit kalter Salzsäure,
w(HCl)=10%, behandeln

NiS/Ni₂S₃
CoS/Co₂S₃

Fe²⁺   Cr³⁺
Mn²⁺   Zn²⁺
         Al³⁺

in CH₃COOH/H₂O₂ lösen

mit HNO₃ oxidieren und neutralisieren
in eine Mischung aus Natronlauge, w(NaOH)=30%
und Wasserstoffperoxid, w(H₂O₂)=3% geben

Ni²⁺   Co²⁺
Nachweis: ①

Fe(OH)₃
MnO₂

CrO₄²⁻
[Zn(OH)₃]⁻
[Al(OH)₄]⁻

in HCl lösen
und kochen

mit NH₄Cl(s) kochen und
anschließend ammoniakalisch stellen

Fe²⁺
Mn²⁺
Nachweis: ②

CrO₄²⁻
[Zn(NH₃)₆]²⁺

Al(OH)₃
Nachweis: ③

mit CH₃COOH ansäuern
und BaCl₂ zugeben

Zn²⁺
Nachweis: ④

BaCrO₄
Nachweis: ⑤

An
C

Nachweise

① Ni^{2+}/Co^{2+}	In essigsaurer Lösung bildet Nickel mit Dimethylglyoxim einen roten Farbkomplex (Fe^{2+}, Co^{2+} und Cu^{2+} stören)
	In essigsaurer Lösung bildet Cobalt mit KSCN einen blau gefärbten $[Co(SCN)_4]^{2-}$-Komplex
② Fe^{2+}/Mn^{2+}	Zusatz von $K_4[Fe(CN)_6]$ ergibt einen tiefblauen Niederschlag von Berliner Blau ($Fe[FeFe(CN)_6]_3$)
	Mangan kann in der Oxidationsschmelze mit Sulfid-niederschlag nachgewiesen werden
③ $Al(OH)_3$	(A) mit $Co(NO_3)_2$ auf einer Magnesiarinne erhitzen: blaues $CoAl_2O_4$
	(B) Alizarin S bildet mit Al^{3+} einen roten Farblack
④ Zn^{2+}	RINMANNS-Grün: Zn-Salze reagieren nach Überführung in ZnO mit wenigen Tropfen $Co(NO_3)_2$ auf einer Magnesia-rinne zu charakteristisch grün gefärbten Produkten
⑤ $BaCrO_4$	wird mit H_2SO_4 in $BaSO_4$ und $Cr_2O_7^{2-}$ überführt

33.5.4 $(NH_4)_2CO_3$- und lösliche Gruppe

Im Verlauf der Gruppenfällungen bleiben bei Abwesenheit von CO_3^{2-}, SO_4^{2-}, PO_4^{3-} und F^- die Erdalkaliionen in Lösung. Sie werden mit $(NH_4)_2CO_3$ als Carbonate ausgefällt. Das Filtrat/Zentrifugat enthält neben Ammoniumsalzen aus dem Trennungsgang die Kationen Mg^{2+}, Na^+ und K^+.

Ammoniumionen, die ebenfalls zur löslichen Gruppe gehören, müssen getrennt aus der Analyseprobe nachgewiesen werden (vgl. Abschn. 33.2.6).

Trennungsschema der $(NH_4)_2CO_3$- und löslichen Gruppe

Das Filtrat/Zentrifugat der $(NH_4)_2S$-Gruppe wird mit HCl so lange ein-gedampft, bis kein H_2S mit Bleiacetatpapier nachzuweisen ist. Der

Rückstand wird in Salzsäure, $w(HCl) = 10\ \%$, aufgenommen, mit dem Puffersystem NH_4Cl/NH_4OH ammoniakalisch gestellt und die Gruppenfällung bei einer Temperatur von mind. 80 °C vorgenommen.

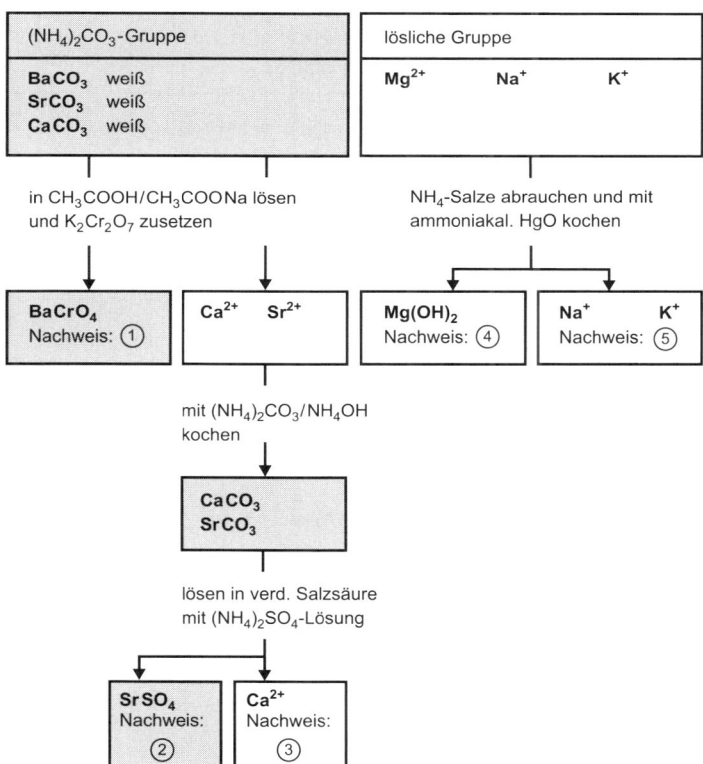

Nachweise

① $BaCrO_4$	bildet einen gelben Niederschlag
② $SrSO_4$	kann mit HCl/Zn aufgeschlossen werden Flammfärbung: intensiv rot
③ Ca^{2+}	bildet mit Ammoniumoxalat im alkalischen Milieu schwer lösliches, weißes Calciumoxalat
④ $Mg(OH)_2$	Niederschlag enthält HgO und wird unter Glühen (Abzug: Hg-Dampf) zersetzt Der Rückstand MgO wird in verd. HCl gelöst Mg^{2+} bildet mit $(NH_4)_2HPO_4$ einen weißen kristallinen Niederschlag von $MgNH_4PO_4$
⑤ $Na^+/K^+/Ca^{2+}$	liegen in Lösung vor Flammenfärbung: Ca (rot, 622 nm) Na (gelb, 569 nm) K (violett, 404 nm)

34 Klassische quantitative Analyse

34.1 Grundlagen der Gravimetrie

34.1.1 Fällungsform und Wägeform

Die Gravimetrie beruht auf der quantitativen Bestimmung schwer löslicher Verbindungen durch Auswägen des Niederschlags. Wichtige Voraussetzungen für eine erfolgreiche Anwendung sind:

■ spezifischer und quantitativer Verlauf der Fällung
■ stöchiometrisch zusammengesetzter Niederschlag

Ist die letzte Bedingung nicht sichergestellt, muss die **Fällungsform** durch Trocknen oder Glühen in die stöchiometrisch definierte **Wägeform** überführt werden.

Beispiel: Eisen(III)-Ionen werden mit Ammoniak zu schwer löslichem Eisenhydroxid gefällt. Der abfiltrierte Niederschlag (Fällungsform) wird bei 800 °C in die stöchiometrisch definierte Wägeform Eisen(III)-oxid überführt.

$$Fe^{3+} \xrightarrow{+NH_3} Fe(OH)_3 \cdot H_2O \xrightarrow{\Delta T} Fe_2O_3(s)$$

Aus der gewogenen Masse Fe_2O_3 kann durch Multiplikation mit dem Faktor 0,699 der Eisengehalt berechnet werden.

Tabelle 34-1: Wichtige gravimetrische Bestimmungsverfahren

Bestimmungsverfahren	Fällungsform	Wägeform
Ag^+	$AgCl$	$AgCl$
Mg^{2+}, Zn^{2+} (= M)	$MNH_4PO_4 \cdot 6\ H_2O$	$M_2P_2O_7$
Ca^{2+}	$CaC_2O_4 \cdot H_2O$	$CaCO_3$ (CaO)
Ba^{2+}, Pb^{2+} (= M)	MSO_4, $MCrO_4$	MSO_4, $MCrO_4$
Ni^{2+}	$Ni(diacetyldioximat)_2$	$Ni(diacetyldioximat)_2$
Al^{3+}, Fe^{3+} (= M)	$M(OH)_3 \cdot x\ H_2O$	M_2O_3
Cl^-	$AgCl$	$AgCl$
SO_4^{2-}	$BaSO_4$	$BaSO_4$
PO_4^{3-}	$MgNH_4PO_4 \cdot 6\ H_2O$	$Mg_2P_2O_7$

Die Gravimetrie ist eine sehr präzise Methode und erfordert einen geringen apparativen Aufwand. Ein wesentlicher Nachteil liegt im hohen Zeitbedarf und den vielfältigen Fehlerquellen. Systematische Fehler entstehen durch Verwendung unreiner Reagenzien, Verspritzen von Lösungen durch unvorsichtiges Hantieren, ungeeignetes Filtermaterial, falsche Mengen an Waschflüssigkeit oder auch Wägefehler bei der Ein- und Auswaage. Der übliche Fehler beträgt ± 0,1 %. In einigen Fällen wird eine Fehlergrenze von ± 0,01 % erreicht. Tabelle 34-1 zeigt einige ausgewählte gravimetrische Bestimmungsverfahren.

34.1.2 Lösen

In der Gravimetrie wird der zu bestimmende Bestandteil einer Analysesubstanz in einen schwer löslichen Niederschlag überführt. Die Löslichkeit von Niederschlägen und deren Beinflussbarkeit ist daher von großer Bedeutung – sie bestimmt beispielsweise die kleinste noch bestimmbare Substanzmenge.

Löslichkeitsprodukt

Die Löslichkeit eines Stoffes ist durch das Löslichkeitsprodukt K_L bestimmt. Bei ionogen aufgebauten Verbindungen bleibt das nur von der Temperatur abhängige Ionenprodukt konstant, solange ein Bodenkörper vorhanden ist (vgl. Abschn. 10.1.2). Für ein binär aufgebautes Salz A^+B^- gilt näherungsweise:

$$AB(s) \; \rightleftharpoons \; A^+ + B^- \tag{34-1}$$

$$K_L(AB) \; = \; c(A^+) \cdot c(B^-) \; = \; \text{konst.}$$

Mit dem Zahlenwert des Löslichkeitsproduktes lassen sich Stoffmengenkonzentrationen und daraus abgeleitete Größen wie Masse, Löslichkeit etc. berechnen. Zu einer Fällung kommt es nur dann, wenn das Ionenprodukt den Wert des Löslichkeitsproduktes übersteigt.

$$c(A^+) \cdot c(B^-) > K_L \tag{34-2}$$

Faustregel: Es werden nur solche Ionen gravimetrisch bestimmt, die mit dem Fällungsreagenz einen Niederschlag bilden, dessen Löslichkeitsprodukt $K_L < 10^{-10} \text{ mol}^2 \cdot \text{l}^{-2}$ ist.

Löslichkeit

Als Löslichkeit L bezeichnet man die maximale Menge eines Stoffes, die ein Lösungsmittel bei einer bestimmten Temperatur aufnehmen kann (Sättigungskonzentration). Für ein binäres Salz A^+B^- gilt mit Gl. (34-1):

$$L = c(AB) = c(A^+) = c(B^-) = \sqrt{K_L} \qquad (34\text{-}3)$$

Die Kristallbildung stellt einen exothermen Vorgang dar. Daher muss beim Lösen zunächst **Gitterenthalpie** ΔH_G aufgebracht werden (endothermer Vorgang). Bei der Stabilisierung der Ionen mit Lösungsmittelmolekülen **(Solvatation** ΔH_S**)** wird wiederum Energie freigesetzt (exothermer Vorgang), sodass die Löslichkeit und damit die **Lösungsenthalpie** ΔH_L von beiden energetischen Aspekten bestimmt wird.

$$\Delta H_L = \Delta H_S - \Delta H_G \qquad (34\text{-}4)$$

$\Delta H_L < 0$ gute Löslichkeit

$\Delta H_L > 0$ geringe Löslichkeit

Temperatureinfluss auf die Löslichkeit

Die Abhängigkeit der Löslichkeit von der Temperatur wird durch folgende Gleichung beschrieben:

$$\frac{d \ln L}{dT} = \frac{\Delta H_L}{R \cdot T^2} \qquad (34\text{-}5)$$

L Löslichkeit, T absolute Temperatur, ΔH_L Lösungsenthalpie, R allgemeine Gaskonstante

Da das Lösen von Salzen exothermen oder endothermen Charakter haben kann, ändert sich entsprechend dem Vorzeichen der Lösungsenthalpie ΔH_L die Löslichkeit in Abhängigkeit von der Temperatur. Tabelle 34-2 zeigt die Löslichkeit einiger Substanzen bei verschiedenen Temperaturen.

Tabelle 34-2: Löslichkeit einiger Salze bei verschiedenen Temperaturen in g je kg Lösung

Verbindung	0 °C	20 °C	40 °C	100 °C
NaCl	263	264	267	282
Na_2SO_4	45	161	325	299
Na_2CO_3	66	178	332	311
KNO_3	116	241	462	711
$AgNO_3$	535	683	770	900
$MgSO_4$	205	262	313	406

An
C

Fällungsgrad

Der Fällungsgrad α beschreibt das Ausmaß einer Fällung und berechnet sich aus der Anfangs- und Endkonzentration des zu bestimmenden Ions im jeweiligen Volumen. Es gilt:

$$\alpha = 1 - \frac{c_E \cdot V_E}{c_A \cdot V_A} \tag{34-6}$$

c_A Anfangskonzentration im Volumen V_A, c_E Endkonzentration im Volumen V_E

> Für gravimetrische Bestimmungen wird mindestens ein Fällungsgrad von $\alpha = 0{,}999 = 99{,}9\,\%$ gefordert.

34.1.3   Fällung

Ein Niederschlag kann erst dann ausfallen, wenn sein Löslichkeitsprodukt erreicht ist (vgl. Abschn. 34.1.2). In vielen Fällen tritt jedoch keine Niederschlagsbildung auf – es entsteht ein **metastabiler Zustand,** in dem die Lösung mehr gelösten Stoff enthält, als zur Sättigung erforderlich ist. Es handelt sich um eine **übersättigte Lösung,** bei der die Bildung des Niederschlags gehemmt ist. Die Ursache liegt in der hohen Oberflächenenergie der Primärteilchen (Keime). Eine Erhöhung der Löslichkeit ΔL ist proportional dem Quotienten aus Oberflächenspannung und Teilchenradius:

$$\frac{\Delta L}{L} = \frac{c_A - c_E}{c_E} \approx \frac{\sigma}{r} \tag{34-7}$$

L Löslichkeit des Niederschlags, c_A Anfangskonzentration vor der Fällung, c_E Endkonzentration nach der Fällung, σ Oberflächenspannung, r Radius der Primärteilchen

Keimbildung

In einer übersättigten Lösung bilden sich sog. Keime (Primärteilchen der festen Phase). Die Keimbildung kann homogen (spontan) oder heterogen erfolgen. Treten die gelösten Ionen oder Moleküle zu größeren Aggregaten (Verbänden) zusammen, so spricht man von **homogener Kristallbildung.** Die Anzahl der gebildeten Keime hängt von der Konzentration der Ionen oder Moleküle ab. Aus konzentrierten Lösungen entstehen tendenziell Niederschläge mit kleineren Kristallen als aus verdünnten Lösungen.

Bei der **heterogenen Keimbildung** lagern sich Ionen oder Moleküle z. B. durch Adsorption an Fremdkeime an und bilden so in der Regel einen feinkörnigen Niederschlag.

> Werden Fremdkeime (z. B. Staubteilchen oder kleine Kristalle) in eine Lösung eingebracht, so nennt man diesen Vorgang **Impfen**. Eine Niederschlagsbildung kann auch durch Kratzen mit einem Glasstab an der Gefäßwand oder durch Erschütterung der Lösung (z. B. Ultraschall) eingeleitet werden.

Fällungen können direkt oder indirekt durchgeführt werden. Wird unter Rühren zu der erwärmten Lösung das Fällungsmittel zugegeben, so spricht man von **direkter Fällung.** Keimbildung und Kristallwachstum kann durch folgende Maßnahmen beeinflusst werden:

- Kurzzeitiger Abbruch der Reagenzzugabe nach der ersten Trübung (Wachstum der Feinkristalle)

- Zugabe weiterer Reagenzlösung ohne neue Keimbildung (Reifung der Kristalle)

- Fällung in verdünnten Lösungen und bei höheren Temperaturen (Kristalle werden größer)

- Niederschlag und Restlösung bleiben noch 5…50 Minuten in Kontakt (Entstehung größerer und reinerer Kristalle)

Bei der **indirekten Fällung** wird das gesamte Volumen des Fällungsmittels im Überschuss zugegeben. Erst durch langsames Verschieben des pH-Wertes oder durch Erhitzen wird die Fällung eingeleitet. Der Niederschlag hat eine günstige Korngröße und eine höhere Reinheit.

34.1.4 Behandlung des Niederschlages

Der gebildete Niederschlag muss von Fremdionen und Resten des verwendeten Fällungsmittels befreit werden. Um die Löslichkeit des Niederschlages nicht zu erhöhen, wäscht man mit entsprechenden Zusätzen in der Waschflüssigkeit, die am Ende mit wenig dest. Wasser wieder ausgewaschen werden. Eine qualitative Prüfung auf die auszuwaschenden Ionen ist jedoch immer erforderlich. Es ist grundsätzlich günstiger, mit kleinen Volumina an Waschflüssigkeit in mehreren Portionen zu waschen.

An
C

Nicht jeder Niederschlag ist für die gravimetrische Analyse geeignet. Er muss ggf. in eine **stabile und stöchiometrisch definierte Form** überführt werden (Fällungs-/Wägeform). Je nach Analysemethode kann die Überführung auf verschiedenen Wegen erfolgen.

- Trocknen im Glasfiltertiegel (< 500 °C)
- Glühen im Porzellanfiltertiegel (> 500 °C)
- Veraschen und Glühen von Niederschlag und Papierfilter in Porzellantiegel

Tabelle 34-3: Charakterisierung verschiedener Filtermaterialien

Papierfilter Art	Bezeichnung*	Eigenschaften	Filtertiegel Glas**	Porzellan
weich	Schwarzband	Grobfiltration (ca. 6 nm)	D 1 (90…150 nm)	A 5 (ca. 10 nm)
mittel	Weißband	mittlere Körnung (ca. 4 nm)	D 3 (15…40 nm)	A 3 (ca. 8 nm)
hart	Blauband Rotband	Feinstfiltration (ca. 2 nm)	D 5 (1,0…1,7 nm)	A 1 (ca. 6 nm)

* Handelsnamen der Firma Schleicher und Schüll
** Glasfiltertiegel sind gekennzeichnet mit G (Jenaer Glas), D (Schott) und B (Quarz-Glas)

Papierfilter werden für voluminöse und schwammige Niederschläge verwendet, die sich beim Verbrennen des Filters (Veraschen) nicht zersetzen. Für thermisch instabile Verbindungen haben sich Glasfiltertiegel bewährt, während Porzellantiegel mit kleiner Porengröße für feinkristalline Stoffe eingesetzt werden (vgl. Tab. 34-3).

34.1.5   Anwendungsbeispiele

Chlorid-Fällung

Chloridionen werden mit verdünnter Salpetersäure versetzt. In der Siedehitze wird unter ständigem Rühren langsam $AgNO_3$-Lösung bis zur quantitativen Ausfällung zugetropft.

$$Cl^- + Ag^+ \rightarrow AgCl(s)$$

Der Niederschlag wird 5 min gekocht, im Dunkeln abgekühlt und über einen Glasfiltertiegel D 4 abgesaugt. Mit Salpetersäure ($w = 0,5\,\%$), dest. Wasser und Ethanol (w = 96 %) wird der Rückstand gewaschen und bei 120 °C bis zur Massekonstanz getrocknet. Nach dem Abkühlen im Exsikkator kann ausgewogen werden. Der stöchiometrische Faktor beträgt: F (Cl) = 0,2474.

Hydroxid-Fällung

Die schwach basischen Hydroxide der 3- und 4-wertigen Metall-Kationen sind schlecht filtrierbar und fallen nur bei sorgfältigem Arbeiten stöchiometrisch an.

$$2\ M^{3+} +\ \ 6\ OH^- \rightarrow\ \ 2\ M(OH)_3(s) \xrightarrow{\ \Delta T\ } M_2O_3(s)$$

Eisen(III)-hydroxid wird bei einem pH = 4,5...5,5 aus homogener Lösung mit Urotropin gefällt, wobei Fe(II)-Ionen vorher zu oxidieren sind. Mit einem NH_4Cl/NH_4OH-Puffergemisch lässt sich bei pH = 7,5...8,0 das $Al(OH)_3$ ausfällen. Die Glühtemperatur sollte bei Eisen 800 °C und bei Aluminiumhydroxid 1200 °C betragen, damit eine stabile Wägeform von Fe_2O_3 bzw. Al_2O_3 entsteht.

Phosphat-Fällung

Magnesiumionen bilden in ammoniakalischer Lösung (pH = 8...10) mit $(NH_4)_2HPO_4$ einen schwer löslichen Niederschlag von Ammoniummagnesiumphosphat. Ein Überschuss von NH_4^+ oder OH^- ist zu vermeiden. Die Fällung von Zink als $ZnNH_4PO_4$ wird durch die Bildung von $[Zn(NH_3)_4]^{2+}$ erschwert. Der pH-Wert von 6,6 ist genau einzuhalten. Duch Glühen wird das Metallammoniumphosphat in die Wägeform Metalldiphosphat überführt.

$$M^{2+} + (NH_4)_2HPO_4 + NH_4OH\ \rightarrow\ MNH_4PO_4(s) + 2\ NH_4^+ + H_2O$$
$$2\ MNH_4PO_4(s)\ \rightarrow\ M_2P_2O_7(s)\ +\ 2\ NH_3\ +\ H_2O\ (\text{mit } M = Mg, Zn, Mn)$$

Phosphat lässt sich spezifisch als $(NH_4)_3[P(Mo_3O_{10})_4]$ im sauren Milieu ausfällen und in Ammoniak wieder auflösen. Die Fällung von Phosphat als $MgNH_4PO_4$ wird analog der Magnesium-Bestimmung durchgeführt.

34.2   Grundlagen der Maßanalyse

34.2.1   Grundbegriffe

Maßanalytische oder titrimetrische Bestimmungsverfahren lassen sich nach verschiedenen Gesichtspunkten einteilen. Nach Art der chemischen Reaktion können beispielsweise vier klassische **Reaktionstypen** unterschieden werden:

- Neutralisation (Säure-Base-Titration)
- Fällungstitration
- Komplexometrie (Chelatometrie)
- Redoxtitration (Elektronenübertragungsreaktion)

Die Verfahren der ersten drei Reaktionstypen beruhen auf der Umsetzung von Ionen mit Ionen oder Molekülen – die Oxidationszahlen der Reaktionspartner ändern sich dabei nicht. Bei der Redoxtitration werden Elektronen zwischen Reduktions- und Oxidationsmittel ausgetauscht mit der Folge veränderter Oxidationszahlen.

Die **Endpunkterkennung** der maßanalytischen Bestimmungsverfahren kann chemisch oder physikalisch erfolgen. Bei der chemischen Indikation des Endpunktes **(visuelle Indikation)** wird in der Regel ein Farbindikator zugesetzt, dessen Farbe sich am Titrationsendpunkt ändert. Bei gefärbten Reagenzlösungen (z. B. $KMnO_4$-Lösung) kann auf den Indikator verzichtet werden. Die physikalische Indikation des Endpunktes **(instrumentelle Indikation)** hat bei der Entwicklung physikalischer Analysemethoden zunehmend an Bedeutung gewonnen. Die Messgröße, die zur Anzeige des Endpunktes herangezogen werden kann, lässt sich in optische, elektrische, thermische oder radiometrische Verfahren einteilen.

> Unter Maßanalyse (Titrimetrie) wird die volumetrische Ermittlung der **Reagenzmenge (Maßlösung, Titrant)** verstanden, die bei der Umsetzung mit dem zu bestimmenden **Stoff (Probe, Analyt)** verbraucht wird, bis ein Indikator den Endpunkt der Umsetzung anzeigt.

In der Titrimetrie werden Maßlösungen durch Abwägen einer bestimmten Stoffportion, Auflösen und Auffüllen auf ein bestimmtes Volumen hergestellt. Gelöste Proben werden im Allgemeinen als definiertes Volumen vorgegeben. Die zur Umsetzung der Probe erforderliche Reagenzmenge wird üblicherweise volumetrisch ermittelt. Daher kommt dem Gebrauch geeigneter Messgeräte wie **Pipetten, Büretten** und

Messkolben eine besondere Bedeutung zu. Zur Grobmessung werden graduierte Messpipetten und Messzylinder eingesetzt.

Pipetten

Vollpipetten sind in der Mitte zylindrisch erweiterte Glasrohre mit einer ausgezogenen Spitze. Der Inhalt wird durch eine Ringmarke am oberen Rohrteil abgegrenzt. Beim Entleeren der Pipette verbleibt eine Restmenge in der Spitze, die durch Ausblasen nicht entfernt werden darf, da das jeweilige Volumen auf **Auslauf (Ex)** geeicht ist. Das Nennvolumen gebräuchlicher Vollpipetten reicht von 0,5 bis 100 ml, der maximale Fehler von ± 1 bis 0,08 % (Klasse A).

Messpipetten sind zylindrisch kalibrierte Glasrohre, mit denen innerhalb ihres Nennvolumens beliebige Flüssigkeitsvolumina abgemessen werden können. Sie werden wie Vollpipetten mit verschiedenen Genauigkeitsklassen eingeteilt (Klasse A, B und AS). Das Nennvolumen reicht von 0,5 bis 25 ml, der maximale Fehler von 2 bis 0,8 % (Klasse B, Teilablauf). Das abzumessende Volumen sollte mind. 20 % des Nennvolumens betragen.

Durch Anlegen eines geringen Unterdrucks (Peleus-Ball, Pipettierhilfe) saugt man die abzumessende Flüssigkeit bis kurz über die Eichmarke in die Pipette. Nach kurzem Belüften lässt man so viel Flüssigkeit ablaufen, bis der Meniskus der Flüssigkeit (vgl. Bild 34-1) mit der Eichmarke übereinstimmt. Die Pipettenspitze sollte beim Auslaufen der Flüssigkeit an die Gefäßwand gehalten werden.

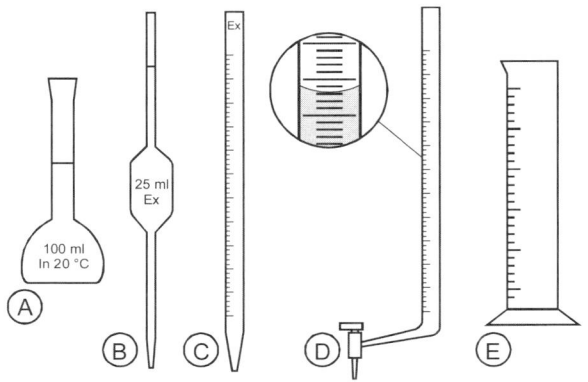

Bild 34-1: Verschiedene Volumenmessgeräte: (A) Messkolben, (B) Vollpipette, (C) Messpipette, (D) Bürette mit Meniskus, (E) Messzylinder

Büretten

Büretten sind lange Messpipetten mit regelbarem Auslauf (Hahn). Normale Büretten haben eine bei 20 °C auf 0,01…0,1 ml geeichte Skaleneinteilung und werden mit Nennvolumina von 1…100 ml hergestellt. Das Volumen ist immer an dem unteren Ende der Flüssigkeitssäule (Meniskus) abzulesen (vgl. Bild 34-1). In den letzten Jahren haben automatische Büretten eine weite Verbreitung gefunden. Die Messlösung wird hierbei aus einem Voratsgefäß mit einer Pumpe gefördert und der Verbrauch bis zum Endpunkt digital angezeigt.

Messkolben

Messkolben sind langhalsige Standkolben von 5…5000 ml Nennvolumen. Im Unterschied zu Pipetten und Büretten sind Messkolben auf **Einlauf (In)** geeicht. Sie fassen das bei der Eichtemperatur angegebene Volumen, wenn der Messkolben bis zur Ringmarke gefüllt ist. Messkolben lassen sich daher durch Ausgießen nicht quantitativ entleeren. Es ist daher nicht möglich, vier Proben mit einem Volumen von jeweils 25 ml aus einem 100-ml-Messkolben zu entnehmen.

Messkolben werden vorwiegend zur Herstellung von Reagenzlösungen bestimmter Konzentration verwendet, aber auch zum Verdünnen von Lösungen auf ein definiertes Volumen.

Exkurs 34-1: Temperaturabhängigkeit des Volumens
Bei allen Volumenmessgeräten ist die Endtemperatur zu beachten. Weicht die Arbeitstemperatur von der Endtemperatur ab, so müssen entsprechende Volumenkorrekturfaktoren angewendet werden. Es wird zwischen amtlich geeichten bzw. eichfähigen Geräten der Klasse A (Deutsche Eichordnung) und Klasse B mit doppelter Fehlergrenze unterschieden. Die Eichung erfolgt durch Einwägen von reinem Wasser bei der angegebenen Temperatur. Alle Geräte müssen sauber und fettfrei sein.

34.2.2   Maßlösungen

Für analytische Bestimmungen werden Reagenzlösungen mit definierter Stoffmengenkonzentration (Molarität) verwendet. Diese Lösungen werden **Maßlösungen** genannt und sollen folgende Eigenschaften besitzen:

- einfache und reproduzierbare Herstellung
- Stabilität gegenüber äußeren Einflüssen
- Verwendung einer möglichst hohen Äquivalentmasse (geringer Fehler bei der Einwaage)
- Konzentration oder Gehalt der Maßlösung muss über einen längeren Zeitraum konstant bleiben

Prinzipiell könnte jede Reagenzlösung mit bekannter Stoffmengenkonzentration verwendet werden. Aus praktischen Gründen bedient man sich jedoch Maßlösungen mit eingestellter **Äquivalentkonzentration** (vgl. Abschn. 6.1.1), da sich die Berechnung des Gehaltes der Probelösung einfacher darstellt.

Einige Maßlösungen lassen sich durch Einwiegen des Titranten in chemisch reiner Form (p. a. = pro analysi) nach Trocknung bis zur Gewichtskonstanz ansetzen (z. B. $NaCl$, $K_2Cr_2O_7$ oder $Na_2C_2O_4$). Hierzu wiegt man 1 Äquivalent (oder einen dezimalen Bruchteil) ab und füllt bei 20 °C in einen 1-l-Messkolben bis zur Eichmarke mit dest. Wasser auf.

Viele Standardlösungen lassen sich nur mit einer angenäherten Konzentration herstellen und müssen mit einem **Urtiter** (exakt einwägbare Substanz) eingestellt werden (z. B. HCl gegen Na_2CO_3 oder $KMnO_4$ gegen $Na_2C_2O_4$).

Tabelle 34-4: Urtitersubstanzen

Urtiter	Vorbehandlung	zur Einstellung von
Na_2CO_3	2 h trocknen bei 280 °C	HCl, H_2SO_4, HNO_3
$KHC_8H_4O_4$	trocknen bei 125 °C	$NaOH$, KOH
As_2O_3	trocknen bei 110 °C	I_2, $Ce(SO_4)_2$
$Na_2C_2O_4$	trocknen bei 110 °C	$KMnO_4$
$NaCl$	trocknen bei 300 °C	$AgNO_3$
KIO_3	trocknen bei 180 °C	$Na_2S_2O_3$

Auf dem Markt werden auch industriell gefertigte Konzentrate (z. B. Titrisol® oder Fixanal®) angeboten, die nur auf das angegebene Volumen verdünnt werden müssen. Die gebräuchlichsten Urtitersubstanzen sind in Tabelle 34-4 zusammengestellt.

An
C

34.2.3   Titration und Indikatoren

An eine chemische Reaktion werden folgende Voraussetzungen gestellt, um maßanalytisch eingesetzt werden zu können:

- qualitative Umsetzung (keine Gleichgewichtsreaktion)
- stöchiometrisch eindeutiger Verlauf (keine Nebenreaktionen)
- hohe Reaktionsgeschwindigkeit
- bekannte Konzentration der Maßlösung
- visuelle oder instrumentelle Endpunktanzeige

Der experimentell ermittelte **Endpunkt** einer Titration unterscheidet sich in den meisten Fällen von dem tatsächlichen stöchiometrischen **Äquivalenzpunkt**. Idealerweise sind beide Punkte identisch, jedoch treten bei der praktischen Durchführung Abweichungen **(Titrationsfehler)** auf. Für maßanalytische Bestimmungen wird im Allgemeinen eine Genauigkeit von ± 0,1% gefordert.

Je nach Vorgehensweise bei einer Titration unterscheidet man:

- **direkte Titration** (Probe und Maßlösung werden unmittelbar umgesetzt.)

- **inverse Titration** (Ein bestimmtes Volumen der Maßlösung wird vorgegeben und mit Probelösung bis zur Äquivalenz titriert.)

- **Rücktitration** (Die Maßlösung wird im Überschuss zugegeben und die nicht verbrauchte Menge zurücktitriert.)

- **Substitutionstitration** (Zur Probelösung wird eine Substanz gegeben, die mit dem zu bestimmenden Stoff unter Freisetzung eines Bestandteils der zugesetzten Substanz in stöchiometrischer Weise reagiert. Der freigesetzte Bestandteil wird ausschließlich durch direkte Titration bestimmt.)

- **indirekte Titration** (Der zu bestimmende Stoff wird in einer stöchiometrisch ablaufenden Reaktion zu einer definierten Verbindung umgesetzt und diese titrimetrisch bestimmt.)

Die Anzeige des Endpunktes einer Titration kann durch **chemische Reaktion** oder durch **Änderung einer physikalischen Größe** erfolgen. Klassischerweise werden organische Farbstoffe eingesetzt, deren Farben sich nach dem Überschreiten des Titrationsendpunktes charakteristisch ändern (vgl. Tab. 34-5).

Der Endpunkt einer Titration ist derjenige Punkt, bei dem sich eine charakteristische Eigenschaft der Lösung (z. B. Farbe, pH-Wert, Leitfähigkeit) deutlicht ändert.

Farbindikatoren müssen an das Titrationssystem angepasst werden, d. h. eine Säure-Base-Paar bzw. Redoxpaar sein. Es können auch Farbindikatoren mit instrumentellen Methoden gekoppelt werden, z. B. bei der potenziometrischen pH-Messung.

Tabelle 34-5: Methoden zur Endpunktanzeige einer Titration

visuelle Methode (chemische Indikatoren)	instrumentelle Methoden (physikalische Indikatoren)
Organische Farbstoffe • Neutralisation • Fällungstitration • Komplexometrie • Redoxtitration	Elektrochemische Methoden • Potenziometrie • Konduktometrie • Voltametrie
Anorgan. farbige und/oder schwer lösliche Stoffe • Fällungstitration • Redoxtitration	Optische Methoden Thermische Methoden

Farbindikatoren sind Stoffe, die durch Farbänderungen den Endpunkt einer Titration anzeigen. Sie werden bei verschiedenen maßanalytischen Methoden (vgl. Tab. 34-5) eingesetzt.

Der Farbumschlag des Indikators kann am besten erkannt werden, wenn mehrere Proben hintereinander titriert werden. Bei der ersten Probe wird der Endpunkt nur angenähert, die folgenden Titrationen erlauben anschließend die genaue Bestimmung.

34.2.4 Titrationskurven

Unter einer Titrationskurve versteht man die grafische Darstellung einer für die Titration spezifischen Größe in Abhängigkeit vom Titrationsfortschritt (zugesetzte Reaktionsmenge bzw. Titrationsgrad). Als Variable kann die Konzentration eines zu bestimmenden Stoffes in der Reaktionslösung (Probe-Konzentration) oder eine hiervon abhängige Größe (z. B. pH-Wert, Leitfähigkeit, Redoxpotenzial, Absorption elektromagnetischer Strahlung) verwendet werden.

An
C

$$\tau = \frac{c^*}{c_0} \qquad (0 \leq \tau \leq 1) \tag{34-8}$$

τ Titrationsgrad, c^* Gesamtkonzentration der Maßlösung, c_0 Gesamtkonzentration der Probe

Am Äquivalenzpunkt entspricht die Konzentration der Probe der der zugesetzten Maßlösung ($c^* = c_0$). Der Titrationsgrad ist dann $\tau = 1$. Da sich die Konzentration der Probe während einer Titration um mehrere Zehnerpotenzen ändert, wählt man in den meisten Fällen eine halblogarithmische Darstellung (vgl. Bild 34-2).

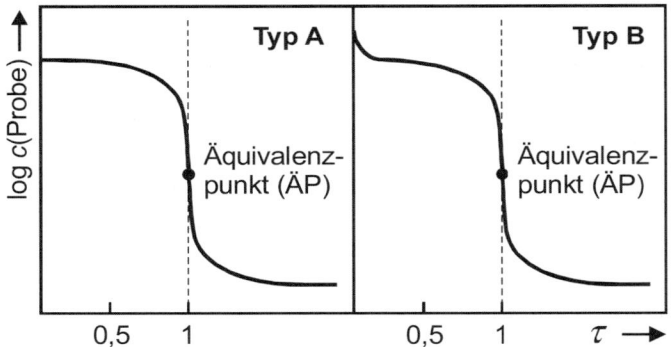

Bild 34-2: Schematische Darstellung von halblogarithmischen Titrationskurven vom Typ A und B

Maßanalytische Titrationskurven lassen sich je nach Typ durch folgende allgemeine Funktion beschreiben:

$$\text{Typ A}: \quad \log c = k \pm \lg \left| 1 - \tau \right| \tag{34-9}$$

$$\text{Typ B}: \quad \log c = k \pm \lg \left| \frac{1 - \tau}{\tau} \right| \tag{34-10}$$

c Gleichgewichtskonzentration, τ Titrationsgrad („+": $\tau < 1$, „–": $\tau > 1$), k Konstante

Bei der Neutralisation starker Protolyte und bei Fällungstitrationen werden Titrationskurven vom **Typ A** beobachtet, während man bei der Neutralisation schwacher Säuren und Basen sowie bei Redoxtitrationen vorwiegend solche vom **Typ B** antrifft.

34.3   Säure-Base-Titration

Das gemeinsame Merkmal der Acidimetrie und Alkalimetrie ist der **Protonenübergang** (vgl. Kap. 8). In der Acidimetrie (Alkalimetrie) reagiert eine basische (saure) Probelösung mit der äquivalenten Stoffmenge einer sauren (basischen) Maßlösung. Der stöchiometrische Endpunkt (Äquivalenzpunkt) wird durch die Farbänderung eines Indikators oder pH-Wert-Messung angezeigt.

34.3.1   Titration starker Protolyte

Bei der Umsetzung einer starken Säure mit einer starken Base reagiert die Lösung äquivalenter Mengen an Säure und Base neutral; der **Äquivalenzpunkt** ist daher identisch mit dem Neutralpunkt (pH = 7). Trägt man den pH-Wert gegen die zugesetzte Menge an Maßlösung auf, so ergibt sich ein typischer Titrationsverlauf (vgl. Bild 34-3). Die Abszisse kann aber auch mit allgemeinen Angaben wie %-Neutralisation oder Titrationsgrad τ beschriftet werden.

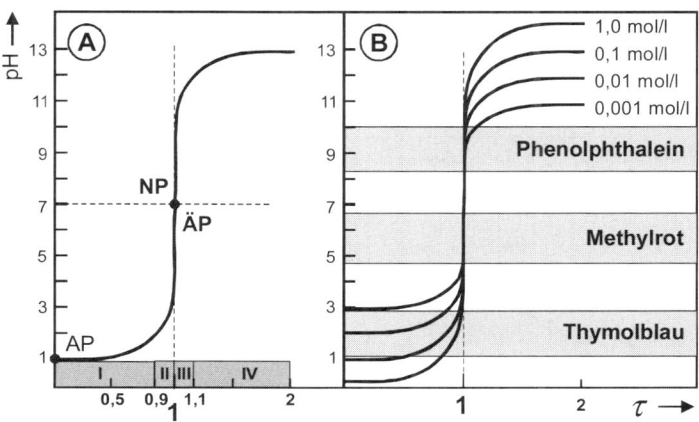

Bild 34-3: Titrationskurven von sehr starken Protolyten unterschiedlicher Säurekonzentrationen (c = 0,001…1,0 mol · l^{-1}); mit Umschlagsbereichen von drei pH-Indikatoren (Thymolblau, Methylrot, Phenolphtalein), AP Anfangspunkt, NP Neutralpunkt, ÄP Äquivalenzpunkt)

An C

Bild 34-3A zeigt den charakteristischen Verlauf der Säuretitration; für die Basetitration gelten analoge Beziehungen. Der Titrationsgrad von $\tau =$ 0,9 (90 % Neutralisation) ist bereits nach einer Erhöhung des pH-Wertes von 1 auf 2 erreicht (Ende Phase I). Im Äquivalenzbereich (Phase II und III) erfolgt dann ein steiler Anstieg der Kurve, da bereits geringe Mengen zugesetzter Base große pH-Änderungen verursachen. Die Steigung hat am Äquivalenzpunkt ihren Maximalwert und entspricht bei der Titration starker Protolyte auch dem Neutralpunkt (pH = 7). Eine weitere Zugabe der Base über den Äquivalenzbereich hinaus (Phase IV) trägt zu einer genaueren Bestimmung des Äquivalenzpunktes bei.

34.3.2   Titration schwacher Protolyte

Bei der Titration einer schwachen Säure (Base) mit einer starken Base (Säure) entsteht außer Wasser ein gelöstes Salz. Die Salzlösung reagiert alkalisch (sauer), da die Säureanionen mit Wasser protolysieren (vgl. Abschn. 8.3).

$HA + OH^-$ (zugesetzte Base) $\rightleftharpoons A^- + H_2O$

$A^- + H_2O \rightleftharpoons HA + OH^-$ (gebildete Base)

Es gelten analoge Beziehungen für die Titration einer schwachen Base:

$B + H_3O^+$ (zugesetzte Säure) $\rightleftharpoons BH^+ + H_2O$

$BH^+ + H_2O \rightleftharpoons B + H_3O^+$ (gebildete Säure)

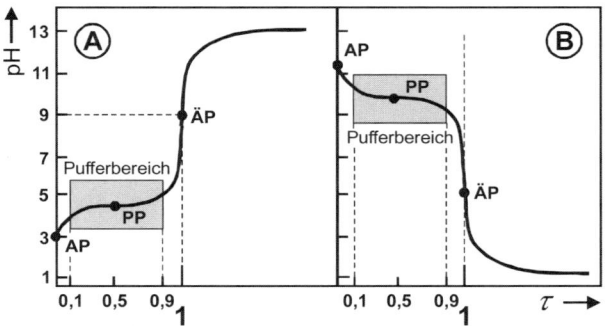

Bild 34-4: Titrationskurven von schwachen Protolyten: (A) schwache Säure ($c = 0,1$ mol $\cdot$ l^{-1}, pKa = 5) und (B) schwache Base ($c = 0,1$ mol $\cdot$ l^{-1}, pKb = 5), AP Anfangspunkt, PP Pufferungspunkt, ÄP Äquivalenzpunkt

Der typische Kurvenverlauf eines schwachen Protolyten ist in Bild 34-4 dargestellt. Zwischen dem Titrationsgrad $\tau = 0{,}1$ und $0{,}9$ (10…90 % Neutralisation) kann der Pufferbereich durch das Massenwirkungsgesetz beschrieben werden:

$$HA + H_2O \; \rightleftharpoons \; H_3O^+ + A^-$$

$$c(H_3O) = K_a \cdot \frac{c(HA)}{c(A^-)} \tag{34-11}$$

Unter Verwendung der Definitionsgleichungen für den pH- und pK_a-Wert ergibt sich die **HENDERSON-HASSELBALCH-Gleichung:**

$$pH = pK_a + \lg \frac{c(A^-)}{c(HA)} \tag{34-12}$$

Charakteristische Punkte für die Titration einer schwachen Säure:

Anfangspunkt: $\tau = 0$ (0 % Neutralisation)

$$HA + H_2O \; \rightleftharpoons \; H_3O^+ + A^-$$

pH-Wert einer schwachen Säure

$$c(H_3O^+) \approx \sqrt{K_a \cdot c_0}$$

$$pH \approx -\lg c(H_3O^+)$$

Pufferungspunkt: $\tau = 0{,}5$ (50 % Neutralisation)

Aus Gleichung 35-11 ergibt sich:

$c(H_3O^+) = K_a$

Durch Aufnahme der Titrationskurve lässt sich die Säurekonstante bestimmen (Pufferungspunkt PP)

Endpunkt: $\tau = 1{,}0$ (100 % Neutralisation)

$$A^- + H_2O \; \rightleftharpoons \; HA + OH^-$$

pH-Wert einer schwachen Base

$$c(OH^-) \approx \sqrt{K_b \cdot c_0} \quad \text{oder} \quad c(H_3O^+) \approx \sqrt{\frac{K_w \cdot K_a}{c_0}}$$

Charakteristische Punkte für die Titration einer schwachen Base:

Anfangspunkt: $pOH = \tfrac{1}{2} pK_b + \tfrac{1}{2} \lg c_0$

$pH = pK_w - pOH$

Pufferungspunkt: $pOH = pK_b$

$pH = pK_w - pK_b$

Endpunkt: $pOH = \tfrac{1}{2} pK_w + \tfrac{1}{2} pK_b + \tfrac{1}{2} \lg c_0$

$pH = \tfrac{1}{2} (pK_w - pK_b - \lg c_0)$

34.3.3   Indikatoren

Säure-Base-Indikatoren zeigen durch Änderung ihrer Farbe den End-punkt einer Titration an. Man verwendet organische Farbstoffe, die durch Protonierung bzw. Deprotonierung eine Farbänderung erfahren. Sie verhalten sich wie schwache BRØNSTED-Säuren bzw. -Basen (vgl. Abschn. 8.2).

Die Säure-Base-Indikatoren gehören verschiedenen Stoffgruppen an. Die wichtigsten sind:

- **Azofarbstoffe** (Methylorange, Alizaringelb, Methylrot, Sudan III)
- **Sulfonphthaleine** (Phenolrot, Bromkresolgrün, Bromkresolblau, Kresolrot, Thymolblau)
- **Phthaleine** (Phenolphtalein, Tymolphthalein)

Unter den beispielhaft aufgeführten Indikatoren lassen sich zwei Grup-pen unterscheiden:

- **einfarbige Indikatoren** (sind im sauren Medium farblos und nur im alkalischen Bereich gefärbt, z. B. Phenolphthalein)
- **zweifarbige Indikatoren** (haben im sauren und alkalischen Bereich unterschiedliche Farben z. B. Methylrot)

Neutralisationsindikatoren sind selbst korrespondierende Säure-Base-Paare. Daher dürfen sie bei der Titration nur in geringen Mengen zugesetzt werden. Die Farbänderung des Indikators muss im **Äquivalenzbereich** (Sprung der Titrationskurve) liegen, d. h. bei starken Protolyten zwischen pH 4 und 10. Für die Titration schwacher Säuren werden nur Indikatoren mit einem Umschlagsbereich pH > 7 (schwache Basen: pH < 7) eingesetzt. Eine Auswahl wichtiger Indikatoren ist in Tabelle 34-6 zusammengestellt.

Tabelle 34-6: Umschlagsbereiche einiger Neutralisationsindikatoren

Indikator	pH-Bereich	Farbänderung	Stoffgruppe
Methylviolett*	0,1…1,5	gelb – blau	Sonstige
Kresolrot*	0,2…1,8	rot – gelb	Sulfonphthaleine
Thymolblau*	1,2…2,8	rot – gelb	Sulfonphthaleine
Methylviolett**	1,5…3,2	blau – violett	Sonstige
Dimethylgelb	2,9…4,0	rot – gelb	Azofarbstoffe

Indikator	pH-Bereich	Farbänderung	Stoffgruppe
Methylorange	3,1...4,4	rot – orange	Azofarbstoffe
Bromkresolgrün	3,8...5,4	gelb – blau	Sulfonphthaleine
Methylrot	4,4...6,2	rot – gelb	Azofarbstoffe
Bromthymolblau	6,0...7,6	gelb – blau	Sulfonphthaleine
Phenolrot	6,4...8,2	gelb – rot	Sonstige
Neutralrot	6,8...8,0	rot – gelb	Sonstige
Kresolrot**	7,2...8,8	gelb – rot	Sulfonphthaleine
Thymolblau**	8,0...9,6	gelb – blau	Sulfonphthaleine
Phenolphthalein	8,2...10,0	farblos – rot	Phthaleine
Thymolphthalein	9,4...10,6	farblos – blau	Phthaleine
Alizaringelb	10,0...12,0	gelb – rot	Azofarbstoffe
Tropäolin O	11,0...12,7	gelb – orange	Azofarbstoffe

* 1. Umschlagsbereich, ** 2. Umschlagsbereich

Einfarbige Indikatoren

Es werden überwiegend Phthaleinderivate verwendet, die nur im alkalischen Bereich farbig sind. Der Farbumschlag ist von der Gesamtkonzentration abhängig und daher nicht besonders gut zu erfassen.

Zweifarbige Indikatoren

Der Farbumschlag eines zweifarbigen Indikators ergibt am Umschlagspunkt eine Mischfarbe, die visuell nicht exakt zu bestimmen ist. Das Umschlagsintervall erstreckt sich meist über 1...2 pH-Einheiten.

Mischindikatoren

In der Praxis haben sich Indikatorgemische bewährt, die am Umschlagspunkt einen leichter erkennbaren grauen Farbton zeigen. Die Mischung kann aus einem Indikator mit indifferentem Farbstoff (Kontrastindikator) oder aus zwei verschiedenen Indikatoren mit gleichem Umschlagsbereich (Mischindikatoren) bestehen.

An
C

34.4   Redoxtitration

Eine Redoxtitration ist ein maßanalytisches Verfahren, dem eine Redoxreaktion zu Grunde liegt. Als Titrant wird ein Oxidations- oder Reduktionsmittel verwendet. Redoxtitrationen können immer dann durchgeführt
werden, wenn die zu bestimmende Probe oxidierende oder reduzierende
Eigenschaften hat. Tabelle 34-7 zeigt eine Übersicht der wichtigsten
analytischen Redoxverfahren.

Tabelle 34-7: Redoxtitrationen

Verfahren (Titrant)	Indikator	Bestimmung von
Manganometrie ($KMnO_4$)	–	Fe, Mn, H_2O_2, NO_2^-
Dichromatometrie ($K_2Cr_2O_7$)	Diphenylamin (farblos–blau)	Fe
Bromometrie ($KBrO_3$)	Methylorange	As, Sb, Sn, Cu
Iodometrie (I_2/KI)	Iod/Stärke	As, Sb, Sn, Hg, Cu, Cr, Co, H_2O, H_2O_2, S^{2-}, SO_3^{2-}, CN^-, ClO_3^-, BrO_3^-, IO_3^-
Cerimetrie ($Ce(SO_4)_2$)	Ferroin (rot–blau)	As, Fe, Sn, H_2O_2

34.4.1   Titrationskurven

Titrationen auf der Grundlage von Redoxreaktionen können über das
elektrochemische Potenzial der Redoxpartner verfolgt werden. Ebenso
wie bei den bisher besprochenen Titrationsmethoden kann der Verlauf
der Titrationskurve unter Verwendung der NERNST'schen Gleichung
(vgl. Abschn. 9.3.4) und der Definition für den Titrationsgrad (vgl.
Abschn. 34.2.4) berechnet werden. In Bild 34-5 ist der Verlauf einer
typischen Titrationskurve gezeigt.

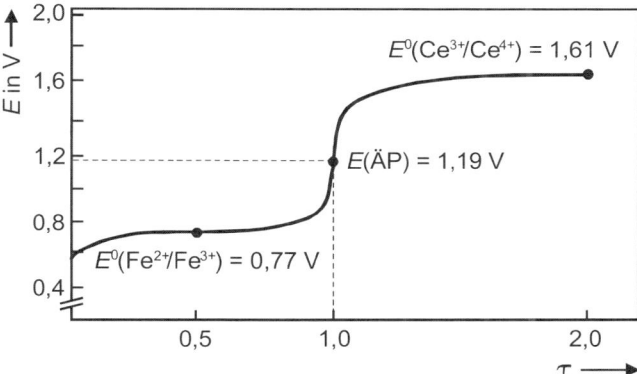

Bild 34-5: Titrationskurve für die Redoxtitration von Fe^{2+} mit Ce^{4+}-Ionen (Standard-Elektrodenpotenziale: $E°(Fe^{2+}/Fe^{3+})$ = 0,77 V und $E°(Ce^{3+}/Ce^{4+})$ = 1,61 V, E(ÄP) Redoxpotenzial am Äquivalenzpunkt)

Während des **Titrationsverlaufs bis kurz vor dem Äquivalenzpunkt ($0 < \tau < 1$)** ist das Redoxsystem Fe^{2+}/Fe^{3+} potenzialbestimmend, da die Ce^{4+}-Ionen ständig verbraucht werden. Das Elektrodenpotenzial kann direkt aus dem Titrationsgrad berechnet werden:

$$E = E° + \frac{2{,}3 \cdot R \cdot T}{z \cdot F} \lg \frac{\tau}{1-\tau} \qquad (34\text{-}13)$$

E ($E°$) Elektrodenpotenzial (unter Standardbedingungen), R allgemeine Gaskonstante, T Temperatur, z Anzahl der ausgetauschten Elektronen, FARADAY-Konstante, τ Titrationsgrad

Bei Erreichen des **Titrationsgrades von $\tau = 0,5$** ist die Hälfte der Probekonzentration $c(Fe^{2+}) = c(Fe^{3+})$ umgesetzt. Damit ergibt sich nach der NERNST-Gleichung das Standard-Elektrodenpotenzial für das System zu:

$$E = E° (Fe^{2+}/ Fe^{3+}) = 0{,}77 \text{ V} \qquad (34\text{-}14)$$

Am **Äquivalenzpunkt ÄP** gilt für die Gleichgewichtskonzentration:

$$c(Ce^{3+}) = c(Fe^{3+}) \text{ und } c(Ce^{4+}) = c(Fe^{2+})$$

Aus der NERNST-Gleichung lässt sich das Redoxpotenzial am Äquivalenzpunkt ableiten zu:

$$E(\text{ÄP}) = \frac{z(\text{Fe}^{2+}/\text{Fe}^{3+}) \cdot E(\text{Fe}^{2+}/\text{Fe}^3) + z(\text{Ce}^{3+}/\text{Ce}^{4+}) \cdot E(\text{Ce}^{3+}/\text{Ce}^{4+})}{z(\text{Fe}^{2+}/\text{Fe}^{3+}) + z(\text{Ce}^{3+}/\text{Ce}^{4+})}$$

$$= 1{,}19 \text{ V}$$

$$(34\text{-}15)$$

Nach dem Äquivalenzpunkt ($\tau > 1$) liegt nur noch das Redoxpaar des Titranten ($\text{Ce}^{3+}/\text{Ce}^{4+}$) vor. Es berechnet sich zu:

$$E = E^\circ(\text{Ce}^{3+}/\text{Ce}^{4+}) + \frac{2{,}3 \cdot R \cdot T}{z \cdot F} \lg(\tau - 1) \qquad (34\text{-}16)$$

E (E°) Elektrodenpotenzial (unter Standardbedingungen), R allgemeine Gaskonstante, T Temperatur, z Anzahl der ausgetauschten Elektronen, F FARADAY-Konstante, τ Titrationsgrad

Beim **Titrationsgrad $\tau = 2$** gilt für die Gleichgewichtskonzentration: $c(\text{Ce}^{3+}) = c(\text{Ce}^{4+})$. Das Redoxpotenzial entspricht dann dem Standardpotenzial des Titraten:

$$E = E^\circ(\text{Ce}^{3+}/\text{Ce}^{4+}) = 1{,}61 \text{ V} \qquad (34\text{-}17)$$

34.4.2   Indikation der Titration

Der Verlauf von Redoxtitrationen kann durch die Erfassung der Redoxspannung durch **potenziometrische Messungen** erfolgen. Visuelle Indikation ist immer dann möglich, wenn eine Redoxform des Reaktionspartners bei der Titration farbig ist, z. B. MnO_4^--Ionen in der Permanganometrie. Es können auch Redoxindikatoren eingesetzt werden, die selbst korrespondierende Redoxpaare darstellen (vgl. Tab. 34-7).

34.5   Komplexometrische Titration

Bei der komplexometrischen Titration nutzt man Konzentrationsänderungen durch Komplexbildung für die maßanalytische Bestimmung. Mit wenigen Ausnahmen (Bestimmung von Halogeniden mit Hg^{2+}-Ionen oder von Cyaniden mit Ag^+-Ionen) werden für komlexometrische Titrationen ausschließlich Chelatkomplexe verwendet. Die Komplexometrie oder **Chelatometrie** stellt die jüngste Methode unter den klassischen maßanalytischen Verfahren dar.

34.5.1   Grundlagen der Komplexbildung

Unter einem **Komplex** versteht man ein zusammengesetztes Teilchen (Ion, Molekül), das durch Reaktion von einfachen, selbstständigen und unabhängig voneinander existenzfähigen Molekülen oder Ionen entstanden ist.

Beispiele:

Ag^+	$+ 2\,NH_3$	$\rightleftharpoons$	$[Ag(NH_3)_2]^+$
Fe^{2+}	$+ 6\,CN^-$	$\rightleftharpoons$	$[Fe(CN)_6]^{2+}$
$Al(OH)_3$	$+ 1\,OH^-$	$\rightleftharpoons$	$[Al(OH)_4]^-$
Ni	$+ 4\,CO$	$\rightleftharpoons$	$[Ni(CO)_4]$
Zentralatom	$+$ Ligand	$\rightleftharpoons$	Komplex

Die komlexen Teilchen werden in den Formeln in eckige Klammern gesetzt. Komplexe können als Kationen, Anionen oder Neutralteilchen auftreten. Besonders stabile Komplexe entstehen mit Liganden, die gleichzeitig mehr als eine Koordinationsstelle besetzen können. Diese Liganden werden auch **mehrzähnige Liganden** oder **Chelatliganden** (*chele*, gr.: Schere, Klaue) genannt.

 Unter Zähnigkeit versteht man die Anzahl der möglichen oder tatsächlich vorhandenen Koordinationsstellen.

Tabelle 34-8 enthält ausgewählte Bespiele verschiedener Chelatliganden. Bild 34-6 zeigt ein Beispiel für einen Chelatkomplex.

Tabelle 34-8: Auswahl einiger mehrzähniger Liganden (Chelatliganden)

Zweizähnige Liganden:

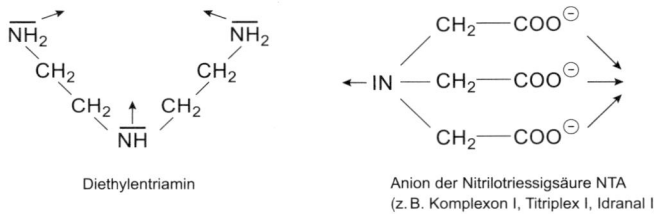

Oxalation   Diacetyldioxim   2,2'-Dipyridyl

Dreizähniger Ligand: **Vierzähniger Ligand:**

Diethylentriamin   Anion der Nitrilotriessigsäure NTA
                                    (z. B. Komplexon I, Titriplex I, Idranal I)

Sechszähniger Ligand:

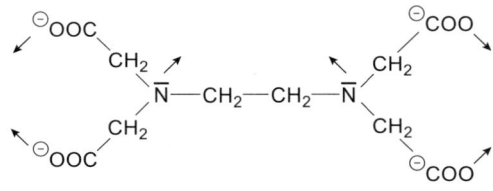

Anion der Ethylendiamintetraessigsäure EDTA
(z. B. Komplexon II, Titriplex II, Idranal II)

Pfeile deuten freie Elektronenpaare an, die Koordinationsstellen besetzen

Die **Koordinationszahl** des Zentralatoms gibt an, wie viel einzähnige Liganden gebunden sind. Metalle liegen in wässriger Lösung häufig als $[Me(H_2O)_4]^{z+}$- oder $[Me(H_2O)_6]^{z+}$-Komplexe vor.

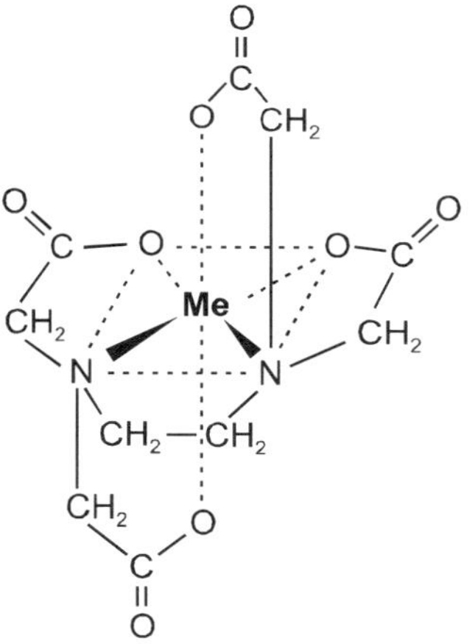

Bild 34-6: Struktur des Metall-EDTA-Komplexes (das Zentralatom Me ist vom EDTA-Molekül oktaedrisch umgeben)

Ein Maß für die **Stabilität von Komplexen** ist die Komplexbildungskonstante K_B bzw. die Dissoziationskonstante $K_D = 1/K_B$. Hochsymmetrisch aufgebaute Komplexe sind nicht zuletzt wegen der guten Abschirmung des Zentralatoms durch die Ligandensphäre recht stabil. Der mehrzähnige Ligand verdrängt eine größere Anzahl einzähniger Liganden, was zur Erhöhung der Stabilität führt (Zunahme der Entropie).

An
C

34.5.2   Analytische Anwendung

Für komplexometrische Titrationen werden in der Regel nur mehrzähnige Liganden verwendet. Hierbei ändert sich die Konzentration an freiem Metall sprunghaft, und man beobachtet einen steilen Abfall der Titrationskurve (vgl. Bild 34-7B).

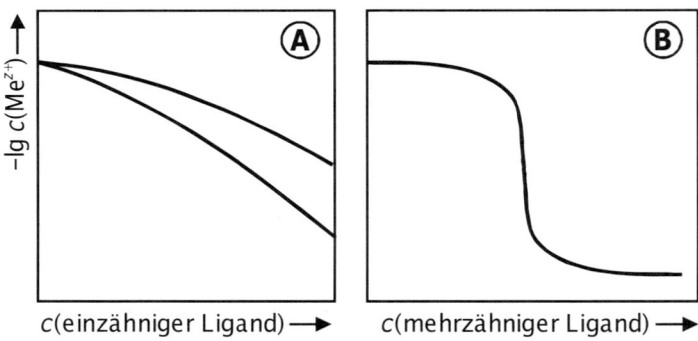

Bild 34-7: Komplexometrische Titrationskurven, (A) Me^{z+}/einzähniger Ligand, (B) Me^{z+}/mehrzähniger Ligand

Bei einzähnigen Liganden tritt in der Regel kein ausreichend großer Sprung in der Titrationskurve auf (vgl. Bild 34-7A).

Ethylendiamintetraessigsäure (EDTA) ist der am häufigsten angewendete Komplexbildner (vgl. Bild 34-6). Die Aminopolycarbonsäure wird wegen der schlechten Löslichkeit der freien Säure üblicherweise als Dinatriumsalz (Titriplex®III) eingesetzt. EDTA bildet mit Metallionen beliebiger Wertigkeit oktaedrisch koordinierte **1:1-Komplexe** mit fünfgliedrigen Chelatringen. Die Stabilität der Metallkomplexe steigt mit der Wertigkeit des Metallions (vgl. Tab. 34-9). Einwertige Kationen sind zur komplexometrischen Titration nicht geeignet.

Tabelle 34-9: Komplexbildungskonstanten einiger EDTA-Komplexe

Kation	lg K	Kation	lg K	Kation	lg K
Fe^{3+}	25,1	Cu^{2+}	18,8	Ca^{2+}	10,7
In^{3+}	24,9	Ni^{2+}	18,6	Mg^{2+}	8,7
Sc^{3+}	23,1	Cd^{2+}	16,5	Sr^{2+}	8,6
Cr^{3+}	23,0	Zn^{2+}	16,5	Ba^{2+}	7,8
Bi^{3+}	22,8	Co^{2+}	16,3	Ag^{+}	7,3
Hg^{2+}	21,8	Mn^{2+}	14,0	Tl^{+}	5,3

34.5.3 Titrationsverfahren

Auch bei der komplexometrischen Titration unterscheidet man verschiedene Titrationsverfahren:

- **Direkte Titration**
  Die Metallionen werden bei diesem Verfahren direkt mit dem Titranten umgesetzt. Wichtig ist die Wahl eines geeigneten pH-Bereichs und des passenden Indikators (vgl. Abschn. 34.5.4). Das Ausfallen von Metallhydroxiden kann durch Zusatz von **Hilfskomplexbildnern**, wie z. B. Ammoniak oder Citrat, verhindert werden. Die direkte Titration ist nur erfolgreich möglich, wenn die Komplexbildung schnell und quantitativ verläuft.

- **Indirekte Titration (Rücktitration)**
  Steht für eine direkte Titration kein geeigneter Indikator zu Verfügung, ist die Reaktionsgeschwindigkeit oder die Löslichkeit des Metalls zu gering, so kann eine Rücktitration durchgeführt werden. Zur Probe gibt man eine Lösung bekannter Konzentration eines geeigneten Komplexbildners und lässt vollständig reagieren. Der überschüssige Komplexbildner wird mit einem geeigneten Kation zurücktitriert. Der gebildete Komplex dieses Kations muss natürlich weniger stabil sein als der Komplex des zu bestimmenden Kations.

- **Substitutionstitration**
  Diese Methode basiert ebenfalls auf unterschiedlichen Stabilitäten von Komplexen. Zunächt wird ein Komplex aus z. B. EDTA und Mg^{2+}- oder Zn^{2+}-Ionen hergestellt. Den entstandenen Komplex lässt man mit einem Kation reagieren, das mit EDTA einen stabileren Komplex bildet. Die freigesetzten Mg^{2+}- oder Zn^{2+}-Ionen können anschließend direkt mit EDTA bestimmt werden.

An
C

34.5.4   Titrationsendpunkt

Komplexometrische Indikatoren sind selbst Komplexbildner, deren Stabilitätskonstante kleiner sein muss als die des Titranten. Der Indikatorkomplex muss außerdem eine andere Farbe haben als der freie Indikator. Viele der verwendeten Indikatoren sind mehrwertige Säuren. Es hängt daher nicht nur der Umschlagsbereich, sondern auch die Farbe des Indikators vom pH-Wert ab.

Einer der wichtigsten **Indikatoren** ist **Eriochromschwarz T**, eine dreiwertige Säure, die als Natriumsalz eingesetzt wird.

$$\mathbf{H_2Ind}^{\ominus}$$
Eriochromschwarz T

$$\mathbf{MeInd}^{\ominus}$$

$$[H_2Ind]^{\ominus} \underset{pH = 6,3}{\overset{-H^{\oplus}}{\rightleftharpoons}} [HInd]^{2\ominus} \underset{pH = 11,5}{\overset{-H^{\oplus}}{\rightleftharpoons}} [Ind]^{3\ominus}$$

weinrot   blau   orange

Im alkalischen Bereich ist der Indikator oxidationsempfindlich. Wässrige oder alkoholische Lösungen müssen daher immer frisch angesetzt werden.

Andere gebräuchliche Indikatoren für die komplexometrische Titration sind in Tabelle 34-10 zusammengestellt.

Tabelle 34-10: Indikatoren für die komplexometrische Titration

Indikator	Farbumschlag	pH-Bereich	zu bestimmende Ionen
Murexid	orange – violett	12	Ca^{2+}
Eriochromschwarz T	rot – blau	12	Mg^{2+}, Zn^{2+}
Phthaleinpurpur	rosa – violett	7…10	Ba^{2+}, Sr^{2+}
Xylenorange	rot – gelb	1	Bi^{3+}

Die Chromatographie ist in der modernen Analysetechnik ein häufig verwendetes Trennverfahren, welches durch den russischen Botaniker TSWETT entwickelt wurde. Im Jahr 1906 trennte er Pflanzenfarbstoffe, indem er einen Benzin-Extrakt der Blätter durch eine Säule laufen ließ, die aus verschiedenen Schichten von Al_2O_3, $CaCO_3$ und Puderzucker bestand. Später entwickelten sich aus dieser grundlegenden Entdeckung weitere chromatographische Verfahren, wie z. B. die Dünnschicht- und Gaschromatographie. Heute werden chromatographische Verfahren u. a. in der Pharmaindustrie, Biochemie und Umweltanalytik meist zur Trennung und Analyse komplexer Stoffgemische eingesetzt.

Bei allen chromatographischen Trennverfahren werden Substanzgemische durch Verteilung zwischen zwei Phasen in ihre Einzelkomponenten aufgetrennt (vgl. Kap. 10). Es wird dabei zwischen Gas- und Flüssigchromatographie unterschieden, je nachdem, ob das strömende, bewegliche Medium (**mobile Phase**) im gasförmigen oder flüssigen Aggregatzustand vorliegt. Die fixierte, unbewegliche und oberflächenreiche Phase (**stationäre Phase**) stellt in beiden Fällen einen Feststoff, ein Gel oder eine Flüssigkeit dar, die auf einem inerten Trägermaterial aufgebracht ist. Sie sollte nicht mit der mobilen Phase mischbar sein. Verschiedene Bezeichnungen für die unterschiedlichen Chromatographiearten sind in Tabelle 35-1 zusammengestellt:

Tabelle 35-1: Bezeichnungen verschiedener Chromatographiearten

Bezeichnung des Verfahrens	Mobile Phase	Stationäre Phase
LSC (Liquid-Solid-Chromatography)	Flüssig (Liquid)	Fest (Solid)
LLC (Liquid-Liquid-Chromatography)	Flüssig (Liquid)	Flüssig (Liquid)
GSC (Gas-Solid-Chromatography)	Gas (Gaseous)	Fest (Solid)
GLC (Gas-Liquid-Chromatography)	Gas (Gaseous)	Flüssig (Liquid)

Zu einer Trennung des zu analysierenden Stoffgemischs kommt es durch Wechselwirkungen der Substanzen zwischen der mobilen und stationären Phase. Die Substanzen werden mit der mobilen Phase an der Oberfläche der stationären Phase entlang transportiert. Dabei kommt es zu Wechselwirkungen, die entscheidend für die Auftrennung der Substanzen sind und von deren physikalisch-chemischen Eigenschaften abhängen. Es stellen sich Verteilungsgleichgewichte ein. Daher werden Moleküle ohne Wechselwirkung mit der stationären Phase „ungehindert" mit der mobilen Phase mitgeführt und erreichen dementsprechend schnell das Ende der Chromatographie-Strecke. Treten allerdings Wechselwirkungen mit der stationären Phase auf, werden die zu analysierenden Substanzen langsamer transportiert. Sie werden auf der chromatographischen Strecke zurückgehalten (retardiert). Es kommt somit in Abhängigkeit von ihren physikalisch-chemischen Eigenschaften zur Auftrennung des Analysegemischs.

35.1 Physikalisch-chemische Vorgänge

Eine weitere Einteilung der bei der Chromatographie auftretenden Vorgänge kann über die bei der Trennung wichtigen physikalisch-chemischen Vorgänge erfolgen. Allerdings liegen diese zumeist nicht in „reiner" Form vor, sondern verlaufen mehr oder weniger parallel.

35.1.1 Adsorption

Bei der Adsorptionschromatographie liegt als stationäre Phase ein Adsorbens vor. Die zu trennenden Substanzen werden durch wiederholte Adsorption und Desorption an und aus der stationären Phase getrennt. Solche Adsorptionsgleichgewichte sind abhängig von der Stoffkonzentration der zu adsorbierenden Substanzen, der Temperatur und dem Adsorbens/Substanz-Mengenverhältnis. Diese Vorgänge werden durch die Gesetze von LANGMUIR und FREUNDLICH (vgl. Abschn. 10.1.1) beschrieben.

35.1.2 Verteilung

Beruht die Trennung der Substanzen auf einer unterschiedlichen Löslichkeit in den beiden vorliegenden Phasen, spricht man von der Verteilungschromatographie. Diesen Prozessen liegt das Verteilungsgesetz von NERNST zu Grunde (vgl. Abschn. 10.2).

35.1.3   Ionenaustausch

Bei der Ionenaustauschchromatographie (auch Ionenchromatographie) stellt die stationäre Phase eine kationisch oder anionisch geladene Oberfläche dar, die entgegengesetzt zu den Probesubstanzen geladen ist. Die Trennung basiert dabei auf der unterschiedlichen Affinität der Ionen zum jeweiligen Austauscher.

35.1.4   Ausschluss

Bei der Ausschlusschromatographie (Gelchromatographie) besteht die stationäre Phase aus Perlen mit einem heteroporösen gequollenen Netzwerk, das eine definiert, aber stark unterschiedliche Porengröße besitzt. Die Trennung der Probesubstanzen findet durch die Fraktionierung nach Molekülgröße (Molekularsieb-Effekt) statt. Im Gegensatz zu den vorher beschriebenen Methoden erfolgt hier eine vollständige Abtrennung von Fraktionen.

35.2   Chromatographische Kenngrößen

Das Chromatogramm ist das Ergebnis einer Trennung der Analysesubstanzen auf einer Dünnschichtplatte bzw. einer Auftragung eines Detektorsignals (Auswerteeinheit) über der Zeit (vgl. Bild 35-2).

Retention

Bei der Analyse mit einer Dünnschichtchromatographie-Platte bewegen sich die zu analysierenden Probebestandteile mit einem Laufmittel über eine stationäre Phase. Das Trennprinzip nennt man auch Retention. Der Begriff **Retention** (*retentio*, lat.: Anhalten, Zurückhalten) hat in der Chemie unterschiedliche Bedeutungen.

Im Hinblick auf die Chromatographie wird als Retention das Zurückhalten der zu analysierenden Stoffe in der stationären Phase verstanden. Hieraus leiten sich weitere Kenngrößen ab, wie z. B. der Retentionsfaktor. Wenn die Laufmittelfront das Ende der Trennstrecke erreicht hat und somit die Auftrennung beendet ist, erhält man Substanzflecken in unterschiedlichen und stoffspezifischen Abständen von der Startlinie. Das Verhältnis zwischen der Entfernung der zu analysierenden Substanz von der Startlinie (hier a bzw. b) und der Laufmittelfront von der Startlinie (c) wird als **Retentionsfaktor** (Rf-Wert) bezeichnet (vgl. Bild 35-1).

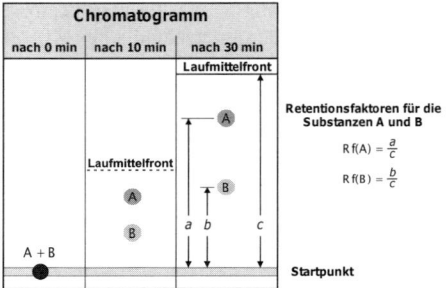

Bild 35-1: Chromatogramm in der Dünnschichtchromatographie

Auch bei der Gaschromatographie (GC) und der High-Performance-Liquid-Chromatographie (HPLC) findet der Begriff Retention Anwendung. Hier wird allerdings in einem Chromatogramm ein auswertbares Detektorsignal der zu analysierenden Substanzen in Abhängigkeit von der Zeit festgehalten. Dabei wird das vom Detektor abhängige Signal als Bezugsquelle für die Ermittlung der Konzentration verwendet.

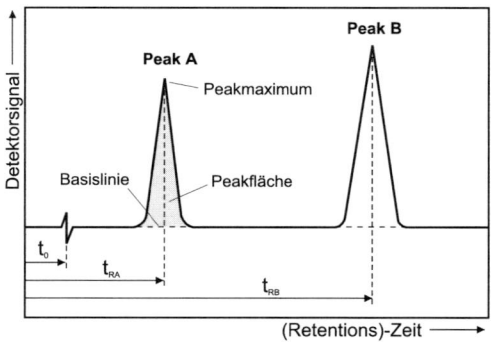

Bild 35-2: Typisches Chromatogramm in der GC bzw. HPLC (t_0 Durchbruchszeit, t_{RA}/t_{RB} Bruttoretentionszeit der Probesubstanzen A und B)

Diese Messgröße sollte im Idealfall proportional zur Konzentration sein. Das Detektorsignal wird **Peak** genannt (vgl. Bild 35-2). Zumeist dient die Fläche unterhalb des Peaks zur Umrechnung in die Konzentrationsgröße.

Bruttoretentionszeit (t_R)

Die Bruttoretentionszeit gibt die Zeit an, die eine Probesubstanz benötigt, um vom Anfang (Probeaufgabe) bis zum Ende (Erfassung durch einen Detektor) der Chromatographiestrecke zu gelangen.

Durchbruchzeit (t_0)

Die Durchbruchzeit (Totzeit) gibt die Verweildauer an, welche eine inerte Substanz (ohne Wechselwirkung mit der stationären Phase) benötigt, um die Chromatographiestrecke zu durchlaufen.

Nettoretentionszeit (t'_R)

Die Differenz aus Bruttoretentionszeit und Totzeit wird als Nettoretentionszeit bezeichnet.

Lineare Geschwindigkeit der mobilen Phase

Die Geschwindigkeit der mobilen Phase in einer Chromatographiestrecke wird als **Volumenstrom** oder **Fließgeschwindigkeit** angegeben. Da bei der HPLC und GC die mobile Phase durch Säulen mit unterschiedlichen Querschnitten geleitet werden, ist die Fließgeschwindigkeit direkt abhängig vom Säulendurchmesser. Daher hat sich die lineare Geschwindigkeit als Kenngröße für den Fluss der mobilen Phase durchgesetzt, welche dem Druckabfall längs der Säule proportional ist.

35.3   Dünnschichtchromatographie

Bei der einfachen Dünnschichtchromatographie wird ein feinkörniges Sorptionsmittel (z. B. Cellulose- oder Aluminiumoxidpulver) in einer dünnen Schicht auf einer Glasplatte fixiert, getrocknet und eventuell aktiviert. Die zu analysierende Probe wird im unteren Viertel der Platte punkt-, linien- oder für präparative Zwecke auch bandförmig aufgetragen und darf beim Chromatographievorgang nicht in das Laufmittel eintauchen. Für eine reproduzierbare Auswertung empfiehlt sich dabei der Einsatz kommerziell erhältlicher Probedosiereinrichtungen.

An
C

Nach dem Abdampfen des Lösungsmittels der Probesubstanz wird die Chromatographieplatte in ein verschlossenes Chromatographiegefäß mit der mobilen Phase (Laufmittel) gestellt, welches auf Grund der Kapillarwirkung der stationären Phase nach oben durch die stationäre Phase wandert. Durch die Sättigung der Kammeratmosphäre mit der mobilen Phase kann eine gute Reproduzierbarkeit erreicht werden. Dazu wird auf der Gefäßinnenseite Filtrierpapier aufgelegt, um eine möglichst vollständige Sättigung schnell zu erreichen.

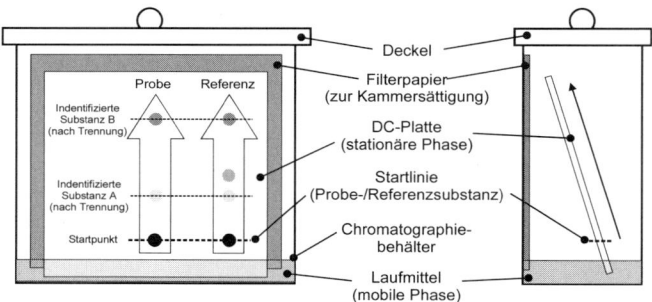

Bild 35-3: Apparative Darstellung der Dünnschichtchromatographie

Aufgrund der spezifischen Wechselwirkungen der zu analysierenden Einzelsubstanzen mit der stationären Phase wird das Gemisch im optimalen Fall in eine seiner Komponentenzahl entsprechende Anzahl von Einzelsubstanzen in Form von „Substanzflecken" aufgetrennt, die in senkrechter Verlängerung vom Startpunkt angeordnet sind (vgl. Bild 35-3). Hierbei trägt man zu Anfang des Trennprozesses auf der gleichen Höhe auch Referenzsubstanzen auf, um diese mit der unbekannten Probe nach der Trennung vergleichen zu können.

Ferner kann der Rf-Wert bei definierten stationären und mobilen Phasen mit Literaturdaten verglichen werden. Durch einen Laufmittelwechsel, eine sog. Mehrfachentwicklung, kann zumeist ein besseres Trennergebnis erzielt werden. Eine weitere Möglichkeit besteht in der zweidimensionalen Entwicklung. Dabei wird die Probesubstanz in der Ecke des Papiers aufgetragen. Nach der ersten Trennung wird die Platte getrocknet, das Laufmittel geändert und die Platte um 90° gedreht im geänderten Laufmittel erneut entwickelt. So können auch komplexere Substanzgemische getrennt werden.

35.3.1   Stationäre Phase

Als Schichtmaterial für die DC wird heute vor allem **Kieselgel** und **modifiziertes Kieselgel** eingesetzt (z. B. bei der PAK-Analyse). Weitere häufig verwendete Materialien sind **Aluminiumoxid** (für basische Verbindungen und aromatische Kohlenwasserstoffe), **Polyamid** (für Phenole und Nitroverbindungen), **Cellulose** (für lipophile Substanzen) und **Ionenaustauscherphasen.** Neben der Art der stationären Phase ist deren Schichtdicke und Korngrößenverteilung ebenfalls ein entscheidender Parameter.

35.3.2   Mobile Phase

Eine Vielzahl von Lösungsmitteln und Lösungsmittelgemischen ist als Laufmittel in der DC einsetzbar. Hierbei sind folgende Anforderungen zu beachten:

- sehr reine Lösungsmittel (keine Verschmutzungen der Probe)
- möglichst nicht toxische Lösungsmittel
- möglichst hoher Dampfdruck (schnelle Abdampfung nach der Trennung)
- keine Reaktion mit der stationären Phase oder der Probesubstanz
- keine Entmischung während des Chromatographievorgangs
- geringe Viskosität

Beispiele für häufig verwendete Lösungsmittel sind: Diethylether, 2-Propanol, Ethanol, Eisessig, Dichlormethan, Dioxan und Toluol. Für die Trennvorgänge mit Kieselgelplatten sind Gemische Aceton-Toluol (Volumenanteile 1:10, für vorwiegend unpolare Verbindungen) und Chloroform-Aceton (Volumenanteile 7:3, für vorwiegend polare Verbindungen) üblich.

35.3.3   Detektion

Zur Auswertung des Chromatogramms werden, wie bereits oben erwähnt, der Rf-Wert und die parallel aufgetragenen Vergleichsubstanzen herangezogen. Zur unspezifischen Sichtbarmachung der Einzelsubstanz-

An
C

flecken wird oft UV-Licht verwendet. Um eine leichtere Identifizierung zu ermöglichen, kann der stationären Phase ein Fluoreszenzindikator zugesetzt werden. Ein spezifischer Nachweis wird durch geeignete Reagenzien erfolgen, die entweder aufgesprüht oder über ein Tauchbad auf die Chromatographieplatte gebracht werden. Beispiele hierfür sind Ninhydrin oder Vanillin-Schwefelsäure. Die quantitative Auswertung erfolgt entweder über die Flächengröße der Einzelsubstanzen oder eine photometrische Analyse mit geeigneten Scannern, die Absorptions- und/oder Fluoreszenzmessungen durchführen (vgl. auch Kap. 36).

35.3.4   Methoden

Neben der oben beschriebenen klassischen Methode haben sich weitere dünnschichtchromatographische, weitestgehend automatisierte Analysemethoden entwickelt und durchgesetzt. Bei der **zirkularen Entwicklung** wird die Probesubstanz mittig auf das Chromatographiepapier gegeben und radial nach außen entwickelt. Bei der **OPTLC** (**O**ver **P**ressure **T**hin **L**ayer **C**hromatography) wird das Laufmittel unter einem erhöhten Druck durch die stationäre Phase gefördert, was somit einen kürzeren Trennvorgang ermöglicht. Unter Ausnutzung der Zentrifugalkraft wird bei der **CLC** (**C**entrifugal **L**ayer **C**hromatography) das Substanzgemisch getrennt. Dabei ist es zusätzlich möglich, Einzelsubstanzen nach Durchlaufen des Chromatographiebetts präparativ abzutrennen. Weitere Methoden sind unter anderem die **HPPLC** (**H**igh **P**ressure **P**lanar **L**iquid **C**hromatography) und die **programmierte Vielfachentwicklung** (**PMD**-Technik, **P**rogrammed **M**ultiple **D**evelopment).

35.4   Gaschromatographie

Im Gegensatz zur DC wird die Gaschromatographie zur Trennung von verdampfbaren Flüssigkeiten, Feststoffen und Gasen eingesetzt. Bei der mobilen Phase handelt es sich dabei immer um ein Gas, wobei die stationäre Phase ein Feststoff oder eine Flüssigkeit ist.

Die zu untersuchende Probesubstanz wird über eine geheizte Injektionsvorrichtung in den Trägergasstrom (z. B. Helium oder Stickstoff) eingebracht. Dies geschieht im Normalfall in kleinen Mengen mit einer Mikroliterspritze. Das durch die Injektionseinrichtung strömende Trägergas fördert die verdampfte Substanz durch die ebenfalls beheizte Trennsäule, die die geeignete stationäre Phase enthält und für die Stofftrennung sorgt.

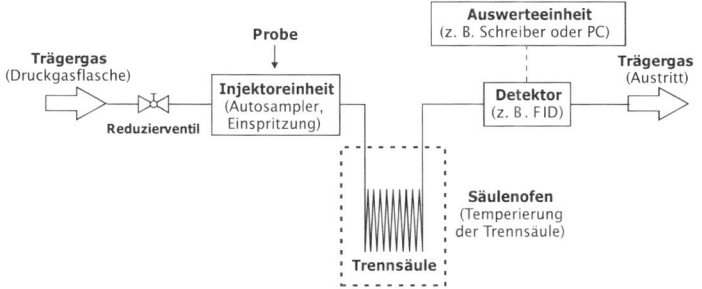

Bild 35-4: Schematischer Aufbau der Gaschromatographie

Durch die Trennung treten die Einzelsubstanzen zu unterschiedlichen Zeitpunkten am Trennsäulenende aus und durchfließen einen Detektor. Für das gaschromatographische Verfahren sind die folgenden Parameter von entscheidender Bedeutung.

35.4.1   Trägergas

Die Wahl des Trägergases und dessen Reinheit ist abhängig von der Probebeschaffenheit und dem Detektortyp. Für die Analyse des austretenden Gasstroms mit einem Wärmeleitfähigkeitsdetektor (WLD) sind z. B. Wasserstoff und Helium sinnvoll, da beide Gase eine große Wärmeleitfähigkeit besitzen. Die Trägergaszufuhr zum GC-System erfolgt im Normalfall über Druckgasflaschen. Dabei wird die Strömungsgeschwindigkeit über ein Reduzierventil eingestellt.

35.4.2   Probeaufgabe

Die Probeaufgabe erfolgt bei der Gaschromatographie zumeist automatisch z. B. über sog. **Autosampler.** Findet eine manuelle Probeaufgabe mit einer Mikroliterspritze statt, können folgende unterschiedliche Techniken bei der Befüllung der Mikroliterspritzen angewendet werden:

Die einfachste Methode ist die Befüllung der Mikroliterspritze (d. h. Nadel und Spritzenkörper) ausschließlich mit der Probesubstanz. Man nennt diese Vorgehensweise „**Gefüllte-Nadel-Technik**". Hierbei entstehen Dosierfehler, da die in der Nadel befindliche Probesubstanz schon während des Einstechens durch ein Septum in den beheizten Injektionsraum verdampft. Dies kann vermieden werden, indem man nach dem Aufziehen der Probesubstanz in die Spritze die in der Nadel befindliche Probe in den Spritzenkörper „weiterzieht" („**Leere-Nadel-Technik**").

Um optimal reproduzierbare Ergebnisse zu erhalten, wird die **Lösemittelspültechnik** eingesetzt. Die Mikroliterspritze wird in mehreren aufeinander folgenden Schritten mit Lösemittel, Luft, Probe und erneut Luft befüllt. Dies ermöglicht beim Einspritzvorgang eine vollständige Ausspülung der Probe aus dem Spritzenkörper. Eine erweiterte Art der Lösemittelspültechnik ist die **Sandwich-Technik,** wobei als letzter Befüllschritt noch einmal Lösemittel in die Nadel gezogen wird. Bei beiden Methoden muss beachtet werden, dass die Messung durch die größere Einspritzmenge und die Lösemittelkonzentration nicht verfälscht und die Trennsäule bzw. der Detektor nicht „überlastet" werden.

35.4.3   Injektor

Wie oben beschrieben werden flüssige bzw. gasförmige Proben durch ein Septum aus Silikongummi in eine Injektionseinheit (Injektor) gespritzt. Nach dem Einstich und der Entfernung der Spritzennadel verschließt sich das Septum automatisch, allerdings sollte dieses nach einer bestimmten Zahl von Durchstichen ausgewechselt werden, um eine vollkommene Dichtheit zu gewährleisten. Es existieren mehrere Injektorarten, die im Folgenden kurz beschrieben werden.

Soll die gesamte Probesubstanz über die Trennsäule transportiert werden, finden **Splitlos-Injektoren** Verwendung. Dazu ist es unerlässlich, dass die Trennsäule und der Detektor ohne Überlastung die Probesubstanzen analysieren können. Dies ist z. B. häufig bei gepackten Säulen der Fall. Bei der Verwendung von Kapillarsäulen, die zumeist nur kleine Probemengen ohne Überlastung auftrennen können, wird die **Split-Injektion** eingesetzt. Hierbei wird nur ein Teil des Trägergasstroms mit der verdampften Probesubstanz definiert in die Trennsäule geführt. Die

Regulierung des der Trennsäule nicht zugeführten Teilstroms wird über ein Splitventil eingestellt. Mit diesem Injektionsprinzip kann auch bei Kapillarsäulen mit sehr kleinen Durchmessern mit einer größeren und somit besser reproduzierbareren Probemenge gearbeitet werden. Das Verhältnis zwischen Trägergasvolumenstrom, welches durch die Säule fließt, und dem „abgetrennten" Trägergasvolumenstrom wird Split-Verhältnis genannt.

Thermodesorber (TD) werden als Injektor verwendet, wenn eine ortsunabhängige Probenahme von gasförmigen Substanzen durchgeführt werden muss. Dazu wird eine definierte Luftmenge (Probevolumen) durch ein Adsorptionsröhrchen mit einem spezifischen Adsorptionsmittel (z. B. Tenax) geleitet. Am Adsorptionsmittel lagern sich die zu analysierenden Probesubstanzen möglichst vollständig an. Die Röhrchen werden verschlossen transportiert und im TD bei hohen Temperaturen und Trägergasdurchfluss erneut desorbiert. Bei der **Single-Stage-Methode** wird das desorbierte Gas direkt in die Trennsäule geleitet. Werden die Probesubstanzen noch einmal in einer sog. Kühlfalle bei niedrigen Temperaturen adsorbiert und durch eine schlagartige Erwärmung schnell auf die Trennsäule aufgegeben, spricht man von einer **Two-Stage-Desorption**. Hierdurch werden eine deutlichere Auftrennung und bessere Peakformen erzielt.

Enthält die Probe feste oder hochsiedende Substanzen, wird die **Dampfraum-Injektion (Headspace-Technik)** angewendet, da sie ansonsten bei der eingestellten Injektortemperatur nicht verdampfen würden. Bei der Headspace-Technik befindet sich die Probesubstanz in einem mit einem Septum verschlossenen Probegefäß. Dieses wird auf eine Temperatur eingestellt, sodass die zu untersuchenden Probebestanteile verdampfen und sich im Gasraum (Dampfraum) des Probegefäßes im Gleichgewicht befinden. Mit einer Spritze wird nun ein definierter Teil aus dem Dampfraum entnommen und der Trennsäule zugeführt.

35.4.4 Trennsäulen

Die Trennsäule (ohne stationäre Phase), durch die das Gas als mobile Phase strömt, wird aus Normalglas, Quarz oder Edelstahl hergestellt. Sie ist in einem thermostatisierbaren Raum (Säulenofen) installiert. Der Eingang in die Trennsäule ist mit dem Injektor und der Ausgang mit dem Detektor gasdicht verbunden. Man unterscheidet drei grundlegende Säulenarten.

An
C

Als **gepackte Säulen** bezeichnet man Röhren mit einem Innendurchmesser von 2...6 mm und einer Länge von 2,5...5 m. Die **Adsorptionssäulen** sind dabei z. B. mit Aktivkohle, Kieselgel oder Molekularsieben gefüllt und werden zur Auftrennung von gasförmigen Proben verwendet. In sog. **Verteilungssäulen** wird ein Trägermaterial mit möglichst einheitlicher Körnung (z. B. Glaskügelchen) eingebracht, auf welches die stationäre Phase als dünner Film aufgebracht ist.

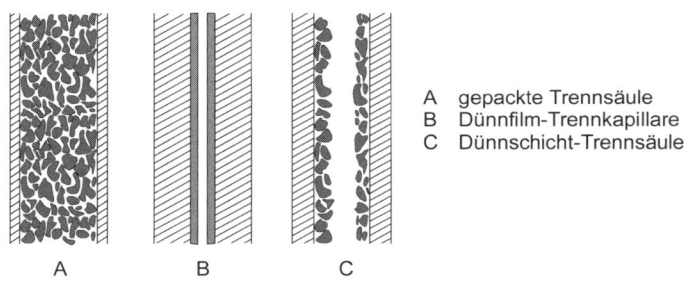

A   gepackte Trennsäule
B   Dünnfilm-Trennkapillare
C   Dünnschicht-Trennsäule

A   B   C

Bild 35-5: Aufbau der drei wichtigsten Säulentypen

Die Ummantelung von **Kapillarsäulen** (Dünnfilm-Trennkapillaren) wird zumeist aus Quarzglas gefertigt. Ihre Längen bewegen sich in Bereichen von 10...200 m, ihre Außendurchmesser von 0,5...0,8 mm und Innendurchmesser von 16...400 µm. Die auf die innere Oberfläche aufgebrachte stationäre Phase hat eine Schichtdicke von 0,05...10 µm. Durch eine äußere Beschichtung mit einem Polyamidfilm sind diese Quarzkapillaren mechanisch sehr robust.

35.4.5   Detektoren

Um spezifisch und quantitativ Probesubstanzen in einer Gasprobe nachweisen zu können, muss ein der Trennsäule nachgeschalteter Detektor Eigenschaftsunterschiede des durchströmenden Gases detektieren. Dazu müssen Trägergas und Probesubstanzen gezielt unterschieden und in ein elektrisches Signal umgewandelt werden können. Um eine Anwendbarkeit eines Detektors bei bekannten Probeinhaltstoffen zu beurteilen, müssen bestimmte Eigenschaften bekannt sein:

- **Empfindlichkeit** (Verhältnis zwischen Masse oder Konzentration der Probenkomponente und dem Detektorsignal)

- **Dynamischer Bereich** (Bereich, in dem die Signalgröße linear zur Masse oder Konzentration der Probekomponente verläuft)

- **Selektivität** (Qualität der Trennung von benachbarten Peaks)

Ferner werden Detektoren auch danach eingeteilt, ob die Probekomponenten mit Zerstörung **(destruktiv)** oder ohne Zerstörung **(nicht-destruktiv)** detektiert werden.

Zu den **destruktiven Detektoren** gehören z. B. der Flammenionisationsdetektor (FID), der Phosphor-Stickstoff-Detektor (PND), der Flammenphotometrische Detektor (FPD) und das Massenspektrometer (MS). Die destruktiv arbeitenden Detektoren sind massenregistrierende Detektoren, d. h., sie sind massenabhängig. Sie registrieren die bei der Destruktion der Probesubstanz entstandenen Teilchen (zumeist Ionen). Die Intensität des Signals ist abhängig vom Massenfluss.

Beispiele für **nichtdestruktive Detektoren** sind der Wärmeleitfähigkeitsdetektor (WLD), der Photoionisationsdetektor (PID) und der Infrarotdetektor (IRD). Die Intensität des aufgezeichneten Signals ist abhängig von der Konzentration der Probesubstanz (konzentrationsabhängige Detektoren). Destruktive Detektoren können zur Verbesserung des Messergebnisses nichtdestruktiven Detektoren nachgeschaltet werden. Heute existieren bis zu 100 unterschiedliche Detektorenarten, wobei nur ca. zehn technisch gesehen weit verbreitet sind. Im Folgenden werden die wichtigsten aufgeführt.

- **Wärmeleitfähigkeitsdetektor (WLD)**
  Das Messprinzip des WLD beruht auf dem Unterschied der Wärmeleitfähigkeit der Probesubstanzen gegenüber dem Trägergas. An einem Heizdraht (aus Platin, Wolfram oder mit einer Oxidschicht passivierten Wolframlegierungen), der eine konstante Temperatur und einen konstanten Widerstand besitzt, wird die Probe vorbeigeleitet. Sinkt z. B. die Wärmeleitfähigkeit durch die im Gasstrom enthaltenen Probesubstanzen, erhitzt sich der Draht, und sein elektrischer Widerstand steigt. Dieses Signal kann direkt zur Auftragung eines Chromatogramms genutzt werden.

- **Flammenionisationsdetektor (FID)**
  Beim FID wird dem Trägergasstrom mit den organischen Probesubstanzen Wasserstoff beigemischt. Das Gemisch strömt durch eine

feine Düse und wird mit der dem Detektor zugeleiteten synthetischen Luft in einer Flamme verbrannt. Bei der Verbrennung von organischen Kohlenstoffverbindungen entstehen Radikale, welche in
einem weiteren Reaktionsschritt ionisiert werden. In Flammennähe
befindet sich eine positiv geladene Kollektorelektrode, welche die
bei der Verbrennung entstandenen Elektronen „anzieht" und somit
einen Spannungsabfall registriert. Dies ermöglicht die Aufzeichnung
eines Chromatogramms für die meisten organischen Verbindungen.

■ Elektroneneinfangdetektor (ECD)

Der ECD wird in erster Linie bei halogenhaltigen organischen Verbindungen eingesetzt, da diese in der Lage sind, „langsame" Elektronen einfangen zu können. Die Empfindlichkeit bei dieser Gruppe
an Verbindungen ist deutlich höher als die des FID. Die Funktionsweise des ECD beruht auf einem mit ^{63}Ni beschichteten Nickelblech,
das als Strahlungsquelle fungiert. Dabei wird zunächst das Trägergas
(zumeist ein Argon-Methan-Gemisch im Verhältnis 10:1) ionisiert,
wobei langsame Elektronen produziert werden, welche durch eine
positiv geladene Kollektorelektrode eingefangen werden. Da eine
erneute Anlagerung der Elektronen an die positiv geladenen Träger-
gasionen aufgrund der dazu benötigten Energie nicht möglich ist,
bleibt der detektierte Strom konstant, bis Moleküle der Probesubstanz in den Detektor eintreten, die diese freien langsamen Elektronen einfangen können. Dadurch entsteht eine Differenz der freien
Elektronen, die als Signal aufgezeichnet wird, da weniger Elektronen
zur Kollektorelektrode gelangen.

■ Massenspektrometer (MS)

In einem MS werden die Moleküle und Atome der Probesubstanz in
ein Vakuum geleitet und mit elektrischen Ladungen beschossen. Die
dadurch entstandenen Ionen und Molekülbruchstücke werden in einem
elektrischen Feld beschleunigt, und durch ein Magnetfeld wird ihre
„Flugbahn" abgelenkt. Die Stärke der Ablenkung hängt von der Größe
und der Ladungsart bzw. -stärke der Teilchen ab. Das MS bestimmt
als Signalwert das Ausmaß der Ablenkung, womit ein Verhältnis
zwischen Masse und Ladung detektiert wird (vgl. Abschn. 36.4.4).

35.5   HPLC

Die **H**igh **P**erformance **L**iquid **C**hromatography (HPLC) wird im Gegensatz zur Gaschromatographie bei Proben eingesetzt, die schwer ver-
dampfbar, thermisch instabil oder ionogen aufgebaut sind. Dabei wird
die mobile Phase (Eluent) unter Hochdruck mit den injizierten Probesubstanzen durch eine Trennsäule gefördert. Ähnlich der Gaschromatographie findet dabei eine zeitliche Auftrennung durch die Wechselwirkungen der zu analysierenden Substanzen mit der stationären Phase bis zum
Ende der Trennsäule statt. Dort werden sie von geeigneten Detektoren
quantitativ erfasst. Man unterscheidet zwei grundsätzliche Arten der
HPLC:

- **Normalphasen-Chromatographie (NPC)**
  polare stationäre Phase (z. B. Kieselgel oder Aluminiumoxid)
  unpolare mobile Phase (z. B. Hexan oder Heptan)

- **Reversed-Phase-Chromatographie (RPC)**
  unpolare stationäre Phase (z. B. modifiziertes Kieselgel)
  polare mobile Phase (z. B. Wasser, Methanol oder Acetonitril)

Die wichtigsten apparativen Bestandteile einer HPLC-Messstrecke sind
dabei die Pumpen, das Einspritzsystem, die Trennsäule und der Detektor
mit Auswerteeinheit.

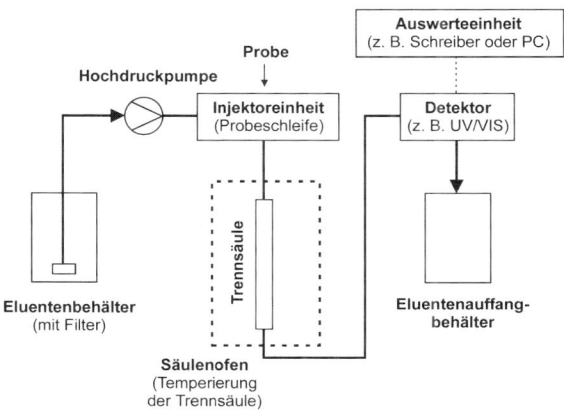

Bild 35-6: Schematische Darstellung einer HPLC-Messstrecke

An
C

35.5.1   Mobile Phase (Eluent)

Die Art des Eluenten ist, analog zum Trägergas bei der GC, ein entscheidender Faktor für die Auftrennung der Probesubstanzen. Diese hängt dabei von der Löslichkeit der Probebestandteile im Eluenten ab. Es werden daher z. B. bei der RPC Lösungsmittelgemische wie Wasser/Methanol oder Wasser/Acetonitril eingesetzt, um eine Lösung möglichst vieler und unterschiedlicher Probesubstanzen zu gewährleisten. Hierbei kommen bei ionischen Verbindungen auch häufig Pufferlösungen zum Einsatz. Vor dem Einsatz werden die Eluenten entgast und gefiltert, um bei der folgenden Hochdruckförderung Gasblasen im System und Verstopfung der Trennsäulen zu verhindern.

Wird ein Eluent bei konstanter Konzentration verwendet, nennt man den Analysevorgang isokratisch **(isokratische Trennung)**. Wird die Zusammensetzung des Gemischs in Abhängigkeit von der Analysedauer verändert, spricht man von einer Gradiententrennung **(Gradientenelution)**. Eine Gradientenelution dient zur Untersuchung von Probesubstanzen mit starken Polaritätsunterschieden und wird gerätetechnisch anhand eines Gradientenprogramms realisiert, welches die Änderungen reproduzierbar durchführt.

35.5.2   Pumpe

Der Eluent muss aus einem Eluentenbehälter durch das gesamte System gefördert werden.

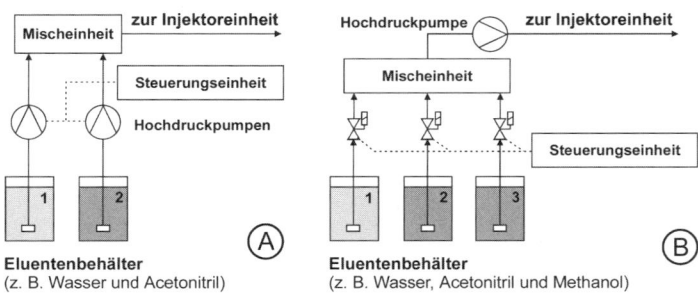

Bild 35-7: Hochdruck- (A) und Niederdruckvermischung (B)

Dabei sind aufgrund der feinkörnigen Packung in der Trennsäule sehr hohe Drücke (10...400 bar) und eine pulsationsfreie Förderung des flüssigen Mediums notwendig. Der konstant eingestellte Volumenstrom beträgt 0,7...1,5 ml/min.

Es werden speziell für die HPLC entwickelte Hochdruckpumpen eingesetzt, wobei es sich in den meisten Fällen um Mikropumpen mit Doppelkolben-Prinzip und kleinen Totvolumina handelt. Wie bereits beschrieben, ist bei vielen Trennungen die Gradientenelution erforderlich. Dies wird durch Kopplung zweier Pumpen (Hochdruckmischung) oder ein vorgeschaltetes Mischmodul (Niederdruckmischung) erreicht.

35.5.3   Injektor

Als Injektor dient eine Probeschleife, welche zumeist ein Probevolumen von 0,001...1 ml besitzt, eine Mikroliterspritze oder ein Autosampler zur automatischen Befüllung der Probeschleife. Bei dem Injektionsprinzip mit einer Probeschleife wird ein definiertes Volumen, welches durch Einspritzen der Probe drucklos gefüllt wurde, nach Umschaltung eines Ventils durch den Eluentenstrom „pfropfenförmig" aufgenommen und in die Trennsäule gefördert. Dabei ist das eingespritzte Probevolumen immer größer als das Volumen der Probeschleife. Durch einen Überlauf wird dabei die überschüssige Probe verworfen, wodurch man ein reproduzierbares Injektionsvolumen erhält.

35.5.4   Trennsäule

Normalerweise besteht ein HPLC-System aus einer Vorsäule und einer Trennsäule. In der Vorsäule werden Verschmutzungen aus der mobilen Phase abgetrennt, die z. B. zu einer Verstopfung der Trennsäule führen würden. Die eigentliche Trennsäule ist ein Edelstahl- oder Glasrohr mit 2...5 mm Durchmesser. Gefüllt wird sie mit einer auf die Analyse abgestimmten stationären Phase, welche zumeist Partikelgrößen von 3...10 µm besitzt. Die Trennsäule kann optional thermostatisiert werden. Das am häufigsten verwendete Füllmaterial für Trennsäulen ist chemisch modifiziertes Kieselgel. Dabei erhöht sich die Trennleistung einer Säule mit kleiner werdender Teilchengröße. Man verwendet heute Säulenfüll-

An
C

materialien mit einer mittleren Korngröße von 3...10 μm. Das Füllmaterial wird in einer Säule möglichst dicht gepackt und erzeugt so einen hohen Strömungswiderstand.

35.5.5 Detektor

Ähnlich der GC liefert der Detektor in der HPLC ein Signal, das der Konzentration der Komponenten proportional ist. Man unterscheidet dabei zwei Arten von Konzentrationsdetektoren. Universelle Detektoren messen die Eigenschaften des Eluats, wie z. B. Leitfähigkeit oder Dichte. Selektive Detektoren analysieren die spezifischen Eigenschaften der in der Probesubstanz enthaltenen Einzelbestandteile. Zu dieser Detektorklasse gehören UV/VIS-Spektrometer oder Fluoreszenzdetektoren.

■ **UV/VIS-Spektrometer**
Bei einem UV/VIS-Spektralphotometer wird ein Lichtstrahl (Deuteriumlampe für UV-Bereich, Wolframlampe für VIS-Bereich) spektral aufgespalten. Der Lichtstrahl wird durch die zu analysierende Probe geleitet und durch eine Photodiode registriert (vgl. Abschn. 36.3.1).

■ **Fluoreszenzdetektor**
Das Messprinzip eines Fluoreszenzdetektors beruht auf der Einstrahlung von Licht einer geeigneten Wellenlänge, das Substanzgruppen zur Fluoreszenz anregt. Im Normalfall wird die durch die Anregung hervorgerufene Intensität des Fluoreszenzlichts über eine Photodiode in einem Winkel von 90° zum einfallenden Anregungslichtstrahl gemessen. Sind Substanzen in der Probe enthalten, die nicht zur Fluoreszenz angeregt werden können, müssen diese durch Derivatisierung oder mit Reagenzien dazu befähigt werden. Bei dieser Methode sollten sich die Wellenlänge des Anregungs- und des Fluoreszenzlichtstrahls deutlich unterscheiden, um die hohe Empfindlichkeit des Detektors zu gewährleisten.

■ **Leitfähigkeitsdetektor**
Die Leitfähigkeitsmessung des Eluats wird eingesetzt, wenn z. B. eine UV-undurchlässige mobile Phase oder Probesubstanzen mit geringer UV-Absorption vorliegen. Voraussetzung ist dabei eine konzentrationsabhängige Änderung der elektrischen Leitfähigkeit der mobilen Phase (vgl. Abschn. 37.2).

35.6   Elektrophoretische Trennverfahren

Die meisten elektrophoretischen Verfahren sind im eigentlichen Sinn keine chromatographischen Verfahren, da sie nicht auf der Verteilung der Probesubstanzen zwischen mobiler und stationärer Phase beruhen. Allerdings sind die apparativen Umsetzungen der Elektrophoresesysteme denen der Papier- oder Kapillarsäulenchromatographie sehr ähnlich. Man versteht unter dem Vorgang der Elektrophorese die Wanderung (Migration) von geladenen Teilchen in einer Lösung oder Trägermatrix, an der ein elektrisches Feld anliegt. Die Migration der geladenen Teilchen in diesem elektrischen Feld findet mit einer molekülspezifischen Geschwindigkeit statt, sodass am Ende der Trennstrecke die Stoffe in einzelnen „Banden" getrennt nachweisbar sind. Geschwindigkeitsbestimmend sind die Molekülgröße, Landungsart und -stärke. Häufig besteht die Trägermatrix aus einem Gel (z. B. Agarose). In diesem speziellen Fall spricht man von einer Gelelektrophorese, welche der Analyse von Makromolekülen (z. B. Proteine) dient und eine schnelle Molekülmassebestimmung ermöglicht.

35.6.1   Trägerfreie Elektrophorese

Man unterscheidet die trägerfreie von der Träger-Elektrophorese. Die klassische Form (trägerfreie Elektrophorese) basiert auf der Ionenwanderung in Pufferlösungen. Dazu wird eine Pufferschicht in einem U-Rohr über die zu analysierende Lösung aufgebracht und mit Platinelektroden eine Spannung angelegt (vgl. Bild 35-8).

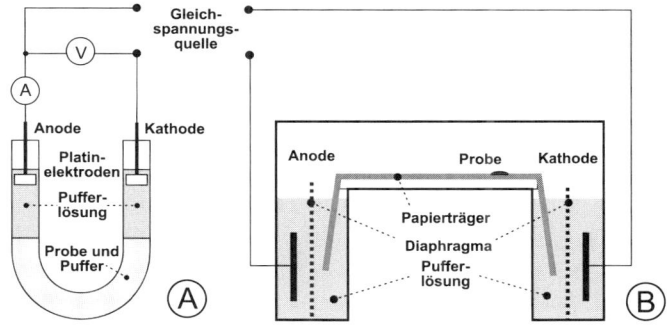

Bild 35-8: (A) Trägerfreie und (B) Träger-Elektrophorese

Bei diesem Vorgang reichern sich die Ionen in den Grenzflächen zwischen Pufferlösung und Probe an, wobei nicht zwingend eine vollständige Trennung entsteht. Über die Messung der Lichtbrechung einzelner Substanzschichten in der Lösung lassen sich die Inhaltsstoffe der Probe bestimmen.

35.6.2   Träger-Elektrophorese

Bei der Träger-Elektrophorese wandern die Probebestandteile nicht ungehindert in einer Lösung, sondern die Trennung findet auf einem Träger aus Papier oder einem Gel statt. Dieser Träger wird mit dem Leitelektrolyten getränkt, und seine Enden tauchen in eine Pufferlösung, in der die Elektroden angebracht sind (vgl. Bild 35-8).

Über die Elektroden werden meist Spannungen von $U > 100$ V angelegt. Die Probe wird vor dem eigentlichen Elektrophoresevorgang an einem Ende des Trägers strichförmig aufgebracht und wandert bei Anlegen der Spannung in unterschiedlichen Zonen über den Träger. Als Ergebnis der Trennung erhält man ein Elektropherogramm, dessen Auswertung ähnlich der eines Chromatogramms ist.

35.6.3   Isoelektrische Fokussierung

Eine Weiterentwicklung der Elektrophorese ist die isoelektrische Fokussierung, mit der Ampholyte (z. B. Aminosäuren) bestimmt werden können. Hierzu wird ein pH-Gradient in Feldrichtung erzeugt. Am pH-Wert des isoelektrischen Punktes der zu bestimmenden Ampholyte wandern die Stoffe nicht mehr und reichern sich an dieser Stelle an.

35.6.4   Kapillarelektrophorese (CE)

In Anlehnung an die Technik der Kapillargaschromatographie wird durch die Kapillarelektrophorese eine Miniaturisierung des Trennraums erreicht. Allerdings steht hier nicht nur die Verkleinerung der Trennstrecke, sondern die Verminderung der entstehenden Wärme beim Anlegen großer Spannungen im Vordergrund.

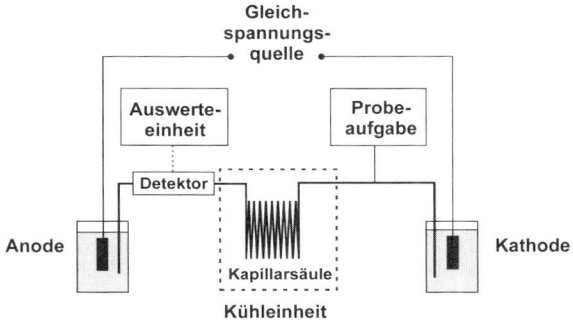

Bild 35-9: Schematischer Aufbau einer Kapillarelektrophorese

Eine CE besteht aus einer Hochspannungsquelle, zwei Puffersystemen, einer Kapillare, einem Detektor, einer Kühlvorrichtung, einem Probeaufgeber und einer Auswerteeinheit. Die Probeaufgabe erfolgt entweder durch einen Autosampler oder mittels Schwerkraftinjektion, wobei die Probe direkt zur Pufferlösung gegeben und der Behälter für die Pufferlösung mit Probesubstanz höher angeordnet wird. Nach Anlegen der bis zu 30 kV betragenden Spannung wandern die Probebestandteile zur entgegengesetzt geladenen Elektrode, wobei die entstehende Wärme durch eine Thermostatisierung abgeführt wird. Zur Detektion wird häufig ein UV/VIS- oder Fluoreszenzdetektor eingesetzt (vgl. Abschn. 36.3.1). Neben der gut reproduzierbaren Durchführbarkeit der CE lassen sich auch wesentlich kürze Analysedauern durch das kleine Trennsäulenvolumen erzielen.

An
C

Die Spektrometrie (*spectrum*, lat.: Bild) ist ein wichtiges Gebiet der physikalischen Untersuchungsmethodik. Allgemein ist unter dem Begriff Spektrum eine definierte Ordnung von Einzelkriterien oder Eigenschaften nach ihrer Größe zu verstehen. In der Physik versteht man unter einem Spektrum eine Darstellung von Strahlung (u. a. Licht) in Abhängigkeit von einer bestimmten Eigenschaft, wie z. B. der Wellenlänge. Die Spektrometrie ist ein Sammelbegriff für alle Methoden, bei denen Wechselwirkungen zwischen elektromagnetischer Strahlung und Materie auftreten.

36.1 Grundlagen der Spektrometrie

Die elektromagnetische Strahlung, als Grundlage spektrometrischer Messungen wird durch zwei Theorien beschrieben:

- Das **Wellenmodell** besagt, dass elektromagnetische Strahlung aus sich periodisch ändernden elektrischen und magnetischen Feldern besteht. Die Ausbreitung im Vakuum findet dabei mit Lichtgeschwindigkeit statt, obwohl es sich um unterschiedlichste Strahlungen handelt (z. B. Röntgen- oder Infrarotstrahlung).

- Die **Korpuskeltheorie** beruht auf der Annahme, dass die Strahlung aus einem Strom kleinster diskreter Teilchen (Photonen) besteht. Dabei wird Strahlungsenergie nicht kontinuierlich, sondern in Form kleinster Quanten abgegeben oder aufgenommen (Quantentheorie).

Mit der Wellentheorie lassen sich alle makroskopischen Erscheinungen der Lichtausbreitung (z. B. Reflexion und Brechung) vollständig erklären. Allerdings sind atomare und molekulare Effekte (z. B. Absorption und Emission) nur durch sog. „Wellenpakete" (Photonen oder Lichtquanten) möglich, die als Lichtenergieträger dien (Korpuskeltheorie). Um alle auftretenden Phänomene zu beschreiben, die durch elektromanetische Strahlung hervorgerufen werden, wurde die Theorie des **Welle-Teilchen-Dualismus** eingeführt (vgl. Abschn. 1.4.3).

Die Spektrometrie als solche liefert dabei Informationen über einen Strahlung aussendenden (emittierenden) Körper, über ein durchstrahltes Medium oder über ein bestrahltes Medium, welches Sekundäremission abstrahlt. Die Vielzahl der Anordnungen zur spektrometrischen Untersuchung erschwert eine übergreifende Beschreibung der verwendeten Analyseapparaturen. Zumeist bestehen solche Analysegeräte aus folgenden Komponenten:

- Strahlungsquelle
- Dispersives Element
- Medium bzw. Probe
- Empfänger bzw. Detektor
- Auswerteeinheit

36.1.1   Elektromagnetisches Spektrum

Das elektromagnetische Spektrum wird über die **Wellenlänge** oder die **Frequenz** der jeweiligen Strahlung aufgegliedert. Die Kenngrößen einer Schwingung, die sich dabei senkrecht (transversal) zur Ausbreitungsrichtung fortpflanzt, sind in Bild 36-1 dargestellt. Als Wellenlänge wird dabei der Abstand zwischen zwei aufeinanderfolgenden, in Phase schwingenden Punkten einer Welle und als Frequenz die Anzahl der Wiederholungen pro Zeiteinheit eines periodischen Vorgangs bezeichnet.

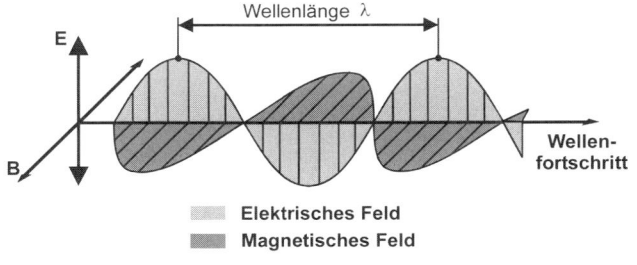

Bild 36-1: „Aufbau" einer elektromagnetischen Welle

Eine elektromagnetische Welle kann sich im Gegensatz zu anderen Wellenarten (z. B. Schallwellen) auch ohne ein Trägermedium, also im absolut „leeren Raum" ausbreiten. Die Ausbreitungsgeschwindigkeit einer elektromagnetischen Welle ist durch die Vakuumlichtgeschwindigkeit festgelegt. Dieser Wert ist dabei unabhängig von der Frequenz der elektromagnetischen Welle (vgl. Bild 36-2).

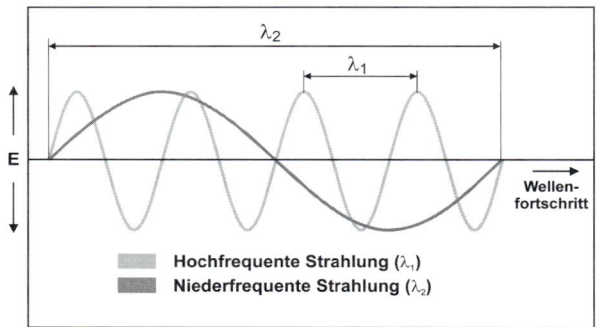

Bild 36-2:   Darstellung der Frequenzunterschiede einer hoch- und einer niederfrequenten Welle mit direktem Wellenlängenvergleich

Wird ein Medium durchstrahlt, verringert sich diese Geschwindigkeit abhängig von der Durchlässigkeit für elektrische Felder **(Permittivität)** und für magnetische Felder **(Permeabilität)** der durchstrahlten Materie. Ferner wird die Ausbreitungsgeschwindigkeit durch die Frequenz der Welle beeinflusst **(Dispersion)**.

Das gesamte elektromagnetische Spektrum ist definiert von den niederfrequenten Radiowellen bis zur hochfrequenten Gammastrahlung (vgl. Tab. 36-1). Die Energie der einzelnen Wellenarten ist dabei proportional zur Frequenz. Folgende Strahlungsarten sind dabei analysetechnisch relevant:

■   **Mikrowellen**
Die Wellenlängen von Mikrowellen liegen im Zentimeterbereich. Sie regen polare Moleküle zur Rotation an und werden häufig in der Radartechnik, Medizintechnik und zur Erwärmung eingesetzt.

■   **Infrarotstrahlung**
IR-Strahlung (Wärmestrahlung) wird durch Schwingung von Molekülen erzeugt, von allen warmen Körpern bzw. Gegenständen abgestrahlt und

kann ihrerseits wiederum Materie erwärmen. Technische Anwendungsgebiete der IR-Strahlung sind z. B. in der Thermographie und IR-Spektrometrie zu finden.

Tabelle 36-1: Einteilung des elektromagnetischen Spektrums

Art der Strahlung	Wellenlänge λ	Frequenz f
Gammastrahlen	< 0,5 nm	> 600,0 PHz
Röntgenstrahlen	< 10 nm	> 30,0 PHz
UV-Strahlung		
Starkes UV	< 200 nm	> 1,5 PHz
UV-C	< 280 nm	> 1,1 PHz
UV-B	< 320 nm	> 937 THz
UV-A	< 400 nm	> 749 THz
Sichtbares Licht	< 780 nm	> 384 THz
IR-Strahlung		
Nahes Infrarot	< 2,5 µm	> 120 THz
Mittleres Infrarot	< 50 µm	> 6,0 THz
Fernes Infrarot	< 1 mm	> 300 GHz
Mikrowellen	< 30 cm	> 1,0 GHz
Radiowellen		
Ultrakurzwelle (UKW)	< 10 m	> 30 MHz
Kurzwelle	< 180 m	> 1,7 MHz
Mittelwelle (MW)	< 650 m	> 461 kHz
Langwelle	< 10 km	> 30 kHz

■ **Sichtbares Licht**

Als sichtbares (visuelles) Licht wird der Teil des elektromagnetischen Spektrums bezeichnet, der durch das menschliche Auge wahrgenommen werden kann. Es macht nur einen sehr geringen Teil des Gesamtspektrums aus und grenzt dabei bei einer Wellenlänge von ca. 400 nm (Violett) an die UV-Strahlung und bei ca. 780 nm (Rot) an die IR-Strahlung. Die visuelle Strahlung wird durch Energieübergänge von Valenzelektronen in Atomen und Molekülen erzeugt.

An
C

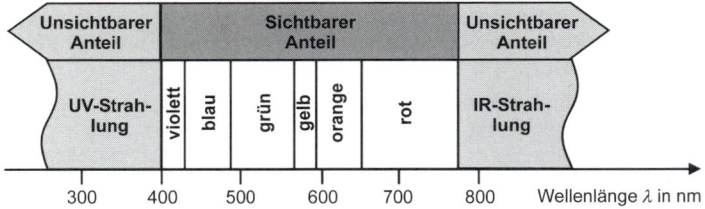

Bild 36-3: Visuelles Spektrum

Das natürlich auftretende Licht ist aus den unterschiedlichsten Wellenlängen (polychromatisch) zusammengesetzt, die z. B. durch ein Prisma in engere Wellenlängenbereiche bzw. Einzelwellenlängen (monochromatisch) aufgeteilt werden können. Durch die monochromatischen Lichtbestandteile werden im menschlichen Auge spezifische Farbeindrücke hervorgerufen, die Spektralfarben. Neben vielen technischen Anwendungen wird das visuelle Lichtspektrum bei der VIS-Spektrometrie eingesetzt.

■ Ultraviolettes Licht

Ultraviolettes Licht hat eine Wellenlänge von ca. 100...400 nm (vgl. Tab. 36-1), ist energiereicher als das visuelle Licht und kann vom menschlichen Auge nicht wahrgenommen werden. Es entsteht ähnlich wie das sichtbare Wellenlängenspektrum durch Elektronenübergänge und kann photochemische Reaktionen auslösen. Eine Ionisierung von Atomen und Molekülen ist durch die hohe Energie der einzelnen ultravioletten Lichtquanten möglich. Daher zählt sie ähnlich wie die Röntgenstrahlung zu den ionisierenden Strahlungsarten. UV-Strahlung wird in der Analysetechnik in der Fluoreszenzanalytik und UV-Spektrometrie verwendet.

■ Röntgenstrahlung

Die Röntgenstrahlung, nach ihrem Entdecker WILHELM CONRAD RÖNTGEN benannt, ist eine hochfrequente Strahlungsart. Sie tritt auf, wenn Elektronen aus den Außenhüllen von Atomen auf kernnähere Schalen „fallen". Als weiche Röntgenstrahlen werden Strahlen bezeichnet, die im vorliegenden Spektrenbereich kleinste Energie und Frequenz und die größte Wellenlänge besitzen. Harte Röntgenstrahlen sind demzufolge Strahlen mit der größten Energie und Frequenz und der kleinsten Wellenlänge. Das hauptsächliche Anwendungsgebiet der Röntgenstrahlung ist in der Medizin zu finden. Neben Verwendung in der Materialphysik,

Chemie und Biochemie zur Strukturaufklärung (z. B. DNA) existieren noch weitere Analysemethoden, wie z. B. die Röntgenfluoreszenzanalytik.

36.1.2   Energieabsorption

Die Aufnahme von Strahlungsenergie durch Atome oder Moleküle wird als Energieabsorption bezeichnet. Sie wird bei diesem Vorgang in eine andere Energieform umgewandelt. Dabei wird das Atom oder Molekül, welches die Strahlungsenergie absorbiert, in einen energiereicheren (angeregten) Zustand überführt. Die Differenz zwischen den Energiezuständen vor und nach der Anregung nimmt nur definierte Energiebeträge an. Folglich können nur solche Quanten Atome bzw. Moleküle anregen, die genau diesen Energieinhalt (definiert durch Wellenlänge und Frequenz) besitzen (Anregungsenergie). Diese Strahlung wird daher absorbiert.

Durch die Analyse von sog. **Absorptionsspektren** (stoffcharakteristische Absorptionsmuster) können Substanzen identifiziert werden. Die Aufnahme solcher Spektren ist die Grundlage für die Spektralanalyse, wobei folgende angeregte Zustände in der Spektrometrie unterschieden werden:

- **Molekülrotation** (z. B. durch Mikrowellen)
- **Schwingungsanregung** der Atome als Bestandteil von Molekülen (z. B. durch IR-Strahlung)
- **Elektronenanregung** (Anheben von Elektronen auf höhere Energieniveaus, z. B. durch UV-Strahlung und sichtbares Licht)
- **Änderung der Kernspinorientierung** (z. B. durch Radiowellen in einem Magnetfeld)

36.1.3   Energieemission

Emissionen von elektromagnetischen Strahlen (z. B. visuelles Licht oder Wärme) entstehen, wenn Atome oder Moleküle Energie abgeben, weil ihre Elektronen von einem energetisch hohen auf ein niedrigeres Niveau fallen.

An C

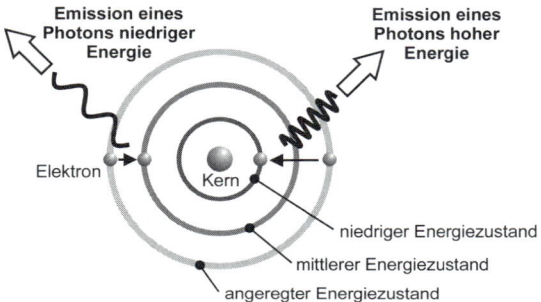

Bild 36-4: Prinzip der Energieemission

Um Elektronen auf ein höheres Energieniveau zu bringen, muss zunächst eine Energieabsorption bzw. Anregung stattfinden (vgl. Abschn. 36.1.2). „Fallen" die Elektronen nach der Anregung wieder auf das energieärmere Niveau zurück, werden diese Energiebeträge in Form von elektromagnetischer Strahlung mit einer bestimmten Wellenlänge frei. Strahlung wird emittiert.

36.1.4 LAMBERT-BEER'sches Gesetz

Eine der wichtigsten Gesetzmäßigkeiten der Absorptiometrie (Sammelbegriff für alle optischen Analysemethoden in der Chemie) ist das LAMBERT-BEER'sche Gesetz. Grundlage für dieses Gesetz sind das BEER'sche Gesetz (AUGUST BEER, 1825–1863), nach dem der Lichtabsorptionskoeffizient einer farbigen Lösung proportional zur Konzentration der im farblosen Lösungsmittel gelösten Substanz ist, und das LAMBERT'sche Gesetz (JOHANN HEINRICH LAMBERT, 1728–1777), nach dem die differenziale Lichtabsorption einer Lösung bei konstanter Konzentration der gelösten Substanz ihrer Schichtdicke proportional ist.

$$A_\lambda = \kappa \cdot c \cdot d \qquad (36\text{-}1)$$

A_λ Absorptionsmaß, c Stoffmengenkonzentration, d Schichtdicke, κ spektraler Absorptionskoeffizient (stoffspezifisch und wellenlängenabhängig)

Der **spektrale Transmissionsgrad** τ_λ ist das Verhältnis des austretenden spektralen Strahlungsflusses $\Phi_{\lambda,\text{ex}}$ zum eintretenden spektralen Strahlungsfluss $\Phi_{\lambda,\text{in}}$. Auch diese Kenngröße ist wellenlängenabhängig.

$$\tau_\lambda = \frac{\Phi_{\lambda,\text{ex}}}{\Phi_{\lambda,\text{in}}} \tag{36-2}$$

Der Strahlungsfluss Φ gibt die Strahlungsenergie wieder, die pro Zeiteinheit fließt.

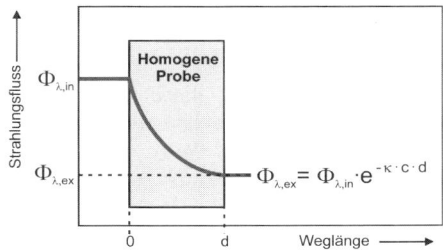

Bild 36-5: Exponentielle Abnahme des Strahlungsflusses über einer definierten Messstrecke (Probe) nach Gleichung (36-3)

$$\Phi_{\lambda,\text{ex}} = \Phi_{\lambda,\text{in}} \cdot \text{e}^{-\kappa \cdot c \cdot d} \tag{36-3}$$

$\Phi_{\lambda,\text{ex}}$ austretender spektraler Strahlungsfluss, $\Phi_{\lambda,\text{in}}$ eintretender spektraler Strahlungsfluss, c Stoffmengenkonzentration, d Schichtdicke, κ spektraler Absorptionskoeffizient (stoffspezifisch und wellenlängenabhängig)

Um einen für die Praxis günstigeren linearen Zusammenhang zwischen Transmission und Konzentration bzw. Schichtdicke zu erreichen, verwendet man den negativen dekadischen Logarithmus des Transmissionsgrades, das **dekadische spektrale Absorptionsmaß** A_λ:

$$A_\lambda = -\lg\tau_\lambda = \lg\frac{\Phi_{\lambda,\text{in}}}{\Phi_{\lambda,\text{ex}}} \tag{36-4}$$

Dabei kann das Absorptionsmaß Werte von 0 (bei ungehinderter Durchstrahlung, $\Phi_{\lambda,\text{ex}} = \Phi_{\lambda,\text{in}}$), bis ∞ (bei Totalabsorption, $\Phi_{\lambda,\text{ex}} = 0$), annehmen. Das dekadische spektrale Absorptionsmaß wurde früher als Extinktion bezeichnet (*extinctio* lat.: Auslöschung). Heute ist dies keine zulässige Bezeichnung mehr. Allerdings finden die veralteten Kenngrößen

Extinktion und Intensität in der Literatur noch häufig Anwendung und sollen daher der Vollständigkeit halber ergänzend aufgeführt werden.

$$E = \varepsilon \cdot c \cdot d \tag{36-5}$$

E Extinktion, ε molarer Extinktionskoeffizient (stoffspezifisch und wellenlängenabhängig), c Stoffmengenkonzentration, d Schichtdicke

Analog zum spektralen Transmissionsgrad wird die Transmission T folgendermaßen berechnet:

$$T = \frac{I}{I_0} \tag{36-6}$$

Die Intensität I_0 ist die auf die Probe einfallende und I die nach Durchstrahlen der Schichtdicke d noch vorhandene Lichtintensität. Die Kenngröße Intensität beschreibt dabei die Strahlungsleistung als Energie pro Zeit und Fläche und ist somit ein Maß für die Anzahl an Photonen pro Zeit und Fläche. Die Transmission kann Werte zwischen 0 und 1 bzw. 0 bis 100 % annehmen. Den dekadischen Logarithmus des Verhältnisses I_0/I bezeichnet man als Extinktion E:

$$E = \lg\frac{I_0}{I} = -\lg T \tag{36-7}$$

Und somit gilt ebenfalls:

$$I = I_0 \cdot e^{-\varepsilon\, c\, d} \tag{36-8}$$

Bei konstanter Schichtdicke ist die Extinktion proportional zur Konzentration der Lösung. Ist der molare dekadische Extinktionskoeffizient bekannt, kann durch Messung der Extinktion mithilfe der Gleichung (36-4) eine unbekannte Konzentration bestimmt werden.

Dabei ist das LAMBERT-BEER'sche Gesetz nur gültig, wenn

- monochromatische Strahlung verwendet wird,
- verdünnte Lösungen vorliegen. Bei höheren Konzentrationen des absorbierenden Stoffes treten bei allen Stoffen Abweichungen vom linearen Zusammenhang zwischen dem Absorptionsmaß und der Konzentration (Krümmung der Kalibrierkurve) auf.

Die Anzeige der handelsüblichen Photometer liefert allgemein das Absorptionsmaß als Messgröße, da dieses gemäß dem LAMBERT-BEER'-schen Gesetz zur Konzentration proportional ist. Es ist allerdings zu berücksichtigen, dass das Photometer messtechnisch den Transmissionsgrad erfasst. In der Praxis arbeitet man in einem Spektralbereich, in dem das Absorptionsmaximum der betreffenden Substanz liegt. Dadurch wird die Empfindlichkeit der Messung größer. Der Gültigkeitsbereich des linearen Zusammenhangs zwischen Absorptionsmaß und Konzentration muss empirisch ermittelt werden. Ferner dürfen sich die gelösten Substanzen beim Verdünnen nicht chemisch verändern (Gleichgewichtsverschiebungen). Nur dann kann durch Messung des Absorptionsmaßes auf die Konzentration eines gelösten Stoffes in Flüssigkeiten und Gasen geschlossen werden.

36.2   Brechungs- und Beugungsmethoden

36.2.1   Refraktometrie

Als Refraktion (*refractus*, lat.: aufgeteilt) oder Lichtbrechung wird die Ablenkung (Richtungsänderung) eines Lichtstrahls verstanden, die dieser erfährt, wenn er in einem Winkel in ein optisch andersartiges Medium eintritt. Dazu muss eine Änderung seiner Fortpflanzungsgeschwindigkeit, bedingt durch das optisch andersartige Material, stattfinden. Deutlich werden solche Brechungseffekte beim Mischen von Flüssigkeiten mit unterschiedlichen Dichten („Schlierenbildung").

Der **absolute Brechungsindex** (Brechzahl) eines transparenten Materials gibt das Verhältnis zwischen der Vakuumlichtgeschwindigkeit und der mediumspezifischen Ausbreitungsgeschwindigkeit des Lichts an. Der **relative Brechungsindex,** nach dem SNELLIUS'schen Brechungsgesetz, wird in der organischen Chemie häufig zur Identifizierung einer flüssigen Substanz, zur Reinheitsprüfung und Konzentrationsbestimmung von Zweistoffgemischen verwendet. Dazu wird monochromatisches Licht an der Grenzfläche zweier Medien gebrochen. Der Brechungsindex ist stark von der Temperatur der Probe und der Wellenlänge des eingestrahlten Lichts abhängig. Folglich werden beide Parameter zusätzlich zur eigentlichen Kenngröße als Indizes angegeben, z. B. n_D^{20} heißt: Die Spektrallinie des Natriumlichts (D-Linie bei $\lambda = 589$ nm) und eine Temperatur von 20 °C wurden zur Messung verwendet.

Der Brechungsindex wird mit **Refraktometern** bestimmt. Häufig finden zwei Bauarten Anwendung, das ABBE- und das Eintauchrefraktometer.

Mit beiden Analysegeräten können Brechungsindizes von Flüssigkeiten im Bereich von 1,3 bis 1,7 mit großer Genauigkeit gemessen werden.

Das ABBE-Refraktometer verwendet als Messprinzip die Bestimmung des Grenzwinkels der Totalreflexion anhand eines Doppelprismas. Dazu werden die Lichtstrahlen über eine Spiegelanordnung durch das Beleuchtungsprisma geführt und an der Grenzfläche zwischen Prisma und Probe gebrochen. Dies ist eine aufgeraute Grenzfläche, um einen diffusen Strahlungseintritt in die Probe zu ermöglichen. Im Messprisma, dessen Oberfläche möglichst plan geschliffen ist, können die Lichtstrahlen nur in einem Winkelbereich verlaufen, der durch den Grenzwinkel definiert ist. Das aus dem Messprisma austretende Licht wird betrachtet, wobei sich eine scharfe Grenzlinie zwischen einem „hellen" und einem „dunklen" Bereich ausbildet. Durch eine eingebaute Messskala wird allerdings nicht der Winkel der Totalreflexion, sondern direkt die Brechzahl ermittelt.

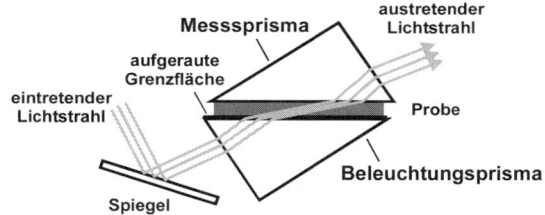

Bild 36-6: Idealisierter Strahlenverlauf in einem ABBE-Refraktometer

Als Lichtquelle dient im Normalfall polychromatisches Licht (Tageslicht oder externe Beleuchtungsquelle), wobei allerdings der Brechungsindex nur auf die Natrium-D-Linie beschränkt wird. Durch die Konstruktionsweise benötigt man nur eine geringe Menge an flüssiger Probe, die durch einen angeschlossenen Thermostaten auf die gewünschte Messtemperatur gebracht wird.

36.2.2   Polarimetrie

Ein „normaler" Lichtstrahl setzt sich aus Lichtwellen zusammen, die in allen Ebenen senkrecht zur Fortpflanzungsrichtung schwingen (vgl. Abschn. 36.1.1). Wenn ein Lichtstrahl durch Materie tritt, die nur eine Schwingungsebene „passieren" lässt (z. B. die vertikale Komponente), dann würde das Licht ausschließlich in dieser Ebene schwingen.

Man definiert einen solchen Lichtstrahl als **linear polarisiert**. Seit Anfang des 19. Jahrhunderts ist bekannt, dass man Licht linear polarisieren kann, indem man es an einer glatten Oberfläche total reflektiert. Nur die parallel zur Oberfläche schwingende Komponente wird reflektiert.

Eine weitere, relativ einfache Art, linear polarisiertes Licht zu erzeugen, wurde von dem englischen Physiker NICOL entdeckt. Man lässt einen Lichtstrahl durch einen prismatisch geschliffenen Kristall aus Doppelspat treten, der diagonal zersägt und wieder verkittet wurde. Die Doppelbrechung durch das Mineral erzeugt zwei linear polarisierte Lichtstrahlen, deren Schwingungsebenen senkrecht zueinander stehen. Derjenige Lichtstrahl, welcher senkrecht zur Verkittungsoberfläche schwingt, tritt durch die Trennschicht hindurch, während der parallel zur Fläche schwingende Strahl total reflektiert wird. Wird hinter dem ersten NICOL-Prisma (Polarisator) ein zweites (Analysator) angeordnet, sodass die optischen Achsen parallel stehen, dann tritt der vom ersten linear polarisierte Strahl ungehindert in das zweite Prisma. Dreht man das zweite Prisma jedoch um 90°, wird der Lichtstrahl total reflektiert, und ein Beobachter in der Bildachse registriert die Löschung des Lichts.

Als „optisch aktiv" werden chemische Verbindungen bezeichnet, die die Schwingungsebene von linear polarisiertem Licht drehen können.

Zur Analyse einer optisch aktiven Probe bringt man die Substanz in den Lichtstrahl zwischen Polarisator und Analysator. Dreht diese Substanz die Schwingungsebene des Lichts, verursacht dies eine Aufhellung des Sichtfelds. Die eigentliche Messung der **optischen Aktivität** erfolgt durch das Drehen des Analysators bis zur totalen Auslöschung.

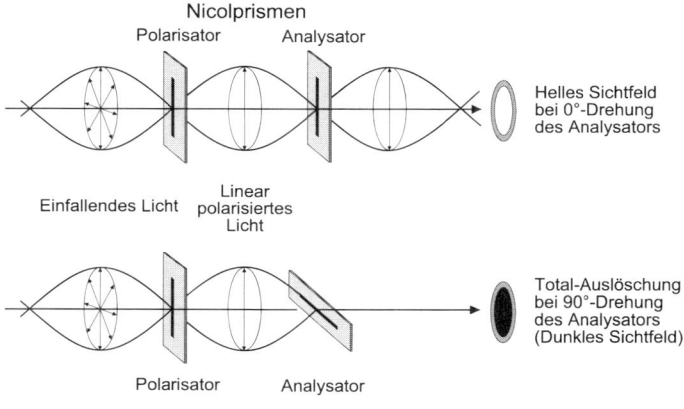

Bild 36-7: Schematische Darstellung eines Polarimeters

Erfolgt dabei die Drehung aus Sicht des Betrachters im Uhrzeigersinn, wird die zu analysierende Substanz „rechtsdrehend" genannt, bzw. sie besitzt einen positiven Drehwert. Die Drehrichtung wird mit einem (+) vor dem Namen der betreffenden Substanz kenntlich gemacht. Entsprechend gilt für die Drehung gegen den Uhrzeigersinn die Bezeichnung „linksdrehend" und eine Kenntlichmachung durch ein (–). Quantitativ hängt der Drehwinkel bei optisch aktiven Substanzen von der Konzentration und der durchstrahlten Substanzstrecke ab. Jede optisch aktive Substanz besitzt daher einen **spezifischen Drehwinkel** bei einer definierten Wellenlänge. Der Drehwinkel ist auch von der Temperatur, dem Lösungsmittel und der Wellenlänge des eingestrahlten Lichts abhängig.

Ein Messsystem, das aus oben beschriebenen Komponenten besteht, wird **Polarimeter** genannt. Allerdings kann in der Praxis ein Geräteaufbau, wie oben beschrieben, nicht verwendet werden, da es nur schwer möglich ist, reproduzierbar und exakt den dunkelsten Punkt auf der Drehachse zu bestimmen. Daher hat sich das **Halbschattenpolarimeter** als Standardapparatur in Laboratorien durchgesetzt. Bei diesem Gerät wird ein Teil des einfallenden Lichts vor dem Durchstrahlen der Probe von einem Hilfsprisma um 1...10° gedreht. Dadurch sieht der Betrachter hinter dem Analysator zwei sog. „Halbbilder", welche die gleiche Helligkeit aufweisen müssen, um einen exakten Messwert zu erhalten. Diese Methode besitzt eine wesentlich höhere Reproduzierbarkeit und Genauigkeit.

36.2.3   Nephelometrie und Turbidimetrie

Die Nephelometrie (*nephele*, gr.: Nebel, Wolke) ist ein quantitatives analytisches Verfahren, um Trübungen (bzw. den Feststoffanteil) in Suspensionen, Aerosolen und anderen Dispersionen zu bestimmen. Dabei werden Trübungsmessungen als kontinuierliche Analysemethoden z. B. bei industriell verarbeiteten Flüssigkeiten und Bakteriensuspensionen häufig angewendet. Das Messprinzip beruht meistens auf einer Streulichtmessung in einem bestimmten Winkel zu einem auffallenden Lichtstrahl.

Die Streuung des Lichts wird durch den FARADAY-TYNDALL-Effekt hervorgerufen. FARADAY entdeckte, dass das auffallende Licht beim Durchgang von gebündeltem Licht durch kolloide oder echte Lösungen diffus in alle Richtungen gestreut wird. TYNDALL stellte fest, dass es sich bei dem Streulicht um polarisiertes Licht handelt.

> Die Intensität der Streustrahlung ist abhängig von bzw. proportional zu der Konzentration der Teilchen, dem Teilchendurchmesser und der Wellenlänge des eingestrahlten Lichts.

Die Streulichtmessung erlaubt Rückschlüsse auf die Art der dispergierten Teilchen, auf ihre Größe und Form. Es werden zwei Methoden der Trübungsmessung angewendet:

- Bestimmung der Intensitätsabnahme des die Probe durchstrahlenden Lichtstrahls

- Bestimmung der Intensität des in einem definierten Winkel zur Probe abgelenkten Lichts

Schematisch sind die beiden Methoden in Bild 36-8 dargestellt.

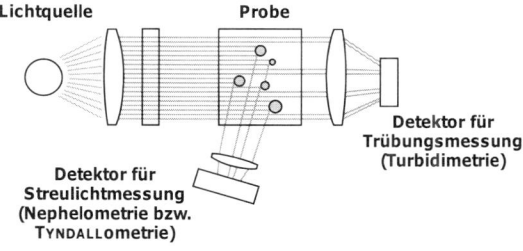

Bild 36-8: Vereinfachte Darstellung der Trübungs- und Streulichtmessung

Wird die Schwächung des durchtretenden Lichtstrahls gemessen, wird das Verfahren **Turbidimetrie** genannt. Die Messung des Streulichts wird als **Nephelometrie** bezeichnet. Die für die Analyse verwendeten Nephelometer entsprechen dabei annähernd dem Aufbau von Photometern (Abschn. 36.3.1).

An C

36.3   Molekülspektrometrie

Der Begriff Molekülspektrometrie ist eine Sammelbezeichnung für alle spektrometrischen Methoden, die auf Wechselwirkung von Molekülen mit elektromagnetischen Feldern beruhen. Diese sind auf Anregungen von Rotations-, Schwingungs- und Elektronenzuständen in Molekülen zurückzuführen. Dabei wird ein sog. (Banden-)Spektrum aufgenommen und ausgewertet. Die Methoden lassen eine Charakterisierung molekularer Eigenschaften (z. B. Untersuchung von Bindungslängen oder Identifizierung atomarer Bestandteile) zu.

36.3.1   Spektrometrie im UV/VIS-Bereich

Um Spektren bzw. Absorptionsmaße im visuellen und ultravioletten Wellenlängenbereich zu bestimmen, verwendet man Spektrometer bzw. Photometer. Die Geräte bestehen im Allg. aus einer Strahlungsquelle, einem Monochromator und einem Detektor. Das Messprinzip der UV/VIS-Spektrometrie beruht auf der Messung von Absorptionsspektren, die durch Elektronenanregung in Atomen und Molekülen durch die jeweilige Lichteinstrahlung hervorgerufen wird. Diese Messung wird vorwiegend bei flüssigen Proben durchgeführt. Der Spektralbereich beträgt dabei ca. 200...800 nm. Das LAMBERT-BEER'sche Gesetz (vgl. Abschn. 36.1.4) bildet die Grundlage für die quantitative Analyse. Die starke Verbreitung der UV/VIS-Spektrometrie ist dabei auf die Anwendbarkeit auf die unterschiedlichsten Problemstellungen zurückzuführen (Strukturanalytik, quantitative Analysen, kinetische Untersuchungen).

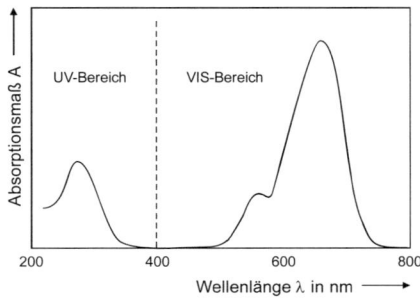

Bild 36-9: Beispiel eines UV/VIS-Spektrums

Häufig eingesetzte **Strahlungsquellen** im UV- und visuellen Bereich sind Gasentladungs- bzw. Halogenlampen. Ferner kann der gesamte visuelle Spektralbereich durch die Lasertechnik abgedeckt werden. Als **Monochromator** dienen Beugungsgitter und Prismen. Für Routineuntersuchungen bei genau definierten Wellenlängen (z. B. Kolorimetrie und Photometrie) werden auch heute noch Lichtfilter eingesetzt. Nach der Konditionierung des von der Strahlungsquelle ausgehenden Lichtstrahls durchdringt dieser den eigentlichen Proberaum, die sog. Küvette. Eine **Küvette,** in die die Probe eingefüllt wird, besteht aus zwei planparallelen Fenstern (und dem restlichen Küvettenkörper), die für die einfallende Strahlungsart optisch durchlässig sein müssen (z. B. optisches Spezialglas) und bei denen es zu keiner Wechselwirkung mit den zu analysierenden Substanzen kommt. Oft werden Blockküvetten mit einer Schichtdicke von 10 mm eingesetzt, die ein Probevolumen von ca. 4 ml aufnehmen können. Zur **Messung der Strahlungsintensität** nach Durchstrahlen der Probe verwendet man Photozellen bzw. Sekundärelektronenvervielfacher (Photomultiplier), die mit einem Registriergerät gekoppelt sind.

Den prinzipiellen Aufbau eines Spektrometers, das heute häufig auch als Photometer einsetzbar ist (Spektralphotometer), ist in Bild 36-10 dargestellt. Durch die Bauweise bedingt werden zwei Hauptarten von Photometern unterschieden, Einstrahl- und Zweistrahlphotometer (Doppelstrahlphotometer). Bei einem Einstrahlphotometer findet die Messung der Referenzprobe (Vergleichsprobe) und der eigentlichen Analyseprobe zeitlich getrennt statt, wohingegen bei einem Zweistrahlphotometer die Messung beider Lösungen parallel mit gleicher Lichtintensität abläuft, was durch eine Teilung des eintretenden Lichtstrahls durch ein Spiegelsystem ermöglicht wird.

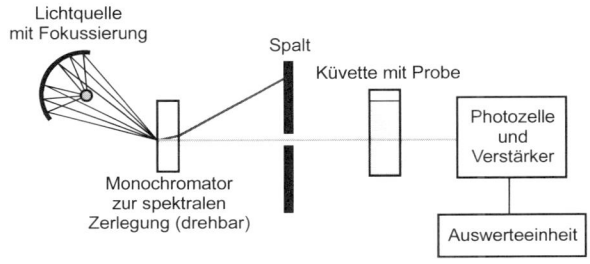

Bild 36-10: Schematischer Aufbau eines Spektralphotometers

Spektrometer, die eine spektrale Intensitätsverteilung über einen festgelegten Wellenlängenbereich liefern, werden daher meistens als Doppelstrahlgeräte konzipiert. Das Messprinzip und der apparative Aufbau sind zwar wesentlich aufwendiger als bei einem Einstrahlgerät, allerdings können z. B. Schwankungen der Strahlungsquelle (Intensitätsschwankungen) ausgeglichen werden. Eine weitere Unterteilung bei Zweistrahlgeräten findet aufgrund der Bauweise zwischen räumlich getrennten und zeitlich getrennten Geräten statt.

Bei einem räumlich getrennten Photometer wird das Licht durch einen halbdurchlässigen Spiegel „gesplittet" und danach gleichzeitig (parallel) durch beide Küvetten geschickt. Nach dem Passieren der Küvette wird die Lichtintensität durch zwei separate Detektoren gemessen (vgl. Bild 36-11).

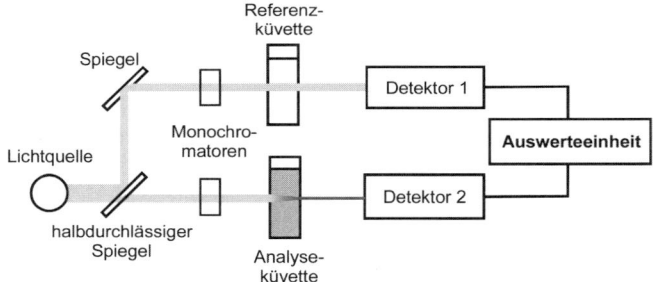

Bild 36-11: Räumlich getrenntes Doppelstrahlphotometer

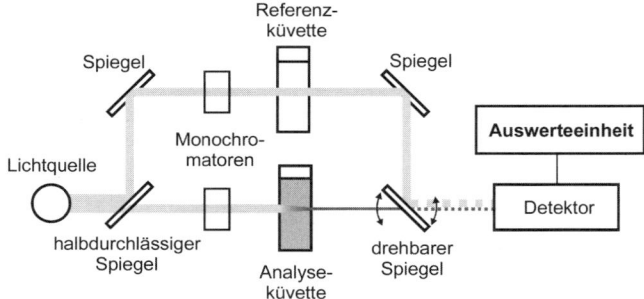

Bild 36-12: Zeitlich getrenntes Doppelstrahlphotometer

Zeitlich getrennte Doppelstrahlphotometer arbeiten mit einem drehbaren Spiegel, der es ermöglicht, die austretende Lichtintensität hinter den beiden Küvetten zeitlich alternierend mit nur einem Detektor zu messen (vgl. Bild 36-12).

36.3.2   IR- und Raman-Spektrometrie

Werden Moleküle mit Infrarotstrahlung bestrahlt, so kommt es zur Schwingungsanregung und damit zu einer Energieabsorption. Wie bereits beschrieben, werden durch charakteristische Frequenzen im IR-Bereich nur definierte Strukturbestandteile von diesen Molekülen angeregt. Durch eine Analyse der absorbierten Frequenzen bzw. Wellenlängen kann eine Identifikation der Moleküle erfolgen. Bei zweiatomigen Molekülen ist diese Nachweismethode daher sehr exakt und einfach durchzuführen. Es existieren mehrere Schwingungsarten (asymmetrische und symmetrische Schwingungen) und Absorptionsbanden in mehratomigen Molekülen, welche sich überlagern. Hier ist eine Analyse nur in Kenntnis der einzelnen Absorptionsbanden und deren Interpretation möglich. Die IR-Spektrometrie im mittleren Infrarotbereich wird verstärkt in der chemischen Analytik von organischen Substanzen eingesetzt.

Das Analysegerät zur Ermittlung von oben genannten Absorptionsbanden wird **Infrarotspektrometer** genannt und ist im Aufbau mit einem UV/VIS-Spektrometer zu vergleichen. Eine Lichtquelle (z. B. ein NERNST-Stift) erzeugt die polychromatische IR-Strahlung, welche durch einen Spektralapparat monochromatisch aufgespalten wird. Der Infrarotstrahl wird durch eine Küvette geleitet, und ein nachfolgender Detektor bestimmt die Intensität des austretenden Strahls. Die erhaltenen Daten werden elektronisch weiterverarbeitet und ausgewertet. Die Strahlenführung und -konditionierung erfolgt im Messaufbau durch ein optisches System, welches aus Linsen und Spiegeln besteht.

Analog zur UV/VIS-Spektrometrie wird auch im IR-Bereich mit der Zweistrahltechnik gearbeitet, nicht zuletzt um wellenlängenabhängige Intensitätsschwankungen des eingesetzten Strahlers zu erfassen und „auszugleichen". Die nach der Analyse erhaltene graphische Darstellung der Absorptionsbereiche der Probe wird **Infrarotspektrogramm** genannt, in dem zumeist die Transmission über die Wellenzahl (Reziprok-

An
C

wert der Wellenlänge) aufgetragen wird. Durch dieses erhält man eine Aussage über die Schwingungen von einzelnen funktionellen Gruppen (Wellenzahlbereich 4000…1500 cm^{-1}) und von dem Molekül als Ganzes (Gerüstschwingungen), den sogenannten **„Fingerprint"-Bereich** (1500 bis 600 cm^{-1}), der auf die Identität des analysierten Stoffes schließen lässt.

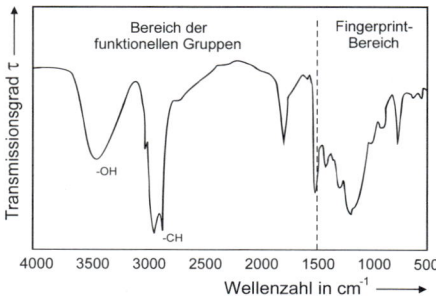

Bild 36-13: Beispiel eines IR-Spektrums

Eine besondere Variante der IR-Spektrometrie stellt die FOURIER-**Transform-IR-Spektrometrie (FTIR-Spektrometrie)** dar. Die eigentliche Messung beruht auf der Messung von Interferogrammen mithilfe eines Interferometers, welche durch eine FOURIER-Transformation umgeformt werden. Dadurch werden wesentlich schnellere Analysezeiten, verglichen mit herkömmlicher Spektrometrie, und zusätzlich ein optimiertes Signal-Rausch-Verhältnis erreicht. Heute sind aufgrund dieser Vorteile alle neueren IR-Spektrometer als FTIR-Spektrometer ausgelegt.

Der durch eine Strahlungsquelle erzeugte Lichtstrahl wird durch ein Spiegel-Blenden-System auf die Auflösung des Systems angepasste Größe gebracht und parallelisiert. Im Interferometer wird die einfallende Strahlung von einem Strahlenteiler in zwei Strahlen aufgeteilt, wobei der eine auf einen festen Spiegel (Referenz) und der andere auf einen beweglichen Spiegel geführt wird. Nach der Reflektion werden die Strahlen wieder zusammengeführt. Dabei hängt die Interferenz vom Spiegelweg und von den enthaltenen Frequenzen ab. Das verlassende Licht wird über einen Spiegel auf die Probe fokussiert und über einen weiteren Spiegel auf den Detektor abgebildet, wodurch mithilfe einer Auswerteeinheit ein Interferogramm aufgezeichnet werden kann. Durch einen zusätzlich in das Messsystem eingekoppelten Laserstrahl, kann die

Position des beweglichen Spiegels sehr exakt über einen zusätzlichen Detektor bestimmt werden.

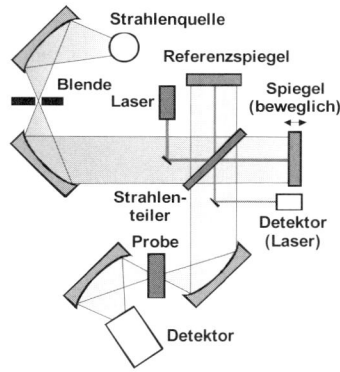

Bild 36-14: Aufbau eines FTIR-Spektrometers

Ähnlich der IR-Spektrometrie werden bei der RAMAN-Spektrometrie Schwingungs- und Rotationszustände von Molekülen analysiert. Der Unterschied besteht in den physikalischen Grundlagen und der Anregung der Probe. Bei der RAMAN-Spektrometrie beruht das Messprinzip auf dem RAMAN-Effekt (nach dem indischen Physiker RAMAN benannt). RAMAN stellte fest, dass nach der Bestrahlung mit monochromatischem Licht, welches an Materie gestreut wird, nicht nur die eingestrahlte Spektrallinie, sondern auch schwächere Linien der angestrahlten Substanz auftreten. Zu dieser Erscheinung kommt es, da gewisse Wechselwirkungen des Lichts mit der Materie auftreten und dabei Energie vom Licht auf die Materie bzw. Energie von der Materie auf das Licht übertragen wird. Durch den Energieübertrag auf das Licht verschiebt sich seine Energie und somit auch die Wellenlänge. Analysiert man Energie, Intensität und Polarisation des so gestreuten Lichts, lässt dies Rückschlüsse auf die Materialeigenschaften (z. B. Zusammensetzung) zu.

Mit der **RAMAN-Spektrometrie** wird folglich die Untersuchung der inelastischen Streuung von Licht an Molekülen oder Festkörpern durchgeführt. Die Probe wird dazu mit einer Lichtquelle bestrahlt (häufig mit einem Laserstrahl) und das nach der Probe gestreute Licht spektral analysiert. Das dazu verwendete Messgerät heißt RAMAN-Spektrometer

und hat einen ähnlichen Aufbau wie die vorher beschriebenen Spektrometer. Es ist zusammengesetzt aus einer Lichtquelle (Laser), einer Pro-
behalterung, einem Abbildungssystem, einem Monochromator und
einem Detektor (vgl. Bild 36-15).

Die FOURIER-Transform-Technik, die sich bei der IR-Spektrometrie bewährt hat, wird auch in der RAMAN-Spektrometrie eingesetzt.

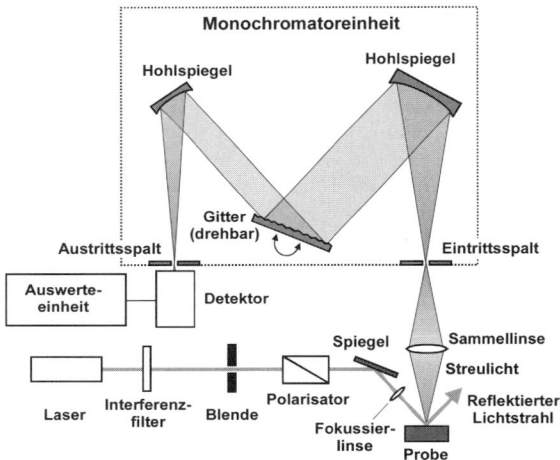

Bild 36-15: Prinzipieller Aufbau eines RAMAN-Spektrometers

36.3.3   Kernresonanzspektrometrie

Die Kernresonanzspektrometrie (NMR-Spektrometrie, engl. *Nuclear
Magnetic Resonance*) ist eine Methode, die auf dem Nachweis des Kern-
spins (Spin der Atomkerne) bzw. dessen energetischer Änderung in
einem Magnetfeld beruht. Die NMR-Spektrometrie ist heute als eine der
wichtigsten Methoden zur Strukturaufklärung von organischen Molekülen anzusehen, da sie neben der Untersuchung einzelner Atome auch die
Wechselwirkung mit den Nachbaratomen in großen Molekülen ermöglicht und es sich zusätzlich noch um eine zerstörungsfreie Analyse handelt.

In einem NMR-Spektrometer wird die Probe in ein Magnetfeld eingebracht, wobei hohe Magnetfelder (Tesla-Bereich) und niedrige Magnetfelder (Mikrotesla-Bereich) zur Anwendung kommen. Häufig besitzen
Atomkerne einen Drehimpuls (Kernspin), haben also ein magnetisches
Moment. Wird das zu untersuchende Material in das Magnetfeld eingebracht, nimmt der Kernspin unterschiedliche Orientierungen an, die
gleichzeitig unterschiedlichen Energieniveaus entsprechen. Die Verstärkung der magnetischen Flussdichte führt dabei zu einer Zunahme der
Empfindlichkeit der Analyse. Die eigentliche Anregung der Probe im
anliegenden Magnetfeld erfolgt mit Sendern (Senderspulen), welche
Strahlung im Radiofrequenzbereich aussenden. Hierbei kommt es zu
Übergängen zwischen den Energieniveaus, deren Energiedifferenz bestimmt wird. In der Empfängerspule, die zumeist konzentrisch um die
Probe gewickelt ist, wird das NMR-Signal (Kerninduktionsstrom) erzeugt und an eine Auswerteeinheit weitergeleitet (vgl. Bild 36-16).
Rückschlüsse auf die Struktur eines komplexen Moleküls werden durch
eine explizite Untersuchung der erhaltenen Energiedifferenzen gezogen,
da sie in empfindlichem Maße abhängig von der Elektronenumgebung
des Atomkerns sind (z. B. induktive und mesomere Effekte durch Nach-
baratome).

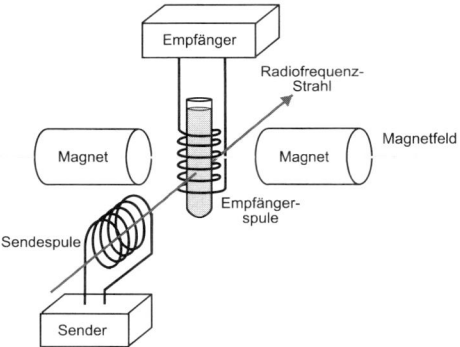

Bild 36-16: Vereinfachtes Prinzip der NMR-Spektrometrie

Allerdings weisen nicht alle Atome einen Kernspin und somit ein magnetisches Moment auf. Folgende Aspekte müssen beachtet werden:

■ Wenn das Atom eine ungerade Massenzahl aufweist, ist die Spinquantenzahl ein ungerades Vielfaches von 1/2 (z. B. $^{19}F \rightarrow I = 1/2$).

- Wenn das Atom eine gerade Massen- und Ordnungszahl aufweist, hat es keinen Kernspin (z. B. $^{16}O \to I = 0$).

- Wenn das Atom eine gerade Massenzahl und eine ungerade Ordnungszahl aufweist, ist die Spinquantenzahl eine ganze Zahl (z. B. $^{14}N \to I = 1$)

Somit sind wichtige Atome, wie z. B. ^{16}O und ^{12}C, mit der NMR-Spektrometrie nicht erfassbar, da sie keinen Kernspin besitzen. Hier muss auf die Messung der Isotope dieser Atome zurückgegriffen werden, was durch die Empfindlichkeitssteigerung der modernen Messgeräte ermöglicht wird. Heute ist z. B. die ^{13}C- neben der ^{1}H-NMR-Spektrometrie als Routineverfahren der Strukturaufklärung organischer Moleküle anzusehen.

Die älteste Bauweise solcher Analysegeräte war ein CW-Spektrometer (Continuous Wave-Spektrometer). Dabei wird analog zur UV/VIS-Spektrometrie der gesamte spektrale Bereich durch Änderung der Radio-Einzelfrequenzen erhalten. Mit dieser Anordnung lassen sich allerdings nur sehr konzentrierte Proben in einer geeigneten Messdauer untersuchen. Als Folge dieses Nachteils wurde das heute übliche **FT-NMR-Spektrometer (FOURIER-Transformation-Spektrometer)** entwickelt. Diese Geräte besitzen supraleitende Magneten und sind in der Lage, mit einem kurzen Impuls alle im Sendefrequenzbereich liegenden Kerne anzuregen.

36.4   Atom- und Ionenspektrometrie

Der Begriff der Atom- bzw. Ionenspektrometrie ist eine sehr weitgefasste Bezeichnung für alle Methoden in der Spektrometrie, die auf Emissions- und Absorptionsprozessen bei Atomen und Ionen beruhen. In den folgenden Abschnitten werden die verbreitetsten Methoden beschrieben.

36.4.1   Atomemissionsspektrometrie

Wie in Abschnitt 36.1.3 dargelegt, können Atome zur Emission von Strahlung angeregt werden. Eine thermisch hoch angeregte Probe sendet in der Gasphase ein Lichtspektrum aus. Dabei besitzt jedes Element eine spezifische Wellenlänge (z. B. Eisen bei 310 nm), die zur Analyse herangezogen wird. Die Analyse dieser emittierten Strahlung nutzt man in der **Atomemissionsspektrometrie** zur **Multielementanalyse**. So können 20 bis 30 vorhandene Elemente parallel nachgewiesen und über die Spektrallinienintensitäten die prozentualen Anteile der Elemente angegeben werden.

Die Anregung der Probe erfolgt dabei mit Gleichstrom-Lichtbogen (Bogenspektren), mit Hochspannungsfunken (Funkenspektrometrie für Metalle) bzw. mit Flammen (Flammenspektrometrie für Flüssigkeiten). Eine instrumentelle physikalische Analysemethode in der Wasser- und Metallanalytik ist die **Atomemissionsspektrometrie mit Plasmaanregung** (ICP), mit der es möglich ist, Metallionen schnell und exakt nachzuweisen. Die flüssige Probe wird dazu in einen Zerstäuber gepumpt, wo ein Aerosol mithilfe von Argon erzeugt wird. Nachfolgend bringt man dieses mit einem Plasmabrenner auf eine Temperatur von 6000...8000 °C.

Bei diesem Prozess wird das Lösungsmittel verdampft, und es findet eine Dissoziation der gelösten Salze statt. Das Argon wird hierbei physikalisch durch eine gekühlte Hochfrequenzspule angeregt, die um den Plasmabrenner angeordnet ist. Die Elemente bzw. Ionen werden durch den hohen Energieeintrag zur Emission eines Spektrums angeregt. Das auftretende Spektrum wird über einen Monochromator und einen nachgeschalteten Detektor erfasst und elektronisch verarbeitet. Über die Intensität und die Art der austretenden Strahlung wird daraufhin die Konzentration der Probeinhaltstoffe bestimmt. Häufig werden dabei nicht Absolutintensitäten bestimmt, sondern man verwendet das Verhältnis zweier Intensitäten, z. B. die Intensität der zu analysierenden Spektrallinie und einer Vergleichslinie, als Analysesignal. Beim Analysewert kann hierbei nicht von einem Absorptionsmaß oder einer Extinktion gesprochen werden, da es sich zum einen nicht um eine Lichtschwächung handelt und zum anderen unterschiedliche Wellenlängen zur Bestimmung herangezogen werden.

36.4.2 Atomabsorptionsspektrometrie

Die Atomabsorptionsspektrometrie (AAS) wurde ursprünglich aus der Flammenspektrometrie (vgl. Abschn. 36.4.1) entwickelt und zum Teil mit ähnlichen Apparaturen durchgeführt. Im Gegensatz zur Atomemissionsspektrometrie ermittelt man bei der AAS nur die Konzentration eines einzigen Elements. Es wird die Lichtabsorption durch Atome im Gaszustand gemessen, welche direkt von der Anzahl der Atome im Lichtstrahl abhängig ist.

Der Aufbau eines AAS-Geräts ist dem der bisher beschriebenen Geräteanordnungen sehr ähnlich. Er besteht, wie in Bild 36-17 gezeigt, aus einer Strahlungsquelle, einer Atomisierungsvorrichtung, einem Monochromator und einem Detektor. Die Strahlungsquelle sendet dabei exakt das Spektrum des zu bestimmenden Einzelelements aus, da ein durch ein angeregtes Atom emittiertes Lichtquant von einem nicht angeregten Atom des gleichen Elements absorbiert werden kann. Es werden zumeist Hohlkathodenlampen verwendet. In diesen Strahlern wird eine hohe Spannung zwischen der mit dem zu bestimmenden Element belegten Kathode und einer Anode angelegt. Die geladenen Gasteilchen erfahren durch diese Spannung eine Beschleunigung und schlagen aus der Kathode Atome heraus, die gasförmig im Kathodenraum zur Emission angeregt werden.

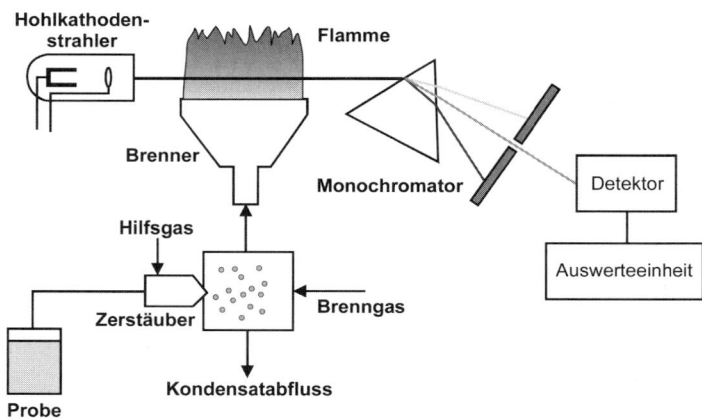

Bild 36-17: Schematischer Aufbau eines Flammen-AAS

Der ausgesendete Lichtstrahl fällt durch eine in der Atomisierungseinheit (z. B. Flamme) erzeugte gasförmige Probe, wobei ein Anteil der Strahlung absorbiert wird. Durch einen Monochromator wird das Lichtspektrum zerlegt und auf eine definierte Wellenlänge begrenzt (Resonanzlinie). Der nachgeschaltete Detektor quantifiziert diese Resonanzlinie, wobei die Intensitätsabnahme ein direktes Maß für die Elementkonzentration ist. Das sich aus dem LAMBERT-BEER'schen Gesetz ergebende Absorptionsmaß ist proportional der Konzentration des zu bestimmenden Elements in der zerstäubten Lösung.

Als Atomisierungseinheiten für die Proben haben sich folgende Apparaturen bewährt:

■ Zerstäubung und Weiterleitung in eine Flamme

■ Verdampfung in einem Graphitrohrofen

■ Hydridherstellung des Elements

Eine verbreitete Bauweise ist auch hier das Zweistrahlspektrometer. Dabei wird der erzeugte Lichtstrahl zeitlich alternierend durch die Flamme und an der Flamme „vorbei" geführt.

36.4.3   Röntgenspektrometrie

Die Röntgenspektrometrie ist eine Sammelbezeichnung für Analysemethoden, bei welchen sehr kurzwellige Strahlung im Röntgenbereich genutzt wird, um qualitative und quantitative Elementnachweise einer Probe zu erhalten. Man erhält für jedes Element charakteristische Röntgenspektren, die auch in Verbindungen dieser Elemente charakteristisch bleiben, da keine Anregung der Bindungselektronen (Valenzelektronen), sondern der „tief liegenden" Elektronen stattfindet. Das Messprinzip der Röntgenfluoreszenz beruht auf der Tatsache, dass Elektronen aus der innersten Schale (K-Schale) „herausgeschlagen" werden, wenn man Verbindungen mit hochenergetischer Röntgenstrahlung bestrahlt. Elektronen aus weiter „außen" liegenden Schalen fallen infolgedessen auf diese tiefste Schale zurück. Da es sich um die energetisch niedrigsten Energiezustände bei den in der K-Schale befindlichen Elektronen handelt, führt der Energieunterschied zur Freisetzung von Röntgenstrahlung.

Ebenso wie bei der optischen Spektrometrie findet eine Unterteilung in Emissions-, Fluoreszenz- und Absorptionsspektrometrie statt:

■ **Röntgenemission** durch Beschuss mit energiereichen Elektronen

■ **Röntgenfluoreszenz** durch Bestrahlung mit energiereichen Photonen

- **Röntgenabsorption** durch Schwächung der eingestrahlten Röntgenstrahlung durch die Probe

Da es sich in den meisten Fällen um eine zerstörungsfreie Analyse der oberflächennahen Schichten der Probe handelt, wird die Röntgenspektrometrie heute häufig in Kombination mit der Rasterelektronenmikroskopie eingesetzt.

Als Messinstrument bei der Röntgenspektrometrie dient das Röntgenspektrometer, welches aus einer Anregungsquelle, einem Spektrometerteil und einem Detektor besteht. Nach der Anregungsquelle (Elektronen oder Photonen) wird im Spektrometerteil die Strahlung zerlegt. Hier gibt es zwei Arten der Analyse, die wellenlängendispersive und die energiedispersive Methode, wobei im ersten Fall eine Reflexion an einem Analysenkristall stattfindet oder im zweiten Fall die emittierte Strahlung direkt an einen Halbleiterdetektor weitergeleitet wird.

In Bild 36-18 ist ein prinzipieller Aufbau eines wellenlängendispersiven Geräts gezeigt. Die Probe wird mit Röntgenstrahlung angeregt und die austretende Strahlung (Röntgenfluoreszenz) mit einem Parallelblechpaket (Eintrittskollimator) „gefiltert". Das Parallelstrahlbündel wird an einem Analysatorkristall monochromatisch reflektiert und durch einen Austrittskollimator zum Detektor geleitet. Durch die gleichzeitige Drehung des Analysatorkristalls, des Austrittskollimators und des Detektors ist die Aufnahme eines Röntgenspektrums möglich.

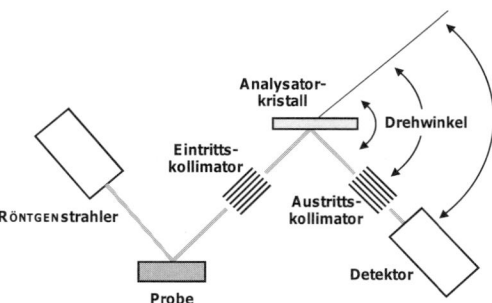

Bild 36-18: Aufbau eines wellenlängendispersiven Röntgenspektrometers

Bei der energiedispersiven Methode werden für die Analyse ohne Zerlegung der austretenden Strahlung Halbleiterdetektoren verwendet, welche die ausgestrahlten Röntgenquanten nicht nur qualitativ, sondern auch nach Energie unterscheiden können. Somit ist eine spektrale Zerlegung nicht notwendig.

36.4.4   Massenspektrometrie

Die Massenspektrometrie (MS) ist eine grundlegende Methode der analytischen Chemie. Sie dient zur Strukturaufklärung von Verbindungen anhand geringster Probemengen. Die Massenspektrometrie beruht auf der Auftrennung und Quantifizierung von Atom- bzw. Molekülmassen. Dazu werden Moleküle bzw. Atome in den Gaszustand überführt und ionisiert. Darauf folgend werden die ionisierten Probebestandteile nach ihren Massen aufgeteilt und detektiert. Das Ergebnis ist ein **Massenspektrum.** Die vier Hauptkomponenten eines Massenspektrometers werden im Folgenden beschrieben:

■ **Probezuführung**
Die Probezuführung erfolgt entweder direkt (z. B. als Feststoff), indirekt (nach Konditionierung) oder durch eine gaschromatographisch aufgetrennte Probe (vgl. Abschn. 35.4). Im letzteren Fall liegen die zu analysierenden Komponenten im optimalen Fall als Einzelsubstanzen vor, die zeitlich versetzt in die Ionenquelle eintreten.

■ **Ionenquelle**
Hier werden die Probemoleküle, die gasförmig vorliegen, zumeist durch einen Elektronenbeschuss ionisiert. Aus einer Glühkathode treten dazu bei einer definierten Spannung Elektronen (z. B. mit einer Energie von 70 eV) aus und werden senkrecht zum Proberaum zu einer Anode beschleunigt. Beim Zusammentreffen mit den Probemolekülen (Elektronenstoß) werden Elektronen aus diesen herausgeschlagen. Dabei entstehen hauptsächlich einfach positiv geladene Ionen. Nicht ionisierte oder elektrisch neutralisierte Teilchen (nach Berührung mit der „Wand") werden über ein starkes Vakuum entzogen. Es existieren weitere Methoden zur Ionisierung, wie z. B. die Photoionisation, die allerdings nicht so weit verbreitet sind.

■ **Analysator**
Nach der Ionisation werden die positiv geladenen Ionen über eine Zieh- und eine Fokussierelektrode auf den Austrittsspalt fokussiert und in Richtung des Analysators beschleunigt. Sie gelangen mit einer definierten Geschwindigkeit in den Analysator. Dieser besteht entweder aus

einem Magnetfeld (fokussierende MS) bzw. einer Kopplung von einem Magnetfeld mit einem elektrischen Feld (doppeltfokussierende MS). Die Ablenkung bzw. die „Flugbahnradien" der Ionen sind bei einem konstanten Magnetfeld und einer konstanten Spannung dabei abhängig von der Masse und der Energie der beschleunigten Teilchen. Es ist also mit einem dispersivem Element wie z. B. einem Gitter in der optischen Spektrometrie zu vergleichen. Ferner besitzt das Magnetfeld eine fokussierende Wirkung auf die in unterschiedlicher Richtung eintretenden Teilchen mit gleicher Masse und Ladung.

■ **Detektor**
Heute kommen als Detektoren zumeist Sekundärelektronen-Vervielfacher (SEV) oder FARADAY-Auffänger zum Einsatz. Die mit diesen Geräten erhaltenen und weiterverarbeiteten Daten werden Massenspektren genannt. Dabei wird die Masse des Analyten bestimmt, welche im Normalfall die Masse des schwersten detektierten Ions (Molpeak) ist. Die weitere Auswertung basiert auf der Analyse der unterschiedlichen Molekülfragmente. Dabei existieren bei kleinen („leichten") Molekülen nur eine oder sehr wenige Atomkombinationen, die zur detektierten Masse stimmig sind. Bei schwereren Molekülen stehen jedoch oft sehr viele mögliche Summenformeln zur Auswahl. Moleküle brechen allerdings oft an charakteristischen Stellen, sodass anhand der Masse dieser Bruchstücke und z. B. auch Informationen aus einer vorangegangenen chromatographischen Trennung schließlich die Strukturformel ermittelt werden kann. Das so erhaltene Massenspektrum, das genau betrachtet die Häufigkeitsverteilung der einzelnen Massenwerte von Molekülfragmenten bzw. Molekülionen darstellt, kann durch datenbankgestützte Berechnungen mithilfe eines PC eine Aussage über die Wahrscheinlichkeit des Auftretens einer Substanz in einer Probe zulassen.

Zu den wichtigsten Massenspektometerarten gehört das **Sektorfeld-Massenspektrometer.** Die Ablenkung der erzeugten Ionen erfolgt dabei in einem elektrischen und einem magnetischen Feld. Der Ablenkungsradius ist abhängig von der Energie (im elektrischen Feld) und vom Impuls (im magnetischen Feld) der Ionen.

Sind die Ladung, die Energie und der Impuls bekannt, kann die Masse der einzelnen Teilchen bestimmt werden. Dabei findet entweder eine Geschwindigkeitsfokussierung statt, wobei Ionen mit kleinen Geschwindigkeitsunterschieden auf einen Punkt im Detektor fokussiert werden, oder eine Richtungsfokussierung, wobei Ionen mit wenig unterschiedlicher Flugbahn auf einen Punkt fokussiert werden. Wenn Massenspektrometer beide Fokussierungsmöglichkeiten besitzen, werden sie doppeltfokussierend genannt.

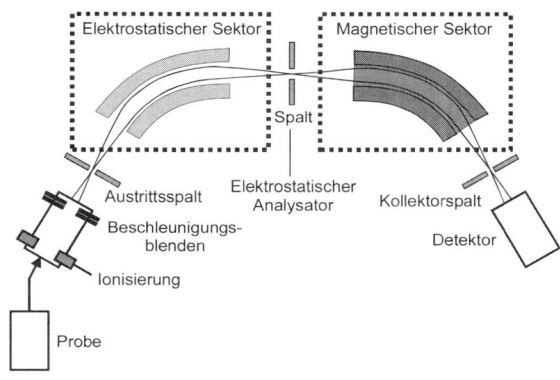

Bild 36-19: Doppeltfokussierendes Sektorfeld-Massenspektrometer

In **Quadrupol-Massenspektrometern** werden die produzierten Ionen durch eine Anordnung von vier zylindrischen Elektroden geleitet, die parallel verlaufen (vgl. Bild 36-20). Das Potenzial der gegenüberliegenden Elektroden ist identisch. Zwischen den benachbarten Elektroden wird eine Gleich- und eine Wechselspannung angelegt. Dabei wird durch das Gleich-/Wechselspannungs-Verhältnis (bei gleich bleibender Frequenz) definiert, ob die Ionen durch diese Anordnung durchtreten können. Ionen mit „unerwünschter" Masse erfahren eine Beschleunigung in Richtung der Elektroden und kollidieren mit diesen.

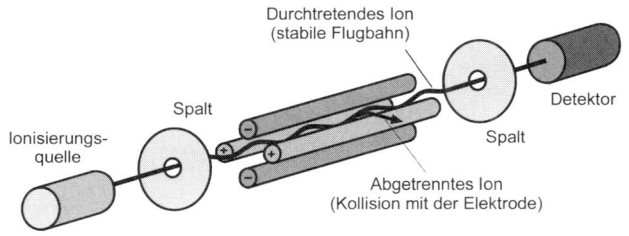

Bild 36-20: Prinzip des Quadrupol-Massenspektrometers

In **Flugzeit-Massenspektrometern** haben alle Ionen beim Eintritt in den Analysator einen identischen Energieinhalt. Daher haben leichtere Ionen eine schnellere „Fluggeschwindigkeit" als schwere und können somit zu unterschiedlichen Zeitpunkten vom Detektor analysiert werden.

37 Elektrochemische Methoden

Unter dem Begriff der elektrochemischen Analyse (Elektroanalyse) sind Verfahren zusammengefasst, bei denen elektrischer Strom als Basis für die Messung dient. Dabei wird bei allen elektroanalytischen Methoden auf die Vorgänge an bzw. zwischen Elektroden zurückgegriffen. Die Analysegrundlage beruht auf der Proportionalität zwischen den auftretenden „elektrischen" Größen (z. B. Potenzial und Leitfähigkeit) und der Konzentration der zu untersuchenden Stoffe. Die Messung kann qualitativ und quantitativ erfolgen. Man unterscheidet nach IUPAC-Empfehlungen folgende Verfahren:

■ Analysen, bei denen weder elektrochemische Doppelschichten noch Elektrodenreaktionen berücksichtigt werden (z. B. Konduktometrie).

■ Analysen, bei denen elektrochemische Doppelschichten, aber keine Elektrodenreaktionen berücksichtigt werden (z. B. Tensammetrie).

■ Analysen, bei denen Elektrodenreaktionen eine Rolle spielen und das Anregungssignal (Strom, Spannung oder Potenzial) konstant gehalten wird (z. B. Potenziometrie).

■ Analysen, bei denen Elektrodenreaktionen eine Rolle spielen und das Anregungssignal variiert wird (z. B. Polarographie).

Eine Strukturierung der elektrochemischen Verfahren kann auch über den Stromfluss erfolgen (vgl. Tab. 37-1).

Tabelle 37-1: Aufteilung der elektrochemischen Messmethoden

Elektrochemische Messmethoden		
ohne Stromfluss	mit Stromfluss	
	mit geringem Stoffumsatz	mit vollständigem Stoffumsatz
• Potenziometrie	• Konduktometrie • Amperometrie • Polarographie • Voltammetrie ...	• Elektrogravimetrie • Coulometrie

An
C

Grundlage für alle Messungen ist die Kenntnis der elektrischen Zusammenhänge, wie z. B. die NERNST'sche Gleichung, das OHM'sche Gesetz und die FARADAY'schen Gesetze. Ferner beruht die Messung immer auf sog. Elektrolyten.

■ Die **echten Elektrolyte** liegen in einem Kristallgitter schon als Ionen vor. Sie sind immer starke Elektrolyte und leiten den Strom auch in der Schmelze.

■ Die **potenziellen Elektrolyte** bilden in Verbindung mit einer Reaktion mit dem Lösungsmittel oder mit sich selbst (z. B. Autoprotolyse) Ionen und ermöglichen so die elektrische Leitfähigkeit.

■ **Starke** und **schwache Elektrolyte** unterscheidet man anhand ihres Dissoziationsgrads in einer Lösung. Starke Elektrolyte zerfallen nahezu vollständig. Bei schwachen Elektrolyten ist der Dissoziationsgrad stark von der Konzentration abhängig.

Die Berechnung des Dissoziationsgrads kann über das Massenwirkungsgesetz erfolgen. Allerdings muss bei höheren Konzentrationen ein Korrekturfaktor (Aktivitätskoeffizient) eingeführt werden, um von der Konzentration auf die tatsächliche Ionenaktivität schließen zu können. Diese Korrektur beruht auf den elektrostatischen Wechselwirkungen der Ionen untereinander. Bei stark verdünnten Elektrolyten geht man von einem Aktivitätskoeffizienten von 1 aus.

37.1 Elektrolyse

Eine elektrische Gleichspannungsquelle kann als Elektronendonator oder -akzeptor verwendet werden. Taucht man zwei Elektroden in eine Elektrolytlösung oder -schmelze und verbindet man diese mit einer Gleichspannungsquelle genügend hoher Spannung, so wirkt der **negative Pol (Kathode)** als Elektronenlieferant, er verursacht die Reduktion von Kationen. Die mit dem **positiven Pol** verbundene Elektrode **(Anode)** wirkt als Elektronenakzeptor, sie führt zur Oxidation von Anionen. Dieser Vorgang heißt Elektrolyse. Er besitzt große technische Bedeutung, insbesondere bei der Gewinnung von Metallen, Alkalihydroxiden, Wasserstoff, Sauerstoff und Halogenen.

Unter Elektrolyse versteht man die chemische Veränderung (Reduktion, Oxidation, Zersetzung) einer Substanz unter Einfluss des elektrischen Stroms.

Redoxprozesse, die in galvanischen Elementen ablaufen, können elektrische Arbeit leisten, da sie freiwillig geschehen. Redoxvorgänge, die nicht freiwillig ablaufen, können durch Zuführung elektrischer Arbeit (Elektrolyse) erzwungen werden.

$$\text{Zn} + \text{Cu}^{2+} \underset{\text{erzwungen}}{\overset{\text{freiwillig}}{\rightleftharpoons}} \text{Zn}^{2+} + \text{Cu}$$

Im DANIELL-Element (Beispiel) läuft die Reaktion freiwillig von links nach rechts ab. Durch Elektrolyse kann der Reaktionsablauf auch von rechts nach links erzwungen werden.

An beide Elektroden (Zn und Cu) wird eine Gleichspannungsquelle angelegt. Die Kathode wird mit der Zn-Elektrode verbunden, sodass die Elektronen vom negativen Pol zur Zn-Elektrode fließen und dort Zn^{2+}-Elektronen entladen. An der Cu-Elektrode gehen Cu^{2+}-Ionen unter Abgabe von Elektronen an der Anode in Lösung. Die Elektronenflussrichtung und damit die Reaktionsrichtung werden durch die Polarität der angelegten Spannung bestimmt.

Voraussetzung für eine Elektrolyse ist, dass die angelegte Spannung mindestens so groß ist wie die Spannung, die das galvanische Element liefern würde. Diese für eine Elektrolyse notwendige Spannung heißt **Zersetzungsspannung.** Für einfache Beispiele kann der theoretische Wert der Zersetzungsspannung aus der elektrochemischen Spannungsreihe (vgl. Tab. 9-1) entnommen werden. Mitunter sorgen besondere Widerstände für eine anormale Erhöhung der Zersetzungsspannung **(Überspannung).**

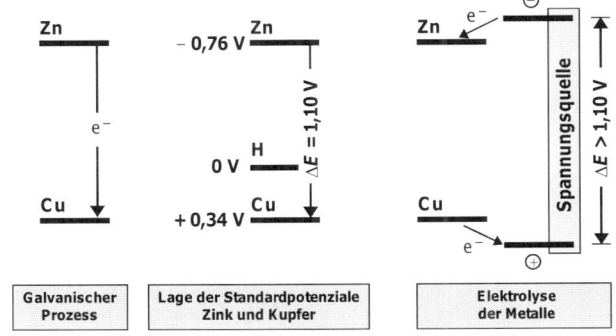

Bild 37-1: Die Elektronen fließen beim galvanischen Prozess freiwillig von der negativen Zn-Elektrode zur positiven Cu-Elektrode (DA-NIELL-Element). Bei der Elektrolyse muss der negative Pol der Spannungsquelle negativer sein als die Zn-Elektrode und der positive Pol der Spannungsquelle positiver als die Cu-Elektrode.

Eine Ursache dafür ist, dass zur Überwindung des elektrischen Widerstandes der Zelle eine zusätzliche Spannung benötigt wird. Besonders häufig werden Überspannungen beobachtet, wenn bei der Elektrolyse Gase entstehen, die die Oberflächen der Elektroden bedecken.

37.2   Konduktometrie

Als Konduktometrie wird die Messung der elektrischen Leitfähigkeit einer Elektrolytlösung bezeichnet, die von der Konzentration freier Ionen in der Lösung abhängig ist. Dazu wird die Elektrolytlösung in einen Stromkreis geschaltet. Dies geschieht über zwei identische inerte Elektroden (z. B. Platin), an die eine Wechselspannung angelegt wird. Diese Anordnung wird **Leitfähigkeitsmesszelle** genannt. Würde man Gleichstrom an die Elektroden anlegen, wandern die Kationen und Anionen zur entsprechend entgegengesetzt geladenen Elektrode. Allerdings würde der Gleichstrom in Elektrodennähe Elektrolysevorgänge nach sich ziehen und Konzentrationsänderungen hervorrufen. Durch die Polarisationserscheinungen ist die angelegte Spannung nicht identisch mit der Spannung der Elektroden in der Elektrolytphase. Folglich wird mit einer Wechselspannung und einer mittleren Frequenz von 1...4 kHz gearbeitet. Folgende Voraussetzungen müssen für eine konduktometrische Messung erfüllt sein:

■   In der Lösung müssen Ladungsträger vorhanden sein.

■   Die Ladungsträger müssen frei beweglich vorliegen. In Metallen sind es Elektronen **(Elektronenleiter),** in Elektrolyten oder Salzschmelzen sind es Ionen **(Ionenleiter).**

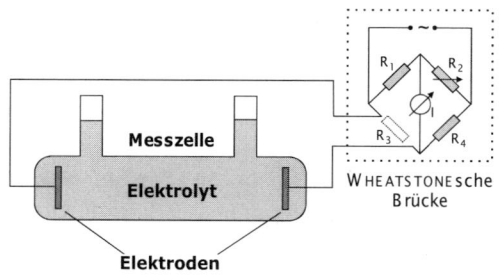

Bild 37-2: Schematischer Aufbau einer Leitfähigkeitsmesszelle

Jede Ionenart hat dabei in einem anliegenden elektrischen Feld eine spezifische und für sie charakteristische Ionenbeweglichkeit. Nimmt sie zu, ist auch die resultierende elektrische Leitfähigkeit der Lösung größer.

Die Bestimmung der elektrischen Leitfähigkeit erfolgt über eine Widerstandsmessung einer Messzelle (vgl. Bild 37-2) in Kenntnis der Geometrie der verwendeten Elektrodenanordnung. Die Messzelle wird dabei in eine WHEATSTONE'sche Brückenschaltung integriert, wobei der unbekannte Zellwiderstand im Verhältnis zu den bekannten Widerständen gemessen wird. Aus dem gemessenen Widerstand der Zelle errechnet sich die elektrische Leitfähigkeit.

$$\kappa = \frac{l}{R \cdot A} = G \cdot K_Z \tag{37-1}$$

κ elektrische Leitfähigkeit, l Elektrodenabstand, R Widerstand, A Elektrodenfläche, G Leitwert des Elektrolyten (l/R), K_Z Zellkonstante

Die Zellkonstante wird über Kalibrierungen vor der eigentlichen Messung bestimmt und dient zum Abgleich zwischen unterschiedlichen Geometrien der Zellanordnung auf den Leitfähigkeitswert. Die elektrische Leitfähigkeit ist eine temperaturabhängige Größe, daher muss eine parallele Temperaturmessung bzw. eine Thermostatisierung der Probe erfolgen.

Es handelt sich bei der Konduktometrie um eine nichtspezifische Analysemethode, da alle Ionen abhängig von ihrer Konzentration und Ladung zur Leitfähigkeit beitragen. Folglich kann nur eine Aussage z. B. über die Qualität eines destillierten Wassers gegeben werden, in welchem der Gesamtionengehalt eine entscheidende Rolle spielt. Allerdings ist auch hierbei zu beachten, dass ungeladene Substanzen die Leitfähigkeit nicht beeinflussen. Der Einsatz einer Leitfähigkeitsmesszelle als nichtspezifischer Detektor in Verbindung mit einem vorgeschalteten Stofftrennungssystem, wie z. B. einem HPLC, hat sich aber auf Grund eben dieser Eigenschaft bewährt. Es können unterschiedliche Substanzen, die in den Detektor zeitlich versetzt eintreten, aufgrund der nichtspezifischen Messmethode exakt analysiert werden. Man spricht bei solchen konduktometrischen Verfahren von einer **direkten Messung (Direktkonduktometrie).**

Von besonderer Bedeutung in der klassischen Analytik ist die **konduktometrische Titration.** Sie dient zur Indikation von **Säure-Base-** und **Fällungstitrationen,** die durch die Leitwertsmessung zwischen zwei in das Reaktionsmedium eingetauchte Elektroden in Abhängigkeit vom Volumen der zugesetzten Maßlösung verfolgt werden kann.

Am **Beispiel einer Säure-Base-Titration** von Salzsäure mit Natronlauge soll nachfolgend die Äquivalenzpunktbestimmung anhand einer konduktometrischen Titration verdeutlicht werden (vgl. Bild 37-3A). Einem definierten Volumen von Salzsäure mit unbekannter Konzentration wird schrittweise Natronlauge zugesetzt. Die Säure hat vor der Titration eine bestimmte elektrische Leitfähigkeit, die im Wesentlichen durch Oxoniumionen und Chloridionen hervorgerufen wird. Gibt man nun die Natronlauge mit bekannter Konzentration hinzu, reagieren die Oxoniumionen mit den Hydroxidionen zu undissoziiertem Wasser. Die Oxoniumionen werden sozusagen durch die eingebrachten Natriumionen „ersetzt". Die Leitfähigkeit der Lösung nimmt aufgrund der schlechteren Beweglichkeit der Natriumionen bis zum Äquivalenzpunkt kontinuierlich ab. Am Äquivalenzpunkt ist die Konzentration der Chloridionen gleich der Natriumionenkonzentration. Die elektrische Leitfähigkeit ist minimal, obwohl sich die Anzahl der Ionen im Vergleich zur Ausgangskonzentration nicht verändert hat. Bei weiterer Zugabe von Natronlauge nimmt die Konzentration der ebenfalls sehr beweglichen Hydroxidionen wieder zu, was eine erneute Erhöhung der Leitfähigkeit nach sich zieht. Die Konzentrationsverringerung der Ionen durch die Zunahme des Gesamtvolumens ist dabei meist zu vernachlässigen.

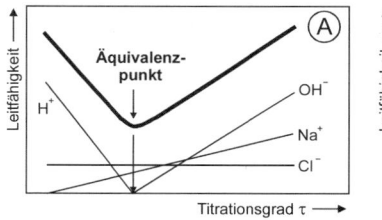 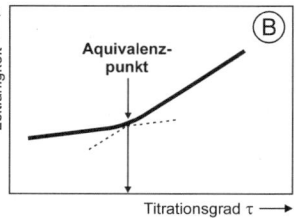

Bild 37-3: Schematischer Verlauf einer konduktometrischen Titration von: (A) starken Elektrolyten (z. B. Salzsäure/Natronlauge) und (B) schwachen Elektrolyten (z. B. Essigsäure)

Werden schwache Elektrolyte im Rahmen einer konduktometrischen Titration bestimmt, so ergibt sich ein etwas abweichender Verlauf (vgl. Bild 37-3B). Die Steigung der elektrischen Leitfähigkeit nimmt dabei bis zum Erreichen des Äquivalenzpunktes schwach und danach stark zu. Nach dem Äquivalenzpunkt verläuft die Kurve analog zur in Bild 37-3A

beschriebenen Titration. Dies ist im geringen Protolysegrad der Essigsäure begründet. Die durch die Base zugesetzten Hydroxidionen reagieren mit der undissoziierten Essigsäure zu Acetat- und Natriumionen
(Puffereffekt, vgl. Abschn. 8.3.4). Die Ionenkonzentration nimmt während der Titration zu.

Ein weiteres Beispiel ist die **Fällungstitration von Chloridionen mit
Silbernitrat.** Dabei reagieren die Chloridionen mit den Silberionen zu
schwer löslichem Silberchlorid.

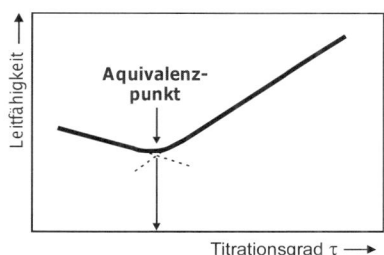

Bild 37-4: Schematischer Verlauf einer Fällungstitration von Chloridionen
           mit Silbernitrat

Die Chloridionen werden dabei in der vorliegenden Lösung durch die
eingebrachten Nitrationen „ersetzt", welche eine ähnliche Beweglichkeit
besitzen. Infolgedessen nimmt die Leitfähigkeit nur unwesentlich ab.
Nach dem Äquivalenzpunkt, an dem alle Chloridionen ersetzt worden
sind, findet eine starke Leitfähigkeitszunahme auf Grund der zugesetzten
Silber- und Nitrationen statt. Man bestimmt den Äquivalenzpunkt analog
der konduktometrischen Säure-Base-Titration.

37.3   Potenziometrie

Eine weitere Methode zur Elektroanalyse ist die Potenziometrie. Hier
wird durch Potenzialmessung eine Elektrolytlösung untersucht, um
Rückschlüsse auf ihre Zusammensetzung zu ziehen. Im Gegensatz zur
Konduktometrie wird bei der Potenziometrie die Spannung in einer
vorliegenden Elektrolytzelle im stromlosen Zustand bestimmt. Dabei
besteht der klassische Analyseaufbau aus einer **Arbeitselektrode (Mess-**

elektrode) und einer **Referenzelektrode (Bezugselektrode)** (vgl. Bild 37-5). Die Arbeitselektrode liefert eine Spannung, die von der Zusammensetzung des Elektrolyten (der Messlösung) abhängig ist, und die Referenzelektrode eine möglichst von der Messlösung unabhängige Spannung. Als Bezugselektroden werden meist Elektroden 2. Art eingesetzt. Die gemessene Spannung setzt sich aus den Einzelpotenzialen der Elektroden zusammen. Grundlegend ist die Tatsache, dass zwei miteinander im Gleichgewicht stehende Phasen (z. B. Metall und Metallionenlösung) unterschiedliche elektrische Potenziale aufweisen. Im System liegen Ladungsträger vor, die sich phasenübergreifend über die Grenzfläche bewegen können.

Vereinfachend kann die Entstehung eines Potenzials auf folgende Weise beschrieben werden: Durch die Phasengrenze fest/flüssig treten ständig Metallionen in beide Richtungen hindurch. Wenn die Abgabe der Metallionen in die flüssige Phase überwiegt, somit der Lösungsdruck größer ist als der Abscheidungsdruck der Metallionen, lädt sich die feste Phase gegenüber der flüssigen negativ auf. Stellt der Ionendurchtritt von der flüssigen in die feste Phase das entscheidende Kriterium dar, ist also der Abscheidungsdruck der Ionen (konzentrationsabhängig) größer als der Lösungsdruck, lädt sich die feste Phase positiv gegenüber der flüssigen Phase auf. Die elektrische Aufladung der Phasen führt zum Zustand des elektrochemischen Gleichgewichts, da die elektrische Aufladung der Phasen einem einseitig gerichtetem Übergang der Ionen entgegenwirkt. Im Gleichgewicht treten dann genauso viele Ionen in die eine wie in die andere Richtung durch die Phasengrenze und bilden eine **elektrische Doppelschicht** aus positiven und negativen Ladungsträgern aus. Die gemessene Potenzialdifferenz zwischen dem Elektrodeninneren und dem Inneren der angrenzenden Lösung wird GALVANI-**Spannung** genannt. Die NERNST'sche Gleichung zeigt dabei den Zusammenhang zwischen der GALVANI-Spannung, der Temperatur und der Konzentration (Aktivität) der potenzialbestimmenden Ionen (vgl. Abschn. 9.3.4).

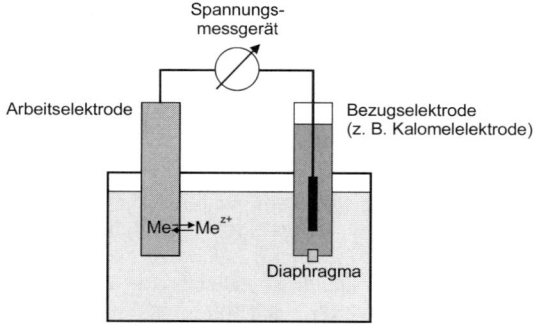

Bild 37-5: Beispiel einer elektrochemischen Kette

Ein aus zwei Elektroden bestehender Aufbau wird als elektrochemische Kette, die einzelnen Elektroden als elektrochemische Halbzellen oder Halbelemente bezeichnet. Die auftretende Spannung wird mit einem hochohmigen Voltmeter gemessen, wohingegen die Einzelpotenziale nicht bestimmt werden können.

Analog zur Konduktometrie lassen sich die direkte potenziometrische Bestimmung (Direktpotenziometrie) und die potenziometrische Titration unterscheiden. Bei der **Direktpotenziometrie** kommen überwiegend ionenselektive Elektroden (ISE) zum Einsatz, wohingegen bei der **potenziometrischen Titration** sowohl mit ionenselektiven Elektroden als auch mit Metallelektroden gearbeitet wird. Das wohl verbreitetste Beispiel der Direktpotenziometrie ist die **pH-Elektrode.** Die hierzu verwendete Glaselektrode besitzt in ihrem Inneren eine Bezugselektrode (z. B. Ag/AgCl-Elektrode) und ist mit einer Pufferlösung gefüllt (vgl. Bild 37-6).

Es werden Potenziale zwischen der Messlösung und der äußeren Quellschicht bzw. der inneren Quellschicht und der Pufferlösung bestimmt. Da die Wasserstoffionenkonzentration in der Elektrode durch die Pufferlösung als konstant angesehen werden kann, ist das resultierende Potenzial nur von der Wasserstoffionenkonzentration in der Messlösung abhängig. Diese Elektrode kann im weitesten Sinne als ionenselektiv angesehen werden.

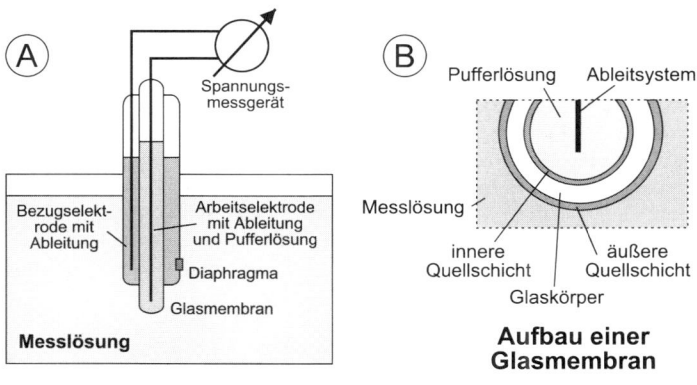

Bild 37-6: Prinzipieller Aufbau einer Einstabmesskette (A) sowie einer Glasmembran (B)

Gebräuchlich sind die Begriffe **Einstabmessketten** oder **Einstabelektrode**, wenn beide Elektroden (Mess- und Referenzelektrode) bautechnisch zusammengefasst sind. Am in die Lösung eintauchenden Ende ist eine Glasmembran angeordnet. Der Ausdruck „Membran" ist missverständlich, da keine Ionen (in diesem Fall Wasserstoffionen) hindurchtreten können, sondern sich in einer Art Quellschicht (Silicatgerüst) durch Ionenaustauschprozesse anlagern. Ferner ist am in der Lösung befindlichen Teil der Bezugselektrode ein Diaphragma (z. B. Keramikstift) angebracht, welches einen Ionentransport ermöglicht, aber die ungehinderte Vermischung der Messlösung mit dem Bezugselektrolyten weitestgehend unterbindet bzw. hemmt. Dadurch wird eine leitende Verbindung mit der Messlösung erreicht.

Da die Direktpotenziometrie vor allem apparative Vorteile gegenüber der potenziometrischen Titration bietet, wurden weitere **ionenselektive Elektroden**, die auf einer ähnlichen Funktionsweise beruhen, entwickelt. Die Anwendbarkeit dieser Elektroden wird jedoch durch Effekte, wie z. B. Alkalifehler oder zu hohe Temperaturen, beeinträchtigt. Hier kommen Spezialglasmembranen zum Einsatz, welche allerdings Nachteile bezüglich der Ansprechzeit oder der Haltbarkeit aufweisen können. Neben der Glaselektrode existieren heute Festkörper- und Flüssigmembranelektroden. Alle Methoden basieren dabei nicht auf Redoxvorgängen, sondern auf Komplexbildungs-, Verteilungs- und Lösungsgleichgewichten in bzw. an den Membranen. Daher besitzen solche Elektrodenarten häufig Querempfindlichkeiten gegenüber chemisch ähnlich aufgebauten Stoffen.

Die **potenziometrische Titration**, Maßanalyse mit potenziometrischer Indikation des Titrationsendpunkts, ist eine stromlose titrimetrische Messung der Potenzialdifferenz zwischen einer Mess- und einer Referenzelektrode. Diese Analysemethode findet trotz der Möglichkeit der direkten Messung immer noch Anwendung, da nicht für alle Ionenarten ionenselektive Elektroden zur Verfügung stehen. Es lassen sich Säure-Base-Titrationen, Fällungstitrationen, Redoxtitrationen sowie komplexometrische Titrationen in Form von einer potenziometrischen Titration durchführen.

Da das elektrochemische Potenzial der zu messenden Ionenart für galvanische Zellen eine Funktion ihrer Konzentration ist, findet am Äquivalenzpunkt eine sprunghafte Änderung des Potenzials statt. Dazu trägt man die Potenzialdifferenz zwischen der Mess- und Referenzelektrode

gegen das verbrauchte Volumen einer Maßlösung bzw. den Titrationsgrad τ auf und ermittelt den potenziometrischen Endpunkt (Wendepunkt
der Kurve) (vgl. Bild 37-7). Liegen zwei starke Elektrolyte vor, hat die
so erhaltene Kurve in Bezug auf ihren Wendepunkt einen punktsymme-
trischen Verlauf.

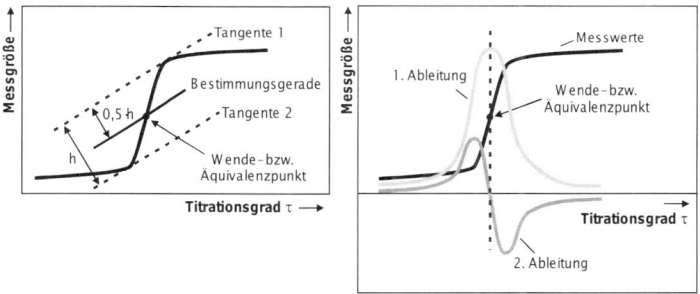

Bild 37-7: Methoden zur Bestimmung des Wendepunkts

Dabei gibt es verschiedene Methoden, den Verlauf der Kurven bzw. die
Festlegung des Wendepunkts zu bestimmen. Die Kenntnis der einzelnen
Potenziale ist für die Ermittlung der absoluten Konzentration des zu
untersuchenden Ions nicht notwendig, da man zuvor das Potenzial einer
Lösung mit einer bekannten Ionenkonzentration bestimmt (Kalibrie-
rung).

Die **Säure-Base-Titration** ist dabei die am häufigsten verwendete potenziometrische Titration. Bild 37-8 zeigt die Titrationen einer starken und
einer schwachen Säure mit einer starken Base. Ähnlich der Konduktometrie werden auch hier die markanten Punkte (Wendepunkte) für eine
Auswertung herangezogen. Bei der Titration einer starken einprotonigen
Säure mit einer starken Base tritt nur ein Wendepunkt auf, der dem Äquivalenzpunkt bzw. Neutralisationspunkt entspricht (vgl. Bild 37-8A).
Dagegen weist die Titration einer schwachen einprotonigen Säure mit
einer starken Base auf Grund ihres geringen Dissoziationsgrades und der
damit verbundenen Puffereigenschaften zwei Wendepunkte auf (vgl. Bild
37-8B). Ferner tritt bei der Titration von starken Elektrolyten ein größerer
Potenzialsprung als bei der Titration schwach dissoziierter Elektrolyte
auf. Durch die heute ausgeführten Analysegeräte werden die Messwerte
direkt als pH-Werte ausgegeben.

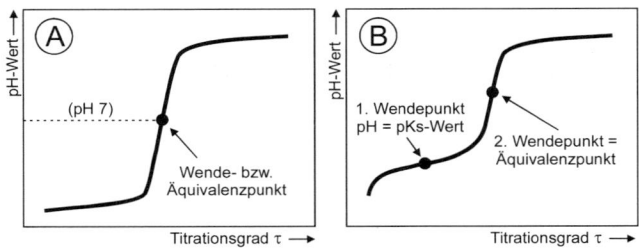

Bild 37-8: Potenziometrische Säure-Base-Titration eines (A) starken und (B) schwachen Protolyten

In der Praxis werden **Fällungstitrationen** als potenziometrische Titrationen durchgeführt, da häufig geeignete Farbindikatoren, welche bei der Säure-Base- oder Redoxtitrationen eingesetzt werden, nicht verfügbar sind. Einen typischen Aufbau mit zugehöriger Titrationskurve zeigt Bild 37-9. Um eine Vermischung der Elektrolytlösungen zu verhindern und trotzdem eine leitende Verbindung für die Stromüberführung herzustellen, werden sog. Stromschlüssel oder Salzbrücken eingesetzt.

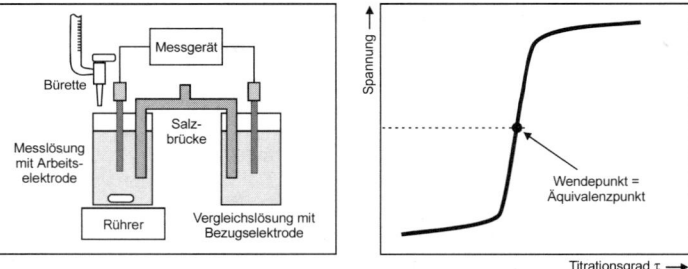

Bild 37-9: Fällungstitration und dazugehörige Titrationskurve

Um Äquivalenzpunkte anhand von Oxidations- und Reduktionsvorgängen zu ermitteln, werden Redoxelektroden verwendet (z. B. Platinelektrode als Mess- und Kalomelelektrode als Bezugselektrode). Dabei erfolgt ein Potenzialsprung (z. B. von Fe^{2+} nach Fe^{3+} unter Zugabe eines Oxidationsmittels) ähnlich der Charakteristik einer Säure-Base-Titration.

37.4   Polarographie

Unter der Voltammetrie **(Volt-am**pero-**metrie)** versteht man eine elektrochemische Methode zur qualitativen und quantitativen Analyse, welche anhand von Strom-Spannungs-Kurven eine Aussage über Art und Menge gelöster Substanzen zulässt. Dabei erlaubt sie die Bestimmung solcher Probeinhaltsstoffe, die elektrochemisch oxidiert oder reduziert werden können. Zur Analyse werden Stromsignale als Funktion der Spannung erfasst. Gemäß Definition der IUPAC wird bei der Voltammetrie mit stationären oder festen Arbeitselektroden mit konstanter Oberfläche gearbeitet. Kommen hierbei flüssige Arbeitselektroden zur Anwendung, deren Oberfläche periodisch oder kontinuierlich erneuert wird, spricht man von einer polarographischen Methode (Polarographie). Die Namensgebung ist dabei auf die Tatsache zurückzuführen, dass es sich historisch gesehen um eine grafische Untersuchung von Polarisationserscheinungen handelt. Die Polarographie wurde von JAROSLAV HEYROVSKY entwickelt und mit einer Quecksilbertropfelektrode durchgeführt. Das eigentliche Prinzip beruht auf der Messung des Polarisationswiderstandes.

Die in Bild 37-10 dargestellte Quecksilbertropfelektrode besteht aus einem Quecksilberreservoir und einer (Tropf-)Kapillare, aus der Quecksilbertropfen mit langsamem Fluss in die Messlösung fallen.

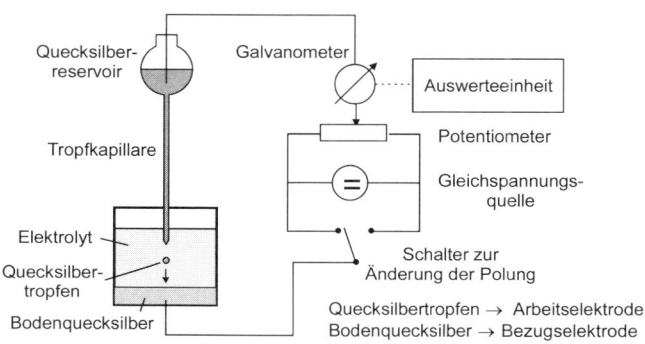

Bild 37-10: Schematische Darstellung der Polarographie mit einer Quecksilbertropfelektrode

Als Arbeitselektrode dienen dabei die eingeleiteten Quecksilbertropfen, die eine sog. ideal polarisierbare Elektrode darstellen, welche mit der

Polarisationsspannung (Anregungssignal) beaufschlagt wird. Sind in der Messlösung keine oxidierbaren oder reduzierbaren Komponenten enthalten, kann ihr ein elektrisches Potenzial aufprägt werden, ohne dass es zu einem Ladungsdurchtritt kommt. Finden Redoxvorgänge während des Zutropfens statt, kommt es zu einem Ladungsdurchtritt. Dies führt zu einer Depolarisierung der Quecksilbertropfen (Arbeitselektrode), und es fließt ein messbarer Strom. Auf Grund dieses Vorgangs erscheinen im Polarogramm charakteristische Stufen (Stromstufen, polarographische Stufen), da an diesen Stellen trotz des ansteigenden Stroms ein gleich bleibendes Potenzial auftritt. Daher werden solche messbare Verbindungen als Depolarisatoren bezeichnet.

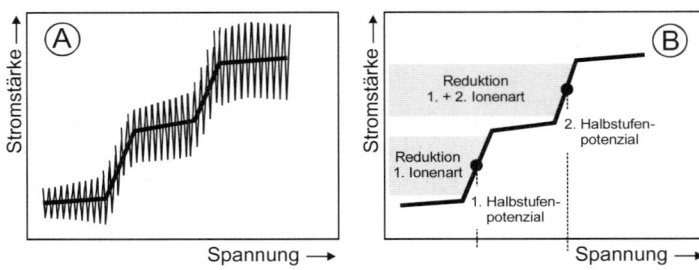

Bild 37-11: Ungedämpfter (A) und gedämpfter (B) Verlauf eines Polarogramms

Die **spezifische Lage des Potenzials** ist für jedes auftretende Ion charakteristisch und kann über die **halbe Stufenhöhe des Potenzials** bestimmt werden. Über die gesamte Stufenhöhe wird dessen Konzentration identifiziert. Im Gegensatz zu anderen gebräuchlichen elektroanalytischen Analysemethoden reduziert man hierbei allerdings nicht die gesamten gelösten bzw. zu analysierenden Ionen, sondern nur den geringen Bruchteil, der sich an dem jeweiligen mikroskopischen Quecksilber-Tropfen befindet.

Obwohl Quecksilber als stark gesundheitsgefährdend eingestuft ist, bietet es für die Polarographie folgende wichtige Vorteile:

- ■ eine stetig erneuerte Elektrodenoberfläche (keine Anreicherung von Verunreinigungen, Überzüge aus hemmenden Substanzen werden vermieden)

- ■ geringe Oberfläche (sehr kleine Elektrolyseströme verändern kaum die Depolarisatorkonzentration)

■ glatte homogene Oberfläche (keine Oberflächenkorrektur bei der Auswertung erforderlich, da die Tropfen frei von Fehlstellen und Rauigkeit sind)

Als unpolarisierbare Gegenelektrode fungiert das am Boden angesammelte Quecksilber, wenn die Messungen in einer chloridhaltigen Lösung durchgeführt werden. Es bildet sich dementsprechend eine Elektrode 2. Art aus, welche heute zur besseren Handhabung häufig durch eine Kalomelstabelektrode ersetzt wird.

Zur Durchführung der oben beschriebenen Gleichstrompolarographie wird über einen Gleichstromgenerator eine linear veränderliche Gleichspannung an die Elektroden angelegt, deren Spannungsbereich variabel von −4 bis +2 V eingestellt werden kann. Während der Messdauer durchläuft die Spannung mit einer konstanten Geschwindigkeit diesen Spannungsbereich vom positiven Anfangswert bis zum negativen Endwert. Wird das Reduktions- oder Oxidationspotenzial der zu analysierenden Substanz bzw. des Depolarisators erreicht, fließt ein Strom, der im Gleichstrompolarogramm sichtbar wird. Man erhält eine Folge scharfer Maxima- und Minimaausschläge (Oszillationen, vgl. Bild 37-14A), die die durch das Abtropfen entstandenen Stromschwankungen widerspiegeln und entweder elektronisch oder durch einen trägen Schreiber gedämpft werden. Durch Zusatz eines sog. Leitsalzes zum Elektrolyten wird ein Spannungsabfall vernachlässigbar, und der Stromfluss wird ermöglicht. Dabei ist das Leitsalz eine schwer zu reduzierende bzw. polarographisch nicht aktive Verbindung (z. B. Kaliumchlorid), welche in großem Überschuss vorliegt. Dadurch kommen die Depolarisatoren nur durch Diffusionsvorgänge und nicht durch elektrolytische Überführung zu den Quecksilbertropfen. Nach Durchfallen der Lösung wird die Quecksilberverbindung an der Gegenelektrode (Bodenquecksilber) zu Quecksilberionen oxidiert, und es entsteht durch die im Elektrolyten vorhandenen Chloridionen unlösliches Quecksilberchlorid, welches auf dem Bodenquecksilber abgeschieden wird.

Heute existieren neben der klassischen Gleichstrompolarographie noch weitere optimierte polarographische Methoden, die eine höhere Auflösung der Messergebnisse bzw. Genauigkeit ermöglichen. Beispiele hierfür sind die Rapid-Polarographie, die Tastpolarographie, die Differenz-Gleichstrompolarographie, Kathodenstrahlpolarographie und die Wechselstrompolarographie.

An
C

Literaturverzeichnis

Literatur zu den Kapiteln der *Allgemeinen Chemie* (Kap. 1–11)

ATKINS, P. W., und JONES, L.: Chemie – einfach alles, 2. Auflage, Wiley-VCH (2006)

BINNEWIES, M., JÄCKEL, M., WILLNER, H., und RAYNER-CANHAM, G.: Allgemeine und Anorganische Chemie, Spektrum Akademischer Verlag (2003)

FROMM, K.; MAYOR, M.; SCHWARZ, M.; und ZUBERBÜHLER, A.: Repetitorium Allgemeine Chemie. Uni-Taschenbücher, UTB (2008)

KAUFMANN, H., und HÄDENER, A.: Grundlagen der allgemeinen und anorganischen Chemie. 14.Auflage, Birkhäuser (2006)

KICKELBICK, G.: Chemie für Ingenieure, Pearson Studium (2008)

MORTIMER, Ch. E., und MÜLLER, U.: Chemie. Das Basiswissen der Chemie. Mit Übungsaufgaben, 9. Auflage, Thieme (2007)

RIEDEL, E.: Allgemeine und Anorganische Chemie, 10. Auflage, de Gruyter (2010)

RIEDEL, E., und JANIAK, Ch.: Übungsbuch Allgemeine und Anorganische Chemie, de Gruyter (2009)

Literatur zu den Kapiteln der *Anorganischen Chemie* (Kap. 12–16)

BINNEWIES, M., JÄCKEL, M., WILLNER, H., und RAYNER-CANHAM, G.: Allgemeine und Anorganische Chemie, Spektrum Akademischer Verlag (2003)

HUHEEY, J. E., KEITER, E. A., und KEITER, R.: Anorganische Chemie, Prinzipien von Struktur und Reaktivität, 3. Auflage, de Gruyter (2003)

JABS, W.: Allgemeine und Anorganische Chemie, Spektrum Akademischer Verlag (2007)

JANIAK, Ch., KLAPÖTKE, Th., MEYER, H.-J., und ALSFASSER, R.: Moderne Anorganische Chemie, 3. Auflage, de Gruyter (2007)

KAUFMANN, H., und HÄDENER, A.: Grundlagen der allgemeinen und anorganischen Chemie, 14. Auflage, Birkhäuser (2006)

LATSCHA, H. P., und KLEIN, H.: Anorganische Chemie – Chemie-Basiswissen I, 9. Auflage, Springer (2007)

RIEDEL, E.: Allgemeine und Anorganische Chemie, 10. Auflage, de Gruyter (2010)

RIEDEL, E., und JANIAK, Ch.: Anorganische Chemie, 7. Auflage, de Gruyter (2007)

RIEDEL, E., und JANIAK, Ch.: Übungsbuch Allgemeine und Anorganische Chemie, de Gruyter (2009)

WAWRA, E., DOLZNIG, H., und MÜLLNER, E.: Chemie erleben. Anorganische, organische und analytische Chemie für Mediziner und Naturwissenschaftler, UTB (2003)

WIBERG, N.: Lehrbuch der Anorganischen Chemie, 102. Auflage, de Gruyter (2007)

WISKAMP, V.: Anorganische Chemie – Ein praxisbezogenes Lehrbuch. Verlag H. Deutsch (2007)

Literatur zu den Kapiteln der *Organischen Chemie* (Kap. 17–31)

BEYER, H.; WALTER, W., und FRANCKE, W.: Lehrbuch der organischen Chemie, 24. Auflage, Hirzel Verlag (2004)

BRÄSE, St., BÜLLE, J., und HÜTTERMANN, A.: Organische und bioorganische Chemie, Das Basiswissen für Master- und Diplomprüfungen, Wiley-VCH (2008)

BREITMAIER, E., und JUNG, G.: Organische Chemie, Grundlagen, Stoffklassen, Reaktionen, Konzepte, Molekülstruktur, 6. Auflage, Thieme (2009)

BRUICE, P. Y.: Organische Chemie, 5. Auflage, Pearson Studium (2007)

BUDDRUS, J.: Grundlagen der Organischen Chemie, 3. Auflage, de Gruyter (2003)

HÄDENER, A., und KAUFMANN, H.: Grundlagen der organischen Chemie, 11. Auflage, Birkhäuser (2006)

HART, H., CRAINE, L. E., HART, D. J., und HADAD, Ch. M.: Organische Chemie, 3. Auflage, Wiley-VCH (2007)

JEROMIN, G.: Organische Chemie. Ein praxisbezogenes Lehrbuch, 2. Auflage, Deutsch, Harri (2006)

KÖNIG, B., und BUTENSCHÖN, H.: Organische Chemie – Kurz und bündig für die Bachelor-Prüfung, Wiley-VCH (2007)

LATSCHA, H. P., KAZMAIER, U., und KLEIN, H. A.: Organische Chemie – Chemie-Basiswissen II. 6. Auflage, Springer (2002)

SAECHTLING, H., BAUR, E., und BRINKMANN, S.: Saechtling Kunststoff-Taschenbuch 2007, 30. Ausgabe, Hanser (2007)

SCHRADER, B., und RADEMACHER, P.: Kurzes Lehrbuch der Organischen Chemie, 3. Auflage, de Gruyter (2009)

VOLLHARDT, K. P. C., und SCHORE, N. E.: Organische Chemie, 4. Auflage, Wiley-VCH (2005)

WOLLRAB, A.: Organische Chemie, Eine Einführung für Lehramts- und Nebenfachstudenten, Springer (2009)

Literatur zu den Kapiteln der *Analytischen Chemie* (Kap. 32–37)

BANWELL, C. N., und McCash, E. M.: Grundlagen der Molekülspektroskopie, Ein Grundkurs, Oldenbourg (1999)

BUCHBERGER, W.: Elektrochemische Analyseverfahren – Grundlagen, Instrumentation, Anwendungen, Spektrum Akademischer Verlag (1998)

FRITZ, J. S., und SCHENK, G. H.: Quantitative Analytische Chemie – Grundlagen, Methoden, Experimente, Springer (2000)

HENZE, G.: Polarographie und Voltammetrie – Grundlagen und analytische Praxis, Springer (2001)

KOLB, B.: Gaschromatographie in Bildern – Eine Einführung, 2. Auflage, Wiley-VCH (2002)

KÜSTER, F., W., und THIEL, A.: Rechentafeln für die Chemische Analytik, 105. Auflage, de Gruyter (2002)

LATSCHA, H. P., LINTI, G., und KLEIN, H. A.: Analytische Chemie – Chemie-Basiswissen III, 4. Auflage, Springer (2003)

OTTO, M.: Analytische Chemie, 3. Auflage, Wiley-VCH (2006)

PETROZZI, S.: Instrumentelle Analytik – Experimente ausgewählter Analyseverfahren, Wiley-VCH (2010)

SCHWEDT, G.: Analytische Chemie – Grundlagen, Methoden und Praxis 2. Auflage, Wiley-VCH (2008)

SCHWEDT, G.: Taschenatlas der Analytik, 3. Auflage, Wiley-VCH (2007)
SKOOG, D. A., LEARY, J. J.: Instrumentelle Analytik – Grundlagen, Geräte, Anwendungen, Springer (1996)

STRÄHLE, J., und SCHWEDA, E.: Jander/Blasius Lehrbuch der analytischen und präparativen anorganischen Chemie, 16. Auflage, Hirzel (2006)

Anhang

Tabelle A-1: Ausgewählte Eigenschaften der chemischen Elemente

Element	Symbol	Rel. Atom-masse	Atom-radius in 10^{-10} m	Kovalenter Radius in 10^{-10} m
Actinium*	Ac	227,028	1,88	
Aluminium+	Al	26,9815	1,43	1,18
Americium*	Am	[243]	1,73	
Antimon	Sb	121,75	1,61	1,4
Argon	Ar	39,948		0,98
Arsen+	As	74,9216	1,39	1,2
Astat*	At	[210]	1,21	1,40
Barium	Ba	137,33	2,24	1,98
Berkelium*	Bk	[247]		
Beryllium	Be	9,012	1,12	
Bismut+	Bi	208,98	1,82	1,46
Blei	Pb	207,2	1,75	1,47
Bohrium*	Bh	[262]		
Bor	B	10,81	0,98	0,88
Brom	Br	79,904	1,15	1,14
Cadmium	Cd	112,41	1,54	1,48
Californium*	Cf	[251]		
Calcium	Ca	40,08	1,97	1,74
Cäsium+	Cs	132,9054	2,72	2,35
Cer	Ce	140,12	1,81	1,65
Chlor	Cl	35,453	0,99	0,99
Chrom	Cr	51,996	1,3	1,18
Cobalt+	Co	58,9332	1,25	1,16
Copernicium	Cn	[283]		
Curium*	Cm	[247]		
Darmstadtium	Ds	[281]		
Dubnium*	Db	[262]	1,8	1,59
Dysprosium	Dy	162,5		
Einsteinium*	Es	[254]	1,26	1,17
Eisen	Fe	55,847	1,78	1,57
Erbium	Er	167,26	1,99	1,85
Europium	Eu	151,96		
Fermium*	Fm	[257]	0,71	0,64
Fluor+	F	18,9984		
Francium*	Fr	[223]	1,79	1,61
Gadolinium	Gd	157,25	1,53	1,26
Gallium	Ga	69,72		

Ionen-radius in 10^{-10} m	Dichte in g cm^{-3}	Ionisierungs-energie in kJ mol^{-1}	Elektronen-affinität in kJ mol^{-1}	Elektro-negativität
1,18(+3)	10,07	499		1,1
0,50(+3)	2,7	578	43	1,5
1,06(+3)0,92(+4)	13,67	576		1,3
2,45(−3)0,62(+5)	6,62	831	103	1,9
	1,4	1521		
2,22(−3)0,47(+5)	5,72	944	78	2,0
			270	2,2
1,35(+2)	3,5	944	14	0,9
	13,25	601		
	1,85	900	0	
1,20(+3)0,74(+5)	9,8	703	91	1,9
1,20(+2)0,84(+4)	11,4	716	35	1,8
0,20(+3)	2,34	801	27	2,0
1,95(−1)0,39(+7)	3,12	1140	325	2,8
0,97(+2)	8,65	868	0	1,7
	15,1	608		
0,99(+2)	1,55	590	2	1,0
1,69(+1)	1,90	370	45	0,7
1,11(+3)1,01(+4)	6,67	534		1,1
1,81(−1)0,26(+7)	1,56	1251	349	3,0
0,69(+3)0,52(+6)	7,19	653	64	1,6
0,74(+2)0,63(+3)	8,9	760	64	1,8
	13,51	581		
0,99(+3)	8,54	573		
		619		
0,76(+2)0,64(+3)	7,86	762	16	1,8
0,96(+3)	9,05	589		1,2
1,12(+2)	5,26	547		
		627		
1,36(−1)0,07(+7)	1,51	1681	328	4,0
1,76(+1)		393		0,7
1,02(+3)	7,89	593		1,1
1,13(+1)0,62(+3)	5,91	579	29	1,6

Tabelle A-1: Fortsetzung

Element	Symbol	Rel. Atom-masse	Atom-radius in 10^{-10} m	Kovalenter Radius in 10^{-10} m
Germanium	Ge	72,64	1,39	1,22
Gold[+]	Au	196,966	1,46	1,34
Hafnium	Hf	178,49	1,67	1,44
Hassium*	Hs	[265]		
Helium	He	4,0026		0,93
Holmium[+]	Ho	164,9304	1,79	1,58
Indium	In	114,82	1,67	1,44
Iod[+]	I	126,9045	1,33	1,33
Iridium	Ir	192,22	1,36	1,27
Kalium	K	39,0983	2,35	2,03
Kohlenstoff	C	12,011	0,91	0,77
Krypton	Kr	83,80		1,12
Kupfer	Cu	63,546	1,28	1,17
Lanthan	La	138,9055	1,87	1,69
Lawrencium*	La	[260]		
Lithium	Li	6,941	1,57	1,23
Lutetium	Lu	174,967	1,75	1,56
Magnesium	Mg	24,305	1,60	1,36
Mangan[+]	Mn	54,9380	1,35	1,17
Meitnerium*	Mt	[268]		
Mendelevium*	Md	[258]		
Molybdän	Mo	95,94	1,39	1,30
Natrium[+]	Na	22,9898	1,91	1,54
Neodym	Nd	144,24	1,82	1,64
Neon	Ne	20,179		0,71
Neptunium*	Np	237,048	1,3	
Nickel	Ni	58,69	1,24	1,15
Niob[+]	Nb	92,9064	1,46	1,34
Nobelium*	No	[259]		
Osmium	Os	190,20	1,35	1,26
Palladium	Pd	106,42	1,37	1,28
Phosphor[+]	P	30,9738	1,28	1,10
Platin	Pt	195,08	1,39	1,30
Plutonium*	Pu	[244]	1,51	

Ionenradius in 10^{-10} m	Dichte in g cm^{-3}	Ionisierungs-energie in kJ mol^{-1}	Elektronen-affinität in kJ mol^{-1}	Elektro-negativität
0,93(+2)0,53(+4)	5,32	762	119	1,8
1,37(+1)	19,3	890	223	2,4
0,81(+4)	13,1	658		1,3
	0,13	2372		
0,97(+3)	8,80	851		1,2
1,32(+1)0,81(+3)	7,31	558	29	1,7
2,16(−1)0,50(+7)	4,94	1008	295	2,5
0,66(+4)	22,5	865	151	2,2
1,33(+1)	0,86	419	48	0,8
2,60(−4)	2,26	1086	154	2,5
	2,6	1351		
0,96(+1)0,69(+2)	8,96	745	118	1,9
1,15(+3)	6,17	538		1,1
0,6(+1)	0,53	520	60	1,0
0,93(+3)	9,84	523	50	1,2
0,65(+2)	1,74	737	0	1,2
0,80(+2)0,46(+7)	7,43	717	0	1,5
		653		
0,68(+4)0,62(+6)	10,2	684	72	1,8
0,95(+1)	0,97	496	53	0,9
1,08(+3)	7,00	533		1,2
	1,20	2081		
1,09(+3)0,95(+4)	19,5	605		1,3
0,72(+2)0,62(+3)	8,9	737	112	1,8
0,70(+5)	8,4	652	86	1,6
		641		
0,69(+4)	22,6	814	106	2,2
0,86(+2)	12,0	804	54	2,2
2,12(−3)0,34(+5)	1,82	1011	72	2,1
0,96(+2)	21,4	864	205	2,2
1,07(+3)0,93(+4)	19,74	581		1,3

Tabelle A-1: Fortsetzung

Element	Symbol	Rel. Atom- masse	Atom-radius in 10^{-10} m	Kovalenter Radius in 10^{-10} m
Polonium*	Po	[209]	1,76	1,40
Praseodym⁺	Pr	140,9077	1,82	1,65
Promethium*	Pm	[145]		1,63
Protactinium*	Pa	231,036	1,61	
Quecksilber	Hg	200,59	1,57	1,49
Radium*	Ra	226,025		
Radon*	Rn	[222]		
Rhenium	Re	186,207	1,37	1,28
Rhodium⁺	Rh	102,9055	1,34	1,25
Roentgenium	Rg	[280]		
Rubidium	Rb	85,4678	2,50	2,16
Ruthenium	Ru	101,07	1,34	1,25
Rutherfordium*	Rf	[261]		
Samarium	Sm	150,36	1,81	1,62
Sauerstoff	O	15,9994	0,60	0,74
Scandium⁺	Sc	44,9559	1,62	1,44
Schwefel	S	32,06	1,27	1,04
Seaborgium	Sg	[263]		
Selen	Se	78,96	1,40	1,17
Silber	Ag	107,868	1,44	1,34
Silicium	Si	28,0855	1,32	1,17
Stickstoff	N	14,0067	0,92	0,74
Strontium	Sr	87,62	2,15	1,91
Tantal	Ta	180,9479	1,49	1,34
Technetium*	Tc	[98]	1,36	1,27
Tellur	Te	127,60	1,60	1,37
Terbium⁺	Tb	158,9254	1,80	1,59
Thallium	Tl	204,383	1,71	1,48
Thorium*	Th	232,038	1,80	1,65
Thulium⁺	Tm	168,9342	1,77	1,56
Titan	Ti	47,87	1,47	1,32
Uran*	U	238,029	1,38	1,42
Vanadium	V	50,9415	1,34	1,22
Wasserstoff	H	1,0079	0,37	0,32
Wolfram	W	183,85	1,41	1,30
Xenon	Xe	131,29		
Ytterbium	Yb	173,04	1,94	

Ionenradius in 10^{-10} m	Dichte in g cm^{-3}	Ionisierungs-energie in kJ mol^{-1}	Elektronen-affinität in kJ mol^{-1}	Elektro-negativität
	9,2	812	183	2,0
1,09(+3)0,92(+4)	6,77	527		1,1
1,06(+3)	7,22	538		
1,12(+3)0,98(+4)	15,4	568		1,5
1,10(+2)	13,6	1007	0	1,9
1,40(+2)	5,0	509		0,9
	9,2	1037		
	21,0	756	14	1,9
0,86(+2)	12,4	719	110	2,2
1,48(+1)	1,53	403	47	0,8
0,69(+3)0,67(+4)	12,2	710	101	2,2
1,04(+3)	7,54	545		1,2
1,40(−2)0,09(+6)	1,14	1314	141	3,5
0,81(+3)	3,00	633	18	1,3
1,84(−2)0,29(+6)	2,07	1000	200	2,5
1,98(−2)0,42(+6)	4,79	941	195	2,4
1,26(+1)	10,5	731	120	1,9
2,7(−1)0,41(+4)	2,33	787	134	1,8
1,71(−3)0,11(+5)	0,81	1402	7	3,0
1,13(+2)	2,6	549	5	1,0
0,73(+5)	16,6	728	31	1,5
	11,5	702	53	1,9
2,21(−2)0,56(+6)	6,24	869	190	2,1
1,00(+3)	8,27	566		1,2
1,40(+1)0,56(+3)	11,85	589	19	1,8
1,14(+3)0,95(+4)	11,7	609		1,3
0,95(+3)	9,33	597		1,2
0,90(+2)0,68(+4)	4,51	659	8	1,5
1,11(+3)0,97(+4)	19,07	598		1,7
0,74(+3)0,59(+5)	6,10	651	51	1,6
	0,07	1312	73	2,1
0,64(+4)0,68(+6)	19,3	759	79	1,7
	3,06	1170		
1,13(+2)0,94(+3)	6,98	603		1,1

Tabelle A-1: Fortsetzung

Element	Symbol	Rel. Atom-masse	Atom-radius in 10^{-10} m	Kovalenter Radius in 10^{-10} m
Yttrium[+]	Y	88,9059	1,78	1,62
Zink	Zn	65,41	1,38	1,25
Zinn	Sn	118,69	1,58	1,41
Zirconium	Zr	91,22	1,60	1,45

	Ionen-radius in 10^{-10} m	Dichte in g cm^{-3}	Ionisierungs-energie in kJ mol^{-1}	Elektronen-affinität in kJ mol^{-1}	Elektro-negativität
Y	0,93(+3)	4,47	600	27	1,3
Zn	0,74(+2)	7,14	906	0	1,6
Sn	1,12(+2)	7,30	709	107	1,8
Zr	0,80(+4)	6,49	604	41	1,4

Dichte bei Gasen in g · l^{-1}

+ Reinelemente
* Alle Nuklide des Elementes sind radioaktiv

Tabelle A–2: Elektronenkonfiguration der Elemente

Z	Ele-ment	K	L		M			N				O
		1s	2s	2p	3s	3p	3d	4s	4p	4d	4f	5s
1	H	1										
2	He	2										
3	Li	2	1									
4	Be	2	2									
5	B	2	2	1								
6	C	2	2	2								
7	N	2	2	3								
8	O	2	2	4								
9	F	2	2	5								
10	Ne	2	2	6								
11	Na	2	2	6	1							
12	Mg	2	2	6	2							
13	Al	2	2	6	2	1						
14	Si	2	2	6	2	2						
15	P	2	2	6	2	3						
16	S	2	2	6	2	4						
17	Cl	2	2	6	2	5						
18	Ar	2	2	6	2	6						
19	K	2	2	6	2	6		1				
20	Ca	2	2	6	2	6		2				
21	Sc	2	2	6	2	6	1	2				
22	Ti	2	2	6	2	6	2	2				
23	V	2	2	6	2	6	3	2				
24	Cr	2	2	6	2	6	5	1				
25	Mn	2	2	6	2	6	5	2				
26	Fe	2	2	6	2	6	6	2				
27	Co	2	2	6	2	6	7	2				
28	Ni	2	2	6	2	6	8	2				
29	Cu	2	2	6	2	6	10	1				
30	Zn	2	2	6	2	6	10	2				
31	Ga	2	2	6	2	6	10	2	1			
32	Ge	2	2	6	2	6	10	2	2			
33	As	2	2	6	2	6	10	2	3			
34	Se	2	2	6	2	6	10	2	4			
35	Br	2	2	6	2	6	10	2	5			
36	Kr	2	2	6	2	6	10	2	6			
37	Rb	2	2	6	2	6	10	2	6			1
38	Sr	2	2	6	2	6	10	2	6			2
39	Y	2	2	6	2	6	10	2	6	1		2
40	Zr	2	2	6	2	6	10	2	6	2		2
41	Nb	2	2	6	2	6	10	2	6	4		1

Tabelle A-2: Fortsetzung

Z	Element	K	L		M			N			
		1s	2s	2p	3s	3p	3d	4s	4p	4d	4f
42	Mo	2	2	6	2	6	10	2	6	5	
43	Tc	2	2	6	2	6	10	2	6	6	
44	Ru	2	2	6	2	6	10	2	6	7	
45	Rh	2	2	6	2	6	10	2	6	8	
46	Pd	2	2	6	2	6	10	2	6	10	
47	Ag	2	2	6	2	6	10	2	6	10	
48	Cd	2	2	6	2	6	10	2	6	10	
49	In	2	2	6	2	6	10	2	6	10	
50	Sn	2	2	6	2	6	10	2	6	10	
51	Sb	2	2	6	2	6	10	2	6	10	
52	Te	2	2	6	2	6	10	2	6	10	
53	I	2	2	6	2	6	10	2	6	10	
54	Xe	2	2	6	2	6	10	2	6	10	
55	Cs	2	2	6	2	6	10	2	6	10	
56	Ba	2	2	6	2	6	10	2	6	10	
57	La	2	2	6	2	6	10	2	6	10	
58	Ce	2	2	6	2	6	10	2	6	10	2
59	Pr	2	2	6	2	6	10	2	6	10	3
60	Nd	2	2	6	2	6	10	2	6	10	4
61	Pm	2	2	6	2	6	10	2	6	10	5
62	Sm	2	2	6	2	6	10	2	6	10	6
63	Eu	2	2	6	2	6	10	2	6	10	7
64	Gd	2	2	6	2	6	10	2	6	10	7
65	Tb	2	2	6	2	6	10	2	6	10	9
66	Dy	2	2	6	2	6	10	2	6	10	10
67	Ho	2	2	6	2	6	10	2	6	10	11
68	Er	2	2	6	2	6	10	2	6	10	12
69	Tm	2	2	6	2	6	10	2	6	10	13
70	Yb	2	2	6	2	6	10	2	6	10	14
71	Lu	2	2	6	2	6	10	2	6	10	14
72	Hf	2	2	6	2	6	10	2	6	10	14
73	Ta	2	2	6	2	6	10	2	6	10	14
74	W	2	2	6	2	6	10	2	6	10	14
75	Re	2	2	6	2	6	10	2	6	10	14
76	Os	2	2	6	2	6	10	2	6	10	14
77	Ir	2	2	6	2	6	10	2	6	10	14
78	Pt	2	2	6	2	6	10	2	6	10	14
79	Au	2	2	6	2	6	10	2	6	10	14
80	Hg	2	2	6	2	6	10	2	6	10	14
81	Tl	2	2	6	2	6	10	2	6	10	14
82	Pb	2	2	6	2	6	10	2	6	10	14
83	Bi	2	2	6	2	6	10	2	6	10	14

O					P						Q
5s	**5p**	**5d**	**5f**	**5g**	**6s**	**6p**	**6d**	**6f**	**6g**	**6h**	**7s**
1											
1											
1											
1											
1											
2											
2	1										
2	2										
2	3										
2	4										
2	5										
2	6										
2	6										
2	6										
2	6	1									
2	6										
2	6										
2	6										
2	6										
2	6				1						
2	6				2						
2	6	1			2						
2	6				2						
2	6				2						
2	6				2						
2	6				2						
2	6				2						
2	6				2						
2	6	1			2						
2	6	2			2						
2	6	3			2						
2	6	4			2						
2	6	5			2						
2	6	6			2						
2	6	7			2						
2	6	9			1						
2	6	10			1						
2	6	10			2						
2	6	10			2	1					
2	6	10			2	2	1				
2	6	10			2	2	2				
2	6	10			2	2	3				

Tabelle A–2: Fortsetzung

Z	Ele-ment	K	L		M			N			
		1s	2s	2p	3s	3p	3d	4s	4p	4d	4f
84	Po	2	2	6	2	6	10	2	6	10	14
85	At	2	2	6	2	6	10	2	6	10	14
86	Rn	2	2	6	2	6	10	2	6	10	14
87	Fr	2	2	6	2	6	10	2	6	10	14
88	Ra	2	2	6	2	6	10	2	6	10	14
89	Ac	2	2	6	2	6	10	2	6	10	14
90	Th	2	2	6	2	6	10	2	6	10	14
91	Pa	2	2	6	2	6	10	2	6	10	14
92	U	2	2	6	2	6	10	2	6	10	14
93	Np	2	2	6	2	6	10	2	6	10	14
94	Pu	2	2	6	2	6	10	2	6	10	14
95	Am	2	2	6	2	6	10	2	6	10	14
96	Cm	2	2	6	2	6	10	2	6	10	14
97	Bk	2	2	6	2	6	10	2	6	10	14
98	Cf	2	2	6	2	6	10	2	6	10	14
99	Es	2	2	6	2	6	10	2	6	10	14
100	Fm	2	2	6	2	6	10	2	6	10	14
101	Md	2	2	6	2	6	10	2	6	10	14
102	No	2	2	6	2	6	10	2	6	10	14
103	Lr	2	2	6	2	6	10	2	6	10	14
104	Rf	2	2	6	2	6	10	2	6	10	14
105	Db	2	2	6	2	6	10	2	6	10	14
106	Sg	2	2	6	2	6	10	2	6	10	14
107	Bh	2	2	6	2	6	10	2	6	10	14
108	Hs	2	2	6	2	6	10	2	6	10	14
109	Mt	2	2	6	2	6	10	2	6	10	14
110	Ds	2	2	6	2	6	10	2	6	10	14
111	Rg	2	2	6	2	6	10	2	6	10	14
112	Cn	2	2	6	2	6	10	2	6	10	14
113	Uut	2	2	6	2	6	10	2	6	10	14
114	Uuq	2	2	6	2	6	10	2	6	10	14
115	Uup	2	2	6	2	6	10	2	6	10	14
116	Uuh	2	2	6	2	6	10	2	6	10	14
117	Uus										
118	Uuo	2	2	6	2	6	10	2	6	10	14

		O					P				Q	
5s	5p	5d	5f	5g	6s	6p	6d	6f	6g	6h	7s	7p
2	6	10			2	4						
2	6	10			2	5						
2	6	10			2	6						
2	6	10			2	6					1	
2	6	10			2	6					2	
2	6	10			2	6	1				2	
2	6	10			2	6	2				2	
2	6	10	2		2	6	1				2	
2	6	10	3		2	6	1				2	
2	6	10	4		2	6	1				2	
2	6	10	6		2	6					2	
2	6	10	7		2	6					2	
2	6	10	7		2	6	1				2	
2	6	10	9		2	6					2	
2	6	10	10		2	6					2	
2	6	10	11		2	6					2	
2	6	10	12		2	6					2	
2	6	10	13		2	6					2	
2	6	10	14		2	6					2	
2	6	10	14		2	6	1				2	
2	6	10	14		2	6	2				2	
2	6	10	14		2	6	3				2	
2	6	10	14		2	6	4				2	
2	6	10	14		2	6	5				2	
2	6	10	14		2	6	6				2	
2	6	10	14		2	6	7				2	
2	6	10	14		2	6	9				1	
2	6	10	14		2	6	10				1	
2	6	10	14		2	6	10				2	
2	6	10	14		2	6	10				2	1
2	6	10	14		2	6	10				2	2
2	6	10	14		2	6	10				2	3
2	6	10	14		2	6	10				2	4
2	6	10	14		2	6	10				2	6

Sachwortverzeichnis